普通高等学校材料科学与工程类专业新编系列教材
教育部高等学校材料专业教育指导委员会规划教材

Powder Engineering

粉体工程

（第2版）

主编　蒋　阳　陶珍东

武汉理工大学出版社
·武汉·

内容提要

粉体工程是对研究粉体及其制备、加工、处理和应用的一门学科。从粉体科学与工程的内涵来分析,粉体科学研究的是各类粉体体系中一些带有共性的基础问题,如粉体特性、粉末粒度、粉末颗粒间的相互作用、粉体与介质的相互作用、粉末制备的基本物理与化学原理等问题;而粉体工程是研究在粉体制备与应用的工程实践中,各项单元操作及其工艺优化组合,以及过程的控制。粉体工程涉及化工、材料、冶金、医药、生物工程、农业、食品、机械、电子、航空、航天等工业领域,与化学、物理、力学等基础学科相关,表现出跨学科、跨技术的交叉性和基础理论的概括性。

本书的内容包括三方面:一是粉体的基本性能与表征,包括粉末颗粒的几何学形态特性,粉末颗粒的粒径、粒径分布、颗粒形状的科学定义;粉末粒径及粒径分布的测量原理与方法;粉体堆积特性与摩擦学特性,以及相关粉体物性测量的原理与方法。粉体的基本性能还包括粉体的表面与界面化学。二是粉体工程单元操作的基本过程、原理、技术与装备,包括粉磨、分离、分级、粉体储存与输运等。三是粉末制备的物理、化学基本原理以及相关的技术与装备。此外,本书还讲述了粉体工程中有关粉尘的危害及其预防。

图书在版编目(CIP)数据

粉体工程/蒋阳,陶珍东主编. —2 版. —武汉:武汉理工大学出版社, 2023.8
ISBN 978-7-5629-6831-3

Ⅰ. 粉… Ⅱ. ①蒋… ②陶… Ⅲ. ①粉末法-教材 Ⅳ. ①TB44

中国国家版本馆 CIP 数据核字(2023)第 118928 号

粉体工程 Fenti Gongcheng

项目负责人:田道全 王兩国

责任编辑:李兰英

责 任 校 对:张明华

版式设计:芳华时代

出 版 发 行:武汉理工大学出版社

社　　址:武汉市洪山区珞狮路 122 号

邮　　编:430070

网　　编:http://www.wutp.com.cn

经　　销:各地新华书店

印　　刷:武汉市洪林印务有限公司

开　　本:889mm×1194mm 1/16

印　　张:29.75

字　　数:897 千字

版　　次:2023 年 8 月第 2 版

印　　次:2023 年 8 月第 1 次印刷

印　　数:3000 册

定　　价:68.00 元

凡购本书,如有缺页、倒页、脱页等印装质量问题,请向出版社发行部调换。
本社购书热线电话:027-87391631 87523148 87664138 87165708(传真)

《粉体工程》作者简介

蒋　阳　1965年出生，安徽滁州人，合肥工业大学材料科学与工程学院二级教授、博士生导师。合肥工业大学粉末冶金专业工学学士、硕士，中国科学技术大学无机化学专业理学博士，香港城市大学博士后、高级访问学者，日本丰桥技术科学大学JSPS(日本学术振兴会)访问学者。教育部“新世纪优秀人才”计划、安徽省高层次人才团队“创新创业”领军人才计划、江苏省高层次“创新创业”人才计划入选者。主持了1项国家863计划项目、多项国家自然科学基金项目及30余项省部级项目及与企业合作的项目。主要从事功能纳米材料的合成与光电、能量存储及转换器件，以及先进粉体与粉末冶金材料的研究。

研究成果以第一或通讯作者发表在国际材料领域著名的学术期刊 *Advanced Materials*, *Advanced Energy Materials*, *Advanced Functional Materials*, *Nano Energy*, *Journal of the American Chemical Society* 等上，共发表SCI论文200余篇，ESI高被引论文10余篇，授权国家发明专利30余项。曾获得国家科技进步三等奖，中国科学院院长奖，安徽省科技进步一等、二等、三等奖，以及中国轻工业联合会科技进步一等奖。入围斯坦福大学发布的2022全球前2%顶尖科学家榜单——科学影响力排行榜(1960—2022)。

主要讲授本科生课程“粉体工程”“硬质合金”“晶体学基础”，硕士、博士研究生课程“材料合成与制备”“高等固体化学”等。主编《粉体工程》等教材两部，是安徽省精品课程、安徽省精品资源共享课程“粉体工程”负责人，合肥工业大学教学名师。

陶珍东　1957年出生，山东省平度人，山东大学工学博士，济南大学材料科学与工程学院教授，硕士研究生导师。原山东颗粒学会理事长，《建材技术与应用》编委，山东省安监局安全生产专家委员会成员，济南大学首届优秀教学奖获得者。

多年来，一直从事无机非金属材料领域的教学和科学研究工作。主要研究方向为材料加工工程、粉体制备与处理、工业废料资源化再利用。主编《粉体工程》《粉体工程与设备》等教材5部。《粉体工程与设备》获山东省高等学校优秀教材二等奖、中国石油和化学工业优秀图书二等奖；主持的课程“粉体工程与设备”被评为山东省精品课程；主持完成的“粉体工程实验教学改革研究”项目获山东省高等学校实验教学与实验技术成果三等奖。

《软件工程》作者简介

普通高等学校材料科学与工程类专业
新编系列教材编审委员会

出版说明

（第1版）

材料是社会文明和科技进步的物质基础和先导，材料科学与能源科学、信息科学一并被列为现代科学技术的三大支柱，其发展水平已成为一个国家综合国力的主要标志之一。教育部颁布重新修订的《普通高等学校本科专业目录》后，为适应21世纪人才培养需要，及时组织并实施了面向21世纪高等工程教育教学内容和课程体系改革计划、世界银行贷款21世纪初高等理工科教育教学改革项目，部分高等学校承担了其中材料科学与工程专业教学改革项目的研究与实践。已经拓宽了材料科学与工程专业的专业面，相应的业务培养目标、业务培养要求、主干学科、主要课程、主要实践性教学环节等都有了不同程度的变化。原有的教材已经不能适应新专业的培养目标和教学要求，组织一套新的材料科学与工程专业系列教材已成为众多院校的迫切需求。武汉理工大学出版社在教育部高等学校材料科学与工程专业教学指导委员会的指导和支持下，经过大量的调研，组织国内几十所大学材料科学与工程学科的知名教授组成“普通高等学校材料科学与工程类专业新编系列教材编审委员会”，共同编写了这套系列教材。

本套教材的主、参编人员及编委会顾问，遵照教育部材料科学与工程专业教学指导委员会的有关会议及文件精神，经过充分研讨，决定首批编写出版14种主干课程的教材，以尽快满足全国众多院校的教学需要，以后再根据专业方向的需要逐步增补。本套新编系列教材的编写具有以下特色：

教材体系体现人才培养目标——本套系列教材的编写体现了高等学校材料科学与工程专业的人才培养目标和教学要求，从整体上考虑材料科学与工程专业的课程设置和各门课程的内容安排，按照教学改革方向要求的学时统一协调与整合后，组成一套完整的、各门课程有机联系的系列化教材。本套教材的编写除正文以外，还增加了本章提要、本章小结、思考题等内容，以使教材既适合教学需要，又便于学生自学。

教材内容反映教改成果——本套系列教材的编写坚持“少而精”的原则，紧跟教学内容和课程体系改革的步伐，教材内容注重更新，反映教学改革的阶段性成果，以适应21世纪材料科学与工程专业人才的培养要求。本套系列教材的编写中，凡涉及材料科学与工程学科的技术规范与标准，全部采用国家最新颁布实施的技术规范和标准。

教材出版实现立体化——本套教材努力使用和推广现代化的教学手段，实现立体化出版，凡具备条件的课程都将根据教学需要，及时组织编写、制作和出版相应的电子课件或教案，以适应教育方式的变革。

本套教材是在教育部颁布实施重新修订的本科专业目录后，组织全国多所高等学校材料科学与工程学科的具有丰富教学经验的教授们共同编写的一套面向新世纪、适应新专业的全新的系列教材。为新世纪我国材料科学与工程专业的教材建设贡献微薄之力，是我们应尽的责任和义务，我们感到十分欣慰。然而，正因其为一套开创性的系列教材，尽管我们的编审者、编辑出版者尽心尽力，不敢稍有懈怠，它仍然还会存在缺点和不足。我们诚恳希望选用本套教材的广大师生在使用过程中给我们多提宝贵的意见和建议，以便我们不断修改、完善全套教材，共同为我国高等教育事业的发展作出贡献。

武汉理工大学出版社

2008年12月

前　言
（第 2 版）

本书第 1 版是依据教育部无机非金属材料工程专业教学指导委员会教材建设的规划和专业设置规范的知识领域和知识单元的要求，为适应现代工程教育改革需要而编写的。2008 年作为普通高等学校材料科学与工程类专业新编系列教材由武汉理工大学出版社出版，历经多次印刷，由全国众多高校的无机非金属材料工程、粉体材料科学与工程等专业使用，在相关领域的人才培养、工程实践方面发挥了积极的作用，受到广泛好评。

粉体工程包括粉体的制备、加工、性质表征及应用等技术过程，涉及材料、能源、冶金、化工、医药、生物工程、机械、电子、航空航天、军事与国防等行业，既与化学、物理、力学等基础学科相关，又涉及工程技术及应用，表现出跨学科、跨行业的交叉性和基础理论的概括性。粉体技术与传统水泥、玻璃、陶瓷、粉末冶金、矿物加工等行业密不可分，而随着现代科学技术的发展，超细及纳米粉体在能源、功能材料、尖端复合材料、环境与催化领域显现出特殊效果，现代增材制造技术也需要特殊性质与形态的粉体，体现了粉体技术的前沿性。

本书的主要内容包括三方面：一是粉体的基本性能与表征，包括粉末颗粒的几何学形态特性，粉末颗粒的粒径、粒径分布、颗粒形状的科学定义；粉末粒径及粒径分布的测量原理与方法；粉体堆积特性与摩擦学特性，以及相关粉体物性测量的原理与方法。也包括粉体的表面与界面化学。二是粉末制备的物理、化学基本原理以及相关的技术与装备，包括金属粉末制备、超细与纳米粉体制备的技术与装备。三是粉体工程的单元操作的基本过程、原理、技术与装备，包括粉磨、分离、分级、粉体储存与输运等。此外，粉体安全工程也是本书的重要内容。新修订的教材增加了增材制造用球形粉体制备原理与技术、纳米粉体制备原理与技术、现代粉体工程单元操作的新技术与新理论，粉末颗粒图形学的理论与现代检测技术，新能源储能电池电极粉体材料磁分离技术，国内国际先进的粉体加工设备等内容。目的是使学生掌握和了解现代粉体科学技术的发展与前沿领域，及其在国民经济和国家发展过程中所发挥的重要作用。本书也可为相关领域的工程技术人员在新产品研发与技术发展实践中提供有益参考。

本书由合肥工业大学蒋阳教授和济南大学陶珍东教授担任主编，由在相关领域具有丰富的教学和科研经验的教授参与编写。合肥工业大学蒋阳教授编写第 1、5、7 章，鲁颖炜教授编写第 2 章，仲洪海副教授编写第 3 章，吕珺教授编写第 4 章，童国庆教授编写第 6 章，济南大学陶珍东教授编写第 8、9 章，陈雷教授编写第 10 章。全书由蒋阳教授统稿。

本书在修订过程中参阅了大量国内外相关领域的最新科技成果和文献、专著，并列入主要参考文献。全书修订过程中得到武汉理工大学出版社的大力支持，田道全同志在编辑过程中付出了大量的劳动和汗水，在此深表谢意。由于编者水平所限，书中错误、不足在所难免，欢迎兄弟院校师生和相关领域的工程技术人员批评指正。

编者

2022 年 8 月

前　言
（第 1 版）

本书是按照教育部无机非金属材料工程专业教学指导委员会教材建设的规划和专业规范，为适应工程教育的教学改革，满足加强基础、拓宽专业面的需要而编写的。

随着现代科学技术的发展，无机非金属材料工程领域所需要的人才已由单一的专业性向着全面、系统地掌握无机非金属材料科学与工程领域基本专业知识的综合性方向转变。工程教育的评估也对相关专业的学生在基础理论、专业知识、工程实践等方面提出了更高的要求。为了适应这一转变，各有关院校进行了新一轮的人才培养模式和教学方法与内容的改革和课程建设。国内开办有无机非金属材料工程、粉体材料科学与工程等专业的高校众多，但各高校的专业设置背景、办学基础和历史的不同，这些学校相关专业的教学重点和特色各不相同，这就需要一个能满足各方面要求的统编教材。

粉体工程是无机非金属材料工程、粉体材料科学与工程等专业的一门重要的技术基础课程，它涉及机械、化学化工、冶金、材料、环境等许多工程问题。编写一本适合本专业特点的教材，可以帮助学生对粉体工程基本原理、工艺、工程装备等有较为深入和全面的理解，并为后续课程的学习及工作奠定良好的基础。为此，在教育部无机非金属材料工程专业教学指导委员会的指导下，合肥工业大学、济南大学、哈尔滨工程大学、大连工业大学、内蒙古科技大学等单位一些长期从事粉体工程教学和科研的教师和研究人员根据自己的工作积累以及学科最新发展，结合相关院校的教学实际共同编写了本书。

本书由合肥工业大学蒋阳教授和济南大学陶珍东教授任主编，并分别编写了第 1 章、第 6 章和第 10 章；哈尔滨工程大学魏彤博士编写了第 2 章；内蒙古科技大学宋希文教授编写了第 3 章、第 4 章；大连工业大学高文元教授、赵鸣博士编写了第 5 章、第 7 章；合肥工业大学程继贵教授编写了第 8 章；合肥工业大学吕珺博士编写了第 9 章。全书由蒋阳教授和陶珍东教授统稿。天津大学徐明霞教授对全书的编写提纲及书稿内容进行了审阅。

本书在编写过程中综合了目前粉体工程领域的最新科技进展，参阅了国内外粉体工程领域的相关教材、专著和文章，并列于参考文献中，在此对上述作者深表感谢。由于编者的水平有限，书中必有许多缺点和错误，敬请各高校师生在使用本书和读者阅读本书时能及时批评指正，以便再版时修改。

编者

2008 年 12 月

目　　录

1 粉末的性能与表征

本 章 提 要

粉末体简称粉末或粉体(powder),通常是指由大量的固体颗粒及颗粒间的空隙所构成的集合体。而组成粉末体的最小单位或个体称为粉末颗粒(powder particle),简称颗粒,其大小一般小于 1000 μm。粉体是材料的一种特殊形态,在相关工业生产中可以是原料、半成品或成品。粉末颗粒的大小、形状、表面性质、堆积特性,各种物理性质、化学性质不仅关系到粉体的应用,也直接取决于并影响生产粉体的操作过程。因此,在研究粉体工程学时,必须首先研究粉体与粉末颗粒的特性。

粉体的基本性质可归纳为粉体的几何形态性质、粉体的力学性质、粉体的物理与化学性质等。本章的主要内容是讨论粉末颗粒的几何学形态特性,给出粉末颗粒的粒径、粒径分布、颗粒形状的科学定义;粉末粒径及粒径分布的测量原理与方法;粉体堆积特性与摩擦学特性以及相关粉体物性的测量方法。

1.1 粉末颗粒的粒径与形状

1.1.1 粒径

粉末体中,颗粒在空间范围内所占据的线性尺寸,可以用与其轮廓或某些性质相关的球体、长方体、四棱柱等的几何特征值来表示,该线性尺寸被称为粒径。对于球形颗粒,其直径即为粒径。多数情况下,颗粒是非球形的或不规则的,但其粒径可用球体、立方体或长方体代表尺寸来表示,称为几何学粒径。其中,用球体的直径表示不规则颗粒的粒径,称为当量径或相当径。当量径依据不同的测量方法而与颗粒的各种物理现象相对应。

(1)几何学粒径

当对一不规则颗粒进行三维尺寸测量时,可作一个外接的长方体,如图 1.1 所示。若将长方体放在笛卡儿坐标系中,其长、宽、高分别为 l、b、h,可表示为颗粒的三轴径。

根据该长方体的三维尺寸可计算不规则颗粒的粒径,用于比较不规则颗粒的大小。常见的外接长方体表示的颗粒粒径如表 1.1 所示。

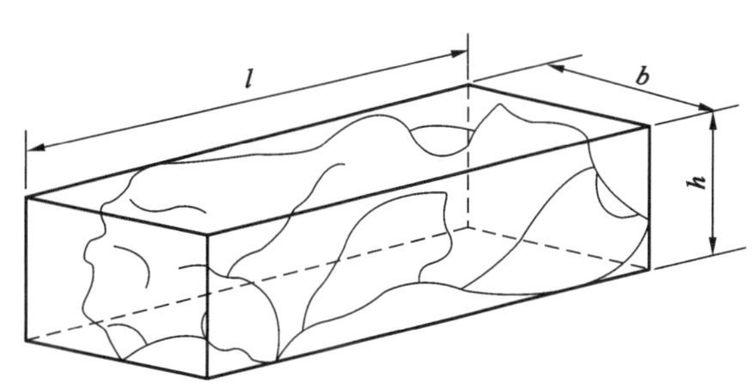

图 1.1 不规则颗粒的外接长方体

表 1.1　以颗粒外接长方体的三维尺寸计算的单一颗粒粒径

序号	计算式	名　称	物理意义
1	$\frac{l+h}{2}$	长短平均径 二轴平均径	二维图形算术平均
2	$\frac{l+b+h}{3}$	三轴平均径	三维图形算术平均
3	$\frac{3}{\frac{1}{l}+\frac{1}{b}+\frac{1}{h}}$	三轴调和平均径	与外接长方体表面积相同的球体直径
4	$\sqrt{lb}$	二轴几何平均径	平面图形上的几何平均
5	$\sqrt[3]{lbh}$	三轴几何平均径	与外接长方体体积相同的立方体的一条边
6	$\sqrt{\frac{lb+bh+lh}{3}}$	三轴等表面积平均径	与外接长方体表面积相同的立方体的一条边

(2)投影径

利用显微镜测量颗粒的粒径时，可观察到颗粒的投影。此时的颗粒以重心最低的状态稳定地处在观察平面上。可根据其投影的大小定义粒径。

① Feret 径

它指用与颗粒投影相切的两条平行线之间的距离来表示的颗粒粒径。比较粒径的大小应取某一特定方向的平行线，如垂直或水平。如图 1.2 所示。

② Martin 径

它指用在一定方向上将颗粒的投影面积分为两等份的直径来表示颗粒的粒径。比较粒径的大小时，其分割的方向也应一致。如图 1.3 所示。

图 1.2　Feret 径的图示

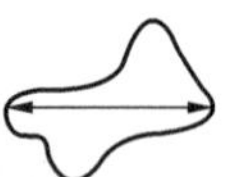

图 1.3　Martin 径的图示

③定方向最大径

用特定方向上的最大割线长来表示颗粒的粒径，比较粒径大小时方向也应一致。如图 1.4 所示。

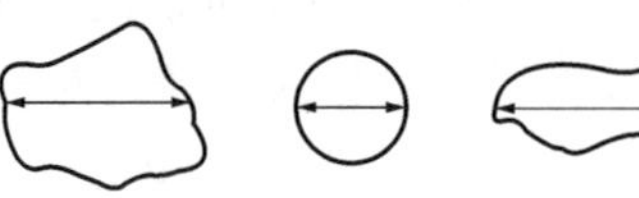

图 1.4　定方向最大径图示

④ 割线径

割线径指用某一确定方向的直线切割颗粒所得的割线长表示的颗粒粒径。主要用于显微镜法测量中，利用直线测微尺以视场向一个方向移动，测量落在目镜测微尺上所有颗粒被截取部分的长度。如图 1.5 所示。

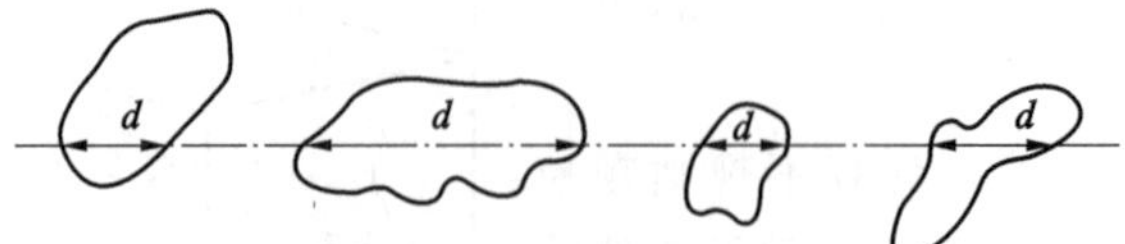

图 1.5　割线径的图示

⑤ 投影面积相当径(Heywood 径)

它指用与颗粒投影面积相等的圆的直径来表示的颗粒粒径。如图 1.6 所示。

(3)筛分径

颗粒通过粗孔网并停留在细孔网上时,以粗细筛孔径的算术平均值或几何平均值表示颗粒的粒径。如图1.7所示,筛分径可表示为$(a_1+a_2)/2$或$\sqrt{a_1a_2}$。

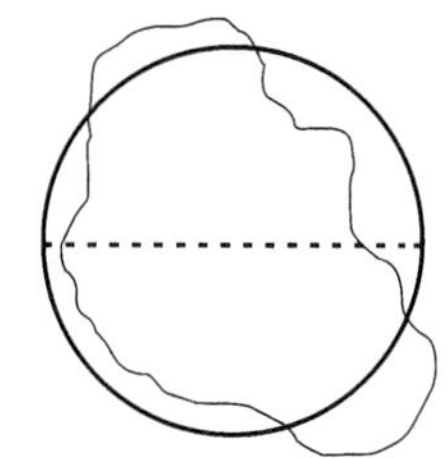

图1.6　Heywood径的图示

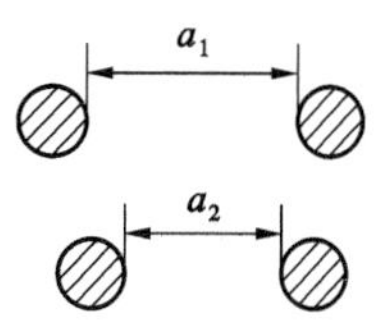

图1.7　筛分径的图示

a_1,a_2分别为粗细筛的筛孔尺寸

(4)球当量径

① 等表面积当量径

它指用与颗粒具有相同表面积的球的直径表示的颗粒粒径。

用D_S表示,颗粒的表面积$S=\pi D_S^2$。

② 等球体积当量径

它指用与颗粒体积相等的球的直径表示的颗粒粒径。

用D_V表示,颗粒体积$V=\pi D_V^3/6$。

③ 沉降速度当量径(Stokes径)

它指在斯托克斯定律适用的条件(层流条件)下,即悬浊液的雷诺数小于1时,用与颗粒具有相同沉降速度的球的直径表示的颗粒粒径。它是通过离心沉降或重力沉降方法获得的,记为D_{st},此时颗粒与球体的密度应相同。

④ 光散射当量径

它指用能给出相同光散射密度的标准颗粒球直径来表示的颗粒粒径。

1.1.2　粉体的粒径分布

粉体中颗粒的平均大小称为粉体的粒径,习惯上可将粒径与粒度通用。粉体中颗粒的粒径相同时(如标准颗粒),则可用单一粒径表示其大小,这时粉体称为单粒径体系。实际生产过程中所处理的粉体是由许多粒径大小不一的颗粒组成的分散体系,这时粉体称为多颗粒体系。粒径分布,又称粒度分布,是指若干个按大小顺序排列的一定范围内颗粒量占颗粒群总量的百分数,它是用简单的表格、图形或函数的形式给出的颗粒群粒径的分布状态。

粉体的粒径分布常表示成频率分布和累积分布的形式。频率分布表示各个粒径范围内对应的颗粒百分含量(微分型);累积分布表示大于或小于某粒径的颗粒占全部颗粒的百分含量与该粒径的关系(积分型)。这里是指以数量或质量为基准,此外还有以长度或面积为基准。工程上以质量为基准的情况较多。

1.1.2.1　频率分布和累积分布

当用某一定义的粒径测量了N个颗粒的粒径后,记录了从$D_p \sim D_p+\mathrm{d}D_p$粒径范围内颗粒的数目为$\mathrm{d}n$个,则频率分布$q_0(D_p)$可定义为:

$$q_0(D_p)=\frac{1}{N}\frac{\mathrm{d}n}{\mathrm{d}D_p} \tag{1.1}$$

这里应满足:

$$\int_0^{\infty} q_0(D_p)\mathrm{d}D_p=1 \tag{1.2}$$

若将式(1.1)写成不连续的表达式,即:

$$\bar{q}_0(D_p)=\frac{1}{N}\frac{\Delta n}{\Delta D_p} \tag{1.3}$$

式中 Δn 是粒径为 $D_p-\Delta D_p/2$ 到 $D_p+\Delta D_p/2$ 颗粒的数量。由此可给出如图 1.8(a)所示的粒径分布直方图。

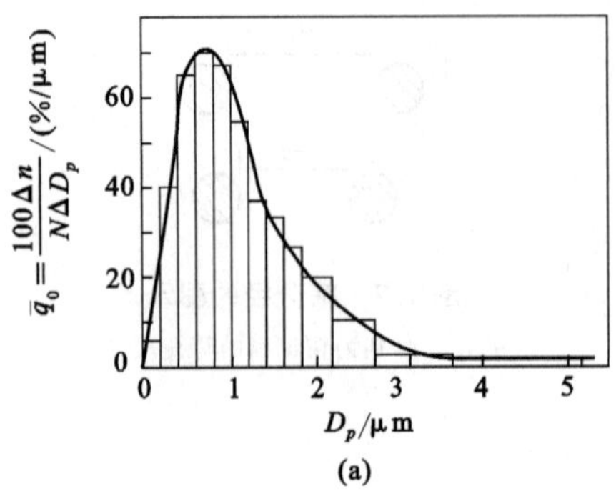

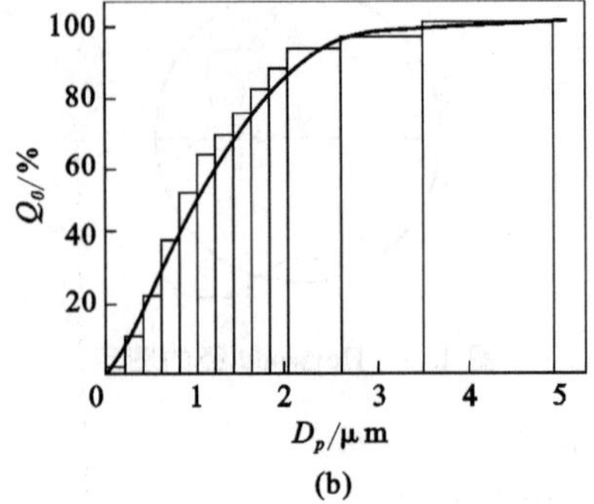

图 1.8 粒径的频率分布与累积分布

(a)频率分布；(b)累积分布

累积分布可由下式给出：

$$Q_0=\int_0^{D_p}q_0(D_p)\mathrm{d}D_p=\int_0^{D_p}\frac{1}{N}\frac{\mathrm{d}n}{\mathrm{d}D_p}\mathrm{d}D_p \tag{1.4}$$

若将上式写成不连续的表达式：

$$Q_0=\sum\frac{1}{N}\frac{\Delta n}{\Delta D_p}\cdot\Delta D_p=\sum\frac{\Delta n}{N} \tag{1.5}$$

因此频率分布与累积分布的关系为：

$$\frac{\mathrm{d}Q_0}{\mathrm{d}D_p}=q_0(D_p) \tag{1.6}$$

由上可得频率分布和累积分布的实际含义。频率分布是指某个粒径范围内 $D_p-\Delta D_p/2\sim D_p+\Delta D_p/2$ 的颗粒数占颗粒总数的百分比。累积分布是指小于某个粒径 D_p 的颗粒数占颗粒总数的百分比。

上述的定义是以颗粒的个数为基准的。在以质量为基准时，粒径的频率分布和累积分布可定义为：

$$q_1(D_p)=\frac{1}{M}\frac{\mathrm{d}m}{\mathrm{d}D_p} \tag{1.7}$$

$$Q_1(D_p)=\int_0^{D_p}\frac{1}{M}\frac{\mathrm{d}m}{\mathrm{d}D_p}\mathrm{d}D_p \tag{1.8}$$

这里 M 为粉末颗粒的总质量，$\mathrm{d}m$ 为粒径在 D_p 到 $D_p+\mathrm{d}D_p$ 范围内颗粒的质量。

表 1.2 给出了某种粉末个数基准和粒径分布的数据，颗粒粒径是用显微镜测量的 Feret 径。图 1.8 为依据表 1.2 中计算的数据绘制的粒径的频率分布与累积分布的直方图。

表 1.2 粒径分布的数据分析

初始数据		处理数据						
				$q_0(D_p)$				
粒径 /μm	颗粒数 Δn	粒径间距 ΔD_p/μm	平均粒径 D_p/μm	$\frac{100\Delta n}{N}$ /%	$\bar{q}_0=\frac{100\Delta n}{N\Delta D_p}$ /(%/μm)	$\Delta\ln D_p$	$\bar{q}_0^*=\frac{100\Delta n}{N\Delta(\ln D_p)}$	累积百分数 Q_0/%
0～0.2	10	0.2	0.1	1	5	—	—	1
0.2～0.4	80	0.2	0.3	8	40	0.693	11.5	9
0.4～0.6	132	0.2	0.5	13.2	66	0.405	29.3	22.2

续表 1.2

初始数据		处理数据						
				$q_0(D_p)$				
粒径 /μm	颗粒数 Δn	粒径间距 ΔD_p/μm	平均粒径 D_p/μm	$\frac{100\Delta n}{N}$ /%	$\bar{q}_0=\frac{100\Delta n}{N\Delta D_p}$ /(%/μm)	$\Delta \ln D_p$	$\bar{q}_0^*=\frac{100\Delta n}{N\Delta(\ln D_p)}$	累积百分数 Q_0/%
0.6～0.8	142	0.2	0.7	14.2	71	0.288	49.3	36.4
0.8～1.0	138	0.2	0.9	13.8	69	0.223	61.9	50.2
1.0～1.2	112	0.2	1.1	11.2	56	0.182	61.5	61.4
1.2～1.4	75	0.2	1.3	7.5	37.5	0.154	48.7	68.9
1.4～1.6	65	0.2	1.5	6.5	32.5	0.134	48.5	75.4
1.6～1.8	52	0.2	1.7	5.2	26	0.118	44.0	80.6
1.8～2.1	65	0.3	1.95	6.5	21.7	0.154	42.2	87.1
2.1～2.7	62	0.6	2.4	6.2	10.3	0.251	24.7	93.3
2.7～3.6	32	0.9	3.15	3.2	3.6	0.288	11.1	96.5
3.6～5.1	35	1.5	4.35	3.5	2.3	0.348	10.1	100

可连接分布直方图上各矩形顶部中点构成粒径分布的曲线。显然，只有在 ΔD_p 足够小时，获得的曲线才有意义。否则，就用直方图表示其粒径分布。此时可用粒级的平均粒径绘制粒径分布曲线。在分析粒径分布时，如取各粒级的 ΔD_p 相等，频率分布能比较直观地表示颗粒的组成特性。但若改变 ΔD_p，则所得频率分布会发生变化。同样若改成以质量为标准，其分布曲线也会不同。

由于粒径的频率分布与累积分布存在微分关系[如式(1.6)所示]。如果横坐标相同时，累积分布曲线上各粒径点的切线的斜率 dQ_0/dD_p 即为频率分布曲线上所对应的粒径点的频率值。逐点作切线求斜率即可得频率分布。

粒径分布曲线除可直观地表示粉体的粒径分布特性外，用有限个粒径分布的测定的数据所作的光滑曲线还可读出粒径表格中未能给出的任意一个粒级的颗粒的百分含量。

1.1.2.2 粒径分布函数

粒径分布的表格、直方图、曲线虽能直观地反映粉体粒径分布的特性，却仍不能反映出具有相同或相似粒径分布特性的共性规律。数学函数可对粒径分布进行最精确最简便的描述。利用数学函数可求取各种平均粒径等粉末特性参数，也可进行各种基数的换算。在实际测定时，还可根据不太多的测定数据求出粒径分布的函数表达式，从而推断出整个粒径分布的规律。

能够用于表达粒径分布规律的函数很多，但其适用粉体类别和粒径范围均有一定的限制，计算结果与实际也有一定的误差。这里仅介绍几种常用的函数表达式。

(1)正态分布

自然界中，凡是随机现象均是许多偶然因素共同作用的总和，多个偶然因素所起的作用具有相同的权重，没有哪个能起主导作用。但就总体而言，一切随机现象都具有其必然性，即这些随机现象出现的频率总是有统计规律地在某个一定的常数附近摆动。这个随机现象的概率模型就是正态分布。

正态分布的概率密度函数(频率分布的函数)可由式(1.9)给出：

$$\phi_{a,\sigma}=\frac{1}{\sigma\sqrt{2\pi}}\exp\left[-\frac{(x-a)^2}{2\sigma^2}\right] \tag{1.9}$$

式中 x——自变量；

a——平均值；

σ——标准偏差。

图 1.9 给出了不同参数的正态分布密度函数的图形。

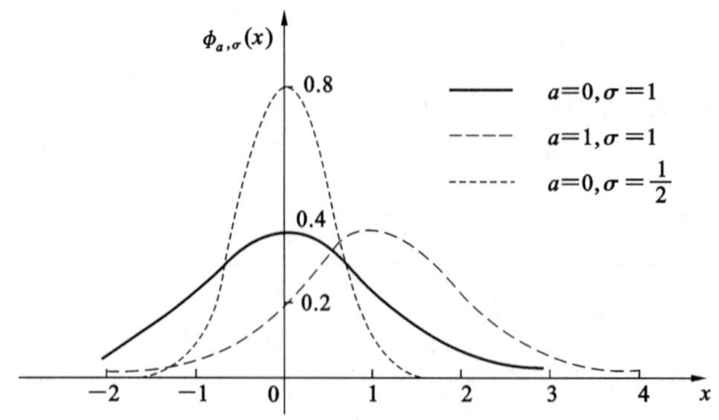

图 1.9　正态分布函数图形

其中 $a=0$，$\sigma=1$ 为标准正态分布。此时

$$\int_{-\infty}^{+\infty} \phi_{a,\sigma}(x)\mathrm{d}x = 1 \tag{1.10}$$

也即概率曲线与 x 轴围成的面积为 1。a 可称为正态分布的位置参数。而 σ 的大小与曲线的形状有关，σ 越小，密度曲线越尖陡，此分布取值越集中；σ 越大，密度曲线越平缓，此分布取值越分散。通常称 σ 为正态分布的形状函数。

当用正态分布函数表征粉末粒径分布时，x 是指颗粒的粒径，a 为平均粒径（D_p），$\phi(x)$ 表示颗粒 x 频率分布函数，指颗粒数、质量或其他参数对粒径的导数。若以个数为基准，粒径频率分布可表示为：

$$q_0(D_p) = \frac{1}{\sigma\sqrt{2\pi}}\exp\left[-\frac{(D_p - \overline{D}_p)^2}{2\sigma^2}\right] \tag{1.11}$$

其中：

$$\overline{D}_p = \frac{\sum n_i D_{pi}}{N} \tag{1.12}$$

$$\sigma = \left[\frac{\sum n_i (D_{pi} - \overline{D}_p)^2}{N}\right]^{\frac{1}{2}} \tag{1.13}$$

式中　D_{pi}——粒径；

n_i——直径为 D_{pi} 的颗粒数量；

N——颗粒总数；

$\overline{D}_p$——累积量为 50%时的对应粒径（$Q_0=0.5$）。

（2）对数正态分布

粉体的粒径分布有时也出现非对称分布，这时将正态分布函数中的 D_p 和 σ 分别用 $\ln\overline{D}_p$ 和 $\ln\sigma_g$ 取代，得到对数正态分布：

$$q_0^*(\ln D_p) = \frac{1}{\sqrt{2\pi}\ln\sigma_g}\exp\left[-\frac{(\ln D_p - \ln D_g)^2}{2\ln^2\sigma_g}\right] = \frac{\mathrm{d}Q_0}{\mathrm{d}(\ln D_p)} \tag{1.14}$$

式（1.14）的频率分布函数也可转换成累积分布函数：

$$Q_0 = \frac{1}{\sqrt{2\pi}\ln\sigma_g}\int_0^{D_p}\exp\left[-\frac{(\ln D_p - \ln D_g)^2}{2\ln^2\sigma_g}\right]\mathrm{d}(\ln D_p) \tag{1.15}$$

式中几何平均径 D_g 和几何标准偏差 σ_g 可由式（1.16）和式（1.17）给出：

$$\ln D_g = \frac{\sum n_i \ln D_{pi}}{N} \tag{1.16}$$

$$\ln\sigma_g = \sqrt{\frac{\sum n_i(\ln D_{pi} - \ln D_g)^2}{N}} \tag{1.17}$$

依据表1.2给出的数据计算，对数正态分布在对数概率纸上标绘出的是一条直线。这种分布经常出现在结晶法或粉碎法获得的粉末以及气溶胶中。累积曲线上累积分数为50%的点所对应的粒径被称为几何平均粒径或数量平均粒径。

图1.10给出了依据表1.2中数据得出的粒径频率分布图。显然用虚线表示的质量基准明显不同于数量基准。

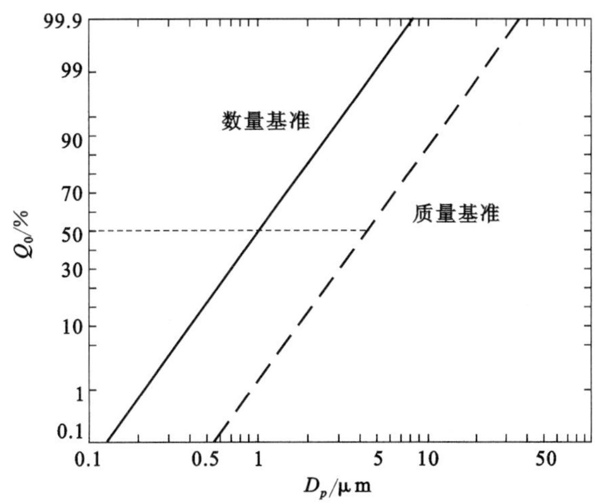

图1.10 粒径的对数正态分布

(3)Rosin-Rammler(WEIBULL)分布

粉碎后的细粉，粒径分布范围很宽的粉体利用对数正态分布函数计算时，在对数概率纸上所得直线偏差仍很大。

Rosin，Rammler及Sperling等人归纳出了用指数函数表示的粒径分布关系式，即RRS方程。其累积分布表达式为：

$$Q_0 = 1 - \exp(-bD_p^n) \tag{1.18}$$

后经Bennet研究取 $b=\frac{1}{D_e^n}$，则指数一项可写成无量纲项，即得RRB方程。

其累积分布的表达式为：

$$Q_0 = 1 - \exp\left[-\left(\frac{D_p}{D_e}\right)^n\right] \tag{1.19}$$

式中 n——均匀性指数，表示粒径分布范围的宽窄，与粉体物料性质及粉碎设备有关，对同一种粉碎产品 n 为常数；

D_e——特征粒径，表示颗粒宏观上的粗细程度。

当 $D_p=D_e$ 时，$Q_0=1-e^{-1}=0.632$，即 D_e 可定义为累积分数达63.2%时的粒径。

而频率分布可表示成：

$$q_0 = \frac{dQ_0}{dD_p} = nbD_p^{n-1}\exp(-bD_p^n) \tag{1.20}$$

图1.11为根据表1.2的数据绘出的粉末粒径的Rosin-Rammler累积分布。如果粒径分布能完全服从Rosin-Rammler分布，它将变成一条直线。

由于RRB方程能比较好地反映工业上粉磨产品的粒径分布特性，故在粉碎过程中被广泛使用。

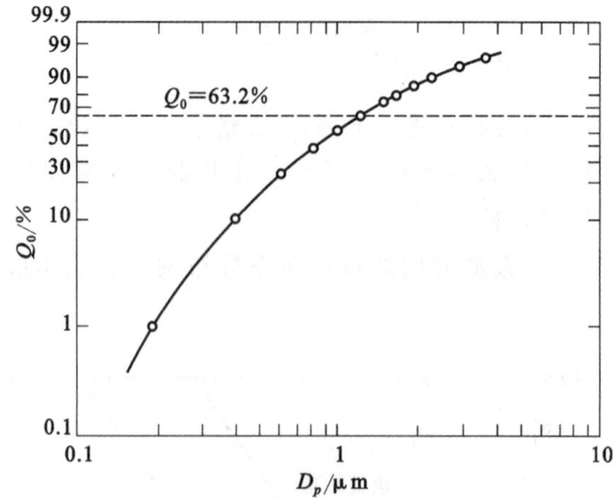

图 1.11 粒径的 Rosin-Rammler 分布

1.1.3 平均粒径

设粉末是由粒径为 d_1、d_2、…、d_n 的颗粒组成的集合体，其物理特性可表示为 $f(d)$，可由各个粒径函数的加成表示：

$$f(d) = f(d_1) + f(d_2) + \cdots + f(d_n) \tag{1.21}$$

式中 $f(d)$——定义函数。

若将粒径不等的颗粒群想象成由直径为 D 的均一球形颗粒组成，那么其物理特性可表示为 $f(d)=f(D)$，D 即表示平均粒径。

按上述定义，可推导出个数基准和质量基准的平均径。如例 1.1、例 1.2 所示。

【例 1.1】 设粉末由粒径为 d_1、d_2、…、d_n 的颗粒组成，每种颗粒的个数分别为 n_1、n_2、…、n_n，试由颗粒总长这一特性推导其平均粒径。

【解】 颗粒群的总长可表示成：

$$n_1 d_1 + n_2 d_2 + \cdots + n_n d_n = \sum (nd) = f(d) \tag{1.22}$$

将全部颗粒视为粒径为 D 的均一颗粒，式(1.21)中的 d 由 D 代替，即

$$n_1 D + n_2 D + \cdots + n_n D = \sum (nD) = D\sum n = f(D) \tag{1.23}$$

则由 $f(d)=f(D)$ 可得：

$$\sum (nd) = D\sum n$$

所以

$$D = \sum (nd) \Big/ \sum n \tag{1.24}$$

此粒径即为个数平均径。

【例 1.2】 设颗粒是边长为 d 的立方体，颗粒群的总质量为 $\sum m$，颗粒密度为 ρ_p，试由比表面积的定义函数求平均粒径。

【解】 比表面积定义为：

$$f(d) = \frac{\sum (6n_i d_i^2)}{\sum (n_i \rho_p d_i^3)} = \frac{\sum (6nd^2)}{\sum m} \tag{1.25}$$

当将全部颗粒视为边长为 D 的立方体时

$$f(D) = \frac{\sum (6nD^2)}{\sum (n\rho_p D^3)} = \frac{\sum (6nD^2)}{\sum m} \tag{1.26}$$

由 $f(d)=f(D)$

$$\frac{\sum(6nd^2)}{\sum m}=\frac{\sum(6nD^2)}{\sum m} \tag{1.27}$$

两边同乘以 $\rho_p D$

$$\rho_p D\sum(6nd^2)=\rho_p D\sum(6nD^2)$$

$$\rho_p D\sum nd^2=\sum(nD^3\rho_p)=\sum m$$

可得

$$D=\sum m\Big/\sum(n\rho_p d^2)=\sum m\Big/\sum[(\rho_p d^3 n)/d]=\sum m\Big/\sum(m/d) \tag{1.28}$$

一般个数基准和质量基准的平均粒径可由下式换算：

$$\left[\frac{\sum(nd^p)}{\sum(nd^q)}\right]^{\frac{1}{p-q}}=\left[\frac{\sum(md^{p-3})}{\sum(md^{q-3})}\right]^{\frac{1}{p-q}} \tag{1.29}$$

表 1.3、表 1.4 中分别给出了各种平均粒径的定义以及个数基准和质量基准的平均粒径式。

表 1.3 各种平均粒径的定义

名称	定义等式	
	总体公式	对数正态分布情况
个数平均径 D_1	$\frac{\sum\Delta nD_p}{N}$	$\ln D_1=A+0.5C=B-2.5C$
长度平均径 D_2	$\frac{\sum\Delta nD_p^2}{\sum\Delta nD_p}$	$\ln D_2=A+1.5C=B-1.5C$
面积平均径 D_3	$\frac{\sum\Delta nD_p^3}{\sum\Delta nD_p^2}=\frac{\sum\Delta SD_p}{S}$	$\ln D_3=A+2.5C=B-0.5C$
体积平均径 D_4	$\frac{\sum\Delta nD_p^4}{\sum\Delta nD_p^3}=\frac{\sum\Delta mD_p}{M}$	$\ln D_4=A+3.5C=B+0.5C$
平均表面积径 D_s	$\left(\frac{\sum\Delta nD_p^2}{N}\right)^{1/2}$	$\ln D_s=A+1.0C=B-2.0C$
平均体积径 D_v	$\left(\frac{\sum\Delta nD_p^3}{N}\right)^{1/3}$	$\ln D_v=A+1.5C=B-1.5C$
调和平均径 D_h	$\frac{N}{\sum(\Delta n/D_p)}$	$\ln D_h=A-0.5C=B-3.5C$
NND	$\exp\left(\frac{\sum\Delta n\ln D_p}{N}\right)$	*NND*
MMD	$\exp\left(\frac{\sum\Delta nD_p^3\ln D_p}{\sum\Delta n\ln D_p^3}\right)=\exp\left(\frac{\sum\Delta m\ln D_p}{M}\right)$	$\ln MMD=A+3C$(Hatch's equation)

注：$A=\ln NND$，$B=\ln MMD$，$C=(\ln\sigma_g)^2$，总数 $N=\sum\Delta n$，总表面积 $S=\sum\Delta s$，总质量 $M=\sum\Delta m$。

表 1.4 个数基准和质量基准的平均粒径式

序号		平均径名称	符号	个数基准	质量基准	物理意义(形状系数 ϕ_s、ϕ_v)
平均径	1	个数平均径	D_1	$\dfrac{\sum(nd)}{\sum n}$	$\dfrac{\sum(m/d^2)}{\sum(m/d^3)}$	长度、个数平均
	2	长度平均径	D_2	$\dfrac{\sum(nd^2)}{\sum(nd)}$	$\dfrac{\sum(m/d)}{\sum(m/d^2)}$	
	3	面积平均径	D_3	$\dfrac{\sum(nd^3)}{\sum(nd^2)}$	$\dfrac{\sum m}{\sum(m/d)}$	$S_w = \phi(\rho D_s)$ 为颗粒群的比表面积
	4	体积平均径	D_4	$\dfrac{\sum(nd^4)}{\sum(nd^3)}$	$\dfrac{\sum(md)}{\sum m}$	
5		平均表面积径	D_s	$\sqrt{\dfrac{\sum(nd^2)}{\sum n}}$	$\sqrt{\dfrac{\sum(m/d)}{\sum(m/d^3)}}$	$\phi_s D_s^2$ 为平均颗粒表面积
6		平均体积径	D_v	$\sqrt[3]{\dfrac{\sum(nd^2)}{\sum n}}$	$\sqrt[3]{\dfrac{\sum m}{\sum(m/d^3)}}$	
7		体积长度径	D_{vd}	$\sqrt{\dfrac{\sum(nd^3)}{\sum(nd)}}$	$\sqrt{\dfrac{\sum m}{\sum(m/d^2)}}$	$\phi_v D_v^3$ 是平均颗粒的体积,$\dfrac{1}{\rho_p \phi_v D_v^3}$ 是单位质量含有的颗粒数
8		重量矩个数平均径	D_w	$\sqrt[4]{\dfrac{\sum(nd^4)}{\sum n}}$	$\sqrt[4]{\dfrac{\sum(m/d)}{\sum(m/d^3)}}$	
9		调和平均径	D_h	$\dfrac{\sum n}{\sum(n/d)}$	$\dfrac{\sum(m/d^3)}{\sum(m/d^4)}$	平均比表面积

注:$D_1D_2 = D_s^2$,$D_1D_2D_3 = D_v^3$,$D_3 = D_v^3/D_s^2$,$D_4 = \dfrac{D_w^4}{D_v^3}D_2D_3 = D_{vd}^2$,$D_4 > D_3 > D_w > (D_2 = D_v = D_{vd}) > D_s > D_1 > D_h$。

上表中个数基准和质量基准的平均径是可以按式(1.29)换算的。

应该指出的是,上述单一粒径和平均粒径的计算是为不同的实际单元操作过程或某一粉体研究需要服务的。由于实际工程中粉体粒径范围相差较大,而且测量方法不同,表示颗粒粒径大小的数值也有差异,若采用不同的计算方法,所得结果也相去甚远。因此,在进行平均粒径的计算时,首先要清楚具体的生产单元操作过程、粒径范围、粒径应用的目的等,再选择具有代表性的粒径测定方法和计算方法。例如:对于分离操作系统的颗粒,最好选用重力沉降和离心沉降方法测定颗粒的 Stokes 径,即按沉降速度求当量径;而测量催化剂颗粒粒径时,最好采用比表面积及比表面积平均径。有关粒径的测量方法,将在后面描述。

1.1.4 颗粒的形状

1.1.4.1 颗粒形状的概念

颗粒形状是指一个颗粒的轮廓边界或表面上各点所构成的图像,它是除粒径外,颗粒的另一几何特征。颗粒的形状对粉末体的许多性质均有直接的影响,例如粉末的比表面积、流动性、压缩性、固着力、填充性、研磨特性和化学活性,也直接与粉末在混合、压制、烧结、储存、运输等单元过程的行为相关。

工程上,根据粉末的使用目的,人们对颗粒的形状有不同的要求。例如:对于磨料的粉末,要求其为多角形;对于涂料固体添加剂,要求其为片状颗粒,以使其固着力强、反光效果好;对于制造铜过滤器的金属粉末,要求其为均匀的球状,以使孔隙均匀;对于 3D 打印技术所用的粉末,要求其为球形,以便有较好的流动性和堆积特性。粉末颗粒的形状与其加工制备过程密切相关,例如,简单摆动颚式破碎机会产生较多的片状产物，喷雾干燥制备的粉末多为球状颗粒，水雾化青铜粉末为不规则的颗粒，而气雾化可得到球形颗粒。

表 1.5 中给出了一些工业产品对颗粒形状的要求。

表 1.5 工业产品的应用对颗粒形状的要求

序号	产品种类	对性质的要求	对颗粒形状的要求
1	涂料、墨水、化妆品	固着力强、反光效果好	片状颗粒
2	橡胶填料	增强性、耐磨性	非长形颗粒
3	塑料填料	高冲击强度	长形颗粒
4	炸药引爆物	稳定性	光滑球形颗粒
5	洗涤剂和食品工业	流动性	球形颗粒
6	磨料	研磨性	多角状
7	3D 打印	流动性、堆积特性	球形颗粒

由于颗粒的形状千差万别，描述颗粒形状的方法可分为两类，即语言术语和数学术语。表 1.6 给出了一些描述颗粒形状的术语。尽管某些术语并不能准确地描述颗粒的形状，但它们却能反映颗粒形状的某些特征，因而在工程上得到广泛的应用。

表 1.6 颗粒形状的基本术语

球形 spherical	粒状 granular
立方体 cubical	棒状 rodlike
片状 platy, discal	针状 needlelike
柱状 prismoidal	纤维状 fibrous
鳞状 flaky	树枝状 dendritic
海绵状 spongy	聚集体 agglomerate
块状 blocky	中空 hollow
尖角状 sharp	粗糙 rough
圆角状 round	光滑 smooth
多孔 porous	毛绒 fluffy, nappy

1.1.4.2 形状指数和形状系数

1)形状指数

在理论研究和工程实际中，为准确地表达颗粒的形状，往往用数学语言描述颗粒的几何形状。除特殊场合需要三种数据以外，一般至少需要两种数据及其组合。常使用的数据包括三轴方向颗粒大小的代表值、二维图像投影的轮廓曲线，以及表面积和体积等立体几何各有关数据。通常将表示颗粒外形的几何量的各种无因次组合称为形状指数(shape index)。形状指数是对单一颗粒本身几何形状的指数化，它是根据不同的使用目的，给出颗粒理想的形状图像，然后将理想形状与实际形状进行比较，找出二者之间的差异并指数化。常用指数有：

(1)与三维尺寸相关的形状指数

均齐度：以长方体为颗粒的基准几何形状，根据长、宽、高三轴径 l、b、h 之间的比值，导出下面指数：

$$长短度 = l/b\ (\geqslant 1)$$

$$扁平度 = b/h(\geqslant 1)$$

另外，也可用中心方向比来表示均齐度，即：

中心方向比＝通过颗粒的投影质心的最大直径与垂直径之比＝$D_{最大}/D_{垂直}$。

圆度:粒径/等面积椭圆的长径。

椭圆度:等效椭圆的轴向比。

(2)与表面积或体积相关的形状指数

① 表面指数:(周长)^2/[4π·(面积)]

② 面积填充度 f_b:表示颗粒投影面积 A 与最小外接矩形面积之比,即

$$f_b = A/lb\ (\leqslant 1)$$

③ 体积填充度 f_v:表示外接长方体体积与颗粒体积 V_p 之比,即

$$f_v = lbh/V_p$$

l/f_v 可看作颗粒接近长方体的粒径,极限值为1。

④ 球形度 ϕ_0:表示颗粒接近球体的程度,即

$$\phi_0 = \text{与颗粒体积相等的球体的表面积/颗粒的表面积}(\leqslant 1)$$

对于形状不规则的颗粒,当测定其表面积困难时,可采用实用球形度,即

$$\phi_0' = \text{与颗粒投影面积相等的圆的直径/颗粒投影的最小外接圆的直径}(\leqslant 1)$$

(3)与颗粒投影周长相关的形状指数

① 圆形度 ϕ_c:表示颗粒投影与圆的接近的程度,即

$$\phi_c = \text{相同投影面积圆的周长/颗粒投影周长} = \pi D_H/L$$

$$D_H = \sqrt{4A/\pi}$$

② 表面粗糙度 ξ:

$$\xi = \text{颗粒投影周长/相同面积椭圆的周长}$$

③ 褶皱度 s:

$$s = \text{颗粒投影周长/光滑曲线外接颗粒轮廓的周长}$$

图1.12给出了不同形状颗粒在不同圆形度和表面粗糙度坐标体系中的区别。

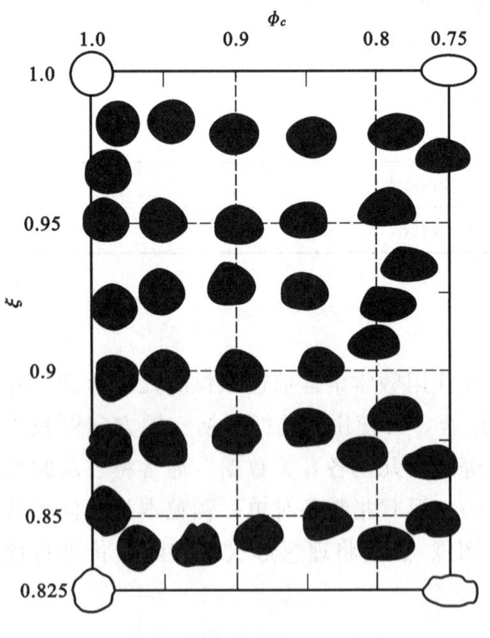

图1.12 不同形状颗粒在圆形度和表面粗糙度坐标体系中的投影

2)形状系数

在表征粉末体性质、具体的物理现象和单元过程等函数关系时,把颗粒形状的有关因素概括为一个修正系数加以考虑,该修正系数即为形状系数。实际上,形状系数是用来衡量实际颗粒形状与规则形状如球形或长方体颗粒形状的差异程度。比较的基准是具有与表征颗粒群粒径相同的球体积、表面积、比表面积等与实际情况的差异。

若以 Q 表示颗粒平面或立体的参数,d_p 为平均粒径,二者的关系为:

$$Q = \phi d_p^n,\quad \phi\ \text{为形状系数}$$

当用颗粒体积 V_p 代替 Q,即

$$V_p = \phi_v d_p^3,\quad \phi_v\ \text{为体积形状系数}$$

当用颗粒的表面积 S 代替 Q,即

$$S = \phi_s d_p^2,\quad \phi_s\ \text{为表面积形状系数}$$

比表面积形状系数定义为:

$$\phi = \phi_s/\phi_v$$

对于球形颗粒:

$$V_p = \pi d_p^3/6 \qquad \phi_v = \pi/6$$

$$S_p = \pi d_p^2 \qquad \phi_s = \pi$$

$$\phi = \phi_s/\phi_v = 6$$

几种规则形状颗粒的形状系数由表1.7给出。

3)动力学相关的形状系数

(1)阻力形状系数

在低雷诺数的层流区(又称 Stokes 区),非球形颗粒受到黏度为 η、相对速度为 u 的流体阻力 F_D,可按 Stokes 定律给出,即

$$F_D = 3\pi\eta u D_p k_v \tag{1.30}$$

式(1.30)中的 k_v 为阻力形状系数。粒径 D_p 可取 Stokes 径 D_{st}、等表面积相当径 D_s、等体积相当径 D_v,从而得到相应不同的阻力形状系数,如表1.8所示。

表 1.7 规则形状颗粒的阻力形状系数

颗粒形状	ϕ_s	ϕ_v	ϕ
球形 $l=b=h=d$	π	$\pi/6$	6
圆锥形 $l=b=h=d$	0.81π	$\pi/12$	9.7
圆板形 $l=b,h=d$ $l=b,h=0.5d$ $l=b,h=0.2d$ $l=b,h=0.1d$	$3\pi/2$ π $7\pi/10$ $3\pi/5$	$\pi/4$ $\pi/8$ $\pi/20$ $\pi/40$	6 8 14 24
立方体形 $l=b=h$	6	1	6
方柱及方板形 $l=b$ $h=b$ $h=0.5b$ $h=0.2b$ $h=0.1b$	 6 4 2.8 2.4	 1 0.5 0.2 0.1	 6 8 14 24

表 1.8 不规则颗粒的阻力形状系数和动力学形状系数

不规则颗粒	粒径/μm	体积形状系数 ϕ_v	阻力形状系数 k_v	动力学形状系数 k
煤粉	0.56~4.3	0.38	1.50	1.88
	>4	0.25	0.8	1.15
石英	0.65~1.85	0.35	1.43	1.84
	>4	0.24	0.91	1.23
UO_2	0.21~0.63	0.34	0.85	1.11
	0.21~1.68	0.34	0.95	1.24
ThO_2	0.23~0.68	0.23	0.75	1.19
	0.23~3.38	0.23	0.93	1.42

(2)动力学形状系数

在研究颗粒在流体中的运动时,颗粒的动力学形状系数 k 可定义为:

k=作用于颗粒的实际阻力/作用于同体积球体的阻力

上式可涵盖层流区和湍流区。

若颗粒用等体积相当径 D_v 表示,由 Stokes 公式可得:

$$k = 3\pi\eta\mu D_v k_v/(3\pi\eta\mu D_v) = k_v \tag{1.31}$$

式(1.31)表明在层流区,动力学形状系数 k 与阻力形状系数 k_v 相等。

对非层流区,颗粒的最终沉降速度 v_t 可写成:

$$v_t = (\rho_p - \rho_t)D_v^2 g/18\eta k \tag{1.32}$$

ρ_p、ρ_t 分别表示颗粒和流体的密度,g 为重力加速度。由此可给出:

$$k = D_v^2/D_{st}^2 \tag{1.33}$$

对于团聚颗粒，Kousaka 等按等径小球模型给出动力学形状系数。

对于团族状聚集体：$k=1.233$；

对于任意方向的链状聚集体：$k=0.862n^{1/3}$，n 为单个团聚体中原始小球的数目。

表 1.8 给出了各种不规则颗粒的阻力形状系数的实验结果。实验中颗粒直径采用投影面积相当径 D_H。

1.1.4.3 颗粒形状的数学分析

计算机科学与技术的发展和应用，特别是定量图像分析的出现，使过去只能从几何外形上对颗粒形状进行大致的分类，发展到今天可以在数值化的基础上严格地定义和区分颗粒形状与表征颗粒表面粗糙度。最早提出的颗粒二维轮廓形状数值化处理方法的是 H. P. SchWrcz 等人的 Fourier（傅里叶）分析法。1970 年，B. B. Mandelbort 提出分数维分析（fractal analysis），用以表征粗糙颗粒的粗糙度。1990 年 N. N. Clark 提出用分数谐（调和）函数（fractal harmonics）表征颗粒形状的原理，发展了分数维概念。这些成果使颗粒形状的数学研究得到了很大的发展。

对颗粒进行数学分析，经常会在颗粒内建立坐标系，如图 1.13、图 1.14 所示。以下是两种常用的建坐标方法。

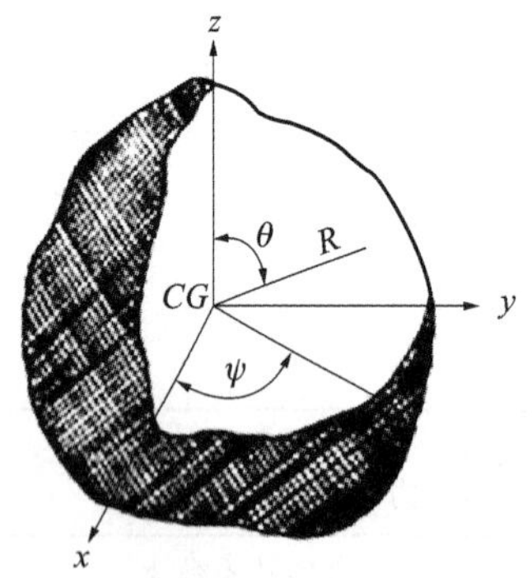

图 1.13 立体颗粒的球坐标

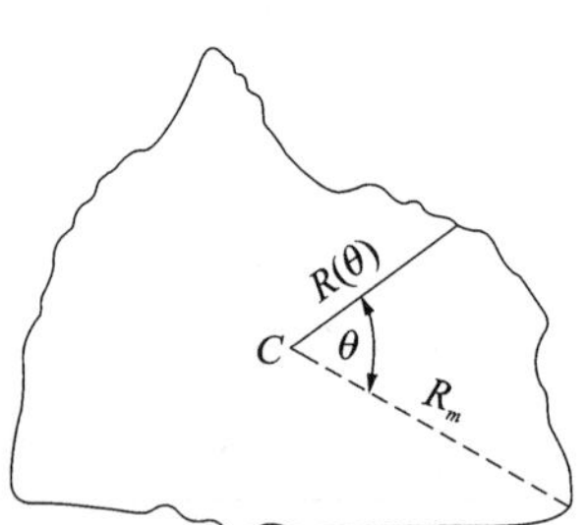

图 1.14 一个砂粒的侧形轮廓

立体颗粒的坐标体系：CG——质心，颗粒表面上的全部点可用半径向量 R、方位角 ψ 和极角 θ 描述。颗粒的轮廓用极坐标表示：$R(\theta)$——半径向量，θ——极角，R_m——最大半径。

1）傅里叶级数展开的 (R,θ) 法

周期为 2π 的函数 $f(x)$ 可以展开成三角级数：

$$f(x)=\frac{a_0}{2}+\sum_{n=1}^{\infty}(a_n\cos nx+b_n\sin nx)$$

$$a_n=\frac{1}{n}\int_{-\pi}^{\pi}f(x)\cos nx\,\mathrm{d}x$$

$$b_n=\frac{1}{\pi}\int_{-\pi}^{\pi}f(x)\sin nx\,\mathrm{d}x$$

$$(n=1,2,3,\cdots)$$

若上面两积分存在，它们定出的系数 $a_0,a_1,a_2,\cdots;b_1,b_2,\cdots$，叫作函数 $f(x)$ 的傅里叶系数。而三角级数即为函数 $f(x)$ 傅里叶级数：

$$\frac{a_0}{2}+\sum_{n=1}^{\infty}(a_n\cos nx+b_n\sin nx)$$

图 1.15 给出了几个低次项三角函数波形和它们表示的图形。

如图 1.16 所示，用扫描装置对颗粒投影像边缘上的若干个点（30～50 个点）进行位置测量。通过信号的模数转换获得每个点的 (x,y) 坐标，求出重心作为原点，转换为 (R,θ) 极坐标。这 50 个点的 (R,θ) 值就近似代表了图像形状和尺寸的全部信息。

显然，R 随 θ 的变化以 2π 为周期，因此可以表示为 Fourier 级数：

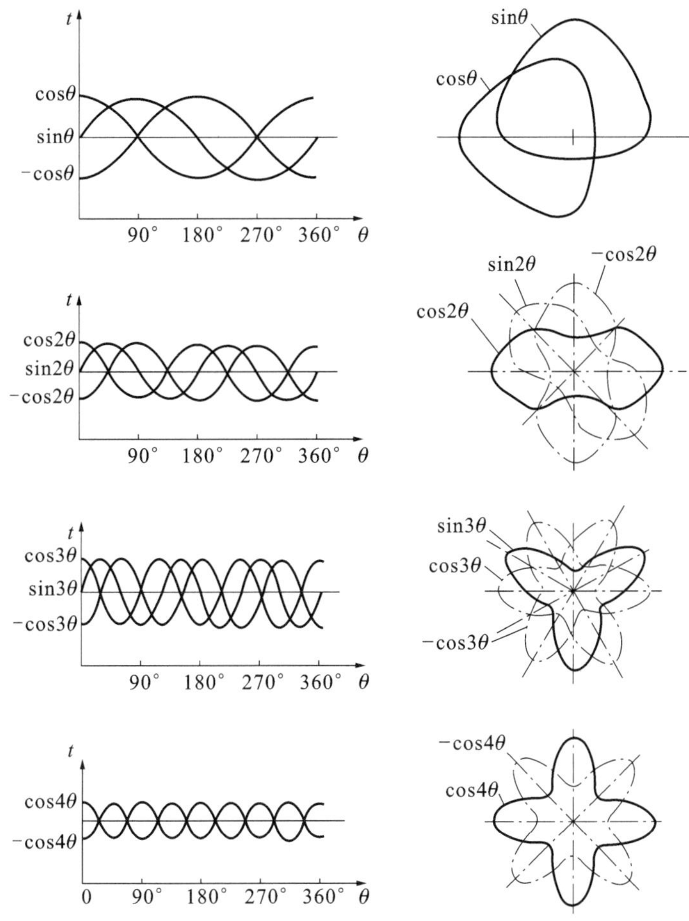

图 1.15　三角函数的波形及生成的图形

$$R(\theta) = A_0 + \sum_{n=1}^{\infty}(a_n\cos n\theta + b_n\sin n\theta) \tag{1.34}$$

可以由这 50 个点的(R,θ)值确定 Fourier 系数 A_0 以及一组系数$\{a_n\}$ 和$\{b_n\}$。这些数值便含有颗粒形状和尺寸的所有信息。若各 a_n 和 b_n 都等于零，则图形为圆，其半径为零阶系数 A_0。如将各阶系数都用 A_0 去除，便得到归一化系数，这些归一化系数就只反映图形的形状。其中低阶系数反映图形的主要特征，高阶系数则反映图形的细节。

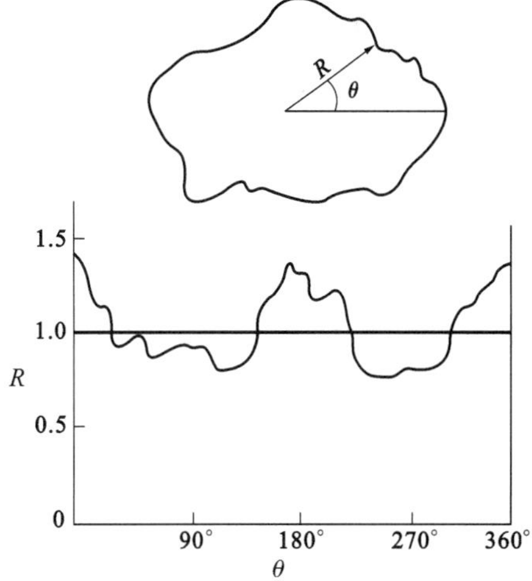

图 1.16　颗粒平面投影像的极坐标图

用这些 Fourier 系数的值可以再现颗粒投影像的形状，并计算出任何规定的形状因子。例如计算中心方向最大比 CAR，它表示通过重心的最大弦长和与之垂直的弦长之比：

$$CAR = \frac{R(0)+R(\pi)}{R\left(\frac{\pi}{2}\right)+R\left(\frac{3\pi}{2}\right)} = \frac{2A_0 + 2\sum_{n=1}^{\infty}a_{2n}}{2A_0 + 2\sum_{n=1}^{\infty}(-1)^n a_{2n}} \tag{1.35}$$

此外，根据 Fourier 函数，还可定量计算颗粒的投影面积：

$$a = \int_0^{2\pi}\int_0^{R(\theta)} r\mathrm{d}r\mathrm{d}\theta = \pi\left[A_0^2 + \frac{1}{2}\sum_{n=1}^{\infty}(a_n^2 + b_n^2)\right] \tag{1.36}$$

用 Fourier 函数的系数$\{a_n\}$、$\{b_n\}$可以表示等面积当量径，即

$$R_0 = \sqrt{a_0 + \frac{1}{2}\sum_{n=1}^{\infty}(a_n^2 + b_n^2)}$$

颗粒的形状项定义为：(式中的 L 已经归一化，其值与颗粒大小无关，仅与形状有关)

$$L_0 = a_0/R_0$$

$$L_{1,n} = 0$$

$$L_{2,n} = \frac{1}{2R_0^2}(a_n^2 + b_n^2)$$

$$L_{3,n} = \frac{1}{4R_0^3}(a_n^2 a_{2n} - b_n^2 a_{2n} + 2a_n b_{2n})$$

一般简单形状的颗粒均可用 $R(\theta)$法进行指述和表征。当颗粒表面有内陷的情况时，这种方法不太适用，原因是 $R(\theta)$必须为单值函数。

2)分数维法

分数维(fractal dimension)法或称分形(fractals)法是一种描述粗糙边界图形的一种新的数学方法，近年来被用于描述粗糙颗粒的粗糙度和表面结构。欧几里得空间中，人们习惯把空间看成三维的，平面或球面看成二维，而把直线或曲线看成一维。也可以稍加推广，认为点是零维的，还可以引入高维空间，但通常人们习惯于整数的维数。

我们假定，一条线段、一个正方形和一个立方体，它们的边长都是 1。将它们的边长二等分，此时，原图的线度缩小为原来的 1/2，而将原图等分为若干个相似的图形。其线段、正方形、立方体分别被等分为 2^1、2^2 和 2^3 个相似的子图形，其中的指数 1、2、3 正好等于与图形相应的经验维数。

一般而言，如果某图形由把原图缩小为 $1/a$ 的相似的 b 个图形所组成，那么有：

$$a^d = b$$

则：

$$d = \lg b/\lg a$$

指数 d 称为相似性维数，d 可以是整数，也可以是分数。

一根直线，长度是有限的。如果用 0 维的点来量它，其结果为无穷大，因为直线中包含无穷多个点；如果用一块平面来量它，其结果是 0，因为直线中不包含平面。那么，用怎样的尺度来量它才会得到有限值呢？看来只有用与其同维数的小线段(步长)来量它才会得到有限值，而这里直线的维数为 1(大于 0、小于 2)。

如果引入分数维的概念，曲线的形状复杂程度就可表示出来，如图 1.17 所示，曲线的分数维维数数值越大，曲线的形状就越复杂，而在整数维体系中所有曲线维数均为 1。

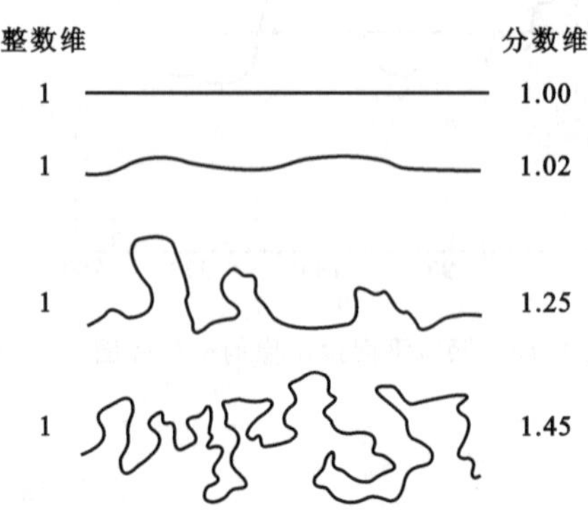

图 1.17　曲线的整数维和分数维

以 Koch 曲线为分析对象，如果我们画一条 Koch 曲线，其整体由一条无限长的线折叠而成。显然，用小直线段量，其结果是无穷大，而用平面量，其结果是 0(此曲线中不包含平面)，那么只有找一个与 Koch 曲线维数相同的尺子量，它才会得到有限值，而这个维数显然大于 1、小于 2，那么只能是小数(即分数)了，所以存在分数维。而且，度量的值取决于维数的使用。

设想从一条线段开始，根据下列规则构造一条 Koch 曲线：

① 三等分一条线段；

② 用一个等边三角形替代第一步划分三等分的中间部分；

③ 在每一条直线上，重复第二步。

Koch 曲线是以上步骤无限重复的极限结果。

Koch 曲线的长度为无穷大，因为以上的变换都是一条线段变四条线段，每一条线段的长度是上

一级的 1/3，因此操作 n 步的总长度是 $(4/3)n$；若 $n\to\infty$，则总长度趋于无穷。Koch 曲线的每一部分都由 4 个跟它自身比例为 1∶3 的形状相同的小曲线组成，所以有

$$3^d = 4$$

那么它的豪斯多夫维数（分维数）为 $d=\lg4/\lg3=1.26185950714\cdots$

其线段总长为：

$$L = nr = r^{1-d_F} \tag{1.37}$$

式中 n——线段条数；

r——每条线段的长度；

d_F——分数维的维数。

图 1.18 示出了 Koch 三次岛（triadic island）和四次岛（quadratic island），后两个图形是分别以正三角形和正方形为基础画出的。

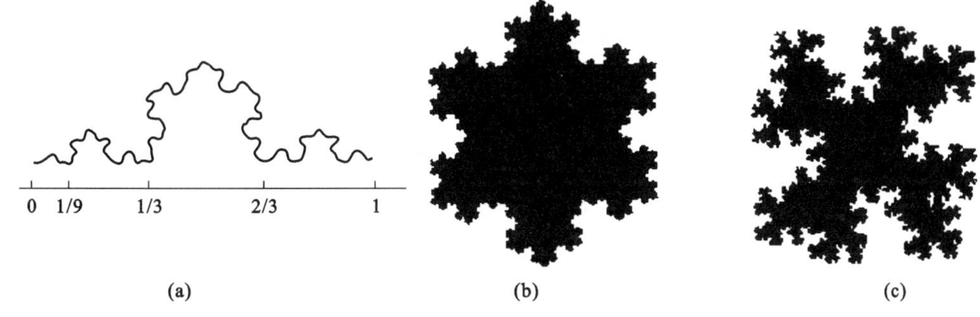

图 1.18 典型的分数维曲线及其图形

(a)Koch 曲线；(b)Koch 三次岛；(c)Koch 四次岛

分数维曲线的一个重要特点是自相似性。如图 1.18 (a)所示，区间[0,1/3]的曲线与区间[0,1]的曲线相似，缩小区间范围，这种相似性仍然存在。

利用分数维的自相似原理，可以表征许多不规则的轮廓形状，其中包括表征颗粒的形状。

图 1.19 所示为具有复杂边界轮廓的炭黑聚团颗粒，Kaye 计算了它的分数维。具体方法为：若从边界上任一点 S 起始，以半径 r 画弧，得到与边界轮廓的交点 A；从 A 点画弧，得到 B。重复上述过程，直到最后得到余量，该聚团颗粒的总周长 L 可近似表示为：

$$L = Kr^{1-d_F} \tag{1.38}$$

式中 r 称为步长。若将周长 L 和步长 r 在双对数坐标上作图，可得到 $\lg L$ 与 $\lg r$ 关系的直线，如图 1.19 所示，其斜率为 $1-d_F$。d_F 就是需要的分数维，这里炭黑颗粒的 $d_F=1.32$。计算取步长时已用最大 Feret 径将其归一化。

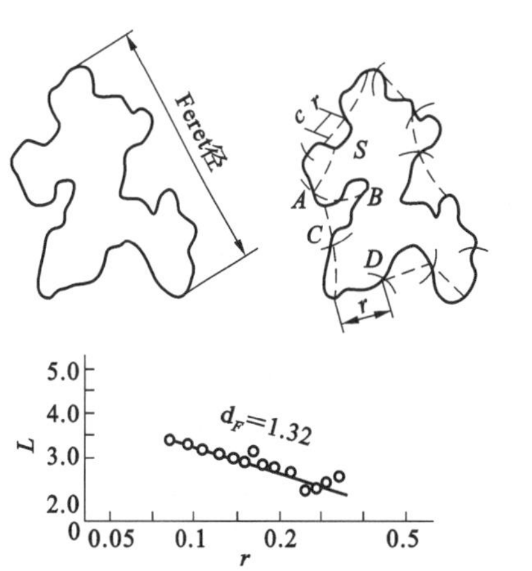

图 1.19 炭黑聚团颗粒的分数维表示方法

分数维方法不仅可以解决颗粒的粗糙度问题，还能够定量地描述颗粒表面的结构。在颗粒形状分析中，处理卷褶状颗粒和颗粒聚团是比较困难的，分数维方法提供了描述这类非欧几里得结构的一种手段。

应该指出，颗粒形状的数学分析在对颗粒形状作定量表达后，可以进一步用统计方法或模糊数学方法对颗粒形状进行分类。这样，在研究各种机械过程、化学或物理化学过程中颗粒形态效应也就有了比较好的定量分析手段。

1.2 粉末粒径的测量

1.2.1 粒径测量方法分类

粉末颗粒的粒径和形状会显著影响粉末及其产品的性质和用途。因此，对粉末粒径和形状的测量越来越受到人们的重视。例如，水泥的强度与其细度有关，人造金刚石的粒径和粒径分布与晶型决定了其质量等级，WC 粉末粒径直接影响硬质合金的性能，催化剂粉末的粒径对其催化活性有重要影响，各种新能源电池电极粉末原料的粒度与形状直接影响其电化学性能。此外，各种粉末和表面加工单元过程也往往需要用粒径和粒径分布来评价。随着现代纳米材料与技术的发展，人们对粉末粒径与形状的测量提出了更高的要求。

已经发展了许多粒径测量的方法，随着现代光电技术、信息技术的发展，这些测量方法在实践中得到改进和完善，变得越来越方便快捷。简单而言，粉末粒径的测量方法和装置可以大致分成 7 组，如表 1.9 所示。

表 1.9 粒径测量方法分类

方法分类		测量装置	测量结果
直接观察法		放大投影器、图像分析仪（与光学显微镜或电子显微镜相连）	粒径分布，形状参数
筛分法		电磁振动式、音波振动式	粒径分布直方图
沉降法	重力	比重计、比重天平、沉降天平 光透过式，X 射线透过式	粒径分布
	离心力	光透过式，X 射线透过式	粒径分布
激光法	光衍射	激光粒度仪	粒径分布
	光子相干	光子相干粒度仪	粒径分布
小孔通过法		库尔特粒度仪	粒径分布，个数计算
流体透过法		气体透过粒度仪	表面积，平均粒度
吸附法		BET 吸附仪	表面积、平均粒度

下面将重点介绍工程上常用的几类方法。

1.2.2 显微镜法

1.2.2.1 *原理*

显微镜法是为数不多的能对单个颗粒进行观测和测量的方法。利用它可以直接了解颗粒的大小、形状、表面形貌、颗粒结构状况（孔隙、疏松状况等）。因此，显微镜法是一种最基本也是最常用的测量方法。由此也常被用于对其他测量方法进行校验和评定。

显微镜法测量的下限取决于它的分辨率。如果被测量的两个颗粒相距很近，当边缘之间的距离小于分辨率时，由于光的衍射现象，两个颗粒图像会衔接在一起而被看作一个颗粒。若颗粒的尺寸小于分辨率时，颗粒图像的边缘将会变得模糊。显微镜的分辨率取决于光学系统的工作参数和光的波长。普通光学显微镜的分辨率为 0.2 μm，放大倍数最大可达到 1000 倍，通常用于 0.5～200 μm 颗粒的测量。一般透射电子显微镜的分辨率可达 0.2 nm，放大倍数可达数十万倍，可用于纳米至微米范围粒径的测量。扫描电子显微镜的分辨率可达 2.0 nm，可放大到数千倍至数万倍，可用于 0.003～30 μm范围内的粒径测量。当然，电子显微镜测量颗粒粒径的范围也与其工作状态有关。

显微镜观测和测量的只是颗粒的平面投影图像。多数情况下，颗粒在平面上的取位是其重心最低的一个稳定位置，它的空间高度方向的尺寸一般会小于它的另两个尺寸。颗粒为球形时，可由其投影图像测量其粒径。当颗粒为不规则状时，测量的结果是表征该颗粒的二维尺度，而不能反映其第三维尺度。

不仅如此，显微镜法得到的单幅图像中的颗粒数少，缺乏代表性，需要扩大测量的范围。

1.2.2.2 粒径测量

显微镜法测量粉末粒径时，所用的粉末量极少。因此，重要的问题是从粉末体中获取具有代表性的均匀分散的少量粉末。

采用普通光学显微镜测量时，为了使粉末颗粒均匀分散在载玻片上，要完全破坏颗粒的聚集状态，使之呈单个颗粒状态暴露在视场中，一般采用对粉末润湿性好、不与粉末起化学反应、易挥发的有机溶剂作为分散剂，如酒精、丙酮、二甲苯、醋酸乙酯等。制样时，可取少量粉末置于玻璃片上，滴加分散介质，用另一玻璃片搓动，当分散介质完全挥发后，即可观察。对于粒径小于 5 μm 的粉末，上述方法分散困难，可将粉末分散在液体介质中形成浓度较小的悬浮液，超声分散一段时间后取几滴滴加在玻璃片上待分散介质挥发后观察。透射电子显微镜样品必须将粉末分散在介质中制成低浓度的悬乳液，超声分散后滴加在专用铜网上，完全干燥后观察。扫描电子显微镜制品可将粉末黏结在导电基体上，颗粒自身不导电的粉末需要蒸镀一层金膜或碳膜，以便清楚地观察。

为获得具有统计意义的测量结果，显微镜法需要对尽可能多的颗粒进行测量，被测的颗粒数越多，测量结果越可靠。Allen(1990 年)给出的某一粒级颗粒数占所有粒级颗粒总数的百分数 P_r 的期望标准偏差 $S(P_r)$ 为：

$$S(P_r) = \left[\frac{P_r(100 - P_r)}{\sum N_r}\right]^{1/2} \tag{1.39}$$

$\sum N_r$ 为所有粒级颗粒的总数。显然，式(1.39)在 $P_r = 50$ 时，标准偏差有一个最大值。因此当定义了标准偏差不超过 2% 时(这是大多数情况下能够接受的误差值)，通过式(1.39)可以计算出，$\sum N_r \geqslant 625$，这也是要求测量的最少颗粒数。

在使用普通光学显微镜测量时，常在目镜中插入刻有一定标尺和不同大小的直径圆的刻度片，称为目镜测微尺。测微尺的种类很多，常用的有直线测微尺和网格测微尺，如图 1.20 所示。

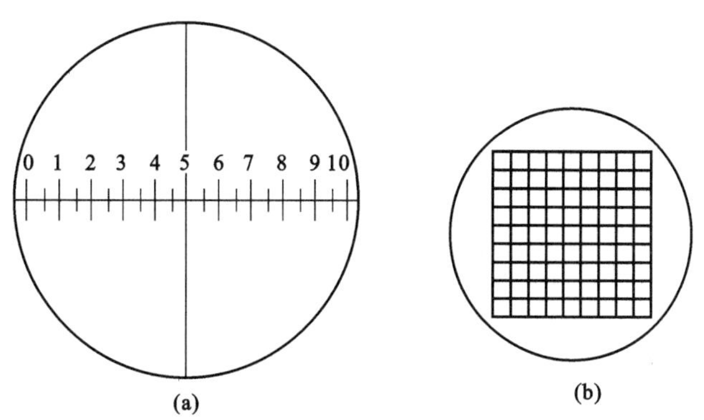

图 1.20 目镜测微尺

(a)直线测微尺；(b) 网格测微尺

利用直线测微尺，可给出 Feret 径、Martin 径。实际上最简单的是线切割法，即视场向一个方向移动，测量落在目镜测微尺上所有颗粒被截取部分的长度，如图 1.21 所示。由于颗粒在载玻片上是无定向的，因此，需分 10～20 个粒径级，测量数目不少于 600 个，测量结果能够反映一定的统计学的真实性。

英国标准中(British Standard 3406)以投影面积直径作为显微镜法粒径分析的基准。如图 1.22 所示，给出 7 个圆和 5 个不同的几何区域，圆的直径按$\sqrt{2}$为等比的几何级数增加。测量时，颗粒的空间变化可最小化为相应象限中的投影。

显微镜法测量时，首先对颗粒投影图形结果进行分析，获得的是若干个粒级内颗粒的数目，然后按照表1.2数据处理方法给出粒径的频率分布和累积分布，以及平均粒径等。电子显微镜则是先获得颗粒的照片，然后再进行后续处理。

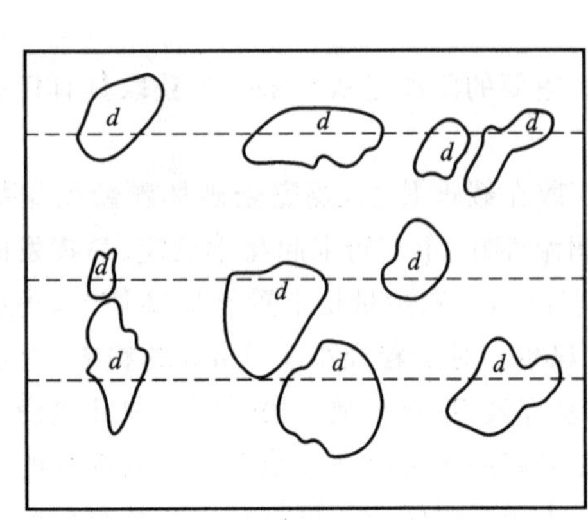

图1.21 线切割法测量粒径

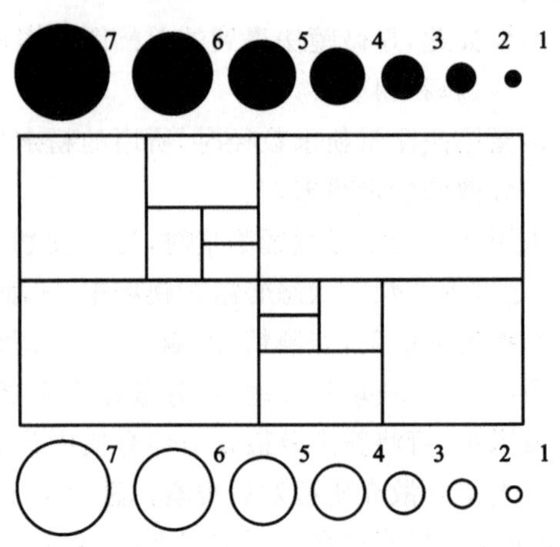

图1.22 英国标准中显微镜法粒径分析的基准

1.2.2.3 图像分析

目前已经发展了许多全自动或半自动的显微镜颗粒测量方法，如利用现代图像分析技术，它主要是首先获得颗粒投影图像，然后对颗粒进行记数、测量和计算，并给出各种要求的分析结果。

现代图像分析仪在样品分析前有增强图像质量以及将连在一起的颗粒进行分离的功能。如果测量的颗粒是原始图像，那么允许使用增强图像质量的功能。形状不规则的颗粒或带有尖角的颗粒不应被分割，因为将其分割会导致颗粒形貌被扭曲。根据一定的判别方法，在测试中特殊的连在一起的颗粒都应该舍弃。连在一起的球形颗粒可以被分割，因为这样引起的颗粒投影面积扭曲最小。典型图像分析法的流程见图1.23。

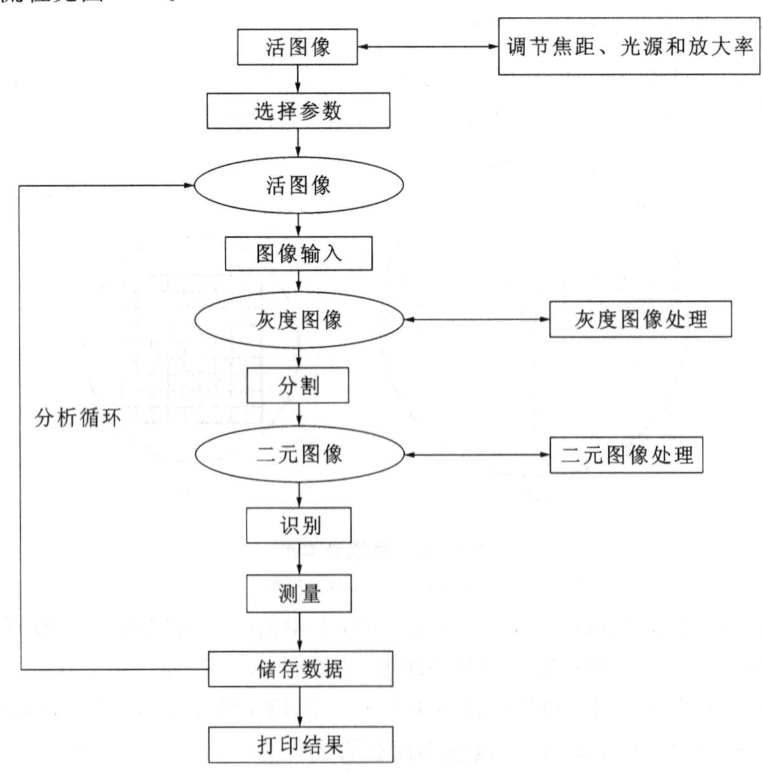

图1.23 典型图像分析法的流程图

（1）粒度分级和放大

在采用图像分析测量粒度时，物像分辨率的理论极值为 1 个像素。在最大分辨率为 1 个像素时逐个进行计数。对图像进行任何压缩都可能降低分辨率。然而，有必要在最终的结果报告中确定粒度分级。理想的最大分辨率应根据所需的精度进行调整，而精度是待测颗粒总数、动态范围以及将最小颗粒考虑在内的像素数目的函数。因此，在给出粒度定量分析报告前，建议将像素转换成实际的尺寸。

使用的放大倍率应满足条件，即待测最小颗粒的投影面积符合精度要求。所有待测颗粒以粒度大小分级，并按 1 个像素的分辨率进行存储。在最终结果中应将颗粒以粒度分级的形式进行记录。对粒径分布窄的样品而言，颗粒分级遵循线性级数关系；而对粒径分布宽的样品而言，颗粒分级遵循对数级数关系。级数区间的设定应根据动态范围和待测颗粒总数而定。按粒度大于或等于该粒度分档的下限值 X_{LIL} 但小于分档的上限值 X_{UIL} 将颗粒进行分档，如下所示：

$$X_{LIL} \leqslant X < X_{UIL}$$

对每一个测试框采用 t 检验（student's test）以及采用 F 检验（方差齐性检验）分别对平均粒径和标准偏差的显著性进行核查。不符合要求的数据应该舍弃。

（2）被测试框边缘所切割的颗粒

如果出现在图像框中的所有颗粒都用于测量，由于某些颗粒会被图像框的边缘切割而使最终分布精度降低。为了避免这种情况发生，在图像框中又定义了测试框，在下面两种情况下可使用测试框。

① 所有颗粒分配到 1 个像素的区域（如颗粒质心）作为特征计数点。仅当颗粒的特征计数点落在测试框中时，该颗粒应统计在内[见图 1.24(a)]。如果在图像框和测试框边缘有足够的空间，测试框可以是任意形状，那么统计在内的颗粒都不会被测试框边界所切割。

② 落在矩形框的底边界和右边界的颗粒将被舍弃。部分落在测试框左边界和上边界的颗粒以及完全落在框中的颗粒将被统计在内[见图 1.24(b)]。在图像框和测试框的左边界和上边界间必须留有足够的空间，那样统计在内的颗粒不会被测试框边界所切割。以上就涵盖了所有可能的情况，但不包括颗粒横跨框的两个对边的情况，即某些颗粒在该放大倍率下由于太大以至于不能测量，以及某些呈尖锐针状的颗粒不适合按任何面积分级。图像分析系统舍弃所有横跨框的两个对边的颗粒。对于不同的粒度分级和不同形状的颗粒，系统可选用行之有效的测试框。

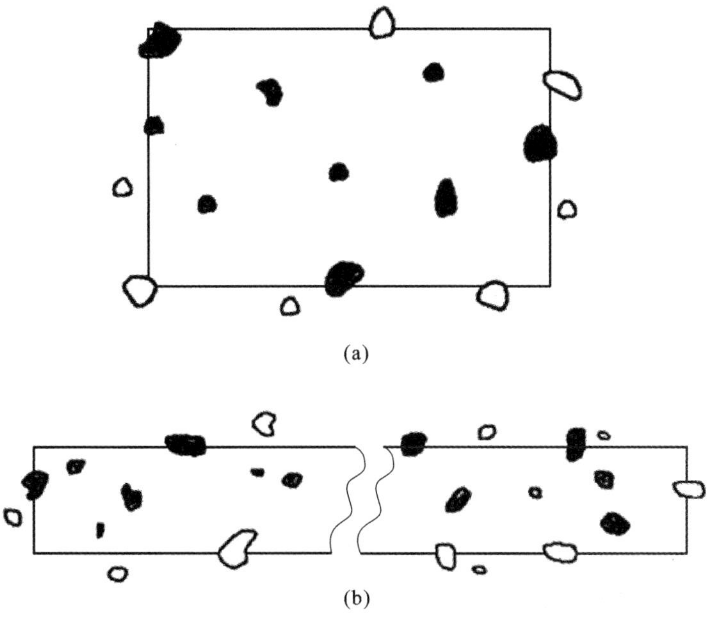

图 1.24　被测试框边界切割的颗粒情况分析

(a)单独测试框的统计；(b)条状统计框

（注：阴影部分的颗粒统计在内；无阴影部分的颗粒舍弃）

所有完全位于测试框中的颗粒将被统计在内。所有在测试框外或被边界切割的颗粒均被舍弃。一个颗粒被统计在内的可能性与其粒度成反比。因此引入一偏差，颗粒粒径越大，它也越大。在 $Z_1 \times Z_2$ 的矩形测试框中，具有水平 Feret 值 X_{F1} 以及垂直 Feret 值 X_{F2} 的颗粒 i 的概率 P_i 由下式给出：

$$P_i = \frac{(Z_1 - X_{F1})(Z_2 - X_{F2})}{Z_1 Z_2}$$

当球形颗粒的直径为 X_A 时，上式可简化为：

$$P_i = \frac{(Z_1 - X_A)(Z_2 - X_A)}{Z_1 Z_2}$$

因此，在测试框中颗粒总数应除以概率 P_i。

示例：在一个 100 个单位×100 个单位的正方形测试框中，其颗粒粒径在 2 个单位到 10 个单位内变化，完全在测试框中的颗粒数和修正因子如表 1.10 所示。

表 1.10　修正读数示例

直径 X_i（任意单位）	原始读数 n_i	概率 p_i	修正读数 n_i/p_i
2	81	0.96	84
4	64	0.92	70
6	49	0.88	56
8	36	0.85	42
10	25	0.81	31

图 1.25 给出了进行图像分析后获得的结果示例。

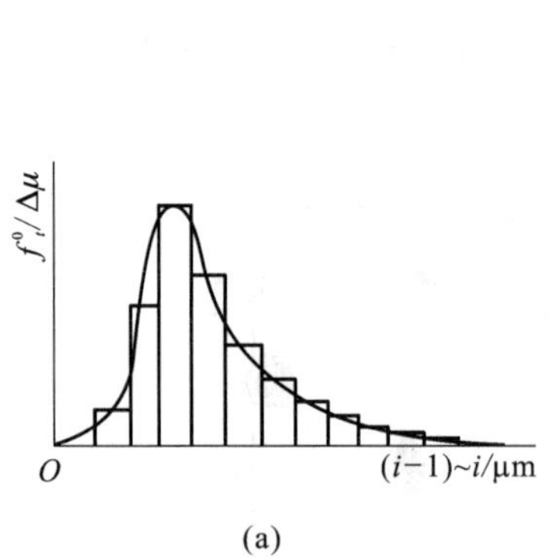

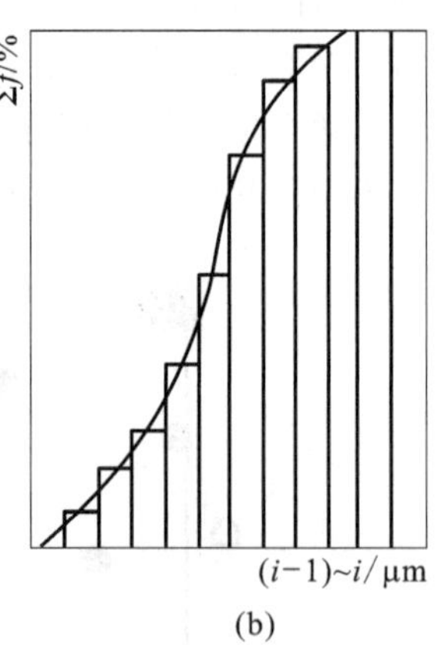

图 1.25　进行图像分析后可获得的结果示例

(a)频率分布图；(b)累积分布图

1.2.3　筛分法

1.2.3.1　基本原理

利用按筛孔尺寸由大到小组合的一套筛，借助振动把粉末分成若干等级，称量各级粉末的质量，即可计算用质量的百分比表示的粒径组成。粉末通过每一级筛子，可分成两部分：留在筛上面的较粗的筛上物和通过筛孔的较细的筛下物。筛网的孔径和粉末的粒径通常用微米（或毫米）或目数来表示。所谓目数是指筛网 1 英寸(25.4 mm)长度上的网孔数，可用下式表示：

$$m = \frac{25.4}{a + b} \tag{1.40}$$

式中 m——目数；

a——网孔尺寸；

b——丝径。

筛网目数越大，筛孔越细；反之亦然。筛分法主要用于粒径较大颗粒的测量。

1.2.3.2 筛网标准与类型

套筛的标准由两个参数决定。一是筛比，指相邻两个筛子筛孔尺寸之比；二是基筛，指作为基准的筛子。根据筛比和基筛孔大小的不同，而有不同的标准筛制。目前最常用的是美国泰勒(Tyler)标准筛和国际 ISO 标准筛。美国泰勒标准筛有两个序列：一个是基本序列，其筛比是$\sqrt{2}=1.414$；另一个是附加序列，其筛比为$\sqrt[4]{2}=1.189$。基筛为 200 目，筛孔尺寸是0.074 mm。以 200 目为一起点，如以基本筛序而论，则其他筛子尺寸(目数)按 $200\times(\sqrt{2})^n$ 计算，$n=\pm1,\pm2,\cdots$。一般实际使用时只采用基本筛序，如果要求更细的粒级，可以插入附加筛序。

我国使用的是国际标准筛，国际标准筛基本沿用泰勒筛比，不同之处在于直接给出筛孔尺寸，以$\sqrt{2}$为等比系数递增或递减得到其他筛孔尺寸。表 1.11 给出 ISO 标准筛系列和 Tyler 系列。

表 1.11 ISO 标准筛系列与 Tyler 系列

Tyler 系列		ISO 系列	Tyler 系列		ISO 系列
目	筛孔尺寸/mm	筛孔尺寸/mm	目	筛孔尺寸/mm	筛孔尺寸/mm
5	3.962	4.00	42	0.351	0.355
6	3.327	—	48	0.295	—
7	2.794	2.80	60	0.246	0.250
8	2.362	—	65	0.210	—
9	1.981	2.00	80	0.175	0.180
10	1.651	—	100	0.147	—
12	1.397	1.40	115	0.124	0.125
14	1.168	—	150	0.104	—
16	0.991	1.00	170	0.088	0.090
20	0.883	—	200	0.075	—
24	0.701	0.710	250	0.061	0.063
28	0.589	—	270	0.053	—
32	0.495	0.500	325	0.043	0.045
35	0.471	—	400	0.038	—

1.2.3.3 实验过程与数据处理

筛分法分析粒径组成时，先选取一套筛子，依筛孔从大到小上下依次相套，底部放置底盘，上部放置端盖，紧固于振筛机上。规定振筛机为偏心振动式，即在振动过程中，能使实验筛按圆周摇动和上下振动，摇动次数为 270～300 次/min，振动次数为 140～160 次/min。筛分试验量依据粉末不同的松装比重称取 50～100 g，筛分时间为 15 min。也可以筛分进行到每分钟通过最大组分筛面上的筛分量小于样品量的 0.1%时，取为筛分终点。每次筛分时，实际收得各粒级粉末总量应不小于试样的98%，否则需要重新测定。

若筛分时所用的筛子目数为 n，则可以分为 $n+1$ 个筛级，用每个筛级称量得到的粉末量除以粉末量的总和，计算出筛级粉末的百分含量，精确到 0.1%，任何小于 0.1%的筛分量，以痕量报出。筛分结果举例如表 1.12 所示。

表 1.12 筛分结果分析

筛分粒级范围/目	筛孔尺寸范围/μm	筛分量	
		质量/g	百分含量/%
+80	>180	痕量	痕量
−80～+100	180～150	0.5	0.5
−100～+140	150～106	8.5	8.6
−140～+200	106～75	16.0	16.1
−200～+240	75～63	14.2	14.3
−240～+325	63～45	28.4	28.6
−325	<45	31.7	31.9
总量		99.3	100
试样量		100	100
损失量		0.7	

也可以用直方图按表 1.12 给出粒径的频率分布和累积分布。

1.2.4 重力沉降光透法

1.2.4.1 重力沉降的基本原理

密度为 ρ_s、粒径为 D、质量为 m 的球形颗粒，在密度为 ρ_t、黏度为 η 的无限容积液体中做沉降运动。假定：① 颗粒为刚性球体；② 颗粒沉降时互不干扰；③ 颗粒下降时做层流流动；④ 液体的容器为无限大且不存在温度梯度。颗粒沉降时作用在颗粒上的力有三个，即方向向下的重力 W，方向向上的浮力 F_a，与沉降速度相反的流体阻力 F_D，令颗粒在任一瞬间的沉降速度为 u，此时颗粒运动的方程可写为：

$$W - F_a - F_D = m\mathrm{d}u/\mathrm{d}t \tag{1.41}$$

重力：

$$W = mg = \pi D^3 \rho_s g/6 \tag{1.42}$$

浮力在数值上与颗粒所排除液体的重力相等：

$$F_a = \frac{1}{6}\pi D^3 \rho_t g \tag{1.43}$$

作用在颗粒上流体的阻力为：

$$F_D = \frac{\pi}{4}D^2(\rho_t u^2/2)C_D \tag{1.44}$$

式中的 $\frac{\pi}{4}D^2$ 是颗粒在沉降方向上的投影面积；$\rho_t u^2/2$ 是单位体积液体的动能；C_D 是阻力系数，它与雷诺系数 Re 密切相关，雷诺系数定义为：

$$Re = \rho_t u D/\eta \tag{1.45}$$

在层流区内，阻力系数 C_D 与雷诺系数 Re 之间的关系为：

$$C_D = 24/Re \tag{1.46}$$

代入式(1.44)得：

$$F_D = 3\pi\eta D u \tag{1.47}$$

式(1.47)称为 Stokes 阻力公式。显然，随着沉降速度 u 的增大，阻力 F_D 相应增加，由于重力 W 与浮力 F_a 数值保持不变，当沉降速度 u 增大到一定数值时流体阻力与重力、浮力平衡。颗粒的加速度 $du/dt=0$，此时颗粒将以平衡速度等速下降，称为最终沉降速度或 Stokes 速度 u_{st}。

式(1.41)中，令 $du/dt=0$，得：

$$u_{st} = \frac{(\rho_s - \rho_t)gD^2}{18\eta} \tag{1.48}$$

式(1.48)即为 Stokes 公式，Stokes 公式是沉降公式中的一个特例，它在雷诺系数较小的层流区成立，有关沉降的一般式将在后面的章节中讨论。

在已知颗粒和液体的密度和黏度后，即可按 Stokes 公式由最终沉降速度求得颗粒粒径。

在使用离心沉降时，若重力与离心力相比可忽略不计，可以用离心加速度 $\omega^2 r$ 来代替重力加速度 g，得最终沉降速度 u_c 与颗粒直径 D 的关系式：

$$u_c = \frac{\Delta\rho\omega^2 rD^2}{18\eta} \tag{1.49}$$

式中的 ω 是以弧度计算的角速度。

1.2.4.2　重力沉降光透法原理

沉降法可分为重力沉降法和离心沉降法。重力沉降光透法是建立在斯托克斯(Stokes)和兰伯特-比尔(Lambert-Beer)定律的基础上的。将均匀分散的颗粒悬浊液装入静置的透明容器里，颗粒在重力作用下产生沉降现象，这时会出现如图 1.26 所示的浓度分布。在不同的时间点，颗粒的沉降状态不同，如图 1.27 所示。面对这种浓度变化，从侧向投射光线，由于颗粒对光的吸收散射等效应，使光强减弱，其减弱的程度与颗粒的大小和浓度有关，所以，透过光强的变化能够反映悬浊液内粉末的粒径组成。如果颗粒过小，重力作用下沉降速度过慢，可建立离心场使离心场中的颗粒沉降，颗粒在离心力作用下具有较快的沉降速度。

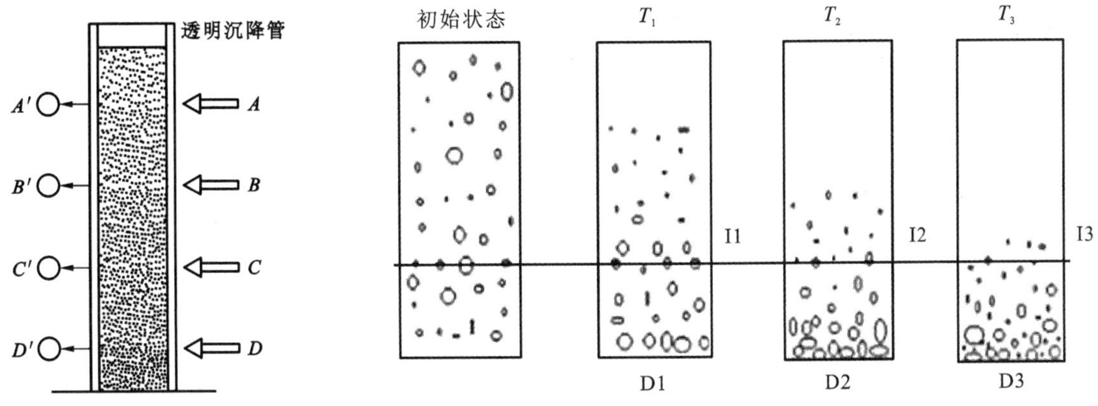

图 1.26　重力沉降光透法原理　　图 1.27　沉降法颗粒沉降状态示意图

应用光电效应，可以把光强度的变化能转换为电参数的改变，根据这一原理，可以设计成各种形式的光透沉降分析仪。测量时可在固定等高度如 DD' 处测定光强度随时间的变化。也可采用经过一定时间后，同时在若干处如 AA'、BB'、CC'、DD' 测定透过光的强度。

以固定在 DD' 处测量光强度为例。设沉降开始时，粉末悬浊液处于均匀状态。沉降初期，光束所处平面颗粒动态平衡，即离开该平面的颗粒数与上层沉降到此的颗粒数相同。当悬浊液中存在的最大颗粒(粒径为 d_{max})平面穿过光束平面后，该平面上不再有相同大小的颗粒来代替，这个平面的浓度也开始随之减少。因此，t 时刻高度为 h 的 DD' 处只含有小于 D_{st} 的颗粒，D_{st} 由 Stokes 公式定律给出。

$$u_{st} = \frac{h}{t} = \frac{(\rho_0 - \rho_t)gD_{st}^2}{18\eta}$$

得：

$$d_{st}=\sqrt{\frac{18\eta h}{(\rho_0-\rho_t)gt}} \tag{1.50}$$

一般情况下，通过颗粒悬浊液的透过光量服从兰伯特-比尔(Lambert-Beer)定律。即：

$$\ln(I_0/I)=kAcl \tag{1.51}$$

式中 I_0，I——入射光及透过光的强度，cd；

A——光束中每克颗粒的投影面积，cm^2/g；

c——悬浊液的颗粒浓度(质量浓度)，g/cm^3；

l——通过悬浊液的光行程长度，cm；

k——有关光行程系统的常数，其中，l 一定时 $kl=k_0$ 为恒定值。

假定悬浊液中的颗粒为均匀的 d_p 直径的球状，每克试样中颗粒数为 n 个，则

$$A=\frac{\pi}{4}nd_p^2$$

代入式(1.51)得：

$$\ln\frac{I_0}{I}=\frac{\pi}{4}k_0k'cnd_p^2 \tag{1.52}$$

式中，k'为颗粒遮光的效率，称为吸光系数，延伸上述概念，若粒径呈不连续分布，且有 $d_1<d_2<\cdots<d_i<\cdots<d_n$，每克试样中，粒径为 d_i 的颗粒有 n_i 个，其吸光系数为 k_i，以形状系数 ϕ_i 代替 $\pi/4$，并设当时的透光量为 I_n，则：

$$\ln\frac{I_0}{I_n}=k_0c\sum_{i=1}^{n}(k_i\phi_in_id_i^2) \tag{1.53}$$

当在一定位置 DD'上测量光量：随时间的推移，从大颗粒开始按 d_n、d_{n-1}、…、d_1 依序地从该处消失颗粒踪迹。某一时刻所消失颗粒的粒径，可由式(1.53)给出：若在 d_n、d_{n-1}、…、d_1 分别消失的时刻所测得的透过光量各为 I_{n-1}、I_{n-2}、…、I_0，则当粒径为 d_n 的颗粒完全消失时：

$$\ln\frac{I_0}{I_{n-1}}=k_0c\sum_{i=1}^{n-1}(k_i\phi_in_id_i^2) \tag{1.54}$$

将式(1.54)与式(1.53)相减，得：

$$\ln\frac{I_{n-1}}{I_n}=k_0ck_n\phi_nn_nd_n^2 \tag{1.55}$$

同理，当粒径为 d_{n-1} 的颗粒完全消失时：

$$\ln\frac{I_{n-2}}{I_{n-1}}=k_0ck_{n-1}\phi_{n-1}n_{n-1}d_{n-1}^2 \tag{1.56}$$

……

当粒径为 d_i 的颗粒完全消失时：

$$\ln\frac{I_{i-1}}{I_i}=k_0ck_i\phi_in_id_i^2 \tag{1.57}$$

……

当粒径为 d_1 的颗粒完全消失时：

$$\ln\frac{I_0}{I_1}=k_0ck_1\phi_1n_1d_1^2 \tag{1.58}$$

因此，通过测定上述各式左侧值，可按下面公式求出粒径分布。最简单的情况可设 ϕ_i 为恒定值。

$$\frac{\ln(I_{i-1}/I_i)d_i}{\sum_{i=1}^{n}[\ln(I_{i-1}/I_i)d_i]}=\frac{n_id_i^3}{\sum_{i=1}^{n}(n_id_i^3)} \tag{1.59}$$

这就是按平均粒径所表示的体积分布或质量分布。

1.2.4.3 沉降分析实验

沉降法获得的是斯托克斯径，该值与实际的多尺寸颗粒体系中的体积平均径及其分布结果非常接近。重力沉降光透射法测定粉末粒径需要获得合适的悬浮体系。为此，悬浮液液体即沉降介质应满足如下要求：(1)介质密度应该小于所测量的固体的理论密度；(2)粉末颗粒不溶于介质，也不与介质发生反应；(3)沉降介质对粉末颗粒要有良好的润湿性；(4)沉降介质的黏度要合适，不宜使颗粒沉降太快或太慢。

水是一种常用的沉降介质。对水溶性样品通常选用乙醇、正丁醇、丙酮、环己酮或苯等有机溶剂。粉末颗粒在沉降的介质中不能得到很好的分散时，需加入适量的分散剂。这时要注意加入的分散剂是否对试样颗粒有溶解作用，六偏磷酸钠、焦磷酸钠、十二烷基磺酸钠等是合适的分散剂，使用浓度一般为 0.1～0.5 g/L。如果加入分散剂使光通量增加，可以认为有溶解现象产生，它会影响测试结果。重力沉降可测量几微米至数百微米的粉末颗粒。

为获得分散良好的悬浮液体系，可对悬浮液进行超声振荡或在负压下排气。悬浮液的起始浓度按照样品粒径大小、密度和颜色而定，一般 $\lg(I/I_0)$ 在 1.300～1.400 之间较合适。大多数仪器都会记录悬浮液的初始光密度或 X 射线吸收值，该值对应于 100%累积粉末。开始测试之前，应将仪器调零，使光密度或 X 射线吸收值在纯液体的情况下对应于零。

图 1.28 为扫描 X-Ray 离心沉降粒度分析系统，它可以用来精确测量 0.5 μm 以下的颗粒粒径。在这个装置中，颗粒悬浮液放在 X-Ray 可穿透的中空的圆盘中，使用 20 mL 的悬浮液，占 0.2%体积。圆盘旋转速度为 750～6000 r/min，X-Ray 源和探测器在给定的时间内位置保持不动，并在一定的时间范围内测定扫过离心运动的颗粒表面后 X-Ray 的光强变化情况，以此计算颗粒的粒径及其分布情况。对于多数的无机粉末颗粒，这个 X-Ray 扫描离心沉降系统 8 min 内即可获得需要的分析结果。

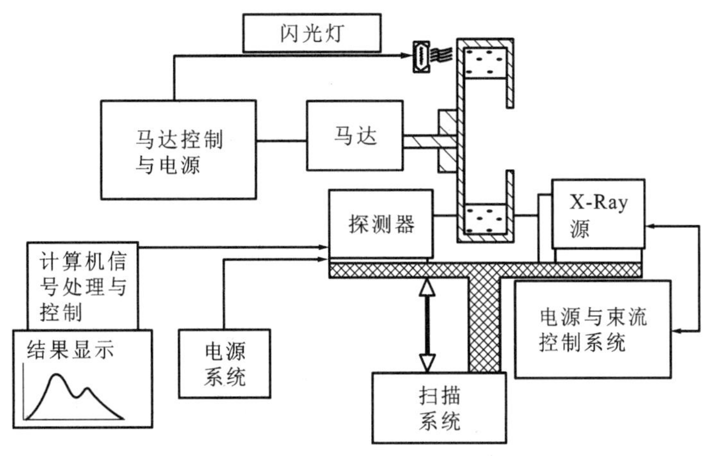

图 1.28 扫描 X-Ray 盘式离心沉降粒径分析系统

1.2.5 激光衍射法

1.2.5.1 基本原理

光在传播过程中，当所遇到的障碍物(例如，小孔、狭缝、细针、小颗粒)的尺寸比光的波长大得不多的时候就会产生衍射现象。光的衍射现象按光源、衍射开孔(或者屏障)和观察屏幕(又称衍射场)三者之间距离大小通常分为两种类型：一种是菲涅耳(Fresnel)衍射，其光源 O、观察屏 E 到衍射屏 S 的距离是有限的，或者二者之一到衍射屏的距离是有限的，如图 1.29 所示。另一种是夫琅禾弗衍射，其光源 O、观察屏 E 到衍射屏 S 的距离均为无穷远，如图 1.30 所示。夫琅禾弗衍射实际上是菲涅耳衍射的极限情形，本质上是将菲涅耳衍射实验的点光源移到无限远处。激光粒径分析仪主要是依据夫琅禾弗衍射原理。

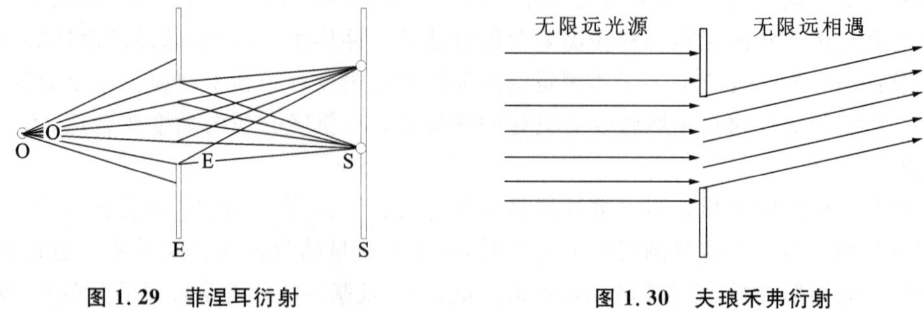

图 1.29　菲涅耳衍射　　　　图 1.30　夫琅禾弗衍射

当光束通过没有颗粒的被测区时，在衍射场得到的是一个集中光斑。如果存在一个球形颗粒，则衍射图样由中心的一个亮斑和由中心向外一圈一圈越来越弱的亮环组成，中心亮斑被称为艾里斑。衍射光的强度如图 1.31 所示，光学上称该图为 Airy 图。

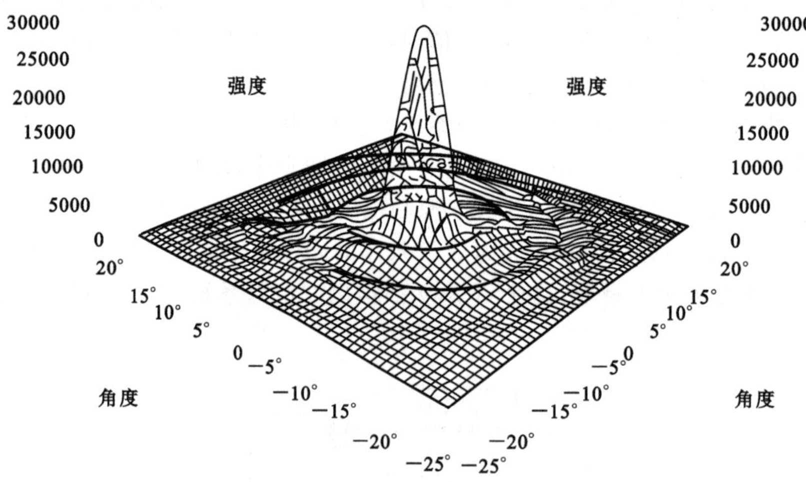

图 1.31　一个直径为 3 μm 的球形颗粒光衍射强度与入射角的关系(折射率为 1.60，波长为 633 nm)

可以通过圆孔的夫琅禾弗衍射光强分布来理解光衍射强度与入射角的关系，如图 1.32 所示。

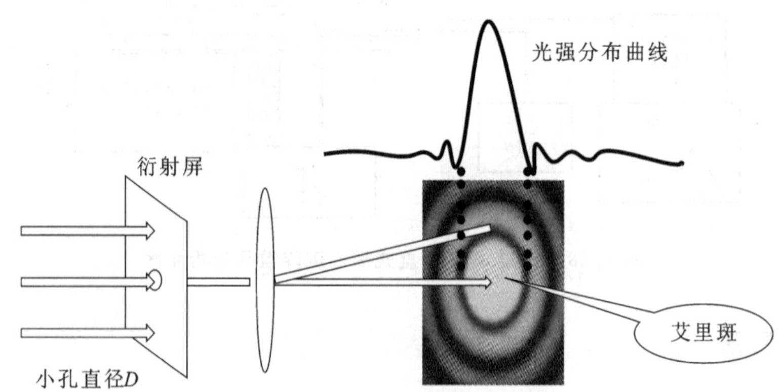

图 1.32　圆孔的夫琅禾弗衍射光强分布

通过研究，夫琅禾弗近似模型被提出，其基于以下假设：

① 颗粒粒径比激光波长要大；

② 颗粒是完全不透明的，在激光光束中只有衍射现象存在；

③ 所有颗粒具有相同的衍射效率。

基于夫琅禾弗近似模型，如果颗粒为球形，而且考虑接近垂直入射的衍射，则衍射光的强度可用式(1.60)表示：

$$I(\theta) = I_0 k^2 d^4 \frac{J_l(kd\sin\theta)^2}{kd\sin\theta} \tag{1.60}$$

式中 I_0——入射光强度；

θ——入射角的大小；

k——$2\pi/\lambda$；

J_l——贝塞尔函数；

d——颗粒半径。

式(1.60)称为夫琅禾弗近似公式，它表明衍射现象及强度依赖颗粒的粒径形状和光学特性。

夫琅禾弗近似公式没有利用材料光学特性的任何知识，因此，它可用于由不同材料混合而成的样品的测量，在实验中，夫琅禾弗近似公式对于那些较大的颗粒(粒径至少为光波长的40倍)，或者对一些较小的不透明的或相对于悬浮介质折射率大的颗粒是有效的。然而，对于那些相对折射率较小的小颗粒，按体积比例描述某一已知粒径时就出现了错误。这是由于夫琅禾弗公式中假定所有颗粒粒径相对于样品的吸收率都是常数。在商用仪器中，其他一些特殊衍射的近似方程，比如Mie理论也得到有限的应用。这里应假设：① 所有颗粒均为球形；② 所有颗粒都是完全不透明的；③ 颗粒与分散介质间的折射率较小。而且Mie理论引入三个光学参数：① 样品颗粒的折射率；② 样品颗粒对光的吸收率；③ 分散介质的折射率。Mie理论考虑到了光与物质的相互作用，适合所有波长、衍射角度及粒径范围。

如图1.33所示，由于粉末颗粒的尺寸大于光的波长，当粉末的悬浮液被一束单色光即激光直射时，相干光的散射角大小将与颗粒直径成反比变化，而散射光的强度则与颗粒直径的方根值有关。

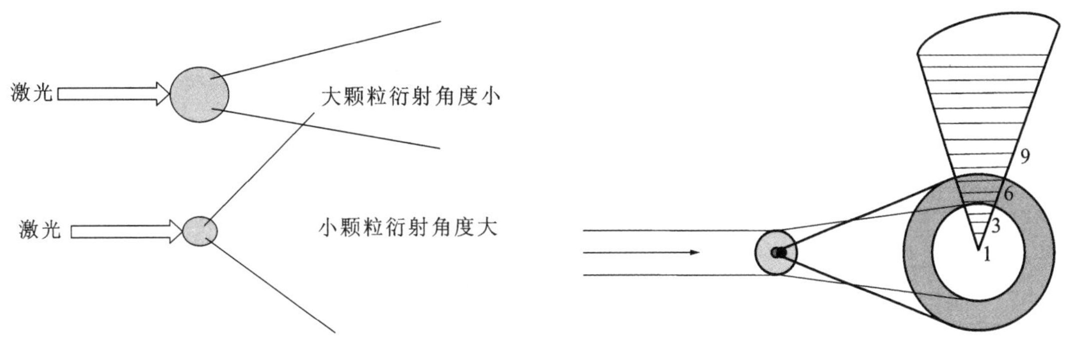

图1.33 不同尺寸颗粒的衍射角度

图1.34 粒度测量中的位置信息生成原理

如图1.34粒度测量中的位置信息生成原理所示，在激光衍射法粒度测量中，不同大小的颗粒所衍射的光落在不同的位置，位置信息反映出颗粒大小。同大小的颗粒所衍射的光落在相同的位置，叠加的光强度反映颗粒所占的百分比。

当用激光照射系列尺寸颗粒的时候，类似的衍射现象也会出现。但是由于颗粒对于衍射强度的贡献不仅仅是一个圆环，因此这种激光衍射图案可用一个矩阵表示。此矩阵形式用来描述 m 个颗粒每个粒径区间的单位体积是怎样在每个探测器元件中作为一个信号出现的。例如，在矩阵中的第一行描述了所有 m 个粒径区间的单位体积在第一个探测器上的信号，而第一列表示第一个粒径区间在 n 个探测器元件中的每一个分布。衍射矩阵如下：

$$\begin{bmatrix} f(\theta_1) \\ \vdots \\ f(\theta_m) \end{bmatrix} = \begin{bmatrix} a_{11} & \cdots & a_{1n} \\ \vdots & & \vdots \\ a_{m1} & \cdots & a_{mn} \end{bmatrix} \begin{bmatrix} x(d_1) \\ \vdots \\ x(d_j) \end{bmatrix}$$

式中 $f(\theta)$——在角度 θ_i 的检测器单位面积上的衍射光强度；

a_{ij}——在角度 θ_i 和粒径 d_j 的衍射模型；

$x(d_j)$——在粒径 d_j 的分布幅度。

在矩阵计算法中，可以写为：

$$\boldsymbol{L} = M \times S \tag{1.61}$$

式中 $\boldsymbol{L}$——光电流的矢量$(i_1, i_2, \cdots, i_n)$。

在这个形式中，探测器信号的集合可看作是粒径分布与衍射矩阵的乘法的结果。在测量实践中，也需要这个问题的逆矩阵。因为，来自所有探测器中的信号都要测量。经仪器计算过的矩阵就是有效的，并且颗粒分布可以从下式得到：

$$S = M^{-1} \times \boldsymbol{L} \tag{1.62}$$

应当注意的是，这种变换需要一定的约束条件。不同厂家的约束条件依赖于它们的设计、探测器的数量、噪声水平和经验。

1.2.5.2 激光衍射装置

实现激光法粒径测量典型的光路与探测系统见图 1.35。

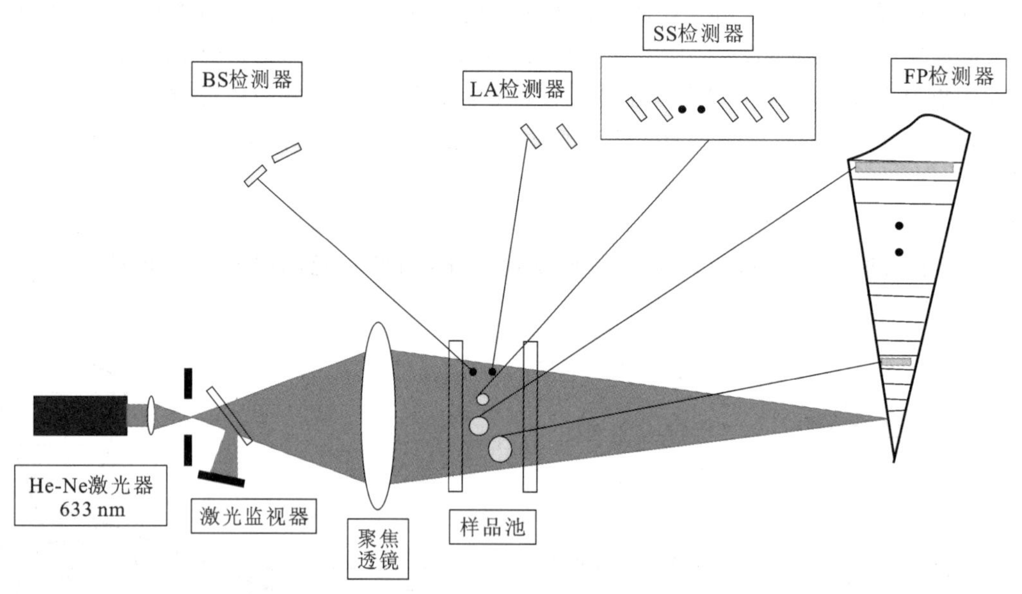

图 1.35 光路与探测系统

图 1.36 为一个典型的激光衍射粒度仪的装置示意图。光源是一个发出单色的相干平行光束的激光器，随后是一个光束处理单元，产生一束近乎理想的光束用来照射分散的颗粒。一定角度范围内的衍射光经傅里叶透镜聚焦在没有矩阵探测器的平面上。

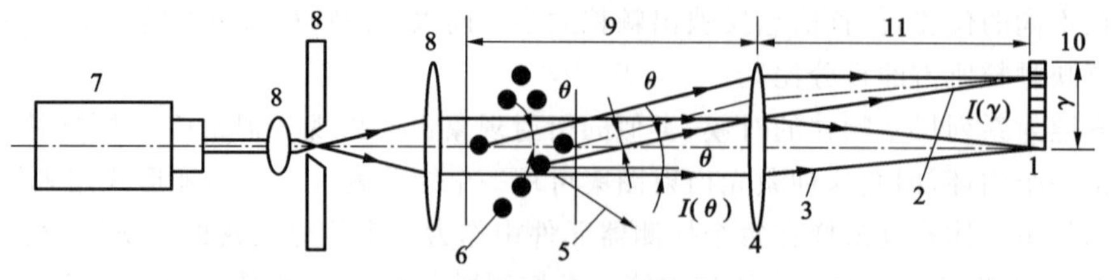

图 1.36 激光衍射装置

1—探测器；2—被衍射光；3—直射光；4—傅里叶透镜；5—未被透镜收集的衍射光；6—颗粒；7—激光源；8—光束处理单元；9—透镜 4 的工作距离；10—多元探测器；11—透镜 4 的焦距

激光衍射粒度仪所探测的颗粒流，可以用气体运载，也可以用液体运载，如采用悬浮液的循环系统，循环路径上配备有搅拌器、超声波元件、泵和吸管。

光强角度分布 $I(\theta)$，被一个正像透镜或一个透镜组聚焦到多元探测器平面上。在一定范围内衍射图的形状不依赖于光束中颗粒位置。因此，连续的光强角度分布 $I(\theta)$ 在多元探测器上就被转变成一个连续的空间光强分布 $I(\gamma)$。毫无疑问，记录颗粒系统衍射图与所有随机相对位置单个颗粒衍射图的总和是相同的。需要注意的是，只有一定角度（小角度）范围内的衍射光被透镜聚焦，从而被探测器测到。

探测器一般由大量的光电二极管阵列组成，光电二极管将空间的光强分布 $I(\gamma)$ 转变成一系列光电流 I_n，随后电子元件将光电流转化成一系列强度或能量矢量 $\boldsymbol{L}_n$，并使之数字化，$\boldsymbol{L}_n$ 就代表衍射图。中央元件用来测量非衍射光的强度，通过计算，进行光学浓度的测量。一些仪器能提供特殊几何形状的中央元件，以便通过移动探测器或透镜进行探测器中心定位和再聚焦。

1.2.5.3 数据及结果计算

如图 1.37 所示，大颗粒的衍射光会落在编号比较小的检测器上。

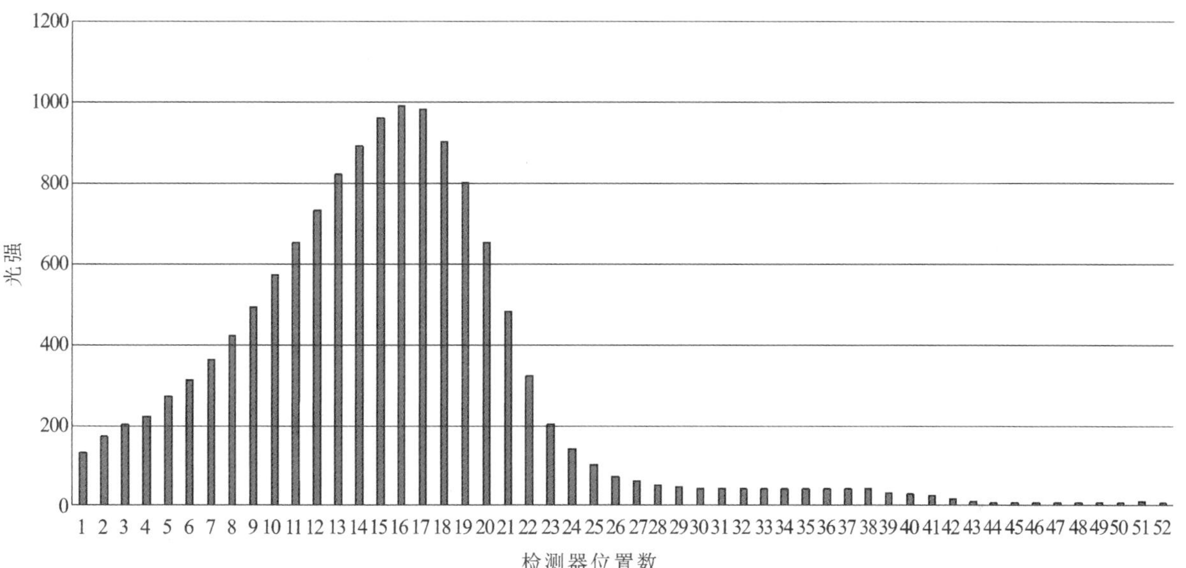

图 1.37 大颗粒衍射光检测结果

如图 1.38 所示，小颗粒的衍射光会落在编号比较大的检测器上。

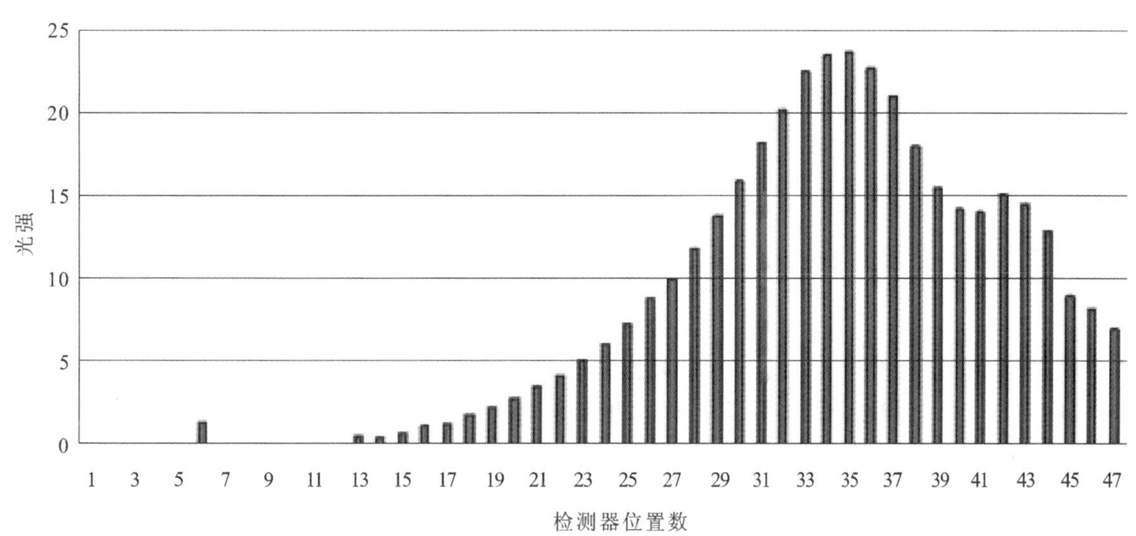

图 1.38 小颗粒衍射光检测结果

图 1.39 给出了获得衍射数据后粒径分布的计算步骤。

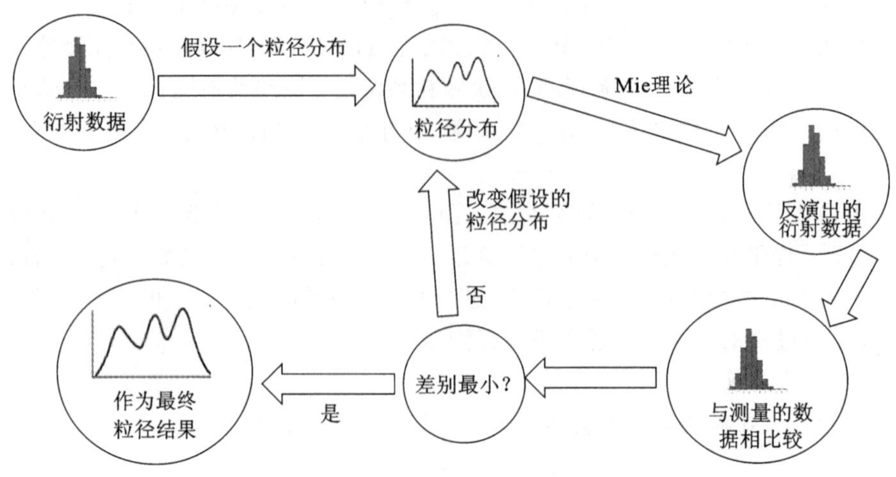

图 1.39　获得衍射数据后粒径分布的计算步骤

在数学反演过程中会有两组数据。在图 1.40 中，反演出的理论数据为 1 号曲线，测量的原始衍射数据为 2 号曲线。两条曲线之间的区域被用来计算并得到残差。

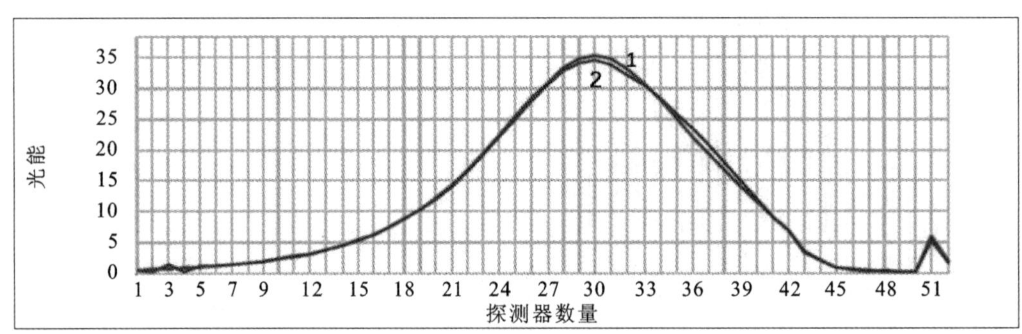

图 1.40　数学反演造成的两组数据

通过上述方法计算出来的结果一般有三种表达方式：

体积结果：

体积平均粒径 $D[4,3]$

体积中值 $D[V, 0.5]$

面积结果：

表面积平均粒径 $D[3,2]$

面积中值 $D[S, 0.5]$

数量结果：

数量平均粒径 $D[1,0]$

数量中值 $D[N, 0.5]$

峰值粒径 D_p

现在的激光衍射测量粒径的设备众多，这里简单地列出两种。图 1.41 是 BT-9300H 激光衍射粒度仪的结构原理示意图，图 1.42 是小角度激光衍射仪的结构原理示意图。

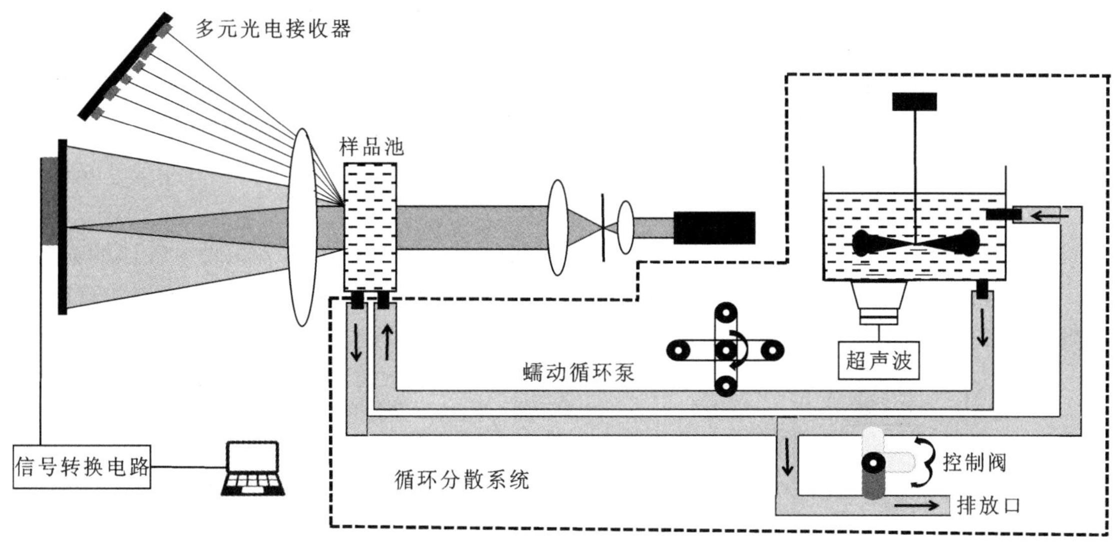

图 1.41 BT-9300H 激光衍射粒度仪的仪器结构原理示意图

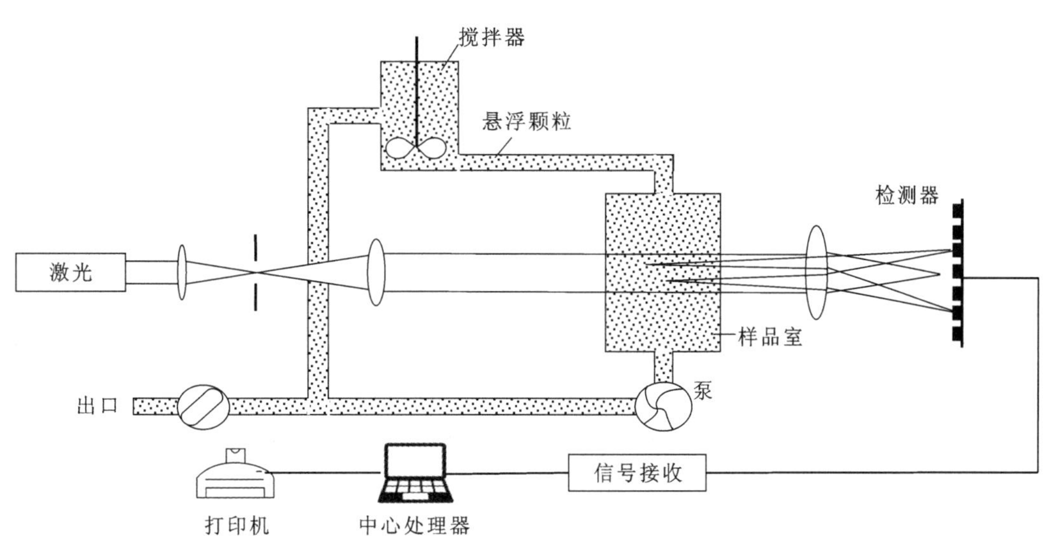

图 1.42 小角度激光衍射仪的结构原理示意图

1.2.6 比表面积法

比表面积反映了粉末体的综合性质，由单质颗粒性质和粉末体性质共同决定。同时，比表面积还是代表粉末体粒径的一个单值参数，如同平均粒径一样，能给人以直观、明确的概念。所以，用比表面积法测粉末的平均粒径称为单值法。比表面积与粉末的许多物理、化学性质，如吸附、溶解、烧结活性等直接相关。粉末的比表面积定义为 1 g 粉末所具有的总比表面积，用 m^2/g 或 cm^2/g 表示。粉末比表面积的测定通常采用气体吸附法和流体透过法。通过测定粉末的比表面积即可得到粉末比表面积平均径。应当注意的是，由气体吸附法或流体透过法计算平均粒径并不能反映颗粒的实际大小，应在计算中假定颗粒为均匀、光滑的球形。

1.2.6.1 气体吸附法

(1)基本原理

利用气体在固体表面的物理吸附性质测定物体比表面积的原理：测量吸附在固体表面上气体单分子层的质量或体积，再由气体分子的横截面积计算 1 g 物体的总表面积，即得克比表面积。

气体被吸附是由于固体表面存在剩余力场，根据这种力的性质和大小，气体吸附分为物理吸附和化学吸附。前者是范德瓦耳斯力起作用,气体以分子状态被吸附;后者是化学键力起作用,相当于化学反应,气体以原子状态被吸附。物理吸附常在低温下发生,而且吸附量受气体压力的影响较显著。建立在多分子层吸附理论上的 BET 法是低温氮气吸附,属于物理吸附。其基本原理为:限定体系中,当物体表面吸附氮气时,引起测量体系中的压力下降,直到吸附平衡为止;测量吸附前后的压力,计算在平衡压力下被吸附的气体体积(标准状态下);根据 BET 等温吸附公式,计算试样单分子层吸附量,从而计算出试样的比表面积。这种方法已广泛用于比表面积测定。

描述吸附量与气体压力关系的有所谓“等温吸附线”(图 1.43),横坐标 p 为吸附气体的饱和蒸气压力。左图起第Ⅰ类适用于朗格缪尔(Lamgmuir)等温式,描述了化学吸附或单分子层物理吸附,其余四类描述了多分子层吸附,也就是适用于 BET 法的一般物理吸附。

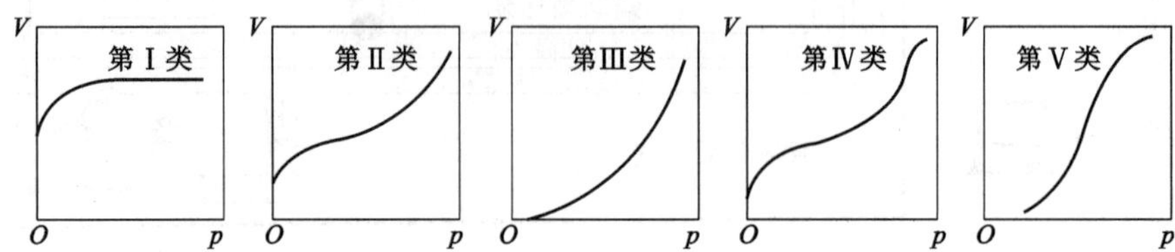

图 1.43　物理吸附等温线的五种类型

V—吸附量;p—相对压力

朗格缪尔吸附等温式 $V=V_m bp/(1+bp)$ 可写成如下形式:

$$\frac{p}{V}=\frac{1}{V_m b}+\frac{p}{V_m} \tag{1.63}$$

式中　V——当压力为 p 时被吸附气体的体积;

V_m——全部表面被单分子层覆盖时的气体体积,称饱和吸附量;

b——常数。

式(1.63)表明 p/V 与 p 是线性关系。由实验先求得 V-p 的对应数据,作出相应的直线,根据直线的斜率和直线在纵轴上的截距求得式(1.63)中的 V_m,再由气体分子的截面积计算被吸附的总表面积和克比表面积值。

一般情况下,气体不是单分子层吸附,而是多分子层吸附,这时式(1.63)就不再适用。应该用多分子层吸附 BET 公式

$$V=\frac{V_m Cp}{(p_0-p)\left[1+(C-1)\dfrac{p}{p_0}\right]} \tag{1.64}$$

或改写成 BET 二常数式

$$\frac{p}{V(p_0-p)}=\frac{1}{V_m C}+\frac{C-1}{V_m C}\frac{p}{p_0} \tag{1.65}$$

式中　p——吸附平衡时的气体压力;

p_0——吸附气体的饱和蒸气压;

V——被吸附气体的体积;

V_m——固体表面被单分子层气体覆盖所需气体的体积;

C——常数。

即在一定的 p/p_0 值范围内,实验测得不同 p 值下的 V,并将其换算成标准状态下的体积。以 $p/[V(p_0-p)]$ 对 p/p_0 作图得到的应为一条直线,$1/(V_m C)$ 为直线的纵轴截距值,$(C-1)/(V_m C)$ 为直线的斜率,于是 $V_m=1/$(斜率+截距)。因为 1 mol 气体的体积为 22400 mL,分子数为阿伏伽德罗常数 N_A,故 $V_m/(22400W)$ 为 1 g 粉末试样(取样质量 W)所吸附的单分子层气体的物质的量,$V_m N_A/(22400W)$ 就是 1 g 粉末吸附的单分子层气体的分子数。因为低温吸附是在气体液化温度下进行的,被吸附的气体分子类似液体分子,以球形最密集方式排列,那么,用一个气体分子的横截面积 A_m 去

乘 $V_mN_A/(22400W)$就得到粉末的克比表面积：

$$S = \frac{V_mN_AA_m}{22400W} \tag{1.66}$$

表 1.13 为常用吸附气体的分子截面积。

表 1.13　常用吸附气体的分子截面积

气体名称	液化气体密度/(g/cm³)	液化温度/℃	分子截面积/Å²
N_2	0.808	−195.8	16.2
O_2	1.14	−183	14.1
Ar	1.374	−183	14.4
CO	0.763	−183	16.8
CO_2	1.179	−56.6	17.0
CH_4	0.3916	−140	18.1
NH_3	0.688	−36	12.9

由直线的斜率和截距还可求得式(1.65)中的常数：

$$C = (\text{斜率} / \text{截距}) + 1 \tag{1.67}$$

其物理意义为：

$$C = \exp\left(\frac{E_1 - E_L}{RT}\right) \tag{1.68}$$

式中　E_1——第一层分子的摩尔吸附热；

E_L——第 L 层分子的吸附热，等于气体的液化热。

如果 $E_1 > E_L$，即第一层分子的吸附热大于气体的液化热，则为图 1.43 中第Ⅱ类吸附等温线；如果 $E_1 < E_L$，则是第Ⅲ类正常的吸附等温线。在上述两种情况下，BET 氮吸附的线性关系仅在 p/p_0 值为 0.05～0.35 的范围内成立。在更小压力或 p/p_0 值下，试验值比按公式计算的偏高，而在较高压力下则偏低。在第Ⅳ、Ⅴ类情况下，除存在多分子层吸附外，还出现毛细管凝结现象，这时 BET 公式要经过修正后才能运用。

(2)测试方法

气体吸附法测定比表面积灵敏度和精确度最高。它分为静态法和动态法两大类，前者又包括容量法、单点吸附法。下面分别作简要的介绍。

① 容量法　根据吸附平衡前后吸附气体体积的变化来确定吸附量，实际上就是测定在已知体积内气体压力的变化。BET 比表面积装置就是采用容量法测定的。图 1.44 为 BET 装置示意图。连续测定吸附气体的压力 p 和被吸附气体的体积 V 并记下试验温度下气体的蒸气压 p_0，再按 BET 方程(1.65)式计算，以$\frac{p}{(p_0-p)V}$对 p/p_0 作等温吸附线。

② 单点吸附法　BET 法至少要测量三组以上的 p-V 数据才能得到准确的直线，故通常称为多点吸附法。由 BET 二常数式(1.65)所作直线的斜率 $S=\frac{C-1}{V_mC}$和截距 $I=1/(V_mC)$可以求得 $V_m = 1/(S+I)$和 $C=S/I+1$。用氮吸附时，C 值一般很大，I 值很小，即二常数式中的 $1/(V_mC)$项可忽略不计，而第二项中 $C-1 \approx C$。最后，BET 公式可简化成

$$\frac{p}{V(p_0-p)} = 1/V_m \times p/p_0 \tag{1.69}$$

该式说明：如以 $p/[V(p_0-p)]$对 p/p_0 作图，直线将通过坐标原点，其斜率的倒数就代表所要测得的 V_m。因此，一般利用式(1.69)，在 $p/p_0 \approx 0.3$ 附近一点，将它与$\frac{p}{V(p_0-p)}$-p/p_0坐标图中的原点连接，就得到图 1.45 中的直线 2。单点法与多点法比较，当比表面积在 10^{-2}～10^2 m²/g范围时，误差为±5%。单点吸附法与多点吸附法的结果比较如图 1.45 所示。

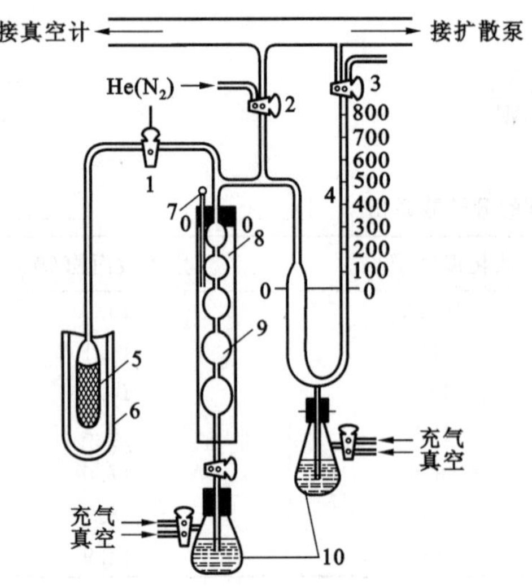

图 1.44 容量法 BET 装置示意图

1、2、3—阀门；4—水银压力计；5—试样管；6—低温瓶（杜瓦瓶）；7—温度计；8—恒温套；9—量气球；10—汞瓶

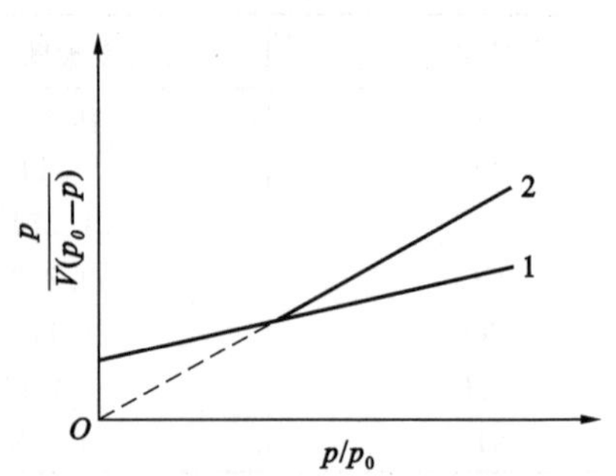

图 1.45 单点吸附法与多点吸附法的结果比较

1—多点吸附；2—单点吸附

根据式(1.66)，将 $A_m=1.62\ \text{nm}$，$N_A=6.023\times10^{23}$ 代入，可得到单点吸附法的比表面积计算公式

$$S=4.36V_m/W \tag{1.70}$$

式中 W——粉末试样的质量，g。

实验证明：单点吸附法的系统重复性较好，但在不同的 p/p_0 值下测量的结果会有偏差，如 p/p_0 偏大，所得比表面积值偏高，故应控制 p/p_0 值，0.1 时最好。

③ 动态吸附法 容量法属于静态吸附法，其吸附量的测量需在吸附平衡后才能进行，这样所花费的时间较长。动态吸附法就可克服这个缺点。

动态吸附法常用的是载气流动法，它是用已知浓度的含可吸附气体（如 N_2）和不可吸附的载气（如 He）的混合气体作为流动气体。当混合气体通过被液氮冷却的试样管时，氦气在液氮温度下不被吸附，而氮气则发生物理吸附。测定在不同分压下的被吸附氮的量，按 BET 方程计算吸附单分子层体积（V_m）以计算粉末的比表面积值。然而，通常情况下，载气吸附法也采用单点法测量。

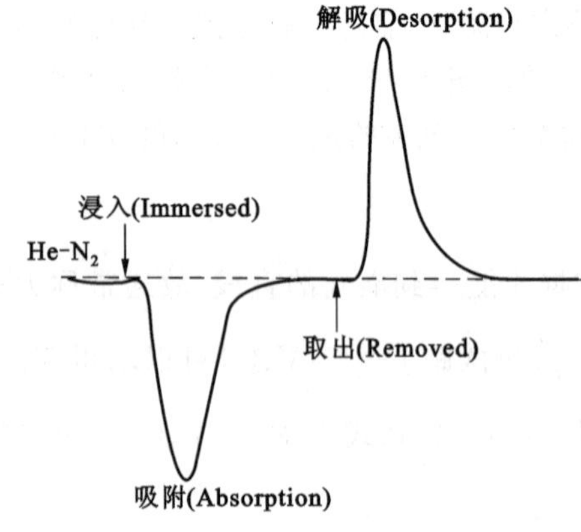

图 1.46 动态吸附法测量吸附体积

当含粉末的试样管浸入液氮时，氮吸附发生，载气中氮浓度下降；当试样管离开液氮时，发生吸附氮的解吸。这种浓度的变化可以采用尼尔森（Nelsen）提出的热导探测器进行测量。图 1.46 为用尼尔森法获得的吸附解吸曲线，曲线的峰值高度与吸附和解吸的速率相关，而曲线的积分面积则表示被吸附气体的量。为从此吸附曲线或吸附峰来精确测量吸附气体的量，必须首先在吸附状态下校正探测器。校正方法是注入已知量的可吸附气体，测量获得校正曲线面积，粉末比表面积测量时的吸附解吸峰的面积与之比较即可获得准确的吸附量。

1.2.6.2 流体透过法

根据不同的介质，流体透过法分为气体透过法和液体透过法。后者只适用于粗粉末或孔隙比较大的多孔性固体（如金属过滤器），在粉末测试中用得很少，故不作介绍。

气体透过法是通过测定气体透过粉末层（床）的透过率来计算粉末比表面积或平均粒径的。气体透过法已成为当前测定粉末及多孔固体的比表面积，特别是测定亚筛级粉末平均粒径重要的工业方法。

透过法测定的粒径是一种当量粒径，即比表面积平均径。这里主要介绍常压气体透过法的原理和费氏仪装置。

(1)透过法原理

流体通过粉末床的透过率或所受的阻力与粉末的粗细或比表面积的大小有关。粉末愈细，比表面积愈大，对流体的阻力也愈大，因而单位时间内通过单位面积的流体量就愈小。换句话说，当粉末床的孔隙度不变时，流体通过粗粉末的流速比通过细粉末的流速大。因为透过率或流速是容易测定的，所以只要找出它们与粉末比表面积的定量关系，就可以知道粉末的比表面积。

最早，达西(Darcy)测定了水流过粗砂层的线速度，考虑水的黏度后他总结出下面的流速公式：

$$\frac{Q_0}{A} = \frac{K_p \Delta p}{L\eta} \tag{1.71}$$

式中 Q_0——水的流量，g/s；

A——砂层的断面积，cm^2；

Δp——在厚度为 L(cm)的砂层两端水的压力降，g/cm^2；

η——水的黏度，dPa · s；

K_p——与砂层的空隙率、粒径大小与形状等有关的系数，称比透过率。

因此，式(1.71)表明：流速[单位时间内流过单位面积砂床的水量(Q_0/A)]与压力梯度($\Delta p/L$)成正比，与黏度(η)成反比。比例系数 K_p 就代表了透过性，称比透过率。

泊肃叶(Poiseuille)导出了液体在层流条件下，通过圆形直毛细管束的流量公式：

$$Q_0 = \frac{\pi g \Delta p r^4}{8L_c\eta} \tag{1.72}$$

式中 Q_0——流量，g/s；

g——重力加速度，980 cm/s^2；

L_c——毛细管长度，cm；

r——毛细管半径，cm。

流体线速度：

$$u_c = \frac{Q_0}{\pi r^2} = \frac{g\Delta p r^2}{8L_c\eta} \tag{1.73}$$

式(1.72)与式(1.73)合称为泊肃叶方程。

柯青(Kozeng)假定：粉末床由球形颗粒组成，颗粒间有许多由截面不等的并联圆柱形毛细管束形成的通道，流体沿着这些毛细孔流过粉末床。毛细孔的平均半径 r_m 与颗粒间的孔隙体积与孔壁的总表面积之比成正比，即 $r_m = K_s$(粉末床孔隙体积/孔壁总面积)。K_s 与毛细孔截面的形状有关，截面为圆形时，$K_s = 2$。另外，孔壁可看作粉末的外表面，这样，流速与粉末的比表面积或粒径之间就存在一定的数学关系。

设粉末床的松装体积为 V，孔隙度为 θ，则孔隙体积为 θV，粉末床被颗粒占据的有效体积为 $(1-\theta)V$。颗粒密度为 ρ，则粉末床的质量就是 $(1-\theta)V\rho$。假定颗粒间均为点接触，那么粉末的外表面积，即毛细孔壁的面积是 $(1-\theta)V\rho S_w$(S_w 为粉末克比表面积)。因此

$$r_m = \frac{K_s\theta V}{(1-\theta)V\rho S_w} = \frac{K_s\theta}{(1-\theta)S_0} \tag{1.74}$$

式中 S_0——体积比表面积，$S_0 = \rho S_w$。

1937 年，卡门用实验证实了柯青方程的正确性并作了修正。他认为：流体通过粉末床的实际路程 L_c(毛细孔的有效长度)比粉末床的厚度 L 要长，即毛细孔是弯曲的，因而通过它的实际流速 u_c 大于 v，即 $u_c = uL_c/L$。另外，由于毛细孔束的总截面积是粉末床截面积的 θ 倍，为了维持流量相等，通过毛细孔的实际流速 u_c 还必须是 u 的 $1/\theta$ 倍，因此 $u_c/u = (L_c/L)(1/\theta)$，即：

$$u = u_c \frac{\theta L}{L_c} \tag{1.75}$$

将式(1.73)代入式(1.75)得：

$$u = \frac{\theta L g \Delta p r^2}{8L_c^2 \eta} \tag{1.76}$$

假定 $r=r_m$，则将式(1.74)代入式(1.76)得：

$$u = \frac{\theta L g \Delta p}{8L_c^2 \eta}\left[\frac{K_s \theta}{(1-\theta)S_0}\right]^2 = \frac{K_s^2 (L/L_c)^2}{8} \times \frac{g\theta^3}{(1-\theta)^2 S_0^2} \times \frac{\Delta p}{L\eta} \tag{1.77}$$

令

$$K_c = (8/K_s^2)(L_c/L)^2 \tag{1.78}$$

K_c 称为柯青常数，与颗粒的形状有关，L_c/L 代表毛细孔的弯曲程度。可见 K_c 应由颗粒形状因子和毛细孔的弯曲系数决定。因此由式(1.77)、式(1.78)得到

$$\frac{Q_0}{A} = u = \frac{g}{K_c}\frac{\theta^3}{(1-\theta)^2 S_0^2}\frac{\Delta p}{L\eta} \tag{1.79}$$

将式(1.79)与达西流速公式(1.71)比较可求得比透过率，即

$$K_p = \frac{\theta^3}{(1-\theta)^2}\frac{g}{K_c S_0^2} \tag{1.80}$$

再将式(1.80)代回式(1.71)得

$$\frac{Q_0}{A} = \frac{\theta^3}{(1-\theta)^2}\frac{g}{K_c S_0^2}\frac{\Delta p}{L\eta}$$

所以

$$S_0 = \sqrt{\frac{\Delta p g A \theta^3}{K_c Q_0 L\eta (1-\theta)^2}} \tag{1.81}$$

式(1.81)称为柯青-卡门方程，是透过法测比表面积的基本公式。如将比表面积平均径的计算式 $d_m = 6/S_0$ 代入式(1.81)并以微米表示，则平均粒径的计算公式为：

$$d_m = 6 \times 10^4 \times \sqrt{\frac{K_c Q_0 L\eta (1-\theta)^2}{\Delta p g A \theta^3}} \tag{1.82}$$

(2)空气透过法

柯青-卡门方程是由泊肃叶黏性流动理论导出的，适用于常压液体或气体透过粗颗粒粉末床。目前测定粉末比表面积的主要工业方法之一的空气透过法就建立在该方程的基础上。

常压空气透过法是在空气流速和压力不变的条件下，测定比表面积和平均粒径，如费歇尔微粉粒径分析仪，简称费氏仪，其全名是 Fisher Sub-Sive Sizer，简写成 F. S. S. S，它已被许多国家列入标准。其计算粒径的原理是根据古登(Gooden)和史密斯变换柯青-卡门方程后建立的公式。他们对(1.82)式作了如下变换：

① 用粉末床几何尺寸表示孔隙度：

$$\theta = 1 - \frac{W}{\rho_c A L} \tag{1.83}$$

② 取粉末床的质量在数值上等于粉末材料的密度 $W = \rho_c$，故上式变成

$$\theta = 1 - \frac{1}{AL} \quad (\text{规定 } A = 1.267\ \text{cm}^2) \tag{1.84}$$

③ Q_0 和 η 作常数处理；

④ 对大多数粉末，柯青常数 K_c 取为 5；

⑤ Δp 用 $p-p'$(通过粉末床前后的压力差)表示。

根据式(1.84)去变换式(1.82)中包含孔隙度 θ 的项：

$$\frac{(1-\theta)^2}{\theta^3}=\frac{\left(\frac{1}{AL}\right)^2}{\left(\frac{AL-1}{AL}\right)^3}=\frac{AL}{(AL-1)^3}$$

得

$$\sqrt{\frac{K_c}{g}}=\sqrt{\frac{5}{980}}=\frac{1}{14}$$

最后代入并整理式(1.82)得：

$$d_m=\frac{6\times10^4L}{14(AL-1)^{3/2}}\sqrt{\frac{Q_0\eta}{\Delta p}} \tag{1.85}$$

设上式中 $Q_0=kp'$(k 为流量系数)，再用 $p'/(p-p')$ 代替 $p'/\Delta p$，当 η 和 k 为常数，可提到根号外与其他常数合并为一新系数 $C=6\times10^4/[14(k\eta)^{1/2}]$，则式(1.85)简化成：

$$d_m=\frac{CL}{(AL-1)^{3/2}}\sqrt{\frac{p'}{p-p'}} \tag{1.86}$$

式中　p——通过粉末床之前的空气压力；

　　p'——通过粉末床之后的空气压力。

该式中 A 和 p 在实验中均可维持不变，可变参数只剩下 L 和 p'。根据式(1.84)，L 由粉末床孔隙度 θ 决定，因此当 θ 固定不变时，仅有 p'或空气通过粉末床的压力降 $p-p'$才是唯一需要由试验测量的参数。基于以上原理设计的费氏空气透过仪如图 1.47 所示。

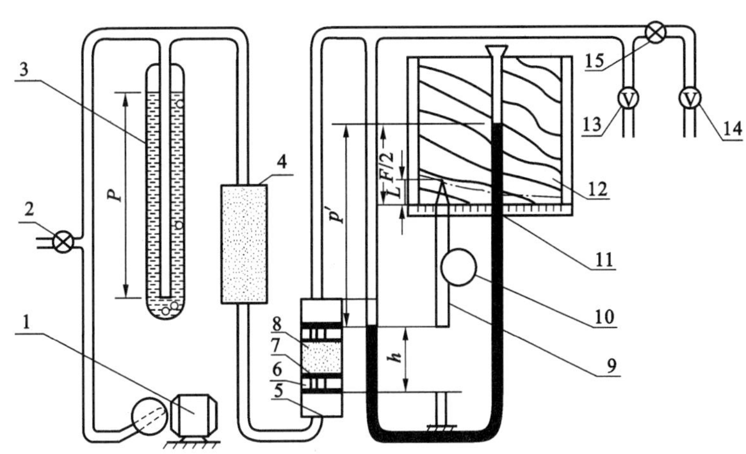

图 1.47　费氏仪原理

1—空气泵；2—调压阀；3—稳压管；4—干燥剂管；5—试样管；6—多孔塞；7—滤纸垫；8—试样；9—齿条；10—手轮；11—压力计；12—粒径读数板；13、14—针阀；15—换挡阀

从微型空气泵 1 打出的空气通过压力调节阀 2 获得稳定的压力，经过 $CaSO_4$ 干燥剂管 4 除去水分。粉末试样管 5 中粉末的质量在数值上等于粉末材料的理论密度，借助专门的手动机构将它压紧至所需要的孔隙度 θ。空气流速反映为 U 形管压力计 11 的液面差，因而由粒径读数板 12 与管 11 中液面重合的曲线上可读出粉末的平均粒径。

粒径曲线板是根据式(1.86)，用已知粒径的标准粉末计算并刻绘出来的。每次试验前，只要用标准试样管代替试样管 5 校准仪器后，就可利用粒径读数板直接得到结果，不再需要计算。操作简便、迅速，这是费氏仪的最大优点。

粒径曲线板的绘制方法：应用式(1.86)，在各种已知粒径 d_m 的条件下以 U 形管压力计液面差高度的 1/2，即 $p'/2$ 作为曲线的纵坐标，以各种孔隙度 θ 为横坐标作图得到的一系列曲线，包括0.2～50 μm 的整个粒径范围。式(1.86)中常数 C 由仪器本身决定，当取 A 为 1.267 cm^2、取 p 为50 cm水柱

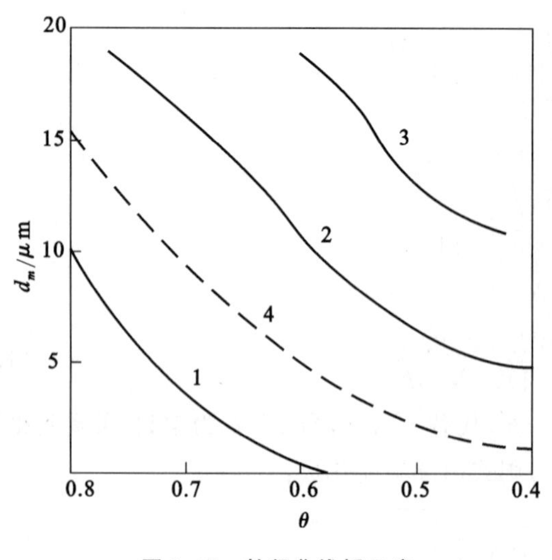

图 1.48　粒径曲线板示意

1—d_m=5 μm；2—d_m=10 μm；3—d_m=20 μm；4—粉末床高度线

(4900 Pa)时，可算得 $C=3.8$。图1.48所示的几根实线，代表了三种不同平均粒径的读数曲线，而虚线是用来控制粉末床厚度 L 或孔隙度 θ 的标准高度线。因为由式(1.86)，平均粒径 d_m 除取决于压力计两臂的液面高差的一半 ($p'/2$)外，还与粉末床的 θ 或 L 有关。在不同的 L 或 θ 下测量，液面的位置是不同的，但都应反映同一 d_m(对同一粉末试样)，因此，曲线板上代表不同粒径的各条曲线的走向均是随着 θ 增大而向上。θ 一般控制在 0.4～0.8，超出这个范围，测量误差将增大。

透过法测定粒径由于取样较多，有代表性，使结果的重现性好。对较规则的粉末，同显微镜测定的结果相符合。空气透过法所反映的是粉末的外比表面积，代表单颗粒或由单个颗粒聚集的二次颗粒的粒径，如果与 BET 法(反映全比表面积和一次颗粒的大小)联合使用，就能判断粉末的聚集程度和决定二次颗粒中一次颗粒的数量。

1.2.7　库尔特记数法

库尔特记数法又称流体扫描法。这种方法只能在低颗粒浓度的液体体系中测量，优点显著，特别适合颗粒计数。

在实际测试过程中，颗粒分散在电解液中，将已知尺寸的小孔插入悬浮液中，在小孔两端施加一电场，颗粒会一个一个地通过小孔，这样造成电阻瞬间发生变化，从而产生电流、电压脉冲，其脉冲高度与颗粒体积成正比，这个脉冲信号被放大、尺寸化、计算，然后表达为尺寸分布。其测试的颗粒尺寸范围为 0.6～1200 μm。每个已知小孔可感知的尺寸范围为计数孔孔径的 2%～60%。原理如图 1.49 所示。

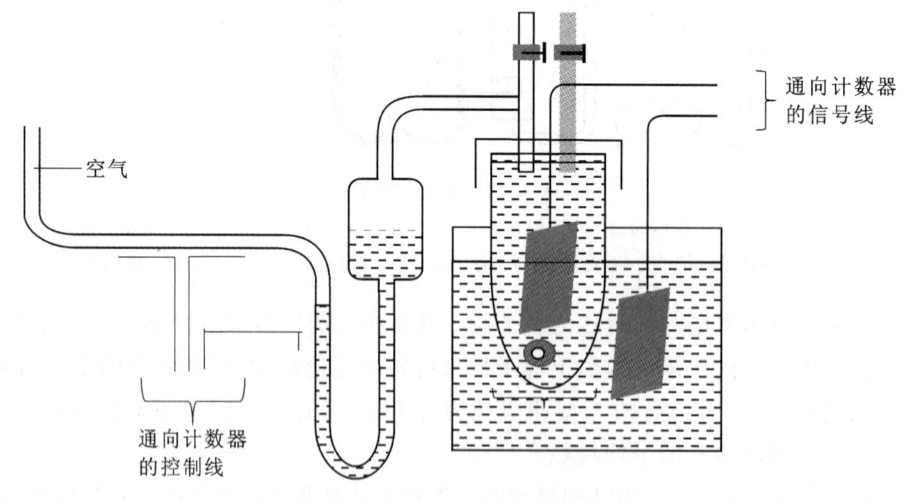

图 1.49　库尔特记数法原理图

以上介绍了 7 种粉末粒径测量的方法。在实际运用中，需要对测量方法进行选择。如要测量个数，可用库尔特计数器；如要测形状，可选用图像分析仪；如要测雾滴，可选用激光法；如要测粒度，可可选沉降法或激光法；如要测比表面积，可选用 BET 法。若是以测量粒径的范围为根据，图 1.50 提供了优选的测量方法。

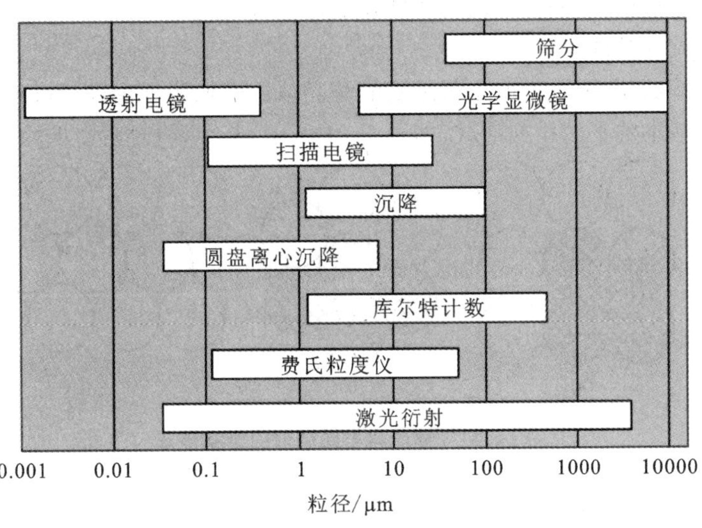

图 1.50 粒径测量方法选择

1.3 粉末体的性质

1.3.1 粉末体的堆积性质

由颗粒组成的粉末在单元生产过程中存在各种堆积形式，如成形的粉末坯体、袋式收尘器表面的粉末层、料舱中的粉料、流化床中的料层等。这些粉末体中的颗粒以某种空间排列组合形式构成一定的堆积形态，并表现出诸如空隙率或称孔隙率、体积密度、填充物的存在形态、空隙的分布状态等堆积性质。

粉末体的堆积性质由颗粒的形状、大小、表面状态、颗粒密度等物理性质决定，而它又与粉末的压缩性、流动性、填充层内的流体流动等粉末特性密切相关，并直接影响单元操作过程的参数以及成品和半成品的质量。例如陶瓷、金属粉末的压缩性和流动性影响其成形过程的模具设计、填充特性、坯体强度等。型砂的空隙率影响铸造型砂的透气性和强度等。

1.3.1.1 空隙率

粉末体中未被颗粒占据的空间体积与包含空间在内的整个粉末层表观体积之比称为空隙率，以 ε 表示，即：

$$\varepsilon = \frac{V - V_p}{V} = \frac{V_c}{V} \tag{1.87}$$

式中 V——填充层表观体积；

V_p——颗粒所占据的体积；

V_c——空隙体积。

与空隙率相对应的是填充率，用 ϕ 表示，即：

$$\phi = \frac{V_p}{V} = 1 - \varepsilon \tag{1.88}$$

在计算粉末体的空隙率时，一般不考虑颗粒的孔隙，只反映颗粒群的堆积情况。对于具有一定强度的粉末体、坯体或粉末材料，通常可用空隙率来表示未被颗粒（晶粒）占据的空间体积与整个粉末体（材料）表观体积之比，其大小应等于粉末体（材料）的理论密度与表观密度的差除以其理论密度，这时颗粒的孔隙应被考虑在其中。

颗粒群的堆积性质可借鉴晶体结构的密堆积理论进行讨论。

(1)等径球形颗粒的排列

理想的颗粒群的堆积状况可借鉴晶体结构的等径球的密堆积理论进行讨论与理解。对于等径球的规则排列，有三种基本的平面排列形式，如图1.51所示，其中(c)为紧密堆垛层面。

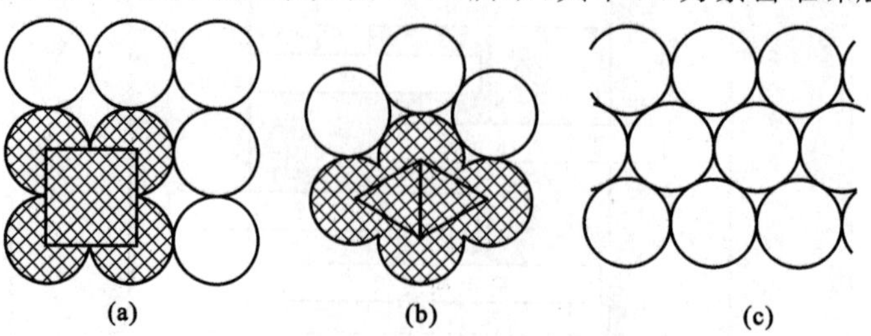

图1.51　等径球平面排列的基本形式

(a)正方排列层；(b)单斜方排列层；(c)最密排列层

在平面排列的基础上，又可组成八种形式的空间排列。为获得较密堆积，第二层球应落在第一层球的低谷中。对于图1.51(a)情况第二层球落在四个球组成的低谷中，第三层类推，这样就构成了体心立方结构，其空间占有率为68.02%。对于图1.51(c)情况，第一层密堆积中，3个球构成一个三角形空隙，每个球占1/3，每个球周围有6个三角形空隙，因此每个球就有6×1/3=2个空隙。第二层球落在第一层球构成的低谷中。第三层球有两种堆垛方式，一种是其球位置与第一层重合形成*ABAB*……堆垛；另一种是不与第一层重合，而处于第二层球间低谷，而第四层与第一层重合就构成*ABCABC*……堆垛，构成面心立方结构。这两种紧密堆垛方式均可得到74.05%的空间占有率。从图1.51(b)可演变出各种斜方堆垛，其空隙率均高于上述密堆积。

(2)不等径球形颗粒的堆积

在等径球形颗粒规则排列所形成的空隙中填充较小直径的球形颗粒，可得到更高密度的堆积。以等径球最密堆积为例，在形成最密堆积后，空间中存在四个球构成的四面体间隙和六个球构成的八面体间隙，如图1.52所示。若基本等径球为E，填入八面体最大径球为2次球J，填入四面体最大径球为3次球K，再填入4次最大径球于1、2次球间隙，填5次最大径球于1、3次球间隙，最后以更微小等径球填于残留空隙中，从而构成最密填充。这就是所谓的Horsfield填充，如图1.53所示。表1.14给出了Horsfield填充特性。

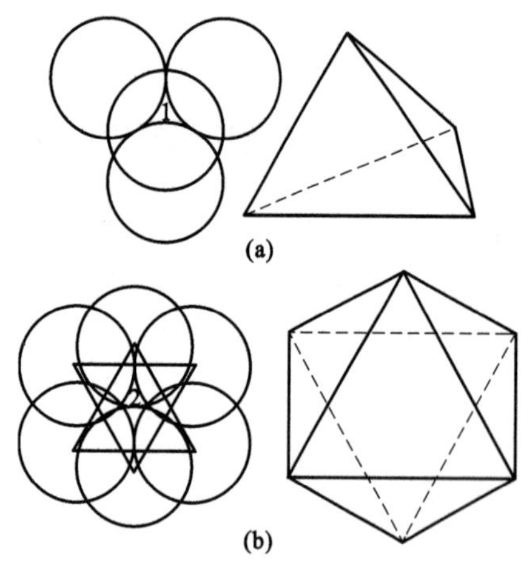

图1.52　四面体与八面体空隙

(a)四面体空隙；(b)八面体空隙

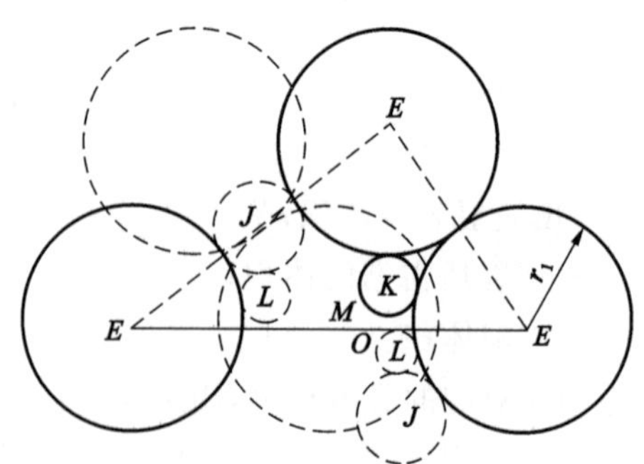

图1.53　Horsfield填充

(3)非球形颗粒的随机填充

非球形颗粒堆积时的空隙率在工程中更有实际意义。一般而言，随着颗粒球形度的增加，空隙率会减小。颗粒表面的粗糙度越大，颗粒形状越复杂，粉末体的空隙率会越大。由于细粉末表面活性高，颗粒间的黏结性强，较易出现高空隙率而形成松填充。

表 1.14　Horsfield 填充

球　序	球体半径	球　数	空隙率
1 次球 E	r_1		0.260
2 次球 J	0.414	1	0.207
3 次球 K	0.225	2	0.190
4 次球 L	0.177	8	0.158
5 次球 M	0.116	8	0.149
最后填充球	极小	极多	0.039

粉末颗粒的粒径组成也影响粉末的堆积，一般具备粒径分布的粉体趋向于较紧密堆积，平均粒径对空隙率也有影响。实际上，这些影响难以从理论上计算。

粉末堆积过程中振动的频率与振幅对粉体层的空隙率有较大的影响，图 1.54 给出粒径为 0.05～0.5 mm 的干粉在不同频率下，其堆积空隙率与振幅之间的关系。

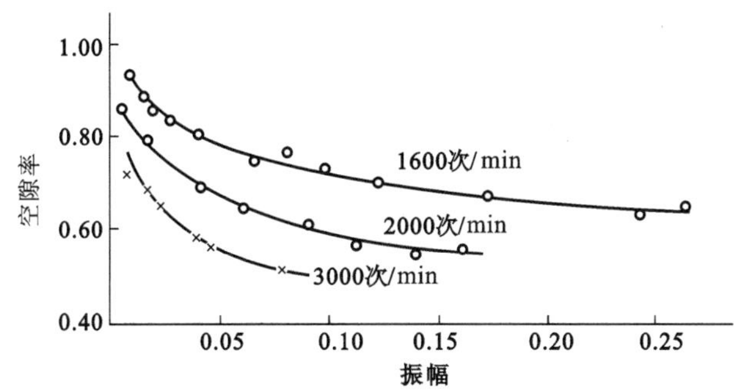

图 1.54　振动的频率与振幅对粉体层空隙率的影响

1.3.1.2　松装密度与颗粒密度

(1)松装密度

松装密度又称容积密度，是指在一定填充状态下，包括颗粒间全部空隙在内的整个填充层单位容积中颗粒的质量。它与颗粒物料的密度 ρ_p 和空隙率 ε 有如下关系：

$$\rho_v = (1-\varepsilon)\rho_p \tag{1.89}$$

显然，粉体的松装密度随空隙变化而变化，它与颗粒形状、大小级配及填充状态有关。当填充过程中施加压力或进行振动时，其松装密度要比自由填充时增大 10%～20%。为表征粉末体的松装特性，国家标准中对粉末松装密度的测定有严格规定，并以此作为粉末体的一项物理性能指标。

图 1.55 所示为一种粉末松装密度测定装置。粉末从漏斗 9 中自由落下，充满圆柱杯 7，漏斗孔径有 2.5 mm 和 5.0 mm 两种，圆柱杯 7 容积为(25±0.05)cm^3。称量刮平后圆柱杯中粉末质量除以容积即可得出松装密度。

粉末松装密度也可采用斯柯特容量计法。如图 1.56 所示，其原理是将粉末放入上部组合漏斗中的筛网上，自然或靠外力流入布料箱，交替经过布料箱中的四块倾角为 25°的玻璃板和方形漏斗，最后流入已知容积的圆柱杯中，呈松散状态，然后称取杯中粉末质量，计算松装密度。该方法适用于不能自由流过漏斗法孔径和振动漏斗法易改变特性的粉末松装密度的测量。

(2)颗粒密度

由于颗粒本身孔隙状况不同，颗粒的密度根据条件的不同有不同的定义。如图 1.57(a)所示的颗粒截面，颗粒的孔隙有两类：一类是包含在颗粒内部不与外界接触的闭孔(closed pore)，另一类是与外界连通的开孔(open pore)。

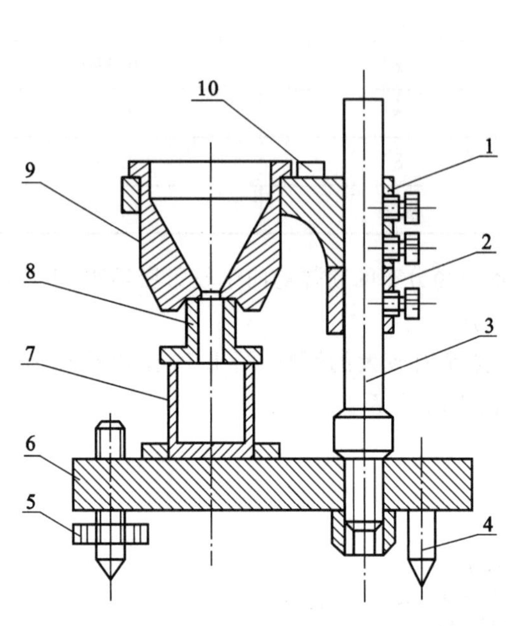

图 1.55 松装密度测定装置

1—支架；2—支撑套；3—支架柱；4—定位销；5—调节螺钉；6—底座；7—圆柱杯；8—定位块；9—漏斗；10—水准器

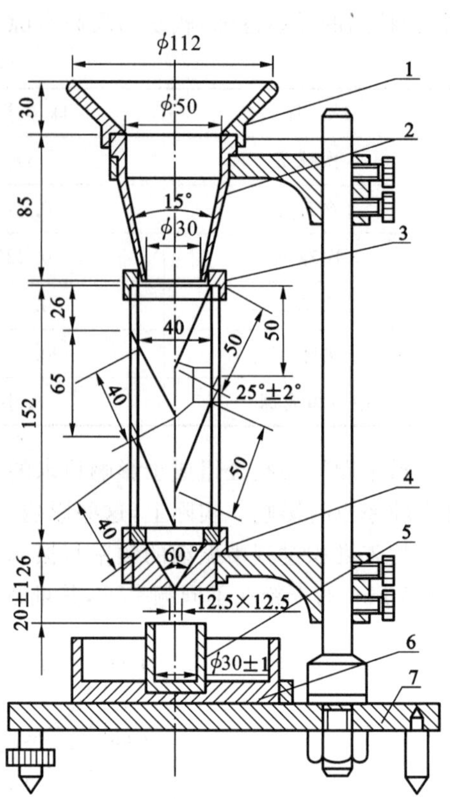

图 1.56 斯柯特容量计

1—黄铜筛网；2—组合漏斗；3—布料箱；4—方形漏斗；5—圆柱杯；6—塑料盘；7—台架

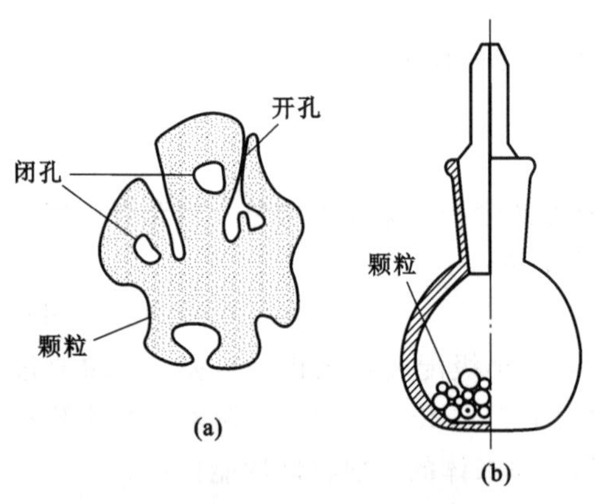

图 1.57 颗粒密度的测定

(a)颗粒孔隙；(b)比重瓶

颗粒的真密度 ρ_s 是指颗粒的质量除以不包括开孔、闭孔在内的颗粒真体积，也就是颗粒的理论密度。颗粒的表观密度或称颗粒密度被定义为颗粒的质量除以包含闭孔在内的颗粒体积。

颗粒密度一般应用阿基米德定律并采用比重瓶法测定。比重瓶[图 1.57(b)]容积为20 dm^3，测量时下列质量需被称量：空比重瓶质量 m_0，比重瓶含满液体的质量 m_l，加入粉末的比重瓶质量 m_s，比重瓶加待测粉末加液体的质量 m_{sl}。设 ρ_l 为液体密度，则颗粒密度：

$$\rho_p = \frac{颗粒质量}{表观体积} = \frac{m_s - m_0}{[(m_l - m_0) - (m_{sl} - m_s)]/\rho_l} = \frac{\rho_l(m_s - m_0)}{(m_l - m_0) - (m_{sl} - m_s)} \tag{1.90}$$

比重瓶法测量粉末颗粒密度时，要求所采用的液体对颗粒有良好的润湿性。需要时可加入少量的表面活性剂以改善润滑性，如用水时可加入少量六偏磷酸钠等。另外，对加入的粉末和液体的比重瓶可在真空环境中进行脱气处理，以消除比重瓶中的气泡。

1.3.2 粉体的摩擦性质

粉体的摩擦性质是指粉体中的固体颗粒之间以及颗粒与固体边界表面因摩擦而产生的一些特殊的物理现象，以及由此而表现出的一些特殊力学性质。粉体的静止堆积状态、流动特性及对料仓壁面的摩擦行为和滑落特性等粉体基本性质，粉体单元生产过程中的粉体料的堆积、贮存、传递、压缩等都涉及粉体的摩擦性质。表示粉体摩擦性质的物理量是摩擦角，它是表征颗粒群从运动状态变为静止状态所形成的角，它取决于颗粒间的摩擦力和内聚力。根据颗粒群运动状态的不同，可分为内摩擦角、安息角、壁摩擦角及运动摩擦角。

1.3.2.1 内摩擦角

与液体不同，粉体由于其内部颗粒相互间存在摩擦力，其运动的局限性很大。粉体层受力很小时，粉体层外观上不产生什么变化。这是由于摩擦力具有相对性，相对于作用力的大小产生了克服它的应力，这两种力是保持平衡的。可是，当作用力的大小达到某个极限值时，粉体层将突然出现崩坏，该崩坏前后的状态称为极限应力状态。这一极限应力状态是由一对正应力和切应力组成，也就是说，若在粉体层任意面上加一垂直应力，并逐渐增加该层面的切应力，则当切应力达到某一值时，粉体层将沿此面滑移。摩擦角即表示该极限应力状态下剪应力与垂直应力的关系。

假设粉末体在载荷作用下处于平面应力状态，就可以应用应力平衡关系根据单元体各面上的已知应力求粉末体内部任一点的正应力和剪应力的大小。

在以下讨论中，取平面单元位于 xOy 平面内，如图 1.58(a)所示。已知 x 平面(法线平行 x 轴的平面)上的应力 σ_x 及 τ_{xy}，y 平面(法线平行于 y 轴的平面)上的应力 σ_y 及 τ_{yx}。根据切应力互等定理，$\tau_{xy}=\tau_{yx}$，现在需要求与 z 轴平行的任意斜截面 ab 上的应力。设斜截面 ab 的外法线 n 与 x 轴成 α 角，以后简称该斜截面为 α 面，并用 σ_α 及 τ_α 分别表示 α 面上的正应力及切应力。

按照惯例，将应力、α 角正负号作如下规定：

α 角：从 x 方向逆时针转至 α 面外法线 n 的 α 角为正值；反之为负值。α 角的取值区间为$[0,\pi]$或$[-\pi/2,\pi/2]$。

正应力：拉应力为正，压应力为负。

切应力：使微元体产生顺时针方向转动趋势为正；反之为负。或者，截面外法线顺时针转 90°后的方向为正；反之为负。

求 α 平面上的应力 σ_α、τ_α 的方法，有解析法和图解法两种。分别介绍如下：

(1)解析法

利用截面法，沿截面 ab 将图 1.58(a)所示单元切成两部分，取其左边部分为研究对象。设 α 面的面积为 $\mathrm{d}A$，则 x 面、y 面的面积分别为 $\mathrm{d}A\cos\alpha$ 及 $\mathrm{d}A\sin\alpha$。于是，得研究对象的受力情况如图 1.58(b)所示。该部分沿 α 面法向及切向的平衡方程分别为：

$$\sigma_\alpha \mathrm{d}A + (-\sigma_x\cos\alpha + \tau_{xy}\sin\alpha)\mathrm{d}A\cos\alpha + (-\sigma_y\sin\alpha + \tau_{yx}\cos\alpha)\mathrm{d}A\sin\alpha = 0$$
$$\tau_\alpha \mathrm{d}A + (-\sigma_x\sin\alpha - \tau_{xy}\cos\alpha)\mathrm{d}A\cos\alpha + (\sigma_y\cos\alpha + \tau_{yx}\sin\alpha)\mathrm{d}A\sin\alpha = 0$$

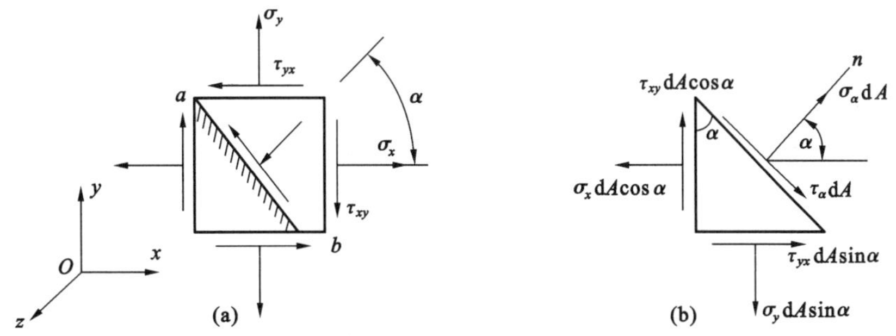

图 1.58 单元体的应力平衡

由此得

$$\left.\begin{aligned}\sigma_\alpha &= \sigma_x\cos^2\alpha + \sigma_y\sin^2\alpha - (\tau_{xy}+\tau_{yx})\sin\alpha\cos\alpha \\ \tau_\alpha &= (\sigma_x-\sigma_y)\sin\alpha\cos\alpha + \tau_{xy}\cos^2\alpha - \tau_{yx}\sin^2\alpha\end{aligned}\right\} \tag{1.91}$$

由 $\tau_{xy}=\tau_{yx}$，$\cos^2\alpha=(1+\cos2\alpha)/2$，$\sin^2\alpha=(1-\cos2\alpha)/2$ 及 $2\sin\alpha\cos\alpha=\sin2\alpha$，式(1.91)可改写为：

$$\left.\begin{aligned}\sigma_\alpha &= \frac{\sigma_x+\sigma_y}{2}+\frac{\sigma_x-\sigma_y}{2}\cos 2\alpha-\tau_{xy}\sin 2\alpha \\ \tau_\alpha &= \frac{\sigma_x-\sigma_y}{2}\sin 2\alpha+\tau_{xy}\cos 2\alpha\end{aligned}\right\} \tag{1.92}$$

这就是斜面上应力的计算公式。应用时一定要遵循应力及 α 角的符号规定。如果用 $\alpha+90°$ 替代式(1.92)第一式中的 α，则：

$$\sigma_{\alpha+90°} = \frac{\sigma_x+\sigma_y}{2}-\frac{\sigma_x-\sigma_y}{2}\cos 2\alpha+\tau_{xy}\sin 2\alpha$$

从而有

$$\sigma_\alpha+\sigma_{\alpha+90°} = \sigma_x+\sigma_y \tag{1.93}$$

可见，在平面应力状态下，一点处与 z 轴平行的两相互垂直面上的正应力的代数和是一个不变量。

由式(1.92)可知，斜截面上的应力 σ_α、τ_α 均为 α 角的函数，即它们的大小和方向随斜截面的方位而变化。现在来求它们的极限及平面应力状态的主应力。

对于斜截面上的正应力 σ_α，设极值时的 α 角为 α_0，由 $\mathrm{d}\sigma_\alpha/\mathrm{d}\alpha=0$ 得

$$\frac{\mathrm{d}\sigma_\alpha}{\mathrm{d}\alpha}=-(\sigma_x-\sigma_y)\sin 2\alpha_0-2\tau_{xy}\cos 2\alpha_0=-2\tau_{\alpha_0}=0$$

可见，σ_α 取极值的截面上切应力为零，即 σ_α 的极值便是单元体的主应力。这时的 α_0 可由上式求得为：

$$\tan 2\alpha_0 = \frac{-2\tau_{xy}}{\sigma_x-\sigma_y} \tag{1.94}$$

式(1.94)的 α_0 在取值区间内有两个根 α_0 及 $\alpha_0\pm 90°$，它说明与 σ_α 有关的两个极值(主应力)的作用面(主平面)是相互垂直的。在按式(1.94)求 α_0 时，可以视 $\tan 2\alpha_0=(-2\tau_{xy})/(\sigma_x-\sigma_y)$，并按 $-2\tau_{xy}$、$\sigma_x-\sigma_y$、$(-2\tau_{xy})/(\alpha\sigma_x-\sigma_y)$ 的正负号来判定 $\sin 2\alpha_0$、$\cos 2\alpha_0$、$\tan 2\alpha_0$ 的正负符号，从而唯一地确定 $2\alpha_0$ 或 α_0 值。于是有

$$\sin 2\alpha_0 = \frac{-2\tau_{xy}}{\sqrt{(\sigma_x-\sigma_y)^2+4\tau_{xy}^2}},\quad \cos 2\alpha_0 = \frac{\sigma_x-\sigma_y}{\sqrt{(\sigma_x-\sigma_y)^2+4\tau_{xy}^2}}$$

$$\sin 2(\alpha_0\pm 90°)=-\sin 2\alpha_0,\quad \cos 2(\alpha_0\pm 90°)=-\cos 2\alpha_0$$

将以上各式代入式(1.92)的第一式，得 σ_α 的两个极值 $\sigma_{\max}$(对应 α_0 面)、$\sigma_{\min}$(对应 $\alpha_0\pm 90°$面)为：

$$\sigma_{\substack{\max\\ \min}} = \frac{\sigma_x+\sigma_y}{2}\pm\sqrt{\left(\frac{\sigma_x-\sigma_y}{2}\right)^2+\tau_{xy}^2} \tag{1.95}$$

可以证明，式(1.95)中 $\tau_{\max}$ 的指向，是介于仅由单元体切应力 $\tau_{xy}=\tau_{yx}$ 产生的主拉应力指向(与 x 轴夹角为 45°或$-45°$)与单元体正应力 σ_x、σ_y 中代数值较大的一个正应力指向之间。

式(1.95)的 $\sigma_{\max}$、$\sigma_{\min}$ 为平面应力状态一点处三个主应力中的两个主应力，它的另一个主应力为零。至于如何根据这三个主应力来排列 σ_1、σ_2、σ_3 的次序，应视 $\sigma_{\max}$、$\sigma_{\min}$ 的具体数值来决定。

平面应力状态下，切应力极值可按下述方法确定。设极值时的 α 角为 θ_0，由 $\mathrm{d}\tau_\alpha/\mathrm{d}\alpha=0$ 得：

$$\tan 2\theta_0 = \frac{\sigma_x-\sigma_y}{2\tau_{xy}} \tag{1.96}$$

比较式(1.94)和式(1.96)，有 $\tan 2\alpha_0\times\tan 2\theta_0=-1$，可见 $\theta_0=\alpha_0+45°$，即斜截面上切应力 τ_α 的极值作用面与正应力 σ_α 的极值作用面互成 45°夹角。将式(1.96)代入式(1.92)的第二式，可以求得斜截面上切应力极值 $\tau_{\max}$(对应 θ_0)、$\tau_{\min}$(对应 $\theta_0+90°$)为：

$$\tau_{\substack{\max\\ \min}}=\pm\sqrt{\left(\frac{\sigma_x-\sigma_y}{2}\right)^2+\tau_{xy}^2}=\pm\frac{\sigma_{\max}-\sigma_{\min}}{2} \tag{1.97}$$

这说明，斜截面上切应力极值的绝对值，等于该点处两个正应力极值差的绝对值的一半。另外，由式(1.96)可得 $(\sigma_x-\sigma_y)\cos 2\theta_0-2\tau_{xy}\sin 2\theta_0=0$，代入式(1.92)第一式得：

$$\sigma_{\theta_0} = \sigma_{\theta_0+90^\circ} = \frac{\sigma_x + \sigma_y}{2} \tag{1.98}$$

可见在 τ_α 极值作用面上的正应力相等，且为 σ_x、σ_y 的平均值。

(2)图解(莫尔圆)法

平面应力状态分析，也可采用图解的方法。当采用适当的作图比例时，其精确度是能满足工程设计要求的。这里只介绍图解法中的莫尔圆法，它是1882年德国工程师莫尔(O. Mohr)对1866年德国的库尔曼(K. Culman)提出的应力圆进行进一步研究，借助应力圆确定一点应力状态的几何方法。

① 应力圆方程

将式(1.92)改写为：

$$\left.\begin{aligned}\sigma_\alpha - \frac{\sigma_x + \sigma_y}{2} &= \frac{\sigma_x - \sigma_y}{2}\cos 2\alpha - \tau_{xy}\sin 2\alpha \\ \tau_\alpha &= \frac{\sigma_x - \sigma_y}{2}\sin 2\alpha + \tau_{xy}\cos 2\alpha\end{aligned}\right\} \tag{1.99}$$

于是，由上述二式分别平方后相加得到一圆方程：

$$\left(\sigma_\alpha - \frac{\sigma_x + \sigma_y}{2}\right)^2 + \tau_\alpha^2 = \left[\sqrt{\left(\frac{\sigma_x - \sigma_y}{2}\right)^2 + \tau_{xy}^2}\right]^2 \tag{1.100}$$

据此，若已知 σ_x、σ_y、τ_{xy}，则在以 σ 为横坐标轴、τ 为纵坐标轴的坐标系中，可以画出一个圆，其圆心为 $\left(\frac{\sigma_x + \sigma_y}{2}, 0\right)$，半径为 $\sqrt{\left(\frac{\sigma_x - \sigma_y}{2}\right)^2 + \tau_{xy}^2}$。圆周上一点的坐标就代表单元体一个斜截面上的应力。因此，这个圆称为应力圆或莫尔圆(Mohr circle for stresses)。

② 应力圆的画法

在已知 σ_x、σ_y 及 τ_{xy}[图1.59(a)]，作相应应力圆时，先在 $\sigma\tau$ 坐标系中，按选定的比例尺，以 (σ_x, τ_{xy})、$(\sigma_y, -\tau_{xy})$ 为坐标确定 x(对应 x 面)、y(对应 y 面)两点(在应力圆中，正应力以拉应力为正，切应力以与其作用面外法线顺时针转90°后的方向一致时为正)。然后直线连接 x、y 两点交 σ 轴于 C 点，并以 C 点为圆心，以 $\overline{Cx}$ 或 $\overline{Cy}$ 为半径画圆，此圆就是应力圆，如图1.59(b)所示。

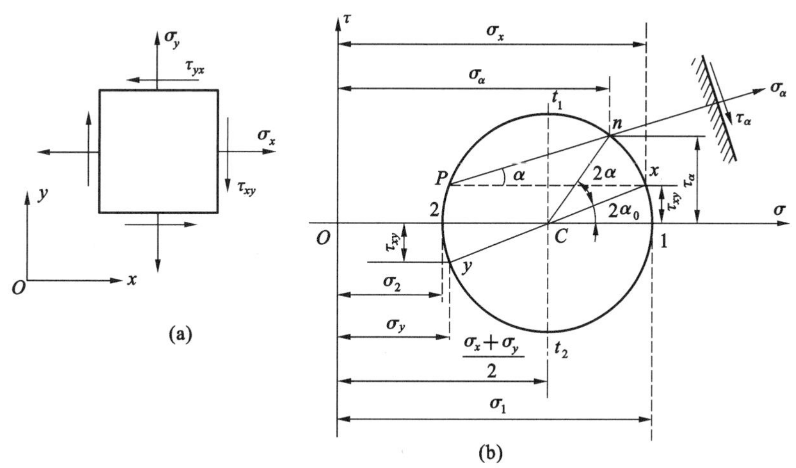

图1.59　平面应力状态应力圆

③ 几种对应关系

应力圆上的点与平面应力状态任意斜截面上的应力有如下对应关系：

a. 点面对应

应力圆上某一点的坐标对应单元体某一面上的正应力和切应力值。如图1.59(b)上的 n 点的坐标即为斜截面 α 面的正应力和切应力。

b. 转向对应

应力圆半径旋转时，半径端点的坐标随之改变，对应地，斜截面外法线亦沿相同方向旋转，才能保证某一方向面上的应力与应力圆上半径端点的坐标相对应。

c. 二倍角对应

应力圆上半径转过的角度，等于斜截面外法线旋转角度的两倍。因为，在单元体中，外法线与 x 轴间夹角相差 180°的两个面是同一截面，而应力圆中圆心角相差 360°时才能为同一点。

④ 应力圆的应用

a. 应用应力圆能确定任意斜截面上应力的大小和方向。如果欲求 α 面上的应力 σ_α 及 τ_α，则可从与 x 面对应的 x 点开始沿应力圆圆周逆时针方向转 2α 圆心角至 n 点，这时 n 点的坐标便同外法线与 x 轴成 α 角的 α 面上的应力对应。σ_α 的方向按如下方法确定：过 x 点作 σ 轴的平行线交应力圆于 P 点，以 P 为极点，连接 P、n 两点，则射线 $\overline{Pn}$ 便为 n 点对应截面的外法线方向，即为 σ_α 的方位线。

b. 确定主应力的大小和方位。应力圆与 σ 轴的交点 1 和交点 2，其纵坐标(即切应力)为零，因此，对应的正应力便是平面应力状态的两个正应力极值，但是，如图 1.59 所示情况，因 $\sigma_{max}>\sigma_{min}>0$，所以用单元体主应力 σ_1、σ_2 表示，这时的 σ_3 应为零。至于在别的情况时，图1.59(b)中的 1、2 点应取 1、2、3 中的哪两个数，按类似原则确定。主应力的方位按如下方法确定：从极点 P 至 1 点引射线为作用面外法线方向，$\overline{P2}$ 为主应力 σ_2 作用面的外法线方向。从图1.59(b)中不难看出，主应力 σ_1、σ_2 的作用面(主平面)的外法线(主方向)相互垂直。

由图 1.59(b)不难看出，应力圆上的 t_1、t_2 两点，是与切应力极值面(θ_0 面和 $\theta_0+90°$面)上的应力对应的。不难证明：正应力极值面与切应力极值面互成 45°的夹角。

(3)莫尔圆与粉体层的对应关系

图 1.60(a)反映了应力圆上的点与任意斜截面的应力状态的对应关系。为了研究莫尔圆和粉体层的对应关系，试同图 1.60(b)作一对照比较，在 x、y 坐标中，σ_x、τ_{xy} 相当于作用在 $\alpha=0$ 的面上，σ_y、τ_{xy} 相当于作用在 $\alpha=\pi/2$ 的面上，而在相应的莫尔圆中，它们是处在圆心的对称位置，仅相差 π。一般地说，x、y 坐标中的 α 相当于莫尔圆中的 2α。φ 角为粉体层的 x 轴与最大主应力作用方向的夹角。

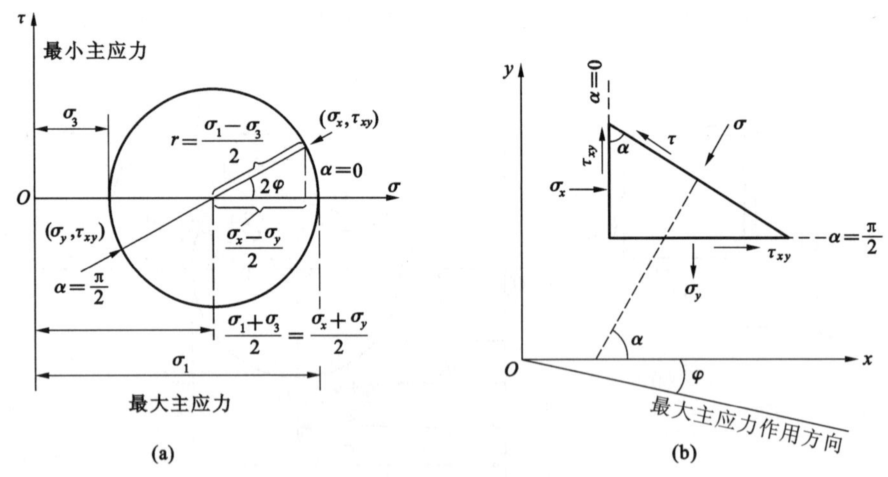

图 1.60 莫尔圆和粉体层坐标轴的对应关系

因此，可以写出如下关系：

$$\left.\begin{aligned}\sigma_x&=\frac{\sigma_1+\sigma_3}{2}+\frac{\sigma_1-\sigma_3}{2}\cos2\varphi\\\sigma_y&=\frac{\sigma_1+\sigma_3}{2}-\frac{\sigma_1-\sigma_3}{2}\cos2\varphi\\\tau_{xy}&=\frac{\sigma_1-\sigma_3}{2}\sin2\varphi\end{aligned}\right\}\tag{1.101}$$

如果将 x 轴、y 轴取在主应力面上，则可写出下式：

$$\begin{cases} \sigma = \dfrac{\sigma_1 + \sigma_3}{2} + \dfrac{\sigma_1 - \sigma_3}{2}\cos 2\alpha \\ \tau = \dfrac{\sigma_1 - \sigma_3}{2}\sin 2\alpha \end{cases}$$

变形后成为：

$$\left.\begin{aligned} \sigma &= \sigma_1 \cos^2\alpha + \sigma_3 \sin^2\alpha = \sigma_3 + (\sigma_1 - \sigma_3)\cos^2\alpha \\ &= \sigma_1\left(\frac{1+\cos 2\alpha}{2}\right) + \sigma_3\left(\frac{1-\cos 2\alpha}{2}\right) \\ \tau &= (\sigma_1 - \sigma_3)\sin\alpha\cos\alpha \end{aligned}\right\} \tag{1.102}$$

(4)内摩擦角的确定

① 三轴压缩试验　三轴压缩试验作为土壤强度的标准试验法已获得了广泛的应用，它也用作粉体内摩擦因数的测定法。如图 1.61 所示，将粉体试料填充在圆筒状橡胶薄膜内，然后放在压力机的底座上。要选取自重作用下不崩坏的试料进行试验。从橡胶薄膜的周围均匀地施加流体压力，并由上方用活塞加压。由上方施加的铅垂压力为最大主应力，周围的水平压力为最小主应力，σ_1 达到极限值时，粉体层崩坏。记录水平压力变化时铅垂压力相应的极限值。图 1.62 表示了三轴压缩试验中试料的破坏形式。

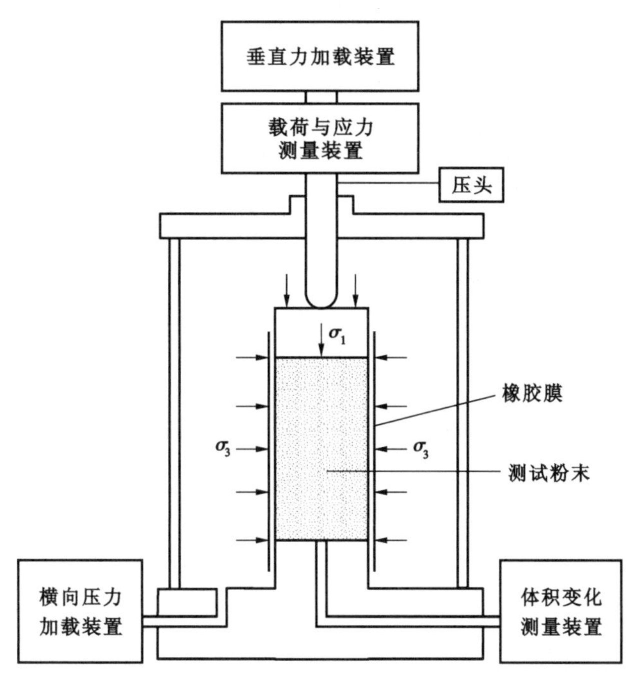

图 1.61　三轴压缩试验装置示意图

以砂为例的测定值见表 1.15。

表 1.15　三轴压缩试验实例

水平压力 σ_3/Pa	13.7	27.5	41.2
铅垂压力 σ_1/Pa	63.7	129	192

对三组试验进行莫尔圆分析，如图 1.63 所示。作圆的公切线，称为破坏包络线，它与 σ 轴的夹角 ϕ_i 即为内摩擦角。

试料的破坏面有各种形式，图 1.62(b)～(d)是其代表性的图形。如最大主应力的方向取作 x 轴，最小主应力的方向取作 y 轴，如图 1.64(a)所示，现与莫尔圆图 1.64(b)作对比，根据前述的图解法求极点，极点和 A 点连接时，同 σ 轴的夹角为$(\pi/4)-(\phi_i/2)$，该角是崩坏面与铅垂方向的夹角。

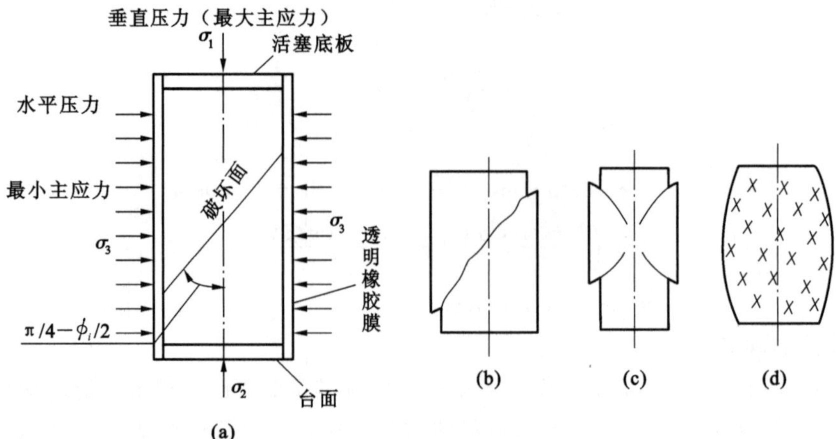

图 1.62　三轴压缩试验原理及试样破坏形式

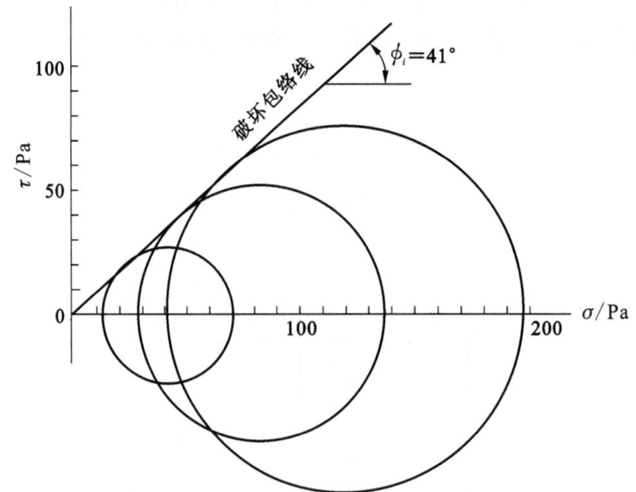

图 1.63　三轴压缩试验结果莫尔圆分析

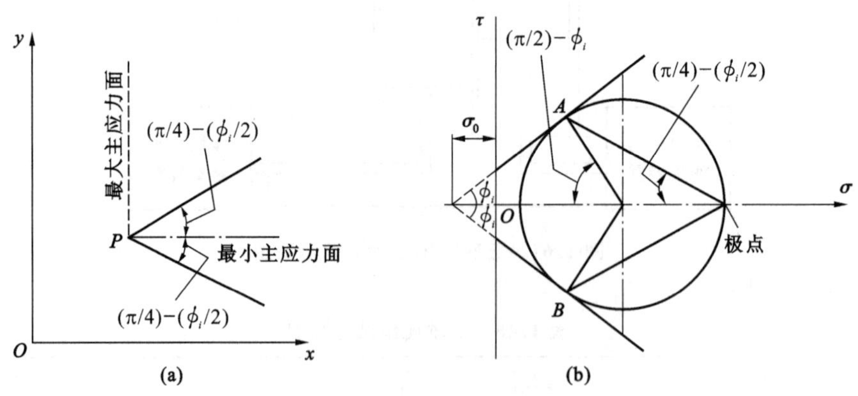

图 1.64　三轴压缩试验中破坏面的角度

(a)以 x 轴作为最大主应力作用方向；(b)莫尔圆

② 直剪试验　内摩擦角可由直剪试验得出，图 1.65 所示为 Jenike 提出的直剪试验装置，把圆盒或正方形盒重叠起来，将粉体填充其中，先用 σ_p 的正应力将粉末旋紧，然后在小一点的正应力 σ（$<\sigma_p$）的作用下，再由可动单元盒施加的剪应力逐步加大，当达到极限应力状态时，重叠的盒子错动，粉末体屈服，测定错动瞬时的剪应力 τ。若错动粉末层截面面积为 A，则剪切应力 $\tau=F/A$，垂直应力 $\sigma=W/A$，两者间关系可表示为 $\tau=\mu_i\sigma+\tau_0$。

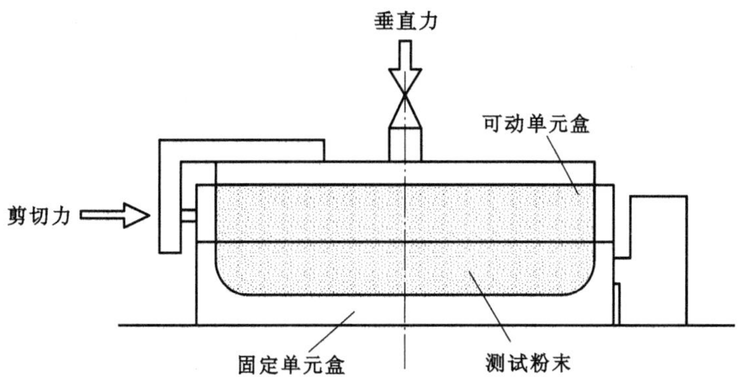

图 1.65 Jenike 直剪试验

③ 环剪试验 内摩擦角也可由环剪试验得出，这种方法的主要优点是在测量过程中，粉体的剪切表面积不会变化，也没有角度位移量的限制。图 1.66 所示为 Walker 提出的环剪试验装置，同样也能得出粉体在屈服状态下剪应力与正应力的关系。

图 1.67 为直剪度试验测定的一个实例，其数据见表 1.16。

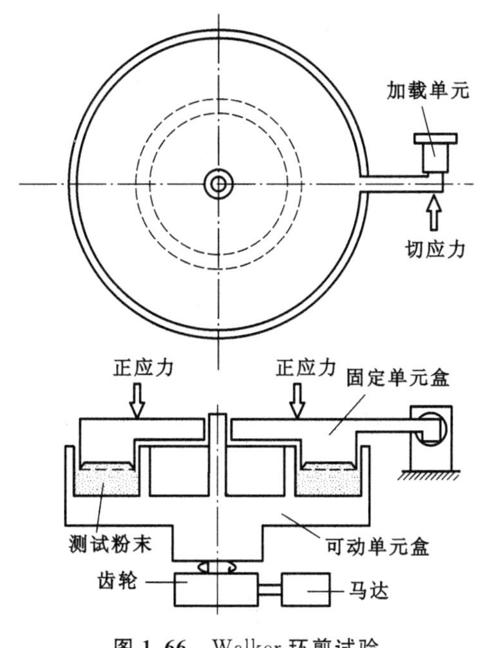

图 1.66 Walker 环剪试验

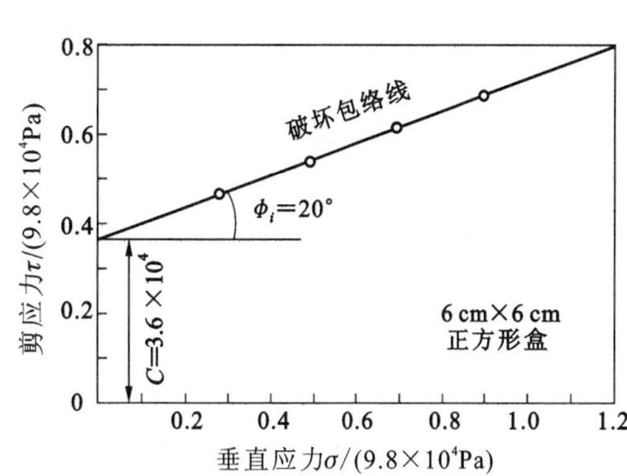

图 1.67 直剪试验的结果分析

表 1.16 直剪试验实例数据

垂直应力 $\sigma/(9.8\times10^4\ \text{Pa})$	0.253	0.505	0.755	1.010
剪切应力 $\tau/(9.8\times10^4\ \text{Pa})$	0.450	0.537	0.629	0.718

因为粉体层中颗粒的相互咬合是产生切断阻力的主要原因，所以内摩擦角受到颗粒形状、表面粗糙度、附着水分、粒径与粒径分布以及空隙率等内部因素的影响。对同一种粉体，内摩擦角一般随空隙率的增加大致线性减小。

工程中，在粉体不含水分的情况下，粉体内部颗粒层的摩擦特性可由式(1.103)表示。

$$\phi_i = \arctan\mu_i = \arctan\frac{\tau}{\sigma} = \arctan\frac{F}{W} \tag{1.103}$$

而在粉体含水情况下，即便其存放时间较长，水分对颗粒的运动仍有明显影响。可见考查粉体内摩擦特性时，应充分考虑到静止时颗粒间的附着力（凝聚力），即：

$$\tau = \sigma\tan\phi_i + \tau_0 \tag{1.104}$$

此式称为库仑(Coulomb)定律。式中 τ_0 表示初抗剪强度或附着力。非黏性粉体 $\tau_0=0$,其流动性良好;否则,即属于黏性粉体。若粉体满足式(1.104),则 τ 与 σ 呈线性关系,此类粉体为库仑粉体。对于 $\tau_0\neq 0$,即黏性粉体,可将 σ_a 看作表观抗张强度(如图 1.68 所示),则粉体剪应力与正应力的关系可写成:

$$\tau=(\sigma+\sigma_a)\tan\phi_i \tag{1.105}$$

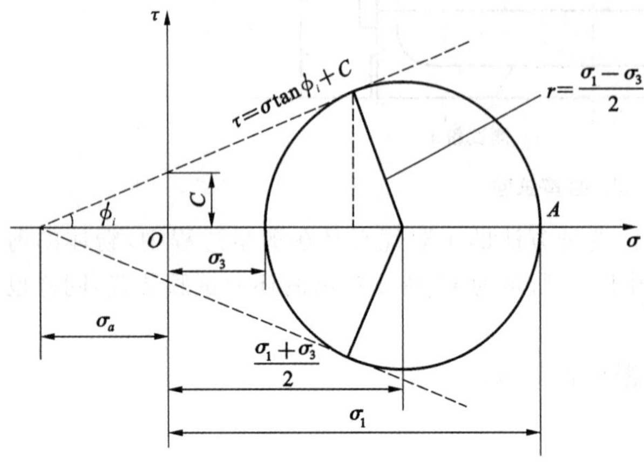

图 1.68 库仑粉体

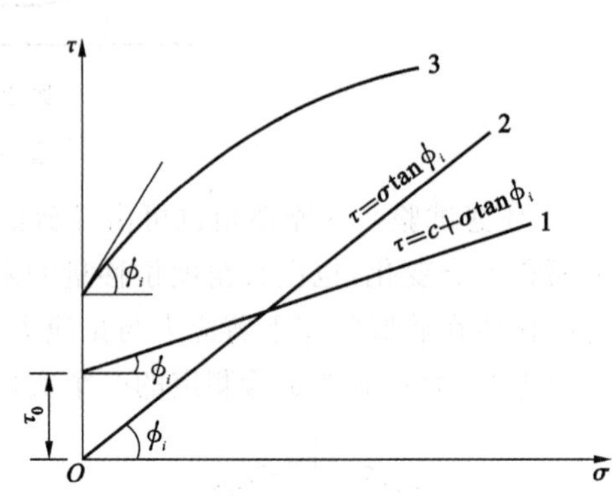

图 1.69 各种粉体的正应力与剪应力关系

有的粉体试验得到的破坏包络线,在 σ 值小的区域不再保持直线,而呈向下弯曲的曲线(如图 1.69 所示)。由于 ϕ_i 为 σ 的函数,因此,将其切线对 σ 轴的斜率作为内摩擦角因数:

$$\mu_i=\arctan\phi_i=\frac{\mathrm{d}\tau}{\mathrm{d}\sigma} \tag{1.106}$$

而粉体 3 是非库仑粉体。通常,工程中的大多数无机非金属粉体可近似为库仑粉体。

1.3.2.2 壁摩擦角与滑动角

在工业生产中,还经常碰到粉体与各种固体材料壁面直接接触以及相对运动的情况。如在料仓中,材料流动时与仓壁的摩擦。粉体层与固体壁面之间的摩擦特性用摩擦角 ϕ_w 表示,滑动角 ϕ_s 则表示的是单个颗粒与壁面的摩擦。壁摩擦角在粉料储存料仓设计和密相气力输送阻力计算中,是一个很重要的参数。

壁摩擦角的测定可在内摩擦角测定的有关仪器如直剪仪等中进行,此时只需将其下部粉体层换成与所测固体器壁相同材料的平板即可,如图1.70所示。壁摩擦因数 μ_w 为:

$$\mu_w=\frac{F}{W_s+W_m+W_o} \tag{1.107}$$

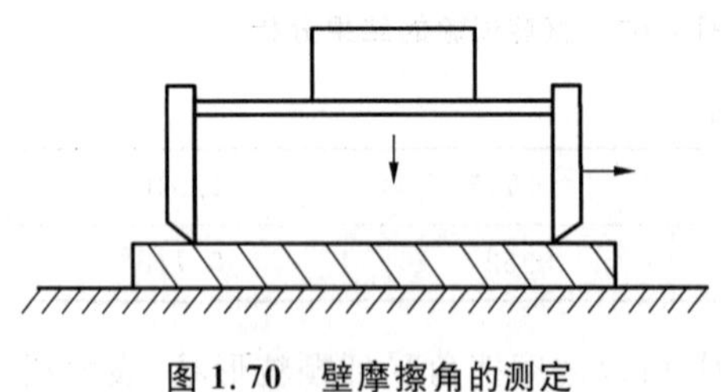

图 1.70 壁摩擦角的测定

式中 F——水平力;

W_m——砝码受到的重力;

W_s——粉料受到的重力;

W_o——容器受到的重力。

因此,壁摩擦角被定义为:

$$\phi_w=\arctan\mu_w \tag{1.108}$$

壁摩擦角的影响因素有颗粒的大小和形状、壁面的粗糙度、颗粒与壁面的相对硬度、壁表面上的水膜形成情况、粉料静置存放时间等。

滑动角的测量是将载有粉体的平板逐渐倾斜,当粉体开始滑动时,平板与水平面的夹角即为滑动角。由于粉体全部滑落时的滑动角通常比刚开始滑动时的角度大 10°以上,加之某些个别附着力特别大的细粉颗粒,其滑动角甚至可能大于 90°,因此,实际上规定滑落时角度的 90%为滑动角。

单个颗粒的滑动角在工程中应用不多,通常是用滑动角来表示粉体与倾斜固体壁面之间的摩擦特性。如在研究捕集于旋风分离器集料斗中的颗粒沿锥壁下降的摩擦行为时将用到此角。

1.3.2.3 运动摩擦角

粉体在流动时空隙率增大，这种空隙率在颗粒静止时可形成疏充填状态、颗粒间相斥等，并对粉体的弹性率产生影响。目前尚难以分析这种状态下的摩擦机理，通常是通过测定运动内摩擦角来描述粉体流动时的这一摩擦特性。

在测量内摩擦角的直剪法中，随着剪切盒的移动，剪切力逐渐增加，当剪切力达到几乎不变的状态时即达到所谓的动摩擦状态，这时所测得的摩擦角即可归类于运动角，亦称动内摩擦角。

动内摩擦角测定装置如图 1.71 所示。由压力计测定对应于每一垂直压力下的剪切力，由千分表测定颗粒体移动时由空隙率变化而导致的高度变化，并测量其体积变化。

由上述动剪切试验记录的系列数据，可作出如图 1.72 所示的动摩擦剪切轨迹曲线。该轨迹线与水平轴的夹角 ϕ_a 即为动内摩擦角，其与纵轴的截距 C_s 即为动摩擦状态下的内聚力。实际轨迹是非线性的。

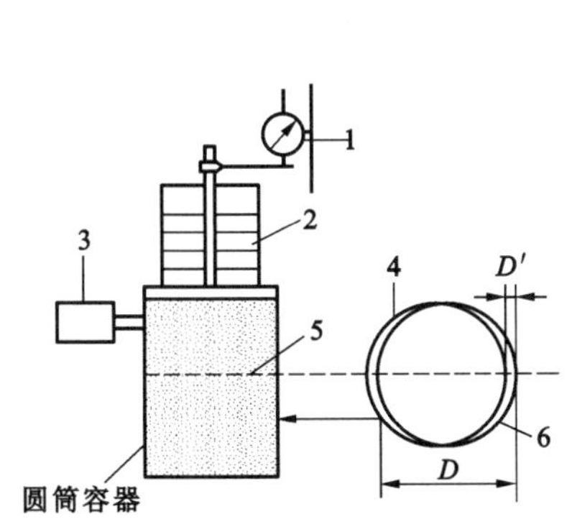

图 1.71 动内摩擦角的测定

1—千分表；2—荷载；3—压力计；
4—滑移后截面；5—剪切面；6—滑移前截面

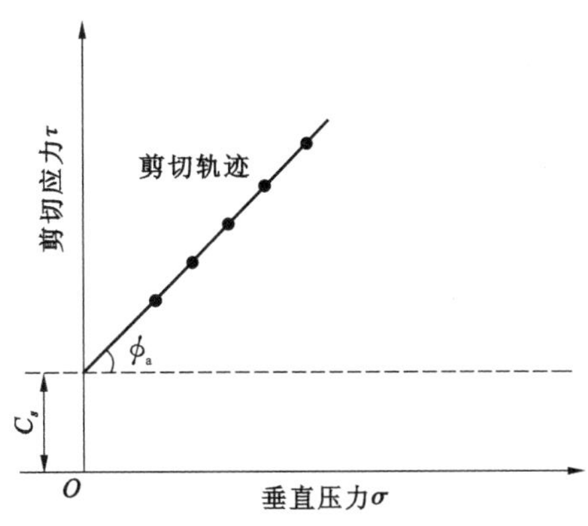

图 1.72 动摩擦剪切轨迹

一般来讲，粉体的各摩擦角间有一定的关系，如混凝土与粉料之间的壁摩擦角近似等于粉料的内摩擦角；流动性良好的粉料的休止角几乎等于其内摩擦角，而流动性较差的黏性粉料的休止角则要比其内摩擦角大。当不知某种壁面与一定的粉料间的壁摩擦因数，而只知另一种材料的壁摩擦因数时，可用下式作概略换算：

$$\mu_1 : \mu_2 : \mu_3 : \mu_4 = 15 : 16 : 17 : 20 \tag{1.109}$$

式中 μ_1——钢与粉料之间的壁摩擦因数的相对值；

μ_2——木材与粉料之间的壁摩擦因数的相对值；

μ_3——橡胶与粉料之间的壁摩擦因数的相对值；

μ_4——粉料内摩擦因数的相对值。

值得注意的是，粉体摩擦角的影响因素非常复杂和繁多。虽然各种摩擦角都有其一定的定义，但是由于测定方法不同，所得摩擦角亦不同，即使同一种物料也会因生产加工处理方式情况不同而导致摩擦角改变。例如，颗粒粒径小，黏附性、吸水性增强，都会使摩擦角增大；反之，颗粒表面光滑呈球形、空隙率大、对粉料充气等，摩擦角变小。

1.3.2.4 休止角

休止角又称安息角、堆积角，它是指粉体自然堆积时的自由表面在静止平衡状态下与水平面所形成的最大角度。休止角可用来衡量和评价粉体的流动性，因此，可将该角度视为粉体的黏度。

如图 1.73 所示，有两种形式的休止角，一种为注入角或称堆积角，是指在一定高度下将粉体注入一理论上无限大的平板上所形成的休止角；另一种称为排出角，是指将粉体注入某一直径有限的圆板上，当粉体堆积到圆板边缘时，如再注入粉体，则多余的粉体将由圆板边缘排出，而在圆板上形成休止角。

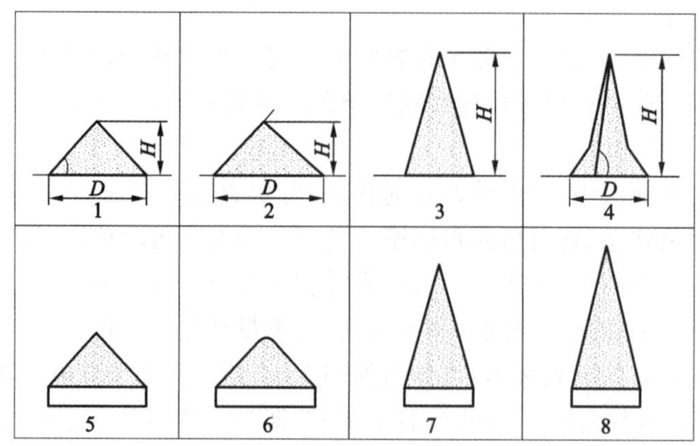

图 1.73　堆积角与排出角

一般而言，粒径均匀的颗粒所形成的两种休止角基本相近，但对于粒径分布宽的粉料，其排出角高于注入角。

休止角的测定方法主要有三种，如图 1.74 所示。

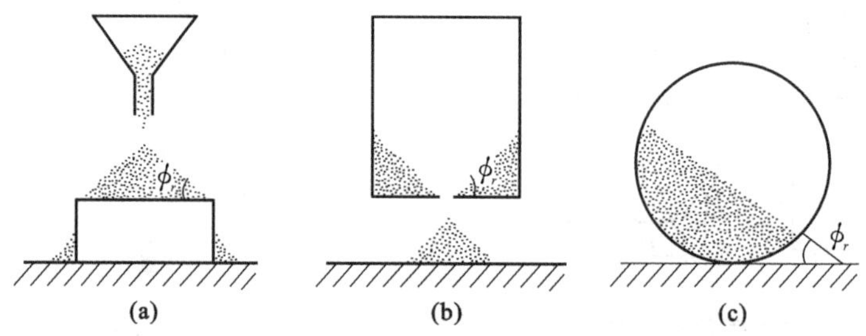

图 1.74　休止角的测量方法

(a)注入法；(b)卸流法；(c)倾容器法

如图 1.75 所示，休止角不仅可以直接测定，而且可以通过测定粉体层的高度和圆盘半径后计算而得，即 $\tan\theta$＝高度/半径。

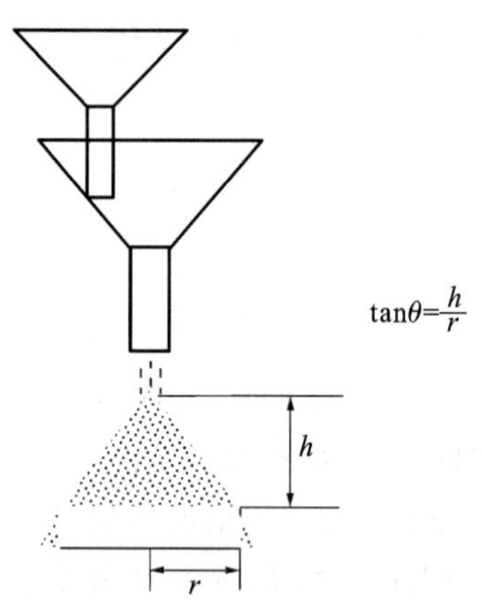

图 1.75　休止角测定示意图

休止角是颗粒在粉体堆体积层的自由斜面上滑动时所受重力和颗粒间摩擦力达到平衡而处于静止状态下测得，是检验粉体流动性好坏的简便方法。休止角越小，摩擦力越小，流动性越好，一般认为 $\theta\leqslant 40^\circ$ 时可以满足生产流动性的需要。黏附性粉体(sticky powder)颗粒间相互作用力较大而流动性差，相应地所测休止角较大。

应该指出的是，用不同方法测得的休止角数值有明显的差异，即使同一种方法也可能得到不同值，这是粉体颗粒的不均匀性及试验条件导致的。如图 1.76 所示，粒径与粒径分布显然对休止角有明显的影响。在 0.2 mm 以下，粒径越小休止角越大，这是由于微细颗粒间黏附性增大导致流动性降低。另外，粉体颗粒形状愈不规则，休止角愈大；颗粒球形度愈大，粉体流动性愈好，其休止角就愈小。粉体堆积状态也影响休止角的大小(图 1.77)。对大多数粉体而言，松散填充时的空隙率 ε_{max} 与休止角之间有如下关系：

$$\phi_r = 0.05 \times (100\varepsilon_{max} + 15)^{1.57} \tag{1.110}$$

当其他条件一定时，对物料进行冲击、振动等外部干扰时，则休止角减小，流动性增大，生产中常用此方法解决物料流动性问题。如向粉料中通以压缩空气使之松动，休止角明显减小，从而流动性大大提高，在动态传输粉体时，其堆积角为静态堆积的 65%～80%。

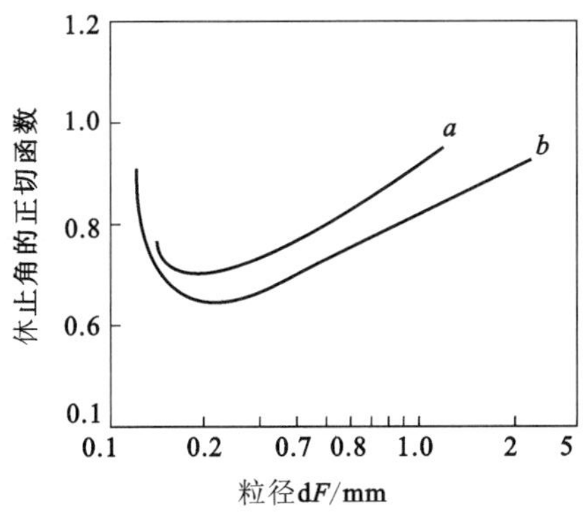

图 1.76 粒径与休止角的关系

a—玻璃珠；b—硅砂

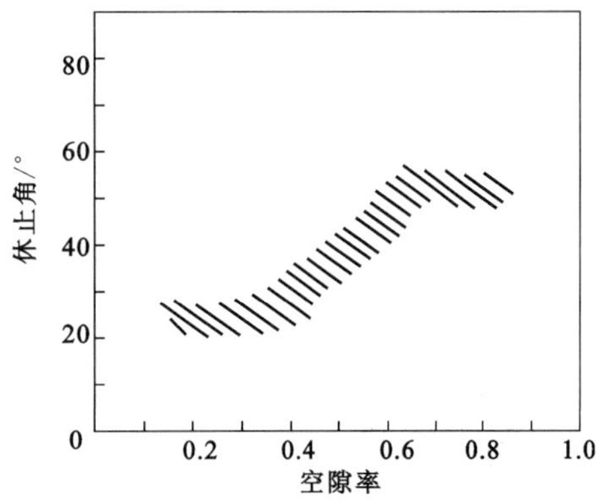

图 1.77 粉体堆积状态对休止角的影响

1.3.3 粉体的流动性质

粉末流动性(flowability)以一定量粉末流过规定孔径的标准漏斗所需要的时间来表示，通常采用的单位为 s/(50 g)，其数值愈小，说明该粉末的流动性愈好，它是粉末的一种工艺性能。粉体的流动性与颗粒的形状、大小、表面状态、密度、空隙率等有关，加上颗粒之间的内摩擦力和黏附力等的复杂关系，粉体的流动性无法用单一的物性值来表达。然而，粉体的流动性对颗粒剂、胶囊剂、片剂等制剂的质量影响较大，也影响产品质量。粉体的流动形式很多，如重力流动、振动流动、压缩流动、流态化流动等，相对应的流动性的评价方法也有所不同，当定量地测量粉体的流动性时最好采用与处理过程相对应的方法，表 1.17 列出了流动形式与相应流动性的评价方法。

表 1.17 流动形式与其相对应的流动性评价方法

种类	现象或操作	流动性的评价方法
重力流动	瓶或加料斗中的流出 旋转容器型混合器，充填	流出速度，壁面摩擦角 休止角，流出界限孔径
振动流动	振动加料，振动筛 充填，流出	休止角，流出速度 压缩度，表观密度
压缩流动	压缩成形(压片)	压缩度，壁面摩擦角，内部摩擦角
流态化流动	流化层干燥，流化层造粒 颗粒或片剂的空气输送	休止角，最小流化速度

粉体流动性的评价与测定方法如下：

(1)流出速度

流出速度(flow velocity)以物料加入漏斗中测定全部物料流出所需的时间来描述，测定装置如图 1.78 所示。如果粉体的流动性很差而不能流出，需加入 100 μm 的玻璃球助流，测定自由流动所需玻璃球的量，以表示流动性。加入量越多，流动性越差。

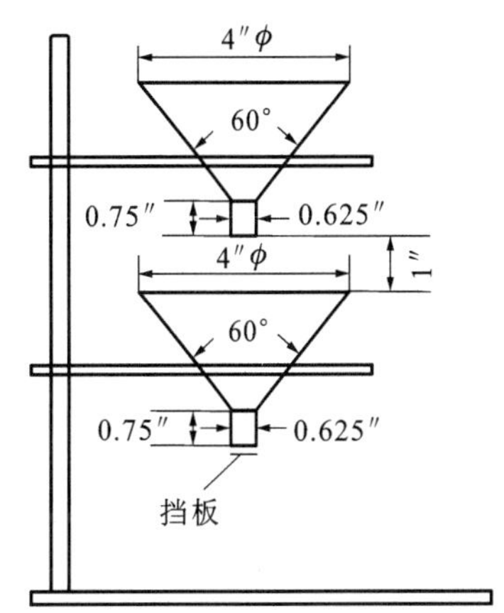

图 1.78 流出速度的测定装置

(2)压缩度

压缩度(compressibility)。将一定量的粉体轻轻装入量筒后测量最初松体积；采用轻敲法(tapping method)(图 1.79)使粉体处于最紧状态，测量最终的体积；计算最松密度 ρ_0 与最紧密度 ρ_f；根据公式计算压缩度 C。

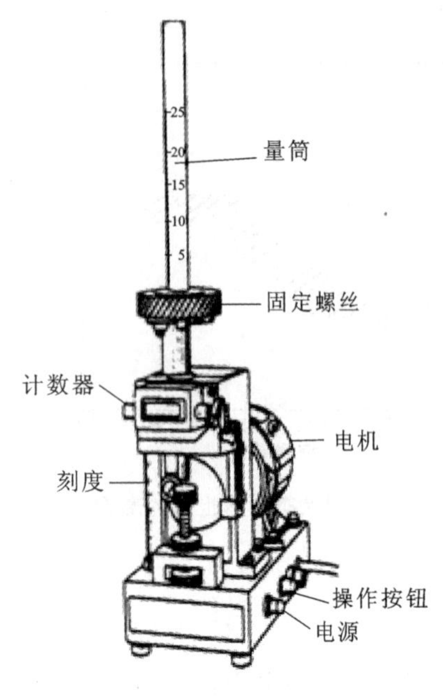

图 1.79　轻敲测定仪

压缩度是粉体流动性的重要指标，其大小反映粉体的凝聚性、松软状态。压缩度 20％以下时流动性较好，压缩度增大时流动性下降，当 C 值达到 40％～50％时粉体很难从容器中自动流出。

(3)Hausrner 指数

当粉体在松动堆积状态下受压时，粉体的堆积体积将减少，即颗粒间的空隙在减少。由于在粉体的操作单元中粉体通常处于轻微可压状态，所以粉体的可压缩性通常用粉体的松动堆积状态和紧密堆积状态来表征。

粉体振实密度(ρ_T)与松装密度(ρ_A)之比：

$$HR = \frac{\rho_T}{\rho_A} \tag{1.111}$$

被称为粉体的 Hausrner 比值 HR，常用来表示粉体的可压缩性和流动性。可压缩性反映了粉体的可压缩程度、团聚性及流动性。Hausrner 比值的提出源于 Hausrner 的工作，他测试了三种具有相近粒径分布但不同形状的铜粉的振实密度和松装密度，他发现颗粒偏离球形越远，振实密度和松装密度的比值越大。表 1.18 反映了粉体的可压缩性、团聚性、流动性与 Hausrner 比值的关系。

表 1.18　粉体的可压缩性、团聚性、流动性与 Hausrner 比值的关系

Hausrner 比值	可压缩性/％	流动性	团聚性
＜1.2	＜15	良好流动性	不团聚
1.2～1.4	15～30	流动性好	轻微团聚性
1.4～2.0	30～50	流动性差	强团聚性
＞2.0	＞50	不流动	极强团聚性

粉体通过漏斗或小孔的流动通常被表达为粉体的流动性，这种情况下，流速的大小与均匀性，以及堵塞的趋势都被看成流动性的标准。流动的方式以及分离状况也与粉体的流动性相关。

对于金属粉末，粉体的流动性表示为 50 g 粉体样品在重力作用下，从漏斗孔道流出的时间。测定装置如图 1.80 所示。

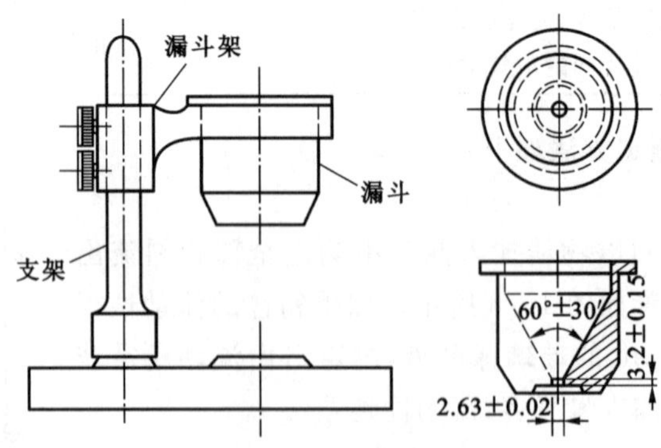

图 1.80　流动性测定装置

即使某次测量粉体流速是高的，如果流速偏差太大，所得到的数值也不能很好地表征粉体的流动性。黏性较大的粉体易在容器出口处架桥阻塞。选择最小漏孔尺寸时应考虑粉体流动的临界条件。对于库仑粉体，临界阻塞孔径可从莫尔应力圆计算得出。

1.3.4　粉体压缩性与成形性

在粉末材料制备过程中，原料粉体的化学成分和物理性能最终反映在工艺性能上，特别是压制性和烧结性能。

粉末的压制性是压缩性和成形性的总称。压缩性代表粉末在压制过程中被压紧的能力，在规定的模具和润滑条件下加以测定。用在一定单位压制压力(500 MPa)下粉末所达到的压坯密度表示。通常也可以用压坯密度随压制压力变化的曲线表示。成形性是指粉末压制后，压坯保持既定形状的能力，用粉末得以成形的最小单位压制压力表示，或者用压坯的强度来衡量。

图 1.81 所示为弹簧浮动阴模双面压制的金属粉末压制性试验装置。被测粉末均匀混入一定量(0.5%～1.5%)的固体润滑剂，如硬脂酸锌。试样为圆柱体，为测定在一组压力下的粉末压缩性曲线，应施加压力300 MPa、400 MPa、500 MPa、600 MPa、700 MPa、800 MPa。然后测出各压力下的压坯密度，以压坯密度随压力变化曲线来表示粉末的压缩性，也可用某一压力下压坯密度来表示压缩性。

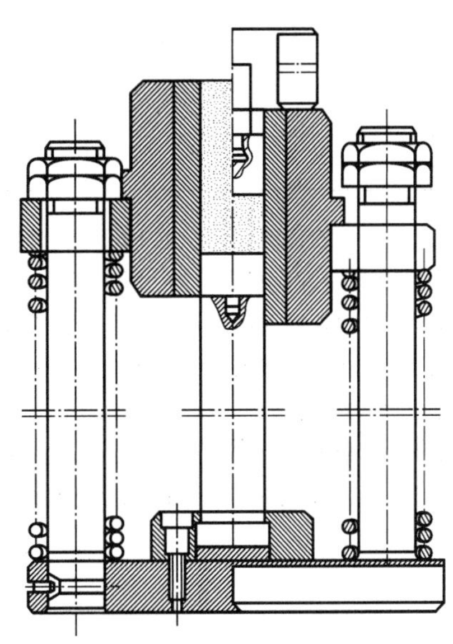

图 1.81　金属粉末压制性试验装置

粉末成形性测定也可采用类似的装置。对所得的圆柱体压坯进行轴向加压，记录压坯破裂载荷，以抗压强度表示粉末成形性。也可改变模腔形状，获得条状压坯，然后用三点弯曲法测定压坯抗弯强度，用于表示粉末的成形性。

影响压缩性的因素有颗粒的塑性或显微硬度。当压坯密度较高时，可明显看到塑性金属粉末比硬脆材料如氧化物陶瓷粉末、WC 粉末压缩性好。球磨的金属粉末，退火后塑性改善，压缩性增大。金属粉末内含有合金元素或非金属夹杂物时，会减小粉末的压缩性，因此工业用铁基粉末中碳、氧和酸不溶物含量的增加必然使压缩性变差。颗粒形状和结构也明显影响压缩性，例如雾化金属粉末比还原金属粉末的松装密度高，压缩性也好。凡是影响粉末密度的一切因素都对压缩性有影响。

成形性受颗粒形状和结构的影响最为明显。颗粒松软、形状不规则的粉末，压紧后颗粒的联结性增强，成形性就好。例如，还原铁粉的压坯强度就比雾化铁粉的高。

在评价粉末的压制性时，必须综合比较压缩性和成形性。一般说来，成形性好的粉末，往往压缩性差；相反，压缩性好的粉末，成形性差。例如，松装密度高的粉末，压缩性虽好，但成形性差；细粉末的成形性好，而压缩性都较差。

思　考　题

1.1　颗粒的粒径分别从哪几个方面定义？与工程中的几种常用的测量方法所获得的粒径有何对应关系？

1.2　设颗粒是边长为 d 的立方体，颗粒群的总质量为 $\sum m$，颗粒密度为 ρ，试求由面积定义的平均粒径。

1.3　试根据不规则颗粒外接长方体的三维尺寸，按表 1.1 中第 3 条给出的物理意义，推导表示颗粒大小的三轴调和平均径。

1.4　举例讨论分形法在颗粒形状描述中的作用。

1.5　粒径的频率分布与累积分布的实际意义是什么？按照频率分布与累积分布的不连续的数学表达式对表 1.19 中的试验数据进行填空，完成表 1.19 中缺省数值，并给出直方图。

表 1.19 粒径分布的计算表

级 别	粒级间隔/μm	颗粒数 n_i	平均粒径 d_i/μm	频率分布	累积分布
1	1.0～2.0	37			
2	2.0～3.0	73			
3	3.0～4.0	90			
4	4.0～5.0	140			
5	5.0～6.0	177			
6	6.0～7.0	220			
7	7.0～8.0	149			
8	8.0～9.0	70			
9	9.0～10.0	40			
10	10.0～11.0	8			
总 计		$N=1000$			

1.6 测量粉体比表面积的 BET 法怎样将二常数式简化为通过坐标原点的直线方程？吸附法测定的粉末粒径是用一种什么当量球直径表示的？为什么它比空气透过法测量的值偏小？

1.7 试讨论粉末的粒径、形状、表面性质对粉体的摩擦学特性的影响。

1.8 如将一份铁粉过筛成粗粒部分和细粒部分，取部分细粒部分与粗粒部分混合，试讨论试验过程中各样品粉末松装密度的变化。

1.9 试分析讨论重力沉降光透法测量粒径时的颗粒沉降过程与基本原理，测量时可能引起误差的原因。

1.10 从夫琅禾弗(Fraunhofer)衍射的基本原理出发，讨论工程上常用的激光法测量粒径的基本原理、装置与可能测量误差的缘由。

参考文献

[1] HIGASHITANI K, MAKINO H, MATSUSAKA S. Powder technology handbook[M]. New York: CRC Press, Talor & Francis Group, 2020.

[2] RHODES M. Introduction to particle technology[M]. 2nd ed. Melbourne: John Wiley & Sons, Ltd, 2008.

[3] JONATHAN S, WU C Y. Particle technology and engineering[M]. London: Elsevier, 2016.

[4] YARUB A D. Metal oxide powder technologies-fundamentals, processing methods and application[M]. 1st ed. London: Elsevier, 2020.

[5] SAMAL P K, NEWKIRK J W. ASM handbook: Volume 7: Powder metal technologies and application [M]. Almere : ASM International, 1998.

[6] 美国金属学会. 金属手册 第 7 卷 粉末冶金[M]. 9 版. 韩凤麟，译. 北京：机械工业出版社，1994.

[7] 张少明，翟旭东，刘亚东. 粉体工程[M]. 北京：中国建材工业出版社，1994.

[8] 卢寿慈. 粉体加工技术[M]. 北京：中国轻工业出版社，1999.

[9] 廖寄乔. 粉末冶金实验技术[M]. 长沙：中南大学出版社，2003.

[10] 毋伟，陈建峰，卢寿慈. 超细粉体表面修饰[M]. 北京：化学工业出版社，2004.

[11] 姚德超. 粉末冶金实验技术[M]. 北京：冶金工业出版社，1990.

[12] 傅献彩，陈瑞华. 物理化学[M]. 北京：高等教育出版社，1980.

[13] 黄培云. 粉末冶金原理[M]. 北京：冶金工业出版社，1997.

[14] 崔正刚，殷福珊. 微乳化技术与应用[M]. 北京：中国轻工业出版社，1999.

[15] GOTOH K, MASUDA H, HIGASHITANI K. Power technology handbook[M]. Toyohashi: Marcel Dekker, 1998.

[16] 曾凡，胡永平. 矿物加工颗粒学[M]. 徐州：中国矿业大学出版社，1995.

[17] 徐定宇. 聚合物形态与加工[M]. 北京：中国石油化学工业出版社，1985.

[18] 郑水林. 粉体表面改性[M]. 北京：中国建材工业出版社，1995.

[19] PARFIT G D. 工业中的混合过程[M]. 俞芷青，王英琛，等译. 北京：中国石油化学工业出版社，1991.

[20] 蒋阳，程继贵. 粉体工程[M]. 合肥：合肥工业大学出版社，2005.

[21] 盖国胜. 超微粉体技术[M]. 北京：化学工业出版社，2004.

[22] 同济大学应用数学系. 高等数学[M]. 北京：高等教育出版社，2002.

[23] 杨振明. 概率论[M]. 北京：科学出版社，2003.

[24] 中华人民共和国国家质量监督检验检疫总局，中国国家标准化管理委员会. 金属粉末比表面积的测定-氮吸附法：GB/T 13390—2008[S]. 北京：中国标准出版社，2008：2.

[25] 中华人民共和国国家质量监督检验检疫总局，中国国家标准化管理委员会. 粒度分析图像分析法 第 1 部分 静态图像分析法：GB/T 21649. 1—2008[S]. 北京：中国标准出版社，2008：3.

[26] 吴福玉. 粉体流动特性及其表征方法研究[D]. 上海：华东理工大学，2014.

[27] CULLEN P J, ROMANACH R J, ABATZOGLOU N, et al. Pharmaceutical blending and mixing[M]. Melbourne: John Wiley & Sons, Ltd, 2015.

[28] 王江华. 超细粉末自动包装配重系统的设计与研究[D]. 南昌：南昌大学，2018.

2 粉体表面与界面

本章提要

粉体,尤其是超细粉体,具有大的比表面积和高的比表面能,在介质(气相或液相)中会自发地团聚。因此,如何确保超细粉体在制备、贮存及随后的应用加工过程中分散而不团聚"长大",是粉体工程应用过程中的技术关键。粉体在介质中是否会团聚,取决于体系的综合物理化学条件,归根到底取决于颗粒间的综合表面力,而这些表面力受体系中颗粒与分散介质的作用、颗粒间的相互作用和介质分子间的相互作用这三种基本作用的支配。在实际应用过程中可以根据这三种作用的大小和性质的差异对颗粒表面进行物理、化学或机械等方面的改性,减小颗粒表面与分散介质之间的相容性差异,增大颗粒间的斥力,减小颗粒间的引力,从而实现粉体在介质中的均匀分散。

2.1 粉体的表面现象与表面能

2.1.1 粉体颗粒的表面现象

粉体颗粒的最大特点是具有大的比表面积(表面积/体积)和表面能。对于某一个物体来说,随着颗粒直径变小,比表面积将会显著增大,颗粒表面原子数相对增多,从而使这些表面原子具有很高的活性且极不稳定,致使颗粒表现出不一样的特性,这就是表面效应。对直径大于 0.1 μm 的颗粒,表面效应可忽略不计;当尺寸小于 0.1 μm 时,其表面原子百分数急剧增长,甚至 1 g 超微颗粒表面积的总和可达 100 m^2,这时的表面效应不可忽略。由于表面原子周围缺少相邻的原子,因此有许多悬空键,具有不饱和性;此外,颗粒表面通常是不规则的,因此还具有非均质性。

2.1.1.1 粉体颗粒表面的不饱和性

物体被粉碎时,总是沿着结合力最弱的方向断裂,形成断面。断面的原子由于缺少相邻的原子而形成断键(不饱和键)。颗粒表面上不饱和键的强弱直接取决于颗粒的晶体化学特征,如晶格类型、断裂面的方向等。例如,对于离子型晶体(如,$BaSO_4$ 晶体等)颗粒而言,其断键虽然有强弱之分,但是从本质上看均属于强的不饱和离子键的范畴。而对于石墨,其层内为共价键键合,层间却为分子键键合,因其主要是沿着层面平行方向{0,0,1}断裂,所以暴露出的是弱的不饱和分子键。

2.1.1.2 粉体颗粒表面的非均质性

绝大多数情况下,颗粒表面是不规则的。即使云母的解理面看起来很平滑,但通过高分辨率的观察手段,也可看到其表面有高度在 2～200 nm 之间的解理台阶。颗粒表面的宏观非均质性不仅与颗粒表面的形状(如凸部、凹部、角和边缘等,如图 2.1 所示)有关,也与颗粒表面是否存在孔隙、裂纹有关。出现非均质性的主要原因一方面是处于顶角上、边缘上和凸凹部及处于相等面边缘上的原子(离子)的能量状态显著不同——这些原子具有比晶格中其他原子更大的吸附活性；另一方面是晶格本身的缺陷，例如空位、同类填隙、异类填隙、异类填位、离子电荷异常等。此外，由于晶体结构的特点，不同晶面的原子、离子的排列方式和紧密程度也存在显著的差异。因此，当不同的晶面暴露在颗粒的外表面时，其表面能量和表面活性也具有明显的不同。图 2.1 显示了具有不同形貌的 Ag 纳米颗粒，它们表现不同形貌的原因是其外表面既可以由 Ag 面心立方结构的最密排面{111}面构成，也可以由其他高能的非密排面如{001}、{101}、{110}面构成，Ag 纳米颗粒也因不同的外表面而表现出不同的化学活性。

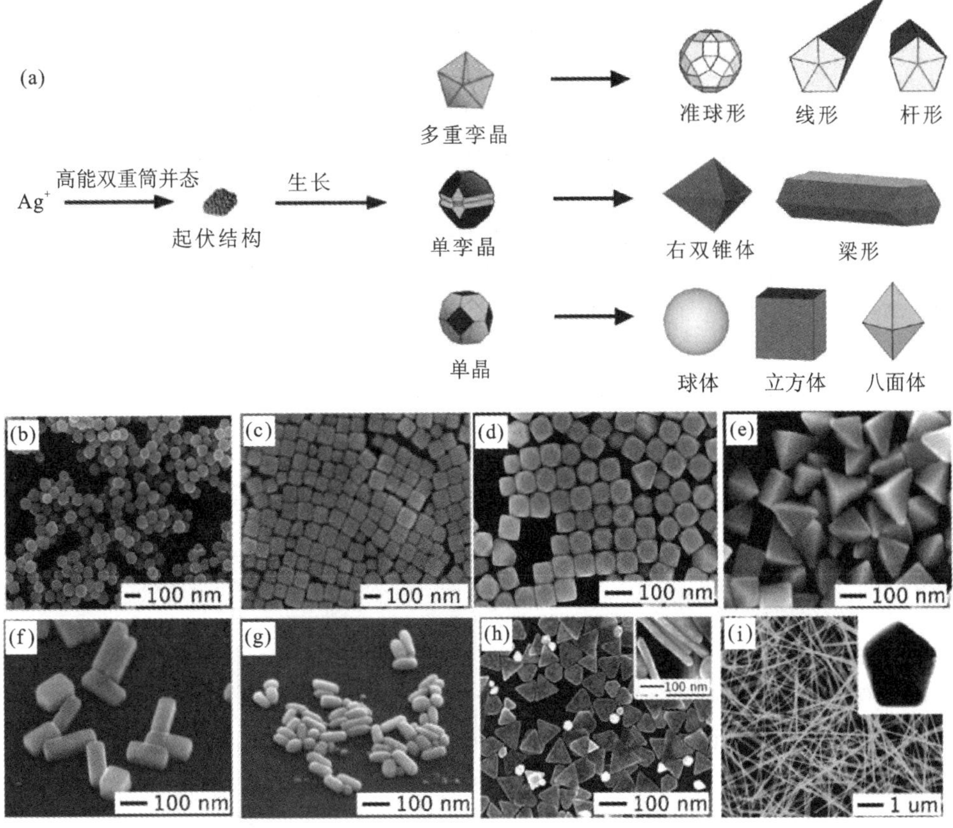

图 2.1 Ag 纳米颗粒表面状况

2.1.2 粉体颗粒的表面能与表面活性

2.1.2.1 粉体颗粒的表面能

由于物体表面质点各方向作用力处于不平衡状态，使表面质点比体内质点具有额外的势能，这种能量只是表面层的质点才能具有，所以称为表面能，热力学称为表面自由能。Shuttleworth 在研究颗粒表面能和表面张力的关系时，假设颗粒被一个垂直于它的切面分开，在两个新的表面上质点保持平衡，则所需的单位长度上的力称为表面张力 γ。沿两个新表面的表面张力之和的一半等于表面张力 σ，即

$$\sigma = \frac{\gamma_1 + \gamma_2}{2} \tag{2.1}$$

它也可被理解为颗粒表面张力的力学定义。

设颗粒表面二维方向各增加 dA_1 和 dA_2 面积，则总的自由能 G_s 可以用抵抗表面张力所做的可逆功来表征，即

$$d(A_1G_s) = \gamma_1 dA_1 \tag{2.2}$$

$$d(A_2G_s) = \gamma_2 dA_2 \tag{2.3}$$

式(2.2)、式(2.3)可改写为

$$\gamma_1 = G_s + A_1 \frac{dG_s}{dA_1} \tag{2.4}$$

$$\gamma_2 = G_s + A_2 \frac{dG_s}{dA_2} \tag{2.5}$$

如果是各向同性的颗粒，则有 $\gamma = G_s + A\dfrac{dG_s}{dA}$。

对液体来说，在液体中取任何切面，其上的原子排列均相同，故液体的比表面能在任何方向都一样。假设新表面的形成分两步，首先因断裂而出现新表面，但质点仍留在原处，然后质点在表面上重新排成平衡位置。由于颗粒的质点难以运动，所以液体的这两步几乎同时完成，但颗粒的第二步骤却延迟发生。因此，对于液体，$A(dG_s/dA)=0$ 则 $\gamma=G_s=\sigma$；但对于颗粒，γ 与 G_s 不能等同。大多数颗粒是晶体结构，而且各向异性，晶态颗粒不同界面有不同的表面自由能。影响颗粒比表面能的因素很多，除了颗粒自身的晶体结构和原子之间的键合类型之外，还有其他因素，如空气中的湿度、气压、表面吸附水、表面污染、表面吸附物等。所以，颗粒的比表面能不像液体的表面张力那样容易测定。表 2.1 给出了部分无机颗粒的比表面能。

表 2.1 一些无机颗粒的比表面能

颗粒名称	比表面能 /(erg/cm^2)	颗粒名称	比表面能 /(erg/cm^2)	颗粒名称	比表面能 /(erg/cm^2)
石膏	40	方解石	80	石灰石	120
高岭土	500～600	氧化铝	1900	云母	2400～2500
二氧化钛	650	滑石	60～70	石英	780
长石	360	氧化镁	1000	碳酸钙	65～70
石墨	110	磷灰石	190	玻璃	1200

注：1 erg=10^{-7} J。

2.1.2.2 粉体颗粒的表面活性

随着颗粒的变小，完整晶面在颗粒总表面上所占的比例减小，键力不饱和的质点（原子、分子）占全部质点数的比例增大，从而大大提高了颗粒的表面活性。断裂的立方晶格角上的配位数比饱和时少三个；在棱边上少两个，面上少一个。因此在颗粒表面上的台阶、弯折、空位等处质点具有的表面能一定大于平面质点的表面能。立方晶格的断裂如果相邻原子的结合力为 F，配位数为 K，晶态的原子数为 n，则总的结合能 G 为：

$$G = \frac{FKn}{2} \tag{2.6}$$

如果原子间的键被断开，形成两个新表面，相邻原子的间距为 a，则颗粒单位表面能为：

$$\sigma = \frac{F}{2a^2} = \frac{G}{Kna^2} \tag{2.7}$$

可见颗粒表面能的数值不仅取决于比表面积的大小，还取决于断裂面的几何形状、性质和所处的位置。颗粒的粒度变细后，颗粒的表面积与表面能将大大增加，表 2.2 说明了氯化钠颗粒的表面积、表面能等性质与其粒度的变化情况。可见，将一个立方体连续地分为较小的立方体时，表面积、表面能迅速增大，而且颗粒细分到边长小于 1 μm 时，棱边能也变得较大。

表 2.2 氯化钠颗粒大小对其比表面能的影响

边长 /cm	立方体数目	总表面积 /cm^2	表面能 /($\times10^{-4}$ J/kg)	棱边能 /($\times10^{-4}$ J/kg)
0.77	1	3.6	540	2.8×10^{-5}
0.1	460	28	4.2×10^{3}	1.7×10^{-3}

续表 2.2

边长 /cm	立方体数目	总表面积 /cm^2	表面能 /($\times 10^{-4}$ J/kg)	棱边能 /($\times 10^{-4}$ J/kg)
0.01	4.6×10^5	280	4.2×10^4	0.17
0.001	4.6×10^8	2.8×10^3	4.2×10^5	17
10^{-4}	4.6×10^{11}	2.8×10^4	4.2×10^6	1.7×10^3
10^{-6}	4.6×10^{17}	2.8×10^6	4.2×10^8	1.7×10^7

2.1.3 粉体颗粒的疏水性和亲水性

与固体接触的液体同时受表面张力和固体对它的吸附力作用，因此，液体在固体表面上既有体积收缩的趋势，又有沿固体表面铺展的趋势。当表面张力大于吸附力时，液滴趋向于成为球状；反之，液滴呈扁平的凸透镜状。这种液体在固体表面上的铺展特性被称为液体对固体表面的润湿性。显然，同一种液体对不同的固体材料表现出不同的润湿性。比如，水在洁净的玻璃表面润湿性很好，而在聚四氟乙烯(PTFE)表面则很差。另外，不同的液体对同种固体的润湿性也不尽相同。比如，同样在玻璃表面，水银的润湿性与水的相比就很差。通常，采用润湿角(或称接触角)来表示液体对固体表面润湿性的好坏，如图 2.2 所示，θ 即为润湿角。

可得固-气(s-g)、固-液(s-l)、气-液(g-l)的表面张力 γ 和润湿角 θ 之间存在以下关系：

$$\cos\theta = \frac{\gamma_{sg} - \gamma_{sl}}{\gamma_{gl}} \tag{2.8}$$

润湿性与润湿角 θ 的关系如图 2.3 所示，从图中可以看出，若把 $\theta=90°$ 作为分界线，则 $\theta<90°$ 时，液体能润湿固体表面；而在 $\theta>90°$ 时，液体不能润湿固体表面。θ 越小，液体和固体的接触面积越大，液体对固体的润湿性越好。

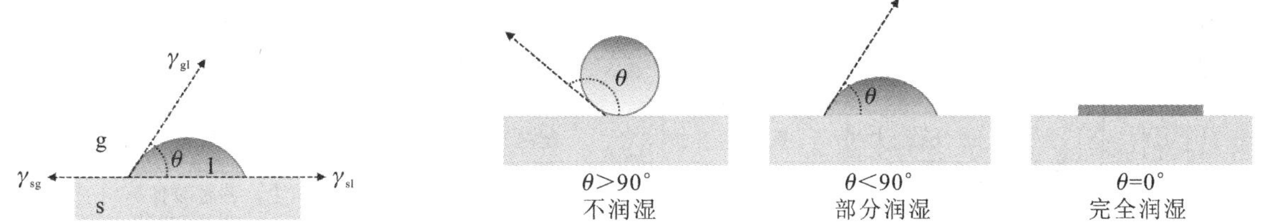

图 2.2 固液表面的受力图

图 2.3 润湿性和润湿角的关系

表 2.3 显示了颗粒表面润湿性的分类及其结构特征。

表 2.3 颗粒表面润湿性的分类及其结构特征

颗粒润湿性	接触角范围	表面不饱和键特性	内部结构	实例
强亲水性颗粒	$\theta=0°$	金属键、离子键	由离子键、共价键或金属键等连接内部质点，晶体结构多样	SiO_2、高岭土、SnO_2、$CaCO_3$、$FeCO_3$、Al_2O_3
亲水性颗粒	$\theta<40°$	离子键、共价键	由离子键、共价键连接晶体内部质点成配位体，断裂面相邻质点能互相补偿	PbS、FeS、ZnS、煤等
疏水性颗粒	$\theta=40°\sim 90°$	以分子键为主，局部区域为强键	层状结构晶体，层内质点由强键连接，层间为分子链	MoS、滑石、叶蜡石、石墨等
强疏水性颗粒	$\theta>90°$	完全是分子键	靠分子键力结合，表面不含或含很少极性官能团	自然硫、石蜡等

2.2 粉末颗粒的分散

由于粉末颗粒粒度小、表面积大、表面能高，极易产生自发凝并，表现出强烈的团聚特性，不论在空气中还是在液相介质中均容易团聚生成粒径较大的二次颗粒。在复合材料的制备和生产中，由于颗粒的团聚特性以及颗粒与复合基材的极性差异，颗粒很难均匀地分散在复合基材中形成均质的复合材料，从而使超细颗粒的优良性能不能充分发挥，失去其存在的价值和意义。另外，在纳米粉体的制备、合成、利用的过程中，保持颗粒的分散而不团聚对于控制纳米颗粒尺寸、体现其特异性能至关重要。因此，如何确保超细颗粒在制备、贮存及随后的应用加工过程中分散而不团聚“长大”，以及超细颗粒在复合材料中的充分分散就成为解决超微技术，特别是纳米复合技术应用过程中的技术关键。颗粒分散技术的应用现已几乎遍及化学化工、材料、冶金、建筑、能源、食品、医药、建材、农业等所有领域，如图 2.4 所示。

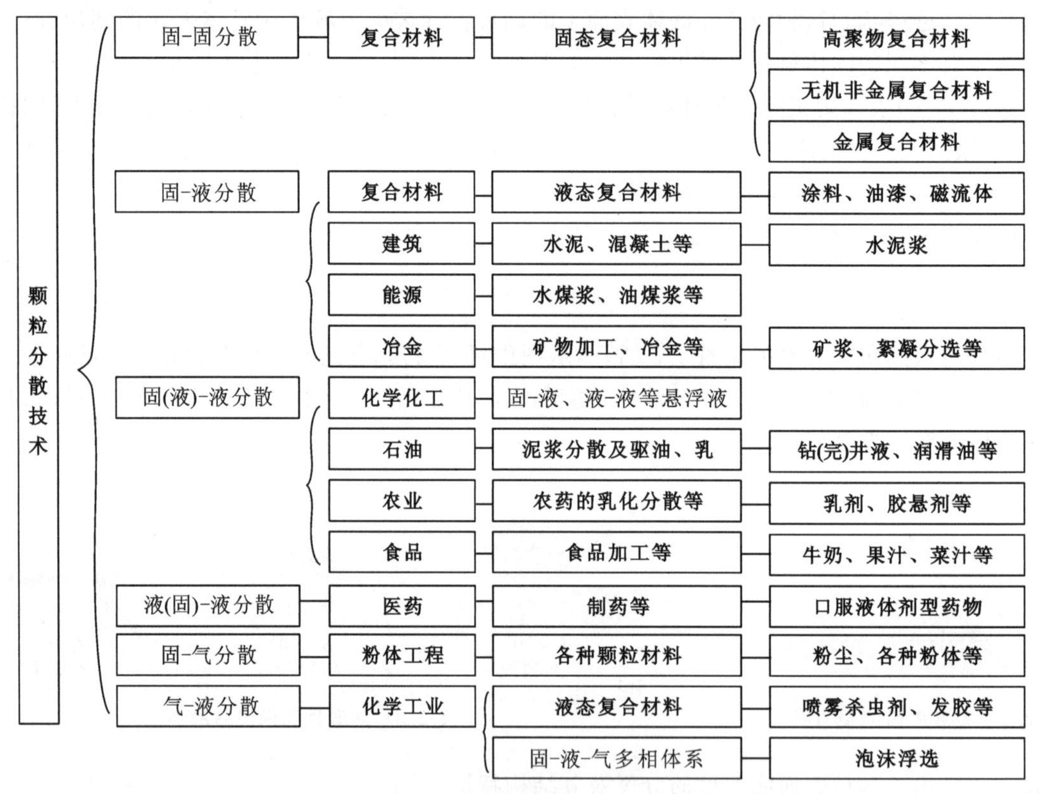

图 2.4 颗粒分散的分类及应用

颗粒的分散体系通常包括固-固分散体系、固-液分散体系、固-气分散体系、液-液分散体系，以及气-液分散体系等。对于固体粉末颗粒而言，固-气分散体系以及固-液分散体系更具有实际的工程意义。比如，固体颗粒在空气中良好分散是实现细粉干法分级的关键，许多微米级矿粒由于非选择性团聚现象而难以实现干法分选。而在测量粉末粒度的激光法、沉降法、库尔特记数法和显微镜法等方法中，都需要粉末试样能充分分散在液体中，否则很难得到准确的测量结果。

2.2.1 粉体颗粒间的作用力

一般而言，粉体颗粒在空气中具有强烈的团聚倾向，颗粒团聚的基本原因是颗粒间存在着表面力即范德瓦耳斯力、静电力、液桥力、磁吸引力和固体架桥力等。其中，前三种作用力对颗粒在空气中的团聚行为是最为重要的，下面将对这三种作用力分别加以详细的描述。

(1)范德瓦耳斯力

分子之间总是存在着吸引力(即范德瓦耳斯力)，此力大小与分子间距离的六次方成反比，作用距离极短，约为 1 nm，是典型的短程力。而颗粒间的范德瓦耳斯力是多个分子(原子)之间的集合作用，所以其表达式同单个分子(原子)相比有很大不同[式(2.9)]。随着颗粒间距离的增大，颗粒间范德瓦耳斯力的衰减程度明显变慢，这就意味着存在多个分子的综合相互作用力。颗粒间范德瓦耳斯力的有效距离远大于分子间范德瓦耳斯力，可达 50 nm，是长程力。两个同质等径球形颗粒间的范德瓦耳斯力可表示为：

$$F_w = -\frac{A_{11}d}{24H^2} \tag{2.9}$$

式中　A_{11}——颗粒在真空中的 Hamaker 常数，J；

H——颗粒间(或颗粒与平板间)间距；

d——颗粒直径。

更一般地，对于直径分别为 d_1、d_2 的两个球体，范德瓦耳斯作用力 F_w 为：

$$F_w = -\frac{A}{12H^2} \cdot \frac{d_1 d_2}{d_1 + d_2} \tag{2.10}$$

对于球与平板：

$$F_w = -\frac{Ad}{24H^2} \tag{2.11}$$

Hamaker 常数 A_{11} 与构成颗粒的分子之间的相互作用参数有关，是物体所固有的一种特征常数。当颗粒表面吸附有其他分子或物质时，Hamaker 常数发生变化。因此，范德瓦耳斯力随之也发生改变。

(2)静电力

在干空气中大多数颗粒是自然荷电的。荷电的途径有三种：第一，颗粒在其产生过程中荷电，例如电解法或喷雾法可使颗粒带电，在干法研磨过程中颗粒靠表面摩擦而带电；第二，与荷电表面接触可使颗粒接触面荷电；第三，气态离子的扩散作用也是颗粒带电的主要途径，气态离子由电晕放电、放射性、宇宙线、光电离及火焰的电离作用产生。颗粒获得的最大电荷受其周围介质的击穿强度的影响。以下着重讨论引起静电力的几种作用。

① 接触电位差引起的静电引力

即使颗粒自身不带电，当与其他带电颗粒接触时，因感应作用可使颗粒表面出现剩余电荷，从而产生接触电位差，其值可达 0.5 V，由此产生接触电荷吸引力 F_{em}。可用式(2.12)表示：

$$F_{em} = -\frac{\pi\varepsilon_0}{2} \times \frac{V_c}{H^2}\left[\frac{Akd^2}{32H^2}\left(1 + \frac{A^2k^2d}{108H^7}\right)\right]^{2/3} \tag{2.12}$$

式中　ε_0——真空介电常数，8.854×10^{-12} $C^2/(J \cdot m)$；

A——颗粒在真空中的 Hamaker 常数；

k——弹性特性常数；

d——颗粒粒径；

H——颗粒间间距。

② 由镜像力产生的静电引力

镜像力实际上是一种电荷感应力，如图 2.5 所示。带有 q 电量的颗粒和具有介电常数 ε 的平面间的镜像力，可引起颗粒黏附在表面上。黏附力的大小可由式(2.13)确定。

$$F_{ed} = \frac{1}{4\pi\varepsilon_0} \times \frac{\varepsilon - \varepsilon_0}{\varepsilon + \varepsilon_0} \times \frac{q^2}{(2R + H)^2} \tag{2.13}$$

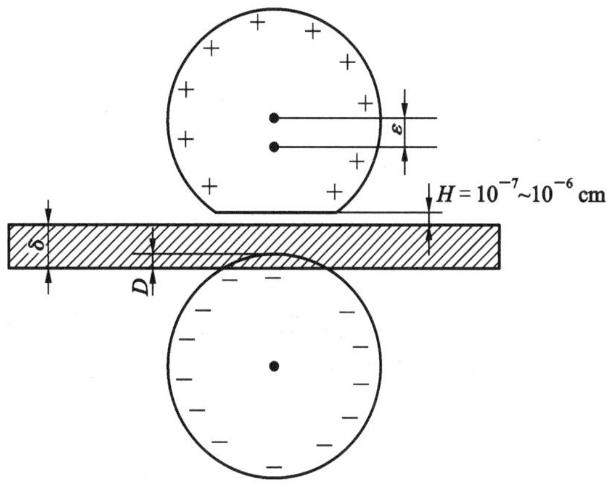

图 2.5　镜像力作用

式中　ε_0——真空介电常数，$8.854\times10^{-12}\ C^2/(J\cdot m)$；

R——球形颗粒半径，m；

H——颗粒间的距离，m；

q——颗粒电荷，C。

③ 库仑力

颗粒可因传导、摩擦、感应等原因带电，库仑力存在于所有带电颗粒之间。若两个直径分别为 d_1 和 d_2 的球形颗粒荷电量分别为 q_1 和 q_2，则作用于颗粒间的库仑静电力 F_{ek} 为：

$$F_{ek}=9\pi\varepsilon_0E_0^2\left(\frac{\varepsilon_r}{\varepsilon_r+2}\right)^2\times\left(\frac{d_1d_2}{d_1+d_2+H}\right)^2 \tag{2.14}$$

式中　ε_r——颗粒的介电常数；

H——颗粒间间距；

E_0——电场强度，$E_0=\dfrac{1}{4\pi\varepsilon_0}\dfrac{\sqrt{q_1q_2}}{\dfrac{d_1+H}{2}\dfrac{d_2+H}{2}}$。

当颗粒表面带有同种电荷时，颗粒间的库仑力为静电排斥力；颗粒表面带有异种电荷时，则颗粒间的库仑力为静电吸引力。

(3)液桥力

对大多数颗粒，特别是亲水性较强的颗粒来说，在潮湿空气中由于蒸汽压的不同和颗粒表面不饱和力场的作用，颗粒均要或多或少凝结或吸附一定量的水蒸气，在表面形成水膜，其厚度与颗粒表面的亲水程度和空气的湿度有关，亲水性越强，湿度越大，则水膜越厚。当空气相对湿度超过 65%时，颗粒接触点处形成环状的液相桥联，如图 2.6 所示，产生液桥力。

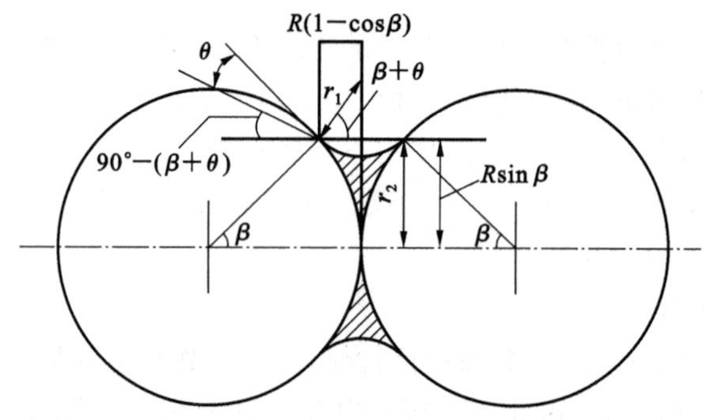

图 2.6　颗粒间液桥力示意图

一般认为，液桥力 F_y 主要由液桥曲面产生的毛细管压力及表面张力引起的黏着力组成，可用式(2.15)表示：

$$F_y=-2\pi R\sigma\left[\sin\phi\sin(\theta+\phi)+\frac{R}{2}\left(\frac{1}{r_1}-\frac{1}{r_2}\right)\sin^2\phi\right] \tag{2.15}$$

式中　σ——液体的表面张力，N/m；

θ——颗粒润湿接触角；

ϕ——钳角，即连接环和颗粒中心扇形角的一半，也称半角；

r_1，r_2——液桥的两个特征曲率半径，m。

对于强亲水性颗粒来说，当颗粒接触时，液桥力为：

$$F_y=-(1.4\sim1.8)\pi R\sigma \quad （颗粒 - 颗粒）$$

$$F_y=-4\pi R\sigma \quad （颗粒 - 平板）$$

对于不完全润湿的颗粒，θ 不等于 0°，液桥力可表示为：

$$F_y = -2\pi R\sigma\cos\theta \quad （颗粒－颗粒）$$

$$F_y = -4\pi R\sigma\cos\theta \quad （颗粒－平板）$$

显然，完全润湿的颗粒间的液桥力最大，改变颗粒表面的润湿性就可以显著地影响颗粒间的黏着力。

(4)空气中静电力、范德瓦耳斯力及液桥力的比较

由于范德瓦耳斯力、静电力以及液桥力产生的本质不同，因此它们的作用范围及作用力大小也不同。图2.7给出了范德瓦耳斯力、静电力和液桥力随着颗粒间距离 H 的变化关系。可以看出，随着颗粒间距离的增大，范德瓦耳斯力(曲线4)迅速减小。当 $H>1\ \mu m$ 时，范德瓦耳斯力已不再存在。在 H 为 $2\sim3\ \mu m$ 的范围时，液桥力的作用非常显著，而且随着间距变化不大；如果再增大距离，它就突然消失了。$H>3\ \mu m$ 时，能促进颗粒团聚的就只有静电力了。图2.8描述了各种力的最大值与颗粒粒径的关系，可以看出范德瓦耳斯力、液桥力、静电力的大小都随颗粒半径的增大而线性增大，同时也说明静电力比液桥力和范德瓦耳斯力小得多。

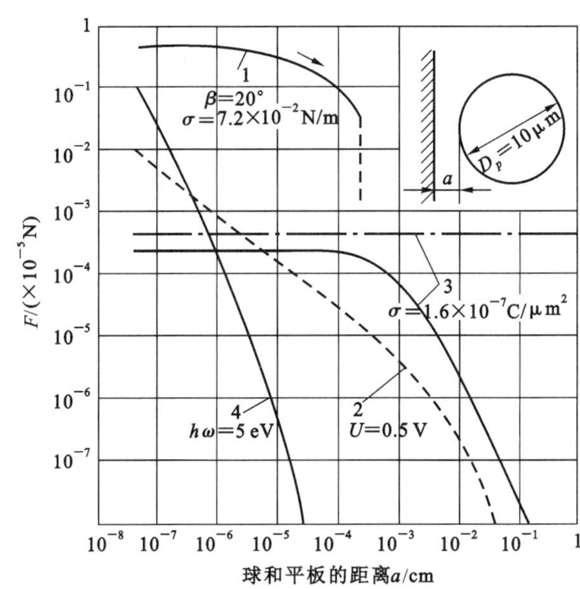

图2.7　颗粒间各种作用力与颗粒间距离的关系

1—液桥力；2—导体的静电力；
3—绝缘体的静电力；4—范德瓦耳斯力

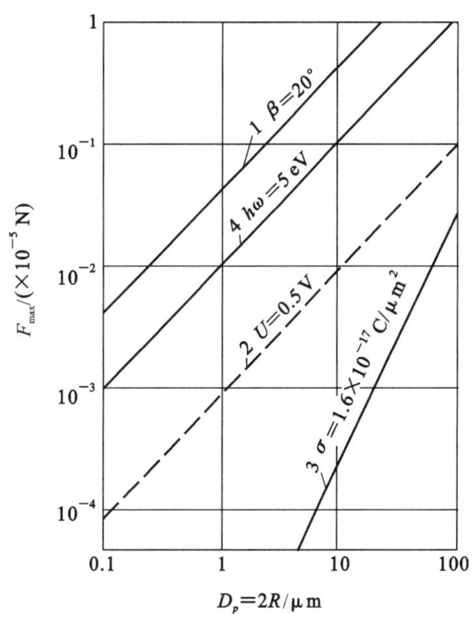

图2.8　颗粒间各种作用力与颗粒直径的关系

1—液桥力；2—导体的静电力；
3—绝缘体的静电力；4—范德瓦耳斯力

2.2.2　粉体颗粒在空气中的分散

广义上说，空气中的颗粒间主要存在两种力：一种是不利于其分散的吸引力(如范德瓦耳斯力、液桥力、静电力中的由接触电位差以及镜像力引起的静电引力以及带异种电荷的颗粒间的库仑力)，另一种是利于颗粒分散的排斥力(如带同种电荷的颗粒间的库仑力)。若要使颗粒在空气中具有良好的分散性能就必须一方面减小颗粒间的引力，另一方面增大颗粒间的斥力。

在湿空气中，颗粒的团聚主要是液桥力造成的，而在非常干燥的条件下，则是由范德瓦耳斯力引起的。由图2.8可知，同等条件下，范德瓦耳斯力小于液桥力。因此，在空气中，保持颗粒干燥尤其是超细颗粒的干燥是防止团聚非常重要的措施；另外，采用助剂、表面改性剂的涂覆减小颗粒间的范德瓦耳斯力也是极有效的方法；还可以通过使颗粒表面带同种电荷而产生静电斥力，从而提高颗粒的分散性能。目前在实际科研和生产中通常采用的主要分散方法有机械分散、干燥分散、表面改性分散、静电分散、复合分散等。

(1)机械分散

机械分散是指用机械力把颗粒团聚打散，这是一种应用最广泛的分散方法。机械分散的必要条

件是机械力(指流体的剪切力及压应力)应大于颗粒间的黏着力。通常,机械力是由高速旋转的叶轮或高速气流的喷嘴及冲击作用引起的气流强湍流运动而造成的(如图 2.9 和图 2.10 所示)。这一方法主要是通过改进分散设备来提高分散效率。机械分散较易实现,但由于它是一种强制性分散方法,相互黏结的颗粒尽管可以在分散器中被打散,可是颗粒间的作用力仍存在,没有改变,从分散器排出后可能又迅速重新黏结团聚。机械分散的另一些问题是脆性颗粒有可能被粉碎,机械设备磨损后分散效果减弱等。

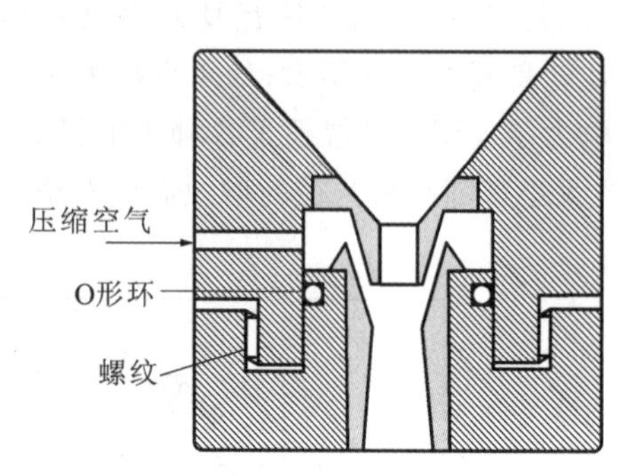

图 2.9　分散喷嘴示意图

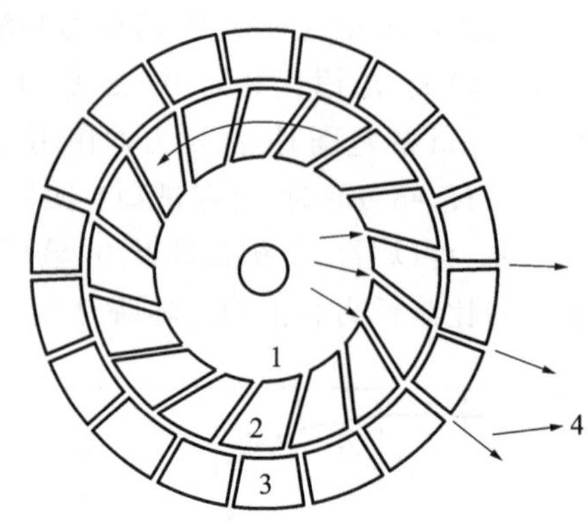

图 2.10　转盘式差动分散器示意图

1—给料;2—转子;3—定子;4—排出料

(2)干燥分散

如前所述,在潮湿空气中,颗粒间形成的液桥是颗粒团聚的重要原因。液桥力往往是范德瓦耳斯力的十倍或者几十倍。因此,杜绝液桥的产生或破坏已形成的液桥是保证颗粒分散的重要手段之一。通常采用加热法干燥颗粒,通过热量将水脱除,破坏颗粒间因水的存在而形成的氢键,从而达到颗粒分散的目的。如果具有巨大表面张力的气-液界面不存在,或是颗粒被固定住而不能相互靠近,团聚就可以避免。基于这种想法,产生了超临界干燥技术和冷冻干燥技术。超临界干燥技术因在超临界状态下消除了气-液界面,故不存在毛细管力,因而可避免“硬”团聚的形成;而冷冻干燥技术则避免了因“架桥效应”而形成的团聚。典型的离心干燥分散装置如图 2.11 所示。

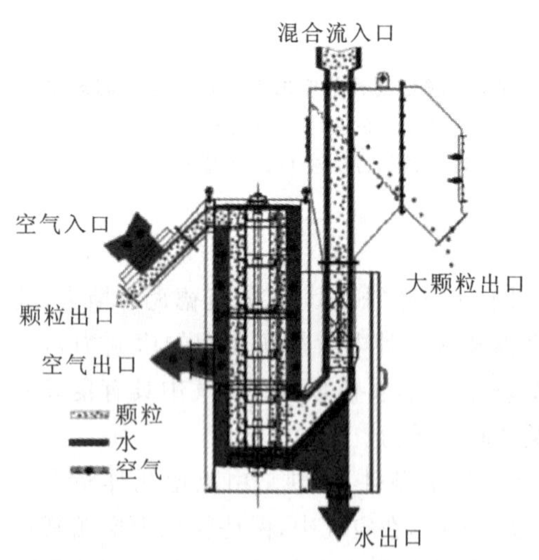

图 2.11　离心干燥分散装置示意图

(3)颗粒表面改性分散

表面改性是指采用物理或化学方法对颗粒进行表面处理,有目的地改变其表面物理化学性质,以赋予颗粒新的机能并提高其分散性。表面改性通常是采用少量的添加剂,使其掺杂在微粒中。这里的添加剂能产生两种基本作用:一是能使添加剂在颗粒表面产生强吸附或化学亲和作用,生成薄膜或微粒附着于颗粒表面,从而降低颗粒间的范德瓦耳斯力,使颗粒之间产生隔离作用;二是对吸湿性的颗粒,加入防潮剂,可阻碍颗粒对水的吸附,使颗粒表面不能形成完整的水膜,颗粒间的“液桥”消失,从而使颗粒分散。用不同有机溶剂改性处理的碳酸钙颗粒的分散性能见表 2.4。乙醇、苯、三氯甲烷和吡啶四种试剂对碳酸钙颗粒的分散性均有一定影响,但效果不明显。这可能是因为易挥发性试剂难以在碳酸钙颗粒表面存在,不能形成有效的涂膜使其疏水或减小碳酸钙的 Hamaker 常数。表面活性剂也是常用的表面改性剂。图 2.12给出了表面活性剂的非极性基团碳链的长度对超细 $CaCO_3$ 颗粒分散性能及抗张强度的影响。由图可知,非极性基团碳链越长,对 $CaCO_3$ 颗粒的分散性能越好,当碳链长度为 18 个碳原子时,其分散度可达到 65%左右,颗粒间的抗张强度随非极性基团碳链增长而减小。

表 2.4 不同有机溶剂改性处理的碳酸钙颗粒的分散性能

药剂名称	自然情况	乙醇	苯	三氯甲烷	吡啶
滑动摩擦锥角/(°)	24.97	27.28	29.40	28.77	28.17
分散指数	1.000	1.117	1.177	1.152	1.280

(4)静电分散

通过对颗粒间静电作用力的分析可以知道,对于同质颗粒,由于表面荷电相同,静电力反而起排斥作用,因此可以利用静电力来进行颗粒分散。采用接触带电、感应带电等方式可以使颗粒荷电,但最有效的方法是电晕带电。使连续供给的颗粒群通过电晕放电形成离子电帘,使颗粒荷电。通常颗粒表面电位越大,颗粒间的排斥力也越大,颗粒也就越稳定。电压是静电分散过程中可调控的一个重要因素。它的大小直接影响静电分散器的电流和分散效果。电压对电流及碳酸钙和滑石颗粒静电分散效果的影响如图2.13所示。可以看出,静电分散法在空气中对碳酸钙和滑石均具有良好的分散作用。碳酸钙和滑石颗粒在不用静电分散处理时,其分散指数为1,随电压的升高,电流迅速增大,碳酸钙和滑石颗粒的分散效果提高。电流与颗粒的分散效果具有较好的对应关系,即电流增大,颗粒的分散效果提高;电流减小,分散效果降低。电压为25 kV,电流达1.16 mA,电压增大到29 kV时,碳酸钙和滑石颗粒的分散指数分别可达到1.430和1.422,分散指数分别提高了0.430和0.422,说明静电分散效果显著。

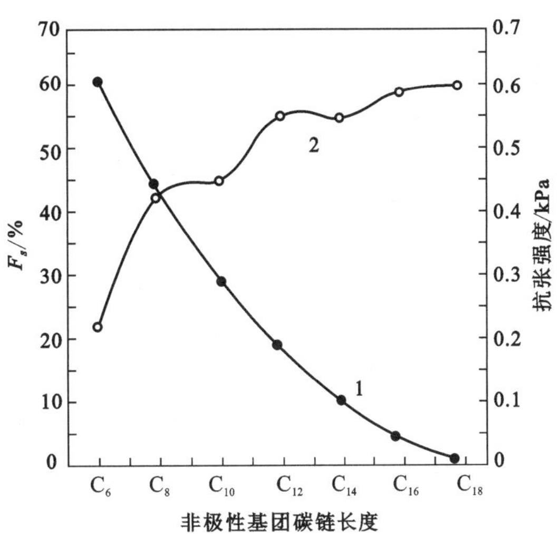

图 2.12 表面活性剂的非极性基团碳链的长度对超细 $CaCO_3$ 颗粒分散性能及抗张强度的影响

1—颗粒间的抗张强度;2—颗粒的分散性能

(5)复合分散

复合分散是将颗粒的表面改性与静电分散结合,集两者优点于一体的高效的分散方法,因此它更适用于要求分散性高且单一分散方法难以有效实现充分分散的场合。图2.14为不同表面活性剂对碳酸钙表面改性之后,再进行静电分散的电压与分散指数的关系。可以看出复合分散法可以使碳酸钙的分散指数由1提高到1.531~1.534,而且优于任何一种单一的分散方法。

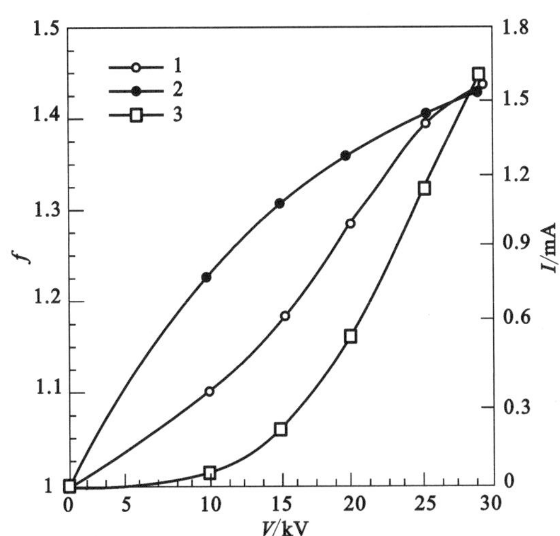

图 2.13 电压对电流及颗粒分散指数的影响

1—碳酸钙;2—滑石;3—电流

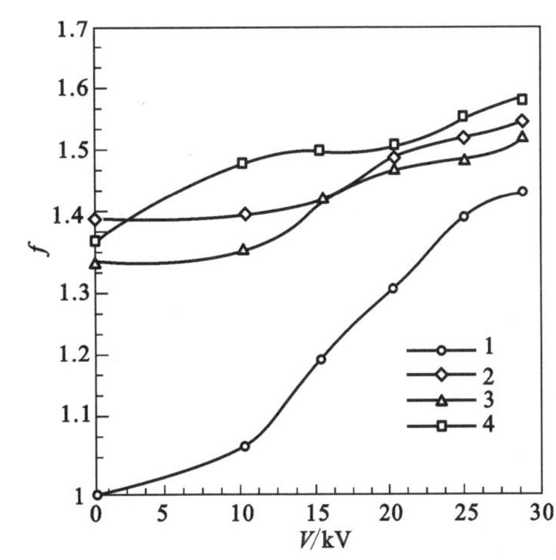

图 2.14 电压对改性前后碳酸钙分散指数的影响

1—改性前;2—OL;3—SDS;4—LSZ

2.2.3 粉体颗粒在液相中的分散

颗粒在液相中的分散就是使颗粒在悬浮液中均匀分离散开的过程，它主要包括三个步骤：颗粒在液相中的浸润；颗粒团聚体在机械力作用下的解体和分散以及将原生颗粒或较小的团聚体稳定，阻止再进一步发生团聚。固体颗粒在液相中的分散本质上受固体颗粒与液相介质的浸润作用和液相中颗粒间的相互作用所控制。

2.2.3.1 颗粒的浸润

固体颗粒被液体润湿的过程主要基于颗粒表面对该液体的浸润性。浸润性通常可用液体对固体的润湿角 θ 来度量，而该润湿角可通过如前所述的式(2.8)来计算。由图 2.3 可知，当 $90° < \theta < 180°$ 时，表示固体表面不润湿或润湿不良；$0° < \theta < 90°$ 时，表示固体表面部分润湿或者有限润湿。此时，颗粒在进入液体时将受到气-液界面张力的反抗作用；当密度大于液体又可被液体完全润湿的固体颗粒进入液体时，即表现为固体颗粒被液体完全润湿，此时 $\theta = 0°$（或无接触角）。由此可见，固体颗粒被液体润湿的过程，实际上就是液体与气体争夺表面的过程，这主要取决于固体与液体表面极性的大小。根据表面接触角的大小，颗粒可分为亲水性和疏水性两大类。如果液相为水，则接触角的大小主要取决于颗粒的内部结构、表面不饱和力场的性质和颗粒表面形状，其关系和分类见表 2.3。

一圆柱固体颗粒在液体中的受力情况如图 2.15 所示。如果颗粒表面张力及润湿角足够大，颗粒将稳定地位于液体表面而不下沉。

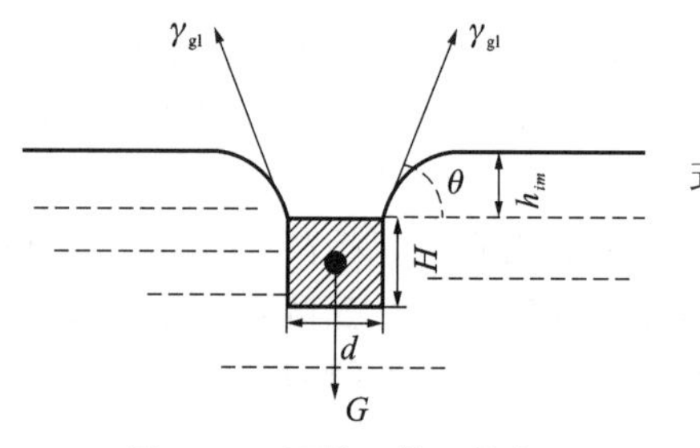

图 2.15 圆柱固体颗粒在液体中的受力情况

颗粒悬浮于表面的条件为：

$$4d\gamma_{gl}\sin\theta \geqslant d^2 H(\rho_p - \rho_l)g + d^2 h_{im}\rho_l g \tag{2.16}$$

式中 d, H——圆柱固体颗粒的横截面直径和高；

h_{im}——颗粒表面的沉没深度；

ρ_l, ρ_p——液体和颗粒的密度；

γ_{gl}——液体表面张力；

θ——润湿角。

球状颗粒在水面上最大漂浮粒径与颗粒密度、润湿角的关系如表 2.5 所示。

表 2.5 球状颗粒在水面上最大漂浮粒径 d_{max} 与颗粒密度、润湿角 θ 的关系

ρ/(g/cm³)	d_{max}/mm			
	$\theta=30°$	$\theta=60°$	$\theta=75°$	$\theta=90°$
2.50	1.4	2.6	3.2	4.4
5.00	0.8	1.6	1.95	2.28
7.50	0.6	1.2	1.52	1.8

由表 2.5 分析结果可见，对于润湿角较大、密度较小的颗粒，被水完全浸湿的临界尺寸较大，即不易被浸湿。小于该尺寸的颗粒将漂浮于水面上。在湍流场中，最大漂浮颗粒的粒径将显著减小。

此外，固体颗粒的润湿性能还与其极性有关。常见的液体如水、乙醇等都是极性溶剂，因而极性固体，如石英、硫酸盐等，能得到很好的润湿；而非极性固体，如石蜡、石墨等，则很难被极性液体浸润。但若两者都是非极性的，则也能较好地润湿。

综上所述，当 $\theta = 0°$ 时，固体很易被液体润湿；当 $\theta > 0°$ 时，固体颗粒能否被液体润湿取决于颗粒的密度及粒径。当密度及粒径足够大时，颗粒将被浸湿而没入液体。另外，流体动力学和物质极性均对颗粒的浸湿有重要作用，增大液体湍流强度可减小颗粒的临界浸湿粒径；而当固体颗粒与液体同为极性或非极性时，液体对固体颗粒的润湿作用也将增大。

2.2.3.2 颗粒在液体中的聚集状态

1)液体介质中颗粒间的作用力

固体颗粒被润湿(无论是自发还是强制)后,在液体中的存在形态不外乎两种,即形成聚团或分散悬浮,而颗粒间的分散与团聚行为的根源是颗粒间的相互作用力。颗粒在液体介质中的相互作用力很复杂,除了范德瓦耳斯力、双电层静电力和聚合物吸附层的空间排斥力之外,还有其他作用力,下面详细介绍液体介质中颗粒间的这几种重要作用力。

(1)范德瓦耳斯力

当颗粒在液体中时,必须考虑液体分子与颗粒分子群的作用以及这种作用对颗粒间范德瓦耳斯力的影响,此时 Hamaker 常数可用式(2.17)表示:

$$A_{131} = A_{11} + A_{33} - 2A_{13} \approx (\sqrt{A_{11}} - \sqrt{A_{33}})^2 \tag{2.17}$$

$$A_{132} = (\sqrt{A_{11}} - \sqrt{A_{33}})(\sqrt{A_{22}} - \sqrt{A_{33}}) \tag{2.18}$$

式中 A_{11}——颗粒 1 在真空中的 Hamaker 常数;

A_{22}——颗粒 2 在真空中的 Hamaker 常数;

A_{33}——液体 3 在真空中的 Hamaker 常数;

A_{131}——液体 3 中同质颗粒 1 之间的 Hamaker 常数;

A_{132}——液体 3 中不同质的颗粒 1 与颗粒 2 相互作用的 Hamaker 常数。

液体中颗粒间范德瓦耳斯作用能 U_w 可由式(2.19)表示:

$$U_w = -\frac{A_{132} d}{24H^2} \tag{2.19}$$

式中 d——颗粒直径;

H——颗粒间距。

由式(2.18)可知,当 $A_{11} > A_{33} > A_{22}$ 或 $A_{11} < A_{33} < A_{22}$,则 $A_{132} < 0$,结合式(2.19)表示颗粒 1 和 2 在介质 3 中范德瓦耳斯作用能为正值,即范德瓦耳斯作用力为排斥力。颗粒 1 和 2 在介质 3 中范德瓦耳斯力为吸引力的条件是 $A_{132} > 0$,即:$A_{11} > A_{33}$,$A_{22} > A_{33}$ 或 $A_{11} < A_{33}$,$A_{22} < A_{33}$。对于同质颗粒($A_{11} = A_{12}$),A_{132} 恒为正,范德瓦耳斯作用力恒为负。它们在液体中的分子作用力恒为吸引力,但其值为真空中的四分之一左右。

(2)双电层静电作用力

在液体中颗粒表面因离子的选择性溶解或选择性吸附而荷电,反号离子由于静电吸引而在颗粒周围的液体中扩散分布形成双电层,如图 2.16 所示。对于半径分别为 R_1、R_2 的球体,双电层作用能可以用式(2.20)近似地计算:

$$V_{el} = \frac{\pi \varepsilon_a R_1 R_2}{R_1 + R_2} (\varphi_1^2 + \varphi_2^2) \left[\frac{2\varphi_1 \varphi_2}{\varphi_1^2 + \varphi_2^2} \ln\left(\frac{1 + e^{-\kappa H}}{1 - e^{-\kappa H}} \right) + \ln(1 - e^{-\kappa H}) \right] \tag{2.20}$$

式中 ε_a——分散介质的绝对介电常数;

φ_1,φ_2——颗粒的表面电位;

κ——德拜长度的倒数,1/m;

H——两颗粒间的距离,m。

由于静电吸引作用和热运动,在液体中与固体表面离子电荷相反的离子只有一部分紧密排列在固体表面,另一部分一直分散在液体之中,因而双电层实际包括紧密层和扩散层两个部分。当液体和固体颗粒发生相对移动时,扩散层中的离子则或多或少地会被液体带走。由于离子的溶剂化作用,固体的表面实际上也是溶剂化的,所以当固体与液体相对移动时,固体表面上始终有一薄层的溶剂随着一起移动。固液之间可以发生相对移动处的电势被称为 ζ 电位(Zeta 电位)。

对于同质颗粒,双电层静电作用总表现为排斥力。因此它是颗粒在液相中分散的主要原因之一。一般认为,当颗粒的表面电位的绝对值大于 30 mV 时,静电排斥力与范德瓦耳斯力相比便占上风,从

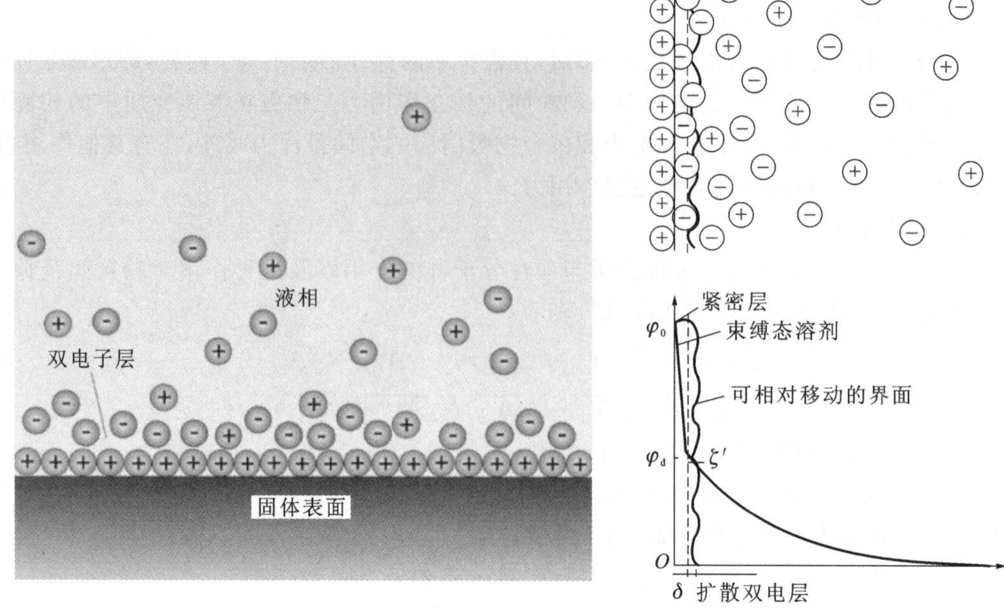

图 2.16　双电层结构与相应的电势

而保证颗粒的分散。对于不同质的颗粒，表面电位常为不同值，甚至在更多场合不同号，对于电位异号的颗粒，静电作用力则表现为吸引力。即使电位同号但不同质的颗粒，只要二者的绝对值相差很大，颗粒间仍可出现静电吸引力。

(3)空间位阻作用力

颗粒表面吸附有高分子表面活性剂时，颗粒与颗粒在接近时将产生排斥作用，可使颗粒分散体系更为稳定，不发生团聚，这就是高分子表面活性剂的空间位阻作用。因为高分子表面活性剂吸附在颗粒表面上，形成一层包围颗粒表面的高分子保护膜，亲溶剂基团伸向液体介质中并具有一定厚度，所以颗粒在相互接近时吸引力就大为削弱，排斥力增加，从而增强了颗粒间的分散稳定性，如图 2.17 所示。

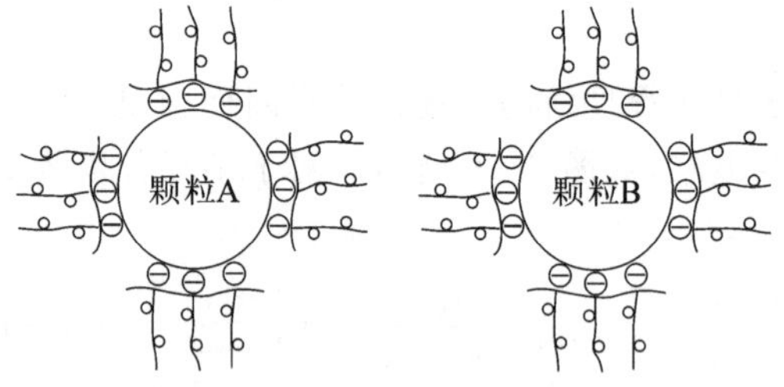

图 2.17　空间位阻效应示意图

颗粒表面的高分子吸附层接触时，可能发生两种极端情况。第一种情况是吸附物之间相互穿插，在两吸附层的接触区域形成透镜状穿插带；第二种情况是吸附层接触时不发生穿插作用，只引起吸附层与吸附层之间的相互压缩。穿插作用多发生在吸附层的结构比较疏松的场合，即吸附量较小，吸附密度较低，吸附物的分子量大；而压缩作用多发生在吸附层结构较为致密，即吸附密度高、吸附量大的场合。

当吸附高分子层(吸附层厚度为 δ)的半径为 R 的球形颗粒接近时，球形颗粒之间的压缩作用能 V_{ys} 和穿插作用能 V_{cc} 可分别用式(2.21)、式(2.22)表示：

$$V_{ys} = N_s k T \theta_\infty H \frac{(\delta - H/2)^2 [2R + \delta + H/2]}{\delta} \tag{2.21}$$

$$V_{cc}=\frac{4\pi kT\Phi_2^2}{3V}\left(\frac{1}{2}-\chi\right)\times\left(\delta-\frac{H}{2}\right)^2\times\left(3R+2\delta+\frac{H}{2}\right) \tag{2.22}$$

式中　N_s——单位面积上吸附的分子或离子数，个/m^2；

k——玻尔兹曼常数，1.38×10^{-23} J/K；

θ_∞——颗粒间距离为无限大时表面上吸附层的覆盖率；

χ——相互作用系数；

H——颗粒间的距离，m；

δ——吸附层厚度，m；

R——颗粒半径，m；

Φ_2——吸附分子的体积分数；

V——透镜交叠区的总体积。

实际上吸附层结构的作用常常是穿插作用和压缩作用两者同时存在，只不过两者作用的强度不同而已。影响空间位阻的因素很多，如吸附分子的分子量、离子强度和体系温度等，但对其影响最显著的主要是分子量和离子强度。相同距离条件下，高分子化合物的分子量越大，空间位阻越大；而电解质浓度越高，由于盐析效应导致高分子化合物在固体颗粒表面吸附层厚度越薄，空间位阻作用也就越小。

(4)溶剂化作用力

当颗粒表面吸附阳离子或含亲水基团[—OH、—PO_4^{3-}、—COOH 等]的有机物，或者由于颗粒表面极性区域对附近的溶剂分子的极化作用，在颗粒表面会形成溶剂化作用，而形成溶剂化的两颗粒接近时，产生很强大的排斥力被称为溶剂化作用力。溶剂化膜的结构、性质及厚度受一系列因素的影响而差别很大。这些因素主要是颗粒表面状况，溶剂介质的分子极性及固体颗粒结构特点，溶质分子或离子的种类、浓度、温度等物理因素。颗粒表面与溶剂介质的极性在很大程度上取决于溶剂化层的厚度。一般而言，颗粒表面的极性与溶剂介质的极性相同或相近时，其溶剂化层较厚；当它们之间的极性相差较大或极性相反时，其溶剂化层一般较薄。由于溶剂化膜的存在，当两颗粒靠近时，除了分子吸附作用和静电排斥作用外，当颗粒间间距减小到溶剂化膜开始接触时，就会产生溶剂化作用力。这时，为了进一步缩小颗粒间距离，必须使溶剂化膜压缩变化，其强度取决于破坏溶剂分子的有序结构，是吸附阳离子或有机物极性基消除溶剂化所需的能量。对于半径为 R 的球形颗粒的溶剂化作用能 V_{rj} 可用式(2.23)表示：

$$V_{rj}=\pi Rh_0V_{rj}^0\mathrm{e}^{-H/h_0} \tag{2.23}$$

式中　h_0——缩减长度，m；

V_{rj}^0——溶剂化作用能量常数，与颗粒表面润湿性有关；

H——颗粒间作用距离，m。

(5)疏液作用力

疏液作用是由于颗粒表面与液体介质的极性不相溶而导致的一种颗粒间相互吸引作用。实际上可以把疏液作用看作溶剂化作用的一个特例。疏液颗粒的溶剂化过程不可能自发进行。颗粒周围的液体分子有排挤“异己”颗粒的趋向，从而迫使这些颗粒相互靠拢，形成团聚，以减小固-液界面的方式降低体系的自由能，这就是疏液作用的实质所在。对于半径分别为 R_1 和 R_2 的两个球形颗粒的疏液作用能 V_{sy}，可由式(2.24)表示：

$$V_{sy}=\frac{2\pi R_1R_2}{R_1+R_2}h_0V_{sy}^0\mathrm{e}^{-H/h_0} \tag{2.24}$$

式中　h_0——缩减长度，m；

V_{sy}^0——疏液作用能量常数，mJ/m^2。

(6)几种作用力的综合特性

在悬浮体系中，颗粒的分散稳定性取决于颗粒间相互作用的总作用力或总作用能，即取决于颗粒间范德瓦耳斯作用力(V_w)、静电作用力(V_{el})、吸附层的空间位阻作用力(V_{kj})、溶剂化作用力(V_{rj})及疏水作用力(V_{sy})的相对关系。颗粒间分散与团聚的理论判据是颗粒间的总作用力 V_t,可用式(2.25)表示:

$$V_t = V_w + V_{el} + V_{kj} + V_{rj} + V_{sy} \tag{2.25}$$

但是,并不是在所有的体系中都同时存在这五种力。例如颗粒在水中分散时,范德瓦耳斯力、静电作用力及溶剂化作用力通常是存在的。其他的颗粒间作用力则发生于特定的环境或体系下,例如空间位阻作用力发生在颗粒表面有吸附层时,特别是当吸附高分子时,疏水作用力发生在疏水颗粒之间。它们的作用距离也不尽相同,疏水作用力和溶剂化作用力的作用距离较短,而范德瓦耳斯力、静电作用力和空间位阻作用力的作用距离相对较长。表 2.6 给出了几种主要作用力的综合特性。

表 2.6 几种主要作用力的综合特性

作用力	范德瓦耳斯作用力	静电作用力	溶剂化作用力	疏水作用力	空间位阻作用力
作用距离/nm	50～100	100～300	10	10	50～100
力的性质	−	+	++	−−	主要为+,个别时为−
作用力与距离的关系	$1/H$	$e^{-\chi H}$	$K_1 e^{-H/h_0}$	$K_2 e^{-H/h_0}$	—

注:"++"表示正值程度更大一些;"−−"表示负值程度更小一些。

2)颗粒的聚集状态

根据胶体化学中的胶体粒子分散理论(DLVO 理论),颗粒的聚团与分散主要取决于它们之间分子吸引力与双电层静电排斥力的相对关系,这两种相反的作用力决定了胶体的稳定性。通常,吸引势能与距离的六次方成反比,而静电的排斥势能则随距离下降。液相介质中分散相颗粒间的相互作用力曲线如图 2.18 所示。

简单来说,当颗粒距离较大时,双电层未重叠,吸引力起主要作用,因此总势能为负值。当颗粒靠近到一定距离以至双电层重叠时,则排斥力起主要作用,势能显著增加,但与此同时,颗粒之间的吸引力也随距离的缩短而增大。当距离缩短到一定程度时,吸引力又占优势,势能便随之下降。

实际的情况远比上述理论分析复杂。首先,颗粒间相互作用与颗粒的表面性质(特别是润湿性)密切相关;其次,这种相互作用还与颗粒表面覆盖的吸附层的成分、覆盖率、吸附浓度及厚度等有关;再次,对于异质颗粒还可能出现分子作用力为排斥力而静电作用力为吸引力的情况。

颗粒的聚集状态结构如图 2.19 所示。其中,软团聚一般由粉末表面的原子、分子间的静电力所致。由图 2.18 可知,势能的大小是胶体体系能否稳定存在的关键因素。从液相生成固相微粒后,由于布朗运动,固体微粒会相互接近。若微粒有足够的动能,则固体微粒可克服该势能而形成软团聚。软团聚可以通过一些化学的作用或施加机械力的方法来消除。

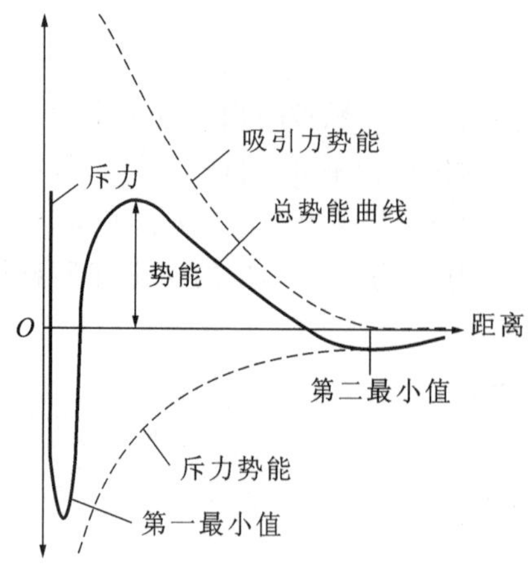

图 2.18 液相介质中分散相颗粒间的相互作用力曲线

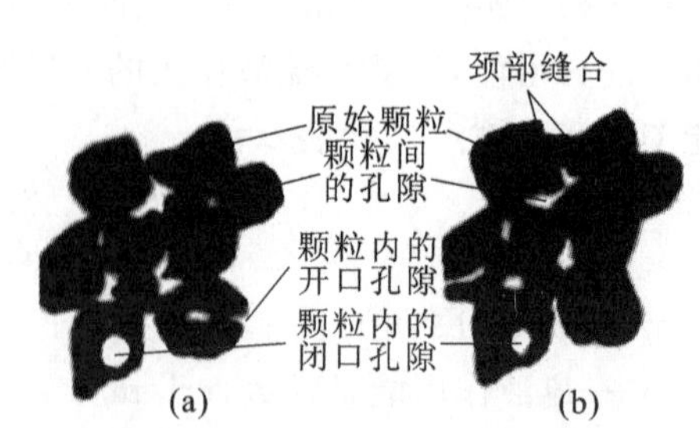

图 2.19 团聚颗粒结构示意图

(a)以角-角相接的软团聚;(b)以面-面相接的硬团聚

硬团聚除了原子、分子间的静电力以外，还包括液体桥力、固体桥力、化学键作用力以及氢键作用力等。因此，硬团聚体结构不易在粉末的加工成形过程中被破坏，从而将影响粉体的性能。目前，有多种理论解释硬团聚的产生机理，其中较有代表性的是氢键理论、化学键理论、晶桥理论和毛细管吸附理论。氢键理论认为，如果液相为水，则残留在粉末颗粒之间的微量的水会通过氢键的作用，由液相桥将颗粒紧密地粘在一起，形成硬团聚。化学键理论认为，以化学结合的非架桥羟基基团才是产生硬团聚的根源。晶桥理论认为，在粉末颗粒的毛细管中存在气-液界面，在干燥过程中，随着最后一部分液体被排除，在毛细管力的作用下，颗粒与颗粒之间的距离越来越近，由于存在表面羟基和溶解-沉析形成的"晶桥"而变得更加紧密。随着时间的推移，这些"晶桥"相互结合，变成大的块状团聚体。如果液相中含有其他的金属盐类物质，还会在颗粒之间形成结晶盐的固相桥，从而形成硬团聚体。而毛细管吸附理论则认为，凝胶中的吸附水受热蒸发时，颗粒表面会裸露出来，水蒸气则从空隙的两端逸出，毛细管力的存在导致毛细管空隙收缩，从而造成了硬团聚。

2.2.3.3　固液体系中固体颗粒的分散调控

因为作用于颗粒间的各种作用力或作用能随环境条件变化而变化，而且添加分散剂对颗粒在液体介质中的润湿、破碎及悬浮体的分散与团聚的影响都起着重要作用，所以可以通过采取物理的或化学的方法调控颗粒表面的性质，实现颗粒在液体介质中的充分分散。通常颗粒悬浮液分散与调控途径大致有介质调控、分散剂调控、机械调控和超声调控四种。

(1)介质调控

颗粒的分散行为除了受颗粒间相互作用影响之外，还受颗粒与分散介质作用的影响。介质不同，颗粒的分散行为有着明显的差异。选择分散介质的基本原则：非极性颗粒易于在非极性液体中分散，极性颗粒易于在极性液体中分散，即所谓极性相似原则。表 2.7 和图 2.20 分别给出了亲水性颗粒（二氧化硅和碳酸钙）以及疏水性颗粒（滑石和石墨）在水、乙醇及煤油中的润湿接触角及分散行为。可以看出，亲水的二氧化硅和碳酸钙颗粒在水、乙醇和煤油中的分散行为截然不同，在水和乙醇中均具有较好的分散行为，但在煤油中它们几乎不能分散，呈现出很强烈的团聚现象。它们在水、乙醇及煤油介质中的分散顺序为：乙醇＞水＞煤油。疏水性的滑石、石墨颗粒在水、乙醇及煤油中的分散与亲水性颗粒具有截然相反的分散特征，在水中具有显著的团聚行为，但较亲水性颗粒在煤油中的团聚速度慢、强度弱，在乙醇中均有良好的分散行为。疏水性颗粒在三种介质中的分散顺序为：乙醇＞煤油＞水或煤油＞乙醇＞水。虽然滑石是一种疏水性颗粒（对水的润湿接触角为 56°），但在煤油中的分散性一般。颗粒表面亲液程度越强，其分散性越好，反之亦然。

表 2.7　二氧化硅、碳酸钙、滑石和石墨在不同介质中的润湿接触角和分散性

颗粒名称	润湿接触角 $\theta/(°)$			分　散　性		
	水	乙醇	煤油	水	乙醇	煤油
二氧化硅	0.0	0.0	88.0	○	○	×
碳酸钙	10.0	0.0	86.0	△	○	×
滑石	56.0	0.0	45.0	×	○	△
石墨	69.0	9.0	0.0	×	△(○)	○(△)

注：○—分散性好；△—分散性一般；×—分散性差。

当然，极性相似原则只是悬浮液分散的原则之一。极性颗粒在水中可以表现出截然不同的分散团聚行为，这说明分散体系的一系列物理化学条件调控也至关重要，通过物理化学条件调控才能保证颗粒在极性相似的液体中互相排斥，从而实现良好的分散。

(2)分散剂调控

在液相中颗粒的表面力分散调控原则主要是通过添加适当的分散剂来实现的。它的添加显著增强了颗粒间的相互排斥作用，为颗粒的良好分散营造出所需要的物理化学条件。增强排斥作用主要

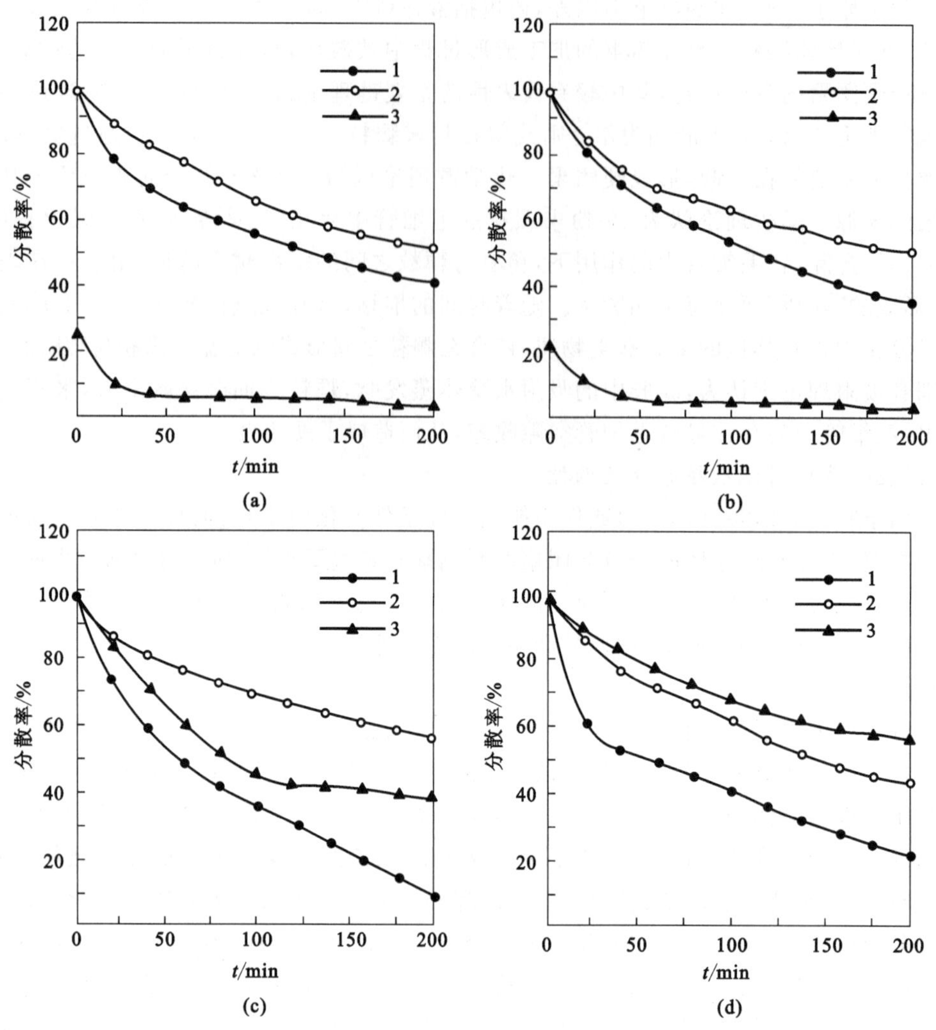

图 2.20 二氧化硅、碳酸钙、滑石和石墨在不同介质中的分散性

(a)二氧化硅;(b)碳酸钙;(c)滑石;(d)石墨

1—水;2—乙醇;3—煤油

通过以下三种方式来实现:

① 增大颗粒表面电位的绝对值,以增大颗粒间的静电排斥作用;

② 通过高分子分散剂在颗粒表面形成的吸附层之间的位阻效应,使颗粒间产生很大的位阻排斥力;

③ 调控颗粒表面极性,增强分散介质对它的润湿性,在满足润湿原则的同时,增强表面溶剂化膜作用,提高它的表面结构化程度,使结构化排斥力大为增加。

不同分散剂的分散机理不尽相同。下面对无机电解质、高分子分散剂和表面活性剂三大类分散剂分别进行讨论。

① 无机电解质

这类分散剂有聚磷酸钠、硅酸钠等,前者的聚合度一般在 20～100 之间,后者在水溶液中往往生成硅酸聚合物。无机电解质分散剂在颗粒表面的吸附,不仅能显著地提高颗粒表面电位的绝对值,从而产生强大的双电层静电排斥作用,也可增强水对颗粒表面的润湿程度,增大溶剂化膜的强度和厚度,从而进一步增强颗粒的互相排斥作用。图 2.21 为 AR、六偏磷酸钠和硅酸钠对二氧化硅颗粒的分散性、表面润湿性及 ζ 电位的影响。可以看出,颗粒的分散行为与其润湿性和 ζ 电位有很好的对应关系;颗粒表面 ζ 电位绝对值越大,润湿性越强,则分散性越好。

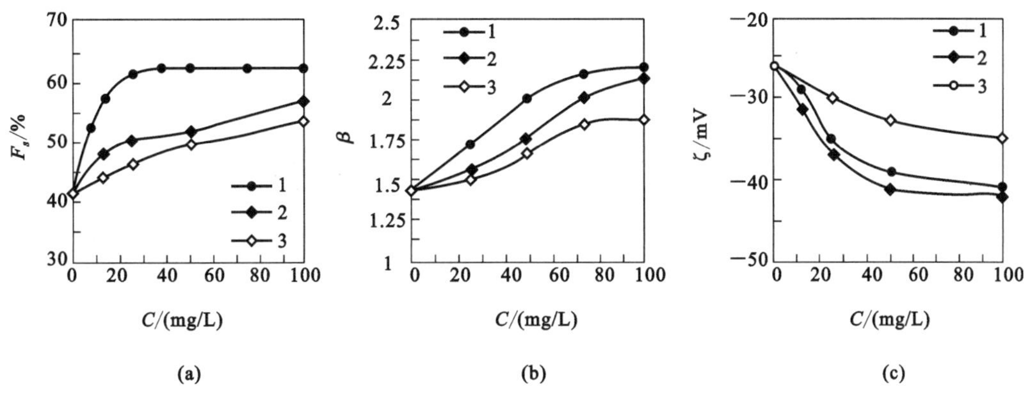

图 2.21 分散剂对二氧化硅颗粒的分散性、表面润湿性及 ζ 电位的影响

(a)分散性;(b)表面润湿性;(c)ζ 电位

1—AR;2—六偏磷酸钠;3—硅酸钠

② 高分子分散剂

高分子分散剂的分散和团聚作用是可以转化的,如图 2.22 所示。一般而言,当在颗粒表面的高分子吸附层的覆盖率远低于一个单分子层时,高分子起粒间桥连作用,使颗粒絮凝,因而是絮凝剂;当表面吸附层的覆盖率接近或大于一个单分子层时,空间压缩作用成为主导,颗粒受位阻效应影响而呈空间稳定分散,高分子是分散剂。当颗粒对高分子聚合物产生负吸附时,颗粒表面层的高分子浓度低于溶液的体相浓度,在颗粒表面形成空缺层。在低浓度的溶液中,空缺层的重叠导致颗粒相互吸引,则颗粒发生空缺团聚。而在高浓度的溶液中,粒间排斥作用占优势,颗粒呈空缺稳定分散。

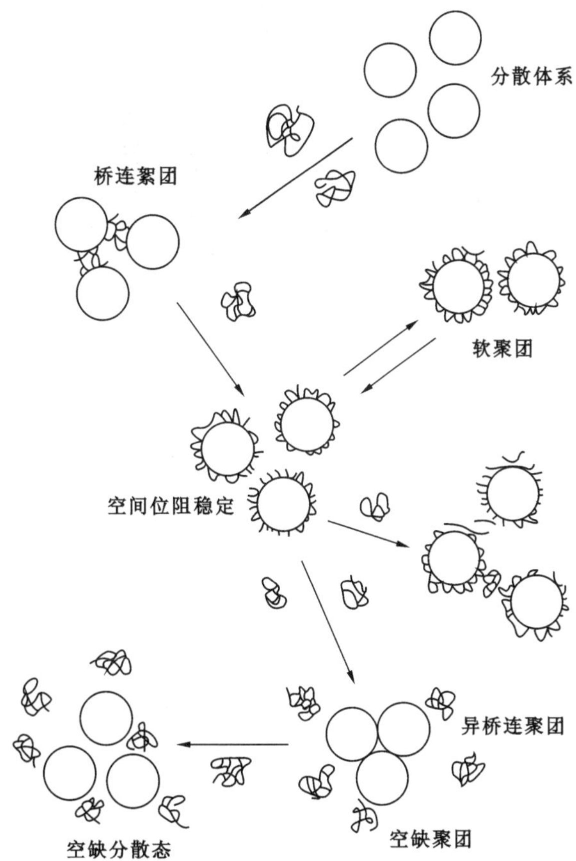

图 2.22 颗粒悬浮液的分散与团聚状态的相互转化

由于高分子分散剂的吸附膜厚度通常能达到数十纳米,几乎与双电层的厚度相当甚至更大,因此它的作用在颗粒相距相当远时便开始表现出来,由于作用距离过长,使其他的表面力无法显现。聚合物电解质因易溶于水，通常用作亲水基悬浮液的分散剂；其他的高分子分散剂，如分子型高分子及高分子表面活性剂则往往用于非水介质的颗粒分散。

③ 表面活性剂

表面活性剂作为分散剂在涂料和颜料工业中已经获得广泛的应用。阳离子型、阴离子型及非离子型表面活性剂均可用作分散剂。表面活性剂在不同分散介质中对颗粒的分散作用比较复杂，首先表现在它对颗粒表面润湿性的调整。对于亲水性颗粒，在表面活性剂的浓度较低时使它们的表面疏水化，从而诱导产生疏水作用力，使颗粒在水中产生疏水团聚；而对于强疏水颗粒，表面活性剂的作用恰好相反，它的烃链通过疏水缔合作用在表面吸附，而将极性基团朝外，使表面亲水化，这就是疏水颗粒添加润湿剂的主要作用。通常表面活性剂都包含极性基团和非极性基团，而这两种基团的性质也会显著影响其分散性能。图 2.23 给出了非极性基团碳链长度对超细 $CaCO_3$ 颗粒在环己烷和水中的改性分散。如图 2.23 所示，在环己烷中，随着非极性基团碳链增长，对 $CaCO_3$ 颗粒表面改性分散效果先降低后增强，当碳链长度达到 12 个碳原子时，分散度仅达 65%左右，碳链长度进一步增加，改性分散作用得到明显增强，当碳链长度为 18 个碳原子时，其分散度可达到 90%左右。在水中，非极性基团碳链越长，表面改性分散作用越强，当碳链长度大于 12 个碳原子时，非极性基团碳链长度对改性分散无明显影响，分散度可达 85%。

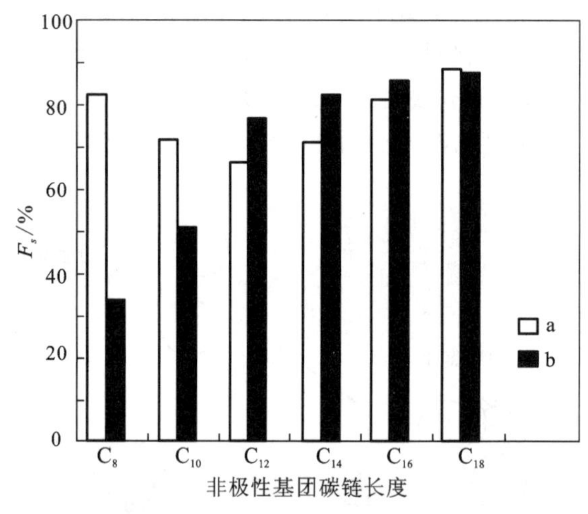

图 2.23 非极性基团碳链长度对 $CaCO_3$ 颗粒表面改性分散的影响

a—环己烷；b—水

图 2.24 所示是不同的极性基团对水和环己烷体系中超细碳酸钙改性分散的影响。如图 2.24 所示，在不同介质中，对 $CaCO_3$ 颗粒的改性分散具有不同的规律。在环己烷中，不同极性基团对超细 $CaCO_3$ 表面改性分散的强弱顺序为：$—SO_3H > —COOH > —CONHOH > —PO(OH)_2 > —SiX_3 >$ 钛酸酯；在水中，不同极性基团对超细 $CaCO_3$ 颗粒表面改性分散的强弱顺序为：$—COONa > —CONHOH > —SO_3H >$ 钛酸酯 $> —PO(OH)_2 = —Si—X_3$。

常用分散剂的分散体系如表 2.8 所示。

表 2.8 常用的分散体系

介质类别	介质溶液	固体颗粒	分散剂
极性无机溶液	水	大多数无机盐、氧化物、硅酸盐类颗粒、煤粉、木炭、炭黑、石墨颗粒等	鞣酸、亚油酸钠、草酸钠
极性有机溶液	乙醇、乙二醇、丁醇、甘油＋水、丙醇	锰、铜、铁、钴金属粉，氧化物陶瓷粉、糖粉、淀粉、有机物粉	六偏磷酸钠等
非极性有机溶液	环己烷、二甲苯、苯煤油、四氯化碳	绝大多数亲水颗粒、水泥、白垩、碳化钨颗粒等	亚油酸等

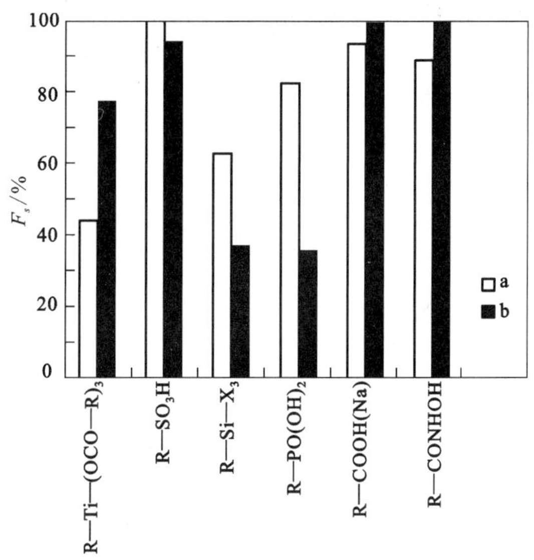

图 2.24 不同极性基团对 $CaCO_3$ 颗粒表面改性分散的影响

a—环己烷；b—水

(3)机械调控

机械搅拌分散是指通过强烈的机械搅拌方式引起液流强湍流运动而使颗粒团聚破碎悬浮，这种分散方法几乎在所有的工业生产过程都要用到。机械分散的必要条件是机械力(流体的剪切力及压应力)应大于颗粒间的黏着力。颗粒被部分浸湿后，用机械的力量可使剩余的团聚破碎。同时，浸湿过程中的搅拌能增加团聚的破碎程度，从而也就加快了整个分散过程。事实上，强烈的机械搅拌是一种破碎团聚的简便易行的方法。图 2.25 表示机械搅拌强度(用搅拌叶轮转速 n 表示)对不同粒级颗粒的聚沉度 E_{eq} 的影响。可见随着搅拌强度的增大，颗粒的聚沉度显著降低，当搅拌转速达到 1000 r/min，聚沉度降低到零，这意味着所有的因聚沉而形成的团聚均被打散。但是机械分散离开搅拌作用，外部环境复原，它们又可能重新团聚。因此，采用机械搅拌与化学分散方法结合的复合分散手段通常可获得更好的分散效果。

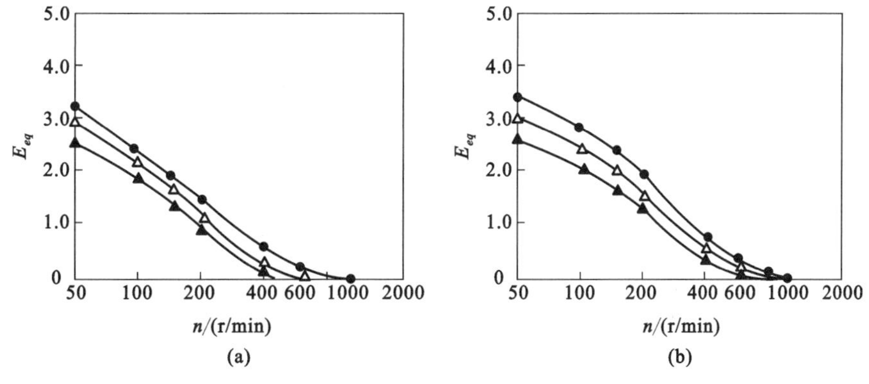

图 2.25 机械搅拌强度对颗粒分散团聚行为的影响

(a)石英；(b) 菱锰矿

● 0～5 μm；△ 5～10 μm；▲ 10～20 μm

(4)超声调控

频率大于 20 kHz 的声波，因超出了人耳听觉的上限而被称为超声波。超声波因波长短而具有束射性强和易于提高聚焦集中能力的特点，因而可形成很大的强度，产生剧烈的振动，并导致许多特殊作用。利用超声空化时产生的局部高温、高压或强冲击波和微射流等，可较大幅度地弱化纳米颗粒间的作用能，有效地防止纳米颗粒团聚而使之充分分散。实验证明，对于悬浮体的分散存在着最适宜的超声频率，超声频率取决于被悬浮颗粒的粒度。例如，具有平均粒度为 100 nm 的 $BaSO_4$ 水悬浮液，在超声分散时，其最大分散作用的超声频率为 960～1600 kHz，粒度增大，其最佳频率相应降低，如图 2.26 所示。

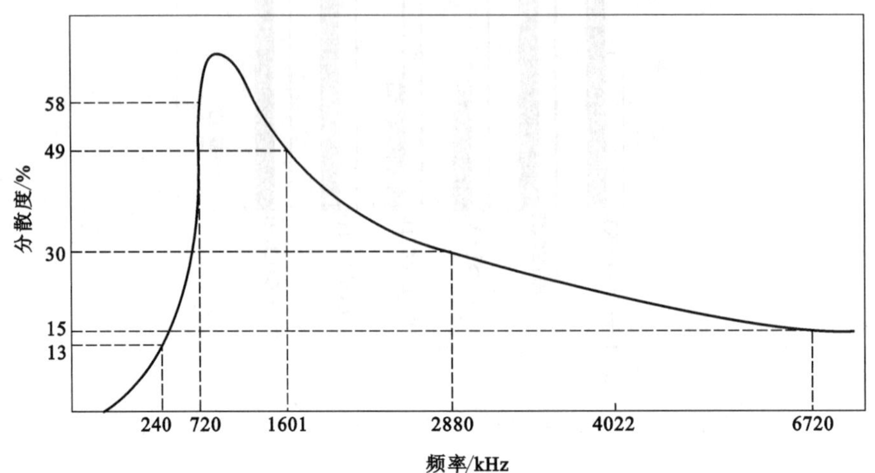

图 2.26　$BaSO_4$ 水悬浮体系的分散度与超声频率的关系

2.3　粉末颗粒的表面改性

2.3.1　改性的机理与目的

颗粒表面改性是指用物理、化学、机械等方法对颗粒表面进行处理，根据应用的需要有目的地改变颗粒表面的物理化学性质，如表面晶体结构和官能团、表面能、界面润湿性、电性、表面吸附和反应特性等，以满足现代新材料、新工艺和新技术发展的需要。

根据应用领域的不同，粉体表面改性的目的也不一样。例如对应用于塑料、橡胶、胶粘剂等高分子材料中的无机矿物填料，表面改性主要是改善其表面的物理化学特性，增强其与基质即有机高聚物或树脂等的相容性，提高其在有机基质中的分散性，从而提高材料的机械强度及综合性能。对于涂料或油漆中的颜料，颗粒表面改性的目的是为了提高分散性，并改善涂料的光泽、着色力、遮盖力和耐候性、耐热性、保光性、保色性等。此外，为了控制药效，达到使药物定时、定量和定位释放的目的，新发展的药物胶囊就是用某种安全、无毒的薄膜材料，如丙烯酸树脂对药粉进行包膜而制备的。为了保护环境，可以对某些公认的、有害健康的原料，如石棉进行无害化表面处理，即用对人体无害和对环境不构成污染又不影响其使用性能的其他化学物质覆盖、封闭其表面的活性点。

2.3.2　改性的方法

2.3.2.1　*表面化学改性*

1）表面化学改性的基本原理

表面化学改性是利用表面化学方法使颗粒表面有机化而达到表面改性的方法，如有机物分子中的官能团在颗粒表面的吸附或化学反应对颗粒表面进行局部包覆。因此，表面改性剂的种类及性质对粉体表面改性或表面处理的效果具有决定性的作用。从分子结构角度分析，用于颗粒表面改性的改性剂应该是一种具有以下性能之一的化合物：① 能在颗粒表面吸附；② 能与颗粒表面的官能团结合；③ 与有机高聚物相容性好并具有结合能力。

(1)表面吸附

表面吸附根据原理可分为化学吸附和物理吸附。其中,化学吸附指表面修饰剂与粉体颗粒表面的晶格离子(或原子)发生化学反应,参与反应的质点间存在电子公有或发生电子转移,从而在粉体颗粒表面形成离子键、共价键或配位键等强键键合吸附。化学吸附能够实现定点吸附,以单层为主,具有极大的选择性和不可逆性,以及不能按化合物的计量关系进行计算等特点。

物理吸附是指被吸附的流体分子与固体表面分子间的作用力为分子间吸引力,即所谓的范德瓦耳斯力,因此,物理吸附又称范德瓦耳斯吸附,是一种可逆过程。物理吸附主要包括静电吸附和分子吸附。其中,静电吸附无方向性和饱和性,可形成多层吸附。原则上只要与粉体表面电位异号的离子均可与粉体表面发生静电物理吸附。而分子吸附是主要靠分子力作用而实现的吸附,吸附质为分子,如烷烃分子、偶极分子、离子晶体型分子等。分子吸附又包括强分子吸附和弱分子吸附。

吸附的自由能变化可由下式表示:

$$\Delta G = \Delta G^{\circ}_{\mathrm{chem}} + \Delta G^{\circ}_{\mathrm{sol}} + \Delta G^{\circ}_{\mathrm{CH_2}} + \Delta G^{\circ}_{\mathrm{H}} + \Delta G^{\circ}_{\mathrm{ele}} \tag{2.26}$$

式中 ΔG——表面吸附总自由能;

$\Delta G^{\circ}_{\mathrm{chem}}$——共价键吸附自由能;

$\Delta G^{\circ}_{\mathrm{H}}$——氢键吸附自由能;

$\Delta G^{\circ}_{\mathrm{CH_2}}$——碳链间的缔合能;

$\Delta G^{\circ}_{\mathrm{sol}}$——溶剂化效应自由能;

$\Delta G^{\circ}_{\mathrm{ele}}$——电性吸附自由能。

(2)与颗粒表面官能团结合

改性剂与颗粒表面的相互作用符合共价键理论,以硅烷偶联剂与矿物颗粒间的作用为例,它们之间的作用过程如下:

(a)水解

$$RSiX_3 + 3H_2O \longrightarrow RSi(OH)_3 + 3HX$$

(b)缩合

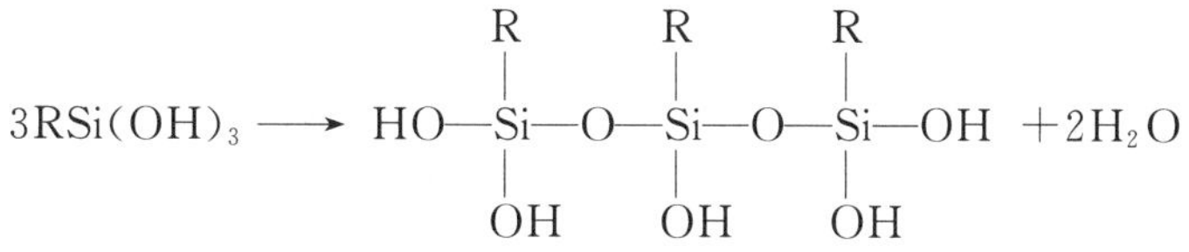

$$3RSi(OH)_3 \longrightarrow HO\text{—}\underset{OH}{\overset{R}{Si}}\text{—}O\text{—}\underset{OH}{\overset{R}{Si}}\text{—}O\text{—}\underset{OH}{\overset{R}{Si}}\text{—}OH + 2H_2O$$

(c)与颗粒表面羟基作用生成氢键,然后脱水,由氢键转变为共价键

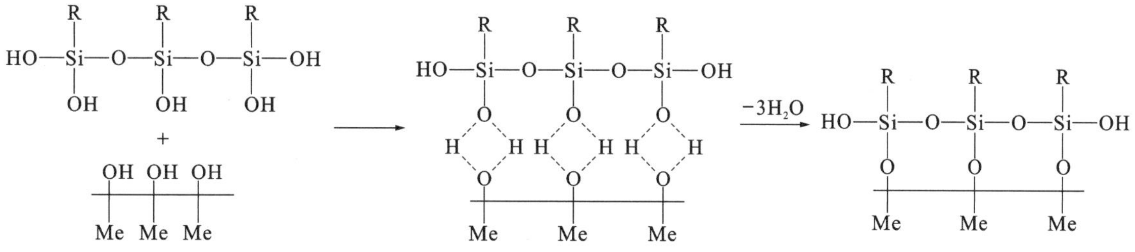

$$HO\text{—}\underset{OH}{\overset{R}{Si}}\text{—}O\text{—}\underset{OH}{\overset{R}{Si}}\text{—}O\text{—}\underset{OH}{\overset{R}{Si}}\text{—}OH + \underset{Me\ \ Me\ \ Me}{OH\ \ OH\ \ OH} \longrightarrow HO\text{—}\underset{O\cdots H\cdots O\text{—}Me}{\overset{R}{Si}}\text{—}O\text{—}\underset{O\cdots H\cdots O\text{—}Me}{\overset{R}{Si}}\text{—}O\text{—}\underset{O\cdots H\cdots O\text{—}Me}{\overset{R}{Si}}\text{—}OH \xrightarrow{-3H_2O} HO\text{—}\underset{O\text{—}Me}{\overset{R}{Si}}\text{—}O\text{—}\underset{O\text{—}Me}{\overset{R}{Si}}\text{—}O\text{—}\underset{O\text{—}Me}{\overset{R}{Si}}\text{—}OH$$

(3)粉体与有机高聚物结合

修饰粉体与有机基体之间的作用机理主要有界面层理论、浸润效应理论和化学键理论。

① 界面层理论

界面层理论可分为两种。一种是以官能团为基础的界面层扩散理论,该理论认为:对粉体颗粒表面进行处理时,所用偶联剂不仅一端要带有与粉体颗粒表面以化学键相结合的基团,而且另一端应能溶解、扩散到树脂的界面区域中,并与大分子链发生纠缠或形成化学键。另一种理论是以表面能为出发点,该理论认为:粉体颗粒具有较高的表面能,当其与基体树脂复合时,基体树脂应能对其润湿,这是最基本的热力学条件。为了增强树脂对粉体颗粒的润湿性,粉体必须用偶联剂处理,以减小其表面能。若偶联剂的R基团中含有极性基团，则处理后粉体具有较大的表面能；若R中含有不饱和双键，则超细粉体具有中等大小的表面能；若R为饱和链烃，则表面能最小。

② 浸润效应理论

在复合材料的制造中，树脂对粉体颗粒表面的良好浸润性对提高复合材料的力学性能至关重要，如果能得到良好的浸润，则树脂对粉体颗粒表面的物理吸附将提供高于树脂内聚强度的黏结强度，这就要求粉体表面修饰剂有机基团的疏水性应与树脂基体的疏水性保持一致。

③ 化学键理论

偶联剂的有机基团应与树脂的有机基体进行化学结合，这就要求尽量选择其有机部分可与聚合物有机基体发生化学反应的物质作为粉体的表面修饰剂。

2)表面改性剂

由于粉体表面改性涉及的应用领域很多，可用作表面改性剂的物质也很多，在此主要介绍几种常用的表面改性剂及方法。

(1)偶联剂表面改性

偶联剂是一类具有两种不同性质官能团的化合物，其分子结构的最大特点是分子中含有化学性质不同的两种基团，即可与无机粉体表面的各种官能团反应形成强有力的化学键的亲无机物基团和可与有机高聚物发生某些化学反应或物理缠结的亲有机物的基团，这两种基团将两种性质差异很大的材料牢固地结合起来，使无机粉体和有机高聚物分子之间产生具有特殊功能的“分子桥”。可见，偶联剂适用于各种不同的有机高聚物和无机粉体的复合材料体系。用偶联剂进行表面处理后的无机粉体，抑制了体系“相”的分离，增大了填充量，并可较好地保持分散均匀，从而改善了制品的综合性能，特别是拉伸强度、冲击强度和柔韧性等。

偶联剂的常见类型有硅烷类、钛酸酯类、铝酸化合物及有机络合物等四种。以下主要介绍硅烷偶联剂和钛酸酯偶联剂。

① 硅烷偶联剂

硅烷偶联剂是一种常用的有机硅，其化学通式为：$R—Si—X_3$，式中，R为能与有机基质反应的有机基团，如乙烯基、环氧基、甲基丙烯酰氧基、氨基、巯基等，适用于不同的有机树脂体系；X为与硅原子结合的、能水解的基团，如氯基、烷氧基、乙酰氧基、异丙烯基、氨基等。其中，以乙酰氧基、异丙烯氧基、氨基为水解性基的硅烷反应活性强，水解反应速度快，储存稳定性差，使用不便；而以氯为水解基的硅烷偶联剂水解产生盐酸，腐蚀性强。目前常用的硅烷偶联剂是以烷氧基为水解性基的硅烷。水解性基X的水解反应速度与pH值相关，pH值为7时水解速度最慢。另外，烷氧基数目越多，水解反应速度越快；烷氧基的碳原子数越多，水解速度越慢。

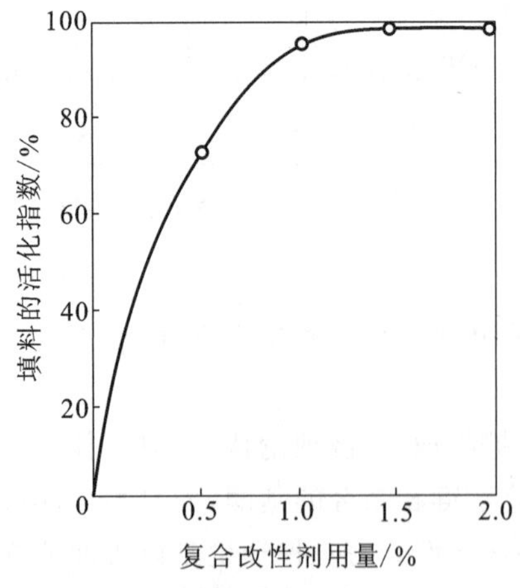

图2.27　硬脂酸和硅烷偶联剂对高岭土、硅藻土复合填料活化指数的影响

硅烷偶联剂的作用机理为：硅烷偶联剂同粉末颗粒的结合，是从硅烷低聚物与颗粒表面的羟基作用开始的，因此硅烷偶联剂对表面上具有活性羟基的无机物（如玻璃、二氧化硅等）有很强的亲和性和反应性，而对表面无羟基或极性很小的无机物（如碳酸钙、炭黑等），硅烷偶联剂的处理效果就较差。

图2.27为硬脂酸和硅烷偶联剂质量配比1∶1时，复合改性剂用量对高岭土、硅藻土复合填料活化指数的影响。由图2.27可见，随着硬脂酸和硅烷偶联剂用量增加，高岭土、硅藻土复合填料的活化指数逐渐增大，当用量达到一定值（约1.5%）后，高岭土、硅藻土复合填料颗粒的活化指数不再增大，而是趋于一定值（约98%）。这说明高岭土、硅藻土颗粒表面基本被硬脂酸和硅烷偶联剂所覆盖。

红外光谱分析结果表明，单独以硅烷偶联剂改性高岭土、硅藻土复合颗粒时，首先是硅烷偶联剂分子水解形成硅醇，然后硅醇分子与复合颗粒的表面羟基形成氢键或缩合成—Si—M共价键（M为颗粒表面），同时，硅烷偶联剂各分子间的硅醇又相互缩合、聚合形成网状结构的膜，覆盖于复合颗粒的表面。而用硬脂酸、硅烷偶联剂共同改性高岭土、硅藻土复合填料颗粒时，硬脂酸分子以物理吸附和机械黏附的形式吸附于颗粒表面。因此，经硬脂酸、硅烷偶联剂改性后，高岭土、硅藻土颗粒表面的吸附层结构如图2.28所示。

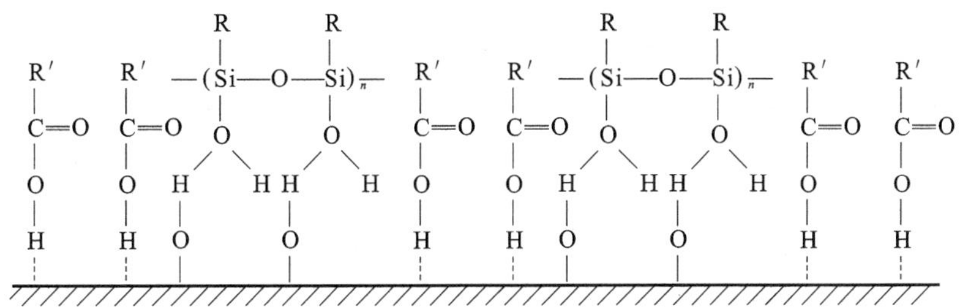

图2.28　表面改性后高岭土、硅藻土复合颗粒的表面吸附层结构示意图

② 钛酸酯偶联剂

钛酸酯偶联剂表面修饰效果较好，价格低廉，应用范围广，其化学通式为：$(RO)_m$—Ti—$(OX—R'—Y)_n$，其中$1\leqslant m\leqslant 4$，$m+n\leqslant 6$；R为短碳链烷烃基；R′为长碳链烷烃基；X为C、N、S、P等元素；Y为羟基、氨基、环氧基、双键等基团。钛酸酯偶联剂的分子可划分为6个作用不同的功能基团，如图2.29所示。

$$\underline{(RO)_m—Ti—(OX—R'—Y)_n}$$

1　　2　3　4　5 6

无机相　　　有机相

图2.29　钛酸酯偶联剂作用功能区域示意图

功能区1：$(RO)_m$—官能团。该官能团是与粉体颗粒偶联的基团，可通过烷氧基与颗粒表面吸附的微量羟基或质子发生化学反应，偶联到粉体表面形成单分子层，同时释放出异丙醇。偶联基团由于有差异，对粉体含水量有一定的选择性要求。

功能区2：Ti—O…—官能团。该官能团起酯基转移和交联作用。某些钛酸酯偶联剂能够和有机高分子中的酯基、羧基等进行酯基转移和交联，使钛酯基、粉体颗粒及有机高分子间发生交联。

功能区3：X—官能团。该官能团是X—连接钛中心带有功能性的基团，如长链烷氧基、酚基、羧基、磺酸基、磷酸基及焦磷酸基等，这些基团可决定偶联剂的特性和功能。如磺酸基赋予有机物一定的触变性；焦磷酸基具有阻燃、防锈功能；亚磷配位基具有抗氧化功能等。

功能区4：R′—官能团。该官能团是长链的纠缠基团，适用于热塑性树脂。长的脂肪族碳链比较柔软，能和有机基体进行弯曲缠绕，增强和基体的结合力，增强它们的相容性，引起粉末颗粒界面上表面能的变化，改善粉体颗粒和基料体系熔融流动性和加工性能。

功能区5：Y—官能团。该官能团是固化反应基团，适用于热固性树脂，当活性基团连接在钛的有机骨架上时，就能使偶联剂和有机聚合物进行化学反应而交联，从而使粉体颗粒与基体结合。

功能区6：n，非水解基团数。钛酸酯偶联剂分子中非水解基团的数目至少应在两个以上，能根据需要调节，使它对有机物产生多种不同的效果。如，螯合型钛酸酯偶联剂具有两个或三个非水解基团，单烷氧基型钛酸酯偶联剂则含有三个非水解基团。由于分子中的三个立体支撑点的作用，可以加强链纠缠，并且带有大量碳原子数，急剧改变表面能，导致黏度大幅下降。此外，三个非水解基团可以任意改变：既可根据相容性的要求，任意调节碳链长短，又可根据性能的要求，部分改变连接钛中心的基团。因此，可使偶联剂既可适用于热塑性塑料，又可适用于热固性塑料。

(2)表面活性剂改性

表面活性剂改性是通过在颗粒表面覆盖一层极薄的表面活性剂来达到改变其表面特性的目的。表面活性剂分子一般由亲水的极性基团和亲油的非极性基团两部分组成,当它和有极性的颗粒接触时,极性基团被吸附在颗粒表面,非极性基团展露在外,使表面张力降低从而达到表面改性及增强分散性能的效果。常用的表面活性剂有阴离子型、阳离子型和非离子型三种,在实际应用过程中,可依据颗粒的表面性质以及分散介质的极性选择适合的表面活性剂。

(3)高分子分散剂改性

高分子分散剂(表面活性剂)是一种新型的聚合物分散助剂,相对分子质量一般在2000到几万之间,其分子结构一般含有性能不同的两个部分,其中一部分为锚固基团,可通过离子对、氢键、范德瓦耳斯力等作用以单点或多点的形式紧密地结合在颗粒表面上,另一部分为具有一定长度的聚合物链。当吸附或覆盖了高分子分散剂的颗粒相互靠近时,由于溶剂化链的空间位阻而使颗粒相互排斥,从而实现颗粒在介质中的分散和稳定。高分子分散剂的吸附类型与吸附作用主要取决于颗粒表面与高分子分散剂分子的性质、颗粒表面状态及吸附环境,这些都与小分子表面活性剂的吸附特性一致。另外,高分子的分子量大,必然存在空间位阻作用,致使高分子表面活性剂的吸附特性又与小分子表面活性剂的吸附有较大差别。图2.30所示是两种表面活性剂在煤粒表面的吸附量、ζ电位和浓度的关系。可以看出,高分子表面活性剂在颗粒表面的吸附有如下特征:

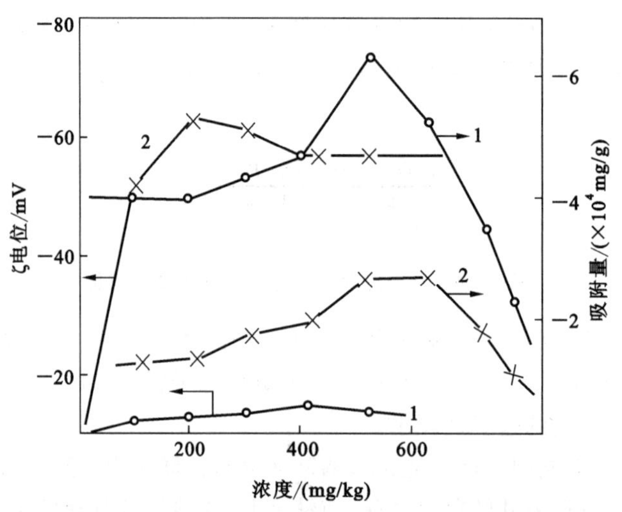

图2.30 高分子与小分子表面活性剂的吸附特性比较

1—聚氧乙烯链的高分子表面活性剂;2—小分子表面活性剂

① 低浓度时吸附速度快,说明高分子表面活性剂与颗粒表面有强的亲和力。

② 吸附能大,吸附膜厚,因此颗粒间产生强烈的空间位阻效应。

③ 高分子表面活性剂线性长度长,一个分子上含有多个活性点,因此在颗粒表面上有多种吸附构型。

④ 分散体系浓度较高时,添加高分子表面活性剂可有效地改善分散体系的流变性能。

(4)接枝改性

有些无机粉体颗粒表面具有可以发生自由基反应的活性点,在适当的条件下,高分子聚合物活性单体可在这些活性点上反应接枝于颗粒表面上,再引发聚合反应。将聚合物长链接枝在粉体表面,聚合物中含亲溶剂基团的长链通过溶剂化伸展在介质中起立体屏障作用,效果十分明显。这种处理方法可使得接枝改性前聚集程度较大的粉体,接枝以后聚集程度显著降低,不易再聚集,分散稳定性增大。例如用EDA(乙二胺)和HMDA(环己二胺)五次处理后的接枝炭黑在甲醇中的分散性得到显著提高,见图2.31。

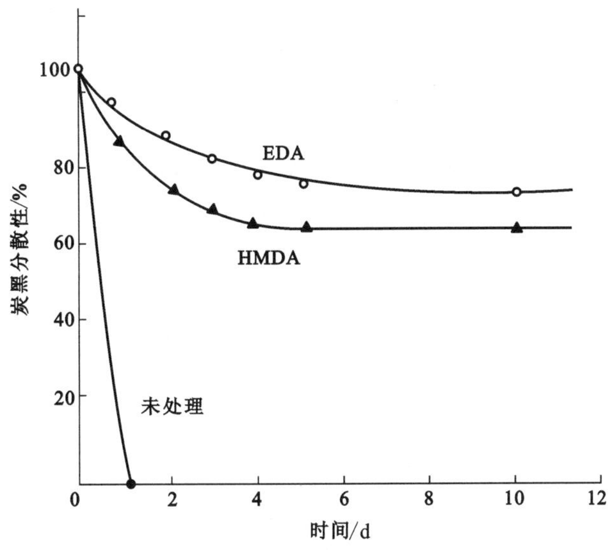

图 2.31　接枝炭黑的分散效果

颗粒表面的表面化学修饰是很复杂的，其机理也千差万别，但是粉体颗粒与改性剂之间作用的本质不外乎化学吸附和物理吸附两大类。同时按照吸附发生的固-液面的位置，可分为双电层内层吸附、特性吸附、扩散层吸附等；按照吸附剂的种类，可分为分子吸附和离子吸附等。表面修饰及与粉体颗粒表面的吸附形式及特征见表 2.9。

表 2.9　颗粒表面与改性剂的吸附形式及特征

吸附性质	吸附部位	吸附形式	吸附特点
表面化学反应	固相反应	在表面生成独立新相	多层
化学吸附	双电层内层	非类质同相离子或分子的化学吸附	生成表面化合物(单分子层)
		类质同相离子的交换吸附	可深入固相晶格内部
		定位离子吸附	非等当量吸附，改变表面电位
物理吸附向化学吸附过渡	双电层外层	离子的特性吸附	可引起电动电位变号
		离子的扩散层吸附	压缩双电层，静电物理吸附
物理吸附	相界面	分子的氢键吸附	强分子吸附，具有向化学吸附的过渡性
		偶极分子吸附	较强分子吸附
		分子的色散吸附	弱分子吸附
黏附	相—相作用		机械黏附性质

2.3.2.2　微胶囊包覆

微胶囊是指由天然或人工合成高分子材料作为外壁材料制成的微型容器，如图 2.32 所示。微胶囊技术是指将成膜材料作为壳物质，把固体、液体或气体包覆成微小颗粒的技术。微胶囊的制备首先是将液体、固体或气体囊心物质(芯材)分细，然后以这些微滴(粒)为核心，使聚合物成膜材料(壁材)在其上沉积、涂层，形成一层薄膜，将囊心微滴(粒)包覆。由于微胶囊能保护物体免受环境影响，屏蔽味道、颜色、气味，改变物体质量、体积、状态或表面性能，隔离活性成分，降低挥发性和毒性，控制可持续释放等多种作用，自 20 世纪 30 年代至今，微胶囊已被广泛应用于医学、食品、农药、化妆品、金属切削、涂料、油墨、添加剂等多个领域。微胶囊作为一种具有囊壁的微小“容器”，不仅能够保持芯材微细分散状态，并根据需要释放囊心组分，亦可在一定程度上改善物质外观及性能。

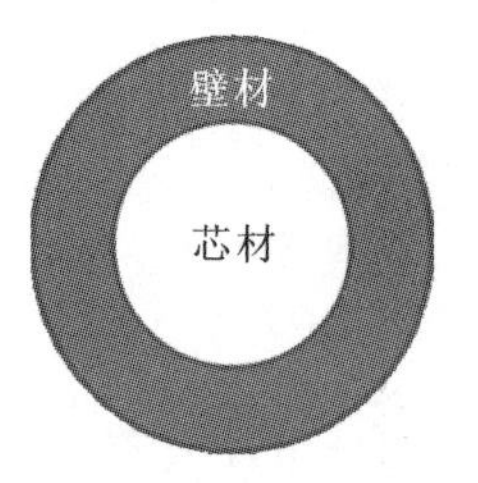

图 2.32 微胶囊结构示意图

依据囊壁形成的机制和成囊条件，微胶囊化方法大致可分为三类，即化学法、物理法和物理化学法。

(1)化学法

化学法是单体在乳化体系中发生聚合反应，产物包覆在芯材表面形成微胶囊的方法。化学法可分为如下 3 种方法：

① 界面聚合法。该法是将两种活性单体分别溶解在互不相溶的溶剂中，当一种溶液被分散在另一种溶液中时，两种溶液中的单体在相界面发生聚合反应而成囊。

② 原位聚合法，即单体成分及催化剂全部位于芯材液滴的内部或者外部，发生聚合反应而微胶囊化。用原位聚合法制备的微胶囊大多数形貌良好，呈规则球形，芯壁比及壁材厚度可调控性强，且微胶囊产率较高。

③ 锐孔法。该法是因聚合物的固化导致微胶囊囊壁形成，即先将线性聚合物溶解形成溶液，当其固化时，聚合物迅速沉淀析出形成囊壁。因为大多数固化反应即聚合物的沉淀作用是在瞬间进行并完成的，所以有必要使含有芯材的聚合物溶液在加到固化剂中之前预先成形，锐孔法可满足这种要求，这也是该法的由来。锐孔法包埋效果良好，增强了微胶囊在环境中的稳定性，而且使微胶囊获得了缓释能力。

(2)物理法

物理法是借助专门设备通过机械方式首先将芯材与壁材混合均匀，细化造粒，然后使壁材凝聚固化在芯材表面而制备微胶囊。根据所用设备和造粒方式不同，物理法又可分为如下几种方法：

① 喷雾干燥法。该法是将芯材分散于囊壁材料的稀溶液中，形成悬浮液或乳浊液。用泵将此分散液送到含有喷雾干燥的雾化器中，分散液则被雾化成小液滴，液滴中所含溶剂迅速蒸发而使壁材析出成囊。

② 空气悬浮法。该法应用流化床的强气流将芯材微粒(滴)悬浮于空气中，通过喷嘴将调成适当黏度的壁材溶液喷涂于微粒(滴)表面。提高气流温度使壁材溶液中的溶剂挥发，则壁材析出而成囊。

③ 真空蒸发沉积法。该法是以固体颗粒作为芯材，壁材的蒸气凝结于芯材的表面而实现胶囊化。

④ 静电结合法。该法先将芯材与壁材各制成带相反电荷的气溶胶微粒，而后使它们相遇通过静电吸引凝结成囊。

⑤ 溶剂蒸发法。该法先将芯材、壁材依次分散于有机相中，然后添加到与壁材不相溶的溶液中，加热使溶剂蒸发，壁材析出而成囊。

⑥ 包结络合物法。该法利用 β-环糊精中空且内部疏水外部亲水的结构特点，将疏水性芯材通过形成包结络合物而形成分子水平上的微胶囊。

⑦ 挤压法。该法是一种在低温条件下生产微胶囊的技术，其原理是将混悬在一种液化的碳水化合物介质中的芯材与壁材混合物经过模孔，用压力将其挤进壁材的凝固浴，壁材析出并硬化成囊。

(3)物理化学法

物理化学法包括水相分离法、油相分离法、熔化分散冷凝法等。在相分离法微胶囊制作中，首先将芯材乳化或分散在溶有壁材料的连续相中，然后，控制体系条件(如加入聚合物的非溶剂、降低温度或加入与芯材料相互溶解性好的第二种聚合物)使壁材料溶解性降低，从而从连续相中分离出来，形成黏稠液相(非沉淀)，包囊在芯材上形成微胶囊，微胶囊壁材可以通过后续处理使其坚固。

① 水相分离法。这种方法包括复凝聚、盐凝聚和 pH 变化引起的凝聚。如用得最多的复相凝聚法是采用两种带不同电荷胶体水溶液混合时产生相分离而制得微胶囊，常用的有阿拉伯胶和明胶。

② 油相分离法。该法把壁材聚合物溶解于溶剂中，芯材与它们不互溶，把芯材乳化或分散在其中以颗粒状存在，然后加入可混溶液使得聚合物沉淀，包围住芯材形成了囊壁。

③ 熔化分散冷凝法。当壁材(蜡状物质)受热时，将芯材分散在液态蜡中，并形成微粒(滴)。当

体系冷却时，蜡状物质就围绕着芯材形成囊壁，从而产生了微胶囊。

综上所述，一般的微胶囊化步骤为：首先将已分细的芯材分散入微胶囊化介质中；再将成膜材料加入该分散体系中；通过上面所述的某一种方法，将壳材聚集、沉积或包敷在已分散芯材周围；在很多情况下微胶囊膜壳是不稳定的，尚需用化学或物理方法处理，以达到一定机械强度。在实际应用中，必须依据芯材特性和对所需微胶囊的性能要求选择适当的微胶囊化方法。例如，将木瓜蛋白酶和β-环糊精加热搅拌混合，60 ℃下用胶体磨均质 30 min，喷雾干燥得木瓜蛋白酶微胶囊。用β-环糊精包囊后，木瓜蛋白酶的热稳定性显著提高。由于包囊作用，减少了光、热、氧、Cu^{2+} 及 Fe^{2+} 的影响，使其扩大了使用范围，延长了保存时间。在氯仿与丙酮的物质的量比为 3∶1 的有机液中，加入聚苯乙烯形成 2%的溶液，再加入作芯材的酞氰铜，边搅拌边逐滴加入乙醇，2 h 后过滤、收集产物，减压干燥得微胶囊。研究发现用聚苯乙烯包囊后，酞氰铜的表面性质发生了变化，亲水性、流动性和分散度均增大，这些性质与聚苯乙烯(PS)的分子量和浓度有关。当 PS 的浓度为 2%～5%时，可得分散性极好的染料，不仅黏度降低，还可增大固体含量。

2.3.2.3 机械化学改性

机械化学改性是利用超细粉碎及其他强烈机械力作用有目的地对物体表面进行激活，在一定程度上改变颗粒表面的晶体结构、溶解性能（表面无定形化）、化学吸附和反应活性（增加表面的活性点或活性基团）等。显然，仅仅依靠机械激活作用进行表面改性处理目前还难以满足应用领域对颗粒表面物理化学性质的要求。但是机械化学作用激活了颗粒表面，可以提高颗粒与其他无机物或有机物的作用活性；新生表面上产生的游离基或离子可以引发苯乙烯、烯烃类进行聚合，形成聚合物接枝的填料。因此，如果在粉碎过程中添加表面活性剂及其他有机化合物，包括聚合物，那么机械激活作用可以促进这些有机化合物分子在无机颗粒（如填料或颜料）表面的化学吸附或化学反应，达到边产生新表面边改性，即粒度减小和表面有机化两重目的。此外，还可在一种无机物料的粉碎过程中添加另一种无机物或金属粉，使无机核心材料表面包覆金属粉或另一种无机物颗粒，或进行机械化学反应生成新相，如将 ZnO 和 Al_2O_3 一起在高速行星球磨机中强烈研磨 4 h 以后，即有部分物料生成 $ZnAl_2O_4$（尖晶石型构造）非晶质 ZnO。

能够对颗粒物料进行机械激活的粉碎设备主要有各种类型的球磨机（筒式球磨机、行星球磨机、振动球磨机、离心球磨机、搅拌球磨机等）、气流磨及高速机械冲击式磨机等。影响机械激活作用强弱的主要因素是粉碎设备类型、机械力的作用方式、粉碎环境（干、湿添加剂）、机械力的作用时间以及颗粒的粒度大小或比表面积等。许多研究表明，多数情况下在同一设备，如振动球磨机中，干式超细粉碎对颗粒的机械化学激活作用（晶格扰动、表面无定形化等）较湿式粉碎要强烈，但是也有例外的情况。另外，粉碎加工时间的长短也是机械化学效应强弱的一个主要影响因素。机械能作用的时间越长，机械化学效应就越强烈。再有，机械力作用的方式（如研磨、摩擦、剪切、冲击、打击）等也影响机械化学激活作用。在添加助剂或表面改性剂的机械粉碎操作中，机械化学效应还与这些添加剂有关。

2.3.2.4 原位聚合改性

原位聚合改性是先将粉体在乳液单体中均匀分散，然后用引发剂引发聚合，从而形成带有弹性包覆层的核-壳结构的纳米颗粒。由于外层是有机聚合物，所以可以提高粉体与有机相的亲和力。另外，因为它是一种内硬外软的核-壳结构的纳米颗粒，所以填充到塑料或橡胶中时，可以改变它们的力学性质。按照乳液聚合的方法，原位聚合改性法又可分为无皂乳液聚合包覆法、预处理乳液聚合法、微乳液聚合法等。

(1)无皂乳液聚合包覆法

无皂乳液聚合包覆法是将无机粉末直接放入水中，完全不加乳化剂或仅加入微量乳化剂（其浓度小于临界胶束浓度），利用极性单体或引发剂，在无机颗粒表面将极性或可电离的基团化学链接在聚合物上，使聚合物本身就具有表面活性的乳液聚合过程。

对于水溶性较大单体（如甲基丙酸甲酯、醋酸乙烯酯）的无皂乳液聚合遵循均相成核机理，即引发剂分解生成自由基引发溶于水中的单体分子聚合并进行链增长，形成一端带有亲水基团(引发剂碎片)的自由基活性链，随着链增长反应的进行，自由基活性链聚合度增大，在水中溶解性逐渐变差，当活性链增长至临界链长时，便自身卷曲缠结，从水相中析出。若体系中有高度分散的无机颗粒存在，当活性链析出时，就有可能吸附在无机颗粒表面。

对于水溶性较差单体(如苯乙烯)的无皂乳液聚合则遵循齐聚物胶束成核机理。反应初期生成的齐聚物结构与表面活性剂结构相似，当体系中有无机颗粒存在时，齐聚物可能会在无机颗粒表面吸附，形成疏水链朝外的类胶团，将无机颗粒表面由亲水变为疏水，使得单体有可能进入其中进行聚合反应，从而在无机颗粒表面包覆上聚合物。

(2)预处理乳液聚合法

为了提高包覆的效果，可以预先通过外加表面活性剂减小无机颗粒表面极性，提高单体和无机颗粒的亲和性，使得单体在颗粒表面聚集并聚合，从而形成无机颗粒/聚合物复合乳胶颗粒，这就是预处理乳液聚合法。这种方法一般分两步进行，第一步对无机颗粒进行表面改性，第二步将无机颗粒分散在水中进行乳液聚合。表面活性剂在水溶液中可通过离子交换等作用吸附在无机颗粒表面，并形成一疏水层，在一定条件下单体和引发剂可进入吸附层进行聚合反应，从而在无机颗粒表面生成一层聚合物膜，该过程如图 2.33 所示。

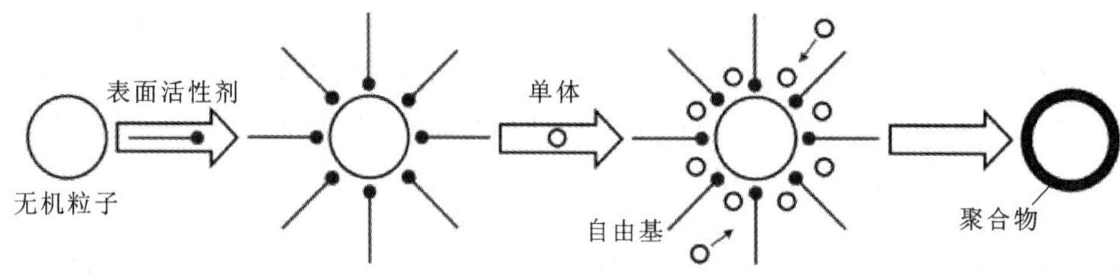

图 2.33　无机颗粒表面的原位聚合反应

(3)微乳液聚合法

微乳液聚合法目前已成为合成聚合物纳米复合材料的主要方法之一。与其他制备方法相比，微乳液法具有装置简单、操作容易、颗粒尺寸可控、易于实现连续工业化生产等优点。微乳液是由水(或盐水)、油、表面活性剂和助表面活性剂在适当比例下自发形成透明或半透明、低黏度和各向同性的热力学稳定体系。根据体系中油水比例及其微观结构，可将微乳液分为正相(水包油型，O/W)微乳液、反相(油包水型，W/O)微乳液和双连续相微乳液(其结构如图 2.34 所示)。微乳液聚合法具有能够使所有包含无机颗粒的微滴成核和易于控制微滴大小和分布的特点，因而在对无机颗粒进行包覆处理时具有潜在的优势。例如将 TiO_2 颗粒加入苯乙烯和稳定剂 OLOA370 的混合物中进行超声分散，然后将之加入十二烷基硫酸钠和碳酸氢钠的水溶液中，再进行超声分散，得到含有无机颗粒的微乳液液滴后接着进行聚合反应，结果使无机颗粒的包覆率达到了 83%。

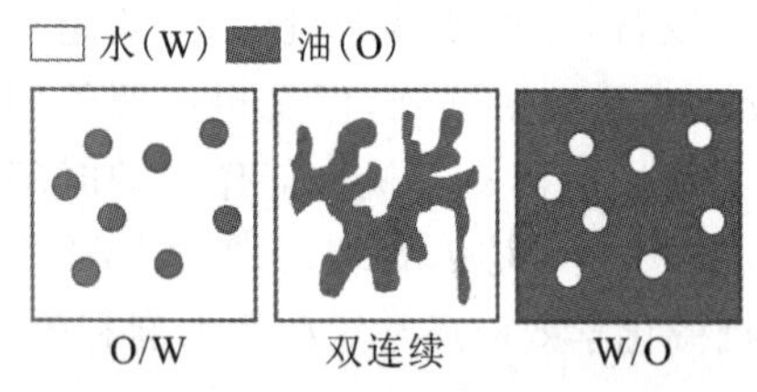

图 2.34　微乳液结构示意图

2.3.3　改性效果的评价

粉体改性效果的评价有许多方法。通过考查改性粉体填充形成的制品性能，特别是力学性能便可对改性效果作出直接评价，这种方法耗资费力，但结果可靠，被广泛采用。此外对改性产物进行测量，比较改性前后表面性质的变化，也可以达到预先评价改性结果的目的。具体有如下方法：

(1)润湿性评价法

润湿性是衡量粉体与聚合物之间相容性的主要指标之一。界面接触角是最常用的、最直接的表征方式。极性粉体经疏水改性后在极性液体中的接触角越大，或者在非极性液体中的接触角越小，说明粉体颗粒表面疏水性越强，改性效果越好，比较接触角大小，便可对改性效果作出评价。活化指数也可反映粉体表面活化的程度，活化指数等于样品中漂浮部分的质量比样品总质量，例如改性前粉体表面呈极性状态，在水中自然沉降，改性后则不被水润湿，当活化指数为1时，说明改性完全。渗透时间和吸油率也是较常用的润湿性的表征参数。

(2)表面自由能评价法

粉体，特别是微米级、纳米级的粉体都有较大的表面自由能，经改性剂附着后，表面能降低，因此表面自由能的变化也能反映改性效果。

(3)药剂吸附量评价法

测定粉体表面药剂吸附量来评价改性效果，已在检测硅烷偶联剂与黏土表面改性方面得到应用。改性粉体的性能除取决于改性剂在表面吸附量的多少外，还取决于药剂与粉体的作用性质，两者化学键合作用越强，则改性效果越好。因此，药剂吸附量的测定有时还需与红外光谱等表面分析手段相结合，才能对改性效果作出更精确的评价。

比如，在水杨醛法检测丙氨基硅氧烷与白炭黑偶联效果的研究中，可通过测定矿物表面的药剂吸附量来评价改性效果。丙氨基硅氧烷中的—NH_2 基团对水杨醛进行显色反应，因而与白炭黑反应后，体系中未反应的药剂可被水杨醛萃取显色。

(4)评判分散与聚团行为

根据同极性相亲、异极性相斥的原则，评价改性效果可通过评判粉体在不同性质溶剂中的分散与聚团现象来实现。比如，硬脂胺改性前后的氧化铝在不同溶剂中的分散现象有很大差别。改性后，氧化铝在水中的分散度由大变小，而在苯和四氯化碳中由小变大，说明硬脂胺对氧化铝的疏水化改性很有成效。

(5)沉降性测量

称取一定量的超细粉体，装入比色管中(外贴刻度)，加入一定体积溶剂，充分混合、振荡，竖直放在试管架上，观察不同时间纳米粉体的沉降体积与沉降高度，该方法可定性地评价粉体的改性效果。

(6)红外光谱法

对改性前后的粉体样品进行红外光谱分析，根据对应特征峰的变化即可揭示改性剂的作用，此法已在实践中得到广泛应用。

(7)表面电性及 Zeta 电位的测定

测量改性后粉体在溶液中零电点的 pH 值，与对应改性剂零电点的 pH 进行对比，可反映包膜状况，衡量改性效果。

(8)表面分析新技术

低能初级粒子和固体表面相互作用，产生散射或发射出次级粒子，通过分析其能谱、质谱或光谱，可得到粉体表面的有关信息，进而了解改性前后的变化。

除了上述方法以外，粉体改性效果的评价方法还有许多，需结合具体情况，采取适宜的分析技术以取得最佳效果。

总体而言，粉体由于具有大的比表面积和高的比表面能，在气相或液相介质中会产生自发团聚。因此，如何确保超细粉体在制备、储存及随后的加工、应用过程中保持分散而不团聚“长大”，是粉体工程应用过程中的技术关键。粉体颗粒在介质中是否会团聚，取决于体系的综合物理化学条件，归根到底取决于颗粒间的综合表面力。根据不同的介质，颗粒的分散通常包括在气相介质中的分散和液相介质中的分散。在气相介质中，颗粒间主要存在两种力：一种是不利于其分散的吸引力(如范德瓦耳斯力、液桥力、静电力中的由接触电位差以及镜像力引起的静电引力以及带异性电荷的颗粒间的库仑力)，另一种是利于颗粒分散的排斥力(如带同种电荷的颗粒间的库仑力)。因此，若要使颗粒在空气中具有良好的分散性，就必须一方面减小颗粒间的引力(例如保持颗粒干燥以降低液桥力，以及采用助剂、表面改性剂的涂覆以降低颗粒间的范德瓦耳斯力等)；另一方面增大颗粒间的斥力(如使颗粒表面带同种电荷而产生静电斥力)。与气相介质相比,颗粒在液相介质中的作用力比较复杂,除了范德瓦耳斯力、双电层静电力和聚合物吸附层的空间排斥力之外,还有溶剂化力、疏水力等多种作用力,而颗粒的分散稳定性就取决于颗粒间相互作用的总作用力。在实际应用过程中,可以通过介质调控、分散剂调控、机械调控和超声调控等手段来增大颗粒在液相介质中的斥力,从而实现颗粒在液相介质中的分散。此外,还可以通过化学、物理或机械等方法对颗粒表面进行处理,有目的地改变颗粒表面的物理化学性质,如表面成分、结构和官能团、表面能、表面润湿性、电性、吸附和反应特性等,不仅能改善分散体系的分散稳定性,而且还可以赋予材料新的功能。目前常用的表面改性的方法主要包括表面化学改性、微胶囊包覆、机械化学改性以及原位聚合等。在实际应用中,可以根据不同的应用领域、颗粒以及分散介质来选用适当的改性方法。

思考题

2.1 粉体颗粒有哪些表面现象?

2.2 欲将平均粒径为 100 nm 的 $CaCO_3$ 颗粒和 MgO 颗粒均匀分散在水性介质中,试计算当分散液中颗粒间距分别为 10 nm、100 nm、500 nm 时,$CaCO_3$ 颗粒间、MgO 颗粒间以及 $CaCO_3$ 和 MgO 颗粒间在水介质中的 Hamaker 常数及其范德瓦耳斯力。已知 $CaCO_3$、MgO 和水在真空介质中的 Hamaker 常数分别为 10.1×10^{-20} J、12.1×10^{-20} J 和 5×10^{-20} J。

2.3 什么是浸润?如何描述浸润程度的大小?试讨论影响润湿角大小的因素。

2.4 气相和液相介质中粉体之间的相互作用力分别有哪些?其中哪些是利于粉体分散的,哪些是不利于粉体分散的?

2.5 粉体在液体中的分散可以通过哪些因素来调控?如何调控?

2.6 粉体改性的目的是什么?目前常用的有哪些改性方法?

2.7 硅烷偶联剂是如何与粉末颗粒表面作用的?

2.8 双电层是如何产生的?Zeta 电位的含义是什么?

参考文献

[1] GREGG S J. The surface chemistry of solids [M]. 2nd ed. London: Chapman and Hall, 1961.

[2] 崔国文. 表面与界面[M]. 北京:清华大学出版社,1990.

[3] 亚当森. 表面的物理化学[M]. 顾惕人,译. 北京:科学出版社,1984.

[4] MACKENZIE J K, SHUTTLEWORTH R. A phenomenological theory of sintering[J]. Proceedings of the physical society, 1949, 62(12): 833.

[5] 郑水林,王彩丽,李春全. 粉体表面改性[M]. 4 版. 北京:中国建材工业出版社,2019.

[6] ICHINOSE N, OZAKI Y, KASH S. Superfine particle technology[M]. London: Springer-Verlag, 1992.

[7] 李云鹏,孙勇,韦春才,等. 超微粒子制造与应用技术[M]. 北京:学苑出版社,1989.

[8] 任俊,沈健,卢寿慈. 颗粒分散科学与技术[M]. 2 版. 北京:化学工业出版社,2020.

[9] REN J, LU S, Shen J, et al. Anti-aggregation dispersion of ultrafine particles by electrostatic technique[J]. Chinese science bulletin, 2001, 46(9): 740-743.

[10] 曾凡,胡永平,杨毅,等. 矿物加工颗粒学(修订版)[M]. 徐州:中国矿业大学出版社,2001.

[11] DE BISSCHOP F R E, RIGOLE W J L. A physical model for liquid capillary bridges between adsorptive solid spheres: The nodoid of plateau[J]. Journal of colloid and interface science, 1982, 88(1): 117-128.

[12] RUMPF H. Particle Technology[M]. London: Chapman and Hall, 1990.

[13] HIGASHITANI K, MAKINO H, MATSUSAKA. Powder technology handbook[M]. 4th ed. Boca Raton: CRC Press, 2019.

[14] 盖国胜. 超微粉体技术[M]. 北京:化学工业出版社,2004.

[15] YAMADA Y, YASUGUCHI M, LINOYA K. Effects of particle dispersion and circulation systems on classification performance[J]. Powder technology, 1987, 50(3): 275-280.

[16] 堀内貴洋. 液相中における凝集粒子の分散機構に関する研究[J]. 粉体工学会誌，1996，33(5)：434-436.

[17] 任俊，卢寿慈. 固体颗粒的分散[J]. 粉体技术，1998(1)：25-33.

[18] REN J，LU S，SHEN J，et al. Research on the composite dispersion of ultra fine powder in the air[J]. Materials Chemistry and Physics，2001，69(1-3)：204-209.

[19] 任俊，卢寿慈. 在水介质中分散剂对微细颗粒分散作用的影响[J]. 北京科技大学学报，1998(1)：7-10.

[20] 卢寿慈. 粉体加工技术[M]. 北京:中国轻工业出版社,1999.

[21] 任俊. 微细颗粒在液相及气相中的分散行为与分散新途径研究[D]. 北京:北京科技大学,1999.

[22] 卢寿慈. 矿物颗粒分选工程[M]. 北京:冶金工业出版社,1990.

[23] 陈宗淇,戴闽光. 胶体化学[M]. 北京:高等教育出版社,1984.

[24] TADROS T F. Industrial applications of dispersions[J]. Advances in colloid and interface science，1993 ，46 ;1-47.

[25] ISRAELACHVILI J N. Intermolecular and surface forces [M]. 3rd ed. London：Academic Press，2011.

[26] HIEMENZ P C. Principles of colloid and surface chemistry [M]. 3rd ed. New York：Marcel Dekker,1997.

[27] MORIYAMA N. Stabilities of aqueous inorganic pigment suspensions[J]. Colloid and polymer science，1976，254:726-735.

[28] 玉井久司. 高分子の吸着と分散凝集[J]. 表面，1990，28(12)：932-940.

[29] WINKER J，KLINKE E，DULOG L. Theory for the deagglomeration of pigment clusters in dispersion machinery by mechanical forces. Journal of coatings technology，1987，59(754)：35-41.

[30] 卢寿慈. 粉体技术手册[M]. 北京:化学工业出版社,2004.

[31] 冯若，李化茂. 声化学及其应用[M]. 合肥:安徽科学技术出版社,1992.

[32] 卢寿慈，翁达. 界面分选原理及应用[M]. 北京:冶金工业出版社,1992.

[33] 李廷盛,尹其光. 超声化学[M]. 北京:科学出版社，1995.

[34] EICKE H F. Modern trends of colloid science in chemistry and biology[M]. Basel：Birkhäuser，1985.

[35] RYCENGA M，COBLEY C M，ZENG J，et al. Controlling the synthesis and assembly of silver nanostructures for plasmonic applications[J]. Chemical Reviews，2011，111(6)：3669-3712.

[36] PRINCE L M. Microemulsions：Theory and practice[M]. New York：Academic Press，1977.

[37] 周茜，刘娟红，吴爱祥，等. 浓密增效剂对尾砂料浆浓密性能的影响及机理[J]. 工程科学学报，2019，41(11)：1405-1411.

[38] 郭云亮，张涞戎，李立平. 偶联剂的种类和特点及应用[J]. 橡胶工业，2003(11)：692-696.

[39] 徐朝阳,余红伟,陆刚,等. 微胶囊的制备方法及应用进展[J]. 弹性体，2019，29(4)：78-82.

[40] BAGCHI P，VOLD R D. Differences between fact and theory in the stability of carbon suspensions in heptane[J]. Journal of Colloid and Interface Science ,1970，33(3)：405-419.

3 金属粉末及球形粉末的制备

本章提要

本章主要讲述工业上生产金属粉末常采用的方法及球形粉末制备技术。金属粉末的生产方法包括还原法、雾化法、电解法等。它们一般还可再细分为两种或更多种方法，这在很大程度上取决于制取粉末的具体金属或合金。球形粉末的制备包括羰基热解法及粉末的球化技术。

学习本章时，应重点了解和掌握：各种制粉方法的特点和适用范围；常用金属粉末的主要生产方法；还原法、雾化法和电解法制粉的基本原理、典型工艺和装备；各种制粉方法中影响粉末形状、粒度和粒度分布等的主要因素；如何根据粉末的性能要求选择合适的制备方法等；羰基热解法制备球形粉末的典型工艺和等离子体球化原理及影响因素等。

金属粉末在粉末冶金及其他粉末材料的生产和科研中占有十分重要的地位，它是生产各种粉末冶金材料及许多复合材料的重要原料，如铁基/铜基粉末冶金结构材料、核燃料及减速剂、多孔材料、电接触材料、难熔耐热材料、磁性材料、金属陶瓷、硬质合金、超硬材料及制品等。此外，在太阳能产业、钢铁冶炼、化学工业、表面涂覆、印刷等行业也广泛采用金属或合金粉末，而应用于不同领域或制备不同性能的材料及其制品往往需要不同种类或特性的金属粉末。从材质来看，不仅需要金属粉末，也需要合金粉末、金属化合物粉末等；从粉末外形来看，需要球状、片状、纤维状等各种形状的粉末；从粉末粒径来看，需要从粒径为500～1000 μm的粗粉末到粒径小于0.1 μm的超细粉末。因此，针对不同的粉末及粒径和形状或性能要求，需要用不同的制备方法。

制备金属粉末的方法很多，主要取决于制备材料的特殊性能及制取方法的成本。粉末的形成依靠能量，即把能量转换为粉末的表面能和缺陷能等，从而制造新表面。例如：一块1 m^3 的金属可制成大约 2×10^{18} 个直径为1 μm的球形颗粒，其表面积大约为 6×10^6 m^2。要形成这么大的表面积，就需要很多的能量。

根据制粉过程中有无化学反应，可以将粉末的制取方法分为两大类，即物理化学法和机械法。物理化学法是借助化学或物理的作用，改变原材料的化学成分或聚集状态而获得粉末；机械法则是将原料机械地粉碎，而化学成分基本不发生变化。机械法主要有机械粉碎法和雾化法，也有人把雾化法列为一类独立的制粉方法。某些金属粉末可以采用多种方法来生产，但不同方法生产出的粉末常具有不同的性能，生产粉末的成本也不尽相同。表3.1中列出了一些常用金属粉末的制备方法。工业上，应用最广的制粉方法是还原法、雾化法和电解法。在粉末冶金生产实践中，有时候生产某种粉末并不是只使用一种方法，而是使用好几种方法。

表 3.1　常用金属粉末的制备方法

制备方法			原材料	粉末产品
物理化学法	还原法	碳还原； 氢气还原； 金属热还原	金属氧化物； 金属氧化物/盐类； 金属氧化物	Fe、W 粉； W、Mo、Re、Fe、Ni、Co、Cu 或合金粉； Ti、Ta、Nb、Zr、Th、U、Be 粉
	还原化合法	碳化、硼化、硅化、氮化金属或金属氧化物	金属或金属氧化物	WC、TiC、MoC、MoSi、TiN、TiB_2 或固溶体粉
	气相冷凝或离解法	金属蒸气冷凝； 羰基物裂解	气态金属； 气态金属羰基化合物	Zn、Cd 粉； Fe、Co、Ni 或其合金粉
	电解法	水溶液电解； 熔盐电解	金属盐溶液； 金属熔盐	Fe、Cu、Ni、Ag 粉； Nb、Ti、Ta、Zr、Th、Be 粉
	电化学腐蚀法	晶间腐蚀； 电腐蚀	不锈钢； 金属或合金	不锈钢粉； 金属或合金粉
机械法	机械粉碎法	机械研磨； 涡旋研磨； 冷气流粉碎	脆性金属或合金及加工硬化金属； 金属或合金	Sb、Cr、Mn、高碳铁粉及 Sn、Pb、Ti 粉； Fe、Al 粉； Fe 粉
	雾化法	气体雾化； 水雾化； 旋转圆盘雾化； 旋转电极雾化	熔融金属或合金	Sn、Pb、Al、Cu、Fe 及黄铜、青铜、合金钢粉； Cu、Fe 及各种黄铜、青铜、合金钢粉； Cu、Fe 粉； Ti、Ta、Nb 及无氧铜粉

3.1　还原法制备金属粉末

还原法是通过各种还原剂还原金属氧化物或盐类以制取金属粉末的方法，一般是指金属氧化物或氧化物矿石等在高温下与还原剂发生反应的方法。还原法是应用最广的制取金属粉末的方法，Fe、Ni、Co、Cu、W、Mo 等金属粉末都可用这种方法生产。还原法所用的还原剂可呈固态、气态或液态，还可以采用气体-固体联合还原剂等；被还原的物料也可以采用固态、气态或液态物质。表 3.2 列出了还原法制取金属粉末的一些应用实例。

表 3.2　还原法制取金属粉末的应用实例

被还原物料	还原剂	实　　例	备　　注
固体	固体	$FeO+C \longrightarrow Fe+CO$	固体碳还原
固体	气体	$WO_3+3H_2 \longrightarrow W+3H_2O$	气体还原
固体	熔体	$ThO_2+2Ca \longrightarrow Th+2CaO$	金属热还原
气体	气体	$WCl_6+3H_2 \longrightarrow W+6HCl$	气相氢还原
气体	熔体	$TiCl_4+2Mg \longrightarrow Ti+2MgCl_2$	气相金属热还原
溶液	固体	$CuSO_4+Fe \longrightarrow Cu+FeSO_4$	置换
溶液	气体	$Me(NH_3)_nSO_4+H_2 \longrightarrow Me+(NH_4)_2SO_4+(n-2)NH_3$	溶液氢还原
熔盐	熔体	$ZrCl_4+KCl+Mg \longrightarrow Zr+$产物	金属热还原

3.1.1　还原过程的基本原理

3.1.1.1　金属氧化物还原的热力学

通常所说的还原是指通过一种物质——还原剂，夺取氧化物或盐类中的氧（或酸根）而使其转变为元素或低价氧化物（低价盐）的过程。最简单的还原反应可用下式表示：

$$MeO+X = Me+XO$$

式中　Me——生成氧化物 MeO 的任何金属；

X——还原剂。

上述还原反应可通过 MeO 及 XO 两种氧化物的生成-离解反应得出：

$$2Me + O_2 = 2MeO \tag{3.1}$$

$$2X + O_2 = 2XO \tag{3.2}$$

用式(3.2)减式(3.1)得：　$MeO+X = Me+XO$

根据化学热力学原理，还原反应的标准自由能变化为：

$$\Delta G = -RT\ln K_p$$

热力学指出，化学反应在等压条件下，只有系统的自由能 G 减小的过程才能自发进行，也就是说，只有 $\Delta G<0$ 时还原反应才能发生。对于反应式(3.1)和式(3.2)，如果参加反应的物质彼此间不形成溶液或化合物，可以求出其反应的标准自由能变化分别为：

$$\Delta G_{(1)} = RT\ln p_{O_{2(MeO)}} \qquad \Delta G_{(2)} = RT\ln p_{O_{2(XO)}}$$

以上两式中的反应平衡常数可用相应氧化物的离解压来表示。

还原反应向生成金属方向进行的条件是：

$$\Delta G = \frac{1}{2}(\Delta G_{(2)} - \Delta G_{(1)}) < 0$$

即

$$\Delta G_{(2)} < \Delta G_{(1)} \quad 或 \quad p_{O_{2(XO)}} < p_{O_{2(MeO)}}$$

由此可见，还原反应向生成金属方向进行的热力学条件是还原剂氧化反应的自由能变化小于金属氧化反应的自由能变化；或者说，只有当金属氧化物的离解压 $p_{O_{2(MeO)}}$ 大于还原剂氧化物的离解压 $p_{O_{2(XO)}}$ 时，还原剂才能从金属氧化物中还原出金属来。也就是说，还原剂与氧生成的氧化物应该比被还原的金属氧化物稳定，即 $p_{O_{2(XO)}}$ 比 $p_{O_{2(MeO)}}$ 小得愈多，则氧化物 XO 愈稳定，金属氧化物也就愈易被还原剂 X 还原。因此，凡是还原的金属对氧的亲和力比被还原的金属对氧的亲和力大的物质，都能作为该金属氧化物的还原剂。这种关系可以从氧化物的 ΔG-T 图(图 3.1)中得到说明。随温度变化，各金属氧化物的 ΔG-T 近似地符合 $\Delta G=a+bT$ 的关系。以标准自由能 ΔG 作纵坐标，以温度 T 作横坐标，作图即得到图 3.1。由于各种金属对氧的亲和力大小不同，所以各氧化物生成反应的 ΔG-T 直线在图中的位置高低就不一样。其中，直线的位置愈高，相应的金属的被氧化能力愈弱，愈不易被氧化。相比较而言，铜、镍、钴、钨、铁的氧化物比较容易还原；铬、钒、锰、铝位置较低，氧化物不易被还原。

由图 3.1 可以看出：

(1)在每个没有相变的温度范围内，ΔG-T 呈直线关系。由于 $\Delta G=\Delta H-T\Delta S$，各种金属与氧化合生成氧化物的熵变相差不多，所以大部分直线具有相同的斜率。

(2)所有的直线均在 $\Delta G=0$ 之下，故氧化反应均为放热反应($\Delta H<0$)，由于各个金属氧化物的 ΔG 均为负值，故所有金属都易被氧化，也即生成的氧化物可以稳定存在。随着温度升高，ΔG 增大，各种金属的氧化反应愈难进行，即温度升高，金属氧化物离解压 $PO_{2(MeO)}$ 将增大，金属对氧的亲和力将减小，因此还原金属氧化物通常需要在高温下进行。

(3)ΔG-T 关系线在相变温度处，特别是沸点处发生明显的转折，这是由于系统的熵在相变时发生了变化。

(4)CO 生成反应的 ΔG-T 关系线的走向是向下的，即 CO 生成反应的 ΔG 随温度升高而减小。

(5)同一温度下，图中位置越低的氧化物，其稳定性越大，即该元素对氧的亲和力越大。

根据上述热力学原理，分析氧化物的 ΔG-T 图可知，能够进行金属氧化物还原的可分成三类：

(1)CO 生成反应的 ΔG-T 线的走向随温度升高而降低，这条线几乎能与所有金属氧化物生成反应的 ΔG-T 线相交。故绝大多数金属氧化物在一定温度条件下都可能被碳还原，在理论上甚至 Al_2O_3 也可在高于 2000 ℃时被还原。

(2) H_2O 生成反应的 ΔG-T 线在铜、铁、镍、钴、钨等氧化物生成反应的 ΔG-T 线以下，故在一定条件下氢可以还原铜、铁、镍、钴、钨等氧化物。

(3)钛、锆、钍、铀等氧化物可用钙、镁等作还原剂，即所谓的金属热还原。

在工业上，特别是在粉末冶金中，可采用气体(氢、一氧化碳)、碳或某些金属作还原剂制取金属或合金粉末，这些还原过程或工艺分别被称为气体还原、碳还原和金属热还原。

需要注意的是，ΔG-T 图只表明了反应在热力学上是否可能，并未涉及过程和速度等动力学问题。另外，图 3.1 中线都是指标准状态线，对于任意状态则需要换算。例如，在任意指定温度下各金属氧化物的离解压究竟是多少？用碳和氢去还原这些金属氧化物的热力学条件是怎样的？这些是无法从 ΔG-T 图上直接看出来的。

为了扩大 ΔG-T 图的应用范围，在其上附加了 p_{O_2} 和 CO/CO_2 或 H_2/H_2O 比值的专用坐标(图 3.1)。在氧化物 ΔG-T 图上附加 p_{O_2} 坐标的目的是要在任意指定温度下立即读出相应氧化物离解反应的平衡数即离解压来。而附加 CO/CO_2 或 H_2/H_2O 比值坐标，其目的在于能从图上对反应 $2CO+O_2 = 2CO_2$(或反应 $2H_2+O_2 = 2H_2O$)直接读出某温度时的 CO/CO_2 或 H_2/H_2O，从而能迅速确定各金属氧化物被 CO 或 H_2 还原的可能性和条件。

3.1.1.2　金属氧化物还原的动力学特征及其速度方程

金属氧化物还原制取金属粉末是一个冶金化学反应过程。对冶金化学反应过程的研究，一般应包括两个重要方面：一个是反应能否进行，进行的趋势大小和进行的限度如何，这是热力学讨论的问题；另一个是探讨过程进行的现实性，即反应体系从一个状态进行到另一个状态所经历的过程细节、所需要的时间及影响这个过程的条件，这就是化学动力学研究的问题。化学动力学是研究反应过程的速率，并研究反应过程的内因(结构、性质等)和外因(浓度、温度、辐射、催化剂等)对反应速率的影响，探讨能够解释这些反应速率规律的可能机理，为最优化控制反应过程提供理论依据。化学反应动力学一般分为均相反应动力学和多相反应动力学。所谓均相反应，就是指在同一个相中进行的反应，即反应物和生成物或者是气相的，或者是均匀液相的；所谓多相反应，就是指在几个相中进行的反应，虽然在反应体系中可能有多个相，但实际上参加多相反应的一般是两个相。多相反应存在的领域很多，在冶金、化工中的实例极多。对于均相化学反应，仅进行化学动力学的研究就基本可以确定反应的机理和速率。但是，高温还原反应过程都属于多相化学反应过程，在这个多相过程中，传质、传热和化学反应往往同时发生，因此传输过程对多相反应有着极其重要的影响。同时研究化学反应和传输过程的动力学，称为多相反应动力学。

与均相化学反应相比，多相化学反应有许多重要特征。

(1)相界面对多相反应过程的影响

① 相界面面积和界面性质的影响　与均相化学反应相比，多相化学反应有许多重要特征。反应物之间有相界面存在是多相反应过程的基本特征。在多相反应中，处于不同相的反应物必须迁移到相界面上来，或通过界面由一相转移到另一相去，否则多相反应就无法进行。因此一个多相反应一定包括两个过程：反应物和产物的传质过程和相界面上或某个相中的化学反应过程，界面上的化学反应取决于界面温度和反应剂在界面上的浓度，而后两者又受到各相中传热和传质过程的影响。图 3.2 是氧化物颗粒被部分还原形成金属粉末的示意图。其反应速率取决于两个扩散流 J_1 和 J_0。

活化络合理论指出，作为化学反应的中间产物——活化络合物是在反应界面上的活化中心产生的。界面的化学组成、杂质的种类和数量、晶格结构及被还原物的制备工艺等都可能改变界面性质，从而改变活化中心的浓度，影响反应速率。因此，在还原过程中，除了反应物的浓度、反应过程的温度外，反应的进行速度和还原程度还与界面的特性(如晶格缺陷)、界面的面积、流体的速度、反应相的比例、形核以及扩散层等有关。含杂质的天然赤铁矿在相同条件下的还原率和还原速率远不及人造的 Fe_2O_3 的现象证实了这个理论。

② 界面几何形状的影响　在流体与固体反应中，当界面化学反应为控制步骤而其他因素保持不

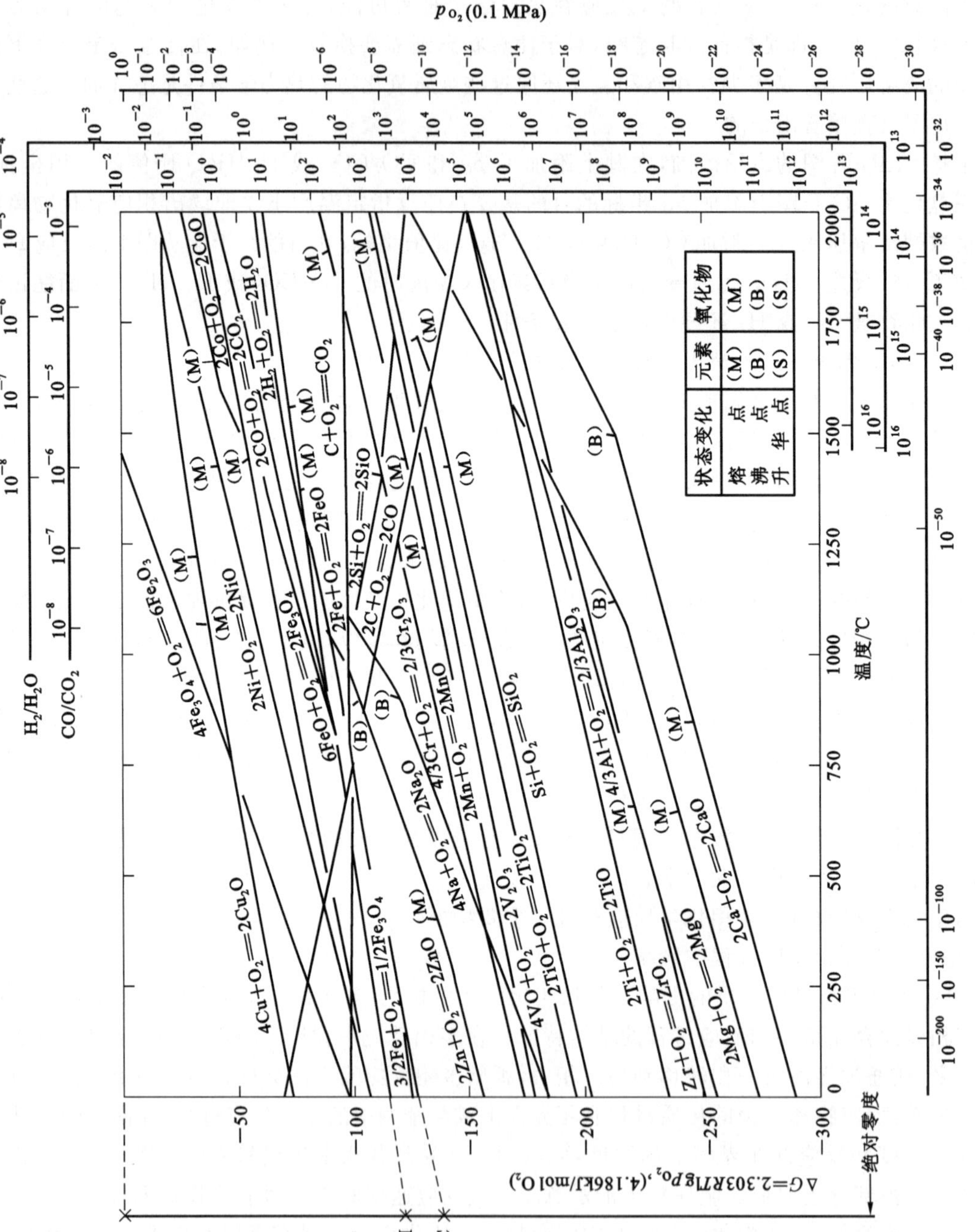

p_{O_2}(0.1 MPa)
H_2/H_2O
CO/CO_2
$\Delta G=2.303RT\lg p_{O_2}$,(4.186kJ/mol O_2)
温度/℃
绝对零度
H
C
$4Cu+O_2$═$2Cu_2O$
$4Fe_3O_4+O_2$═$6Fe_2O_3$
$2Ni+O_2$═$2NiO$
$2Co+O_2$═$2CoO$
$2CO+O_2$═$2CO_2$
$2H_2+O_2$═$2H_2O$
$C+O_2$═CO_2
$6FeO+O_2$═$2Fe_3O_4$
$2Fe+O_2$═$2FeO$
$2Si+O_2$═$2SiO$
$2C+O_2$═$2CO$
$3/2Fe+O_2$═$1/2Fe_3O_4$
$2Zn+O_2$═$2ZnO$
$4Na+O_2$═$2Na_2O$
$4/3Cr+O_2$═$2/3Cr_2O_3$
$2Mn+O_2$═$2MnO$
$4VO+O_2$═$2V_2O_3$
$2TiO+O_2$═$2TiO_2$
$Si+O_2$═SiO_2
$2Ti+O_2$═$2TiO$
$4/3Al+O_2$═$2/3Al_2O_3$
$Zr+O_2$═ZrO_2
$2Mg+O_2$═$2MgO$
$2Ca+O_2$═$2CaO$
(M)
(B)
状态变化 | 元素 | 氧化物
熔点 | (M) | (M)
沸点 | (B) | (B)
升华点 | (S) | (S)

图3.1　氧化物的ΔG-T

变时，过程的反应速率与反应界面面积成正比。

原始固体反应物可分为坚实致密(即流体反应剂不能向其内部扩散)和疏松多孔两类。当固体反应物为坚实致密结构及不形成固体产物层时，反应界面面积随时间的变化就等于原始反应物宏观表面积随时间的变化。若固体物料是平板或圆盘状，整个反应过程中物料的表面积都是常数(略去侧面积变化的影响)，因此反应界面面积及反应速率也将保持常数。如果固体物料是球状或圆柱状，则随着反应的进行，其表面积将不断改变，反应界面面积及反应速率也将随之改变。

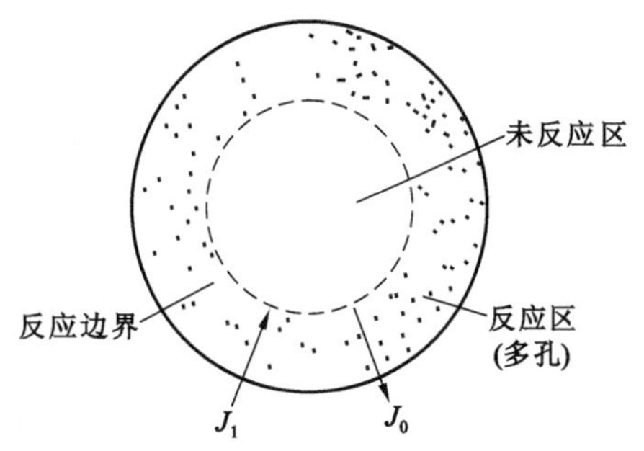

图 3.2　氧化物颗粒部分还原为金属粉末的示意图

J_1—组分扩散流；J_0—产物扩散流

在固-气或固-液反应中，若流体中的反应剂浓度 C 恒定不变及固体物料为坚实致密结构且不形成固体产物层。当化学反应为控制步骤时，反应速率方程为

$$V = -\frac{dW}{dt} = K_R A C^n \tag{3.3}$$

式中　W——固体反应物在时间 t 时的质量，kg；

A——固体反应物的总表面积，m^2；

K_R——化学反应速率常数；

n——反应级数，设 $n=1$。

式(3.3)中负号表示反应物质量是减少的。对不同几何形状的物料，速率方程具有不同的形式。这里不再详述。

(2)扩散控制和化学反应控制

多相反应的基本特征是反应物之间有相界面，故反应要能发生，首先要有反应物的迁移或传质过程，然后再进行化学反应，可见，在一定温度下的多相反应都包括传质(扩散)和化学反应两个过程。

扩散速度为

$$V_D = \frac{D}{\delta} A(C - C_i) = K_D A(C - C_i) \tag{3.4}$$

式中　D——扩散系数；

δ——扩散层厚度，m；

A——界面面积，m^2；

C——反应剂浓度；

C_i——界面上反应剂浓度；

K_D——界面层内传质速率系数。

化学反应速率为

$$U_R = K_R A C_i$$

式中　K_R——化学反应速率常数。

对于包括传质和一级化学反应的综合过程，在稳定条件下，扩散速度与化学反应速率相等，故有

$$K_D(C - C_i) = K_R C_i$$

所以

$$C_i = \frac{K_D}{K_D + K_R} C \tag{3.5}$$

在稳定条件下，多相反应的总速率 U 为

$$U = KAC \tag{3.6}$$

式中　K——速率常数，其值为

$$K=\frac{K_DK_R}{K_D+K_R} \tag{3.7}$$

式(3.7)可改写为

$$\frac{1}{K}=\frac{1}{K_D}+\frac{1}{K_R} \tag{3.8}$$

式(3.8)表明，速率常数的倒数(称为过程的阻力)等于过程中各个串联步骤速率常数的倒数和，即过程的总阻力等于各个串联步骤的阻力之和。

在由多个步骤组成的串联反应过程中，当某一个步骤的速率常数远远小于其余步骤时，则整个反应的速率就基本上由这一步骤所控制。根据控制步骤的不同，可以把多相反应过程分为三个动力学反应区，即动力学区、扩散区及过渡区。

① 动力学区(化学反应控制区)

当 K_R 远小于 K_D，即化学反应速率常数远远小于传质速率常数时，化学反应就成为过程的控制步骤，此时称过程处于动力学区。

由式(3.8)可得：

$$\frac{1}{K}\approx\frac{1}{K_R}\quad 或 \quad K\approx K_R$$

所以

$$U\approx K_RAC \tag{3.9}$$

这个结果表明，在动力学区多相化学反应过程的速率取决于化学反应速率。

② 扩散区

当 K_D 远小于 K_R，即界面层传质是控制步骤时，多相化学反应过程就处于扩散区。此时，由式(3.8)可得：

$$\frac{1}{K}\approx\frac{1}{K_D}\quad 或 \quad K\approx K_D$$

所以

$$U\approx K_DAC \tag{3.10}$$

这个结果表明，在扩散区多相化学反应过程的速率取决于界面层传质速率。

③ 过渡区

如果 K_D 和 K_R 数值相差不大时，则多相化学反应过程由传质过程和化学反应同时控制。此时称过程处于过渡区。在过渡区，多相化学反应过程的速率常数用式(3.7)表示。

所以

$$U=\frac{K_DK_R}{K_D+K_R}AC \tag{3.11}$$

通过浓度、温度及流速等对处于不同反应区域的多相化学反应过程的影响特征的研究，还可以初步判断该多相化学反应过程处于何种动力学反应区域。

a. 浓度

当过程处于动力学区时，界面上反应剂的浓度 C_i 与流体本体反应剂浓度 C 相差极微，这样小的浓度梯度同时也能允许反应剂按照其消耗于化学反应的量缓慢地向反应界面输送。

如果固体反应物是疏松多孔的，则流体反应剂将沿其裂缝和孔隙向固体反应物内部输送，同时化学反应也向固体反应物内部扩散，固体反应物内表面的面积越大，参与反应的物质也就越多。因此在流体本体反应剂浓度维持恒定的条件下，反应速率不仅取决于固体反应物的外表面积，而且还随着固体反应物空隙率的增大而增大。

在扩散区，化学反应速率很快，流体反应剂几乎全部消耗于固体反应物的外表面。表面上反应剂的浓度接近于化学的平衡浓度，或近似等于零。这样一来，几乎没有剩余的反应剂向固体反应物的孔隙和裂缝深处扩散。所以反应过程局限于固体反应物的外表面，而反应速率与固体反应物的空隙率无明显关系。

在过渡区，K_R 与 K_D 的比值与 1 相比，是一个不可忽略的数值，所以 C_i 值介于 0 和 C 之间，固体反应物表面的反应剂，还有可能渗入到固体反应物内部一定深处。

b. 温度

化学反应速率常数 K_R 和传质速率系数 K_D 都受温度的影响，但二者与温度的关系是不同的，它们可分别用下式表示：

$$K_R = S\exp(-E/RT) \tag{3.12}$$

气相中的传质过程

$$K_D \approx aT^{1.5} \tag{3.13}$$

液相中的传质过程

$$K_D = \frac{RT}{N}\frac{1}{6\pi\gamma\eta} = bT \tag{3.14}$$

式中 S、a 和 b——常数；

E——活化能；

T——温度；

R——气体摩尔常数；

N——分子数；

η——黏度；

γ——表面张力。

由以上各式可知，K_R 与温度 T 成指数函数关系，而 K_D 与 $T^{1.5}$ 有关。所以当过程的反应速度强烈地受温度影响时，就可以初步判定过程可能处于动力学区。

化学反应活化能一般大于 40 kJ/mol，而在气体中的扩散活化能为 4～20 kJ/mol。因此用实验方法确定过程处于何种动力学反应区时，活化能的大小也是一种判断标准。

c. 流速

当流体的流速提高时，界面层的厚度变薄，界面层变薄将加快传质速度。根据传质准数方程，可得出下式：

$$K_D \propto U^n \tag{3.15}$$

式(3.15)表明传质速率系数 K_D 随流体速度的增大而增大。因此当过程处于扩散区时，提高流速或加强搅拌都能显著提高反应速率。但当过程处于动力学区时，采取这些措施效果并不明显。

(3)固体产物层的致密程度对反应速率的影响

当金属氧化物被气体还原剂还原时，通常在固体氧化物的表面上形成一层固体产物。当还原过程处于扩散区时，这一产物层空隙率的大小对反应的动力学特征将产生显著影响。

如果产物层是疏松多孔的，那么气体还原剂通过产物层进入反应界面的内扩散阻力较小，因而这一步骤一般不会成为控制步骤。如果产物形成空隙率很小的致密层，则还原剂通过产物层的内扩散将成为控制步骤。在这两种情况下，过程的反应速率方程将具有不同的形式。

① 疏松多孔的产物层　生成疏松多孔的固体产物层，对气体反应剂的扩散阻力不大，而气相传质，特别是气-固界面层中的扩散传质将成为过程的主要障碍。这时过程的速度可以用单位时间内通过面积为 A 的界面层的物质量 Q 来表示：

$$Q = DA\frac{\mathrm{d}C}{\mathrm{d}x} \tag{3.16}$$

式中 C——气流本体中反应剂的浓度；

$\mathrm{d}C/\mathrm{d}x$——反应剂浓度梯度；

D——气体反应剂在气相中的扩散系数。

假设整个反应过程中反应剂浓度 C 为常数，对平板状反应物忽略侧面积的变化；而球状反应物虽然在反应过程中半径不断减小，但是包括产物层在内的固体反应物的半径基本保持不变，因而无论是平板状或是球状固体反应物，气-固相界面皆可视为常数，反应速率也将为常数。

② 空隙率很小的致密产物层　由于致密的产物层覆盖在固体反应物的表面上，这就大大增大了反应剂的内扩散阻力，因而反应剂通过产物层的内扩散就成了反应过程的控制步骤。

当在平板状固体反应物表面上生成厚度 y 的致密产物层时，在 t 时间内固体产物层的质量为 w，则：

$$y = bw$$

式中　b——常数。产物层质量增加的速率应与反应剂通过面积为 A 的产物层的物质量成正比，即

$$\frac{\mathrm{d}w}{\mathrm{d}t} = a\frac{D}{y}AC = \frac{a}{b}\frac{DAC}{w} \tag{3.17}$$

式中，a 为化学计量因数，即化学反应式中固体生成物与气体反应物系数之比。例如对反应 $Fe_2O_3 + 3CO \xlongequal{} 2Fe + 3CO_2$，每迁移 3 mol 的 CO，就能产生 2 mol 的 Fe。将 CO 的扩散速率换算成 Fe 的生成速率，其数量关系可用化学计量因数 a 表示。在此例中 $a=2/3$。

将式(3.17)分离变量积分，可得：

$$\frac{1}{2(w^2 - w_0^2)} = Kt \tag{3.18}$$

式中，$K=(a/b)DAC$；w_0 和 w 分别对应 $t=0$ 和 $t=t$ 时固体产物的质量。若 $w_0=0$，则有

$$w = (2Kt)^{\frac{1}{2}} = K't^{\frac{1}{2}} \tag{3.19}$$

上式称为气-固反应的抛物线方程。以 w 对 t 作图得一抛物线或以 w 对 $t^{1/2}$ 作图得一直线。

(4)多相反应机理

多相反应过程可归纳为三个主要步骤：

① 气体还原剂 X 在固体氧化物表面被吸附；

② 被吸附的还原剂分子与氧化物中的氧在表面上反应产生新相，即氧化物晶格转变成金属晶格，这种转变称结晶化学反应；

③ 原反应的气体产物从固体表面上解析。

以上三个步骤可分别用以下各式表示：

$$MeO_{(面)} + X_{(气)} \xlongequal{} MeO \cdot X_{(吸附)} \qquad (吸附)$$

$$MeO \cdot X_{(吸附)} \xlongequal{} Me \cdot XO_{(吸附)} \qquad (反应)$$

$$+)\quad Me \cdot XO_{(吸附)} \xlongequal{} Me_{(面)} + XO_{(气)} \qquad (解吸)$$

$$MeO_{(面)} + X_{(气)} \xlongequal{} Me_{(面)} + XO_{(气)}$$

实验证明，反应是集中在两个结晶相，即新相(金属)和旧相(金属氧化物)的界面上，或集中在界面附近的狭窄区域内。在新旧相界面上或界面附近进行化学反应有一系列的有利条件，主要包括：

① 反应产物是在原始反应物的晶格基础上改建而来的，在原始物料的晶格基础上改建成新相晶格需要的能量较小，所以结晶化学反应容易进行。

② 原始反应物的表面层分子或离子在新相质点作用力的影响下，发生变形，因而提高了这些分子或离子的反应能力。

③ 新旧界面上力场的不对称性，有助于被吸附的气相还原剂分子的变形，从而使这些分子容易转变成活化分子。

由于以上种种原因，新、旧相界面的产生和发展，大大促进了吸附-化学反应的进行，因此新相和旧相的界面就成为多相反应过程的"催化剂"。因为两相界面是在化学反应进行过程中产生的，所以这种催化类型又称为自动催化过程，而包含气体吸附-解吸的自动催化过程，又称为吸附-自动催化

过程。

如果原始物料不含有固相产物，则吸附-自动催化过程(机理)一般可分为三个阶段(如图 3.3 所示)：

(1)诱导期，即反应中出现新相晶核的初始阶段。此时晶核形成速度与固体反应物晶格的完整性有很大关系，被吸附的气体还原剂分子只能与固体反应物表面上具有较高比表面能的所谓活化中心发生化学反应并形成新相晶核。由于固体表面活化中心极少，故新相的形成有很大困难，反应百分数极小和反应速率也就极小。

(2)发展期，新相一旦形成，则新、旧相界面上力场不对称，使新、旧相界面对气体还原剂的吸附以及晶格的重新排列都比较容易，因此反应沿着新、旧界面迅速扩展，反应速率迅速增大，这就明显反映出自动催化的特点。

(3)减速期，反应以新相晶核为中心而逐渐扩大到相邻反应面，此时由各个分散的活化中心发展起来的反应界面互相汇合，反应界面缩小反应速率也开始下降。

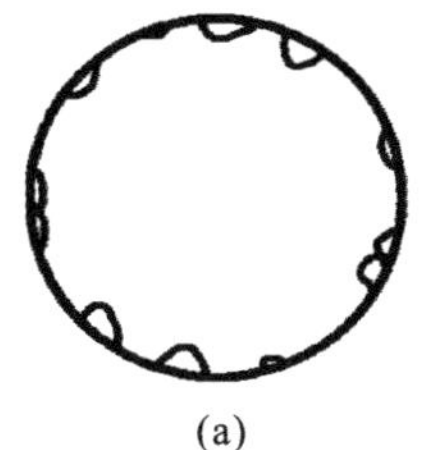
(a)

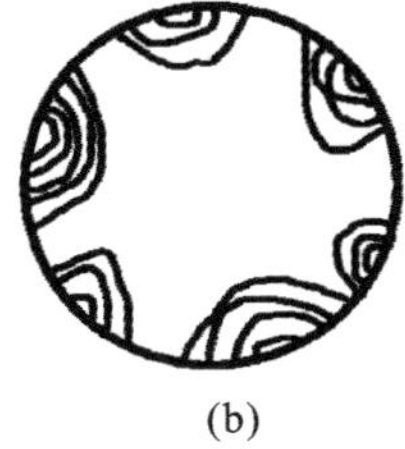
(b)

(c)

图 3.3　吸附-自动催化过程发展阶段示意图

(a)形成新相晶核；(b)界面积扩展；(c)界面积减小

多相反应速率与时间的关系曲线可以分为三个阶段(图 3.4)。第一阶段反应速率很慢，新相形成存在很大困难(图 3.4 中 a 段)，与诱导期对应。第二阶段反应速率不断增大(图 3.4 中 b 段)，与发展期对应。第三阶段反应速率降低(图 3.4 中 c 段)，与减速期对应。

通过对多相反应动力学方程和机理的分析，我们可以清楚地认识到多相反应是一种复杂过程，对气体还原金属化合物来说，总结起来有以下的过程：

(1)气体还原剂分子由气流中心扩散到固体化合物外表面，并按吸附机理发生化学还原过程；

(2)气体通过金属扩散到化合物-金属界面上发生还原反应，或者气体通过金属内的孔隙转移到化合物-金属界面上发生还原反应；

(3)化合物的非金属元素通过金属扩散到金属-气体界面可能发生反应，或者化合物本身通过金属内的孔隙转移到金属-气体界面可能发生反应；

(4)气体反应产物通过金属内的孔隙转移至金属外表面，或者气体反应产物可能通过金属扩散至金属外表面；

(5)气体反应产物从金属外表面扩散到气流中心随气流而去。

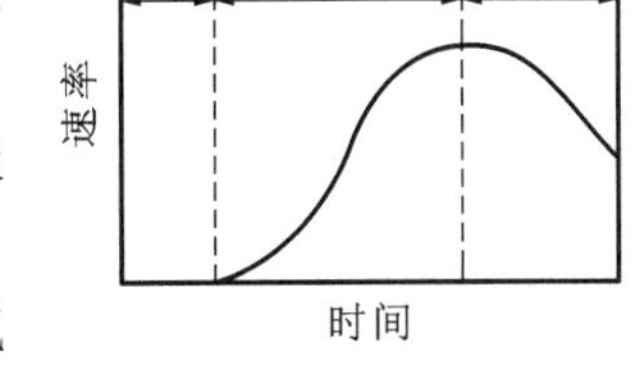

图 3.4　吸附自动催化的反应与时间的关系

3.1.2　固体碳还原法制铁粉

分析图 3.1 可知，用固体碳可以还原很多金属氧化物，如铁、锰、铜、镍、钨等的氧化物来制取相应的金属粉末。但是，用这种方法所制成的铜粉、镍粉等易被碳玷污，故一般不使用碳来还原这类金属氧化物制取相应的金属粉末。在某些情况下，若对钨粉的含碳量要求不甚严格时，也可以用碳来还原三氧化钨制取钨粉。在工业上，大规模应用碳作还原剂的方法是制取还原铁粉。

3.1.2.1　碳还原氧化铁的基本原理

铁的氧化物有三种形态，即 Fe_2O_3、FeO、Fe_3O_4。其中只有 Fe_2O_3 在组成上是不变的，而 FeO 和

Fe_3O_4 的组成是可变的。

从铁-氧相图(图 3.5)分析可知,铁的氧化物的还原过程是分阶段进行的,即高价氧化铁先被还原成低价氧化铁,再被还原成金属铁:$Fe_2O_3 \rightarrow Fe_3O_4 \rightarrow FeO \rightarrow Fe$。

用固体碳直接还原铁的氧化物时,在较高温度下,系统内总会发生 $CO_2 + C \xlongequal{} 2CO$ 这样的反应。故系统内可能也存在 CO 对氧化铁的还原。实质上,高温下固体碳还原是 CO 起主导作用。习惯上,把固体碳还原氧化铁称为直接还原,而把 CO 还原氧化铁称为间接还原。

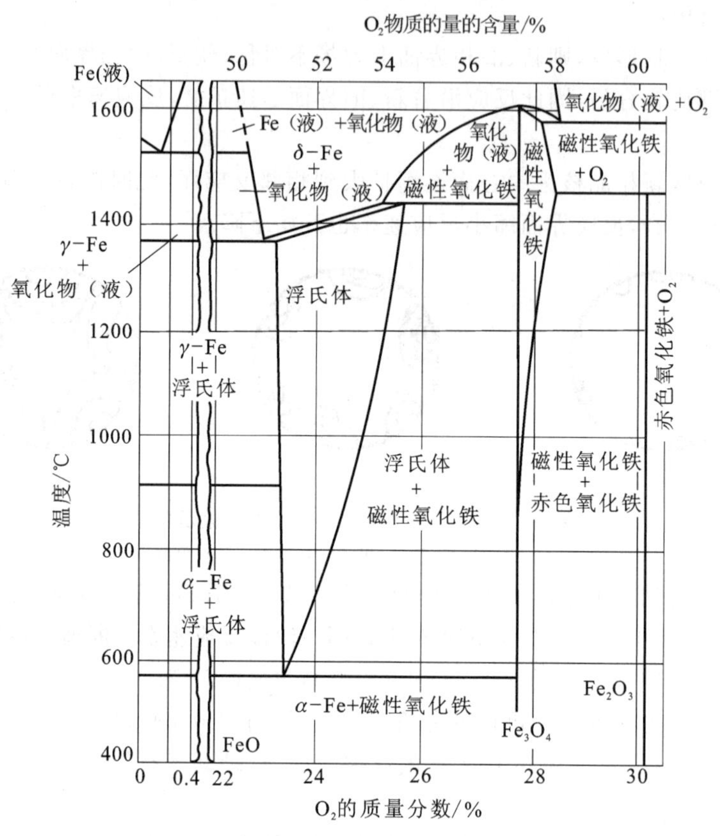

图 3.5 铁-氧相图

当温度高于 570 ℃,CO 还原氧化铁时,分三阶段还原:$Fe_2O_3 \rightarrow Fe_3O_4 \rightarrow$ 浮氏体($FeO \cdot Fe_3O_4$ 固溶体)$\rightarrow Fe$,即

$$3Fe_2O_3 + CO \xlongequal{} 2Fe_3O_4 + CO_2 \qquad \Delta H_{298} = -62.999\ \text{kJ/mol} \tag{a}$$

$$Fe_3O_4 + CO \xlongequal{} 3FeO + CO_2 \qquad \Delta H_{298} = 22.395\ \text{kJ/mol} \tag{b}$$

$$FeO + CO \xlongequal{} Fe + CO_2 \qquad \Delta H_{298} = -13.605\ \text{kJ/mol} \tag{c}$$

当温度低于 570 ℃时,氧化亚铁(FeO)不能稳定存在,因此 Fe_3O_4 被直接还原成金属铁。

$$Fe_3O_4 + 4CO \xlongequal{} 3Fe + 4CO_2 \qquad \Delta H_{298} = -17.163\ \text{kJ/mol} \tag{d}$$

假设还原体系中,$P_{CO} + P_{CO_2} = 1$ atm(10^{-1} MPa),根据各反应在给定温度下相应的平衡常数 K_p 值,可以求出(a)、(b)、(c)、(d)四个反应的平衡气相组成(以 CO 含量表示)与温度的关系:

反应(a):$\lg K_p = 4316/T + 4.37\lg T - 0.478 \times 10^{-3} T - 12.8$(随温度升高,$K_p$ 减小)

反应(b):$\lg K_p = -1373/T - 0.47\lg T + 0.41 \times 10^{-3} T + 2.69$(随温度升高,$K_p$ 增大)

反应(c):$\lg K_p = 324/T - 3.62\lg T + 1.18 \times 10^{-3} T - 0.0667 T_2 + 9.18$(随温度升高,$K_p$ 减小)

图 3.6 为 Fe-O-C 系平衡气相组成与温度的关系示意图。a、b、c、d(a 曲线未画出)分别是(a)、(b)、(c)、(d)四个反应的 CO 含量与温度的关系曲线。在 A 区域内(在 a 曲线下未画出),只有 Fe_2O_3 能稳定存在;在 B 区域内,只有 Fe_3O_4 能稳定存在;在 C 区域内,只有 FeO 能稳定存在;在 D 区域内,只有 Fe 能稳定存在。

曲线 b 和 c 相交于 o 点，表示反应(b)和(c)的相互平衡，即在该点 Fe_3O_4、FeO 和 CO、CO_2 平衡共存，该点的温度为570 ℃，相应的平衡气相组成是 CO 含量为 52%、CO_2 含量为 48%。

若是固体碳直接还原氧化铁，则有关反应如下：

当温度高于 570 ℃时

$3Fe_2O_3+C \xlongequal{} 2Fe_3O_4+CO \quad \Delta H_{298}=108.962\ \text{kJ/mol}$

$Fe_3O_4+C \xlongequal{} 3FeO+CO \quad \Delta H_{298}=194.366\ \text{kJ/mol}$

$FeO+C \xlongequal{} Fe+CO \quad \Delta H_{298}=158.356\ \text{kJ/mol}$

当温度低于 570 ℃时

$\frac{1}{4}Fe_3O_4+C \xlongequal{} \frac{3}{4}Fe+CO \quad \Delta H_{298}=167.670\ \text{kJ/mol}$

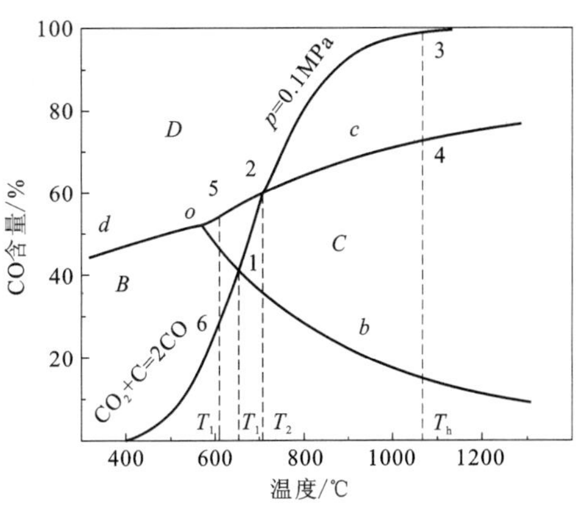

图 3.6　Fe-O-C 系平衡气相组成与温度的关系示意图

虽然固体碳能直接还原氧化铁，但是固体碳和氧化铁之间为固体与固体的接触，接触面积很有限，因而反应速度很慢。事实上，在还原过程中，只要有过剩的固体碳存在，则碳的气化反应总是存在的。铁氧化物被固体碳的直接还原，从热力学观点来看，可认为是 CO 间接还原反应与碳的气化反应的加成反应。例如，上述的第三个反应，可以看成反应(c)与碳的气化反应(e)($CO_2+C \xlongequal{} 2CO$)的加成反应。

$$
\begin{array}{rl}
 & FeO + CO \xlongequal{} Fe + CO_2 \\
+) & CO_2 + C \xlongequal{} 2CO \\
\hline
 & FeO + C \xlongequal{} Fe + CO
\end{array}
$$

如图 3.6 所示，碳的气化反应曲线与 b 曲线交于点 1，与 c 曲线交于点 2。当温度高于 T_2 时，由于碳的气化反应的平衡气相组成中 CO 含量总是高于 FeO 还原反应平衡气相中的 CO 含量，因此，反应(c)一直进行到底。或者说，当温度高于 T_2 时，铁能稳定存在，而 Fe_3O_4、FeO 都不能稳定存在。

当体系处于点 4 条件下，对曲线 c 来说是处于平衡状态，但对碳的气化反应来说，CO_2 过量，则气化反应的平衡被破坏，碳的气化反应便向生成 CO 方向进行，从而使体系中 CO 含量增加。这又破坏了反应(c)的平衡，反应(c)与碳的气化反应同时进行，总的结果是：$FeO+C \xlongequal{} Fe+CO$。此过程一直进行到 FeO 全部被还原，当 FeO 消失时，碳的气化反应使气相组成向点 3 移动，最后在点 3 达到平衡。

点 1 温度为 650 ℃，气相成分中 CO 为 40%，CO_2 为 60%。这说明：只有满足点 1 的温度条件和气相成分，Fe_3O_4 才开始被还原成 FeO。650 ℃是 Fe_3O_4 还原成 FeO 的起始温度，若温度低于 650 ℃，Fe_3O_4 不能被还原成 FeO。

点 2 温度为 685 ℃，气相成分中 CO 为 60%，CO_2 为 40%。这说明只有满足点 2 的温度条件和气相成分，FeO 才开始被还原成金属铁。685 ℃是 FeO 还原成金属铁的起始温度，若温度低于 685 ℃，FeO 稳定存在，不但不能被还原成金属铁，而且还可使已还原的铁被氧化。因此在生产中为了减少还原结束后生成的海绵铁重新被氧化，最好当温度降至 700 ℃时，将海绵铁隔绝空气冷却。

下面简要讨论固体碳还原氧化铁的动力学问题。

如前所述，铁氧化物的还原是分阶段进行的。因此，部分被气体还原的 Fe_2O_3 颗粒具有多层结构，由内向外各层为 Fe_2O_3(中心)、Fe_3O_4、FeO 和 Fe。实验证明，反应(a)和反应(c)的反应产物层是疏松的，因此过程为界面上的化学反应环节所控制。CO 还原铁氧化物的反应速率方程遵从 $-dW/dt=KW^{2/3}$；如用已反应分数表示，则反应速率方程遵循 $1-(1-X)^{1/3}=Kt$ 的关系，950 ℃时用 CO 还原磁铁矿粒的速率方程见图 3.7。

根据实践经验，在浮氏体还原成金属铁和海绵铁开始渗碳之间存在着一个还原终点，在还原终点，浮氏体消失，反应(c)的平衡破坏，气相中 CO 含量急剧上升，开始了海绵铁的渗碳。为控制生产过程和铁粉质量，还原终点需要掌握好，既不要还原不透，也不要使海绵铁大量渗碳。生产中可以通

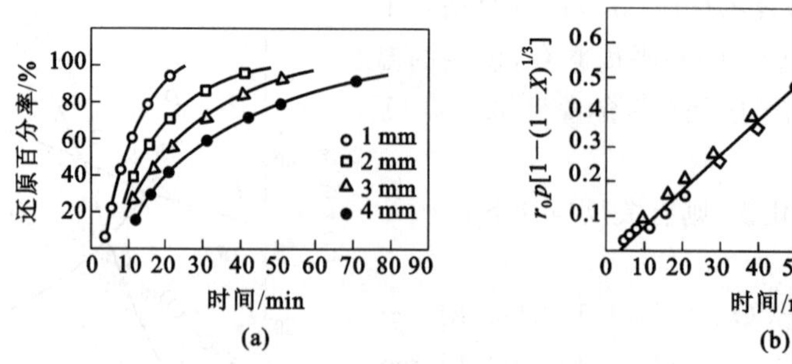

图 3.7 950 ℃时球形磁铁矿粒被 CO 还原的速率方程

(a)还原百分率与时间的关系;(b)同(a),但考虑了球体表面积的改变

过观察海绵铁块的断面来检验还原终点。比较正常的断面应为银灰色,其中可以看到一点点夹生似的痕迹,化验时,铁含量高而碳含量低。这一般是还原结束而尚未渗碳而得到的海绵铁。

根据热力学和动力学原理,气相组成对海绵铁渗碳有很大的影响。研究表明,在一定温度下,压力恒定,气相中 CO_2 : CO 减小,或者 CO_2 : CO 恒定,气相压力增大均引起铁中含碳量增加。例如,在 1100 K,气相压力为 1 atm 时,CO_2 : CO 为 1,铁中含碳量在 0.1%以下,而 CO_2 : CO 为 0.1,铁中含碳量增加到 0.6%;而 CO_2 : CO 为 0.1,气相压力为 0.5 atm (0.05 MPa),则铁中含碳量只有 0.2%左右。在 1300 K,气相压力为 1 atm (约 0.1 MPa)时, CO_2 : CO 为 1,铁中含碳量极其少;而 CO_2 : CO 为 0.1,铁中含碳量增加到 0.1%;CO_2 : CO 为 0.01 时,铁中含碳量增加到 0.9%左右。

温度对铁的渗碳也有影响。在 1050～1600 K 范围内,当气相压力为 1 atm(约 0.1 MPa), 气相中 CO_2 : CO 不论是 1 或者是 0.1、0.01,提高温度,铁渗碳的趋势总是降低的。例如,在气相压力为 1 atm, CO_2 : CO 为 0.1 的情况下,1100 K 时铁中含碳量为 0.6%,而在 1300 K 时铁中含碳量只为 0.1%左右,到 1500 K 以上时铁中含碳量极其少。

综上所述,对于气相压力为 1 atm 的情况,1100 K 时 CO_2 : CO 为 0.1,1300 K 时 CO_2 : CO 为 0.01,铁中渗碳的趋势较大,这与碳的气化反应在 1 atm 下的平衡组成相接近。为了降低气相中 CO_2 含量以提高其还原能力,往往容易使海绵铁在冷却过程中渗碳。因此,在一定气相组成条件下,掌握好还原温度和还原时间非常重要。在用气体还原剂还原时,调整气相中的 CO_2 : CO,可以得到一定碳含量的海绵铁。

3.1.2.2 影响还原过程和铁粉质量的因素

通过研究铁氧化物还原的基本原理,可以了解到还原反应的实质和影响还原过程的内在及外在因素,并在生产上控制这些因素,从而达到提高还原速度和铁粉质量的目的。

(1)氧化铁原料的影响

原料中的杂质特别是二氧化硅的含量超过一定限度后,不仅还原时间延长,还使还原不完全,铁粉的含铁量降低。这是因为有一部分氧化铁还原至浮氏体阶段即与 SiO_2 结合而生成极难还原的硅酸铁($2FeO+SiO_2 \longrightarrow Fe_2SiO_4$)。从热力学观点看,在 1000 ℃固体碳还原 FeO 的 CO 浓度平均为 72%左右,而在 1000 ℃要还原硅酸铁所需的 CO 浓度要在 86%以上。所以对氧化铁原料的成分,特别是对 SiO_2 有一定的要求。一般要求铁鳞中 Fe 的总含量为 70%～73%,SiO_2 的含量为 0.25%～0.30%。为了达到此要求,无论是以铁鳞作原料还是以矿石作原料都要磁选。

多相反应与反应界面有关,氧化铁鳞粒径愈细,反应界面愈大,可加快还原反应的进行。氧化铁鳞的粒径通常能通过 60 目,所以氧化铁鳞需要进行破碎。

(2)固体碳还原剂

一般固体碳(木炭、焦炭、无烟煤等)均呈块状。为了加快碳的气化反应,提高还原速度,可以用增强碳的表面积的方法,即将固体碳还原剂烘干、破碎,粒径大小控制在 4～8 mm 范围内。这 3 种固体碳中,木炭的还原能力最强,其次是焦炭,而无烟煤较差。但木炭价格较贵,产量有限。因此,国内外不少铁粉生产厂都采用焦炭屑或无烟煤作还原剂。但使用焦炭或无烟煤时，由于焦炭屑或无烟煤含有硫，为了防止污染环境和产物，需要加入适量的脱硫剂。

在一定的还原条件下，固体碳还原剂的消耗量主要根据氧化铁的含氧量来决定。在碳还原氧化铁时，还原温度改变时，气相成分也随着发生变化，因此，还原剂的消耗量也会发生变化。

(3)还原工艺条件

① 还原温度和还原时间　在还原过程中，如果其他条件不变，还原温度和还原时间是相关的。随着还原温度的提高，还原时间可以缩短。在一定的温度范围内，温度升高，对碳的气化反应是非常有利的。当温度升高到 1000 ℃以上时，碳气化后其气相成分几乎全部为 CO。由于 CO 浓度的增高，对还原反应速率和 CO 向氧化铁层内的扩散都是有利的。所以，温度升高能加快还原反应的进行。但温度升得过高，还原后得到的海绵铁容易烧结，反而阻碍了 CO 向氧化铁层的扩散，使还原速度下降。同时，炉温过高，海绵铁块经高温烧结变硬，也不利于海绵铁的粉碎。另外，当 FeO 相消失后，如温度仍然过高，而 CO_2/CO 的值很小，则使海绵铁的渗碳趋势增加，铁粉的含碳量难以控制。尽管如此，适当地提高还原温度仍是强化固体碳还原氧化铁的方法之一。因此，采用高温快速还原工艺，可显著缩短还原时间，提高还原炉的产量，降低铁粉成本。图 3.8 是碳还原氧化铁工业生产中隧道窑常采用的还原温度曲线。

② 料层厚度　还原温度一定时，随着料层(铁鳞)厚度的增加，还原时间也增加。这是由于料层厚度增加，传热速度和气体扩散速度变慢的缘故。生产中可改变还原罐的装料方式来改善传热速度，如将层装法改为环装法。

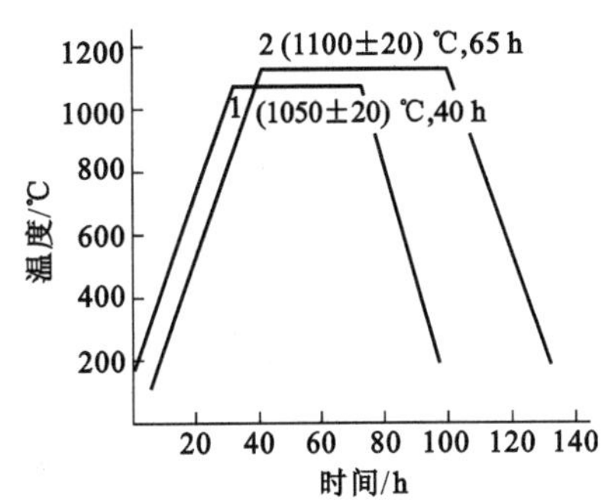

图 3.8　隧道窑温度还原曲线

1—木炭还原铁鳞，窑长 40 m；
2—焦炭还原铁鳞，窑长 160 m

③ 添加剂　前面已讨论过，凡是能加快碳的气化反应的方法，也就能加快还原速度。许多碱和碱金属盐都能显著地加快碳的气化反应，但由于碱金属或碱金属盐具有吸水性和腐蚀性，工业上用得不多。在固体碳还原铁粉中，若在碳中加入催化剂，同样可以取得加速还原过程的效果。在焦炭屑中加入 8%细铁粉的还原罐比未在焦炭屑中加细铁粉的还原罐的还原速度提高 30%。此外，在还原剂体系中引入适当的气体还原剂，也可加速还原反应的进行。

④ 还原罐密封程度　在还原过程中，除了选择适当的温度和时间外，还要保证一定的气氛。为了保证气氛中有足够的 CO 浓度，在用装罐法还原时还应对还原罐进行密封。

3.1.2.3　固体碳还原法生产铁粉工艺

固体碳还原法是当前生产铁粉的主要方法。我国、日本、瑞典、美国所使用的铁粉大部分也是用这种方法生产的。用固体碳还原法制造铁粉与其他方法相比具有如下特点：

① 所用原料(氧化铁鳞、磁铁矿精矿粉、铁矿粉、黄铁矿等)资源丰富；

② 还原剂(焦炭屑、木炭、无烟煤粉等)价廉易得；

③ 可根据需要的产量进行连续或间歇生产；

④ 与其他方法相比，固体碳还原法生产铁粉的成本较低，生产效率高；

⑤ 隧道窑操作方便，需用的劳动力少，并可实现机械化生产；

⑥ 可较稳定地生产优质铁粉。

图 3.9 为瑞典霍格纳斯(Höganäs)公司用固体碳还原铁矿粉制取海绵铁粉的工艺流程。整个工艺流程大致可分为还原前原料的准备、还原和海绵铁的处理三大阶段。霍格纳斯工艺原料采用的是瑞典北部的纯磁铁(Fe_3O_4)矿，在研磨和磁选富集后，铁含量约为 71.5%，存在的少量杂质都不是氧化物固溶物，而是以分散相存在的，这种状态利于原料矿物磁选提纯。我国一些地区也有大量的铁矿砂，其含铁量达到 50%～60%，经磁选、水洗、烘干、破碎、二次磁选后铁总含量可达 70%～72%，但总体硅、铝含量较高，采用这类精矿粉作原料时，必须注意二氧化硅的状态和含量，这是因为部分氧化铁

被还原到浮氏体阶段会与二氧化硅迅速结合形成硅酸铁，而硅酸铁中的铁不易被还原，这就不利于制备优质的还原铁粉。用焦炭屑还原铁鳞生成铁粉的工艺如图 3.10 所示。还原铁粉多用的是热轧沸腾钢铁鳞，其氧化硅、氧化铝含量特别低，可以获得优质的铁粉。

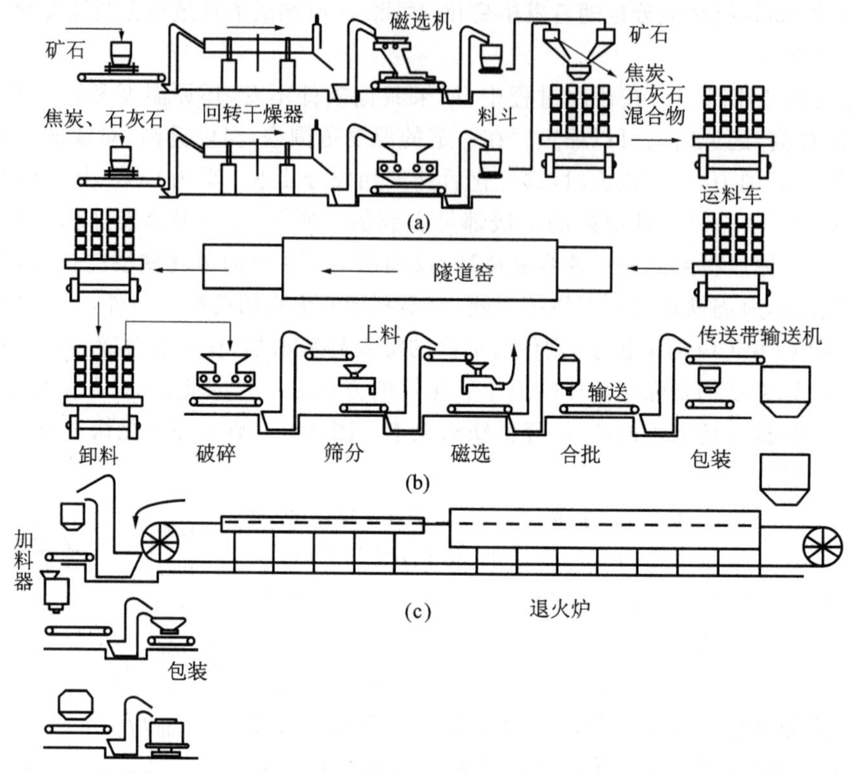

图 3.9　瑞典霍格纳斯公司用固体碳还原铁矿粉制取海绵铁粉的工艺流程图

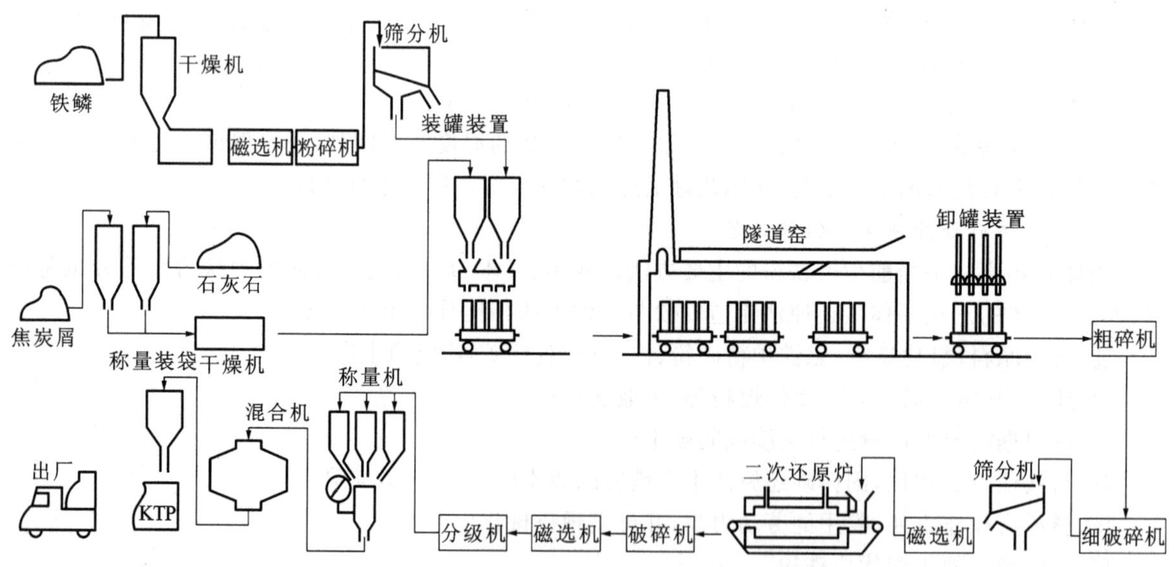

图 3.10　用焦炭屑还原铁鳞生产铁粉的工艺流程

(1)原料的准备

采用精矿粉或铁矿砂时，必须进行严格的选矿，除去铁矿粉中的脉石等。铁鳞或精矿粉一般用回转炉进行烘干，温度为 400～500 ℃，以除去铁鳞或精矿粉的水分及油污等。若采用低碳沸腾钢铁鳞作原料，必须符合表 3.3 中的成分要求。铁鳞或精矿粉烘干后，进行磁选，以除去非磁性杂质。但无磁性的赤铁(Fe_2O_3)矿不能进行磁选。在还原铁粉生产中，依据铁粉的质量要求对铁鳞的化学成分提出不同的要求。碳钢铁鳞中铁的总含量为70%~75%。铁鳞被还原后,铁鳞中的硅、锰、磷等元素全部转入铁粉中,所以海绵铁中的硅、锰、磷含量比铁鳞的相应提高25%~30%,而70%~80%的硫化物被除去。因此,铁鳞中硫杂质的含量范围可适当放宽。

选择铁鳞时,还需注意铁鳞片被无关杂质(如金属块、砂子、油污等)污染的程度。就铁鳞的物理状态而言,轧钢冷却时或拉制线材时生成的铁鳞片纯净,杂质含量低,磁选要求低,是制造还原铁粉的优质原料。

为了提高还原速率,对铁鳞片的大小或氧化铁的粒径有一定的要求。磁选后的氧化铁一般需用振动球磨机或滚动球磨机进行粉碎。其粒径通常以能通过60目筛为准。

用焦炭或无烟煤粉及木炭作还原剂时,都必须烘干。由于焦炭或无烟煤粉含硫量较高,还需加入10%的干生石灰(CaO)作脱硫剂。

处理后的铁鳞或精矿粉与还原剂按一定的比例装入耐火罐中。最常用的装罐方式(图3.11)为环状法装料。这种装料方法传热效果好,可提高还原速率,装罐、出罐方便,也易于实现机械化和自动化。

表3.3 生产还原铁粉的铁鳞成分要求

元素含量				
Si	Mn	S	P	Fe总量
≤0.2%	≤0.40%	≤0.05%	≤0.05%	≥72.0%

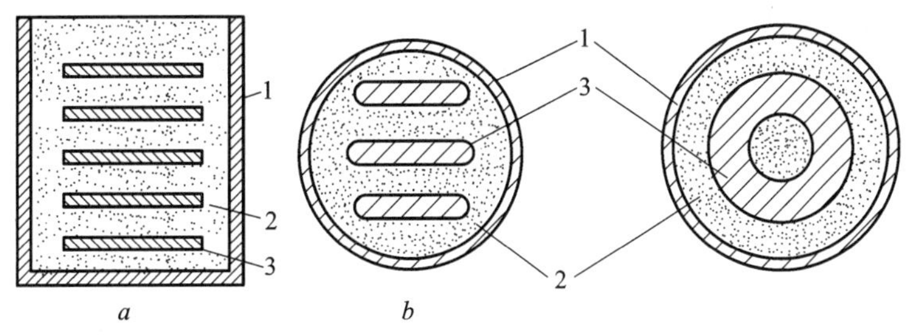

图3.11 装罐方式示意图

1—耐火罐;2—还原剂;3—铁鳞或精矿粉

(2)还原

用固体碳还原氧化铁的窑炉常用的有反射炉、管式炉、隧道窑等。其中,隧道窑是国内外普遍采用的窑炉。我国的还原铁粉绝大部分是用隧道窑生产的。隧道窑常用的燃料有煤、天然气、城市煤气、高炉煤气及重油等。隧道窑还原时,还原温度和还原时间是影响海绵铁产量和质量的重要因素,而正确地判断和控制还原终点,是控制铁粉中的碳含量和氧含量的有效方法。

采用铁精矿还原时,矿石经粉碎后在回转窑中干燥,随后进行磁选。将焦炭和石灰石按85∶15的比例混合,混合物也经干燥后被破碎成一定的粒度。将矿石粉末和焦炭-石灰石混合料装入SiC陶瓷罐中,碳化硅罐的形状与尺寸如图3.12所示,装罐方式和情况如图3.11和图3.13所示。将装好料的陶瓷罐装在窑车上推入隧道窑中,在窑中进行还原。霍格纳斯隧道窑约170 m,可装60台窑车,每台窑车装36个陶罐,窑车在窑中总时间为68 h,燃气烧嘴将隧道窑约150 m长加热到1200 ℃以上,其余约20 m长用循环空气冷却。隧道窑还原结束后约96%的铁氧化物被还原成铁,含碳量约为0.3%,被还原的铁颗粒烧结在一起。如果是用环状法装料,则形成中空的海绵铁圆筒。

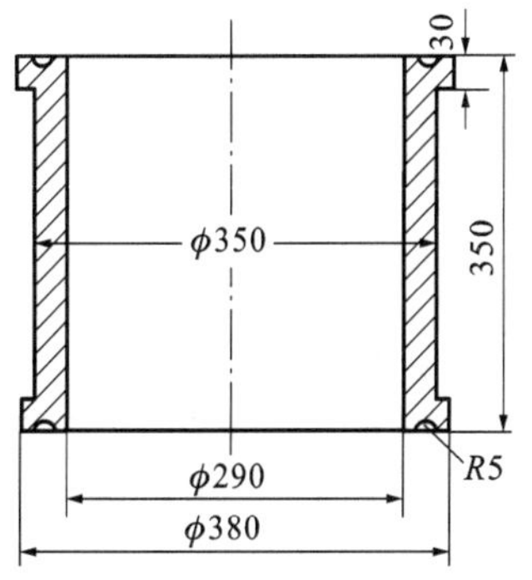

图3.12 碳化硅罐的形状与尺寸

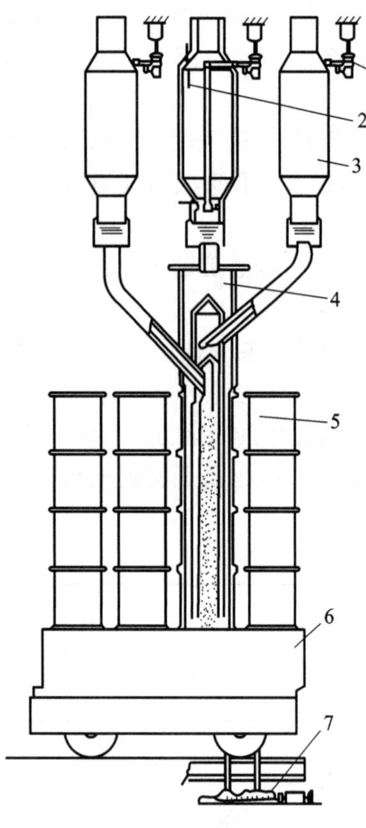

图 3.13　装罐情况

1—阀门;2—料位计;3—定量计;
4—模具头;5—还原罐;6—窑车;7—定位计

(3)海绵铁的处理

还原后所得海绵铁的粉碎,分为粗碎和细碎两个阶段。先在锤式破碎机或切屑破碎机上粗碎到 8 mm 以下。再将粒径 8 mm以下的海绵铁粉送入细粉碎机进行细(粉)碎。粗(粉)碎的目的是将海绵铁粉碎到所要求的粒径,并通过细(粉)碎时间来调节铁粉的松装密度及粒径组成。

隧道窑还原后的海绵铁,由于铁的氧化物未能被彻底还原,或被还原后的海绵铁又被氧化,所以,海绵铁中往往还含有不同形式的氧化铁,其中有一次氧化铁,即未被完全还原的氧化亚铁 FeO;也有二次氧化铁,即还原后的海绵铁又重新被氧化生成的 FeO。还原后磁选的主要任务就是除去这部分非金属杂质。

海绵铁经除杂、破碎、磁选及筛分后获得的粉末化学成分变化不大,但在处理过程中粉末颗粒的变形加工硬化相当严重,所得的海绵铁中氧、碳含量仍较高,这些都严重影响了铁粉的物理、工艺性能,限制了铁粉在制备高性能铁基粉末冶金材料中的应用。为了进一步提高还原海绵铁粉的质量,必须对它进行二次精还原、退火处理。即将铁粉装入网带式二次精还原炉中,加热到 800～950 ℃在氨分解气或氢气保护中还原退火,还原退火结束后,粉末中的碳基本除去,氧含量从约 1%降到 0.3%,加工硬化基本消除。但退火后的粉末仍有轻度烧结,经轻微研磨、筛分、合批、包装后即可成为用于粉末冶金制造的成品铁粉。目前,二次精还原是提高铁粉质量及物理、工艺性能非常重要的手段。

二次精还原具有以下作用:

还原作用:还原尚未还原的氧化铁,降低含氧量。

脱碳作用:将含碳量降到技术要求的水平。要求粉末冶金含碳量小于 0.05%或 0.02%,电焊条再加工后含碳量小于 0.12%。

改善压缩性:海绵铁经破碎、粉碎后,铁粉颗粒硬化,压缩性差。二次精还原有退火软化的作用,同时可使硫含量降低。

二次精还原对铁粉化学组成与压缩性的影响见表 3.4,二次精还原设备见图 3.14。

表 3.4　二次精还原对铁粉化学组成与压缩性的影响

处理方法	化学组成/%						压缩性/(g/cm^3)	二次还原条件
	Fe	C	O_2	S	Si	酸不溶物		
未经二次还原	97.44	0.46	0.56	0.052	0.160	0.17	—	在 H_2 中,在 900 ℃还原 1 h
经二次还原	98.83	0.006	0.43	0.035	—	0.16	—	
未经二次还原	97.9	0.18～0.19	1.1～1.3	—	—	—	约 6.7	H_2,未干燥,7～8 m^3/h,780～850 ℃
经二次还原	98.3～98.6	0.02～0.03	0.4～0.5	—	—	—	>7.0	

在大规模生产中,每批铁粉的粒径组成及化学成分并不完全相同,有时差别还很大。因此,为了保证成品铁粉的粒径组成和化学成分的相对稳定,必须对铁粉进行粒径分级,然后再根据粒径组成要求,按一定比例进行合批。

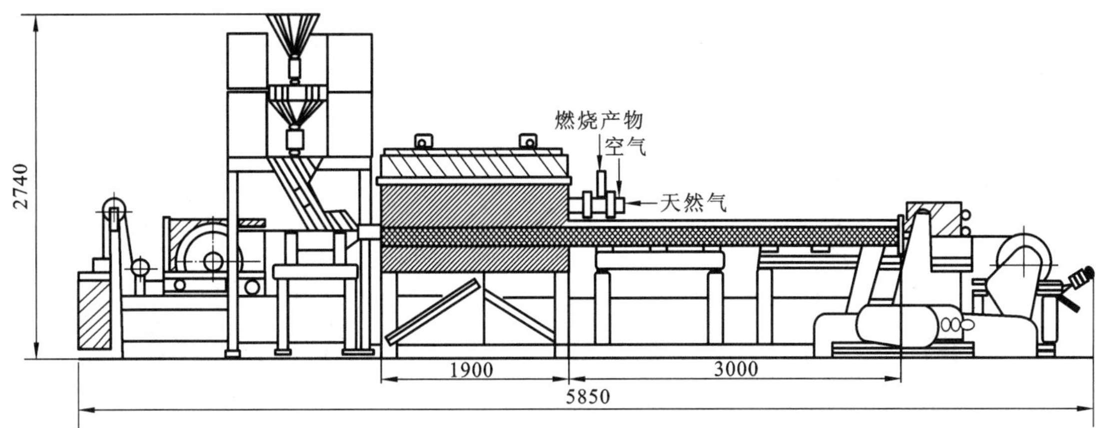

图 3.14　小型试验型二次精还原炉

3.1.3　气体还原法

氢、分解氨、转化天然气(主要成分为 H_2 和 CO)等许多气体都可以作为气体还原剂。气体还原法不仅可以制取铁粉、镍粉、铜粉、钨粉等，而且还可以制取一些合金粉末，如铁-钼合金粉等。气体还原法制取的铁粉比固体碳还原法生产的铁粉更纯，生产成本也较低，故得到了很大的发展。钨粉的生产则主要用氢还原法。

3.1.3.1　氢还原法制铁粉

(1)氢还原铁氧化物的基本原理

氢还原铁氧化物时有以下基本反应：

当温度高于 570 ℃时，分三阶段还原：

$$3Fe_2O_3+H_2 = 2Fe_3O_4+H_2O \qquad \Delta H_{298}=-21.8\ kJ/mol \tag{a'}$$

$$Fe_3O_4+H_2 = 3FeO+H_2O \qquad \Delta H_{298}=63.588\ kJ/mol \tag{b'}$$

$$FeO+H_2 = Fe+H_2O \qquad \Delta H_{298}=27.71\ kJ/mol \tag{c'}$$

当温度低于 570 ℃时，Fe_3O_4 被直接还原成金属铁。

$$Fe_3O_4+4H_2 = 3Fe+4H_2O \qquad \Delta H_{298}=147.578\ kJ/mol \tag{d'}$$

根据各反应在给定温度下的相应的平衡常数 K_p 值，可以得到(a′)、(b′)、(c′)、(d′)四个反应的平衡气相组成(以 H_2 的百分含量表示)与温度关系的四条曲线，如图 3.15 所示(图中 a' 曲线未画出)。在 A' 区域内(在 a' 曲线下方，未画出)，只有 Fe_2O_3 能稳定存在；在 B' 区域内，只有 Fe_3O_4 能稳定存在；在 C' 和 D' 区域内，只有 FeO 能稳定存在。

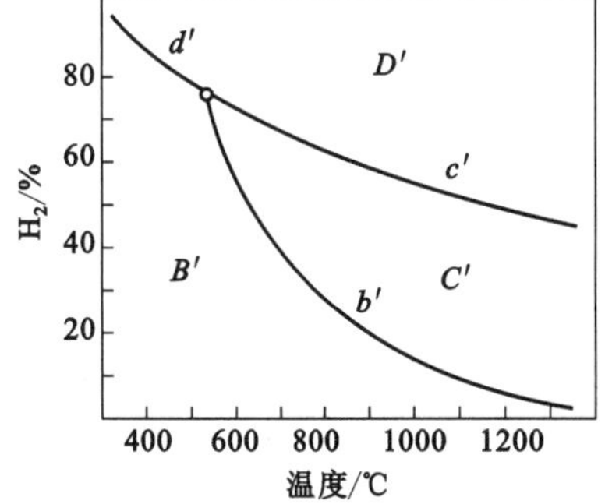

图 3.15　Fe-O-H 系平衡气相组成与温度的关系

氢还原氧化铁的反应也属于固-气多相反应。实验证明，反应产物层一般是疏松的，但是 800 ℃左右，$Fe_2O_3+3H_2 \longrightarrow 2Fe+3H_2O$ 的反应产物层却不是疏松的，通过产物层的扩散速度与界面上的化学反应速度基本一样，反应速度方程式与 CO 还原氧化铁时一样，较为复杂。图 3.16 所示为氢还原氧化铁的还原百分率与还原时间的关系。比较图 3.16 和图 3.7 可以看出，与固体碳和 CO 还原氧化铁相比，达到同样的还原程度，氢还原所需的温度可低一些，所需还原时间可短一些。

升高温度和增大压力对氢还原氧化铁都是有利的。当采用高压氢还原时，还原温度可以大大降低。还原温度低，还原所得的铁粉不会黏结成块。

(2)氢还原法制铁粉工艺

氢还原法制铁粉也称氢-铁法。该法是用 H_2 直接还原铁精矿，其基本工艺如图 3.17 所示。利用三段流态化床进行还原，温度约为 540 ℃。

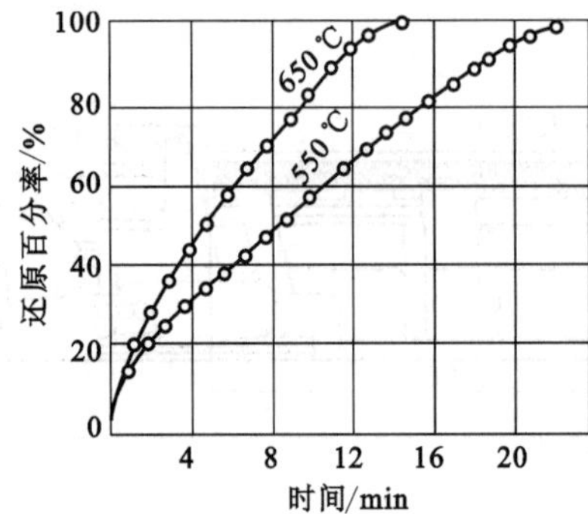

图 3.16　氢还原氧化铁的还原百分率与还原时间的关系

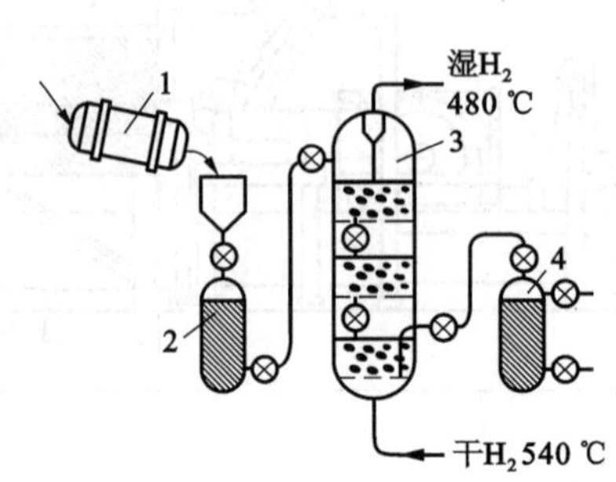

图 3.17　氢-铁法过程示意图

1—焙烧精矿用的回转炉；2—漏斗仓，承压 3.5 MPa；3—三段反应器；4—卸料仓

将含铁约 72%、粒度 40～800 μm 的铁精矿粉或精矿与铁鳞的混合粉在 480 ℃回转窑干燥后，送入漏斗仓，将漏斗仓中空气用 CO_2 置换干净，用 3.5 MPa 的 H_2 将矿粉送入还原塔上层，与此同时还原塔的下段已还原的铁粉卸入卸料槽，上段和中段未还原的依次落入中段和下段，待料进出完成后，关闭进出料阀门。通入 540 ℃干燥 H_2，2.8 MPa 下还原。从还原塔出来的高温湿 H_2 需经过冷却循环处理，经热交换加热后继续通入还原塔。采用氢-铁法制取的铁粉纯度很高，非常适合于制造铁基粉末冶金零件以及用作焊料。由于还原温度较低，所得粉末易自燃。为了防止还原后的粉末被氧化，这种粉末需要在 600～800 ℃的保护气氛中进行钝化处理。

3.1.3.2　氢还原法制钨粉

(1)氢还原氧化钨的基本原理

钨的氧化物中，比较稳定的有四种：黄色氧化钨(α 相)——WO_3、蓝色氧化钨(β 相)——$WO_{2.9}$、紫色氧化钨(γ 相)——$WO_{2.72}$、褐色氧化钨(δ 相)——WO_2。WO_3 还有不同的晶形。

钨有 α-W 和 β-W 两种同素异晶体。α-W 为体心立方晶格，β-W 为面心立方晶格。β-W 是低于 630 ℃时用 H_2 还原三氧化钨而生成的，其活性大，易自燃。630 ℃时 β-W 转变为 α-W，但不发生逆转变。

氢还原氧化钨也是分阶段进行的：

$$WO_3+0.1H_2 = WO_{2.9}+0.1H_2O \tag{a}$$

$$WO_{2.9}+0.18H_2 = WO_{2.72}+0.18H_2O \tag{b}$$

$$WO_{2.72}+0.72H_2 = WO_2+0.72H_2O \tag{c}$$

$$WO_2+2H_2 = W+2H_2O \tag{d}$$

总反应为

$$WO_3+3H_2 = W+3H_2O$$

上述各反应的平衡常数用水蒸气分压与氢气分压的比值表示：$K_p=p_{H_2O}/p_{H_2}$。

根据平衡常数与温度的关系，可以求出不同温度下各反应的平衡常数值，如表 3.5 所示。

表 3.5　氢还原钨的氧化物的平衡常数

$WO_3 \rightarrow WO_{2.9}$		$WO_{2.9} \rightarrow WO_{2.72}$		$WO_{2.72} \rightarrow WO_2$		$WO_2 \rightarrow W$	
T,K	K_p	T,K	K_p	T,K	K_p	T,K	K_p
—	—	873	0.8978	873	0.7465	873	0.0987
903	2.73	903	1.29	903	0.8090	—	—
—	—	918	1.59	—	—	—	—
—	—	961	2.60	—	—	—	—
965	4.73	965	2.78	965	0.9297	965	0.1768

续表 3.5

$WO_3 \to WO_{2.9}$		$WO_{2.9} \to WO_{2.72}$		$WO_{2.72} \to WO_2$		$WO_2 \to W$	
1023	7.73	1023	4.91	1023	1.05	1023	0.2095
—	—	1064	7.64	1064	1.138	1064	0.2946
—	—	—	—	—	—	1116	0.3711
—	—	—	—	—	—	1154	0.4358
—	—	—	—	—	—	1223	0.5617

上述四个反应和总反应均为吸热反应。对吸热反应，温度升高，平衡常数增大，平衡气相中 H_2 的百分含量随温度升高而减少，说明升高温度，有利于上述反应的进行。

$WO_2 \to W$ 在 $H_2O \to H_2$ 系中的平衡随温度的变化见图 3.18。图 3.18 中的曲线代表 WO_2 和 W 共存，即反应达到平衡时水蒸气浓度（H_2O 的百分含量）随温度的变化。曲线右边是 W 粉稳定存在的区域，左边是 WO_2 稳定存在的区域。可以看出，温度升高，气相中水蒸气的平衡浓度增大，表明反应向右进行。例如，400 ℃以下还原时，要求还原剂氢很干燥；而 900 ℃还原时，气相中水蒸气浓度可接近 40%。

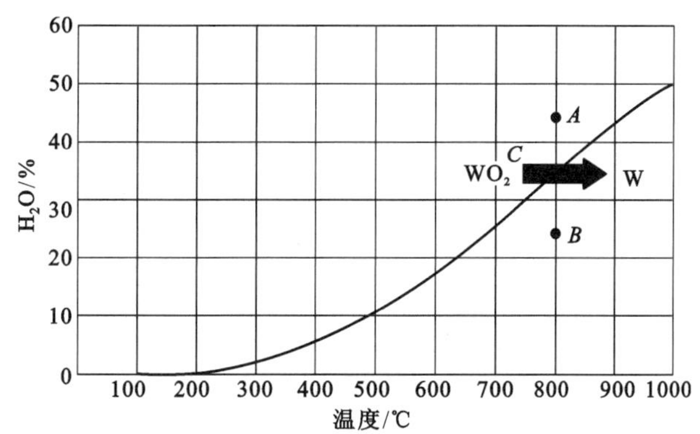

图 3.18 $WO_2 \to W$ 在 $H_2O \to H_2$ 系中的平衡随温度的变化

工业生产中，还原 WO_2 时氢气是流动的，且流量很大，超过理论计算浓度的好几倍，而且要求氢气的含水率极低，反应时所生成的水蒸气不断被废气大量带走。所以生产条件总是在热力学许可的范围内，不断破坏反应的平衡，促使还原反应在最大的自动过程的趋势下进行。

氢气还原三氧化钨生成钨粉的阶段如图 3.19 所示，还原程度如图 3.20 所示。$WO_{2.9} \to WO_{2.7}$，反应产物是疏松的，过程为界面上的化学反应所控制，反应速度方程遵循 $1-(1-X)^{1/3}=K_t$。

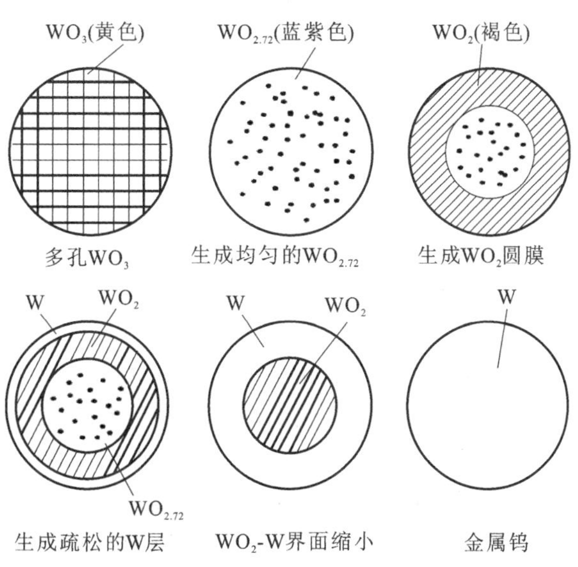

图 3.19 氢气还原三氧化钨的过程阶段示意图

$WO_{2.7} \rightarrow WO_2$，产物不疏松，反应受扩散环节控制，反应速度方程遵循$[1-(1-X)^{1/3}]^2=K_t$。

图 3.20 中，每一条曲线是一种氧化物被氢还原的动力学曲线。500 ℃，$WO_{2.96}$或$WO_{2.9}$；550 ℃，$WO_{2.72}$；600 ℃，WO_2。600 ℃时由WO_3到WO_2，因速度比较大，动力学曲线没有表现出明显的阶段性。

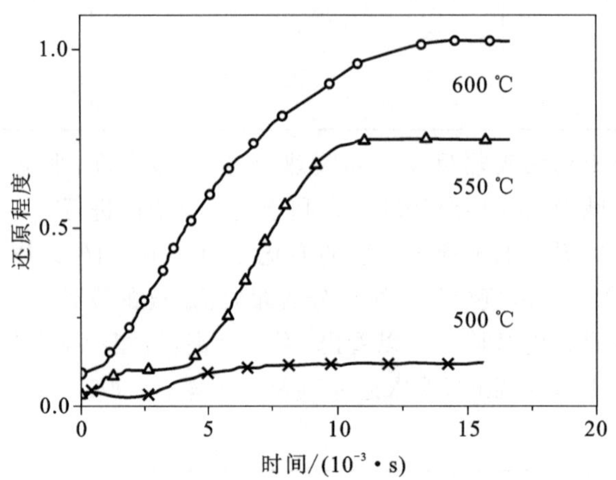

图 3.20　氢还原 WO_3 还原程度

氢气还原三氧化钨属于固-气型多相反应，但由于钨氧化物的挥发性，使还原反应还具有均相反应的特征。WO_3在 400 ℃开始挥发，800 ℃于H_2中则显著挥发；而WO_2则在 700 ℃开始挥发，1050 ℃于H_2中显著挥发。钨氧化物的挥发性与水蒸气密切相关，当有水蒸气存在时，钨氧化物易以水合物的形式（如$WO_3 \cdot nH_2O$、$WO_2 \cdot nH_2O$）进入气相，于是在气相中将发生均相还原反应。

对氢气还原三氧化钨的温度与速率常数关系进行的研究表明，只有在低温区（<800 K）多相反应过程才具有一定的优越性，随温度升高，均相和多相反应速率差别减小，当温度高于800 K时，还原过程进入均相反应区，引起整个还原过程加速。因此，研究高温下氢气还原三氧化钨的过程，必须特别注意钨氧化物的挥发和气态均相反应。

在硬质合金生产以及钨材生产中，对钨粉粒径及其均匀性都有严格的要求，故钨粉粒径的控制是氢还原三氧化钨过程中关键的问题之一。在钨粉的还原过程中，粉末粒度通常会长大。有关钨粉颗粒长大的机理，曾被认为是钨粉颗粒在高温下发生聚集再结晶的结果。然而，实验表明，在干氢、真空和惰性气氛中，即使让钨粉在 1200 ℃的条件下煅烧，钨粉颗粒也未长大。这说明聚集再结晶不是钨粉颗粒长大的主要机制。现在较多的学者认为钨粉颗粒长大是按照"挥发-沉积"的机理进行的。即在还原过程中，随着还原温度升高，三氧化钨的挥发性增大，同时钨氧化物能与水蒸气作用生成易挥发的水合物，此气态水合物与氢气在还原产物表面进行气相还原反应时，三氧化钨的蒸气沉积在已被还原的低价氧化钨或金属钨粉的颗粒表面上，使钨粉颗粒长大。此外，也有人提出了"氧化-还原"长大机理等。

(2)影响钨粉粒径和纯度的因素

钨粉粒径通常有粗、中、细三类。根据钨粉长大机理，粗钨粉通常采用一段直接还原法制取，中、细颗粒钨粉则采用两段还原法，但钨粉粒径还与原料、气体还原剂、还原工艺条件等密切相关。

① 原料

a. 三氧化钨　三氧化钨的粒径对钨粉粒径的影响较为复杂。一般说来，在相同的条件下，还原粗三氧化钨所得钨粉颗粒较粗，而还原细三氧化钨所得钨粉颗粒较细，但这只适用于钨粉的二次颗粒（二阶段还原），而不适于一次颗粒（一阶段还原）。日本研究者的研究结果（表 3.6）表明：三氧化钨颗粒粗还原所得钨粉的二次颗粒也粗，三氧化钨颗粒细还原所得钨粉的二次颗粒也细；但就钨粉的一次颗粒比较，由粗三氧化钨还原所得钨粉的一次颗粒细，而细三氧化钨还原所得钨粉的一次颗粒粗。

表 3.6 三氧化钨还原前后的粒度变化

测定方法		细颗粒 WO_3	粗颗粒 WO_3	粗颗粒仲钨酸铵
BET 法/(m^2/g)		12.5	2.9	0.35
钨粉粒度/μm	费歇尔法	0.55	1.44	2.68
	BET 法	0.15	0.10	0.08
钨粉颜色		黑 ←——→ 灰		
钨粉流动性		坏 ←——→ 好		

注:费歇尔法反映二次颗粒大小,BET 法反映一次颗粒大小。

三氧化钨的含水率以及其中杂质的种类和含量对钨粉质量也有影响。三氧化钨的含水率高,会使还原过程中气相水蒸气浓度增大,从而使钨粉颗粒增大或粒径分布不均匀。所以一般要求三氧化钨的含水率小于 0.5%。三氧化钨中杂质的种类不同,对钨粉质量的影响也不同,其中以 Na、Ca、Si、Al 等为主的杂质危害较大,会导致钨粉含氧量升高,而 Mo、P 等少量杂质则可以抑制钨粉颗粒的长大。

b. 氢气　氢气的湿度、流量以及通氢方向等都对钨粉质量有影响。一般来说,氢气湿度高,易导致钨粉颗粒长大,而增大氢气流量则有利于反应生成的水蒸气排出,易于得到细的钨粉。但过大的氢气流量可能带走细小的氧化钨或钨粉颗粒,使钨的回收率下降。生产中通氢方向一般与物料行进方向相反,即采用所谓的逆流通氢。

② 还原工艺条件

a. 还原温度的影响　还原温度过低,还原不充分,钨粉含氧量较高;还原温度高又引起钨粉颗粒长大,因为钨氧化物的挥发性随温度升高而增大。沿炉管方向温度升高过快,WO_3 过快地进入高温区,也使钨粉颗粒变粗。因此,要得到细钨粉,要注意减小炉子加热带的温度梯度。高温还原时,WO_3 挥发性强,三氧化钨的蒸气以气相被还原后沉积在已被还原的低价氧化钨或金属钨上使颗粒长大。由于 WO_2 的挥发性比 WO_3 的强,工业上常采用二段还原法来控制钨粉的粒度。第一阶段 $WO_3 \rightarrow WO_2$,颗粒长大严重,应在低温下进行;第二阶段 $WO_2 \rightarrow W$,颗粒长大的趋势小,可在高温下进行。控制工艺条件可获得细、中、粗颗粒的钨粉。因此,制备较细钨粉时,一般分两阶段进行。只有制取粗钨粉时,才直接采用一次还原。还原温度的选择,除了考虑钨粉粒径要求以及根据热力学和动力学原则考虑还原程度外,还要考虑装舟量以及炉子结构等。表 3.7 所列还原温度范围可供确定工艺规程时参考。

表 3.7 钨氧化物还原时的温度范围

细颗粒钨粉		中颗粒钨粉		粗颗粒钨粉	
还原阶段	还原温度/℃	还原阶段	还原温度/℃	还原阶段	还原温度/℃
一次还原	620～660	一次还原	720～800	一段还原	950～1200
二次还原	760～800	二次还原	860～900		

b. 推舟速度的影响　其他条件不变时,推舟速度过快,WO_3 在低温区来不及还原便进入高温区,将使钨粉颗粒长大或含氧量增高。

c. 舟中料层厚度的影响　其他条件不变时,如果料舟中料层太厚,反应产物水蒸气不易从料中排出,使舟中深处的粉末容易氧化和长大;另外氢气也不能顺利地进入料层内部与物料反应,还原速率减小,来不及还原的 WO_3 进入高温区导致还原不透,导致钨粉含氧量增高,钨粉颗粒也变粗。因此,制备细钨粉时,如其他条件不变,要适当减小舟中料层的厚度。

③ 添加剂

为了得到细钨粉,还可将某些添加剂混入 WO_3 中,还原时添加剂便阻碍钨粉颗粒长大。研究证明,以重铬酸铵的水溶液与三氧化钨混合,干燥后用氢还原可得细钨粉。这种钨粉碳化后,碳化钨粉颗粒只略微长大。铬的加入量以 0.1%～1% 为宜,多了使 WC 性能变坏,少了不能达到细化钨粉的要求。铬是以氧化铬形式存在下来的。同样地,可用偏钒酸的水溶液添加钒,用铼酸或过铼酸铵的水溶液添加铼。铼的加入量为 0.005%～3%，可以得 0.2～0.4 μm 的钨粉，过多便使 WC 性能变差。

在制取可锻致密钨用的钨时，往往加入 0.75% ThO_2 便可得细晶粒结构的钨条。

(3)氢还原三氧化钨的工艺

生产可锻致密金属钨用的钨粉是用氢还原三氧化钨制得的。生产硬质合金用的钨粉，一般也用氢还原法制得，钨粉纯度较高，且粒径易于控制。用蓝色氧化钨制取钨粉的工艺已得到推广。蓝色氧化钨是用仲钨酸铵在 400～600 ℃范围内煅烧得到的。

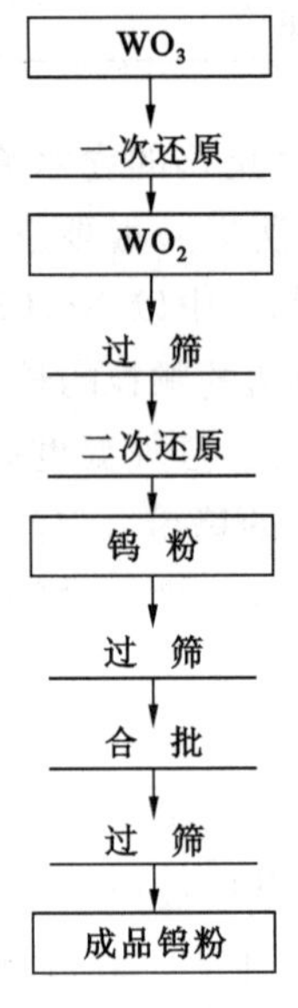

图 3.21 氢还原三氧化钨的两阶段还原工艺流程

如前所述，二氧化钨的挥发性比三氧化钨要低，因此，在工业上采用两阶段还原法来制取钨粉。第一阶段先将三氧化钨在较低温度下还原为二氧化钨(还原温度参考表 3.7)，二氧化钨颗粒不会过度长大。第二阶段将二氧化钨在较高的温度下还原为金属钨粉，这阶段颗粒长大趋势较小。采用二阶段还原钨粉的优点是可以得到细、中粒度的钨粉，钨粉粒度的均匀性较好。氢还原三氧化钨的两阶段还原法工艺流程如图 3.21所示。工业上，如需要得到较粗颗粒的钨粉，可以采用一阶段的高温还原法来实现。还原在钼丝炉中进行，即用镍先将三氧化钨直接还原成钨粉。而中、细颗粒钨粉采用两阶段还原法制取，即先将三氧化钨还原成二氧化钨，再将二氧化钨还原成钨粉，还原在管式电炉中进行，一次还原可用四管电炉，二次还原最好用十三管电炉，也可用四管电炉。为了提高生产率，有人研制出了一次还原用的回转管式炉，但需要特别注意控制回转炉的工艺参数以保证粉末质量。

3.1.3.3 氢还原法制钴粉

钴粉是硬质合金生产的重要原料，硬质合金所用的金属钴，不但要有较小的粒径，而且要有较高的纯度。生产钴粉的方法很多，目前较常用的方法是以金属钴或工业氧化钴还原的钴粉作原料，进一步加工精制成纯度较高的氧化钴，然后用氢还原法制得钴粉。

(1)氢还原过程的反应

氧化钴是 Co_2O_3 与 Co_3O_4 的混合物，其中主要是 Co_2O_3，还原反应为

$$Co_2O_3+3H_2 = 2Co+3H_2O \tag{3.20}$$

$$Co_3O_4+4H_2 = 3Co+4H_2O \tag{3.21}$$

如果用干草酸钴直接还原，则反应为：

$$2CoC_2O_4+3H_2 = 2Co+3CO+CO_2+3H_2O \tag{3.22}$$

由于反应产物水的不良影响，一般不采用式(3.22)所示的反应来生产钴粉。

氧化钴在 200 ℃左右开始被还原，随着温度的升高，还原反应速度加快。同样，当还原温度一定时，增大氢气流量，也会加快反应速度。

在实际生产中，氢气流量远高于反应所需的理论量，其目的在于使反应平衡右移，增大反应速度。

(2)钴粉生产工艺流程

图 3.22 为钴粉生产工艺流程示意图。前半部分为湿法冶金过程，即将符合技术条件要求的金属钴或工业氧化钴还原后得到的钴粉进行酸溶，获得 $CoCl_2$ 或 $Co(NO_3)_2$，再经过沉淀过滤，除去铁等杂质，然后加入草酸(或草酸氨)沉淀出草酸钴，经干燥后得到干草酸钴，再煅烧后得到氧化钴，氢还原后得到海绵钴，再经破碎、过筛，即可得到金属钴

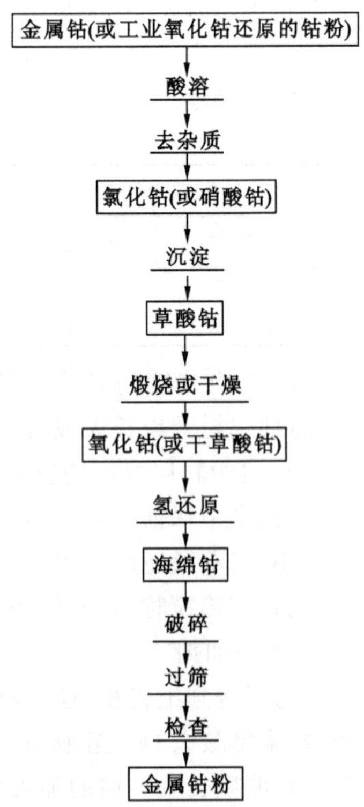

图 3.22 钴粉生产工艺流程

粉。用这种工艺生产的钴粉的特点是粒径细，氧含量低，纯度高。

(3)还原过程的控制

钴粉的纯度主要取决于湿法冶金过程，还原过程主要是控制钴粉粒径尽可能小，氧含量尽可能低。

① 还原温度　还原温度过高，由于颗粒间的相互烧结使钴粉粒径变粗；还原温度过低，则反应速度缓慢，还原不完全，虽然粒径小，但是含氧量较高。

② 氢气流量　氢气流量大，有利于得到细颗粒和低含氧量的钴粉。在还原温度一定和氢流量一定时，增大装舟量(等于相对减少氢流量)会导致颗粒变粗。

③ 推舟速度　推舟速度太快，颗粒不易长大，但有可能使还原不充分，而使钴粉含氧量增高。推舟速度太慢，则物料因在炉内停留时间过长，从而使颗粒长大变粗。

④ 氧化钴的粒径及其纯度　氧化钴粒径细，还原所得钴粉粒径也细，反之较粗。若草酸钴煅烧温度过高，还原后钴粉粒径较小。

原料中杂质如钙、钠、铁、锰等，通常以氧化物形态存在，在低温下不易被还原，因而使钴粉的含氧量升高。当提高温度使这些氧化物还原时，虽然钴粉含氧量降低，但粒径较粗。而且某些杂质如铁、锰等氧化物被还原后，接触空气又会重新氧化，反应放出热量使粉末温度升高又促使钴粉氧化，甚至燃烧。因此，尽量降低原料中杂质含量，是获得细粒径和低含氧量钴粉的重要措施之一。

(4)盐酸水冶法制取钴粉

将含钴和镍的硫化物浸在温度为 120～135℃、压力为 0.7 MPa 的高压釜中，使之全转变为硫酸盐。然后用氨在温度为 75～100 ℃、空气压力为 0.7 MPa 的高压釜中将钴与镍、铁分离。再从水溶液中用氢来还原而回收得到钴。这种粉末具有很高的纯度，含钴量可达 99.9%，可用作超合金或工具钢等材料的合金化元素以及用作磁性材料。在水冶法生产过程中，由于设备材料接触酸碱，因此设备材质需要具有抗酸碱腐蚀的性能。反应生成的酸和氢气可返回利用。图 3.23 为水冶法生产钴粉工艺流程示意图。

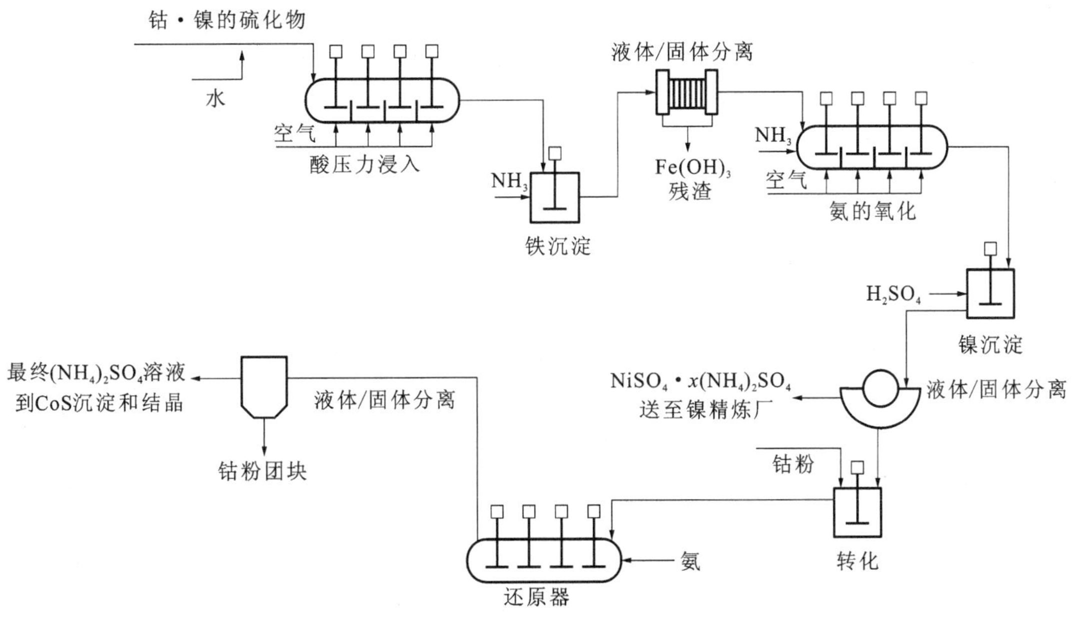

图 3.23　水冶法生产钴粉工艺流程示意图

3.1.4　金属热还原法

金属热还原法主要应用于制取稀土金属(Ta、Nb、Ti、Zr、Th、U、Cr 等)，特别适于生产无碳金属，也可制取 Cr-Ni 合金粉末。

金属热还原的反应可用一般化学式来表示

$$MeX + Me' \xlongequal{} Me'X + Me + Q$$

式中 MeX——被还原的化合物(氧化物、盐类)；

Me′——金属热还原剂；

Q——反应的热效应。

根据所讨论的还原过程原理，只有形成化合物的自由能大大降低的金属才有可能作为金属热还原剂。值得注意的是，在研究金属热还原过程中，还应考虑到某些化合物还原为金属时需要经过的中间化合物阶段。有时低价化合物的化学稳定性比高价化合物的化学稳定性大得多，如果按照高价氧化物的化学稳定性来选择还原剂就会造成错误。例如，比较 TiO_2 和 MgO 的化学稳定性，似乎可以用 Mg 来还原 TiO_2 而得到金属钛，但事实上，这是不可行的，因为钛的低价氧化物 TiO 比 MgO 更稳定。

要使金属热还原顺利进行，还原剂一般还应满足下列要求：

① 还原反应所产生的热效应较大，这样还原反应能依靠自身的反应热自发地进行。在大多数金属热还原过程中还原热量是足以熔化炉料组分的。单位质量的炉料产生的热叫作单位热效应。一般认为，铝热法还原过程中的单位热效应按每克炉料计算应不少于 2300 J。如果炉料发热值低于此标准，则反应不能自发继续进行，必须由外界供给热量。但是，发热值太高的炉料又可能引起爆炸和喷溅，此时，要往原料中添加熔剂，让熔剂吸收一部分过剩的热以控制反应过程；有时添加熔剂还可以得到易熔的炉渣并使生成的金属在高温下不氧化。如果单位热效应不足以使反应进行，一般往原料中加入由活性氧化剂与金属(通常是金属还原剂)组成的加热添加剂。用作氧化剂的有硝酸盐[$NaNO_3$、KNO_3、$Ba(NO_3)_2$ 等]、氯酸盐[$KClO_3$、$Ba(ClO_3)_2$等]。

② 形成的渣以及残余的还原剂应该用溶剂洗涤、蒸馏或其他方法与所得的金属分离开来。

③ 还原剂与被还原金属不能形成合金或其他化合物。

综合考虑，最适宜的金属热还原剂有钙、镁、钠等，有时也采用金属氢化物。钽、铌氧化物的还原最好用钙，也可用镁。钛、锆、钍、铀的氧化物最适宜的还原剂也是钙(图 3.1)。根据金属对氯和氟的亲和力，钽、铌氯化物的还原用钙、钠、镁均可，镁对氯的亲和力虽低于钠和钙，但价格较低，且使用简便，故较常用；钛、锆氯化物的还原用钙、镁、钠均可，常用的是钠和镁。钽、铌氟化物的还原用钙、钠、镁均可，但是实际应用的只有钠，因为氟化钠能溶于水，用水就能洗出钽、铌粉末中的渣，而氟化钙和氟化镁实际上不溶于水和稀酸。

金属热还原法在工业上比较常用的有：用钙还原 TiO_2、ThO_2、UO_2 等；用镁还原 $TiCl_4$、$ZrCl_4$、$TaCl_5$ 等；用钠还原 $TiCl_4$、$ZrCl_4$、K_2ZrF_7、K_2TaF_7 等；用氢化钙(CaH_2)还原氧化铬和氧化镍制取镍铬不锈钢粉。

用金属钙还原 TiO_2 制备 Ti 粉的反应式如下：

$$TiO_2 + 2Ca \xlongequal{} Ti + 2CaO + Q$$

该反应放出的热量 Q 按每千克炉料计算约为 2218.5 kJ，这不足以使还原反应自发进行，需要外加热。钙还原二氧化钛一般是在 1000～1100 ℃温度下氩气气氛中进行的，这时钙大部分处于液态及少部分处于气态(1000 ℃钙的蒸气压为 1463 Pa)，因此钙与二氧化钛接触良好。钙还原获得的金属钛粉末颗粒很细，粒径为 2～3 μm，主要原因是难熔的氧化钙薄膜阻碍钛颗粒的长大。如果加入氯化钙使之形成液相，氧化钙溶解于液相中，这种情况将有助于钛颗粒长大。如果加入的氯化钙量能完全溶解还原反应产生的 CaO，所得钛粉的粒度可以达到 10 μm。

还原反应在耐热钢制作的密闭反应罐中进行，将二氧化钛、氯化钙和钙的混合物先压成团块，然后装入反应罐，作为还原剂的钙一般是以碎块或碎屑的形式使用，反应罐抽真空后充入氩气并加热至还原温度，保温 1 h。还原得到的产物经破碎、水洗、稀盐酸(硝酸)洗，再水洗后 40～50 ℃真空干燥得到还原钛粉。

钙是一种强还原剂，但很难制成粉末，作为还原剂与二氧化钛的接触面积小，影响还原反应速率。另外，钙在运输和储存的过程中需要防止其燃爆。后来发展的氢化钙作还原剂的技术不仅安全而且还原效果好。

氢化钙可以在 400～500 ℃用干燥氢气与钙反应生成，氢化钙必须以块状的形式封装在密闭容器中储存，破碎和配料（TiO_2+CaH_2）也需要在密闭的容器中进行。氢化钙是脆性物质，易粉碎成粉末，但需防止其吸水分解。

氢化钙还原二氧化钛的反应如下：

$$TiO_2+2CaH_2 = TiH_4+2CaO$$

该反应为放热反应，钙仍为主要的还原剂，还原生成的氢化钛在水洗过程中氧化程度比金属钛粉轻得多，含氧量低。若要获得金属钛粉，可以将氢化钛加热至 800℃分解。氢化钛粉末也可直接作为粉末冶金原料，但氢化钛属脆性粉末，压制时有一定的困难，烧结时放出氢气，虽能活化烧结得到致密的金属钛，但会带来较多的晶体结构缺陷。

3.2　雾化法制备金属粉末

自从第二次世界大战期间开始生产雾化铁粉以来，雾化工艺获得了不断的发展，并日益完善。各种高质量的雾化粉末与新的致密化技术相结合，便出现了许多粉末冶金新产品，其性能往往优于相应的铸锻产品。

雾化法是将液体金属或合金直接破碎成为细小的液滴，冷凝后成为粉末，且大小一般小于 150 μm。实际上，任何能形成液体的材料都可以进行雾化。雾化法生产效率较高、成本较低，易于制造熔点低于 1750 ℃的各种高纯度的金属和合金粉末。Zn、Sn、Pb、Al、Cu、Ni、Fe 以及各种铁合金、铝合金、镍合金、低合金钢、不锈钢、高速钢、高温合金等都能通过雾化法制成粉末。该法特别有利于制造合金粉。制造过滤器用的球形青铜粉、不锈钢粉，注射成形与 3D 打印用的不锈钢粉、钛合金粉等几乎全是采用雾化法生产的。

雾化粉末颗粒的形状，因雾化条件而异。金属熔液的温度越高，球化的倾向越显著。经过雾化的金属，加入微量的 P、S、O 等，可以改变金属液滴的表面张力，也可以制得球形颗粒粉。雾化法的缺点是难以制得粒径小于 20 μm 的细粉，粉末硬度较高，导致压制成形困难。

雾化有许多工艺方法，用于制造大颗粒粉末的工艺称为“制粒”。它是让熔融金属通过小孔或筛网自动地注入空气或水中，冷凝后便得到金属粉末。借助高压水流或气流的冲击来破碎液流，称为水雾化或气雾化，也称二流雾化；用离心力破碎液流称为离心雾化；在真空中雾化称为真空雾化；利用超声波能量来实现液流的破碎称作超声波雾化。本节下面主要讨论气体雾化法和水雾化法，并简要介绍离心雾化法。

3.2.1　二流雾化法

机械粉碎法是借机械作用破坏固体金属原子间的结合，雾化法则只要克服液体金属原子间的结合力就能使之分散成粉末，因而雾化过程所消耗的外力比机械粉碎法要小得多。从能量消耗角度来说，雾化法是一种简便且经济的粉末生产方法。

二流雾化法是用高速气流或高压水击碎金属液流的。将熔化的金属液体通过漏包小孔缓慢下流，高压气体（如空气）或液体（如水）从雾化喷嘴中喷射出，依靠机械力与急冷作用使金属熔液雾化，结果获得颗粒大小不同的金属粉末。按照雾化介质（气体、水）对金属液流作用的方式不同，雾化具有多种形式（图 3.24）：

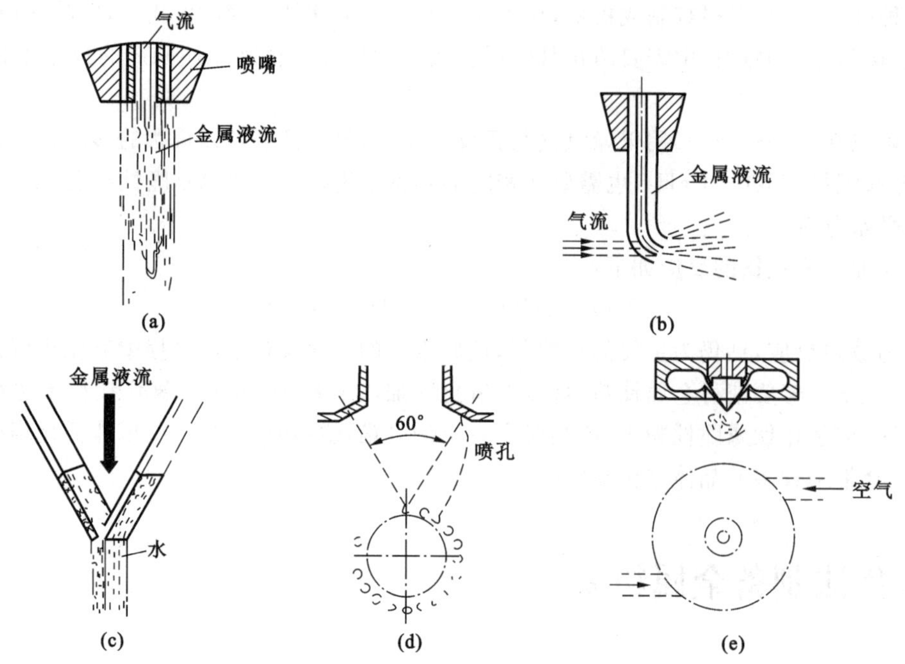

图 3.24　二流雾化的多种形式

(a)平行喷射示意图;(b)垂直喷射示意图;
(c)V形喷射示意图;(d)锥形喷射示意图;(e)旋涡环形喷射示意图

① 平行喷射——气流与金属液流平行;

② 垂直喷射——气流或水流与金属液流成垂直方向,瑞典霍格纳斯公司最早用此法以水喷制不锈钢粉;

③ V形喷射——雾化介质与金属液流成一定角度;

④ 锥形喷射——气体或水从若干均匀分布在圆周上的小孔喷出,构成一个未封闭的锥体,交汇于锥顶点,将流经该处的金属液流击碎;

⑤ 旋涡环形喷射——压缩气体从切向进入喷嘴内腔,然后以高速喷出造成一旋涡封闭的锥体,金属液流在锥底被击碎。

图 3.25 和图 3.26 分别为气体雾化和水雾化装置的示意图。

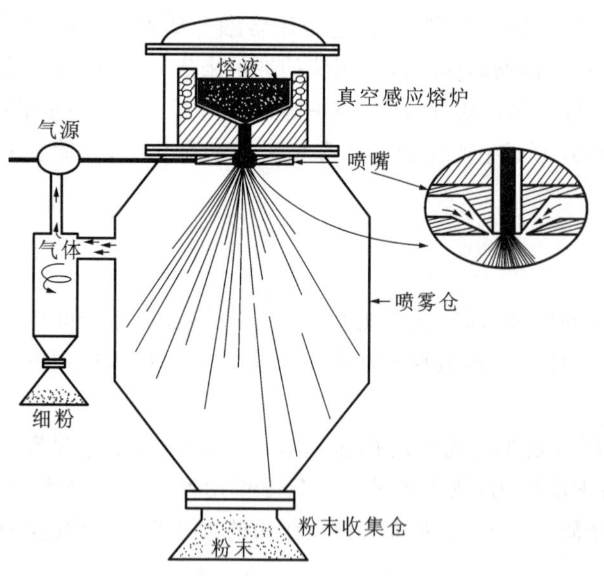

图 3.25　气体雾化装置示意图

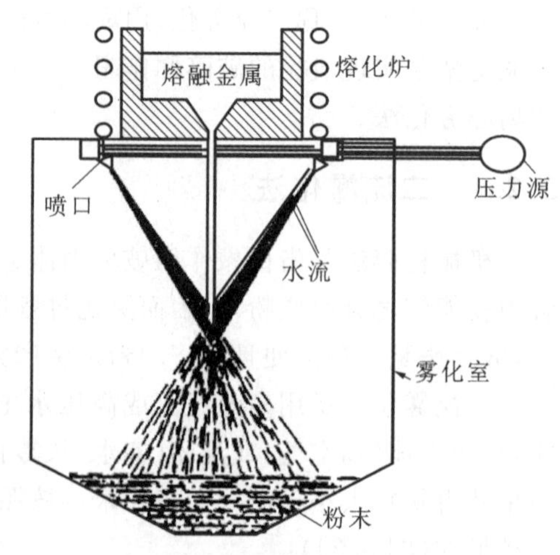

图 3.26　水雾化装置示意图

3.2.1.1　雾化过程原理

雾化过程是一个复杂过程，其中既有物理机械作用，又有物理化学作用。雾化过程中的物理机械作用主要表现为雾化介质同金属液流之间的能量交换（雾化介质的动能部分变为金属液滴的表面能）和热量交换（金属液滴将一部分热量转给雾化介质）。在液体金属不断被击碎成细小液滴时，高速流体的动能变为金属液滴增大总表面积的表面能。雾化过程中的物理化学作用主要表现为液体金属的黏度和表面张力在雾化过程和冷却过程中不断发生变化，这种变化反过来又影响雾化过程。此外，在很多情况下，雾化过程中液体金属与雾化介质发生化学作用使金属液体改变成分（氧化、脱碳等）。

关于熔融液流破碎和雾化机理的文献，绝大多数是关于气体雾化的，而且从定量的角度对雾化机理进行研究的工作仍较少。这里仅以气体雾化为例，对雾化过程的一般规律进行定性的讨论。如图 3.27 所示，金属液自漏包底小孔顺着环形喷嘴中心孔轴线自由落下，压缩气体由环形喷口高速喷出形成一定的喷射顶角，而环形气流构成一封闭的倒置圆锥，于顶点（称雾化交点）交汇，然后又散开。

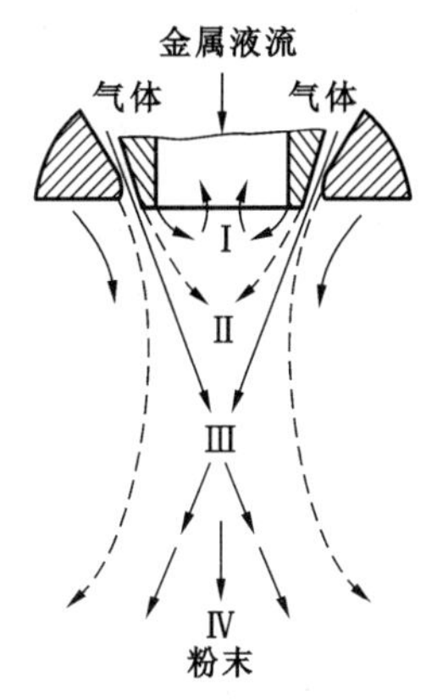

图 3.27　金属液流雾化过程图

金属液流在气流作用下分为四个区域：① 负压紊流区（图 3.27中Ⅰ）；② 原始液滴形成区（图 3.27 中Ⅱ）；③ 有效雾化区（图 3.27 中Ⅲ）；④ 冷却凝固区（图 3.27 中Ⅳ）。

(1)负压紊流区：由于高速气流的抽气作用，在喷嘴中心孔下方形成负压紊流层，金属液流受到气流波的振动，以不稳定的波浪状向下流，分散成许多细纤维束，并在表面张力作用下有自动收缩成液滴的趋势。形成纤维束的地方离出口的距离取决于金属液流的速度，金属液流速度愈大，离形成纤维束的距离就愈短。

(2)原始液滴形成区：在气流的冲刷下，从金属液流柱或纤维束的表面不断分裂出许多液滴。

(3)有效雾化区：由于气流能量集中于焦点，对原始液滴有强烈的击碎作用，使其分散成细的液滴颗粒。

(4)冷却凝固区：形成的液滴颗粒分散开，并最终凝结成粉末颗粒。

由上述金属液流在高速气流下雾化过程可以看出：气流和金属液流的动力交互作用愈显著，雾化过程就愈强烈。金属液流的破碎程度主要取决于气流对金属液滴的相对速度以及金属液滴的表面张力和运动黏度。一般来说，金属液流的表面张力和黏度系数较小，所以气流对金属液滴的相对速度是主要的影响因素。当气流对金属液滴的相对速度达第一临界速度 $u'_{临}$ 时，破碎过程开始；当气流对金属液滴的相对速度达第二临界速度 $u''_{临}$ 时，液滴很快形成细小颗粒。

基于流体力学原理，保证金属液流破碎的速度范围取决于液滴破碎准数 D：

$$D=\frac{\rho u^2 d}{\gamma} \tag{3.23}$$

式中　ρ——气体密度，g · s/cm⁴；

u——气流对液滴的相对速度，m/s；

d——金属液滴大小，μm；

γ——金属表面张力，10^{-5} N/cm。

根据有关文献，用空气雾化制铜粉时，当 $D=10$，$u=u'_{临}$；当 $D=14$，$u=u''_{临}$。将 D 值代入式(3.23)得：

$$u'_{临界}=\sqrt{\frac{10\gamma_{Cu}}{\rho_{空气}d_{Cu}}} \tag{3.24}$$

$$u''_{临界}=\sqrt{\frac{14\gamma_{Cu}}{\rho_{空气}d_{Cu}}} \tag{3.25}$$

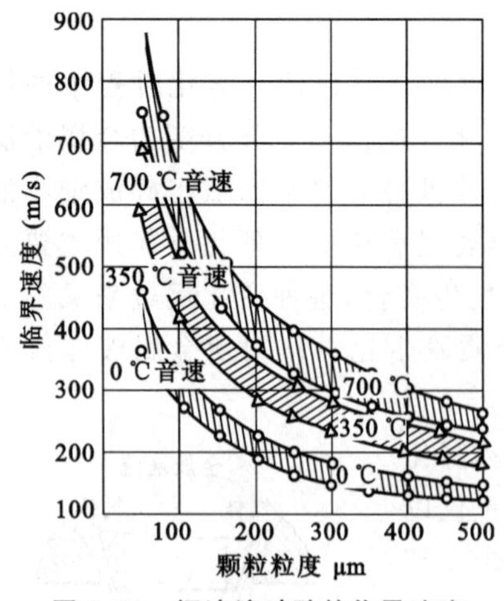

图 3.28 铜液滴破碎的临界速度与颗粒粒度的关系

由于$\rho_{空气}$和d_{Cu}均与温度有关，故将不同温度下的$\rho_{空气}$和d_{Cu}分别代入式(3.24)和式(3.25)，可以得到制备不同粒径铜粉所需要的空气速度范围，如图 3.28所示。

根据图3.28可以得出，要制得粒径小于100 μm的铜粉，空气速度要大于相应温度下的音速，见表 3.8。此时必须采用拉瓦尔型的喷嘴结构。

图 3.28 表明，随着气流温度的升高，液滴破碎到同一粒径所需气流的临界速度增大，第一和第二临界速度之间的范围也扩大。这有利于更准确地控制雾化过程。但提高进气速度对喷嘴材料的耐高温和耐腐蚀性要求高，工艺设备及其操作在大规模生产时难以实现，故一般采用常温气流。

表 3.8 不同温度下的 $u''_{临界}$ 和音速

温度/℃	0	350	700
$u''_{临界}$/(m/s)	～350	～500	～680
音速/(m/s)	330	499	624

3.2.1.2 雾化喷嘴的结构

喷嘴是雾化装置中使雾化介质获得高能量、高速度的部件，也是对雾化过程稳定性起重要作用的关键性部件。好的喷嘴设计应满足以下要求：① 能使雾化介质获得尽可能大的出口速度和所需要的能量；② 能保证雾化介质与金属液流之间形成最合理的喷射角度；③ 使金属液流产生最大的紊流；④ 工作稳定性要好，喷嘴不易堵塞；⑤ 加工制造简单。

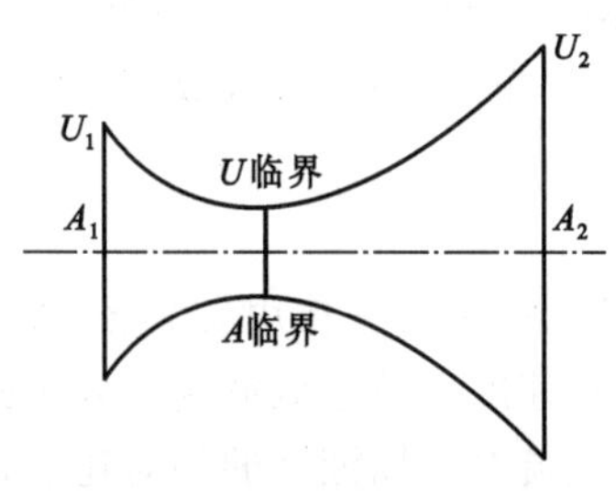

图 3.29 拉瓦尔型喷管

根据流体力学原理，高速流体在管道中的流动服从以下方程式：

$$\frac{dA}{A}=\frac{dU}{U}(m^2-1) \tag{3.26}$$

式中 A——流体通过管道的断面面积，m^2；

U——流体在 A 断面上的流速，m/s；

dA——面积的变化；

dU——流速的变化；

m——马赫数($m=U/\alpha$，α为音速)。

雾化喷管的形状有直线型、收缩型和先收缩后扩张型(拉瓦尔型，见图 3.29)。根据式(3.26)，对直线型喷管，气体进口速度 U_1 和气体出口速度 U_2 是相等的，气流速度虽随进气压力升高而增大，但提高是有限度的；对收缩型喷管，在所谓临界断面($A_{临界}$)上，气流速度以该条件下的音速为限度；但是，拉瓦尔型喷管是先收缩后扩张，在临界断面($A_{临界}$)处，气流临界速度达音速。压缩气体经临界断面后继续向大气中进行绝热膨胀，然后气流出口速度 U_2 可超过音速。

雾化漏嘴的结构基本上可分为两类(见图 3.30)：

(1)自由降落式漏嘴　金属液流在从容器(漏包)出口到与雾化介质相遇点之间无约束地自由降落。所有水雾化的漏嘴和多数气体雾化的漏嘴都采用这种形式。

(2)限制式漏嘴　熔融金属液流在漏嘴出口处被雾化粉碎，可使气体均匀地将能量传递给金属。但气体流动造成的真空，使流下的金属熔液向上返回形成一空心圆锥，易造成漏嘴堵塞，限制式漏嘴主要用于铝、锌等低熔点金属的雾化。

用于液流直下式的气体雾化法的喷嘴有环孔喷嘴和环缝喷嘴。环孔喷嘴在通过金属液流的中心孔边圆周上，等距分布互成一定角度、数目不等(12～24 个)的小圆孔，气体喷嘴的小孔常做成拉瓦尔

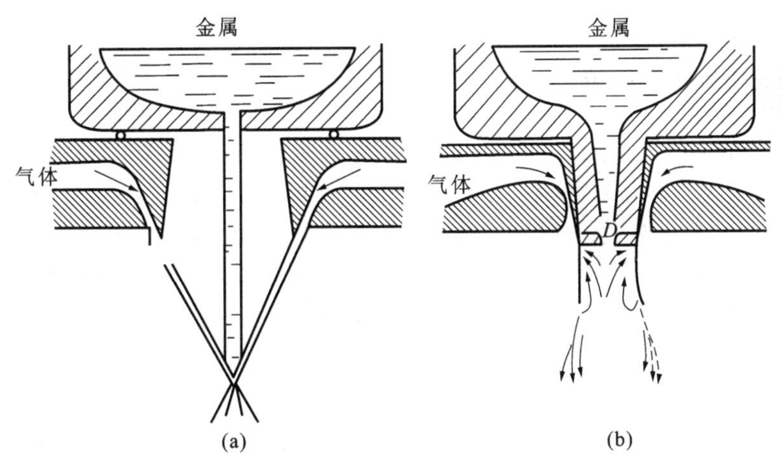

图 3.30 气体雾化用的两种漏嘴

(a)自由降落式；(b)限制式

型喷口以获得最大的气体流出速度。

由于环孔喷嘴的孔型加工困难，喷口大小不便调节，因此又研制了环缝喷嘴。环缝一般做成拉瓦尔型，可使气流出口速度超过音速，从而有效地将液滴破碎成细小颗粒。从切向进风的环缝喷嘴口出来的超音速气流会在风口处造成负压区(图 3.31)。形成的旋涡气流使金属液滴溅到喷口嘴中心通道壁上，可能堵塞喷口以致破坏雾化工作的正常进行。

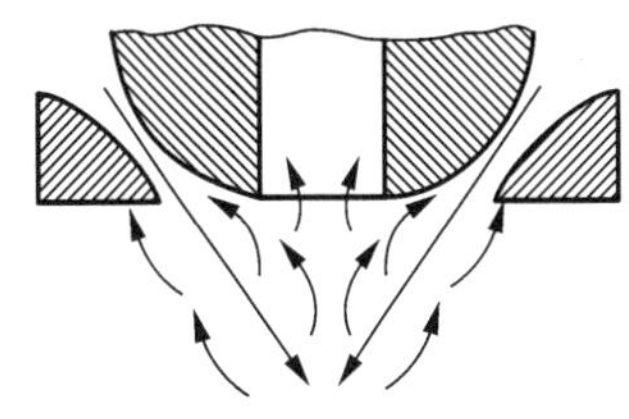

图 3.31 环缝喷嘴口旋涡气流

为了减少和防止堵塞现象，设计喷嘴时，可以采取以下措施：① 减小喷射顶角或气流与金属液流间的交角；② 增加喷口与金属液流轴线间的距离；③ 环缝宽度不能过小；④ 金属液流漏管伸出长度超出喷口水平面；⑤ 增加辅助风孔及增大二次风。

除了以上喷嘴结构外，还研制出了高压水 V 形喷射、两向板状流 V 形喷射以及封闭串联的板状流 V 形喷射等，如图3.32所示。这些喷嘴结构可以防止堵塞喷口、改善喷射效率，能喷制大多数高温合金与合金钢，如用于水雾化时能喷制铁、合金钢和不锈钢粉体等，用于气体雾化时能喷制镍基和钴基超合金粉体。

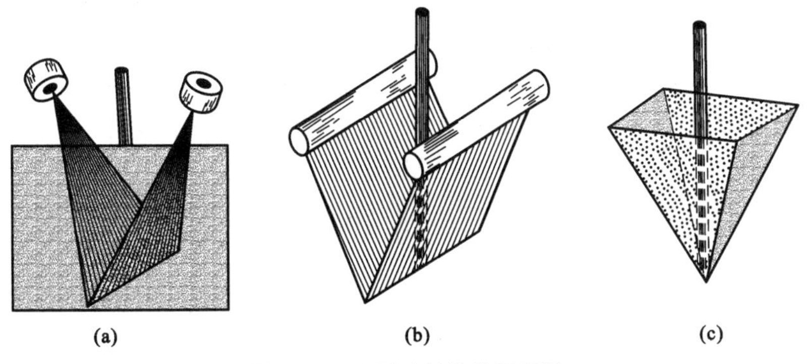

图 3.32 V 形喷射结构示意图

(a)高压水双向喷射；(b)两向板状流双向喷射；(c)封闭板状流双向喷射

3.2.1.3 气雾化

图 3.33 是一种垂直气雾化装置示意图。金属由感应炉熔化并流入漏嘴。气流由排列在熔化金属四周的多个喷嘴喷出。雾化介质采用的是惰性气体。雾化可获得粒度分布范围较宽的球形粉末。在生产超合金时的典型气雾化参数如下：熔化温度 1400 ℃；雾化介质为氮气，气体压力为2 MPa，可高至5 MPa；气体速度为100 m/s，过热度为150 ℃；气体与液流间的夹角为 40°，金属液流速率为 20 kg/min；典型的平均粒度为 120 μm。如果采用水平气体雾化，则为了让气体能够逸出，就需要有

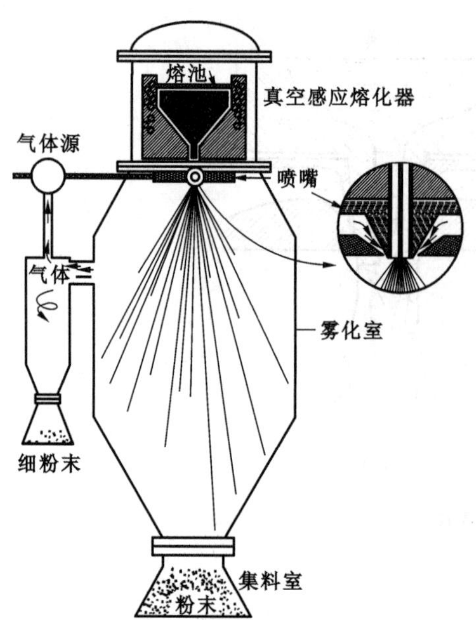

图 3.33　垂直气雾化装置示意图

一个大的过滤器(图 3.34)。

在气雾化中，雾化过程可以用图 3.35 来说明。膨胀的气体围绕着熔融的液流，在熔化金属表面引起扰动形成一个锥形。在锥形的顶部，膨胀气体使金属液流形成薄的液片。由于表面积与体积之比过大，薄液片是不稳定的。若液体的过热是足够的，可防止薄液片过早凝固，并能继续承受剪切力而成条带，最终成为球形颗粒。

熔融液滴的破碎机理如下：

第一阶段：一次颗粒形成——由熔融金属流形成原始的液滴。

从一小孔流出的液流中常有内、外扰动存在。当这些扰动增大到足以克服使液流保持整体性的表面张力作用时，液流就被粉碎。

第二阶段：二次颗粒形成——由原始液滴破碎而形成颗粒。

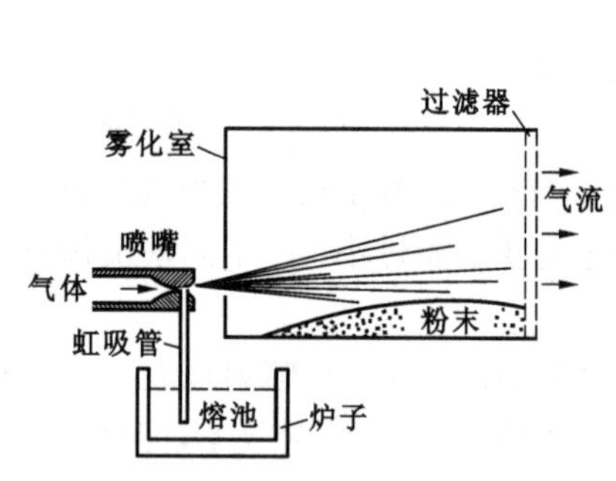

图 3.34　水平气雾化装置示意图

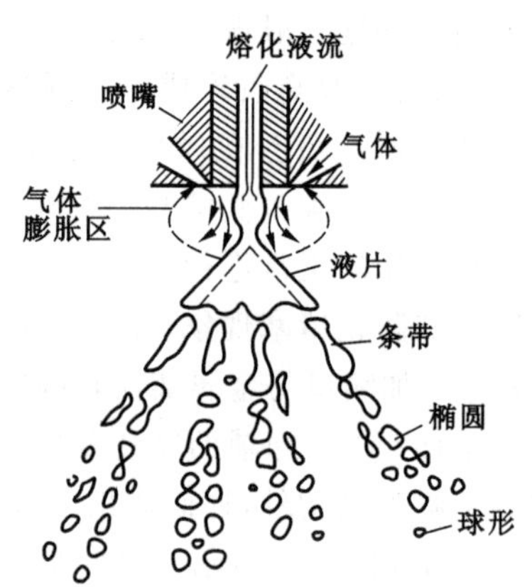

图 3.35　气雾化时金属粉末的形成

液体先形成带状，随后生成液滴。当遇高速气流时，液滴炸裂形成颗粒；在气流速度较低时，液滴孪生形成颗粒；中等气流时，两种机制都起作用。

第三阶段：雾化时，许多熔融金属液滴挤在一小容器内，以很高但又各不相同的速度运动着。这种运动导致一些液滴聚合，这不仅改变了颗粒大小，而且改变了颗粒的形状。

在上述情况中，条带直径 D_L 取决于薄液片厚度 w 和气体速度 v，即：

$$D_L = 3\left(w\frac{3\pi\gamma}{\rho_m v^2}\right)^{\frac{1}{2}} \tag{3.27}$$

式中　ρ_m——熔融金属密度；

γ——表面张力。

颗粒尺寸 D 与喷嘴几何尺寸 c 和熔融金属的黏度 η 有关，可表达为

$$D = \frac{c}{v}\left(\frac{\gamma}{\rho_m}\right)^{0.22}\left(\frac{\eta}{\rho_m}\right)^{0.57} \tag{3.28}$$

值得注意的是，不同的研究者所得关系式往往有所不同。

3.2.1.4　水雾化

水雾化是制取金属或合金粉末常用的工艺技术。水可以以单个的、多个的或环形的方式喷射(图 3.36)。高压水流直接喷射在金属液流上，可强制其粉碎并加速凝固。因此粉末形状比起气雾化来呈不规则形状。粉末的表面是粗糙的并且含有一些氧化物。由于散热快，过热度要超过熔融金属熔点

较大，以便控制粉末的形状。在水雾法中，包括制取合金粉末在内，其化学偏析是非常有限的。近年来，用合成油代替水作雾化介质，能够较好地控制颗粒形状和表面氧化物含量。例如，生产含有38%小于100目不锈钢粉的水雾化工艺条件为：金属熔化温度为1510 ℃；漏嘴直径为6 mm；金属液流速率为22 kg/min；喷射流数目为8个；水流交角为38°；水压为9 MPa；水流量为200 L/min；水速为110 m/s。

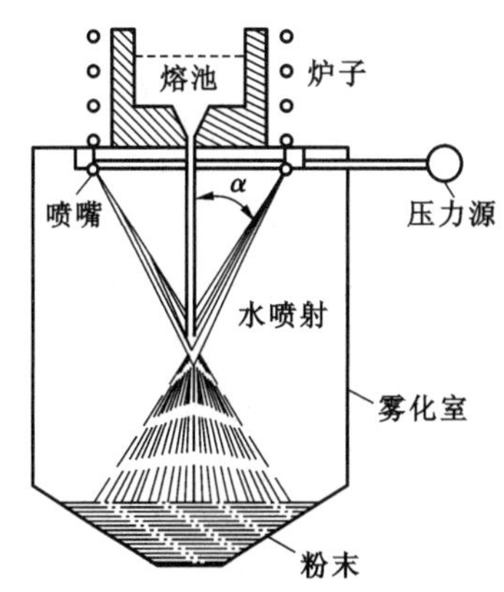

图3.36　水雾化装置示意图

在水雾化时，金属液滴的形成是水滴对液体金属表面的冲击作用而不是剪切作用。存在两种机理说明水雾化过程，如图3.37所示，可分别称为“溅落”机理和“擦落”机理。但“擦落”机理本身的局限性要比“溅落”机理少。“溅落”机理要求有一段有限的时间，而这段时间可能超出了现实可能性。此外，已形成的金属液滴与水滴的飞行方向刚好相反，因此必须改变方向。“擦落”机理的整个过程几乎是同时发生的，而且所得金属液滴的飞行方向与水滴方向相同。

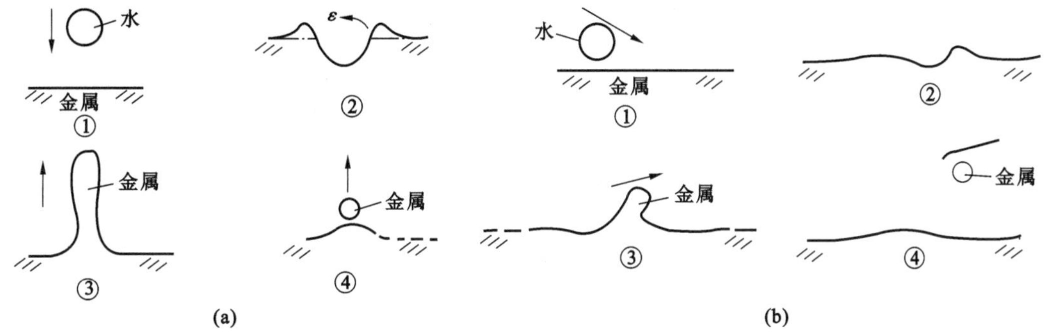

图3.37　水雾化形成金属液滴的两种模型

(a)形成液滴的“溅落”机理步骤；(b)形成液滴的“擦落”机理步骤

水雾化时，雾化粉末颗粒平均直径与水流速度之间存在一个简单的函数关系：

$$d_{平} = \frac{C}{v_{水}\sin\alpha} \tag{3.29}$$

式中　$d_{平}$——粉末颗粒平均直径，μm；

C——常数；

$v_{水}$——水流速度，m/s；

α——金属液流轴与水流轴之间的夹角，(°)。

水雾化不锈钢、铜铋合金和铸铁时粉末颗粒平均直径与水流速度的关系为

$$d_{平} = \frac{2750}{v_{水}\ \sin(\alpha/2)} \tag{3.30}$$

气雾化与水雾化的一些比较见表3.9。

表3.9　气雾化和水雾化的比较

内　　容	气雾化	水雾化
粉末粒度/μm	100	150
颗粒形状	球形	不规则
聚集状况	有一些	很少
表观密度/%	55	35
冷却速度/(K·s^{-1})	10^4	10^5
偏析程度	轻微	可忽略
氧化物/×10^{-6}	120	3000
流体压力/MPa	3	14
流体速度/(m·s^{-1})	100	100
雾化效率	低	中等

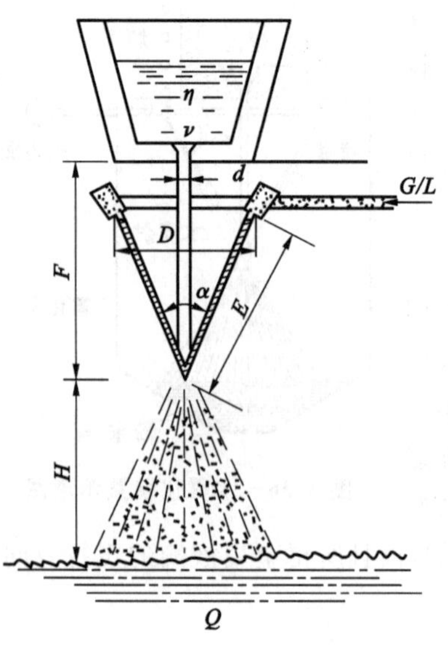

图 3.38 雾化过程中的主要参数

3.2.1.5 影响二流雾化性能的因素:

雾化过程的主要参数(图 3.38)有① 雾化介质,包括是气体还是液体(G/L)、介质压力(P)、流入速度、体积(V)、从喷嘴中喷出速度(u)、雾化介质黏度(η)。② 熔融金属或合金,如化学成分、黏度(η)、表面张力(ν)、熔化温度、过热温度、熔液注入速度、漏眼直径(d)。③ 雾化嘴设计,如各喷嘴间距离(D)、长度(L)、熔融金属流长度(F)、喷射顶角(α)。④ 雾化筒,如粉末颗粒飞越距离(H)、淬冷介质。

(1)雾化介质的影响

① 介质的种类 雾化介质分为气体和液体两类。气体可用空气和惰性气体(氮、氩等),液体主要用水。不同的雾化介质对雾化粉末的化学成分、颗粒形状、结构有很大的影响。在雾化过程中,氧化不严重或雾化后经还原处理可脱氧的金属(如铜、铁和碳钢等)一般可选择空气作雾化介质。采用惰性气体雾化可以减少金属液的氧化和气体溶解,防止粉末氧化。

用水作雾化介质,与气体比较有以下的特点:(a)水的密度比气体大得多,在同样的介质速度下,水能够向液体金属提供更高的能量,有利于获得粒径更细或比表面积更大的粉末。(b)水的热容量比气体大得多,对金属液滴的冷却能力强,用水作雾化介质时,粉末多为不规则形状,同时,随着雾化压力的提高,不规则形状的颗粒愈多,颗粒的晶粒结构愈细;相反,气体雾化易得球形粉末。(c)由于金属液滴的冷却速度快,粉末表面氧化大大减少,所以,铁、低碳钢、合金钢多用水雾化制粉。虽然在水中添加某些防腐剂可以减少粉末的氧化,但目前水雾化法还不适于活性很大的金属与合金、超合金等。

② 气体或水的压力的影响 雾化介质流体的动能愈大,金属液流破碎的效果就愈好。而流体的动能与运动的机械能一样,可用其速度和质量(对流体来说应是流量)两个参数来描述,即 $E_k=\frac{Mv^2}{2}$。因此,要增大气体动能 E_k 可以增大流量也可提高流速,但因为 E_k 正相关于 v^2,故提高流速的效果更为显著。用水作雾化介质时,由于水不可压缩,只有应用高压水(3.5~21 MPa)才能获得高的流速。对于可压缩的气体,气流速度不仅取决于进气压力,还与喷管形状和气体温度有密切关系。增加进气压力以及提高气体温度都有利于获得高的气体速度。

前面已指出,应用收缩型喷管时,在气流临界压力时,气流出口的速度最大,约等于音速。如果不提高气流的温度,气流出口的速度是不能超音速的。而用拉瓦尔型喷管,则可使气流出口速度超过音速。

气体压力不但直接影响粉末粒径组成,同时还间接影响粉末的成分。例如,用高碳生铁制雾化铁粉时,随着空气压力增加,雾化铁粉半产品中的氧含量由于氧化而提高,碳含量由于燃烧而下降,但降低不多。

斯莫尔(S. Small)用惰性气体雾化 Haynes Stellite-31 合金时,随着气体压力的增加,粉末氧含量也增加。但用水作雾化介质时,随着水压的增加,粉末氧含量是降低的,因为在同样条件下,水雾化比气体雾化冷却得快些。其具体实验数据如表 3.10 所示。

表 3.10 雾化压力对 Haynes Stellite-31 合金粉氧含量的影响

元素	含量/($\times10^{-4}$%)			
	用氩喷射		用水喷射	
	2.1 MPa	4.2 MPa	5.6 MPa	9.8 MPa
O	160	280	7450	5740
N	70	60	590	500
H	11	5	28	24

(2)金属液流的影响

① 金属液流表面张力和黏度的影响　液流破碎程度不仅取决于气流的速度，也与阻碍破碎的内力即液流的表面张力和黏度有关。一般金属液体的表面张力要比水的大 5～10 倍，因此，雾化金属需要消耗较大的能量。在其他条件不变时，金属液体的表面张力愈大，粉末成球形的愈多，粉末粒径也较粗；相反，金属液体的表面张力小时，液滴易变形，所得粉末多为不规则形状，粒径也减小。在液流能破碎的范围内，表面张力愈小，黏度愈低，所得粉末颗粒愈细。从热力学观点看，液滴成球形是最容易的，因为表面自由能最小。故表面张力愈小，颗粒形状偏离球形的可能性愈大。

液体金属的表面张力受加热温度和化学成分的影响。除铜、镉外，所有金属的表面张力都是随温度升高而降低的。氧、氮、碳、硫、磷等活性元素可以大大降低液体金属的表面张力。不过，氮、碳、磷虽降低了铁的表面张力，但是不影响颗粒成球形，这与氧的作用不同，因为碳、磷是活性还原剂，能降低液体铁中的氧含量，因而能减小金属的黏度，促进液滴球化。氮可以保护金属不受强烈氧化，因而也促进液滴球化。

液体金属黏度也受温度和化学成分的影响。随温度升高，金属液黏度减小；金属液强烈氧化时或含有硅、铝等元素时，黏度也增大。对固态或液态下都互溶的二元合金，其黏度介于两种金属之间；液态合金在有稳定化合物存在的成分下黏度最大；共晶成分的液态合金的黏度最小。

② 金属液过热温度的影响　在金属液的雾化压力和喷嘴的相同时，金属液过热温度愈高，细粉末产出率愈高，愈容易得球形粉末。因为金属熔体的黏度和表面张力，随温度的降低总是增大的，因而影响粉末粒径和形状。

当雾化压力与其他工艺参数不变时，金属液流股直径愈细，所得细粉末也愈多。

③ 金属液流直径的影响　当雾化压力与其他工艺参数不变时，金属液流股直径愈小，单位时间内进入雾化区域的熔体量愈小。所以，对大多数金属和合金来说，减小金属液流股直径，会增加细粉产出率。但是，对某些合金，金属液流股直径过小时，细粉产出率反而降低，例如铁铝合金在雾化的氧化介质中，液滴表面形成了高熔点的氧化铝，而且氧化铝的量随流股直径减小而增多，结果导致液流黏度增高，因而粗粉增多。生产上选择金属液流股直径时，还要考虑金属熔点的高低。熔点低于 1000 ℃，金属液流直径为 5～6 mm；熔点低于 1300 ℃，金属液流直径为 6～8 mm；金属熔点高于 1300 ℃，金属液流直径为 8～10 mm。

金属液流股直径太小还可能降低雾化粉末生产率，堵塞漏嘴，使金属液流过冷，结果反而不易得到细粉末，或者难以得到球形粉末。

(3)其他工艺系数的影响

为了控制粉末粒径和形状，除了上述主要参数外，还要考虑其他一些工艺参数的影响。

① 喷射参数　金属液流长度(金属液流从出口到雾化焦点的距离)短、喷射长度(气流从喷口到雾化焦点的距离)短、喷射顶角适当都能更充分地利用气流的动能，从而有利于雾化得到细颗粒粉末。对不同的体系，适当的喷射顶角一般都通过试验确定。水雾化时，较大的喷射顶角(如 60°)可以允许采用低限的水压(3.5 MPa)；而较小的喷射顶角(如 40°)，需要较高的水压(如 7 MPa)。

② 聚粉装置参数　液滴飞行路程(从雾化焦点到冷却水面的距离)较长，有利于形成球形颗粒；同时，由于冷却慢，在飞溅途中颗粒互相黏结，因而粗粉多。因此，冷却介质的选择不仅影响粉末性能，也涉及雾化工艺参数是否合理。用水作冷却介质对喷制熔点高的铁粉、钢粉等是必要的，不然，粉末容易粘在聚粉筒壁上；同时，可以通过调节冷却水面的高低，适当控制粉末的粒径和形状。而熔点不高的铜、铜合金与低熔点金属锡、铅、锌等，常在空气中冷却或采用水冷夹套的聚粉装置。这种干式集粉方式所得的粉末不必干燥，并可进行空气分级，简化了操作。

总的来看，雾化过程中的雾化介质、金属熔液以及雾化工艺参数等都对粉末的颗粒大小、粒径分布、可用粉末收得率、颗粒形状(包括与此相关的松装密度、流动性、比表面积等)以及颗粒的化学组成有重要的影响。

3.2.1.6 气体和水雾化的工艺

(1)气体雾化法制取铜和铜合金粉工艺

气体雾化法制取铜合金粉的设备示意如图 3.39 所示。

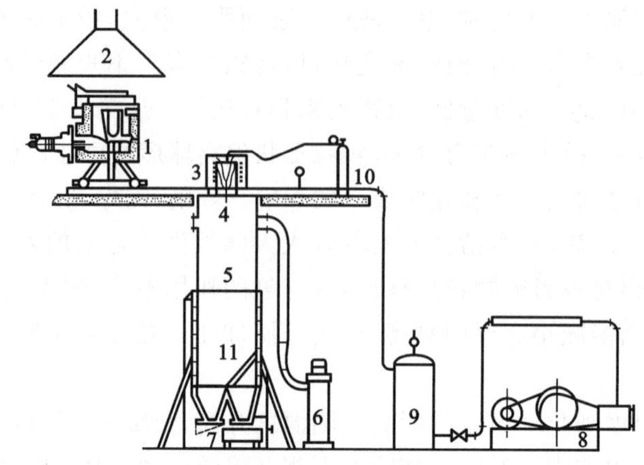

图 3.39 气体雾化法制取铜合金粉的设备示意图

1—移动式可倾燃油坩埚熔化炉;2—排气罩;3—保温漏包;4—喷嘴;5—集粉器;6—集细粉器;7—取粉车;8—空气压缩机;9—压缩空气容器;10—氮气瓶;11—分配阀

按铜合金粉末的成分要求,将配好的金属料(配料时要考虑某些低熔点成分的挥发损失)在移动式可倾燃油或燃气坩埚熔化炉中熔化,也可采用中频熔化炉熔化。金属液一般过热 100～150 ℃后,注入预先烘烤到 600 ℃左右的漏包中。金属液流股直径为 4～6 mm,空气压力为 0.5～0.7 MPa。喷嘴可用环孔或可调式环缝喷嘴。环缝喷嘴用于喷制青铜时,在相同工艺条件下,过 100 目的粉末产出率一般比环孔喷嘴高 30%,雾化粉末喷入干式集粉筒,筒体下部有水冷套对雾化粉末进行冷却。粗粉末直接从集粉器下方出口落到振动筛上过筛,中、细粉末从集粉器内抽出,经细粉收集器沉降。更细的粉末进入风选器,抽风机的出口处装有布袋收尘器。

空气雾化的铜或铜合金粉末,表面均有少量氧化,一般需在 300～600 ℃范围内用氢气或氨分解气体进行还原。为了制得球形铜合金粉,通常在熔化时加入含磷 0.05%～0.1%的磷铜,以降低黏度,增大熔液流动性,使球形粉末产出率增高。

(2)气体雾化法制取铁粉和合金钢粉工艺

当前,可压制高密度、高压制性雾化铁粉的生产已引起人们的重视,它为制造高密度、高强度的铁基粉末冶金零件提供了有利的条件。雾化法生产铁粉和钢粉的方法是多种多样的。目前国内外普遍采用的有气体雾化法和水雾化法,其中以水雾化法较为多见。

喷制铁粉时,可以采用空气为雾化介质。对于某些含有和氧亲和力较大的合金元素(如 Cr、V、Mn、Ti、Si 等)的钢种,特别是这些元素含量较高或质量要求严格时,为了减少粉末中的氧化物夹杂,以提高制品的韧性和综合性能,更需要采用气体雾化工艺。此时,一般采用氮气和氩气作雾化介质。采用气体雾化-气冷工艺和气体雾化-液氮冷却工艺制得的粉末,含氧量可低于 0.01%,适用于制造性能要求高的各种高强度低合金钢、不锈钢、高速钢、镍基高温合金、铁基高温合金和钴基高温合金粉末。但采用气体雾化-气冷工艺时,由于气体的冷却能力较差,要将高温粉末颗粒冷却到常温,需要较高的雾化筒,因此基建投资和生产费用较大。若采用气体雾化-水冷(或油冷)工艺,则不需要建很高的雾化筒,生产成本较低,但粉末的含氧量也增加。气体雾化制得的粉末颗粒多呈球形。这种粉末冷压成形性差,但适用于热压成形法制造高密度的致密材料。

气体雾化法制取铁粉时,一般不使用纯铁直接熔化,因为工业纯铁熔点高,再加上过热温度,铁水的温度将高达 1650～1700 ℃,给设备及其操作都带来很大的困难。同时,这种纯铁熔液在空气中雾化时,颗粒氧化严重。若采用氮气雾化,成本又很高。20 世纪 40 年代中期,德国研究了用高碳生铁水进行空气雾化,制得有一定程度氧化的高碳铁粉,再进行脱碳、脱氧的还原处理,最后得到所要求的铁粉，这就是通常所称的 R-Z 法。德国曼勒斯曼公司首先用这种方法生产铁粉。之后在美国、法国推广，又称为曼勒斯曼法。

熔制低硅高碳生铁的方法有：① 高炉铁水用转炉吹炼并通过碳塔增碳；② 电炉熔化并同时增碳；③ 化铁炉熔化废钢并增碳。气体雾化生产铁粉的工艺流程如图 3.40所示。

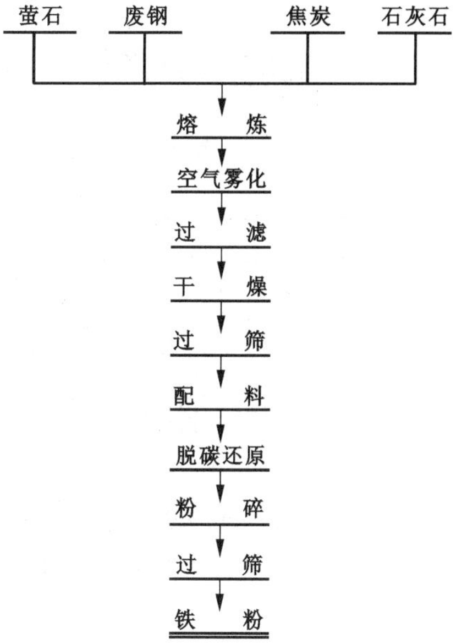

萤石 废钢 焦炭 石灰石

熔炼

空气雾化

过滤

干燥

过筛

配料

脱碳还原

粉碎

过筛

铁粉

图 3.40 气体雾化生产铁粉的工艺流程图

用上述工艺生产铁粉时，铁水温度维持在 1300～1350 ℃，铁水含碳量控制在 3.7%～3.9%。金属液流股直径为 6～8 mm，空气压力为 0.6～0.7 MPa，一般用环缝喷嘴或环孔喷嘴。

脱碳还原是雾化法制取铁粉工艺中一个很重要的阶段。雾化铁粉半成品是靠自身所含碳、氧的相互作用脱碳还原的。可能的反应为

$$4Fe_3C+Fe_3O_4 = 15Fe+4CO-619\ kJ$$

$$O:C\approx 1.33:1$$

$$2Fe_3C+Fe_3O_4 = 9Fe+2CO_2-300\ kJ$$

$$O:C\approx 2.97:1$$

在 950 ℃时

$$10Fe_3C+3Fe_3O_4 = 39Fe+8CO+2CO_2-1600\ kJ$$

$$O:C\approx 1.6:1$$

上述反应在 1000 ℃时，20 min 内可以完成；在900 ℃时，80 min内可以完成。如果氧含量或碳含量不够时，则采取配氧化铁或碳的办法使其达到所要求的氧碳比。一般选择脱碳还原时的温度为 950～1100 ℃。如果还原时还通入氢或分解氨，则效果更好。此时，氧碳比可选为 1.7 或更大一些。

(3)水雾化法制取铁粉和合金钢粉的工艺

当前，高压水雾化法是铁粉、低碳钢粉及合金钢粉的主要生产方法。水雾化法制取铁粉和合金钢粉的工艺流程如图 3.41 所示。

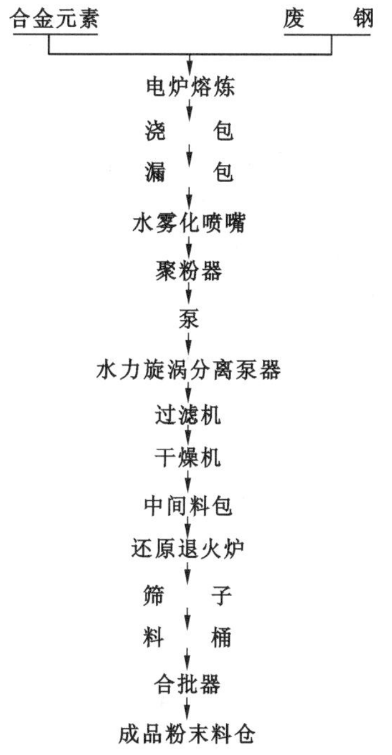

图 3.41 水雾化法制取铁粉和合金钢粉的工艺流程图

水雾化法制取铁粉和合金钢粉的工艺特点：① 水的黏度和密度都比气体介质大，水雾化的动能大，对金属液流的破碎能力也比气体雾化大，粉末收得率高；② 水雾化工艺制得的粉末，颗粒多为不规则形状，成形性较好；③ 由于水的冷却能力强，水雾化法制得的粉末颗粒晶粒细小，碳化物和合金元素偏析很小，成分均匀；④ 水雾化粉末含氧量较高，一般为 0.5%～1.0%，为降低粉末的含氧量，粉末应在保护气氛中进行还原处理；⑤ 水雾化法投资少，生产成本较低。

水雾化金属或合金熔化用的电炉可以是感应电炉，也可以是电弧炉。水雾化所使用的水压通常为 3.5～10 MPa，喷嘴以前用环形喷嘴，现在发展到使用板状流 V 形喷射的喷嘴。

水雾化时，控制好以下条件可以得细粉末：水的压力高，水的流速、流量大，金属液流股直径小，过热温度高，金属的表面张力和黏度小，金属液流长度短，喷射长度短，喷射顶角适当等。控制好以下条件可以得球形粉末：金属表面张力要大，过热温度高，水的流速低，喷射顶角大，液滴飞行路程长等。

水雾化时，金属液过热温度低，水压高，水的流速大，以及液滴飞行路程短可以得到显微组织较细并具有致密颗粒结构的粉末。

常用的两种水雾化装置如图 3.42 和图 3.43 所示。

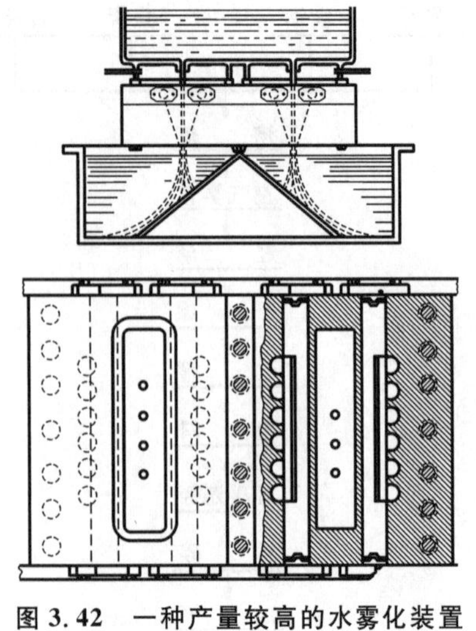

图 3.42　一种产量较高的水雾化装置

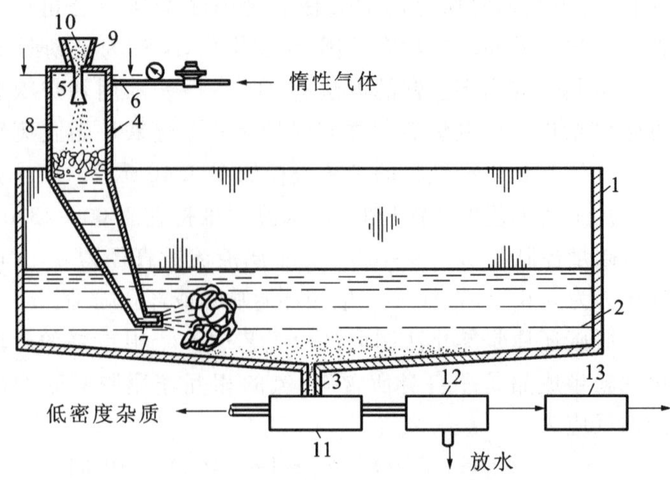

图 3.43　另一种水雾化装置的总体示意图

1—水池；2—水；3—水池出口；4—雾化筒；5—钢水流出口；6—惰性气体引入口；7—出料口；8—雾化室；9—坩埚；10—钢水；11—分离器；12—脱水器；13—干燥器

3.2.2　离心雾化法

离心雾化的发展与控制粉末粒度的要求和解决制取活性金属粉末的困难有关。离心雾化是利用机械旋转时产生的离心力将金属液流击碎成细的液滴，然后冷却凝结成粉末。离心雾化有多种形式，最早的离心雾化是旋转圆盘雾化，即所谓的 DPG 法。后来发展了旋转水流雾化、旋转电极雾化、旋转坩埚雾化等，下面分别加以简介。

3.2.2.1　旋转圆盘雾化

旋转圆盘雾化如图 3.44 所示。这种方法可以喷制铁、钢粉等。从漏嘴(直径为 6～8 mm)流出的金属液流，被具有一定压力(0.4～0.8 MPa)的水引致转动的圆盘上，被圆盘上特殊的叶片所击碎，并迅速冷却成粉末收集起来。通过改变圆盘的转速(1500～3500 r/min)、叶片的形状和数目，可以调节粉末的粒径。叶片冲击次数小于 1400 次/s 时，细颗粒百分比随冲击次数增加而增加。

旋转圆盘雾化法还可借助氦气浪冲击已生成的粉末颗粒来强化凝固(即快速凝固的方式之一)，使凝固速度达到 10^4～10^6℃/s。由于金属液流的冷却速率增加，粉末颗粒的显微结构变得较细，合金固溶度增加，并可以形成新相(包括玻璃质和非晶态相)。

与旋转圆盘雾化相似的还有旋转杯[图 3.44(b)]、旋转轮[图 3.44(c)]和旋转网[图 3.44(d)]。

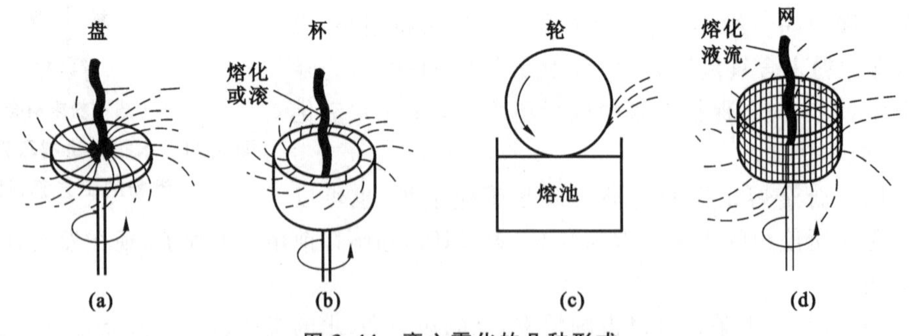

图 3.44　离心雾化的几种形式

(a)旋转圆盘；(b)旋转杯；(c)旋转轮；(d)旋转网

3.2.2.2　旋转水流雾化

水雾化所用的高压水一般由高压水泵获得，也可以通过高速旋转加速而得到。旋转水流雾化就是利用此原理而设计的。最早由美国钒合金钢公司用来制造不锈钢粉，并取名为罗伯特(Robert)粉碎机，图 3.45 为其示意图。

合金在容量为450 kg的感应电炉坩埚内熔化后，倒进衬有锆硅酸盐耐火材料的电加热的中间漏包，金属液流从直径为4.8～5.6 mm的ZrO_2漏嘴流入雾化室，被水流击碎，水从带有16个孔的转动的环形喷射器中喷出。喷射器的转动速度是6000 r/min，能保证很好的雾化，细粉产出率较高。从雾化室底部出来的粉末含有10%～15%的水分，经过旋转过滤器后含水率降到3%～5%，再经干燥后退火或是还原。

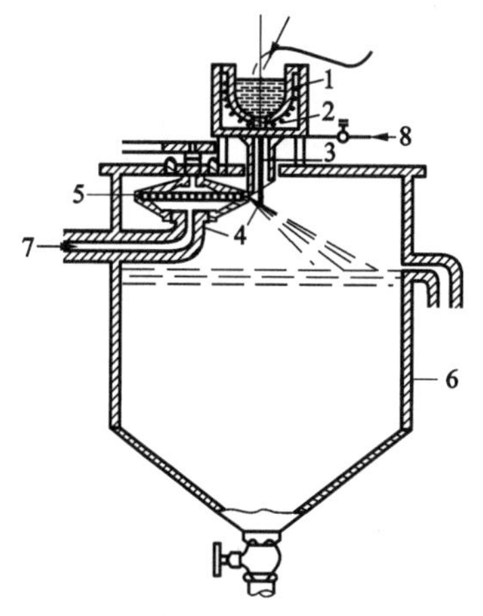

图 3.45　旋转水流雾化装置示意图

1—漏包；2—漏嘴；3—金属液流；4—水流；5—环形喷射器；6—雾化室；7—进水管；8—进气管

3.2.2.3　旋转电极雾化

旋转电极雾化法不仅可以雾化低熔点的金属和合金，而且可以制取难熔金属的粉末。旋转电极雾化装置示意如图3.46所示。

把要雾化的金属和合金作为旋转自耗电极，通过固定的钨电极发生电弧使金属和合金熔化。当自耗电极快速旋转时，离心力使熔化了的金属或合金碎成细滴状飞出。电极装于粉末收集室内，收集室先抽成真空，然后在雾化之前，充入氩或氦等惰性气体，熔滴在尚未碰到粉末收集室的器壁以前，就凝固于惰性气氛之中，凝固后的粉末落入器底。

图3.47展示了旋转电极雾化的液滴形成过程。

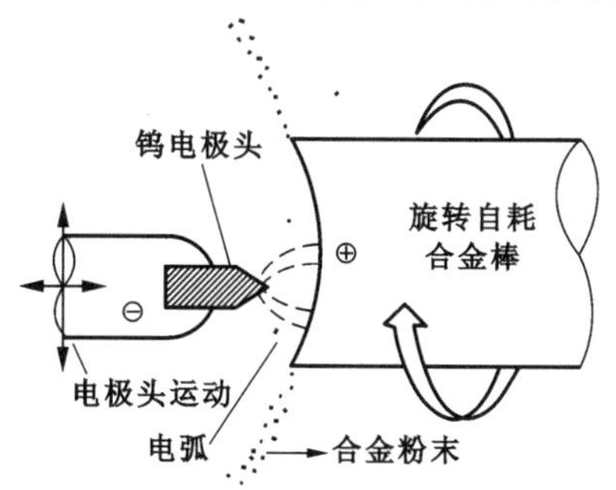

图 3.46　旋转电极雾化装置示意图

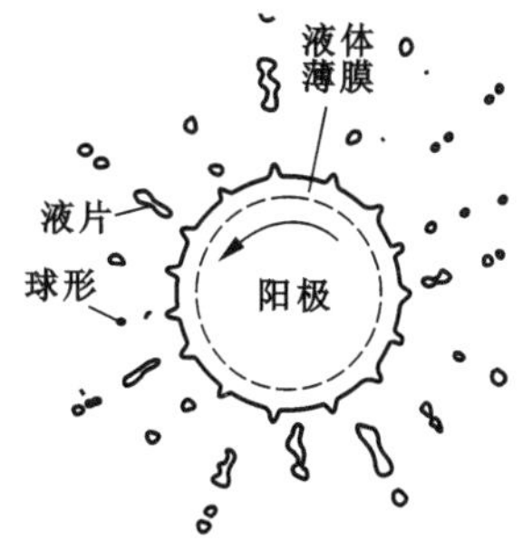

图 3.47　旋转电极雾化液滴形成示意图

首先，熔融金属在旋转固体(即阳极)边上形成液体薄膜(薄片)；然后，由于剪切力和表面张力的作用而形成条带液片；当自由下落时，条带成为液滴并形成球形粉末。如果过热度不够，那么液滴在球化之前就会凝固。

旋转电极的转速为10000～25000 r/min，电流强度为400～800 A。一般生产的粉末粒径为30～500 μm，大量生产超过325目的粉末尚有困难。

旋转电极雾化所得粉末平均粒度一般为250 μm。熔化速率高，旋转速度慢以及阳极直径细，所得粉末的平均粒度就增大。旋转电极雾化的平均粒度可用下式表示：

$$D=\frac{M^{0.12}}{\omega d^{0.64}}(v/\rho_m)^{0.43} \tag{3.31}$$

式中　M——熔化速率，m^3/s；

d——阳极直径，cm；

ω——角速度，rad/s；

v——旋转速度，r/min；

ρ_m——电极金属密度，g/mm^3。

一般情况下，旋转电极雾化工艺参数为：熔化速率为$10^{-7}\ m^3/s$；旋转速度在1000～5000 r/min之间；阳极直径在2～5 cm范围内。

旋转电极雾化工艺的优点是粉末干净，能制得球形粉末，粒度较均匀以及没有被坩埚污染的危险。缺点是生产率低，设备和加工成本较高，粉末粒度较粗。另外，用钨作阴极，粉末可能被钨污染。

旋转电极雾化法示意图如图 3.48 所示。

3.2.2.4　旋转坩埚雾化

这是一种新的离心雾化形式，其装置如图 3.49 所示。

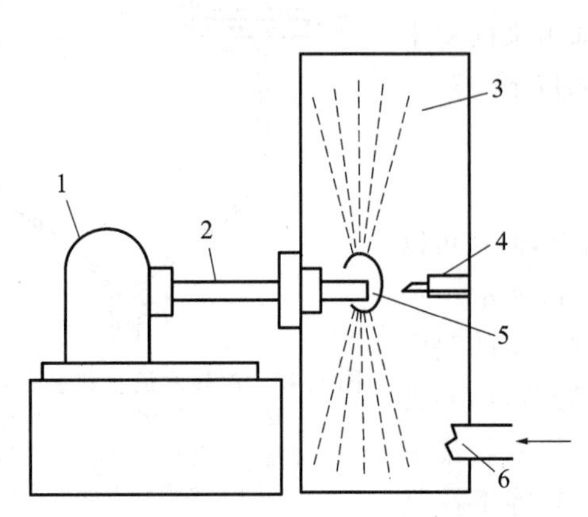

图 3.48　旋转电极雾化法示意图

1—电动机；2—送料器；3—粉末收集室；4—固定钨电极；
5—旋转自耗电极；6—惰性气体入口

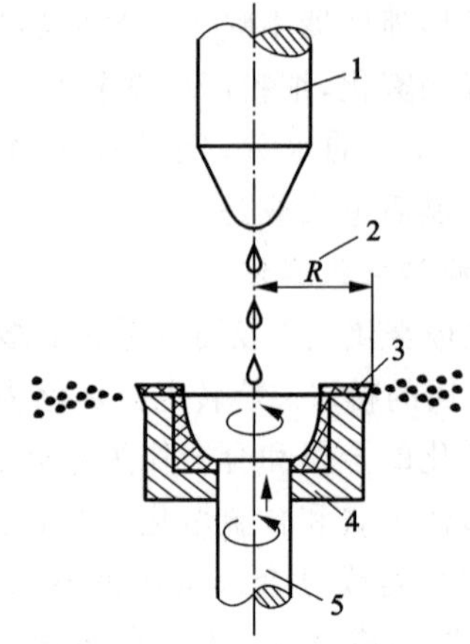

图 3.49　旋转坩埚雾化装置示意图

1—电极；2—雾化半径；3—雾化缘；
4—旋转坩埚；5—电极

旋转坩埚雾化用一根固定电极和一个旋转的水冷坩埚，电极和坩埚内的金属之间产生电弧而使金属熔化，坩埚旋转速度为 3000～4000 r/min。在离心力作用下，金属熔体在坩埚出口处破碎成粉排出。整个熔化、雾化、凝固均在惰性气氛（氩、氦）的密封容器中完成。用于雾化钛合金、超合金等，粉末粒径为 150～1000 μm，多呈球形。

3.3　电解法制取金属粉末

在一定的条件下，粉末可以在电解槽的阴极上沉积出来。因此，可以利用电解法（工艺）来制取金属粉末。在物理化学法生产的粉末数量中，电解法生产的粉末仅次于还原法生产的粉末。一般电解法耗电量较多，生产粉末的成本较高，因此在粉末生产中所占的比重是较小的。电解法制取的粉末具有吸引力的原因是它的纯度高。电解法制取粉末主要采用水溶液电解和熔盐电解，此外也有有机电解质电解和液体金属阴极电解等。其中用得较多的是水溶液电解和熔盐电解，它可制取 Fe、Ni、Cu、Cr、Zn 等金属的粉末，在一定的条件下也可使几种元素同时沉积而制得 Fe-Ni、Fe-Cr 等合金粉末。电解制粉的原理与电解精炼金属相同，但电流密度、电解液的组成和浓度、阴极的大小与形状等电解条件必须适当。对于某些稀有难熔金属，如 Ta、Nb、Ti、Zr 等，可以通过电解其熔盐而制得粉末。电解制粉时，有时可以直接由溶液（熔液）中通过电结晶析出粉末状的金属，有时需将电解析出物进一步机械粉碎，以制成粉末。

3.3.1　水溶液电解法

水溶液电解可以生产铜、铁、镍、银、锡、铅、铬、锰等金属粉末；在一定条件下也可以使几种元素同时沉积而制得铁-镍、铁-铬等合金粉末。从所制得的粉末特性来看，电解法有提纯的作用，因而所得的粉末较纯；同时，由于结晶，粉末形状一般为树枝状，压制性较好。电解法还可以控制粉末粒度，因而可以生产超细粉末。

3.3.1.1　水溶液电解基本原理

（1）电化学原理

图 3.50 为电解过程示意图。当电解质溶液中通入直流电后，导致正负离子定向迁移，正离子移

向阴极，负离子移向阳极，并分别在阴极和阳极上发生反应，形成氧化产物和还原产物。因此电解过程是一个借电流作用而实现化学反应的过程，也是电能转变成化学能的过程。

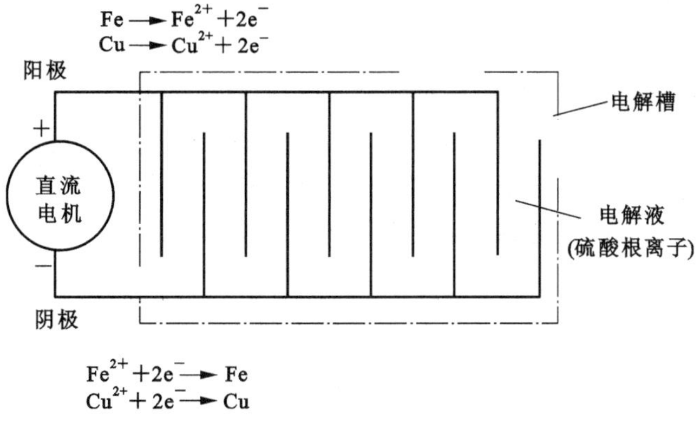

图 3.50 电解过程示意图

对水溶液电解制取铜粉，其电解槽的电化学体系为

$$(-)Cu(粉)/CuSO_4, H_2SO_4, H_2O/Cu(纯)(+)$$

电解质在溶液中电离或部分电离成离子状态

$$CuSO_4 = Cu^{2+} + SO_4^{2-}$$

$$H_2SO_4 = 2H^+ + SO_4^{2-}$$

$$H_2O = H^+ + OH^-$$

当施加外直流电压后，溶液中的离子担负起传导电流的作用，在电极上发生电化学反应，在阳极上主要是铜失去电子变成离子进入溶液。

$$Cu = Cu^{2+} + 2e^-$$

在阴极上主要是铜离子得到电子而析出金属。

$$Cu^{2+} + 2e^- = Cu$$

此外，在阴极和阳极上还发生一些副反应，如在阴极和阳极上分别放出少量的氢气和氧气。

铜电解时杂质金属的行为取决于它们自身的电位和电解液的组成。特别需要注意的是，阳极铜中的金属杂质，根据其电极电位的不同，在电解时表现出不同的行为。其中，电极电位比铜更负的金属（如铁等），在阳极优先转入溶液，在阴极则留在溶液中不还原或比铜后还原；电极电位比铜更正的金属（如银等），在阳极不溶解，脱落进入阳极泥，若少量以离子形态转入溶液中，则在阴极优先析出；至于那些标准电极电位与铜接近的金属（如铋等），则在阳极与铜几乎一起转入溶液中，并有可能在阴极上析出，而使阴极产物中含有这些杂质元素。

电解过程实质上是一个原电池的逆过程，为了进行电解过程必须在两个电极上施加一个电位差，此电位差不得小于由电解反应逆反应所构成原电池的电动势，这样一个外加的最小电位差就是理论分解电压。它能够使电解质在两极持续不断地进行分解。理论分解电压是阳极平衡电位与阴极平衡电位之差。

实际电解时需要的分解电压往往比理论分解电压大得多，实际分解电压超出理论分解电压的部分叫超电压。它能够使电解质在两极连续不断地进行分解。电流密度愈高，超电压就愈大，就每一个电极来说其偏离平衡电位值也愈多，这种偏离平衡电位的现象称为极化。根据极化产生的原因，极化有浓差极化、电阻极化和电化学极化之分，相应的超电压称为浓差超电压、电阻超电压和电化学超电压。有关极化的详细内容可参阅物理化学相关内容。

电解时，电极上析出的物质量与通入的电量存在一定的定量关系。可以根据法拉第第一定律和第二定律对电解产物的量进行理论估算。

水溶液电解可以制取铜、镍、铁、银等，但要求阴极沉积物呈粉末状态，还必须掌握电解时的成粉规律，控制工艺条件。根据电解实验的结果，可以得到以下简单的关系式：

$$c = ait^{0.5} \tag{3.32}$$

式中　c——电解液中金属离子浓度；

i——电流密度；

t——自通电电解至在阴极有粉末析出的时间，s；

a——$a = (2k/nF)^{0.5}$，其中 k 为比例常数，n 为金属离子价数，F 为法拉第常数。

多次实验表明，无论怎样的电流密度，开始析出粉末的最长时间是有一定限度的。如果在 20～25 s 内还未析出粉末，则在此种电流密度下便不能再析出粉末。以 t=25 s 代入式(3.32)，即

$$c = 25^{0.5}ai$$

则

$$i = \frac{c}{5a} = 0.2Kc$$

式中，$K = 1/a$。工业生产过程中，希望在 1 s 的时间内，即在阴极上有粉末析出，以 t=1 s 代入式(3.32)，则

$$i = (1/a)c = Kc \tag{3.33}$$

一些常用盐类的 a 值和 K 值如表 3.11 所示。K 值在 0.5～0.9 之间，硫酸盐的 K 值都一样。

表 3.11　一些常用盐类的 a 值和 K 值

盐类	Ag_2SO_4	$AgNO_3$	$CuSO_4$	$CuCl_2$	$Cu(NO_3)_2$	$ZnSO_4$
a	1.87	1.73	1.87	1.11	1.24	1.87
K	0.53	0.58	0.53	0.90	0.80	0.53

因此，电解时要得到致密沉积物，则选择 $i \geqslant Kc$；要得到松散粉末，则选择 $i \leqslant 0.2Kc$。以横坐标表示浓度 c，以纵坐标表示电流密度 i，则得到一个 i-c 关系图(图 3.51)，图中，$i=Kc$ 和 $i=0.2Kc$ 两根直线把整个图面分成三个区域：Ⅰ——粉末区域；Ⅱ——过渡区域；Ⅲ——致密沉积物区域。

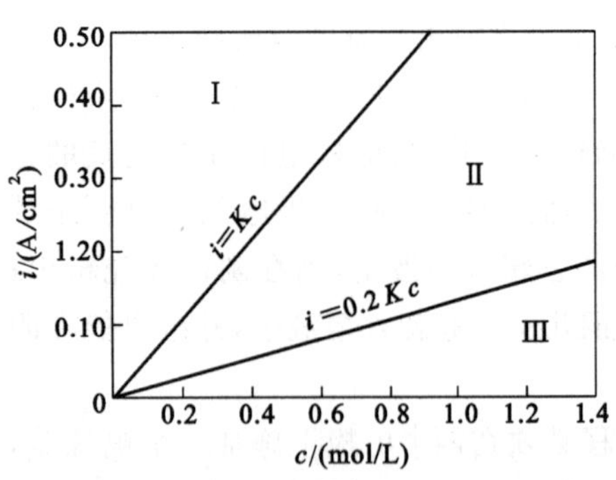

图 3.51　水溶液电解时的 i-c 关系图

(2)电极过程动力学

电极上发生的反应属于多相反应，但与其他的多相反应既有相似之处，也有不同之处。不同之处是有电流流过固—液相界面，金属的沉积速度与电流成正比；而相似的是在电极界面上也有扩散层(附面层)。由于扩散层的存在，扩散过程便叠加于电极过程中，结果使得电极过程也和其他多相反应一样，可能是扩散过程控制，也可能是化学过程或中间过程控制。

根据法拉第定律，电解产量为电化当量与电量之积：

$$M = qIt = \frac{W}{nF}It \tag{3.34}$$

若以 mol/s 表示金属的沉积速度，则有

$$沉积速度 = \frac{M}{W/t} = \frac{I}{nF} \tag{3.35}$$

式中　M——电解产量；

I——通电电流强度；

q——电化当量；

n——金属原子化合价；

W——金属的原子量。

所以根据法拉第定律，金属的沉积速度仅与通过的电流有关，而与温度、浓度无关。

由于阴极放电的结果，界面金属离子浓度降低，这种消耗被从溶液中扩散来的金属离子所补偿，可得

$$扩散速度 = \frac{DA}{\delta(c-c_0)} \tag{3.36}$$

式中 D——扩散系数；

A——阴极在溶液中的面积；

δ——扩散层厚度；

c, c_0——溶液中和界面上的金属离子浓度。

在平衡时两种速度相等，有

$$I/nF = DA/\delta(c-c_0)$$

$$I/A = nFD/\delta(c-c_0) \tag{3.37}$$

式(3.37)表明，随着电流密度(I/A)的增大，$c-c_0$ 值将增大，因为溶液中金属离子浓度可以近似地看成常数，所以 $c-c_0$ 值的增大意味着界面上金属离子的贫化，这就为电解成粉创造了先决条件。式(3.37)还表明，在恒定的电流密度下，搅拌电解液使扩散层厚度 δ 减小，$c-c_0$ 值也减小，即 c_0 值增大。这与实验所得结果是一致的(图 3.52 和图 3.53)。

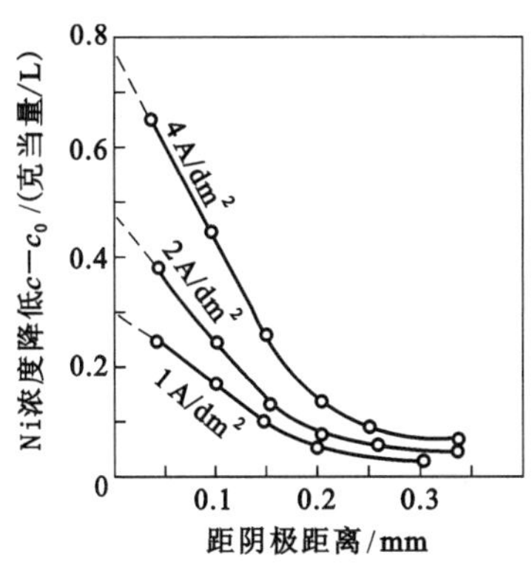

图 3.52 电解制镍粉时电流密度与阴极扩散层中镍浓度的关系

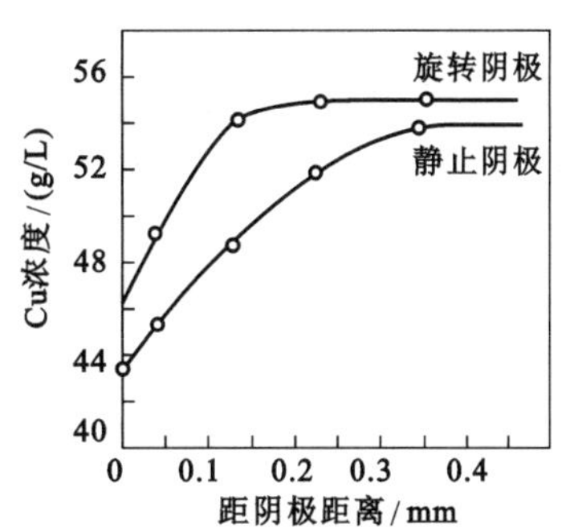

图 3.53 电解制铜粉时搅拌对阴极界面上铜浓度的影响

(3)电流效率和电能效率

在电解过程中，除了极化现象所引起的超电压外，还有电解质电阻所引起的电压降，电解槽各接点和导体的电阻所引起的电压损失。因此，电解池的槽电压为这些值的总和，即

$$E_{槽} = E_{分解} + E_{液} + E_{接}$$

式中 $E_{分解}$——分解电压，即 $E_{分解} = E_{理论} + E_{超}$，而 $E_{超} = E_{浓} + E_{阻} + E_{电化}$；

$E_{液}$——电解液电阻引起的电压降；

$E_{接}$——电解槽各接点和导体上的电压损失。

电解时使用高的槽电压，电能消耗增加，因此应设法降低它。因为理论分解电压是由电解质的性质决定的，因此降低 $E_{槽}$ 主要是降低 $E_{分解}$ 中的 $E_{超}$，以及 $E_{液}$ 和 $E_{接}$。

电流效率和电能效率是电解中两项重要的技术经济指标。

在实际电解生产过程中，析出的物质质量往往与按法拉第定律计算的不一致，这主要是因为电解过程中出现了副反应和电解槽漏电等的缘故，因而有一个电流有效利用的问题，即电流效率问题。

电流效率反映了电解时电量的利用情况，是指一定电量电解出的产物实际质量与理论上应电解出的产物质量之比。由于在电解时有副反应而多消耗一部分电量，所以，一般电流效率为 90%，工作好的情况下可达 95%～97%。为了提高电流效率，在电解过程中应尽量减少副反应的发生，并防止电解槽漏电。

电能效率反映电能的利用情况，是指在电解过程中生产一定质量的物质，在理论上所需的电能与实际消耗的电能之比。有时也用生产单位质量金属(如 1 kg 或 1 t)所消耗的电能(kW·h)来计算。

例如电解每吨铜粉的电能消耗为2700～3500 kW·h。降低槽电压可以降低电能消耗，是提高电能效率的主要措施。

3.3.1.2 影响铜粉粒径和电流效率的因素

(1)电解液组成的影响

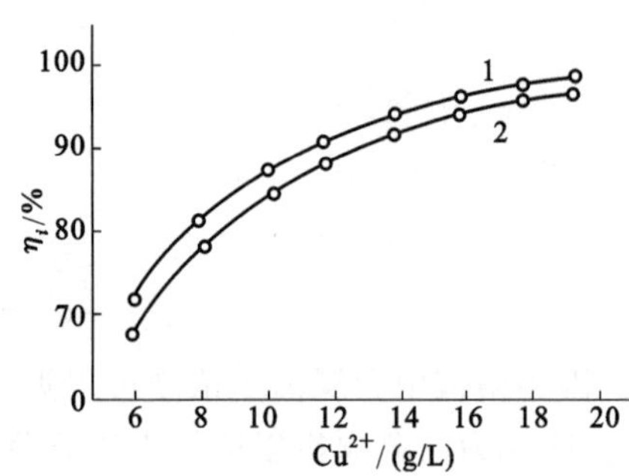

图3.54 铜离子浓度对电流效率的影响

1—经过3 min取粉；2—经过20 min取粉

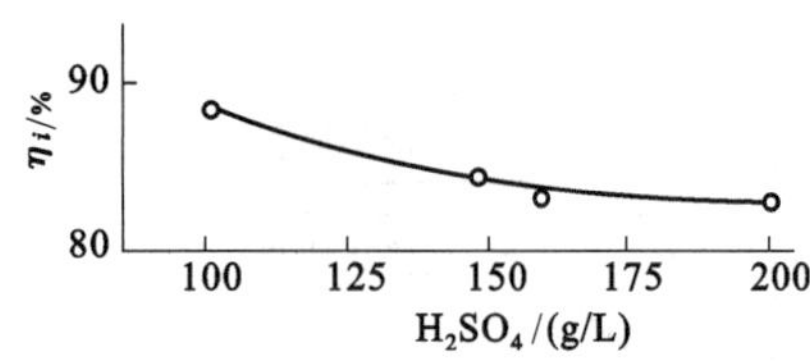

图3.55 H_2SO_4浓度对电流效率的影响

① 金属离子浓度的影响 电解制粉时电流密度较高，溶液中金属离子浓度比电解精炼致密金属时低得多。电解硫酸铜水溶液制取铜粉的实验结果表明[实验条件：H_2SO_4浓度为130 g/L，电流密度为18 A/dm²，温度为(56±1)℃]，在能析出粉末的金属离子浓度范围内，铜离子浓度愈低，粉末颗粒愈细。因铜离子浓度低，扩散速度慢，过程为扩散控制，即向阴极扩散的金属离子量愈少，成核速度远大于晶体长大速度，故粉末愈细。如果提高铜离子浓度，则相应地扩大了致密沉积物区域(图3.54)，使粉末变粗。

从图3.54可知，随着铜离子浓度[Cu^{2+}]的提高，电流效率也提高。因此，欲得到细粉末，则电流效率将降低。提高电流效率，则粉末变粗。所以，在生产中要综合考虑铜离子浓度对粉末粒径和电流效率的影响，适当控制有关参数。

② 酸度的影响 一般认为，如果在阴极上氢与金属同时析出，则有利于得到松散的粉末。

至于H^+浓度对电流效率的影响，一般认为，提高酸度有利于氢析出，电流效率是降低的(图3.55)。但也有实验得到了相反的结论。

③ 添加剂的影响 电解过程中往往使用外加的添加剂，一般来说，添加剂可分为电解质添加剂和非电解质添加剂两类。电解质添加剂的作用主要是提高电解质的导电性或控制pH值在一定范围内。非电解质添加剂通常有两类：一类为胶体(动物胶、树胶等)，另一类为尿素、葡萄糖等表面活性物质。一般来说，加入的非电解质添加剂可以吸附在晶粒表面上阻止其长大，金属离子被迫重新成核，促使电解得到细的粉末。

(2)电解条件的影响

① 电流密度的影响 金属离子浓度一定时，能不能析出金属粉末，电流密度是关键。实践证明，在能够析出粉末的电流密度范围内，电流密度愈高粉末愈细，电流密度低时，所得粉末较粗，如图3.56所示。

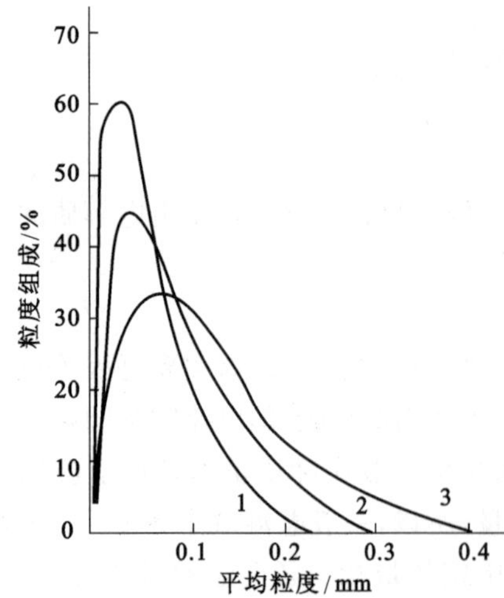

图3.56 电流密度对铜粉粒度、组成的影响

1—i=18.2 A/dm²；2—i=15.3 A/dm²；3—i=10.5 A/dm²

图3.57是电解制铜粉时电流密度对电流效率的影响。可以看出，随着电流密度的增加，电流效率降低，因为电流密度增大，槽电压升高，副反应增多，使电流效率下降。

② 电解液温度的影响 提高电解液温度后，扩散速度加快，晶粒长大速度也加快，所得粉末变粗。电解液温度与电流效率的关系如图3.58所示。升高电解液温度可提高电解液的导电能力，降低槽电压，减少负效应，从而提高电流效率；也可以使阳极均匀地溶解，减少残极率。然而，提高电解液的温度是有限的。如电解铜时，温度升高会增大一价铜的电化学平衡浓度，有利于一价铜的化学反应，结果将降低阴极的电流效率。如果温度太高，电解液大量蒸发，会恶化劳动条件。

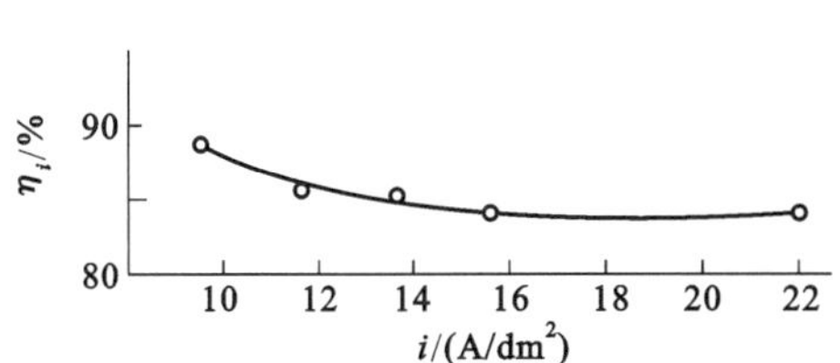

图 3.57　电解制铜粉时电流密度对电流效率的影响

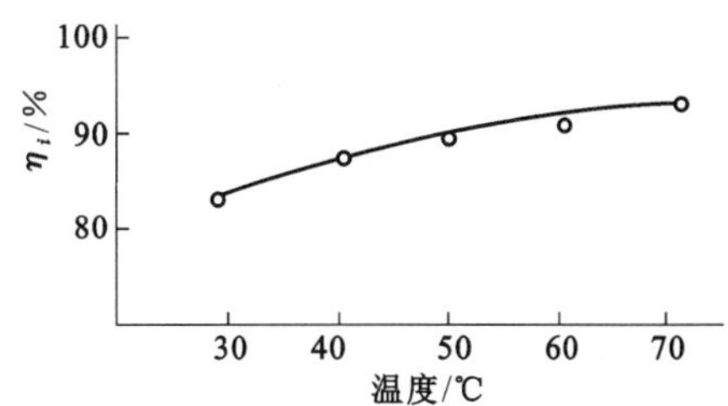

图 3.58　电解制铜粉时电解液温度对电流效率的影响

③ 电解时搅拌速度的影响　电解过程中搅拌速度对粉末粒径有直接影响。从表 3.12 中可以看出，搅拌速度快，粒径组成中粗颗粒增加。但是加快搅拌可加速循环电解液，可使扩散层厚度减少，促进电解液的均匀度，有利于阳极的均匀溶解和阴极的均匀析出，所以适当搅拌是有利的。

表 3.12　搅拌速度对铜粉粒径的影响

搅拌速度/(r/min)	百分组成/%			
	140～160/μm	112～140/μm	80～112/μm	<80/μm
300	9.7	12.2	35.6	40.5
600	21.6	16.2	27.4	41.5
900	23.3	18.8	31.5	24.5
1500	46.6	15.2	14.5	16.6
2200	43.0	18.9	20.6	14.8

④ 刷粉周期的影响　刷粉周期短有利于生成细粉，因为长时间不刷粉，使阴极表面积增大，相对降低了电流密度。因为低电流密度利于生成粗粉，因此，必须确定适当的刷粉时间。

3.3.1.3　水溶液电解工艺

(1)水溶液电解法制铜粉工艺

水溶液制铜粉的工艺条件大体上有高电流密度和低电流密度两种方案。国内多数采用高的铜离子浓度、高电流密度和高电解液温度，欧美各国多采用低铜离子浓度、低电流密度和低电解液温度，二者各有利弊。欧美各国采用的电解条件特点是电耗小，酸雾少，但生产效率低。采用高电解液温度、高铜离子浓度则可容许有较大的电流密度，生产效率高，缺点是电流效率低，电耗大，酸雾较大，劳动条件较差。

水溶液电解法生产铜的工艺流程如图 3.59 所示。电解铜粉生产的工艺参数见表 3.13。电解所得的铜粉在高温、潮湿环境中容易氧化，钝化处理是防止电解铜粉发生严重氧化的有效措施。

表 3.13　电解铜粉生产的工艺参数

工艺参数	铜离子(Cu^{2+})浓度/(g/L)	H_2SO_4 浓度/(g/L)	电流密度/(A/dm^2)	电解液温度/℃	槽电压/V
Ⅰ	12～14	120～150	25	50	1.5～1.8
Ⅱ	10	140～175	8～10	30	1.3～1.5

铜粉的钝化处理是使成品铜粉在低温、低湿度及洁净的空气中进行自身氧化而形成一层完整致密的原始氧化膜。实践表明，铜粉在一定的温度、湿度及洁净的空气中，其颗粒表面会形成一层 100～400 Å 的致密氧化亚铜(Cu_2O)膜，即原始氧化膜。它能阻止外来介质等进入铜的基体，同时，也能有效地阻止铜离子穿过膜向表面迁移。由于铜粉颗粒有原始氧化膜的存在，即使处在恶劣的环境中，其氧化速度也将大大减慢。

钝化处理较佳的工艺条件为(以 200 目电解铜粉为例)：最大相对湿度不超过 48%；最高室温不超过 17 ℃；处理时间最短不少于 10 d；铜粉本身必须保持干燥，含水率在 0.05%以下；在钝化处理期

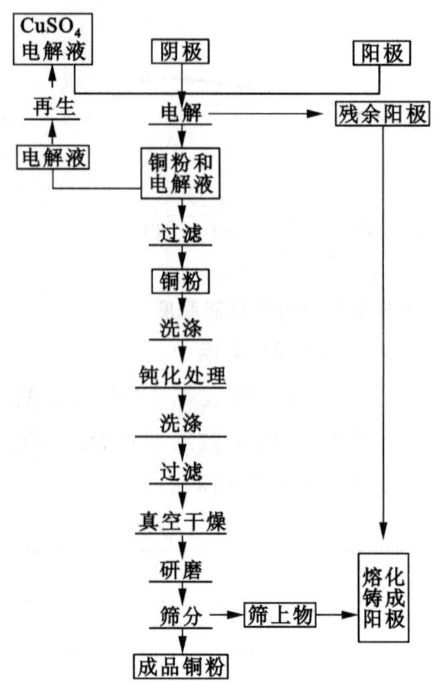

图 3.59　电解法制备铜粉工艺流程

间内，粉末不宜密封包装，而应让其暴露。

电解铜粉在氢气炉中烘干处理后，出炉的环境条件是决定原始氧化膜性能的关键。因此，铜粉一经出炉，就应立即置于上述钝化处理环境中，以防止水蒸气及其他气体介质对颗粒表面产生污染。

(2)水溶液电解法制铁粉

工业生产中，多采用电解铁盐水溶液来制取铁粉。电解铁粉一般是由硫酸盐槽或氯化物槽来生产的。

① 用硫酸盐槽电解生产铁粉

电解质的成分为：硫酸铁 110～140 g/L，氯化钠 40～50 g/L，游离硫酸 0.20～0.28 g/L。电流密度为 400～500 A/m²，槽电压为 1.5～1.7 V，电解质温度为 55～65 ℃。为了制取具有分层结构的、容易粉碎的沉积物，电解时必须周期地（每隔 15～20 min）断电一次。电解所得的沉积物经粉碎与退火处理后，铁粉的含铁量为 98.5%～99%。每吨铁粉的耗电量为 3500～3800 kW·h。

用弱酸性硫酸盐槽电解生产铁粉时，可采用较便宜的盐组成较简单的电解质。其组成为硫酸铁 7%～14%和氯化钠 5%～10%。加入氯化钠有助于粉末顺利形成，并减少能耗，及制得粒径组成较均匀的粉末，其 pH 值以 4.5～5.8 为好。电解质温度为 70～85 ℃。阳极是铁，阴极电流密度为 1000～4000 A/m²。在这种条件下，制得的铁粉含碳为 0.05%～0.06%，含磷为 0.017%～0.05%及微量锰，有时含有微量氯。

② 用氯化物槽电解制取铁粉

与硫酸盐槽相比，由氯化物槽电解制取铁粉时，电解质的导电性较好，没有阳极钝化现象，形成氢氧化物的倾向小。由氯化物电解质带入铁粉中的杂质易除去，并且铁粉不含硫。

氯化物槽电解是用氯化亚铁溶液作电解质。阳极是铁，阴极是不锈钢片。阴极电流密度为 270 A/m²，每吨铁粉耗电 1800 kW·h。铁粉于 870 ℃左右，在氢中退火 2 h，含铁量为99.6%～99.85%。

3.3.2　熔盐电解法

3.3.2.1　概述

熔盐电解可以生产与氧亲和力大、不能从水溶液中电解析出的金属粉末，如钛、锆、钽、铌、铀、钍等。熔盐电解不仅可以制取纯金属，而且还可以制取合金（如 Ta-Nb 合金等）以及难溶金属化合物（如硼化物）。

熔盐电解与溶液电解的原理无原则区别，但由于使用熔盐作电解质，故电解体系比较复杂，电解温度较高（低于电解金属熔点），这就给熔盐电解带来了许多困难。与水溶液电解相比，熔盐电解有以下一些特点：操作困难；产物和盐类的挥发损失大，故要经常补加盐类；有副反应和二次反应（析出的金属发生氧化反应），故电流效率低；产物混有大量盐类，而熔盐的分离较困难。

熔盐电解法按其被电解的金属化合物的种类分成三类：

(1)氧化物电解

如电解 Ta_2O_5 制钽粉是在高温下将 Ta_2O_5 溶解在 K_2TaF_7-NaCl-KCl 或 K_2TaF_7-NaF-KF 熔盐中，以石墨为阳极、钽棒为阴极进行电解。电解时在阴极析出钽，阳极析出氧，氧再与石墨作用生成 CO 或 CO_2，故总反应为

$$Ta_2O_5+5C=2Ta+5CO(\text{或 }CO_2)$$

电解过程中 Ta_2O_5 不断消耗，若不断补充 Ta_2O_5，保持电解质成分不变，则电解就可连续进行。

(2)氯化物电解

如电解 $TiCl_4$ 制钛粉，是将 $TiCl_4$ 溶于碱金属氯化物熔盐中（如 KCl-NaCl-LiCl、$CaCl_2$-NaCl 等）进行电解。但由于 $TiCl_4$ 在上述熔盐中溶解度较小，且难电离，故实际上 $TiCl_4$ 先被阴极区已有的钛还原成 $TiCl_2$ 或 $TiCl_3$，它们再溶于电解质并电离。

(3)氟锆酸盐电解

如生产锆粉时，可将 K_2ZrF_6 溶于 KCl-NaCl 熔盐中电解，阴极析出锆，阳极析出氯气。

$$K_2ZrF_6 + 4NaCl = Zr + 2KF + 4NaF + 2Cl_2$$

电解过程中生成的 KF 和 NaF 留在电解质中，因而电解质的组成不断变化，因此电解质不能连续使用，电解过程难以连续。

熔盐电解时对电解质的主要要求包括：

① 电解质中不含有电极电位比被电解的金属电极电位更正的金属杂质；

② 电解质在熔融状态下对被电解的金属化合物溶解度要大，而对析出金属的溶解度要小；

③ 在电解温度下，电解质的黏度要小，流动性要好，这有利于阳极气体的排出及电解质成分的均匀；

④ 电解质熔点要低，以便降低电解温度；

⑤ 熔融电解质的导电性要高；

⑥ 在电解温度下，电解质的挥发量要小，对电解槽和电极的侵蚀性要小；

⑦ 电解质无论是固态还是液态，化学稳定性都要高；

⑧ 价格便宜易得。

3.3.2.2　电解五氧化二钽制取钽粉

电解五氧化二钽制取钽粉的熔盐电解质有 K_2TaF_7-NaCl-KCl-Ta_2O_5、K_2TaF_7-NaF-NaCl-Ta_2O_5、K_2TaF_7-KF-KCl-Ta_2O_5 等类型。电解质中 K_2TaF_7 用作 Ta_2O_5 的溶剂，在 750 ℃左右，Ta_2O_5 在 K_2TaF_7 中的溶解度可达 30%（分子百分比），其他碱金属氯化物、氟化物的主要作用是增加电解质导电性，降低黏度和熔点。

表 3.14 和表 3.15 分别列出了电解质中各组分在 750 ℃时的理论分解电压和某些电解质的实际分解电压。

表 3.14　某些化合物 750 ℃的分解电压(理论值)

化合物	Ta_2O_5	K_2TaF_7	NaCl	KCl	KF
分解电压/V	1.65	2.0	3.2	3.4	4.7

表 3.15　某些电解质的实际分解电压 E

体系	电解质及组成(质量分数)	温度/℃	E/V
1	KCl-K_2TaF_7-Ta_2O_5(47.5∶47∶5.5)	800	1.49
2	KCl-NaCl-K_2TaF_7-Ta_2O_5(38.5∶38.5∶15.3∶7.7)	750	1.14
3	KCl-KF-K_2TaF_7-Ta_2O_5(43∶43∶9.7∶4.3)	800	0.92

不管实际的电解机制如何，它的最终结果都是 Ta_2O_5 分解，在阴极上析出钽，在阳极上析出氧。在电解温度(750 ℃)下，Ta_2O_5 的理论分解电压为 1.65 V，它比 K_2TaF_7、KCl、NaCl 和 KF 的分解电压都低(表 3.14)。如果采用石墨作阳极，Ta_2O_5 的分解电压可降至 1.49 V，因为在石墨阳极上发生的二次反应(氧和碳相互作用，生成一氧化碳和二氧化碳)放出能量。因为电解过程中只消耗 Ta_2O_5，而电解质的其他成分并不改变。

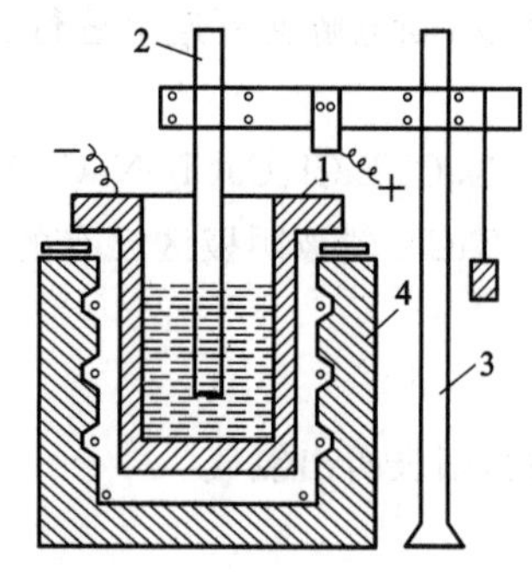

图 3.60 Ta_2O_5 电解设备示意图
1—坩埚；2—石墨电极；
3—阳极支架；4—加热炉

Ta_2O_5 的电解阳极一般有两种类型：① 石墨坩埚作阳极，放置在坩埚中央的钽棒（也可用钨棒或镍棒）作阴极；② 镍或镍合金坩埚作阴极，安放在坩埚中央的石墨棒作阳极。这种设备的阴极面积大，在阴极电流密度一定的情况下，生产能力大。第二种电解的主要设备（电解槽）如图 3.60 所示。

Ta_2O_5 的电解一般是在阴极电流密度约大于 50 A/dm^2 和阳极电流密度为 120～160 A/dm^2、电解质温度为 680～720 ℃的条件下进行。电解过程中要周期性地补充 Ta_2O_5，金属钽粉沉积在坩埚壁和坩埚底上。当金属钽粉装满坩埚有效容积的2/3时，电解过程即告结束。为使产物钽粉和电解质分离，可以采用空气分选法或真空蒸馏法。在上述电解条件下，电流效率约为 80%，制取每吨钽粉的电耗约为 2300 kW·h。

影响熔盐电解过程和电流效率的主要因素有电解质成分、电解质温度、电流密度、极间距离等。

3.4 球形粉末的制备

随着增材制造（包括 3D 打印）、注射成形等先进成形技术的发展，高性能粉末的制备越来越受到工业界的高度重视。3D 打印和注射成形用金属粉末要求其球形度高、含氧量低、粒度分布窄。金属粉末的 3D 打印工艺是增材制造的一个重要领域，利用球形粉末打印出的产品表面光泽度好、收缩率小、不易变形、力学性能稳定，与传统粉末相比，产品的性能得到了极大的改善。

球形粉末因其具有良好的流动性和高的振实密度在众多领域得到了越来越广泛的应用。如在热喷涂领域，球形粉末良好的流动性，使所制得的涂层更均匀、致密，因而涂层具有更好的耐磨性；在粉末冶金领域，采用球形粉末制备的成形件密度高，烧结过程中成形件收缩均匀，因而获得的制品精度高、性能好。特别是在对粉末质量要求更高的粉末注射成形、凝胶注模成形及激光近净成形（如 3D 打印技术）等先进粉末冶金成形方法中具有更加明显的优势，该类技术普遍要求粉末流动性好、松装密度和振实密度高，传统制粉技术制备的粉末形状不规则、流动性差，难以满足新技术的要求，而球形粉末可以很好地满足这些要求，粒度微细、可控的高纯球形金属粉末成为粉末制备技术的发展趋势。

3.4.1 羰基法制备球形粉末

前面介绍的雾化法可以通过工艺参数的调整来制备各种球形金属粉末，比如水雾化、气雾化生产用于注射成形的不锈钢粉末，气雾化生产用于过滤器的球形青铜粉。羰基法也是一种制备球形金属粉末的重要的工艺方法。

羰基法是利用羰基物的热离解过程来制取金属粉末。过渡族金属（Fe、Co、Ni）及高熔点金属（Cr、W、Mo）在高温高压下与一氧化碳发生反应，生成羰基化合物，热离解羰基化合物（简称热解羰基物），可以制取这些金属粉末。如果同时热解几种羰基物的混合物，即可得到合金粉末，如 Fe-Ni、Ni-Co 和 Fe-Co 等合金粉末。若预先以铝粉、碳化钨粉、石墨粉和二氧化锆粉等作核心粉粒，在热离解过程中还可制取包覆粉末，如镍包铝粉、镍包碳化钨粉、镍包石墨粉和镍包二氧化锆粉等。羰基物热离解形成粉末的过程是生成晶核（形核）和晶核长大的过程，粉末颗粒呈球形。

羰基法制备的金属粉末具有形状规则、纯度高、粒度细小均匀等特点，因此该法在粉末冶金工业中主要应用于多孔过滤器、高密度合金和磁性材料的制备，尤其是在采用注射成形工艺制备形状复杂的近净成形零件中羰基法的优势更加明显。由于羰基金属粉末纯度高，在化学工业中是催化剂的良好原料。此外，羰基粉末在电子工业中的吸波材料和能源电池极板材料方面发挥着不可替代的作用，还广泛应用于农业、医疗卫生和生物工程等众多领域。

3.4.1.1　金属的羰基化合物

许多金属都可以形成羰基化合物。如图 3.61 所示，一氧化碳能够和活性金属镍在常压和 40～100 ℃的条件下生成气体化合物——羰基镍，镍以零价的形式生成一种四羰基化合物 $Ni(CO)_4$，它是一种无色液体，熔点是－25 ℃，沸点是 43 ℃。镍也可以形成羰基氢合物 $H_2Ni_2(CO)_6$，其中的 Ni 为－1 价。羰基镍中 CO 配合基可以被其他配合基代替，如磷化氢、亚磷酸盐和某些不饱和碳氢化合物，后者的电子密度极大，从而允许“反键合 π”和给电子的配合基 d-σ 键合。铁元素可以形成五羰基化合物 $Fe(CO)_5$，很快又可形成双金属状的九羰基二铁 $Fe_2(CO)_9$，加热后进一步形成三金属状的十二羰基三铁。九羰基化合物中有两种羰基键合形式：d-σ 型和桥键合型(π)。

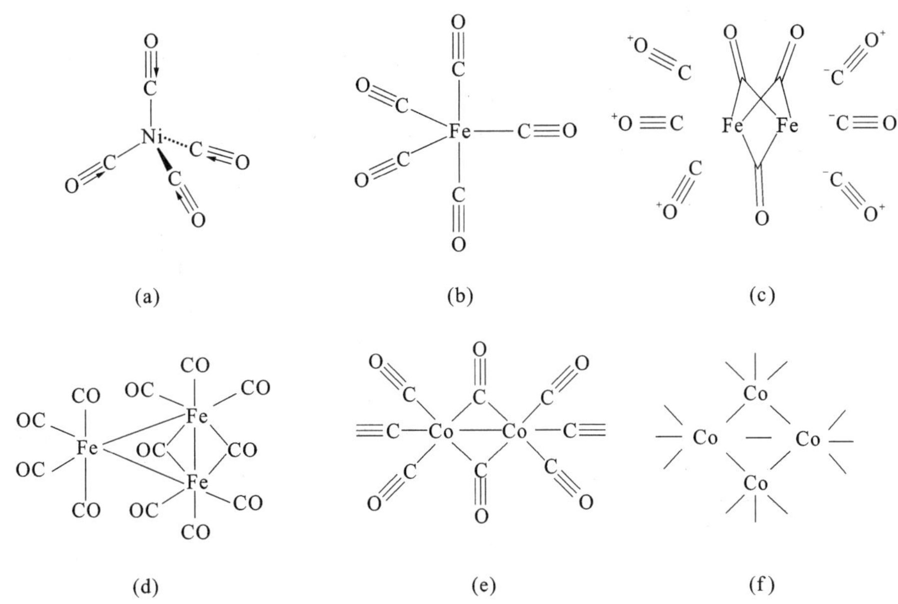

图 3.61　金属羰基化合物结构

(a)四羰基镍；(b)五羰基铁；(c)九羰基二铁；(d)十二羰基三铁；(e)八羰基二钴；(f)十二羰基四钴

金属铬、钼和钨都能形成六羰基化合物。钴能形成双核的八羰基二钴，进一步缩合成包括 π 桥键合钴原子的四核型羰基物。有些元素不能获得纯的羰基化合物，如铜、金、铂、钯等，但可以生成羰基卤素衍生物：$Cu(CO)Cl$、$Au(CO)Cl$、$Pt(CO)_2Cl_2$、$Pd_2(CO)_2Cl_4$。还有碳化羰基化合物，如：$Fe_5(CO)_{15}C$、$Ru_{10}C_2(CO)_{24}$ 和 $Rh_{15}C_2(CO)_{23}$ 等。

3.4.1.2　羰基法制备镍粉的原理

羰基法精炼镍技术主要是利用化学迁移反应原理生产出高纯度的镍。在低温状态下，羰基镍具有容易分解的特性，这就使羰基法精炼镍得以实现。对羰基镍蒸气进行加热，直到 180～300 ℃时，能够将羰基镍分解成金属镍和一氧化碳气体。通过不同设备、不同热分解条件可以热解羰基化合物，进而生产出不同性能、不同形状的各种产品，比如热解羰基镍化合物产品的最大尺寸为直径几个毫米(镍丸)，最小尺寸也能达到纳米级，微米级粉末是最常见的。

金属的羰基化合物的稳定性变化相当大。在真空中，于 0 ℃下，四羰基镍就开始分解成镍和 CO。而在惰性气体中，1 个大气压下，60 ℃以上开始快速离解。该离解反应是吸热的，同时，CO 可显著地抑制羰基镍的热离解。用四羰基镍热离解制备镍粉的机理比较复杂，在由气相形成粉末颗粒的过程中，同时发生的几个过程对粉末颗粒的形成都有影响，包括复杂的晶核形成、镍在最细颗粒表面的二次结晶、结晶过程中颗粒之间的聚合、一些次生的化学反应(如 CO 的分解)等。在一定温度下，四羰基镍离解的均质反应过程遵循如下速率方程：

$$R=(K_0\cdot P_{Ca})/(1+K_g\cdot P_{CO})$$

式中　R——离解速率，g/(cm³ · h)；

K_0——速率常数；

P_{Ca}——羰基化合物的分压，Torr；

K_g——金属上 CO 的吸附常数，$Torr^{-1}$；

P_{CO}——氧化碳的分压，Torr。

因此，四羰基镍的离解速率与羰基化合物的分压成正比，和放出的一氧化碳的分压成反比。在羰基化合物离解时，影响自发形核镍颗粒的形成条件如过程温度和供给离解器的四羰基镍的浓度和速率发生变化，会影响生成的镍粉的物理性能与工艺性能。对送入离解器的四羰基镍气流掺入添加剂时，可改变粉末的生成机理和粉末的形貌。

3.4.1.3　羰基法生产镍粉的工艺

最早出现的蒙德-兰基法(Mond-Langer)是在可控的条件下，使一氧化碳与镍精矿反应，生成气态的四羰基镍；随后，使气体热离解，从而分离出细镍粉和镍粒。其生产工艺原理流程如图 3.62 所示。羰基法制取纯镍的基本过程包括：还原、羰基化过程、羰基化合物的分解。

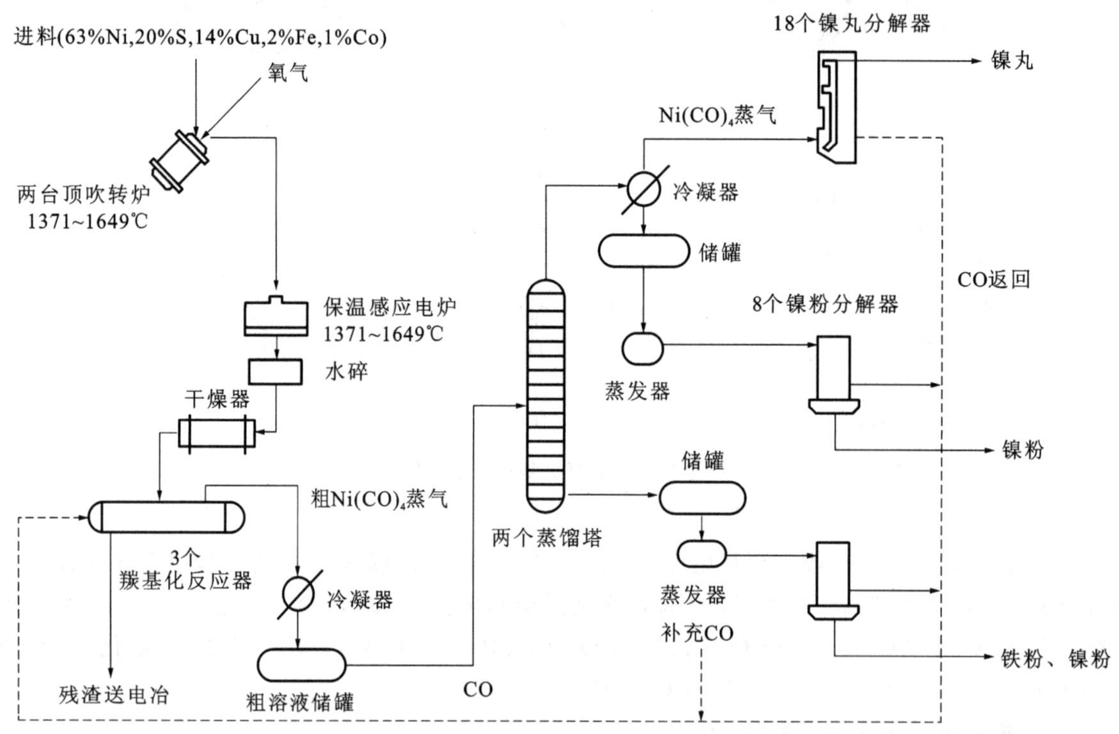

图 3.62　蒙德-兰基法生产工艺原理流程

含镍精矿在一定条件下进行羰基化反应，生成的液态羰基镍在蒸发器中加热气化，成为羰基镍蒸气进入热解炉中。热解炉为带夹套的不锈钢筒，用电或热空气加热套筒，使热解炉筒壁保持在 250～350 ℃。从筒顶部入炉的羰基物蒸气在炉内首先生成晶核，晶核再逐渐长大形成金属粉末。粉粒达到一定当量时，自由下落到热解炉下部，从下部的炉口将金属粉末收集到收粉器内。热解产生的一氧化碳从热解炉下部侧面的另一个出口处排出，被过滤后回收使用。热解产生的金属粉末含有一定量的氧和碳，再经过还原处理，可得镍粉末的纯度为 99.90％～99.95％。如果用氢气还原处理，碳含量可以小于 0.002％，氧含量小于 0.2％。

(1)羰基镍合成

目前工业化羰基镍合成工艺有以下几种。

① Clydach 的常压羰基法

Clydach 镍精炼厂(Clydach Nickel Refinery)在 1902 年开始采用羰基法精炼镍，使用精选的 Ni

精矿原料可生产镍丸、镍粉及其他镍产品。

原料是经过磨浮分离的合金在沸腾炉焙烧后获得的颗粒状氧化物（Ni 含量为 52%、Cu 含量为 20.6%、Fe 含量小于 2%、S 含量小于 1%），氧化物粉末的颗粒大约为 250 μm。用水煤气中的 H_2 还原氧化镍，获得的高活性镍与水煤气中的 CO 进行合成反应，生成气态的羰基镍。羰基镍合成反应在实际流程中是和还原反应同时进行的。

Clydach 精炼厂最初共有 12 个铸铁造的还原塔，塔身是密封式的圆筒，由 21 个重叠铸铁段构成。每一个还原塔通过燃烧的发生炉煤气（CO 26%、H_2 15%、N_2 50%、CO_2 5%、甲烷 4%）加热，维持还原塔的温度在 430℃左右。水煤气（H_2 51%、CO 40%、N_2 4%、CO_2 4%、甲烷 1%）和氧化镍自还原塔的顶部加入，氧化镍被水煤气中的氢气还原。当物料通过第三个还原塔时，进行硫化处理，使还原后的镍获得活性。水煤气中的氢气被消耗后，一氧化碳气体浓度增大，经过回收处理后供给挥发塔（羰基镍合成塔）。在多膛结构的挥发塔中，高活性的镍粉自挥发塔的顶部加入，与从挥发塔底部进入的一氧化碳气体逆流相遇，镍与一氧化碳反应生成的羰基镍气体随着上升的气流从挥发塔的顶部排出，塔内保持 40～60 ℃，以此类推，连续通过一组 8 个挥发塔。最初的挥发塔中羰基镍气体含量达 15%，之后的几个挥发塔中羰基镍气体的含量逐渐降低至 0.5%。从挥发塔中排出的混合气体中含有 8%的羰基镍，除尘后经管道输送至热分解制丸车间。图 3.63 为 Clydach 的常压羰基法精炼镍工艺。

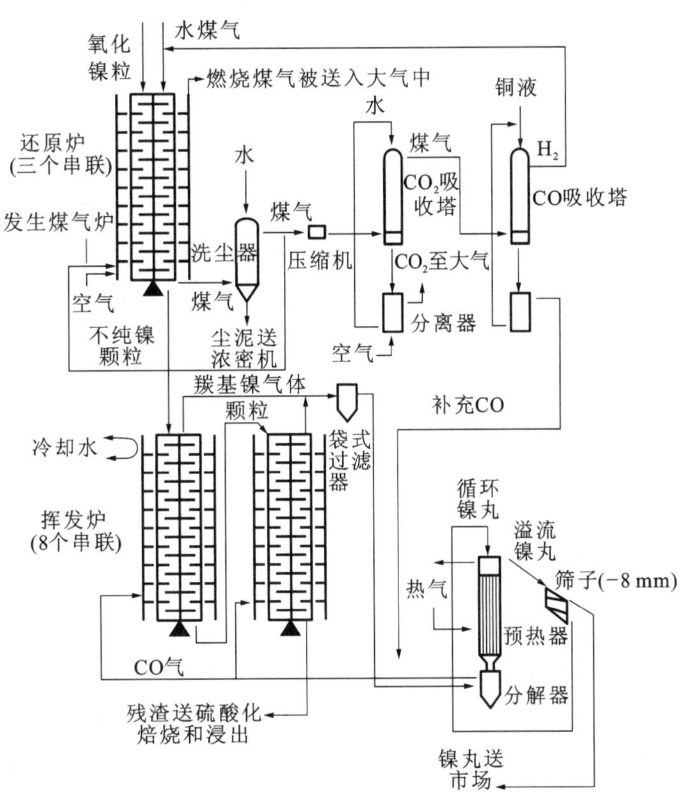

图 3.63 Clydach 的常压羰基法精炼镍工艺

该法缺点：a. 工艺烦琐，生产周期长（羰基镍合成周期至少要 4 个昼夜）；b. 羰基镍合成率低，一般为 90%～93%，最高达 95%，资源利用率低；c. 原料要求严格，特别是铁、硫含量要低；d. 羰基物无液化过程，羰基物不精馏提纯，无精馏工序；e. 安全性差，系统中混入空气可能引起爆炸。

后来 Clydach 对精炼技术进行改进，原料是镍的硫化物，其在流化床上焙烧生成氧化物，氧化物烧结成块后再经过复烧成为低硫的烧结块，烧结块冷却到 150 ℃以下时，运输到储存仓中备用；用回转窑代替了原有的还原塔、硫化塔和挥发塔。磨细的氧化镍粉末进入 40 m 长的回转窑后，在 390～450 ℃的水煤气中被还原；生成的海绵镍在第二个回转窑中进行硫化提高活性；活化后的海绵镍再进入羰基合成回转窑，与 CO 相遇并在 50～60 ℃的条件下进行羰基镍合成反应，生成羰基镍气体。混合气体中羰基镍的含量为 16%，经过除尘后输送到热分解车间。图 3.64 为改进后的 Clydach 常压羰基法精炼镍工艺。

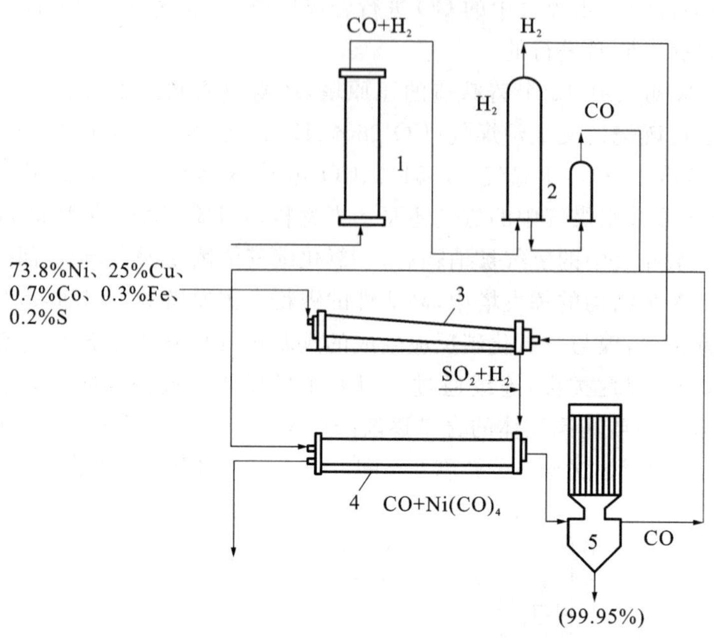

图 3.64　改进后 Clydach 的常压羰基法精炼镍工艺

1—水煤气储存罐；2—CO 吸附塔；3—还原回转窑；4—合成回转窑；5—镍丸炉

改成回转窑后工艺特点：① 工艺流程简单，生产周期有所缩短；② 生产过程的自动化水平提高，全部由中央控制室进行操作；③ 羰基合成率没有提高；④ 回转窑工艺是 Cupper cliff 羰基法精炼镍转动釜的基础。

② Clydach 的加压羰基法

加压羰基法除了能够直接提高反应速率外，还能够提高羰基镍的稳定性，允许羰基化反应在更高的温度下进行。因此，增加反应釜内 CO 的压力可以进一步提高反应速度。原料与常压羰基法相同，原来的挥发塔由立式高压釜代替。羰基合成压力为 2 MPa，温度为 120 ℃，镍的羰基合成率为 95%。虽然羰基镍合成反应的速率加快了，但是原料中少量的铁被羰基化，所以蒸馏工序是必需的。Clydach的加压羰基法精炼镍工艺见图 3.65。

③ Cupper cliff 的中压羰基法

Cupper cliff 的中压羰基法精炼镍工艺见图 3.66。中压羰基法精炼镍工艺是利用卡尔多转炉吹炼，获得具有一定硫含量的 Cu-Ni 合金，再经过水雾化获得具有一定粒度(<10 mm)的高活性铜镍合金作为羰基合成原料，然后利用转动釜合成羰基镍的新工艺。羰基合成压力为 7 MPa，温度为 180 ℃，反应周期为 42 h，镍的羰基合成率为 95%。由于铜镍合金的颗粒小于 10 mm，增加 CO 的压力有利于 CO 往颗粒内部扩散，提高合成速率。另外，转动合成釜的冷却系统能够及时地将反应热带出，使得羰基镍合成反应在设定的温度下进行。转动釜的应用是羰基法精炼镍工艺的一个革命，但转动釜技术复杂，制造难度大。

④ 高压羰基法

德国巴斯夫股份公司(BASF)的路德维希港镍厂的高压羰基法工艺见图 3.67。BASF 等公司采用高压羰基法，羰基合成压力为 25 MPa，羰基合成温度为 200～220 ℃，周期为 3 d，镍的羰基合成率为 95%。原料为铜镍冰铜(Ni 44.97%、Cu 38%、Fe 1%、Co 0.03%、S 10%)，粒度为 20～25 mm。高压羰基法使原料中含有的铁、钴被羰基化，为获得纯的羰基镍必须进行精馏。由于当时原料的供应

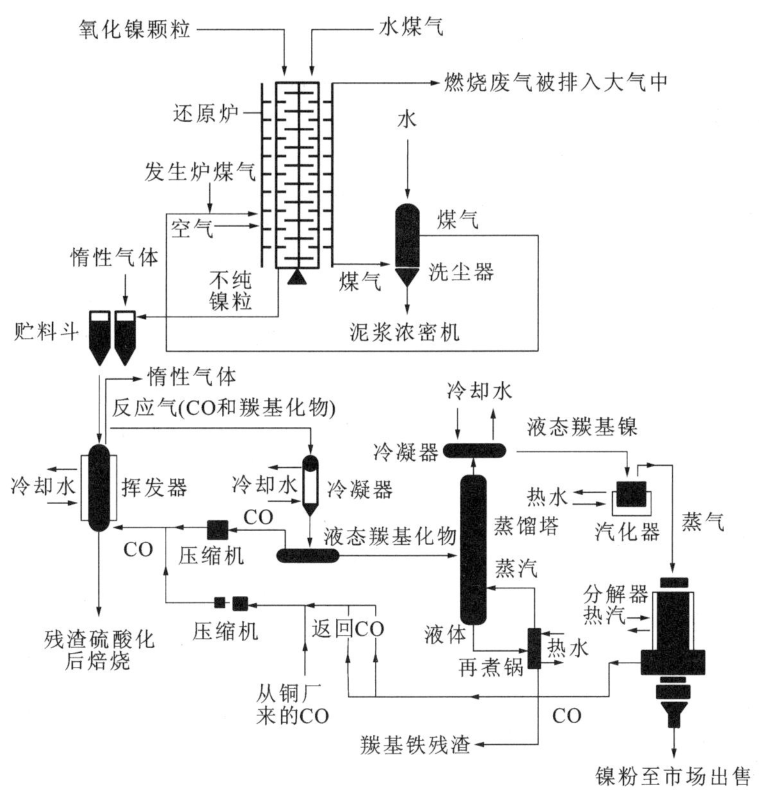

图 3.65　Clydach 的加压羰基法精炼镍工艺

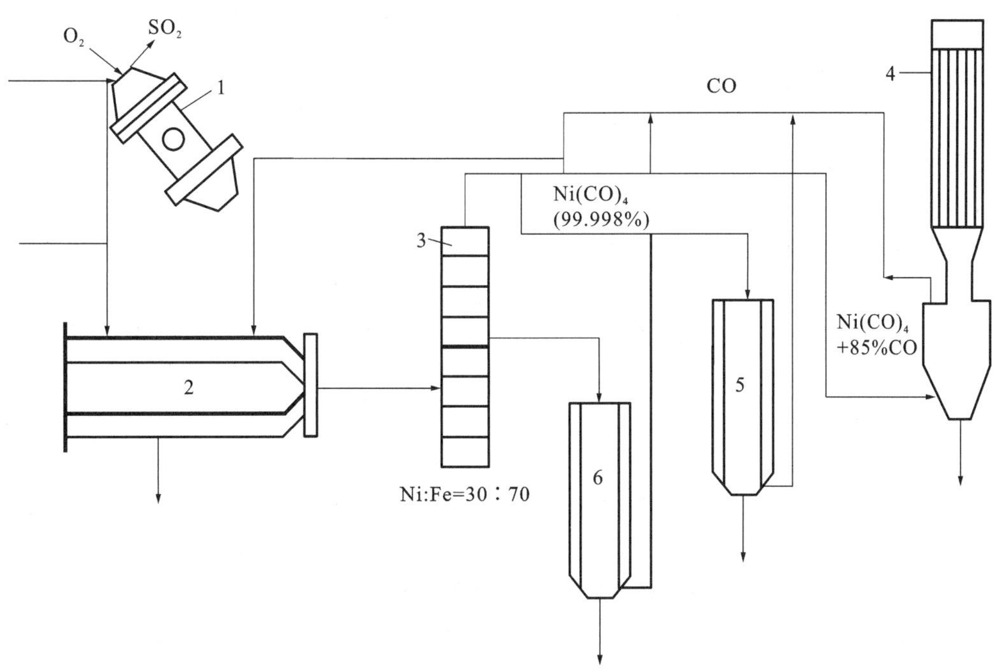

图 3.66　Cupper cliff 的中压羰基法精炼镍工艺

1—卡尔多转炉；2—转动窑；3—精馏塔；4—镍丸炉；5—镍粉炉；6—铁镍合金炉

不足，无法维持生产，于 1964 年关闭。

俄罗斯北方镍公司的高压羰基法精炼镍工艺见图 3.68。俄罗斯北方镍公司的高压羰基法，其原料来源于含镍的废料、氧化镍、残极等。原料组成：Ni 80%～85%、Cu 8%～10%、Fe 3%～5%、S 2%

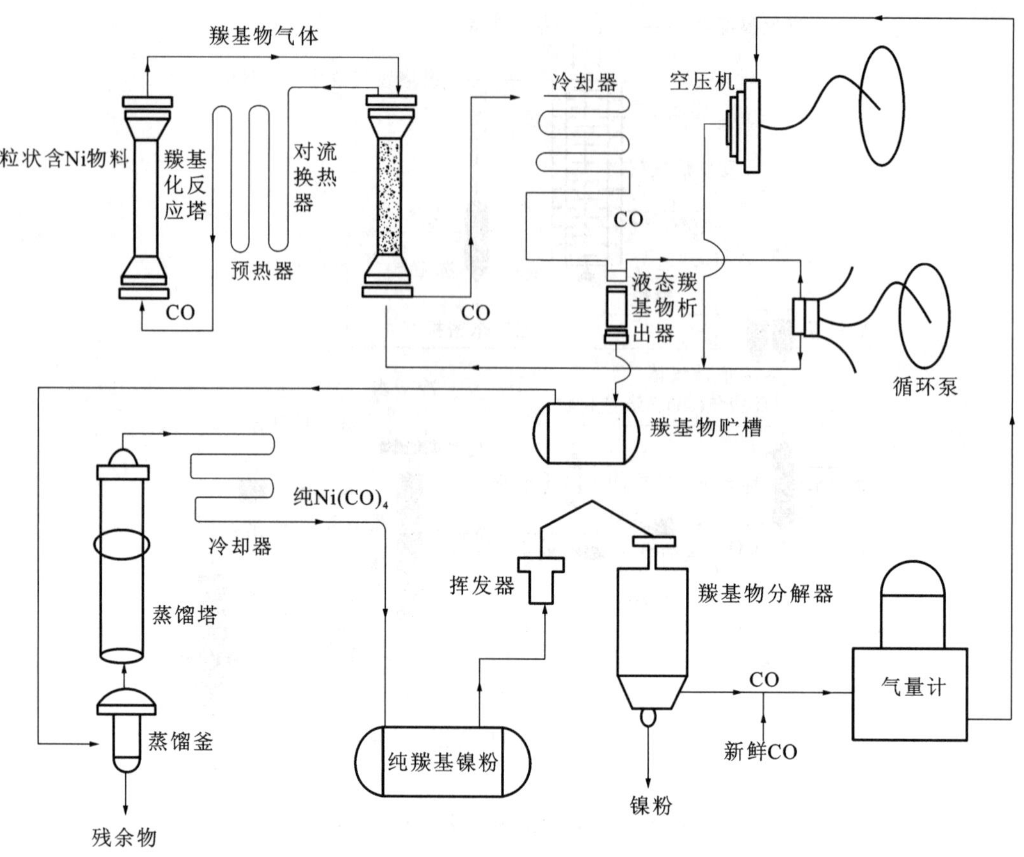

图 3.67　德国巴斯夫股份公司的路德维希港镍厂的高压羰基法工艺

～4%、Co 2%。羰基合成压力为 22.5 MPa，羰基合成温度为 150～250 ℃，周期为 3 d，镍的羰基合成率为 96%。高压羰基合成时部分铁、钴被羰基化，为获得纯的羰基镍同样要进行精馏。精馏后的残渣经燃烧后可回收氧化钴。

(2)羰基镍的分解

羰基镍的热离解在热解炉中进行。热解区域为钢制的中空筒体。图 3.69 所示为预热式热解炉，适合于生产粒径小于 60 nm 的羰基镍粉。其工艺过程是：羰基镍经精馏提纯后被蒸发成气体，通过氮气载带经喷嘴 2 进入热解炉。大量的被稀释的氮气经过氮气预热炉 1 加热到热解温度以上，然后以此氮气为热源，使羰基镍蒸气在喷嘴座 3 区域内骤然加热到热解温度而分解形核。炉气（主要为氮气、一氧化碳）和镍粉一同向下运动，经过热解炉热区 4、冷却段 5、挂壁粉箱 6、过道 8，进入成品粉箱 9。尾气通过气粉分离布袋 10 后排至热解炉外，羰基镍粉则通过成品粉接口 11 装入包装容器。

羰基镍热解炉有多种形式。按照热源形式可分为壁热式热解炉、预热式热解炉和复热式热解炉 3 种。采用何种加热方式，主要取决于对羰基镍粉的粒度要求。平均粒径越小，越趋向于采用预热惰性气体热源。羰基镍热解时，影响分解形核与镍颗粒形成的工艺条件的变化，会影响热解粉末的物理性能和工艺性能，例如热解过程温度、羰基镍蒸气进入热解炉时的浓度和速度、羰基镍在热解炉内被稀释的程度等。

常见的羰基化合物有 $Ni(CO)_4$、$Fe(CO)_5$、$[Co(CO)_4]_2$、$Cr(CO)_6$、$W(CO)_6$ 等。Wasmund 等采用羰基法制备微细球形镍粉，并研究了粉末气相成核长大的机理。研究结果表明，均匀的形核开始于羰基镍的分解，自由能是限制均匀形核的主要原因。该实验结果推翻了理论计算的分解温度，对粉末的实际生产具有指导意义。Shen 等采用溶胶凝胶法对羰基铁粉进行了表面改性处理，制备出均匀包覆的纳米晶 ZrO_2 和 SiO_2/ZrO_2 壳体羰基铁粉末。壳体厚度和形状可以通过控制反应条件加以控

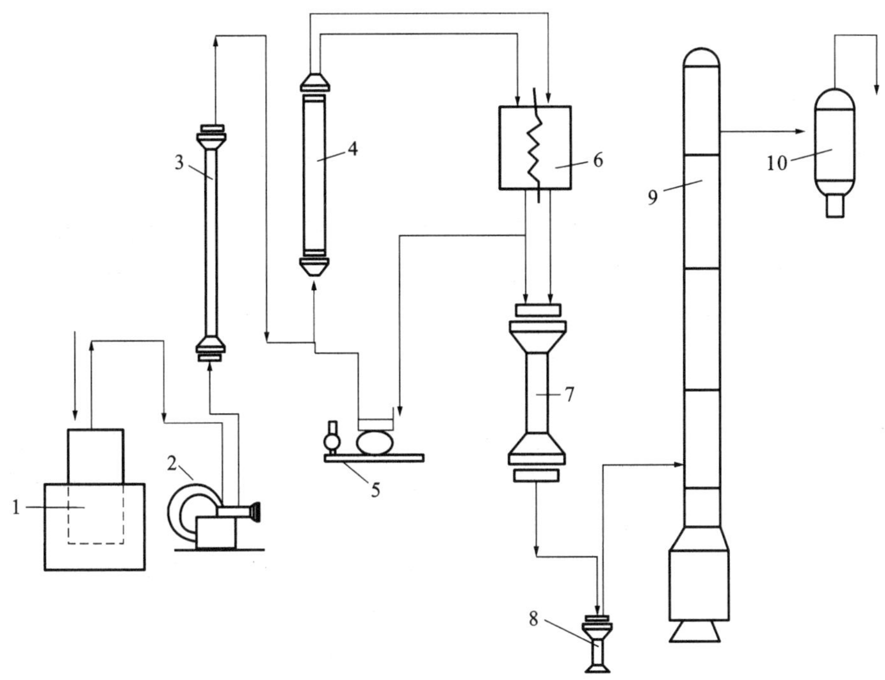

图 3.68 俄罗斯北方镍公司的高压羰基法精炼镍工艺

1—CO 储存罐；2—压缩机；3—高压储存罐；4—合成釜；5—循环压缩机；
6—冷凝器；7—高压分离器；8—低压分离器；9—精馏塔；10—精料储存罐

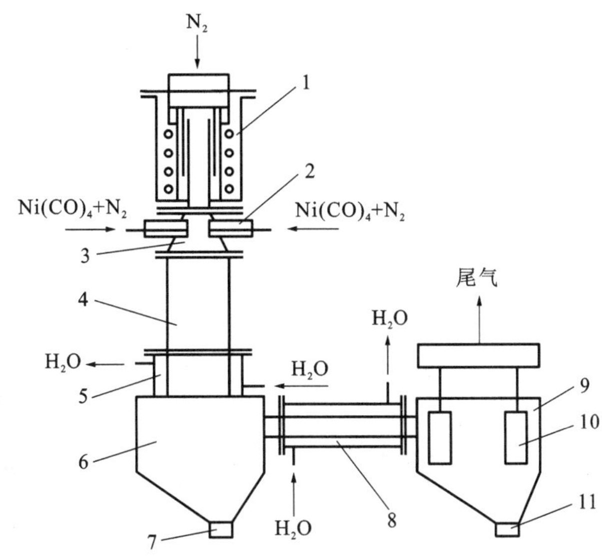

图 3.69 预热式热解炉示意图

1—氮气预热炉；2—喷嘴；3—喷嘴座；4—热解炉热区；5—冷却段；6—挂壁粉箱；
7—挂壁粉接口；8—过道；9—成品粉箱；10—气粉分离布袋；11—成品粉接口

制。具有包覆的壳层结构的羰基铁颗粒显著地增强了磁流体的耐酸和耐空气腐蚀的能力。

3.4.2 粉末的球化处理

除了采用雾化法和羰基法制备球形粉末外，还可对其他生产技术获得的非球形粉末进行球化处理。等离子体球化处理法是一种有效的制备金属及其化合物球形粉末的技术，和常规制备金属粉末的方法相比较，等离子体技术的优点有：提高球形度，控制粉末粒度；改善粉末流动性；提高粉末松装密度；消除颗粒内部的孔隙与裂缝；改变颗粒表面形貌；提高粉末纯度。因此，制备出的球形金属粉末特别适用于热喷涂、注射成形和3D打印等。

3.4.2.1 等离子体技术

(1)等离子体性质

等离子体作为自然界中物质存在的基本形态之一，自从19世纪被发现以来，人们对它的研究和利用不断深入。等离子体是由电子、离子以及未电离的中性粒子组成的集合体，其中正电荷和负电荷电量相等，宏观上整体呈现电中性。等离子体具有很多优异的物理、化学性能，主要体现在：①温度高、粒子动能大；②形成带电粒子的集合体，具有金属般的导电性能，等离子体从整体上看是一种很好的导电体；③具有非常活泼的化学性质，易发生化学反应；④具有发光特性，可以用作光源。在制备难熔金属球形粉末时，就是利用了等离子体的高温特性。

(2)等离子体产生原理

在实验室中，有许多方法可以产生等离子体，如气体放电、激光压缩、射线辐照和热电离，但最常见的是气体放电，等离子体是在电场的作用下，气体被击穿电离而形成。被外加电场加速的部分电离气体中的电子与中性分子碰撞，把从电场得到的能量传给气体。电子与中性分子的弹性碰撞导致分子动能增加，表现为温度升高；而非弹性碰撞则导致激发（分子或原子中的电子由低能级跃迁到高能级）、离解（分子分解为原子）或电离（分子或原子的外层电子由束缚态变为自由电子）。而依据气体放电不同的气压、电流等条件，又可将气体放电分为电弧放电、高频感应放电和低气压放电。前两者产生的等离子体被称为热等离子体，主要用作高温热源；后者产生的等离子体被称为冷等离子体，具有工业上可利用的特殊物理性质。

(3)等离子体发生器

① 直流(DC)电弧等离子体发生器

电弧等离子体发生器，又被称为电弧等离子体炬，它是一种能够产生定向"低温"(2000～25000 K)等离子体射流的放电装置。电弧等离子体炬主要由一个阴极（阳极用工件代替）或阴、阳两极，一个放电室以及等离子体工作气供给系统三部分组成，如图3.70所示。直流电弧等离子体是指由于直流电极间电弧产生高温，使反应气体等离子化。等离子体射流温度范围为3700～25000 K（取决于工作气体种类和功率等因素），射流速度范围为1～10 m/s。

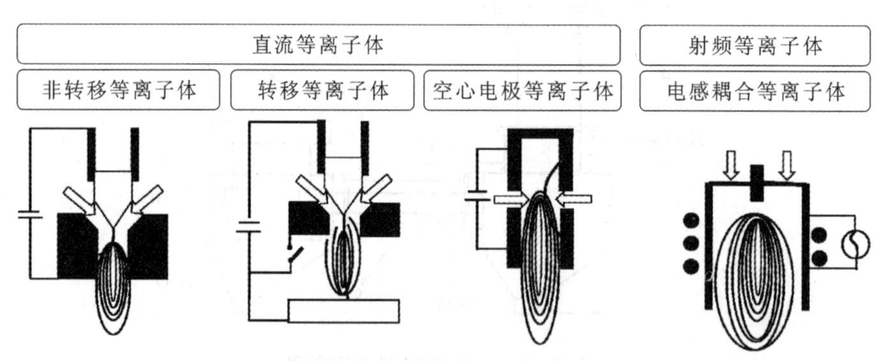

图3.70 等离子体炬类型

② 高频感应等离子体发生器

高频感应等离子体发生器又被称为高频等离子体炬，或被称为射频等离子体炬，如图3.71所示。它利用无电极的感应耦合，把高频电源的能量输入到连续的气流中进行高频放电。高频等离子体发生器及其应用工艺有以下特点：

a. 只有线圈，没有电极，故无电极损耗问题。发生器能产生极纯净的等离子体，连续使用寿命取决于高频电源的电真空器件寿命，一般较长，为2000～3000 h。在等离子体高温下，由于参加反应的物质不存在被电极材料污染的问题，故可用来炼制高纯度难熔材料，如熔制蓝宝石、无水石英，拉制单晶、光导纤维，炼制铌、钽、海绵钛等。

b. 高频等离子体流速较低(0～10 m/s)，弧柱直径较大。近年来，已广泛应用于实验室，便于做大量等离子体过程试验。工业上制备金属氧化物、氮化物、碳化物或冶炼金属时，反应物在高温区停留时间长，使气相反应充分。

根据电源与等离子体耦合的方式，高频等离子体炬可分为：电感耦合型、电容耦合型、微波耦合型和火焰型。高频等离子体炬由三部分组成：高频电源、放电室、等离子体工作气供给系统。后者除了轴向工作供气外，还像电弧等离子体炬气稳弧一样，切向供入旋转气流以冷却并保护放电室壁(通常用石英或耐热性较差的材料)。

射频电感耦合放电特点是放电环境纯度高，放电体积较大，能量密度较高。感应等离子体放电可在惰性、氧化或还原气氛中产生，压力范围从软真空到几个大气压(10 kPa 到0.5 MPa)不等。该放电方式广泛应用于低功率(小于 510 kW)的电感耦合等离子体发射光谱(ICP-OES)或质谱(ICP-MS)的材料微量元素光谱化学分析，以及粉末表面改性。

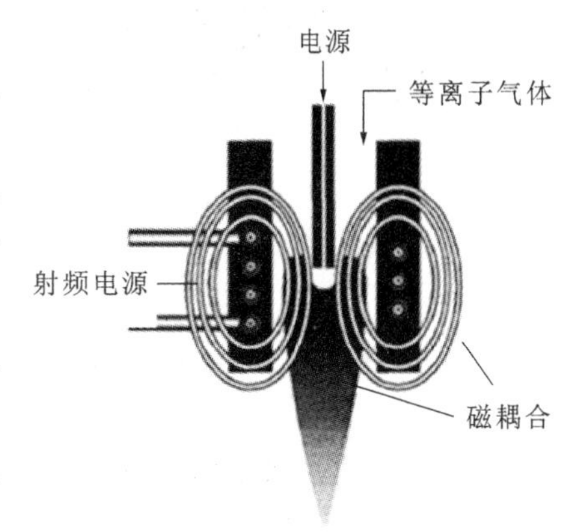

图 3.71 射频等离子体炬

射频等离子体球化粉末技术，是通过载气将不规则粉末送入到等离子体火焰中，粉末颗粒被加热后熔化，飞离等离子火焰进入反应器中，在较大的温度梯度和表面张力的作用下凝固成球形粉末。

射频等离子体球化系统主要包括等离子体发生器、等离子体焰炬、等离子体反应器、送粉系统、真空系统、粉末收集系统等。射频等离子体焰炬是该球化系统的核心。高频电流作用于线圈，线圈在放电区产生交变磁场，在交变磁场中产生环形电场，环形电场通过加热维持放电，形成等离子体火焰，焰炬壁上的陶瓷约束管被高速循环的去离子水包围着，不断与焰炬交换热量，使得等离子体焰炬持续工作。

3.4.2.2 等离子体法粉末球化技术

许多球形金属粉末可以用羰基法、雾化法等方法制造，但在难熔金属及活泼金属钛的球形粉末制备方面，由于难熔金属的高熔点、钛的极易氧化等特性，常规的方法遇到了瓶颈。与此同时，球形陶瓷粉末如氧化铝、氧化锆等可采用火焰法、水解法、乳化法来制备，但也存在装置要求高、成本高、工艺复杂、球形度差、污染严重等问题，这些极大地制约了先进粉末成形技术的发展。等离子体具有温度高、能量密度高、无电极污染、加热速度快等特点，应用等离子体技术可制备球形度高、成分均匀、粉体性能优异的球形金属粉末。

(1)等离子体球化原理

在制备球形钨粉、铬粉时，产生等离子体的能量主要通过高频电磁感应水冷铜圈提供。送粉器内的原料粉末通过载气被注射到等离子体焰炬中心，飞行中的粉末颗粒在等离子体高温区(温度高达8000～10000 K)被迅速加热，瞬间熔融形成液滴，液滴在表面张力的作用下收缩成球状，再经快速冷却而得到球形粉末。由于整个过程中没有任何电极材料接触等离子气体，所以该技术是一种纯净、无污染的粉末球化处理方法。利用等离子体技术制备难熔金属球形粉末优势较为明显，并且获得的球形粉末的综合性能优异，这主要和等离子体的特点有关。

利用感应等离子体技术制备球形粉末主要有以下几个特点：①等离子体温度高，其温度可达到8000～10000 K，这个温度足以使难熔金属熔化、蒸发及气化，这是传统的粉末制备方法无法满足的；②等离子体能量密度高，感应等离子体具有非常高的能量和传热效率，能够使被送入等离子体区的粉末充分受热并瞬间熔融；③等离子体气氛纯净无污染。由于等离子体采用惰性气体作为工作气氛，整个粉末制备过程不会引入杂质，且能有效降低粉末的氧含量。以上这些特点使得等离子体法在制备球形粉末中具有很大的优势和前景。

PN-35M 型等离子体焰炬球化反应装置结构示意图如图 3.72 所示。

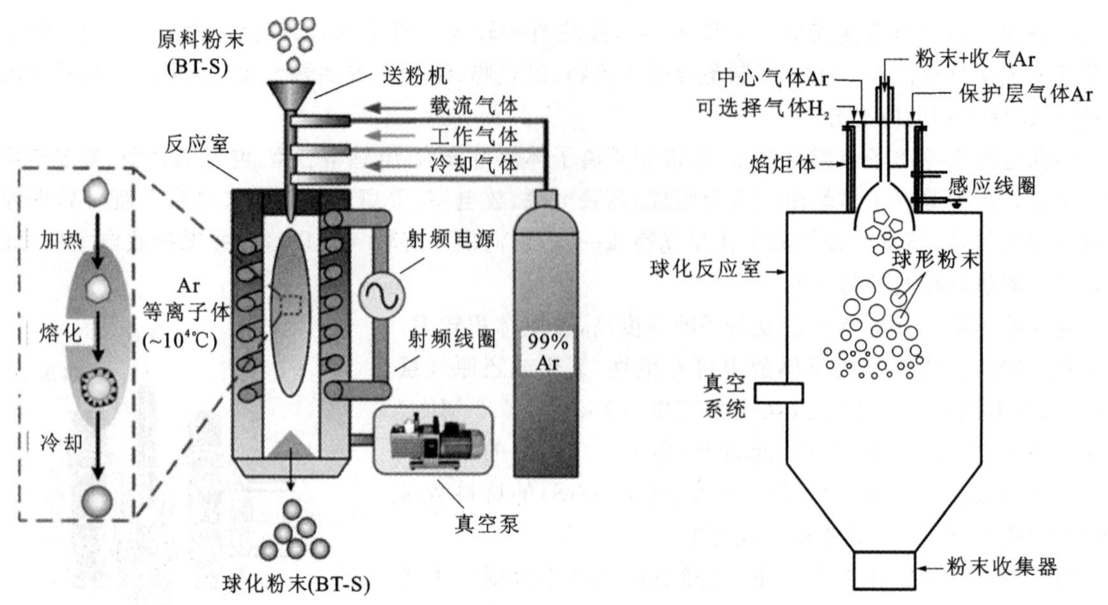

图 3.72　PN-35M 型等离子体焰炬球化反应装置结构示意图

(2)等离子体球化技术的分类

工业上常用的等离子体球化处理法按等离子体的激发方式可分为直流电弧等离子体和射频感应等离子体两大类(图 3.73 和图 3.74)。

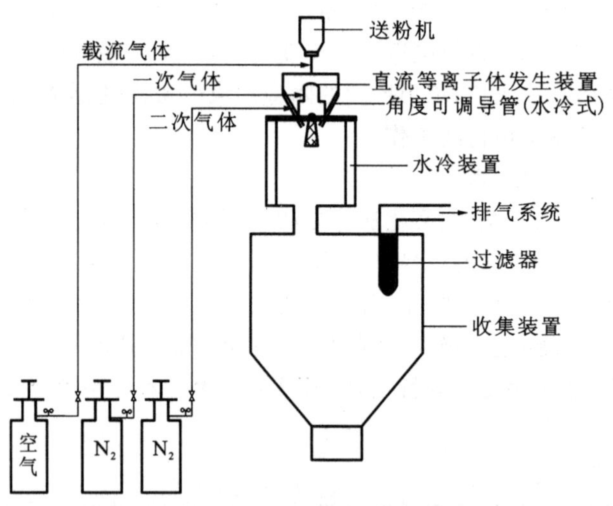

图 3.73　直流电弧等离子体球化处理示意图

① 直流电弧等离子体球化技术

直流电弧等离子体通常的射流温度范围为 3700～25000 K(取决于工作气种类和功率等因素),射流速度范围为 1～10 m/s。直流电弧等离子体球化粉末是将流动的粉末均匀地射入等离子流,使粉末能够最大限度地吸收热量并且熔化。直流电弧等离子体球化粉末的出品率最大可以达到 87%。这种球化粉末方法的关键是如何高效地利用等离子束的热量使粉末受热均匀,并且有足够的熔化时间。直流电弧等离子体法具有能量转化率高、产品产量高、投资少、易实现规模化工业生产等优点,其制备粉末的实验示意图如图 3.73 所示。

② 射频感应等离子体球化技术

射频感应等离子体是在电磁强烈的耦合作用下,诱导电流的焦耳热效应使气流加热到极高温度,形成可自持续的等离子体。其加热温度范围可达到 10000～30000 K,骤冷速度可达到 10^5 K/s,是制备组分均匀、球形度高、流动性好的球形粉末的良好途径。射频感应等离子体球化处理示意图如图 3.74 所示。

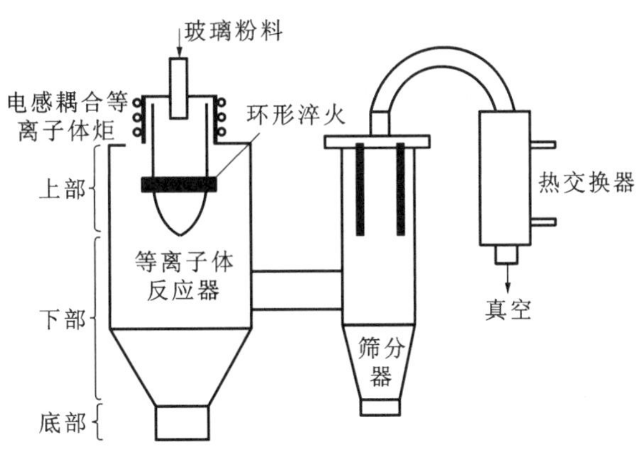

图 3.74　射频感应等离子体球化处理示意图

射频感应等离子体的等离子密度高、气体电离程度高、等离子体炬温度高且工艺相对简单，在制粉方面具有独特优势：粉末相对停留时间长，可以得到更有效的加热；采用感应耦合放电，无电极，不存在产品的污染问题；反应气氛灵活可控，可实现各类粉末的球化处理。制得的粉末具有很高的球形度、球化率而得到业内人士的高度认可。

射频感应等离子体球化效果的影响因素如下：

a. 加料速率对粉体球化率的影响

在射频感应等离子体球化处理过程中，工艺参数尤其是加料速率对铌粉的球化有重要影响。在相同工艺参数下，加料速率不同，粉末的球化效果不同。图 3.75 所示为以粒径 24.83 μm 的铌粉为原料，在不同加料速率下制备的球形铌粉形貌的照片。加料速率增大使单位时间内通过等离子体的粉末增多，粉末完成球化所需要的能量增加。而系统在固定的工艺条件下所能提供的能量为有限的定值，不能满足过量粉末的吸热、熔化和球化的需要，致使粉末的球化率降低。此外，单位时间内进入等离子体炬中的粉末增多，颗粒与发生器中流场的相互作用更加剧烈，造成颗粒运动轨迹杂乱，部分颗粒未能穿过高温区也是造成球化率降低的原因。图 3.76 所示为送粉速率 15g/min 时，铌粉球化处理后的部分非球形颗粒的照片。

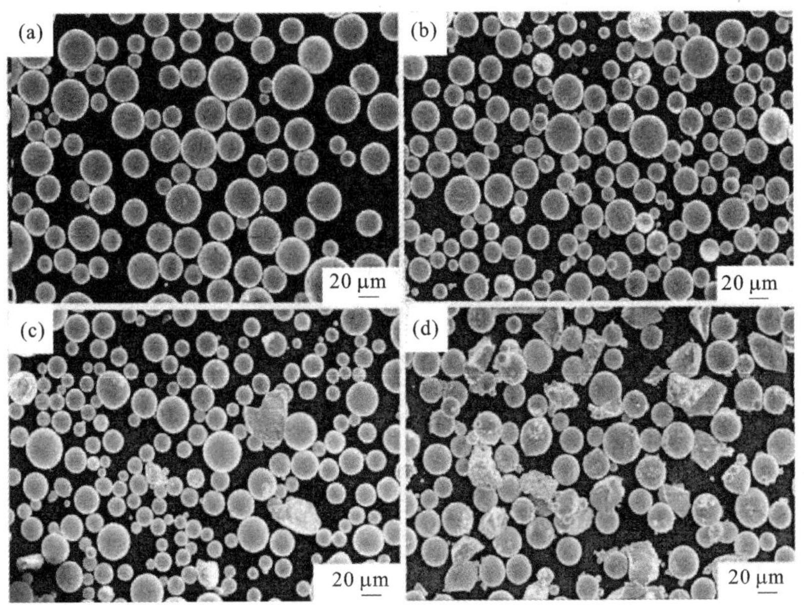

图 3.75　不同加料速率制备的球形铌粉的 SEM 形貌

(a)2 g/min;(b)5 g/min;(c)10 g/min;(d)15 g/min

送粉速率对球化率的影响见图 3.77。由图 3.77 可知，当送粉速率为 2 g/min 和5 g/min时，粉的球化率分别可达到 100%和 97%，当送粉速率增加到 10 g/min 时，球化率下降到 85%，进一步加快送粉速率到 15 g/min，球化率急剧下降到 65%。因此送粉速率为 2～5 g/min 时可获得较高的球化率。

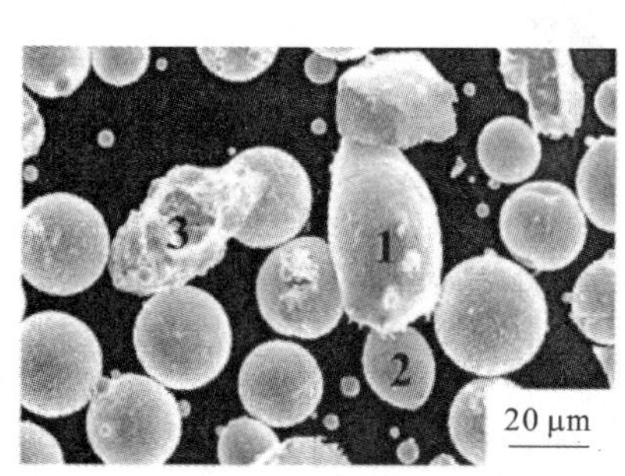

图 3.76　送粉速率为 15 g/min **时制备的非球形颗粒的** SEM **形貌**

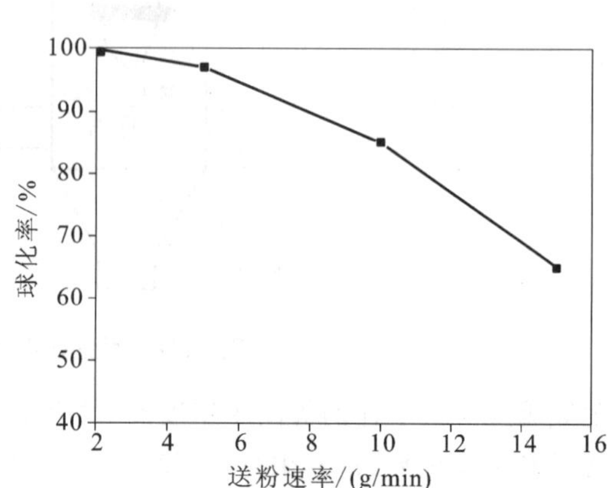

图 3.77　送粉速率对球化率的影响

b. 载气流量对粉末球化率的影响

除了加料速率对粉末的球化率有重要影响外，载气流量对粉末球化率的影响也很大。在等离子体球化过程中，以氩气作为载气将粉末携带进入等离子体高温区。载气流量决定粉末进入等离子体高温区的速度，进而影响其通过等离子体高温区的时间，对粉末的球化处理具有重要的影响。载气流量过大粉末通过等离子弧区的时间较短，且粉末速度较快导致运行轨迹紊乱，不利于粉末的吸热、熔融和球化；载气流量过小，粉末不能通畅地经过等离子体高温区，粉末极易堵塞气路，这对粉末的球化处理同样不利。根据不同粉末的种类和粒度选择合理的载气流量，对粉末的球化处理至关重要。

c. 系统负压对粉末球化率的影响

等离子体炬的稳定运行和粉末的输送与收集基于负压工作环境。在相对封闭的等离子体球化粉末系统中，系统负压值对等离子体炬的稳定运行和粉末飞行轨迹具有重要影响。

保持其他工艺参数不变，研究反应压力对 Nb 粉末球化效果的影响。以等离子体炬正常运行为前提，分别选择了 90 kPa、95 kPa 和 100 kPa 的系统压力来进行对比。工作气、边气和载气均采用氩气，等离子体运行的具体工艺参数为：工作气流量 30 L/min、边气流量 100 L/min、系统功率 80 kW、加料速率 2 g/min、载气流量 3.5 L/min，加料枪出口位置位于等离子体中部。试验结果如图 3.78 所示。

由图 3.78 可知，系统负压为 95 kPa 时的粉末球化效果最好。分析其主要原因是，100 kPa 时的系统反应压力大，系统与大气的内外压差小，等离子体能量密度虽然高，但过小的压差未能将等离子炬拉长，有效高温区短，不利于粉末的球化处理；90 kPa 时的系统反应压力小，内外部压差大，粉末通过等离子弧区的时间缩短，同时等离子体炬在内外压差作用下形成细长的等离子体炬，能量密度降低，而铌粉又具有很高的熔点，较小的能量密度致使粉末吸热不充分，导致了粉末球化率的降低。95 kPa时的等离子体炬具有合适的火炬形状和能量密度，球化效果最好。

d. 球化后粉末性能变化

合适的等离子体球化处理后粉末形貌的变化如图 3.79 所示。其球形度高、分散性良好，粉末团聚现象消失，球化率甚至可接近 100%。利用 X 射线衍射分析发现，球化前后物相没有明显的变化。球化前后的粉末平均粒度改变很小，但粒度分布曲线变窄了，粒度分布更集中。这主要是由于粉体在穿过等离子体高温区时，细微颗粒（<5 μm）迅速熔化为液滴，且飞行速度快，在表面张力作用下，与相碰撞的表面熔化的粗大颗粒合并，形成球形颗粒，过小的颗粒被快速气化，随气流进入除尘布袋装置，表现为原粉（原始粉末）的最小颗粒在球化后消失。

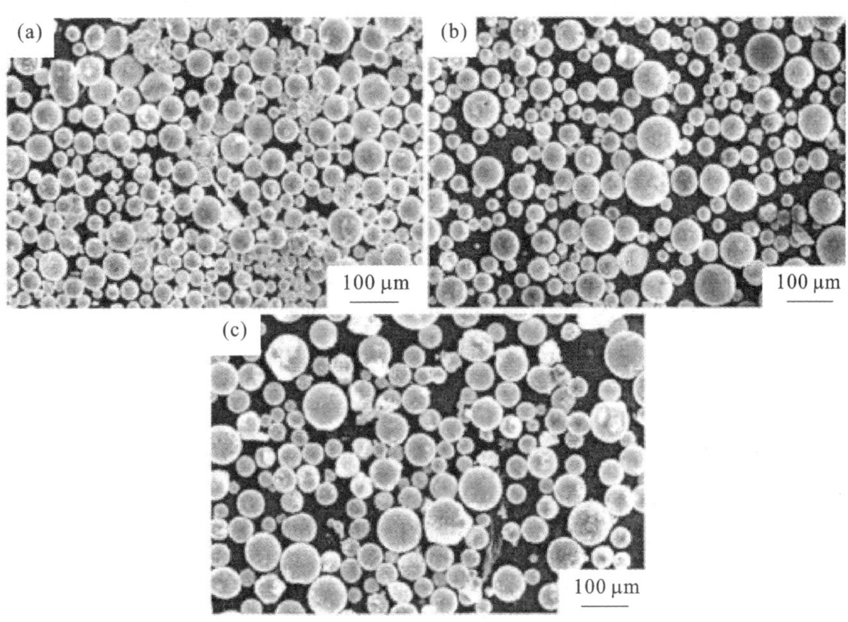

图 3.78　不同系统压力对铌粉球化处理的影响

(a)90 kPa;(b)95 kPa;(c)100 kPa

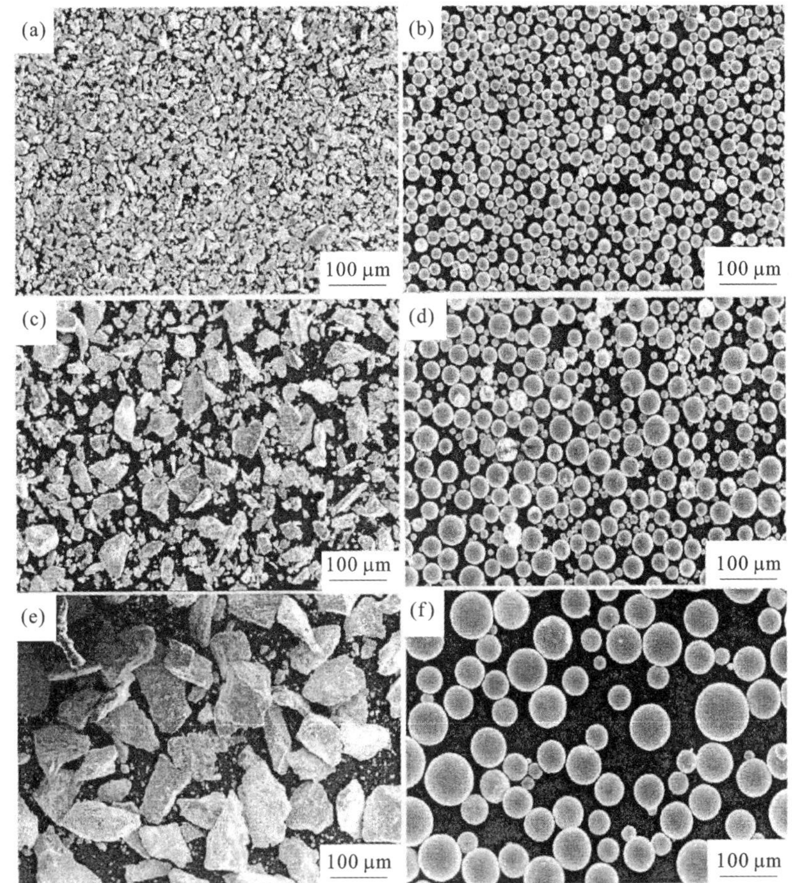

图 3.79　不同粒径铌粉球化处理前后的 SEM 照片

(a)、(b)24.83 μm;(c)、(d)31.02 μm;(e)、(f)59.74 μm(取 2 组)

对平均粒径为 24.83 μm 的铌粉等离子体球化处理前后粉末的松装密度、振实密度及流动性的变化见表 3.16。可以看出铌粉的松装密度由 1.33 g/cm³ 提高到 4.35 g/cm³,振实密度由 1.95 g/cm³

提高到 5.61 g/cm³。这是由于球化后球形粉末颗粒堆积时接触面小，颗粒间的空隙少，架桥现象明显减少，使松装密度和振实密度得到显著改善。同时，粉末流动性得到明显改善，原料粉末由于粒度细小，粉末之间的范德瓦耳斯力较强，存在粉末团聚现象，粉末不容易流动；且粉末形状为不规则的块状体，架桥现象严重，导致微细铌粉流动性变差。球化处理后，架桥现象消除，粉末流动性得到很好的改善，达到 12.51 s/(50 g)。可见，经等离子体球化处理后，铌粉的粉体特性得到很好的改善，适于 3D 打印工艺、注射成形等。

表 3.16　铌粉球化前后的松装密度、振实密度及流动性

粉末	松装密度/(g/cm³)	振实密度/(g/cm³)	流动性/[s/(50g)]	形状
原始粉末	1.33	1.95	无流动性	不规则
球形粉末	4.35	5.61	12.51	球形

3.4.2.3　其他球化技术

(1)粉末表面机械改性球化处理

这是一种机械的整形处理方法，采用高速气流使待处理粉末在系统内高速运行碰撞磨刷，达到去除棱角、表面整形的效果。应用这种技术可以获得低成本、近球形和流动性较好的钛粉，但是与等离子体球化技术相比，粉末颗粒形貌趋于近球形，球形度不高。

(2)碳管炉球化处理

一些难熔金属如 Ti、Mo 和 W 等粉末通过一个充有保护气氛的竖式碳管炉，让粉末在降落的过程中受到碳管炉的加热而熔化，从而转变成球形粉末。这种方法存在两个问题：一是粉末容易粘到管壁上；二是碳管炉内的温度以目前的技术水平还达不到钨的熔点(约 3400℃)。高温球化过程与装备示意如图 3.80 所示。

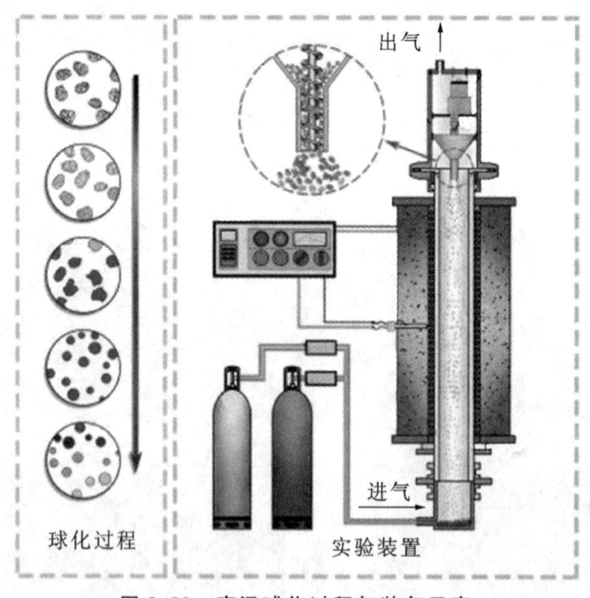

图 3.80　高温球化过程与装备示意

思考题

3.1　试从技术上和经济上比较生产金属粉末的三大类方法：还原法、雾化法和电解法。

3.2　制取铁粉的主要还原方法有哪些？比较其优缺点。

3.3　还原法制取钨粉的过程机理是什么？影响钨粉粒度的因素有哪些？

3.4　雾化法可以生产哪些金属粉末？为什么？比较气体雾化法和水雾化法的特点。

3.5　气体雾化法制备金属或合金粉末的过程机理是什么？影响雾化粉末粒度、纯度的因素有哪些？在水雾化制取金属粉末时，怎样获得球形颗粒？

3.6 在气体雾化时，如果颗粒尺寸随熔体黏度增大而增大，粒度对颗粒形状会有何种作用？高的过热温度会有利于形成球形颗粒吗？

3.7 电解法可生产哪些金属粉末？水溶液电解法的成粉条件是什么？

3.8 当用电解法制备合金粉末（如黄铜"铜-锌合金"）时，会遇到什么困难？

3.9 根据你所学的知识，金属球形粉末的制备方法有哪些？

3.10 根据你所学的知识，金属粉末的球化处理技术有哪些？

3.11（开放性思考题） 请设计制备金属钛粉的工艺方法及控制粒度的工艺参数类型。

3.12（开放性思考题） 根据你所学的知识，请设计制备金属球形铜粉的工艺方法及控制粒度的方法。

参考文献

[1] 黄培云．粉末冶金原理[M]．北京：冶金工业出版社，1997.

[2] 美国金属学会．金属手册 第7卷 粉末冶金[M].9版．韩凤麟，译．北京：机械工业出版社，1994.

[3] 韩凤麟．钢铁粉末生产[M]．北京：冶金工业出版社，1981.

[4] 王盘鑫．粉末冶金学[M]．北京：冶金工业出版社，1997.

[5] 黄培云．粉末冶金基础理论与新技术[M]．北京：冶金工业出版社，1995.

[6] 王国栋．硬质合金生产原理[M]．北京：冶金工业出版社，1980.

[7] 解子章，周作平．粉末冶金工艺学[M]．北京：科学普及出版社，1987.

[8] 陈希圣．粉末制备原理[M]．合肥：合肥工业大学，1988.

[9] 卢寿慈．粉体加工技术[M]．北京：中国轻工业出版社，2002.

[10] BEDDOW J K．雾化法生产金属粉末[M]．胡云秀，曹勇家，译．北京：冶金工业出版社，1985.

[11] 韩凤麟．粉末冶金机械零件[M]．北京：冶金工业出版社，1990.

[12] 王淑霞．国内外羰基法精炼镍技术的比较[J]．机械工业标准化与质量，2012(8)：51-52.

[13] 滕荣厚．我国羰基法精炼镍技术的发展方向[J]．中国有色冶金，2006(3)：17-23.

[14] 滕荣厚，柳学全，黄乃红，等．根据我国镍资源特点选择优化羰基法精炼镍工艺[J]．粉末冶金工业，2006(3)：30-38.

[15] 滕荣厚，刘思林．羰基法从含镍废催化剂中回收镍的研究[J]．中国有色冶金，2005(6)：61-63.

[16] 屈子梅．羰基法生产纳米镍粉[J]．粉末冶金工业，2003(5)：16-19.

[17] 黄志刚．中美贸易摩擦下的中国经济形势[J]．企业经济，2019，38(10)：5-17.

[18] 杨延华．增材制造（3D 打印）分类及研究进展[J]．航空工程进展，2019，10(03)：309-318.

[19] 赵超．射频等离子体球化 GH4169 粉末及其激光 3D 打印成型件的组织性能研究[D]．兰州：兰州理工大学，2019.

[20] 张阳军，陈英．金属材料增材制造技术的应用研究进展[J]．粉末冶金工业，2018，28(1)：63-67.

[21] 佟健博．微细球形 TiAl 基合金粉末的制备、表征及机理研究[D]．北京：北京科技大学，2017.

[22] 邱振涛．难熔金属（钨、铬）粉末的等离子球化处理及多孔材料制备[D]．合肥：合肥工业大学，2017.

[23] 原光．面向增材制造的球形金属粉的制备、表征与应用[D]．南京：南京理工大学，2015.

[24] 王建军．射频等离子体制备球形粉末及数值模拟的研究[D]．北京：北京科技大学，2015.

[25] 郭晓梅．注射成形用球形粉末制备技术及其性能研究[D]．沈阳：东北大学，2010.

[26] 赵维臣．羰基法制取金属粉末[J]．世界有色金属，1997(5)：43.

[27] 柳学全，方建锋，黄乃红，等．国内外羰基镍技术进展及市场展望[J]．粉末冶金工业，2003(3)：10-13.

[28] GERMAN R M. Powder metallurgy science, metal powder industries federation[M]. New Jersey: Princeton, 1994.

[29] KUHN H A, LAWLEY A. Powder metallurgy process-new techniques and analyses[M]. New York: Academic Press, 1978.

[30] LENEL F V. Powder metallurgy-principles and applications, metal powder industries federation[M]. New Jersey: Princeton, 1980.

4 超细粉体的制备

本章提要

超细粉体，通常又叫超微粉体、超微粉，是指尺度介于分子、原子与块体材料之间，通常包括微米至亚微米级和1～100 nm范围内的纳米级的微小固体颗粒。它介于宏观物体与微观粒子之间，除了兼有二者的性质外，还有一些独特的性质，如表面效应、体积效应、小尺寸效应、量子尺寸效应及宏观量子隧穿效应等特性。这些特征使超细粉体具有常规颗粒材料所不能比拟的优越性，如低熔点、低密度、高强度、较好的韧性和高温抗氧化能力、抗腐蚀能力以及良好的介电性质、声学性质、光学稳定性等，从而作为一种新型材料在电子、冶金、宇航、化工、生物和医学等领域展现出广阔的应用前景。

超细粉体的制备及应用研究主要包括制备、微观结构、宏观物性和应用四个方面。其中制备技术是关键环节，因为制备工艺和过程的研究与控制对超细粉体的微观结构和宏观性能具有重要的影响。国内外关于超细粉体的研究都是围绕着合成与制备的新方法展开的。随着科技的进步，超细粉体的制备方法也日新月异。相关纳米材料的制备，如一维纳米材料、二维纳米材料、三维纳米材料、纳米复合材料、纳米结构的制备方法都与超细粉体的制备方法密切相关。

根据超细粉体制备过程中所涉及的物理、化学变化，总体上将超细粉体的制备方法分为物理方法、化学方法以及二者相结合的综合方法。根据反应过程中物料的状态可以将纳米材料的制备方法分为固相法、液相法和气相法三大类。本章将介绍超细粉体的制备方法以及超微颗粒气相的一种特殊分散体系即气溶胶。

4.1 气溶胶颗粒的概念、制备和应用

4.1.1 气溶胶的概念

4.1.1.1 气溶胶的性质

气溶胶这个术语最初是由物理化学家弗雷德里克·唐南(Frederick G. Donnan)提出来的，在第一次世界大战期间首次使用气溶胶来描述一种空气溶液，它指空气中的微米级和亚微米级的粒子云，例如军事上所用的化学烟雾就是典型的例子。简单地讲，气溶胶就是指悬浮于空气中的微粒。这些微粒可以是固态或液态的，或者是固态与液态的混合物。气溶胶的概念进一步发展，人们对气溶胶有了更为确切的定义，即气溶胶是指任何物质的固体或(和)微粒悬浮于气体介质(通常指空气)中所形成的、具有特定运动规律的整个分散体系。该分散体系由两部分组成：一部分是被悬浮的微粒物，称为分散相；另一部分是承载微粒物的气体，称为分散介质。所以气溶胶是指包含分散相(微粒物)和分散介质(气体)二者在内的统一体系。

在动力性质方面，气溶胶的布朗运动非常剧烈，当微粒小时具有扩散性质；当微粒大时，由于与介质的密度差大，沉降显著。气溶胶粒子的粒径范围为 $10^{-3}\sim10^{2}$ μm，气溶胶粒子在空气中受重力作用发生沉降时不像大的块体物质遵守自由落体运动规律，它们在空气中的运动规律可直接用流体力学来描述，其最显著的特征是特有的沉降运动、扩散运动和热运动，因而气溶胶粒子在空气中能保持相对的稳定性，这是定义气溶胶的首要条件。同时，气溶胶粒子没有溶胶粒子那样的溶剂化层和扩散双电层，相碰时即发生聚结，生成大液滴(雾)或聚集体(烟)，此过程进行得极其迅速，所以气溶胶是极不稳定的胶体分散体系，但布朗运动的存在，使其具有一定的相对稳定性。气溶胶粒子在空气中的密度也要远远小于空气分子的密度，才不至于发生过度的碰撞、凝聚，从而保持相对稳定的气溶胶状态。

在电学性质方面，气溶胶粒子没有扩散双电层存在，但可以带电，其电荷来源于与大气中气体离子的碰撞或与介质的摩擦，所带电荷量不等，且随时间变化；微粒既可带正电也可带负电，说明其电性取决于外界条件。气溶胶微粒能发生光的散射，这是使天空在白天成为蓝色，而太阳落山时成为红色的原因。

气溶胶粒子在空气中的粒子数浓度(或称粒子数密度)为 $10^{2}\sim10^{4}$ 个/cm^3，质量浓度的上限约为 100 g/m^3；而空气的粒子数密度为 2.67×10^{19}个/cm^3，质量密度为 1.293 kg/m^3。

4.1.1.2 气溶胶的分类

根据颗粒物的物理状态，可将气溶胶分为以下三类：

(1)固态气溶胶——烟和尘；

(2)液态气溶胶——雾；

(3)固液混合态气溶胶——烟雾(烟雾微粒的粒径一般小于 1 μm)。

气溶胶按粒径大小又可分为：

(1)总悬浮颗粒物 (total suspended particulates, TSP)，用标准大容量颗粒采样器(流量在 1.1～1.7 m^3/min)在滤膜上所收集到的颗粒物，通常称为总悬浮颗粒物，它是分散在大气中各种粒子的总称。

(2)飘尘，可在大气中长期飘浮的悬浮物称为飘尘，其粒径小于 10 μm，飘尘是最引人注目的研究对象之一。

(3)降尘，是指粒径大于 10 μm，由于自身的重力作用会很快沉降下来的微粒。单位面积的降尘量可作为评价大气污染程度的指标之一。

(4)可吸入粒子 (inhalable particles, IP)，是指易于通过呼吸过程而进入呼吸道的粒子。国际标准化组织(ISO)建议将 IP 定义为粒径 $D_p\leqslant10$ μm 的粒子，这里的 D_p 是空气动力学直径，其定义为与所研究粒子有相同终端降落速率的，相对密度为 1 的球体直径。它能反映粒子的大小与沉降速率的关系，所以可以直接表达出粒子的性质和行为，如粒子在空中的停留时间、不同大小的粒子在呼吸道中沉积的不同部位等。

4.1.2 气溶胶的制备与应用

气溶胶由于粒子的来源、成因、制备方法的不同，其化学组成有很大的区别，不同来源的颗粒物，其组分相差很大。总体上来看，气溶胶中的化学成分包含以下几个主要方面：(1)气溶胶中的水溶性粒子，如硫酸盐、硝酸盐、铵盐等，主要来自气体的转化；(2)气溶胶中的有机物，它们一般占气溶胶总质量的 10%～50%，种类繁多，对人体健康和大气环境有很大的影响；(3)气溶胶中的元素也较为丰富，目前在大气中已发现的元素超过 70 种。此外，天然形成的气溶胶的化学成分有明显的季节性和地域性的差异，这更加说明了气溶胶化学组成的复杂性。

人工制备气溶胶的方法有很多，本节重点介绍粒子的物理制备法——凝聚法及喷雾法。表 4.1 列出了气溶胶粒子几种典型的物理制备法。

表 4.1　气溶胶制备方法

类别	方法	颗粒	材料
凝聚气溶胶	液核蒸发或凝聚	液滴	邻苯二甲酸二辛酯、邻苯二甲酸二丁酯、甘油等
	固体蒸发凝聚	固体颗粒	金属、矿物盐
	低压气相热蒸发	纳米颗粒	金属等
液相雾化气溶胶	压力喷雾	液滴	邻苯二甲酸二辛酯、邻苯二甲酸二丁酯、矿物油等
	雾化		
	超声雾化		
	电喷雾		
	喷雾热解		
粉末气溶胶	粉末机械分散悬浮法	固体颗粒	粉末、微珠、纤维
化学反应气溶胶	气相化学反应	液滴	H_2SO_4、光化学烟雾
		固体颗粒	NH_4Cl、GaAs
	燃烧	固体颗粒	炭黑、TiO_2、SiO_2、烟雾

4.1.2.1　凝聚法

(1)固体气溶胶

凝聚法产生固体气溶胶粒子利用的是各种物理化学过程。这些过程产生的气溶胶粒子通常都比较小(小于 1 μm),且因粒子形成后迅速发生聚合,是多分散的。应当指出,气相化学反应的优点是其所生成的产物是化学纯的,这有利于气溶胶的分析。大块物质借物理变化即汽化,产生粒子或凝结成核时,由于固体不同组分的蒸发是有选择性的,所以形成的气溶胶是不均匀的。

① 金属丝和盐的气化

加热金属丝能够使之蒸发产生凝结核,产生凝结核的过程若在空气中进行会伴随产生氮的各种氧化物。为了避免副产物的形成,可在氮气气氛下进行。在实际工作中,金属条或金属丝可用电流将其加热到白热程度。钨产生凝结核所需要的温度为 1000～1200 ℃,铂约为 1200 ℃。

加热熔融的盐或盐珠也可产生凝结核。许多盐类可用这种方法产生凝结核,一般最好用碱金属卤化物如 NaCl。为了把盐熔结在金属丝上,先将金属丝泡入饱和盐溶液中,取出后用电流加热干燥,如此反复直到在金属丝上沉积的盐量达到要求时为止。熔结在金属丝上的盐在氮气气氛中加热到炽热状态即可产生凝结核。

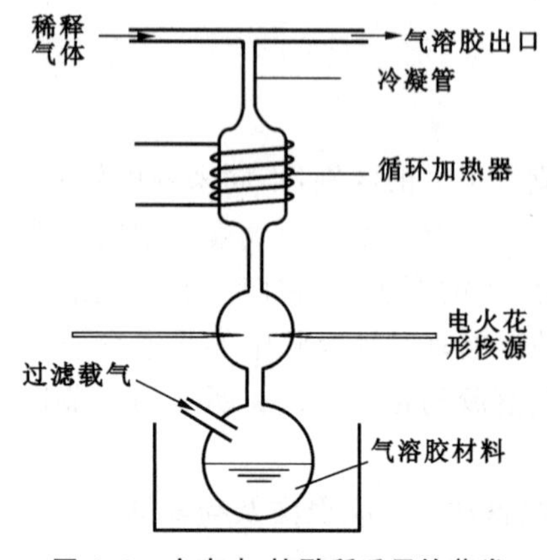

图 4.1　辛克来-拉默所采用的蒸发凝聚法制备气溶胶装置

图 4.1 是辛克来-拉默(Sinclair-LaMer)所采用的气溶胶制备装置。该装置主要由气源、外来形核源、循环加热器和冷凝器组成。所形成的气溶胶粒子的尺寸分布主要依赖于蒸发剂、循环加热器和冷却管的温度,晶核的浓度,以及气体流速。尺寸分布的宽窄主要由循环加热器的温度控制。这种装置能制备出单分散的气溶胶粒子(几何偏差 $\sigma_G<1.2$),典型的粒子尺寸在 0.05～2 μm 之间,其浓度高达 10^7～10^8 个/cm^3。

② 金属丝爆炸

金属丝爆炸可以产生金属氧化物气溶胶。在金属丝爆炸发生器中,脉冲能使金属丝碎裂生成金属粒子,然后这些粒子立即氧化形成金属氧化物气溶胶。金属铀丝爆炸形成的氧化铀气溶胶的平均粒径为 0.02 μm。金、银、铂、钼和铜等金属丝也被用于产生气溶胶，其粒子直径范围为0.005～0.2 μm。若用惰性气体代替空气作为环境气氛，该技术可用于制备金属气溶胶。

金属丝爆炸所形成的气溶胶，其特点是粒子数浓度很高（大于 10^9 个/cm^3），因而易于聚合。这种方法制备的气溶胶产率较低。

③ 气相反应

制备气溶胶的一个最简单的方法是用 HCl 和 NH_4OH 进行气相反应。但这样所产生的气溶胶粒子的大小和浓度都是变化不定的。气相反应能产生多种气溶胶（表4.2），因此反应条件必须严格控制。尽管这种方法所产生的气溶胶粒子有大有小，但通常都在亚微米范围内。在这种气溶胶系统内，粒子浓度局部过高或热效应均可导致粒子迅速聚合，形成链状的聚合粒子。

表 4.2 气相反应法制备气溶胶实例

材料	粒子大小/μm	化学反应	反应器情况描述
氯化铵	0.05	$HCl+NH_3 \longrightarrow NH_4Cl$	两种蒸气的简单混合室
炭黑	0.09	使乙炔、苯或丁烷在空气不足的情况下燃烧	蒸气通过敞开式火焰
氯化铁	0.025	五羰基铁分解	$Fe(CO)_5$ 蒸气加热到 200 ℃
氧化铅	0.025	四乙基铅分解	$Pb(C_2H_5)_4$ 蒸气加热到 200 ℃
氧化镁	0.75	镁的热氧化	镁丝敞开燃烧
钼	0.05	六羰基钼热分解	$Mo(CO)_6$ 蒸气在 160 ℃下分解

(2)液体气溶胶

① 辛克来-拉默发生器

在气溶胶研究工作中用得最广泛的是辛克来-拉默发生器（表4.3）。图4.2是经改进的辛克来-拉默气溶胶发生器。这种发生器所产生粒子的大小与粒子数浓度取决于凝结核浓度、沸腾器温度、沸腾器中蒸发液的物理性质和纯度、气流速度以及凝结筒的直径等因素。

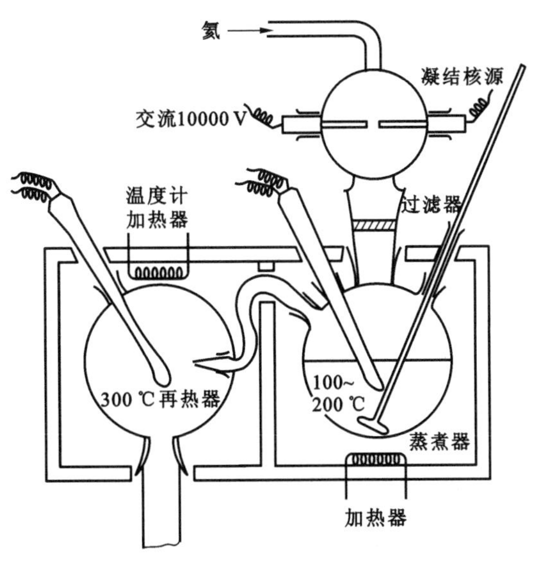

图 4.2 改进的辛克来-拉默气溶胶发生器

② 拉帕波特-温斯托克发生器

该发生器比辛克来-拉默发生器简单得多，具有造价低廉、加热时间短等优点。此外，这种发生器还避免了蒸发液的分解，蒸发液的消耗量也大大减少。同时，这种发生器所制备的气溶胶粒子的大小和单分散性均与辛克来-拉默发生器相同。

该发生器分为三级:第一级是德维尔比斯喷雾器,用以喷雾;第二级,液滴汽化;第三级,蒸气重新凝聚。若将第一级改用 Collison 喷雾器,提高喷雾的稳定性,只取凝结筒中心约 5%的气溶胶供使用,可改善气溶胶的单分散性。

③ Kerker 发生器

Kerker 发生器是一种稳定和易于控制的通用凝聚性气溶胶发生器。它与辛克来-拉默发生器基本相同,有两个或两个以上的处理级。在第一级加热氯化钠等固体材料,使之生成凝结核,然后这些凝结核被惰性气体输送到下一级,混合物通过第二级时,导入蒸气使之凝结在凝结核上。

④ 搏发(Boffa)和普芬德(Pfender)发生器

这种发生器由高强度的等离子喷枪和用氩气流冷却的多孔阳极组成,其工作原理是借高强度电弧在阳极上产生粒子,用冷却系统使之冷却并带出产生系统。据报道,这种发生器制备的气溶胶粒子平均直径为 $4.5\times10^{-3}\sim1\ \mu m$。

表 4.3　辛克来-拉默发生器所制备的气溶胶情况总结

凝结核材料	发生方法	所得凝结核浓度/(个/cm^3)	凝结核形状及典型尺寸	凝结核源的稳定性	电极更新的容易性	气溶胶的相对均匀性
钨	两电极尖端之间电弧放电	10^7 以下	聚合的,平均长度为 0.1 μm;个别聚合粒子链长为 0.5 μm	差;聚集;3 h 后降低	差;电极必须重新研磨、清理并细心调节间距	从好到坏,尤其在气溶胶直径小于0.4 μm的情况下
氧化钨	加热灯泡灯丝	6×10^4 以下	单个球形粒子,平均直径为 0.04 μm	很差,1 h 内降低至原来的 1/10	更换灯丝	对整个观察的粒谱均很好
碳	两电极之间借交流 5000 V 电压电弧放电	10^6 左右	单个球形粒子,直径为0.01～0.05 μm	根据 10 h 的运转情况看很好	可能需调节电极间距	很好
NaCl	铂丝蘸 10%的 NaCl 溶液,然后把溶液加热到 400～2600 ℃	10^7 以下	单个球形粒子,直径为0.02～0.08 μm	不好,浓度逐渐变化	很容易	好,可观察到某些变色
	借 NaCl 气溶胶沉积覆盖在铂丝上的 NaCl			很好,过渡期短。可长期稳定工作(25 h)	相当容易	
AgCl	铂丝蘸 AgCl 溶液	10^7 以下	单个球形粒子,直径为 0.04 μm	很好	很容易	好
KI	铂丝蘸熔融的 KI	10^7 以下	不清楚	不清楚	很容易	好
NaCl,AgCl	从燃烧舟中蒸发,然后凝结	10^7 以下	单个球形粒子,直径为0.02～0.08 μm	看来很好	不容易,需要把装置拆卸开	好
阿皮松	覆盖在铂丝上,然后蒸发	10^7 以下	估计直径为 0.03 μm	很好	很容易	对可观察的粒谱均很好

4.1.2.2　液体雾化法

液体雾化就是将大量液体分散到气体中产生小液滴,该过程实质上是增加比表面积的工作。流体能由正在进行喷雾的流体或另外一种流体提供。流体周围的动能与形成一个小液滴所需要能量之

比 We 被称为 Weber 常数：

$$We = \rho V^2 D_p / \sigma \tag{4.1}$$

式中 ρ——气体密度；

V——液体与周围气体的相对速率，m/s；

D_p——液滴直径；

σ——液滴的表面张力。

当 Weber 值超过临界值时形成液滴。液滴直径与速率的平方成反比，与表面张力 σ 成正比。

液体雾化法能直接制备液体粒子，或者通过蒸发液体溶剂而留下不易挥发的残余固体物质，或者借助化学反应直接制备固体粒子。在产生液滴的过程中，蒸发起着关键作用，这是因为溶剂增加从而导致黏度降低或残留液浓度降低。残留液滴的尺寸：

$$d_{pf} = d_d(C_{vs} + I_v)^{1/3} \tag{4.2}$$

式中 C_{vs}，I_v——溶液中溶质与杂质的体积分数。

(1)压缩空气式喷雾器

产生液滴气溶胶的最简单的方法是用压缩空气喷雾。喷雾器是雾化器的一种类型，借助于同设备碰撞来除去大的喷雾液滴，从而产生小颗粒的气溶胶。这类喷雾器产生气溶胶的浓度为 5～50 g/m^3，绝大多数压缩空气式喷雾器的工作原理与图 4.3 所示的 De Vilbiss 40 型喷雾器相类似。35～270 kPa 的压缩空气以很高速度从一个小管或一个孔口内排出。由于 Bernoulli 效应在出口区域产生了低压，将液体从一个储液池经第二个小管子吸入到气流中去，液体从管内一小薄片排出，当在气流中加速时薄片被拉伸开直到破碎成为液滴。喷雾流直喷向一个碰撞表面，大的液滴在那里沉积流回到储液池中去。大多数喷雾器的工作原理都是一样的，产生颗粒的数量浓度可达 10^6～10^7 个/cm^3。

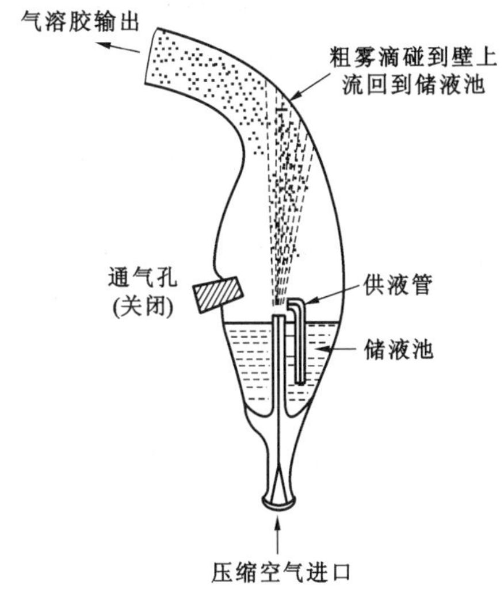

图 4.3 De Vilbiss 40 型喷雾器示意图

当压缩空气式喷雾器使用低挥发性液体时，它们产生的液滴气溶胶尺寸可稳定数百秒钟。当使用挥发性溶剂且其中带有不溶解的固体材料时，在液滴形成后溶剂迅速蒸发从而形成了较小的固体颗粒。这是利用液体喷雾而产生固体颗粒气溶胶的较为简单的方法。气溶胶颗粒的最终尺寸 d_s 取决于固体材料的溶剂分数 F_v 和液滴直径 d_d：

$$d_s = d_d F_v^{1/2} \tag{4.3}$$

(2)空气动力喷雾器

增加液体能量从而减小液滴尺寸的一种方法是加快气流速度。空气动力喷雾器与双流体喷雾器就是利用该技术将大量的液体分散成小液滴的。图 4.4 是一种常见的喷雾器。在该装置中，高速气体喷嘴不断地向提供液体的小管鼓风，所产生的 Bernoulli 效应会减小毛细管出口处的压力，从而使液体从蓄液池被虹吸。喷气机能将液体碎裂成小液滴，并与靶材发生碰撞。与靶材碰撞后的大粒子被重新回收，只有低于临界尺寸的小液滴才被载气流传输。

(3)超声喷雾器

超声喷雾器如图 4.5 所示，其原理是利用高频声学能量将液体雾化成小液滴。液滴的尺寸与所采用的频率有关。Mercer(1973 年)提出了一个经验公式：

$$D_d = 0.34\,[8\pi\sigma/(\rho f^2)]^{1/3} \tag{4.4}$$

式中 σ——液体的表面张力；

ρ——液体的密度。

当频率为 0.1～10 MHz 时，液滴直径为 5～10 μm。

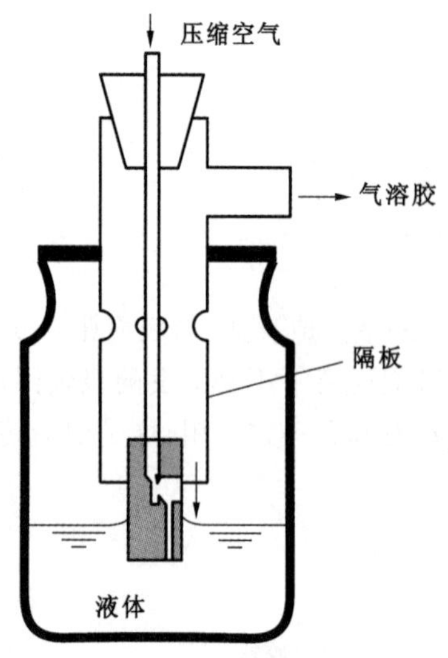

图 4.4　将液体分散成小液滴的 Collison 喷雾器

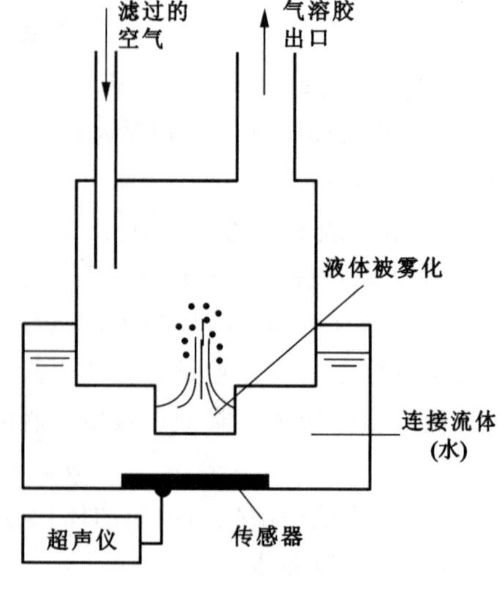

图 4.5　超声喷雾器

(4)电子喷雾器

形成液滴所需要的能量也可由静电来提供。当液体进入电场时会发生电荷分离。当将电场加到毛细管端部的液滴上时，该液滴将变成所谓的 Taylor 圆锥体。如果电场超过临界值，则会产生液滴流动，最后导致液体从圆锥体尖端喷出，变成带有很多电荷的液滴。液体蒸发会增加液滴的表面电荷密度，原位形成很高的电场。当该电场超过临界值时，液滴变形，自身形成 Taylor 圆锥体，然后以更小的液滴喷出。因此，Coulombic 爆炸所形成的喷流能产生越来越细的液滴。尽管电子喷雾器能大幅度地提高液滴的产量，但是由于通过电子喷雾所产生的静电流很小，这在较大程度上限制了电子喷雾器在分析化学中的应用。

4.1.2.3　颗粒分散法

(1)固体粒子

固体物质在挤压、研磨、爆破或钻削等作用下，能够碎裂形成粒子分散体系即气溶胶。碎裂过程与固体的下述性质有关：塑性或脆性、材料的不均匀性或空隙率、晶体中的缺陷或薄弱位置(易于在该处发生断裂)。

将粉末分散进入气流的途径有许多种。用于粉末分散的绝大多数系统均由一个恒速进料器与一个雾沫装置组成。图 4.6 所示的 Wright 粉尘进料器就属于这类系统。在该装置中，杯状的粉体被刮下进入载气流，一些大的团聚体在气流中被捣碎机除去。进行颗粒分散的另一种装置是流化床，用该装置可将粒径大于 100 μm 的玻璃质或金属颗粒液化以便于分散。较细的颗粒被带进载气变成气溶胶，粗颗粒进入流化床。气溶胶的形成速率可由粉末的喂料速度以及载气的流速来控制。

(2)液体粒子

对于气溶胶发生系统，如果气溶胶产生机理是使液体受剪切作用而形成液滴，则称之为雾化系统。雾化器可分为四大类。

① 喷嘴式雾化器：从一个小孔喷出来的液柱，其表面由于受各种界面作用而发生不稳定振动，导致生成液滴。

② 旋转式雾化器。将料液送到高速旋转的盘上，在旋转盘的离心力作用下，料液在旋转面上铺展为薄膜，并以不断加快的速度向盘的边缘运动，离开转盘边缘时，液体便雾化。

③ 压缩空气雾化器。压缩空气雾化器可用于制备纯液体或固体粒子的气溶胶。在发生器储存罐中放置盐溶液或固体粒子悬浮液都能生成固体气溶胶。产生的液滴待溶剂蒸发后，残留的盐或悬浮在液滴中的粒子就留下来形成气溶胶。

④ 机械振动式雾化器。通过毛细管的机械振动或振动着的棒从容器中溅出液滴的方法，可以产

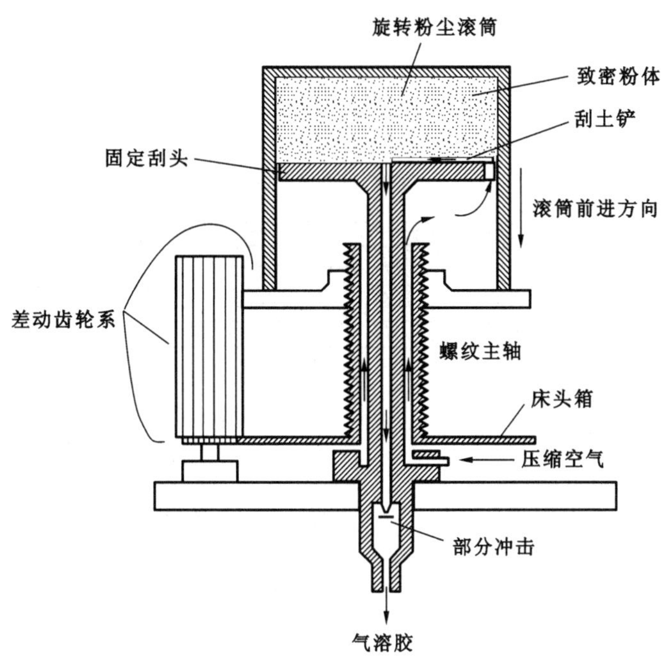

图 4.6 Wright 粉尘进料器

生均匀的但是比较粗的液滴。

4.1.2.4 单分散颗粒的制备

制备均匀的单分散颗粒需要校正气溶胶测量装置，评价其过滤效率，以便于进一步的研究，从而为应用打下坚实的基础。对大多数应用来讲，多分散气溶胶粒径的几何标准偏差低于 1.2 或 1.3 时可近似看作是单分散的。

(1)振动孔板发生器

图 4.7 所示的振动孔板气溶胶发生器可产生单分散液滴。它利用一个注射泵输送液体经过一个小的孔板(直径为 5～20 μm)来形成小片液体柱。小孔板在压电晶体的作用下沿小液柱的轴线振荡，于是每振荡一次就使液柱破裂，从而形成一个颗粒。当液体流量一定而且振荡频率一定时，形成的液滴是单分散的，而且液滴的尺寸可直接根据这两个量进行计算：

$$d_d = [6Q/(\pi f)]^{1/3} \tag{4.5}$$

式中 Q——液体的流量，cm^3/s；

f——频率，Hz。

在开始形成液滴时液滴间相互靠得很近，因而可能迅速凝结，因此必须用一股空气散流在出口处对它加以稀释，并把颗粒加以弥散。无杂质(以免堵塞孔板)的任何低黏性的液体都可以使用这种发生器。在这种发生器中也能使用包含可溶解性溶质的挥发性溶剂，以减小颗粒尺寸，并且产生固体颗粒气溶胶。

(2)转盘发生器

第二种单分散发生器是转盘发生器。其工作原理：一个直径为几厘米的水平转盘以很高的转速旋转，液体以一定的流量被引入到盘子的中心，离心力使液体向盘子的边缘运动形成薄膜。这种薄膜在边缘处形成小薄片，破碎成为液滴。液滴尺寸与角频率 ω、转盘直径 d、液体密度 ρ 以及表面张力 σ 等有关：

$$D_d\omega(\rho d/\sigma)^{1/2} = K \tag{4.6}$$

这里，K 是经验常数，一般在 3.8～4.12 之间。要达到某种程度的单分散性，必须除去液体片破碎时产生的小的卫星液滴，这些小液滴的尺寸大约是主要液滴的四分之一，可以用空气动力来进行分离。在盘子的周围有一股空气流把小颗粒带走，而主要液滴的惯性使其进入到主空气流中。

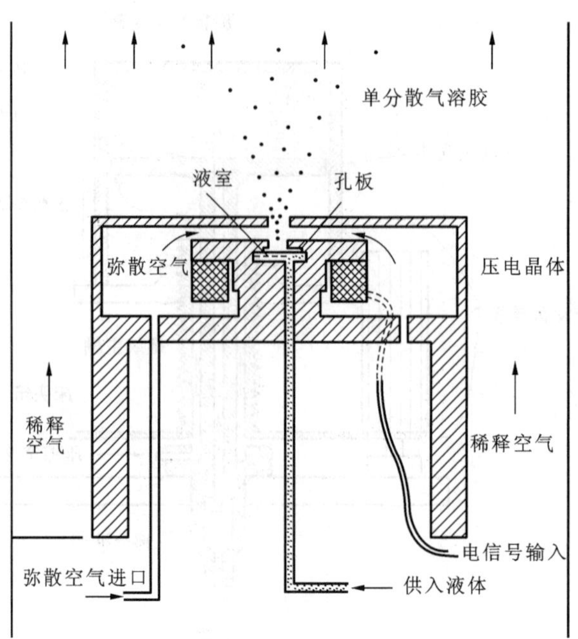

图 4.7　振动孔板气溶胶发生器装置示意图

4.1.2.5　气溶胶材料的应用

气溶胶材料用途十分广泛，在工业领域，气溶胶可以加快燃烧速率和充分利用燃料，喷雾干燥可提高产品质量，已广泛用于医药与日用工业中；气溶胶灭火技术是近几十年发展起来的灭火技术，气溶胶用作灭火剂，它相对于其他类型的灭火剂有很多优点：① 它不需要采用耐压容器，因为含能材料本身燃烧时可提供驱动能量；② 它可以以全淹没的方式灭火；③ 气溶胶灭火颗粒的粒度极小，可以绕过障碍物并在火灾空间有较长的驻留时间；④ 它相对于干粉灭火剂具有更大的灭火效率，可用于相对封闭的空间，而且也可用于开放的空间；⑤ 对于不含卤代烷成分的气溶胶灭火剂来说，它不会损耗大气臭氧层。气溶胶的灭火机理如下：① 通过高温下金属盐粒子进行热熔汽化等物理作用，吸收大量的热能，进行吸热降温；② 通过汽化金属离子或失去电子的阳离子与燃烧中的活性基团发生亲和反应，减少燃烧自由基；③ 通过固态粒子的较大比表面积和面积能，吸附燃烧中的活性基团，削弱和减少燃烧自由基。第三代气溶胶（S 型）主要由锶盐作主氧化剂，和第二代钾盐（K 型）气溶胶不同，锶离子不吸湿，不会形成导电溶液，也不会对电器设备造成损坏。S 型气溶胶用于灭火，其技术成熟稳定，已经在社会中的诸多方面得到广泛的运用。

在农业领域，气溶胶材料应用于农药的喷洒时可提高药效、降低药品的消耗；利用气溶胶进行人工降雨，可大大改善旱情。

在国防领域，当激光在大气中传输时，大气中的各类气体分子和气溶胶粒子都会对激光产生吸收和散射，进而影响激光在大气中的能量分布。在各类引起激光衰减的因素中，对激光传输能量损耗最大、传输特性影响最为强烈的是大气气溶胶粒子的散射、吸收和衰减效应。如在激光通信技术、量子通信领域，众多试验结果表明，大气信道的影响已经成为制约无线激光通信技术发展的最大挑战，严重时大气的衰减甚至可达 100 dB，这极大地降低了探测端接收光信号的信噪比，进而导致通信距离下降及通信质量变差。在军事国防领域，大气散射的影响和作用则更加致命，在激光武器、激光测距、激光雷达、激光制导等应用中，大气气溶胶所导致的大气散射会使光束向四面八方发散，严重破坏激光的定向性和能量集中的特性，从而导致定向激光传输的作用距离缩短，激光能量降低，严重时甚至造成打击失效。因此研究气溶胶的吸收和散射特征，可以得到激光衰减效应及其物理规律，在国防上可以用来制造信号弹和遮蔽烟幕。

4.2 气相反应合成超细粉体

4.2.1 气相反应的热力学原理

气相法是直接利用气体，或者通过各种手段将物质变成气体，使之在气体状态下发生物理变化或化学反应，最后在冷却过程中凝聚长大形成超微粒的方法。

超细粉体气相合成时，不论采用物理气相合成还是采用化学气相合成都会涉及粒子成核、晶粒长大以及凝聚等粒子生长的基本过程。

4.2.1.1 气相合成超细粉体的条件

纯粹的物理气相合成与化学反应无关，只是简单的蒸发凝聚过程在热力学上是应该允许的。化学气相合成涉及化学反应自由能变化，图 4.8 显示下面所描述的气相反应自由能随温度变化的趋势。

(1) $SiCl_4 + O_2 \longrightarrow SiO_2 + 2Cl_2$ (4.7)

(2) $TiCl_4 + O_2 \longrightarrow TiO_2(A) + 2Cl_2$ (4.8)

(3) $TiCl_4 + O_2 \longrightarrow TiO_2(R) + 2Cl_2$ (4.9)

(4) $TiCl_4 + 2H_2O \longrightarrow TiO_2(A) + 4HCl$ (4.10)

(5) $AlBr_3 + \frac{3}{4}O_2 \longrightarrow \frac{1}{2}Al_2O_3 + \frac{3}{2}Br_2$ (4.11)

(6) $AlCl_3 + \frac{3}{4}O_2 \longrightarrow \frac{1}{2}Al_2O_3 + \frac{3}{2}Cl_2$ (4.12)

(7) $FeCl_3 + \frac{3}{4}O_2 \longrightarrow \frac{1}{2}Fe_2O_3 + \frac{3}{2}Cl_2$ (4.13)

(8) $ZrCl_4 + O_2 \longrightarrow ZrO_2 + 2Cl_2$ (4.14)

(9) $SiCl_4 + 2H_2 + \frac{4}{6}N_2 \longrightarrow \frac{1}{3}Si_3N_4 + 4HCl$ (4.15)

(10) $SiCl_4 + \frac{4}{3}NH_3 \longrightarrow \frac{1}{3}Si_3N_4 + 4HCl$ (4.16)

(11) $TiCl_4 + \frac{1}{2}N_2 + 2H_2 \longrightarrow TiN + 4HCl$ (4.17)

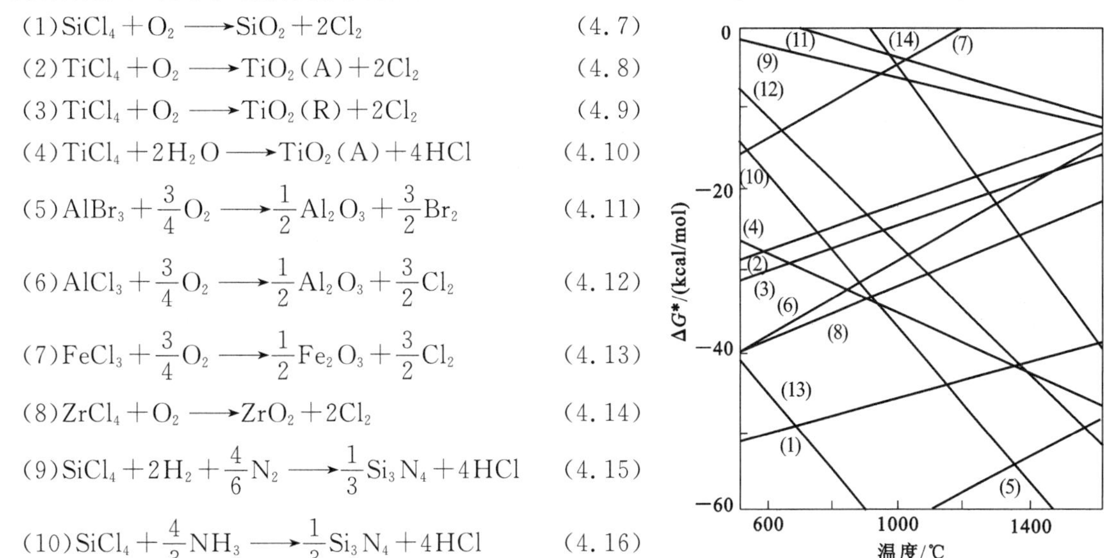

图 4.8 不同类型气相反应自由能随温度变化

(12) $TiCl_4 + NH_3 + \frac{1}{2}H_2 \longrightarrow TiN + 4HCl$ (4.18)

(13) $VCl_4 + NH_3 + \frac{1}{2}H_2 \longrightarrow VN + 4HCl$ (4.19)

(14) $TiCl_4 + CH_4 \longrightarrow TiC + 4HCl$ (4.20)

归纳起来大体分为三类：自由能变化小的式(4.15)、式(4.17)等反应体系，自由能变化大的式(4.7)、式(4.11)、式(4.12)、式(4.16)和式(4.18)等体系，以及自由能变化处于二者之间的式(4.8)和式(4.9)体系。其中第一类虽然能获得在异质物种上生长的单晶，但是很难制得它们的超细粉产物；而对自由能变化大的体系很容易获得各自相应的超细粉产物；而对于中间类型的体系是否能获得超细粉取决于反应气体组成的影响。同一种反应体系，如果反应条件不同，生成超细粉体的情况也不同。对一个超细粉体，合成的具体反应为

$$aA(g) + bB(g) \longrightarrow cC(s) + dD(g) \tag{4.21}$$

而言，当用 P 表示蒸气压时，其过饱和比 RS 为：

$$\begin{aligned} RS &= [(P_A^a P_B^b / P_D^d)_{反应时}] / [(P_A^a P_B^b / P_D^d)_{平衡时}] \\ &= K[(P_A^a P_B^b / P_D^d)_{反应时}] \end{aligned} \tag{4.22}$$

显然，过饱和度或平衡常数 K 越小越不利于超微粉的合成。表 4.4 列出了当原料初始浓度为 1 mol/L时，某些反应体系中平衡常数 K 对超微粉形成的影响。同种反应体系，只要改变反应条件以增大 K 值，就有利于超细粉反应的进行。与蒸气的凝聚不同，由于气相法中含有化学反应，平衡常数大并不是充分条件，还必须有反应速率大的前提条件。

表 4.4 某些反应体系中平衡常数 K 对超微粉形成的影响

气相反应体系	生成物	平衡常数			粉体生成状况	
		1000 ℃	1400 ℃	1500 ℃	<1500 ℃	等离子体
$SiCl_4—O_2$	SiO_2	10.7	7.0		能	
$TiCl_4—O_2$	TiO_2(A)	4.6	2.5		能	
$TiCl_4—H_2O$	TiO_2(A)	5.5	5.2		能	
$AlCl_3—O_2$	Al_2O_3	7.8	4.2		能	
$FeCl_3—O_2$	Fe_2O_3	2.5	0.3		能	
$FeCl_2—O_2$	Fe_2O_3	5.0	1.3		能	
$ZrCl_4—O_2$	ZrO_2	8.1	4.7		能	
$NiCl_2—O_2$	NiO	0.2			不能	
$CoCl_2—O_2$	CoO	−0.7			不能	
$SnCl_4—O_2$	SnO_2	1.0			不能	
$SiCl_2—H_2—N_2$	Si_3N_4	1.1		1.4	不能	
$SiCl_4—NH_3$	Si_3N_4	0.3		7.5	能	
$SiH_4—NH_3$	Si_3N_4	15.7		13.5	能	
$SiCl_4—CH_4$	SiC	1.3		4.7	不能	
CH_3SiCl_3	SiC	4.5		6.3	不能	
$SiH_4—CH_4$	SiC	10.7		10.7	能	能
$(CH_3)_4Si$	SiC	11.1		10.8	能	能
$TiCl_4—H_2—N_2$	TiN	0.7		1.2	不能	
$TiCl_4—NH_3—H_2$	TiN	4.5		5.8	能	
$TiCl_4—CH_4$	TiC	0.7		4.1	不能	能
$TiI_4—CH_4$	TiC	0.8		4.2	能	
$TiI_4—C_2H_2—H_2$	TiC	1.6		3.8	能	
$ZrCl_4—NH_3—H_2$	ZrN	1.2		3.3	能	
$ZrCl_4—CH_4$	ZrC	−3.3		1.2	不能	
$NbCl_4—NH_3—H_2$	NbN	8.9		8.1	能	
$NbCl_4—H_2—N_2$	NbN	4.3		3.7	能	
$MoCl_3—CH_3—H_2$	Mo_2C	19.7		18.1	能	
$MoO_3—CH_3—H_2$	Mo_2C	11.0		8.0	能	
$WCl_6—CH_4—H_2$	WC	22.5		22.0	能	
SiH_4	Si	6.0		5.9	能	
$WCl_6—H_2$	W	15.5		15.5	能	
$MoO_3—H_2$	Mo	10.0		5.7	能	
$NbCl_3—H_2$	Nb	0.7		1.6	能	

4.2.1.2 气相合成中的粒子成核

气相反应制备超微粉的关键在于是否能在均匀气相中自发成核。在气相情况下有两种不同的成核方式:一种是直接从气相中生成固相核,另一种是先从气相中生成液滴核然后再从中结晶。第二种成核,起初为液球滴、结晶时出现平整晶面,再逐渐显示为立体形状,其中间阶段和最终阶段处于一定的平衡状态,即 Wulff 平衡多面体状态。如果不涉及反应器内壁对成核的影响,则气相反应过程需要表面自由能 ΔG:

$$\Delta G = 4\pi r^2\sigma + \frac{4}{3}\pi r^3 \Delta G_v \tag{4.23}$$

式中 σ——液滴球单位面积的界面能;

ΔG_v——从蒸气相中液化出单位体积液滴球的自由能变化;

r——液滴球的半径。

由式(4.23)可得晶核的临界半径 r_c 为:

$$r_c = 2\sigma/\Delta G_v = 2\sigma m/[RT\ \ln(p/p_0)] \tag{4.24}$$

式中 p/p_0——过饱和比;

将 r_c 值代入式(4.23),即可求得形成临界晶核所需要的形核功:

$$\Delta G_v(r_c) = \frac{16\pi\sigma^3}{3\Delta G_v^3} = \frac{4}{3}\pi r_c^2\sigma \tag{4.25}$$

自由能 ΔG 与半径 r 的关系如图 4.9 所示,从图中可以看出,当 $r=r_c$ 时,ΔG 最大;当 $r<r_c$ 时,晶核不稳定,容易消失;当 $r>r_c$ 时,晶核稳定并可长大。

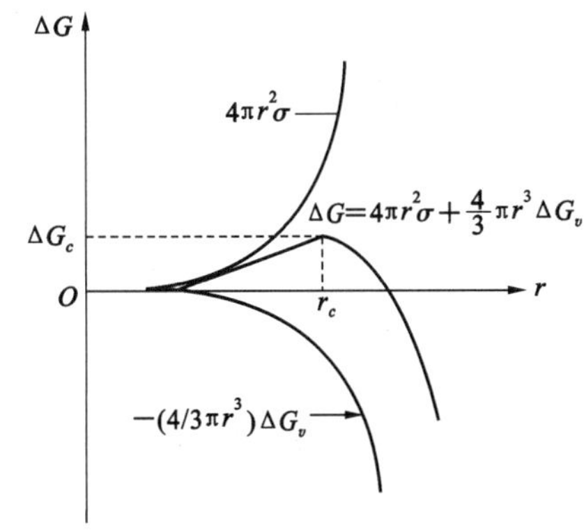

图 4.9 晶核自由能变化与半径的关系

4.2.1.3 气相合成中的粒子生长

不管气相合成体系以何种方式成核,一旦成核,核就会通过不同的方式继续长大成为初始粒子。根据经典的相变理论,在相变驱动力的作用下,原料原子或分子会通过气-固(或气-液)界面使得晶核进行生长。三种经典的结晶学晶核生长模型仍然适合解释气相反应体系的晶核长大机制。

(1)二维成核生长模型

当晶体在气相或溶液中生长时,若生长界面为原子级完整光滑界面,晶体生长遵循二维成核生长机制。原子或分子被吸附到生长界面后,通过扩散聚集而形成二维晶核。二维晶核一旦出现,体系就增加了棱边能。此棱边能效应与三维晶核中界面能效应完全类似,构成了二维晶核的热力学势垒。因此,只有当尺寸达到临界大小时,二维晶核才能自发生长。

以 t_n 表示连续两次二维成核时间间隔,以 t_s 表示 1 个二维临界晶核的台阶“扫过”整个生长界面所需要的时间,根据 t_n 和 t_s 的关系,可把二维成核生长分为两种类型。① 单二维成核生长,即当 $t_n \geqslant t_s$ 时,在新的二维成核形成以前,有足够时间让该晶核的台阶“扫过”整个生长界面;② 多二维成核生长,即当 $t_n \leqslant t_s$ 时,单二维晶核的台阶扫过整个生长界面所需要的时间远远超过连续两次成核的时间间隔,即生长界面每增长 1 个原子层,需要两个以上的二维晶核。根据原子(分子)成核方式,二维成核又分为表面扩散二维成核和直接在扭折处叠合二维成核。

(2)螺旋位错生长模型

若生长界面上有螺旋位错露头点,晶体生长机制与二维成核机制不同。此时,晶体生长起源于生长界面上螺旋位错露头点的台阶,在生长过程中台阶永不消失,螺旋位错露头点提供了一个连续起作用的台阶源,生长界面为一连续的螺旋面。与二维成核生长相似,螺旋位错生长也分为表面扩散和直接在扭折处叠合两种形式。

(3)体扩散控制生长模型

将在生长界面上吸附结晶的粒子或粒子团称为生长基元，将生长基元在结晶相(即已形成的晶体)内的扩散速度称为体扩散速度。如果生长基元的体扩散速度小于其在生长界面上的扩散速度，或者小于在生长界面扭折处叠合(结晶)的速度时，晶体生长的速度就由体扩散速度决定，相应的晶体生长称为体扩散控制的生长。

(4)形核长大方式

除了从结晶学理论解释晶核的生长机制外，气相合成中最重要的是粒径控制，其途径有通过物料平衡条件进行控制，或通过反应条件控制成核速率进而控制产物粒径。气相中颗粒在爆发式均匀形核后的长大方式可归纳为图 4.10 所示的三种形式：

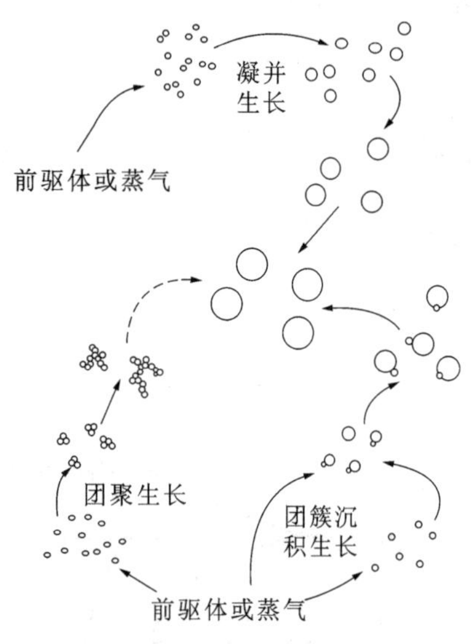

图 4.10 从气相前驱物生成超细颗粒的生长方式

① 团簇或生长基元在颗粒表面的沉积长大(vapor or cluster deposition)，这种长大的方式类似化学或物理气相沉积，生长机理可以用上述三个经典的晶体生长机理解释。

② 通过微小晶核或团簇的碰撞结合凝并出(coalescent coagulation)较大的晶核，并持续聚结与凝并而逐步长大。

通过以上两种方式长大的颗粒，其大小实际上取决于气相化学反应的平衡，当气相反应平衡常数很大时，反应率很大，几乎能达到 100%。由此可根据物料平衡估算生成粒子的尺寸，即

$$\frac{4}{3}\pi r^3 N = C_o \frac{M}{\rho} \tag{4.26}$$

式中 N——每立方米所生成的粒子数；

C_o——气相金属源浓度；

M,ρ——相对分子质量和生成物密度。

所以

$$D = 2r = \left(\frac{6C_o M}{\pi N \rho}\right)^{1/3} \tag{4.27}$$

这表明粒子大小可通过原料源浓度加以控制。随着反应进行，气相过饱和度急剧降低，核成长速率就会大于均匀成核速率，晶核和晶粒的析出反应将会优先于均相成核反应。因此，从均相成核反应一开始，由于过饱和度变化，超微粉反应就受自身控制，致使气相体系中的超微粉粒径分布范围较窄。

③ 晶核或团簇的团聚长大(aggregation)

气相合成的初始粒子大概为纳米级的，由于全部粒子在整个体系中处于浮游状态，它们的布朗运动会使粒子相互碰撞而凝聚在一起，形成加大尺寸的颗粒。按照分子运动理论，其碰撞频率：

$$f = 4\left(\frac{\pi k T}{m}\right)^{1/2} d_p^2 N^2 \tag{4.28}$$

式中 N——粒子浓度；

m——粒子的质量；

T——温度；

d_p——粒径；

k——玻耳兹曼常数。

以合成 TiO_2 为例，当气相摩尔浓度为 1%时，为了获得均匀的粒径为 100 nm 的粒子，则全部粒子通过相互碰撞完成这一过程需要 0.53 s；如果要制得 10 nm 的粒子，则需要 1.7×10^{-3} s。这说明粒子相互碰撞凝聚是粒子后期长大的主要原因，应该加以控制。当然，实际的影响因素是很复杂的。

综合比较上述气相反应中的四个基本过程(即化学反应、成核、粒子生长和凝聚)，它们与温度的依赖关系是不同的。其中碰撞频率与温度的依赖关系较小，高温对气相合成反应十分有利，短时间内

即可迅速完成反应、成核、初期粒子生长和原料分子消失等一系列过程。

气相法在超细粉体材料的制备过程中占有重要地位。该法可制备出纯度高、分散性好、粒径分布范围窄的纳米超微粒，尤其是通过控制气氛，可制备出液相法难以制备的金属、碳化物、氮化物及硼化物等非氧化物纳米超微粒。下面几节将对主要的气相合成方法进行介绍。

4.2.2 气相燃烧法

气相燃烧法也称火焰合成法，其所有反应都发生在气相中，反应生成超细(通常是纳米级)粉体。其原理：在惰性气体的保护下，将一种燃气(CO 或 CH_4 或 H_2 等)和一种原料气($SiCl_4$ 或 $TiCl_4$ 等)通入到高温富氧环境下进行燃烧，最后将燃烧产物冷却得到超细粉体。例如：

$$SiCl_4 + O_2 \longrightarrow SiO_2(s) + 2Cl_2(g)\text{(氧化反应)} \tag{4.29}$$

$$SiCl_4 + 2H_2O \longrightarrow SiO_2(s) + 4HCl(g)\text{(火焰水解反应)} \tag{4.30}$$

$$TiCl_4 + C_2H_4 + 3O_2 \longrightarrow TiO_2(s) + 2CO_2(g) + 4HCl \tag{4.31}$$

用气相燃烧法合成了纯金红石相及与锐钛矿相相混合的纳米氧化钛颗粒，添加晶型调节剂 $AlCl_3$ 可以降低晶粒尺寸，提高金红石含量。采用 $H_2/O_2/Ar$ 产生初级火焰，然后用 SiH_4/Ar 产生二级火焰，并采用 N_2 包裹火焰场，在高浓度时生成的粒子尺寸(6～8 nm)比低浓度时生成的粒子尺寸(18～20 nm)要小。

与一般的固-固、固-液和 SHS 工艺相比，火焰合成的优势是生产的连续性和产物的高纯性。用火焰合成方法已经合成出许多种细粉，如氮化物(Si_3N_4)，碳化物(SiC、B_4C、TaC)，硼化物(TiB_2、ZrB_2)，硅化物($TiSi_2$)，光电硅，难熔金属(Ti、Ta、Zr、Hf 和 Nb)，纳米 SiO_2、TiO_2、Al_2O_3 和 Al_2TiO_5 等。

火焰合成法的优点是可以连续生产，产物纯度高，粒子凝聚少，且不需要后续工艺(如清洗等)；并可通过调节燃烧气体比例、燃烧温度、粉体在反应炉中停留时间等参数来控制粒径，且粒度分布集中，产量和产率较高；还可制备复合粉体。其缺点是反应产物对设备有较大的腐蚀性。

4.2.3 热反应法

热反应法是利用挥发性金属化合物的蒸气，通过化学反应生成所需要的化合物，在保护性气体环境下快速冷凝，从而制备各种超微粉的方法，又叫化学气相沉积法(chemical vapor deposition, CVD)，其工艺过程如图 4.11 所示。

化学气相沉积法(CVD)采用的原料通常是容易制备、蒸气压高、反应性较好的金属卤化物、金属醇盐烃化物与羰基化合物等。用金属盐的蒸气与还原性气体反应，金属就会被还原出来，形成金属超细粉，如 W、Mo、Fe、Co、Ni 等。让金属蒸气与氧或水蒸气反应，可以得到 TiO_2、Fe_2O_3、Al_2O_3、ZrO_2 等氧化物超细粉；与碳化物气体反应可以生成 TaC、TiC、NbC、SiC、WC 等碳化物超细粉。与 N_2、NH_3 反应则可以生成 AlN、Si_3N_4、BN、TiN 等氮化物超细粉。目前，炭黑、ZnO、TiO_2、SiO_2、Sb_2O_3、Al_2O_3 等用此法制备超微粉已达到工业化生产水平。

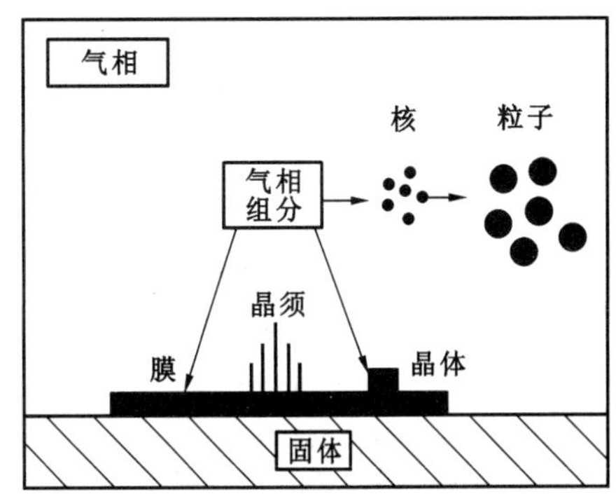

图 4.11 化学气相沉积过程

该方法具有许多优点，如制备出来的颗粒均匀、粒径小、分散性好、化学反应活性高、工艺可控以及过程连续等。根据体系反应类型又可将化学气相反应法分为气相分解和气相合成两大类。根据加热方式的不同，CVD 法又可分为热 CVD 法、等离子体化学气相沉积(PCVD)法、激光诱导化学气相沉积(LICVD)法，这里主要介绍热 CVD 法。

热 CVD 法是用电炉加热反应管(石英玻璃、硅酸铝或氧化铝等)，使原料气体流过发生反应的方法。热 CVD 法制备超细粉体的大致过程：在远高于热力学计算临界反应温度的条件下，反应产物蒸气形成很高的过饱和蒸气压，使反应产物自动凝聚形成大量的核，这些核在加热区不断长大聚集成颗粒，在适宜的温度下晶化，随着载气气流的输运，反应产物迅速离开加热区进入低温区，从而获得所需要的超细粉。在热 CVD 法中，由于原料气体直接与反应管相接触，故需特别注意原料与反应管材质间的反应等问题。

图 4.12 是以六甲基二硅胺烷为前驱体采用热化学气相沉积法制备 SiC 纳米粉体和 SiC-Si_3N_4 复合纳米粉的实验装置示意图，图 4.13 为采用此种方法制备的 SiC-Si_3N_4 复合纳米粉的透射电镜照片，可以看出粉体粒度分布十分均匀。

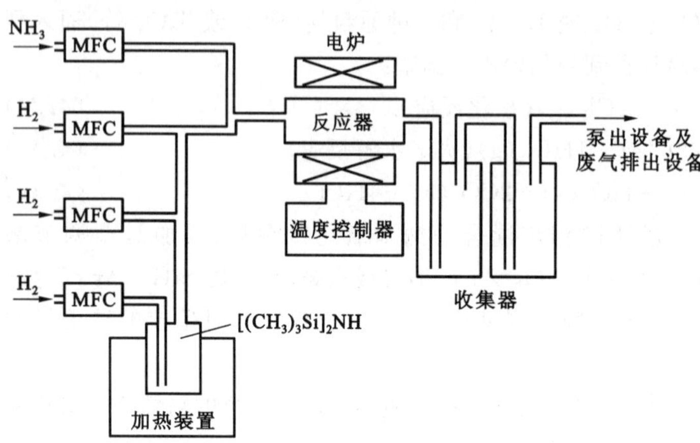

图 4.12　CVD 反应装置示意图

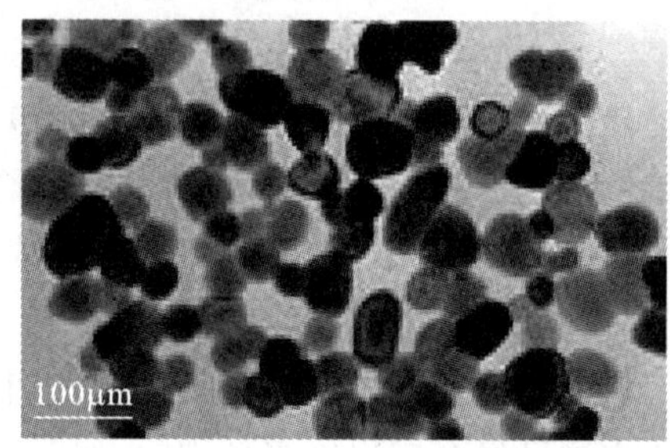

图 4.13　SiC-Si_3N_4 复合纳米粉的透射电镜照片

4.2.4　激光诱导合成超细颗粒

激光诱导合成超细颗粒的基本原理是利用反应气体分子对特定波长激光的共振吸收，诱导反应气体分子的激光光解（紫外光光解或红外多光子光解）、激光热解、激光光敏化以及激光诱导等化学反应，在一定条件（激光功率密度、反应池压力、反应气体配比、流速和反应温度等）下，反应生成物成核和生长，通过控制成核与生长过程即可获得超细粒子。将反应气体混合后，经喷嘴喷入反应室形成高速稳定的气体射流，为防止射流分散并保护光学透镜，通常在喷嘴外加设同轴保护气体。如反应物的红外吸收带与激光振荡波波长相匹配，反应物将有效吸收激光光子能量，产生能量共振，温度迅速升高，形成高温、明亮的反应火焰，反应物在瞬间发生分解化合，形核长大。它们在气流惯性和同轴保护气体的作用下，离开反应区后便快速冷却并停止生长，最后将获得的纳米粉体收集于收集器中。

激光诱导化学气相沉积法装置一般由激光发生器、激光传播的光学系统、供应反应原料和保护气体的气路系统、提供反应场所的真空反应室、收集纳米粉体的收集装置和真空系统等几部分组成，如图 4.14 所示。

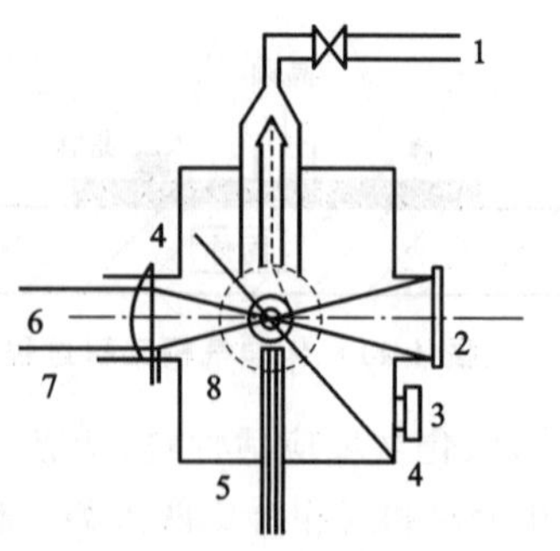

图 4.14　LICVD 法制备超微粉示意图

1—粉体吸收装置；2—激光余光吸收装置；3—真空泵；4—保护气体通路；5—反应气体通路；6—激光光束；7—透镜；8—真空反应室

采用激光诱导化学气相沉积法可制备纳米氮化硅粉体，其过程是利用 SiH_4 分子对 CO_2 激光的强吸收效应，用连续 CO_2 激光束辐照流动的混合气体（SiH_4 + NH_3），诱导 SiH_4 与 NH_3 分子发生激光热解与合成反应，在 800～1000℃、20～90 kPa 的条件下成核生长，获得了超细、粒度分布均匀的非晶态 Si_3N_4 纳米粉体。LICVD 法具有粒子大小可精确控制、无粘连、粒度分布均匀等优点，很容易制备几纳米至几十纳米的非晶态或晶态微粒。

随着激光技术的发展，激光诱导的气相合成法非常引人注目。一方面是由于具有不同功率和不同波长的激光器已经商品化，气相反应装置体系并不复杂且可调，便于制备组分或结构复杂(如量子点或量子阱)的产物。另一方面,激光作为加热源,其特点是功率大、定向速度快、加热和冷却速率较高,瞬间能完成气相反应体系内反应物能量的吸收和传递。当反应物的吸收带与激光波长重合或相近时,反应物可有效地吸收激光能量产生可控气相反应。当两者不一致时,也可通过引入六氟化硫等光增感剂方式增强反应物的吸收,整个反应过程的成核、长大与终止十分迅速。此外,反应体系选择范围较大,原则上任何固体材料都可能被制成超细粉体。

从 $Al(CH_3)_3$—N_2O 混合气相体出发,采用乙烯作增敏剂,通过二氧化碳激光(1.2 kW)合成了粒径为 15～20 nm 的 Al_2O_3 纳米超细粉体。其他激光气相合成的产物有各种金属或合金、氧化物或复合氧化物、碳化物、硼化物或硼碳化物以及复相微粒如 SiCN、Si_3N_4/SiC 等。

激光法制备陶瓷粉体具有蒸发能量密度高、粉末生成速度极快、表面洁净、粒度小而均匀可控的特点;但是激光器效率较低,电能消耗较大,难以实现大规模工业化,如使用功率为 50～700 W 的 CO_2 激光器,产率一般不超过 100 g/h。

采用高功率 CO_2 激光诱导高纯硅烷气相反应,可制备出平均粒径为 10～120 nm、晶粒度与平均粒径比为 0.3～0.7 的各种纳米硅粉(图 4.15)。

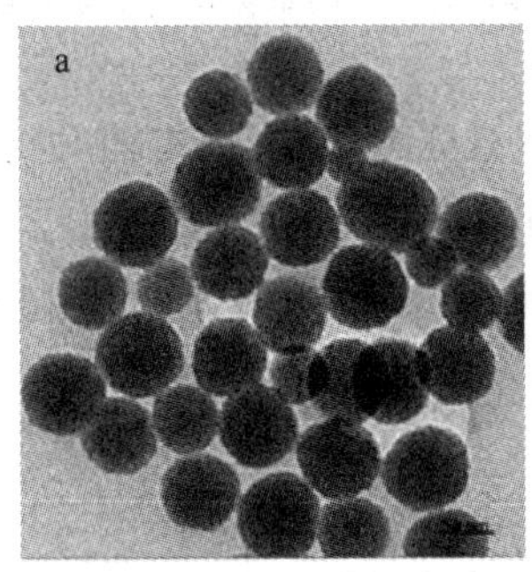

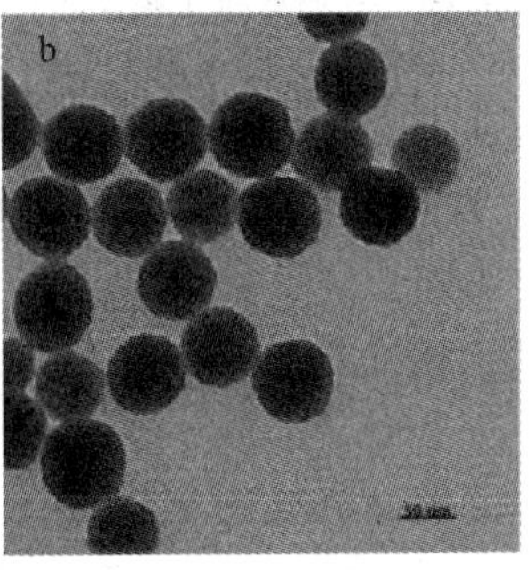

图 4.15 激光诱导气相合成纳米硅粉透射电镜照片

4.2.5 气相蒸发法

气相蒸发法是指将金属、合金或化合物在惰性气体(或活泼性气体)中加热蒸发气化,然后在气体介质中冷凝而形成超微粉的方法。通过调节蒸发温度、气体种类和压力可以控制颗粒的大小。用气相蒸发法制备的超微粉具有如下特点:① 表面洁净;② 粒径分布范围较窄;③ 粒度容易控制。根据加热方式的不同,可将气相蒸发法分为:电阻加热法、等离子体法、高频感应加热法、电子束加热法及激光加热法。气相蒸发法制备纳米粉体的方法与特征如表 4.5 所示。

表 4.5 气相蒸发法制备纳米粉体的方法与特征

名 称	加热蒸发法	生成气氛	特 征
电阻加热	蒸发原料放在电阻加热器上加热蒸发	惰性气体或还原性气体,压力为 133～13332 Pa	一次生成量较小,实验室规模一次为数十毫克
等离子束加热	用等离子束加热水冷铜坩埚中的金属材料	惰性气体,压力为 2.6×10^4～1×10^5 Pa	实验室规模产量每批 20～30 g,几乎适用于所有金属
高频加热	高频感应加热耐火坩埚中的金属	惰性气体,压力为 133～6500 Pa	粒径容易控制,可大功率长时间运转
电子束加热	高真空电子束发生室与压力为 133 Pa 的蒸发室保持一定的压力差	惰性气体,反应性气体,压力为 133 Pa	可制取 Ta、W 等高熔点金属及 TiN、AlN 等高熔点化合物
激光束加热	用连续、高能激光束通过透镜聚焦照射原料	惰性气体,压力为 1.3×10^3～1×10^4 Pa	可蒸发矿物、化合物等,对 SiC 等化合物有效

(1)电阻加热法

电阻加热法是将原料置于电阻加热器上蒸发来制备超微粒子的一种方法。利用这种方法可制备Zn、Fe、Co、Ni、Mn、Mg、Al、Cr、Cd、Sn、Pb、Bi、Cu、Ag、Au等金属的超微粒子,粒径在5～100 nm范围内。制备过程是首先将要蒸发的金属原料置于真空室电极处,将系统抽成真空(～10^{-4} Pa),然后注入少量载气(N_2、CH_4 等)和保护性气体(Ar、He等),调节压力为10～10^4 Pa,通电加热原料使之蒸发、凝聚,金属蒸气形成金属烟粒子。金属烟粒子蒸发装置及所获Au纳米颗粒TEM照片如图4.16所示。

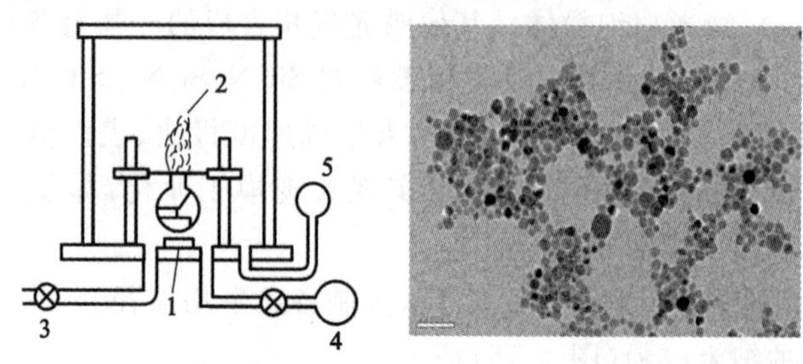

图4.16　金属烟粒子蒸发装置及所获Au纳米颗粒TEM照片

1—加热电极;2—金属烟柱;3—排气口;4—惰性气体;5—真空表

因为蒸发原料通常放在W、Mo、Ta等的螺旋状载样台上,所以有两种情况不能用这种方法进行加热和蒸发:① 两种材料(发热体与蒸发原料)在高温熔融后会形成合金;② 蒸发原料的蒸发温度高于发热体的软化温度。电阻加热法设备简单,但产率较低(一般只有几毫克),一般只在实验室中用于制备Al、Cu、Au等低熔点金属的超微粉。

(2)高频感应加热法

高频感应加热法是以高频感应线圈作热源,使坩埚内的物质在低压(1～10 kPa)惰性气体中蒸发,蒸发后的金属原子与惰性气体原子相碰撞、冷却凝聚而形成超细粉。图4.17是高频感应加热法制备纳米微粒的实验装置示意图。在高频感应加热法中,金属处于交变磁场中,由于集肤效应,金属表面产生感应电流,由于金属有电阻,从而产生焦耳热使金属蒸发;而且,金属中感应磁场与外场相互作用,使得金属几乎不与坩埚接触,因此,该方法具有很多优点,譬如生成粒子粒径比较均匀,产量大、无污染、便于工业化生产等。缺点是对W、Mo、Ta等高熔点、低蒸气压物质的超微粉制备困难,而且制备速度慢、产量低。

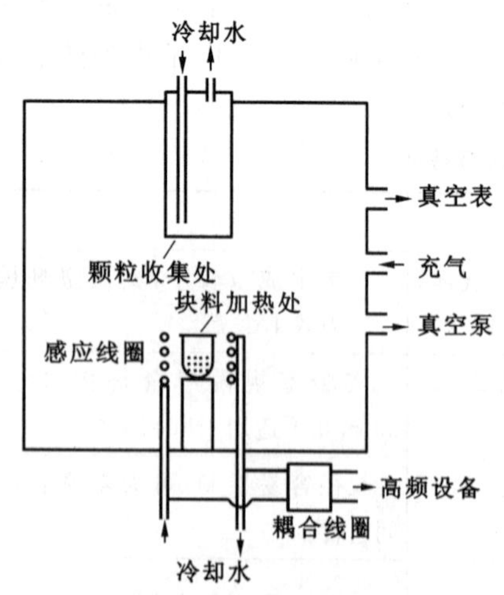

图4.17　高频感应加热法制备纳米微粒的实验装置示意图

(3)电子束加热法

电子束加热蒸发法的主要原理:在加有高速电压的电子枪与蒸发室之间产生电压差,使用电子透镜聚焦电子束于待蒸发物质表面,使物质被加热,从而蒸发、凝聚为细小的纳米粒子。电子束加热法不需要坩埚就可使原料熔融并蒸发,从而避免了由于坩埚反应而引起杂质混入。该方法适合制备W、Mo、Ta等高熔点金属及Zr、Ti等活性大的金属的超微粉,而且通过控制不同的气氛可分别制备氧化物、氮化物、碳化物等高熔点超微粉。

(4)激光加热法

激光加热法就是利用高能激光束在惰性气氛中直接照射金属(如Fe、Ti、Ni、Zn、Mo等)或氧化物(如Al_2O_3、SiO_2、Fe_3O_4等),让这些物质蒸发、冷凝后直接制备这些金属或氧化物的超微粉;或在N_2、NH_3、CH_4、C_2H_6等反应气氛中,将激光束照射到金属上,金属被加热蒸发后与气体发生反应,从而制备出其氮化物、碳化物等。激光加热法的优点:金属和非金属材料都可用它进行熔融和蒸发;制备的超微粉纯度高、粒径小,粒度分布集中,球形性好；加热源不被蒸发物质污染；缺点是能耗大，超微粉的回收率低，价格昂贵。

以 Ti(i-OC_3H_7)$_4$/O_2 为反应体系，C_2H_4 为光敏剂，可制备球形的纳米 TiO_2 粉体，经煅烧后，纯度可达 99.97%。用 Si(OC_2H_5)$_4$ 和 Ti(i-OC_3H_7)$_4$ 制备纳米 SiO_2 和 TiO_2 粉，比表面积可达400 m^2/g。此外，用激光蒸发金属靶材的方法，通过调节温度梯度、总压、金属蒸气的分压及控制过饱和度可获得 ZnO、TiO_2、ZrO_2、MgO 等一系列纳米氧化物粉体。激光法制备的主要纳米粉体及其性能列于表 4.6 中。

表 4.6 激光法制备的主要纳米粉体及其性能

粉体名称	合成原料	粒径/nm	比表面积/(m^2/g)
SiC	SiH_4/C_2H_4	20～30	50～100
Si_3N_4	SiH_4/NH_3	10～25	117
Si-C-N	HMDS/NH_3	20	—
Si	SiH_4/NH_3	10～100	51.5
Al_2O_3	Al/O_2	1～10	130～150
TiO_2	Ti(i-OC_3H_7)$_4$/O_2	6～200	—
ZnO	Zn/O_2	100	—
SiO_2	$SiCl_4$/O_2		—
Ti-V-O	Ti(i-OC_3H_7)$_4$/VO(OC_3H_7)$_3$	5	200
CaO	$CaCO_3$	35～50	—
Fe_2O_3	Fe(CO)$_5$/O_2	5～12	—
Fe	Fe(CO)$_5$	20～40	—
Fe/C	Fe(CO)$_5$	2～10	116
AlN	Al/N_2	6	—

4.2.6 等离子体加热法

等离子体加热法是在惰性气氛或反应性气氛下通过直流放电使气体电离产生高温等离子体，从而使原料熔化并蒸发，蒸气遇到周围的气体就会被冷却或发生反应形成超微粉。其机理是：等离子体中存在大量的高活性物质微粒，它们与反应物微粒迅速交换能量，使反应向正方向进行。此外，等离子体尾焰区的温度较高，远离尾焰区的温度急剧下降，使这些区域的微粒处于动态平衡的饱和状态，处于这种状态的反应物迅速离解并成核结晶而形成纳米微粒。等离子体按其产生方式可分为：直流电弧等离子体法、混合等离子体法、氢电弧等离子体法等。

(1)直流电弧等离子体法

该法是在惰性气氛或反应性气氛下通过直流放电使气体电离产生高温等离子体，使原料熔化、蒸发，蒸气遇到周围的气体就会被冷却或发生反应形成超微粒子。在惰性气氛中，由于等离子体温度高，几乎可以制取任何金属的微粒。

等离子体加热法制备纳米微粒的装置及制备的 Au 纳米颗粒见图 4.18。如图 4.18 所示，生成室被惰性气体充满，通过调节真空系统排出气体的流量来确定蒸发气氛的压力；增加等离子体枪的功率可以提高电蒸发而生成的微粒数量。当等离子体被集束后，使熔体表面局部过热时，由生成室侧面的观察孔就可以观察到烟雾(含有纳米微粒的气流)的升腾加剧，即蒸发生成量增加了。生成的纳米颗粒黏附于水冷管状的铜板上，气体被排除在蒸发室外。运转结束后，打开生成室，将附在圆筒内侧的纳米颗粒收集起来，该状态的纳米颗粒非常松散。等离子体枪的功率约为 10 kW，采用这一方法可以制备包括高熔点金属如 Ta(熔点 2996 ℃)等在内的金属纳米微粒，如表 4.7 所示。在表 4.7 中，纳米微粒的顺序按金属熔点的大小排列。

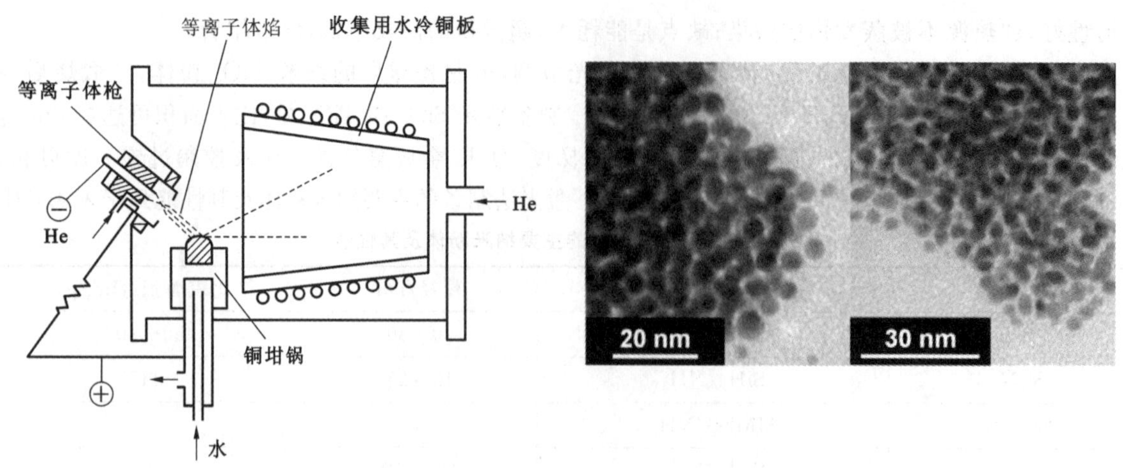

图 4.18 等离子体加热法制备纳米微粒的装置及制备的 Au 纳米颗粒

表 4.7 直流电弧等离子体法制备的金属纳米粒子

种　类	生成条件				生成速率/(g/min)	平均粒径/nm
	压力/MPa	电压/V	电流/A	功率/kW		
Ta	0.10	40	200	8	0.05	15
Ti	0.10	40	200	8	0.18	20
Ni	0.10	60	200	12	0.8	20
Co	0.10	50	200	10	0.65	20
Fe	0.10	50	200	10	0.8	30
Al	0.053	35	150	5.3	0.12	10
Cu	0.067	30	170	5.1	0.05	30

(2)混合等离子体法

混合等离子体法是一种以应用于工业生产中的射频(RF)等离子体为主要加热源,并将直流(DC)等离子体与射频等离子体组合,由此形成混合等离子体的加热方式。

图 4.19 所示是混合等离子体法反应器结构示意图。如图 4.19 所示,感应线圈产生几兆赫的高频磁场,将气体电离产生 RF 等离子体,由载气携带的原料经等离子体加热、反应生成超微粒子并附着在冷却壁上。为了解决气体或原料进入 RF 等离子体的空间,使 RF 等离子弧焰被搅乱,导致超微粒生成困难的问题,可以通过沿等离子室轴向同时喷出直流(DC)等离子电弧束,防止 RF 等离子弧焰受干扰,因此称为"混合等离子体法"。使用混合等离子体作为加热源,可以输入金属和气体制备金属纳米颗粒,或者输入金属和气体的同时再输入反应性气体制备化合物纳米颗粒。混合等离子体法与直流等离子体法相比,由于产生电流电弧不需电极,可避免由于电极物质的熔化或蒸发而在反应产物中引入杂质。

(3)氢电弧等离子体法

氢电弧等离子体法的原理是由 M. Uda 等人提出的。该方法之所以被称之为氢电弧等离子体法,原因在于制备工艺中使用氢气作为工作气体,其作用是可大幅度地提高产量,因为氢原子化合为氢分子时放出大量的热,从而被强制蒸发,使产量大幅度增加。以纳米金属钯为例,该装置的产率一般可达 300 g/h。另外,氢的存在可以减小熔化金属的表面张力,从而增加了蒸发速率。

用这种方法制备的金属纳米粒子的平均粒径与制备条件和材料有关,一般为几十纳米,粒子的形状一般为多面体,磁性纳米粒子一般呈链状。目前,使用这种方法已经成功地制备出 30 多种纳米金属和合金,也有部分氧化物。其中有:Fe、Co、Ni、Cu、Zn、Al、Ag、Au、Bi、Sn、Mo、Mn、In、Nd、Ce、La、Pd、Ti 等金属纳米粒子,合金和金属间化合物 CuZn、PdNi、CeNi、CeCu、ThFe 及纳米氧化物 Al_2O_3、Y_2O_3、TiO_2、ZrO_2 等。

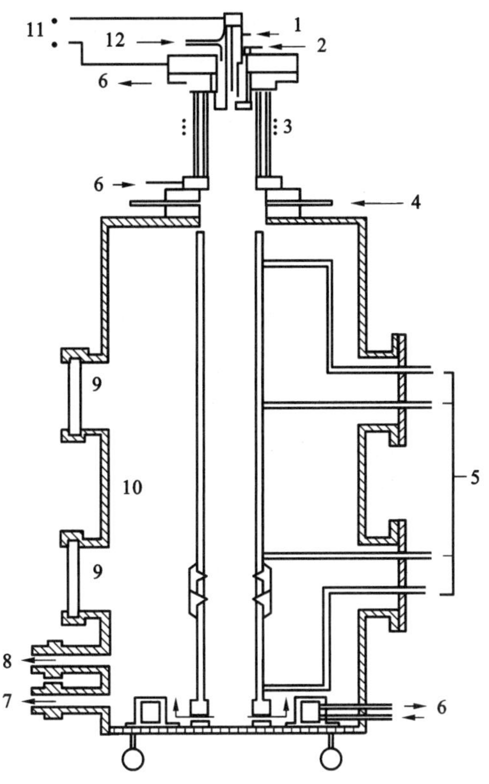

图 4.19 混合等离子体法反应器结构示意图

1—氩；2—四氯化硅＋氩；3—高频感应线圈；4—氦＋氢；5—热电偶；6—冷却水；
7—出气口；8—连续真空泵；9—观察窗；10—派莱克斯玻璃；11—等离子室；12—进气口

在惰性气氛下，由于等离子体温度高，用这种方法几乎可以制备出任何金属的超微粉。在 N_2、NH_3 等气氛下可制得 AlN、TiN、Si_3N_4 等氮化物；在氧化气氛下可制得 WO_3、MoO_3、NiO 等金属氧化物，在原料中混入碳或在 CH_4、C_2H_6 气氛下可制得金属碳化物(如 WC、ZrC 等)。该技术已成为近年来粉体制备的新发展趋势，制备工艺与设备也在不断更新。

由上述分析可见，采用等离子体加热法可以制备出金属、合金或金属化合物纳米粒子。其中，金属或合金可以直接通过蒸发、冷凝而形成纳米粒子，制备过程为纯粹的物理过程；而金属化合物的制备还需要通过化学反应这一步骤，才能最终形成金属化合物纳米粒子。

等离子体加热法的优点：产量大，特别适合于高熔点的各类超微粉的制备，一次运转可制备出几克至几十克的超微粉。缺点：制备的超微粉的粒径分布范围较宽，等离子体喷射的射流容易将金属熔融物质本身吹走，而且难以制得较纯的氮化物或碳化物的超微粉。

4.3 液相法制备超细粉体

液相法制备超细粉体的共同特点是以均相的溶液为出发点，通过各种途径使溶质与溶剂分离，溶质形成一定形状和大小的颗粒，得到所需粉末的前驱体，再经过一定温度处理后得到超细粉体。

4.3.1 液相法的基本原理

4.3.1.1 成核

为了从液相中析出大小一致的固相颗粒，必须使成核和长大这两个过程分开，以便使已成核的晶核同步地长大，并在生长过程中不再有新核形成。在纳米颗粒形成的最初阶段，都需要新相的核心形成。新相的形核过程可以被分为两种类型，即自发形核与非自发形核过程。所谓自发形核，指的是整个形核过程完全是在相变自由能的推动下进行的，而非自发形核则指的是除了有相变自由能作推动力之外，还有其他的因素起到了帮助新相核心生成的作用。显然，非自发形核比自发形核容易。

4.3.1.2 界面生长

晶体界面生长，是生长基元不断从流体相通过界面进入晶格位置的过程，也是晶体和流体界面不断向流体中推移的过程，即晶体界面生长的过程是气相或者液相的原子或分子扩散到晶体表面附着并进入晶格。界面的微观结构决定了晶体的生长机制，而晶体的生长机制又决定了其遵循的动力学规律。原子层次上的光滑界面，通过二维成核、螺型位错或孪晶面等形成台阶，而后台阶沿着界面运动，形成新的光滑晶面，界面呈层状生长，并最终决定晶形。其中，二维成核是生长速率控制步骤。根据二维成核周期和单个晶核扫过整个晶面所需的时间，界面成核生长又分为单核生长和多核生长。当过饱和度低于二维成核临界过饱和度时，晶体将通过螺型位错等连续产生台阶和扭折。而在粗糙界面上，由于所有位置的吸附分子具有相等势能，因此都是生长位置，其生长速率大于光滑界面，呈连续生长，最终趋于消失。二维成核速率非常大时，溶质向二维晶核的扩散将成为生长控制步骤，为溶质扩散控制生长。晶体法向生长速率 R_n 与溶液过饱和度 s 有密切的关系：对于二维成核生长模型，R_n 与 s 呈指数关系，当 s 较低时 $R_n \propto s^{1/2}$，当 s 较高时 $R_n \propto s^{5/6}$；对于螺型位错生长模型，R_n 与 s 呈抛物线关系或呈线性关系，当 s 较低时 $R_n \propto s^2$，当 s 较高时 $R_n \propto s$。晶体生长速率 J 表示为：

$$J = 2\pi d_{\mathrm{p}} D c_m \tag{4.32}$$

式中 d_{p}——粒子直径；

D——分子的扩散系数；

c_m——液相中单分子的浓度。

为了使成核与生长阶段尽可能分开，必须使成核速率尽可能快而生长速率适当地慢。

4.3.1.3 团聚与聚结生长

从液相中析出固相微粒的经典理论只考虑成核和生长。另有聚积过程伴随成核和生长过程发生，即核与微粒或微粒与微粒相互合并形成较大的粒子。如果微粒通过聚积生长的速率随微粒半径增大而减小，则最终也可形成粒度均匀一致的颗粒集合体。小粒子聚积到大粒子上之后可能通过表面效应、表面扩散或体扩散而"融合"到大粒子之中，形成一个更大的整体粒子，但也可能只在粒子间相互接触处局部"融合"形成一个大的多孔粒子。若"融合"反应足够快，即"融合"反应所需时间小于微粒相邻两次有效碰撞的间隔时间，则通过聚积可形成一个较大的整体粒子，之后则形成多孔粒子聚积体。后一种情况也可看作下面所讨论的团聚过程。

从液相中生成固相颗粒后，液相体系成为两相混合系统，固相将向表面能最小的方向发展，发生聚结生长，属于扩散控制生长机理，特点为生长基元（0.01～0.1 μm）远大于单个原子或分子。由于Brown运动，微粒互相接近，若微粒具有足够的动能克服阻碍微粒发生碰撞形成团聚体的势垒，则两个微粒能聚在一起形成团聚体。阻碍两个微粒互相碰撞形成团聚体的势垒 V_b 可表示为：

$$V_b = V_a + V_e + V_c \tag{4.33}$$

式中 V_a——起源于范德瓦耳斯引力，为负值；

V_e——起源于静电斥力，为正值；

V_c——起源于微粒表面吸附有机大分子的形位贡献，其值可正可负。

从式(4.33)可知：为使 V_b 变大，应使 V_a 变小，V_e 变大，V_c 应是大的正值。V_a 与微粒的种类、大小和液相的介电性能有关。V_e 的大小可通过调节液相的 pH 值、反离子浓度、温度等参数来改变。V_c 的符号和大小取决于微粒表面吸附的有机大分子的特性（如键长、亲水或亲油基团特性等）和有机大分子在液相中的浓度，只有浓度适当才能使 V_c 为正值。微粒在液相中的团聚一般来说是个可逆的过程，即团聚和离散两个过程处在一种动态平衡状态。通过改变环境条件可以从一种状态转变为另一种状态。

形成团聚结构的第二个过程是在固液分离过程中发生的。从液相中生长出固相颗粒后，需要将液相从粉料中排除掉。随着最后一部分液相的排除，在表面张力的作用下固相颗粒相互不断靠近，最后紧紧地聚集在一起。如果液相为水，最终残留在颗粒间的微量水通过氢键将颗粒紧密地粘连在一起。如果液相中含有微量盐类杂质，则会形成盐桥，促使颗粒相互粘连得更加牢固。这样的团聚过程是不可逆的，一旦形成团聚体就很难将它们彻底分离开。

4.3.2 液相沉淀法

液相沉淀法是液相化学反应合成金属氧化物超细颗粒的最普遍的方法。它是指在原料溶液中添加适当的沉淀剂，经过化学反应生成不溶性的氢氧化物、碳酸盐、硫酸盐或醋酸盐等，然后经过滤、洗涤、干燥，再将沉淀物加热分解得到所需要的化合物粉末。液相沉淀法可用于合成单一或复合氧化物超细粉体材料。该方法的优点：反应过程简单，成本低，易于进行大规模的工业化生产。液相沉淀法包括共沉淀法、均匀沉淀法、水解法等。

4.3.2.1 共沉淀法

共沉淀法是在含有两种或两种以上的金属离子的混合金属盐溶液中，加入合适的沉淀剂（如 OH^-、CO_3^{2-}、$C_2O_4^{2-}$ 等），经化学反应生成各种成分具有均一相的共沉淀物，然后进一步加热分解以获得超微粒。采用该法制备超微粉时，沉淀剂的种类与用量及溶液的 pH 值、浓度、水解速度、干燥方式、热处理等均影响微粒尺寸的大小。共沉淀法的优点：一是通过溶液中的化学反应能够直接得到化学成分均一的复合粉体；二是容易制备粒度小且较均匀的超细颗粒。

共沉淀法已被广泛用于制备钙钛矿型材料、尖晶石型材料、敏感材料、铁氧体及荧光材料的超微粉。例如 $BaTiO_3$ 超微粉的制取，是向 $BaCl_2$ 和 $TiCl_4$ 或 Ba 和 Ti 的硝酸盐的混合水溶液中滴入草酸，得到高纯度的 $BaTiO(C_2O_4)_2 \cdot 4H_2O$ 沉淀，过滤、洗涤后在 550 ℃以上的高温下进行热分解即得 $BaTiO_3$ 超微粉。

通常利用共沉淀法制备超细粉体材料时，过剩的沉淀剂会使溶液中的全部阳离子同时沉淀。金属阳离子与沉淀剂的反应，通常受沉淀物的溶度积控制，如：

$$M^{z+} + zOH^- \longrightarrow M(OH)_z \tag{4.34}$$

$$[M][OH^-]_2 = K_{sp}M(OH)_2 \tag{4.35}$$

一般地，不同氢氧化物的溶度积相差很大，沉淀物形成前过饱和溶液的稳定性也各不相同。所以溶液中的金属离子很容易发生分步沉淀，导致所合成的超细粉体材料组分不均匀。因此，共沉淀的特殊之处是需要一定阳离子比的初始前驱化合物。

利用共沉淀法制备高纯超细粉体材料时，初始溶液中的阴离子以及沉淀剂中的阳离子等少量残留物的存在，对粉体材料的烧结性能有不良影响，因此应特别注意洗涤工序的操作。另外，为了防止干燥过程中粉末的团聚，可以利用乙醇、丙醇、异丙醇等有机溶剂作为分散剂，进行适当的球磨分散。Gherardia 等采用双氧水共沉淀制备得到了具有窄尺寸分布的球形 $BaTiO_3$，其扫描电镜照片如图4.20所示。

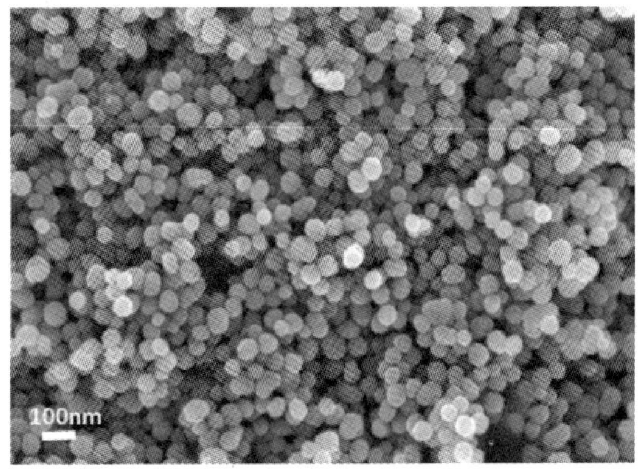

图 4.20 球形 $BaTiO_3$ 粉末的扫描电镜照片

4.3.2.2 均匀沉淀法

均匀沉淀又称均相沉淀，它是通过控制溶液中的沉淀剂浓度，使之缓慢增加，从而使沉淀由溶液中缓慢而均匀地产生出来的方法。均匀沉淀法可通过控制生成沉淀的速度，减少晶粒的团聚，能制备出纯度较高的纳米材料。在不饱和溶液中，利用均匀沉淀法均匀地产生沉淀的途径有两种：

① 溶液中的沉淀剂发生缓慢的化学反应，导致氢离子浓度变化和溶液 pH 值变大，从而使产物溶解度

下降而析出沉淀；

② 沉淀剂在溶液中反应释放出沉淀离子，使沉淀离子的浓度升高而析出沉淀。

表 4.8 列出了一些常见的均匀沉淀及有关的反应。

表 4.8　一些常见的均匀沉淀及有关反应

沉淀剂	试剂及产生沉淀的反应	沉淀成分
H^+	2—氯乙醇	Al、Sn
	$CH_2(OH)CH_2Cl+H_2O \longrightarrow CH_2(OH)CH_2(OH)+HCl$	
OH^-	尿素或六次甲基四胺	Al、Ge、Th、Fe(Ⅱ)、Sn、Zr
	$(NH_2)_2CO+H_2O \longrightarrow 2NH_3+CO_2$	
	$(CH_2)_6N_4+6H_2O \longrightarrow 6HCHO_4NH_3+(NH_3)PO_3+3H_2O \longrightarrow PO_4^{3-}+3CH_3OH+3H^+$	
PO_4^{3-}	磷酸三甲酯	Zr
	磷酸三乙酯	Zr、Hf
	焦磷酸四乙酯	Zr
	偏磷酸	Zr
	$HPO_3+H_2O \longrightarrow PO_4^{3-}+3H^+$	
	三氯氧化磷	
	$POCl_3+3H_2O \longrightarrow PO_4^{3-}+3H^++3HCl$	Mg
$C_2O_4^{2-}$	草酸盐＋尿素	Ca
	$(NH_2)_2CO+H_2O \longrightarrow 2NH_3+CO_2$	
	$NH_3+HC_2O_4^- \longrightarrow C_2O_4^{2-}+NH_4^+$	Ca、Th
	草酸二甲酯	稀土类
	$(CH_3)_2C_2O_4+2H_2O \longrightarrow C_2O_4^{2-}+2CH_3OH+2H^+$	
SO_4^{2-}	草酸二乙酯	Mg、Zr
	氨基磺酸	Ba、Pb、Ra
	$NH_2HSO_3+H_2O \longrightarrow SO_4^{2-}+NH_4^++H^+$	
	硫酸二甲酯	Ba、Ca、Sr
	$(CH_3)_2SO_4+2H_2O \longrightarrow SO_4^{2-}+2CH_3OH+2H^+$	Pb
S^{2-}	过硫酸铵＋硫代硫酸	
	$S_2O_8^{2-}+2S_2O_3^{2-} \longrightarrow 2SO_4^{2-}+S_4O_6^{2-}$	Pb、Sb、Bi
	硫代乙酰胺	Mo、Cu、As
	$CH_3CSNH_2+H_2O \longrightarrow H_2S+CH_3CONH_2$	Cd、Sn、Mn

目前，常用的均匀沉淀剂有六次甲基四胺和尿素。例如，制备铁酸盐时可将一定量的 M^{2+} 盐溶液与 Fe^{3+} 盐溶液按化学计量比进行混合，加入一定量的尿素，适当加热，尿素分解从而在整个溶液中均匀地产生沉淀剂，将所得到的沉淀过滤，用去离子水洗涤数次后干燥，然后进一步热处理就可得到最终产物。以 $MgCl_2$ 和 $CO(NH_2)_2$ 为原料，采用均匀沉淀法可以制备 MgO，所得 MgO 纳米粉分散性好，粒度分布均匀，平均粒径约为 30 nm。其反应步骤为：

$$CO(NH_2)_2+3H_2O = CO_2+2NH_3 \cdot H_2O \tag{4.36}$$

$$Mg^{2+}+2NH_3 \cdot H_2O = Mg(OH)_2+2NH_4^+ \tag{4.37}$$

$$Mg(OH)_2 = MgO+H_2O \tag{4.38}$$

在均匀沉淀法的沉淀过程中，由于构晶离子的过饱和度在整个溶液中比较均匀，所以沉淀物的颗粒均匀而致密，便于过滤洗涤，制得的产品粒度小，粒度分布范围较窄，团聚少。均匀沉淀法的另一特点是可以避免杂质的共沉淀。例如，在用氨水沉淀制取氢氧化铝的过程中，由于其两性特征，要想得到纯的氢氧化铝，必须将 pH 值控制在一个较小的范围内，因此不能通过控制铵离子和氨水的比例来减少沉淀。如在 0.1 g 铝中含有 50 mg 铜时，在用普通的氨法沉淀时有 42%的铜进入共沉淀；而用尿素法并有琥珀酸盐存在时，则仅有 5%的铜被沉淀下来。

采用液相沉淀法制备纳米粒子可能引起的一个问题是容易形成严重的团聚结构，从而破坏了粉料的超细、均匀特性。在整个制备过程中，包括沉淀反应、晶粒生长到湿粉体的洗涤、干燥、煅烧等每一个环节，都有可能导致颗粒长大或团聚体的形成。若想得到粒度分布均匀的粒子体系，一般要满足两个条件：

① 成核过程与生长过程分离，促进成核，控制生长。试验证明，控制沉淀离子的浓度十分重要，适当的离子浓度可使沉淀物的晶核一下子萌生出来，然后让所有的核尽可能同步生长成一定形状和尺寸的粒子。

② 抑制粒子的团聚。要有效减少团聚，就必须针对其形成原因，在制备过程中采取有效措施：a. 在沉淀过程中，可以加入有机分散剂，如 PAA、PEG 等。这些吸附在沉淀粒子表面的大分子利用空间效应将粒子隔开，从而减少团聚。另外，沉淀粒子表面的大分子还可以阻止水或其他离子在粒子上的吸附，从而减少由此引起的硬团聚。b. 湿粉料中由于范德瓦耳斯力的作用，沉淀粒子会彼此吸引，粒子表面的吸附水及残余离子（如 Cl^-）在胶粒间形成盐桥，如果不将这些水及离子除去就进行干燥，盐桥将被固化，造成颗粒间形成硬团聚。因此，必须将吸附在沉淀上的各种离子如 NH_4^+、OH^-、Cl^- 等尽可能除尽，或用表面张力比水小的醇、丙酮等有机溶剂洗涤以取代残留在颗粒间的水，从而减少团聚；在沉淀物洗净脱水时加入有机大分子表面活性剂，如聚丙烯酸铵等，也可减小团聚程度。在干燥湿粉料时，采用特殊的干燥方法，如超临界干燥法，可较好地减少粉料干燥过程中出现的团聚现象。

沉淀法以无机盐为原料，具有原料便宜易得、成本低的优势，是最经济的制备方法。但是，因为必须通过液固分离才能得到沉淀物，又由于 SO_4^{2-} 或 Cl^- 等无机离子的大量引入，需要经过反复洗涤来除去这些离子，所以存在工艺流程长、废液多、产物损失较大的缺点，而且因完全洗净无机离子较困难，因而制得的粉体纯度不高，适用于对纳米粉体纯度要求不高的应用领域。

4.3.2.3　水解法

水解法就是利用金属盐在酸性介质中强迫水解产生均匀分散的金属氢氧化物或水合氧化物，经过滤、洗涤、加热分解来制备超细粉体的方法。水解法又可分为无机盐水解法、醇盐水解法以及微波水解法等。

(1)无机盐水解法

无机盐水解法就是利用金属的氯化物、硫酸盐、硝酸盐或铵盐溶液，通过胶体化的手段合成超微粉的方法。如 $NaAlO_2$ 水解得到 $Al(OH)_3$ 沉淀，$TiOSO_4$ 水解得到 $TiO_2 \cdot nH_2O$ 沉淀，再加热分解后分别得到 Al_2O_3 和 TiO_2 微粉。

无机盐水解法也可制备复合氧化物超微粉。例如将 $ZrOCl_2$ 和 YCl_3 混合溶液加氨水调节 pH 值进行水解，制得 $Zr(OH)_4$ 前驱体，经加热后可得到粒径小于 0.1 μm 的掺 Y-ZrO_2 粒子。

(2)醇盐水解法

醇盐水解沉淀法与溶胶-凝胶法一样，也是利用金属醇盐的水解和缩聚反应，但工艺过程有所不同。此法是通过醇盐水解、均相成核与生长等过程，在液相中生成沉淀产物，再经过液固分离、干燥和煅烧等工序，实现纳米粉体的制备。

醇盐水解沉淀法的反应对象主要是水，不会引入杂质，所以能制备高纯度的纳米粉体；水解反应一般在常温下进行，具有设备简单、能耗低的优点。然而，由于需要大量的有机溶剂来控制水解速度，因此成本较高，若能实现有机溶剂的回收和循环使用，则可有效地降低成本。

醇盐水解法是一种新型的纳米粉合成方法，它不需要添加碱就能进行加水分解，而且也没有有害阴离子和碱金属离子。其突出的优点是反应条件温和、操作简单，但成本高是此法的一大缺点。它的制备工艺包括金属醇盐的合成、加水分解和溶胶-凝胶等步骤。图 4.21 为用醇盐水解法制取 Al_2O_3 纳米粉的工艺流程图。

$$\left.\begin{matrix}\text{铝酸盐}\\\text{醇}\end{matrix}\right]\xrightarrow[\text{低温反应}]{\text{液相反应}}\text{醇铝盐}\xrightarrow{\text{加水分解}}\left[\begin{matrix}AlOOH\\Al(OH)_3\end{matrix}\right]\xrightarrow{\text{解胶}}\text{溶胶—凝胶}\xrightarrow[\text{煅烧}]{\text{造粒}}Al_2O_3\text{粉}$$

图 4.21　用醇盐水解法制备 Al_2O_3 纳米粉的工艺流程图

(3)微波水解法

传统水解法与微波辐射技术相结合是水解法制备超细粒子的进一步发展。利用金属铁盐在微波场作用下强迫水解可得均匀分散的立方体型 α-Fe_2O_3 纳米粒子，水解过程不需要加酸，且产物的形成速率较常规加热方法有较大的提高。

4.3.3　溶胶-凝胶法

溶胶-凝胶法是 20 世纪 60 年代发展起来的，它是以有机盐或无机盐为原料，在有机介质进行水解、缩聚反应，使溶液经溶胶-凝胶化过程得到凝胶，凝胶经加热或冷冻干燥，最后煅烧得到超微粉的方法。该方法不仅可用来制备无机氧化物的超微粉，还可制备无机/有机的杂化复合材料。19 世纪中叶，Ebelman 发现正硅酸乙酯水解形成的 SiO_2 呈玻璃状，随后 Graham 研究发现 SiO_2 凝胶中的水可以被有机溶剂置换，此现象引起化学家们注意。经过长时间探索，逐渐形成胶体化学学科。在 20 世纪 30—70 年代，矿物学家、陶瓷学家、玻璃学家分别通过溶胶一凝胶方法制备出相图研究中的均质试样，低温下制备出透明 PLZT 陶瓷和 Pyrex 耐热玻璃。另外，该法在制备材料初期就进行控制，使均匀性可达到亚微米级、纳米级甚至分子级水平，也就是说在材料制造早期就着手控制材料的微观结构，引出"超微结构工艺过程"的概念，进而认识到利用此法可对材料性能进行剪裁。溶胶-凝胶法不仅可用于制备微粉，而且可用于制备薄膜、纤维、块体材料和复合材料。

溶胶-凝胶法的基本原理是易水解的金属化合物(包括无机盐或金属醇盐)在某种溶剂中与水发生反应，经过水解与聚合过程逐渐凝胶化，再经过干燥煅烧处理得到所需要的粉体材料。该方法的优点是可在较低温度下制备纯度高、粒径分布均匀、化学活性高的单组分及多组分混合物，并可制备传统方法不能或难以制备的粉体，特别适用于制备非晶态材料。溶胶-凝胶法的大致工艺流程为：

$$\text{金属醇盐}\xrightarrow{\text{水解}}\text{溶胶}\xrightarrow{\text{缩聚}}\text{凝胶}\xrightarrow{\text{加热干燥}}\text{干凝胶}\xrightarrow{\text{煅烧}}\text{粉体}$$

(1)水解和缩聚反应——溶胶化过程

金属醇盐的水解一般可表示为：

$$M(OR)_n + xH_2O = M(OR)_{n-x}(OH)_x + xROH \tag{4.39}$$

缩聚反应为

$$—Ti—OH + HO—Ti— = —Ti—O—Ti— + H_2O \tag{4.40}$$

$$—Ti—OR + HO—Ti— = —Ti—O—Ti— + ROH \tag{4.41}$$

式中，M 为金属；R 为有机基团，如烷基。

在溶胶到凝胶的转变过程中，水解和缩聚并非两个孤立的过程，醇盐一旦水解，失水缩聚和失醇缩聚也几乎同时进行，并生成 M—O—M 键，形成溶胶体系。

由于室温下醇盐不能与水互溶，所以需要醇或其他有机溶剂作共溶剂，并在醇盐的有机溶剂中加水和催化剂(如酸或碱等)。金属醇盐的水解反应与催化剂、醇盐种类、水与醇盐的物质的量比、共溶剂的种类及用量以及水解温度等因素有关，研究并掌握这些因素对水解作用的影响是控制水解过程的关键。

(2)凝胶的形成

溶胶中含大量的水，凝胶化过程中，使体系失去流动性，形成一种开放的骨架结构。水解缩聚的结果形成溶胶初始粒子，然后这些初始粒子逐渐长大，连接成链，最后形成三维网络结构，便得到凝胶。

(3)凝胶的干燥

缩聚后的凝胶被称为湿凝胶，一定条件(如加热)下使溶剂蒸发，得到粉料。干燥过程就是除去湿凝胶中物理吸附的水和有机溶剂以及化学吸附的氢氧基或烷氧基等残余物。干燥过程是制备高质量干凝胶的关键步骤。

(4)煅烧过程

煅烧过程是将干凝胶在选定温度下进行恒温处理。由于干燥后的凝胶中仍然含有相当多的孔隙和少量的杂质，因此需要进一步的热处理来除去，以便得到致密的产物。

该方法与其他化学合成法相比具有许多独特的优点：

① 所用原料首先被分散在溶剂中而形成低黏度的溶胶，因此，可以在很短的时间内获得分子水平上的均匀性，在形成凝胶时，反应物之间很可能是在分子水平上被均匀混合。

② 化学均匀性好，由于经过溶液反应步骤，那么就很容易均匀定量地掺入一些微量元素，实现分子水平上的均匀掺杂。

③ 与固相反应相比，化学反应将容易进行，而且仅需要较低的合成温度。一般认为，溶胶-凝胶体系中组分的扩散是在纳米范围内，而固相反应时组分扩散是在微米范围内，因此反应容易进行，温度较低。

④ 高纯度。由于溶胶的前驱体可以提纯而且溶胶-凝胶过程能在低温下可控进行，因而可制备高纯或超纯物质，且可避免在高温下对反应容器的污染等问题。

⑤ 溶胶或凝胶的流变性质有利于通过某种技术如喷射、旋涂、浸拉、浸渍等制备各种膜、纤维或沉积材料。该方法所得纳米微粒的粒径小，粒子分布均匀，反应过程可控，烧结温度低，同一原料改变工艺过程即可获得不同的产物，尤其对多组分材料的制备，有着其他方法无可比拟的优势。

该法存在的某些问题：所使用的原料价格比较高；通常，整个溶胶一凝胶过程所需时间较长，常需要几天或几周；而且凝胶中存在大量的微孔，在干燥过程中又会逸出许多气体及有机物，干燥时收缩大。烘干后的球形凝胶颗粒自身烧结温度低，但凝胶颗粒烧结性差，即材料烧结性不好。

目前，已用此方法制备了多种纳米粉体如 TiO_2、SiO_2 颗粒，Y_2O_3(或 CaO)稳定 ZrO_2、CeO_2、$A1_2O_3$ 及 $A1_2O_3$-ZrO_2 陶瓷粉料等，图 4.22 为制备的 SiO_2 球形颗粒的扫描电镜照片(a)和纳米氧化钛的透射电镜照片(b)。利用醇盐水解溶胶-凝胶法制备 TiO_2 纳米微粒的典型工艺过程如下：在室温(288 K)下将 40 mL 钛酸丁酯加到去离子水中，水的加入量为 256 mL 和 480 mL 两种，并控制滴加和搅拌过程，钛酸丁酯经过水解、缩聚，形成溶胶。超声振荡 20 min，在红外灯下烘干，得到疏松的氢氧化钛凝胶。将此凝胶磨细，然后在 673 K 和 873 K 烧结 1 h，得到 TiO_2 超微粉，平均粒径约为 1.8 nm。

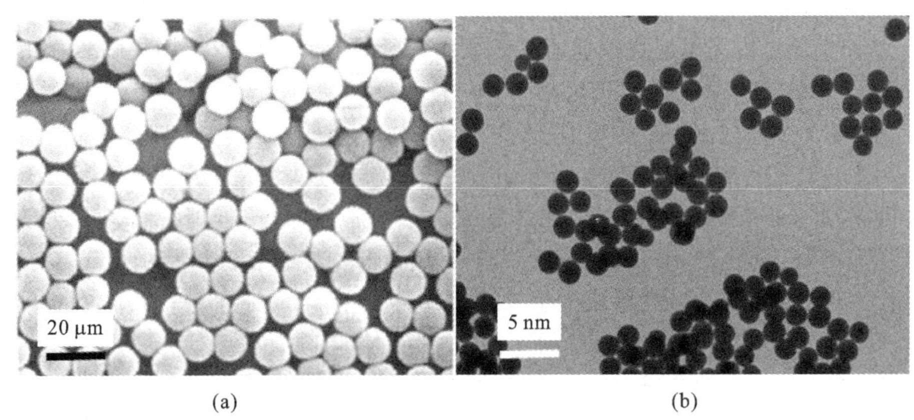

图 4.22　扫描电镜照片和透射电镜照片

(a)SiO_2 球形颗粒的扫描电镜照片；(b)纳米氧化钛的透射电镜照片

溶胶-凝胶法和其他方法的结合是对本方法的一种重大改进。以 $Al(NO_3)_3$ 和 $(NH_4)_2CO_3$ 为原料，采用溶胶-凝胶法结合异相共沸蒸馏可成功地制备单分散球形超细 Al_2O_3 粉体。硬脂酸凝胶法是对溶胶-凝胶法的又一个改进，它是利用硬脂酸这个长碳链脂肪酸作为络合剂有效地把原料中的金属离子分开，并且在高温处理时硬脂酸可以阻碍氧化物粒子烧结，有利于获得粒径小、团聚少的氧化物纳米粒子。

4.3.4 水热法与溶剂热

4.3.4.1 水热法

水热(hydrothermal)法是在特定的密闭的反应容器(高压釜)中，采用水溶液作为反应体系，通过对反应体系加热(>100 ℃)而产生高压(>9.81 MPa)，使在常温常压下不溶或难溶的物质溶解、反应，并进行重结晶，从而实现无机材料的合成与制备的一种方法，水热法反应釜结构图和水热体系中压力与温度的关系见图 4.23。

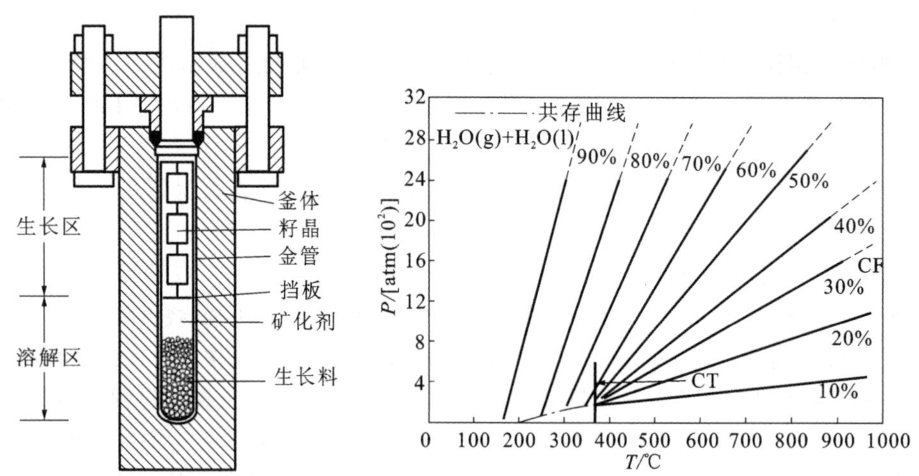

图 4.23 水热法反应釜结构图和水热体系中压力与温度的关系

水热合成相对于其他的传统方法有许多优点：① 水热合成可以用来制备在传统方法中无法获得的具有特殊氧化态的化合物；② 水热合成可以用来制备所谓“低温相”或“亚稳相”化合物。水热法有两个基本特点：① 相对低的温度；② 在密闭容器中进行，避免了组分的挥发。水热密闭体系中的压力取决于温度和容器的填充度。当填充度高时，密闭体系中的压力随温度升高会有急剧升高，因此反应体系条件必须依据温度—压力—填充度三者关系及相应的化学反应过程来选择。

与其他粉体制备方法不同，水热法制备纳米粉体纯度高、粒径小、粒度分布范围窄、团聚程度轻，晶粒发育好，从而避免了因高温煅烧或球磨等后续处理所引起的杂质或结构缺陷。利用水热法可以制备简单氧化物、复合氧化物、混合氧化物、羟基化合物、羰基金属粉以及复合材料粉体等，如以 $ZrOCl_2 \cdot 8H_2O$ 和 YCl_3 作为反应前驱体制备 6 nm 的 ZrO_2 粒子；用金属锡粉溶于硝酸形成 α-H_2SnO_3 溶胶，水热处理得到分散均匀的四方相 SnO_2 纳米粒子。另外，水热法还可用于在水中稳定的化合物的制备，如 ZnS 纳米晶的制备。在水热处理的过程中，温度、处理时间、溶媒的成分、pH 值、前驱体的种类以及有无矿化剂、矿化剂的种类都对所制备的材料的形貌和尺寸有较大的影响。例如，金属钛粉能溶解于过氧化氢的碱性溶液中生成钛的过氧化物溶液，利用这一性质，在不同的介质中进行水热处理，可制备出不同晶型、9 种形状的 TiO_2 纳米粉体。

尽管水热法在无机材料的合成中占有重要地位，但水热法也有其局限性，它只能用于氧化物或少数对水不敏感的硫化物的处理与制备，而对那些对水较敏感(如水解、分解、氧化等)的化合物，如Ⅲ～Ⅴ族半导体以及新型磷酸盐分子筛三维骨架结构材料的制备就不适用。另外，有时尽管使用各种矿化剂来增大反应物在高温下的溶解度，但仍有一些反应物难溶于水中，反应物太低的溶解度使反应无法进行。

4.3.4.2 连续式超临界水热合成法

自 1992 年日本学者 Adschiri 等首次报道了利用超临界水进行连续式水热合成(continuous supercritical hydrothermal synthesis,CSHS)纳米金属氧化物微粒后,CSHS 成为了纳米材料科学与技术领域的研究热点。相较于步骤繁杂、高耗能的常规无机纳米材料制备方法,CSHS 具有一步合成(能耗低)、微粒粒径可控、环保性好等显著优势。由于纳米材料在光、电、磁等方面具有小尺寸效应、表面效应等独特性能,CSHS 技术在能源化工、印染、医药食品、微电子等众多领域得到了广泛研究。

水的物理化学性质会在临界点附近发生剧烈的变化。例如,水的离子积在临界点附近比常温常压水的大 3 个数量级,而在超临界水中又急剧下降;水的介电常数在常温常压状态下约为 80,在临界点附近下降至 10,在超临界状态进一步降低等。这些特殊且急剧的性质变化可使溶解于水中的金属离子发生剧烈的水解反应和脱水反应,以硝酸盐为例:

$$M(NO_3)_x + xH_2O \Longrightarrow M(OH)_x + xHNO_3 \text{(水解反应)} \tag{4.42}$$

$$M(OH)_x \Longrightarrow MO_{x/2} + x/2H_2O \text{ (脱水反应)} \tag{4.43}$$

上述反应在超临界水热环境中以极快的速度进行,获得均匀的纳米微粒。

连续式超临界水热合成工艺的关键步骤是将超临界预热水与低温微粒母体溶液(通常为金属盐溶液)在特定的混合器中快速混合,利用超临界预热水的特性实现合成物料的快速升温和反应。该工艺流程如图 4.24 所示,主要由加料/预热系统、混合/反应系统及冷却/物料回收系统 3 个部分构成。系统压力由高压泵和背压阀实现并调控。在合成过程中,加压的低温纯水在预热器中加热至超临界状态,再流入混合器中与低温高压的金属盐溶液快速混合,发生水解沉淀反应,形成高温高压的气固混合流体。该气固混合流体可在位于混合器后部的高温炉中(多称为反应器)进行再受热,再在冷凝器中被快速冷却,形成固液两相流体,进而通过过滤作用获得合成的固体微粒。

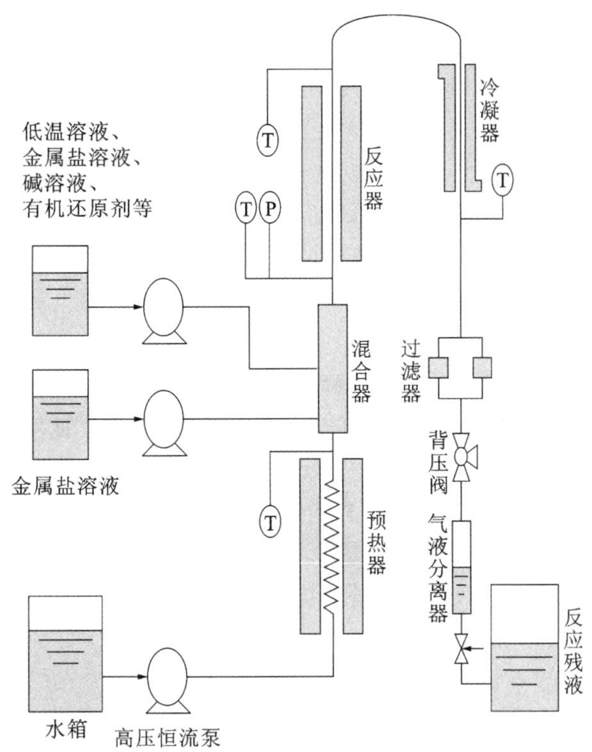

图 4.24 连续式超临界水热合成纳米微粒的工艺流程示意图

该工艺流程中的混合器可由一级向两级或多级拓展,进行多组物料进料以合成具有复合结构的微粒。此外,在低温金属盐溶液中可加入一定量的碱性物料作为沉淀剂以提高物料的转化率,也可加入一定量的小分子有机物，利用其在合成反应中分解生成的氢气对合成微粒进行原位还原，直接得到还原态金属微粒。

相比于其他超细微粒的制备方法，超临界水热合成法的技术优势如下：

① 微粒粒径可控性强。通过控制关键合成参数，例如合成温度、反应停留时间、微粒母体溶液浓度等，可得到不同粒径分布的纳米微粒。

② 一步合成，能耗低。超临界水热合成法一步合成金属氧化物或还原态金属微粒，避免了传统制备方法中的煅烧、还原、研磨等多个步骤。

③ 环保性好。超临界水热合成可避免有机溶剂的使用，属于“绿色化学”范畴，发展潜力大。

相比于间歇式水热合成途径，连续式超临界水热合成工艺的优势如下：

① 生产效率高。间歇式水热合成装置加料、升温反应、产物回收均较为烦琐，产率低、人力成本高。连续式超临界水热合成可实现目标产物的连续生产和收集，效率大幅提高。

② 微粒粒径更易控制。相较于剧烈的合成反应，间歇式水热合成装置的升温较为迟缓，易发生微粒的过度生长。连续式超临界水热合成工艺可实现反应流体的快速升温及快速降温，得到更细的纳米微粒，粒径的可控性更强。

③ 易实现功能化材料的制备。间歇式水热合成装置只能“一锅煮”，而连续式超临界水热合成装置易向多级进料拓展，可实现双金属、核壳结构等功能性纳米微粒的制备。

4.3.4.3 溶剂热法

溶剂热(solvothermal)合成法是在水热合成法的基础上发展起来的中温液相制备固体材料的技术，引起了化学及材料领域科学家们的兴趣。在水热法的基础上，以有机溶剂取代水，拓展了人们在新的溶剂体系中设计新的合成路线的视野。非水溶剂本身的一些特性，如极性与非极性、配位络合性、热稳定性等，使得此技术除了具有水热合成的优点外，还弥补了水热法的不足，实现在水热条件下无法实现的反应，并有可能获得某些亚稳相及特殊形貌的结构材料。特别是在一些骨架结构材料、三维结构磷酸盐型分子筛、二维层状化合物、一维链状结构等人工材料的合成方面取得了巨大的成功。它是近些年来无机化学及材料化学领域中涌现出来的最有发展前途的合成方法之一，对探索合成新材料具有重要的意义。

溶剂热合成法的特点：① 溶剂热合成可以避免前驱物、产物的水解和氧化。② 在非水体系中反应物处于分子或胶体分子状态，反应活性高，因此可以替代某些固相反应，促进低温软化学的发展，实现一些新的化学反应，并且由于体系化学环境不同，可能形成在常规条件下无法获得的亚稳相产物。③ 非水体系的低温条件有利于生成低熔点的化合物，以及那些高蒸气压且不能在熔体中生成的物质。非水体系的低温、高压、溶液等条件有利于生成晶型完美、规则取向的晶体材料，且合成的产物纯度高，通过选择和控制反应温度、溶剂，可得到粒径不同的纳米材料。④ 通过溶剂化效应及溶剂本身所具有的特定的导向官能团之间的氢键作用和特定的结构控制指示剂(如多胺等)的特殊作用形成一维链式结构的聚合体，在一定温度下分解而产生一维纳米结构。

溶剂热制备新材料技术将在设计合成离子交换剂、催化剂、光学与半导体等功能材料和亚稳相结构材料方面具有十分诱人的前景。溶剂热合成技术作为发展中的制备技术，在纳米颗粒的液相合成以及低维材料的合成与控制方面显示了其独特的魅力。

4.3.5 喷雾法

喷雾法的主要过程是将金属盐溶液先制成微小液滴，再加热使溶剂蒸发，溶质析成所需的超细粉体。该方法制得的超细粉体粒径较小，分散性好，但对操作要求高。

4.3.5.1 喷雾干燥法

在溶剂蒸发法中，为了在溶剂的蒸发过程中保持溶液的均匀性，必须将溶液分成小液滴，使组分偏析的体积最小，而且应迅速进行蒸发，使液滴内组分偏析最小。因此一般采用喷雾法。喷雾干燥法是用喷雾器将金属盐溶液喷入高温介质中，溶剂迅速蒸发从而析出金属盐的超微粉。

图 4.25 是喷雾干燥装置的模型，用这个装置将溶液化的金属盐送到喷雾器进行雾化。喷雾干燥后的盐用旋风收尘器收集，然后进行煅烧就得到超微粉。

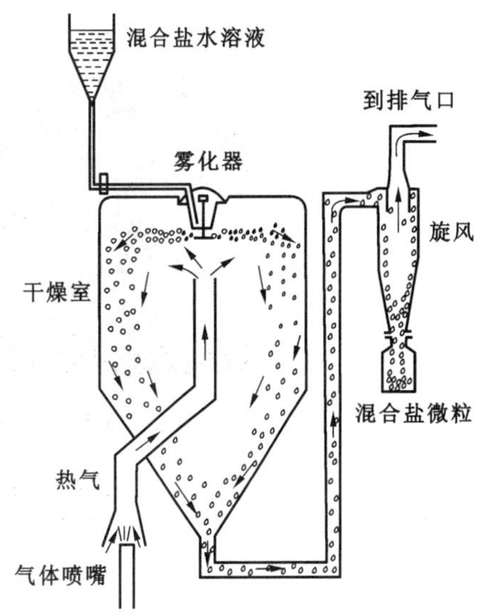

图 4.25 喷雾干燥装置的模型

喷雾干燥技术是将液态物料雾化后在热的干燥介质中转变成干粉料，物料被雾化成极细的球雾滴，干燥和成粒过程于瞬间完成，用该技术制备的均匀球形颗粒，其流动性和堆积密度较大。粉末的粒度、水分可以通过调节干燥器运行参数来控制。此外，由于喷雾干燥不经粉磨工序，直接得到所需纳米粉，所以只要初始盐溶液中无不纯物，以及过程中无外来杂质进入，就有可能得到化学成分十分稳定的、高纯度、性能优良的纳米粉，而且该法在生产中宜于连续运转，生产能力较大。因此它是一种潜力很大，适合于工业化生产的有效方法，但此法仅对可溶性盐有效，具有一定的局限性。图 4.26 为采用喷雾干燥法制得的钴镍氧化物颗粒的扫描电镜照片。

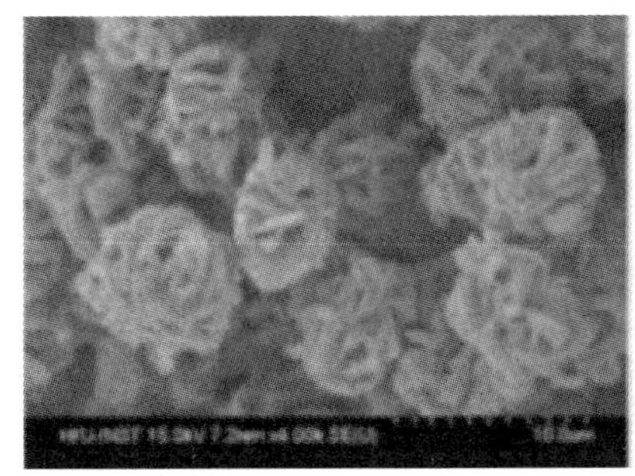

图 4.26 采用喷雾干燥法制得的钴镍氧化物颗粒的扫描电镜照片

4.3.5.2 喷雾热分解法

喷雾热分解法起源于喷雾干燥法，是制备超细粉体较为新颖的方法。喷雾热分解法是指把溶液喷入高温的气氛中，溶剂的蒸发和金属盐的热分解同时迅速进行，从而直接制得金属氧化物超微粉的方法。多数情况下使用可燃性溶剂，利用其燃烧热分解金属盐，例如将 $Mg(NO_3)_2+Mn(NO_3)_2+4Fe(NO_3)_3$ 的乙醇溶液进行喷雾热分解，就可得到 $(Mg,Mn)Fe_2O_4$ 超微粉。图 4.27 为一种喷雾热分解装置系统，表 4.9 列出了用喷雾热分解法制备超微粉的某些实例。图 4.28 为喷雾热解法生产的锂电池正极复合氧化物粉体的电子扫描显微照片，其颗粒外形近似球形。

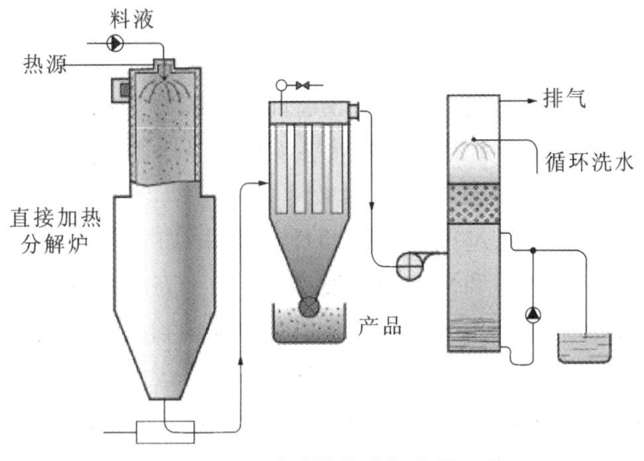

图 4.27 一种喷雾热分解装置系统

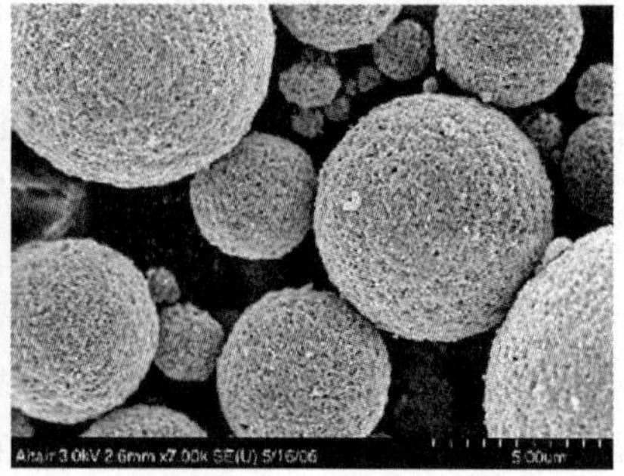

图 4.28　喷雾热解法生产的锂电池正极复合氧化物粉体的电子扫描显微照片

表 4.9　采用喷雾热分解法制备的复合氧化物超微粉

复合氧化物	原料盐	颗粒形状	粒径/μm	
			平均	范围
$CoAl_2O_4$	硫酸盐	片状	最大为 9 μm	
$Cu_2Cr_2O_4$	硝酸盐	球形	0.07	0.015～0.12
$PbCrO_4$	硝酸盐	球形	0.22	0.015～0.4
$CoFe_2O_4$	氯化物	球形	0.07	0.02～0.17
$MgFe_2O_4$	氯化物	球形	0.04	0.15～0.18
$(Mg, Mn)Fe_2O_4$	氯化物	球形	0.09	0.02～0.25
$MnFe_2O_4$	氯化物	球形	0.05	0.02～0.16
$(Mn, Zn)Fe_2O_4$	氯化物	六角形	0.05	0.02～0.12
$(Ni, Zn)Fe_2O_4$	氯化物	六角形	0.05	0.02～0.15
$ZnFe_2O_4$	氯化物	六角形	0.12	0.015～0.18
$Ba_{0.6}Fe_2O_3$	氯化物	球形	0.075	0.02～0.18
$BaTiO_3$	醋酸盐	球形或立方体	4	0.2～13
	乳酸盐		1.2	0.07～3.5

喷雾热解法采用液相前驱体的气溶胶过程，可使溶质在短时间内析出，兼具传统液相法和气相法的诸多优点，如产物颗粒之间组成相同、粒子为球形、形态大小可控、过程连续及工业化潜力大等。具体如下：

① 由于微粉是由悬浮在空中的液滴干燥而来的，所以制备的颗粒一般呈十分规则的球形，且在尺寸和组成上都是均匀的，这对于如沉淀法、热分解法和醇盐水解法等其他制备方法来说是难以实现的，这是因为在一个液滴内形成了微反应器且干燥时间短，整个过程迅速完成。

② 产物组成可控。因为起始原料是在溶液状态下均匀混合，故可以精确地控制所合成化合物或功能材料的最终组成。

③ 产物的形态和性能可控。通过控制不同的操作条件，如合理地选择溶剂、反应温度、喷雾速度、载气流速等来制得各种不同形态和性能的微细粉体。由于方法本身利用了物料的热分解，所以材料制备过程中反应温度较低，特别适用于晶状复合氧化物超细粉体的制备。与其他方法制备的材料相比，产物的表观密度小、比表面积大、微粉的烧结性能好。

④ 制备过程为一连续过程，不需要各种液相法中后续的过滤、洗涤、干燥、粉碎过程，操作简单，因而有利于工业放大。

⑤ 在整个过程中无须研磨，可避免引入杂质和破坏晶体结构，从而保证产物的高纯度和高活性。

但有些盐类热分解时产生大量的有毒气体，如 SO_2、NO_2、NO、Cl_2 和 HCl 等，污染环境，因而给工业化生产带来一定困难。

4.3.5.3　冷冻干燥法

冷冻干燥法是将金属盐的溶液雾化成微小液滴，然后快速冻结成固体，在低温减压下升华脱水，经焙烧得到纳米粉的方法，它分为冻结、干燥、焙烧三个过程。其制备过程的特点如下：①能够实现由可溶性盐的均匀溶液来调制出复杂组成的粉末原料；②通过急速的冻结，可以保持金属离子在溶液中的均匀混合状态；③通过冷冻干燥可以简单地制备无水盐；④经冻结干燥可以生成多孔性干燥体，使得气体透过性好。在煅烧时，生成的气体易溢出，同时粉碎性较好，所以容易微细化。该方法的关键是选择合适的溶剂和适当温度的冷源，收集升华出来的溶剂，以保证升华连续进行。表 4.10 列出了用冷冻干燥法所制备的微粒子。

表 4.10　采用冷冻干燥法制备的微粒子

微粒子产物	原料盐	粒径/μm
W	铵盐	0.0038～0.006
W-25%Re	铵盐	0.03
Al_2O_3	硫酸盐	0.07～0.22
$LiFe_5O_8$	草酸盐	10
$LiFe_{4.7}Mn_{0.3}O_8$	柠檬酸盐	20
$LaMnO_3$(添加 Sr、Pb、Co 等)	硝酸盐	(注：比表面积为 13～32 m^2/g)
MgO	硫酸盐	0.1
Cu-Al_2O_3	硫酸盐	20～50
Mn-Co-Ni 氧化物	硫酸盐	12

生产中一般用经干冰与丙酮混合冷却后的乙烷或液氮(77 K)作冷冻剂，用惰性气体携带溶液喷入冷冻剂中快速冻结，装置如图 4.29 所示。然后，再将冻结的液滴加热使水升华得到无水盐，如图 4.30 所示。冷冻干燥法利用消除固液和气液表面张力来减小粉体团聚，从而制得性能良好的纳米材料，但其对雾化室和真空度的要求高，而且该法还利用了原料可溶性盐溶液的脱水、分解，因此制备效率极低且分解后的气体具有腐蚀性，对设备有不良影响。采用冰冻氢氧化铝凝胶法，即先以纯硫酸铝溶液为原料，氨水为沉淀剂，制备出 $Al(OH)_3$ 凝胶，凝胶经离心脱水并迅速冻结，再控制温度使其重新融化，进行第二次脱水，放入硅碳棒炉内加热至 1180 ℃ 即可得到多孔、质地疏松、以 α 相为主的 Al_2O_3 纳米粉。此法避开了盐类的分解和高真空度的要求，妥善解决了比表面能和低温脱水之间的矛盾。

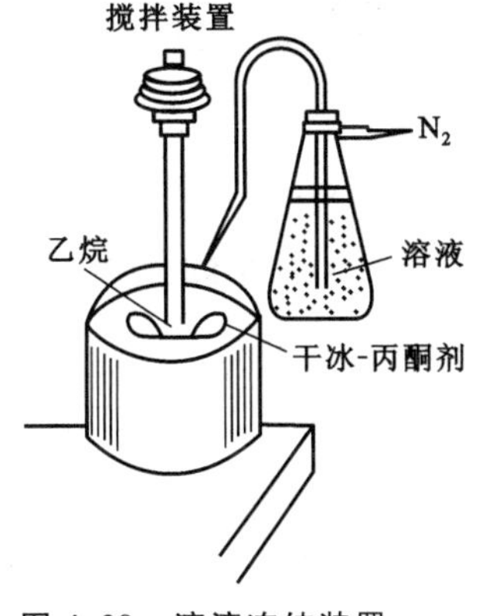

图 4.29　液滴冻结装置

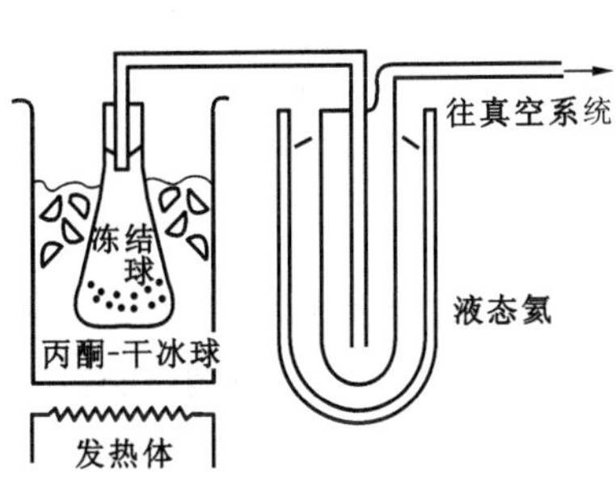

图 4.30　冻结液滴的干燥装置

冷冻干燥法具有一系列的优点：①生产批量大，适用于大型工厂制造超微粒子；②设备简单、成本低；③粒子分布均匀。但由于该法成本较高，能源利用率低而未能大规模应用于工业生产中。

4.3.6　溶液生长法

采用溶液生长法可以制备出大块晶体也可以获得颗粒状晶体，它是首先将晶体的组成元素（溶质）溶解在另一溶液（溶剂）中，然后通过改变温度、蒸气压等状态参数，获得过饱和溶液，最后使溶质从溶液中析出，形成晶体的方法。目前，溶液生长法被很多人用于研究合成人工宝石、磁性材料及硅酸盐、钨酸盐晶体等方面。在长期的实践当中，人们发展了多种溶液生长法，如低温溶液生长法、高温溶液生长法、助溶剂法等。

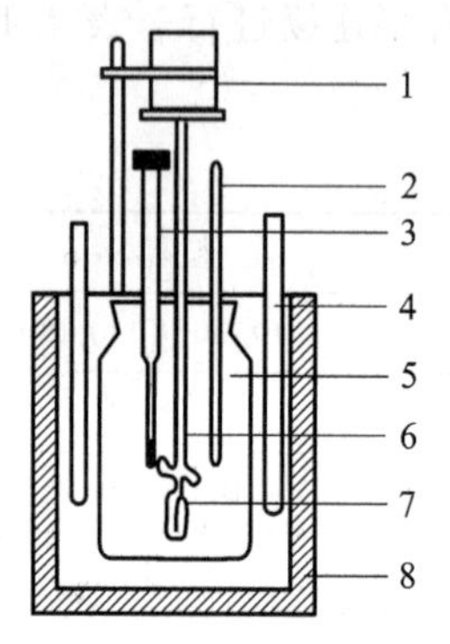

图 4.31　降温法生长晶体的装置示意图

1—搅拌马达；2—温度计；3—接触温度计（温控）；4—加热器；5—育晶器；6—掣晶杆；7—晶体；8—绝缘层外壳

4.3.6.1　低温溶液生长法

低温溶液生长在很多情况下是最简单并且成本最低的光学晶体生产方法。纵观历史，这种方法可能是最常用的生产人工晶体的技术，例如大量结晶、药物的生产，或者为晶体学和其他物理应用生长的相对较小的晶体。低温溶液生长法又可分为降温法、蒸发法、凝胶法，这里主要介绍降温法。图 4.31 为降温法生长晶体的装置示意图，降温法的基本原理为利用物质较大的溶解度和较大的正溶解度温度系数，在晶体生长过程中逐渐降低温度，使析出的溶质不断在晶体上生长。晶体生长过程中需要掌握适合的降温速度，使溶液始终处在亚稳态区内并维持适宜的过饱和度。生长温度一般为 50～60 ℃，降温区间以 15～25 ℃为宜。

低温溶液生长单晶的优点：①温度低，易于选择仪器装置；②容易生长出均匀性良好的大块单晶；③晶体外形完整，可用肉眼观察生长过程。缺点：①组分多，杂质的产生不可避免；②生长速度慢，周期长；③晶体易潮解，应用的温度范围窄。这种方法仅仅能被用于少数无机水溶性材料，对于不溶于水的有机晶体，人们更倾向于用别的方法。图 4.32 和 4.33 分别为采用低温溶液法生长的铬酸钾和重铬酸钾晶体。

图 4.32　铬酸钾晶体

图 4.33　重铬酸钾晶体

4.3.6.2　高温溶液生长法

采用高熔点的物质作溶剂，在较高的温度（1000 ℃左右）下进行溶液法晶体生长的方法称为高温溶液法。除了需要控制较高的温度条件外，高温溶液法与普通溶液法晶体生长方法没有本质的区别。高温溶剂的选择原则与普通溶剂的选择原则也是一致的。图 4.34 为高温溶液蒸发法晶体生长装置的示意图。

通常，随着温度的升高，一种物质对另一种物质的溶解度也是升高的，因此高温溶液法适用于难溶、高熔点单质和化合物晶体的生长。同时，由于高温溶液法生长的温度较高，使得晶体材料在生长温度下对其他物质的溶解度增大，容易发生溶剂在晶体中的固溶。因此，对于特定的晶体材料，找到合适的溶剂更加困难。所以溶剂如果是拟生长晶体的主要组分之一，则可以减少溶剂固溶带来的不利影响，如以 Te 为溶剂生长 CdZnTe 及 HgCdTe 晶体，以 Se 为溶剂生长 ZnSe 晶体等。

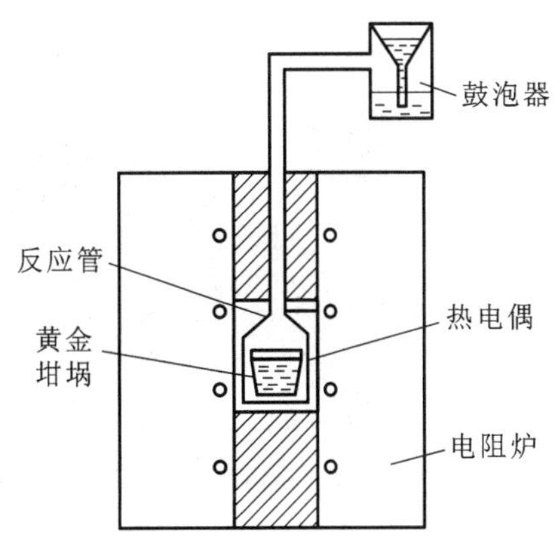

图 4.34　高温溶液蒸发法晶体生长装置示意图

4.3.6.3　助溶剂法

溶液法晶体生长技术过程要求溶质在溶液中有一定的溶解度，并且该溶解度是随着温度或者压力的变化而发生改变的。但某些晶体材料在常用的溶剂中溶解度太低而无法实现溶液法生长。人们发现向溶剂中加入合适的第三种辅助组元可以提高溶质在溶剂中的溶解度，从而有利于溶液法晶体生长的实现。这种通过向溶剂中加入辅助组元改变其溶解度，实现溶液法晶体生长的方法称为助溶剂法，所添加的辅助组元则称为助溶剂。

在某些体系中，助溶剂的加入不但可以提高溶质的溶解度，而且可能改变溶剂的熔点、沸点、蒸气压等参数，从而拓宽溶液法晶体生长的温度范围。当助溶剂能够降低溶剂的熔点时，则可以在更低的温度下实现晶体生长，而当助溶剂可以提高溶剂的沸点，或降低其蒸气压时则可以在更高的温度下实现晶体生长。

助溶剂除了可以提高溶质的溶解度外，还具有以下作用：① 调节溶液的黏度，改善结晶质量；② 调节溶液的 pH 值，控制晶体生长过程；③ 通过缓慢挥发或分解控制晶体生长。

4.3.7　溶液燃烧合成法

4.3.7.1　溶液燃烧合成

溶液燃烧合成法(SCS)是通过氧化还原反应得到产物，利用反应自身瞬间释放的大量热量使产物晶化的合成技术。溶液燃烧法合成纳米氧化物的常用燃料主要有：甘氨酸、柠檬酸、尿素、草酸二酰脐、卡巴肼等，除了甘氨酸、尿素和柠檬酸外，其他燃料大部分是水合肼的衍生物，具有致癌性，因此其应用受到限制。SCS 法是自我维持的反应，金属的硝酸盐与带有氨基、羟基或羧基的碳氢化合物反应，这些碳氢化合物既是氧化剂又是燃料。反应能在低温下进行，而且在分子水平的混合物中进行，能得到均匀的颗粒。反应速度快，能阻止生成的纳米粒子聚集。溶液燃烧反应在点燃后数秒内迅速完成，如图 4.35 所示。燃料种类和用量、燃料助剂、溶液 pH 值和加热方式等是影响燃烧过程的主要因素。

甘氨酸-硝酸盐溶液燃烧法是一种典型的制备氧化物陶瓷粉体方法，它是一种自维持的燃烧合成方法，以金属硝酸盐作氧化剂，以甘氨酸作为燃料，通过两者反应时瞬时释放的大量热量完成氧化物粉体的制备。甘氨酸络合剂和燃料剂的作用，其反应的焰温可达 1100～1400 ℃。

其反应方程式为：

$$Ce(NO_3)_3 \cdot 6H_2O + 1.56NH_2CH_2COOH \longrightarrow CeO_2 + 3.12CO_2 + 9.9H_2O + 0.78N_2$$

$$\Delta H^{\circ} = -209.37\ \text{kcal}$$

利用硝酸盐-甘氨酸反应时释放的大量热量在瞬间内生成金属氧化物，既避免了传统的固相反应制备的粉体烧结活性差、混合不均匀的缺点，又避免了湿化学法中沉淀剂难以选择的问题，获得的粉体蓬松、颗粒细小、活性高，生产成本低。采用复合硝酸盐溶液燃烧法可制备出复合的氧化物陶瓷粉体。例如，采用一定摩尔比的 $Ce(NO_3)_3$ 和 $Sm(NO_3)_3$ 溶液，以及相应的甘氨酸络合剂和燃料剂，通过溶液燃烧法可获得 $Ce_{0.8}Sm_{0.2}O_{1.9}$ 复合粉体，或组分可调的掺杂的复合粉体。图 4.36 为采用甘氨酸作为燃料制备的纳米 ZrO_2-MoO_3 复合粉末的扫描电镜照片，产物显示出致密而规整的形貌。

图 4.35　溶液燃烧过程

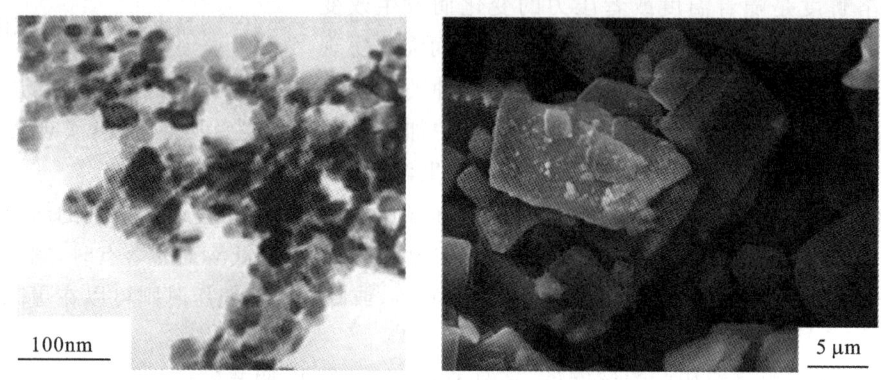

图 4.36　TEM 照片和 SEM 照片

(a)燃烧法制备的 CeO_2 纳米粉体 TEM 照片；(b)ZrO_2-MoO_3 复合粉体的 SEM 照片

4.3.7.2　自蔓延溶胶-凝胶燃烧合成法

采用溶液燃烧合成法时需要外部能量装置，如电热板或微波炉。水分蒸发后，形成的黏的溶胶-凝胶温度上升，达到燃点，整个体系燃烧[属于体积燃烧合成法(VCS)，SCS 的一种模式，这种方法不需要点燃，只需均匀加热溶液]后就得到所需的固体物相，最高燃烧温度可达到 1500 ℃，持续时间为 10 s 左右。VCS 法能制备许多不同的纳米材料，如可以制备不同单相的铁氧化物粉体。实质上，这种模式就是热爆炸，很难控制反应过程，而且产物收率低，而自蔓延溶胶-凝胶燃烧合成法可以解决这个问题，能使材料在稳态中自蔓延燃烧。溶胶-凝胶燃烧合成法是先把硝酸盐-燃料通过干燥制成均匀的凝胶，再将加热的钨丝点燃，燃烧反应于是在介质中稳定进行，可得到纳米金属氧化物粉体。这种方法可控制材料组成和结构，与 VCS 法相比，产物颗粒更细；反应的初始温度比 VCS 法低，燃烧的最高温度也比 VCS 法低；产率接近 100%，而 VCS 法产率只有 30%。

4.3.7.3　盐辅助溶液燃烧合成法

传统的溶液燃烧合成法中，普遍存在纳米金属氧化物的烧结现象。为了阻止或减少这种现象的发生，提出了一种新的便利的盐辅助溶液燃烧合成法，即把一些惰性无机物盐溶解在氧化还原混合物溶液中。通过这种方法制备了许多有趣的材料，如钙钛矿型 $NdCO_3$、尖晶石 $CoFe_2O_4$、纳米立方晶 $LaMnO_3$ 和一些纳米金属氧化物(如纳米 Fe_2O_3 粉体)。研究结果表明：盐的引入避免了燃烧合成过程中产生烧结现象，显著增大了产物的比表面积，对粒子的表面形态也产生了明显的影响。常用的盐有 NaCl 和 KCl，鉴于大量盐添加剂方便易得，盐辅助溶液燃烧合成法有望用于制备新材料并控制材料的性能。其作用机理如图 4.37 所示。

4.3.7.4　微波助溶液燃烧合成法

溶液燃烧制备纳米金属氧化物需要外界提供热量，燃烧合成温度至少为 500 ℃，而且热量通过传导方式从材料表面传到内部，会导致不同相形成和颗粒生长，所以加热方式很重要。微波辅助燃烧合

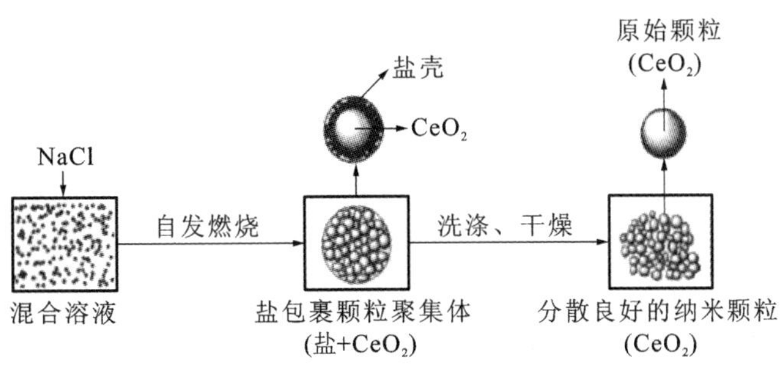

图 4.37　盐助剂作用机理

成法与溶液燃烧合成法的加热燃烧方式不一样，微波辅助燃烧是前驱分子吸收微波后，偶极矩和电介质极化发生很快变化引起的，且微波与表面及内部的分子都发生相互作用。反应动力学和产生的热强烈依赖于前驱分子的介电性质。微波辅助燃烧合成法能形成均匀、细小的纳米金属氧化物颗粒。微波辅助燃烧合成法可用于制备多种纳米金属氧化物粉体。制备的氧化物的机械断裂韧性和硬度等依赖于燃料系统，燃料可以是尿素、柠檬酸和甘氨酸等，燃料对制备的陶瓷材料颗粒的形状和尺寸有强烈影响。

4.3.7.5　乳液燃烧合成法

乳液燃烧合成法是合成纳米金属氧化物粉体的有效方法。合成过程中，金属离子溶在小水滴中，小水滴分散在亲油的有机溶剂中，通过周围液体的燃烧，金属离子很快被氧化。由于反应在很小的范围内进行，反应速度又很快，可以得到粒径均匀的纳米陶瓷粒子。乳液燃烧合成法的特点：① 设备简单；② 产品纯度高；③ 稳态进行；④ 可以合成任意尺寸和形状的产品，其中以球形颗粒或中空的球形颗粒居多。乳液燃烧合成法制备的球形纳米金属氧化物颗粒或中空球形纳米金属氧化物颗粒可作为填充剂、催化剂，用于制备高密度陶瓷和电子工业中用的金属片。

4.4　固相法制备超细粉体

固相法是通过从固相到固相的变化来制备粉体，其特征不像气相法和液相法那样伴随有气相→固相或液相→固相的状态变化。固相法包括机械粉碎法与固相化学反应法两大类。

4.4.1　机械粉碎法

机械粉碎法是一种传统的粉体加工单元过程，随着高能粉碎设备的发展，该方法也广泛用于制备各种超细粉体。此方法目前应用较多的超细粉碎设备有：球磨机、高能球磨机、行星磨、塔式粉碎机和气流粉碎机等。其原理是利用介质和物料之间，或物料与物料间的相互研磨和冲击使物料粉碎，以达到粉末的超细化，但该方法很难使粒径小于 100 nm。该方法具有成本低、产量高以及制备工艺简单易行等特点。

机械粉碎法还可实现超微颗粒的合金化，高能球磨机械合金化的主要工艺过程包括：

① 根据产品的元素组成，将两种或两种以上的单质或合金粉末组成初始粉末。② 根据所制产品的性质，选择合理的球磨介质，如钢球、刚玉球或其他介质球。③ 将初始粉末和球磨介质按一定的比例放入球磨机中进行球磨。④ 初始粉末在高能球磨机中长时间运转，回转机械能被传递给粉末，粉末在冷却状态下被反复挤压和破碎，逐步成为弥散分布的超微粒子。⑤ 球磨时一般需要使用惰性气体 Ar 等保护。

该方法工艺简单、效率高，并能制备出常规方法难以获得的高熔点金属或合金纳米材料；但在球磨过程中容易引入杂质，且仅适于金属材料的制备。随着新的粉碎机的诞生，这种情况正在逐渐改善。已经发展的超细粉碎机可在短时间内将粒子粉碎至亚微米级。磨腔内衬材料逐步采用刚玉、氧化锆，有的用特种橡胶、聚氨酯等，可避免混入杂质从而保证纯度。

目前普遍认为，利用机械粉碎所得到的纯元素纳米晶体有一极限尺寸，即在球磨开始阶段，变形集中在剪切带内，并形成高密度的位错；在第二阶段，位错合并、重组形成具有纳米尺寸的胞状或亚晶，并逐渐扩展到材料颗粒的整个范围；在第三阶段，晶粒取向变化，此时还可能发生晶粒的滑移和旋转。当晶粒的细化和回复过程平衡时，晶粒尺寸将不再细化，而是达到一极限值，此时，晶粒的细化和再结晶过程达到动态平衡。图 4.38 所示是不同元素的最小晶粒尺寸与其熔点的关系。可以看出，总的趋势是，金属的熔点愈高，所能达到的纳米晶粒的尺寸愈小。

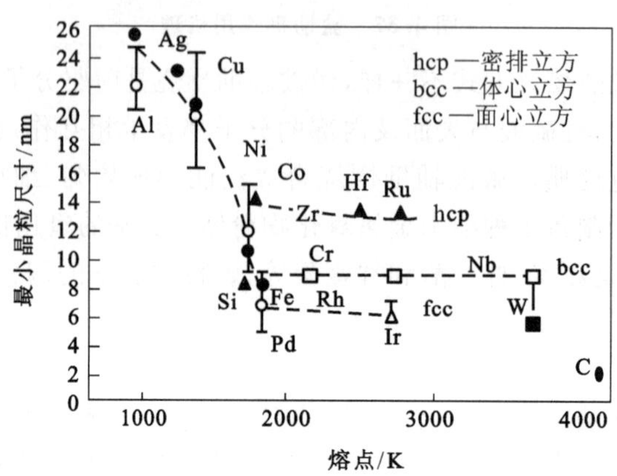

图 4.38　不同元素的最小晶粒尺寸与其熔点的关系

4.4.2　固相化学反应法

4.4.2.1　高温固相反应法

高温固相反应法是将反应原料按一定比例充分混合研磨后进行煅烧，通过高温下发生固相反应直接制成或再次粉碎制得超微粉。如以 Li_2CO_3 和 α-Fe_2O_3 粉体为原料，通过高能球磨先制备出前驱体，再通过较低温度下的热处理可制得锂铁氧体纳米粒子。采用高温固相反应法可合成铁酸锌纳米晶材料，其基本方法如下：以硫酸亚铁和硫酸锌为原料，按 2∶1 的物质的量比称取混合。加入氢氧化钠（与硫酸亚铁的物质的量比为 3.6∶1），充分搅拌研磨后，再加入一定量的碳酸氢铵（与硫酸亚铁的物质的量比为 1.5∶1），继续反复搅拌，放置 12 h，以便物相完全转变成碱式碳酸盐前驱体。然后将制备好的前驱体于 80 ℃下干燥、研碎，分别在 300 ℃、400 ℃、500 ℃、600 ℃、700 ℃下焙烧 1 h，通过固相反应生成 $ZnFe_2O_4$ 纳米粉。

固相反应法也可以利用金属化合物的热分解来制备超微粉，即 A(固)→B(固)＋C(气)。例如 $(NH_4)Al(SO_4)_2 \cdot 2H_2O$ 热分解生成 Al_2O_3 和 NH_3、SO_3、H_2O，从而制得 Al_2O_3 超微粉。此外，还有众多的草酸盐、碳酸盐的热分解都可制备氧化物超微粉。

4.4.2.2　室温固相反应法

室温固相反应法是近十几年来才发展起来合成超细粉体的一种新方法。固相化学反应能否进行，取决于固体反应物的结构和热力学函数。所有固相化学反应和溶液中的化学反应一样，必须遵守热力学定律，即整个反应的吉布斯函数改变小于零，在满足热力学条件下，固体反应物的结构及其动力学影响因素成了固相反应进行速率的决定性因素。与液相反应一样，固相反应的发生起始于两个反应物分子的扩散接触，接着发生化学反应，生成产物分子。其基本原理：室温下，充分的研磨不仅使反应的固体颗粒变小以充分接触，而且也提供了促使反应进行的微量引发热量。当反应引发后，根据晶体均相成核与生长动力学理论，纳米微粒的大小取决于晶核的生成速率和晶体的生长速率，当生成速率较大而生长速率很小时，才能获得粒径小的微粒，而生成速率和生长速率的大小受许多因素影响，一是反应体系的本质，二是各种外界因素即反应条件的影响。由实验部分看出，反应物混合后一经研磨，立即有相应产物出现；又根据热力学公式自由能变 $\Delta G=\Delta H-T\Delta S$，固体反应中熵变 $\Delta S\approx$

0，还因反应中的自由能变 $\Delta G<0$，则反应的焓变 $\Delta H<0$。因此，固相反应大多是放热反应，这些热使反应物分子相结合，提供了反应中的成核条件，在受热条件下，原子成核、结晶，并形成颗粒。

一般认为，固相化学反应过程经历四个阶段：扩散—反应—成核—生长，当产物成核速度大于生长速度时，有利于生成纳米微粒，如果生长速度大于成核速度，则形成块状晶体。因此，若有少量水存在，形成湿固相反应，则更有利于扩散和反应，从而更易于生成纳米微粒。与其他化学方法相比，由(湿)固相化学反应合成纳米材料有许多突出优点：① 合成工艺简单，可直接得到结晶良好的微粉体，无中间步骤，不需要高温灼烧处理，避免了在此过程中可能形成的粒子团聚现象；② 产率高，其产率均在90%以上(表4.11)；③ 不需要溶剂，节约原料，减少对环境的污染，可以避免或减少液相中易出现的硬团聚现象，因而能制备粒径小的纳米材料；④(湿)固相反应时间短，整个反应过程一般在10～30 min之间；⑤ 纳米晶粒的物相、形貌、粒度和团聚程度可通过改变反应物配比、掺杂、加入少量溶剂或表面活性剂等参数加以控制，合成的粒子稳定性好，产品易于收集等。

采用室温固相反应法合成 $ZnC_2O_4 \cdot 2H_2O$ 纳米粉的过程如下：分别将原料 $Zn(Ac)_2 \cdot 2H_2O$ 与 $H_2C_2O_4 \cdot 2H_2O$ 磨细过100目筛，然后以1∶2的物质的量比置于研钵中混合，充分研磨30 min，将混合物用蒸馏水加超声波充分洗涤3次，再用无水乙醇洗涤2次，抽干，即可制得 $ZnC_2O_4 \cdot 2H_2O$ 纳米粉。

以无机物 $InCl_3 \cdot 2H_2O$ 和 NaOH 为原料，在遵守热力学限制的情况下，用室温固相化学反应直接合成了半导体金属氧化物 In_2O_3 纳米粉体(图4.39)。表4.11列出了室温下固相反应合成的各种纳米粉体。

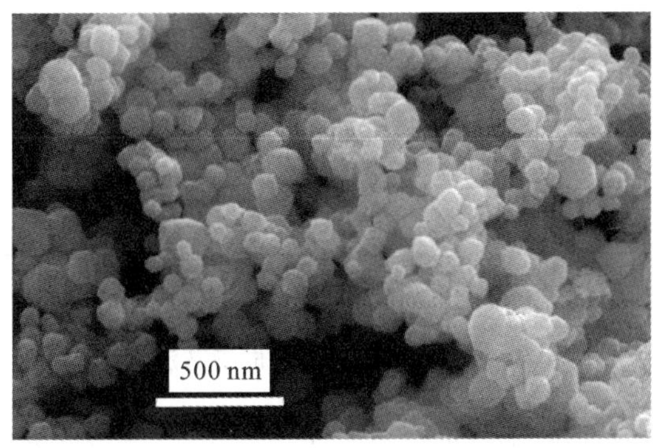

图4.39　In_2O_3 纳米粉体的扫描电镜照片

表4.11　室温下固相反应合成的各种纳米粉体

反应体系	产物	产率/%	粒子大小/nm
$Zn(OH)_2+Na_2S \cdot 9H_2O$	ZnS	96.7	10
$Mn(OH)_2+Na_2S \cdot 9H_2O$	MnS	92.8	20
$Pb(OH)_2+Na_2S \cdot 9H_2O$	PbS	91.5	10
$LaCl_3 \cdot H_2O+NaOH$	La_2O_3	93.2	30
$Ce(NO)_3 \cdot 4H_2O+NaOH$	CeO_2	90.1	40
$LaCl_3 \cdot 3H_2O+H_2C_2O_4 \cdot 2H_2O$	$La_2(C_2O_4)_3 \cdot 3H_2O$	94.8	60
$CeCl_3 \cdot 7H_2O+H_2C_2O_4 \cdot 2H_2O$	$Ce_2(C_2O_4)_3 \cdot 3H_2O$	95.6	70
$BaCl_3 \cdot 2H_2O+(NH_4)_6Mo_2 \cdot 2H_2O$	$BaMoO_4$	92.9	40
$BaCl_3 \cdot 2H_2O+Na_2CO_3$	$BaCO_3$	91.6	50
$CaCl_2 \cdot 2H_2O+Na_2CO_3$	$CaCO_3$	90.5	60
$BaCl_3 \cdot 2H_2O+H_2C_2O_4 \cdot 2H_2O$	BaC_2O_4	93.8	50

4.4.3 固态燃烧合成法

燃烧合成是一种伴随着相转变和结构变化的放热化学反应过程，燃烧一旦开始，便自发蔓延，形成所期望的化合物。燃烧法的实质是将一些能够产生强烈化学放热反应的物质混合均匀后，在某个部位点火(引发化学反应)，依靠强烈的化学反应，使反应物转化为生成物，反应持续不断地进行直至结束，整个过程在短时间内完成。燃烧合成除自蔓延高温合成外，还包括固态复分解、火焰合成和低温燃烧合成等方法。

燃烧法操作简单易行、周期短、节省时间和能源。更重要的是，反应物在合成过程中处于高度分散状态，反应时原子只需通过短程扩散或重排即可进入晶格位点。加之反应速度快，前驱体的分解和氧化物的形成温度又较低，使产物粒度小，分布比较均匀，因而比较适合超细粉体材料的制备。

4.4.3.1 自蔓延高温合成

自蔓延高温合成(self-propagation high-temperature synthesis，简称 SHS)，是利用反应物之间高的化学反应热的自加热和自传导作用来合成材料的一种技术，反应物一旦被点燃，便会自动向未反应的区域传播，直至反应完全。燃烧法的反应或燃烧波的蔓延相当快，一般为 0.1～20.0 cm/s，最高可达 25.0 cm/s，燃烧波的温度或反应温度通常都在 2100～3500 K，最高可达 5000 K。自蔓延高温合成的点火方式按照反应装置条件分为电弧点燃法、电炉加热点燃法、激光点燃法、高频加热点燃法、微波加热点燃法等。图 4.40 为自蔓延高温合成工艺流程图。

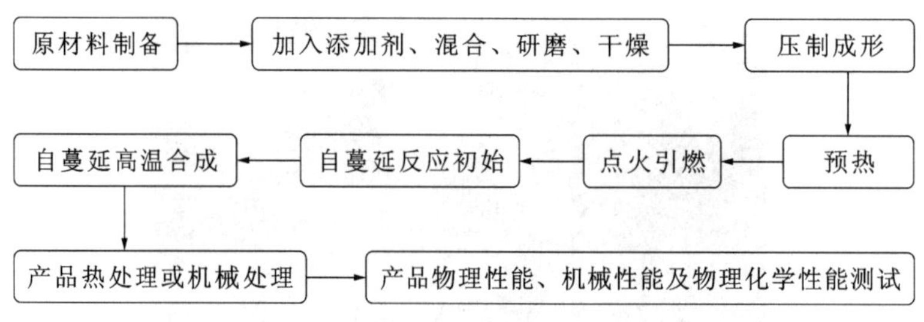

图 4.40 自蔓延高温合成工艺流程图

相对于常规生产方法，自蔓延高温合成法有若干优点：首先，在合成过程中，燃烧前沿温度极高，挥发性的杂质可通过蒸发去除，因而产物通常是高纯的；其次，由于升温和冷却速度较快，易于形成高浓度缺陷和非平衡结构，可生成高活性的亚稳态产物；再次，反应物一旦被点燃，就不需要外界再提供能量，反应时间只需数秒，因此可显著节约能源和时间，而且设备也比较简单。目前存在的主要缺点是不易获得高密度产品，不能严格控制反应过程。另外，由于自蔓延高温合成法所采用的原料往往是可燃、易爆或有毒物质，需要采取特殊的安全措施。表 4.12 列出了 SHS 法与常规方法的几个典型参数比较。

表 4.12 SHS 法与常规方法的几个典型参数比较

参数	SHS 法	常规方法
最高温度/℃	1500～4000	≤2200
反应传播速度/(cm/s)	0.1～15	很慢，以 cm/h 计
合成带宽度/mm	0.1～5.0	较长
加热速率/(℃/h)	10^3～10^6	≤8
点火能量/(W/cm^2)	≤500	
点火时间/s	0.05～4	

根据反应类型，自蔓延高温合成可分为固态-固态反应、固态-气态反应、金属间化合物的燃烧合成和复合相型的合成四种类型。

① 固态-固态反应

固态-固态反应中最简单的是由两个固态元素燃烧合成，如 Ti+C 合成 TiC，Zr+2B 合成 ZrB_2，Ni+Al 合成 NiAl。较复杂的是化合物+元素生成多种产物，该化合物可以是氧化物、氟化物和氯化物等，元素通常是活泼金属如 Al、Mg 或 Ti 等。需要说明的是，由于反应动力学等原因，产物常常比较复杂，不能完全通过化学方程式预测。

例如制备 TiB_2 粉末可采用元素粉末 Ti 和 B 进行如下反应：

$$Ti+2B \longrightarrow TiB_2+280\ kJ \cdot mol^{-1} \tag{4.44}$$

SHS 反应装置如图 4.41 所示。

② 固态-气态反应

固态-气态反应一般为金属粉末在活泼性气体如氮、氧、氢中燃烧合成所需要产物，如合成 AlN、Si_3N_4、BN、TiN、Ti(CN)、ZrN_xH_y 等。

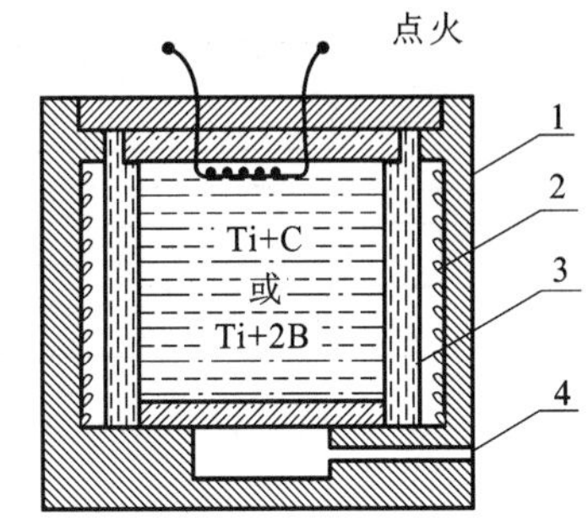

图 4.41　TiB_2 粉体的 SHS 反应装置

1—反应腔体；2—水套；

3—多孔耐火材料；4—抽真空

③ 金属间化合物的燃烧合成

一般金属间化合物的反应所释放的热量要比金属与非金属(如 C、B 和 N 等)之间的反应所释放的热量少。不过这些金属间化合物具有极高的稳定性，表明这些元素的反应具有迅猛剧烈的特性。用 SHS 法进行金属间化合物的研究主要集中在铝的金属化合物(如 NiAl、CoAl、TiAl、CuAl、ZrAl、PtAl)、镍钛化合物以及其他一些金属相化合物。

④ 复合相型的合成

用 SHS 工艺可制备陶瓷/金属(例如 TiB_2+Ti、ZrB+Fe、TiB_2+Fe、TiC+Mo/Re 等)以及陶瓷/陶瓷复合材料(例如 TiC-Al_2O_3、MoS_2-NbS_2、TiB_2-TiC 等)。

迄今为止，用 SHS 制备的材料已涉及碳化物、氮化物、硼化物、氧化物及复合氧化物、超导体、合金等许多领域，促进了相应的各种新型 SHS 技术的产生和发展，其中具有代表性的技术有以下 5 种：

① SHS 制粉技术。通常将压坯置于惰性气氛的反应容器中，通过镁热还原等自蔓延反应方式得到疏松的烧结块体。若产物为单一物相，可采用机械粉碎法获得烧结粉体(如 TiB_2 的合成)；若产物中含反应引入的杂质，则可采用湿化学法去除(如用镁热还原 ZrO_2 制备 ZrC，除去产物中 MgO)。

② SES 熔铸技术。高放热量的 SHS 反应体系在自蔓延过程中产生的高温若超过产物熔点则形成熔体。采用冶金工艺处理熔体就可以得到铸件，这一方法被称为 SHS 冶金。它包括两个步骤：a. SHS法得到熔体；b. 冶金法处理熔体。

③ SHS 焊接技术。它指利用 SHS 反应的放热及其产物来焊接受焊母材的技术。SHS 焊接可用来焊接同种和异型的难熔金属、耐热材料、耐蚀氧化物陶瓷或非氧化物陶瓷和金属间化合物。SHS 焊接工艺要求首先根据母材或接头的性能要求配制粉末焊料。可采用数层混合粉末构成 FGM 焊料。在原料中引入起增强作用的添加剂或降低燃烧温度的惰性添加剂，以构成复合焊料及控制高温对母材、增强相的热损伤。然后加热引发 SHS，同时施加一定的压力进行焊接。

④ 反应爆炸固结技术。SHS 反应热冲击波做功在材料中产生大量缺陷，并能引起大幅度的塑性变形，促进物质流动扩散，使反应物紧密接触。

⑤ "化学炉"技术。采用自蔓延反应体系作为外部热源，利用其超快的升温速率及外加的高机械压力，在低于坯体物质熔点的温度下大幅提升致密度。一般反应速度可从 0.1 cm/s 到 90 cm/s，通过添加稀释剂可以调节燃烧温度从 1000 K 到 6000 K。

SHS 加机械压力法是将 SHS 过程与动态快速加压过程有机地结合起来，一次性完成材料的合成与密实化方法。其实际过程：当 SHS 反应进行途中，合成的材料处于红热软化状态时，对合成的产物施加一个高瞬时压力。此方法实际上是 SHS 过程加上一个快速加压 (quick pressing，QP)过程，所以称其为 SHS /QP 技术。采用此工艺可制备一系列性能优良的先进陶瓷。例如，采用 SHS /QP

技术制备得到高致密度的纳米 MgO 陶瓷。

MgO 样品被压制成圆片状坯体，经冷等静压处理后在坯体外包裹均匀混合的“化学炉”自蔓延燃烧反应物质。再将“化学炉”置于图 4.42 所示的反应和加压模具中。反应料与模具内壁之间用细砂填充，细砂起到保护模具、排放杂质气体和以准等静压向样品传递压力的作用。点火过程由电脉冲局部引燃“化学炉”瞬间完成，点火以后即开始 SHS 反应。在反应刚刚完成而样品仍然处于高温红热软化状态时，施加大机械压力以获得密实材料。图 4.43 为 SHS /QP 烧结 MgO 样品抛光刻蚀表面的扫描电镜照片，显示出其密度较大。

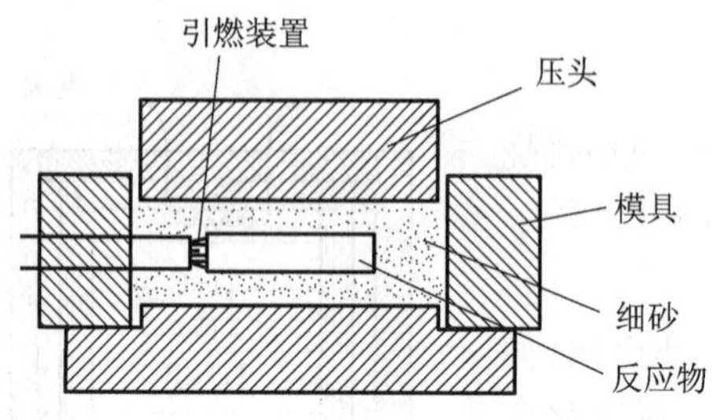

图 4.42　SHS/QP 反应过程

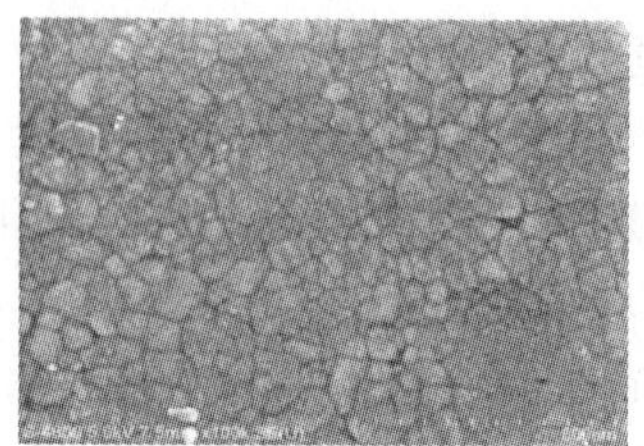

图 4.43　SHS/QP 烧结 MgO 样品抛光刻蚀表面的扫描电镜照片

4.4.3.2　低温燃烧合成法

低温燃烧合成法(low-temperature combustion synthesis，LCS)是相对于 SHS 而提出的一种新型材料制备技术，该方法主要是以可溶性金属盐(主要是硝酸盐)和有机燃料(如尿素、柠檬酸等)作为反应物，金属硝酸盐在反应中充当氧化剂，有机燃料在反应中充当还原剂，反应物体系在一定温度下点燃引发剧烈的氧化-还原反应。一旦点燃，反应即由氧化-还原反应放出的热量维持自动进行，整个燃烧过程可在数分钟内结束，放出大量气体，其产物为质地疏松、不结块、易粉碎的超细粉体。

一般认为，硝酸盐-有机燃料的燃烧过程与原料加热过程中发生的氧化还原化合或分解、产生可燃气体有关，其中硝酸盐(硝酸根离子)为氧化剂，而燃料为还原剂，氧化剂-燃料混合物体系具有放热特性。以 $Al(NO_3)_3 \cdot 9H_2O$ 和尿素[$CO(NH_2)_2$]为原料燃烧合成 Al_2O_3 细粉时，$CO(NH_2)_2$ 加热时会分解产生缩二尿和氨，在更高的温度还生成$(HNCO)_3$，三聚物；$Al(NO_3)_3 \cdot 9H_2O$ 加热时发生熔化，随后失去结晶水并分解产生无定形 Al_2O_3 和氮的氧化物；而当二者一同加热时，则形成 $Al(OH)(NO_3)_2$ 凝胶。在燃烧合成中，上述所有反应同时进行，分解出的可燃气体发生气相反应，形成火焰。低温燃烧合成法可以制备多种氧化物及复合氧化物超细粉体，如表 4.13 所示。

表 4.13　低温燃烧工艺制备的氧化物粉末的用途及部分物理特性

产物	用途	晶粒尺寸/nm	密度/(g/cm³)	比表面积/(m²/g)	平均粒径/μm
α-Al_2O_3	绝缘陶瓷、结构陶瓷等		3.21	8.30	4.3
β-Al_2O_3	固体电池		3.40	50.80	4.2
Pd-Al_2O_3	催化剂			19.0	
ZrO_2	结构陶瓷、电子陶瓷等	≈30	3.0/3.2	3.9/13.3	1.97/1.92
TZP	增韧陶瓷	≈30	3.2～3.6	8～15	1.8～0.8
ZnO	变阻器	≈300			
$3Al_2O_3 \cdot 2SiO_2$	耐火材料、电子材料等		2.75	12.6～45	2.4～8
Mg_2SiO_4	激光材料		1.80	43.0	11.0
$MgAl_2O_4$	耐火材料		3.00	21.80	5.2

续表 4.13

产物	用途	晶粒尺寸/nm	密度/(g/cm³)	比表面积/(m²/g)	平均粒径/μm
$CaAl_2O_4$	高铝水泥	≈45	2.48	1.25	4.1
$Ca_3Al_2O_6$	高铝水泥		2.50	1.40	6.2
$CaAl_{12}O_{19}$	电视磷光与荧光灯		2.85	8.34	4.1
$MgCeAl_{11}O_{19}$	电视磷光与荧光灯		3.71	20.20	3.2
$Y_3Al_5O_{12}$	激光器		3.86	7.30	4.5
$LaAlO_3$	催化剂		5.30	3.00	4.0
$ZnAl_2O_4$	催化剂		3.60	8.70	5.4
$CoAl_2O_4$	颜料、釉料	≈12	3.26	58.3	2.1
$LiAlO_2$	氚增殖材料			1.70	3～5
$MgCr_2O_4$	耐火材料		3.40	72.0	0.93

4.4.3.3 自蔓延冶金法

(1)自蔓延冶金法制备超细硼化物陶瓷粉体

将自蔓延高温合成技术与湿法冶金浸出和氯化镁热解技术进行集成创新，可利用自蔓延冶金法制备超细硼化物粉体。以金属氧化物、氧化硼、镁粉为原料，采用自蔓延高温合成技术获得弥散分布在泡沫状 MgO 基体的燃烧产物，然后用稀 HCl 密闭强化浸出燃烧产物中的 MgO，过滤、洗涤、干燥后得到硼化物纳米/微米粉；氯化镁浸出液直接热解得 MgO 粉体，热解尾气吸收制酸返回浸出段利用，实现了清洁生产。图 4.44 是采用自蔓延冶金法制备金属硼化物粉体的 SEM 照片。CaB_6 的颗粒粒度小于 2 μm，CeB_6 的颗粒粒度小于 200 nm，LaB_6 的颗粒粒度小于 1 μm，NdB_6 的颗粒粒度小于 1 μm。化学成分分析结果表明：CaB_6 的纯度大于 98.5%，CeB_6 的纯度大于 99.0%，LaB_6 的纯度大于 99.0%，NdB_6 的纯度大于 99.0%。

图 4.44 金属硼化物粉体的扫描电镜(SEM)照片

(a)CaB_6；(b)CeB_6；(c)LaB_6；(d)NdB_6

(2)自蔓延冶金法制备高熔点金属超细粉体

以金属氧化物、镁粉为原料，采用自蔓延冶金法制备球形金属粉体。首先对原料进行球磨活化预处理；然后压制成坯样，并使坯样进行自蔓延反应，得到弥散分布在 MgO 基体中的燃烧产物；再把燃烧产物不经破碎，进行密闭强化浸出以除去 MgO 基体，经过滤、洗涤、干燥得到超细金属粉体；最后将酸浸过程产生的酸性 $MgCl_2$ 溶液进行直接热解得到 MgO 副产品，将热解尾气制酸，返回浸出段循环利用，实现了无废清洁生产。成功制备出用于 3D 打印的钨粉、钽粉、钼粉、钛粉等超细金属粉体（图 4.45）。其中，钨粉纯度大于 99.0%，平均粒径为 0.87 μm，氧含量为 0.12%；钽粉纯度大于 99.0%，平均粒径为 1.0 μm，杂质镁含量小于 0.04%；钼粉纯度大于 99.0%，粒径小于 1 μm，杂质镁含量小于 0.03%。

图 4.45 自蔓延冶金法制备的超细金属粉体的扫描电镜照片

(a)钨粉；(b)钽粉；(c)钼粉；(d)钛粉

4.4.3.4 固态复分解法

固态复分解法是低温点燃金属卤化物和碱金属主族化合物，并使它们之间进行固态置换反应的方法。其通式为：

$$MX_m(\text{燃料})+mAY_n(\text{氧化剂})\xrightarrow{\text{点火}}MY_z(\text{目标产物})+mAX+(mn-z)Y \quad (4.45)$$

式中 M——过渡镧系和主族金属元素；

X——卤族元素；

A——碱金属元素；

Y——非金属元素。

反应启动后进入一种快速自维持放热状态，反应温度大于 1000 ℃，反应在数秒之内结束。固态复分解法与自蔓延高温合成法的区别在于：一是反应物不全为金属元素和化合物，还含有金属卤化物；二是发生典型的置换反应。迄今为止，许多重要的材料，如超导体（NbN，ZrN）、半导体（GaAs，InSb）、绝缘体（BN，ZrO_2）、磁性材料（GdP，SmAs）、硫化物（MoS_2，NiS_2）、金属间化合物（$MoSi_2$，WSi_2）、磷族元素化合物（ZrP，NbAs）和氧化物（Cr_2O_3）等，都可由固态复分解法制备。

思考题

4.1 什么是气溶胶？典型的气溶胶制备技术有哪几种？

4.2 如何制备单分散的气溶胶？

4.3 气相反应制备超细粉体的形核与长大的方式有哪些？

4.4 常见的制备超细粉体的气相方法有哪些？各有什么优缺点？

4.5 制备超细粉体的液相方法有哪些？共同点是什么？各有什么优缺点？

4.6 试比较采用液相方法和固相方法制备超细粉体的优缺点。

4.7 举例说明液相燃烧法制备超细粉体的过程与反应机理。

4.8 分析自蔓延燃烧技术及其应用。

4.9 金属纳米粉体的制备技术有哪些？

4.10 说明真空、激光、等离子体等技术在超细粉体制备中的应用。

4.11 通过查阅文献，列出几种超细粉体制备的新技术。

4.12 结合本章内容，谈谈超细粉体技术的发展趋势。

参考文献

[1] 张立德. 超微粉体制备与应用技术[M]. 北京：中国石化出版社，2001.

[2] HIDY G M. Aerosols：an industrial and environmental science[M]. New York：Academic Press，1984.

[3] 丹尼斯. 气溶胶手册[M]. 梁鸿富，卢正永，译. 北京：原子能出版社，1988.

[4] DAVIES C N. Aerosol sciences[M]. New York：Academic Press，1966.

[5] HINDS W C. 气溶胶技术[M]. 孙隶峰，译. 哈尔滨：黑龙江科学技术出版社，1989.

[6] ORR C J. Particulate technology[M]. New York：The Macmillan Company，1966.

[7] 日本化学会. 无机固态反应[M]. 董万堂，董绍俊，译. 北京：科学出版社，1985.

[8] 日本粉体工业技术协会. 超微粒子应用技术[M]. 东京：日刊工业新闻社，1986.

[9] 尾崎义治，贺集诚一郎. 纳米微米导论[M]. 赵修建，张联盟，译. 武汉：武汉工业大学出版社，1991.

[10] 日本工业调查会编辑部. 最新精细陶瓷技术[M]. 陈俊彦，译. 北京：中国建筑工业出版社，1988.

[11] 王世敏，许祖勋. 纳米材料制备技术[M]. 北京：化学工业出版社，2002.

[12] 刘吉平，郝向阳. 纳米科学与技术[M]. 北京：科学出版社，2002.

[13] ZHANG B W. Physical fundamentals of nanomaterials[M]. Amsterdam：William Andrew，2018.

[14] 张耀君. 纳米材料基础（双语版）[M]. 2版. 北京：化学工业出版社，2015.

[15] 张家乐，朱斌，张后雷，等. 连续式超临界水热合成金属纳米微粒的研究进展[J]. 现代化工，2019，39(5)：61-65.

[16] 欧玉静，喇培清，魏玉鹏，等. 溶液燃烧合成法制备纳米金属氧化物的研究进展[J]. 材料导报，2012，26(21)：36-39.

[17] 豆志河，张廷安. 自蔓延冶金法制备粉体与合金的研究进展[J]. 中国材料进展，2016，35(8)：598-605.

[18] 秦琴，王禹峰. 超细粉体制备工艺的研究现状[J]. 热加工工艺，2018，47(4)：47-50.

[19] 徐志军，初瑞清. 纳米材料与纳米技术[M]. 北京：化学工业出版社，2010.

[20] 吉可明，孟凡会，李忠. 溶液燃烧法制备无机材料研究进展[J]. 现代化工，2014，34(5)：22-25.

[21] 张宝丹，靳海波，郭晓燕，等. 均一球形 $BaTiO_3$ 超细粉体的制备技术[J]. 化工进展，2019，38(5)：2262-2268.

5 粉　　碎

本 章 提 要

粉碎的目的是减小物料的粒径，增大物料的比表面积。粉碎技术在众多工业部门得到了广泛应用，是一种较常采用的获得粉体的方法，或者是粉体生产过程中的一个单元操作技术，涉及化工、冶金、矿物加工、新能源电池材料、功能陶瓷等领域。一个粉碎作业过程往往由多个环节组成，对于每个粉碎环节，根据被粉碎物料的特点，需选用不同的设备。本章从粉碎的定义、方法着手，介绍了粉碎的基本理论、粉碎动力学知识，以便奠定粉碎过程的理论基础。本章还较详细地介绍了各种粉碎设备，包括设备类型、基本原理。工业上所用的粉体原料多采用机械粉碎的方法制备，还有一些超细粉体采用化学方法合成。本章将介绍机械法制备粉体原料的基本原理及设备。

5.1 粉碎概论

5.1.1 粉碎的基本概念

5.1.1.1 粉碎的定义

粉碎是依靠外力克服固体质点间内聚力使物料几何尺寸减小的过程。由于固体物料的大小不同，可大致将粉碎分为破碎和粉磨两种过程。大块物料破裂成小块的加工过程称为破碎；将小块物料磨成细粉的加工过程称为粉磨。因此，破碎和粉磨统称为粉碎。破碎和粉磨进一步划分如下：

粉碎
破碎
粗碎——将物料破碎至 100 mm 左右
中碎——将物料破碎至 30 mm 左右
细碎——将物料破碎至 3 mm 左右
粉磨
粗磨——将物料粉磨至 0.1 mm 左右
中磨——将物料粉磨至 60 μm 左右
细磨——将物料粉磨至 5 μm 左右

与以上粉碎过程相应的机械设备分别称为破碎机械和粉磨机械。

物料经破碎尤其是经粉磨后，其粒度显著减小，比表面积明显增大，有利于几种不同物料的均匀混合，便于输送和储存；也更有利于提高高温固相反应程度和速度以及降低固相反应温度。

5.1.1.2 粉碎比

物料粉碎前的平均粒径 $\overline{D}$ 与粉碎后的平均粒径 $\overline{d}$ 之比称为平均粉碎比，用符号 i 表示。数学表达式为

$$i = \overline{D}/\overline{d} \tag{5.1}$$

平均粉碎比是衡量物料粉碎前后粒度变化的一个重要指标，也是进行粉碎设备性能评价的指标

之一。对破碎机而言,为了简单地表示和比较它们的这一特性,可用粉碎设备所允许的最大进料口尺寸与最大出料口尺寸之比(亦称为公称粉碎比)作为粉碎比。因实际破碎时加入的物料尺寸总小于最大进料口尺寸,故粉碎机械的平均粉碎比一般都小于公称粉碎比,前者为后者的70%~90%。

各种粉碎机械的粉碎比都有一定限度,且大小各异。一般情况下,破碎机械的粉碎比为3~100;粉磨机械的粉碎比为500~1000或更大。

5.1.1.3 粉碎级数

由于单台粉碎机的粉碎比有限,生产上要求的物料粉碎比往往远大于上述范围,因而有时需将两台或多台粉碎机械串联起来进行粉碎作业。几台粉碎机串联起来的粉碎过程称为多级粉碎,串联的粉碎机台数称为粉碎级数。在上述情况下,原料粒度与最终粉碎产品的粒度之比称为总粉碎比。若串联的各级粉碎机的粉碎比分别为 $i_1, i_2, \cdots, i_n$,总粉碎比为 i_0,那么有

$$i_0 = i_1 i_2 \cdots i_n \tag{5.2}$$

即多级粉碎的总粉碎比为各级粉碎的粉碎比之乘积。

若已知粉碎机械的粉碎比,则可根据总粉碎比的要求确定合适的粉碎级数。因为粉碎级数增多将会使粉碎流程复杂化,设备检修工作量增大,所以在能够满足生产要求的前提下应该选择粉碎级数较少的简单流程。

5.1.1.4 粉碎产品的粒径特性

物料经粉碎或粉磨后,成为多种粒径颗粒的集合体。为了了解其粒径分布情况,通常采用筛析方法或其他方法得出其粒径累积分布曲线和频率分布曲线。粒径累积分布曲线不仅可以用于计算不同粒级物料的含量,还可以将不同粉碎机械粉碎同一物料所得的曲线进行比较,以判断它们的工作质量及工作状况。

5.1.1.5 粉碎流程

根据不同的生产情形,粉碎可有不同的流程,如图5.1所示。其中,(a)流程简单,设备少,操作控制较方便,但往往由于条件的限制不能充分发挥粉碎机械的能力,有时甚至难以满足生产要求;(b)和(d)流程由于预先分离出无须粉碎的细颗粒,故可增加整个粉碎流程的生产能力,减少动力消耗以及工作部件的磨损等,这种流程适合于原料中细粒级物料较多的情况;(c)和(d)流程由于设有检查筛分环节,故可以获得粒度符合要求的粉碎产品,为后续工序创造有利条件,但这种流程较复杂,设备多,建设投资大,并且操作管理的工作量也大,因此,该流程主要用于最后一级的粉碎作业。

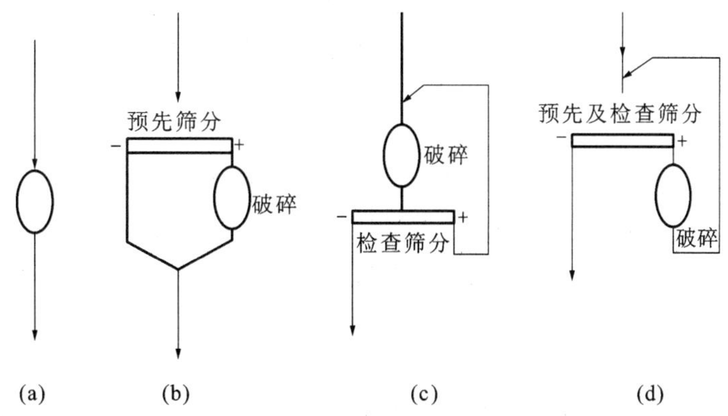

图5.1 粉碎的流程

(a)简单的粉碎流程;(b)带预筛分的粉碎流程;(c)带检查筛分的粉碎流程;(d)带预筛分和检查筛分的粉碎流程

从粉碎机中卸出的物料一般即为产品。不带检查筛分或选粉设备的粉碎流程称为开路(或开流)粉碎流程。开路流程的优点是比较简单,设备少,扬尘点少;缺点是当要求粉碎产品粒度较小时,粉碎效率较低,产品中还会存在部分粒度不合格的粗颗粒物料。

凡带检查筛分或选粉设备的粉碎流程称为闭路(或圈流)粉碎流程。该流程的特点是从粉碎机中

卸出的物料需要经过检查筛分或选粉设备，粒度合格的颗粒作为产品，不合格的粗颗粒作为循环物料重新返至粉碎机中再进行粉碎。粗颗粒回料质量与该级粉碎产品质量之比称为循环负荷率。

5.1.2　粉碎模型

5.1.2.1　粉碎方法

机械粉碎主要是将外力作用于物料使之产生微裂纹，裂纹随之不断扩大进而分裂生成新表面的过程。由于物料内部结构的不均匀性，在外力作用下会产生应力集中，形成局部应力场。当局部应力超过物料的强度极限时，就会导致物料中形成内裂纹。物料内部微裂纹在外加应力场的作用下不断扩展最终发生断裂并形成新表面的过程就是粉碎过程。

粉碎方法因所使用的设备而异，在物料中形成应力集中的机理不完全相同，且又极为复杂。多数情况下数种机理并存，以其中的一种或几种为主。工程上也常根据不同的粉碎方法对粉碎设备进行划分。归纳起来，常用的粉碎方法有 4 种，如图 5.2 所示。

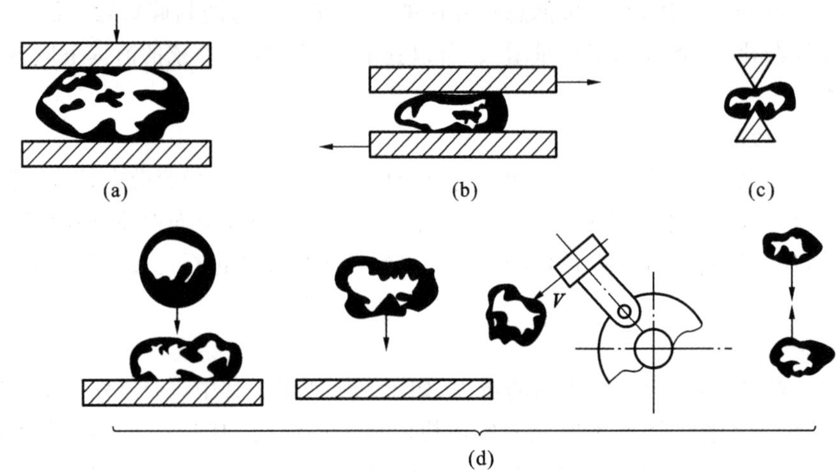

图 5.2　常用的粉碎方法

(a)挤压粉碎；(b)磨削粉碎；(c)剪切-劈裂粉碎；(d)冲击粉碎

(1)挤压粉碎

挤压粉碎[如图 5.2(a)所示]是指粉碎设备的工作部件对物料施加挤压作用力，当物料受到的应力达到强度极限时则被破碎。这种方法主要用于破碎大块硬质物料，挤压磨、颚式破碎机均属此类粉碎设备。

(2)磨削粉碎

如图 5.2(b)所示，物料在两个做相对运动的平面之间或物料在各种形状的研磨体之间，受到挤压和剪切力的共同作用，当所受应力达到其强度极限时则被磨碎。振动磨、搅拌磨以及球磨机的细磨仓等都是以此为主要原理。与施加强大粉碎力的挤压和冲击粉碎不同，研磨和磨削是靠物料的不断磨蚀而实现粉碎的。

(3)剪切-劈裂粉碎

如图 5.2(c)所示，两个尖锐的施力部件相向作用于物料产生强烈的剪切应力，使之粉碎。这种粉碎方法对于软质物料或韧性物料具有良好的粉碎效率。

(4)冲击粉碎

如图 5.2(d)所示，冲击粉碎中的冲击指高速运动的研磨体对被粉碎物料的冲击、高速运动的物料之间或向固定壁或靶的冲击。这种粉碎过程可在较短的时间内发生多次冲击碰撞，每次冲击碰撞是在瞬间完成的，研磨体和被粉碎物料之间的动量交换非常迅速。碰撞冲击的速率越快，时间越短，则在单位时间内施加于颗粒的粉碎能量也就越大，越易于将颗粒破碎。锤式破碎机、反击破碎机、反击锤式破碎机、气流粉碎机均以此为主要破碎机理。

5.1.2.2 颗粒粉碎模型

Rosin-Rammler 等学者认为，粉碎产物的粒度分布具有二成分性（严格来说是多成分性）。所谓二成分性，指整个颗粒分布包含粗颗粒和微粉两部分组成。据此，可以推论材料颗粒的破坏过程不是由连续单一的一种破坏形式所构成，而是两种以上不同破坏形式的组合。Hutting 等人提出了三种粉碎模型，如图 5.3 所示。

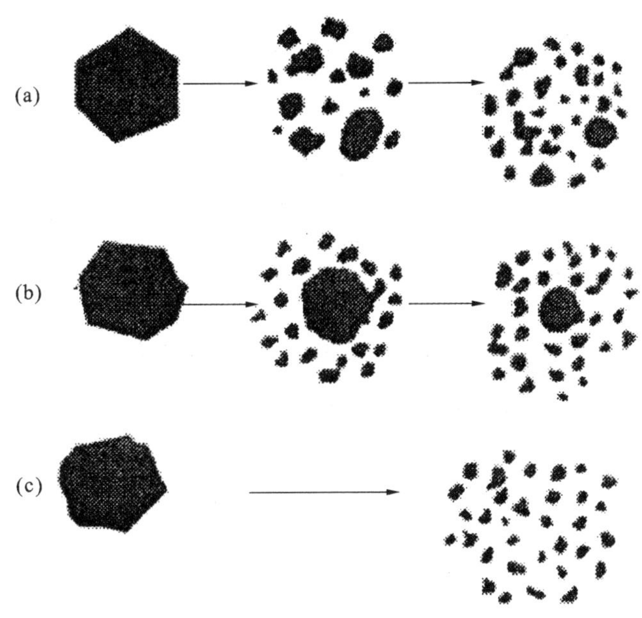

图 5.3 粉碎模型

(a)体积粉碎模型；(b)表面粉碎模型；(c)均一粉碎模型

(1)体积粉碎模型：整个物料颗粒都受到破坏（粉碎），粉碎生成物大多为粒度稍小的中间过渡颗粒。随着粉碎的进行，这些中间过渡颗粒粒度继续减小，最终破碎成为微粉成分（即稳定成分）。

(2)表面粉碎模型：仅在颗粒的表面产生破坏，从颗粒的表面不断切下微粉成分，这一破坏不涉及颗粒的内部。

(3)均一粉碎模型：施加于颗粒的力，使颗粒发生分散性的破坏，直接粉碎成微粉成分。

以上三种模型中，均一粉碎模型仅在结合极不紧密的集合体如药片等极特殊的场合出现，对于一般情况下的粉碎可以不考虑这一模型。实际的粉碎主要是前两种模型的叠加，其中体积粉碎模型构成过渡成分，表面粉碎模型构成稳定成分，从而形成二成分分布。与这两种粉碎模型相对应的产物粒度分布如图 5.4 所示。图 5.4 中曲线表明，随着粉碎过程的进行，二者的平均粒度均呈减小趋势，但体积粉碎模型所获得的粉体颗粒粒度分布范围较窄，即粒度分布较集中；而表面粉碎所获得的粉体颗粒粒度分布范围较宽，即粒度分布呈明显的离散性。此外，两种粉碎模型所获得的粉体颗粒的形状即球形度也存在区别，前者的颗粒棱角相对较尖锐，而后者的颗粒棱角相对较平滑。就颗粒的球形度而言，后者的颗粒球形度通常大于前者。这种粒径分布特性和颗粒形状的差异会赋予粉体不同的堆积填充致密度、流动性及化学反应速率等。例如，表面粉碎的粉体可以获得较高的堆积填充密度，空隙率相对较低，有利于制备高致密度制品，体积粉碎的粉体则有利于制备高空隙率制品。又如，体积粉碎的粉体颗粒整体反应速率可能较快，但反应时间较为集中；而表面粉碎的粉体由于其颗粒粒度分布范围较宽，因而在相同的环境条件下，化学反应持续时间较长，这对于水泥混凝土而言，有利于保证其不同龄期力学强度的均衡发展。

应用体积粉碎模型和表面粉碎模型可以解析影响粒度分布的诸因素。例如，随着球磨机研磨体质量的增加或磨机转速的提高，将呈现出物料颗粒的粉碎过程由表面粉碎转移为体积粉碎的倾向。

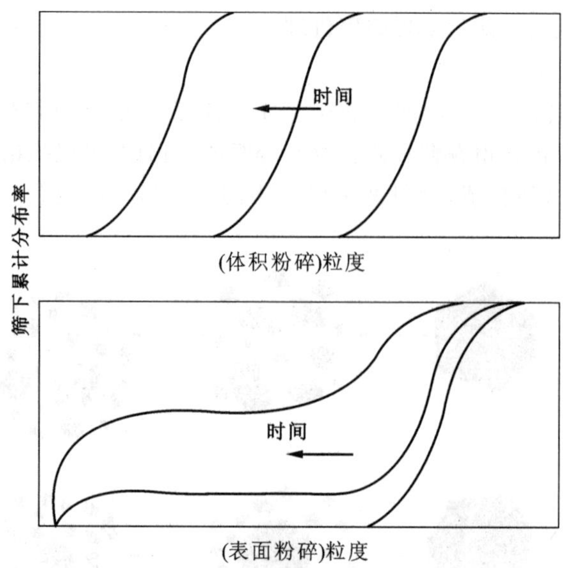

图 5.4　体积粉碎、表面粉碎时粒度分布

又如,多仓球磨机、振动磨、气流喷射机的粉碎模型顺序近似由体积粉碎至表面粉碎。

从粉碎方法角度考虑,可将体积粉碎看成冲击粉碎,表面粉碎看作磨削粉碎。但需指出,体积粉碎未必就是冲击粉碎,因为冲击力小时冲击粉碎主要表现为表面粉碎,而磨削粉碎往往还伴有压缩作用。

5.2　粉碎的基本理论

5.2.1　固体物料的强度

固体物料的强度是指其对外力的抵抗能力,通常以物料破坏时单位面积上所受的力来表示。按照受破坏力方式的不同,可分为压缩强度、拉伸强度、扭曲强度、弯曲强度和剪切强度等;另外按物料内部的均匀性和有否缺陷又可分为理论强度和实际强度。

5.2.1.1　理论强度

不含任何缺陷、完全均质物料的强度称为理论强度,它相当于原子、离子或分子间的结合力。由离子间库仑引力所形成的离子键和由原子间相互作用力形成的共价键的结合力最大,键强一般为1000～4000 kJ/mol;金属键次之,为100～800 kJ/mol;氢键为20～30 kJ/mol;范德瓦耳斯键最低,仅为0.4～4.2 kJ/mol。一般来说,原子或分子的作用力随其间距变化,并在一定距离内保持平衡,理论强度即是破坏这一平衡所需要的能量,它可以通过计算获得。理论强度的计算式如下:

$$\sigma_{th} = \left(\frac{\gamma E}{a}\right)^{1/2} \tag{5.3}$$

式中　γ——表面能;

E——弹性模量;

a——晶格常数。

5.2.1.2　实际强度

完全均质无内部缺陷的物料所受应力达到其理论强度时,所有原子或分子间的结合键将同时发生破坏,整个物料将被分散为原子或分子单元。然而,实际上几乎所有物料遭破坏时都被分裂成大小不一的块状,这说明质点间结合的牢固程度并不相同,即存在某些结合相对薄弱的部位;在所受力尚未达到理论强度前，这些薄弱处已达到或超过其极限强度，使物料发生破坏。因此，物料的实测强度远小于其理论强度；一般实测强度为理论强度的 1/1000～1/100。由表 5.1 中的数据可以看出二者的差异。

表 5.1 材料的理论强度和实测强度

材料	理论强度/GPa	实测强度/MPa	材料	理论强度/GPa	实测强度/MPa
金刚石	200	约 1800	MgO	37	100
石墨	1.4	约 15	Na_2O	4.3	约 10
钨	96	3000(拉伸的硬丝)	石英玻璃	16	50
铁	40	2000(高张力用钢丝)			

当然，物料的实测强度大小还与测定条件有关，如试样的尺寸、加载速度以及测定时材料所处环境等。对于同一物料，小尺寸试样的实测强度要比大尺寸高；增大加载速度时测得的强度也会提高；另外，同一物料在空气中和在水中的实测强度也不一样，如硅石在水中的抗折强度比在空气中减小 12%，长石在相同的情形下会减小 28%。

强度高低是物料内部价键结合能的宏观体现，从某种意义上讲，粉碎过程是通过外力对物料施以作用，当该作用超过其结合能时，物料即发生变形、被破坏以致最后被粉碎。

5.2.2 裂纹的形成与扩展

5.2.2.1 格里菲斯强度理论

物料的实际强度比理论强度小很多，为何会出现如此差别，格里菲斯(Griffith)强度理论给出了较好的解释。Griffith 指出，固体物料内部的质点实际上并非严格地规则排布，而是存在许多微裂纹，当物料受力时，这些微裂纹会逐渐扩展，并在其尖端附近产生高度的应力集中，结果导致裂纹进一步扩展，直到材料被破坏。设裂纹扩展时，其表面积增加为 ΔS，比表面能为 γ，则表面能增加即为 $\gamma\Delta S$，此时其附近约一个原子距离 a 之内的形变能为$\frac{\sigma^2}{2E}\times a\Delta S$，裂纹扩展所需的能量由储存的变形能所提供。根据热力学第二定律，裂纹扩展的条件是：

$$\frac{\sigma^2}{2E}\times a\Delta S \geqslant \gamma\Delta S \tag{5.4}$$

其临界条件是：

$$\sigma_c = \sqrt{\frac{2E\gamma}{a}} \tag{5.5}$$

上式中 E 为弹性模量。对于玻璃、大理石和石英等典型物料，上式中的 E 为 $10^{10}\sim10^{11}$ Pa，γ 约为 10 J/m^2，α 约为 3×10^{-6} m，于是 σ_c 约为 10^{10} Pa，但实际强度仅为 $10^7\sim10^8$ Pa，即实际强度仅为理论强度的 1/1000～1/100。

Griffith 用平板玻璃进行拉伸试验时发现，试体表面有一极窄、长轴长度为 2 cm 的椭圆形微裂纹，若按垂直于平板中椭圆孔的长轴进行纯拉伸推算，在被拉开的瞬间，试件单位厚度所储存的弹性变形能为$\frac{\pi\cdot c^2\rho^2}{E}$。根据裂纹扩展的临界条件，实际断裂强度为 σ_f，

$$\sigma_f = \left(\frac{2\gamma E}{\pi c}\right)^{\frac{1}{2}} \tag{5.6}$$

式中 σ_f——实际断裂强度(应力)；

γ——表面能；

E——弹性模量；

c——裂缝长度之半。

由此可知，若裂纹长度为 1μm，则强度降低至理论强度的 1/100。

根据 Griffith 裂纹学说，还可以进一步看出，在物料粉碎过程中，即使未发生宏观破坏，实际上，物料内部已存在的微裂纹会不断"长大"，同时还会形成许多新的微裂纹，这些微裂纹的不断生长，使物料的粉碎过程在一定范围内得以不断进行。

应该指出，Griffith 强度理论的基础是建立在无限小变形的物体弹性理论上，故它只适用于脆性材料，而不能用于变形较大的弹性体。

5.2.2.2　*裂纹扩展与断裂*

物料的断裂和破坏实际上是在应力下达到其极限应变的结果。如图 5.5 所示，按应力-应变关系，物料有两种基本类型：一类是脆性物料，其应力达到其弹性极限时，物料即发生破坏，无明显的塑性变形。脆性物料的重要力学特性是弹性模量 E，在弹性范围内，该值基本上为一常数，可用应力-应变曲线的斜率表示。

$$E = \sigma/\varepsilon \tag{5.7}$$

实际上，矿物材料的应力-应变关系并不严格符合虎克定律，其应力、应变和弹性模量三者之间的关系为

$$E = \sigma^m/\varepsilon \tag{5.8}$$

式中的指数 m 值与材料种类有关，如花岗岩的 m 值为 1.13。此外，当加载速度增大时，m 值趋于 1。一般矿物的弹性模量多为 10^{10} Pa 数量级。

另一类是韧性物料，其应力-应变曲线上有明显的屈服点。当应力略高于弹性极限，并达到屈服极限时，尽管应力不会增大，应变也依然会增大，自屈服点以后的物料产生塑性变形。当应力达到断裂强度 D 时，物料才被完全破坏。

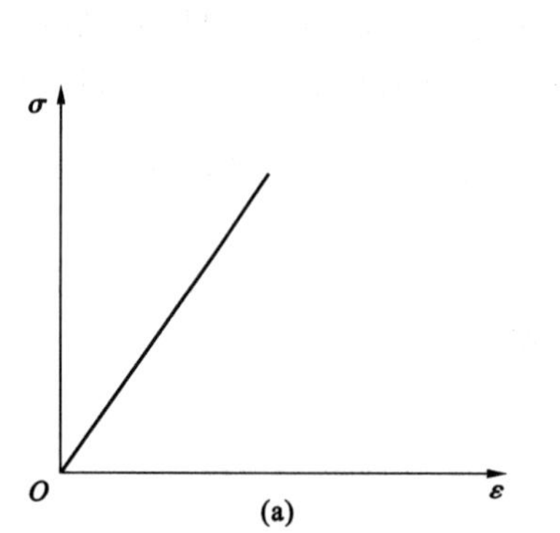

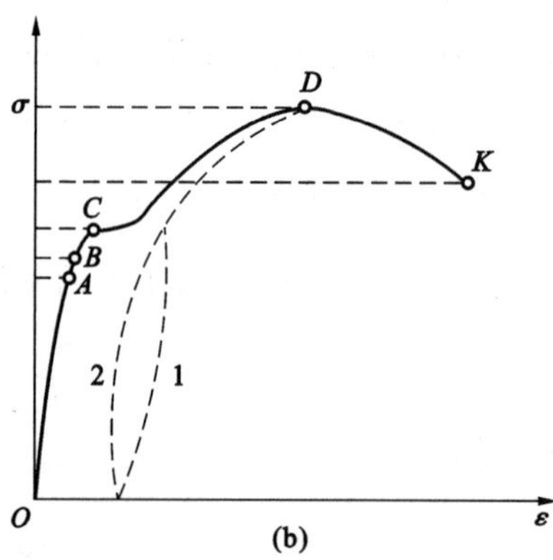

图 5.5　应力-应变曲线

(a)脆性材料；(b)韧性材料

由上面的讨论可知，无论是脆性破坏还是塑性破坏均为微裂纹形成和扩展的结果。但二者还是存在区别：宏观上看，脆性和韧性的不同在于是否有塑性变形；微观上则为是否存在晶格的滑移。

与固体块体材料一样，固体颗粒在机械力作用下的粉碎过程一般为：裂纹形成—裂纹扩展—断裂粉碎。当外力作用到固体颗粒上时，首先形成裂纹，然后裂纹进一步扩展，当外力达到或超过颗粒的拉伸或剪切应力时，颗粒被粉碎。

5.2.3　粉碎功

5.2.3.1　*粉碎功耗原理*

(1)粉碎过程热力学基本概念

研究粉碎过程的效率，即有效能量转换的程度，应属于热力学的范畴，如粉碎功耗、吸附降低

硬度及粉碎过程中机械化学作用等问题，皆可通过热力学原理来解释和认识。对一种实际过程的热力学分析，其目的在于从能量利用的观点来确定过程的效率，并找出各种不可逆性对过程总效率的影响。

设有一稳定过程，根据热力学第一定律，其能量守恒关系为：

$$\Delta U = Q + W \tag{5.9}$$

式中 Q——环境对系统输入的热能；

W——环境对系统所做的功；

ΔU——系统内能的增量。

实际过程绝大多数是不可逆的，热力学第二定律指出其系统的熵值会增大，即 $\Delta S>0$，意味着在此过程中存在着无功能量 E_W。且无功能量的增加与熵增量存在如下关系：

$$\Delta E_w = T\Delta S \tag{5.10}$$

式中，T 为环境温度。

根据热力学分析，过程中的无用功(即损失功)W_L 为

$$W_L = T\Delta S = T(\Delta S_{\mathrm{sys}} + \Delta S_{\mathrm{env}}) \tag{5.11}$$

式中，ΔS_{sys} 和 ΔS_{env} 分别为体系的熵增量和环境的熵增量，二者之和为过程总的熵增量。

由此可知，熵变可作为过程可逆与否的判据，若过程不可逆，则 $\Delta S>0$，并且无用功与其成正比。对于热机设备，如果从损失功角度讨论其效率，考虑到

$$W_T = W_E + W_L \tag{5.12}$$

式中 W_T——设备接收的总能量；

W_E——设备所做的有效功。

所以，其效率为

$$\eta = W_E/W_T = 1 - W_L/W_T \tag{5.13}$$

显然，能量利用率降低的直接原因是无用功的增加；而导致无用功产生的因素很多，加上粉碎过程又是诸多因素共同作用的复杂过程，这就需要结合粉碎系统的具体工艺情况，分析形成无用功的原因，寻求粉碎过程中降低无用功的最佳参数；这也是减小能量消耗，提高系统效率的有效途径。

(2)固体的比表面能

固体的比表面能是使固体物料表面增加单位面积所需要的能量。它是固体表面的重要性质之一。

外力作用于固体使之破碎产生新的表面。在此过程中，外力所做的功是克服固体物料内聚力，并有一部分转化为新生表面积上的表面能。由于表面能实际上是表面上不饱和价键所致，而不同物质的键合情况存在差异，因此，形成稳定的新表面所需要的能量也不同，即使同一物料，因其各表面上不饱和价键的差异，表面能也是不同的。例如，对于 0 K 真空中的 NaCl，其 100 面的表面能为 1.89×10^{-5} J/cm^2，而 110 面的表面能为 4.45×10^{-5} J/cm^2。

固体的表面能较液体复杂得多，除了固体具有各向异性和所形成表面是由出现新表面和质点在表面上重排两个步骤组成(液体的这两个步骤几乎是同时完成的)外，其本质与液体的表面能是相同的。因此，我们可以将液体表面能的概念引申到固体物料。

设固体的比表面能为 γ，使表面积增加 $\mathrm{d}A$ 对体系所做的功，即增大的那部分表面积上的表面能则为 $\gamma\mathrm{d}A$，同时体系又因吸热而使体积膨胀 $\mathrm{d}V$，所做的功为 $-P\mathrm{d}V$，在此过程中，体系在恒温恒压条件下的自由熵变化为：

$$\mathrm{d}G = \gamma\mathrm{d}A \tag{5.14}$$

可见，表面积的增加过程即是自由焓的增加过程。根据自由焓与过程的自发性的关系，显然该过程不会自发进行，需要外力对体系做功，而这部分功的大小无疑与比表面能有直接关系。固体比表面能的测定极其困难，表 5.2 列出了一些固体的比表面能数据。

表 5.2 一些固体的比表面能

物料	比表面能/(10^{-7} J/cm^2)	测定方法	物料	比表面能/(10^{-7} J/cm^2)	测定方法
云母	2400	劈裂法	Ag	800	液体外推法
玻璃	1210	裂缝扩展	Na	290	离子键理论
NaCl	150	劈裂法	Al_2O_3	900±180	
KCl	173	液体外推法	CaO	1310	溶解热
NaBr	177	离子键理论	MgO	1090	溶解热

(3)固体的比断裂表面能

物料因断裂而被粉碎,但是断裂方式和机理不同,所耗能量也不相同。E. Oroman 将断裂现象分为脆性断裂、韧性断裂、疲劳断裂、黏滞断裂、晶粒界面的脆性断裂及分子间滑动所形成的断裂等六类。对于无机非金属物料,人们关心的主要是脆性断裂。

通过大量试验可以发现,即使是像玻璃这种典型的脆性材料,裂纹附近也存在不可恢复的塑性变形,这种塑性变形导致残余应力的存在,它使得在卸载时仍能将玻璃破碎。既然存在塑性变形,那么必需要更多的能量才可使固体物料产生裂纹,并且裂纹扩展时存在如下的能量平衡。

输入——外力产生的弹性应力场 U_{el}。

输出——产生新表面、裂纹附近的塑性变形及加速裂纹扩展的动能 E_v。

将输出的前两项合并为一项,并将其定义为比断裂表面能 $\beta(T,V)$,则上述平衡可如下式表示:

$$-\frac{\partial U_{el}}{\partial A} \geqslant \beta(T,V) + E_v \tag{5.15}$$

裂纹扩展所受阻力为新增表面的表面能与塑性变形能之和。所以欲使裂纹扩展,必须提供足够的能量来克服此阻力,设 G 为裂纹扩展单位面积所需要的能量,∂U 为由于裂纹扩展引起系统内能的减小,新增表面积为∂A,则有

$$G = -\frac{\partial U}{\partial A} \tag{5.16}$$

在裂纹扩展过程中,外力所做的功的增量为 $\mathrm{d}W$,它一方面使受力体系变形能增加 $\mathrm{d}E$,另一方面用于使裂纹扩展,即

$$\mathrm{d}W = \mathrm{d}E + G\mathrm{d}A \tag{5.17}$$

或

$$G = -\frac{\partial(E-W)}{\partial A} = -\frac{\partial U}{\partial A} \tag{5.18}$$

如果设 G_c 为裂纹扩展到临界状态时的能量释放率(即临界 G 值),则裂纹扩展的必要条件是

$$\partial U \geqslant G_c \partial A \quad 或 \quad -\partial(E-W) \geqslant G_c \partial A \tag{5.19}$$

如果裂纹扩展速度很快,瞬间可通过试体,那么可以忽略 E_v,所以式(5.15)可简化为

$$-\frac{\partial U_{el}}{\partial A} \geqslant \beta(T,V) = G_c/2 \tag{5.20}$$

通过测定得到的玻璃、塑料和金属的 β 值分别为 10^{-4}~10^{-3} J/cm^2、10^{-3}~10^{-1} J/cm^2 和 10^{-1} J/cm^2,较比表面能(10^{-5} J/cm^2)大得多。所以,对于固体物料的断裂而言,有意义的是比断裂表面能。

比断裂表面能与裂纹扩展速度以及体系能量释放率有关,高速扩展使得固体物料没有足够的时间发生塑性变形,于是 β 值低;反之亦然。从这个意义上讲,脆性物料受到冲击性破碎时,由于裂纹扩展在极短时间内进行,因而比断裂表面能小,这样可以节省粉碎的能量。

5.2.3.2 粉碎功耗定律

粉碎过程是以减小物料粒径为目的,而物料粒径的不断减小是以不断对其施加粉碎能量为代价

的，所以，可以以粒径的函数来表示粉碎功耗。以下介绍有关粉碎功耗的经典理论和一些新的观点。

(1)经典理论

① Lewis 公式　在该公式中，粒径减小所消耗的能量与粒径的 n 次方成反比。数学表达式为

$$dE = -C_L \frac{dx}{x^n} \quad 或 \quad \frac{dE}{dx} = -C_L \frac{1}{x^n} \tag{5.21}$$

式中　E——粉碎功耗；

x——粒径；

C_L, n——常数。

式(5.21)是粉碎过程中粒径与功耗关系的通式。实际上，随着粉碎过程的不断进行，物料的粒度不断减少，其宏观缺陷也在减少，强度在增大，所以，减小同样的粒度所消耗的能量也要增加。换言之，粗粉碎和细粉碎阶段的比功耗是不同的。显然，用 Lewis 式来表示整个粉碎过程的功耗是不确切的。

② 雷廷格尔(Rittinger)定律(也称表面积学说)　粉碎所需功耗与固体物料新生表面积成正比，即

$$E = C'_R\left(\frac{1}{x_2} - \frac{1}{x_1}\right) = C_R(S_2 - S_1) = C_R \Delta S \tag{5.22}$$

式(5.22)可看作式(5.21)中的常数 $n=2$ 时，对其积分所得。式中，x_1，x_2 分别是粉碎前后的粒径，S_1，S_2 分别为粉碎前后的比表面积。

③ 基克(Kick)定律(也称体积学说)　粉碎所需功耗与颗粒的体积或质量成正比，即

$$E = C'_K \lg \frac{x_2}{x_1} = C_K \lg \frac{S_2}{S_1} \tag{5.23}$$

上式可看成当式(5.21)中的常数 $n=1$ 时，对其进行积分所得。

④ 邦德(Bond)定律(亦称裂纹学说)　粉碎所需功耗与颗粒粒径的平方根成反比，即

$$E = C'_B\left(\frac{1}{\sqrt{x_2}} - \frac{1}{\sqrt{x_1}}\right) = C_B(\sqrt{S_2} - \sqrt{S_1}) \tag{5.24}$$

上式可看成式(5.21)中的常数 $n=1.5$ 时，对其进行积分所得。

将上面几个学说综合起来看，式(5.22)、式(5.23)、式(5.24)可看作对式(5.21)的具体修正，它们各代表粉碎过程的某一个阶段——弹性变形(Kick)，开裂及裂纹扩展(Bond)以及形成新表面(Rittinger)阶段。即粗粉碎时，Kick 学说较适合；细粉碎时 Rittinger 学说较适合；而 Bond 学说则适合于介于二者之间的情形。它们互不矛盾，又互相补充。这种观点已为实践所证实。安德烈耶夫用数学方法计算了各种学说的比功耗，为上述观点提供了证明(见图 5.6)。

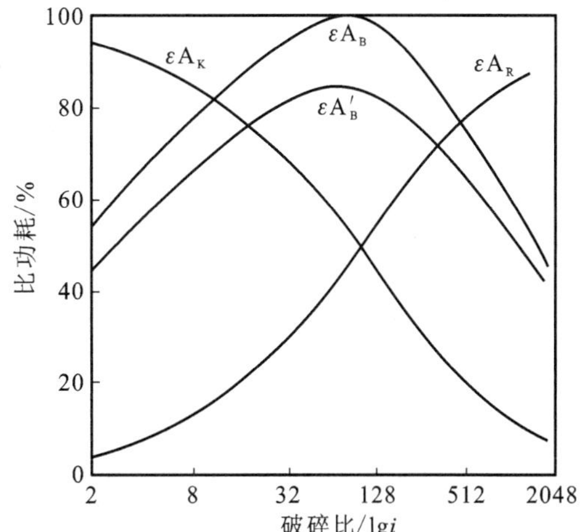

图 5.6　各学说比功耗与破碎比之间关系比较

(2)粉碎功耗新理论

① 田中达夫粉碎定律

由于颗粒形状、表面粗糙度等因素的影响，上述各式中的平均粒径或代表性粒径很难精确测定。比表面积测定技术的进展使得用其表示颗粒平均粒度更为精确，所以，用比表面积来表示粉碎过程已得到广泛的应用。田中达夫提出了带有结论性的用比表面积表示粉碎功耗的定律：比表面积增量相对功耗增量的比与极限比表面积和瞬时比表面积的差成正比。即

$$\frac{dS}{dE} = K(S_\infty - S) \tag{5.25}$$

式中　S_∞——极限比表面积，它与粉碎设备、工艺及被粉碎物料的性质有关；

S——瞬时比表面积；

K——常数，水泥熟料、玻璃、硅砂和硅灰的 K 值分别为 0.70、1.0、1.45、4.2。

此式意味着物料越细，单位能量所能产生的新表面积越小，即越难粉碎。

如果将上式积分，当 $S \ll S_\infty$ 时，可得下式

$$S = S_\infty[1 - \exp(-KE)] \tag{5.26}$$

式(5.26)相当于式(5.21)中 $n>2$ 的情形，适用于微细或超细粉碎。

② Hiorns 公式

英国的 Hiorns 在假定固体粉碎过程符合 Rittinger 定律及粉碎产品粒度符合 Rosin-Rammler 分布的基础上，再设固体颗粒间的摩擦力为 k_r，导出了如下功耗公式：

$$E = \frac{C_R}{1-k_r}\left(\frac{1}{x_2} - \frac{1}{x_1}\right) \tag{5.27}$$

可见，k_r 越大，粉碎功耗越大；由于粉碎的结果是增加固体的表面积，那么将固体的比表面能 σ 与新生表面积相乘可得如下的粉碎功耗计算式：

$$E = \frac{\sigma}{1-k_r}(S_2 - S_1) \tag{5.28}$$

③ Rebinder 公式

苏联的 Rebinder 等提出：在粉碎过程中，固体粒度变化的同时还伴随有晶体结构及表面物理化学性质的变化。他们在将 Kick 定律和田中达夫粉碎定律相结合的基础上，考虑到增加表面能 、转化为热能及固体表面某些物理化学性质变化等情况，提出了如下功耗公式：

$$\eta_m E = \alpha \ln\frac{S}{S_0} + [\alpha + (\beta + \sigma)S_\infty]\ln\frac{S_\infty - S_0}{S_\infty - S} \tag{5.29}$$

式中　η_m——粉碎机械效率；

α——与弹性有关的系数；

β——与固体表面物理化学性质有关的常数；

S_0——粉碎前的初始比表面积；

其余同上。

上述新的观点从极限比表面积和从能量平衡等角度反映了固体物料粉碎过程中能量消耗与粉碎细度的关系，这是在几个经典粉碎功耗理论中未涉及的，这些新观点弥补了经典理论的不足，是对它们有效的修正。

5.2.4　单颗粒粉碎理论

单颗粒粉碎是粉碎技术的基础。按照 Griffith 提出的强度理论，在理想情况下，如果施加的外力未超过物体的应变极限，则外力消除后物体又会恢复原状而未被破碎，但由于固体物料内部存在许多微裂纹，将引起应力集中，致使裂纹扩展。这一理论一直统治着固体单颗粒粉碎机理的研究。

舒纳特于 20 世纪 80 年代中期归纳了应力状态与颗粒的关系(如图 5.7 所示)，并指出，有关材料特性可分为两类：第一类是作为反抗粉碎阻力参数，第二类是应力所产生的结果参数，这两类参数不是从人们所熟悉的材料特性(如弹性模量、抗拉强度、硬度等)引导出来的，它们包括：

(1)阻力参数：颗粒强度、断裂能、破碎概率、单位表面的反作用力、被破碎块的组分、磨碎阻力。

(2)结果参数：破裂函数(破碎产物的粒度分布)、表面积的增大、能量效率；材料特性与破碎物料结构及载荷条件——物料种类、产地和预处理方法；颗粒强度、形状，颗粒的均匀性；载荷强度、载荷速度，载荷次数、施加载荷的工具形状和硬度、湿度等。

舒纳特等人对此进行了较全面的研究，推进了单颗粒粉碎理论的发展。

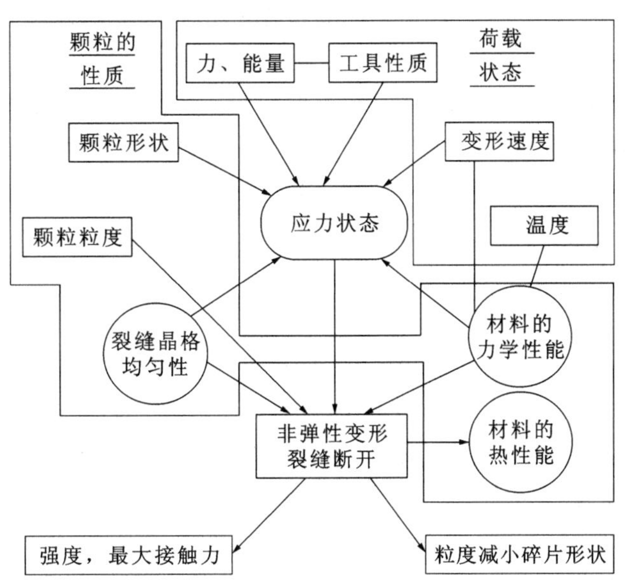

图 5.7 应力状态与颗粒的关系

5.2.5 粉碎过程动力学

粉碎过程热力学仅能反映某一粉碎过程始、终态的物料细度与粉碎功耗的关系，这对于研究实际粉碎过程是远远不够的。我们不仅要了解将物料粉碎至某一规定粒度的总能量消耗，同时还要进一步了解完成如此粉碎作业所需要的时间，即粉碎的速度。对粉碎过程动力学的研究目的就在于了解粉碎过程进行的速度以及与其相关的影响因素，从而实现对各种固体物料粉碎过程的有效控制。

设粗颗粒级物料随粉碎时间的变化率为 $-\mathrm{d}Q/\mathrm{d}t$，影响粉碎过程进行速度的因素为 A、B、C …，影响程度为 α、β、γ…，那么粉碎速度可用下面的动力学方程表示：

$$-\frac{\mathrm{d}Q}{\mathrm{d}t} = KA^{\alpha}B^{\beta}C^{\gamma}\cdots \tag{5.30}$$

式中的 K 为比例系数，$\alpha+\beta+\gamma+\cdots$ 为动力学级数，若该值为 0、1、2，则式(5.30)分别称为零级、一级、二级粉碎动力学方程，其中应用最广泛的是一级动力学。下面就介绍一级粉碎动力学的基本原理。

一级粉碎动力学认为：粉碎速率与物料中不合格粗粒含量(R)成正比。E. W. Davis 等提出其动力学方程为

$$-\frac{\mathrm{d}Q}{\mathrm{d}t} = K_1 R \tag{5.31}$$

将上式积分可得

$$\ln R = -K_1 t + C \tag{5.32}$$

若 $t=0$ 时，$R=R_0$，$C=\ln R_0$，代入上式可得

$$\ln R = -K_1 t + \ln R_0 \tag{5.33}$$

或

$$R/R_0 = \mathrm{e}^{-K_1 t} \tag{5.34}$$

在式(5.34)基础上，V. V. Aliavden 进一步提出了下式：

$$R/R_0 = \mathrm{e}^{-K_1 t m} \tag{5.35}$$

式中，参数 m 值随物料均匀性、强度及粉磨条件而有所变化。一方面，随着粉磨时间的延长，后段时间的物料平均粒度比前段小，细粒产率较高，相应地 m 值也会增大；另一方面，一般固体物料都是不均匀的，具有薄弱局部，随着粉碎过程的进行，物料总体不断变细，这些薄弱局部会逐渐减少，物料趋于均匀而较难粉磨，致使粉磨速度降低。因此 m 值与物料的易磨性变化有关，可根据其值的变

化程度来判断物料的均匀性。例如，均匀的石英和玻璃从 10～15 μm 磨至 0.1 μm 时，m 值为 1.4～1.6，变化很小；从 52 μm 磨至 26 μm 时值仅从 1.4 变至 1.3。但当粉磨不均匀物料（如石灰石和软煤）时，后期的粉磨速度较初期明显降低，m 值可降低至 0.5～0.6。在一般情况下，m 值为 1 左右。

F. W. 鲍迪什（Bowdish）提出，在粉碎过程中，应将研磨体的尺寸特性作为粉碎速度的影响因素。在一级粉碎动力学的基础上，加上研磨体表面积 A 的影响，得到二级粉碎动力学的基本公式：

$$-\frac{\mathrm{d}R}{\mathrm{d}t}=k_2AR \tag{5.36}$$

研磨体的表面积在一定的时间内可以认为是常数。将上式积分可得：

$$\ln\left(\frac{R}{R_0}\right)=k_2A(t_2-t_1) \tag{5.37}$$

显然，研磨体的表面积是不可忽视的因素，而表面积 A 又是不同尺寸研磨体级配的表现。因此，对于不同性质、不同大小的物料，研磨体的级配选择应得到足够的重视。Bowdish 推算的结果是，对于 28～35 目的物料，钢球直径应大于 2.54 cm；对于 14～20 目的物料，应选用 5.08～6.35 cm 的钢球。

粉碎动力学在实际粉磨生产中加以应用是非常有意义的，例如可以对工业磨机进行技术评价；可以确定磨机循环负荷率、分级效率与磨机生产能力之间的关系，可以确定磨机的最佳操作条件等。

5.2.6 粉碎速率论

前面对于粉碎过程的描述主要为功耗问题。但是，功耗-粒度分布函数不适用于描述整个粉碎过程，单纯的功耗理论不能代表全部的粉碎理论。因而，有必要考虑粉碎设备的给料粒度和产品粒度之间的分布关系。实际上，许多磨机在粉碎过程中是反复进行着单一的粉碎操作，因此可把粉碎过程当作速率过程进行处理，于是就提出了粉碎速率论的概念。尤其对于以流通系统连续操作为目的的粉碎机设计而言，若无速率这一概念，欲实现装置的过程控制是不可能的。所谓速率理论就是把粉碎过程数式化，求解基本数式并追踪其形象。

Epstein 提出了粉碎过程数学模型的基本观点。他指出，在一个可以用概率函数和分布函数加以描述的重复粉碎过程中，第 n 段粉碎之后的分布函数近于对数正态分布。这一观念已被用于矩阵模型。

(1)破碎函数

在粉碎模型中，将粉碎函数视为依次连续发生的或间断发生的破裂事件。每一单个破碎事件的产品的表达式称为破碎函数。由于破裂事件既与材料性质有关，又与流程、设备等因素有关，情况极其复杂，故用实验来确定这种函数是很困难的。但各种材料在各种粉碎设备条件下所得到的产品，均有一定形式的粒度分布曲线。这些分布曲线可以用某种形式的方程式来表示。

Broadbent 和 Callcott 建议采用 Rosin-Rammler 方程的修正式来表示：

$$B(x,y)=\frac{1-\mathrm{e}^{-x/y}}{1-\mathrm{e}^{-1}} \tag{5.38}$$

式中　$B(x,y)$——原始粒度为 y，经粉碎后小于 x 的那一部分颗粒的质量分数。

Broadbent 和 Callcott 又进一步定义了一个系数 b_{ij} 以取代连续积累破碎分布函数 (x,y)，即 b_{ij} 表示第 j 粒级的物料破碎后产生的进入第 i 粒级物料的质量比率。例如，由第 1 粒级破裂后进入第 2 粒级者为 b_{21}，由第 2 粒级进入第 3 粒级、第 4 粒级物料的质量比率分别为 b_{32}，b_{42}，…。因此，破碎函数可以用阶梯矩阵表述，即：

$$\boldsymbol{B}=\begin{bmatrix} b_{11} & 0 & \cdots & 0 \\ b_{21} & b_{22} & \cdots & 0 \\ \vdots & \vdots & & \vdots \\ b_{i1} & b_{i2} & \cdots & b_{ij} \end{bmatrix} \tag{5.39}$$

如果给料和产品粒度分布写成 $n\times1$ 矩阵，则 $\boldsymbol{B}$ 实际是 $n\times n$ 矩阵。于是，粉碎过程的矩阵式如下：

$$\begin{bmatrix} b_{11} & 0 & 0 & 0 & \cdots & 0 \\ b_{21} & b_{22} & 0 & 0 & \cdots & 0 \\ b_{31} & b_{32} & b_{33} & 0 & \cdots & 0 \\ b_{41} & b_{42} & b_{43} & b_{44} & \cdots & 0 \\ b_{51} & b_{52} & b_{53} & b_{54} & \cdots & 0 \\ \vdots & \vdots & \vdots & \vdots & & \vdots \\ b_{n1} & b_{n2} & b_{n3} & b_{n4} & \cdots & b_{nn} \end{bmatrix} \begin{bmatrix} f_1 \\ f_2 \\ f_3 \\ f_4 \\ f_5 \\ \vdots \\ f_n \end{bmatrix} = \begin{bmatrix} b_{11}f_1 + 0 \quad + 0 \quad + \cdots + 0 \\ b_{21}f_1 + b_{22}f_2 + 0 \quad + \cdots + 0 \\ b_{31}f_1 + b_{32}f_2 + b_{33}f_3 + \cdots + 0 \\ b_{41}f_1 + b_{42}f_2 + b_{43}f_3 + \cdots + 0 \\ b_{51}f_1 + b_{52}f_2 + b_{53}f_3 + \cdots + 0 \\ \vdots \\ b_{n1}f_1 + b_{n2}f_2 + b_{n3}f_3 + \cdots + b_{nn}f_n \end{bmatrix} = \begin{bmatrix} p_1 \\ p_2 \\ p_3 \\ p_4 \\ p_5 \\ \vdots \\ p_n \end{bmatrix} \tag{5.40}$$

其中，$\boldsymbol{p}$、$\boldsymbol{f}$ 分别表示产品和给料的粒级元素。式(5.40)可简单化为矩阵方程式：

$$\boldsymbol{p} = \boldsymbol{Bf} \tag{5.41}$$

如果在相邻的粒度间隔之间存在相同的比值(即筛比)，则 $\boldsymbol{f}$ 和 $\boldsymbol{p}$ 中对应元素属于同一粒级，计算十分方便。

式(5.41)是粉碎过程中物料粒度分布的描述，但只有当 $\boldsymbol{B}$ 已知时，该式才有用。因此，关键在于确定 $\boldsymbol{B}$ 的组成。

(2)选择函数

进入粉碎过程的各个粒级的破碎具有随机性，亦即有的粒级受破裂多，有些则少，有的直接进入产品而不受破裂。这就是所谓的“选择性”或称“概率性”。

假设 S_i 为被选择破碎的第 i 粒级中的一部分，则选择函数 $\boldsymbol{S}$ 可用如下的对角矩阵表示：

$$\boldsymbol{S} = \begin{bmatrix} S_1 & & & & 0 \\ & S_2 & & & \\ & & S_3 & & \\ & & & \ddots & \\ 0 & & & & S_n \end{bmatrix} \tag{5.42}$$

第 i 级被破裂颗粒的质量为 S_if_i。同理，在第 n 粒级中被破裂颗粒的质量为 S_nf_n。于是，可写成粉碎过程的选择函数矩阵式：

$$\begin{bmatrix} S_1 & & & & 0 \\ & S_2 & & & \\ & & S_3 & & \\ & & & \ddots & \\ 0 & & & & S_n \end{bmatrix} \begin{bmatrix} f_1 \\ f_2 \\ f_3 \\ \vdots \\ f_n \end{bmatrix} = \begin{bmatrix} S_1f_1 \\ S_2f_2 \\ S_3f_3 \\ \vdots \\ S_nf_n \end{bmatrix} \tag{5.43}$$

如以 $\boldsymbol{Sf}$ 表示被粉碎的颗粒，则未被粉碎的颗粒的总质量可用 $(\boldsymbol{I}-\boldsymbol{S})\boldsymbol{f}$ 表示。其中，$\boldsymbol{I}$ 为单位矩阵

$$\boldsymbol{I} = \begin{bmatrix} 1 & & & & 0 \\ & \ddots & & & \\ & & 1 & & \\ & & & \ddots & \\ 0 & & & & 1 \end{bmatrix} \tag{5.44}$$

B、S 值可从已知的入磨粒度分布和产品粒度分布反求得到。

(3)粉碎过程的矩阵表达式

由上述分析可知，给料中由部分颗粒受到粉碎，另一部分未受到粉碎直接进入产品，因此，受一次粉碎作用后的产品质量可用如下方程式表示：

$$\boldsymbol{P} = \boldsymbol{BSf} + (\boldsymbol{I}-\boldsymbol{S})\boldsymbol{f}$$

或

$$\boldsymbol{P} = (\boldsymbol{BS} + \boldsymbol{I} - \boldsymbol{S})\boldsymbol{f} \tag{5.45}$$

在大多数粉碎设备中会发生逐次粉碎事件。假定有 n 次重复粉碎，则第 1 次的 $\boldsymbol{p}$ 可作为第 2 次的 f，以此类推，于是第 n 次破碎后可得：

$$\boldsymbol{P}_n = (\boldsymbol{BS} + \boldsymbol{I} - \boldsymbol{S})^n \boldsymbol{f} \tag{5.46}$$

上式即为 Broadbent 和 Callcott 提出的粉磨过程矩阵表达式。利用计算机可以方便地进行粉碎过程的模拟仿真计算，进而达到控制粉碎过程的目的。

5.3 粉碎技术

5.3.1 粉碎操作

粉碎操作就是根据原料的粒度和物理性能及产品的粒度要求，选择合适的粉碎和分级设备，按适当的工艺粉碎原料获得所需产品的过程。原料状态和产品的粒度要求一定时，粉碎操作过程可能存在多种选择。例如为降低被粉碎物料的强度和韧性，可以在粉碎过程中添加粉碎助剂，通过降低待粉碎物料颗粒的表面能来加速物料颗粒的破碎；也可以通过低温粉碎达到相同的目的。有时，在粉碎过程中，可以在物料颗粒表面形成足够多的具有高活性的新生表面，使不同性质的物料颗粒之间形成键合作用，生成新相，即所谓机械合金化。产品目标相同时，粉碎操作过程表现出多样性的特点。目前常见的粉碎工艺过程有：自分级粉碎、开路粉碎、闭路粉碎、分别粉碎、串联粉碎和联合粉碎等。

(1)自分级粉碎操作

此类粉碎工艺过程以具有自分级功能的粉碎机械为主要特征。例如，气流磨中，输送物料的喷射气流既是粉碎动力又是分级动力。被粉碎物料由主旋流带入分级区层流层，小于临界分级粒径的颗粒随气流进入中心排气管排出机外，而大于分级粒径的颗粒返回粉碎区继续粉碎。

(2)开路粉碎操作

物料经粉碎机粉碎后即为产品，无须分级。该操作方法简单，设备少，但产品粒度控制较困难，同时难以避免出现过粉碎现象。

(3)闭路粉碎操作

闭路粉碎操作需要另外添加分级机，物料在粉碎后随即被送入分级机。达到产品粒度要求的物料被分离出来，不合格的被返回至粉碎机中重新粉碎。整个粉碎操作系统的效率与物料的给入量、粉碎机械的工作效率和分级机的效率密切相关。只有三者配置合理时，系统的粉碎效率才会达到最高，同时也可以避免出现过粉碎现象。

(4)分别粉碎操作

几种易磨性差别较大的物料同时在一台粉碎设备中共同粉碎时，会产生选择性粉碎现象，从而影响粉碎效率。所谓分别粉碎，即是先将各种物料在不同的粉碎设备中分别单独粉碎，然后再进行混合。

(5)串联粉碎操作

物料的粒度不同时，对粉碎设备的性能要求也不同。所谓串联粉碎操作，即是将不同工作参数的设备串联进行粉碎操作。

5.3.2 破碎设备

在一个具体的粉碎过程中，压力、切削、剪切力、冲击力和摩擦力均有可能成为使物料破碎的作用力。粉碎机械的工作部件的运动方式也各不相同，可以分为转动、振动、搅动、流体加速等。但从施力方式角度讲，破碎机械设备分为挤压式和冲击式两大类。挤压式破碎机在破碎物料的过程中主要通过固定面和活动面对物料的相互挤压力而实现破碎物料，主要包括颚式破碎机、旋回破碎机、圆锥破碎机、辊式破碎机等。冲击式破碎机主要利用高速旋转体上的锤、棒体、冲击板等撞击物料，使之在破碎设备的转子和定子间以很高的频率相互碰撞和相互剪切，以达到粉碎物料的目的，主要包括锤式破碎机和反冲击破碎机。

5.3.2.1 颚式破碎机

(1)工作原理

颚式破碎机是无机非金属材料领域广泛应用的破碎机械。其特点是构造简单、工作可靠、维护方便，生产能力高、齿板寿命长、能耗低、价格低廉、产品粒度组成较稳定。颚式破碎机适合破碎物料的抗压强度一般为 200～320 MPa。

根据其动颚的运动特性，颚式破碎机主要分为简摆式、复摆式和组合摆动式三种，它们的工作原理如图 5.8 所示。前两种较为常见，其中尤以复摆式最为普遍，为一般中小颚式破碎机常采用的结构形式。

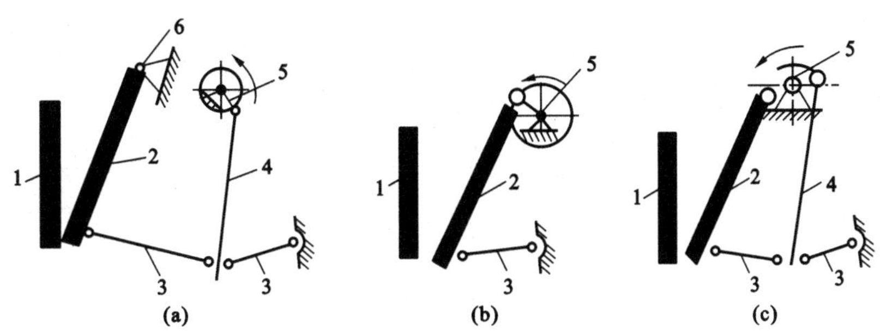

图 5.8 颚式破碎机的工作原理

(a)简摆式；(b)复摆式；(c)组合摆动式

1—定颚；2—动颚；3—推力板；4—连杆；5—偏心轴；6—悬挂轴

颚式破碎机的破碎过程如图 5.9 所示，分成 4 个阶段：(a)物料进入破碎腔，(b)物料受挤压，(c)碎裂成小块，(d)卸料。

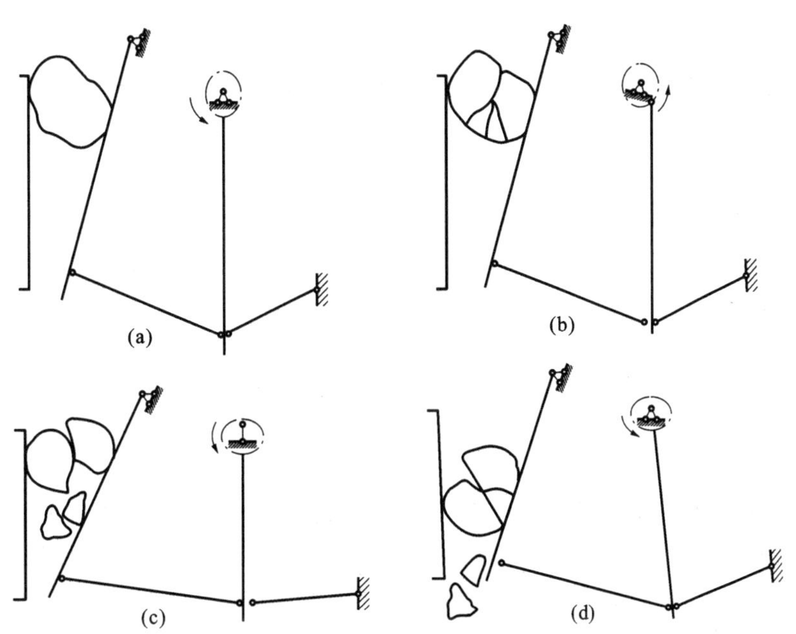

图 5.9 颚式破碎机的破碎过程

(a)物料进入破碎腔；(b)物料受挤压；(c)碎裂成小块；(d)卸料

(2)构造

简摆式颚式破碎机主要由破碎腔、调整装置、保险装置、支撑装置和传动装置等部分组成,其结构示意图如图 5.10 所示。当电机驱动偏心轴旋转时,连杆产生上下运动,并带动前推力板做前后运动。当连杆向上运动时,前推力板推动动颚接近固定颚,使进入破碎腔内的物料被挤压而破碎,这为工作行程;当连杆下降时,动颚离开固定颚,回到原来的位置,已破碎的物料被排出,此为空行程。空行程期间,装在偏心轴上的飞轮和带轮将能量存储起来,以便在工作行程中补充破碎能,同时补充电机在功率输出时的波动。产品的粒度由排料口间歇调整装置进行控制。

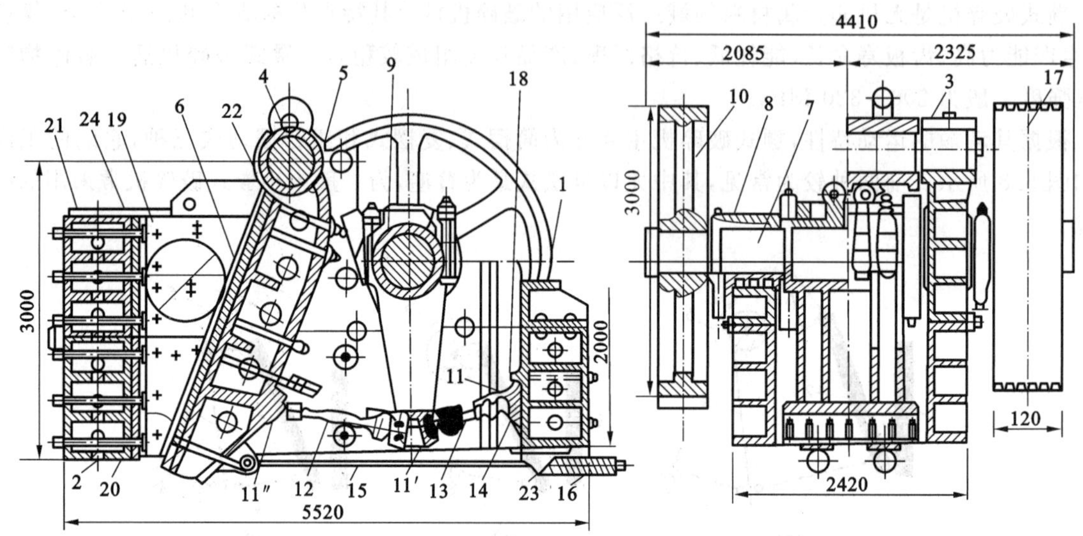

图 5.10 简摆式颚式破碎机结构示意图

1—机架;2—定颚衬板;3—悬挂轴轴承;4—悬挂轴;5—动颚;6—动颚衬板;7—偏心轴;
8—偏心轴轴承;9—连杆;10—飞轮;11、11′、11″—推力板支座;12、13—前后推力板;14—顶座;15—拉杆;
16—弹簧;17—胶带轮;18—垫板;19—侧壁衬板;20、21—固定钢板;22—楔块;23—凸耳;24—衬垫

简摆式破碎机工作过程中,动颚上半部分(进料口处)水平和垂直位移一般仅能达到下半部分的 1/2 左右。进料口处动颚较小的摆动幅度不利于喂入颚腔的大块物料的破碎,因而不能向摆幅较大、破碎作用较强的颚腔底部充分供应物料,从而限制了生产能力的提高。另外,颚板下部行程最大,卸料口宽度在破碎过程中随时变动,容易导致卸出的物料粒度不均匀。工作状态下物料主要受挤压作用,物料经破碎后经常呈片状。同时,在动颚远离定颚时,物料主要在重力作用下排出 ,因此简摆式颚式破碎机适用于干性物料的破碎。但从总体上讲,简摆式颚式破碎机动颚的垂直位移小,因此破碎过程中偏心轴承受的作用力小,物料对颚板的磨损小,破碎过程中的过粉碎现象少。由于上述特点,简摆式颚式破碎机很容易中、大型化,并主要适用于坚硬物料的粗、中碎过程。

复摆式颚式破碎机如图 5.11 所示。动颚上端直接悬挂于偏心轴上,并由其直接驱动;动颚的下端由一块推力板与机架相连。偏心轴转动时,动颚整体上在相对于定颚做往复摆动的同时上下移动,但其上各点的运动轨迹各不相同:动颚上端的运动轨迹近似为圆形,中部近似为椭圆形,下部则为圆弧形,如图 5.12 所示。正是由于此类破碎机工作时动颚上各点运动轨迹相对复杂,所以称此类破碎机为复摆式颚式破碎机。

与简摆式颚式破碎机动颚运动规律相反,复摆式颚式破碎机动颚在整个工作行程中,其顶部的水平摆幅约为下部的 1.5 倍,而垂直摆幅稍小于下部。就整体而言,复摆式动颚的垂直摆幅为水平摆幅的 2～3 倍。由于动颚上部的水平摆幅大于下部,保证了大块物料在颚腔上部即可被破碎,较简摆式破碎机提高了生产率。同时动颚向定颚靠拢并挤压物料的同时,顶部各点还顺着定颚向下运动,使物料向下排出的同时增大了物料在颚腔中的翻动和相互间的磨剥,这样复摆式破碎机就可以破碎稍为黏湿的物料,片状产品出现的概率也大幅降低。然而作用力的增加也加剧了物料的过粉碎现象和生

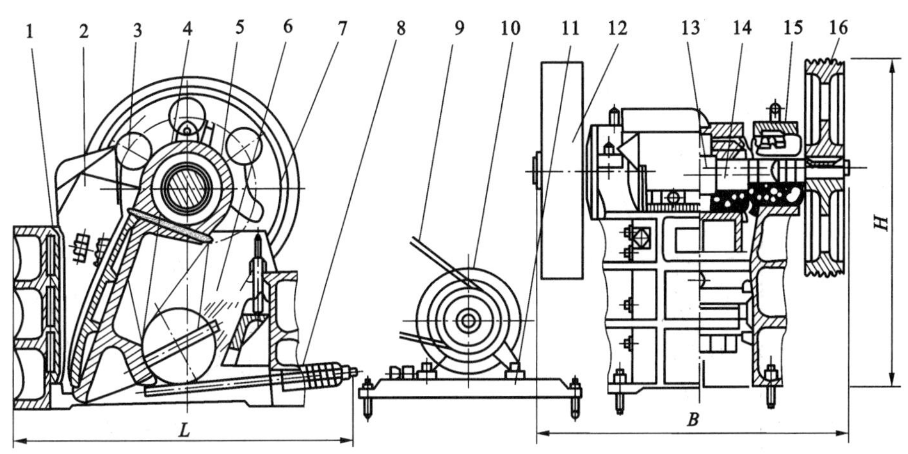

图 5.11　复摆式颚式破碎机结构示意图

1—定颚衬板；2—侧壁衬板；3—动颚衬板；4、6—推力板座；5—推力板；7—调节座；8—拉紧装置；9—三角胶带；10—电动机；11—导轨；12—飞轮；13—偏心轴；14—动颚；15—机架；16—胶带轮

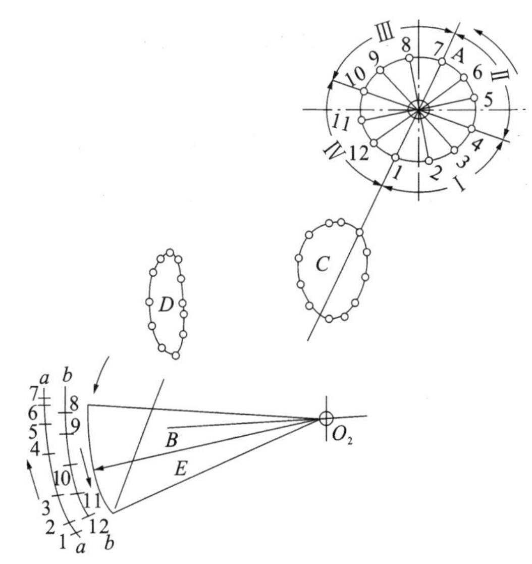

图 5.12　复摆颚式破碎机动颚上各点的运动轨迹

产过程中粉尘污染的控制难度。另外，破碎物料时，动颚受到巨大的挤压力，直接作用于偏心轴上，所以复摆式颚式破碎机一般只能做成中、小型产品。

(3)工艺参数的确定

颚式破碎机的主要工艺参数包括钳角、偏心轴转速、生产能力和破碎机所需功率。

① 钳角

颚式破碎机动颚与定颚间的夹角 α 称为钳角，如图 5.13 所示。减小钳角，可使破碎机的生产能力增加，但会导致粉碎比减小；相反，增大钳角，虽可增加粉碎比，但会降低生产能力，同时落在颚腔中的物料不易被夹牢，会被推出机外。因此，破碎机的钳角应有一定范围。钳角的大小可以通过物料的受力分析来确定。

设夹在颚腔中的球形物料质量为 G，见图 5.13(a)，由 G 产生的重力比颚板对物料的破碎力小很多，可以忽略不计。在颚板同物料接触处，颚板对物料的作用力为 P_1 和 P_2，两者均与颚板垂直。由这两个力所引起的摩擦力为 fP_1 和 fP_2，其方向向下。其中 f 为物料与颚板之间的摩擦因数。

当物料能夹在颚腔内，不致被推出机外时，这几个力应互相平衡，在 X、Y 方向的分力之和应分别等于零。于是

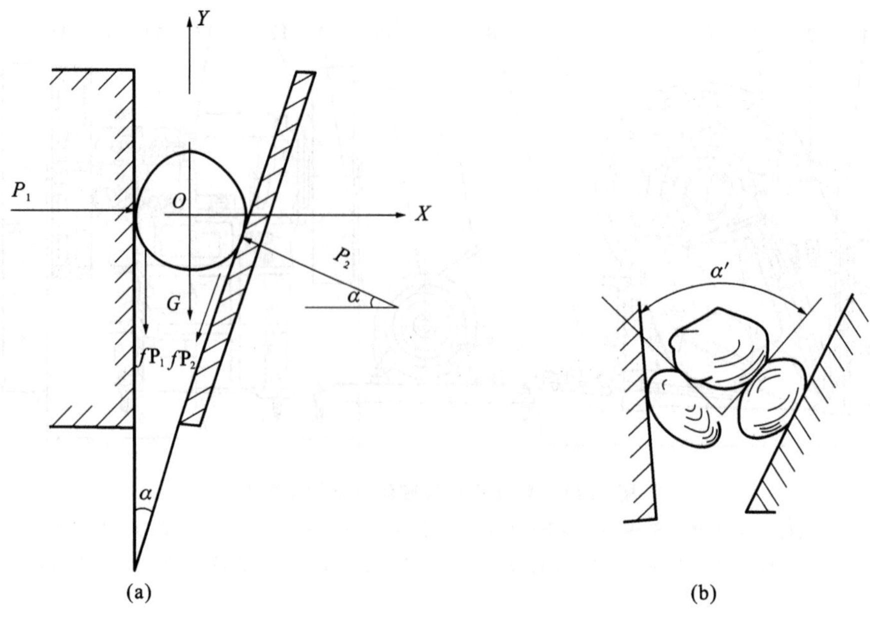

图 5.13 颚式破碎机的钳角

$$\sum X = 0 \quad P_1 - P_2\cos\alpha - fP_2\sin\alpha = 0 \tag{5.47}$$

$$\sum Y = 0 \quad -fP_1 - fP_2\cos\alpha + P_2\sin\alpha = 0 \tag{5.48}$$

将式(5.47)乘以摩擦因数 f 之后，与式(5.48)相加，消去 P_1，得：

$$-2f\cos\alpha + (1-f^2)\sin\alpha = 0 \tag{5.49}$$

或

$$\tan\alpha = \frac{2f}{1-f^2} \tag{5.50}$$

因摩擦因数 f 与摩擦角 φ 的关系为：

$$f = \tan\varphi \tag{5.51}$$

则：

$$\tan\alpha = \frac{2\tan\varphi}{1-\tan^2\varphi} = \tan2\varphi \tag{5.52}$$

为了使破碎机工作可靠，必须使：

$$\alpha \leqslant 2\varphi \tag{5.53}$$

即钳角应小于物料与颚板之间的摩擦角的 2 倍。

一般情况下，摩擦因数 $f=0.2\sim0.3$，则钳角的最大值为 22°～33°。实际上，当颚式破碎机喂粒度相差很大时，虽然 $\alpha<2\varphi$，仍有可能产生物料被挤出的情况，这是因为大块物料楔塞在两个小块物料之间[图 5.13(b)]后，物料的钳角必然大于两倍物料间的摩擦角。所以，一般颚式破碎机的钳角取 18°～22°。

② 偏心轴的转速

偏心轴转一圈，动颚往复摆动一次，前半圈为破碎物料，后半圈为卸出物料。为了获得最大的生产能力，破碎机的转速 n 应该根据这样的条件确定：当动颚后退时，破碎后物料应在重力作用下全部卸出，然后动颚立即返回去破碎物料，转速过高或过低都会使生产能力不能达到最大值。

由于颚板较长，摆幅不大，因此，可设动颚摆动时，钳角 α 值不变，亦即动颚做平行摆动。令出料口宽度为 e，动颚行程为 s。破碎后的物料在颚腔内堆积成一梯形(图 5.14)。BC 线以下的物料尺寸皆小于出料口宽度，所以每次所能卸出的物料高度为：

$$h = \frac{s}{\tan\alpha} \tag{5.54}$$

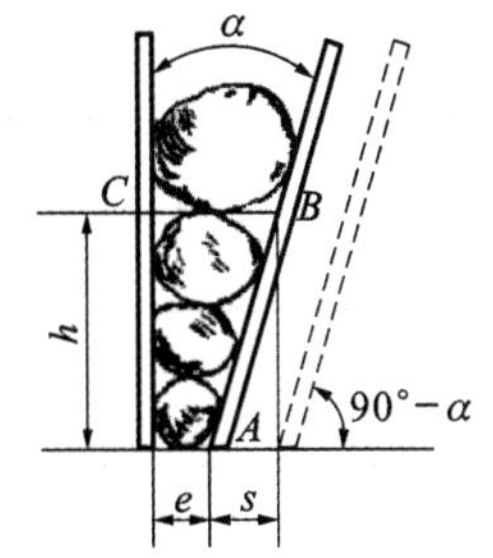

图 5.14 偏心轴转速计算

物料在重力的作用下自由落下，破碎后物料卸料高度应为：

$$h = \frac{1}{2}gt^2 \tag{5.55}$$

所以要使高度 h 以内的梯形体物料全部自由卸出所需时间为：

$$t = \sqrt{\frac{2h}{g}} \tag{5.56}$$

式中 g 为重力加速度。为了保证已达到所要求尺寸的物料能及时地全部卸出，卸料时间应等于动颚空转行程经历的时间 t'。而

$$t' = \frac{60}{2n} = \frac{30}{n} \tag{5.57}$$

所以

$$n = \frac{30}{\sqrt{\frac{2h}{g}}} = \frac{30}{\sqrt{\frac{2s}{g\tan\alpha}}} = 665\sqrt{\frac{\tan\alpha}{s}} \tag{5.58}$$

式中 n——偏心轴转速，r/min；

s——动颚行程，cm；

α——钳角，°。

实际上，在动颚空转行程的初期，物料仍处于压紧状态，不能立即落下。因此，偏心轴的转速应比式(5.58)算出的值低30%左右。于是

$$n = 470\sqrt{\frac{\tan\alpha}{s}} \tag{5.59}$$

式(5.59)未考虑到物料性质和破碎机类型等因素的影响，所以，只能用来粗估颚式破碎机的转速。一般对于破碎坚硬物料，转速应取小些；对于破碎脆性物料，转速值可适当取大；对于较大型号的破碎机，转速应适当降低，以减小惯性振动，节省动力消耗。

另外，偏心轴的转速也可用下述经验公式确定：

对于进料口宽度 $B \leqslant 1200$ mm 时，

$$n = 310 - 145B \tag{5.60}$$

对于进料口宽度 $B > 1200$ mm 时，

$$n = 160 - 42B \tag{5.61}$$

式中 B——破碎机进料口宽度，m。

③ 生产能力

破碎机的生产能力与被破碎物料的性质(物料强度、解理情况、喂料粒度组成等)、破碎机的性能以及操作条件(供料情况和出料口大小)等因素有关。目前该理论计算方法还没有把所有这些因素都包括进去，因此还须广泛借鉴实际资料和应用经验公式。

可采用下面经验公式计算颚式破碎机的生产能力：

$$Q = K_1 K_2 K_3 qe \tag{5.62}$$

式中 q——标准条件(指开路破碎、堆积容积密度为 1.6 t/m^3 的中等硬度物料)下单位出口宽度的生产能力，t/(mm·h)，见表 5.3；

e——破碎机出料口宽度，mm；

K_1——物料易碎性系数，见表 5.4；

K_2——物料堆积密度修正系数；

$$K_2 = \frac{\rho_s}{1.6} \tag{5.63}$$

ρ_s——物料堆积密度，t/m^3；

K_3——进料粒度修正系数，见表5.5。

表5.3 各种规格颚式破碎机单位生产能力 q

规格/(mm×mm)	250×400	400×600	600×900	900×1200	1200×1500	1500×2100
q/[t/(mm·h)]	0.4	0.65	0.95～1.0	1.25～1.3	1.9	2.7

表5.4 物料易碎性系数 K_1

物料强度	抗压强度/MPa	K_1
硬质物料	157～196	0.9～0.95
中硬物料	79～157	1.0
软质物料	<79	1.1～1.2

表5.5 进料粒度修正系数 K_3

进料最大粒度 D_{max} 与进料口宽度 B 之比	0.85	0.60	0.4
K_3	1.0	1.1	1.2

上述公式并未考虑到破碎机工作特性对生产能力的影响。事实上，复杂摆动型颚式破碎机的生产能力比简单摆动型提高20%～30%。

④ 功率

颚式破碎机的功率消耗可以根据体积功理论，按照破碎物料需要的破碎力算出。

大量实验表明，颚式破碎机破碎不规则物料所需的破碎力，除了与被破物料的纵向断面尺寸成正比外，还与被破物料所能忍受的极限抗拉强度值成正比。所以，在颚式破碎机的破碎腔中，破碎单块物料所需的破碎力为：

$$P = \sigma B h \tag{5.64}$$

式中 σ——被破料块断裂面上的破碎应力，Pa，一般为物料抗拉强度极限的1.2倍，当破碎单块不规则形状的花岗岩时，$\sigma=10.8\times10^6$ Pa；

B——料块的纵向长度，m；

h——料块的厚度，m 。

为了计算方便，可假设颚式破碎机工作时的整个颚腔内充满物料；且沿颚腔长度 L 方向成平行圆柱体排列(图5.15)。每个圆柱体沿作用力方向劈开时所需的破碎力为：

$$\left.\begin{aligned} P_1 &= \sigma D_1 L \\ P_2 &= \sigma D_2 L \\ P_3 &= \sigma D_3 L \end{aligned}\right\} \tag{5.65}$$

那么，破碎整个颚腔内的物料所需的总破碎力 P_c 则为：

$$P_c = P_1 + P_2 + P_3 + \cdots + P_n = \sigma(D_1 + D_2 + D_3 + \cdots + D_n)L \tag{5.66}$$

因 $D_1 + D_2 + D_3 + \cdots \approx H$，所以

$$P_c = \sigma L H \tag{5.67}$$

式中 L——颚口的长度，m；

H——颚膛高度，m。

实际上，由于物料形状的不规则，颚板表面并非完全与物料接触，只是颚板的一部分承受破碎力。所以，上式还须乘以颚板利用系数 f_0。这样，实际上最大破碎力为：

$$P_{max} = \sigma f_0 L H \tag{5.68}$$

一般取 $f_0=0.25$，$\sigma=10.8\times10^6$ Pa来计算，则

$$P_{max} = 10.8\times10^6\times0.25LH = 2.7\times10^6 LH \tag{5.69}$$

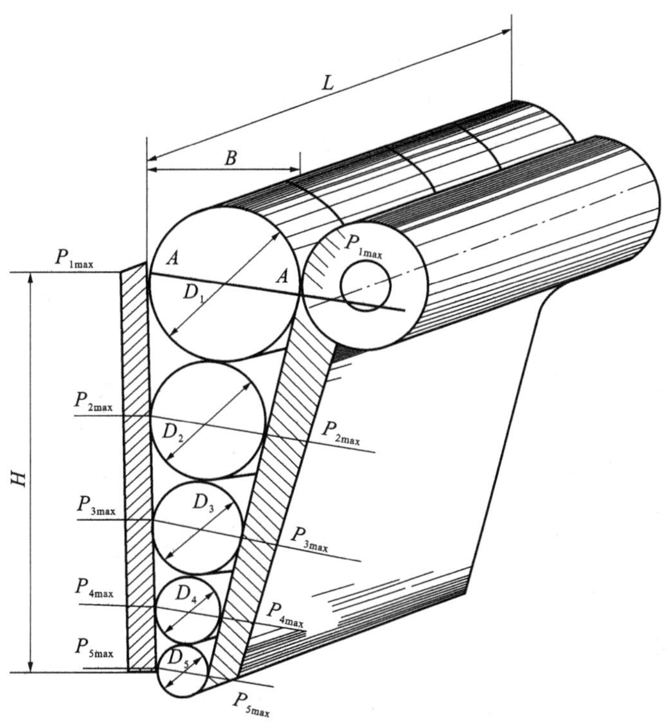

图 5.15　颚式破碎机中物料劈碎示意图

动颚在每次循环破碎期间，对物料所施加的作用力是变化的。动颚摆向定颚破碎物料时，作用力从零逐渐增大，并在物料发生破碎的瞬间增至最大值 P_{max}，然后又降至零。因此，主轴每一转中颚板对物料的平均作用力 P_m 为：

$$P_m = \beta P_{max} \tag{5.70}$$

实验测定，β=0.2～0.21。

颚式破碎机破碎物料时，主轴每一转需要的破碎功为：

$$A = P_m S' \tag{5.71}$$

式中　S'—— 平均作用力合力的着力点行程，m。

所以，颚式破碎机破碎物料时需要的功率为：

$$N = \frac{P_m S' n}{1000 \times 60\eta} \tag{5.72}$$

式中　n——偏心轴转速，r/min；

η——机械效率，一般 η=0.60～0.75。

其他符号意义同前。

由于作用力垂直于定颚表面，合力的着力点 C 通过定颚中部的水平线［见图 5.16(a)］，计算破碎冲程 S约等于该点的位移 cc'，即

$$S' \approx cc' = \frac{L_C}{L_A} \cdot S = mS \tag{5.73}$$

式中，$m = \frac{L_C}{L_A}$ 为颚式破碎机的结构参数。

对于简摆颚式破碎机，$m = 0.56 \sim 0.60$。取 $m = 0.57$，$\eta = 0.75$，$\beta = 0.2$，代入式(5.73)，得到简摆颚式破碎机破碎物料时需要的功率为：

$$N = \frac{0.2 \times 2.7LHSn \times 0.57 \times 10^6}{1000 \times 60 \times 0.75} = 6.8LHSn \tag{5.74}$$

对于复摆颚式破碎机

$$S' \approx cc' = mS = m \times 2r \tag{5.75}$$

式中 r 为偏心轴的偏心距(m)。取 $m=0.5$,则

$$S' = 0.5 \times 2r = r \tag{5.76}$$

于是复摆颚式破碎机破碎物料时需要的功率为:

$$N = \frac{0.2 \times 2.7LHrn \times 10^6}{1000 \times 60 \times 0.75} = 12LHrn \tag{5.77}$$

式中符号意义同前。

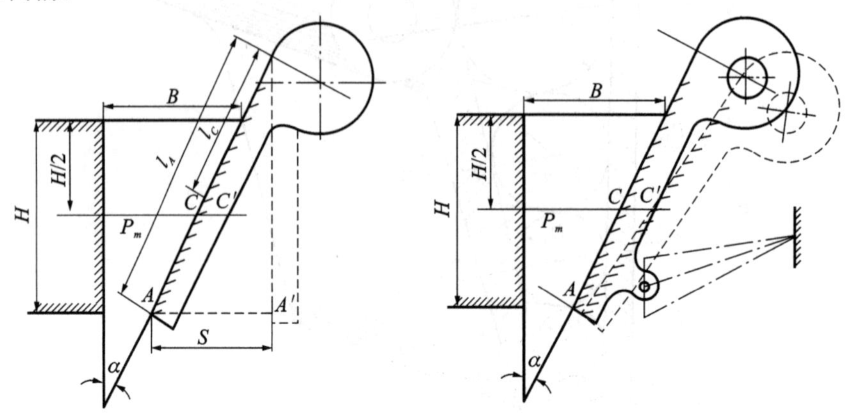

图 5.16 确定结构参数 m 的图

至于颚式破碎机需要的电动机功率,考虑到破碎物料时可能过载及启动的需要,一般应有 50% 的储备功率。

所以对于简摆颚式破碎机的电动机功率应为:

$$N_M = 1.5 \times 6.8LHSn = 10.2LHSn \tag{5.78}$$

对于复摆颚式破碎机的电动机功率为:

$$N_M = 1.5 \times 12LHrn = 18LHrn \tag{5.79}$$

此外,尚可用下列经验公式来确定颚式破碎机电动机功率:

$$N_M = CBL \tag{5.80}$$

式中 L——进料口的长度,cm。

B——进料口的宽度,cm。

C——系数,对于小于 250 mm×400 mm 的破碎机,$C=1/60$;对于 250 mm×400 mm~900 mm×1200 mm 的破碎机,$C=1/100$;对于 900 mm×1200 mm 以上的破碎机,$C=1/120$。

两种颚式破碎机在粉体工程中都有不同的使用场合,其区别在于:

① 简摆式颚式破碎机破碎比小,只有 3~5,卸出的物料多呈片状;复摆式颚式破碎机破碎的物料多为立方体,但易产生过粉碎现象。

② 由于结构及运动方式的不同,复摆式颚式破碎机颚板磨损较严重。

③ 复摆式颚式破碎机结构紧凑,与简摆式相比,在生产能力相同时,设备质量减轻 20%~30%。

④ 从破碎施力和促进排料角度考虑,复摆式动颚的运动轨迹较简摆式更为合理。

颚式破碎机规格用给料口宽度 B(mm)×长度 L(mm)来表示。

颚式破碎机选型时需考虑台时产量、允许最大矿石尺寸及矿石抗压强度三项指标。一般物料的最大块度不超过颚式破碎机给料口宽度的 85%。颚式破碎机的齿板靠近排料口磨损较快,靠近给料口磨损较慢,由于齿板上下对称,在磨损一定程度后应将齿板倒向使用。随颚式破碎机齿板的磨损,排料口逐渐增大,产品粒度变粗。排料口需定期调整,主要有两种调整方法:① 增减后推力板支架和机架后壁之间的垫片;② 上升或下降后推力板支座和机架后壁之间的楔块。常用颚式破碎机设计指

标见表 5.6,常用颚式破碎机的规格及性能见表 5.7,颚式破碎机的产品粒度曲线如图 5.17 所示。

表 5.6 常用颚式破碎机设计指标

设备规格	加工物料	加料粒度/mm	排料口/mm	设计能力/(t·h^{-1})	作业率/%
PE250×400	硬质黏土、硅石、白云石	<210	40	8～10	80
	黏土熟料/高铝熟料	<210	40/20	10～12/5～6	
	烧结镁砂、白云石砂	<210	40	12～15	
PE400×600	硬质黏土、硅石、白云石	<350	40	13～15	80
	黏土熟料、高铝熟料	<350	40	15～20	
	烧结镁砂、白云石砂	<350	40	20～25	

表 5.7 常用颚式破碎机的规格及性能

型 号	给料口尺寸/(mm×mm)	最大进料粒度/mm	排料口调整范围/mm	偏心轴转速/(r·min^{-1})	产量/(t·h^{-1})	电动机功率/kW	质量/t
PE250×400	250×400	210	20～60	300	3～13	15	2.8
PE400×600	400×600	340	40～100	275	10～34	30	6.5
PE600×900	600×900	500	65～160	250	30～75	55～75	15.5
PEX100×600	100×600	80	10～20		2～10	7.5	1.2
PEX150×750	150×750	120	10～50		12～16	15	2.5
PEX250×750	250×750	210	25～60	330	8～12	22	4.9
PEX250×1200	250×1200	210	25～60	330	13～38	37	7.7

5.3.2.2 圆锥破碎机

圆锥破碎机因工作部件为两个相互嵌套的截锥体而得名,其工作原理如图 5.18 所示。外锥为一无底锥形圆筒,固定在机架上。内锥为一截锥体,其直径均小于外锥的直径。工作主轴从内锥轴线处穿过,并与之形成固定连接。动锥轴线 OO_1 交定锥轴线 OO' 于 O 点,形成夹角为 β;主轴下方插在以 O' 为圆心的轴套上的衬套 O_1 中,$O'O_1=r$;工作主轴与衬套之间为活动连接。工作时,轴套以一定角速度旋转,带动动锥在定锥内做偏心旋转。在破碎力的作用下,在动锥表面产生摩擦力,其方向与工作主轴的偏心旋转方向相反。动锥在摩擦力作用下形成自转,随着工作主轴的偏心旋转的同时沿着定锥内面向前滚动,通过挤压、弯曲和剪切来破碎物料。随着动锥继续沿定锥内表面向前滚动,已破碎物料在重力作用下从动锥后方与定锥之间的间隙排出。由于定锥在随工作主轴偏心旋转的同时在不断自转,可使产品的粒度分布更均匀,同时工作表面的磨损也比较均匀。

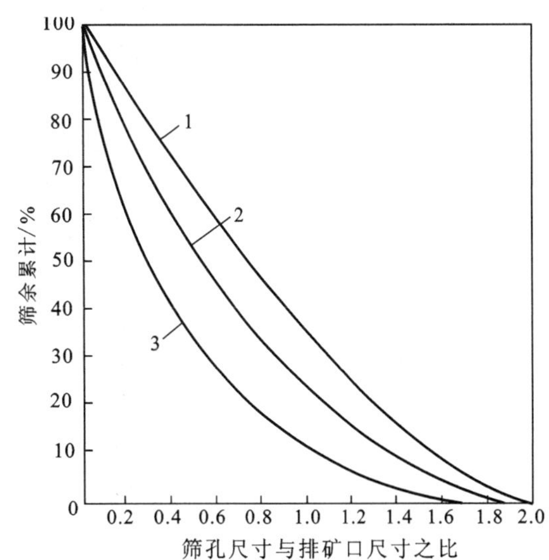

图 5.17 颚式破碎机的产品粒度曲线

1—难碎性矿石;2—中等可碎性矿石;3—易碎性矿石

圆锥式破碎机和前面介绍的颚式破碎机的工作原理类似,均主要以挤压实现对物料的破碎,经破碎的物料主要在重力作用下卸出。不同之处在于圆锥式破碎机的工作过程是连续式,物料在承受挤压的同时还受到一定的弯曲作用,因此其生产效率较颚式破碎机高,动力消耗低。

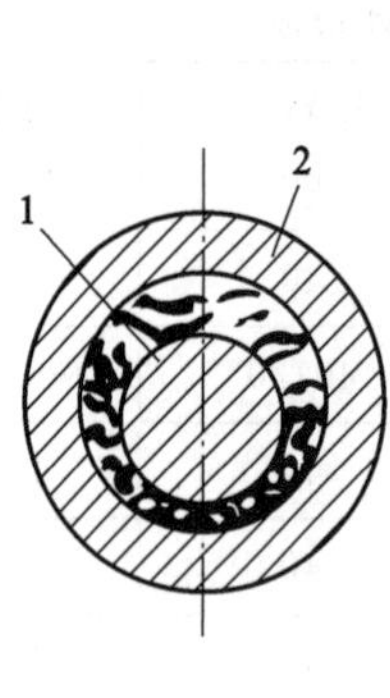

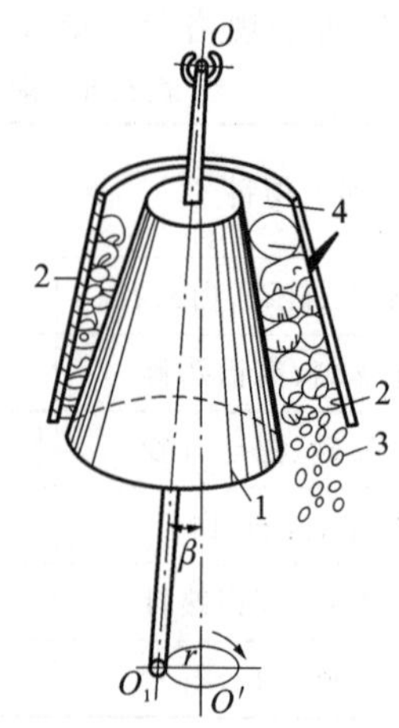

图 5.18　圆锥破碎机工作原理

1—动锥；2—定锥；3—破碎后的物料；4—破碎腔

圆锥式破碎机按用途可分为粗碎和细碎两种。用于粗碎的圆锥破碎机通常又被称为旋回破碎机，其结构示意图如图 5.19 所示。倒置的定锥和正置的动锥形成上大下小的环形工作腔，同时增大了工作腔上方进料口的尺寸，适合处理粒径较大的物料。固定动锥的主轴上端由悬挂装置支撑，下端插入偏心轴套内。当偏心轴套带动主轴转动时，动锥以悬挂轴为中心做旋回运动，使动锥周期性地靠近和离开固定锥，物料得以连续破碎和卸出。产品粒度可通过升降主轴和动锥来改变排料口宽度进行调节。旋回破碎机规格用加料口最大宽度(mm)/卸料口最大宽度(mm)来表示。

用于中细碎的圆锥破碎机动锥与定锥的布置方式和旋回破碎机不同，动锥与定锥均采取正置方式，其结构示意图如图 5.20 所示。因其动锥的外形与伞状的蘑菇相似，因此此类破碎机通常被称为菌式破碎机。菌式圆锥破碎机的工作方式与旋回破碎机相同。然而由于动锥和定锥均采用正置，在卸料口附近，动、定锥之间有一段距离相等的平行带，因此卸出物料的均匀度比旋回破碎机高。同时，

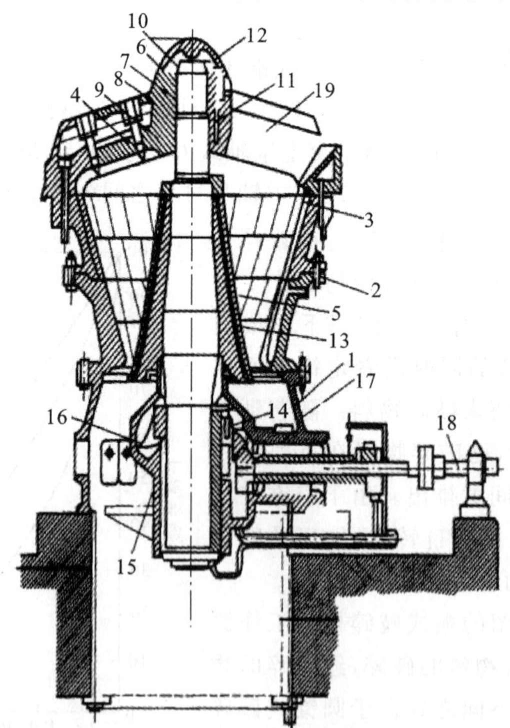

图 5.19　1200/180 mm **旋回破碎机结构示意图**

1—机架；2—定锥；3—衬板；4—横梁；5—主轴；6—锥形螺母；7—锥形压套；8—衬套；9—支承环；10—楔形键；11—衬套；12—顶罩；13—动锥；14—偏心衬套；15—中心套筒；16—大圆锥齿轮；17—小圆锥齿轮；18—传动轴；19—进料口

由于动锥的锥度较大,卸料时,物料是沿着动锥的斜面滚下。物料在卸出过程中,不但受到动锥表面摩擦力的作用,同时还会受到锥体偏转、自转时的离心惯性力的作用。

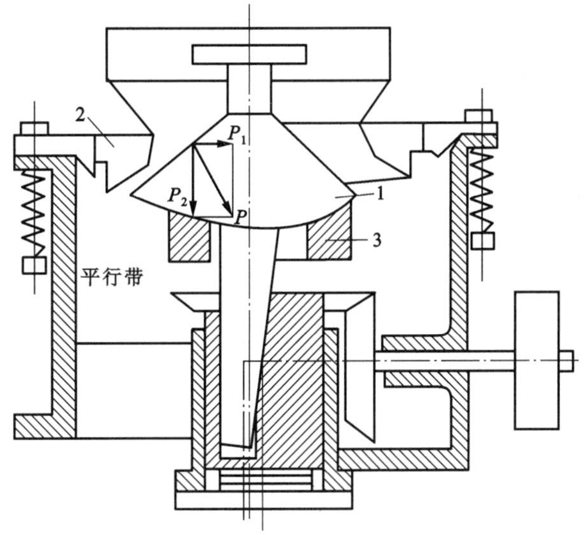

图 5.20 菌式圆锥破碎机示意图

1—动锥;2—定锥;3—球面座

因此,物料的卸出并非自由卸出。由于破碎力对动锥的垂直反作用力大小不同,在中细碎圆锥破碎机和旋回式破碎机中动锥的支撑方式也不同。旋回式破碎机动锥承受的垂直分力较小,因此动锥可以采用悬吊方式支撑,支撑装置安装在破碎机的顶部。其支撑结构比较简单,维修起来也比较方便。后面的圆锥破碎机中,动锥所承受的垂直分力比较大,故动锥下表面被做成球面,并采用球面座予以支撑。采用这种支撑方式可以降低球面座上所承受的压强。但是,由于支撑装置处于破碎室的下方,因此工作环境比较恶劣,需要加装完善的防尘装置,使破碎机结构复杂化,维修也比较困难。中细碎圆锥破碎机的规格用动锥底部的直径 D(mm)来表示。常见短头菌式圆锥破碎机破碎产品粒度曲线及破碎机的规格和性能分别如图 5.21 和表 5.8 所示。

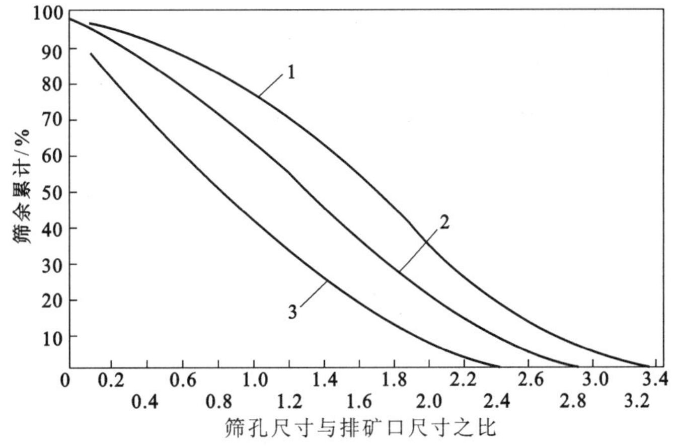

图 5.21 短头菌式圆锥破碎机产品粒度曲线

1—难碎性矿石;2—中等可碎性矿石;3—易碎性矿石

表 5.8 常用短头菌式圆锥破碎机的规格及性能

项 目	短头圆锥破碎机规格	
	PYD-900	PYD-1200
破碎锥直径/mm	900	1200
给料口尺寸/mm	50	60

续表 5.8

项　　目		短头圆锥破碎机规格	
		PYD-900	PYD-1200
最大加料粒度/mm		40	50
排料口调整尺寸/mm		3～13	3～15
主轴转动次数/(r·mm^{-1})		333	300
产量/(t·h^{-1})		15～50	18～105
电动机	型号	Y315S-8	JS126-8
	功率/kW	55	110
	转速/(r·min^{-1})	730	730
	电压/V	380	380
质量/kg		10050	25700

5.3.2.3　*辊式破碎机*

辊式破碎机有两种基本类型:双辊式和单辊式。辊式破碎机的辊子表面分为光滑和非光滑(齿型和槽型)辊面两类。光面辊子主要是压碎物料,它适用于破碎中硬物料或坚硬物料。当两辊子的转速不一致时,对物料还有研磨作用,适用于黏土及塑性物料的细碎。齿面辊子除施加挤压作用外还有劈裂作用,辊面易磨损,适用于破碎具有片状解理的软质和低硬度的脆性物料。槽面辊子破碎物料时除施加挤压力外,还施加剪切力,适用于强度不大的脆性或黏性物料的破碎。当选用较大的破碎比时,宜选用槽面辊子。

(1)对辊破碎机

对辊破碎机又称双辊破碎机,是辊式破碎机的一种。其破碎机构是水平安装在机架上的一对圆柱形辊筒,二者间相互平行。物料从安装在辊缝正上方的喂料箱投在两辊缝上方。调整辊子转向使物料在辊面摩擦力的作用下被拉进两辊之间,受到辊子的挤压而破碎。随着辊子的继续旋转,破碎的物料被辊子强制推出下落,破碎黏湿物料时也不会堵塞,可实现连续工作,适用于破碎黏土熟料、烧结白云石、烧结镁砂、硅石、高铝熟料和废砖等脆性物料的中细碎作业。对辊破碎机的优点是结构简单、工作可靠、价格低廉、产品粒度均匀、粒度调整方便、可破碎黏湿物料。缺点是给料口尺寸较小,生产能力低,辊面易磨损。

常用的对辊破碎机由破碎辊、调整装置、弹簧保险装置、传动装置和机架组成,如图 5.22 所示。两个破碎辊中,一个固定,一个可动。两破碎辊之间装有楔形或垫片调整装置。楔形装置的顶端装有调整螺栓,当调整螺栓将楔块向上拉起时,楔块将活动辊轮顶离固定轮,即两辊轮间隙变大,出料粒度变大,当楔块向下时,活动辊轮在压紧弹簧的作用下两轮间隙变小,出料粒度变小。出料粒度也可通过垫片装置调节。增加垫片时两辊轮间隙变大,当减少垫片时两辊轮间隙变小,出料粒度变小。两破碎辊间隙的可调节范围与破碎机的规格有关,例如一些小型对辊破碎机的辊缝可以在 1～10 mm 内任意调节,以适合破碎不同粒度产品的要求。工作时,弹簧保险装置的压力能平衡两辊之间破碎所产生的作用力,使产品的粒度均匀。对辊破碎机的两个破碎辊也可均为主动工作辊,这样可提高生产效率。

对辊破碎机的产品粒度曲线如图 5.23 所示,对辊破碎机的设计指标见表 5.9,规格及性能见表 5.10。

在实际生产中,对辊破碎机除可单独作为中、细碎设备外,还常常与圆锥破碎机组成机组,接受短头圆锥破碎机后的筛上料,来提高生产能力。

对辊破碎机的规格用破碎辊的直径 D_1(mm)×长度 L(mm)表示。

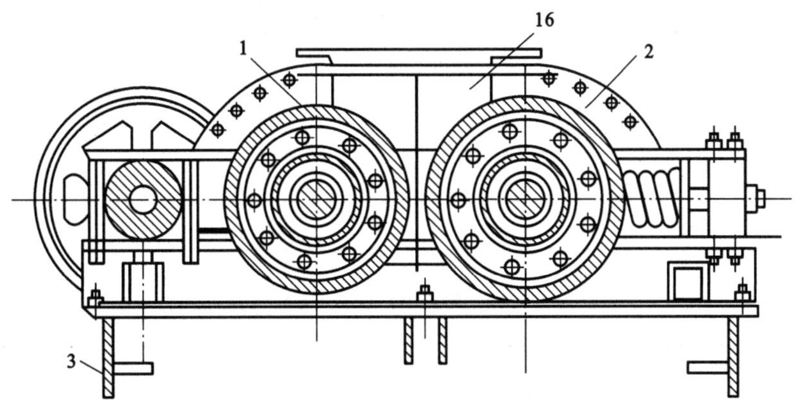

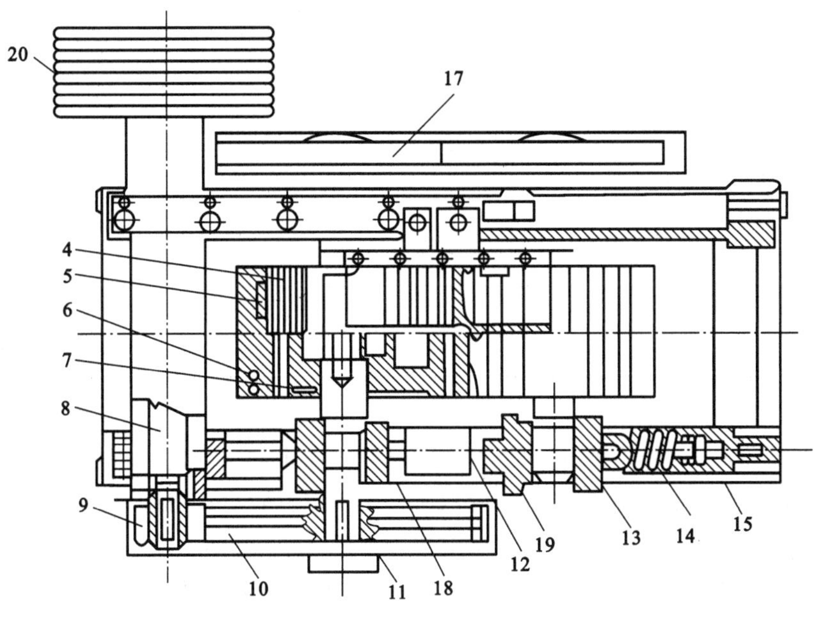

图 5.22　对辊破碎机

1—前辊;2—后辊;3—机架;4—辊芯;5—拉紧螺栓;
6—锥形环;7—辊套;8—传动轴;9、10—减速齿轮;11—辊轴;12—顶座;13—钢垫片;
14—强力弹簧;15—螺母;16—喂料箱;17—传动齿轮;18—轴承座;19—轴承;20—胶带轮

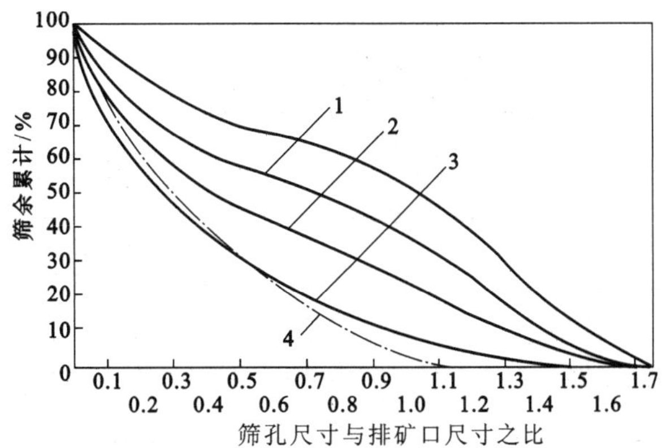

图 5.23　对辊破碎机的产品粒度曲线

1—难碎性矿石;2—中等可碎性矿石;3—易碎性矿石;4—粒状结晶矿石

表 5.9　对辊破碎机的设计指标

设备规格/(mm×mm)	加工物料	进料情况	成品粒度/mm	生产能力/(t·h^{-1})	作业率/%
φ610×400	黏土熟料、硅石	粗碎后	<3	3.0～4.0	70～75
	烧结白云石		<10	5.0～6.0	
	烧结白云石		<30	15～20	
φ750×500	硅石、黏土熟料	粗碎后	<3	4.0～5.0	70～75
	烧结镁砂		<10	7.0～8.0	

表 5.10　对辊破碎机的规格及性能

项目		规格、性能	
		2PG-610×400	2PG-750×500
辊子尺寸(直径×长度)/(mm×mm)		φ610×400	φ750×500
最大加料粒度/mm		40	40
辊子间隙(出料粒度)/mm		0～30	2～10
辊子转速/(r·min^{-1})		75	50
电动机	型号	Y225M-6	Y250M-8
	功率/kW	30	30
质量/t		3.2	12.2

(2)辊压机

辊压机是一种较新型的粉碎机，辊压机的出现是粉碎技术的一个进步，在水泥生产中常用或增设辊压机来大幅度提高粉碎系统的处理能力，降低单位能耗，提高经济效益。

辊压机外形与辊式破碎机很相似，其结构示意图如图 5.24 所示。相同点为辊压机工作件同样为两个辊子。一个固定辊，固定于机架上，另一个是可沿导轨移动的可动辊。

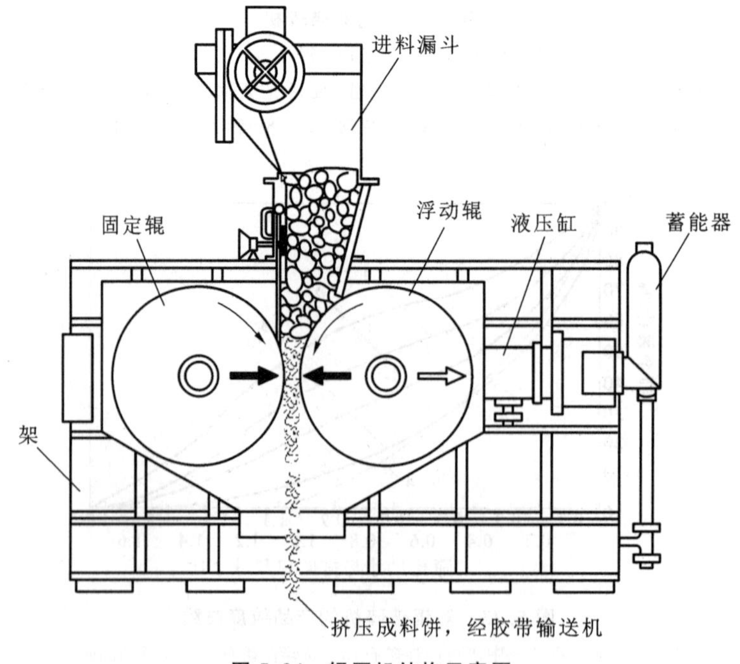

图 5.24　辊压机结构示意图

然而辊压机的工作原理、结构及配套设施与对辊破碎机相比均有很大差别，主要表现在以下几方面：

① 喂料方式不同。辊压机是靠辊子上方料仓中物料所受的重力强制喂料。换言之，工作时必须保证两破碎辊上方待破碎物料受到足够的压力。为达到上述要求，必须让料仓保持一定料位，使料仓出口处的垂直溜子始终保持充满状态。料位控制过低时，待破碎物料上方物料和破碎辊的压力小，破碎效果差，扬尘大；料位过高时，由于辊压机采用连续喂料，一旦设备发生意外跳停，物料会因料仓被充满而随即溢出。

② 两辊间距及对物料的压力的调节方式不同，是通过液压系统实现。在液压系统推动力的作用下，可动辊压在两辊之间的物料和固定辊上，当 30 mm 左右的物料进入两辊之间的楔形空间，两辊对物料实施纯压力，众多物料颗粒受挤压形成密实的料床，颗粒内部产生强大的应力，使之产生裂纹而破碎。出辊压机后的物料形成一定强度的料饼，经打散机打碎后，粒度在 2 mm 以下的颗粒占 60%～80%，最高可达 90%。辊压机通常与分级机和球磨机组成闭路循环粉碎系统。

③ 物料循环控制不同。辊压机工作时，通常需要将一部分破碎后的物料与原料混合，以充填其间的空隙，使之密实，增加物料进入辊压机的压力，从而满足辊压机的工作要求。另外，物料中间隙小时，对破碎辊的冲击力相应减小，从而减小机身的振动。

④ 辊压机破碎成品率的高低由液压系统施加在辊上的压力决定。压力小时，料饼表面粗糙，质地松散，成品含量少；压力大时，成品含量增加。但与此同时，能耗增高，辊面磨损严重。长期如此将大大缩短机器的使用寿命。

辊压机的规格用辊径(mm)×辊宽(mm)表示。以粉碎石灰石为例，常见中小型辊压机的技术参数见表 5.11。

表 5.11 常见中小型辊压机技术参数表

项目	规格/(mm×mm)			
	520×180	800×200	1000×250	1000×400
辊径/mm	520	800	1000	1000
入料粒度/mm	≤25	≤25	≤25	≤25
出料粒度小于 2 mm 的粉料所占比例/%	≤70	≤70	≤70	≤70
石灰石产量/($t \cdot h^{-1}$)	20	30	45	95
功率/kW	2×18.5	2×60	2×80	2×200
质量/t	17	22	30	46

5.3.2.4 锤式破碎机

锤式破碎机是另一类主要用于脆性物料中碎及中硬和软性物料的细碎的破碎机。其工作部件为带有锤子的转子。工作时，皮带输送机将物料从位于机体上方的喂料口喂入机体内，物料经过高速旋转的锤头击打和与破碎机内壁的撞击后，小于出料箅宽度的颗粒从机体下部流出，达到物料破碎与分离的目的。其特点是生产能力大、破碎比高、单位能耗低、结构简单，但粉碎坚硬物料时锤头和箅条磨损大。

锤式破碎机的种类较多。按转子数目，可分为单转子和双转子两类；按回转方向，分为不可逆式和可逆式；按锤头排列方式，分为单排式和多排式；按锤头在转子上的连接方式，分为铰链式和固定式两种。

最常用的锤式破碎机是单转子、多排、铰接、不可逆式锤式破碎机，单转子的结构示意图如图 5.25 所示，其结构主要由转子、锤头、箅条、打击板和机壳等组成。铰接锤头可绕销轴自由摆动，工作时锤头受离心力作用沿转子径向展开。转子下部设有圆弧状箅条筛，进料口下部设有打击板。物料受锤头高速冲击而破碎，小于箅缝的物料直接排下，阻留在箅条上的物料继续受锤头的冲击和磨削作用，直至通过箅缝排出。

锤式破碎机工作时，锤头高速旋转可产生很大的气流，使出料口形成正压，这有助于物料的顺利排出，但同时也产生了扬尘的负面效果，造成粉尘污染、原料浪费。针对上述缺点，可将锤式破碎机的箅条结构取消，使下部封闭；再在破碎机的顶部开设一个吸风口，破碎后的细物料颗粒通过吸风口排出机体之外，粗物料颗粒由于质量较大继续留在机体内。这种改造可以使粗细物料及时分离，提高破碎效率、减少物料对机体和锤头的磨损。

锤式破碎机的规格用转子的直径(mm)×长度(mm)来表示，如 ϕ2000 mm×1200 mm 锤式破碎机表示破碎机的转子直径为 2000 mm，转子长度为 1200 mm。锤式破碎机技术参数见表 5.12。

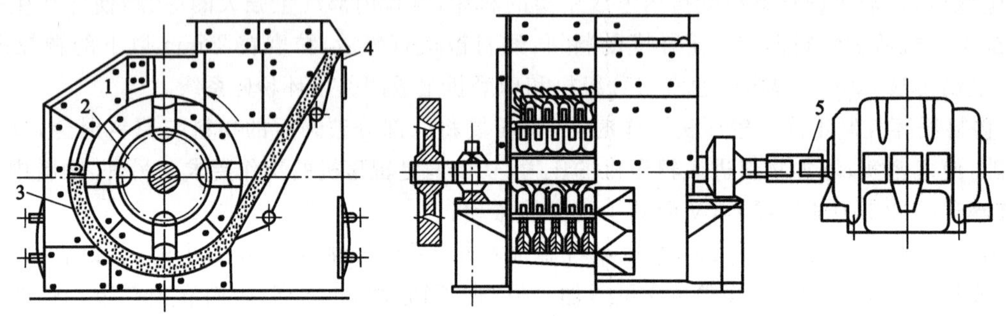

图 5.25 单转子锤式破碎机结构示意图

1—机壳；2—转子；3—箅条；4—打击板；5—弹性联轴器

表 5.12 锤式破碎机技术参数

规格型号 /(mm×mm)	转速 /(r·min^{-1})	进料粒度 /mm	出料粒度 /mm	产量 /(t·h^{-1})	质量 /t	功率 /kW	外形尺寸 /(mm×mm×mm)
PC-400×300	1450	⩽100	10	3～10	0.8	11	812×9827×85
PC-500×350	1250	⩽100	15	5～15	1.2	18.5	1200×1114×1114
PC-600×400	1000	⩽220	15	5～25	1.5	22	1055×1022×1122
PC-800×600	980	⩽350	15	10～50	3.1	55	1360×1330×1020
PC-800×800	980	⩽350	15	10～60	3.5	75	1440×1740×1101
PC-1000×800	1000	⩽400	13	20～75	7.9	115	3514×2230×1515

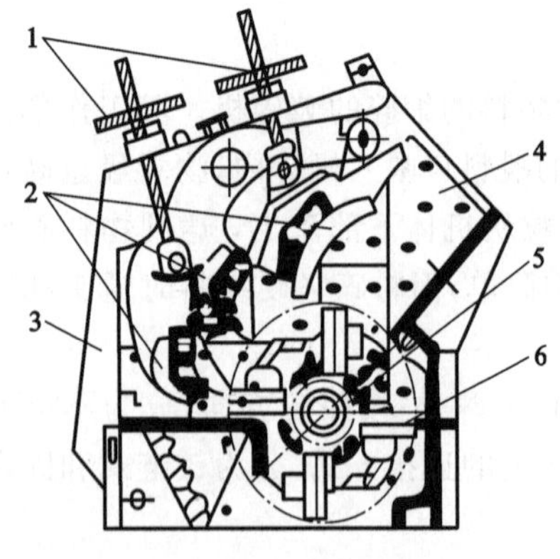

图 5.26 反击破碎机的结构示意图

1—反击板调整装置；2—反击板；3—机壳；4—喂料口；5—转子；6—锤头

5.3.2.5 反击式破碎机

反击式破碎机是在锤式破碎机基础上发展而来，两者在结构上相似。反击破碎机的结构示意图如图 5.26 所示，主要由机壳、转子、板锤和冲击板等组成。区别在于反冲击破碎机板锤与转子是刚性连接，导致在破碎物料原理上也存在差异。工作状态下，物料受转子的整体运动冲击，获得很高的弹射速度，进而在安装于机器内壁的冲击板和板锤之间形成脉动冲击。同时，物料彼此相互碰撞，最终导致内部产生裂纹，并不断扩大以至于破碎。小于反击板与板锤间间隙的物料经过破碎机下部的弧形筛板排出。反击破碎机的破碎比较一般破碎机的破碎颗粒尺寸大很多、产品过粉碎少、破碎效率高、单位能耗低、结构简单紧凑、维修方便。特别适用于脆性、纤维性及中硬以下物料的破碎，但破碎坚硬物料时磨损严重。反击破碎机的分类与锤式破碎机相似，其中最常用的也为单转子、多排固定板锤、不可逆式反击破碎机。反击式破碎机的规格用转子的直径(mm)×长度(mm)表示。反击破碎机的技术参数见表5.13。

表5.13 反击破碎机的技术参数

型号	规格 /(mm×mm)	进料口尺寸 /(mm×mm)	最大进料边长/mm	生产能力 /(t·h^{-1})	功率 /kW	总质量 /t	外形尺寸 /(mm×mm×mm)
PF-1007	ϕ1000×700	400×730	300	30～70	45	12	2330×1660×2300
PF-1010	ϕ1000×1050	400×1080	350	50～90	55	15	2370×1700×2390
PF-1210	ϕ1250×1050	400×1080	350	70～130	110	17.7	2680×2160×2800
PF-1214	ϕ1250×1400	400×1430	350	100～180	132	22.4	2650×2460×2800
PF-1315	ϕ1320×1500	860×1520	500	130～250	220	27	3180×2720×2620

5.3.2.6 反击锤式破碎机

反击锤式破碎机在锤式破碎机和反击破碎机基础上，保留了锤式破碎机锤头和轮毂之间的活动连接，同时采用结构简化的反击板。破碎时兼有锤式破碎机冲击破碎和反击破碎机反击破碎的优点，生产效率大幅提高。

反击锤式破碎机结构示意图如图5.27所示。与反击破碎机结构类似，反击锤式破碎机也由筛板、反击板、前后护板等10个主要部件组成。上机壳与反击板一起可以向上掀开，这样方便了检修。反击板简化后，增大了进料口和破碎腔。当原料从进料口进入后(由进料口的分流系统将符合粒度要求的颗粒先直接分流)，转子带动高速旋转的锤头，使物料经与锤头、反击板和与其他物料的多次碰撞和打击后进入弧形筛板区，细颗粒物料从弧形筛板的箅孔排出。由于筛板与锤头回转半径的间隙由大变小，筛面上的物料不仅受到打击和研磨，而且还受到挤压作用，研磨作用也得到加强，细碎效果得到强化，同时物料在径向挤压力的作用下有利于排料，避免了箅孔的堵塞。

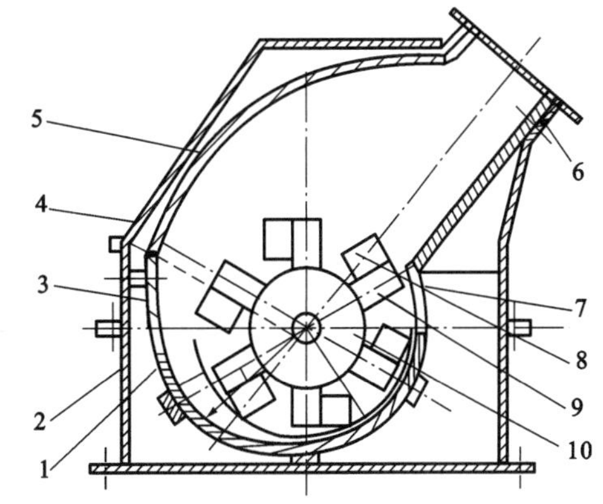

图5.27 反击锤式破碎机结构示意图

1—筛板；2—下机壳；3—后护板；4—上机壳；5—反击板；6—进料口底板；7—前护板；8—锤头；9—锤柄；10—轮毂

与前面两种破碎机规格表示方法类似，反击锤式破碎机的规格型号也用转子的直径(mm)×长度(mm)表示。反击锤式破碎机技术参数见表5.14。

表5.14 反击锤式破碎机的技术参数

型号	规格 /(mm×mm)	转子转数 /(r·min^{-1})	进料粒度 /mm	功率 /kW	质量(不包括电机)/kg	外形尺寸 /(mm×mm×mm)
PFC-0404	ϕ400×400	1600	<250	7.5/11	967	764×895×885
PFC-0606	ϕ600×600	1080	<350	37/45	2472	1220×1260×926
PFC-0808	ϕ800×800	960	<450	55/75	5860	1560×1710×1700
PFC-1010	ϕ1000×1000	887	<500	132	9760	1840×2140×2070
PFC-1212	ϕ1200×1200	760	<600	155	19200	2264×2640×2380
PFC-1414	ϕ1400×1400	676	<800	240/280	28600	2560×2940×3331
PFC-1616	ϕ1600×1600	580	<1000	400	36700	2640×3014×3572

5.3.3 粉磨设备——介质运动球磨机

5.3.3.1 球磨机的工作原理与类型

球磨机是无机非金属材料加工中广泛使用的一种粉磨机械，主要工作部件为圆形筒体，内装载有粉磨介质(研磨棒、球及圆柱段等)。依靠筒体回转时介质的冲击和磨剥等作用使物料被粉碎。在球磨机粉磨配合料时，还兼起混合作用。

图 5.28 所示为球磨机的简图。机身为一个水平放置的回转筒体 1，筒体两端用端盖 2、3 封闭。这两个端盖分别与喂料和卸料的空心轴连成一体，筒体借助于端盖及空心轴支承在轴承 4 上。筒体内部装载有粉磨介质(棒、球、段或其他物体)。电动机转动时，借助于减速传动装置，和通过装在筒体一端的大齿环 5，使筒体回转。物料经过喂料空心轴加入到筒体内，当磨机回转时，物料与粉磨介质混合，介质在惯性离心力和筒体内壁产生的摩擦力作用下，贴附在筒体内壁与筒体一起回转，并被带到一定的高度，由于介质本身质量的作用，产生自由泻落或抛落，冲击筒体底部的物料，同时，在磨机筒体回转过程中，粉磨介质还有滑动和滚动作用，使介于其间的物料受到磨剥，这样不断冲击和磨剥将物料粉磨成细粉。由于进料端不断加入物料，进料端和出料端之间存在料位高度差，当介质下落时，冲击物料所造成的轴向推力使被破碎物料由进料端缓缓流向出料端，完成粉磨过程。

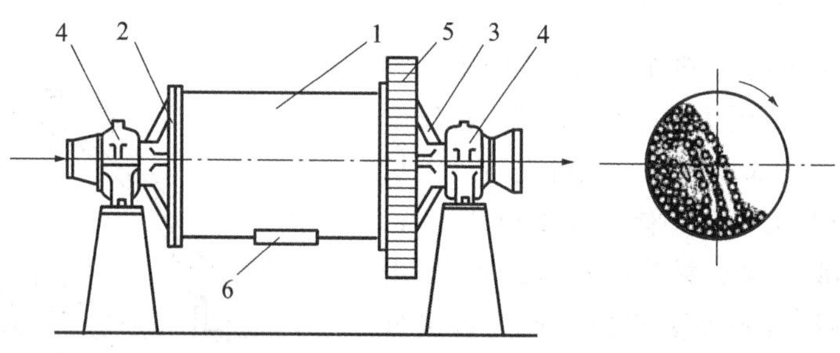

图 5.28 球磨机简图

1—回转筒体；2、3—端盖；4—轴承；5—大齿环；6—磨

球磨机的类型很多，主要类型如图 5.29 所示。其共同点：都有一个水平放置的回转筒体；为了保护筒体与端盖，在其内表面均镶有衬板。它们的差别在于筒体的形状、装载的粉磨介质、进卸料的方法、支承与传动方式、操作与生产方法的不同，成为各种类型的球磨机。

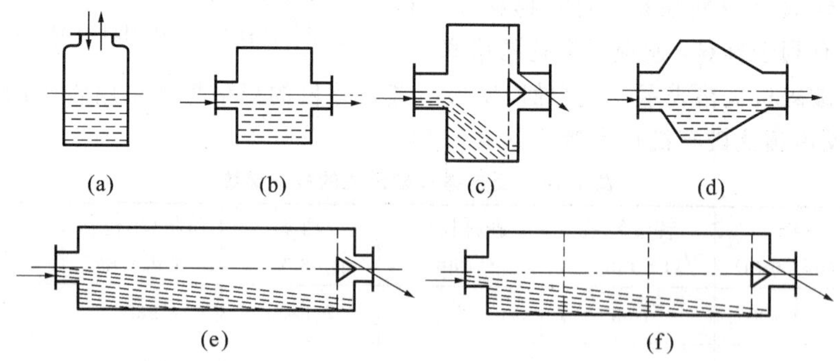

图 5.29 球磨机的主要类型

(a)间歇球磨机；(b)溢流式球磨机；(c)箅板卸料球磨机；(d)圆锥球磨机；(e)单仓管磨机；(f)多仓管磨机

目前球磨机的规格已标准化，一般用不带磨机衬板的筒体内径和筒体有效长度(L)来表示。有时间歇式球磨机还以装填物料的吨数来表示。在无机非金属工业中，根据生产的规模和条件，可以选择采用各种不同类型及规格的球磨机。

球磨机与其他粉磨机械比较，其优点：构造简单，工作安全可靠，维修方便；生产适应性强，可干磨或湿磨，以及间歇或连续操作，也可干燥和粉磨同时进行，能适应各种性质物料的粉磨，如硬的、软的、脆的、韧性的等物料；还可制成各种规格大小磨机适应各种生产规模的需要；可以获得较高的粉磨细度，能将入磨粒径为 25～40 mm 的物料粉磨到 1.5～0.07 mm，而且细度比较稳定和容易调节。缺点：机身庞大、笨重，启动力矩大，粉磨效率低，电耗大，研磨介质和衬板磨耗大，能量利用率一般只有 1%～2%，现代化球磨机也只提高到 5%～7%。

球磨机不但在无机非金属材料行业应用，而且在冶金、选矿、电力、化工、煤炭、储能电池等新能源材料等工业中也被普遍应用。

5.3.3.2　管磨机

管磨机是一种主要细磨的连续操作的球磨设备，在水泥工业广泛使用。现以 ϕ3 m×11 m 球磨机为例，介绍其主要构造。图 5.30 所示为 ϕ3 m ×11 m 球磨机，属中心传动、尾端卸料、三仓管磨机。其中一、二仓之间装设有提升式双层隔仓板，二、三仓之间设有单层隔仓板；一、二仓内安装阶梯衬板，三仓内镶砌小波纹衬板。装填粉磨介质（钢球、钢段）100 t。筒体 8 支承在主轴承 7 及 9 上，由功率为 1250 kW 的 1250-8 型主电机 1 通过胶块联轴器 2、减速器 3、中间轴 4、钢板联轴器 5 和磨机卸料中空轴驱动，以 17.7 r/min 速度回转。物料由喂料装置 10 送入磨内，经过三个仓室粉磨之后，由传动接管上的椭圆孔落入卸料装置 6 内。

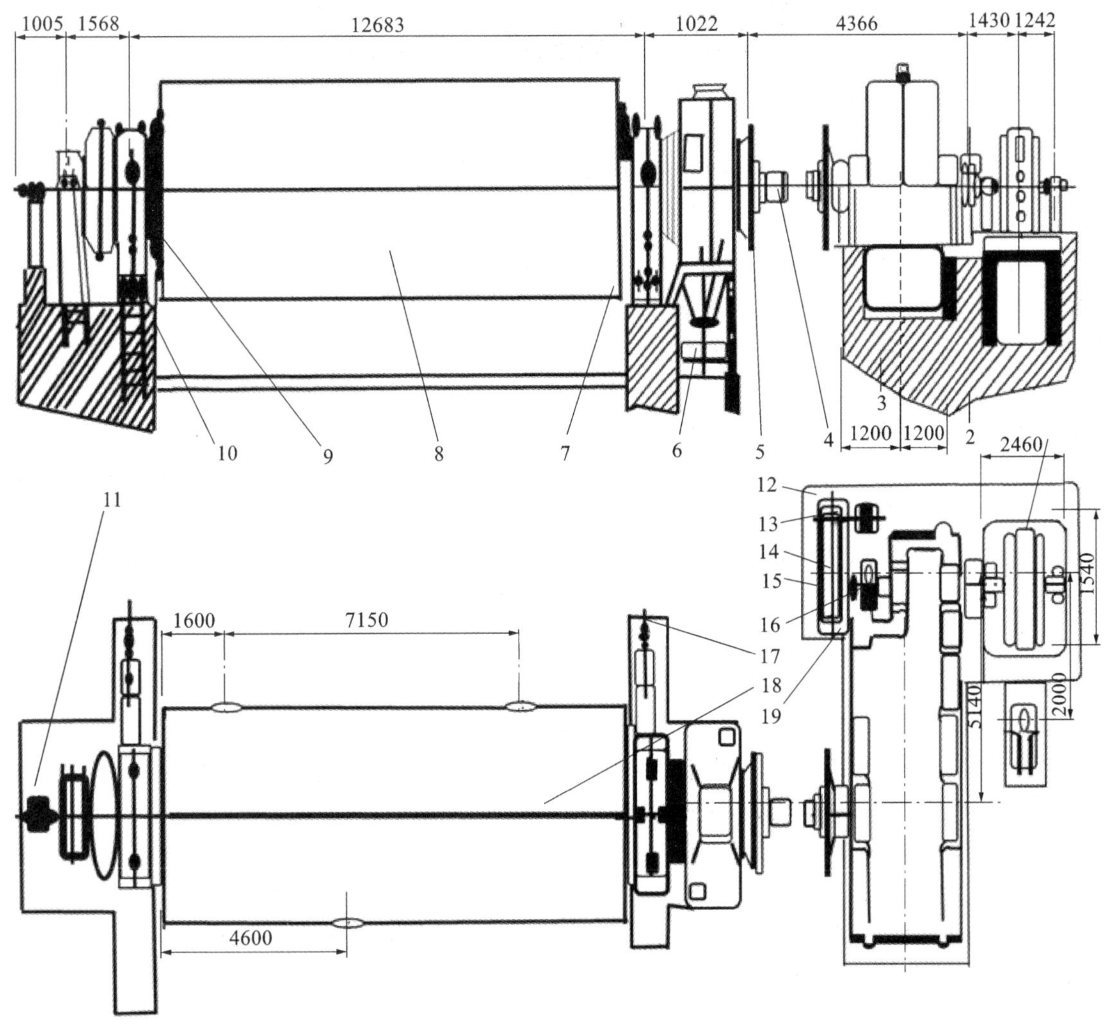

图 5.30　ϕ3 m×11 m 球磨机

1—主电机；2、13、15—胶块联轴器；3—减速器；4—中间轴；5—钢板联轴器；6—卸料装置；7、9—主轴承；8—筒体；10—喂料装置；11—喷水装置；12—辅助电机；14—辅助减速器；16—斜齿离合器；17—润滑装置；18—水管；19—操纵杆

磨机的主轴承，除了设有循环润滑装置外，还设有专用水循环冷却装置。另外，在传动系统

中，设有辅助传动装置，由功率为 17 kW 的电动机驱动，筒体以 0.2 r/min 的速度慢速回转，在检修时备用。

该磨机粉磨水泥时，因磨机直径较大，磨内温度较高，故还设有雾化喷水装置 11。压缩空气和水由水管 18 通过喂料中空轴从端盖处喷入磨内，再由第三仓的磨尾喷出，利用水蒸气带走磨内热量，使温度降低，可使磨机产量提高 5%～10%。

5.3.3.3 *研磨介质的运动分析及磨机工作参数的确定*

(1)研磨介质的运动方式

球磨机筒体旋转时，在粉磨介质的重力、衬板与介质之间的摩擦力以及由于磨机旋转而产生的惯性离心力的作用下，粉磨介质紧贴筒体内壁旋转并提升一段距离，然后向下泻落。粉磨介质的泻落状态，由于磨机的转速、介质的装填量、衬板的类型等因素的影响，产生不同的运动状态。球磨机内粉磨介质的状态如图 5.31 所示，有泻落式、抛落式和离心式三种。

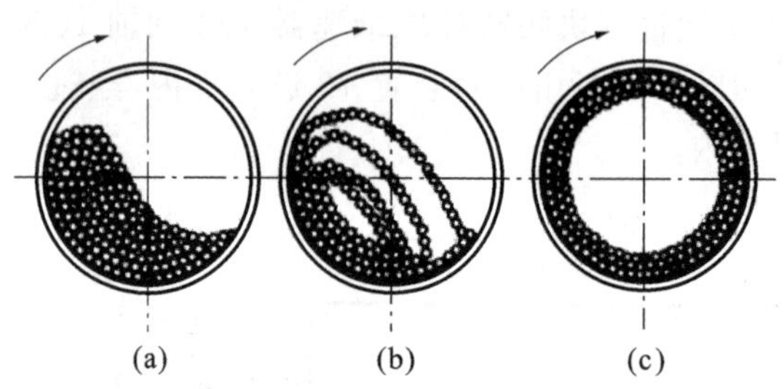

图 5.31 球磨机内粉磨介质的状态

(a)泻落状态；(b)抛落状态；(c)离心状态

磨机筒体的回转速度，决定了粉磨介质产生的惯性离心力的大小，对介质的运动状态影响很大。筒体转速较低时[图 5.31(a)]，靠摩擦力的作用，介质随筒体沿筒壁的同心圆轨迹升高。当介质面层的斜度超过自然休止角时，介质就沿着斜面一层层地泻落下来，周而复始地进行循环，这种状态称为泻落状态。此时物料主要是由介质互相滑滚运动产生的磨剥作用而被粉碎。筒体转速较高时[图 5.31(b)]，介质受到较大的惯性离心力作用，紧贴在筒壁上沿圆弧轨迹提升，超过自然休止角时，介质仍不滚下。直至介质的重力与惯性离心力相平衡时，介质才从空间抛下，这种状态称为抛落状态。抛落的介质，对筒体下部的介质或筒体衬板上物料产生冲击作用，使之粉碎。同时，筒体回转过程中，介质的滚动和滑动，还对物料兼有磨剥作用。通常球磨机以抛落状态工作。筒体转速过高时[图 5.31(c)]，介质受到的惯性离心力会超过重力，介质不会脱离筒体，而随筒体一起转动，介质由外层至内层都达到离心状态，形成一个紧贴筒体内壁的圆环，随筒体一起旋转，称为离心状态。这时，介质既不抛落，同时介质之间又无相对运动，对物料不起任何粉磨作用。因此，球磨机转速不能太高，有一极限。开始出现这种情况时的转速，称为球磨机的临界转速，球磨机应在低于临界转速下工作。必须指出，上述三种介质运动状态，彼此是有联系的。这些运动状态的改变，取决于粉磨条件(介质装填量、磨机转速、衬板和介质的状况、物料的性质等)的变化。图 5.32 表明磨机在不同的介质填充率和转速时，介质运动状态的变化。另外，上述分析并未考虑介质中内摩擦力的影响，而且还忽略了筒体中心的蠕动肾形区的存在(图 5.33)。实际上，靠近磨机中心部分，介质的运动并不明显，仅做蠕动，粉磨作用较弱。蠕动肾形区的大小在很大范围内变动，它取决于磨机的工作条件。但是在某些情况下，它的质量相当于沿同样圆形、倾斜的或抛落状态运动的介质质量，其作用还是不能忽视。

(2)以抛落方式工作的球磨机中介质运动轨迹

为了便于研究，将筒体内的介质看作一“质点系”，并假设质点之间没有摩擦。现取其最外层的一个介质 A 作为质点来分析(图 5.34)。因为介质直径与筒体有效内径相比甚小，所以可近似认为介质中心在筒体内壁的圆周线上。

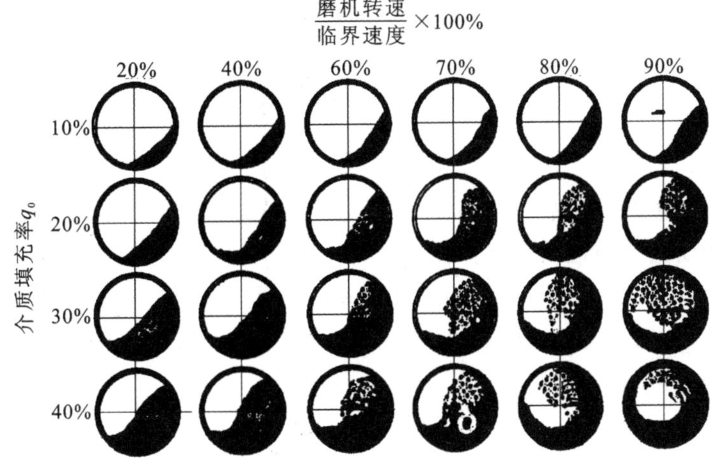

图 5.32　不同转速和填充率对介质运动状态的影响

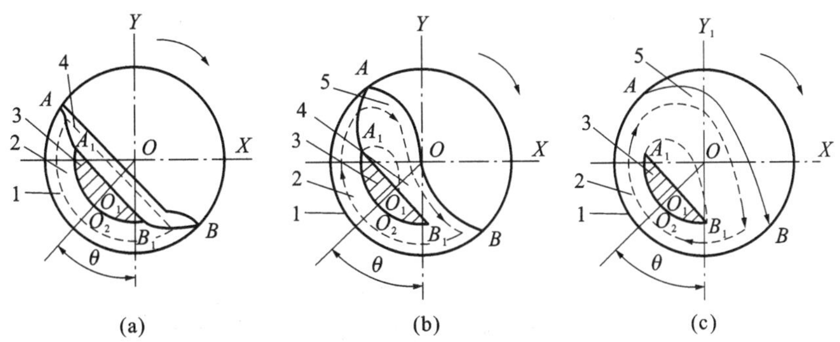

图 5.33　磨机不同工作状态下的蠕动肾形区

1—磨机筒体；2—沿圆形轨迹运动着的介质层；3—蠕动肾形区；

4—滑落的介质层；5—泻落的介质

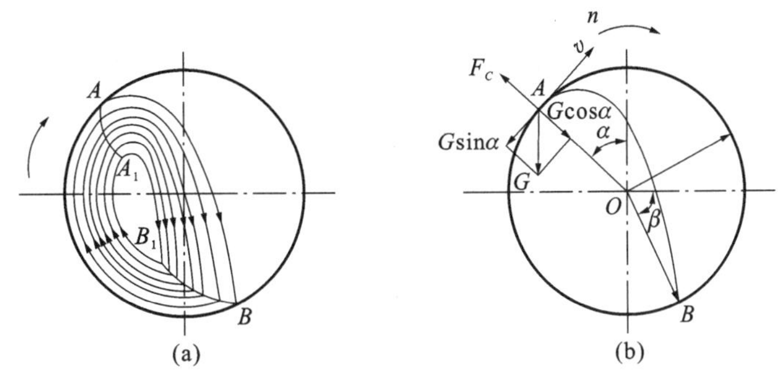

图 5.34　球磨机粉磨介质运动轨迹

① 研磨介质上升运动轨迹

筒体转动时，介质受到惯性离心力的作用，筒体将下方的介质带起。外层介质贴在筒体内壁上升，而内层介质贴附在外层介质上上升。每个介质都先在空间经历一段以筒体中心为圆心的圆弧轨迹。这些介质堆叠在一起，分布在圆弧 BA、B_1A_1 和曲线 BB_1、AA_1 所围绕的面积上[图 5.34(a)]。

② 研磨介质运动的脱离点轨迹

对于一定质量的研磨介质，其对物料的冲击力取决于筒体把介质带起的高度。筒体回转时，介质受到惯性离心力 F_c 与重力 G 的作用，沿圆弧轨迹上升，当惯性离心力与重力的径向分力平衡时，介质不再贴紧在它所依附的外层介质上，开始脱离圆弧轨迹，沿着切线方向抛出，向下跌落。开始脱离圆弧轨迹的点 A 称为脱离点；而通过 A 点的回转半径与铅垂线之间的夹角 α 则称之为脱离角，它表示介质的上升高度。这时

$$F_c = G\cos\alpha \tag{5.81}$$

由于 $F_c = Gv^2/gR$，而介质运动的线速度 $v = \pi Rn/30$，代入上式得：

$$\cos\alpha = \frac{n^2R}{900} \tag{5.82}$$

式中　n——磨机转速，r/min；

R——介质所在位置的回转半径，m。

式(5.82)又称为研磨介质运动基本方程式。从上式可看出：介质运动上升的高度由筒体转速和介质所在层的回转半径所决定，而与介质的质量无关。可见，对于同一层介质，大小介质均上升至同一高度，并在同一位置上脱离筒壁。而磨机内各层介质的上升高度各不相同，其中以外层介质上升高度为最大。根据式(5.82)，得

$$R = \frac{900}{n^2}\cos\alpha = 2\rho\cos\alpha \tag{5.83}$$

式中磨机转速 n 为一常数。如图 5.35 所示，式(5.83)是以筒体中心 O 为极点，OY 为极轴的圆的方程式。可见，各层介质脱离点的轨迹为一段圆弧 AA_1。这个圆弧的圆心在通过筒体中心的垂直轴 OY 上，圆弧的半径 $\rho = \dfrac{450}{n^2}$，圆周通过坐标原点 O 所作的圆上。

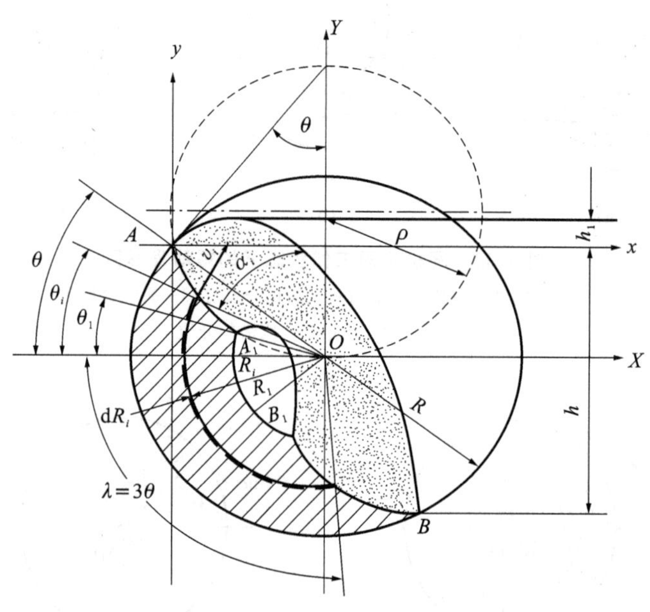

图 5.35　介质脱离点和降落点轨迹

③ 研磨介质抛落的轨迹

介质脱离筒壁或者它所依附的介质层，以切线速度 v 抛出后，受到重力作用，在空间经历抛物线轨迹后自由降落。介质分布在用抛物线 AB、A_1B_1 及曲线 AA_1、BB_1 所包围的面积上。所以，以脱离点为原点，以降落时间 t 为参数的降落轨迹方程式为：

$$\left.\begin{aligned} x &= (v\cos\alpha)t \\ y &= (v\sin\alpha)t - \frac{1}{2}gt^2 \end{aligned}\right\} \tag{5.84}$$

消去参数 t 后，抛物线方程式变为：

$$y = x\tan\alpha - \frac{1}{2}g\,\frac{1}{v^2\cos^2\alpha}x \tag{5.85}$$

④ 研磨介质运动的降落点轨迹

介质抛出后，跌落到下方，再度与筒体或介质层的接触点，称为降落点 B。通过降落点的筒体半径与水平半径之间的夹角，称为降落角 β；介质仍降落在原来介质层的圆弧轨迹上，又再次被筒体带

起。因此,降落点应该是抛物线轨迹与圆弧轨迹的交点。

对于通过筒体中心的 XOY 坐标系来说,半径为 R 的圆的方程式为:

$$X^2 + Y^2 = R^2 \tag{5.86}$$

脱离点 A 对于 X、Y 轴的坐标为$(-R\sin\alpha, R\cos\alpha)$。如果将 X、Y 轴平移到脱离点,则圆的方程式变为:

$$(X - R\sin\alpha)^2 + (Y + R\cos\alpha)^2 = R^2 \tag{5.87}$$

将式(5.85)代入式(5.87),化简后得出:

$$\frac{X^3}{R\cos^4\alpha}\left(\frac{X}{4R\cos^2\alpha} - \sin\alpha\right) = 0 \tag{5.88}$$

式中 $\frac{X^3}{R\cos^4\alpha} = 0$ 的 3 个根 $X_1 = X_2 = X_3 = 0$,即两轨迹相交于坐标原点 A。第 4 个根是$\frac{X}{4R\cos^2\alpha} - \sin\alpha = 0$ 的解,即 B 点的 X 坐标:$X_B = 4R\sin\alpha \cdot \cos^2\alpha$,代入式(5.85),得出点 B 的纵坐标 $Y_B = -4R\sin\alpha \cdot \cos\alpha$,即:

$$\left.\begin{aligned} X_B &= 4R\sin\alpha\cos^2\alpha \\ Y_B &= 4R\sin^2\alpha\cos\alpha \end{aligned}\right\} \tag{5.89}$$

这就是降落点对于通过脱离点的 XOY 坐标系的方程式,可以确定各层介质的降落位置。不难证明,对于 XOY 坐标系,降落点的坐标为:

$$\left.\begin{aligned} X_B &= 4R\sin\alpha\cos^2\alpha - R\sin\alpha \\ Y_B &= -4R\sin^2\alpha\cos\alpha + R\cos\alpha \end{aligned}\right\} \tag{5.90}$$

降落点的正弦为:

$$\sin\beta = \frac{|Y_B|}{R} = \frac{4R\sin^2\alpha\cos\alpha - R\cos\alpha}{R} = -\cos3\alpha \tag{5.91}$$

故 $\beta = 3\alpha - 90°$。

介质自脱离点被抛出后,直至到达降落点为止,在空间扫过的总的角度为:

$$\alpha + 90° + \beta = \alpha + 90° + 3\alpha - 90° = 4\alpha \tag{5.92}$$

根据上述夹角关系,降落点的轨迹可按下法求出:从脱离点的轨迹曲线 AA_1 上取一系列点 A_i,由各点与筒体中心 O 连线。作出一系列角 α_i,再按筒体回转方向,作一系列的角 4α,这样,夹角边线与脱离点对于 O 之同心圆的交点轨迹 BB_1,即为降落点的轨迹曲线。显然,降落点轨迹曲线应通过筒体中心,与脱离点轨迹汇交在一起(图 5.36)。

⑤ 介质运动的最内层轨迹

为了保证介质跌落时对物料的冲击效应,介质在空间应作自由降落,彼此不能互相碰撞和干扰。这就要求介质的装填量应限制在一定的范围内,最内层介质的回转半径 R_1 应不小于某一极限值。

从图 5.36 可看出,越接近筒体中心的介质层,介质的脱离点轨迹和降落点轨迹就越靠近,它的圆周运动和抛落运动之间相互干扰就越厉害,以致两者几乎不可分。若要求各层介质恒在其同一轨迹线上做循环周转运动,而不产生相互干扰,就必须先确定$\overset{\frown}{A_1B_1}$至 O 点的最小距离 R_1。

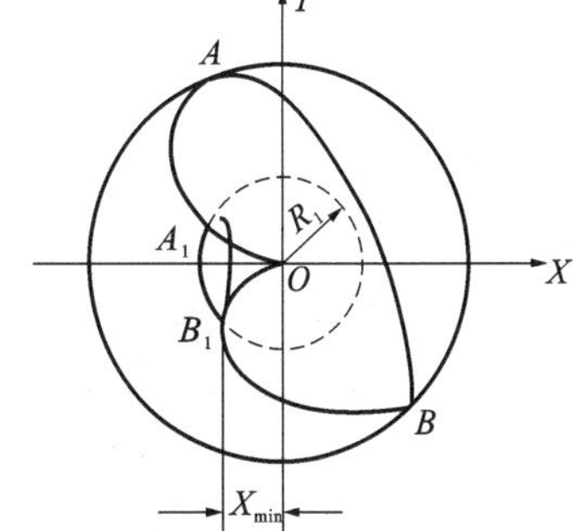

图 5.36 最内层介质的最小半径

从降落点轨迹曲线可以看出,当 R_1 小至一定程度时,曲线的斜率为无穷大,此半径值即为介质层的最小半径。如果 R_1 更小,则理论上的降落点轨迹将在圆心 O 点附近的一段曲线上。但这在实际中是不可能的,因为各层介质都由它下面的各层介质支托着,而在筒体中心附近的那一段曲线所示的降落点,下面是悬空的,没有介质支托,实际上不可能存在。只有在轨迹曲线的斜率为无穷大的这一转折点 B_1 以下降落点才能存在。斜率为无穷大的这一点所对应的半径,即为介质的最小半径。

因为当降落点的轨迹曲线斜率为无穷大时,横坐标 X_B 的值为极小。根据 X_B 的极小值,就能求出最内层的半径。根据式(5.90)

$$X_B = 4R\sin\alpha\cos^2\alpha - R\sin\alpha$$

将式(5.83)代入上式得：

$$X_B = \frac{900}{n^2}\cos\alpha\sin\alpha(4\cos^2\alpha - 1)$$

为了求得 X_B 的最小值，取导数 $\frac{dX_B}{d\alpha} = 0$，解得 $\alpha = 73°50'$ 时，X_B 为极小值。与其对应的半径即为介质层的最小半径 R_1。从式(5.83)得：

$$R_1 = \frac{900}{n^2}\cos\alpha_1 \approx \frac{900}{n^2}\cos 73°50' = \frac{250}{n^2} \tag{5.93}$$

因此，在确定介质装填量时，务使其最内层半径大于 $R_1 = \frac{250}{n^2}$。如果介质层最内层半径小于$\frac{250}{n^2}$，它们降落时就会相互碰撞干扰，造成能量损失，增加介质破损，降低粉磨效率。

⑥ 介质运动的循环次数

由于介质有一段时间离开筒体自由降落，所以它循环一次的时间并不等于筒体转一周的时间。设筒体每分钟转数为 n，则每转一转的时间为：$t=60/n$。至于介质，当其附在筒体上被带起时，在空间扫过总的角度为：

$$\phi = 90° + (90° - \alpha) + (90° - \beta) = 90° + (90° - \alpha) + (90° - 3\alpha + 90°) = 4 \times (90° - \alpha)$$

所以，介质经过这一区域所需的时间

$$t_1 = \frac{\phi}{360°}t = \frac{90 - \alpha}{1.5n} \tag{5.94}$$

介质做抛物线降落时，所经历的时间为：

$$t_2 = \frac{x}{v\cos\alpha} = \frac{4R\sin\alpha\cos^2\alpha}{\frac{\pi Rn}{30}\cos\alpha} = \frac{19.1\sin 2\alpha}{n} \tag{5.95}$$

因此，介质每循环一次所需的时间为：

$$t_0 = t_1 + t_2 = \frac{90 - \alpha + 28.6\sin 2\alpha}{1.5n} \tag{5.96}$$

于是，当磨机每转一周的时候，介质的循环次数为：

$$i = \frac{t}{t_0} = \frac{90}{90 - \alpha + 28.6\sin 2\alpha} \tag{5.97}$$

从上式可知，因为各层介质的脱离角不同，所以循环次数也不相同。i 值恒大于 1，说明介质呈抛落状态运转时，介质周转一周所需时间，恒比磨机筒体运转一周的时间短。

以上对转筒式磨机内粉磨介质的运动分析，可以作为确定球磨机工作参数的理论基础。

⑦ 研磨体在磨机筒体横断面上的分布

研磨体在磨机正常操作过程中连续不断运动，在筒体横断面上可分为两种运动状态：一种是贴随磨机筒体一起的回转部分 F_1，另一种是研磨体抛落状态部分 F_2，其中，

$$dF_1 = (\theta + \lambda)rdr \tag{5.98}$$

因 $r = 2\rho\cos\alpha\lambda = 3\theta$，代入上式并积分得

$$F_1 = 2\rho^2[-2\theta\cos 2\theta + \sin 2\theta]_{\theta_1}^{\theta_2} \tag{5.99}$$

处于抛落状态部分研磨体的横断面积 F_2，按照通过脱离点轨迹曲线 AC 各层研磨体，分别以线速度 $v = \omega r$，在时间 $t = 4\omega r\cos\theta/g$ 内抛出的面积来表示。在时间 t 内抛出的微面积 dF_2 为：

$$dF_2 = vtdr \tag{5.100}$$

考虑到 $r = 2\rho\sin\theta$ 及 $\omega^2 r = g\sin\theta$，得

$$dF_2 = 2\rho^2[1 - \cos 4\theta]d\theta$$

上式积分得

$$F_2 = 2\rho^2[\theta - \sin 2\theta/4]_{\theta_1}^{\theta_0} \tag{5.101}$$

上式中的 θ_1、θ_0 分别为磨机内研磨体的最内层与最外层脱离角的余角($\theta = \pi/2 - \alpha$)。当球磨机筒体有效内径及转速一定时,θ_0 为确定;θ_1 则与研磨体的填充率 ϕ 有关,则有

$$F_1 + F_2 = \phi\pi R_0^2 \tag{5.102}$$

将式(5.99)与式(5.101)代入上式得

$$[2\theta(1 - 2\cos 2\theta) + \sin 2\theta(1 - \cos 2\theta)]_{\theta_1}^{\theta_0} = 4\phi\pi\sin^2\theta_0 \tag{5.103}$$

当 $n = 32.2/\sqrt{D_0}$ 时,由式(5.82)知 $\alpha_0 = 54°40'$;而磨机内研磨体要达到最大填充率,由式(5.93)知在 $\alpha_1 = 73°50'$ 可达到。将它们的余角 $\theta_0 = 73°50'$ 及 $\theta_1 = 16°10'$ 代入上式,便可求出磨机的最大填充率为:$\phi_{max} = 0.42$。

由于磨机的类型和规格不同,磨机实际转速并非都是 $n = 32.2/\sqrt{D_0}$,因而 ϕ_{max} 存在一个变化范围,如在水泥厂的管磨机中,一般为 $\phi_{max} = 0.25 \sim 0.35$,而在单仓球磨机中,$\phi_{max} = 0.45 \sim 0.50$。总之,合理的磨机填充率必须与磨机转速、衬板形式、粉磨工艺特点等相适应,才能获得最佳的技术经济指标。

5.3.4 超细粉碎设备

随着材料科学与技术的不断发展,新型功能材料如精细陶瓷粉末、新能源电池正负极粉末等的生产开发对有关粉体加工的微细化和超细化提出了越来越高的要求,因此超细粉碎机械的研究成为人们越来越重视的课题。超细粉碎设备设计及选用的出发点包括:(1)原理上考虑提高有效粉碎能,大多采用冲击、剪切、摩擦等力的综合作用进行超细粉碎。(2)结构上采用超细粉碎-分级组合形式,利用高效气流分级可提高微细化粒度,粒度均匀化和特定化。(3)材质上采用高耐磨材料作内衬,减少对产物的污染。(4)超细粉碎与表面改性的一体化实施,此外,特殊需求的粉碎,如低温粉碎。

粉体工程常用的超细粉碎设备包括:(1)高速机械冲击式粉碎机,有立式与卧式。(2)介质运动式磨机,如容器驱动式(高能球磨、振动磨、行星磨)和介质搅拌磨。(3)气流粉碎机,有扁平式、靶式、对喷式、流化床式、循环管式等。

下面介绍几种典型的超细粉碎机械。

5.3.4.1 高速机械冲击式粉碎机

高速机械冲击式粉碎机是利用高速回转转子上的锤、叶片、棒体等对物料进行撞击,并使其在转子与定子间,物料颗粒与颗粒间产生高频度的相互强力冲击、剪切作用而粉碎的设备,分立式和卧式两大类。

(1)立式高速机械冲击式微粉碎机:物料在立式的高速回转的转子与带齿的定子间受冲击剪切粉碎。然后在气流带动下进入分级区,微粉随气流通过分级涡轮排出机外,由收尘装置捕集,粗粉在重力作用下落回转子内再次被粉碎。ACM 型机械冲击磨见图 5.37。

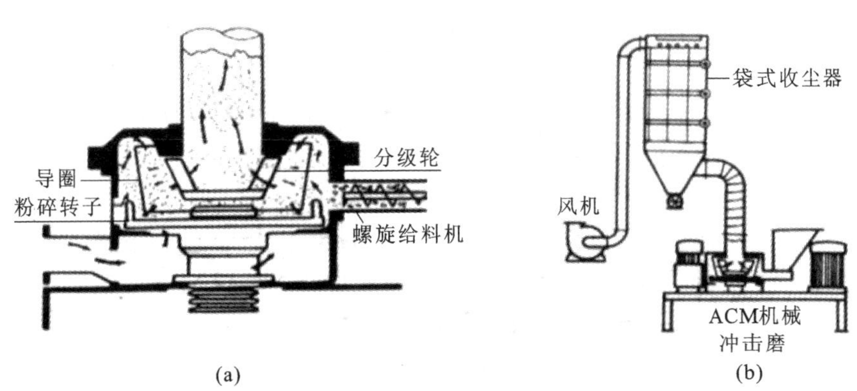

图 5.37 ACM 型机械冲击磨

(2)卧式高速机械冲击式微粉碎机：图 5.38 所示的 Super Micro Mill 型超细冲击磨由水平轴上安装两个串联的粉碎-分级室和风机组成。粉碎-分级室由转子、定子衬套、分级叶轮组成。一、二级转子叶片分别有 30°、40°倾角，旋转时形成风压，而相应的一、二级分级轮为径向叶片，旋转时形成风阻，两者旋转时形成气流，使颗粒反复受强烈的冲击、剪切、摩擦作用而粉碎。第二级转速更大，成为细磨区。

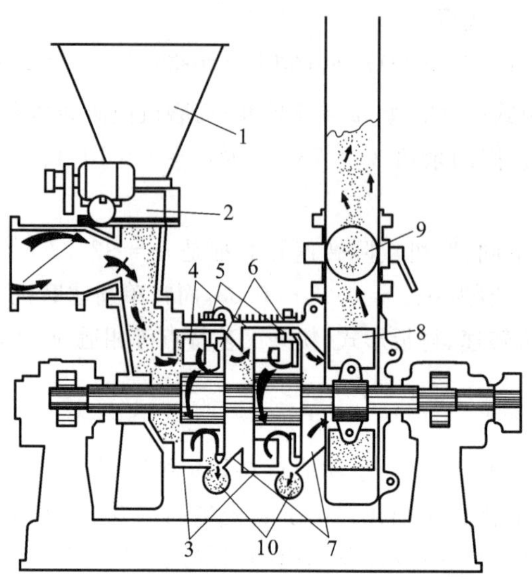

图 5.38 Super Micro Mill **型超细冲击磨**

1—料斗；2—加料机；3—机壳；4—第一级转子；5—分级器；6—第二级转子；7—接管；8—风机；9—阀；10—排渣机

5.3.4.2 搅拌磨

搅拌磨是 20 世纪 60 年代开始应用的粉磨设备，主要用于染料、涂料行业的料浆分散与混合，后来发展成为一种新型的高效超细粉磨设备。搅拌磨是超细粉碎机中最有发展前途、能量利用率最高的一种超细粉磨设备，它与普通球磨机在粉磨机理上的不同点：搅拌磨有内置搅拌器，搅拌器的高速回转使研磨介质和物料在整个筒体内不规则地翻覆，从而产生不规则运动，使研磨介质和物料之间产生相互撞击和摩擦的双重作用，致使物料被磨得很细，并得到均匀分散的良好效果。

(1)搅拌磨的分类及构造

搅拌磨的种类很多，按照搅拌器的结构可分为盘式、棒式、环式和螺旋式搅拌磨；按工作方式分为间歇式、连续式和循环式三种类型；按工作环境分为干式搅拌磨和湿式搅拌磨(一般以湿式搅拌磨为主)；按安放形式可分为立式和卧式搅拌磨；按密闭形式又可分为敞开式和密闭式(见图 5.39)等。

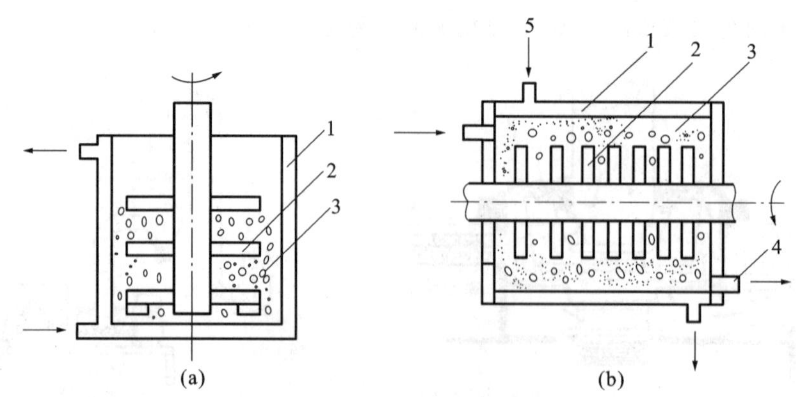

图 5.39 典型的搅拌磨示意图

(a)立式敞开型；(b)卧式密闭型

1—冷却夹套；2—搅拌器；3—研磨介质球；4—出料口；5—进料口

图 5.40 为间歇式、连续式和循环式搅拌磨的示意图。它主要是由带冷却套的研磨筒、搅拌装置和循环卸料装置等组成。冷却筒内通入不同温度的冷却介质以控制研磨时的温度。研磨筒内壁及搅拌装置的外壁可根据不同的用途镶嵌所需不同的材料。循环卸料装置即可保证在研磨过程中物料的循环，又可保证最终产品能及时卸出。连续式搅拌磨研磨筒的高径比较大，其形状如一倒立的塔体，筒体上下装有隔栅，产品的最终细度是在通过调节进料流量同时，控制物料在研磨筒内的滞留时间来保证。循环式搅拌磨是由一台搅拌磨和一个大容积循环罐组成，循环罐的容积是磨机容积的 10 倍左右，其特点是产量大、产品质量均匀及粒度分布较集中。

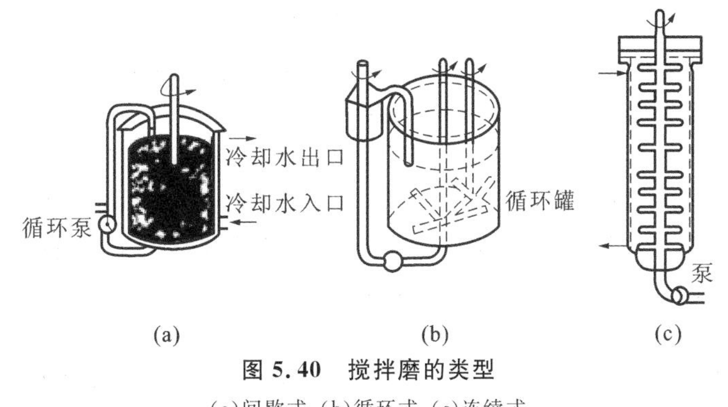

图 5.40 搅拌磨的类型

(a)间歇式；(b)循环式；(c)连续式

(2)工作原理

由电动机通过变速装置带动磨筒内的搅拌器回转，搅拌器回转时其叶片端部的线速度为 3～5 m/s，高速搅拌时还要增大 4～5 倍。在搅拌器的搅动下，研磨介质与物料做多维循环运动和自转运动，在磨筒内不断地上下、左右相互置换位置而产生剧烈的运动，由研磨介质重力及螺旋回转产生的挤压力对物料进行摩擦、冲击、剪切而将其粉碎。由于它综合了动量和冲量的作用，因而能有效地进行超细粉磨，使产品细度可以达到亚微米级。此外，能耗绝大部分用于搅拌研磨介质，而非虚耗于仅转动研磨体或转动笨重的筒体，因此能耗比球磨机和振动磨都低。可以看出，搅拌磨不仅具有研磨作用，同时还具有分散和搅拌作用，所以它是一种兼具功能较多的粉碎设备。

连续粉磨时，研磨介质和粉磨产品要用分离装置分离，分离装置阻止研磨介质随产品一起排出。目前常用的分离装置是圆筒筛，其筛面由两块平行的筛板组成，工作时，介质不直接打击筛面，因而筛面不宜损坏；由于筛子的运动，筛面不易阻塞。这种筛子的筛孔尺寸为 50～100 μm。为防止磨损，筛子的前沿和尾部采用耐磨材料制作。其不足之处是难以分离黏度较高的料浆。

研磨介质一般为球形，其平均直径小于 6 mm，用于超细粉碎时，一般小于 1 mm。介质大小直接影响粉磨效率和产品细度，直径越大，产量越高；反之，介质粒径小，产品粒度越小，产量越低。一般视给料粒度和产品细度要求而定。为提高粉磨效率，研磨介质的直径需大于给料粒度的 10 倍。另外，研磨介质的粒度分布越均匀越好。研磨介质的密度对粉磨效率也有重要作用，介质密度越大，研磨时间越短。研磨介质的硬度须大于被磨物料的硬度，以增加研磨强度。根据经验，介质的莫氏硬度最好比被磨物料的硬度大 3 级以上。常用的研磨介质有天然砂、玻璃珠、氧化铝、氧化锆、钢球等。研磨介质的装填量对研磨效率有直接影响，装填量视研磨介质粒径而定，但必须保证在分散器内运动时，介质的空隙率不小于 40%。通常，粒径大，装载量也大；反之依然。研磨介质的填充系数，对于敞开立式搅拌磨，为研磨容器有效容积的 50%～60%；对于密闭立式和卧式搅拌磨(包括双冷式和双轴式)，为研磨容器有效容积的 70%～90%(通常取 80%～85%)。

(3)影响搅拌磨粉磨效果的主要因素

影响搅拌磨粉碎效果的主要因素包括以下三个方面：

① 物料特性参数 物料的特性参数包括强度、弹性、极限应力、流体黏度、粒度和形状、料浆及物料的温度、研磨介质温度。

纤维类材料较脆性材料难粉碎；料浆黏度高、黏滞力大的物料难粉碎，能耗高。

② 过程参数　过程参数包括应力强度、应力分布、通过量及滞留时间、物料填充率、料浆浓度、转速、温度、界面性能以及助磨剂的用量和特性等。

以上参数对粉磨效果的影响与球磨机大致相同。由于搅拌磨多采用湿式粉磨，因此料浆中固体含量对粉磨效果影响较大。浓度太低时，研磨介质间被研磨的固体颗粒少，易形成空研现象，因而能量利用率低，粉磨效果差；反之当浓度太高时，料浆黏度增大，研磨能耗高，料浆在磨腔介质间的运动阻力增大，易出现阻料现象。因此，料浆中固体含量应适当，才能获得较好的粉磨效果。料浆浓度与被粉碎物料的性质有关。对于重质碳酸钙、高岭土等，浓度可达70%以上。对于某些特殊的涂料和填料，其浓度一般取25%～35%。因此，在粉磨的过程中，需添加一定的助磨剂或稀释剂来降低料浆黏度，以提高粉磨效率和降低粉磨电耗。添加剂的用量与其特性、粉磨物料性质以及工艺条件有关，最佳用量应通过试验来确定，一般控制在0.5%以下。

③ 结构形状和几何尺寸　结构形状和几何尺寸以及搅拌磨的磨腔结构尺寸、研磨介质的直径及级配等都会对粉磨效果有较明显影响。大量研究与实践表明，搅拌磨的磨腔结构形状及搅拌器的结构形状和尺寸，对粉磨效果的影响非常显著。通常认为：卧式搅拌磨比立式搅拌磨的效果好，但拆卸、维修及装配都较为麻烦。在卧式搅拌磨中，弯曲上翘的比简单直筒的效果好，其原因是改变了料浆在磨腔内的流场，提高了物料在磨腔内的研磨效果。搅拌器的形状通常是圆盘形、月牙形、花盘形，比棒状搅拌器效果好。搅拌器的搅拌片或搅拌棒数量适当增多可提高研磨效果，但数量太多时会起相反作用。磨腔及搅拌器的尺寸太大或太小都会对研磨效果不利，一般单台搅拌器的容积为50～500 L。

5.3.4.3　振动磨

振动磨也是一种应用较为广泛的超细粉磨设备。它的主要结构如图5.41所示。其槽形或管形筒体支承于弹簧上，筒体中部有主轴，轴的两端有偏心重块，主轴的轴承装在筒体上，通过挠性轴套与电动机连接。主轴快速旋转时，偏心重块的惯性离心力使筒体产生一个近似于椭圆运动轨迹的快速振动。筒体内装有研磨介质及物料，筒体的振动使研磨介质及物料呈悬浮状态，研磨介质之间的冲击、研磨等作用将物料粉碎。

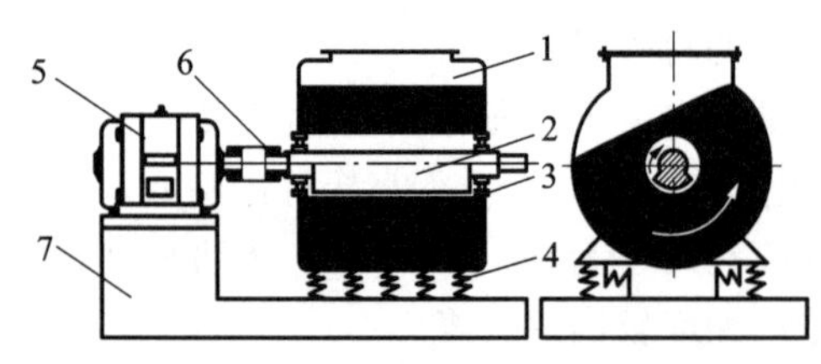

图5.41　振动磨

1—筒体；2—激振器；3—滚动轴承；4—弹簧；5—电动机；6—弹性联轴器；7—机架

振动磨可以干法或湿法生产，也可以间歇或连续工作。由于研磨介质尺寸较小，研磨介质的充填率较高，因而研磨介质总的表面积较大。研磨介质之间极为频繁的相互作用使振动磨获得较高的粉磨效率。

振动磨之所以应用较为广泛，其主要原因：

① 由于高速工作，可以直接与电机相连，无减速装置，机器质量轻，占地面积小。

② 由于介质填充率和振动频率都高，单位容积筒体生产能力大。

③ 产品细度高。

④ 电耗低，节能效果好。

⑤ 结构简单，制造成本低。

振动磨的主要技术参数有：

(1)振动强度

振动强度的定义为Af^2，A是振幅，f为振动频率。一般的看法是，振动磨的振动强度为十倍的重力加速度(g)。根据Buchmann提出的共振理论，系统的共振条件：

$$Af^2/g=\sqrt{1+(\pi K)^2} \tag{5.104}$$

式中　K——质点运动时间与振动时间之比，取整数。

实践证明，当振动强度达到$6g$以上时，磨机才有细磨作用。随着振动强度的增大，粉磨产品的最终比表面积明显增加。

(2)粉磨速度

根据 Rose 和 Sullivan 利用因次分析方法导出粉磨速度方程：

$$\frac{\mathrm{d}S_w}{\mathrm{d}t}=\frac{Kf^3A^3\rho_B}{H}\cdot\left(\frac{D_B}{D}\right)^{1/2}\cdot f_1\left(\frac{Af^2}{g}\right)\cdot f_2(\phi_B)\cdot f_3(\phi_M) \tag{5.105}$$

式中 S_w——物料的体积比表面，cm^2/cm^3；

t——粉磨时间，s；

K——系数；

ρ_B——研磨介质密度，g/cm^3；

D_B——研磨介质直径，mm；

ϕ_B——研磨介质的填充率；

H——物料的易磨性系数；

D——物料粒度，mm；

ϕ_M——物料填充率。

试验表明，当 $f^2A>3g$ 时，函数 $f_1\left(\frac{f^2A}{g}\right)\approx 1$，$f_2(\phi_B)$ 和 $f_3(\phi_M)$ 的值分别列于表 5.15 和表 5.16。

表 5.15 函数 $f_2(\phi_B)$ 的值

ϕ_B/%	0	20	40	60	80	100
$f_2(\phi_B)$	1	1	1.2	1.6	1.9	1.6

表 5.16 函数 $f_3(\phi_M)$ 的值

ϕ_M/%	10	25	50	75	100	125
$f_3(\phi_M)$	5	2	1.2	1	1	1

振动磨的填充率一般在 60%～80%之间，物料填充率(筒体内松散物料容积占研磨介质之间空隙)在 100%～130%之间。

(3)振动磨的电机功率

振动磨驱动电机的功率很难精确计算，可按下面的经验公式估算：

$$N=1.28G_BA^{1.07}(n/1000)^{1.9} \tag{5.106}$$

式中 G_B——研磨介质质量，t；

n——电机每分钟转数；

A——振动磨振幅，mm。

5.3.4.4 行星式球磨机

行星式球磨机是一种在传统的滚筒式球磨机和管磨机基础上发展起来的新型超细粉体制备设备。与传统球磨机不同，工作状态下，其球磨罐在进行自转的同时，还围绕主轴进行公转。运动模式与行星相同，故由此得名。行星式球磨机由可以围绕主轴振动的球磨罐(一般为四只，对称布置)、罐座、转盘、固定带轮和电机等部分组成，图 5.42 为其结构示意图。

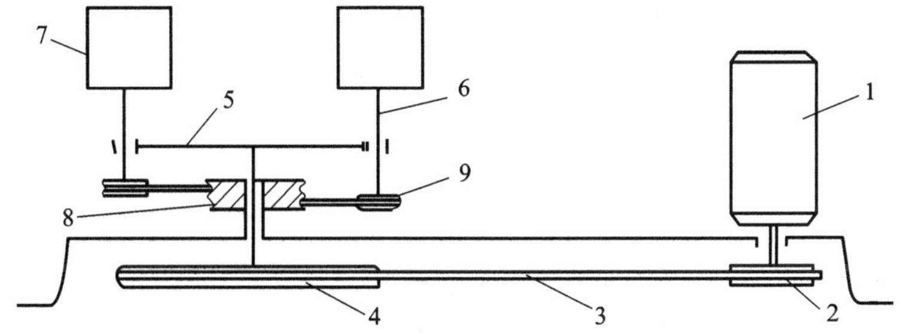

图 5.42 行星式球磨机结构示意图

1—电机；2—电机皮带轮；3—大带轮皮带；4—大带轮；5—转盘；6—球磨罐座；7—球磨罐；8—转轮；9—球磨罐带轮

行星式球磨机的工作原理：当电机带动转盘及固定带轮转动时，固定带轮通过三角皮带的传动，带动安装在转盘上的4个球磨罐及其中的磨球和需要被粉碎的物料一起随转盘围绕同一轴心做行星式运动，如图5.43所示。物料在磨球强烈的挤压、冲击、摩擦和剪切力的作用下而粉碎。行星式球磨机的粉碎效果主要由电机的转速和球磨时间来决定。电机转速越高，球磨时间越长，越有利于物料的粉碎。然而，当球磨超过一定时间后，产品粒径分布就趋于稳定。继续延长球磨时间，不但对球磨后产品的粒度分布影响不大，而且还会因为磨球的磨损，增大对产品污染。因此实际应用中，可以根据实际需要选择合适的电机转速和球磨时间，以获得合适粒径分布的产品。

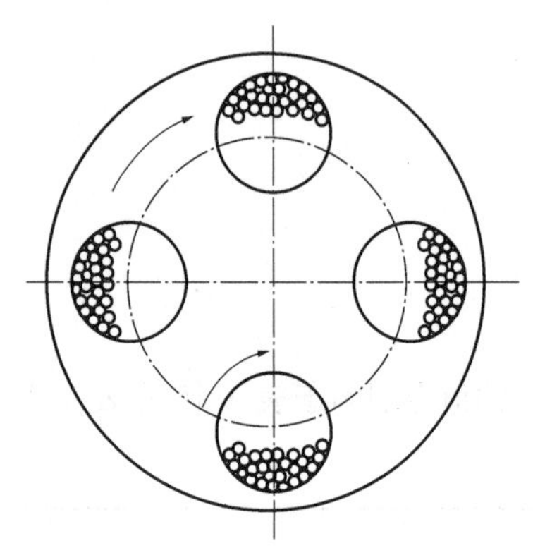

图5.43　行星式球磨机工作原理图

行星式球磨机的特点：① 进料粒度为18目左右，出料粒度达200目（最小时可达0.5 μm）；② 球磨罐转速快（不为罐体尺寸所限制），球磨效率高，公转速率达37～250 r/min，自转速率达78～527 r/min；③ 结构紧凑，操作方便，密封取样，安全可靠，噪音低，无污染，无损耗。

传统行星式球磨机中，由于机构空间的限制及传动比的要求，造成三角皮带与固定带轮的包角过小，从而影响传动效率。同时，由于机构限制，固定带轮通过一根三角皮带带动两只球磨罐转动，三角皮带的磨损非常严重，经常需要予以更换，影响了球磨机的使用效率。带动四只球磨罐的两根皮带磨损程度不同时，会造成同一球磨机上的四只球磨罐自转转速存在差异，使各罐内材料研磨效果不一致。针对上述缺点，南京大学仪器厂的科研人员将小带轮与四只球磨罐座转轴之间的皮带传动改成了齿轮传动，制成了齿轮传动行星式球磨机。该设备可以保证四只球磨罐的自转及公转转速完全一致，同时延长了检修周期。

5.3.4.5　*行星式振动磨*

行星式振动磨是一种新型的制备超细粉体的磨机。它具有作用力强、粉磨速度快、能耗低、无污染和使用方便等特点，广泛适用于粉末冶金、精细陶瓷、精细化工等行业。

行星式振动磨结构示意图如图5.44所示。

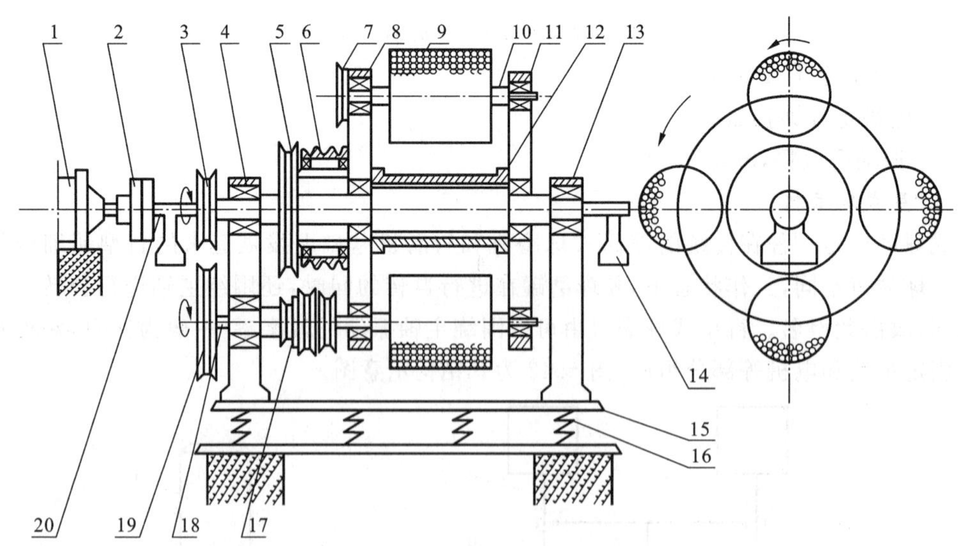

图5.44　行星式振动磨结构示意图

1—电机；2—挠性联轴器；3—胶带轮；4—支架；5、6、7、17、19—胶带轮；8—主动导架；9—磨筒；10—磨筒轴；11—从动导架；12—连接管；13—支架；14—偏心配重；15—振动架；16—弹簧；18—附轴；20—主轴

工作时，在电机等传动部件的带动下，球磨筒及其内部的研磨体、物料一起进行自转及绕主轴公转，同时在偏心配重的激励下上下振动，导致物料在球形磨中强烈的撞击、磨剥和剪切作用下被粉碎。

行星式振动磨的性能特点：① 磨筒做行星运动，研磨体处于离心力场的作用之下，加速度可达到重力加速度的数十倍乃至数百倍，无论是泻落和抛落循环中，或者在振动当中，都能对物料施加强烈的作用力，促使物料粉碎；② 磨筒自转速率较高，加快了研磨体的循环，且振动频率较高，大部分研磨体都在振动，缩小了不起作用的惰性区。研磨体对物料作用频繁，次数多，菌式研磨效率大大提高。将粒度60～100目的石英砂磨至1 μm以下的颗粒占38.9%，1～3 μm的颗粒占31.3%时所用时间仅为90 min。研磨效率比行星式球磨机提高约10倍。

5.3.4.6 高能球磨机

高能球磨机是在行星式球磨机和振动球磨机基础上发展而来的一类新型超细粉体制备设备的通称。无论设备采取何种驱动方式，最终均可使球磨罐在三维方向上高速旋转摆动或振动，结果导致球磨罐中的磨球获得很高的能量。当球磨金属粉末时，金属粉末在磨球的高速撞击、剪切和研磨作用下，被挤压变形、断裂。上述过程周而复始，金属粒度不断降低，最低可达纳米级。有时由于金属粉末表面自由能不断升高，并在磨球的持续作用下，使得不同性质的金属粉末相互焊合，从而实现传统冶炼技术及快淬技术所不能制备的难以互溶金属元素的合金化。这种过程被称作机械合金化。当球磨氧化物粉体时，粉体表面自由能随粉体粒度的降低而不断升高，导致不同性质的粉体颗粒间发生化学反应，直接生成只有在特定温度加热时才有可能形成的物相，避免加热过程中杂相的产生。因此高能球磨机不但可以用于制备超细粉体，同时也可以用于新材料的合成。

高能球磨机的种类有很多，下面以一种QM-3A高速振动高能球磨机为例来说明这种设备的结构及工作原理。

QM-3A型高速振动高能球磨机结构示意图如图5.45所示。该设备主要由电机、主动轮、传动皮带、从动轮、主轴、偏心轴、偏心轴座、球磨罐、罐压板、拉伸弹簧、压缩弹簧、中间板、底板等连接组装而成。工作时，在电机高速运转下通过主轴、偏心轴，并在弹簧的作用下实现球磨罐的高速摆动和振动，罐内的磨料在磨球的高速撞击下，在短时间内就可被磨细和均匀混合。

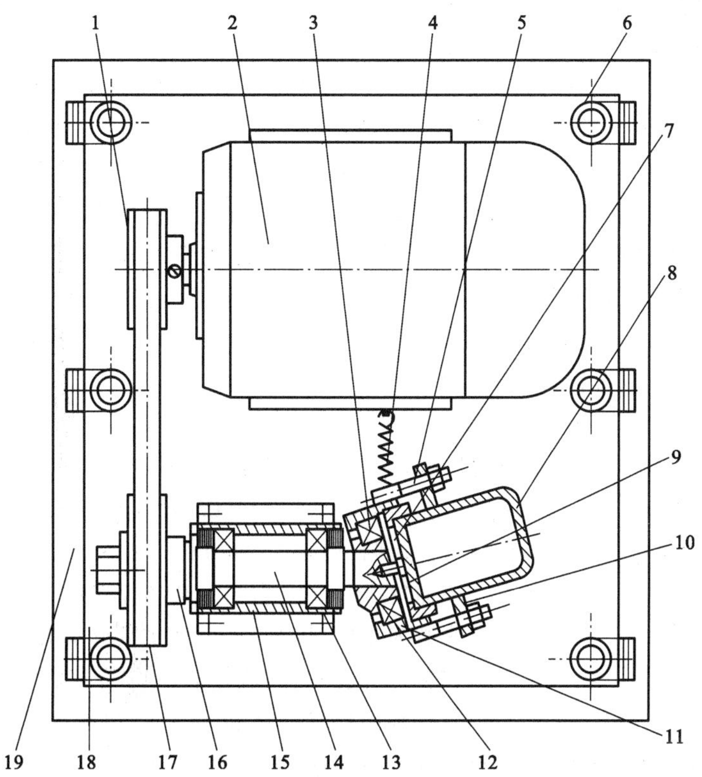

图5.45 QM-3A型高速振动高能球磨机结构示意图

1—主动轮；2—电机；3—轴承；4—拉伸弹簧；5—螺杆；6—压缩弹簧；7—压板；8—球磨罐；9—定位销；10—罐压板；11—偏心轴座；12—偏心轴；13—轴承；14—主轴；15—主轴座；16—从动轮；17—传动皮带；18—中间板；19—底板

各种介质运动式球磨机的粉碎效果实际上和介质的运动方式有直接的关系，特别是介质运动的加速度，不同形式的介质运动式球磨机，其介质运动的加速度差异巨大，介质产生的能量差别也大，对物料的冲击磨削的作用不同，从而得到不同的粉碎与混合的结果。介质运动式球磨机的介质运动加速度的对比见表 5.17。

表 5.17　介质运动式球磨机的介质运动加速度对比

类别	机种名称	驱动机构	介质运动加速度（g 为重力加速度）
容器驱动式	回转圆筒式磨	w_R	g
	振动磨	$2r_v$　$wv=2\pi f$	～30g
	行星磨	w_{RT}　w_{Rv}	～150g
介质搅拌式	搅拌磨	w_s	数个 100g

5.3.4.7　气流粉碎机

气流粉碎机也称高压气流磨或流能磨，是常用的超细粉碎设备之一。它是利用高速气流（300～500 m/s）或过热蒸气（300～400 ℃）的能量使颗粒产生相互冲击、碰撞、摩擦、剪切而实现超细粉碎的设备，广泛应用于化工、无机非金属矿物、锂电池和钠电池正负极材料的超细粉碎。其产品粒度上限取决于混合气流中的固体含量，与单位能耗成反比。固体含量较低时，产品的 d95 可达 5～10 μm；经过预先粉碎降低入料粒度后，可获得平均粒度为 1 μm 的产品。气流磨产品除细度小外，还具有粒度较集中，颗粒表面光滑，形状规则整齐，纯度高，分散性好等特点。由于粉碎过程中压缩气体绝热膨胀会产生焦耳—汤姆逊降温效应，因而还适用于低熔点、热敏性物料的超细粉碎。

自 1882 年戈麦斯提出第一个利用气流动能进行粉碎的专利和提出其机型迄今，气流磨已有多种形式。归纳起来，目前工业上应用的气流磨主要有以下几种类型：扁平式气流磨、循环式气流磨、对喷式气流磨、靶式气流磨及流态化式对喷气流磨。

气流磨的工作原理：将无油的压缩空气通过拉伐尔喷管加速成亚音速或超音速气流，喷出的射流带动物料做高速运动，使物料碰撞、摩擦、剪切而被粉碎。被粉碎的物料随气流至分级区进行分级，达到粒度要求后的物料由收集器收集下来；未达到粒度要求的物料再返回粉碎室继续粉碎，直到达到要求并被捕集（图 5.46 为扁平式气流磨的工作原理示意图）。

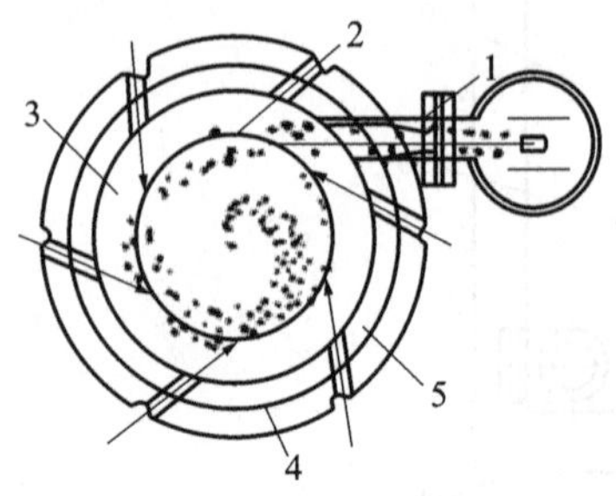

图 5.46　扁平式气流磨工作原理图

1—文丘里喷管；2—喷嘴；3—粉碎室；4—外壳；5—内衬

以研磨为主要目的的气流磨主要包括扁平式气流磨、循环管式气流磨、对喷式气流磨及流化床对喷式气流磨等几种类型。

扁平式和循环管式气流磨是应用最为广泛的两种类型。二者的工作原理基本相同：物料从加料斗加入后，经文丘里喷嘴加速到超音速进入粉碎室，在一组粉碎喷嘴的旋流带动下做循环运动。在这个过程中，物料颗粒间、颗粒与机体间产生相互冲击、碰撞、摩擦而粉碎。粗粉在离心力作用下甩向粉碎室周壁做循环粉碎，而微粉因失去离心力，在向心气流的带动下导入出料口排出被收集，在整个粉碎过程中，既进行体积粉碎，也进行表面粉碎，并因物料在磨机内停留的时间相对较长，表面粉碎的比例高，故形成的颗粒形状也较圆滑。图 5.47 表示 JOM 型气流式粉碎机的结构，其主要性能参数见表 5.18。

表 5.18　JOM 型气流式粉碎机的主要性能参数

型　号	JOM-0101	JOM-0202	JOM-0304	JOM-0405	JOM-0608	JOM-0808
空气压力/MPa	0.637～1.176					
用气量/(m^3/min)	1.0	2.6	7.6	16.1	26.4	35.0
需要动力/kW	11	22	55	125	150	220
处理量/(kg/h)	0.5～20	2.0～20	20～200	150～500	200～700	400～1000

对喷式和流化床对喷式则是将物料加到相对喷射的超音速气流中相撞而粉碎的设备，后者是在前者的基础之上，加入了流态化这一理论而开发出来的，近年来应用也越来越广泛。由于物料不直接撞击机体，所以它能比前述几种机型粉碎更硬的物料，可达莫氏硬度 10 级，在粉磨效率上也有一定的提高。

图 5.48 为对喷式双喷管气流磨结构示意图。工作时，物料由螺旋给料机送入上升气流的管道中，在机内沉降后由喷射管加速到超声速后，导入粉碎腔内，物料以更高的相对速度相互碰撞，在相互摩擦作用下被粉碎而形成微粉。粉碎后的物料由气流带入选粉机，失去离心力的微粉被气流导入微粉收集系统成为微粉产品。而粗粒受离心力作用沿机壳沉降，再次导入喷射管进行二次粉碎直至达到微粉为止。

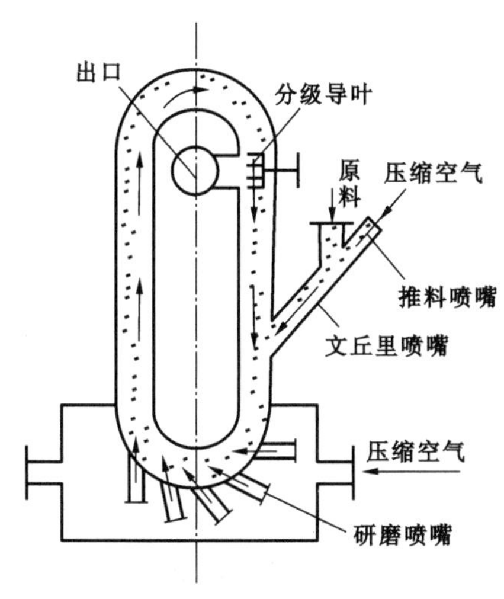

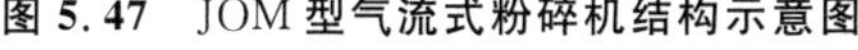

图 5.47　JOM 型气流式粉碎机结构示意图

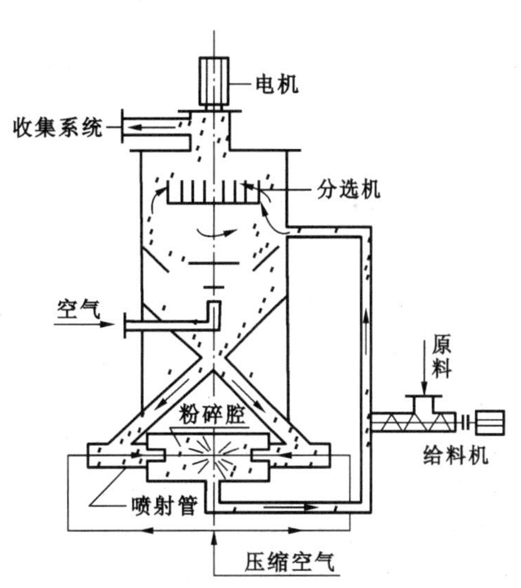

图 5.48　对喷式双喷管气流磨结构示意图

图 5.49 为流化床式气流粉碎机的结构示意图。被磨物料通过输送装置和由料位显示器控制的双翻板阀进入料仓。翻板阀的作用在于避免空气进入料仓。螺旋喂料器将料仓中的物料送入磨室。气流从被安装在腔壁的喷嘴(3～7 个)中进入磨室，使物料流态化。物料在气流的冲击能和在气流膨胀流化床中的悬浮翻腾而产生的碰撞、摩擦力的作用下被粉碎，并在负压气流带动下通过顶部设置的涡轮式分级装置，细粉排出，粗粉在重力作用下沉降返回粉碎区继续被粉碎。德国公司在流化床对喷式气流磨的研制方面处于领先地位，代表产品有 Alpine 公司的 AFG 型(粉碎喷嘴水平设置)和 AFG-R 型(粉碎喷嘴三维设置)流化床对喷式气流磨。国内生产厂家虽然起步晚，但是已经在流化床气流磨产品的研制和生产方面取得了长足的进步，目前已经分别开发出了 QLM 和 FJM 系列流化床对喷式气流磨。QLM 系列流化床气流磨的主要性能指标见表 5.19。

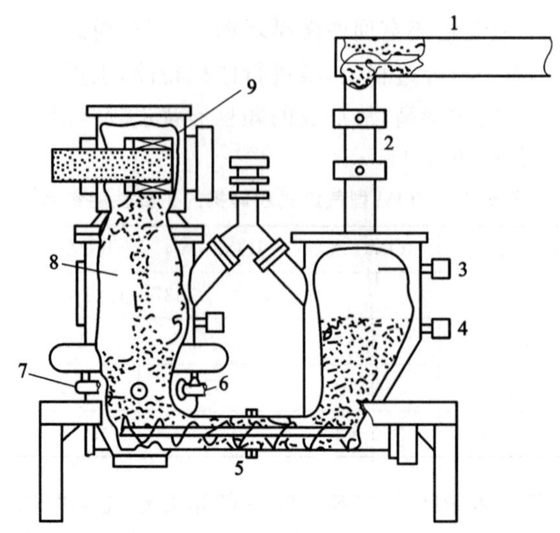

图 5.49　流化床式气流粉碎机结构示意图

1—原料输送装置；2—双翻板；3，4—料位显示器；5—螺旋喂料器；6，7—喷嘴；8—磨室；9—涡轮选粉机

表 5.19　QLM 系列流化床气流磨的主要性能指标

型号	QLM-100	QLM-200	QLM-400	QLM-630
进料粒度/mesh	100～325	100～325	100～325	100～325
产量/(kg/h)	2～25	9～110	36～400	90～1100
电耗/kW	≈26	≈45	≈145	≈290

5.4　助磨剂

助磨剂能消除研磨体被物料黏附而形成的包层，并能分散已磨细的物料不使聚集成块，因而助磨剂是促进球磨机和管磨机粉磨效率的材料，被大量使用在粉磨水泥等产品上。在粉磨水泥时加入的助磨剂，必须经过鉴定对水泥产品是无害的。

助磨剂可用液态的或固态的，于磨机的喂料处加进，或直接加入磨机内。加入液态的助磨剂比加入粒状助磨剂容易控制。助磨剂的掺量范围为加入原料（水泥熟料）质量的 0.006%～0.08%。

助磨剂的大部分能成为被粉磨物料颗粒所强烈吸附的物质，这样使颗粒的表面能达到饱和状态，从而使粉磨物料颗粒之间不再因互相黏结而形成团块。助磨剂可以防止出现研磨体被粉磨物料所黏附而形成的包层现象，从而使粉磨效率得到提高。因为助磨剂可降低动力费用，从而能抵偿其自身的开支。另外，助磨剂还能提高空气选粉机的效率，因为它能分散粉磨物料的颗粒，使较小颗粒不致被较大颗粒一起带走；由于更多的细粒已作为成品被排出，循环负荷的容量就可降低。

当助磨剂使用于水泥粉磨时，助磨剂本身对水泥强度没多大影响，虽然可能会使早期强度降低，但是 28 天强度可大致保持正常。助磨剂会抵消因颗粒表面能所引起的粉磨颗粒之间的相互吸引力，从而可以改进磨成水泥的流动性。

用作粉磨水泥生料的助磨剂种类很广，包括煤、石墨、胶态碳、焦炭、松脂、鱼油硬脂酸盐等。料浆稀释剂用于湿法生料磨的粉磨工作有良好效果。料浆稀释剂具有表面活性，能起到反絮凝的作用。

国外常用的熟料助磨剂有：醋酸胺、乙二醇、丙二醇。在能量消耗相同的情况下，用丙二醇粉磨熟料所产生的水泥比表面积比不用助磨剂的约多 800 cm^2/g。

思 考 题

5.1 常用的粉碎方法包括哪些?

5.2 有几种粉碎模型? 要点各是什么?

5.3 为什么粉碎过程会存在极限比表面积? 如何增大极限比表面积?

5.4 给出一级粉碎动力学方程,并进行简要分析。

5.5 讨论影响粉碎过程速率的因素。

5.6 常用的破碎设备包括哪些? 说明其工作原理和主要用途。

5.7 简述粉磨设备的分类、工作原理及优缺点。

5.8 阐述超细粉碎设备的主要种类及应用。

5.9 分析气流磨的工作原理。

5.10 结合本章内容与文献资料,分析新能源电池领域正负极材料的粉磨技术。

参 考 文 献

[1] GOTOH K, MASUDU H, HIGASHITANI K. Powder technology handbook[M]. New York: Marcel Dekker, 1998.

[2] HIGASHITANI K, MAKINO H, MATSUSAKA S. Powder technology handbook[M]. New York: Taylor & Francis Group, 2019.

[3] RHODES M. Introduction to particle technology[M]. 2nd ed. Melbourne: John Wiley & Sons, Ltd, 2008.

[4] JONATHAN S, WU C Y. Particle technology and engineering[M]. London: Elsevier, 2016.

[5] YARUB A D. Metal oxide powder technologies-fundamentals, processing methods and application[M]. London: Elsevier, 2020.

[6] SAMAL P K, Newkirk J W. ASM Handbook: Volume 7, Powder metal technologies and application[M]. Almere : ASM International, 1998.

[7] 美国金属学会. 金属手册 第7卷 粉末冶金[M]. 9版. 韩凤麟,译. 北京:机械工业出版社, 1994.

[8] 姚进,施宁平,董军辉. 反击锤式破碎机的优化设计[J]. 建筑机械,2002(7): 33-36.

[9] 雷波. 气流粉碎机的现状及技术进展[J]. 江苏陶瓷,2000,33(3): 3-5.

[10] 吉晓莉,叶菁,崔亚伟. 流化床对喷式气流磨的粉碎机理[J]. 湖北化工,1999(3): 35-36.

[11] 卢寿慈. 粉体加工技术[M]. 北京: 中国轻工业出版社,1994.

[12] 陶珍东,郑少华. 粉体工程与设备[M]. 北京: 化学工业出版社,2003.

[13] 张长森. 粉体技术与设备[M]. 上海: 华东理工大学出版社,2007.

[14] 蒋阳,程继贵. 粉体工程[M]. 合肥: 合肥工业大学出版社,2005.

[15] 李凤生. 超细粉体技术[M]. 北京: 国防工业出版社,2000.

[16] 张少明. 粉体工程[M]. 北京: 中国建材工业出版社,1994.

6 分　　级

本章提要

分级操作是依靠颗粒的大小、密度、形状、物理性质及组分特性将其分离的过程，但是常用的分级技术往往是依靠颗粒尺寸来分离的，称为颗粒大小分级。随着现代材料科学的发展，对粉体材料的粒度分布及大小提出了更高的要求，各种高精度超细分级技术也有较大的发展。本章将着重讨论这种基于颗粒粒径的分级方法，介绍分级的概念和分级效率，并介绍流体分级、超细分级技术。

6.1 分级的概念与评价

6.1.1 分级的定义与分级方法

分级就是根据使用要求，把粉体按某种粒径大小或不同种类的颗粒进行分选的操作过程。经机械或气流粉碎生产的粉体通常处于一个较宽的粒度分布范围，往往不能满足使用过程中对粉体一定粒度和粒度分布范围的要求，因此，一般都要经过分级处理。通过分级可以实现颗粒粒径的均匀化，也可能通过分级把合格的产品分离出来加以利用，把不合格的产品再进行粉碎。

广义的分级是利用颗粒粒径、密度、颜色、形状、化学成分、磁性、放射性等特性的不同而把颗粒分为不同的几个部分。狭义的分级是根据不同粒径颗粒在介质（通常为空气和水）中受到离心力、重力、惯性力等的作用，产生不同的运动轨迹，从而实现不同粒径颗粒的分级。

分级操作可以分为筛选和流体力学分级。筛选就是把固体颗粒置于具有一定大小孔径或缝隙的筛面上，使其通过筛孔成为筛下料，被截留在筛面上的成分为筛上料。筛分的优点是分级精度较高，但是利用筛分只能得到很低的产量，又由于细筛网制造上的困难及不同颗粒间的凝聚作用，所以筛分只适用于对较粗颗粒的分级。液体力学分级是根据尺寸大小不同的固体颗粒在流体介质中的沉降速度不同进行分级。这种方法不仅可以对粗颗粒进行分级，而且对细颗粒的分级效果也很好，特别是对微米级的细颗粒进行分级时，其效率比任何机械筛分的效率都高。

按照作用力的不同，流体力学分级又分为重力式、惯性式及离心力式。重力分级是利用颗粒在重力场中所受到的重力不同将不同粒径的颗粒进行分级，分级设备构造简单、容量大。惯性分级是利用流动方向急剧改变，从而产生惯性来进行分级，分级设备构造简单，不需动力，容量较大。离心分级是利用回转运动产生的离心力，其离心加速度大致比重力加速度大 2 个数量级甚至更多，能很快将颗粒分离。离心分级又分为自由涡（半自由涡）离心分级和强制涡离心分级。强制涡离心分级中，由于外加力场的作用，颗粒的分散性加强，分级范围广，处理量大，尤其适用于精密分级，但同时由于外加动力的引入，也带来了其他问题，如能耗、摩擦、动量平衡等。

6.1.2 分级性能的评价

在分级操作中，常用分级效率来评价分级的效果及性能。假设对给定的一组颗粒进行分级处理，在粗粒部分没有小于粒度 d_0 的粉末，同时在细粒部分也没有大于粒度 d_0 的粉末，这种分级称为理想的分级，d_0 称为分级粒度。理想的分级效率为 100%，在实际分级操作中，很难达到这种状态。关于分级粒度，在一般情况下，用 d_{50} 作为分级粒度，它表示部分分级效率为 50%时的颗粒粒度。

6.1.2.1 分级效率

通常，分级效率有以下几种表示方法，即牛顿分级效率、部分分级效率、分级精度等。

(1)牛顿分级效率(η_N)

将某一粒度分布范围的颗粒按特定粒度 d_0 进行分级，分为细粒部分和粗粒部分时，定义合格成分的收集率与不合格成分的残留率之差为牛顿分级效率。其综合表达式为：

$$\eta_N = \frac{\text{粗粒中实有的粗粒量}}{\text{原料中实有的粗粒量}} + \frac{\text{细粒中实有的细粒量}}{\text{原料中实有的细粒量}} - 1 \tag{6.1}$$

设 m_F 代表被分级的原料总量，m_A 代表粗粒级量，m_B 代表细粒级量，R_F 代表原料中实有的粗粒比率(质量分数)，R_A 代表粗粒级中实有的粗粒比率，R_B 代表细粒级部分中实有的粗粒比率，η_A、η_B 分别代表粗粒的回收率和细粒的回收率，则有：

$$\eta_N = \frac{m_A R_A}{m_F R_F} + \frac{m_B(1-R_B)}{m_F(1-R_F)} - 1 = \eta_A + \eta_B - 1 = \eta_A - (1-\eta_B) \tag{6.2}$$

根据物料平衡 $m_F = m_A + m_B$ 和 $m_F R_F = m_A R_A + m_B R_B$ 求得 $\frac{m_A}{m_F} = \frac{R_F - R_B}{R_A - R_B}$ 和 $\frac{m_B}{m_F} = \frac{R_A - R_F}{R_A - R_B}$，代入式(6.2)，整理后得：

$$\eta_N = \frac{(R_A - R_F)(R_F - R_B)}{R_F(1-R_F)(R_A - R_B)} \times 100\% \tag{6.3}$$

这种分级效率的表示方法叫牛顿方法，该分级效率又称牛顿分级效率。式(6.2)为定义式，式(6.3)为实用式。牛顿分级效率综合考虑合格细颗粒的收集程度和不合格粗颗粒的分离程度，其物理意义是实际分级达到理想分级的质量比。当特定粒度 d_0 变化时，分级效率也随之变化。

(2)部分分级效率

部分分级效率是评价分级性能的重要指标之一，但是，部分分级效率难以得到定量值，通常用部分分级效率曲线。图 6.1 所示为部分分级效率曲线。图 6.1(a)中曲线 a 是粉末原料的粒度分布曲线，曲线 b 是分级后粗粒部分的粒度分布曲线。若某粒度范围 d 和 $d+\Delta d$ 区间的原料质量为 W_a，同区间的粗粒质量为 W_b，则称比值 $\eta_d = W_b/W_a$ 为部分分级效率，又叫区间回收率。在图 6.1(b)中，纵轴上按不同颗粒粒度描绘 W_b/W_a 的值，得到曲线 c，c 曲线称为部分分级曲线。对于 $\eta_d = 50\%$的粒径 d_{50} 称为分级粒径，它表示该粒级在粗、细产品中的分配率各占一半。粒径大于 d_{50} 的各粒级在粗粉组中的分配率大于 50%，反之，粒径小于 d_{50} 的各粒级在粗粉组中的分配率小于 50%。

部分分级效率反映了各种粒度范围内的分离程度。对于不同的分级操作，其部分分级效率曲线一般是不一样的。当分级效率曲线的斜率较大时，其分级效率较高；反之，分级效率就低。

(3)分级精度

分级精度，通常是用部分分级效率为 75%和 25%的颗粒粒径 d_{75} 和 d_{25} 的比值 K 来评价分级效率，即用 $K = d_{75}/d_{25}$ 来表示。

K 值越大，亦即分级效率曲线越平缓，说明分级效率越差；反之，该比值越小，即分级效率曲线越陡，则分级效率越好，当比值小到等于 1 时，分级效率达到理想状态。也有用 $K = d_{25}/d_{75}$ 表示分级精度的，此时 $K<1$，K 值越小分级精度越差。当粒度分布范围较宽时，也有用 d_{90}/d_{10} 或 $K = d_{10}/d_{90}$ 来表示。

(4)分级效果的评价

判断分级设备的分级效果需从上述几个方面综合判断。譬如，当 η_N 与 K 相同时，d_{50} 越小，分级

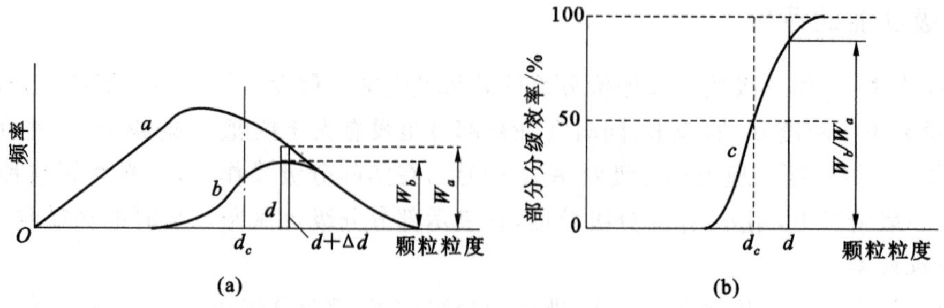

图 6.1　部分分级效率曲线

曲线 a—粉末原料的粒度分布曲线；曲线 b—分级后粗粒部分的粒度分布曲线；曲线 c—部分分级曲线

效果越好；当 η_N 与 d_{50} 相同时，K 值越小，即部分分级效率曲线越陡，分级效果越好。

6.1.2.2　多级分级效率

如果分级产品按粒径分为二级以上，则在考查牛顿分级效率的同时，还应分别考查各级别的分级效率。

对于分级试验，其总的分级效果，可以采用对各出料口偏差系数进行出料量加权的均偏差系数（即总偏差系数 $\overline{K}$）来评定：

$$\overline{K} = \frac{\sum (K_i W_i)}{\sum W_i} \tag{6.4}$$

式中　W_i——$i=1,2,3\cdots$各出料口的出料量；

K_i——$i=1,2,3\cdots$各出料口物料的偏差系数。

每个出料口的偏差系数

$$K = \frac{\sigma}{\overline{d}} \tag{6.5}$$

式中　$\overline{d}$——加权平均粒径，

$$\overline{d} = \frac{\sum (r_i d_i)}{\sum r_i}$$

σ——加权偏差值，

$$\sigma = \sqrt{\frac{\sum r_i (\overline{d} - d_i)^2}{\sum r_i}}$$

式中　d_i——筛上物料粒径，按该筛与其上筛两筛孔边长的平均值计算

$$d_i = \frac{d_{si} + d_{si+1}}{2} \tag{6.6}$$

r_i——d_{si}筛上物料的质量百分率。

对于相同原料的两次分级，两者的总分级效果可以根据两者所得的总偏差系数来评定，总偏差系数小的分级效果好。

6.2　筛分分级

6.2.1　筛分分级概念

筛分分级是借助筛网孔径大小将物料进行分离的方法。在不筛分过程中，将筛分物料置于具有

一定筛孔大小的单个筛子上或一系列筛子上(每个筛子的筛孔尺寸依次减小),使尺寸大于筛孔的颗粒截留在筛子上面(这部分物料称为筛上料),而比较小的颗粒通过筛孔(这部分物料称为筛下料)至下一个筛子上,直到筛孔太小物料不能通过筛子为止,这种分级方法称为筛分。因此,筛分分级的目的概括起来就是为了获得较均匀的颗粒群,即或筛除粗粉取细粉,或筛除细粉取粗粉,或筛除粗、细粉取中粉等。

筛分操作按物料含水分的不同,分为干法筛分和湿法筛分。干法筛分多半用于较大的颗粒,是一种快速而有效的手段。可用于采矿工业和陶瓷工业的许多方面,特别是用于磨料分级。对于自由流动性的颗粒,干法筛分一般低至 325 目左右是有效的。低于此范围,会因颗粒太细导致物料黏结成团或黏附在筛子上而影响分级效率。

湿法筛分是将颗粒悬浮在稀水或其他液体 (稀浆)内进行分级。对于颗粒很细的物料,这是一种有效的方法,它可以保证在物料中不会留有任何大于容许限度(可由选定的筛孔尺寸确定)的大颗粒存在。因为在很细的颗粒尺寸分布的粉末中,孤立的大颗粒往往引起最终部件中的强度限制性缺陷,所以湿法筛分可以用作工艺中在线质量控制工序。

6.2.2 筛分机制

在筛分过程中,要使物料通过筛孔,必要条件就是物料的粒径要比筛孔小,同时物料还要有通过筛孔的机会。而其充分条件是物料与筛面之间要保持一定形式的相对运动。实现这种要求的办法是使筛分机械的筛面做加速运动(往复运动或圆周振动)或筛面有一定的倾角。

6.2.2.1 颗粒通过概率

设筛孔为金属丝所组成的方形孔,如图 6.2 所示,筛孔的每边净长为 D,筛丝的直径为 D_b,而被筛分的颗粒设为球形,其直径为 d。就该筛孔而言,球粒中心的运动范围为 $(D+D_b)^2$。当球粒能够顺利落下时,其球心的位置应在 $(D-d)^2$ 范围之内,所以,球粒落下去的机会即通过的概率 P 为:

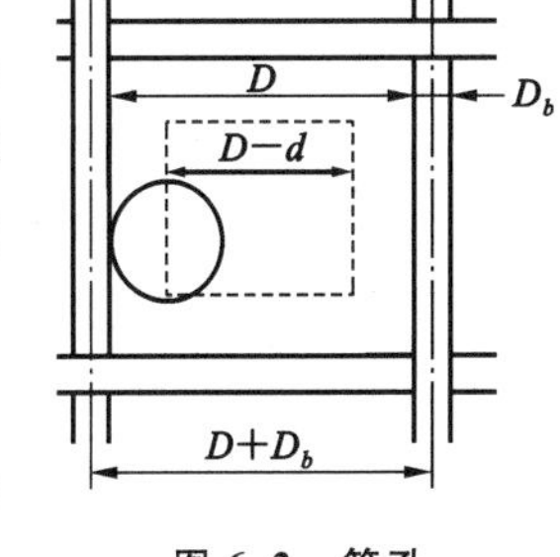

图 6.2 筛孔

$$P=\frac{(D-d)^2}{(D+D_b)^2}=\left[\frac{1-\dfrac{d}{D}}{1+\dfrac{D_b}{D}}\right]^2=\frac{D^2}{(D+D_b)^2}\left(1-\frac{d}{D}\right)^2 \tag{6.7}$$

上式说明,筛孔尺寸愈大,筛丝和颗粒直径愈小,则颗粒透过筛孔的可能性愈大。例如:D 为 1 mm,筛丝直径 D_b 分别为 0.25 mm 和 0.50 mm 时,不同粒度的球形颗粒通过筛孔时概率的比较见表 6.1。

表 6.1 颗粒通过概率的比较

粒 径 d /mm	颗粒通过概率 p/%		粒 径 d /mm	颗粒通过概率 P/%	
	D_b=0.25 mm	D_b=0.50 mm		D_b=0.25 mm	D_b=0.50 mm
0.1	51.92	36.00	0.7	5.76	4.0
0.4	23.08	16.00	1.0	0	0

如果筛面倾斜,如图 6.3 所示,则筛孔的大小将由 D' 减小为 D,即 $D=D'\cos\alpha$。因此,将会使球粒中心的运动范围缩小,则球粒通过筛孔的概率势必会减小。如果颗粒的形状不是球形,而是正方形、长方形或其他不规则的形状,则其通过筛孔的机会亦会减小。

但实际中,球形颗粒通过筛孔的概率要比上述计算的大一些,其原因如图 6.4 所示。当球形颗粒开始落下的位置没有在可能通过的范围之内,而与筛网相撞时,只要角度在一定范围内,仍有被弹跳起落入筛孔而通过的可能。

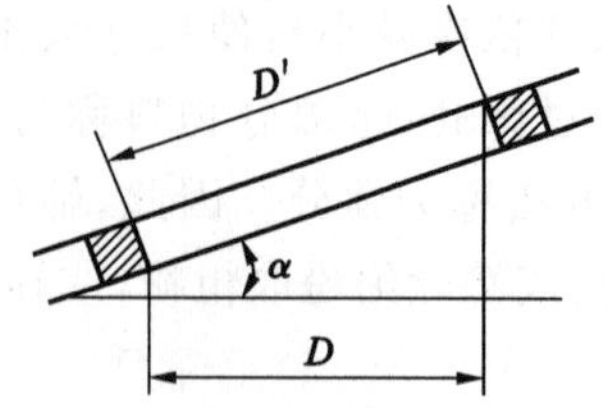

图 6.3 斜筛面对颗粒通过的影响

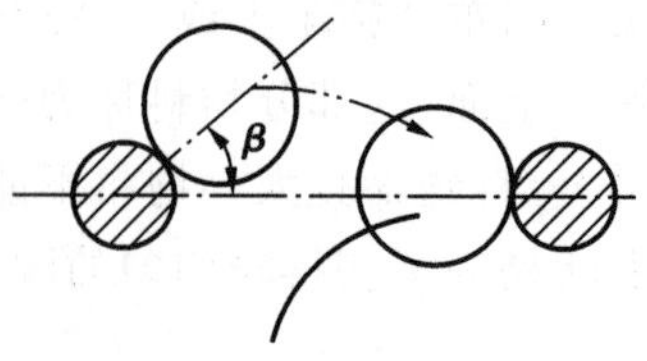

图 6.4 颗粒的弹性通过

6.2.2.2 筛分效率

筛分作业的理想状态是比筛孔小的细颗粒都穿过筛孔成为筛下料，比筛孔大的粗颗粒都被截留在筛面上成为筛上料，但在实际筛分过程中，由于筛分过程较复杂，影响筛分质量的因素也多种多样，不可能达到理想状态，总有一些细颗粒不能成为筛下料，即筛分是不完全的。为了反映筛分的质量，引入筛分效率(η)的概念来描述筛分过程的优劣。筛分效率是指筛分时实际得到的筛下产物的质量与原料中所含料度小于筛孔尺寸的物料的质量比。

设入筛物料中含筛下料的质量为 G_1，筛上料的质量为 G_2，混在筛上料中的筛下料质量为 G_3，实际筛出的筛下料质量为 G_4，则 $G_1=G_3+G_4$，于是得：

$$\eta=\frac{G_4}{G_1}\times 100\% =\frac{G_1-G_3}{G_1}\times 100\% \tag{6.8}$$

上式还可转化为另一种形式，即以累计筛下百分含量来表示：

$$\eta=\frac{W_a(W_b-W_c)}{W_b(W_a-W_b)}\times 100\% \approx \frac{W_b-W_c}{W_b(1-W_c)}\times 100\% \tag{6.9}$$

式中 W_a——筛下料中含筛下粒级的质量分数，对于筛面无损坏、筛上料不漏入筛下的正常情形，$W_a=100\%$；

W_b——入筛物料中含筛下粒级的质量分数；

W_c——筛上料中含筛下粒级的质量分数。

工业上实际操作的筛分效率 η 为 70%～98%，这与以下因素有关：筛面的相对运动，料层的薄厚，筛孔形状和有效面积比，物料颗粒的大小分布规律和颗粒形状，过细颗粒的含量以及含水率等。

6.2.2.3 影响筛分的因素

影响筛分过程的主要因素有两个方面：一是被筛分的物料，二是筛分机械。

(1)物料因素

① 堆积密度。在物料堆积密度比较大(约在 0.5 t/m^3 以上)的情况下，筛分的处理能力与颗粒密度成正比关系。但在堆积密度较小的情况下，由于微粒子的飘扬，尤其是轻质的物料影响，则上述的正比关系不易保持。

② 粒度分布。粒度分布是一个十分关键的因素。一般来讲，细粒多，则筛分的处理能力大。物料中最大允许粒度不应大于筛孔的 2.5～4 倍。物料中所含的难筛粒、阻碍粒数量愈少，筛分愈容易，筛分效率也愈高。球形颗粒比形状细长、扁平、不规则的颗粒容易筛落。若颗粒过于细微(<100 μm)，由于凝聚力、附着力的影响，筛分效率很低。

③ 含水量。物料中水分含量达到一定程度时，由于颗粒表面的水分使细粒相互黏附而结成团块或堵塞筛孔，筛分能力会急剧下降。附着在筛丝上的水分，因表面张力作用，可能形成水膜，把筛孔掩盖起来，这同样会阻碍物料的分层和通过。若因势利导地改成湿式筛分，既防止了附着凝集，又增加了流动性，反可使处理能力提高。需要指出的是，影响筛分过程的并不是物料所含的全部水分，而只是表面水分，化合水对筛分并无影响。

(2)筛分机械因素

筛分机械方面的影响因素有：

① 空隙率。筛面开孔率愈小，则筛分处理能力愈小，但是筛面的使用寿命会延长。

② 筛孔大小。在一定的范围内,筛孔大小与处理能力成正比关系。但是,如果筛孔过小,筛分处理能力就会急剧降低。

③ 筛孔形状、筛面种类。各种形状的筛孔筛分效率比较是长方形>正方形>圆形孔;各种筛面种类的筛分效率比较是编织筛>板筛>栅筛。

④ 筛面长度。筛分设备的生产率和筛分效率还取决于筛面尺寸。筛面宽度主要影响生产率,筛面长度则影响筛分效率。筛面愈长,颗粒在筛面上停留时间也长,增加了通过筛孔的机会,筛分效率可以提高。但过分延长筛面并不能始终有效地提高效率。

⑤ 振动的幅度与频率。振动的目的在于使筛面上物料不断运动,防止筛孔堵塞,以及使大小颗粒构成合适的料层。一般来讲,粒度小的适宜用小振幅与高频率的振动。

⑥ 筛子的运动状态对筛分过程效率也有着较大影响,运动筛面比不运动筛面的筛分效率要高,运动状况不同,其筛分效率大致如表 6.2 所示。

表 6.2 运动状态不同的筛子的筛分效率

筛子类型	固定筛	转筒筛	摇动筛	振动筛
筛分效率/%	50～60	60	70～80	90 以上

⑦ 加料的均匀性。单位时间加料量应该相等,入筛料沿筛面宽度分布应该均匀。在细筛时,加料的均匀性影响更大。

⑧ 加料速度与料层厚度。筛面倾角大,可增快料速,又增加处理能力,但会使筛分效率降低。料层薄,虽会减低处理能力,但可提高筛分效率。

另外,筛面面积、筛面的倾斜角度、振动方式以及过筛时间等,都会影响筛分效率。

6.2.2.4 筛分动力学

筛分动力学主要研究物料在筛分过程中,筛分效率与筛分时间的关系。筛分实践表明:筛分开始时,由于颗粒群中易筛粒较多,因此,筛分效率增大得很快,随后,筛面上的易筛粒逐步减少,相应难筛粒所占的比例随之增多,筛分效率的增大变得缓慢。过了一定时间以后易筛粒和难筛粒的比例达到平衡,筛分效率基本保持不变。图 6.5 为筛分效率与筛分时间的关系图。

(1)筛分动力学方程式

假定 W 为某一瞬间存在于筛上物中比筛孔小的物料质量,W_0 为原料中比筛孔小的颗粒质量,t 为筛分时间,则此部分物料被筛出的速率为 $\mathrm{d}W/\mathrm{d}t$。此时可假设每一瞬间的筛分速率与该瞬间留在筛面上的该部分颗粒的质量成正比,即

$$\frac{\mathrm{d}W}{\mathrm{d}t} = -kW \tag{6.10}$$

式中 k——比例系数;

负号表示 W 随时间的增加而减少。

解式(6.10)微分方程得:

$$\frac{W}{W_0} = \mathrm{e}^{-kt} \tag{6.11}$$

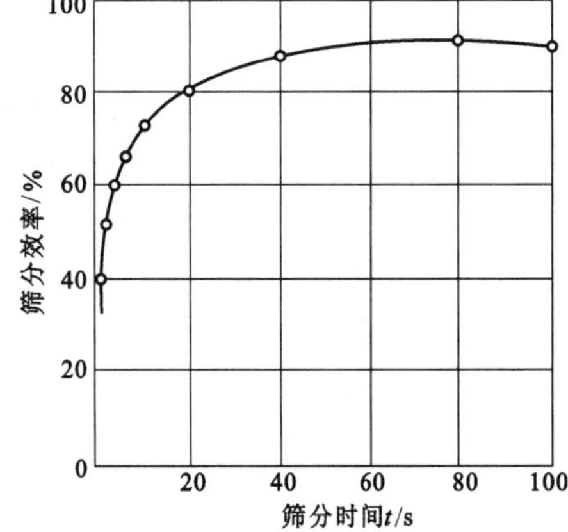

图 6.5 筛分效率和筛分时间的关系

比值 W/W_0 是筛下级别在筛上产物中的含有率,因此筛分效率 η 应为

$$\eta = 1 - \frac{W}{W_0} = 1 - \mathrm{e}^{-kt} \tag{6.12}$$

更符合实际生产的公式:

$$\eta = 1 - \mathrm{e}^{-kt^m} = 1 - \frac{1}{\mathrm{e}^{kt^m}} \tag{6.13}$$

式中　m——与被筛物料性质、筛分工作条件等因素相关的参数。

对式(6.13)取两次对数，可得到

$$\lg\left(\lg\frac{1}{1-\eta}\right)=m\lg t+\lg(k\lg e) \tag{6.14}$$

若以纵坐标表示 $\lg\left(\lg\frac{1}{1-\eta}\right)$，横坐标表示 $\lg t$，对式(6.13)作图，可得到一条直线，其斜率为 m。

将式(6.13)中的 e^{kt^m} 项分解为级数

$$e^{kt^m}=1+kt^m+\frac{(kt^m)^2}{2!}+\cdots \tag{6.15}$$

取级数的前两项代入式(6.13)并整理得

$$\eta=\frac{kt^m}{1+kt^m} \tag{6.16}$$

令 $k=1/a$，则式(6.16)可化为

$$\eta=\frac{t^m}{a+t^m} \tag{6.17}$$

式中　a——与物料性质及筛分进行情况有关的参数。

式(6.12)、式(6.13)、式(6.17)均为筛分的动力学公式，式(6.12)是推导式，式(6.13)为修正式，式(6.17)是近似式。上述动力学公式可用于筛分过程的定量分析计算。

(2)筛分动力学的应用

① 研究筛分效率与筛子的生产率的相互关系

在筛分效率不变时，筛子的生产率与筛分时间成反比，即：

$$\frac{Q_1}{Q_2}=\frac{t_2}{t_1} \tag{6.18}$$

式中　t_1——达到生产率 Q_1 的筛分时间；

t_2——达到生产率 Q_2 的筛分时间。

由式(6.17)可得求出 t，带入式(6.18)可得：

$$\frac{Q_1}{Q_2}=\left[\frac{\eta_2(1-\eta_1)}{\eta_1(1-\eta_2)}\right]^{\frac{1}{m}} \tag{6.19}$$

式中　η_1——生产率为 Q_1 时的筛分效率；

η_2——生产率为 Q_2 时的筛分效率。

式(6.19)即为筛子的生产率和筛分效率的关系。如收集到一些生产率和相应的筛分效率的试验数据，就可以定出 m 值。

表 6.3 列出了振动筛($m=3$)按公式(6.19)的计算结果(取 $\eta=90\%$，相对生产率为 1)，并列出了试验平均值。由表中数据知，计算结果与试验值基本接近。

表 6.3　振动筛的筛分效率与生产率的关系

筛分效率/%		40	50	60	70	80	90	92	94	96	98
生产率	试验值	2.3	2.1	1.9	1.6	1.3	1.0	0.9	0.8	0.6	0.4
	按式(6.19)计算	2.36	2.09	1.82	1.57	1.31	1.0	0.92	0.83	0.72	0.585

② 研究筛分效率与筛面长度的关系

令筛面长度为 L，因筛分时间与筛面长度成正比，由式(6.16)可得

$$\eta=\frac{kL^m}{1+kL^m} \tag{6.20}$$

由式(6.20)可得

$$L^m = \frac{\eta}{k(1-\eta)} \tag{6.21}$$

设 t_1、L_1、η_1 及 t_2、L_2、η_2 分别为两个筛面长度下的筛分时间、筛面长度、筛分效率，则

$$L_1^m = \frac{\eta_1}{k(1-\eta_1)} \qquad L_2^m = \frac{\eta_2}{k(1-\eta_2)} \tag{6.22}$$

因此有

$$\left(\frac{L_1}{L_2}\right)^m = \frac{\eta_1}{1-\eta_1}\left(\frac{1}{\eta_2}-1\right) \tag{6.23}$$

或

$$\eta_2 = \frac{\eta_1 L_2^m}{L_1^m - \eta_1 L_1^m + \eta_1 L_2^m} \tag{6.24}$$

式(6.24)就是筛分效率与筛面长度的关系式。在 L_1、η_1 和 L_2 已知的情况下，筛面 L_2 的筛分效率可由式(6.24)求出。

6.2.3　筛分设备

6.2.3.1　筛面

筛面是筛分机械或设备的主要工作部件。筛面结构有格子筛(又称栅筛)、板筛(又称筛板)、编织筛(又称网筛)等多种。格子筛与板筛用于筛分块、粒状物料，编织筛主要用于筛分粉料或浆料。标准筛则用于测定粒度分布。

栅筛是由相互平行的按一定间隔排列的钢质棒条组成。图 6.6 为栅筛及其断面形状示意图。这种筛面通常用在固定筛上，固定筛又可分为固定格筛和条筛。固定格筛的筛面与水平面一般成 30°～60°的角度倾斜安装，以使物料能够沿筛面自动下滑或滚动。条筛的筛孔尺寸为筛下粒度的 1.1～1.2 倍，筛孔尺寸一般不小于 50 mm。条筛结构简单，无运动部件，不需要动力。但筛孔易堵塞，需要的高差大，筛分效率一般为 50%～60%。

板筛通常是指在厚度为 5～12 mm 的钢板冲制成正方形孔、长方形孔或圆形孔而制成。各种筛孔尺寸的表示法：圆孔用直径、正方形孔用边长、长方形孔用宽度。图 6.7 是不同筛孔及排列方式的冲孔筛板示意图。筛孔可以是平行排列[图 6.7(a)、(c)]，也可以呈三角形排列[图 6.7(b)、(d)]。为了保证足够的强度及耐磨损，孔壁之间的最小距离 S 应不小于某一定值。在相同的筛孔尺寸和壁厚条件下，筛孔呈三角形排列的筛面的有效面积较大。长方形筛孔与正方形或圆形的相比，其优点是开孔率大，生产能力大，可减少筛孔堵塞现象。但长方形筛孔的筛面只能在筛分物料要求不太严格的情况下使用。

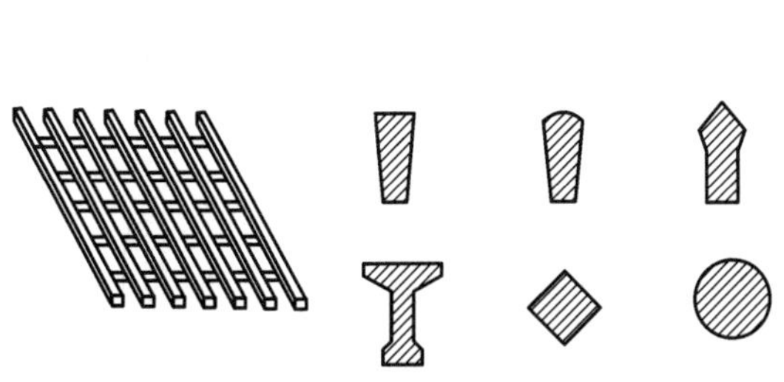

图 6.6　栅筛及其断面形状示意图

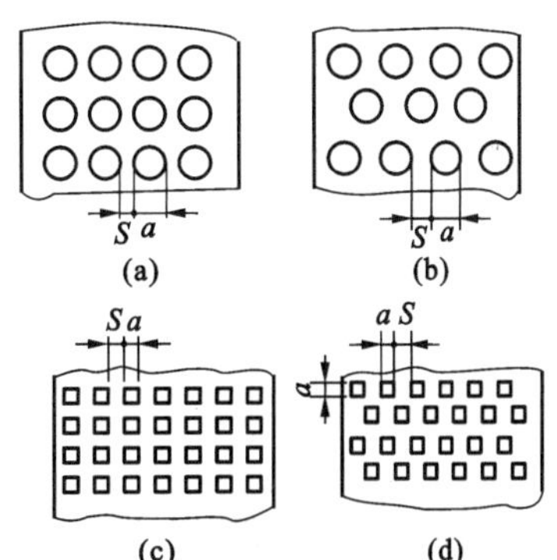

图 6.7　不同筛孔及排列方式的冲孔筛板示意图

板筛的优点是比较牢固，刚度大，使用寿命长；缺点是开孔率较小，为 40%～60%。一般用于中等粒度的物料筛分。

编织筛面是用钢丝、铜丝、尼龙丝等编织而成，筛孔形状为正方形或长方形。编织筛的优点是开孔率高，质量轻，制造方便；缺点是使用寿命较短。通常适用于中细物料的筛分。

6.2.3.2 筛制

编制筛的筛面规格在许多国家已制定有标准，即对筛孔尺寸、筛丝尺寸、上下两筛号间孔的大小等作了规定。英、美等国采用英制筛，即以 1 英寸(25.4 mm)筛网长度上的筛孔数目表示筛目。例如，16 目筛就表示每英寸筛网长度上有相等间距的筛孔 16 个，325 目筛子就表示有筛孔 325 个。我国现行标准筛采用 ISO 制，以方孔筛的边长表示筛孔的大小。表 6.4 中列出了公制筛、英制筛中的常用筛号(目)。

表 6.4 部分筛制

公制筛	筛号	1	2	3	4	5	6	8	10	11	12	14	16
	筛孔尺寸/mm	6	3	2	1.5	1.2	1.02	0.75	0.6	0.54	0.49	0.43	0.385
	筛孔数/(孔/毫米)	1	4	9	16	25	36	64	100	121	144	196	256
英制筛	筛目	4	10	12	14	16	20	24	28	32	35	42	48
	筛孔边长/mm	4.699	1.651	1.397	1.168	0.991	0.833	0.701	0.580	0.495	0.417	0.351	0.295
公制筛	筛号	20	24	30	40	50	60	70	80	90	100		
	筛孔尺寸/mm	0.30	0.25	0.20	0.15	0.12	0.102	0.088	0.075	0.066	0.06		
	筛孔数/(孔/毫米)	400	576	900	1600	2500	3600	4900	6400	8100	10000		
英制筛	筛目	60	65	80	100	115	150	170	200	250	325	400	
	筛孔边长/mm	0.246	0.208	0.175	0.147	0.127	0.104	0.088	0.074	0.061	0.043	0.038	

公制筛号和英制筛目可用下式换算：

$$N = \frac{M}{2.54} \tag{6.25}$$

式中 N——公制筛号，孔/cm；

M——英制筛目数，孔/英寸。

6.2.3.3 开孔率 η

开孔率是指筛孔净面积占筛面总面积的比率(%)，又称筛面的有效面积比，其表达式为：

$$\eta = (1 - zD_b)^2 \times 100\% \tag{6.26}$$

式中 z——单位长度内的筛孔数；

D_b——筛丝直径。

各种筛孔的开孔率计算如下：

① 平行排列的圆形筛孔：

$$\eta = \frac{0.905D^2}{(s+D)^2} \times 100\% \tag{6.27}$$

式中 s——筛孔间的最短距离；

D——筛孔直径。

② 平行排列的正方形筛孔：

$$\eta = \frac{D^2}{(s+D)^2} \times 100\% \tag{6.28}$$

式中 D——正方形筛孔边长；

s——筛孔间的最短距离。

通常,筛板与筛格的开孔率不超过 40%～50%,筛网的开孔率不超过 70%,细网筛的开孔率为 30%～70%。筛面的有效面积比过小会影响物料通过筛孔;有效面积比越大对筛分越有利。

6.2.3.4 振动筛

筛分机械的类型很多,按使用方式可分为干式筛和湿式筛。按筛面的运动特性,可分为四大类:固定筛(包括固定棒条筛、固定格筛和固定弧形筛),回转筛(包括圆筒筛、圆锥筛、角柱筛和角锥筛),摇动筛(包括旋动筛和直线摇动筛),振动筛(包括旋摆运动、直线运动和圆运动振动筛)。表 6.5 中列出了工程上常用的筛分设备。

表 6.5 常用的筛分设备

<table>
<tr><th colspan="3" rowspan="2">机种</th><th colspan="6">筛面运动</th><th>适用粒度/mm</th><th>处理能力/[t/(m²·24 h·mm)]</th></tr>
<tr><th>筛面形状</th><th>倾斜角度</th><th>传动方式</th><th>运动轨迹</th><th>振幅/mm</th><th>频率/(次/min)</th><th></th><th>10～60</th></tr>
<tr><td rowspan="2">固定式</td><td colspan="2">栅筛</td><td>平面</td><td>20°～50°</td><td></td><td></td><td></td><td></td><td>25～200</td><td></td></tr>
<tr><td colspan="2">弧形筛</td><td>曲面</td><td></td><td></td><td></td><td></td><td></td><td>0.3～0.6</td><td></td></tr>
<tr><td rowspan="5">运动式</td><td colspan="2">回转筛</td><td>曲面(圆筒、圆锥或角锥)</td><td>3°～10°(平均为 5°)</td><td>中心轴</td><td>圆</td><td></td><td>15～20(为临界转速的0.33～0.45)</td><td>1～60</td><td>干式为 3～6
湿式为 10～20</td></tr>
<tr><td colspan="2">摇动筛</td><td>平面</td><td>10°～20°</td><td>偏心轴</td><td>直线往复</td><td>10～100</td><td>60～300</td><td>10～50</td><td>20～28</td></tr>
<tr><td colspan="2">旋动筛</td><td>平面</td><td>～5°</td><td>偏心轴</td><td>与筛面平行的封闭曲线或局部为直线往复,以利卸料</td><td>50</td><td>15～600</td><td>12～60</td><td></td></tr>
<tr><td rowspan="2">振动式</td><td>电磁式</td><td>平面</td><td>30°～40°</td><td>电磁式</td><td>直线往复(与筛面垂直或平行)</td><td>0.8～30</td><td>900～7200</td><td>0.15～2.5</td><td>50～200</td></tr>
<tr><td>机械式</td><td>平面</td><td>干式为 0°～29°
湿式为 10°～50°</td><td>不平衡块,偏心轴凸轮</td><td>封闭曲线或直线往复(与筛面垂直、倾斜或平行)</td><td>2～12</td><td>1000～1500</td><td>0.4～25</td><td>100～150</td></tr>
</table>

振动筛是目前各工业中应用最广泛的一种筛机。它与摇动筛最主要的区别在于振动筛的筛面振动方向与筛面成一定角度,而摇动筛的运动方向基本上平行于筛面。筛面用筛网,利用激振器使筛面产生振动。有机械振动筛和电磁振动筛两种,按筛面运动形式,又分圆振动筛和直线振动筛等。

振动筛有如下优点:筛体以小振幅、高频率做强烈振动,能消除物料堵塞现象,使筛机具有较高的筛分效率和较强的处理能力;动力消耗小,构造简单,维修方便;使用范围广,可用于细筛,也可以用于中、粗筛分。

振动筛因其结构和筛框运动轨迹不同,大致分为下列类型:单轴惯性振动筛,包括偏心振动筛、自定中心振动筛和圆形空间旋转筛;双轴惯性振动筛,包括双轴强制式机械同步振动筛和双电机自同步振动筛;电磁筛;概率筛。

(1)单轴惯性振动筛

单轴惯性振动筛分为纯振动筛[或偏心振动筛,如图 6.8(a)所示]和自定中心振动筛,后者又分为轴承偏心式[图 6.8(c)]和反带轮偏心式[图 6.8(d)]两种。单轴惯性振动筛的筛框支承方式有弹簧悬吊式和用板弹簧或螺旋弹簧座支承式,筛网有单层和双层之分。

图 6.8(a)为单轴纯振动筛示意图。电动机 1 通过皮带轮 2 和 3 使主轴 9 旋转,主轴安装在滚动轴承座 10 上,由于主轴旋转,固定在主轴上的飞轮 7 上装有偏心重块 8,便产生惯性离心力,使筛框发生振动。4、5 分别为筛网和悬吊弹簧。物料从左上方加入,筛上料从筛面右端排出,如图 6.8(b)所示。筛框加料端和排料端做闭合椭圆运动,中间为圆运动。这种振动筛工作时,皮带轮与筛框一起振动,这样必然导致三角皮带轮反复伸缩,从而使皮带损坏,同时也使电机主轴受力不良。

图 6.8(c)是轴承偏心式自定中心振动筛,悬吊弹簧 5 将筛框 6 倾斜悬挂在固定的支架结构上,电动机 1 经三角皮带带动。主轴转动时,不平衡重块产生的离心力和筛框回转时所产生的离心力平衡。此时,筛框绕主轴 O-O' 做圆运动,由于主轴的偏心距等于筛箱的振幅,故筛框振动时,主轴中心线和皮带轮 3 的空间位置保持不变,因此,皮带工作条件得到改善,筛框的振幅可以较大。

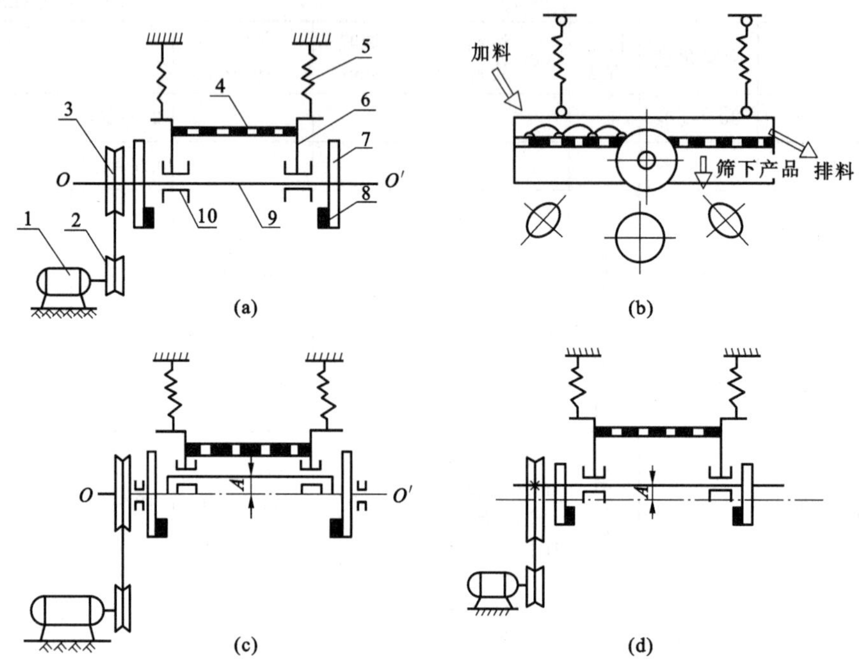

图 6.8 单轴惯性振动筛的工作原理图

(a)单轴纯振动筛;(b)单轴纯振动筛的加料与排料;

(c)轴承偏心式自定中心振动筛;(d) 反带轮偏心式自定中心振动筛

1—电动机;2,3—皮带轮;4—筛网;5—悬吊弹簧;6—筛框;7—飞轮;8—偏心重块;9—主轴;10—轴承座

(2)双轴惯性振动筛

定向振动的双轴惯性振动筛的工作原理见图 6.9。筛框的振动是由双轴激振器来实现的。激振器的两个主轴分别装有相同质量和偏心中距的重块,两轴之间用一对转速比为 1 的齿轮连接并用一台电动机驱动,因两轴回转方向相反,转速相同,故两偏心重块产生的离心惯性力在 y 方向相互抵消,在 x 方向叠加,从而实现筛框沿 x 方向直线振动。

(3)电磁振动筛

电磁振动筛由筛框、激振器和减振装置三部分组成,可分为筛网直接振动和筛框振动两种形式,后者应用较多,这类筛机的筛框做直线运动,其运动特性与双轴惯性振动筛相似。图 6.10(a)为电磁振动筛的结构示意图,图 6.10(b)为其工作原理示意图。

电磁振动筛的工作原理。筛框 1 和它上面的激振器衔铁 4 和连接叉 7 组成一个前振动质量 m_1,电磁铁 5 和辅助重物 2 组成后振动质量 m_2,两个振动质量之间用弹性元件连接,整个系统用悬吊弹簧 3 悬挂在固定的支架结构上,激振器通入交流电时,衔铁 4 和电磁铁 5 的铁芯由于电磁力和弹簧力作用进行交替的相互吸引和排斥,使前后振动质量 m_1 和 m_2 产生振动,由于激振器与筛面安装成一定角度,所以筛框与筛面沿 β 角方向振动,筛框的直线振动使物料在筛面上跳动,从而被筛分。

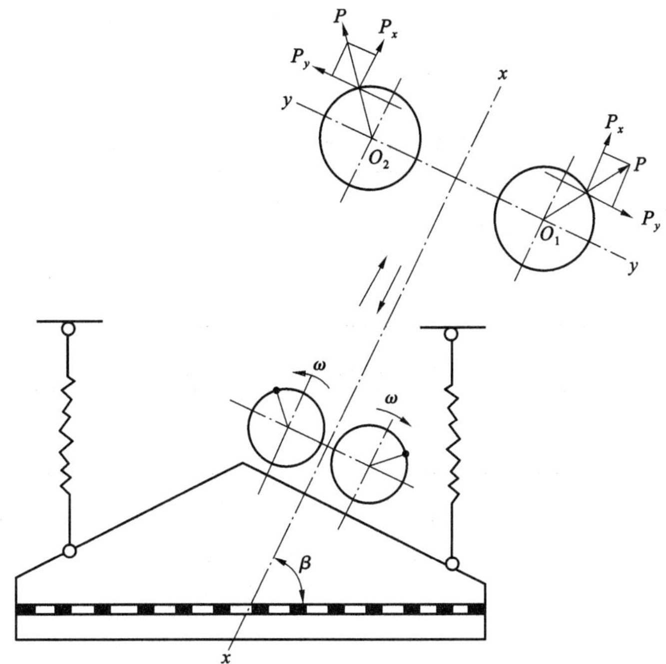

图 6.9 定向振动的双轴惯性振动筛工作原理

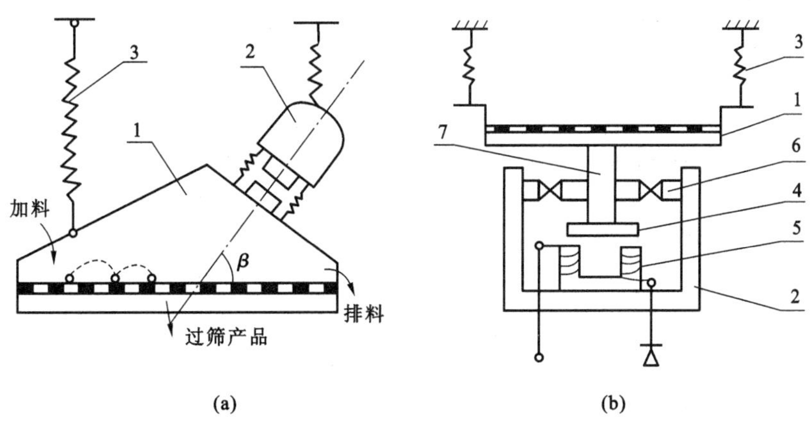

图 6.10 电磁振动筛

(a)电磁振动筛的结构示意图;(b)电磁振动筛的工作原理示意图

1—筛框;2—辅助重物;3—悬吊弹簧;4—激振器衔铁;5—电磁铁;6—弹簧;7—连接叉

电磁振动筛结构简单,无运动部件,体积小,耗电少,振动频率高达3000次/min,振幅一般为2~4 mm。

(4)振动筛的主要参数

① 振动强度(或称机械指数)。振动强度 K 是指筛面振动加速度幅值 $A\omega^2$ 与重力加速度 g 之比,它表示筛面振动的强烈程度。

$$K = A\omega^2/g \tag{6.29}$$

式中 A——振幅, m;

ω——等于 $\pi n/30$,n 为偏心轴转速,r/min;

g——重力加速度,m/s²。

振幅 A 与筛分粒径有关,可参考下式:

$$A = 2 + 0.3d \tag{6.30}$$

式中 d——物料粒径,mm。

不同激振方式的振幅和频率变化范围见表 6.6，细筛时宜用小振幅高频率；粗筛时宜用较大振幅和较低频率。在选用振频和振幅时，应满足振动强度 K 的要求，K 一般取 4～6。振动强度与较佳振动方向角的关系见表 6.7。

表 6.6　不同激振方式的振幅和频率变化范围

激振方式	单振幅/mm	振动频率/(次/min)	激振方式	单振幅/mm	振动频率/(次/min)
电磁振动	1.5～3.0 0.5～1.0	1500 300	惯性振动 弹性连杆振动	1.0～10.0 3.0～30.0	700～1800 400～1000

表 6.7　振动强度与较佳振动方向角的关系

振动强度 K	2	3	4	5	6	7
较佳振动方向角	40°～50°	30°～40°	26°～36°	22°～32°	20°～30°	18°～28°

② 抛掷指数 D。它是直接表征振动筛抛掷物料能力的特征指数。抛掷指数的物理意义：振动筛面加速度与重力加速度二者在筛面法向分量的比值，见图 6.11。

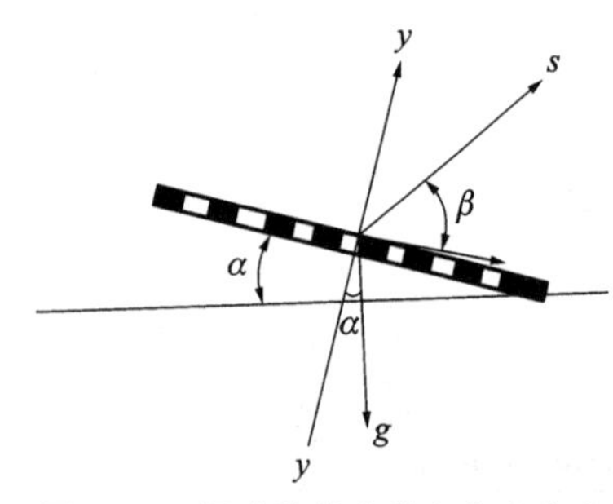

图 6.11　振动筛的安装角和方向角

α—筛面安装角；β—方向角；y—筛面法向；s—筛面振动方向

$$D = A\omega^2 \sin\beta / g\cos\alpha = k\sin\beta/\cos\alpha \tag{6.31}$$

振动筛的抛掷指数 D 依据所处理物料的性质而定。对于难筛分物料，通常取 $D=3\sim5$；对于易筛分物料，$D=2.5\sim3.3$。

③ 生产能力 Q。对于直线振动筛

$$Q = 3600hBv\rho_\beta \tag{6.32}$$

式中　h——料层厚度，m；

B——工作面宽度，m；

v——物料在筛面上的移动速度，m/s。可按下式计算：

$$v = 0.9A\omega\cos\beta$$

ρ_β——物料松散密度，t/m³；

对于单轴惯性振动筛

$$Q = kFq\rho_\beta lmnop \tag{6.33}$$

式中　F——筛子的工作面积，m²，$F=0.85BL$（B、L 为筛框的宽度和长度，单位米）；

q——单位筛面的平均处理能力，m³/(m²·h)；

k,l,m,n,o,p——修正系数。

6.2.3.5　概率筛

概率筛又称摩根逊筛，它由瑞典人摩根逊提出，并被应用于瑞典的耐火材料工业上。

摩根逊筛如图 6.12 所示，这种筛子的结构特点是，筛面是 3～6 层相叠，各层筛孔逐次变小而各层筛板倾角则依次加大。工作方式：每层筛孔均为分级粒径的若干倍，通过分级过程的多次重复，使每层筛子上的颗粒直径 d 与筛孔直径 L 的比值 d/L 达到较小范围，这样就可以提高给料速度以至增大处理能力。在同样分级粒径和分级精度的情况下，摩根逊筛的生产能力可达到常规筛分机械的 10～20 倍。可以认为，这种筛子的上层筛面主要起松散物料的作用，中层筛面对粗粒物料起预筛作用，最下层筛面才对细粒物料进行筛分，筛分范围为 25～30 mm，最大筛分粒径可达 400 mm，生产能力达 1000～1500 t/h。它的优点是不需要驱动装置，不堵塞筛孔，效率高，制造和维护简单。

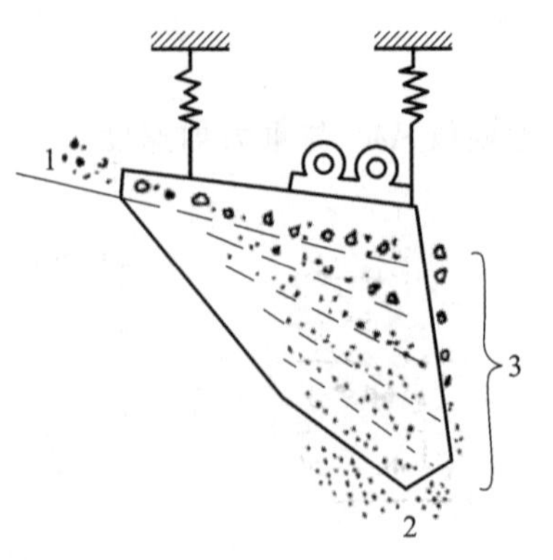

图 6.12　摩根逊筛示意图

1—给料；2—细料；3—粗料

其他类型的筛分装置,如回转筛,它由筛板或筛网制成的回转筒体、支架和传动装置等组成。按筒形筛面的形状有圆筒筛、圆锥筛、角柱筛、角锥筛四种。其工作原理是圆筒绕自身轴线回转,物料在筒内滚转而筛分。回转筛具有工作平稳,冲击和振动小,易于密封收尘,维修方便的特点。回转筛的主要缺点是筛面利用率较低,与同产量的其他筛分设备相比,体形较大,筛孔易堵塞,筛分效率低。还有常见的一种固定筛,其筛面倾斜固定,构造简单,所需动力很小或不需动力,一般做破碎作业之前的预筛分,有格筛和滚轴筛等。

6.3 流体分级

6.3.1 流体分级分类

筛分作业要受筛网的限制,其筛分粒径下限为 37 μm,即使是 37 μm 以上 100 μm 以下的筛分作业,其处理量少时,准确程度也不可靠。因此,对 100 μm 以下的物料,利用粒径变化时流体阻力和颗粒所受的力平衡的原理而分级。所利用的流体是水时则称为湿式分级,利用的流体是空气时称为干式分级。干式分级是将被分级的颗粒悬浮于以空气为主的气体介质中,通常利用颗粒在气流中的沉降速度差,或者说利用轨迹不同来进行的,又称气力分级。粉体工程中干式分级的应用场景更多。

干式分级根据其力场性质不同,又可分为以下几种类型:

(1)重力分级,其分级机是根据气流方向不同分为水平流型、垂直流型和之字型,该类分级设备结构简单,具有 200～1000 μm 较粗的分级范围,分级性能受粉体的分散性和气流的整流性影响较大,一般难以实现精密分级,但常被应用于不需要太高精度,但需要较高处理量的物料的分级。

(2)惯性力分级,颗粒的惯性力是由空气阻力或离心力产生的,根据颗粒的运动方式不同分为直线型、曲线型和百叶窗型等。一般适合于粗粒分级,但也可用于超细分级,如"改良型冲击分级机",其切割粒径可达 1 μm 以下;"射流式惯性分级机",可得到 d_{50} 分级粒径为 0.9 μm 的产品;"EJ 附壁交叉射流式分级机",利用高速射流的附壁效应,将物料分成不同细度的四个等级。

(3)离心力分级,分为自由涡和半自由涡型及强制涡型。

干式分级设备的分级过程可归纳如下:

① 分散 即将附着或凝聚在一起的颗粒聚集体分散成单个颗粒。

② 分离 组合各种力的作用,使颗粒获得速度差,实现粗细颗粒分离。

③ 捕集 从气流中分离与捕集颗粒。

④ 卸出。

在干式分级过程中,作用于颗粒上的力有:阻力、浮力、重力、离心力、惯性力、磁力、静电力、摩擦力、附着力等。不同类型的分级机就是利用这些力中的一种或几种的组合而制成的。常用的干法分级机有重力分级机、离心分级机等。

6.3.2 干式分级技术

6.3.2.1 重力分级

重力式分级机的结构如图 6.13 所示,本机是利用空气阻力和重力之间的平衡关系,调整颗粒粒径进行分级,重力分级的基本原理可依据 Stokes 定律来计算。首先设想当颗粒在流体中进行自然沉降时,其速度逐步增快,当达到某一速度时,颗粒受到的重力和流体阻力相平衡,则速度保持一定,此后颗粒即在这定速下继续沉降。改变气流速度即可改变颗粒的终端沉降

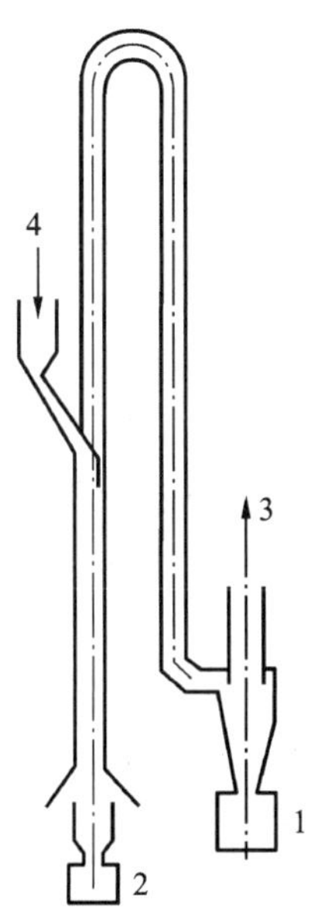

图 6.13 重力式分级机

1—细粒;2—粗粒;
3—旋风收尘器;4—试样

速度。当颗粒在重力和流体阻力的共同作用下，其终端速度向下，则由分级机底部的粗粉出口排出，终端速度向上则随气流进入旋风收尘器，而成为细粉产品，改变气流速度，就可以改变分级粒径。不同气流速度下的粉体分级效果见图6.14。

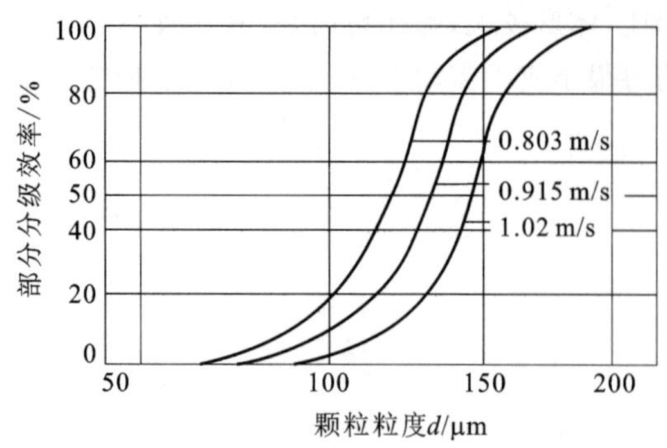

图 6.14　不同气流速度下的粉体分级效果

按照 Stokes 定律，颗粒在层流体系中的平衡沉降速度为：

$$v = \frac{(\rho_P - \rho)g}{18\eta} d_P^2 \tag{6.34}$$

式中　v——颗粒的沉降速度，m/s；

ρ_P——颗粒的密度，kg/m^3；

ρ——流体密度，kg/m^3；

d_P——颗粒直径，m；

η——流体黏度，pa · s。

依据 Stokes 定律，颗粒的沉降运动和流体阻力相关，改变流体性质即可改变颗粒的沉降运动平衡速度，从而获得不同的分级效果。当被分级的物质一定，所采用的介质一定（即 ρ、η 一定）时，沉降末速度只与颗粒的直径大小有关。因此，根据不同直径的颗粒的末速差异，可对粒度大小不同的颗粒进行分级。Stokes 沉降定律是基于假设流场为层流，颗粒呈球形，在流体中是以自由沉降形式进行。这些与实际情况都有较大差异。

在重力分级中，微小的颗粒因凝聚作用较强而相互附着，形成假象的大颗粒，因此在分级前要将这种集合体分散成单一颗粒。重力分级方法只能用来对粒径较大的粉体进行分级，对于粒径极细的超细粉体，采用这种方法很难达到满意的分级效果，因此很少采用。

6.3.2.2　离心分级

离心分级是利用回转运动产生的离心力，其离心加速度大致比重力加速度大两个数量级甚至更高，能很快将颗粒分离。离心分级又分为自由涡（半自由涡）和强制涡离心分级。强制涡分级中，由于外加离心力场的作用，颗粒的分散性加强、分级范围广，处理量大，尤其适用于精密分级，但同时由于外加动力的引入，也带来了其他问题，如能耗、摩擦、动量平衡等。

离心式分级机也称内部循环式选粉机，其结构如图 6.15 所示。离心式分级机结构由上为圆柱下为圆锥形的内外筒体 4 和 5 组成。上部装有转子，它由撒料盘 10、小风叶 2、大风叶 1 等组成。在大小风叶向内筒上口边缘装有可调节的挡风板 11，内筒中部周向装有导气固定风叶 6，内筒由支架 3 和 7 固定在外筒内部。

当转子转动时，转子带动大小风叶和撒料盘转动，气流由内筒上升，转至两筒间下降，再由固定风叶进入内筒，构成气流循环。

其工作原理：当物料由进料口加入落到撒料盘 10 上，受离心力作用向周围抛出。在气流中，较粗颗粒迅速撞到内筒内壁，并沿内壁滑下。其余较小颗粒随气流向上，经过小风叶 2 时，又有一部分被抛向内筒壁被收下，更小的颗粒穿过小风叶，在大风叶的作用下经由内筒顶上出口进入两筒间夹层，由细粉出口 9 排出成为产品。内筒收下的粗粉由出口 8 排出，再送回磨机内重新粉磨。改变主轴转速，大小风叶的片数或挡风板位置就能调节选粉细度。

由于内部气流及物料运动过程都比较复杂，速度场也不均匀，故很难作出精确的理论分析。在此，根据流体力学基本原理，对颗粒的分级过程仅作以下近似分析。

颗粒离开盘边时，受到离心惯性力、环流气体阻力及重力三个力的作用。在离心式选粉机内重力影响可略去不计，这时颗粒受力情况如图 6.16 所示。

水平方向由撒料盘给颗粒的离心力为：

$$F = \frac{\pi}{6} d_P^3 (\rho_P - \rho) \frac{v_p^2}{r} \tag{6.35}$$

式中 v_p——盘边颗粒圆周速度；

r——撒料盘半径；

其余符号意义同前。

垂直方向气流给颗粒的作用力 F_R：

$$F_R = \frac{\xi\pi}{4} d_P^2 \rho \frac{v_f}{2} \tag{6.36}$$

式中 ξ——阻力系数；

v_f——空气向上流速。

合力方向决定颗粒走向：

$$\frac{F_R}{F} = \tan\alpha \tag{6.37}$$

若颗粒能飞出内筒口边，其运动走向角即为 α，解以上三式可得：

$$d_P = \frac{3\xi\rho v_f}{4(\rho_P - \rho) v_p^2} \cot\alpha \tag{6.38}$$

式(6.38)即为分级极限粒径公式，粗粉和细粉以此为界，一定程度上，它反映产品的细度。当设备一定且处理物料一定时，式(6.38)可简化为：

$$d_P = \frac{K\xi v_f^2}{rn^2} \tag{6.39}$$

式中 K——常数；

r——撒料盘半径；

n——主轴转速。

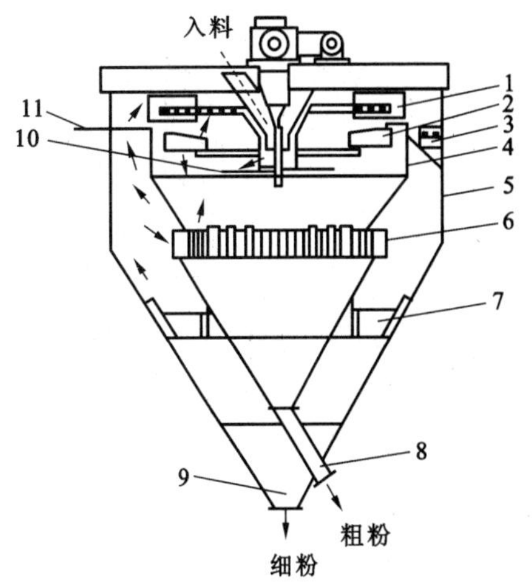

图 6.15 离心式分级机

1—大风叶；2—小风叶；3,7—支架；4—内筒体；5—外筒体；6—固定风叶；8—粗粉出口；9—细粉出口；10—撒料盘；11—挡风板

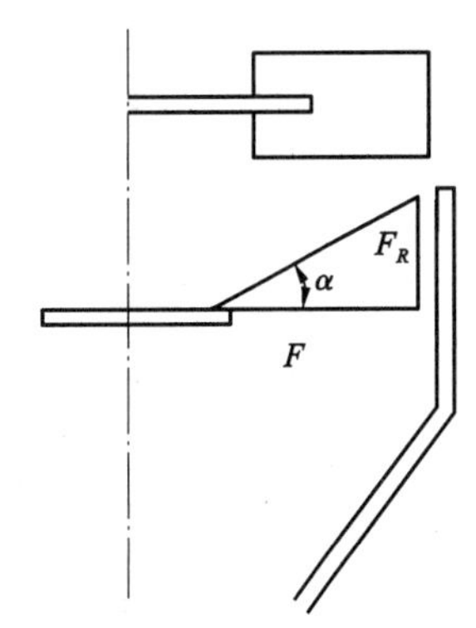

图 6.16 颗粒在离心式分级机内的受力情况

由式(6.39)可知，颗粒分级极限粒径的大小可以通过调整气流的上升和旋转速度以及增减风叶的作用来实现。增大转子转速或增多大风叶，都会使上升气流速度增大，使细粉的细度下降；反之，则可提高细粉的细度。

离心式分级机的分级和分离过程是在同一机体的不同区域进行，由于流体速度和投料方式的设计很难保证理想及循环气流中大量细粉的干扰等因素的影响，在实际生产中，分级效率一般为50%～60%。

6.3.2.3 旋风式分级

旋风式分级机也称外循环式分级机，是由离心式分级机改进而来。这种改进是基于离心式分级机内用来产生循环气流的大风叶，由于同含尘气流相接触时，磨损较大；且大风叶转速较低，风叶间隙较大，空气效率较差；细粉在内外壳之间的沉降区中依靠重力很难完全沉降，循环气流返回选粉区时总会带有部分细粉，使得分级效率降低。因此，在旋风式分级机中取消了大风叶，采取专用风机进行外部鼓风；在内外筒间的细粉分离空间也设置了外部专用旋风分离器。

图 6.17 为旋风式分级机的结构示意图。在选粉室 8 的周围均匀分布着 6～8 个旋风分离器，小风叶 9 和撒料盘 10 一起固定在选粉室顶盖中央的悬转轴 4 上，由电机 1 经皮带传动装置 2、3 带动旋转。空气在循环风机 19 的作用下沿切线方向进入分级机，经滴流装置 11 的间隙旋转上升到分级室。物料由加料管 5 落到撒料盘后向四周甩出与上升的旋转气流相遇，物料中的粗颗粒由于质量大，受撒料盘、小风叶和旋转气流作用而产生的离心力大，被甩向分级室内壁而落下，至滴流装置处与此处的上升气流相遇再次分选。粗粉最后落到内锥筒下部经粗粉出口排出。物料中的细颗粒因质量小，进入选粉后被上升气流带入旋风分离器 7，从而被收集下来落入外锥筒，经细粉出口 13 排出。气固分离后的净化空气出旋风分离器后，经集风管 6 和循环风管 14 返回循环风机 19，形成了分级室外部气

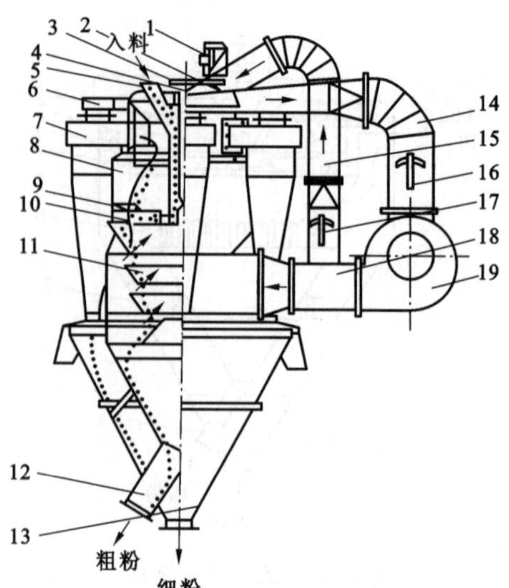

图 6.17　旋风式分级机的结构示意图

1—电机；2、3—传动装置；4—悬转轴；5—加料管；6—集风管；7—旋风分离器；8—选粉室；9—小风叶；10—撒料盘；11—滴流装置；12—粗粉出口；13—细粉出口；14—循环风管；15—支风管；16、17—调节阀；18—进风管；19—循环风机

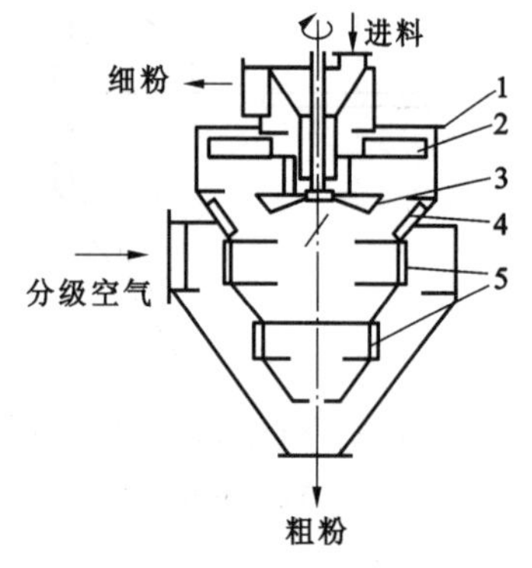

图 6.18　IHI-SD 型分级机

1—分级室；2—分选叶片；3—螺旋形撒料盘；4—冲击板；5—导向叶片

流循环，循环风量可由气阀 16 调节，支管调节阀 17 用于调节支风管 15 直接进入旋风分离器(不经选粉室)的风量和经滴流装置进入分级室的风量之比，控制分级室内的上升气流速度，借此可有效调节分级产品细度，改变撒料盘转速和小风叶数量，也可单独调节细度，但通常主要靠调节气流速度的气阀来控制细度。

旋风式分级机将抛料分级、产品分离、流体推动三者分别进行，与离心式分级机相比，有以下优点：

(1)转子和循环风机可分别调速，既易于调节细度，也扩大了细度的调节范围。

(2)小型的旋风筒代替了大圆筒，可提高细粉的收集效率，分级效率可达 70%以上，能减小细粉的循环量。

(3)细粉集中收集，大大减轻了叶片等的磨损。

(4)结构简单，轴受力小，振动小，机体体积小，质量小，运转平稳，易于实现大型化。

其缺点是外部风机及风管占空间大，对系统的密封要求高。

针对一般旋风选粉机物料分散不好的缺点，研发了 IHI-SD 型分级机，见图 6.18。该分级机的撒料盘改变了以往的圆盘形而采用螺旋桨形，可使物料在更大的空间里分散(见图 6.19)，物料分散性和均匀性得到了改善，飞行距离增大，受选时间延长，在分级室下部锥体上还增设了冲击板(见图 6.20)，可使夹带细颗粒的粗粉在下落过程中再次受到撞击，因此使分级效率提高。与一般分级机相比，在产量相同的情况下，直径可减小 20%，分级风量减小 26.5%，单位截面积处理物料量增加 30%以上，分级效率为 80%～85%(细粉回收率)。

6.3.2.4　粗分级

粗分级机俗称粗分离器，是空气一次通过的外部循环式分级设备。其形式较多，常见的结构如图 6.21 所示。

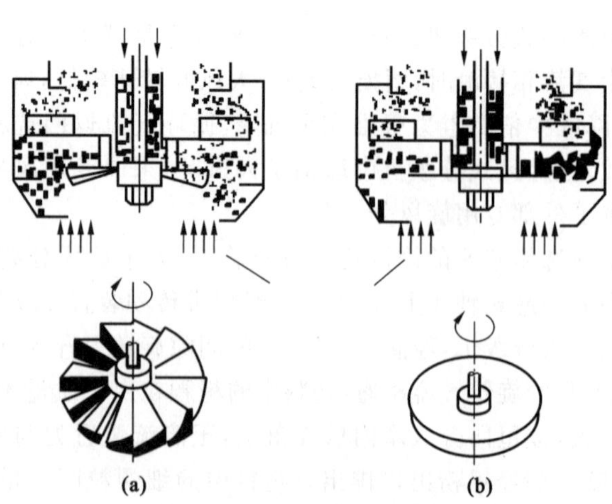

图 6.19　螺旋桨形撒料盘与圆盘形撒料盘

(a)螺旋桨形撒料盘；(b)圆盘形撒料盘

图 6.20　冲击板示意图

分级机的主体部分由外锥形筒 2 和内锥形筒 3 组成，外锥上有顶盖，下接粗粉出料管 5 和进气管 1，内锥下方悬装着反射棱锥体 4，外锥下和内锥上边缘之间装有导向叶片 6，外锥顶盖中央装有排气管 7。

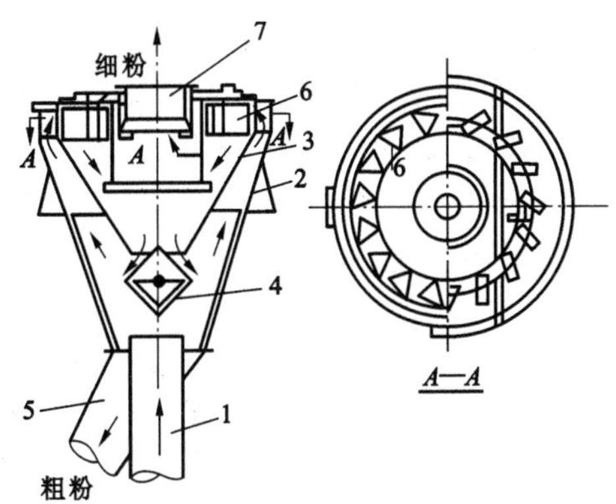

图 6.21 粗分级机结构示意图

1—进气管；2—外锥形筒；3—内锥形筒；4—反射棱锥体；5—粗粉出料管；6—导向叶片；7—排气管

粗分级机的工作原理：利用颗粒群在垂直上升旋转运动的气流中，由于重力和惯性离心力作用而沉降，从而进行分级。工作过程：夹带颗粒的空气在负压下由下向上从进气管 1 进入内锥形筒 3 和外锥形筒 2 之间的空间，特大的颗粒首先碰到反射棱锥体而被碰落到外锥下部，由粗粉出料管 5 排出。在两锥体间上升的气流流速下降，又有部分粗颗粒在重力作用下被分选出来。气流上升到顶部后，由导向叶片 6 进入内锥，由于方向突变，同时由于气流在导向叶片的作用下做旋转运动，较粗的颗粒由于惯性力和离心力而甩向内锥体的内壁，并沿内壁滑下，最后也进入粗粉管。细粉随气流经排气管 7 带出，进入收尘设备。

粗分级机的工作原理可分为两个区域来分析。第一个是两锥筒之间的分离区，主要是重力沉降，最小分级粒径可按 Stokes 定律给出式(6.40)进行计算：

$$d_P = \sqrt{\frac{18\eta v}{(\rho_P - \rho)g}} \tag{6.40}$$

第二区域是顶盖下导向叶片形成的旋流区。当颗粒做离心沉降的离心速度与气流向心方向的流速分量相等时，相应颗粒粒径即为最小粒径，计算公式为：

$$d_P = \frac{3r\xi\rho}{4(\rho_P - \rho)}\cot^2\alpha \tag{6.41}$$

式中 r——旋转半径；

α——叶片的径向夹角，$\alpha = \text{arccot}\,\frac{v_r}{v_t}$；

v_r——气流径向分速；

v_t——半径 r 处的气流圆周速度(切向分速)；

其他符号意义同前。

由以上两式可知，颗粒的最小分级粒径与设备的直径、气流速度和叶片的径向夹角有关。设备的直径和风速增大，颗粒的最小分级粒径增大；而叶片角度增大，最小分级粒径减小。由于实际气流的运动情况及分级过程的复杂性，因此，上式仅适用于定性估计。

粗分级机的优点是结构简单，操作方便，无运动部件，不易损坏，但要与风机和收尘器配合使用。

6.3.3 湿式分级技术

湿式分级是指颗粒分散悬浮于以水作为主要介质的液体中，并利用颗粒的尺寸、密度等的不同而实现分级的一种操作方法。从分级原理上来说，湿式分级与干式分级的原理基本相同，只是所用流体不再是气流，而是液态流体介质，例如水流，故又称水力分级。

6.3.3.1 弧形筛

弧形筛是湿式分级的一种设备。它是流体动力分级和机械筛分两者的结合。图 6.22(a)是其示意图。弧形筛的筛面由一组设置在圆弧面上的固定筛条组成，筛条的方向同料浆在筛面上的运动方向垂直，筛条之间有一定间距，即筛孔尺寸。筛面上部是给料器，形状是上宽下窄。弧形筛的工作原理[见图 6.22(b)]：以固体含量约 70%的料浆，通过给料器下部的窄缝以一定的速度沿圆弧切线方向送入筛面上。料浆在筛面上受到重力、离心力及筛条对料浆的阻力作用，使靠近筛条的下层料浆的运动速度较低，并在由一根筛条流到另一根筛条的过程中，细料及大量的水分通过筛孔成为筛下产品排出，粗颗粒则主要从筛面的末端排出，成为筛上产品。

弧形筛按筛面弧度分为45°、60°、90°、180°、270°等五种类型。给料可以是自流给料（无压力）或是压力给料。压力给料利用一个扁平形喷嘴将料浆射至筛面上，以提高料浆的速度。对于弧度>180°的弧形筛，一般采用压力给料。

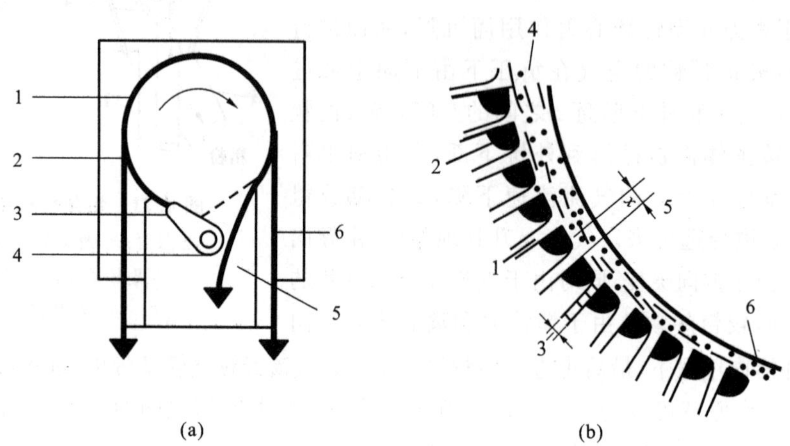

图6.22 弧形筛示意图与工作原理图

(a)弧形筛示意图：1—筛；2、6—细料；3—喷嘴；4—进料；5—粗料

(b)弧形筛工作原理图：1—粗颗粒最大尺寸；2—楔形筛条；3—高速横切筛面的料浆流分离尺寸 $x/2$；4—流过筛缝的细浆；5—筛缝宽 x；6—筛除的粗颗粒

弧形筛的技术参数主要有筛缝宽 x，循环负荷率 η，处理量 q_v 与产量 q_m，以及喂料压力 p 及速度 v 等。一般情况下，筛缝宽为0.3～0.6 mm，平均为0.4 mm。循环负荷率 η 随工作压力、料浆流速而定，作为剔除筛分用的低压慢速筛循环负荷载 $\eta=50\%\sim100\%$；作为圈流筛分用的高压快速筛循环负荷载 $\eta=150\%\sim300\%$。

弧形筛的处理量可按下式计算

$$q_v = KvF \tag{6.42}$$

式中 q_v——弧形筛的处理量（磨机产量+循环量），m^3/h；

K——经验特征系数，一般为40～80；

v——喂料初速度，m/s；

F——筛孔总面积，m^2。

弧形筛的产量 q_m(t/h)

$$q_m = q_v[1/(\eta+1)]\rho C \tag{6.43}$$

式中 η——弧形筛的循环负荷率，以倍数表示；

ρ——料浆密度，t/m^3；

C——料浆浓度（干料的质量/料浆的质量）。

弧形筛的喂料初速度与工作压力 p：对于弧度为180°的低压筛 $v=3\sim6$ m/s，$p=50\sim80$ kPa；对于270°压力筛 $v=12\sim16$ m/s，$p=150\sim250$ kPa。

弧形筛的优点是结构简单，不需动力，生产能力和筛分效率都较固定格筛高，在某些情况下甚至比振动筛的单位处理能力也大很多，但其主要缺点是筛上产物的水分较高。

6.3.3.2 螺旋分级机

螺旋分级机是一种常用的分级设备，图6.23是高堰式螺旋分级机简图。待分级物料给入水槽中，粗颗粒沉降到水槽底部，被螺旋提升到粗颗粒排料端，细颗粒则在水流的拖曳下由溢流堰排出。螺旋分级机经常用于磨矿分级回路中，易于磨矿机自流连接，其优点是能耗低，操作简单，易于维护；

缺点是分级效率低，占地面积大。螺旋分级机一般用于颗粒尺寸大于 0.1 mm 的分级。

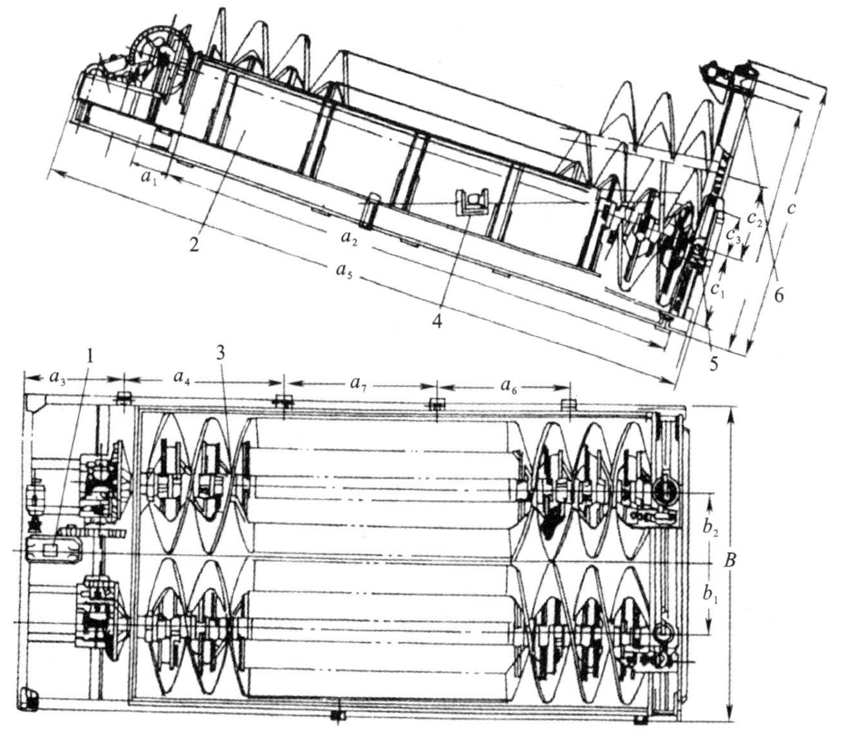

图 6.23　高堰式螺旋分级机简图

1—传动装置；2—水槽；3—左、右螺旋轴；4—进料口；5—放水阀；6—提升机构

6.3.3.3　水力旋流器

水力旋流器是由高速流体喷入一带圆弧的容器而产生离心力场，旋流器是一种用途广泛的分级设备，由于它结构简单，占地面积小，分级效率高，现场配置灵活，因此广泛用于矿物粉体的分级、浓缩操作。

此外，水力旋流器还用于工业废水处理，造纸工业除杂，烟道脱硫系统及食品工业的除杂。旋流器是一种按粒径、密度进行分级或分离的设备，图 6.24 是水力旋流器结构及工作原理图。工作时，矿浆以确定的压力经切线方向送入，在内部高速旋转，产生很大离心力，在离心力和重力作用下，较粗的颗粒被抛向器壁，做螺旋向下运动，最后由排砂嘴排出，较细的颗粒及大部分水分，形式旋流，沿中心向上升，至溢流管排出。其优点是，构造简单、价廉、无运动部件，生产量大，占地面积小，筒内浆料停留的时间短，工作很快达到稳定状态，分级效率较高；缺点是，磨损较严重，给料的浓度、粒径、压力要稳定，否则会影响到工作指标。水力旋流器广泛应用于分级粒径为 0.003～0.25 mm的分级作业。用于超细分级时，一般用小直径的水力旋流器。有关情况，我们将在超微细湿式分级部分再讨论。

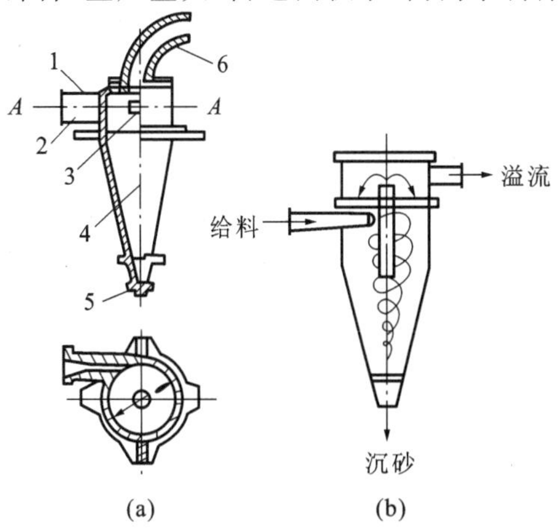

图 6.24　水力旋流器的结构及工作原理

(a)水力旋流器的结构；(b)水力旋流器的工作原理

1—给料口；2—圆柱形筒体；3—溢流口；4—圆锥形筒体；5—底流口；6—溢流管

由于液态流体介质密度和黏度相当大，因此湿式颗粒的沉降速度约为干式的数十分之一，并且与干式分级相比较，颗粒间的相互碰撞及边壁效应减弱而使颗粒在边壁的附着和集聚等现象明显减小。因此，湿式分级的优点表现为：① 流量、流速、压力等参数相对易于控制，分散过程中细颗粒在液体中易分散，分级精度高；② 沉降速度小，分级范围窄；③ 以稀料浆状态处理，供料输送等操作简便。其缺点是：① 分级产物为湿态，制得干

粉需经进一步干燥处理，而在此过程中又往往易形成固结；② 因沉降速度小，单位面积产量低；③ 对于可溶解于分散介质的物质和易变质的物质不能使用。

湿式分级后粉体的后续处理过程较复杂，这在一定程度上制约了湿式的工业化生产。

6.4 超细分级技术

6.4.1 超细分级的原理

6.4.1.1 超细分级的发展

粉体技术正朝着平均粒度向微细或超细、粒度组成向窄级别或极窄级别、纯度向高纯度、产品级别向系列化的方向发展，以致它在国家工业体系中占有越来越重要的地位。

微米级粉体如高岭土、石墨、碳酸钙、伊利石可以大幅度提高橡胶、塑料的性能；在纸张、塑料、涂料化工原料方向有独特的优势；磨料对粒度的要求，既限制粒度上限，又限制粒度下限。所有这一切，都使超细分级显示出越来越重要的意义。

在超微细分级领域内，生产力与切割粒径是一对矛盾。如在重力场中，沉降速率 u_g 与空气流速率 v_a 相等，切割粒度定义为：

$$u_g = v_a = \frac{\rho_s g D_{pc}}{18\mu} \tag{6.44}$$

由于 D_{pc} 属超细领域，数值很小，因而 u_g 也很小，其生产力可想而知，因此重力系统不适合超细分级，那么在离心力系统中

$$u_{ac} = v_p = \frac{u_{gr}a}{g} = \frac{u_{gc}r\omega^2}{g} = u_{gc}v_\phi^2 \tag{6.45}$$

按照目前的设备条件，离心式分级机切割粒径的极限是 1～2 μm，要得到更细的切割粒径，就必须：

(1)增加空气和增大颗粒圆周速率 v_ϕ；

(2)减小流动空气体积流速，或是减小分级机尺寸；

(3)使分级机在低压力下利用颗粒和气体分子之间所产生的滑移。

根据以上分析可以得知，当分级粒径在亚微米级时，上述三条途径也都达到技术的极限，尤其第(2)条——设备尺寸的减小，更是直接导致生产能力的下降。

6.4.1.2 迅速分级原理

微细颗粒的巨大表面能使之具有强烈的聚集附着特性，在分级力场中，这些颗粒可能由于流场不均匀及碰撞等原因聚集成表观尺寸较大的团聚颗粒。并且它们在分级室中滞留的时间越长，这种团聚现象发生的概率也越大。迅速分级原理就是为了克服这种现象而提出来的。所谓迅速分级，就是采取适当的分级室，应用恰当的流场使微细颗粒尤其是临界分级粒径附近的颗粒一经分散就立即离开分级区，以避免它们在分级区内的浓度不断增大而聚集，迅速分级是迄今为止的任何类型的超细分级机所极力追求的。

6.4.1.3 减压分级原理

减压分级是基于这样的事实：颗粒粒径接近于气体分子的平均自由程 λ_m 时，由于颗粒周围产生分子滑动因而导致颗粒所受的阻力减小，于是，重力场中，颗粒的沉降速度应进行如下的修正：

$$u = \frac{C_c g(\rho_P - \rho)D_P^2}{18\mu} \tag{6.46}$$

式中 C_c——Cunningham 修正系数，其计算式为：

$$C_c = 1 + (2.46 + 0.82e^{-0.44\frac{D_P}{\lambda_m}})\frac{\lambda_m}{D_P} \tag{6.47}$$

$$0.05 < \frac{\lambda_m}{D_P} < 67$$

当气体为空气时 $\lambda_m = 6.60/P$

式中 P——空气压力，kPa。

以沉降速度为参数，考虑 Cunningham 修正时压力 P 与粒径 D_P 的关系如图 6.25 所示。以颗粒密度为 2100 kg/m^3、粒径为 5 μm 的颗粒为例，常压下的沉降速度可由横坐标 D_P＝5 μm 处作垂线与纵轴 101 kPa 处作水平线相交而得，该交点沉降速度为 1.59×10^{-3} m/s，在 2.67 kPa 下的颗粒沉降速度可由 2.67 kPa 处作水平线与上述曲线相交，由交点即可求得与常压时5 μm具有相同沉降速度的颗粒粒度为 2.5 μm。即常压下具有的分级点为 5 μm 的分级机，在2.67 kPa下操作，分级点可降至 2.5 μm。粒度越小，在常压附近颗粒沉降速度所受的影响越显著。一般的，减压可使分级粒度减小至常压时的 1/10 以下，因此，减压分级对于细颗粒和超细颗粒的分级十分有利。

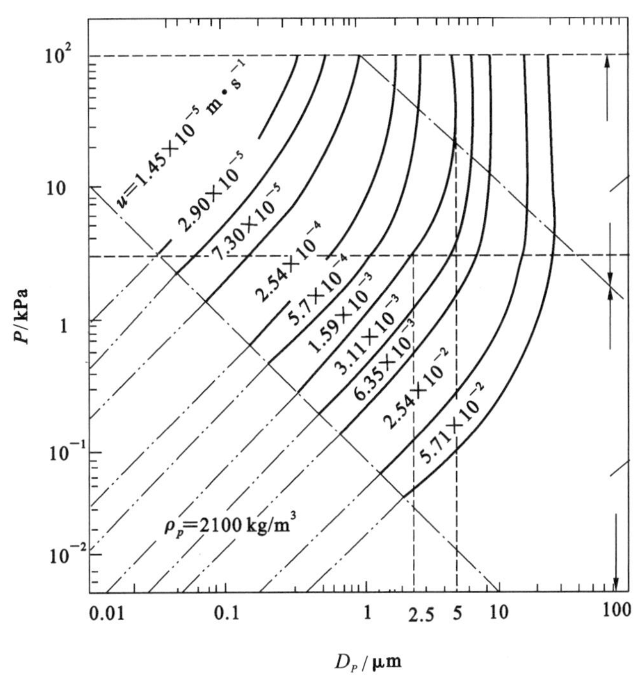

图 6.25 压力与分级粒径的关系

6.4.1.4 新型分级设备设计中的数值模拟手段

由于现代工业对粉体制备的要求高，分级技术和装备在不断改进和革新，适合各种不同用途的分级设备相继开发成功。但是，无论是第二代，还是第三代，所谓高效分级机，其基础仍是第一代——离心式选粉机，所以，对于干式分级，通常认为亚微米分级难在近期达到工业水平。因此，进一步深入研究空气分级的“气-固”两相流理论，以期研制出更新型、更高效的选粉机，仍然是急需解决的问题。

数值模拟是分级机设计的重要辅助手段，它解决的主要问题是通过流场的数值计算得到各个不同切面的速度分布、压力分布；根据目标函数对流场的要求重新修改结构，重新计算，直到得到较为符合目标函数的流通结构。对分级设备而言，直接目标函数应是分级指标，如分离粒径，分级效率，产品的粒径分布。但目前计算时建立这样的目标函数尚有很大难度，因此间接目标函数就成为分级设备数值模拟的主要手段，间接目标函数是指分级区的流态、流速、速度分布。这些函数直接影响颗粒的运动轨迹，从而影响平衡粒径、分级精度。

超细颗粒的分级也有两种方式，一是干法分级；二是湿法分级。

6.4.2 干法超细分级设备

6.4.2.1 干法超细分级机的分类

当前,超细分级设备的种类很多,其原理有重力分级、惯性力分级和离心力分级等,其分类见表6.8。

表6.8 超细分级设备

类型	原理	再分类	举例
细筛	A. 超声波 B. 气体喷射		丝网筛(20 μm) 电铸成形筛(3 μm)
重力分级	A. 水平 B. 竖直	a. 简单管 b. 流化床 c. 多次弯曲方法	沉积腔 空气离析器 多段流化床 之字型
惯性力分级	A. 拉瓦尔型 B. 冲击型 C. 交叉射流型 D. 附壁效应型		各种冲击器与离心型结合 Elbow 射流器
离心力型分级	A. 螺旋型 (自由涡与准自由涡)	a. 有导向叶片 b. 无导向叶片	多段旋流器 Mikro-plux 分散分级机 Van tongeren 分级机
	B. 竖直型 (强制涡型)	a. 旋转叶片型 b. 颗粒离心型	ACU-CUT 分级机 Micro 分级机 Sturtevant 型分级机
层析法分级			HDC 方法
其他非流体力学的物理原理分级	静电磁热法		静电分级

以下主要针对以空气为介质的气流分级设备进行介绍。

超细颗粒在气相中由于相互之间的碰撞和附着面形成凝聚,促成凝聚的具体因素有:布朗运动、流体速度差、紊流和160dB以上的声波作用。超细颗粒的分级,关键之一是颗粒的分散,气流分散是常用的方法。在均匀流场中急剧加速,使大小两颗粒之间所受到的作用力不同而使得团聚的颗粒分散,或者利用剪切流场的速度差使粉料分散,也有采用障碍物的冲击而达到分散的目的。

分级装置必需具备的基本条件有:(1)颗粒物料在进入分散装置前必须高度分散;(2)分级室内应有两个以上的对抗力(第一力有重力、惯性力、离心力;第二力有物理障碍物冲击力、阻力、摩擦力、磁力、静电力、浮力);(3)存在颗粒特性的差别(如粒径、形状、表面性质、磁性、静电性、比重、组成);(4)物料的可输送性;(5)分级产物的可捕集性。

超细分级须具有下列特征:高回收率,高分级精度。采用气力分级的方法,超细分级应该遵循的原则有:(1)物料在分级前必须处于完全充分的分散状态。(2)分离作用力要强而有力,分离作用力要只作用在点、线上,每个力的作用是瞬间的,但整个的作用区域却是持久存在的。(3)对气流要做整流处理以免产生局部涡流,以提高分析精度。(4)一经分离出来的粗粒应该立即迅速卸出,以免再度混合。

6.4.2.2 超细粉分级机的类型与特点

超细粉分级机的种类很多,无论是从结构上还是从工作原理上分类都比较困难。因为不同结构或工作原理的分级机都有相类似的部分。为了叙述的方便,现按分级作用力把分级机大致分成以下三类:

(1)自由涡离心力类

这类分级机的结构特点是无机械运动部件。分级力是气流在分级区内的旋转运动所产生的离心力。气流速度一定时,圆周运动中的大小不同的颗粒所受的离心力不同,其径向沉降速度随颗粒增大而增大,以此将粗细颗粒分离开来。这类分级机中最典型的有旋风式、NPK型、DS型等。以DS型分级机(见图 6.26)为例,颗粒随气流从上部切向进入分级机后,先做类似于旋风筒内的向下螺旋圆周运动,粗颗粒很快在离心力场作用下沉降至筒壁,并沿壁下落,到达中心伞形风帽处后,颗粒从风帽导与机壁之间的环形空隙排出分级区,气流与细粉从上部排气管排出。在分级区侧翼,设有二次气流进口,该二次气流将下落中的离心沉降速度较小的细颗粒吹向下部中心管,然后随气流排出分级机进行气固分离。

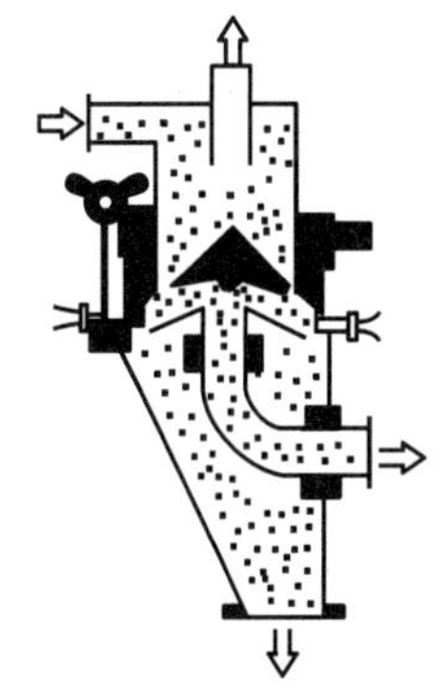

图 6.26 DS 型分级机结构原理图

(2)强制涡离心力类

此类分级机种类很多,但根据导向叶片是否运动可分成转动壁式和固定壁式两类。此类分级机的特点是在壁的外缘圆周面处形成明显的分级面,使大于或小于分级粒径的颗粒在此分离开来。此类分级机的分级效率和分级精度往往比第一类要好一些。现以 ATP 型超微细分级机、Acucut 分级机与 SLT 分级机为例进行说明。

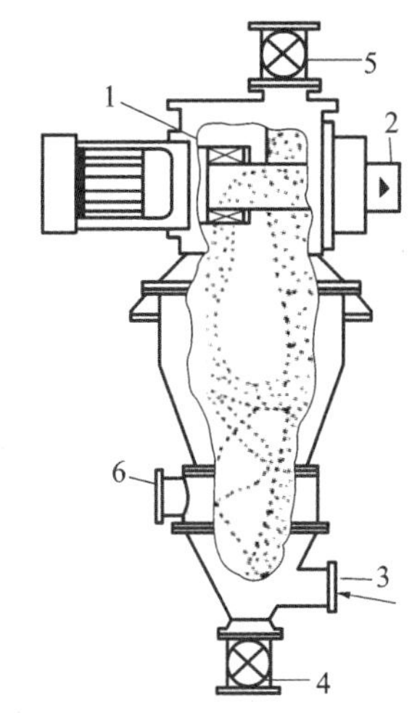

图 6.27 ATP 型超微细分级机(单轮)

1—分级轮;2—微细产品排出口;
3—一次气流入口;4—粗粒物料排出口;
5—给料阀;6—二次气流入口

① ATP 型超微细分级机

这是德国 Alpine 公司制造的涡轮式超微细分级机,这种分级机有上部给料式和物料与空气一起从下部给入式两种装置,单轮和多轮两种形式。图 6.27 所示为 ATP 单轮超微细分级机的结构和工作原理示意图,物料通过给料阀 5 进入分级室,在分级轮旋转产生的离心力及分级气流的黏滞阻力作用下进行分级,微细物料经微细产品出口排出,粗粒物料从下部粗粒物料排出口排出。图 6.28 所示为原料与分级气流一起给入的 ATP 型超微细分级机,这种分级机的特点是原料与部分分级空气一起给入分级机内,因而便于与以空气输送产品的超细粉碎机(如气流磨)配套,不需要设置原料与气流分离的工序。

图 6.29 所示为 ATP 型多轮超微细分级机,其结构特点是在分级室顶部设置了多个相同直径的分级轮,由于这一特点,与同样规格的单轮分级相比,多轮分级机的处理能力显著提高,从而解决了超微细分级设备使用于大规模工业化生产的问题。ATP 型超微细分级机有分级粒径细,精度较高,结构较紧凑,磨损较轻,处理能力大等优点。表 6.9 所示为 ATP 型超微细分级机的主要技术参数。

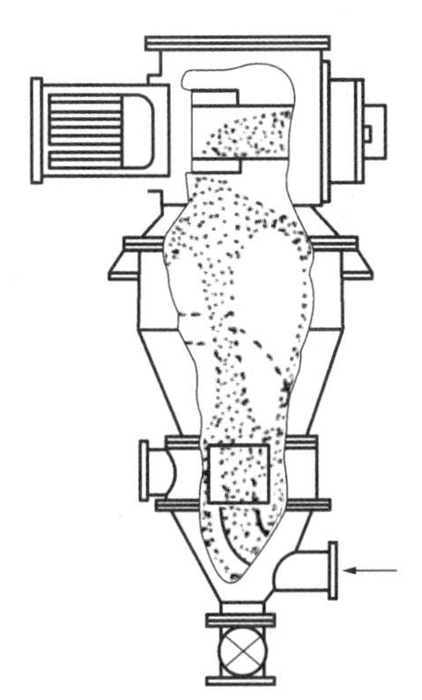

图 6.28 原料与气流一起给入的 ATP 型超微细分级机

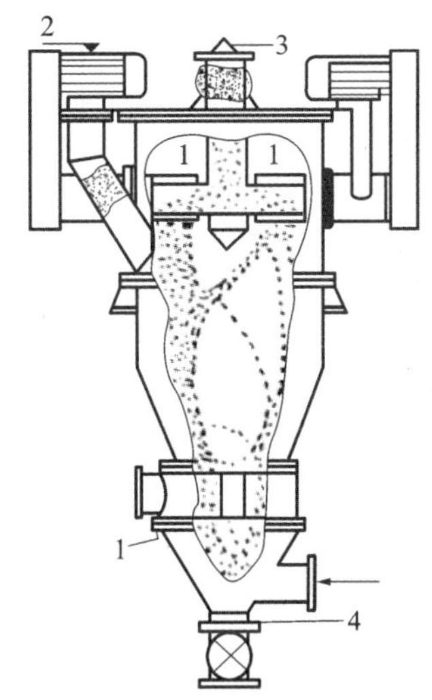

图6.29 ATP 型多轮超微细分级机

1—分级轮;2—给料口;
3—细粒物料出口;4—粗粒物料出口

表 6.9 ATP 型超微细分级机的主要技术参数

型号	产品细度 d_{97}/μm	处理能力 /(kg/h)	分级轮			电机功率 /kW
			转速/(r/min)	直径/mm	数目/个	
50	2.5～120	3～100	1500～22000	50	1	1
100	4～100	50～200	1150～11500	100	1	4
100/4	3～60	150～400	1150～11500	100	4	16
200	5～120	200～1000	600～6000	200	1	5.5
200/4	4～70	600～3000	600～6000	200	4	22
315	6～120	500～2500	400～4000	315	1	11
315/3	6～120	1500～7500	400～4000	315	3	33
500	8～120	1250～8000	240～2400	500	1	15
750	10～150	2800～19000	160～1600	750	1	30
1000	15～180	5000～35000	120～1200	1000	1	45

② Acucut 分级机

Acucut 分级机结构原理与运行系统如图 6.30 所示，分级室由定子和转子两部分组成，转子的上下盖板之间设有放射状的径向叶片，转子外缘与定子的间隙为 1 mm 左右。粉料通过喷嘴进入分级室，喷射方向与叶片方向成一定角度，以防止粗颗粒直接射入分级室中，从而混入细颗粒中。在高速转子(转速一般为 5000～8000 r/min)产生的强大离心力作用下，粗颗粒飞向定子壁，在旋转气流的带动下，沿定子壁做圆周运动至粗粉出口，微细颗粒被气流夹带从转子上下板之间的叶片间隙进入中心区，经上部中心排风管排出分级机。试验证明：分级粒径为 0.5～60 μm，分级精度 $d_{75}/d_{25}=1.3\sim1.6$。

③ SLT 分级机

SLT 分级机结构原理如图 6.31 所示。分级机内设有两组方向相反的导向叶片，借以实现两次分级，物料从上面加入，在切向进口气流的作用下，被迅速吹散并随气流进入分级区。粗颗粒在较大离心力作用下，直接沉降至壁面。其余颗粒随气流通过外围导向叶片进入两组叶片之间的环形区域，并继续其圆周运动，最后，细颗粒附近转向的气流通过内圈叶片，进入类似旋风分离器的装置，经气固初分离后由细粉出口排出。

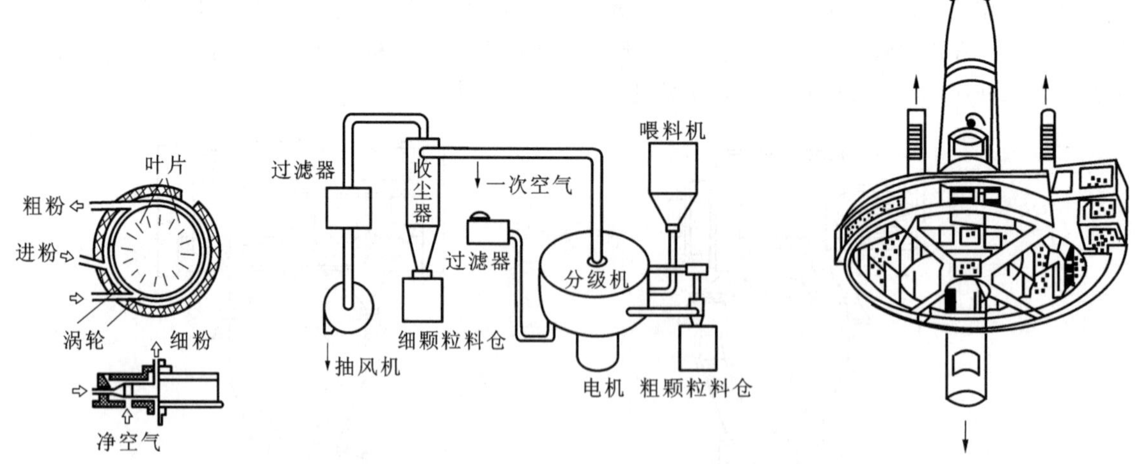

图 6.30 Acucut 分级机结构原理与运行系统

图 6.31 SLT 分级机结构原理

(3)惯性力类

这类分级机主要利用惯性力原理来实现颗粒分级。当气流在某种条件下，突然改变方向时，较大颗粒由于其惯性力较大，沿轨迹方向继续运动的能力强，而细颗粒则容易随气流改变方向，从而达到分级的目的。这类分级机有叉流式分级机和有效碰撞分级机等。叉流式分级机的结构原理如图6.32

所示，分级机的主体是端面为半圆形的固定部件，入口管道侧翼设有控制气流入口，三个方向不同的出口分别排出粗、中、细颗粒。工作时，颗粒随气流高速喷射进入分级室后，细颗粒一方面由于Coanda效应，紧贴圆弧形壁面运动，一方面在侧向控制气流作用下容易被强制改变运动方向，最后从靠近壁面的细粉出口排出。颗粒越大，惯性越大，其运动轨迹的曲率越小。不同大小的颗粒，从相应的出口排出分级机，从而实现颗粒的分级。侧向控制气流的速度及流量均对分级效果有重要影响。

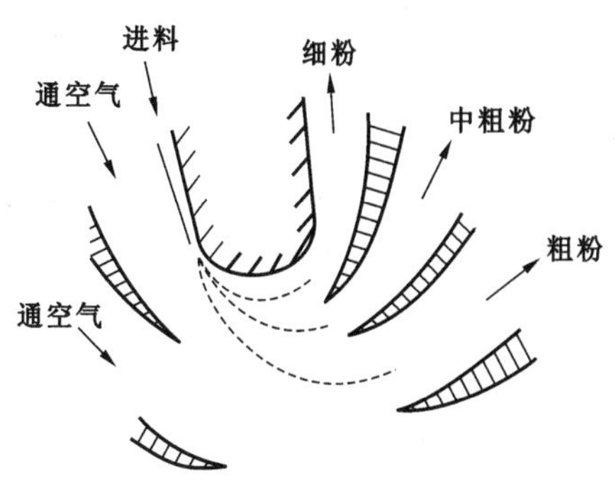

图6.32 叉流式分级机结构原理图

以上三类干法分级机，其分级粒径均可达到1～2 μm，转动壁类可达微米以下，分级精度可达0.5～0.8。

6.4.3 湿法超细分级机

湿法超细分级主要是应用液固离心沉降原理，也有应用重力沉降的。由于湿法生产和湿法分级，还要解决液固分离、干燥和粉碎的问题，所以应用比干法少。目前应用于湿法超细分级的装置主要有如下几类：

6.4.3.1 重力式沉降分级机

此类沉降分级机是利用颗粒群中不同大小颗粒的重力沉降速度的差异进行分级的最简单的分级设备。典型的几种重力式沉降分级器如图6.33所示。图6.33(a)为全流分级器，由长方形槽或矩形截面的长流槽构成。这种分级器由于粗组分不能连续排出，故只能用于间歇操作。为使截面上流速均匀，可在槽中加多孔整流板。该分级器可在不同长度上得到不同粒度级别的颗粒。图6.33(b)为表面流分级器，由一种小端在下的圆锥筒或四角锥筒所构成。原料将自上表面水平加入，粗粒沉降在锥底部由小端底部流口排出，排出方式可间歇，也可连续，细粒部分随溢流排出。图6.33(c)是多级表面流分级器，由多个四角锥筒表面流分级器组成，由于它按尺寸由小到大顺序串联排列，因此，可按颗粒尺寸大小逐段分级。图6.33(d)为砂锥分级器，由小端在下的圆锥筒组成，与表面流分级器不同之处是原料浆从中心加入并由圆周边溢流。

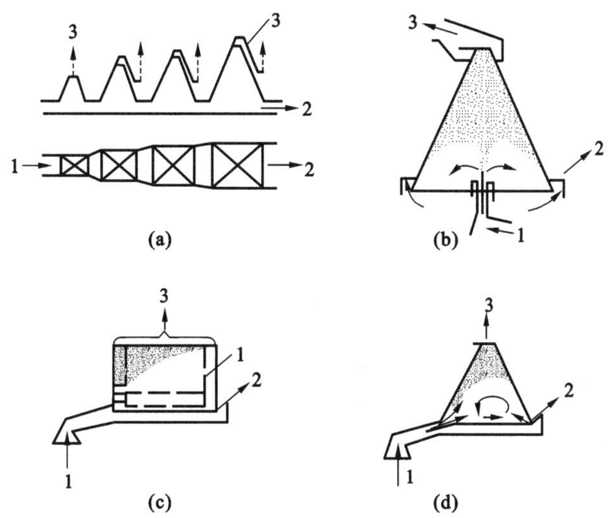

图6.33 重力式沉降分级器

(a)全流分级器；(b)表面流分级器；(c)多级表面流分级器；(d)砂锥分级器

1—原料浆；2—粗粒；3—细粒

上面几种重力沉降分级装置，其分级粒径主要是通过在分级区内料浆的停留时间不同而调节的。由于细颗粒沉降速度很慢，所以效率很低。目前用这类方法进行超细粉分级的比较少。

6.4.3.2 厚液层离心沉降分级机

这类分级机中应用比较广泛的是卧式螺旋分级机和管式离心机。卧式螺旋分级机的结构及工作原理如图 6.34 所示。它主要由转鼓、螺旋推料器、差速器、机壳、机座等部分构成，转鼓通过主轴承水平安装在机座上并与差速器外壳相连接，螺旋推料器通过滚动轴承或滑动轴承同心安装在转鼓内，并通过花键轴与差速器输出轴相连。转鼓与螺旋推料器之间有微小的径向间隙，在电机的带动下，两者以不同转速旋转，待分级的悬浮液由中心加料管加入螺旋推料器的推进仓内，加速后由螺旋上的进料孔进入转鼓内，在离心力的作用下，进入转鼓内的悬浮液分成两层，较粗或较重的颗粒沉积在转鼓内壁上形成沉渣层，沉渣被螺旋推料器推送到转鼓小端，在锥端进一步脱水后由转鼓小端的出渣口甩出，分离液采用溢流或向心泵方式排出。表 6.10 给出了 WL 卧式螺旋分级机的主要技术参数。

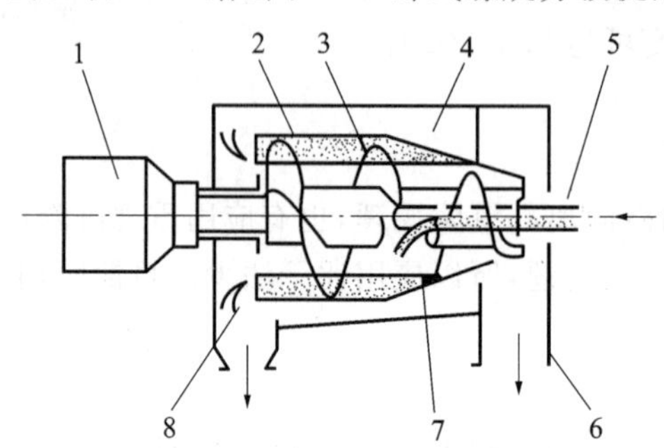

图 6.34 卧式螺旋分级机的结构及工作原理示意图

1—差速器；2—转鼓；3—螺旋推料器；4—机壳；5—进料管；6—排渣口；7—进料仓；8—溢流环

表 6.10 WL 卧式螺旋分级机的主要技术参数

型号	技术参数						外形尺寸/mm		
	转鼓直径/mm	转鼓长度/mm	转鼓转速/(r/min)	分离因数	电机功率/kW	质量/kg	长	宽	高
WL-200A	200	600	4300	2070	7.5	800	1630	950	500
WL-350	350	650	3500	2400	7.5	680	1660	1400	540
WL-350A	350	750	3500	2400	7.5	680	1660	1400	540
WL-350B	350	875	3500	2400	11	1000	1890	820	540
WL-350C	350	650	3500	2400	7.5	680	1660	1400	540
WL-350SA	350	650	1900	710	11	680	1660	1400	540
WL-450	450	1330	2500	1580	45	3000	2670	2000	840
WL-450S	450	1330	2000	1010	48	3000	2670	2000	840
WL-600	600	900	2100	1470	37	3300	3400	2500	840

卧式螺旋分级机具有连续操作，处理能力大，单位产量能耗少，结构紧凑，维修方便等优点。它能够处理固体颗粒粒径 1 μm 至 10 μm、固体含量 2%～50%的浆料，广泛应用于化工、医药、食品、轻工、矿产、环保等领域。

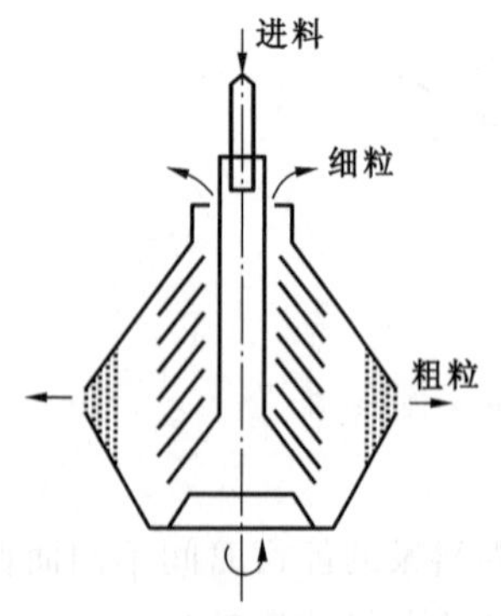

图 6.35 碟片式分级机结构原理图

6.4.3.3 薄液层离心分级机

这类分级机中以碟片式分级机应用最广泛，其结构原理见图 6.35。转鼓内有若干层碟片，碟片厚约 1 mm，碟片间隙 1～2 mm。悬浮液体由中心加入，做高速离心圆周运动。固体中较大颗粒沉降在鼓壁上或由转鼓壁上的孔排出机外，细颗粒则随流体进入碟片间隙，向中心运动，最后由溢流口排出机外。由于碟片间的液体很薄，故称为薄液层离心分级机。由于碟片分级机转速很高，分离因数可达 1 万左右，因此分级粒径可达 1 μm 以下。分级粒径可用转速或溢流的液体量来调节。

思　考　题

6.1　分级的含义是什么?

6.2　什么是部分分级效率和牛顿分级效率?并给予简单评价。

6.3　试讨论筛分的机理。

6.4　分析影响筛分过程的因素。

6.5　列出筛分的常用设备。

6.6　分析颗粒流体系常用的分级方法。

6.7　分析离心分级的原理与装置。

6.8　分析干法超细分级的基本原理。

6.9　分析干法超细分级设备的类型及特点。

6.10　分析讨论湿法超细分级的主要设备。

参 考 文 献

[1]　GOTOH K, MASUDU H, HIGASHITANI K. Powder technology handbook[M]. New York: Marcel Dekker, 1998.

[2]　HIGASHITANI K, MAKINO H, MATSUSAKA S. Powder technology handbook[M]. New York: CRC Press, Taylor & Francis Group, 2020.

[3]　RHODES M. Introduction to particle technology[M]. 2nd ed. Melbourne: John Wiley & Sons, Ltd, 2008.

[4]　JONATHAN S, WU C Y. Particle technology and engineering[M]. London: Elsevier, 2016.

[5]　YARUB A D. Metal oxide powder technologies-fundamentals, processing methods and application[M]. 1st ed. London: Elsevier, 2020.

[6]　SAMAL P K, Newkirk J W. ASM Handbook: Volume 7, powder metal technologies and application[M]. Almere : ASM International, 1998.

[7]　卢寿慈. 粉体加工技术[M]. 北京：中国轻工业出版社，1999.

[8]　陶珍东，郑少华. 粉体工程与设备[M]. 北京：化学工业出版社，2003.

[9]　张长森. 粉体技术与设备[M]. 上海：华东理工大学出版社，2007.

[10]　蒋阳，程继贵. 粉体工程[M]. 合肥：合肥工业大学出版社，2005.

[11]　李凤生. 超细粉体技术[M]. 北京：国防工业出版社，2000.

[12]　张少明. 粉体工程[M]. 北京：中国建材工业出版社，1994.

7 分　　离

本章提要

本章主要讨论非均相物系分离的原理、分离效率、气-固系统分离和液-固系统分离的特点及相应的分离技术与设备。气-固系统分离方面重点介绍了旋风分离器、袋式收尘器和电收尘器等收尘装置的工作原理、结构特点、性能与应用。对液-固体系分离中的浓缩、过滤等的原理和方法进行了详细的分析和讨论，并介绍了粉体工程中常用的板框式压滤机、厢式压滤机、离心过滤机等装置的工作原理、结构特点、性能。干燥是一个热、质同时传递的过程，不属于遵循流体动力过程的非均相分离学科，但干燥操作是粉体制备过程中一个主要的工序，本章也介绍固体干燥操作原理及相应的干燥设备。本章还介绍了在冶金、矿物加工和新能源储能电池电极粉体材料行业中的去除铁磁性杂质的磁性分离技术。

7.1　非均相物系的概念、分离方法及分离效率

7.1.1　非均相物系的概念

在粉体工程中的非均相物系是指由不同的相，如液体与固体颗粒、液体与气体等所组成的物系。任何非均相系均由两相或更多的相组成，其中一相为分散质，或称内相，呈微细的分散状态存在；另外一相为分散剂，或称外相，是一个连续相，包围在分散质各个微粒的周围，故分散剂也就是一种使分散质的微粒分散在它里面的介质。

从一般概念上理解，如表 7.1 所示，通常分散剂（外相）为液相的系统可根据分散质的聚集状态为固体、液体或气体而分别被称为悬浮液（固-液）、乳浊液（液-液）和泡沫（气-液）；此外，对分散剂为气相的系统，分散质为固体或液体则分别被称为粉尘或烟尘（固-气）或雾（液-气）。在粉体的制备与加工单元过程中，诸如化学反应合成、粉碎、分级、混合、焙烧和干燥等生产工艺中，都有气-固和液-固体系等非均相物系出现。根据生产工艺要求，要从气-固和液-固体系中回收有价值的固相或液相，必须将此非均相物系中固-液和固-气的两相实行分离。分离作业包括固-气分离（如分级气流粉碎粉体的回收、含尘气体的净化）、固-液分离（如化学反应产物悬浊液的浓缩和澄清、过滤）和杂质的分离（如固体混合物中各个不同成分、性质组分的分离，储能电池电极粉体材料磁性杂质颗粒的去除）等。

表 7.1 非均相物系的类别

分散剂(外相)	分散质(内相)	非均相物系类别
气体	固体	烟、粉尘
气体	液体	雾
液体	固体	悬浮液
液体	液体	乳浊液
液体	气体	泡沫

7.1.2 分离方法

非均相物系的分离在粉体工业中占有极其重要的地位，其分离方法可归结为：

(1)重力沉降分离

利用分散剂与分散质的密度差异，在重力作用下，密度大的物质下沉，密度小的物质上浮而达到两相分离的方法，称之为重力沉降。

重力沉降分离中，属于气相非均系分离的设备有降尘气道、降尘室等；属于液相非均系分离的设备有锥形沉降器和槽形沉降器等。

(2)离心沉降分离

当非均相物系做高速旋转运动时，由于分散剂与分散质的密度差异所产生的离心力大小不同，而将非均相物系分为两层，密度大的物质在外层，密度小的物质在内层。此种分离方法被称为离心沉降。离心沉降分离中，属于气相非均系分离的设备有旋风分离器、机械旋转除尘器等；属于液相非均系分离的设备有旋液分离机、沉降式离心机等。

(3)过滤分离

当分散质是固体颗粒的气体或液体非均相系时，可通过多孔性的介质(过滤介质)将固体颗粒截留，此种方法被称为过滤。但分散剂(气体或液体)通过过滤介质必有阻力，克服阻力的过滤推动力有重力、离心力和压力差等；过滤中属于气相非均系分离的设备有袋滤器、陶瓷过滤器等；属于液相非均系分离的设备有板框过滤机、真空过滤机、重力过滤器、离心过滤机等。

(4)磁性分离

磁性分离是将粉体混合物置于特定磁场中，利用磁性作用将铁磁性物质和非铁磁性物质分离开来的方法。常用的磁性分离设备有永磁分离器和电磁分离器。

7.1.3 分离效率

非均相物系分离的理想结果是两相能绝对分开，各不互含。但在实际的分离设备中都不可能实现两相间的绝对分离，因此，可以用分离效率的概念来表示分离的不完全性。同时分离效率也是评价分离设备操作性能好坏的主要指标。分离效率的高低与分离设备的种类、结构，颗粒的种类、分散度、浓度及流体的负荷、温度、湿度等因素有关。

7.1.3.1 总分离效率

总分离效率的定义：分离后获得的粉体某种成分的质量与分离前粉体中所含该成分的质量之比被称为总分离效率，用下式表示

$$\eta = \frac{m}{m_0} \times 100\% \tag{7.1}$$

式中 η——总分离效率；

m_0，m——分离前粉体中某种成分的质量和分离后该成分的质量。

式(7.1)虽然明确反映了所有分离设备分离效率的实质，但是在实际应用中并不方便。因为在工业连续生产中处理的物料量大，m_0 和 m 不易准确称量。另外，对不同分离系统来说，为了满足分离

的要求，有时需要采用两台分离器串联安装，构成二级分离系统，这给分离效率的计算带来了诸多不便。因此可以参考第4章采用部分分级分离效率和总分离效率来综合评价分离效率。

7.1.3.2 分级分离效率 E_P

由于非均相物系中所含的颗粒通常是大小不均匀的，按颗粒的各种粒度分别表示其被分离下来的质量分数，被称为分级分离效率或被简称为粒级效率。通常把非均相物系中所含颗粒的尺寸范围等分成若干小段，则其中第 i 段范围内的颗粒(平均粒径为 d_i)的粒级效率 E_P 定义为：

$$E_{pi} = \frac{E_{i1} - E_{i2}}{E_{i1}} \tag{7.2}$$

式中 E_{i1}，E_{i2}——粒径为第 i 段范围内的颗粒在分离器进、出口的物系中的浓度，g/m^3。

分级分离效率 E_p 与颗粒直径 d 的关系曲线，被称为分级分离效率曲线。各种类型分离器的分级分离效率曲线可通过实验测定。图7.1所示为某种类型的旋风分离器的分级分离效率曲线，设此旋风分离器分离颗粒的临界直径 d_c 约为 10 μm。则直径大于或等于 d_c 的颗粒，应全部从气体中分离，即 $E_p=100\%$。而直径小于 d_c 的颗粒的分离效率应很低，但从图7.1中实测的分级效率曲线可见，对于直径小于 d_c 的颗粒，也有较高的分离效率，相反直径大于 d_c 的颗粒也并不都达到了100%的分离效率。这是由于在直径小于 d_c 的颗粒中，有些在旋风分离器进口处已很靠近器壁，因而只需较少的沉降时间，或有些在器内相互聚结成大颗粒，具有较大的沉降速度，使其可能从气流中分离出来。而且直径大于或等于 d_c 的颗粒中，有些受气体涡流的影响，未达器壁时就已被气流带走，或者沉降后又被气流重新卷起而带走，而未被分离出来。

分级分离效率与粒径的关系，还可在双对数坐标上标绘 E_p 对粒径比 d/d_{50} 的曲线。图7.2所示为标准型旋风分离器的 E_p 对 d/d_{50} 的关系曲线。其中 d_{50} 是分级分离效率恰为50%的颗粒直径，被称为分割粒径。分割粒径可按式(7.3)计算：

$$d_{50} = \sqrt{\frac{9\mu D_1 A_i}{2\pi\rho_s u_i (H-S) D}} \tag{7.3}$$

式中 $H-S$——排气管底至出灰口的高度，m；

D_1——排气管直径，m；

A_i——进气口横截面积，m^2；

u_i——进口气体速度，m/s；

D——圆筒体直径，m；

ρ_s——颗粒的密度，kg/m^3；

μ——气体的黏度，$N \cdot s/m^2$。

对于同一类型且尺寸比例相同的旋风分离器，无论大小，均可使用同一条 E_p-$\frac{d}{d_{50}}$ 曲线，这对旋风分离器效率的估计带来方便。

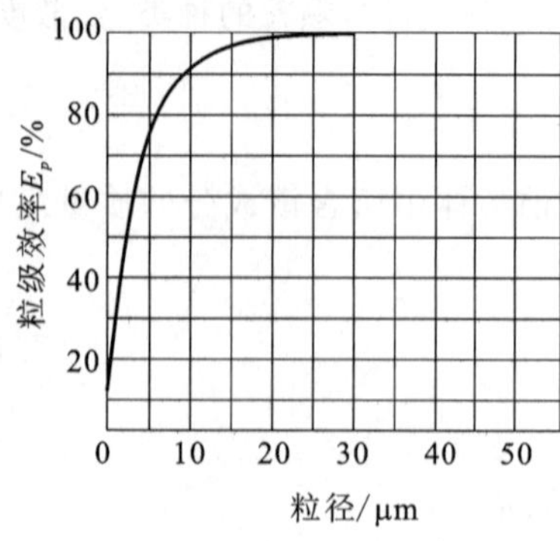

图7.1 粒级分离效率曲线

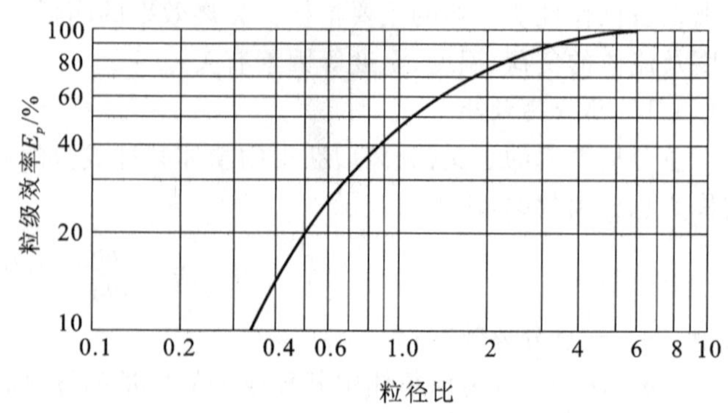

图7.2 标准型旋风分离器的 E_p-$\frac{d}{d_{50}}$ 曲线

7.1.3.3 分级分离效率与总效率的关系

分离器的分离效率不仅与设备操作条件下的分级分离效率有关，而且随颗粒的粒度分布而变，即使是同一尺寸的设备和在同一操作条件下粒度分布不同，其总效率也不相同。它们之间的关系如式(7.4)所示，利用式(7.4)可由已知的分级分离效率和粒度分布的数据，计算出总效率 E_T。

$$E_T = \sum_{i=1}^{n} X_i E_{pi} \tag{7.4}$$

式中 X_i——粒径在第 i 段范围内的颗粒占全部颗粒的质量分数；

E_{pi}——第 i 段粒径范围内颗粒的分级分离效率；

n——全部粒径被划分的段数。

7.2 气-固分离

7.2.1 气-固分离的概念

粉体工程中气-固系统是由悬浮在气体介质中的固体颗粒所组成的气态分散体系(如粉尘，气溶胶等)，这些固体颗粒的密度和形状可以是多种多样的。其中，颗粒尺寸大小一般在 10^{-3}～10 μm 之间。

在粉体的处理和加工过程中，无论是破碎、气流粉碎、研磨、分级、输送、储存、称量、混合，还是雾化等工序，都会产生气-固的分散体系如粉尘或雾珠。这些粉尘或雾珠在以下作用力的作用下悬浮在气体或液体中：

(1)来自运载介质的有分子扩散、紊流扩散、流体流动作用。

(2)来自尘雾颗粒的有布朗扩散、颗粒间的作用力即范德瓦耳斯力、电力、电荷间的吸引与排斥力即库仑力。

(3)外力包括磁力、电力、机械力(如重力)、惯性力(包括离心力)和声波力等。

这些悬浮在气体中的尘粒有的就是生产的成品、半成品或原料，若任其飞失，将增加原料、燃料和动力消耗，提高产品的成本。同时，粉尘长期堆积在各种设备上也容易造成设备的损坏。另外，这些粉尘进入大气后，不仅会直接危害人民的身体健康，而且会影响工农业生产。因此，将这些固体颗粒(粉尘)从气-固系统中分离出来，统称收尘或除尘。在水泥、玻璃、陶瓷、冶金与矿物加工等粉体工程生产过程中，如气流粉碎、气流分级、尾气排放等都会有气-固体系形成，因此需要利用各种气-固分离与除尘设备将固体从气流中分离并捕集。

7.2.2 分离过程

根据对气-固系统分离过程的研究，可以把整个过程分为既有联系又有区别的三个阶段。

(1)捕集分离

这一阶段可分为捕集推移阶段和分离阶段。

① 捕集推移阶段　均匀混合或悬浮在运载介质中的粉尘进入分离器的分离空间，不同类型的分离器经受到不同的外力作用，将粉尘推移到分离界面。随着粉尘向分离界面推移，浓度也越来越大，故捕集分离阶段实质上也是粉尘浓缩阶段。

② 分离阶段　高浓度的粉尘流向分离界面以后，有两种机理在起作用，一种机理：运载介质运载粉尘的能力达到极限状态后，在悬浮与沉降这对矛盾中，沉降成为主要方面，通过沉降，粉尘颗粒从运载介质中被分离出来。极限状态的影响因素，一般与气流速度及边壁的边界条件有关，而边壁的边界层又是重要的影响因素。另一种机理：对于高浓度尘流，在粉尘颗粒的扩散与凝聚这对矛盾中，凝聚

成了主导方面,粉尘可能彼此凝聚在一起。由于这两个机理,最后粉尘从运载介质中分离出来。

(2)排尘

排尘过程主要是经分离界面以后已被分离出来的粉尘排离排尘口,不同的分离器排尘的作用力也不同。有些分离器不需要再加外力而利用原捕集分离的力把粉尘排离分离器,如机械力分离器和洗涤分离器。而另一些分离器则需要外加动力将已分离的粉尘排出,如电力分离器和过滤分离器的振落清灰装置。排尘过程中有可能使已分离的粉尘重新扩散而悬浮在已净化的气流中,使分离效率大大降低,因而在分离技术中存在返混与二次飞扬的问题。

(3)排气

相对净化的气流从分离器内排出的过程被称为排气。捕集分离和排尘两个阶段与分离器的分离效率有关,而排气往往与能量消耗有关。

根据以上的三个过程,可以把分离器的空间划分为三个不同区域,即分离区域、排尘区域与排气区域。不同类型的分离器,这三个区域的划分也不同,有的很明显,有的不很明显,甚至交叉在一起。

(1)分离区域

这是对分离过程起着有效作用的区域(或空间)。该区域可划分为如下两部分:

① 捕集推移区。除尘器内,粉尘颗粒被从运载介质中捕集,而推移向分离界面空间,捕集推移速度是以分离界面为参照面,粉尘颗粒相对于气流的运动速度。

② 分离区。分离器内粉尘颗粒最后从含尘气体中分离出来的空间。

分离速度是指粉尘颗粒相对分离界面的速度。如果运载介质在垂直于分离界面的方向上没有分速度,则捕集推移速度与分离速度完全相等。分离界面是捕集推移区与分离区的分界面,一般都是不同物质分界的实质界面,也可能是抽象的界面。

(2)排尘区域

已捕集分离的粉尘从分离器内排出的空间被称为排尘区域。从广义上来说,排尘区域包括锁气器和排尘阀前一段的集尘箱在内。在排尘区域容易出现如下两种现象:

① 返混。已浓缩的粉尘由于种种原因又回返到气流中而混掺在一起的现象被称为返混现象。设计不合理或运转不得当的分离器在排尘区域内往往会出现返混现象。

② 二次飞扬。在分离界面上已分离的粉尘,又再度从分离界面上飞扬起来进入气流中的现象被称为二次飞扬。二次飞扬的出现,会降低分离器的分离效率,应设法加以防止。

(3)排气区域

严格地说,排气区域是指已净化的气流排离分离器的空间。为便于分析分离器的压力损失,往往又把弃尘前的气流和弃尘后的气流所途经的全部空间都包括进去。

7.2.3 旋风分离器

7.2.3.1 旋风分离器的结构和工作原理

旋风分离器是一种分离气体非均相物系的常用设备。旋风分离器的结构和操作原理如图 7.3 所示,其主体的上部为圆锥形,设备固定不动,含尘气流由圆筒上侧的矩形管以 20～30 m/s 流速沿切线方向进入,由于圆筒形器壁的作用而形成自上而下的旋转运动(如图 7.3 中的实线所示),气体中的尘粒密度较大,所受离心力也大,被甩向外围,与器壁碰撞后动能为 0 而沿器壁沉降下来从锥形底的排灰口排出,经净化后的内层气流则转向中心,并形成自下而上的内螺旋运动从顶部排气管排出(如图 7.3 中虚线所示)。

图 7.4 是旋风分离器内部切向速度及压力分布图。气流在旋风分离器内是复杂的三维流动,器内任一点上都有切向、径向和轴向速度,其中切向速度对分离性能和压力损失影响最大。由图 7.4 可看出,旋风分离器内部切向速度和压力分布在同一水平面各点的切向速度由器壁向中心增大(因外周部壁面与气流存在摩擦),到直径约等于排气管直径的 0.65 倍的圆周上达最大值,再往中心则急剧减

小,即随与轴心距离的减小而降低。切向速度最大的圆周内有一轴向速度很大的向上内旋气流,被称为核心流,核心流以内的气流为强制涡。核心气流以外的气流为准自由涡。器内各点的压力测定结果表明,由于旋涡的存在,在分离器内气体沿径向的压力分布曲线似抛物线状。器壁附近压力最高,仅稍低于气流进口处的压力,往中心逐渐降低,至核心气流处降为负压,低压核心气流一直延伸至最下面的排灰口。因此,当分离器灰仓或底部接近轴心处有漏孔时,外部空气会以高速进入收尘器,使已沉降的颗粒重新被卷入净化气流,以致严重影响分离效率。

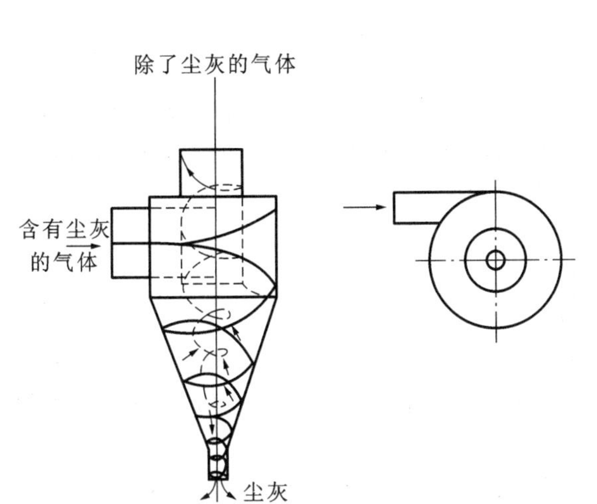

图 7.3 旋风分离器的结构和操作原理

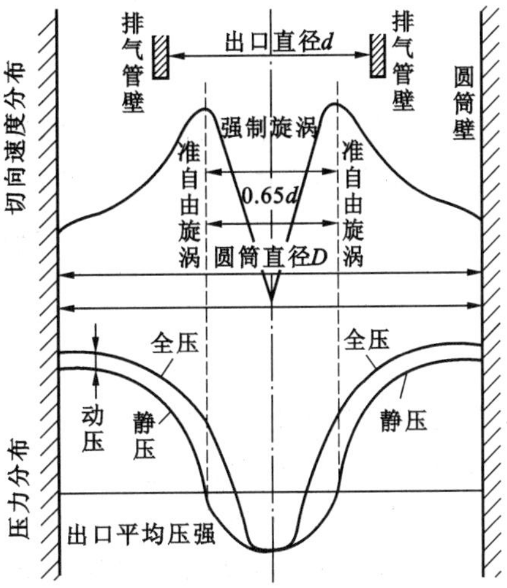

图 7.4 旋风分离器内部切向速度及压力分布图

上述是一般旋风分离器内的气流运动情况,由于还存在由下返卷而上的二次旋流、短路气流及局部涡流等,所以实际上气流的运动情况要复杂得多。

在旋风分离器内,颗粒沿径向甩出的离心沉降速度随粒径或圆周速度的增大或旋转半径的减小而增大。可人为地控制圆周速度和改变外筒直径来获得较大的离心沉降速度。因此,可以做成分离效率高的小型旋风分离器,但其阻力增大,相应地能耗增加。

旋风分离器的构造简单,尺寸紧凑,易制造,造价低,无运动部件,因而操作管理方便,维修量小。其分离效率可高达 70%~90%,可以分离出小到 5 μm 的粒子。在处理颗粒粒径 10 μm 以上的含尘气体时,即使其含尘浓度较高也可获得很高的分离效率,也可以分离温度较高的含尘气体。对于小于 5 μm 的颗粒分离效率较低,气体在器内的流动阻力较大,对器壁磨损也较大,气体不能得到充分净制。因此,为了减小对器壁的磨损,对大于 200 μm 颗粒通常用重力沉降器预先处理,对 5~10 μm 的微粒,则在它的后面用袋滤器或湿式除尘器来捕集。旋风分离器的缺点是流体阻力损失大,电耗高,壳体易磨损,要求卸料闸门等严格锁风,否则会显著影响分离效率。

7.2.3.2 旋风分离器的性能

旋风分离器的性能可有两种表示方法:一是用分离效率(总分离效率 E_T 和粒级分离效率 E_p)表示,它可以直接反映含尘气体经过旋风分离器后颗粒被分离的效果;二是以它所能分离的最小粒径(称为临界粒径)d_c 表示。

临界粒径 d_c 可按以下基本假定进行计算:

(1)含尘气流在旋风分离器内的切向速度恒定,与所在位置无关,并且等于进口气速 u_i;

(2)颗粒必须穿过一定厚度的气流层才能到达器壁,此气流层等于进气口的宽度 B;

(3)颗粒与气流的相对运动为层流,离心沉降速度 u_o 可用斯托克斯(Stokes)定律 $u_o=\dfrac{d^2(\rho_s-\rho)g}{18\mu}$ 计算,式中重力加速度 g 由离心加速度 $\dfrac{u^2}{r}$ 代替;$\rho_s\gg\rho$,ρ 可略去;旋转半径 r 取平均值,以 r_m 表示。

根据上述假定，含尘气流中颗粒的离心沉降速度为：

$$u_o = \frac{d^2 \rho_S u_i^2}{18\mu r_m}$$

颗粒到达器壁在径向上的运行距离等于进气口的宽度 B，则得沉降时间为：

$$\tau = \frac{B}{u_r} = \frac{18\mu r_m B}{d^2 \rho_S u_i^2} \tag{7.5}$$

设气体进入排气管以前旋转的圈数为 N，则所运行的距离为 $2\pi r_m N$，故得颗粒停留时间为：

$$\tau' = \frac{2\pi r_m N}{u_i} \tag{7.6}$$

颗粒到达器壁所需的沉降时间只要不大于停留时间（即 $\tau \leqslant \tau'$），就被从气流中分离出来，因此当 $\tau = \tau'$ 时，某一直径的颗粒的沉降时间正好等于停留时间时，它就是能够分离出的最小颗粒，其粒径为 d_c，即

$$\frac{18\mu r_m B}{d_c^2 \rho_S u_i^2} = \frac{2\pi r_m N}{u_i} \qquad (1)$$

$$d_c = \sqrt{\frac{9\mu B}{\pi N \rho_S u_i}} \qquad (2) \tag{7.7}$$

式中气体旋转圈数 N 一般为 0.5～3，对标准型旋风分离器可取 $N=5$。上述(1)、(2)两项假定与实际情况有较大差别，但此方法非常简单，只要对各种类型设备定出合理的 N 值，此式一般可用。

7.2.3.3 旋风分离器的阻力计算

旋风分离器的阻力是评价旋风分离器性能的一项重要指标。当含尘气流经过旋风分离器时，会产生阻力，为了克服阻力，需损耗一部分能量，造成一定的压力损失。旋风分离器的阻力 ΔP_c 可按下式计算：

$$\Delta P_c = \zeta \frac{\rho u_i^2}{2} \tag{7.8}$$

式中 ζ 为旋风分离器的阻力系数，它的数值表示压力损失相当于入口动压的倍数。对于同一结构类型及尺寸比例的旋风分离器，ζ 为常数，不随尺寸大小而改变，但设备结构类型不同或尺寸比例不同，ζ 也大不相同，目前尚无一个通用的关系式，主要通过实验测定。

对于如图 7.5 所示的标准型旋风分离器，经实验所得的经验公式为：

$$\zeta = \frac{16ab}{D_1^2} \tag{7.9}$$

其实验设备的尺寸范围如下：

$$H = H_1 + H_2 = 4D;\quad a = \left(\frac{1}{4} \sim \frac{1}{2}\right)D;\quad b = \left(\frac{1}{12} \sim \frac{1}{4}\right)D;\quad D_1 = \left(\frac{1}{4} \sim \frac{1}{2}\right)D。$$

实验发现排气管插入深度 S 在 $3A$ 以内，对 ΔP_c 无显著影响。

旋风分离器的阻力一般为 500～2000 Pa。

7.2.3.4 旋风分离器的类型与选用

旋风分离器的尺寸和操作条件决定了其分离因数为 5～2500。通常可除去含尘气体中粒径为 5～75 μm 的尘粒。为了提高旋风分离器的分离效率并降低阻力，对标准型作了改进。目前应用的旋风分离器，按进口方式、筒体形状及各部分尺寸比例，可分为几种型号并已形成系列化。常见的分别如图 7.5、图 7.6、图 7.7、图 7.8 所示。

标准型的入口上沿与顶盖齐平，流体阻力较大，而 CLT/A 型克服了此缺点，入口倾斜向下且切线进入。但是旋风分离器的一个重要问题仍未能解决，即底部气流旋转上升时会将已沉下的颗粒部分地带走，因此，设计了扩散型旋风分离器，其主要特点是圆筒以下部分的直径逐渐扩大，使底部有足够空间安装一个挡灰帽（或称反射屏），使已分离的粉尘被重新卷起的机会大为减少，提高了分离效率。再进一步研究发现，在靠近顶盖处，存在由细粉组成的灰环，在进口主气流的干扰下较易窜入排

气口逸出形成短路，为此又出现了带有旁通管的CLP/B型，用旁路将灰环的细粉引入下部锥体内，提高了分离效率，并减小了旋风分离器的阻力。

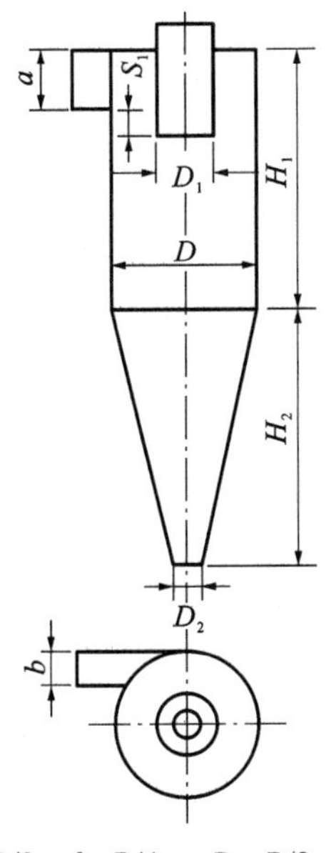

$a=D/2$　$b=D/4$　$D_1=D/2$　$H_1=2D$

$H_2=2D$　$S_1=D/8$　$D_2\approx D/4$

图 7.5　标准型旋风分离器各部分尺寸比例

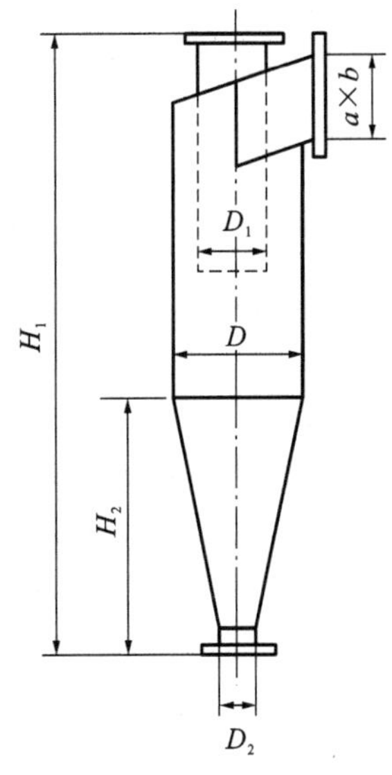

$a=0.66D$　$b=0.26D$　$D_1=0.6D$

$D_2=0.3D$　$H_2=2D$　$H_1=4.5D\sim4.8D$

图7.6　CLT/A 型旋风分离器各部分尺寸比例

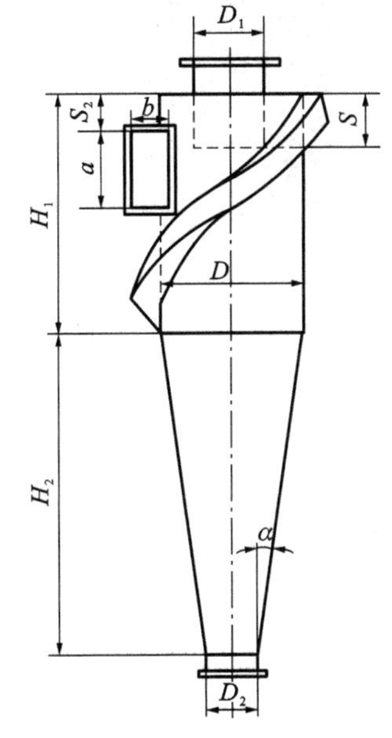

$a=0.6D$　$b=0.3D$　$D_1=0.6D$

$D_2=0.43D$　$H_1=1.7D$　$H_2=2.3D$

$S=0.28D+0.3a$　$S_2=0.28D$　$\alpha=14°$

图 7.7　扩散型旋风内分离器各部分尺寸比例

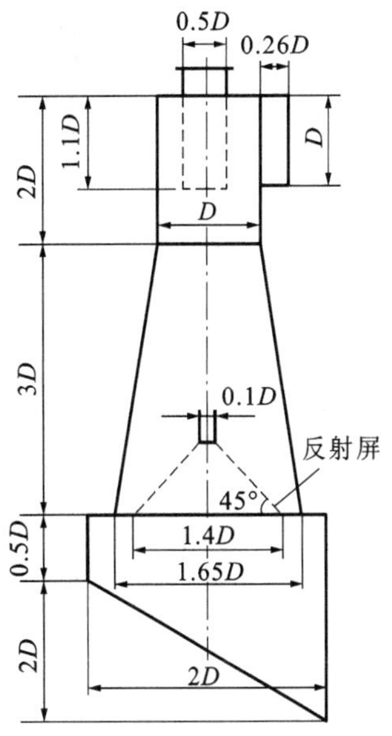

图 7.8　CLP/B 型旋风分离器

目前，我国旋风分离器生产基本上已系列化。在选用时，可先根据净化要求和允许的阻力降选定型号，再决定进口气速，按气体处理量算出旋风分离器的主要尺寸，即圆筒直径 D，再按比例求出其他部位的尺寸。若阻力过大，在一定分离要求下，可采取将小直径的旋风分离器并联使用，但应保持各设备的进口气速的一致性，以免造成个别分离器的效率下降。旋风分离器也可串联使用，通常一级入口气速为 15～20 m/s，二级入口气速为 20～25 m/s。

7.2.4 袋式收尘器

7.2.4.1 袋式收尘器的工作原理及特点

袋式收尘器是一种利用多孔纤维滤布将含尘气体中的粉尘过滤出来的收尘设备。因为滤布被做成袋形，故一般将它称为袋式收尘器或袋式除尘器。

袋式收尘器已广泛应用于许多工业生产及环保过程中的非黏结性、非纤维粉尘的捕集。与旋风收尘器相比，其优点是收尘效率高，对于 5 μm 的颗粒，收尘效率可达 99%以上；可捕集 1 μm 的颗粒。与高效电收尘器相比，袋式收尘器的结构简单，技术要求不高，投资费用低，操作简单可靠。其缺点是耗费较多的织物，允许的气体温度较低，若气体湿度大或含有吸水性较强的粉尘，会导致滤布堵塞，因此其应用受到一定限制。

含尘气体通过滤布层时，粉尘被阻留，空气则通过滤布纤维间的微孔排走，其除尘原理如图 7.9 所示。气体中大于滤布孔眼的尘粒被滤布阻留，这与筛分作用相同。对于 1 μm 的小于滤布孔径的颗粒，当气体沿着曲折的织物毛孔通过时，尘粒由于本身的惯性作用撞击于纤维上失去能量而贴附在滤布上。小于 1 μm 的微细颗粒则由于尘粒本身的扩散作用及静电作用，通过滤布时，因孔径小于热运动的自由径，使尘粒与滤布纤维碰撞而黏附于滤布上，因此，微小的颗粒也能被捕集下来。

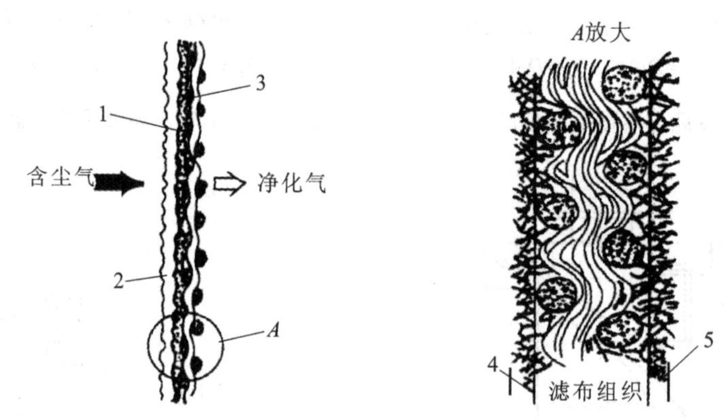

图 7.9 滤布的除尘原理

1—尘粒层；2—粉尘；3—滤布；4、5—起毛层

在过滤过程中，由于滤布表面及内部粉尘搭拱，不断堆积，形成一层由尘粒组成的粉尘料层，显著地强化了过滤作用，气体中的粉尘几乎被全部过滤下来。

随着粉尘的厚度增加，滤布阻力增大，使处理能力降低。为了保持稳定的处理能力，必须定期清除滤布上的部分粉尘层。由于滤布绒毛的支承作用，滤布上总有一定厚度的粉尘层清理不下来成为滤布外的第二层过滤介质。

7.2.4.2 滤布材料

滤布材料的选择需要考虑含尘气体性质、含尘浓度、粉尘颗粒大小及其化学性质、湿含量和气体温度等因素。总的要求：滤布均匀致密、透气性好、耐热、耐磨、耐腐蚀和憎水，具有较高的收尘效率。常用的滤布材料有以下几种。

棉织滤布造价较低，耐高温性能差，现已很少采用。毛织滤布造价较高，耐热性能较好，可在 95 ℃以下工作，通常是用羊毛织成，透气性好，阻力小，且耐酸碱。

合成纤维中聚酰胺纤维（尼龙、锦纶等）耐磨性好，耐碱但不耐酸，可在 80 ℃温度下工作；聚丙烯腈纤维（腈纶、奥纶等），可在 110～130 ℃温度下工作，强度高，耐酸但不耐碱；聚酯纤维耐热、耐酸碱性能均较好，可在 140～160 ℃温度下工作；玻璃纤维过滤性能好，阻力小，化学稳定性好，造价低，耐高温性能好，是目前应用比较广泛的一种滤布材料。常用滤布材料的性能见表 7.2。

表 7.2 常用滤布材料的性能

滤布材料		密度/(kg/dm³)	抗拉强度/MPa	耐腐蚀性		耐热性/℃		耐磨性	吸湿率/%	过滤风速/(m/min)
				耐酸	耐碱	经常	最高			
天然纤维	棉毛	1.5～1.6	345	差	好	70～80	80	好	8～9	0.6～1.5
		1.2～1.3	110	好	差	80～90	95	好	10～15	
合成纤维	尼龙	1.14	300～600	中	好	75～80	95	好	4～4.5	0.5～1.3
	奥纶			好	中	125～135	140	好	1.3～20	
	涤纶			好	好	140～160	170	好	0.4	
无机纤维	玻璃纤维	2.4～2.7	1000～3000	好	好	200～260	280	差	0	0.3～0.9

7.2.4.3 袋式收尘器的分类

按滤袋形状分为袖袋式(圆筒形)和扁袋式两种;按过滤方式分为外滤式和内滤式,对于袖袋,内、外过滤两种方式均可采用,而扁袋式多采用外滤式;按风机在收尘系统中的位置可分为正压鼓入式和负压抽风式,前者风机设在收尘器的前面,后者风机设在收尘器的后面;按清灰方式可分为机械振打清灰式和反吹风式两类,前者又分为顶部上下振打[图 7.10(a)]、中间水平振打[图 7.10(b)]和上下方向与中间水平方向同时振打[图 7.10(c)],后者又分为真空反吹风[图 7.10(d)]、气环反吹风[图 7.10(e)]和脉冲反吹风[图 7.10(f)]几种;按气体入口位置可分为下进气式和上进气式两种。工程上反吹风袋式收尘器应用较为广泛。

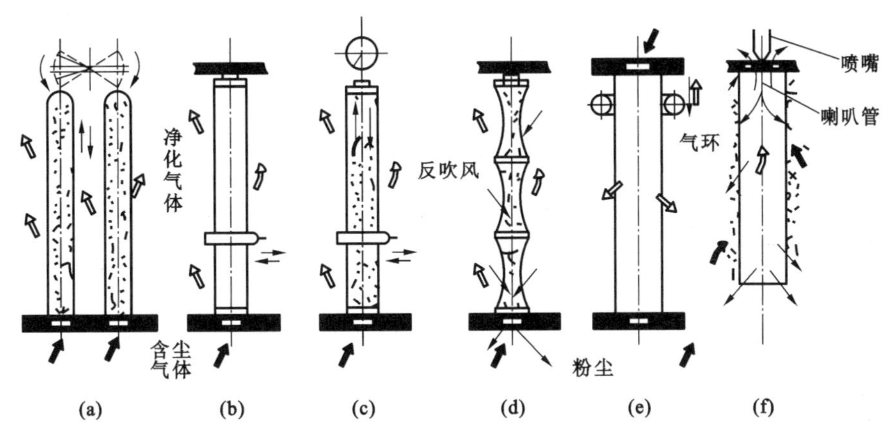

图 7.10 袋式收尘器

(1)脉冲反吹风袋式收尘器

脉冲反吹风袋式收尘器是一种新型高效袋式收尘器。它采用 0.6～0.8 MPa 的压缩空气脉冲喷吹方式,可通过调节脉冲周期和脉冲时间使滤袋保持良好的过滤状态,所以过滤风速高,3～6 m/min,因而可缩小体积;同时无运动部件,滤袋不受机械力作用,寿命长。主要缺点是脉冲控制仪较复杂,技术要求高,对高浓度、高湿度的粉尘捕集效果不太理想。

脉冲反吹风袋式收尘器的基本结构如图 7.11 所示。机体由三部分组成:中箱包括除尘箱 11、滤袋 10、支承滤袋的骨架 9 及花板 3;上箱包括喷吹排气管 1、喷吹管 2、喇叭管 7、压缩空气包 4、脉冲阀 6 及净化空气出口 18;灰斗包括进气管 13、下部卸灰用的螺旋输送机和排灰叶轮 16。

脉冲反吹风袋式收尘器的工作过程如下:含尘气体由进气管进入除尘箱,然后由外向内进入滤袋。净化后的气体由袋上部的喇叭管进入喷吹排气管,净化气由出口管排出。粉尘阻留在袋外侧,一部分可在重力作用下掉落,其余部分则每隔一定时间用压缩空气进行喷吹。落至灰斗底部的粉尘经螺旋输送机和排灰叶轮卸出。清灰时每次喷吹时间很短,0.1～0.2 s,周期为 30～60 s。在此期间,

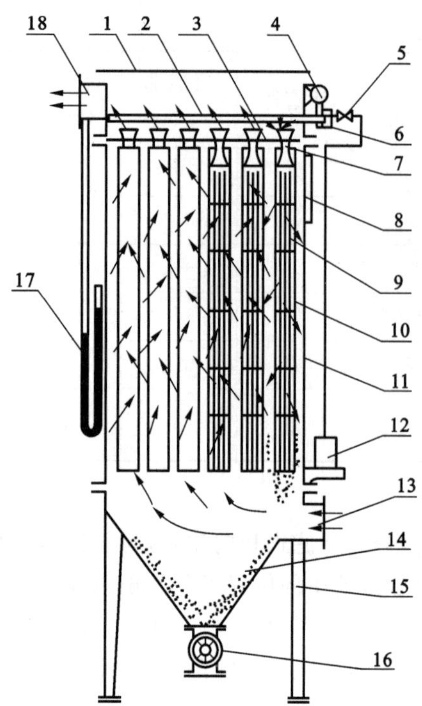

图 7.11　脉冲反吹风袋式收尘器

1—排气管；2—喷吹管；3—花板；4—压缩空气包；5—压缩空气控制阀；6—脉冲阀；7—喇叭管；8—备用进气口；9—滤袋骨架；10—滤袋；11—除尘箱；12—脉冲信号发生器；13—进气管；14—灰斗；15—机架；16—排灰叶轮；17—压力计；18—净化空气出口

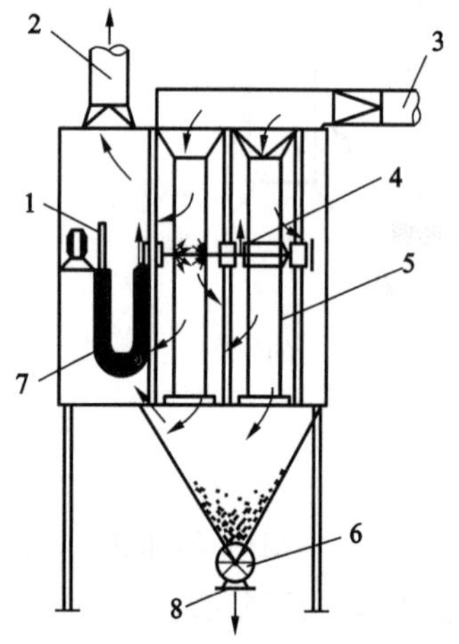

图 7.12　气环反吹风袋式收尘器

1—反吹风机；2—出风口；3—进风口；4—反吹喷嘴；5—滤袋；6—反吹风机；7—软风管；8—排灰口

压缩空气以高速从喷吹管的孔中向喇叭管(文丘里管)喷射，同时从周围引入5～7倍的二次空气：滤袋受此气流的冲击振动及二次气流的膨胀作用其上面的积灰便被清除下来。如此迅速、准确、频繁的动作需由专用控制器来控制。控制器有电动、气动和机动几种，其中以电动动作最灵敏，且体形小；机动的简单可靠，对气源清洁度要求也不高，但脉冲宽度调节幅度较小，仅能控制到 0.1 s 左右。

脉冲反吹风袋式收尘器被称为 MC 型袋式收尘器。其中，气动控制的收尘器为 QMC 型，电动控制的收尘器为 DMC 型，机动控制的收尘器为 JMC 型。

(2)气环反吹风袋式收尘器

气环反吹风袋式收尘器也是高效收尘器之一。其突出特点是适用于捕集高浓度和较潮湿的粉尘，且采用小型高压风机作反吹气源，必要时可将反吹风加热至 40～60 ℃。与脉冲式相比，具有过滤风速大、投资省、反吹气源易解决等优点，同时也不需要高精度控制仪器，制造方便。其缺点是气环箱紧贴滤袋上下往复运动，因而使滤袋磨损加快，气环箱及其传动部件也易发生故障。

气环反吹风袋式收尘器如图 7.12 所示。它由机体、气环箱反吹风装置、滤袋及排气装置组成。气环箱紧贴压滤袋外侧做上下往复运动，箱内紧贴滤袋处开有一条环形细缝，被称为气环喷管。含尘气体由进口引入机体后流入滤袋内部，粉尘被阻留在滤袋内表面。被净化后的气体穿过滤袋经出口管排出机外。黏附在滤袋内表面的粉尘由气环喷出的高压气流吹落。目前，反吹风机多装在机体外部，以便操作和维护。反吹风量为收尘器处理风量的 8%～10%，风压为 5000～15000 Pa。

在袋式收尘器工作过程中，滤袋内壁的积灰若不及时清除，则随着时间的推移灰层变厚，致使滤袋阻力不断增加。风机的风量也因之下降，影响收尘器的正常工作。因此，袋式收尘器必须定期清灰，使滤布保持通风顺畅，从而保证有效地连续过滤。从此意义上讲，清灰是袋式收尘器管理工作和结构设计中的一个重要部分。清灰周期越短，收尘器的风量和风压越稳定。所以，清灰装置的清灰周期应有合适的值，如机械振打式、气环反吹式和脉冲反吹式的清灰周期分别为 6 min、1 min 和 30～60 s。

(3)袋式收尘器的选型计算

选型前首先要弄清楚需处理的含尘气体量、含尘浓度、温度、湿度及对收尘效率的要求等，以便选择和计算合理的过滤风速、过滤面积、滤袋数目，从而选择合适的收尘器型号和台数。

① 过滤面积

过滤面积可按下式计算：

$$F = F_1 + F_2 = \frac{Q}{60v} + F_2 \tag{7.10}$$

式中 F——滤袋过滤面积，m^2；

F_1——滤袋工作部分的过滤面积，m^2；

F_2——滤袋清灰部分的过滤面积，m^2；

Q——处理风量，m^3/h；

v——过滤风速，m/min。

处理风量包括设备的通风量和系统的漏风量。漏风量一般为设备通风量的10%～30%，此外，处理量还应包括反吹风量，对于气环反吹风和脉冲反吹风，这部分风量为总通风量的4%～10%。通风量可按有关公式计算或从有关手册查得。过滤风速与滤袋材料、清灰方式及气体含尘浓度等有关，一般可按含尘浓度确定过滤风速，参见表7.3。

表7.3 袋式收尘器的过滤风速

类型	中部振打袋收尘器	气环反吹风袋收尘器	脉冲反吹风袋收尘器	玻璃纤维袋收尘器
含尘浓度/(g/m^3)	50～70	15～30	3～5	＜100
过滤风速/(m/min)	1～1.5	2～4	3～4	0.3～0.9

② 滤袋数量

根据总过滤面积即可从产品目录查出所需要的滤袋规格及数量，也可按下式计算：

$$n = F/f \tag{7.11}$$

式中 n——滤袋的数量，个；

F——总过滤面积，m^2；

f——每个滤袋的过滤面积，m^2。

③ 收尘器阻力的计算

袋式收尘器的阻力包括过滤阻力和机体阻力两部分。过滤阻力与滤袋的材料、滤尘量、气体含尘浓度、过滤风量及清灰周期等因素有关。准确的数据应通过实验确定，实际中一般用查表法。首先计算滤袋的滤尘量，计算公式如下：

$$\Delta p = \Delta p_1 + \Delta p_2 \tag{7.12}$$

滤尘量、过滤风速与过滤阻力的关系见表7.4。

表7.4 滤尘量、过滤风速与过滤阻力的关系

过滤风速/(m/min)	滤袋滤尘量/(g/m^2)						Δp_2/Pa
	100	200	300	400	500	600	
	Δp_1/Pa						
0.5	300	360	410	460	500	540	—
1.0	370	460	520	580	630	690	80
1.5	450	530	610	680	750	820	100
2.0	520	620	710	790	880	970	150
2.5	590	700	810	900	1000	—	250
3.0	650	770	900	1000	—	—	—

7.2.5 重力分离器

重力分离器又称降尘室(图7.13)，是最简单的收尘设备。它是一个横截面面积较大的空室，含尘气体经过空室时，气流速度降低，粉尘便在重力的作用下沉降到空室底部的灰仓中。在设计适合于沉降某种尺寸粉尘的降尘室时，应该使随同气流进入到降尘室而处在顶部的该种粉尘，能在气流经过降尘室的时间内，降落到灰仓中。

设降尘室高度为 H(m)，长度为 L(m)，宽度为 B(m)，参见图 7.14。需要收集的最小尘粒的沉降速度为 u(m/s)，气体在水平方向上的流速为 v(m/s)。降尘室端部截面最高点 O 处的颗粒以与气体相同的水平流速向右运动，同时以沉降速度 u 向下降落。为了能够收集某种尘粒，则应该使颗粒的沉降时间小于颗粒水平运动时间，故有：

$$H/u \leqslant L/v \tag{7.13}$$

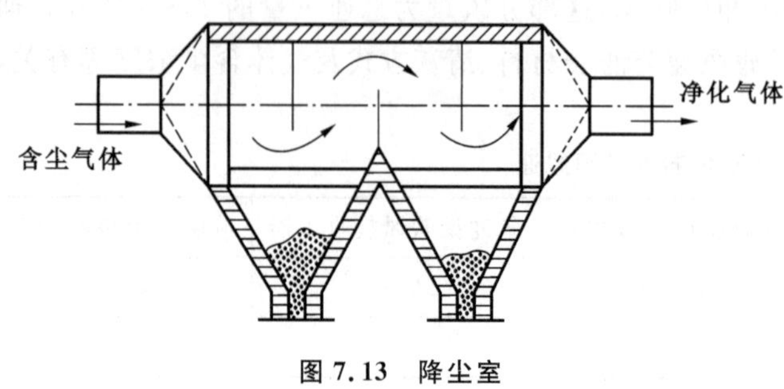

图 7.13　降尘室

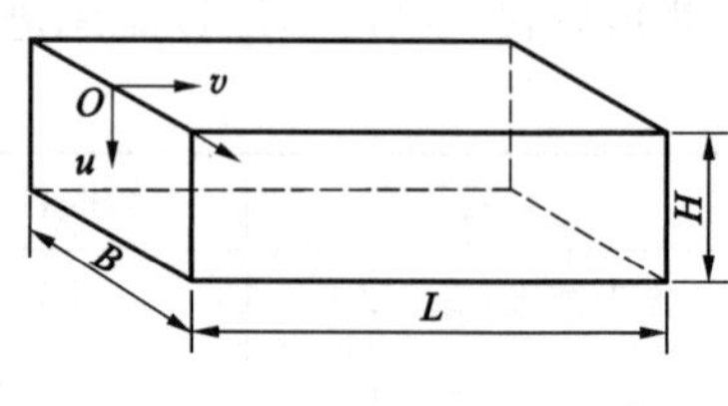

图 7.14　降尘室计算

气体中的尘粒粒径通常在 3～100 μm 范围内时，尘粒沉降时只受到气流的黏性阻力，颗粒在降尘室内的沉降符合层流区沉降。因此，尘粒的沉降速度 u 可用斯托克斯公式算出。根据式(7.13)和斯托克斯公式，就可求出降尘室能够全部离析出来的界限粒径 d_k：

$$d_k = \sqrt{\frac{18\mu H v}{L(\rho_p - \rho) g}} \tag{7.14}$$

式中　ρ_p，ρ——颗粒物料及沉降介质的密度，kg/m^3；

μ——沉降介质的黏度，Pa · s；

g——重力加速度，m/s^2；

d_k——颗粒的界限直径，m。

上式表明，L 愈大或 v 和 H 愈小，就愈能沉降出微小颗粒。如果含尘气体的流量为 Q，则气体经过降尘室的水平流速为

$$v = Q/HB \tag{7.15}$$

将 v 值代入式(7.13)有

$$Q = LBu \tag{7.16}$$

式(7.16)表明，降尘室的生产能力与其水平面积以及尘粒的沉降速度成正比，而与除尘室的高度无关。

为了提高降尘室的收尘效率，在 H 方向上经常插入多层隔板，还可以在降尘室中插入若干上下交错的垂直挡板，使气体折流，利用惯性作用可以提高收尘效率。

降尘室结构简单，容易建造，流体阻力小，一般为 20～100 Pa。但因占地面积大，收尘效率低，故一般只用以收集 500 μm 以上的粗大尘粒，适于高浓度和腐蚀性大的粉尘作初级收尘设备使用，以减轻第二级收尘设备的运转负荷。

7.2.6　电收尘器

电收尘器是一种高效率收尘装置，能收下极微小的尘粒。它是以高压直流电在正负两极间维持一个足以使气体电离的静电场，气体电离所产生的正负离子作用于通过静电场的粉尘表面而使粉尘荷电。根据库仑定律，荷电粉尘分别向极性相反的电极移动而沉积在电极上，达到粉尘与气体分离的目的。电收尘器已广泛用于工业生产中，它具有以下优点：收尘效率高，可达 99%以上；能处理较大

的气体量；能处理高温、高压、高湿和腐蚀性气体；能量消耗少，一般阻力损失不超过 30～150 Pa，电能消耗仅为 0.1～0.8 kW · h/km^3；操作过程可实现完全自动化。电收尘器的缺点是一次投资大，占空间大，钢材消耗多，捕集高比电阻的细粉尘时需要进行增湿处理等。

(1)工作原理

电收尘器的工作原理如图 7.15 所示。将集尘器 1 和负极绝缘子 6 分别接全高压直流电源的正极(阳极)和负极(阴极)。电收尘器上的正极被称为沉积极或集尘极，负极被称为电晕极。在两极间产生不均匀电场。当电压升高至一定值时，在阴极附近的电场强度促使气体发生碰撞电离，形成正、负离子。随着电压继续增大，在阴极导线周围 2～3 mm 范围内产生电晕放电，这时，气体生成大量离子。由于在电晕极附近的阳离子趋向电晕极的路程极短，速度低，碰到粉尘的机会较少，因此绝大部分粉尘与飞翔的阴离子相撞而带负电，飞向集尘极(见图 7.16)，只有极少量的尘粒沉积于电晕极，定期振打集尘极及电晕极使积尘掉落，最后从下部灰斗排出。

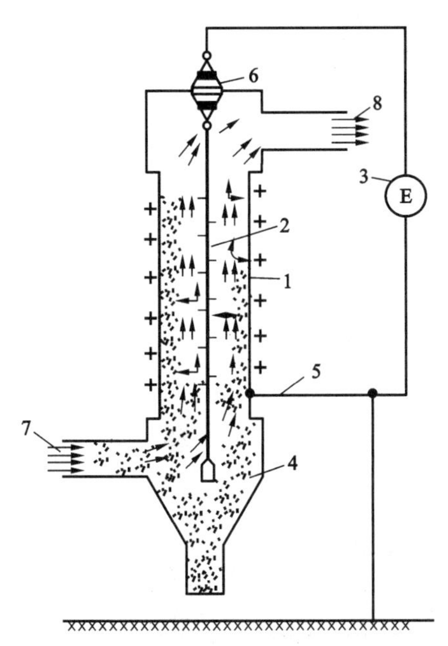

图 7.15　电收尘器工作原理示意图

1—集尘器；2—电晕极；3—电源；4—灰斗；
5—正极线；6—负极绝缘子；7—气体入口；8—气体出口

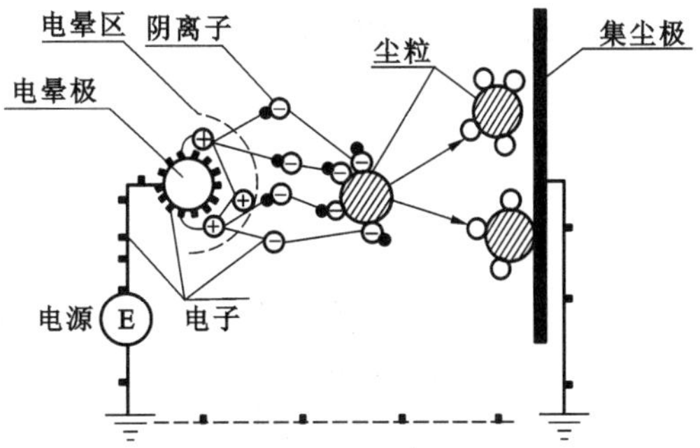

图 7.16　静电收尘过程示意图

(2)电收尘器的类型

按含尘气体运动方向可分为立式和卧式两种；按处理方式可分为干式和湿式两种；按集尘极形式可分为管式和板式两种；按集尘极和电晕极在收尘器中的位置可分为单区式和双区式。

工业用的电收尘器由许多组阳极板或管和阴极组成，上述各种收尘器中二者均垂直于地面放置，再配以外壳、集灰斗、进出口气体分布板、振打机构绝缘装置及供电设施等组成一套系统。

含尘气体由下垂直向上经过电场的被称为立式电收尘器，如图 7.17 所示，优点是占地面积小。但由于气流方向与尘粒自然沉落方向相反，因而收尘效率稍低；另外，高度较大，安装维修不方便，且采用正压操作，风机布置在收尘器之前，磨损较快。

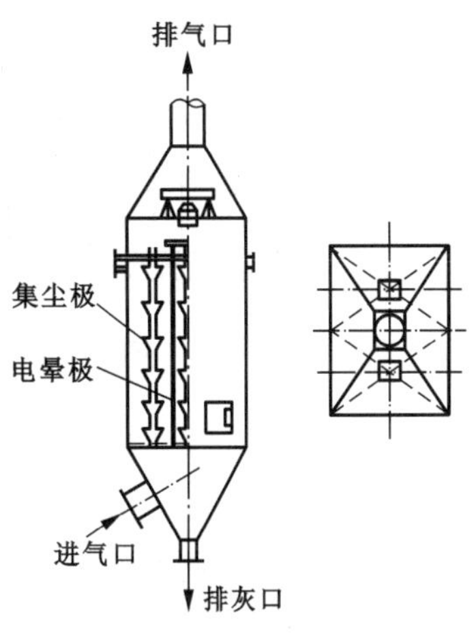

图 7.17　立式电收尘器示意图

图 7.18 所示为卧式电收尘器，气体水平通过电场，按需要可分成几个室，每室又分成几个具有不同电压的电场。其优点是可按粉尘的性质和净化要求增加电场数目，同时可按气体处理量增加

除尘室数目，这样既可保证收尘效率，又可适应不同处理量的要求。卧式电收尘器可进行负压操作，因而能延长风机使用寿命，节省动力，高度也不大，安装维修较方便；但占地面积较大。

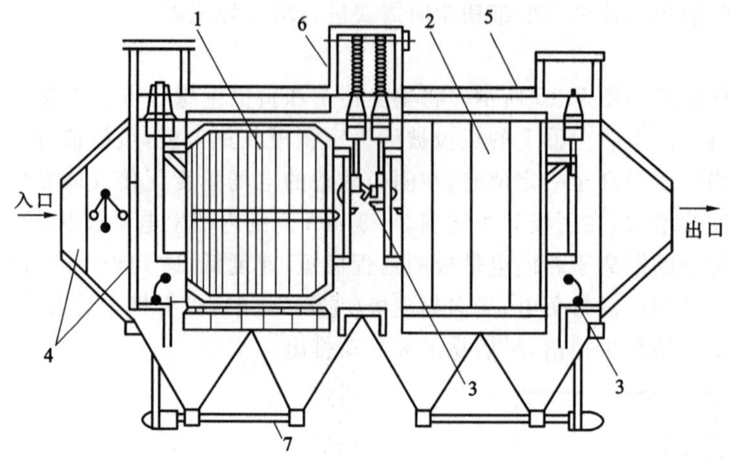

图 7.18 卧式电收尘器示意图

1—电晕极；2—收尘器；3—振打装置；4—气体均布装置；5—壳体；6—保温器；7—排灰装置

(3)电收尘器的构造

电收尘器由高压整流机组和收尘器本体两大部分所组成，电收尘器本体主要由电晕极、集尘极、振打装置、气体均布装置、壳体、保温箱和排灰装置等组成。

① 电晕极 电晕极系统主要包括电晕线、电晕极框架、框架悬吊杆、支承绝缘套管和电晕极振打装置等，如图 7.19 所示。

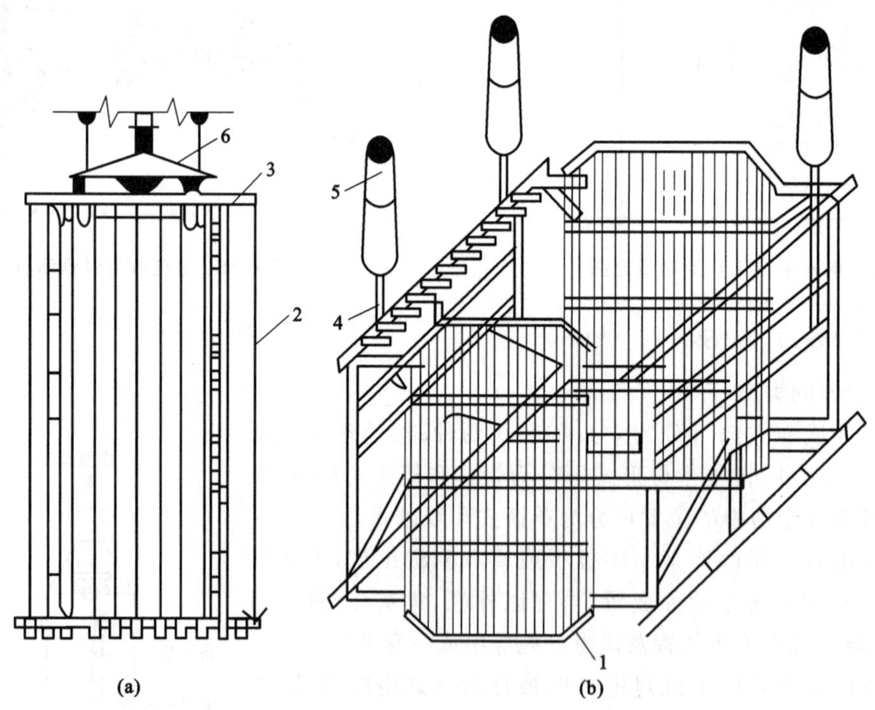

图 7.19 电晕极

(a)自由悬吊的电晕极；(b)有电晕框的电晕极

1—电晕框；2—电晕线；3—电晕线悬吊架；4—悬吊杆；5—石英套管；6—振打装置

电晕线放电性能的好坏直接影响到收尘效果。就其电晕现象而言，电晕线越细越好。在同样荷电条件下，电晕线越细，其表面电场强度就越大，电晕放电的效果也越好。但电晕线太细时，不仅机械强度低，而且也容易锈断或可能被放电电弧烧断。此外，在使用中还要求电晕线上的积灰容易振落，维护安装方便。为保证电晕线既有一定的机械强度又有较高的放电效率,可将其制成各种形状,如图7.20所示。

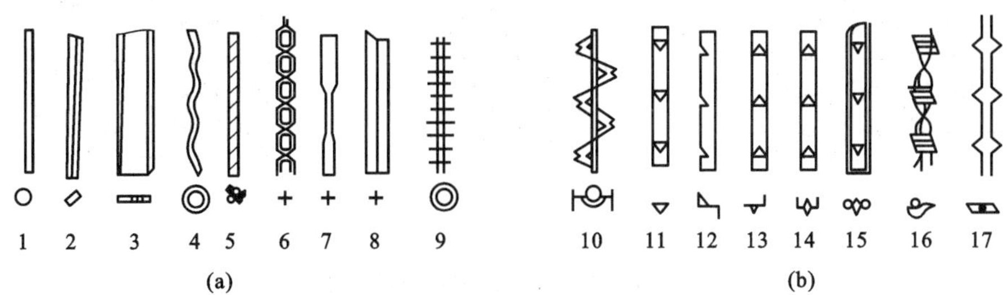

图7.20　不同形状的电晕线

1—圆形;2—星形;3—带形;4—螺旋形;5—钢丝绳形;6—链条形;7—纽带形;8—十字形;9—圆盘形;10—芒刺管形;11～15—芒刺带形;16—芒刺钢丝;17—锯齿形

常用的电晕线有圆形、星形和芒刺形。圆形的特点是左面光滑,有利于积灰的振落,使用寿命长,常用于处理高温或腐蚀性气体;星形电晕线的特点是放电性能好,使用寿命长;芒刺形电晕线由于线上有易于放电的尖端,故在正常情况下,电晕极产生的电流比星形的高约1倍,而电晕起始电压比其他形式的低,因此,在同样的电压下,电晕更强烈,这对提高收尘效率有利。这种电晕线适用于含尘浓度较大的气体。

电晕极框架借助吊杆支承在绝缘套管上,绝缘套管一方面起电晕极和外壳间良好的绝缘作用,另一方面承受电晕极的荷重。常用的绝缘套管有瓷质和石英玻璃两种。前者易制造、造价低,一般用于气体温度低于120 ℃的情形。当气体温度高于120 ℃时,需用石英套管,它不仅耐高温,而且绝缘性能良好。

② 集尘极　根据结构的不同,集尘极可分为板式和管式两种类型。

a. 板式集尘极　板式集尘极是最常见的一种集尘极。极板通常制成各种不同形状的长条形,若干块极板安装在一个悬挂架上组合成一排。收尘器内装有许多排极板,相邻两排极板间中心距为250～350 mm。集尘极的材料一般采用普通碳素钢,若对极板有耐酸、耐腐蚀等特殊要求,可采用其他耐腐蚀材料制作。极板的厚度为1.2～2 mm,需轧制成形,不允许有焊接接缝,以防焊接处的残存热应力导致挠曲而影响极间距离。

板式集尘极也有平形、Z形、C形、CS形及板式槽形等多种。平板形的特点是结构简单,表面平整光滑,制作容易,成本低。其他几种均属平板形的改进型,其共同特点:极板面形成落灰凹槽,振打落下的积灰可顺凹槽下落而不致向外飞扬,同时减小极板面附近区域的气流速度以减少二次飞扬;极板的刚度较大,不易变形;有利于振打加速度沿整个极板面的传递,加强振打效果;空间电场分布较合理,电场的击穿电压较高;形状简单,易制作,质量小,钢材消耗少。

b. 管式集尘极　管式集尘极的形状有圆形、六角形和同心圆形。圆形集尘极的内径一般为200～300 mm,管长3～4 m;新型收尘器的管径可达700 mm,管长达6～7 m。六角形(蜂房式)集尘极能充分利用收尘器空间,但制作较困难。同心圆极板是用半径相差一个极距的几个不同管式电极套在一起组成集尘极,各圆管形极板间隔的中间按一定距离装设电晕线。它的特点是充分利用空间,结构简单,制作方便。管式集尘极的几种基本形式如图7.21所示。

③ 振打装置　电收尘器的电极清灰通常采用机械振打方法,常用的振打装置有锤击振打装置、弹簧凸轮振打装置和电磁脉冲振打装置等三种。

④ 气体均布装置　在电收尘器的各个工作横断面上,要求气流速度均匀。若气流速度相差太大,则在流速高的部位,粉尘在电场中滞留时间短,有些粉尘来不及被收下即被气流带走,并且粉尘从极板上振落时,二次飞扬的粉尘被气流带走的可能性也大,这无疑会导致收尘效率下降。因此,使气流均匀分布对提高收尘器的效率具有重要意义。

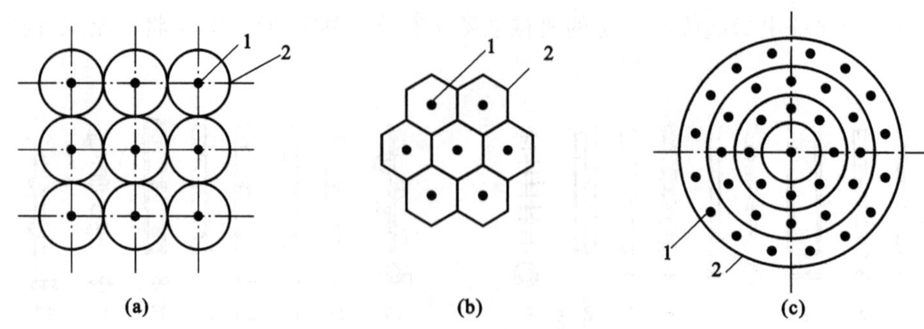

图 7.21　管式集尘极的几种基本形式

(a)圆管式;(b)蜂房式;(c)同心圆式

1—电晕极;2—集尘极

气体均布装置主要由气体导流板和气体均布器组成。立式电收尘器的气体均布装置如图 7.22 所示,气体进入电收尘器后,首先经气体导流板将其导向至收尘器的整个底部,避免气体冲向一侧。导流板叶片方向可视具体情况进行调整。卧式电收尘器的气体均布装置有多孔板、直立安装的槽形板和百叶窗式栅板等,其中多孔板较多,如图 7.23 所示。多孔板层数越多,气流分布均匀性越好。通常不少于两层,圆孔直径为 30～50 mm,中间部位由于风速较高,故孔径较小;四周的孔径较大些。在两层多孔板中间常装有手动振打锤以振落附着在分布板上的粉尘。若气流由管道进入喇叭口前有急弯,应在弯道内加装导向叶片以使气流均匀分布。

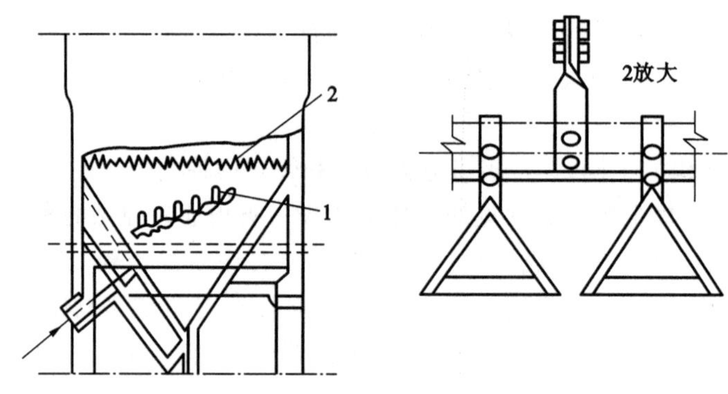

图 7.22　立式电收尘器的气体均布装置

1—导流板;2—气体均布装置

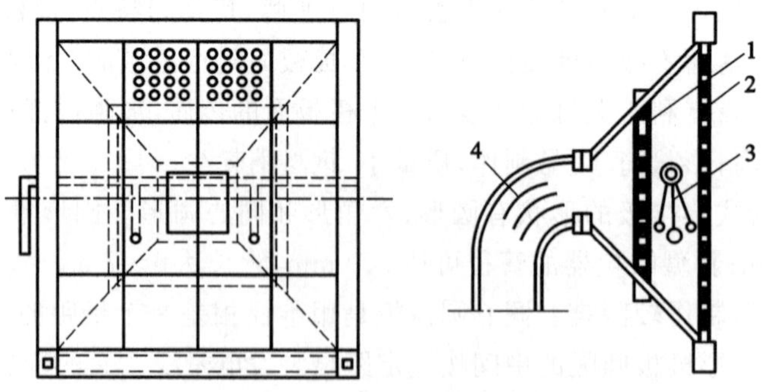

图 7.23　卧式电收尘器的气体均布装置多孔板

1—第一层多孔板;2—第二层多孔板;3—分布板振打装置;4—导流板

⑤ 壳体、保温箱及排灰装置

a. 壳体　收尘器的壳体有钢结构、钢筋混凝土结构和砖结构几种,材质的选择主要根据气体温度及是否有腐蚀性而定。壳体的下部为灰斗,中部为收尘器,上部为安装石英套管、绝缘瓷件和振打机构,为便于安装和检修,在侧面设有人孔门,壳体旁边设有扶梯及检修平台。壳体要注意防止漏风并要有保温设施,以确保收尘室内温度高于废气露点 15～20 ℃,保温材料常为矿渣棉。

b.保温箱 当绝缘套管周围温度过低时，其表面会产生冷凝水。收尘器工作时，容易引起绝缘套管沿面放电，影响收尘器电压的升高，以致不能正常工作。所以，通常将绝缘套管或绝缘瓷件安装在保温箱内。保温箱内的温度应高于收尘器内气体露点 20～30 ℃，故在保温箱内装有加热器和恒温控制器。

c.排灰装置 电收尘器常用的排灰装置有闪动阀、叶轮卸料器和双级重锤翻板阀。闪动阀结构简单，维修容易，双瓣阀比单瓣阀的密封性能更好；叶轮卸料器有刚性和弹性两种，弹性叶轮卸料器的叶片有较大弹性，运行较可靠，密封性能也较好；双级重锤翻板阀具有良好的排料和密封性能。

(4)主要参数的计算和选型

① 临界电压 V_k 电晕极发生电晕放电时的最低电压被称为临界电压。它可从圆管内各点电场强度推得，其计算公式为

$$V_k = E_k r \ln(R/r) = 3.1 \times \left(1 + 61.6\sqrt{\frac{p}{rt}} \times 10^6\right) r \ln(R/r) \tag{7.17}$$

式中 E_k——临界电场强度，V/m；

r——电晕极半径，m；

R——圆管半径，m；

p——气体压力，Pa；

t——气体温度，K。

式(7.17)也适用于板式集尘极电收尘器。实际操作电压一般为临界电压的 2～3 倍。由上式可知，R/r 越小，临界电压越低，但易于短路，一般取 $R/r \geqslant 2.718$。实际操作电压为 50～60 kV。此处的尘粒沉降速度指的是带电粉尘颗粒在电场力的作用下向集尘极均匀移动的速度，也被称为驱进速度。当带电尘粒的电场力与含气体相对运动时的气体阻力相平衡时，带电尘粒具有均匀的驱进速度。设尘粒粒径为 1～100 μm，且在斯托克斯定律适用范围内，并忽略重力的影响，则当电场力与气体阻力相平衡时，尘粒的驱进速度为(推导过程略)：

$$u_e = \frac{neE_p}{3\pi\mu d_p} = \frac{k_0 E_e E_p r_p^2}{3\pi\mu d_p} = \frac{k_0 E_e E_p d_p}{12\pi\mu} \tag{7.18}$$

式中 n——尘粒所带电荷数；

e——单位电荷静电单位；

E_p——尘粒所在处电场强度；

d_p——尘粒粒径，cm；

E_e——尘粒荷电处电场强度；

k_0——尘粒诱电系数。

此式即为尘粒在电场中的驱进速度计算式。若设 $E_e = E_p = E$，对一般非导电尘粒，$k_0 = 2$，则上式可简化为

$$u_e = 0.053 E^2 d_p / \mu \tag{7.19}$$

由上式可知，尘粒的驱进速度与电场强度平方成正比，也与尘粒直径和气体黏度有关。实际上，因电收尘器中电场强度不均匀，故尘粒的荷电量及所受引力在各点也是不同的，只能作粗略的估计。同时，还由于电收尘器中气流分布不均匀、电晕极肥大、集尘极积灰、粉尘二次飞扬等原因，实际驱进速度约比公式计算的速度低一半。

② 气体在电场中的流动速度 气体在电场中的流动速度，主要是考虑在气流通过收尘器的时间内尘粒是否来得及沉降。位于距集尘极最远处 R(即正负极间距离)的尘粒移动到集尘极所需要的时间 R/u_e 必须小于或等于含尘气体通过电收尘器的时间 L/u，即

$$R/u_e < L/u \tag{7.20}$$

式中 R——正负电极间的距离，m；

u_e——尘粒驱进速度，m/s；

L——气体沿流动方向所走的距离，m；

u——气流速度，m/s。

上式中气流速度 u 是可以适当选择的操作参数。流速低固然可以满足沉降时间要求，但这样使收尘器断面面积增大，设备体积增大，气流分布也不易均匀；若气流过大，则需增大电场强度，同时还会引起粉尘大量二次飞扬，所以一般选用气流速度 u 为 0.4～1.3m/s。

③ 收尘效率　收尘效率是衡量电收尘器性能的主要指标，也是设计电收尘器的主要依据。欲从理论上推导收尘效率与某些重要参数之间的关系，目前有两种考虑方法：一是尘粒运动轨迹与气流分布情况相一致，并不考虑其他任何干扰影响而求得；另一方面是从概率的角度出发加以推导。由后一观点出发推导出的收尘效率 η 与各参数间的关系式为

$$\eta = 1 - \exp\left(-\frac{A_c u_e}{Q}\right) \tag{7.21}$$

式中　Q——通过收尘器的气体流量，m^3/s；

A_c——集尘极面积，m^2；

u_e——尘粒驱进速度，m/s。

(5)影响电收尘器收尘性能的因素

电收尘器的性能除了与结构有关外，很大程度上还取决于含尘气体的性能和操作条件。主要影响因素有粉尘的比电阻、气体的含尘浓度、粉尘颗粒组成、气体成分、温度、湿度、露点、含硫量、收尘器的漏风、电极肥大、电极积灰、操作电压等。

① 粉尘比电阻的影响　1 cm^2 面积上高 1 cm 的粉料柱沿高度方向测定的电阻值被称为粉尘的比电阻，单位为 Ω·cm 。粉尘的比电阻是衡量粉尘导电性能的指标，它对电收尘器性能的影响很大。图 7.24 所示的是电收尘器中收尘效率与粉尘比电阻的关系曲线，从图中可以看出，粉尘的比电阻在 10^4～10^{11} Ω·cm 范围内时收尘效率最高。

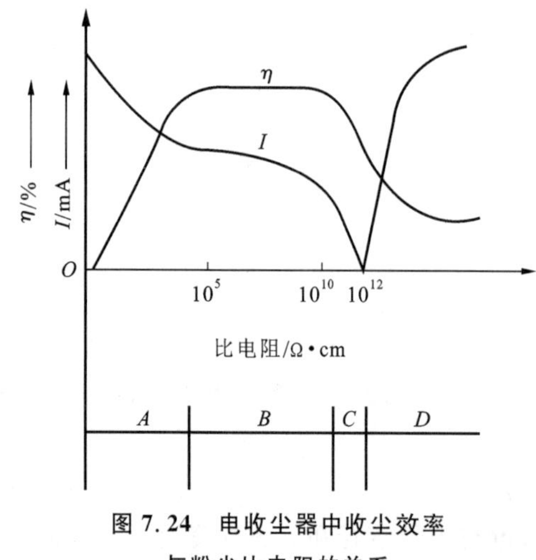

图 7.24　电收尘器中收尘效率与粉尘比电阻的关系

当粉尘比电阻小于 10^4 Ω·cm 时，带电尘粒在到达极板的瞬间即被中和，甚至带正电荷，这样便很容易脱离集尘极面重新进入气流中，因而大大降低收尘效率。

比电阻大于 10^{11} Ω·cm 时，当粉尘沉积到集尘极板上时，其所带电荷很难被中和，而且会逐渐在沉积的颗粒层上形成负电场，电场逐渐升高，以致在充满气体的疏松的覆盖层孔隙中发生电击穿，并伴随着向电晕极方向发射正离子，中和了部分带负电荷的尘粒，此即所谓"反电晕"现象。与此同时，由于集尘极放出正离子使电收尘器之间的电场改变为类似于两个尖端所构成的电场，这种电场在不高的电压下很容易被击穿。因此，当粉尘比电阻大于 10^{11} Ω·cm 时，电收尘器的收尘效率将明显降低。

所以，只有粉尘比电阻在 10^4～10^{11} Ω·cm 范围内时，带负电的尘粒到达集尘极板后中和并以适当的速度进行，收尘效率高。这是电收尘器运行最理想的区域，在此区域内收尘器的收尘效率与比电阻值的变化基本无多大的关系。

② 含尘浓度的影响　气体含尘浓度增大使粉尘离子也增多，尽管它们形成的电晕电流不大，但其形成的空间电荷却很大，严重抑制了电晕电流的产生，使粉尘粒子不能获得足够的电荷，导致收尘效率降低，尤其是粒径在 1 μm 左右的粉尘越多，影响也越大。当气体含尘浓度大至一定值时，电晕电流也会减小至零，这种现象被称为电晕封闭，此时的气体净化效果显著下降。

为了防止电晕封闭现象的发生，应限制进入电收尘器气体的含尘浓度。为此，有时在电收尘器前应设置旋风收尘器进行预收尘以保证进入电收尘器气体的含尘浓度低于规定值。

③ 粉尘颗粒组成的影响　对于电收尘器，最有效的粉尘粒径范围是 0.01～20 μm。小于 0.01 μm 的尘粒受布朗运动的影响不易收集下来；大于 20 μm 的尘粒由附着荷电量计算可知是不经济的。

④ 含尘气体温度的影响　气体温度对电收尘器工作性能的影响很大，主要表现在以下三个方面。

a. 温度对粉尘比电阻的影响　气体温度对粉尘比电阻的影响如图 7.25 所示。气体温度的变化会引起粉尘比电阻值的波动，从而影响收尘效果。因此，当电收尘器工作时，应使气体温度保持较小的波动范围，以保证收尘器的正常工作。

b. 温度对气体黏度的影响　众所周知，当气体温度上升时，气体分子的热运动加剧，运动着的分子层之间的内摩擦增大，从而使气体黏度增大。在电收尘器运行时，电场中的带电粉尘受电场力作用向集尘极驱进的速度与含尘气体的黏度有一定的关系。气体温度越高，其黏度越大，荷电尘粒的驱进速度越低，收尘效率也就越低；反之亦然。

c. 温度对气体击穿电压的影响　气体的击穿电压与其密度成正比，而气体密度在很大程度上取决于其温度。当气体压力不变时，密度与其绝对温度成反比，因此，当气体温度降低时，密度增大，气体的击穿电压也相应增大。击穿电压的增高使收尘器电场所承受的电压更高，从而大大提高了收尘效率。

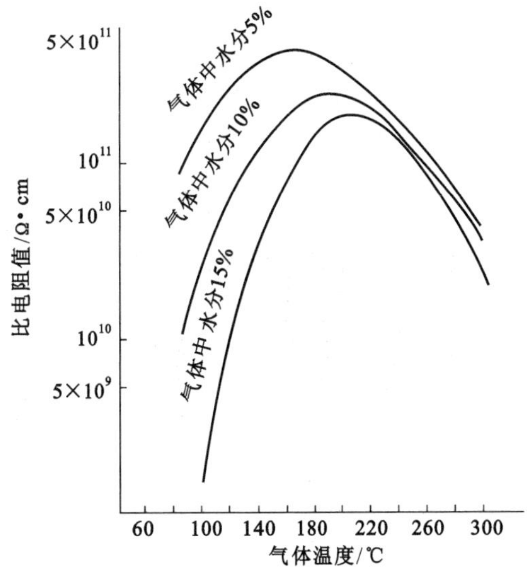

图 7.25　水泥窑粉尘比电阻与气流温度、气体中水分的关系

由以上分析可看出，气体温度以低些为宜，所以有的电收尘器配有气体冷却装置，不但降低了气体的温度，而且利用了其余热。但应注意，气体的温度不能太低，否则其中的水汽和三氧化硫会冷凝结露，收集的粉尘会糊住电极，使工作状况恶化。同时，设备冷凝结露易使钢质材料锈蚀，损坏设备。当石英套管温度低于结露温度时，冷凝物质将导致套管内部泄漏放电，使电收尘器不能正常运行。所以，一般要求气体温度高于露点温度 20～30 ℃。

⑤ 气流速度的影响　在电收尘器中，通过电场的气流速度越高，收尘效率越低；反之，收尘效率提高。如果气流速度过高，则含尘气流通过电场的时间短，有些粉尘尚未来得及被收下即被气流带出收尘器；粉尘的二次飞扬加大，即已被捕集到电极上的粉尘在振落时会被高速气流重新带走。因此，避免电场风速过高对提高收尘效率有重要意义。图 7.26 所示为某水泥公司电收尘器中的气流速度与收尘效率的关系曲线。

⑥ 气体湿度的影响　含尘气体湿度大小直接影响电场电压、粉尘比电阻和收尘效率。

烟气湿度对空气击穿电压的影响：烟气湿度增大，空气击穿电压增高，其主要原因：第一，电场中水分子能大量吸收电子，使水分子带电转变为行动缓慢的负离子，因而使电场空间的电子数目显著减少，电离强度减弱。第二，水分子比空气分子质量大，体积大且结构复杂，在气体游离发展过程中与自由电子碰撞的机会多，这就使自由电子在电场中加速的平均自由行程缩短。并且在相互碰撞时将电子的动能消耗转化为热能，致使碰撞电离难以发展。第三，由于吸收电子而形成的行动缓慢的水汽负离子在电晕区内与正离子结合的机会比快速逸出的电子多，因而使正负电荷的复合加剧，致使气体的电离减弱，电晕电流减小，空气间隙的耐压强度增大，击穿电压升高。

电场电压升高不但使电晕放电强烈，而且使电场强度增大，使得电收尘器在提高电压情况下稳定运行。因此，增大气体中水分的含量可以在很大程度上克服由于气体温度高或气压低造成的气体密度减小、击穿电压降低、收尘效率不高的缺点。

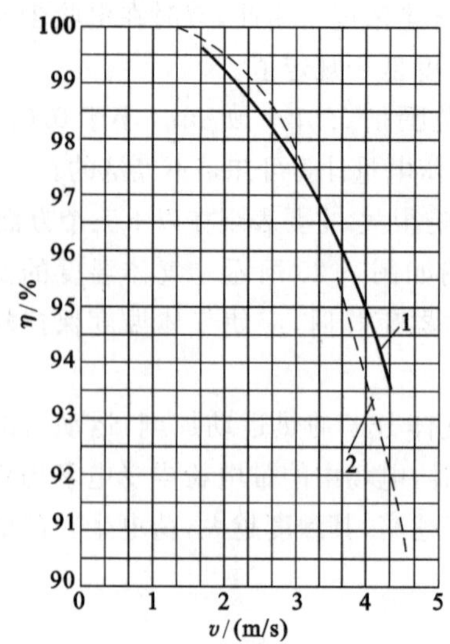

图 7.26　某水泥公司电收尘器中的气流速度与收尘效率关系

1—实验曲线；2—理论计算曲线

气体湿度对粉尘比电阻的影响：气体湿度对粉尘比电阻的影响很大。对于粉尘比电阻过大的情形，增大气体的湿度使水分子黏附在导电性较差的粉尘上，可减小粉尘的比电阻，不易产生反电晕，从而提高收尘效率。对于粉尘比电阻过小情形，增大湿度时水分子黏附在导电性良好的粉尘上可增大其比电阻值。因此，电收尘器在处理不同的含尘气体时都有最低的湿含量要求。如水泥预分解窑窑尾出预热系统的废气在进电收尘器之前先经增湿塔增湿就是为了改变粉尘的比电阻，以使电收尘器获得最高的收尘效率。

(6)电/袋复合式新型电收尘器

由于静电除尘器和袋式除尘器都有各自的缺点，单独依靠单一除尘设备进行除尘，已经不足以满足日益严格的环保要求。在这种情况下，一种基于静电除尘和袋式除尘两种成熟的除尘理论的新型除尘技术——电/袋复合除尘技术应运而生，在该技术基础上研制的除尘器则被称为电/袋复合除尘器。它结合了静电除尘器和袋式除尘器的优点，除尘效率高，在满足新的环保标准的同时又提高了运行的可靠性，且可大幅降低除尘成本。

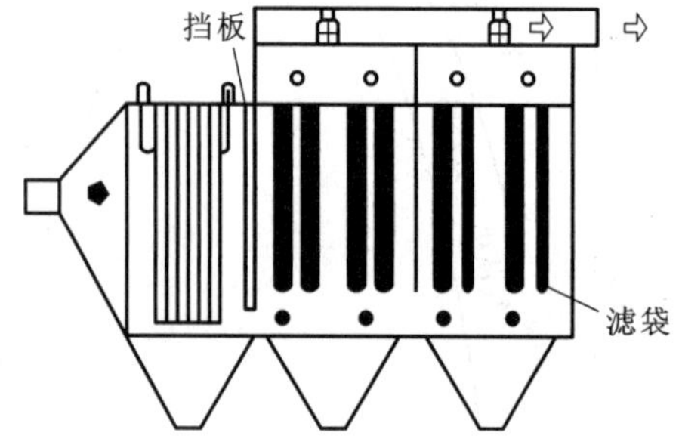

图 7.27　“前电后袋式”电/袋复合除尘器

所谓电/袋复合式除尘器，即是将过滤除尘和静电除尘机理有机结合为一体的除尘器。目前，电/袋复合除尘器的结构大致可分为“前电后袋式”电/袋复合除尘器、“电袋一体式”电/袋复合除尘器和“静电增强型”电/袋复合除尘器三种形式。

① “前电后袋式”电/袋复合除尘器

“前电后袋式”电/袋复合除尘器如图 7.27 所示。将两种不同的除尘方式有机地串联到一起，含尘气流先经过前级电除尘区再进入布袋除尘区，在经过电除尘区时利用其阻力低及捕集颗粒较大的粉尘效率高的特点使含尘气流进入后级袋除尘区时大大降低粉尘浓度，并可利用前级电除尘区的荷电效应增强粉尘在滤袋上的过滤特性，使滤袋的性能得到改善，使用寿命得到延长。

② “电袋一体式”电/袋复合除尘器

这种“电袋一体式”电/袋复合除尘器又被称为“嵌入式”电/袋复合式除尘器，或交叉式电/袋复合除尘器，它是电除尘区的放电板和收集板与布袋除尘区的滤袋交替成排布置，两者相互协调工作以达到除尘效果，如图 7.28 所示。

③ “静电增强型”电/袋复合除尘器

“静电增强型”电/袋复合除尘器的一般形式：含尘气流通过一段预荷电区，使含尘气流中的固体颗粒带电，带电的固体颗粒随含尘气流进入后级过滤段被滤袋过滤层收集，如图 7.29 所示。

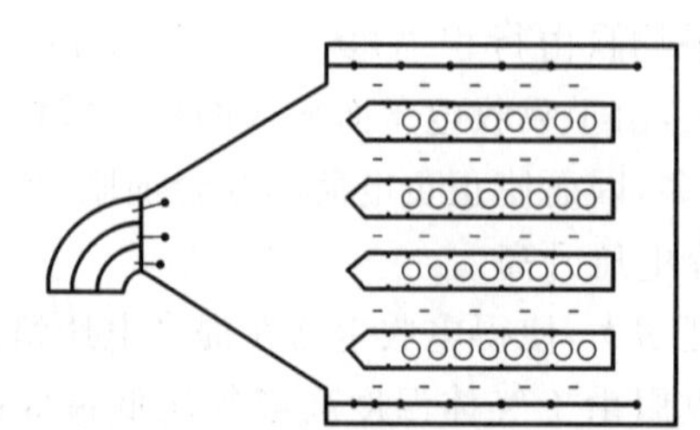

图 7.28　“电袋一体式”电/袋复合除尘器

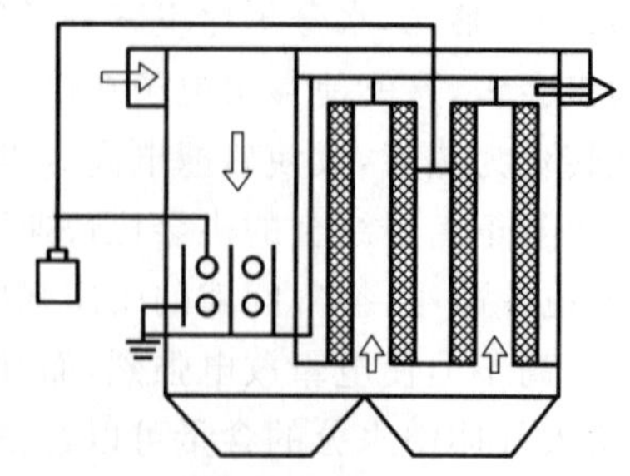

图 7.29　“静电增强型”电/袋复合除尘器

电/袋复合除尘器技术的特点如下：

a.除尘效率高。通常情况下，常规静电除尘器通过第一电场除去的粉尘为80%～90%，剩余的粉尘需要剩余的电场除去。电/袋复合除尘器继承了该特点，充分利用静电除尘器第一电场先除尘，再利用布袋除尘器高效除超细粉尘的特点除去余下的细微粉尘。

b.除尘系统不受粉尘特性的影响，比较稳定，且适应性强。

c.过滤阻力小，除尘袋滤袋寿命长，设备运行、维护费用较低。电/袋复合除尘器的一级除尘系统为电除尘器，二级除尘系统为布袋除尘器，袋式除尘器具有入口烟气含尘量大的特点，电除尘器具有降低该含尘浓度的作用。相比之下，电/袋复合除尘器的布袋负荷低，清灰周期可以稍长，喷吹压力较低，这具有延长滤袋使用寿命的作用。

d.占地面积小、投资小。静电除尘器高效除粉尘，可以降低滤袋负荷，因而可以选择过滤风速相对较高些的，这样滤袋少，结构紧凑，占地面积也将减小。

7.3 液-固分离

7.3.1 液-固分离概念

不同尺寸的微小固体颗粒(质点)分布在液相中，形成了液-固两相系统。按照分散质点的尺寸大小可分为三大类：颗粒尺寸小于1 nm的是分子或离子的分散体系，它们的尺寸很小，不会引起光线散射，呈透明状溶液；颗粒尺寸为1～1000 nm的被称为胶体溶液；颗粒大于1 μm的被称为粗分散体系如悬浮液。胶体溶液与悬浮液中的颗粒能光散射，液体浑浊。

分散在液相中的固体颗粒尺寸较大时，可比较容易地用重力、离心沉降或其他方法进行分离，而颗粒尺寸小于微米级时，用普通方法很难将其从液相中分离出来。这种情况下，往往采用适当的方法，使微小粒子合并成较小的团块，然后再进行分离。

在液-固两相系统中，固体颗粒通过搅拌或随液体的流动而移动，在移动时，颗粒之间相互碰撞而结合，或颗粒与已凝聚成的较小团块碰撞，逐步生成更大的团块，如果将高分子凝聚剂或不溶于分散介质的第二液体以及其他适当物质作为架桥物质加入到分散系颗粒群体中，并给凝聚过程提供适当的外界能，便生成密实构造的粒状絮凝体，以上现象被称为凝聚。由凝聚生成的粒状絮凝体被称为凝聚团块。凝聚过程主要由如下三个要素构成：

(1)热运动凝聚；

(2)流体扰动凝聚；

(3)机械脱水收缩。

通常把颗粒通过搅拌等而随液体流动而移动且颗粒之间碰撞结合的现象称为流体扰动凝聚。换言之，流体扰动凝聚并不只限于胶体化学中颗粒依靠层流而迁移的情况，而是将层流和湍流都包括在内，因流体的流动而移动并结合的过程都被称为流体扰动凝聚，亦叫随机凝聚状态。随机凝聚状态的絮凝体可被称为随机絮凝体。含絮凝体的液-固体系可以用重力、离心沉降等技术予以分离。

7.3.2 浓缩

7.3.2.1 重力分离

重力作用下的液-固分离操作按照悬浮在液体中的悬浮颗粒的密度大小可分为两类，颗粒密度大于液体密度的被称为沉降分离操作，小于液体密度的被称为上浮分离操作。沉降分离操作又可以分为以获得澄清的液体为主要目的的分离操作和以获得高浓度固体颗粒为主要目的的浓缩操作两种。重力沉降的基本理论可参照重力沉降的基本原理，其沉降过程受固体颗粒的所受的重力、浮力和流体阻力共同影响。

连续沉降槽是用来提高悬浮液浓度并同时得到澄清液体的最普通的重力沉降设备。沉降槽可被间歇操作或被连续操作。间歇沉降槽通常为带有锥底的圆槽，需要处理的悬浮料浆在槽内静置足够时间以后，增浓的沉渣由槽底排出，清液则由槽上部排出管抽出。连续沉降槽是底部略呈锥状的大直径浅槽，如图 7.30 所示。料浆经中央进料口送到液面以下 0.3～1.0 m 处，在尽可能减小扰动的条件下，迅速分散到整个横截面上，液体向上流动，清液经由槽顶端四周的溢流堰连续流出，被称为溢流；固体颗粒下沉至底部，槽底有徐徐旋转的耙将沉渣缓慢地聚拢到底部中央的排渣口连续排出。排出的稠浆被称为底流。连续沉降槽的直径小者数米，大者可达数百米；高度为 2.5～4 m。有时将数个沉降槽垂直叠放，共用一根中心竖轴带动各槽的转耙。这种多层沉降槽可以节省地面占地面积，但操作控制较为复杂。连续沉降槽适用于处理量大而浓度不高且颗粒不甚细微的悬浮料浆。这种设备处理后的沉渣中还含有约 50% 的液体。

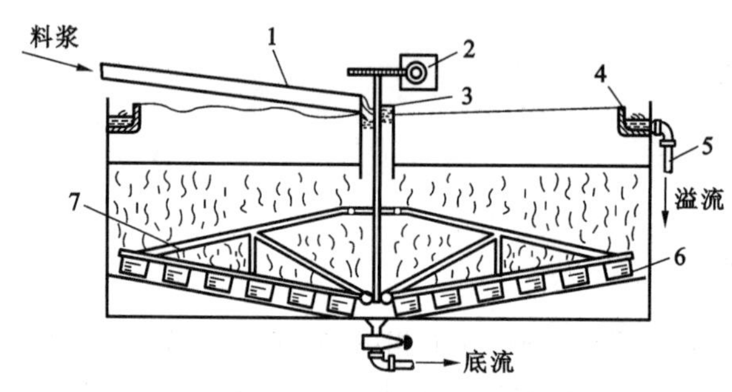

图 7.30　连续沉降槽

1—进料槽道；2—转动机构；3—料井；4—溢流槽；5—溢流管；6—叶片；7—转耙

沉降槽有澄清液体和增浓悬浮液的双重功能。因此沉降槽又被称为增浓器或澄清器。为了获得澄清液体，沉降槽必须有足够大的槽截面积，以保证任何瞬间液体向上的速度小于颗粒的沉降速度。为了把沉渣增浓到指定的浓度，要求颗粒在槽中有足够的停留时间。所以沉降槽加料口以下的增浓段必须有足够的高度，以保证压紧沉渣所需要的时间。

对于颗粒细小的悬浮液，常加入混凝剂或絮凝剂等表面活性剂，使小颗粒相互结合为大颗粒；或者改变一些物理条件（如加热、冷冻或振动），改变悬浮液黏度或絮凝体的运动状态，以提高沉降速度。

7.3.2.2　离心浓缩

离心分离设备依据离心力产生的方式可分为两种类型：水力旋流器（或称旋流分离器）和离心机。

(1)水力旋流器

水力旋流器又被称为旋液分离器，它有压力式和重力式两种，水由水泵压力或重力由切线方向进入设备造成旋转运动来产生离心力；在水介质中根据不同大小的固体颗粒在离心力作用下的沉降速度不同进行分级。水力旋流器由于其设备固定，结构简单，无运动部件，操作强度大，造价低，维修方便，分级效率较高等优点，被广泛应用于湿法磨矿作业。

① 构造和原理

水力旋流器的结构如图 7.31 所示。筒体 2 的上部为圆柱形、下部为圆锥体，中间插入溢流管 1。在筒体的上部，沿圆柱的切线方向有进料管 4，圆锥形的出口为底流管 3。料浆在压力作用下经进料管沿切线方向进入筒体，在筒体中，料浆做旋转运动。其中的固体颗粒在离心力作用下除随料浆一起旋转外，还沿半径方向发生离心沉降，粗颗粒的沉降速度大，很快即到达筒体内壁并沿内壁下落至圆锥部分，最后从底流管排出，被称为沉砂。细颗粒的沉降速度小，它们尚未接近筒壁仍处于筒体的中心附近时即被后来的料浆所排挤，被迫上升至溢流管排出，被称为溢流。如此，粗细不同的颗粒分别从底流和溢流中收集，从而实现了粗细颗粒的分级。

② 水力旋流器中料浆的运动

料浆经进料管沿切线方向进入旋流器后形成三种不同的运动：绕旋流器中心旋转的切向运动，由周边向中心移动的径向运动及从底流管和溢流管排出的轴向运动。料浆的运动速度也可分解为切向速度、径向速度和轴向速度。

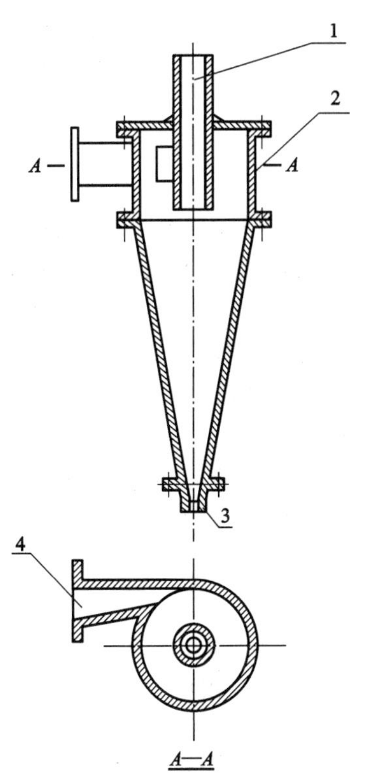

图 7.31 水力旋流器

1—溢流管；2—筒体；3—底流管；4—进料管

a. 切向速度 液体的旋转运动被称为涡流。按形成涡流的条件不同有两种典型的形式：一种是在外力矩的作用下液体整体像刚体一样绕转动中心以一定的角速度旋转，这种涡流被称为强制涡流。强制涡流各点的切向速度 v_t 与其所在位置的圆周半径 r 有如下关系：

$$v_t/r = 常数 \tag{7.22}$$

该式被称为强制涡流的运动方程式。

另一种是具有初速度的理想流体沿切线方向进入圆筒后由于筒壁限制产生旋转运动而形成涡流，这种涡流被称为自由涡流。因为是理想液体，所以作用在涡流中各液体层上的切向力等于零。根据动量矩定理，有

$$\frac{\mathrm{d}(mv_t r)}{\mathrm{d}t} = T_r \tag{7.23}$$

因为 $T=0$，则

$$mv_t r = 常数 \tag{7.24}$$

式(7.24)被称为自由涡流的运动方程式。

旋流器的工作情况接近于自由涡流，因此，越靠近旋流器的中心，料浆中液体的切向速度越大。由于液体的动压力与静压头之和在任一半径上都近似相等，当动压头随半径的减小而增大时，静压头必然减小，因此，越靠近旋流器的中心，液体的压力越小，在旋流器的中心附近，液体的切向速度以及相应的离心力非常大以致使此处的液体破裂，在中心处形成空气柱。空气柱的圆柱形表面应看作在离心力作用下液体的自由表面，而溢流可看作是经溢流堰流出来的，溢流堰的顶即是溢流管的管壁，这与液体从沉降池的溢流挡板上流出的情况相似。不同的是，在旋流器中用离心力代替了重力。

空气柱在液体的带动下也产生旋转运动而形成涡流，显然，这种涡流属于强制涡流。实际上，任何液体都不是理想流体，各层流体之间有摩擦力作用，切向速度的分布不会完全遵守自由涡流的运动方程式。研究表明，在旋流器中，切向速度与半径的关系可用下式表示：

$$v_t r^n = 常数 \tag{7.25}$$

式中，指数 n 在不同半径处有不同的数值，一般 $n=0.3\sim0.9$。

实验还证明，切向速度随半径减小而增大，在接近溢流管半径处达到最大值，随后又急剧减小，如图 7.32 所示。这是因为随着切向速度不断增大，至中心附近时，液体的能量已消耗很多，必须靠外层液体的作用才能保持转动，即从自由涡流转变为强制涡流，这样，随着半径的减小，切向速度也降低。

b. 径向速度 v_r 假设在同一半径处液体以相同的速度由周边向中心运动，则有

$$v_r = \frac{Q}{2\pi rh} \tag{7.26}$$

式中 v_r——半径 r 处液体的径向速度，m/s；

Q——液体的流量，近似等于料浆的流量，即旋流器的生产能力，m^3/s；

h——旋流器半径为 r 处的圆柱面高度，m。

由几何关系可知

$$h = \frac{R-r}{\tan(\alpha/2)} + H_1 \tag{7.27}$$

式中　R, H_1——旋流器圆柱形筒体的半径和高度，m。

α——锥形筒体的锥角。

所以有

$$v_r = \frac{Q\tan(\alpha/2)}{2\pi r[R - r + H_1\tan(\alpha/2)]} \tag{7.28}$$

式(7.28)表明，径向速度随半径的减小开始时降低，在 $r=0.5R_0$ 处达到最小，随后又重新增大，但是，实际上旋流器中有轴向速度存在，径向速度的分布并不完全符合上式，在同一半径的不同高度处，径向速度是不同的，在下部，径向速度较大。而在高于溢流管口的上部，由于轴向速度引起的循环流动，径向速度甚至出现负值，即液体沿半径向远心方向运动，如图 7.33 所示。

c. 轴向速度　轴向速度随半径的减小平稳而迅速地增大，在某一中间位置上，轴向速度的方向由向下变为向上，即速度的符号由负变为正。那么，在此位置上，轴向速度应等于零。实验表明，将轴向速度为零的各点连成的曲面是一个与圆锥形筒体近似平行的圆锥面。显然，锥面上各点液体的轴向速度均为零，在锥面以内的液体应向上运动，从溢流管排出，而在锥面以外的液体则向下运动，最后经底流管排出，如图 7.34 所示。

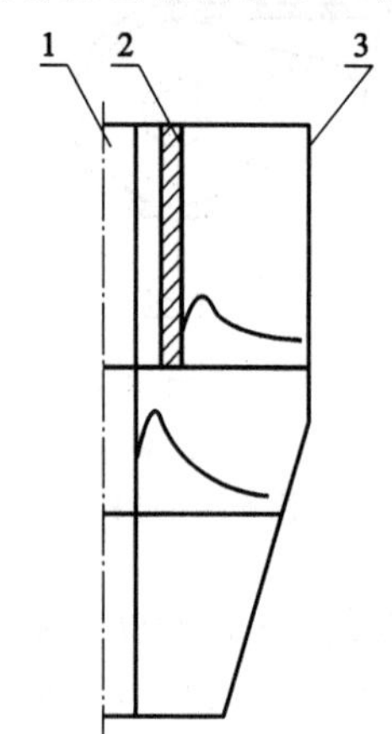

图 7.32　旋流器内的切向速度

1—空气柱；2—溢流管；3—筒体

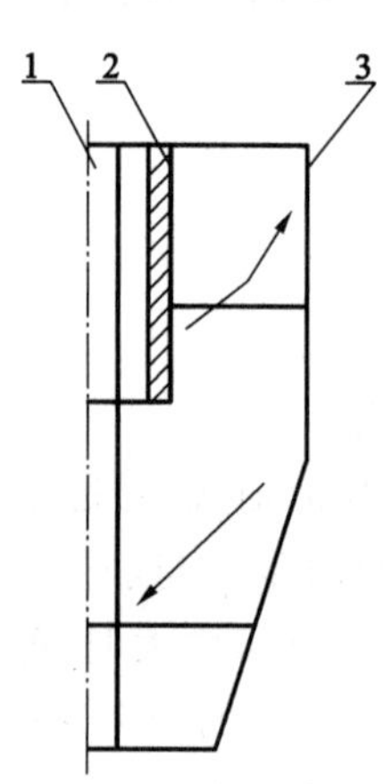

图 7.33　旋流器内的径向速度

1—空气柱；2—溢流管；3—筒体

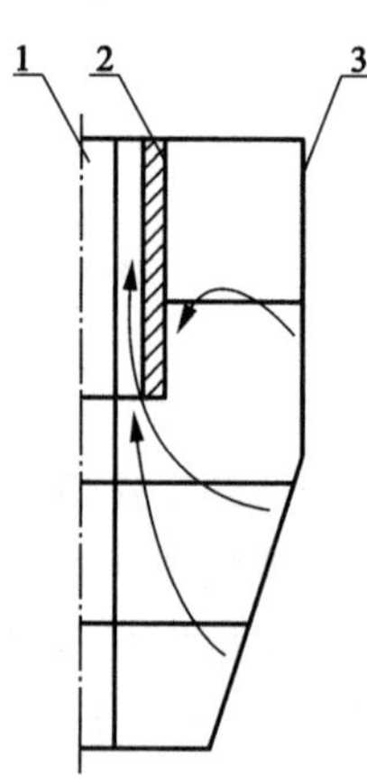

图 7.34　旋流器内的轴向速度

1—空气柱；2—溢流管；3—筒体

③ 旋流器中固体颗粒的运动

在旋流器中，固体颗粒也有三种不同的运动，即切向运动、径向运动和轴向运动。其中切向运动和轴向运动的速度及其分布可视为与液体的情况一样，只有径向运动不同。固体颗粒的径向运动是由液体的径向运动以及颗粒在离心力作用下沿半径朝远心方向的沉降运动而合成的。作用于颗粒上离心力随颗粒所在位置的半径的增大而减小，而液体的径向速度则随半径的增大而增大。由于随着半径的变化，离心力的变化较大而液体径向速度的变化较小，因而在离心力较小的周边将留下粗的颗粒，细颗粒则被液体的径向流动带至半径较小处，在那里，颗粒的沉降速度与液体的径向速度大致相等，方向相反。因此，在旋流器中就出现按颗粒粗细不同而分布在不同半径处的现象，最粗的颗粒靠近器壁积聚，较细的颗粒则离开器壁并按其粒度不同相应地分布在不同半径处。此外，不同密度的颗粒也要分离，密度大的颗粒集中在近器壁处，密度小的颗粒则分布在中心附近。

由于轴向运动的存在，分布在轴向速度为零的锥面以外的颗粒将下行至底流管而成为沉砂，而锥面内的颗粒作为溢流从溢流管排出。

④ 主要参数

a. 生产能力

根据生产实践，对于锥角为 20°的水力旋流器，其生产能力为

$$Q = \frac{29.7 d_i d_0 \sqrt{\Delta p}}{3600} \tag{7.29}$$

式中 d_i——进料管当量直径，m；

d_0——溢流管直径，m；

Δp——进料管与溢流管中料浆的压力差，Pa。

所谓进料管的当量直径 d_i，是指与进料口截面积相等的圆的直径。设进料口的截面积为 F，则有

$$F = \frac{\pi}{4}d_i^2 \tag{7.30}$$

对于锥角不是20°的旋流器，应乘以校正系数

$$k = 0.81/a^2 \tag{7.31}$$

b. 临界分离粒径

根据与旋风分离器类似的原理，经推导可得临界分离粒径 d_p 为

$$d_p = \frac{3}{4}\sqrt{\frac{\pi\mu}{(\rho_p-\rho)hQ}d_i^2\left(\frac{R}{r}\right)^n} \tag{7.32}$$

如果在半径为 r、高度为 h 的圆柱面上，液体的轴向速度为零，则凡大于 d_p 的颗粒均成为沉砂，小于 d_p 的颗粒进入溢流。

通常以位于半径等于溢流管半径处的颗粒作为临界粒径，同时考虑到实际上在旋流器底部液体的径向速度较大，以致有些较粗颗粒可能进入溢流，因此，一般取 h 为锥筒高度 H_0 的2/3。

旋流器锥筒高度可近似表示为

$$H_2 = \frac{D}{2\tan(a/2)} \tag{7.33}$$

若取 $H=2H_2/3$，则有

$$H = \frac{D}{3\tan(a/2)} \tag{7.34}$$

将上述有关各式整理可得自由沉降条件下的临界分离粒径为：

$$d_c = 1.61\sqrt{\frac{Dd_0\mu\tan\frac{a}{2}}{d_1\sqrt{\Delta p}\sqrt[5]{a^2}(\rho_p-\rho)}} \tag{7.35}$$

式中 μ——液体的黏度，Pa·s；

Δp——进料管与溢流管中料浆的压力差，Pa；

ρ_p——颗粒的密度，kg/m^3；

ρ——液体的密度，kg/m^3。

对于锥角为20°的旋流器，水的黏度以 1.005×10^{-3} Pa·s计，上式则可写成

$$d_p = 2.64\sqrt{\frac{Dd_0}{d_1\sqrt{\Delta p}(\rho_p-\rho)}}\times10^3 \tag{7.36}$$

应该指出，实际上溢流中还有约5%的颗粒的粒径大于计算值，其中最粗的可达计算值的1.5～2倍。

由前述可知，水力旋流器的进口压力对其生产能力和临界分离粒径有较大影响，进口压力增大，则生产能力增大，分离粒径减小。为了得到细颗粒的溢流，有时会用较大的进口压力。但随着进口压力的增大，动力消耗增加很多，会加剧旋流器的磨损。实际上，通过增大进口压力的方法来满足生产能力和分离粒径的要求是不经济的。

根据分离粒径的大小不同，进口压力一般为30～200 kPa。为了获得良好的分离效果，最重要的是保持稳定的进口压力。进口压力的波动会引起分离效率的降低，在沉砂中会混入大量的细小颗粒，进口压力越低，压力波动的影响越大。

c. 直径　水力旋流器的直径与生产能力、分离粒径有关，直径的选择应根据分离粒径的大小而定。大直径旋流器溢流中的颗粒相对较粗，若要求获得细颗粒溢流，应采用小直径旋流器。此种情况

下，为满足生产能力的需要，可将几个旋流器并联使用。

作为细粒物料分级的旋流器其直径通常为 50～100 mm，水力旋流器直筒高度一般为其直径的 0.5～1.5。

d. 溢流管直径　溢流管直径的变化会影响旋流器的所有工作参数，一般为旋流器直径的 0.2～0.4。溢流管插入深度会影响其溢流粒度。插入深度增大，溢流粒度变细，但插入深度以直筒的下部边缘为界，若超过下部边缘，反会使溢流变粗。

e. 底流管直径　底流管直径为溢流管直径的 0.2～0.7。应设计一个可调节孔径的底流管，以便调整至分级效率最佳的合适尺寸。

进料管的当量直径可在下述范围内选取

$$0.5d_0 < d_i < d_0 \tag{7.37}$$

f. 锥角　实践表明，作为分级用的水力旋流器，合适的锥角为 20°左右；对于浓度较小的料浆，为了获得细粒溢流可用较小的锥角。

⑤ 水力旋流器的结构特点和发展

水力旋流器的结构特点是直径小而圆锥部分长。因为固、液间的密度差比固、气间的密度差小，在一定的切线进口速度下，小直径的圆筒有利于增大惯性离心力，以提高沉降速度；同时，锥形部分加长可增大液流的行程，从而延长了悬浮液在器内的停留时间。

水力旋流器不仅可用于悬浮液的增浓，而且在分级方面有显著特点。若料浆中含有不同密度或不同粒度的颗粒，可令大直径或大密度的颗粒从底流送出，通过调节底流量与溢流量比例，控制两流股中颗粒大小的差别，这种操作被称为分级。用于分级的水力旋流器被称为水力分粒器。因此，水力旋流器被广泛应用于不互溶液体的分离、气液分离以及传热、传质和雾化等操作的多种工业领域中。

近年来，世界各国对超小型水力旋流器(直径小于 15 mm 的水力旋流器)进行开发。超小型水力旋流器特别适用于微细物料悬浮液的分离操作，颗粒直径可小到 2～5μm。

水力旋流器的粒级效率和颗粒直径的关系曲线与旋风分离器颇为相似，并且同样可根据粒级效率及粒径分布计算总效率。

在水力旋流器中，其压降与旋风分离器相比较大，且随着悬浮液平均密度的增大而增大。颗粒沿器壁快速运动时产生严重磨损，为了延长使用期限，应采用耐磨材料制造或采用耐磨材料作内衬。

(2)离心机

它是利用惯性离心力来分离液态非均相混合物的机械。它与水力旋流器的主要区别在于离心力是由设备中的转鼓高速旋转而产生的。该离心机的鼓壁上没有开孔。由于被处理的分离液中两种物质的密度不同，质量不同时受到的离心力大小也不同。如处理悬浮液时，其中密度较大的颗粒沉积于转鼓的内壁而液体集于中央并不断引出，此种操作即为离心沉降；如被处理的物料为乳浊液，则两种液体按轻重分层，重者在外，轻者在内，各自从适当的径向位置引出，此种操作即为离心分离。因此用于浓缩的离心机可以分为沉降式和分离式两种。由于离心机可产生很大的离心力，故可用来分离一般方法难于分离的悬浮液或乳浊液。

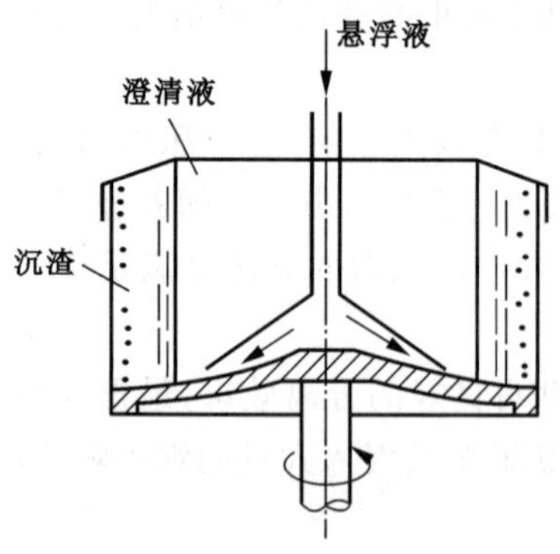

图 7.35　无孔转鼓式离心机主体示意图

无孔转鼓式离心机的主体如图 7.35 所示。由于扇形板的作用，悬浮液被转鼓带动做高速旋转。在离心力场中，固体颗粒一方面向鼓壁做径向运动，同时随流体做轴向运动。上清液从撇液管或溢流堰被排出鼓外，固体颗粒留在鼓内间歇地或者连续地从鼓内被卸出。

颗粒被分离出去的必要条件是，悬浮液在鼓内的停留时间要大于或等于颗粒从自由液面到鼓壁所需的时间。该机的转速大多在 450～4500 r/min 的范围内，处理能力为 6～10 m^3/h，悬浮液中固相体积分数为 3%～5%。该设备主要用于泥浆脱水和从废液中回收固体。

7.3.3 过滤

7.3.3.1 过滤的概念

过滤应用范围较广，粗细颗粒悬浮液都能应用此法分离，过滤是材料、化工、矿冶工业生产中最常见的操作之一。它利用一种多孔性物质作为过滤介质，使被过滤的液体通过，而将固体物料截留在介质上，从而获得清液（滤液）。过滤也是把料浆中的水分除去的操作，经过滤而得的截留物（滤饼）中所含的液体较沉降所得的沉渣少，如图 7.36 所示。

在过滤操作中，需要过滤的料浆被称为滤浆，作为过滤用的多孔材料被称为过滤介质，通过过滤介质的清水被称为滤液，截留在过滤介质上含水少的固体物料被称为滤饼。压滤机上使用的过滤介质是各种不同纤维编织的布，被称为滤布。

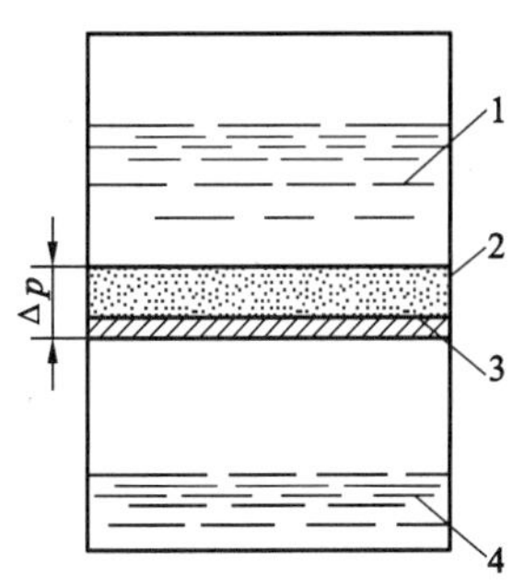

图 7.36 过滤操作

1—滤浆；2—滤饼；3—过滤介质；4—滤液

由于悬浮物系中所含固体颗粒（滤渣）大小不一，在过滤开始时因过滤介质并不能完全阻止细小颗粒通过，故开始时滤液常呈浑浊状。当介质表面上积有滤饼时，滤液就澄清了，这表示滤饼中的毛细孔道较介质小，或者介质的孔道中已有了广泛的架桥现象。由此可见，真正的过滤介质是滤饼本身，故在大多数情况下，过滤阻力主要取决于滤饼的厚度及其特性，滤饼的厚度随过滤进行逐渐增加，滤饼特性包括颗粒粒度是否均匀和滤渣的压缩性是否合格两个问题。对于不可压缩的晶体粒子，其排列位置以及颗粒间的孔道均不随压力的增加而变化。如果滤渣由可压缩的不定形粒子[如胶状的 $Al(OH)_3$ 或某种水化物]所组成，其颗粒间孔道随压强的增大而变小，对滤液流动产生阻碍作用，因此在进行过滤时，必须克服过滤介质和滤饼对流体流动的阻力，并在滤饼与过滤介质两侧必须保持一定的压强差作为过滤的推动力。根据过滤推动力产生的方法，过滤又可分为常压过滤、加压过滤、真空过滤和离心过滤四种：

① 常压过滤是依靠悬浮液自身的液柱产生的静压强进行过滤的，其数值一般较小，不超过 0.05 MPa。例如砂滤器。

② 加压过滤是在悬浮液上面加压，对下面滤液通大气。常利用压缩空气、往复泵及离心泵等输送悬浮液时形成的压强差作为过滤的推动力，压强差一般可达 0.5 MPa 以上。例如板框压滤机、厢式压滤机、加压过滤器等。

③真空过滤是在悬浮液上面通大气，而在过滤介质的下方抽真空以增大过滤推动力，压强差通常不超过 0.085 MPa。例如回转真空过滤机。

④ 离心过滤是利用滤液在离心力场所产生的惯性离心力作为过滤的推动力，此推动力较大。由离心过滤机所得的滤饼中含液体量常低于 10%。

7.3.3.2 过滤速率

在过滤过程中，过滤的阻力以及在一定压强差下滤液通过过滤介质和滤饼的速度是不断变化的，因此过滤是一个不稳定过程。为了确定过滤速度随时间的变化关系，即计算一定设备为获得一定量的滤液或滤饼所需的时间，或在一定的过滤时间内为获得一定量滤液或滤饼所需的过滤面积，必须先定义过滤速率并导出其基本计算式。设过滤设备的过滤面积为 A，在过滤时间为 τ 时所得滤液体积为 V，则某瞬时过滤速率可用下式表示：

$$u=\frac{\mathrm{d}V}{A\,\mathrm{d}\tau}=\frac{\mathrm{d}q}{\mathrm{d}\tau} \tag{7.38}$$

式中，$q=\dfrac{V}{A}$，单位为 m^3/m^2。

过滤速度 u 为单位过滤面积、单位过滤时间所得到的滤液体积。它与滤液在滤饼孔道中流动的

速率 u_1 有关，而 u_1 又与滤饼的结构特性有关。滤饼中孔道小而曲折，且相互交联，因此通道的长度和大小很不规则且难以测量。工程上为便于处理，将通道简化成长度为 L' 的一组平行细管。细管直径为当量直径 d_e，由滤饼空隙率 ε 及颗粒表面积来确定。于是滤液通过滤饼的压降可用均匀直管的压降表达式：

$$\Delta p = \lambda \frac{L'}{d_e} \frac{\rho u_1^2}{2} \tag{7.39}$$

式中，L' 难以测量，但可认为与滤饼的实际厚度 L 成正比，并令 k_1 为比例系数，即

$$L' = k_1 L \tag{7.40}$$

设滤饼中空隙率为滤饼中空隙体积与滤饼体积之比且为 ε，颗粒的比表面积为 a，则通道的当量直径为

$$d_e = 4 \times \frac{\text{通道横截面积}}{\text{润湿周边}}$$

分子、分母同乘以 L'，同除以滤饼体积，则有

$$d_e = \frac{4\varepsilon}{a(1-\varepsilon)} \tag{7.41}$$

同时有

$$u = \varepsilon u_1 \tag{7.42}$$

将式(7.40)、式(7.41)和式(7.42)代入式(7.39)中得

$$\frac{\Delta p}{L} = \lambda \left(\frac{L'}{8L}\right) \frac{(1-\varepsilon)a}{\varepsilon^3} \rho u^2 \tag{7.43}$$

令

$$\lambda' = \lambda \frac{L'}{8L} \tag{7.44}$$

λ' 被称为固定床的流动摩擦系数，其值需由实验测定。代入式(7.43)写成

$$\frac{\Delta p}{L} = \lambda' \frac{(1-\varepsilon)a}{\varepsilon^3} \rho u^2 \tag{7.45}$$

式(7.45)为滤液通过滤饼层的简化计算式。康采尼（Kozeny）对此进行了实验研究，发现当雷诺数 $Re' < 2$ 时，λ' 基本符合下式：

$$\lambda' = \frac{K}{Re'} \tag{7.46}$$

式中 K——康采尼常数，其值为 5.0。K 对于不同的滤饼层其可能误差小于 10%，这表明上述的简化模型是有效的。

Re'——床层雷诺数，由下式计算：

$$Re' = \frac{d_e u_1 \rho}{4\mu} = \frac{\rho u}{a(1-\varepsilon)\mu} \tag{7.47}$$

将式(7.46)、式(7.47)代入式(7.45)，整理可得

$$u = \frac{\varepsilon^3}{5a^2(1-\varepsilon)^2} \left(\frac{\Delta p}{\mu L}\right) \tag{7.48}$$

式(7.48)被称为康采尼方程。该方程反映了流体通过整个床层截面时的流速与床层内部结构、厚度、床层上下游的压差及流体的黏度有关。

7.3.3.3 过滤基本方程

由过滤速率的定义知，它是滤液通过整个滤饼截面的流速：

$$u = \frac{\mathrm{d}V}{A\,\mathrm{d}\tau} = \frac{\varepsilon^3}{5a^2(1-\varepsilon)^2} \left(\frac{\Delta p}{\mu L}\right) \tag{7.49}$$

令

$$\frac{1}{r} = \frac{\varepsilon^3}{5a^2(1-\varepsilon)^2} \tag{7.50}$$

式中，r 为滤饼比阻，单位为 m^{-2}。其值大小由颗粒特性所决定，并反映过滤的难易程度。

式(7.49)可写成

$$u = \frac{dV}{A\,d\tau} = \frac{\Delta p}{\mu r L} = \frac{\text{过滤推动力}}{\text{过滤阻力}} \tag{7.51}$$

由此可见，过滤速率与滤饼两侧压差(Δp)成正比，与(μrL)成反比。故滤饼两侧压差 Δp 是过滤的推动力，而(μrL)是过滤的阻力。令 $R=rL$，被称为滤饼阻力，这样过滤阻力包含两个因素，一是滤饼阻力 R；另一个是滤液黏度 μ。当滤饼一侧为大气压时，Δp 则为另一侧的表压或真空度。

过滤时，滤液先后通过滤饼层和过滤介质层，故过滤推动力应包括滤液通过上述两层的推动力，即

$$\Delta p = \Delta p_1 + \Delta p_2$$

相应地，过滤阻力也包括这两层的阻力。工程上为简便，将介质阻力当量成厚度为 L_e 的滤饼阻力，则总阻力为

$$R = (R_1 + R_2)\mu = \mu r(L + L_e)$$

将上两式代入式(7.51)，得

$$u = \frac{dV}{A\,d\tau} = \frac{\Delta p_1 + \Delta p_2}{\mu r(L + L_e)} \tag{7.52}$$

式(7.52)被称为过滤速率的微分方程。当推动力保持不变时，随着过滤时间的变化，滤液体积 V 和滤饼厚度 L 均发生变化。微分方程中有三个变量，不能直接积分，可进行如下处理。

若以 v 表示滤饼体积 LA 与已获得滤液体积 V 之比，可得

$$v = \frac{LA}{V}$$

或

$$L = \frac{Vv}{A} \tag{7.53}$$

同理，也可将当量厚度 L_e 用当量的滤液体积或虚拟滤液体积 V_e 来表示，即

$$L_e = \frac{V_e v}{A} \tag{7.54}$$

将式(7.53)和式(7.54)代入式(7.52)，则得

$$\frac{dV}{d\tau} = \frac{A^2 \Delta p}{\mu r v(V + V_e)} \tag{7.55}$$

上式为不可压缩滤饼的过滤速率基本方程。它表示了某一瞬时过滤速率与物性、操作条件以及该瞬时前的累计滤液量之间的关系。对可压缩滤饼，情况比较复杂，其比阻 r 是滤饼两侧压差的函数，一般可用经验公式粗略估算比阻的变化。即

$$r = r'(\Delta p)^s \tag{7.56}$$

式中 r——滤饼（可压与不可压的）比阻，$1/m^2$。

r'——单位压差下滤饼的比阻，$1/m^2$。

s——滤饼压缩性指数（由实验测定），无量纲，s 愈大，则滤饼的可压缩性愈大。不可压缩滤饼 $s=0$，$r=r'$为一常数。一般情况下，s 在 0～1 之间。几种典型物料的压缩性指数 s，列于表 7.5 中，以供参考。

表 7.5 几种典型物料的压缩性指数 s

物料	硅藻土	碳酸钙	钛白(絮凝)	高岭土	滑石	黏土	硫化锌	氢氧化铝
s	0.01	0.19	0.27	0.33	0.51	0.56～0.6	0.69	0.9

Δp——过滤压差，Pa。若过滤设备中，一侧处于大气压，则 Δp 就是表压强。将式(7.56)代入式(7.55)，得

$$\frac{\mathrm{d}V}{\mathrm{d}\tau}=\frac{A^2\Delta p^{1-s}}{\mu r' v(V+V_e)} \tag{7.57}$$

式(7.57)被称为过滤基本方程,适用于可压缩与不可压缩滤饼,其积分结果与具体的过滤操作方式有关。

7.3.3.4 过滤操作计算——实用过滤方程

在工业生产上,过滤可有两种不同的操作方式,即过滤时压强保持不变,过滤速率逐渐减小,被称为恒压过滤。反之,保持过滤速率不变,压强逐渐加大的操作,被称为恒速过滤。但有时为防止过滤初期压差过大而引起滤布堵塞和破裂,从而采用先恒速过滤后恒压过滤的操作方式。

(1)恒压过滤方程

恒压过滤时,Δp 为常数,但滤饼阻力不断增大,使过滤速率不断减小。对一定的悬浮液,μ、r'、v 均为常数。

令 $k=\dfrac{\Delta p}{\mu r' v}$,$k$ 是表征过滤物料的特征常数,单位为 $m^4/(N\cdot s)$,将其代入式(7.57),得

$$\frac{\mathrm{d}V}{\mathrm{d}\tau}=\frac{kA^2}{V+V_e} \tag{7.58}$$

分离变量积分

$$\left.\begin{aligned}&\int_{V_e}^{V+V_e}(V+V_e)\mathrm{d}(V+V_e)=kA^2\int_0^{\tau}\mathrm{d}\tau\\&V^2+2VV_e=2kA^2\tau\end{aligned}\right\} \tag{7.59a}$$

令

$$K=2k$$

式(7.59a)可写成

$$V^2+2VV_e=KA^2\tau \tag{7.59b}$$

或

$$q^2+2qq_e=K\tau \tag{7.59c}$$

(2)恒速过滤方程

在过滤过程中,过滤速率保持不变,则被称为恒速过滤。在过滤阻力不断增大的情况下,要保持恒速势必不断增大 Δp,式(7.58)等式两侧为常数,但 k 是变化的,即

$$\frac{\mathrm{d}V}{\mathrm{d}\tau}=\frac{KA^2}{2(V+V_e)}=\text{常数}$$

则

$$\frac{V}{\tau}=\frac{KA^2}{2(V+V_e)} \tag{7.60a}$$

$$2V^2+2VV_e=KA^2\tau$$

或

$$2q^2+2qq_e=K\tau \tag{7.60b}$$

(3)先恒速后恒压过滤方程

若在恒压之前,已在恒速下操作了一段时间 τ_1 并获得滤液量 V_1,则由式(7.58)得

$$\int_{V_1}^{V}(V+V_e)\mathrm{d}V=\int_{\tau_1}^{\tau}kA^2\mathrm{d}\tau$$

$$(V^2-V_1^2)+2V_e(V-V_1)=KA^2(\tau-\tau_1) \tag{7.61}$$

(4)过滤常数的测定

应用过滤方程解决过滤时间、滤液量及过滤面积三者之间的关系,必须先解决过滤常数 K、V_e、q_e。这些过滤常数通常是用同一悬浮液在相同或相似的操作条件在小型实验装置中进行测定。若实验在恒压下进行,可得

$$\frac{\tau}{q}=\frac{1}{K}q+\frac{2}{K}q_e \tag{7.62}$$

可见在恒压过滤时,τ/q 与 q 为线性关系。直线的斜率为 $\dfrac{1}{K}$,截距为 $\dfrac{2}{K}q_e$。实验时只要将不同过滤

时间 τ 及对应的单位过滤面积所得的滤液量 q 记录下来，作图得一条直线，由该直线的斜率和截距求得 K 和 q_e 值。若能在几个不同压差下测得相应的 K 值，从而可求出比阻 r 与压差 Δp 的关系。

7.3.3.5 过滤设备的生产能力

过滤操作包括过滤、洗涤、吹干、卸料等四个阶段，周而复始地进行循环操作。因此对于所有的过滤设备，必须要求它们能很好地实现此四个阶段的不同操作。对于间歇式过滤设备，此四个阶段是在设备的同一部位依次进行的；而对于连续式过滤设备，各阶段则在设备的不同部位同时进行。过滤操作总时间为过滤时间 τ、洗涤时间 $\tau_{洗}$ 和辅助整理时间 $\tau_{辅}$ 的总和。

过滤设备的生产能力是以单位时间内所能滤过的滤液体积，或以单位时间内所能获得的滤饼量来表示。

过滤设备生产能力可表示为

$$V_h = \frac{V}{\tau + \tau_{洗} + \tau_{辅}} = \frac{V}{\sum \tau} \tag{7.63}$$

式中 V_h—— 过滤设备生产能力，即平均每小时所得滤液量，m^3/h；

V——一个过滤循环所得滤液量，m^3；

$\sum \tau$ ——一个过滤循环所需的总时间，h。

由上式可知，为提高生产能力，需合理安排各阶段的操作时间，并尽可能减少辅助时间。此外，应注意影响过滤速度的各个因素，调整其数值，在经济合理的前提下，最大限度地加大过滤推动力，减小过滤的阻力，以提高过滤速度，从而达到提高生产能力的目的。

7.3.3.6 过滤设备

在材料、化工、矿冶工程生产中，各种工艺条件下产生的悬浮液性质有差异，处理量的大小不同，所使用的过滤设备类型不同。按操作方式，过滤设备可分为间歇式和连续式两类。它们的规格和主要性能均可查阅有关产品样本及说明书，这里仅对常用的进行介绍。

(1)板框式压滤机

板框式压滤机是间歇式过滤机中应用最为广泛的一种。图 7.37 所示为一常用的 $B_M^A S\text{-}U$ 型手动式板框压滤机示意图，该机由过滤机和机架两部分组成。

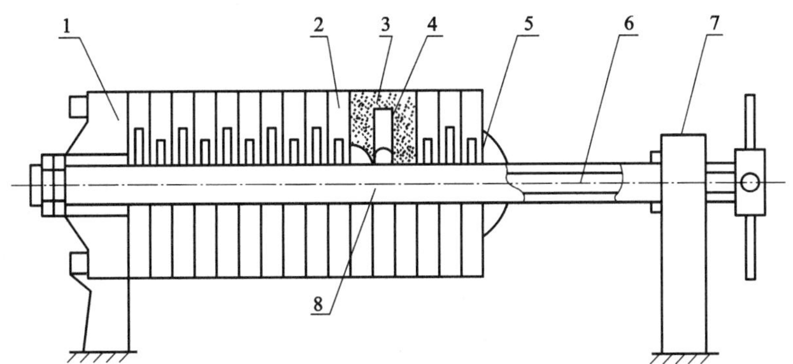

图 7.37 $B_M^A S\text{-}U$ **型手动式板框压滤机示意图**

1—尾板；2—滤板；3—滤框；4—滤布；5—头板；6—丝杆；7—机架；8—主梁

过滤部分由按次序而排列的多块滤板 2、滤框 3 和夹在它们之间的滤布 4 组成。机架部分由固定的尾板 1、可移动的头板 5、机架 7、丝杆 6 及主梁 8 组成，所有的滤板和滤框都可以借助两侧的把手悬挂在主梁上，并可沿主梁移动。

操作时转动螺杆推动头板压紧过滤部分，压紧装置的驱动分为手动和机动两种。滤浆从尾板上的进料孔进入各个滤框，固体颗粒因粒径大于过滤介质的孔隙而被截留在滤框内，液相则透过过滤介质由出液孔排出机外。

板框式压滤机的出液方式有明流和暗流两种形式。其明流式操作流程如图 7.38 所示，滤液从每块滤板的出液孔直接排出机外，明流式有利于监视每一块滤板过滤情况，发现某滤板滤液混浊，即可关闭该板出液口，以免影响全部滤液质量。若各块滤板的滤渣汇合后由出液孔道排出机外，则被称为暗流式，暗流式在构造上比较简单，可省去许多排出阀，适用于过滤易挥发、有毒和高温物料。

板框式压滤机根据是否需要洗涤滤饼又可分可洗和不可洗两种形式。需进行滤饼洗涤的被称为可洗型，反之被称为不可洗型。

明流可洗式：滤浆从“A”口进入，从阀“E”排出滤液；洗涤水从“B”口通入，洗涤液从开启的阀“E”流出（注意从尾板起第一只阀门关闭，第二只打开，第三只关闭，第四只打开，依次操作），如滤饼需要吹干，可从“B”口通入压缩空气，滤液仍从阀“E”排出，阀门仍间隔一只关闭，一只开启。

明流不可洗式滤浆从“A”口进入，滤液从滤板上的阀“E”排出。

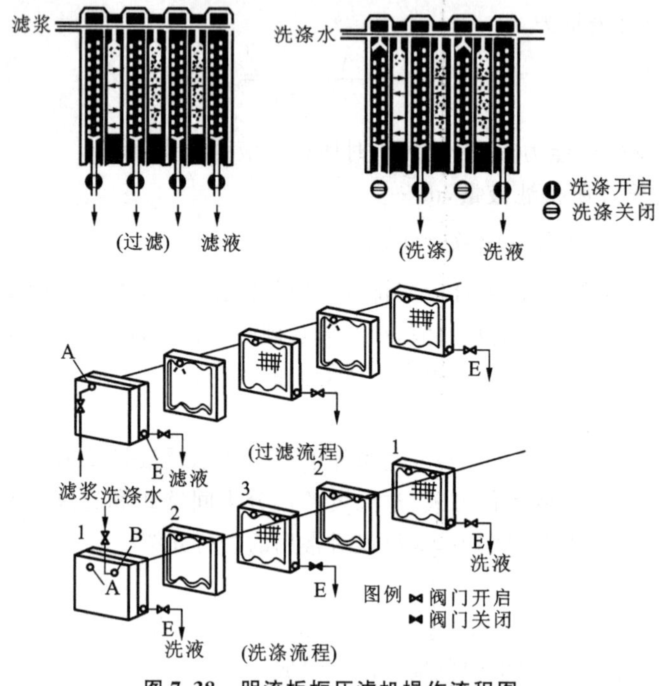

图 7.38 明流板框压滤机操作流程图

从图 7.38 可见，在过滤阶段，滤浆在一定压强差下进入滤框，滤渣分别通过两侧滤布再沿邻板而流至滤液出口排走。固体则被截留于框内，待滤饼充满全框后，即停止过滤。因此过滤时滤饼的厚度等于滤框厚度的一半。

滤饼在洗涤阶段，洗涤水经由洗涤板 3 角端的暗孔进入板面与滤布之间。此时应关闭洗涤板下部阀门，洗涤水便在压强差推动下先横穿一层滤布及整个滤框厚度的滤饼，再横穿另一层滤布，最后由非洗涤板 1 下部阀门排出。可见洗涤时，洗涤水所通过的滤饼厚度约为过滤终了时的两倍，且穿过两层滤布。因此，洗涤水所遇的阻力约为过滤终了时滤液所遇阻力的两倍，而洗涤水所通过的面积仅为过滤面积的一半，因而在相同的压强差之下，洗涤速度约为最终过滤速度的 1/4。

在洗涤结束后，打开压紧装置，将框拉开，卸出滤饼，清洗滤布，整理板、框，重新装合，进行另一个操作循环。

板框式压滤机的优点如下：

① 单位空间的过滤面积大，且可根据需要增减滤板的数量，调节过滤能力；

② 过滤推动力大，适用于过滤分离的悬浮液；

③ 结构简单，可用铁、木、塑料制造，成本低。

其缺点如下：

① 为间歇操作，生产能力低；

② 装卸费时，劳动强度大；

③ 洗涤速度慢且难于彻底洗涤干净；

④ 滤布磨损严重，易破坏。

随着过滤设备在各个行业的应用和发展，近年出现了各种自动操作的压滤机。

(2)厢式压滤机

厢式压滤机是把原来板框压滤机的框厚度尺寸分1/2在滤板的两侧面，使板与框形成一整体，将原来从边缘进料改成中间进料。它避免了进料堵塞和短路的弊病，与板框压滤机比较，进料压力高，过滤快，滤饼含水率低，比同规格板框压滤机效率提高了20%，且劳动强度低等。

在陶瓷工业生产过程中，料浆的含水量往往过多，不符合成形工序的要求。例如可塑成形要求泥料的含水量为20%～26%，干压和半干压成形要求泥料的含水量更低，为7%左右，因此，必须把料浆中过多的水分除去。厢式压滤机也是陶瓷工业可塑成形生产过程中不可缺少的主要设备，又被称为榨泥机或过滤机。

厢式压滤机由许多块形状相等的滤板机架、前座、横梁、活动顶板、固定顶板和压紧装置组成，如图7.39所示。

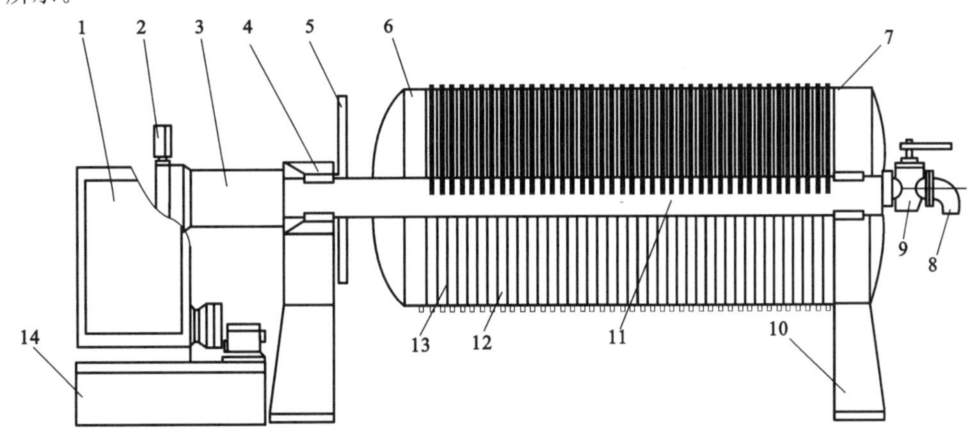

图7.39　厢式压滤机

1—电器箱；2—电接点压力表；3—油缸；4—前座；5—锁紧手轮；6—活动顶板；7—固定顶板；8—料浆进口；9—旋塞；10—机架；11—横梁；12—滤液出口；13—滤板；14—油箱

滤板形状主要有圆形和方形两种，材质有灰口铁、球墨铸铁、钢铁芯子外面包覆橡胶或树脂、铝合金及工程塑料等。滤板两边边缘凸起，中间凹入，中心处有一圆孔作为进浆口，在凹进去的表面上有许多沟槽，这些沟槽被称为排水槽。排水槽与滤板下部的滤液出口相通，排水槽的形状有同心圆、螺旋线和直线网格状等多种。用铸铁或铝合金制造的滤板在其一面的凸缘上有放置密封件的环形槽，槽内嵌入橡胶垫圈。工程塑料滤板在凸缘上一般不设置密封槽。作为滤布托板的铝质筛板和滤布贴于滤板的两面，中间用铜质空心螺栓夹紧在进浆口上，如图7.40所示。

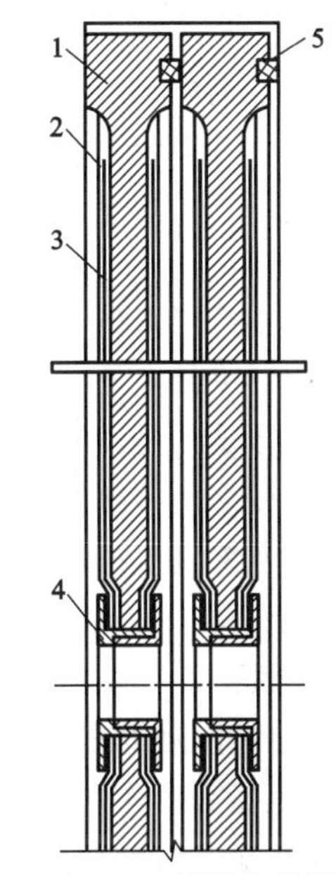

图7.40　滤板组装图

1—滤板；2—滤布；3—滤布垫板；4—空心螺栓；5—橡胶垫圈

活动顶板和固定顶板实际上相当于单面滤板，又称活动堵头和固定堵头。固定顶板中心有进浆口，用管子与料浆泵相连。活动顶板中心无孔，直接承受压紧装置的作用力。

横梁用于支承全部滤板和滤饼的质量，并受到压紧和过滤时的拉力作用，应有足够的强度和刚度。横梁截面形状有圆形和矩形两种，后者的抗弯刚度较好。

压滤机操作时，首先将装好滤布的滤板全部放置在机架的横梁上，然后用压紧装置压紧，这样就在每两块滤板之间构成了一个个滤室。滤浆用泵送入,经由固定顶板的进浆口后分别进入每个滤室。

在压力作用下,滤液通过滤布、筛板和滤板上的排水槽,最后汇于滤液出口流出。固体物料则由于滤布的阻拦而在滤室中形成滤饼。

当滤室中充满滤饼、滤液流出速度很慢时即可停止进浆。排除余浆,松开滤板取出滤饼,然后再装好使用。

在过滤过程中,如发现某一滤液出口流出的滤液混浊不清,则说明该处滤布安装不好或有破损,应将该出口关闭,以免损失滤浆。

① 操作制度

恒压过滤是比较简单的过滤操作,但因过滤开始时,过滤速度很大,需要配用大流量的料浆泵,同时,在滤布表面还没有料饼生成。往往因为滤浆来势过猛,其中的固体颗粒会塞进滤布的毛细孔中,接着又会在滤布表面形成较致密的初期料饼。这些都会使过滤阻力增大,给后来的过滤操作带来困难。因此,实际上,在过滤的开始阶段,通常采用恒速过滤,随着过滤操作的进行,滤饼逐渐增厚,阻力随之增大,过滤的压力差也不断增大。当压力差增大至预定数值时,过程转入恒压过滤,直至过滤操作结束。开始的恒速过滤和后来的恒压过滤构成了两阶段的过滤操作,在两阶段的过滤操作中,滤出的滤液体积和过滤时间的关系如图 7.41 所示。图中横坐标表示过滤时间,纵坐标表示滤出的滤液体积。在恒速过滤阶段,过滤速度不变,即 V/t 为常数,图中以直线 OA 表示,在恒压过滤阶段,由式(7.63)可知,过程沿抛物线 AB 进行。因为压滤机是间歇工作的,每个工作循环包括装机、过滤、拆机和取出滤饼等几项操作,工作周期等于过滤时间和辅助操作时间之和。

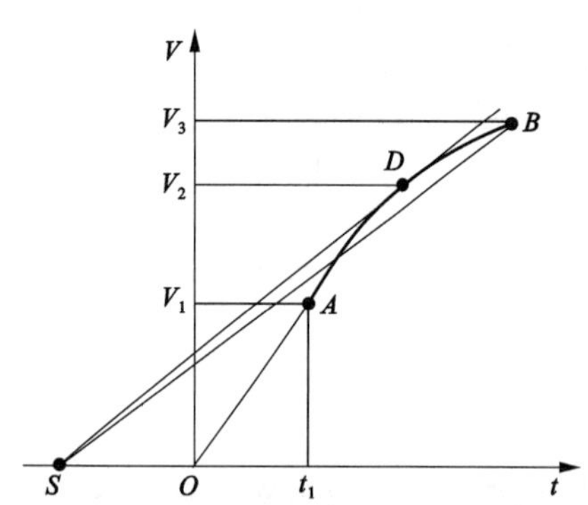

图 7.41 两阶段过滤操作滤液体积 V 与过滤时间 t 的关系

压滤机的生产能力为

$$Q = 60\frac{VA}{t + t_s} \tag{7.64}$$

式中 Q——压滤机的生产能力,m^3/h;

V——在一个工作循环中单位过滤面积滤出的滤液体积,m^3/m^2;

A——压滤机有效过滤面积,m^2;

t——过滤时间,min;

t_s——辅助操作时间,min。

生产能力可用图解法求得。在图 7.41 中,若在原点左边的 t 轴上取一点 S,使 OS 等于辅助操作时间 t_s,设过滤操作的终点为 B,连接 SB。则直线 SB 的斜率即为以 B 为过滤终点的生产能力。

要使生产能力最大,可过 S 点作曲线 OB 的切线,切点为 D,则切线 SD 为从 S 点向曲线上各点所作连线中斜率最大的一条直线。如以 D 为过滤终点,压滤机有最大生产能力。

应该指出的是,压滤机生产能力最大的操作制度,往往是过滤时间短、辅助操作频繁。辅助操作需要耗费较多的劳动力和材料,因此,生产费用较高,压滤机在这种操作制度下工作,经济性并不是最好的。为了降低生产费用,应使压滤机在生产能力接近最大、辅助操作次数较少的制度下工作。实践证明,当滤布阻力很小时,恒压过滤时间为辅助操作时间的 5～6 倍时,压滤机的经济性最好。

② 压紧力

如前所述,厢式压滤机需要压紧装置把滤板压紧。在滤板与滤板的接合面的四周,通常装有橡胶垫圈,在压紧力的作用下,垫圈中产生应力,发生变形,从而将接合面上凹凸不平之处填满,起到密封作用,以防止滤浆泄漏。一般来说,只要垫圈中的压应力等于过滤压力,就能保持接合面良好的密封性。

压紧装置的压紧力计算式如下

$$W = W_1 + W_2 \tag{7.65}$$

或

$$W = f\Delta p + F\Delta p \tag{7.66}$$

式中 W_1——预压力,N;

W_2——克服滤浆压力所需的压紧力,N;

Δp——过滤压力,Pa;

f——垫圈面积,m^2;

F——垫圈内孔面积,等于每个滤室单面的过滤面积,m^2。

③ 压紧装置

厢式压滤机的压紧装置大体上分为螺旋式和液压式两类。

螺旋式压紧装置有手动和机动两种。手动螺旋压紧装置靠人力操作,劳动强度大,工作速度低,现已很少使用。机动螺旋压紧装置主要由电动机、减速装置、螺母和螺杆组成,如图 7.42 所示。螺母 8 固定在前座 7 上,中间装有螺杆 1,螺杆上有一长键槽,大齿轮 6 用滑键 9 套装在螺杆上。当电动机 4 通过三角胶带(三角带轮 3 和 2)和小齿轮 5 带动大齿轮 6 旋转时,螺杆随之转动并前进或后退,从而可压紧或松开滤板。

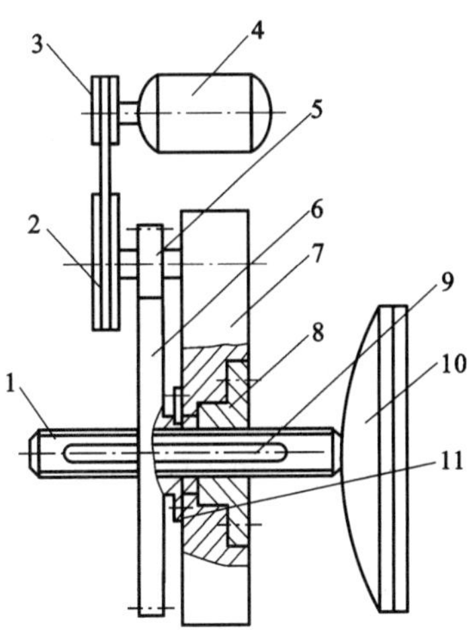

图 7.42 机动螺旋压紧装置

1—螺杆;2—大带轮;3—小带轮;4—电动机;5—小齿轮;6—大齿轮;7—前座;8—螺母;9—滑键;10—滤板;11—压环

液压压紧装置有半自动和全自动两种。图 7.43 为一种半自动液压压紧装置,油缸 8 固定在前座 4 上,大活塞杆 3 制成丝杆并套入带螺母的锁紧手轮 2。滤板装好后,启动油泵,压力油经手动换向阀中位流回油箱;油泵卸荷待油运转平稳后,将手动换向阀的操纵手柄推至前进位置,压力油经换向阀进入油缸,在压力油的作用下,大活塞 7 连同大活塞杆将滤板压紧。当油压达到额定数值时,油泵电动机自动停止运转,转动手轮,用锁紧手轮把大活塞杆锁紧在前座上,压紧工作即告结束。此时,应将换向阀操纵手柄退回中间位置,为油泵的再次启动做准备。

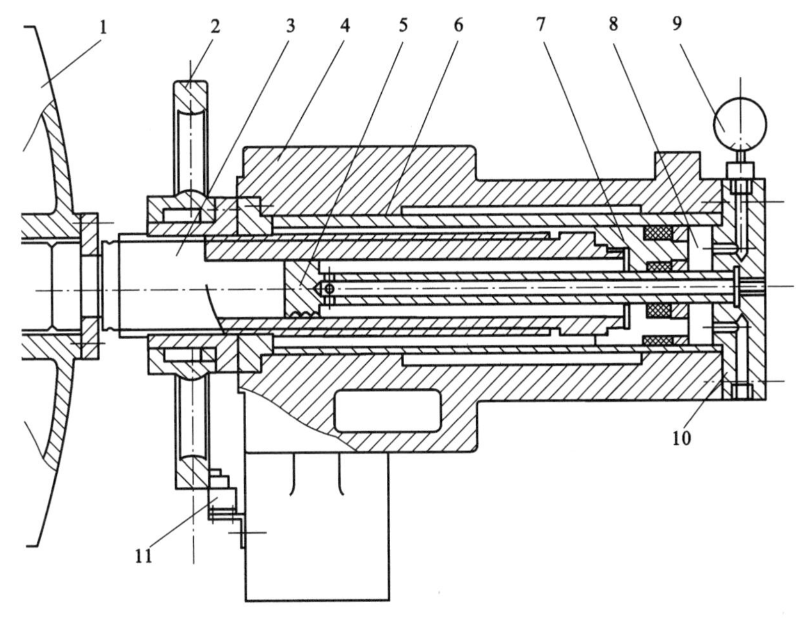

图 7.43 半自动液压压紧装置

1—活动顶板;2—锁紧手轮;3—大活塞杆;4—前座;5—小活塞杆;6—缸套;7—大活塞;8—油缸;9—电接点压力表;10—后端盘;11—行程开关

过滤完毕后,为了把锁紧手轮旋松,需再次启动油泵。油泵运转平稳后,将操纵手柄推至前进位置,待大活塞杆稍稍前进时,转动手轮,让锁紧手轮退离前座,然后将操纵手柄退回中间位置。松开锁紧手轮后，启动油泵，把操纵手柄扳至后退位置，此时压力油经小活塞杆 5 的空腔进入大活塞杆的空腔。在压力油的作用下，大活塞杆带动活动顶板 1 后退，当锁紧手轮碰到前座下面的行程开关 11 时，电动机停止运转。停机后，将操纵手柄推至换向阀的中间位置，这样即可一块一块地拖开滤板，卸下滤饼。

在半自动液压压紧装置中，工作油缸只需提供密封所需的预压力而不承受滤浆的作用，滤浆的压力是由锁紧螺母支承的，因此，工作油缸及整个液压回路的载荷较小。缺点是还需要少量的手工操作。

为了缩短过滤时间，提高产量，应尽量减小滤浆的含水量。此外，将滤浆加热可降低水的黏度，并使部分空气从滤浆中排出，防止在滤布和滤饼中析出气泡，这样可减小过滤阻力，加快过滤速度，缩短过滤时间。但为了便于操作，滤浆的温度一般不应超过 60 ℃。过滤时间可根据实际情况由实验确定，通常在 30～60 min 范围内。

板框式、厢式压滤机在国内已有一系列产品，我国已编有该产品的系列标准及规定代号。

(3)转鼓真空过滤机

这是工业上应用最广的一种连续操作的真空过滤机。外滤式转鼓真空过滤机的外形及操作原理如图 7.44 所示。其主要部件为中空的多孔转鼓，长径比为 1/2～2，转速为 0.1～3 r/min。转鼓外表包有滤布，内部用隔板分为 12 个扇形空间，这些扇形空间分别与端面上的固定圆盘的 12 个孔相通。该圆盘随转鼓转动(被称为转动盘)，并与支架上的固定圆盘(被称为固定盘)紧密配合，组成可以相对转动的一副配头，如图 7.45 所示。

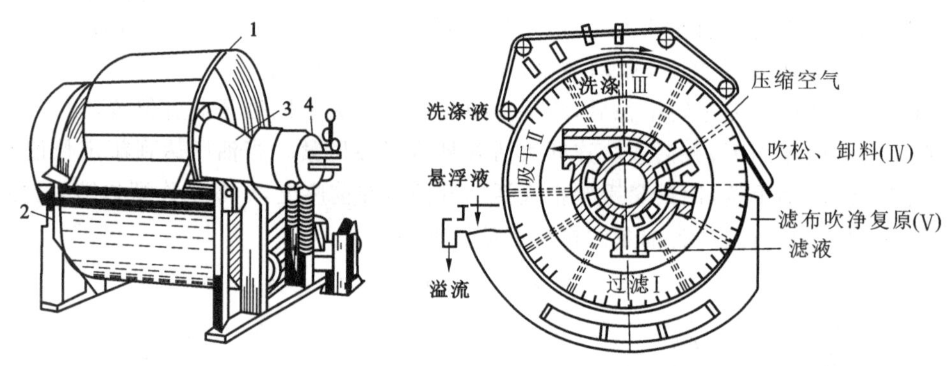

图 7.44　外滤式转鼓真空过滤机的外形及操作原理

1—转鼓；2—槽；3—主轴；4—分配头

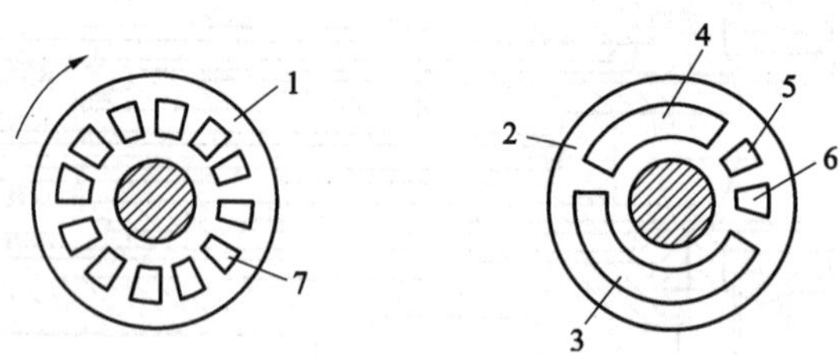

图 7.45　分配头

1—转动盘；2—固定盘；3—与真空管路相通的孔隙；
4—与洗涤槽相通的孔隙；5，6—与压缩空气管路相通的孔隙；7—转动盘上的小孔

固定盘上的“3”和“4”与真空罐相通，而“5”和“6”则与压缩空气罐相通。转鼓大部分放在悬浮液槽内，槽内有搅拌器，防止悬浮液中的固体颗粒沉淀于槽底，当转鼓内扇形空间与“3”相通时，则是过滤阶段；与“4”相通时，则是洗涤阶段；与“5”相通时，则是吹干、吹松阶段；与“6”相通时，则是滤布吹净复原阶段。从图 7.44 可知，Ⅰ是过滤区，Ⅱ是吸干区，Ⅲ是洗涤区，Ⅳ是吹松、卸料区，Ⅴ是滤布吹净复原区。但当转动盘上的小孔与固定盘之间空白位置(与外界不相通的部分)相遇时为转鼓表面的不操作区，这样使各操作区不致相通。由此可见，转鼓表面的每一个部位按顺时针回转一周时，则相继进行过滤、洗涤、脱水、卸渣、滤布再生等操作。在同一时间内，转鼓表面的不同部位将处于不同的操

作阶段。如此连续运转，整个转筒表面上便构成了连续的过滤操作。

这类过滤机适用于过滤各种胶质物料以及各类盐的结晶体。过滤面积一般为 5～40 m^2，滤饼厚度一般保持在 40 mm 以内，滤饼的含水量可达 30%。此类过滤机能连续自动操作，节省人力，生产能力大，特别适宜于处理量大而容易过滤的料浆，故获得广泛应用。缺点是由于是真空操作，过滤推动力有限，尤其不能过滤温度较高的滤浆，滤布磨损快。

(4)水平带式真空过滤机

如图 7.46 所示，水平带式真空过滤机由一条开有槽的或开有孔的无接头排水带支承着一条纤维质无接头过滤带，该无接头滤带在真空及气盒上从一端移动到另一端。料浆在过滤机的一端用料浆泵被送上滤带，滤饼在过滤的另一端被卸除。

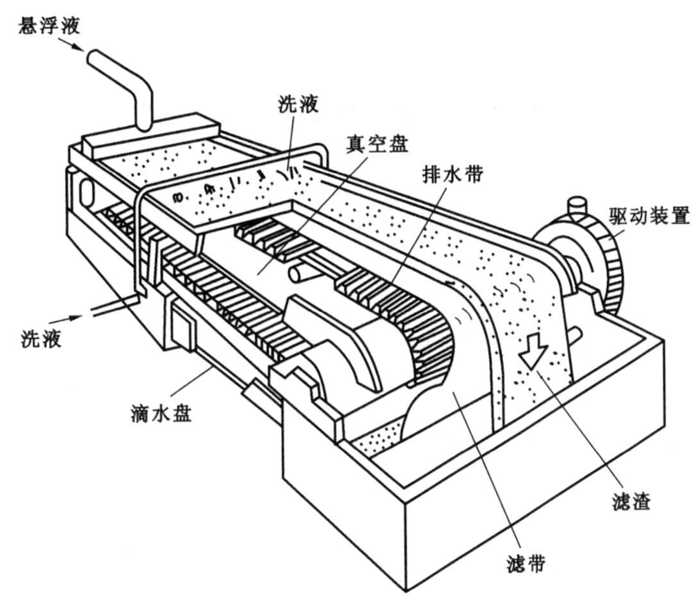

图 7.46　水平带式真空过滤机

需要对滤饼进行洗涤时，洗涤液沿着滤带方向在一处或多处洒向滤带。在卸渣端，排水带与滤带分开，由设置在过滤机底部的托辊组导向。滤带在回到过滤机头端的行程中洗涤。在过滤机前端，滤带与排水带再次连接起来，这类过滤机的优点是滤布洗涤效果好，滤饼可以完全卸除。它固有的缺点是只有 50%的过滤表面得到了利用。

水平带式真空过滤机真空操作的单位过滤面积的生产能力高，它对于过滤密度较大的固体物料特别有效，滤饼和洗涤液一起溢流，因而滤饼实际上是沉浸在洗涤液之中的。这类过滤机非常适用于逆流浸取或逆流洗涤技术。

(5)动态过滤机

如图 7.47(a)所示，传统的滤饼过滤是料浆垂直地流向过滤介质表面，固体颗粒不断被截留在介质表面，并形成滤饼层。随着过滤操作的进行，滤饼层不断增厚，过滤阻力不断增加，过滤速度随时间而下降，最终会导致过滤操作无法进行。

如图 7.47(b)所示，动态过滤技术的操作原理与固定滤饼层过滤完全不同，动态过滤操作的特点是在压力、离心力或其他外力(如刮刀旋转运动)推动下对过滤介质的过滤。过滤介质上不积存或只积存少量滤渣。它是脱胎于滤饼层过滤又基本上或者完全摆脱了滤饼束缚的一种过滤操作。如果所用的过滤介质是一般用的筛网或织造滤布，此时过滤机理即属于动态薄层的滤饼层过滤或无滤饼层的介质过滤。如果过滤介质是多孔烧结金属管、塑料管、陶瓷管或非织造的滤毡等，此时动态过滤操作机理即属于动态深层过滤。几种新型动态过滤装置列于表 7.6 中，其示意图如图 7.48 所示，动态过滤的操作机理需视过滤过程中流体力学和介质情况而定。

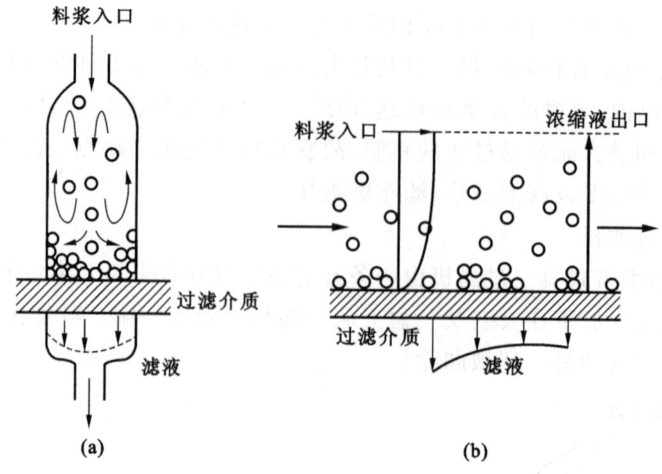

图 7.47　滤饼过滤和动态过滤操作示意图

(a) 滤饼过滤；(b) 动态过滤

表 7.6　几种新型各类动态过滤装置

图例	过滤装置	过滤特点
图 7.48(a)	振动式或进动式过滤离心机	动态薄层滤饼层过滤
图 7.48(b)	旋叶式压滤机，立式或卧式，旋叶带道滤面或不带	动态薄层滤饼或无滤饼层介质过滤
图 7.48(c)	旋管式压力过滤机	无滤饼层介质过滤
图 7.48(d)	微孔膜过滤器，多孔列管式过滤器	无滤饼层的深层过滤

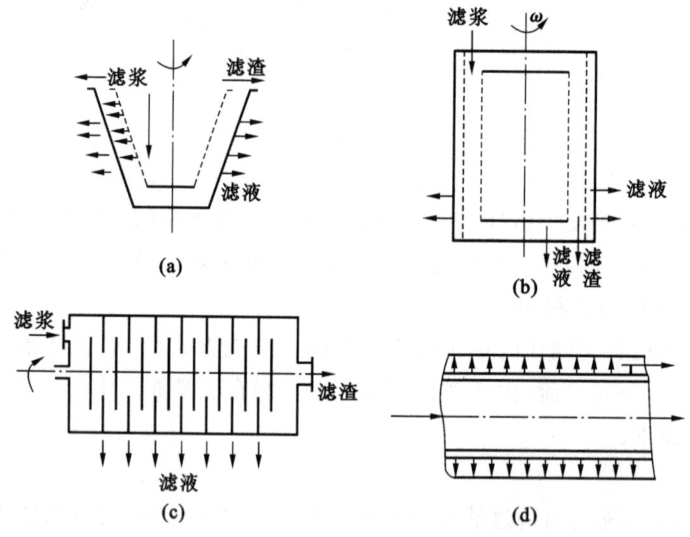

图 7.48　各类动态过滤装置示意图

应指出的是，过去对动态介质过滤和深层过滤的应用只局限于澄清或增浓操作，而且仅在实验中进行。这些操作是以固体颗粒含量极少的料液为对象，分离出的固体颗粒是弃去不用的。由于各种过滤介质的新材料不断研制成功，制造技术不断进步和日趋完善，筛网或织造滤布的紧密性减少了孔隙堵塞现象，对于深层过滤介质的颗粒持留量也有很大的提高，因此，介质过滤和深层过滤的应用范围已超越以往的，动态过滤已能分离出稠厚的滤渣。

动态过滤的操作特性可概括为：

① 原先的间歇过滤操作改为动态过滤后，成为分离液相、增浓固相的连续操作，其增浓程度可以超过同类压滤机中滤饼的含固量；

② 原先难以过滤的物料，例如可压缩性大的、分散性高的，或者稍许形成滤饼层即造成很大过滤阻力的料浆，当料浆处于运动状态且在没有滤饼层阻力时过滤，过滤速度可以成倍地增加，这时并不需要加絮凝剂或助滤剂以改变料浆或滤饼层的性质；

③ 在洗涤时，固定滤饼层造成的许多麻烦不复存在，洗涤效率还可以大大提高；

④ 滤渣在操作极限浓度内呈流动状态，能省去卸料装置带来的许多机械问题，同时可以大幅度降低劳动强度和节省劳动力。

图 7.48 所示的各类动态过滤装置，因为过滤推动力、装置结构、过滤介质不同，所以操作时流体力学特性也不一样。目前应用的有振动式、运动式过滤离心机，旋叶式压滤机，旋管式压力过滤机，微孔膜过滤器，多孔列管式过滤器等。这些动态过滤装置在操作时，有下列共同的流体力学特性：

① 物料的流变性

当生产中遇到细而黏的难处理物料时，一般都要求检测其流变性，而且要区分所处理物料在承受剪切力后黏性是变大还是变小。动态过滤只适用于处理随转速增大而黏度变小的假塑性型、触变型的流变性物料，否则操作不能顺利进行。影响物料流变性的因素很多，诸如固液两相的体积比，颗粒的大小、分布、形状和结构，高分散性颗粒之间的作用力、颗粒之间的聚集状态和放置时间等。因此，控制流变性是很困难的，这是实际工作中的一个难题。

② 运动状态

动态薄层和无滤饼层是动态过滤中的两类基本运动状态。在研究动态过滤的流体力学问题时，必须充分注意：动态过滤是花费一定的能量以减小过滤阻力。这一定的能量包括过滤需用的推动力、外加使料浆处于运动状态的能量。

这两种运动状态所形成的过滤阻力，无滤饼层的比动态薄层的少了一个动态薄层的阻力，从考虑能量消耗出发，对于稍有滤饼积存即造成极大过滤阻力的物料，才采用无滤饼层的介质过滤，这时滤浆运动速度以达到无滤饼存在时的某个临界速度为宜，速度过大就徒耗功率。常采用动态薄层的滤饼层过滤。

③ 动态过滤中滤浆运动速度的影响

动态过滤中滤浆的运动速度与旋转件的速度等因素有关，旋转速度愈大，剪切力增加，滤浆得到的能量愈大，使过滤介质上的滤饼层减薄，直至出现无滤饼状态，过滤速度大大提高，但这时功率消耗上升，所以最终应以单位滤液消耗的功率来衡量过滤操作的经济效果，即动态薄层滤饼过滤有一个最宜的转速。而无滤饼层的介质过滤，由于转速不能低于使过滤介质上无滤饼的转速，因此单位滤液消耗的功率只能由该转速来确定。

(6)离心过滤机

离心过滤机特别适用于晶体或粒状物料以及纤维质物料和液体的分离，且对含水量高的物料更为有效，所得的滤饼液体含量一般低于 10%。

离心机的特点通常用离心分离因数 α 表示，它是反映离心机工作特性的一个准数，$\alpha=\omega^2 r/g$，此式表明 α 为离心机在工作时物体在鼓壁上所受离心力与其所受重力之比，亦即此处的离心加速度与重力加速度之比。当 $\alpha>3000$ 时被称为高速离心机，$\alpha<3000$ 则被称为常速离心机。

过滤离心机的共同特征是有一个带有过滤介质的转鼓，转鼓壁上开有小孔，内侧衬有底网及过滤介质，转鼓回转时液体在离心力作用下透过过滤介质被甩出，而固体颗粒则被截留。

过滤离心机可分为连续进料和间歇进料两种类型。其主要区别在于：连续进料过滤离心机中转鼓进料悬浮液的轴向限制是靠已形成滤饼的固体颗粒来实现的，而在间歇进料过滤离心机中则是靠拦液板实现的。

下面介绍几种常用的过滤离心机：

① 往复卸料连续过滤离心机

图 7.49 所示的是该机的示意图。滤浆不断从进料管 3 沿锥形进料斗 6 再进入转鼓的内壁滤网

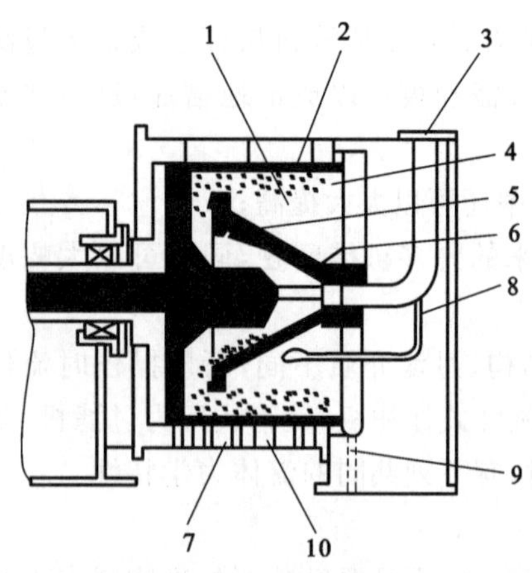

图 7.49　往复卸料连续过滤离心机

1—转鼓；2—滤网；3—进料管；4—滤饼；5—活塞推送器；6—进料斗；7—滤液出口；8—冲洗管；9—固体排出；10—出水管

2 上，被转鼓带动做高速旋转运动，滤液穿过鼓壁流入外壳与鼓间空隙处，从滤液出口 7 排出，而滤渣则沉积于滤网内面上，然后利用可间歇往复运动的活塞推送器 5 将其沿转鼓内壁面推出。洗涤水从冲洗管 8 连续喷入，洗涤水从出口管 10 排出。这样的离心机装料、分离、洗涤和卸料等操作都是连续不断地同时进行。其过滤大致分为滤饼的形成、滤饼的压紧和残留于毛细孔道内的滤液的排出三个阶段。

这种离心机的优点：分离因数 $\alpha=300\sim700$，其生产能力大；每小时可生产 $1\times10^3\sim10^4$ kg 的滤渣，适用于分离固体颗粒浓度较高、粒径较大（0.1～5 mm）的悬浮液，颗粒破碎程度小，控制系统较简单，功率消耗也较均匀。缺点：对悬浮液的浓度较敏感；若料浆太稀则滤饼来不及生成，料液直接流出转鼓，并可冲走先已形成的滤饼；若料浆太稠，则流动性差，易使滤渣分布不均，引起转鼓振动。

往复卸料连续过滤离心机的活塞除有单级外，还有双级、四级等各种形式。采用多级活塞推料离心机能改善其工作状况，提高转速及分离较难处理的物料，在生产中得到广泛应用。

② 离心力自动卸料过滤离心机

图 7.50 所示为离心力自动卸料过滤离心机。悬浮液从上部进料管进入圆锥形滤框底部中心，靠离心力均匀分布在滤框上，滤液透过滤框而形成滤渣层。滤渣靠离心力作用克服滤网的摩擦阻力，沿滤框向上移动，经过洗涤段和干燥段，最后从顶端排出。

这种离心机结构简单，造价低，功耗小，生产能力大，分离因数 $\alpha=1500\sim2500$。可分离固体颗粒浓度较高、粒径为 0.04～1 mm 的悬浮液，在结晶产品的分离中得到广泛应用。

③间歇进料三足式过滤离心机

三足式过滤离心机的外壳、转鼓和转动装置都悬在三个支柱上。它是应用较早的间歇操作、人工卸料的立式离心机，有上部和下部两种卸料方式。图 7.51 所示为上部卸料三足式过滤离心机，转鼓表面上钻有许多小孔，内衬大孔金属滤网以支撑装在转鼓内的袋状滤布。在转鼓转动前或转动后，将悬浮液自顶部加入离心机内，滤液通过转鼓上的小孔流出，颗粒被截留在滤布上。当物料的含湿量达到要求后停车，由人工将物料从上部卸出。该机的离心分离因数 $\alpha=500\sim1000$，能分离颗粒的粒径为 0.05～5 mm、固相浓度为 10%～60%的悬浮液。该机结构简单，制造方便，运转平稳，适应性强，滤渣颗粒不易受损伤，适用过滤周期较长、处理量不大、要求滤渣含液量较低的场合。其缺点是上部卸料劳动力强度大，操作周期长，生产能力低。

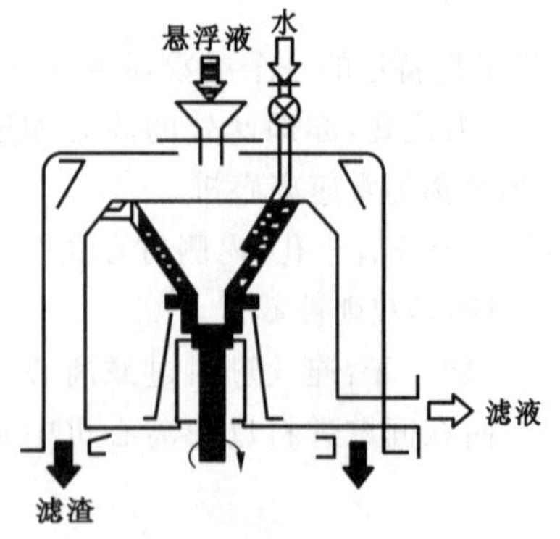

图 7.50　离心力自动卸料过滤离心机

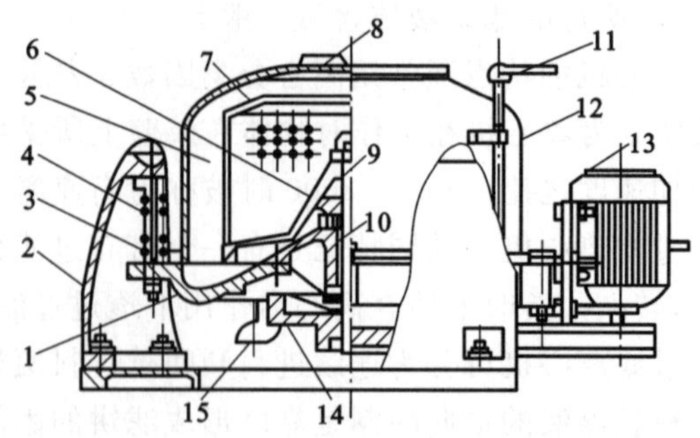

图 7.51　上部卸料三足式过滤离心机

1—底盘；2—支柱；3—缓冲弹簧；4—摆杆；5—鼓壁；6—转鼓底；7—拦液板；8—机盖；9—主轴；10—轴承座；11—制动器手柄；12—外壳；13—电动机；14—制动轮；15—滤液出口

④ 刮刀卸料三足式过滤离心机

图 7.52 所示的是一种较为先进的三足式过滤离心机。当使用这种离心机使料浆经过离心过滤、洗涤、甩干后，在进行卸料料时，可先降低转鼓转速到每分钟几转，然后用一犁形刮刀切入滤渣层将滤渣卸除，并用刮刀将滤渣翻向转鼓轴线，然后滤渣从转鼓底部开口处落下。该机可通过自动定时控制器，全部操作均可自动进行。由于转鼓内滤布不能完全平滑，故犁形刮刀不能紧碰在滤布上，因此不可能将滤渣层彻底除净，总有一薄层滤渣残留于转鼓内。在滤渣层易于碎裂又无黏性且不允许残渣存留的场合下，可考虑采用气动卸除装置。

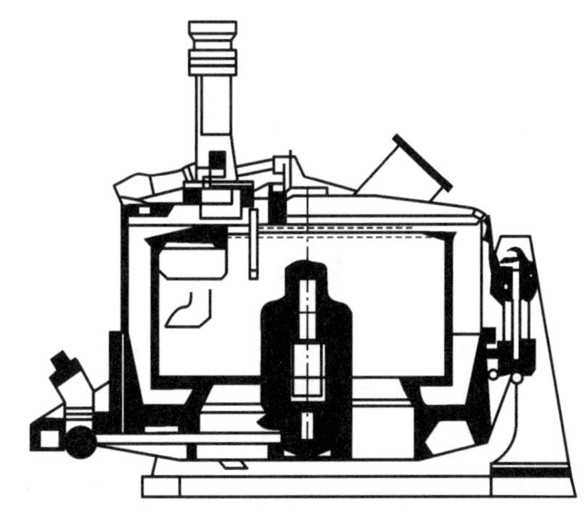

图 7.52 刮刀卸料三足式过滤离心机

目前国内生产的三足式过滤离心机有 SS 型、SX 型等系列产品，其代号第一位“S”表示三足式，第二个“S”表示上部出料，“X”表示下部出料。近年来已在卸料方式等方面不断进行改进，出现了自动卸料及连续生产的三足式过滤离心机。

⑤ 卧式刮刀卸料过滤离心机

图 7.53 所示的是卧式刮刀卸料过滤离心机。其特点是在转鼓连续全速运转的情况下，能自动间歇地进行加料、过滤、洗涤、甩干、卸料、洗网等工序的循环操作，全过程操作时间可分别进行自动控制。操作时，悬浮液由进料管 1 进入全速运转的转鼓 2 内，滤液 6 经滤网 3 及鼓壁小孔被甩至鼓外，再经外壳 4 的排液口流出。当滤渣 5 达到指定厚度时，进料阀门自动关闭，停止进料。随后冲洗阀门自动开启，洗水由冲洗管 7 进入，喷洒在滤渣层上，再经一定时间的甩干后，刮刀 8 通过液压缸 10 带动自动上升，刮下滤渣，落入倾斜的溜槽 9 排出。刮刀升至极限位置后自动退下，同时冲洗阀门又开启，对滤网进行冲洗，完成一个操作循环，重新开始进料，如此周而复始，直至滤浆全部完成分离任务。这种离心机的分离因数 $\alpha=400\sim1500$，能过滤颗粒粒度为 0.1～5 mm 的悬浮液。该机结构简单，维修方便，适应性强，自动化程度高，操作周期可控，生产能力大，是目前应用最为广泛的一种过滤离心机。

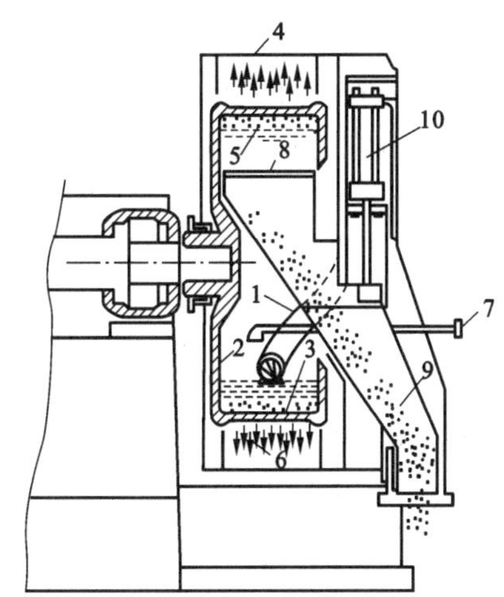

图 7.53 卧式刮刀卸料过滤离心机

1—进料管；2—转鼓；3—滤网；4—外壳；5—滤渣；6—滤液；7—冲洗管；8—刮刀；9—溜槽；10—液压缸

⑥ 离心机的选用

从上文可知：分离颗粒的粒度是选择过滤离心机的主要依据。但悬浮液中滤渣的粒度大小不同且分布不一，形状与可压缩性不同，以及滤浆的稠度和滤液黏度等性质各异，因此，通常在选用离心机时，先将上述众多的未知量归纳成能用实验方法测定的在离心力场中滤饼的“固有渗透率”来表示，待固有渗透率 k' 值确定后，便可根据经验（表 7.7）进行大致的选择。

表 7.7 固有渗透率的经验选择

$k'/(\mathrm{m^3 \cdot s/kg})$	离心过滤机的选用
$>20\times10^{-10}$	往复卸料连续过滤离心机
$10^{-10}\sim20\times10^{-10}$	刮刀卸料过滤离心机
$0.02\times10^{-10}\sim10^{-10}$	三足式过滤离心机
$<0.02\times10^{-10}$	沉降式离心机

7.4 干　燥

7.4.1 干燥的概念

干燥操作是材料、冶金、化工、轻工、食品、医药及农副产品深加工等国民经济的几十个行业和数以万计品种物料生产过程中的一个重要的单元操作环节。在采用湿法制备超细微粉过程中，为了使湿物料中的湿分(水或其他液体)含量达到规定的质量指标，必须设法除去多余的湿分。通常可先将湿物料经压榨、过滤或离心分离等机械方法尽量除去所含的大部分湿分，然后再利用热能使其余的湿分汽化并除去，最终获得符合要求的产品。干燥是一个热、质同时传递的过程，不属于遵循流体动力过程的非均相分离学科，干燥操作是粉体制备过程中一个主要的工序。

为了保证干燥操作的顺利进行，必须同时满足两个条件：

(1)湿分在物料表面的蒸气压必须大于干燥介质中湿分的蒸汽压。

(2)湿分汽化时，必须不断地供给热量。根据热能传递方式，干燥可分为对流干燥、传导干燥、辐射干燥及介电加热干燥。其中，对流干燥在粉体工程中的应用最为广泛。

在对流干燥中，通常以热空气作为干燥介质，热空气以一定的流速流经湿物料表面，以对流传热的方式将热能传给湿物料。湿物料中的湿分通常为水，水在湿物料表面或内部受热而在低于沸点的温度下汽化，水蒸气经扩散传递到热空气中，并由热空气带走。

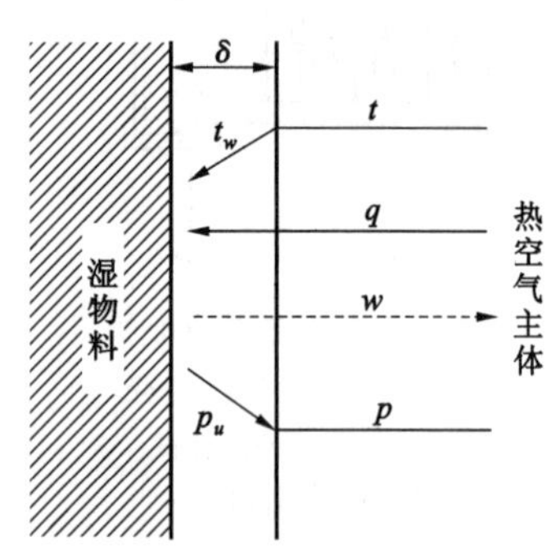

图 7.54　热空气与湿物料间的传热和传质

湿物料内部的水分以液态或气态不断地传递到表面，从而使湿物料干燥。所以对流干燥同时伴有传热与传质过程。干燥介质既作为载热体将热量传给湿物料，又作为载湿体将汽化后的水分移走，图 7.54 为对流干燥中热空气与湿粒料之间的传热和传质过程示意图。图中热空气温度为 t，水蒸气分压为 p，湿物料表面湿度为 t_w，水蒸气的压强为 p_u，在紧贴着湿物料表面有一薄层厚度为 δ 的传热、传质气膜。热量 q 的传递方向由热空气流向湿物料，而水分 w 由湿物料流向热空气。因此，在整个干燥过程中，实际上与物料接触的都是湿空气，所以湿空气的状态既关系到传递热量的多少和速度，又关系到传质的速度和量，且随干燥过程的进行而变化。

7.4.2 干燥过程的基本理论

7.4.2.1 湿空气的性质

利用热空气为干燥介质的对流干燥过程中，干燥介质具有载热体和载湿体的双重作用。因此，整个干燥过程与湿物料接触的干燥介质实际上是湿空气。该湿空气可视为由绝干空气与水蒸气所组成。湿空气作为干燥介质，经加热与湿物料接触进行热质交换后，其温度、焓值、水蒸气含量等都将发生变化。

在总压一定的条件下，与干燥过程有关的表征湿空气性质的状态参数有湿度 H、相对湿度 Φ、焓 I、干球温度 t、湿球温度 t_a、露点 t_d、水蒸气分压 p_w 等，而其中只有两个独立变量。若已知两个独立变量，其他参数便可通过参数之间关系式求出。湿空气的湿度和焓的计算公式及其相互关系如下：

(1)湿空气的湿度 H 和相对湿度 Φ

湿空气中湿度有两种表示方法：

① 湿度 H:湿空气中单位质量绝干空气中所含水蒸气的质量。

$$H = \frac{M_w n_w}{M_g n_g} \approx \frac{18n_w}{29n_g} \tag{7.67}$$

式中 M_g——绝干空气的分子量,29 kg/kmol;

M_w——水蒸气的分子量,18 kg/kmol;

n_g——绝干空气物质的量,kmol;

n_w——水蒸气物质的量,kmol。

在总压 p 不大的情况下,湿空气可视为理想气体,因此:

$$\frac{n_w}{n_g} = \frac{p_w}{p - p_w}$$

$$H = \frac{18p_w}{29(p - p_w)} = 0.62\frac{p_w}{p - p_w} \tag{7.68}$$

式中 p_w——水蒸气分压,Pa;

p——湿空气总压,Pa。

当湿空气中 p_w 等于该空气湿度下水的饱和蒸汽压 p_s 时,则湿空气呈饱和状态,其湿度被称为饱和湿度 H_s。

$$H_s = 0.62\frac{p_s}{p - p_s} \tag{7.69}$$

因为水的饱和蒸汽压只和温度有关,因此,空气的饱和湿度是湿空气的总压及温度的函数。

② 相对湿度 Φ:在总压一定下,湿空气中水蒸气分压 p_w 与同温度下的饱和蒸汽压 p_s 之比,通常以百分数表示,即:

$$\Phi = \frac{p_w}{p_s} \times 100\% \tag{7.70}$$

相对湿度表示湿空气的不饱和程度,Φ 值愈小,表示该空气偏离饱和程度愈远,接收水汽的能力愈强,即干燥能力愈强。$\Phi = 100\%$ 表示湿空气中水蒸气已达饱和,该空气不能再接收水汽,故不能作为干燥介质。可见湿度 H 只能表示湿空气中所含水蒸气的绝对量,而相对湿度 Φ 却能反映出湿空气吸收水分的能力。

将式(7.70)代入式(7.68)中,得:

$$H = 0.62\frac{\Phi p_s}{p - \Phi p_s} \tag{7.71}$$

p_s 是温度的函数,当总压 p 一定时,Φ 取决于湿空气的温度和湿度,即 $\Phi = f(t, H)$。

(2)湿空气的焓 I_H

湿空气的焓是以 1 kg 干空气为基准的焓,即表示 1 kg 干空气及其所含水蒸气的焓之和。

$$I_H = I_g + HI_w \tag{7.72}$$

式中 I_H——湿空气的焓,kJ/kg;

I_g——干空气的焓,kJ/kg;

I_w——水蒸气的焓,kJ/kg。

焓是相对值,计算焓值时必须规定其基准态和标准温度。为简化计算,一般取 0 ℃下的干空气及液态水的焓均为零,因此,对于温度为 t ℃、湿度为 H 的空气,其中干空气的焓为 0℃至温度 t ℃的显热,$I_g = c_g t$;湿分的焓为水在 0 ℃下的汽化潜热 r_0 与水汽 0 ℃至温度 t ℃的显热之和,即 $(c_w t + r_0)H$,故:

$$I_H = c_g t + (c_w t + r_0)H = c_H t + Hr_0 \tag{7.73a}$$

式中 c_g——干空气的比热容,$c_g = 1.01$ kJ/(kg·K);

c_w——水蒸气的比热容,$c_w = 1.88$ kJ/(kg·K);

c_H——湿空气的比热容，$c_H=c_g+Hc_w=1.01+1.88H$，kJ/(kg·K)

r_0——0℃水蒸气的潜热，$r_0=2492$ kJ/kg。

$$I_H=(1.01+1.88H)t+2492H \tag{7.73b}$$

由上式可知湿空气的焓取决于湿空气的温度和湿度，即 $I_H=f(H,t)$。同时可知湿空气的焓＝湿空气的显热＋湿空气的潜热，但在干燥过程中，只能利用其中的显热，即$(1.01+1.88H)t$汽化物料中的湿分，为了增大干燥中传热与传质推动力，在许可情况下，应尽量提高干燥介质空气的温度。

(3)湿空气的比容 v_H

湿空气的比容(简称湿比容)是单位质量干空气及其所含 H_0(kg)水汽所占的总体积，单位为 m^3/kg。

$$V_H=V_g+H_0V_a \tag{7.74}$$

在总压为 101.33 kPa，温度为 t_0℃下

$$V_H=\frac{22.4}{29}\times\frac{273+t_0}{273}+\frac{22.4}{18}\times\frac{273+t_0}{273}H_0=(0.773+1.224H_0)\times\frac{273+t_0}{273} \tag{7.75}$$

可见湿比容 V_H 随温度 t_0 与湿度 H_0 的增大而增大。

(4)湿空气的露点温度 t_{Dp}

将不饱和湿空气在总压 p 及湿度 H 不变的条件下，冷却而达到饱和时的温度，被称为该空气的露点温度，简称露点(dew point)。此时湿空气的相对湿度 $\Phi=100\%$，其湿度由式(7.71)表示为：

$$H=0.62\frac{p_s}{p-p_s} \tag{7.76}$$

式中 p_s——露点时水的饱和蒸气压，其值由式(7.76)可知：

$$p_s=\frac{Hp}{0.62+H} \tag{7.77}$$

当湿空气的总压 p 一定时，只要知道湿度 H，即可求得 p_s，由 p_s 可查出水的饱和蒸气压及其所对应的温度，即为湿空气的露点 t_{DP}。所以只要测得空气的露点 t_{DP} 及空气的总压 p，由 t_{DP} 查得对应的水的 p_s，由式(7.76)可求得此时空气的湿度，这就是工程上采用露点测定法求空气湿度的依据。露点的另一个重要意义是在干燥操作中应使干燥介质的温度始终高于露点，否则物料会返潮而达不到干燥的目的。

(5)湿空气的干球温度 t 和湿球温度 t_w

干、湿球温度计原来是一对同样的普通温度计，而其中的一支用不断补充水的湿棉纱包裹住感温球，此时测得的温度被称为湿球温度 t_w。而另一支温度计相应被称为干球温度计，用它测定空气的温度也就被称为干球温度 t。湿棉纱的水分不断汽化，需吸收热量，致使其温度较空气为低，故湿球温度 t_w 较干球温度 t 为低，由此可知，湿球温度实质上是湿棉纱中水分的温度，而并不代表空气的真实温度，由于此温度由湿空气的温度、湿度所决定。故称其为湿空气的湿球温度，所以它是表明湿空气状态或性质的一种参数。对于某一定干球温度的湿空气，若其相对湿度愈低，则湿球温度值亦愈低，故干湿球温度差$(t-t_w)$亦愈大。而对于饱和湿空气，其湿球温度与干球温度相等$(t=t_w)$。因此，由测得的干、湿球温度，可以定出空气的湿度，从干、湿球温度决定空气湿度的原理如下：

水分从湿物料表面汽化的过程是一个传质传热同时进行的过程。假设湿空气的温度为 t，湿球温度为 t_w，则空气向湿棉纱表面的传热速率为：

$$Q=aA(t-t_w) \tag{7.78}$$

式中 Q——传热速率，W；

a——空气至湿棉纱的对流传热系数，W/(m^2·℃)；

A——湿棉纱的表面积，m^2。

与此同时，湿棉纱中水分向空气中汽化。若空气的湿度为 H，而与湿棉纱表面相邻的空气为水蒸气所饱和，该空气的湿度为 t_w 下的饱和湿度 H_w，则水蒸气向空气的传质速率为：

$$N = K_H A(H_w - H) \tag{7.79}$$

式中 N——传质速率,kg/s;

K_H——以湿度差为推动力的传质系数,kJ/(m² · s)。

达到平衡时,空气传给湿棉纱的显热应等于水分汽化所需的潜热。

$$Q = N \cdot r_w \tag{7.80}$$

式中 r_w——水在湿球温度 t_w 时的汽化潜热,kJ/kg。

将式(7.78)、式(7.79)代入式(7.80)中,得

$$aA(t - t_w) = K_H A(H_w - H)r_w$$

整理上式得:

$$t_w = t - \frac{K_H r_w}{a}(H_w - H) \tag{7.81}$$

或

$$H = H_w - \frac{a}{K_H r_w}(t - t_w) \tag{7.82}$$

上式的 K_H 与 a 为通过同一侧气膜的传质系数和对流传热系数。实验证明,在一般情况下,K_H 与 a 都与空气速度的 0.8 次幂成正比,故 a/K_H 值与空气速度无关,只与物性有关,对空气-水系统,通常 $a/K_H \approx 1.09$ kJ/(kg · ℃),对于有机液体的蒸气和空气组成的系统,通常 $a/K_H = 1.67 \sim 2.09$ kJ/(kg · ℃)。因此,在实际的干燥操作中,常用干、湿球温度计来测量空气的湿度。

(6)绝热饱和温度 t_{as}

当定量未饱和的空气与足量的水在等压绝热条件下(不从外界加入热量,也不向外界放出热量)相接触,此时水向空气中汽化所需的潜热,只能来自空气的显热量,由空气提供给水分的显热使水分汽化,然后又以潜热的形式返回到空气中。因此在空气湿度增加的同时,温度下降,而空气的焓值则维持不变,直至该空气被水汽饱和而达到 $\Phi = 100\%$,空气的增湿、降温进到平衡状态,此时的平衡温度即被称为绝热饱和温度,以 t_{as} 表示,其对应的饱和湿度为 H_{as}。

湿空气进入绝热饱和器时的焓为:

$$I_1 = (1.01 + 1.88H)t + Hr_0 \tag{7.83}$$

湿空气在绝热状态下,冷却到 t_{as} 时的焓为:

$$I_2 = (1.01 + 1.88H_{as})t_{as} H_{as} r_0 \tag{7.84}$$

设 $(1.01+1.88H) \approx (1.01+1.88H_{as}) \approx c_H$,又因 $I_1 = I_2$ 故可写出:

$$c_H t + Hr_0 = c_H t_{as} + H_{as} r_0$$

亦即:

$$t_{as} = t - \frac{r_0}{c_H}(H_{as} - H) \tag{7.85}$$

式中 $\frac{r_0}{c_H}$ 是水在 t_{as} 温度下的汽化潜热与湿空气比热容的比值。对于空气和水系统,实验证明,在空气温度不太高,相对湿度不太低,空气速度大于 5 m/s 时,$a/K_H \approx 1.09$。

比较式(7.81)与式(7.85)得:

$$\frac{r_w}{a/K_H}(H_w - H) \approx \frac{r_0}{c_H}(H_{as} - H)$$

或者

$$r_w(H_w - H) \approx r_0(H_{as} - H)$$

故对于空气和水系统可认为在数值上 $t_w = t_{as}$,这给干燥计算带来很大的方便。因为空气的 t、t_{as} 很容易测定,而 t_{as} 可从湿空气的 t-H 图中查得。但应注意的是 t_{as} 和 t_w 两者的物理意义完全不同。

对于有机液体如乙醇、四氯化碳等与空气组成的系统,实验证明,$a/K_H > c_H$,故 $t_w > t_{as}$。

由上述可知，当湿空气未达饱和时，有：

$$t > t_w = t_{as} > t_{DP}$$

达到饱和时，有：

$$t = t_w = t_{as} = t_{DP}$$

7.4.2.2 湿物料中所含水分的性质

由于湿物料是干燥的对象，而热空气仅是干燥的条件，所以干燥过程的各种不同特性首先取决于湿物料的性质，物料中所含水分的性质，一般根据下列三种方式进行分类：

(1)根据物料与水分的结合方式划分

根据物料与水分结合的特征，结合强度以及水分从物料中脱除的条件，将物料与水分的结合方式分为三种：

① 化学结合水

物料的结晶水、化学结合的水分解离时，物料的晶体结构必遭破坏，因此结晶水的脱水过程一般不属于干燥范围。

② 物理化学结合水

属于此类的有吸附、渗透和结构水分。其中吸附水分与物料的结合最强，因为这种水分由物料的分子场所吸附；渗透水是由浓度差而产生的渗透压所造成的；结构水分存在于物料组织内部，一般在凝胶形成时将水结合在内。

③ 机械结合水

机械结合水包括毛细管、润湿和孔隙水分。毛细管水分存在于纤维或微小颗粒成团的湿物料中，其水分饱和蒸汽压小于或近似等于普通水的饱和蒸汽压；当水存在于半径大于 10 μm 以上的粗孔中，称孔隙水，其蒸汽压与普通水的相等；润湿水仅是水与物料的机械结合，极易用加热蒸发或机械方法除去，一般细粒状晶体的表面水均属于此。

在同一类物料中，往往同时包含上述几种不同结合方式的水分。如凝胶状物料中，包含吸附水、渗透水和结构水，毛细管多孔物中含吸附水和毛细管水，微小的结晶颗粒中包含毛细管水和润湿水，而胶体状毛细管多孔物中则包含上述各种类型的水分。

(2)根据物料中水分除去的难易程度划分

在干燥操作中，按物料与水分的结合强弱程度分为结合水分和非结合水分两种，其基本区别是表现出的平衡蒸汽压的不同。

① 结合水分

结合水分包括物料细胞壁或纤维管壁内的水分、毛细管中的水分等。这部分水分主要属于物理化学结合水，与物料结合力强而产生不正常的、低于同湿度下纯水的饱和蒸汽压。因此，在干燥过程中水汽传递到空气主体的传质推动力下降，所以物料内结合水分较难除去。

② 非结合水分

非结合水分包括存在于物料表面的润湿水分及孔隙中的水分，这种水分与物料纯属机械方式结合，结合力较弱，物料中非结合水的蒸汽压与同温度下纯水的饱和蒸汽压相同，因此，非结合水分的汽化与纯水一样，在干燥过程中极易除去。

结合水分与非结合水分很难用实验直接测定，但可利用平衡关系外推得到。因此，在一定温度下，物料中结合水分与非结合水分的划分，只取决于物料本身的特性，而与介质空气的状态无关。

(3)根据物料中水分能否用干燥方法除去划分

在一定的外部湿空气环境中(如湿空气的 t，Φ 不变)，对湿物料中的水分可用干燥方法除去的被称为自由水分；不能用干燥方法除去的是平衡水分。

① 平衡水分

干燥过程是物料中水分向干燥介质传递的传质过程，只有当物料中水的蒸汽压大于空气中水蒸气分压时，干燥过程才能发生。而物料中水的蒸汽压与物料性质、水分含量的多少、物料温度等有关。当物料中水分被干燥到物料表面上的蒸汽压 p_M 等于空气中的水蒸气分压 p_w 时，传质推动力 $\Delta p = p_M - p_w = 0$，干燥不再进行，此时物料中水分就是平衡水分。处于与外界空气状态平衡时物料的湿含量被称为平衡湿度 X^*。X^* 就是在指定空气条件下物料能被干燥的极限。不同的物料在相同的外部空气条件下，平衡湿度差别很大。

② 自由水分

物料中所含的总水分为平衡水分与自由水分之和。超过平衡水分的那部分水分，在该空气状态下，可以用干燥方法除去。物料中平衡水分与自由水分的划分不仅与物料的性质有关，还与空气的状态有关。如果空气状态变化，平衡水分与自由水分的值也改变。

7.4.2.3 湿物料的干燥过程

在采用湿法制备超细微粉的对流干燥过程中，常使用空气作为载热载湿体。图 7.55 为喷雾干燥器操作示意图，湿物料以浆液形式从干燥器顶部喷出成为雾滴，干燥后的物料从干燥器底部和旋风分离器底部汇合输出。冷空气由抽风机抽入，经预热器加热以增加热焓和减小相对湿度，然后也是从干燥器顶部进入，与喷入的料浆相接触并向下流动，将热量传递给雾状料浆，使水分汽化并将物料干燥到需要的湿度，最后在旋风分离器中回收粉状物料后将空气排出，干燥过程中如果所需热量不够，则由加热器补充(许多干燥器不设置)。一般对流干燥器装置空气一次通过，废气排出时热含量仍较高，因此，热效率较低，有的也考虑将部分废气循环利用。

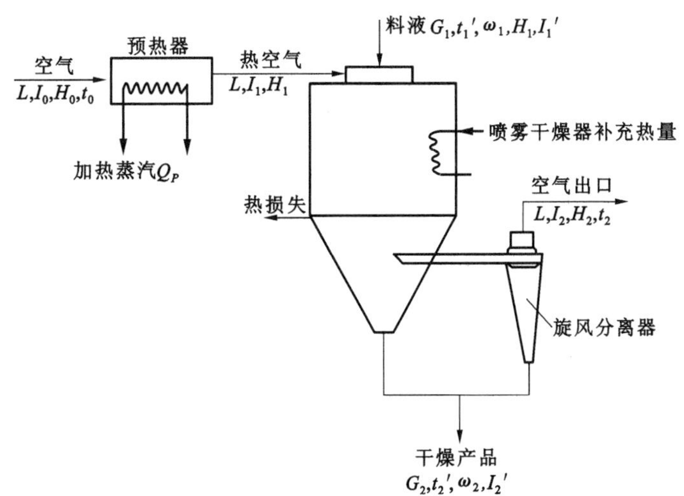

图 7.55 喷雾干燥器操作示意图

在干燥过程的物料衡算中需要根据被处理的物料量和干燥前后的湿度，求出干燥过程中除去的水分量和空气的消耗量。为此，先讨论物料湿度的表示方法。

(1)物料湿度的表示方法

物料的湿度，即其中水分的含量，通常用下述两种质量比表示：

① 湿基湿度

$$w = \frac{\text{湿物料中水分的质量}}{\text{湿物料的质量}} \tag{7.86}$$

式中 w——以湿物料为计算基准的水分含量，即水分在整个湿物料所占的质量分数。

② 干基湿度

$$X = \frac{\text{湿物料中水分的质量}}{\text{湿物料中绝干物料的质量}} \tag{7.87}$$

式中 X——以绝干物料为计算基准的水分含量，即湿物料中水分的质量与绝干物料的质量之比。这种表示方法用于干燥计算比较方便。

(2)干燥过程中除去的水分量和空气消耗量

如图7.55所示,若进入干燥器的料液(湿物料)的质量为G_1(kg/s),干燥器卸出的产品质量为G_2(kg/s),干燥前后料液湿基湿度分别为ω_1和ω_2;进入和离开干燥器的绝干空气质量为L(kg/s),空气湿度分别为H_1和H_2。将湿基湿度换算成干基湿度,得:

$$X_1=\frac{\omega_1}{1-\omega_1},X_2=\frac{\omega_2}{1-\omega_2}$$

若干燥过程中无物料损失,则干燥前后物料中绝对干料的质量是不变的,即:

$$G_c=G_1(1-\omega_1)=G_2(1-\omega_2) \tag{7.88}$$

式中 G_c——湿物料中绝干物料的质量,kg/s。

在干燥过程中,湿物料蒸发出的水分由空气带走,因此,湿物料中水分的减少量等于空气中水分的增加量,即:

$$G_c(X_1-X_2)=L(H_2-H_1) \tag{7.89}$$

式中 L——干空气量,kg/s。

令W为水分蒸发量(kg/s),则:

$$W=G_c(X_1-X_2) \tag{7.90}$$

蒸发这些水分所消耗的干空气量为:

$$L=\frac{W}{H_2-H_1} \tag{7.91}$$

假如蒸发每千克水分所消耗的干空气量为l(单位空气消耗量),则:

$$l=\frac{L}{W}=\frac{1}{H_2-H_1} \tag{7.92a}$$

由于通过预热器前后,空气的湿度不变,即$H_0=H_1$,故式(7.92a)又可写成:

$$l=\frac{L}{W}=\frac{1}{H_2-H_1}=\frac{1}{H_2-H_0} \tag{7.92b}$$

在干燥装置中,风机所需的风量根据湿空气的体积流量V_s(m^3/s)而定。湿空气的体积流量V_s可用下式表示:

$$V_s=LV_H=L(0.773+1.224H)\frac{t+273}{273} \tag{7.93}$$

式中空气温度t及湿度H由风机所在部位的空气状态而定。再由上式求出空气流动的压头损失,据此即可选择合适的风机。

7.4.2.4 干燥过程的热量衡算

如图7.56所示,冷空气(t_0,H_0)流经预热器加热,加热后的空气各项参数为t_1,H_1($H_1=H_0$),热空气通过干燥器时,空气的湿度增大而温度下降,离开干燥器时为t_2、H_2。物料进入和离开干燥器时的温度各为t_1'和t_2'。

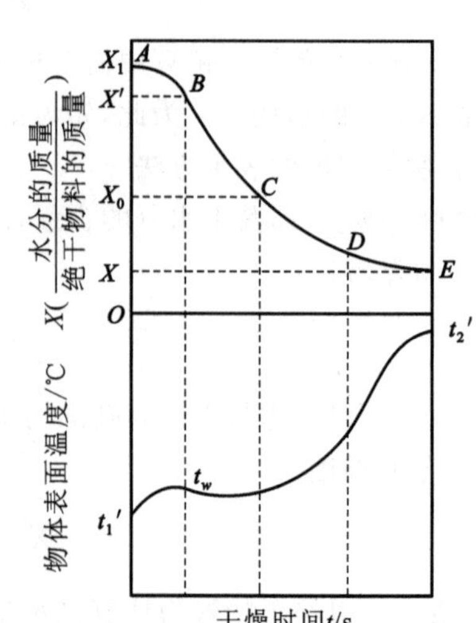

图7.56 恒定干燥时某物料的干燥曲线

(1)输入热量Q_p

预热器将空气从t_0加热至t_1所带入的热量为:

$$Q_p=L(1.01+1.88H_0)(t_1-t_0) \tag{7.94}$$

根据Q_p可计算空气预热器的传热面积和加热剂用量。

(2)输出热量

① 蒸发水分所需热量Q_1

$$Q_1=-W(I_2-4.187t_1') \tag{7.95}$$

式中 W——蒸发水分量,kg;

t_1'——湿物料进口温度,℃;

I_2——水汽离开干燥器时的焓，kJ/kg。

$$I_2 = 2492 + 1.88t_2 \tag{7.96}$$

② 被干燥物料由 t_1' 升温至 t_2'，所需的热量 Q_2

$$Q_2 = G_c c_m (t'_2 - t'_1) \tag{7.97}$$

式中　G_c——绝干物料量，kg/s；

t_2'——干物料出口温度，℃；

c_m——物料比热容，kJ/(kg·℃)，$c_m = c_1 + X_2 \cdot c_w = c_1 + 4.187X_2$；

c_1——绝干物料比热容，kJ/(kg·℃)；

X_2——干物料的干基湿度；

c_w——水的比热容，$c_w = 4.187$ kJ/(kg·℃)。

③ 干燥器的热损失 Q_3

④ 废气带走的热量 Q_4

$$Q_4 = L(1.01 + 1.88H_0)(t_2 - t_0) \tag{7.98}$$

⑤ 干燥器补充热量 Q_5

在稳定干燥时，热量衡算式为：

$$Q_p = Q_1 + Q_2 + Q_3 + Q_4 + Q_5$$

若干燥器未补充热量，$Q_5 = 0$，则：$Q_p - Q_4 = Q_1 + Q_2 + Q_3$，即

$$L(1.01 + 1.88H_0)(t_2 - t_0) = Q_1 + Q_2 + Q_3 \tag{7.99}$$

将式(7.91)代入式(7.98)，得：

$$\frac{t_1 - t_2}{H_2 - H_0} = \frac{Q_1 + Q_2 + Q_3}{W(1.01 + 1.88H_0)} \tag{7.100}$$

上式表明干燥过程中空气的湿度与温度的变化关系。

7.4.2.5　干燥器的热效率和干燥效率

干燥器操作的性能，即热利用程度的好坏，通常用干燥器的热效率和干燥效率予以表示。

(1)干燥器的热效率 $\eta_{热}$

由热量衡算可知，空气经过预热器时所获得的热量(若预热器无热损失)为：

$$Q_p = L(1.01 + 1.88H_0)(t_1 + t_0)$$

空气通过干燥器时，温度由 t_1 降至 t_2 所放出的热量为

$$Q_e = L(1.01 + 1.88H_0)(t_1 + t_2)$$

空气在干燥器内热效率 $\eta_{热}$ 就是空气在干燥器内放出的热量 Q_e 与空气在干燥过程中所获得的热量 Q_p 之比。即：

$$\eta_{热} = \frac{Q_e}{Q_p} = \frac{L(1.01 + 1.88H_0)(t_1 + t_2)}{L(1.01 + 1.88H_0)(t_1 + t_0)} = \frac{t_1 + t_2}{t_1 + t_0} \times 100\% \tag{7.101}$$

由式(7.101)可知，当大气温度 t_0 和排气温度 t_2 固定不变时，提高预热后的空气温度 t_1，则热效率明显增大。但应注意，预热温度过高，对某些热敏性产品不利。此外，预热温度过高，不仅费用增大，而且效率提高也不显著，因此还应考虑其经济性。

另外，当预热后的空气温度 t_1 和大气温度 t_0 固定不变时，降低排气温度 t_2 也能提高 $\eta_{热}$，但是出口温度常取决于干燥产品所要求的湿度，故也不能随意地降低。

(2)干燥效率 η

它也是衡量干燥器的一个性能指标。其定义为蒸发水分所需的热量 Q_1 与空气在干燥器内放出热量 Q_2 之比

$$\eta = \frac{Q_1}{Q_2} = \frac{W(I_2 - 4.187t'_1)}{L(1.01 + 1.88H_0)(t_1 + t_2)} \times 100\% \tag{7.102}$$

同上面的分析一样，提高 t_1 或降低 t_2 均能使干燥效率提高。其限制因素亦同前。

(3)对流干燥器的节能

对流干燥为能耗很大的干燥方法，一般热效率为30%～70%，因此节能问题较为突出，一般可从下列方面去考虑：

① 强化干燥前的预处理，通过离心分离、压榨或膜分离等非加热性操作，尽量降低进入干燥器的物料含湿量。一般机械方法脱水的能耗是8.36～12.55 kJ/kg，而干燥操作的能耗约为2 510 kJ/kg。

② 用较低的废气出口温度(t_2)和较高的湿度(H_2)，但是这要引起气-固之间传质与传热推动力的下降。实际操作中废气出口温度t_2约比进入干燥器空气温度t_1所相对应的绝热饱和温度t_{as1}高出20～50 ℃为好。

③ 废气部分循环以节省热量和空气用量，但同样降低传质和传热推动力，因此循环量要适度。

④ 利用废气直接预热湿物料，但要注意废气的温度不能降至露点，以免废气中水分凝结而增加物料的湿度。

⑤ 注意设备和管路的保温，尽量减小热量损失的数值。

7.4.3 恒定干燥条件下的干燥速率

前面了解了湿空气的性质、干燥过程中的物料衡算和热量衡算，从而可求得干燥过程中所需的空气量和热量，这些可作为选取风机和预热器的依据。而干燥器的大小和干燥时间的长短，需通过干燥速率和干燥时间的计算来确定。

7.4.3.1 干燥曲线及其分析

湿物料在介质参数不变的条件下进行绝热干燥时，干燥过程的一般规律：经过一段不长的预热期后，物料中的水分先等速汽化到一定程度后汽化速率逐渐降低，最终降低到零，即其湿度不再减小。

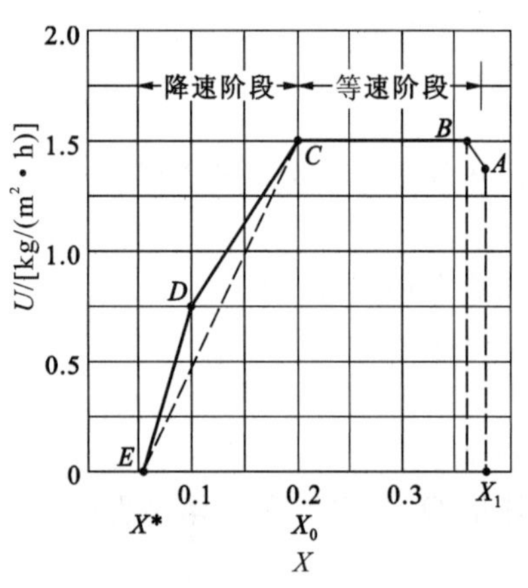

图7.57 恒定干燥时某干燥速曲线

若以物料的湿度X对时间τ作图，可得到图7.57所示的曲线，被称为干燥曲线，它可以分为三个阶段：线段AB表示预热阶段；直线BC表示物料等速地汽化即等速地被干燥，被称为等速干燥阶段；而上弯的曲线CDE则表示汽化的速率在随着时间降低，被称为降速干燥阶段，现分别讨论如下：

(1)预热阶段

湿物料进入干燥器的温度t_1'一般低于空气的湿球温度t_w，故有一短暂的预热阶段AB。换言之，此阶段就是湿物料表面上原来的温度t_1'上升到t_w的时期；若原来$t_1'>t_w$，则物料表面温度也将在此阶段中降至t_w。这一阶段很短，物料湿度也只有稍许的减小。

(2)等速干燥阶段

物料在预热至点B以后，只要物料内部的水分来得及补充，使表面足够湿润，此阶段湿物料的表面温度将保持在t_w不变，汽化速率也不变，物料平均的干基湿度X随着时间τ沿直线BC降低。而且物料表面上的蒸汽压P_M与纯水的蒸汽压P_N相等，则湿物料在等速阶段的汽化速率应与同样介质条件下的纯水相同，而与物料本身的种类无关。

(3) 降速干燥阶段

当物料平均干基湿度降至某一临界值X_0后，物料内部水分向表面的扩散已来不及补充水分由表面向空气中的汽化，则表面汽化的速率将受内部扩散的控制。随着物料的继续被干燥，内部补充至表面的扩散速率继续减小，汽化速率也将随着时间继续降低。此时，物料表面的蒸气压P_M不再等于纯水的蒸汽压P_N而随时降低，当P_M下降至与空气中蒸汽分压p相等，此时汽化速率已降至零，物料湿度达到某一平衡值X^*而不再减小，相当于干燥曲线在临界点C之后即向上弯，最后趋向于水平渐近

线 $X = X^*$，前已述及，平衡湿度 X^* 的数值取决于物料种类及空气的状态。

当物料的湿度不断下降达到平衡湿度 X^* 时，物料表面温度 t' 则逐渐上引直至与空气的温度 t 相等，因此，$t' = t$ 是系统达到热平衡的充要条件。

从上述分析可知，在等速干燥阶段中，物料中的水分含量较多，能使表面足够湿润，即 $P_M = P_N$。这时干燥速率的大小完全由汽化速率所决定，故被称为表面汽化控制阶段，而在降速干燥阶段，则干燥速率转而为水分在物料内部的扩散速率所决定，而被称为内部扩散控制阶段。处于临界湿度 X_0 的临界点 C，为两个干燥阶段的转折点。物料的临界湿度因物料的性质不同而不同，对同一物料，凡有利于提高表面汽化速率的各种因素，例如降低干燥介质的相对湿度、提高干燥介质的流速及温度，都可使临界湿度提高。反之，凡有利于内部扩散的各种措施，例如减小物料的厚度，可以使临界湿度降低。

7.4.3.2 干燥速度和干燥速度曲线

单位时间内从单位被干燥物料表面积上所汽化的水分量，亦即单位表面积上的干燥速率被称为干燥速度或干燥强度。由于在干燥过程中干燥速率并不总是一个常数，在干燥计算中需要找到被逐出的水分量与干燥时间之间的关系。因此，干燥速度 U 的定义用下述微分式表达：

$$U = \frac{\mathrm{d}w}{A\,\mathrm{d}\tau} \tag{7.103}$$

式中 w——从被干燥物料中逐出的水分量，kg；

A——干燥面积，m^2；

τ——干燥时间，h。

干燥速度或干燥强度表明干燥器的利用程度和操作的好坏，是比较各种干燥器及其操作的一个重要指标。

将不同阶段的干燥速度 U 对物料湿度 X 作曲线，可得如图 7.58 所示的干燥速度曲线或干燥强度曲线。物料由初始的平衡湿度量 X_1 干燥到任一湿度 X 的过程中所失去的水分质量 W，可用下式表达：

$$\mathrm{d}W = -G_c\,\mathrm{d}X$$

代入式(7.103)得：

$$U = -\frac{G_c\,\mathrm{d}X}{A\,\mathrm{d}\tau}$$

从干燥曲线可求得斜率之值(为负)，代入对每千克绝干物料的比表面积之值(一般认为干燥过程中 A 不变为常数)，就可得到如图 7.58 所示的 U-τ 关系。从图中相同 τ 值对应的 U 及 X，可得到图 7.57 所示的干燥速度曲线。对位于干燥曲线上的预热段 AB、等速段 BC 及降速段 CD，在图 7.57 及图 7.58 中的干燥速度曲线中得到了更明显的反映，可更清楚地看出临界点。显然，在等速阶段得到水平线段 $B'C'$，表明物料在绝热干燥的等速阶段，干燥速度 U 与时间 τ 及物料湿度 X 无关，而且不同的物料也近似相等。

7.4.3.3 干燥时间

使物料达到指定干燥程度所需的时间 τ，不仅可用以直接算出间歇式干燥器的生产能力，同时也是连续式干燥器设计计算的基础。这里仅讨论介质参数不变时的恒定干燥的简单情况。在干燥过程的三个阶段中，由于预热阶段很短暂，通常只分为等速及降速两个阶段。

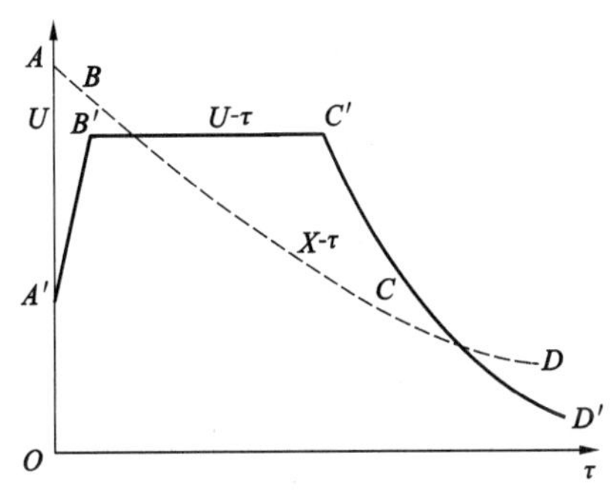

图 7.58 恒定干燥条件下的干燥曲线

(1)等速阶段的干燥时间 τ_1

等速阶段的干燥速度为 $U = U_0 =$ 常数，物料湿度由初始的 X_1 降至临界湿度 X_0 所需的干燥时间 τ_1 为：

$$\int_0^{\tau_1} \mathrm{d}\tau = -\frac{G_c}{U_0 A}\int_{X_1}^{X_0} \mathrm{d}X$$

故得：

$$\tau_1 = \frac{G_c(X_1 - X_0)}{U_0 A} \tag{7.104}$$

(2)降速阶段的干燥时间 τ_2

降速阶段的干燥速度与物料的湿度呈线性关系，即随物料中自由水分量($X-X^*$)而变动。实验测得的干燥速度曲线可表示成：

$$U = -\frac{G_c}{A\,\mathrm{d}\tau}\mathrm{d}X = f(X - X^*)$$

故降速阶段所需干燥时间 τ_2 为：

$$\tau_2 = \frac{G_c}{A}\int_{X_0}^{X_2} \frac{\mathrm{d}X}{f(X-X^*)} = \frac{G_c}{A}\int_{X_2-X^*}^{X_0-X^*} \frac{\mathrm{d}(X-X^*)}{f(X-X^*)} \tag{7.105}$$

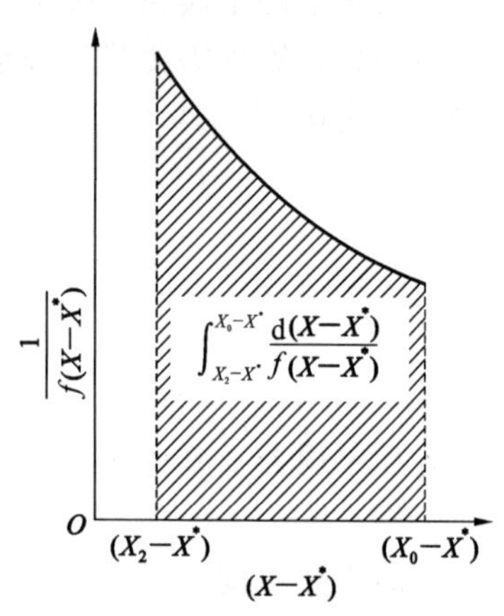

图 7.59　图解积分法示意图

式(7.105)可采用图解积分法求解，如图 7.59 所示：令纵轴为 $\frac{1}{f(X-X^*)}$，横轴为($X-X^*$)，积分限为(X_2-X^*)和(X_0-X^*)。当缺乏物料在降速阶段的干燥速度数据时，可假定在降速阶段的干燥速度与物料的自由水分量($X-X^*$)成正比，即用临界点 X 与平衡水分点 E 所连接的直线(图 7.57 中的虚线 CE)来代替降速阶段的干燥速度曲线。即：

$$U = \frac{G_c}{A\,\mathrm{d}\tau}\mathrm{d}X = K_X(X - X^*) \tag{7.106}$$

式中　K_X——比例系数，kg/(m^2·h)，即 CE 线的斜率。

将式(7.106)整理并积分，得：

$$\int_0^{\tau_2} \mathrm{d}\tau = -\frac{G_c}{AK_X}\int_{X_0}^{X_2} \frac{\mathrm{d}X}{X - X^*}$$

即

$$\tau_2 = \frac{G_c}{AK_X}\ln\frac{(X_0 - X^*)}{(X_2 - X^*)} \tag{7.107}$$

利用临界点的关系，即利用 $U_0=U_1=U_2=K_X(X-X^*)$的关系，可解得：

$$\tau_1 = \frac{G_c}{K_X A}\left(\frac{X_1 - X_0}{X_0 - X^*}\right) \tag{7.108}$$

因此，物料干燥所需的时间 τ 为：

$$\tau = \tau_1 + \tau_2 = \frac{G_c}{K_X A}\left(\frac{X_1 - X_0}{X_0 - X^*} + \ln\frac{X_0 - X^*}{X_2 - X^*}\right) \tag{7.109}$$

$$\frac{\tau_1}{\tau_2} = \left(\frac{X_1 - X_0}{X_0 - X^*}\right)\Big/\left(\ln\frac{X_0 - X^*}{X_2 - X^*}\right) \tag{7.110}$$

应注意物料在降速阶段减小的湿度虽不多，但时间却常常占到一半以上。

7.4.4　干燥器

7.4.4.1　干燥器的分类

干燥器的类型众多，这首先是由于在生产过程中所处理的物料在形态和性质等方面有很大的差异。例如：在形态方面，有块状、细粒、粉末、纤维、薄膜(油漆涂层)、片、条等同体物料；当液体的含量多时，有的会呈膏状、糊状，甚至成为悬浮液或溶液。在性质方面(影响 X^* 及 $X^*_{\phi=1}$ 大小的)，有的较致密(如陶土、晶体等)，有的具有较少而大的孔隙，有的孔隙多而细，内表面大；在干燥过程中易变形、开裂(如陶瓷、木材)，甚至在某一温度下特别易碎成细块(如黏土)，有的易黏皮(如胶状物)，有的易黏结在器壁上。在化学性质方面,有的不耐热,有的易氧化,有的易与少量有害气体(如 SO_2)反应等。因此,对干燥过程和干燥设备提出种种不同的要求。以下讨论干燥器的主要分类方法,并简述其特点。

(1)按传热方式可分为:① 对流加热,以介质为载热体及载湿体,最为常用;② 传导加热,物料与热表面直接接触;③ 辐射加热,利用红外线辐射源发射的电磁波直接投射在物料上;④ 微波和介电加热,是一种利用高频电场的交变作用从物料内部加热,提高干燥质量的新型干燥法。

(2)按操作压强可分为常压和减压。常压操作的干燥室有时亦靠风机的安排造成很小的减压,以免粉状物料随气体漏出。减压设备较为复杂,还需另外消耗机械功,故除了下述必要情况外,都采用常压。在真空干燥器中不通入空气,不能以对流方式加热。需应用真空干燥的情况有:① 避免氧化,不能与大量空气接触;② 不耐热的易爆物料,要在低温下干燥,此时抽真空可以加快干燥;③ 需要回收有价值的蒸气,或蒸气有毒时,空气量愈少愈易从废气中除去这种蒸气;④ 干燥时特别易产生粉尘,不宜与大量空气接触。

(3)按操作方式可分为连续式及间歇式。连续式的生产能力大,产品均匀性好,省劳动力,故大规模生产都用它。间歇式也有其优点:构造简单,投资少,建设快,产品损耗小,易于控制最终温度,故小规模生产中常应用。

常用的干燥器有:回转(转筒)式干燥器、气流式干燥器、流化床干燥器、喷雾干燥器、厢式干燥器、带式干燥器和辐射干燥器。

图 7.60 中列出了按操作方法和热量供给方式分类的干燥器。

7.4.4.2 回转(转筒)式干燥器

此类干燥器常用于处理大吨位的天然矿砂、无机物及重化工产品,适用于不同大小的块状、粒状物料,也可用于其他形状。按传热方式可分为:

(1)直接传热式——干燥介质与湿物料直接接触而传给热量;

(2)间接传热式——干燥所需的热量,由干燥介质经过器壁传给湿物料;

(3)复式传热式——部分热量传给干燥介质后再与湿物料直接接触,而其余部分热量通过器壁而传给湿物料。

上述三种传热方式各自适用于不同情况。对于需要洁净而不容许尘灰侵入的物料宜采用间接传热方式。对于能耐受高温且可容许少些尘灰感染的物料可采用烟道气或直接传热方式。复式传热干燥器则适用于经干燥操作后容易产生大量粉末的物料。

图 7.61 所示的直接传热回转式干燥器是此类干燥器中应用最广泛的。其主要部件是由薄钢板制成的转筒,其长径比通常为 4～8。转筒外壳上装有两个轮箍,整个转筒通过轮箍由托轮 7 支承。转筒由齿轮 6 传动,而齿轮则由装于减速器 5 输出轴上的小齿轮传动,转筒的转数一般为 1～8 r/min。转筒的倾斜度与其长度有关,可以从 0.5°到 8°,对于愈难干燥的物料,其转速与倾斜度愈小。为了防止转筒的轴向窜动,在轮箍的两旁装有挡轮(图中未标出),挡轮与托轮装在同一底座上。

图 7.61 所示的干燥器采用煤或柴油在炉灶 1 中燃烧后的烟道气直接加热。烟道气与湿物料的运动方向成并流。如果湿物料不耐高温或不允许被污染,可改用预热后的空气为干燥介质。

在转筒内壁装有分散物料的装置,被称为抄板。抄板的作用是将物料抄起后再撒下,这样可使物料均匀地分布在转筒截面的各部分从而与干燥介质很好地接触,增大了干燥的有效面积,使干燥速率增大,同时还促使物料向前运动。当转筒旋转一周时,物料被抄起和撒下一次,物料前进的距离等于其落下的高度乘以圆筒的倾斜率。抄板的形式很多,如图 7.62 所示。抄板基本上纵贯整个圆筒的内壁,在物料的入口端的抄板也可被制成螺旋形,以促进物料的初始运动并导入物料。对于大块和易于黏结的物料,可采用升举式抄板,如图 7.62 所示的直立式抄板、45°抄板、90°抄板。对于密度大而不脆的物料可采用图 7.62 中的四格式抄板。对于较脆的小块物料,可采用十字形抄板。对于很细的颗料、易引起飞扬的物料可采用分隔式抄板。

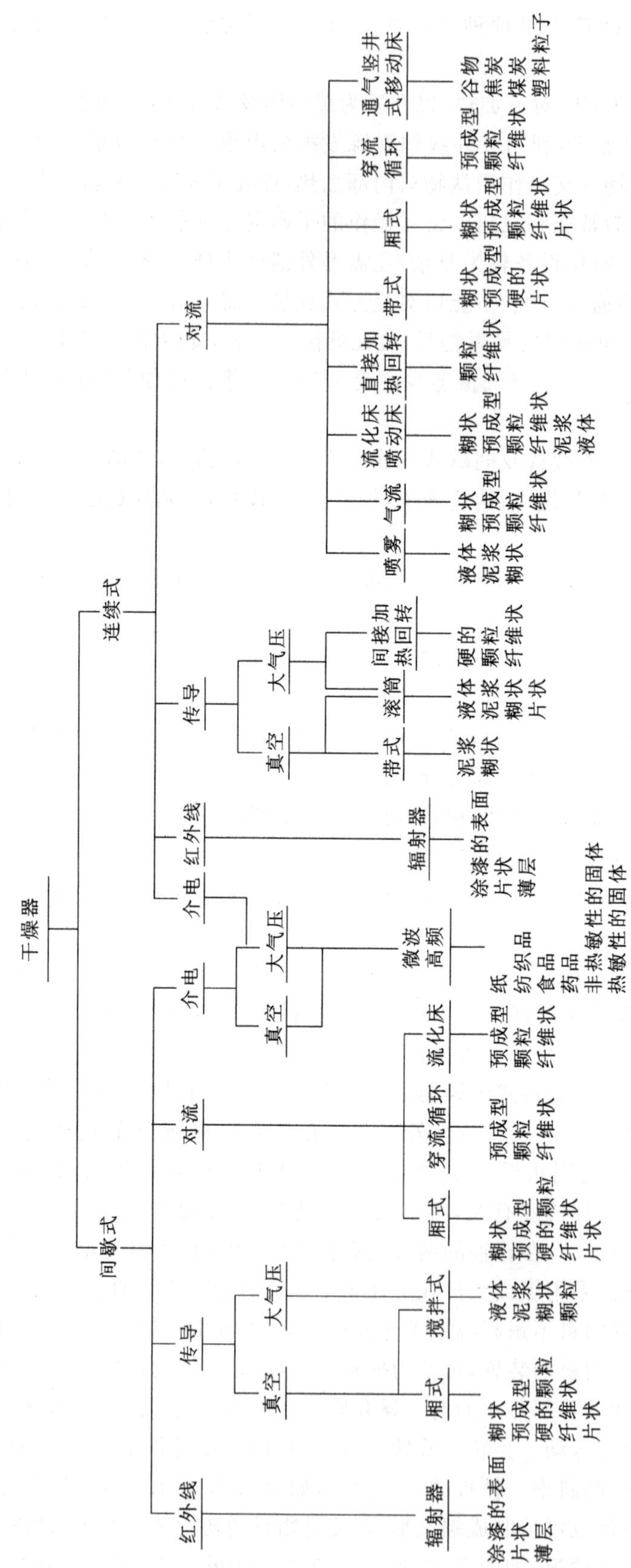

图 7.60 按操作作方法和热量供给方式分类的干燥器

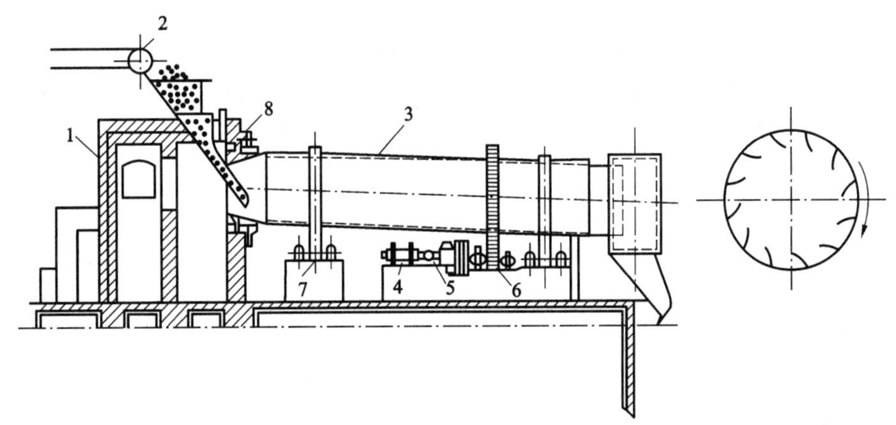

图 7.61　直接传热回转(转筒)式干燥器示意图

1—炉灶；2—加热器；3—转筒；4—电机；5—减速器；6—传动齿轮；7—支承托轮；8—密封装置

干燥器内空气与物料间流向可采用逆流、并流或并逆流相结合的操作。通常在处理含水量较高、允许快速干燥而不致发生裂纹或焦化、产品不能耐高温而吸水性又较差的物料时，宜采用并流干燥；当处理不允许快速干燥而产品能耐高温的物料时，宜采用逆流干燥。

为了减少粉尘的飞扬，气体在干燥器内的速度不宜过高，对粒径为1 mm左右的物料，气体速度为0.3～1.0 m/s；对粒径为5 mm左右的物料，气体速度在3 m/s以下。有时为防止转筒中粉尘外流，可采用真空操作。转筒干燥器的体积传热系数较低，为0.2～0.5 W/(m^3 · ℃)。

必须指出，转筒内所能装填的物料体积是比较小的，实际可容纳的物料体积与转筒体积之比被称为充填系数，一般不大于0.25。充填系数除与物料的性质有关外，还与抄板的形式有关，例如采用升举式抄板时，充填系数不大于0.1～0.2，采用形状较复杂的抄板时，充填系数可提高到0.15～0.25。

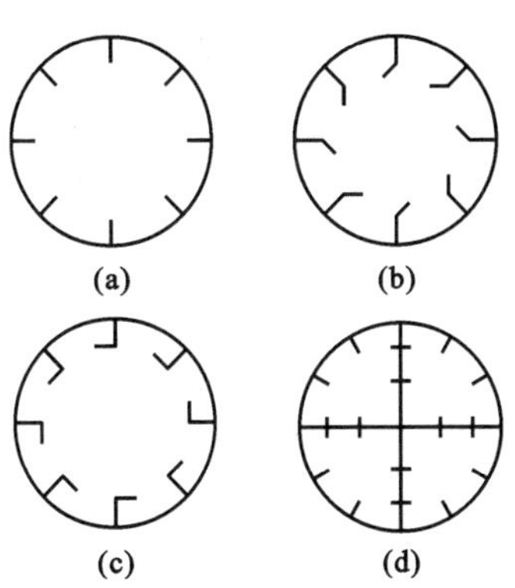

图 7.62　常用升举式和四格式抄板的形式

(a)直立式抄板；(b) 45°抄板；(c) 90°抄板；(d) 四格式抄板

转筒干燥器的优点是机械化程度高，生产能力大，流动阻力小，容易控制，产品质量均匀；此外，转筒干燥器对物料的适应性较强，不仅适用于处理散粒状物料，而且在处理黏性膏状物料或含水量较高的物料时，可于其中掺入部分干料以降低黏性。转筒干燥器的缺点：设备笨重；金属材料耗量多；热效率低，约为50％；结构复杂，占地面积大；传动部件需经常维修等。

目前国内采用的转筒干燥器直径为0.6～2.5 m，长度为2～27 m；处理物料的含水量为3％～50％，产品含水量可降到0.5％，甚至低到0.1％(均为湿基)；物料在转筒内的停留时间为5 min～2 h。

7.4.4.3　气流式干燥器

(1)气流干燥装置

气流干燥法是将泥状、粉粒状或块状的湿物料送入热气流中与之并流，从而得到分散成粉粒状的干燥产品。气流式干燥器是连续式常压干燥器的一种。

近20年来，这种干燥器已在不少场合下代替转筒式干燥器，它相比转筒式干燥器的优点是结构简单而金属消耗少，物料都处于悬浮状态而迅速被干燥，在器内停留时间仅几秒钟，而在转筒式中一般为几十分钟；可以同时完成提升、造粒等附带的工艺过程，所以它很适用于表面湿分的除去。气流式干燥器不宜用于主要是内部扩散控制的物料，物料的最终湿度因颗粒大小不同而较转筒式干燥得不均匀，常同时产生不需要的磨碎。所消耗的能量较多，收尘装置的负荷也特别大(100％产品都需从中回收)，而且在干燥器中物料与气流只能并流运动。

图7.63为干燥与粉碎相结合的气流式干燥器。按风机的安装位置在干燥器之前或之后可分成

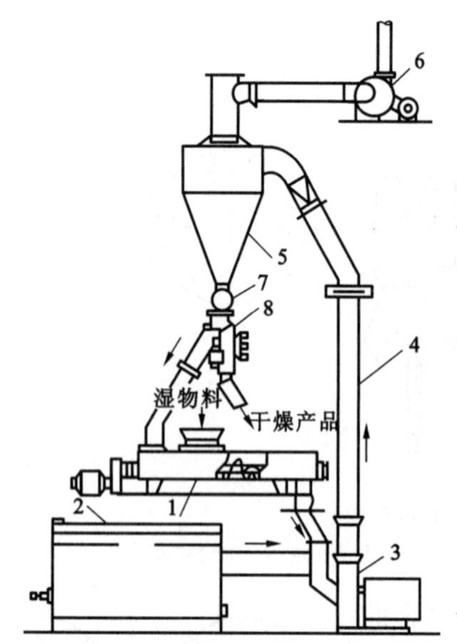

图 7.63　干燥与粉碎相结合的气流式干燥器

1—螺旋输送混合机；2—燃烧炉；3—粉碎机；4—气流干燥器；5—旋风分离器；6—风机；7—排料阀；8—固体流动分配器

正压操作或负压操作。干燥器本身为一直立圆管，湿物料由料斗加入螺旋输送混合机 1，与一定量的干燥物料混合后进入干燥器底部的粉碎机 3。已预热的热气体也同时被送入粉碎机，在热风中使湿物料边粉碎边部分干燥后进入干燥管，被分散于气流的湿物料与气流并流上升同时进行干燥，从干燥管的上部进入旋风分离器 5 进行气-固分离，干物料产品由排料阀 7 定时排出。分离出的含细粉气体，如果需要还可用二级旋风分离或袋滤等方法再进行气-固分离，废气由风机 6 排入大气。

(2)气流干燥器的特点

① 颗粒在气流中呈悬浮状分散充分，使干燥的有效表面积增大，因此，颗粒与气体间的体积传热系数很大。一般高达 2300～7000 W/(m^3 · ℃)，比回转干燥器大 20～30 倍，干燥速率快。

② 气流干燥是气-固并流操作，故可采用高温气体干燥，即使用 400～600 ℃的高温气体进行干燥操作，产品温度也不会超过 90 ℃，这样不致影响产品的性能和质量，可充分利用热能。

③ 干燥时间短，多数物料在气流干燥过程中只要 0.5～5 s，最多也只在 10 s 内即离开干燥管，因此也适用于热敏性和低熔点物料的干燥。极易受热变质的物料仍可用气流干燥法去除湿分。

④ 设备结构简单，占地面积小，热损失小，制造容易，包括附属设备在内，占地面积只需 33～99 m^2。

⑤ 适用性广泛，适用于各种粉、粒状物料，所适用物料的直径为 90 μm～20 mm，湿度为 10%～40%。纤维状物料也可采用气流干燥法去水。

⑥ 气流干燥操作连续而稳定，有利于采用自动控制。

⑦ 由于气速较大(一般为 10～40 m/s)，气体对颗粒有一定的摩擦，对要求有一定晶形的物料和易黏附于管壁的物料，则不宜用气流干燥的方法。

⑧ 为使物料悬浮必须采用较高风速，因而产生较大的气流阻力(一般为 3～4 MPa)，为此必须选用高压或中压离心式通风机，增加了动力消耗。

7.4.4.4　流化床干燥器

流化干燥又称沸腾干燥，是固体流态化技术在干燥中的应用，即利用流化床将固体湿物料悬浮于热气流中，造成充分混合分散的连续干燥操作。

(1)流化干燥的特点

① 颗粒与热气流之间在湍流喷射状态下进行充分混合和分散，气-固相传热、传质系数及相应表面积均较大，如对流体积传热系数 α_1 与气流干燥器的相当，为 2300～7000 W/(m^3 · ℃)。

② 颗粒在流化床内纵向运动剧烈，使床层温度趋于均匀，保证了产品的均一性。

③ 当干燥器尺寸确定后，物料在床内的停留时间一般在数分钟至数小时之间，可以根据加料量的多少和对不同湿度的物料的干燥要求来调节。

④ 同一台设备既可连续操作，也可间歇操作。

⑤ 与气流干燥器相比，流化床干燥器的操作气速较低，所以对物料的粉碎程度较小。

⑥ 装置结构简单、造价低，物料由于流化而输送方便，维修也较容易。

⑦ 不适于易黏结或结块的物料，因此对被干燥物料的湿度及粒度有一定限制。一般，粒径在 30～60 μm 之间，初湿度不能太高，对于粉料要求在 2%～5%以下，对于粒料可在 10%～15%以下。若

湿度较大,可设法掺加部分干料,或在床内增设搅拌装置,以利于物料的流动。

(2)流化干燥装置

流化干燥装置一般包括热风发生器、流化床干燥器、粉尘捕集器、风机、加料器及卸料器等,图 7.64 是一个典型的立式单层流化干燥装置简图。

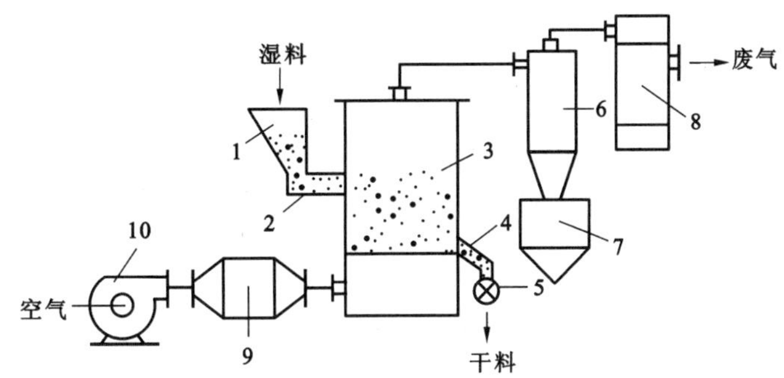

图 7.64 立式单层流化干燥装置简图

1—料斗;2—螺旋加料器;3—干燥室;4—卸料管;

5—星形卸料器;6—旋风分离器;7—料斗;8—袋滤器;9—加热器;10—风机

干燥介质由送风机送入,经加热炉加热后进入流化干燥器下部,通过气体分布板与床内被流化的物料充分混合、良好接触后进入旋风分离器,捕集出夹带的细粉后,由尾部排风机排入大气;湿物料由加料器连续或间歇加入床内,已干燥产品通过卸料器被连续或间歇地排出。

在流化床中,颗粒在热气流中上下翻动,彼此碰撞和混合,气-固体进行传热、传质,达到干燥的目的。由于湿料的性质不同,干燥的要求不同,流化干燥器分成很多类。在形式上有立式单层床、立式多层床、卧式多室床等。在操作方式上有间歇式、连续式。在特殊需要的场合,可以在床内设置搅拌器、补充加热器等装置。

① 多层圆筒流化床干燥器

为提高热效率,增加物料在干燥器内停留时间,使产品的湿度降到较小,可采用如图 7.65 所示的多层圆筒流化床干燥器,物料由上面第一层加入,热风由底层吹入,在床内进行逆向接触。颗粒由上一层经溢流管流入下一层。颗粒在每层内可以相互混合,但层与层间不互混,经干燥后由最下一层卸出,热风自下而上通过各层床层后由顶部排出,多层流化床干燥器的热效率较高,适用于降速干燥阶段物料要求,产品能达到较低的湿度。但是多层床的结构复杂,操作上要求严格,有时不易控制,且床层阻力大,需要高压风机。

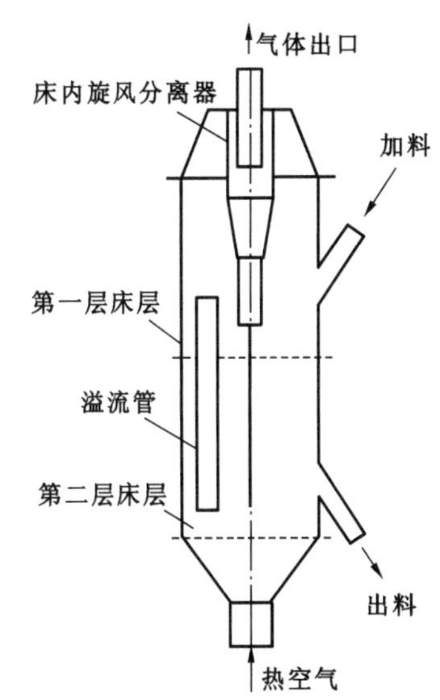

图 7.65 多层圆筒流化床干燥器图

② 卧式多室流化床干燥器

图 7.66 所示的卧式多室流化床干燥器的横截面为矩形,被垂直板分隔成 5~8 室,挡板下沿与多孔板之间留有几十毫米的空隙,物料自第一室进入后依次进入其他各室,并从最后一室由卸料管取出干物料。这类设备的压降小于多层流化床的,但消耗蒸汽量较大,因而热效率较低。

7.4.4.5 喷雾干燥器

喷雾干燥器能直接将可泵送的料液(溶液、悬浮液、乳浊液、膏糊状液)通过雾化器(气流式、压力式、离心式)在热风中迅速雾化成微细小的雾滴,并在几秒钟内将其蒸发,干燥成固体粉末产品,是集蒸发、结晶、干燥三个过程于同一设备进行的操作装置,因此,这是一种先进的干燥装置,已广泛应用于材料、化工、石化、冶金、建材、环保、轻工、食品、医药等行业。

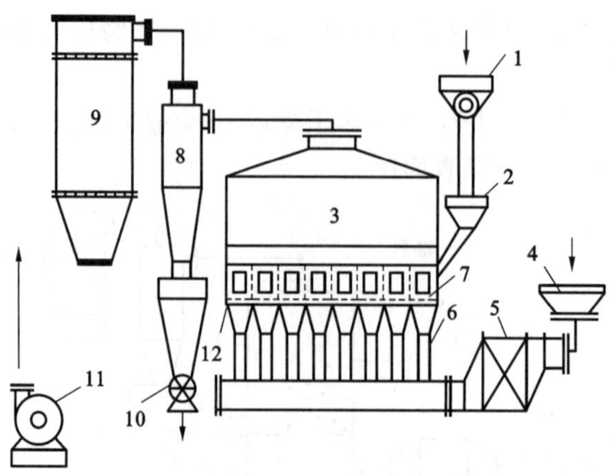

图 7.66　卧式多室流化床干燥器

1—摇摆式颗粒机；2—加料斗；3—干燥器；4—空气过滤器；5—空气加热器；
6—进气支管；7—多孔板；8—旋风分离器；9—袋滤器；10—星形出料器；11—风机；12—卸料口

(1)喷雾干燥器工作原理

喷雾干燥器主要工作部分为雾化和干燥两部分。料液在干燥器内历经雾化、雾滴与热空气接触、雾滴的干燥三个阶段。现分述如下：

① 料液雾化

雾化机理：料浆被送到高速旋转的雾化盘后，在离心力等外力作用下被拉成薄膜，同时速度不断增大，最后从盘边缘被甩出而成为液滴。从雾化盘被甩出的料浆受两种力的作用而被雾化：一种是离心力，另一种是空气的摩擦力。当料浆流量小、雾化盘转速低时，料浆在盘边缘隆起呈半球形，球的直径取决于离心力及料浆的黏度和表面张力。当离心力超过料浆的表面张力时，盘边各料浆球被直接甩出成为雾状液滴，雾滴中含有大量的大颗粒液滴，如图 7.67(a)所示。

当料浆流量增大、雾化盘转速增高时，盘边上半球形料浆被拉成许多液丝。随着料浆流量的继续增大，盘边液丝数目也增多，但至一定数量后再增大料浆流量，液丝只是直径变大，数目却不再增多。在离心力和空气摩擦力的作用下，这些液丝很不稳定，在延伸到离盘边不远处即迅速断裂，成为雾状的细微液滴和许多球形的小液滴，如图 7.67(b)所示。料浆的黏度和表面张力越大，产生的液滴直径越大，且粗粒液滴所占的比例也越大。

当料浆流量继续增大时，液丝的数目和直径均不再增加，液丝间互相溶合成为连续的液膜，液膜由盘边延伸到一定距离后破裂，分散成直径分布较广的液滴，如图 7.67(c)所示。若雾化盘的转速继续提高，液膜延伸的距离缩短，料浆被高速甩出，在盘边附近即与空气强烈摩擦而分裂成雾状液滴。

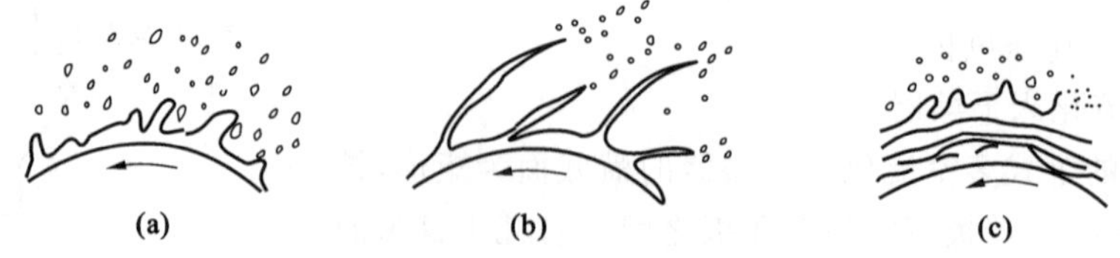

图 7.67　离心雾化器的雾化过程

(a)滴状雾化；(b)丝状雾化；(c)膜状雾化

料液的雾化必须注意两个问题：一是雾滴的大小，一般应为 20～60 μm；二是均匀性，如果雾化液滴大小差异甚大，就会出现大颗粒未达到干燥要求，而小颗粒已干燥过度，产生变质的现象。因此雾化器的设计和选用是喷雾干燥的关键技术。现在常用的雾化器有三类：

(a)气流喷嘴式。被加压的空气以约 300 m/s 的速度从喷嘴喷出，气液两相因有速度差而形成雾滴。(b)压力喷嘴式。采用高压泵使高压液体通过喷嘴，此时液体的静压能转变为动能而高速喷出并分散成雾滴。(c)离心转盘式。料液加到圆周速度为 90～150 m/s 的转盘上，因受离心力的作用而被雾化。选择哪种雾化方式取决于料液性质和对干燥产品的不同要求。

② 雾滴与热空气接触

如图 7.68 所示，雾滴和空气在干燥室的接触方式有并流、逆流和混流三种。不同的接触方式对干燥室内温度分布、液滴和颗粒的运动轨迹、物料停留时间和产品质量都有很大影响。

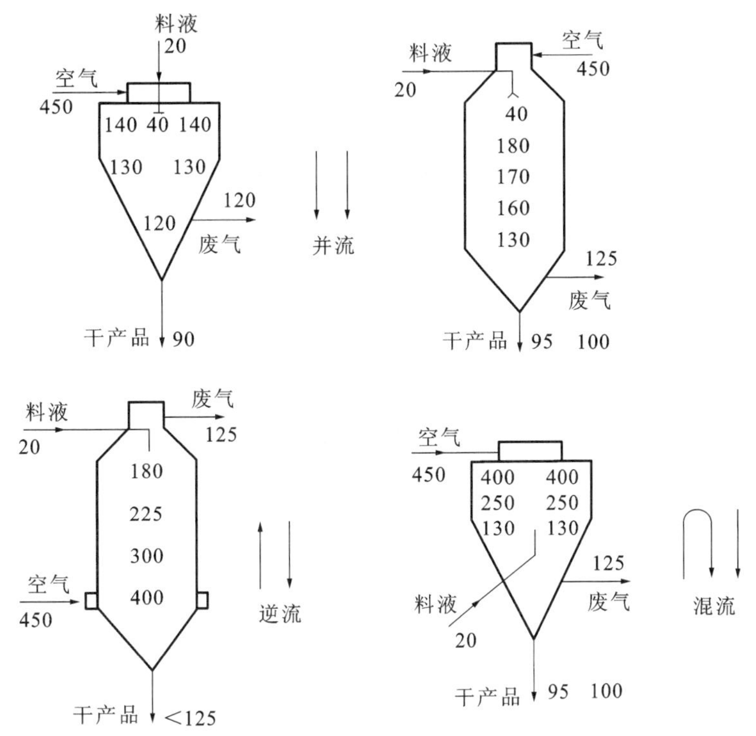

图 7.68　喷雾干燥器不同的流向和温度分布

（数字为该处的温度，单位为℃）

并流时，高温气体先与湿度大的物料相遇，然后逐渐增湿降温，因此物料最终温度不高。由于水分迅速蒸发，液滴膨胀、破裂，并流所得干产品常为非球形中空颗粒，质地疏松。

并流式向下时，热空气进口和料浆雾化都在干燥塔的顶部，热空气和雾状料浆一同沿塔向下流动，气液两相在塔的上部接触，水分迅速蒸发，液滴大量吸收热空气中的热量，使热空气的温度迅速降低。在塔的下部，料浆成为干粉，同时，热空气的温度也已大大降低，故干燥产品的温度不会很高。这种流向适用于离心雾化器和空气雾化器，如用于压力喷嘴式雾化器，由于液滴的初速度比较高，同时又受重力的作用，有很大的下降速度，特别是粗粒液滴，速度更快，为了达到干燥的目的，塔的高度需要很大。此外，由于粗细颗粒的速度不同，需要较长干燥时间的粗颗粒速度快，在塔内停留时间短；反之，只需要较短干燥时间的细颗粒却速度慢，在塔内停留时间长，结果造成粗细颗粒干燥程度不均匀，含水量差别很大，甚至黏结成团，积在塔内，效果不好。这种流向的空气速度一般为 0.2～0.5 m/s，低于 0.2 m/s 时，将降低传热和传质的速度，速度过大，又影响粉料的沉降，增加分离设备的负荷。

并流式向上时，这种流向与自上而下的并流操作在原理上没有什么不同，只是由于较粗的颗粒不会被气流带出，产品的粒度比较均匀。

逆流时，喷出的雾滴与即将离开干燥室的气体相遇，气化速度较并流时的小，而干物料在出口处所遇到的是刚入口的高温气体，因此逆流式对于非热敏性物料以及要求最终湿度小的产品比较合适。此外，因为逆流的平均温差大于并流、停留时间也较长而有利于热、质的传递，热利用率也较高。

混流式接触的特性介于逆流与并流之间，对能耐高温的干物料，混流最经济。在干燥的开始阶段采用了逆流式的流向，故热利用率较高。气液两相反向流动，由于干燥产品与进口的高温热空气接触，故产品的温度较高，含水量较低。这种流向的传热和传质推动力都较大，热利用率也较高。陶瓷工业中喷雾干燥器基本上采用此种流向。

从干燥产品的性质来看，在并流式干燥中，由于液滴含水量最高时与高温热空气接触，水分迅速蒸发，导致体积膨胀，甚至开裂，因而产生密度较小的非球形多孔产品。在逆流式干燥中，情况恰好相反，已干燥的产品在将要离开干燥塔之前才与高温的热空气接触，液滴在蒸发过程中体积膨胀和碎裂的趋势减小，因此产品的空隙率较小，密度较大。

③ 雾滴的干燥

图 7.69 为雾滴干燥过程的示意图。雾滴的干燥与固体颗粒的干燥一样，也有恒速与降速干燥两个阶段。雾滴与热空气接触时，热量由空气经雾滴表面的饱和汽膜传入雾滴内部，水分自雾滴内部蒸发。只要从雾滴内部扩散到汽膜的水量足以补充表面水分向气相的扩散，汽化便恒速进行，表面温度等于空气的湿球温度。当内部扩散量小于表面扩散量时，雾滴表面结膜形成干壳，表面温度随干壳增厚而升高，进入降速干燥阶段。所以，喷雾干燥是一个复杂的动量、热量、质量传递的过程。

(2)喷雾干燥的工艺流程

喷雾干燥装置通常由热风系统、料液输送系统、雾化器、干燥室、粉料回收系统及电气控制系统等组成。图 7.70 所示为喷雾干燥的流程。空气经加热后由干燥器顶部进入，料液经喷嘴用压缩空气喷洒成细小雾滴与热空气接触，在液滴未达器壁之前完成干燥，产品沿壁落入器底，废气与产品一起进入旋风分离器，分离出的产品由旋风分离器底部卸出，废气再进入袋滤器后由风机排空。干燥器顶部装有空气导向板，使热风在干燥器内均匀分布，干燥效果较好。

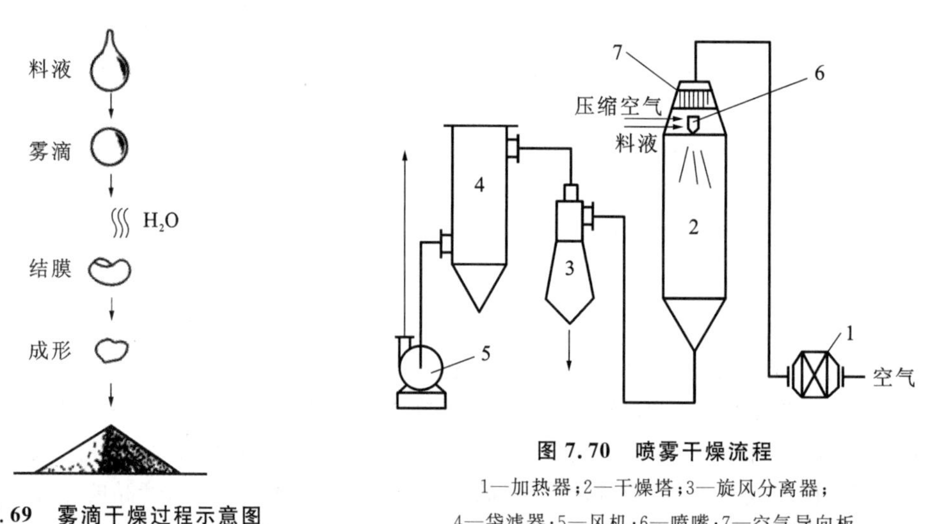

图 7.69 雾滴干燥过程示意图

图 7.70 喷雾干燥流程

1—加热器；2—干燥塔；3—旋风分离器；4—袋滤器；5—风机；6—喷嘴；7—空气导向板

① 离心式喷雾干燥器

离心式喷雾干燥器是气液两相并流式干燥设备，采用高速离心转盘式雾化器，将料液雾化成微细的雾滴，与分布器分布后的热空气在干燥室内混合，迅速进行热质交换，在极短时间内干燥成为粉状产品，生产控制和产品质量控制方便可靠。该干燥器的产品流动性、速溶性好，颗粒较压力式喷雾干燥的产品为细，广泛适用于不同种类液体物料的干燥生产。

离心转盘式雾化器为一高速旋转(3000～20000 r/min)的圆盘，其周边线速度为 75～150 m/s，当料液送入高速旋转的圆盘时，由于受离心力的作用，液体被拉成薄膜，并以不断增大的速度从盘的边缘被甩出而成雾滴，如图 7.71 所示。雾化盘的结构可分为光滑盘和非光滑盘两类，图 7.72 所示为盘形光滑雾化盘。盘表面是光滑的平面或锥面，但由于表面光滑，液体的严重滑动而影响雾化效果。图 7.73所示的非光滑雾化盘可减少在进料量增加时料液与转盘间的滑动，常见的有叶片形、沟槽形和喷嘴形三种。为改善不锈钢雾化盘出液口的磨损，在转盘出液口增装了 WC 合金或陶瓷材料的内插件，使原不锈钢转盘的使用寿命延长 20～30 倍。

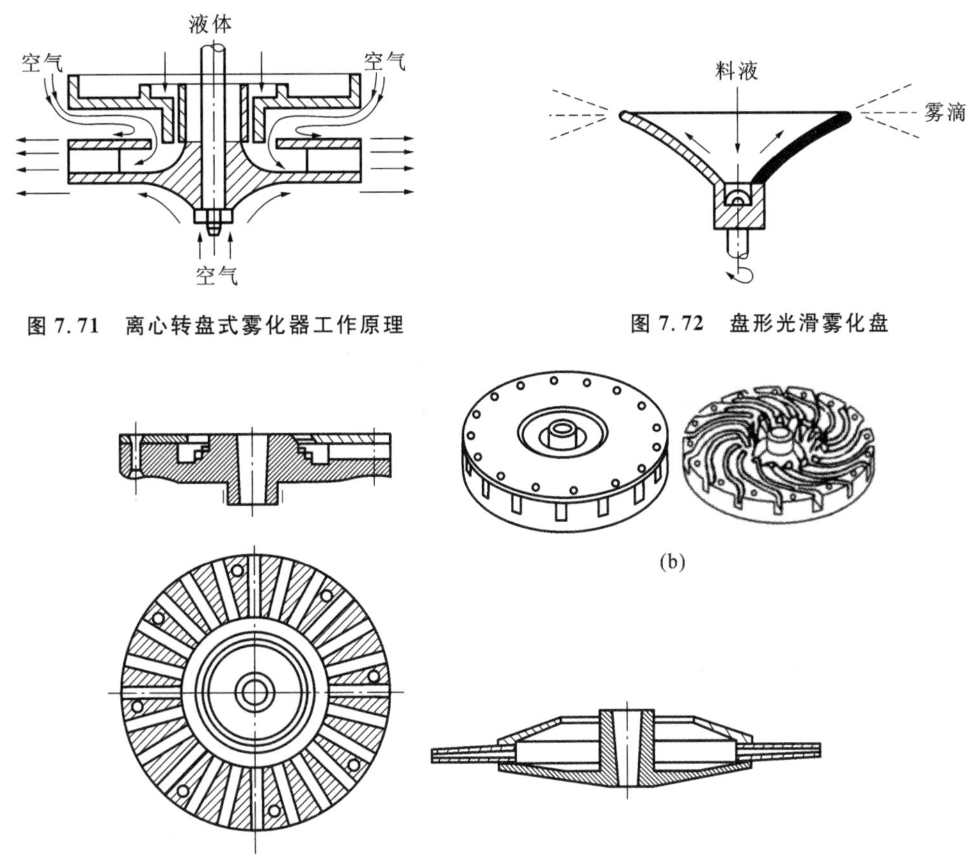

图 7.71 离心转盘式雾化器工作原理

图 7.72 盘形光滑雾化盘

图 7.73 非光滑雾化盘

(a)叶片形;(b)沟槽形;(c)喷嘴形

② 压力式喷雾干燥器

压力式喷雾干燥器是气液两相并流式干燥设备,采用高压喷嘴,借助高压泵的压力将液态物料雾化,与进入器内的热风并流向下,进行快速的热质交换,在极短的时间内干燥,连续得到中空的球状物料,产品粒径大,流动性、溶解性好,适用于化工、医药、食品等行业无黏性和低黏性的液态物料干燥。

压力式雾化器主要由液体切向入口、液体涡旋室、喷嘴孔等构成。料液经高压泵加压后以很高的压强(2～20 MPa)从切向入口进入涡旋室,愈靠近中心处旋转速度愈大而静压强愈小,结果形成一个位于涡旋室中心的轴向压力等于大气压的空气旋流,而液体则形成绕空气心旋转的环形薄膜从喷嘴口喷出,液膜伸长变薄并拉成细丝,最后形成小雾滴。其工作原理见图 7.74。

工业上使用的雾化器孔径为 0.3～2 mm,压力为 5～20 MPa,但近年来已发展到孔径为 4～6 mm,使用压力高达 30 MPa 的雾化器,该雾化器的喷出孔被称为喷嘴,其加工光洁度和圆度均要求较高,否则会出现喷出的雾状不均匀或呈线流等现象而影响干燥的质量。

图 7.75 是旋转型压力喷嘴的结构示意图。考虑到喷嘴口受料液的腐蚀而影响使用寿命,国内制造厂家已采用结构陶瓷材料制作的喷孔片以替代硬质合金材料或者采用高价的人造宝石镶嵌的喷嘴,如图 7.76 所示。图 7.77 是离心型压力喷嘴的嘴芯结构示意图。

(3)喷雾干燥系统

图 7.78(a)为采用离心雾化器的喷雾干燥器系统,干燥塔 6 为一个上部为圆柱形、下部为圆锥形的圆筒。圆筒的顶上有进气管 5 和热空气分配器 8,底部为粉料出口。粉料出口的上方有排气管 11,排气管与捕集细粉的旋风分离器 12 和袋式收尘器 13 (或其他形式的收尘器)相连,在筒体的中间装有离心雾化器 9。

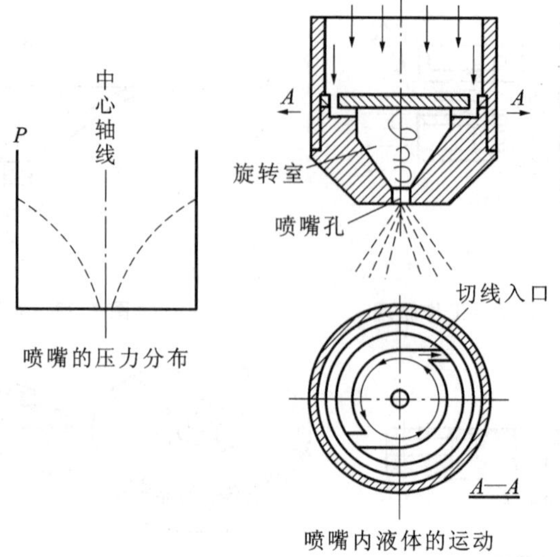

图 7.74　压力式喷觜工作原理图

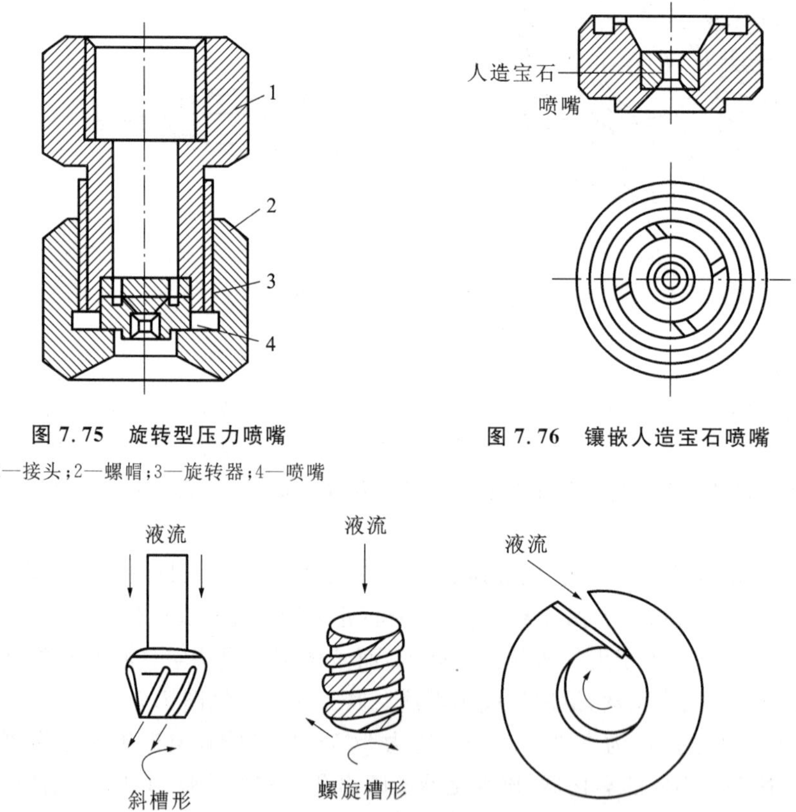

图 7.75　旋转型压力喷嘴

1—接头；2—螺帽；3—旋转器；4—喷嘴

图 7.76　镶嵌人造宝石喷嘴

图 7.77　离心型压力喷嘴嘴芯结构

工作时，泥浆经泥浆管 4、高位槽 7 送入，在雾化器中，泥浆被分散成许多细小的液滴，热空气从顶上经进气管和热空气分配器进入圆筒内，当热空气与液滴相遇时，彼此之间产生强烈的热量和质量传递，液滴中的水分迅速蒸发，很快成为干燥的粉料，最后沉降至筒体底部，从粉料出口排出。干燥尾气则经过旋风分离器等收尘设备后，其中的细粉被收集后排入大气中，整个系统在负压下操作，可防止粉尘外逸。图 7.78(b)为采用压力喷嘴式雾化器的喷雾干燥器系统，其工作原理与上述基本相同。

离心雾化器与压力喷嘴式雾化器的性能各不相同，其性能对比示于表 7.8 中。

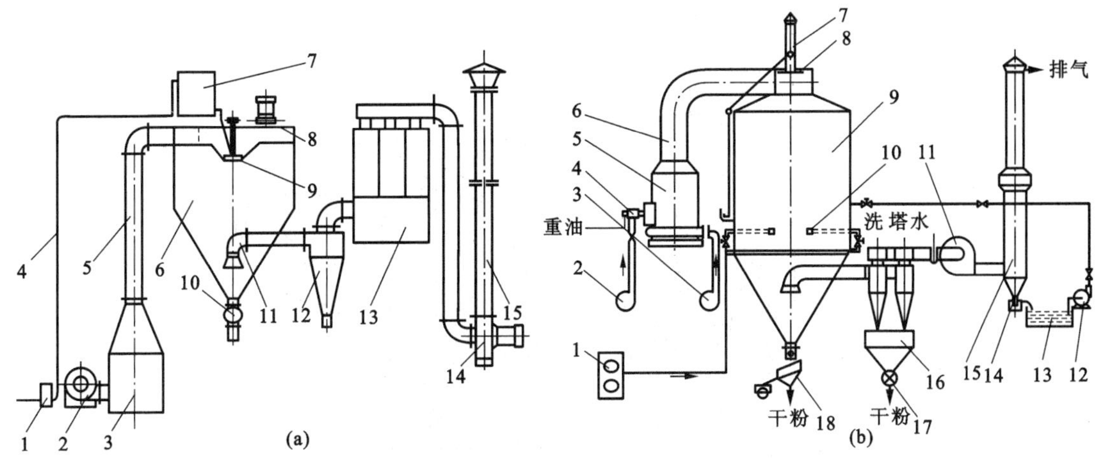

图 7.78 喷雾干燥器及其附属设备

(a)采用离心雾化器的喷雾干燥器

1—泥浆泵;2—送风风机;3—热风炉;4—泥浆管;5—进气管;
6—干燥塔;7—高位槽;8—热空气分配器;9—离心雾化器;10—叶轮给料机;
11—排气管;12—旋风分离器;13—袋式收尘器;14—排风风机;15—放空风管

(b)采用压力喷嘴式雾化器的喷雾干燥器

1—泥浆泵;2—雾化风机;3—风机;4—烧嘴;5—热风炉;
6—热风风管;7—废弃烟囱;8—升降阀门;9—干燥塔;10—压力喷嘴式雾化器;
11—排风风机;12—循环水泵;13—沉淀池;14—水封器;15—洗涤塔;
16—旋风分离器;17—叶轮给料机;18—振动筛

表 7.8 两种雾化器的性能

项目	离心雾化器	压力喷嘴式雾化器
干燥塔直径	大	小
干燥塔高度	小	大
供料压力	低	高
产品粒度	较小	较大
产品密度	较小	较大
产品温度	较低,低于干燥尾气温度	较高,高于干燥尾气温度
生产能力	大	小
操作弹性	大	小
操作的可能性	较好	较差,喷嘴易被磨损和堵塞

③ 气流式喷雾干燥器

气流式喷雾干燥器系气液两相并流式干燥设备。采用二流体(或三流体)喷嘴式雾化器,利用压缩空气(蒸气等)与料液间亚音速或超音速的速度差(通常喷出气速为 200～300 m/s,液体速度不超过 2 m/s),将常规的和有一定黏性的物料雾化成微细雾滴,与热气体迅速进行热交换,在极短时间内干燥成粉。干燥产品质量高,粒径分布均匀,流动性好,湿度均匀。气流式雾化器的两种结构见图 7.79。

综上所述,三种喷雾干燥器各有其优缺点。压力式喷雾适用于黏性料液,但必须配置高压泵。由于喷嘴孔径小、孔口易被磨损或被堵塞而影响正常生产。因此,它的操作弹性小,产量可调范围窄。气流或喷雾结构简单,制造容易,但动力消耗大,适用于任何黏度或含固量小的料液干燥。离心式喷

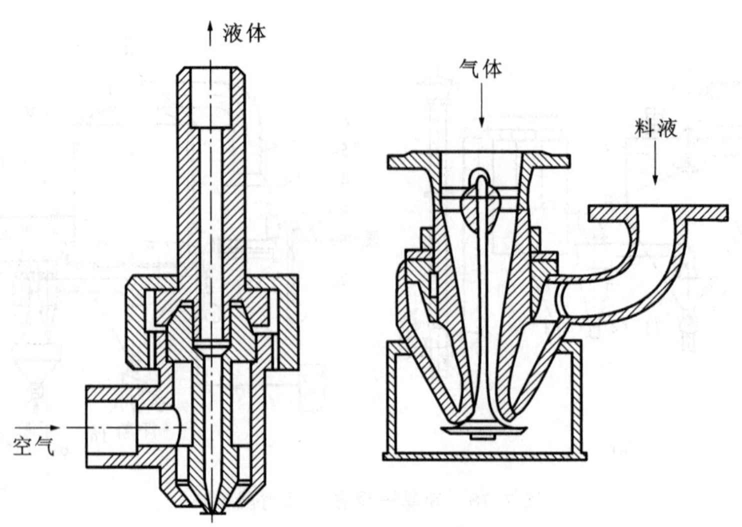

图 7.79　气流式雾化器

雾动力消耗介于气流与压力喷雾之间，操作弹性大，由于转盘可以采用不带小孔的类型，因此适用于高黏度或含固量高的料液的干燥。其缺点是转盘的机械加工要求高，料液水平喷距较大，因此干燥器直径也较大。

7.4.4.6　厢式干燥器

厢式干燥器又称盘式干燥器，一般将小型的称为烘箱，将大型的称为烘房，它们是典型的常压间歇操作干燥设备。这种干燥器的基本结构如图 7.80 所示，干燥器由若干长方形的浅盘组成，浅盘置于盘架 7 上，被干燥物料放在浅盘内，物料的堆积厚度为 10～100 mm。新鲜空气由风机 3 吸入，经加热器 5 预热后沿挡板 6 均匀地在各浅盘内的物料上方掠过并进行干燥，部分废气经空气出口 2 排出，余下的循环使用，以提高热效率。废气循环量由吸入口或排出口的挡板进行调节。空气的流速由物料的粒度而定，应使物料不被气流夹带出干燥器为原则，一般为 1～10 m/s。这种干燥器的浅盘可放在能移动的小车盘架上，使物料的装卸都能在厢外进行，不致占用干燥时间，且劳动条件较好。

厢式干燥器也可在真空条件下操作，被称为厢式真空干燥器。干燥厢应是密封的，干燥时不通入空气，而是将浅盘架制成空心的结构，加热蒸汽从中通过，以传导方式加热物料，使所含水分或溶剂汽化，汽化出的水汽或溶剂蒸气用真空泵抽出，以维持厢内的真空度。真空干燥适于处理热敏性、易氧化及易燃烧的物料，或用于所排出的蒸气需要回收及防止污染环境的场合。

对于颗粒状的物料，可将物料铺在多孔的浅盘(或网)上，气流垂直地穿过物料层，以提高干燥速率。这种结构被称为穿流式干燥器，如图 7.81 所示。由图 7.81 可见，两层物料之间有倾斜的挡板，从一层物料中吹出的湿空气被挡住而不致再吹入另一层。空气通过小孔的速度为 0.3～1.2 m/s。

厢式干燥器还可用烟道气作为干燥介质。

厢式干燥器的优点是构造简单，设备投资少，适应性强。缺点是劳动强度大，装卸物料时热损失大，厢式干燥器门不严，空气损失量大，因而产品质量不均匀。

厢式干燥器被广泛地应用于物料需要长时间干燥、产品数量少、干燥产品需要单独处理的场合。

将采用小车的厢式干燥器发展为连续的或半连续的操作，便成为洞道式(隧道)干燥器，如图 7.82 所示。器身为狭长的洞道，内敷设铁轨，一系列的小车载着盛于浅盘中或悬挂在架上的物料通过洞道，使之与热空气接触而进行干燥。小车可以连续地或间歇地进出洞道。

由于洞道干燥器的容积大、小车在器内停留的时间长，因此适应于处理量大、干燥时间长的物料，例如木材、陶瓷等。干燥介质为加热蒸气或烟道气。气流速度一般为 2～3 m/s 或更高。洞道中也可进行中间加热或废气循环操作。

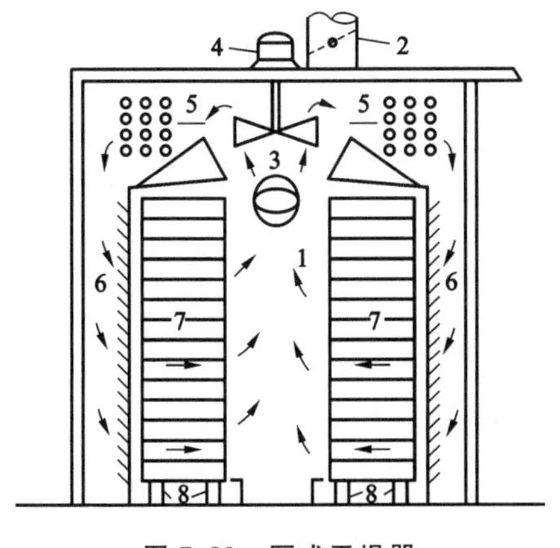

图 7.80 厢式干燥器

1—空气入口；2—空气出口；3—风机；4—电动机；
5—加热器；6—挡板；7—盘架；8—移动轮

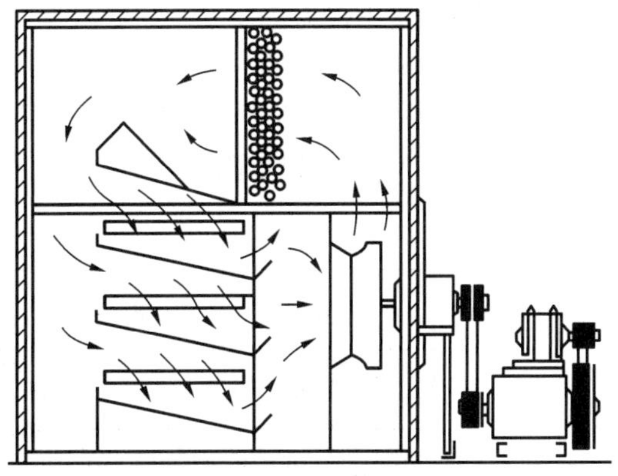

图 7.81 穿流式(厢式)干燥器

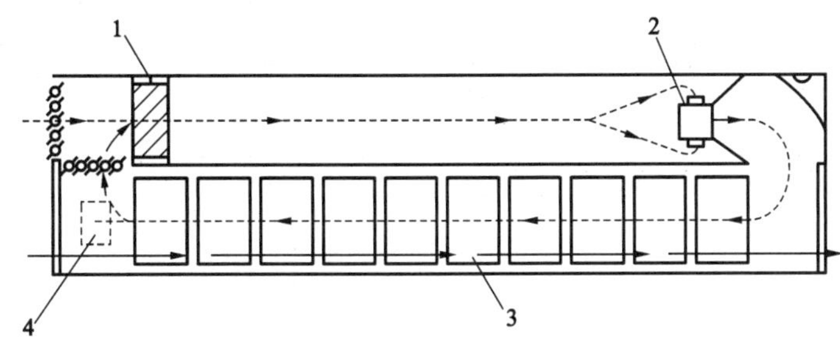

图 7.82 洞道式干燥器

1—加热器；2—风扇；3—装料车；4—排气口

7.4.4.7 带式干燥器

带式干燥器如图 7.83 所示，在截面为长方形的干燥室或隧道内，安装带式输送设备。传送带多为网状，气流与物料成错流，带子在前移过程中，物料不断地与热空气接触而被干燥。传送带可以是多层的，带宽为 1～3 m，长度为 4～50 m，干燥时间为 5～120 min。通常，在物料的运动方向上分成许多区段，每个区段都可装设风机和加热器。在不同区段内，气流方向及气体的温度、湿度和速度都可以不同。例如在湿料区段，气体的速度可大于干燥产品区段的。

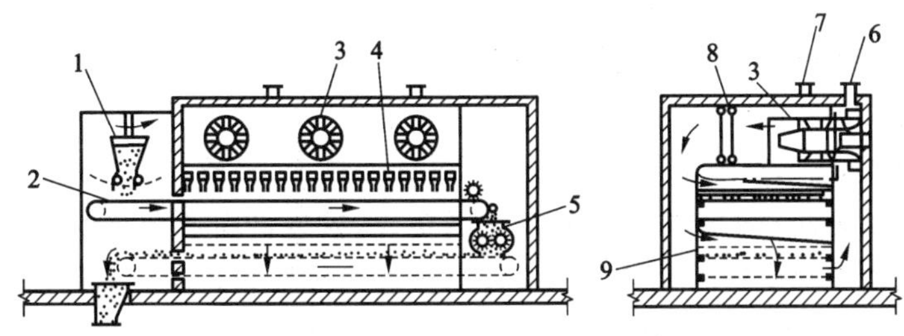

图 7.83 带式干燥器

1—加料器；2—传送带；3—风机；4—热空气喷嘴；
5—压碎机；6—空气入口；7—空气出口；8—加热器；9—空气再分配器

由于被干燥物料的性质不同，传送带可用帆布、橡胶、涂胶布或金属丝网制成。

物料在带式干燥器内翻动较少，故可保持物料的形状，也可同时连续干燥多种固体物料，但要求带上的堆积厚度、装载密度均匀一致，否则通风不均匀，使产品质量下降。这种干燥器的生产能力及热效率均较低，热效率一般在 40%以下。带式干燥器适用于干燥颗粒状、块状和纤维状的物料。

陶瓷工业中用来干燥坯体的干燥器主要使用的是链式干燥器。它是由带式干燥器和厢式干燥器结合发展起来的一种干燥器。根据链条的布置方式可分为水平多层布置干燥器、水平单层布置干燥器、垂直(立式)布置干燥器。

7.4.4.8　辐射干燥

湿物料吸收一定波长的电磁波并产生热量从而将水分汽化的干燥过程被称为辐射干燥。

图 7.84 所示为电磁波频谱图。按频率由高到低,辐射干燥器可分为以下几种,它们在工业上均有应用。

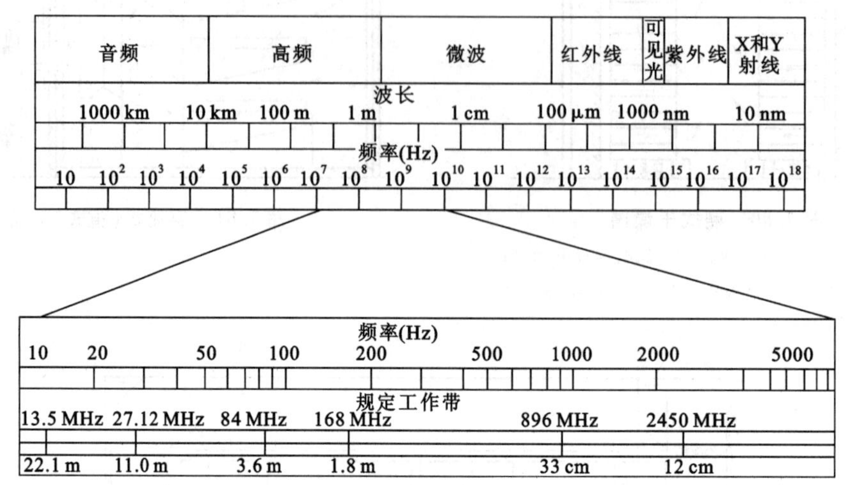

图 7.84　电磁波频谱图

(1)红外干燥器

利用红外辐射元件所发射出的红外线对物料进行直接加热,使水分汽化,从而达到干燥的目的。红外线是一种电磁波,其波长为 0.75～1000 μm,频率为 $4\times10^{4}\sim5\times10^{12}$ Hz,它在电磁波谱上的位置介于可见光和微波之间,肉眼看不见。这一区域的范围正好处在可见光红端之外,故被称为"红外线"。红外线之所以能对物料进行加热是因为物质分子能吸收一定波长范围的红外线。当物质分子吸收了由红外线所携带的辐射能后会发生共振,大大增强了物质分子的振动和转动,加剧了分子之间的相互碰撞和摩擦,产生热量,从而使物料受到加热而得以干燥。

(2)近红外干燥器和远红外干燥器

根据波长不同,红外线又可分为两个区域,将波长为 0.75～5.6 μm 的称为近红外,将波长为 5.6～1000 μm 的称为远红外。实验室常用的红外灯,它只能辐射波长小于 3 μm 的近红外,而一般物料红外线的吸收光谱大多位于远红外区域,故用上述红外灯干燥效率低,干燥时间长,耗能大。近年来研制了一种 TiO_2、ZrO_2、Fe_2O_3、Cr_2O_3、CoO 等金属氧化物混合而成的材料,能辐射出 2～5 μm的远红外线,用这些材料制成远红外辐射元件对物料进行加热干燥,被称为远红外干燥。

根据远红外线辐射强度与距离的平方成反比的定律,通过自由调节远红外线辐射元件与湿物料之间的距离使被干燥物料所受到的远红外能量得以被适当地控制。同时,通过调节电压,可控制辐射元件的湿度,调节所辐射的远红外线波长,使之适合被干燥物体的吸收波长。此外,在干燥室内又有适量的热风循环,因此,进一步提高了干燥效率。远红外干燥器结构如图 7.85 所示。

远红外干燥具有干燥速度快、干燥质量好、能量利用率高等优点,尤其是有机物、高分子材料及水分在远红外区域有很宽的吸收带,所以远红外干燥特别适用于上述物料的干燥。

(3)微波干燥器

微波干燥是在微波理论及微波管成就的基础上发展起来的一门新技术。我国在 20 世纪 70 年代初期开始研究和应用微波干燥技术,现已在医药、食品、木材、皮革等行业中获得一定的应用。

微波是指频率为 300 MHz～300 GHz,波长为 1 mm～1 m 间的电磁波。微波干燥属于介电加热干燥的一种,其加热原理与高频介质加热完全一样。湿物料中的水分子是一种极性很弱的分子,一旦处于一个强电场中,它会被极化,并趋向与外电场方向一致的整齐排列。这种整齐排列的水分子贮有

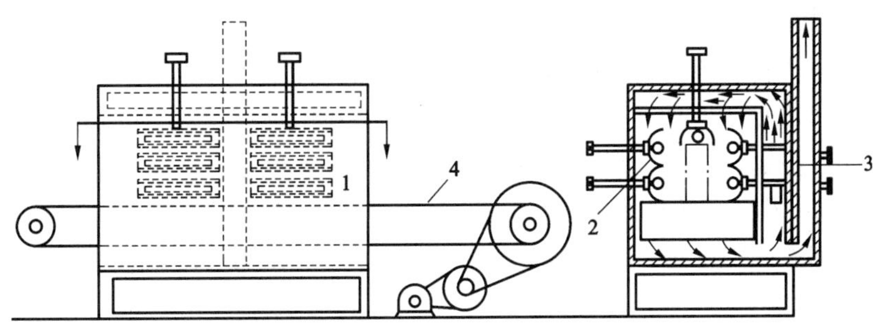

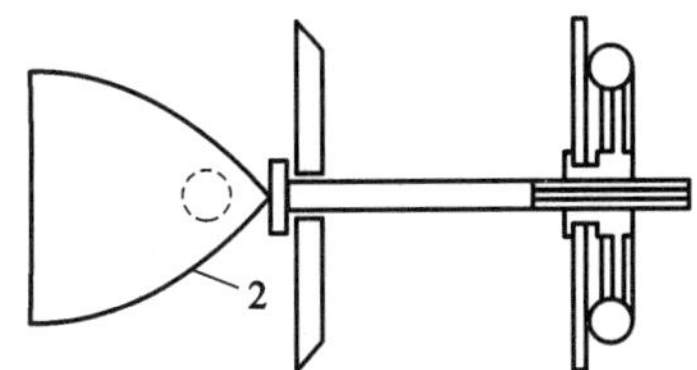

图 7.85 远红外干燥器

1—干燥室；2—远红外线辐射器；3—送风器和风扇；4—物料输送带

位能，如果外电场消失，水分子又会按新电场方向重新趋于整齐排列。若外加电场方向频繁地变化，水分子就会随着电场方向的变换而转动，水分子之间产生剧烈碰撞与摩擦，部分能量转化为热能，微波是一种高频交变电场，故能使湿物料中水分获得能量而发生汽化，从而使物料干燥。

微波干燥器由产生微波的振荡装置灶将微波辐射至被干燥物料上的干燥室组成。两装置间用传送电磁波的波导管连接，实际上是将监控微波的功率监控器和保护振荡装置的隔离器，以及有效利用微波功率的配合器等与波导管连接在一起。常见的箱式微波干燥器有间歇式和连续式两种，前者是大型的微波干燥装置，适用于分批处理大量的湿物料，后者因湿物料用传送带输送，故可连续处理。

微波干燥具有如下优点：① 加热迅速，干燥时间短；② 加热均匀，产品质量稳定；③ 控制灵敏，操作方便；③ 热效率高，热损失小；④ 干燥器体积较小，占地面积小。其缺点是运转成本较高。

7.4.5 干燥器的选用和发展方向

干燥器的选用包括干燥器的选型、工艺计算和设计。干燥过程是一个十分复杂的过程，至今尚有很多问题不能从理论上加以解决，必须求助于实验和经验。由于干燥中处理的物料种类繁多，物料干燥特性又差别很大，所以目前干燥器的类型很多，正确选择干燥方法应放在设计工作的首位。

7.4.5.1 干燥器的选型

在选择干燥器时，首先应根据湿物料的形状、特性、处理量、处理方式及可选用的热源等选择出适宜的干燥器类型。通常，干燥器选型应考虑以下各项因素。

(1)被干燥物料的性质　如热敏性、黏附性、颗粒的大小形状、磨损性以及腐蚀性、毒性、可燃性等物理化学性质。

(2)对干燥产品的要求　如干燥产品的含水量、形状、粒度分布、粉碎程度等。干燥食品时，产品的几何形状、粉碎程度均对成品的质量及价格有直接的影响。干燥脆性物料时应特别注意成品的粉碎与粉比。

(3)物料的干燥速度曲线与临界含水量　确定干燥时间时，应先由实验作出干燥速率曲线，确定临界含水量。物料与介质的接触状态、物料尺寸与几何形状对干燥速率曲线的影响很大。例如，物料粉碎后再进行干燥时，除了干燥面积增大外，一般临界含水量 x 值也降低，有利于干燥。因此，在不可能用与设计类型相同的干燥器进行实验时，应尽可能用其他干燥器模拟设计时的湿物料状态，进行干燥速率曲线的实验并确定临界含水量值。

(4)回收问题　指固体粉粒的回收及溶剂的回收。

(5)干燥热源　指可利用热源的选择及能量的综合利用。

(6)干燥器的占地面积、排放物及噪声　这些方面均应满足环保要求。

干燥器的工艺计算和设计是一个复杂的过程，主要是利用物料衡算、热量衡算、传热速率和传质速率四个基本方程。但是，由于对流传热系数 a 和传质系数 k 均与干燥器类型、物料性质和操作条件有关，而目前还没有通用的求算的关联式，因此干燥器的设计往往使用实验手段采集数据或仍借经验公式进行。设计的基本原则是物料在干燥器中的停留时间必须等于或稍大于所需的干燥时间。

7.4.5.2　干燥器的发展方向

目前，我国干燥设备的类型已基本齐全，今后对干燥器的研究应从两个方面着手：一方面应继续开发干燥器的品种，采用新结构和新能源；另一方面，对现有的干燥器加以改造，以提高其性能。

在设计与制造干燥设备时应注意下列两点：

(1)干燥器的大型化。只有发展大型装置，才能满足大规模生产的需要。

(2)提高效率、节约能源。干燥操作是消耗能源较多的化工单元操作之一，因此干燥操作的节能应提到日程上来，而提高效率又是节能的方向。首先应将仍在使用而热效率相当低的陈旧设备加以改造或更换热效率高的设备；其次从生产连续化、提高干燥介质温度、采用多级闭路循环干燥操作、将物料湿分尽可能地先用机械方法除去、提高自动控制水平、回收余热及加强保温等措施方面考虑。

7.5　磁性分离

7.5.1　磁性分离的概念

储能电池电极材料、陶瓷、玻璃、冶金、矿物加工及水泥等行业使用的粉体原材料中，或多或少含有铁及铁化合物，或是生产过程中掺入含铁的物质，这些将影响生产过程，储能电池电极粉体材料含铁量过高将会严重影响电池的使用寿命和安全性。所以，在生产工艺中需要采取必要的除铁措施，将非金属原料与含铁的杂质进行分离，以提高原料纯度，同时，保证相关工序设备的长期安全运行。

与之相反，而在金属材料或金属粉体生产过程中，往往需要将非金属杂质从中去除，以保证材料的纯度，这也需要采用磁性分离技术将金属从含非金属杂质体系中分离出来。

许多金属物质具有铁磁性，而非金属物质则不具备此性质。若将铁磁性金属与非金属混合物置于特定磁场中，它们所表现的行为截然不同，从而将它们分离开来。因此，磁性分离是使铁磁性金属物质与非金属物质相互分离的有效方法。

常用的磁性分离设备被称为除铁器，根据不同的磁力来源可被分为永磁除铁器和电磁除铁器。前者是以稀土磁性材料组成磁源，形成恒定磁场，从而吸出铁质；后者是利用励磁线圈在通电过程中产生的强磁场，将非磁性物料中的铁件吸出。

7.5.2　磁性分离设备

7.5.2.1　永磁除铁器

永磁除铁器的种类有回转带式、板式、滚筒式、转筒式、管式、格栅式等。

图 7.86 为回转带式永磁除铁器工作原理示意图。

除铁器安装于物料输送机 3 的正上方。除铁器上有绕两个滚筒回转的闭合胶带 1，胶带的运动方向垂直于物料输送机的运动方向。永磁装置 2 位于两滚筒中间。当物料 4 运动至除铁器下方时，其中的铁质 5 在磁场作用下被“拉”起并吸附于胶带下表面后随之按图 7.86 所示方向运动。当运动至磁场作用范围之外时，磁场力消失，铁质在重力作用下脱离胶带落入储铁装置 6，完成铁质与物料的分离。

图 7.87 为湿式永磁辊式磁选机结构及工作原理示意图。永磁装置置于回转滚筒 3 中。物料（浆）由输送装置 1 送至回转滚筒 3 上方落至滚筒表面，在磁场力作用下，铁质迅速向滚筒表面运动并吸附于表面。铁质随滚筒转至图 7.87 所示左下方时，毛刷 2 将吸附于滚筒表面的铁质刷离表面，随后在重力作用下降落至磁性物料出口卸出；非磁性物料不受磁场作用，当转至滚筒右侧时，在惯性力和重力共同作用下，脱离滚筒以抛物运动方式落至非磁性物料出口卸出。控制合适的滚筒转速和给矿速度可使磁性和非磁性物料被有效地分离。

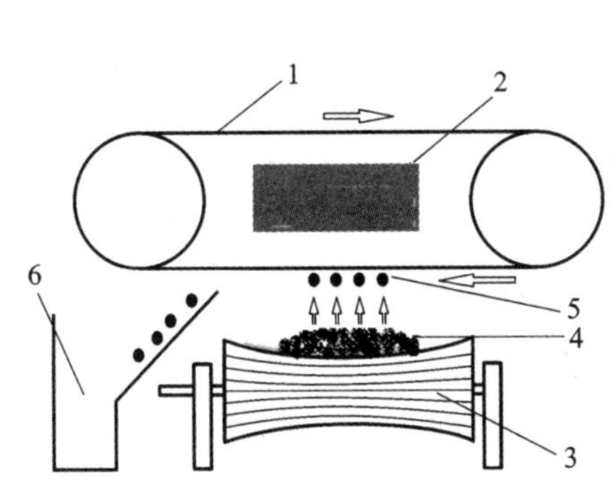

图 7.86　回转带式永磁除铁器工作原理示意图

1—闭合胶带；2—永磁装置；3—物料输送机；4—物料；5—铁质；6—储铁装置

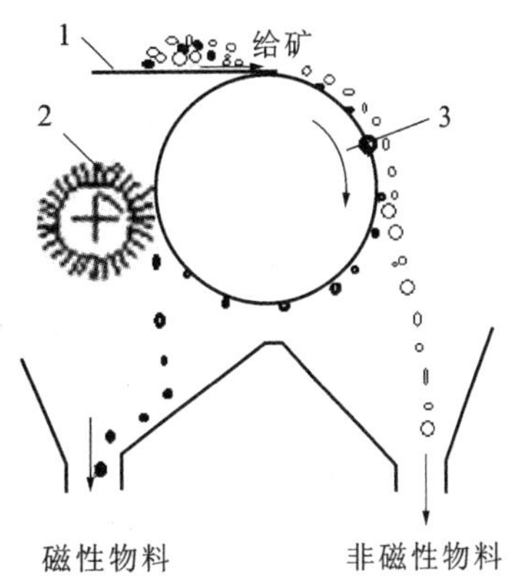

图 7.87　湿式永磁辊式磁选机结构及工作原理示意图

1—输送装置；2—毛刷；3—回转滚筒

永磁除铁器的特点：对环境的适应能力较强，能在粉尘、潮湿、海边盐雾等腐蚀严重的环境中正常工作；不存在温升问题，磁场恒定；密封性好。随着使用时间的延长，永磁除铁器的磁场会逐渐衰减。但生产实践证明，永磁除铁器使用 10 年时，其磁场强度衰减不超过 5%。

7.5.2.2　电磁除铁器

(1)电磁除铁器的结构及工作原理

电磁除铁器核心部分是励磁线圈、铁芯、磁极填充材料，由壳体将其封闭，组成磁源。图 7.88 为电磁除铁器的结构示意图。除铁器本体(磁源)4 位于设备的中间。减速电机 8 的输出动力由链轮传动系统转动至主动滚筒 9，并驱动回转皮带 5 绕主动滚筒 9 和从动滚筒 11 转动。刮板位于卸铁皮带上方。

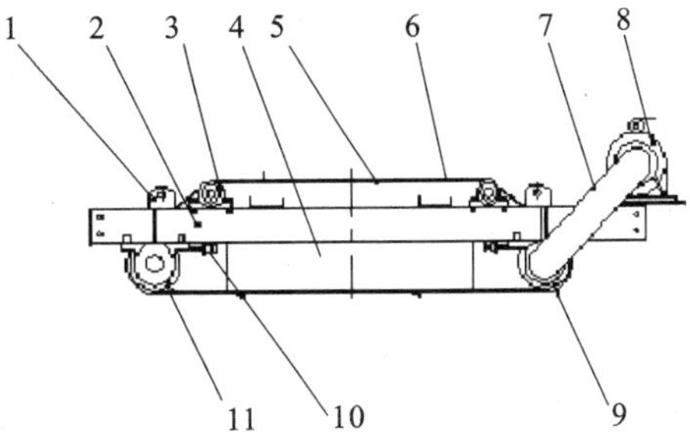

图 7.88　电磁除铁器构造示意图

1—吊耳；2—机架；3—拖轮；4—除铁器本体；5—回转皮带；6—刮板；7—链轮传动系统；8—减速电机；9—主动滚筒；10—调节装置；11—从动滚筒

电磁除铁器的工作原理与回转带式永磁除铁器基本类似。除铁器接通电源后，励磁系统产生强大的磁场，当输送机械上的散状物料经过除铁器下方时，混杂在物料中的铁磁性杂物在除铁器磁场力作用下被不断吸起(铁磁性杂物质量为 0.1～25 kg)，并吸附在除铁器下表面上。吸附于皮带表面的铁质随皮带运动至上方，由犁式刮板将其刮离皮带，从皮带侧面落入储铁装置。

在电磁除铁器之前可安装金属探测器，当大的金属杂物通过时，金属探测器发出信号，使电磁除铁器瞬间增大电流，磁力增大，吸出大块金属杂物，经过一定时间后，电磁除铁器又恢复至正常工作电流。

(2)电磁除铁器的性能特点

电磁除铁器在除铁能力和除铁效果方面与永磁除铁器相比不分上下。其优点：可根据铁质的多少及铁件质量灵活地调节激磁电流来改变磁场强度，以便于有效吸出并分离铁质；另外，电磁除铁器不存在衰减问题。但是,正因为它是利用电磁线圈产生吸引力,线圈温度升高对磁力稳定性有不利影响,故电磁除铁器必须采取一定措施抑制线圈温度升高。按线圈冷却方式,电磁除铁器可分为风冷式、自冷式、油冷式、蒸发冷却式。

电磁除铁器对环境的适应能力较弱,要求其工作环境海拔高度不大于 4 000 m,环境温度为－20～40 ℃,空气湿度不大于 90%,而且不能在腐蚀性环境中工作。由于线圈温度升高和线圈寿命的原因,电磁除铁器不能长期连续工作。在实际应用方面,可在金属探测器探测到金属物质并报警后,再对电磁除铁器通电以进行延时工作,从而达到省电节能、延长电磁除铁器寿命的目的。

7.5.2.3　高梯度磁分离技术

(1)高梯度磁分离技术原理

高梯度磁分离技术(high gradient magnetic separation, HGMS)是利用不同物质在磁场中具有不同的磁性的特点来分离混合物的技术。一般的做法:在电磁线圈产生的磁场中加入高磁化强度的聚磁感应介质,形成磁力线的非均匀分布,从而产生高梯度磁场,得到强大的磁场力(见表 7.9),促使弱磁性物质向聚磁感应介质移动,并吸附于介质之上,使其与非磁性物质分离。高梯度磁分离技术最广泛的应用是矿物磁性与非磁性物质的分离,设备被称为高梯度磁选机。

表 7.9　各种磁分离机的磁场强度、磁场梯度和磁场力

磁分离机种类	磁场强度 H/kOe	磁场梯度$\frac{dH}{dX}\Big/$(kOe/cm)	磁场力$H\frac{dH}{dX}\Big/$(kOe^2/cm)
永久磁铁式磁分离机	0.5～2	0.5	0.25～1
湿式强磁场分离机	10～20	100～200	1000～4000
HGMS(高梯度磁分离机)	20	2000～200000	40000～400000

注:1 Oe=79.58 A/m。

高梯度磁选机主要由脉动机构、激磁线圈、铁轭、转环和若干个分选室等组成。各分选室用导磁不锈钢板网和普通不锈钢大孔网交替重叠构成磁介质堆,导磁网和大孔网的充填率各为 12%、3.2%。选分时,转环做顺时针旋转,矿浆从给矿斗给入,沿上铁轭缝隙流经转环,矿浆中的磁性颗粒吸附在磁介质表面,由转环带至顶部无磁场区,被冲洗水冲入精矿斗;非磁性颗粒则沿下铁轭缝隙流入尾矿斗带走。

高梯度磁选机的磁场常用背景磁场的强弱来表示,背景磁场是指未充填介质时的磁场,在铁壳螺线管磁体的背景磁场沿其轴线的磁场变化曲线中,螺线管磁体的背景磁场除两端弱外,其余基本是均匀的。磁介质选用压延网或不锈钢毛能产生高梯度磁场的强磁场磁选机。整个分选空间的磁场较均匀,背景磁感应强度可达 2 T,磁介质被均匀磁化,磁介质周围的磁场梯度大大提高,通常钢毛磁介质的磁场梯度达 79577×10^6 A/m^2,比普通强磁场磁选机高 10～100 倍。这为分选空间中不同位置的磁性颗粒提供强大的磁力来克服流体阻力和重力,使微细粒弱磁性物料得到有效的回收,回收粒级下限达 1 μm。

梯度磁选机用于弱磁性矿选矿的设备分干选强磁机和水选强磁机两种,一般的弱磁性矿主要有褐铁矿、赤铁矿、锰矿、共生矿(多种矿共同存在),这种弱磁性矿主要由三氧化二铁组成,要想把三氧化二铁提取出来就需要用高强磁设备选别。

有很多弱磁性矿是块状的,需要先破碎、球磨再磁选,一般实验分为分析矿性、颚破、筛分、对辊破、球磨再磁选,应根据每个矿的性质,找出最佳实验方法以达到选矿目的。

任何矿都不是单体存在,一般弱磁性矿中都包含一些机械铁(四氧化三铁)及其他物质(硫磷硅等),这种高强磁选矿机磁场强度可达到 12～16 T,如果不把原矿中的机械铁选出来,在实际选矿工作中机械铁会影响高强磁选矿机的选矿效果,这种机械铁粘在强磁辊上会影响强磁机的磁场,所以在选三氧化二铁之前先要把存在的机械铁选出来。

高梯度磁场的强磁场磁选机主要有周期式和连续式两种机型。

(2)周期式高梯度磁选机

周期式高梯度磁选机(图 7.89)又称磁滤器,最早用于高岭土提纯。各国生产的周期式高梯度磁选机种类繁多,但其基本结构相同。它包括螺线管、装有磁介质的分选罐、给矿排矿装置、冲洗水装置和控制装置等。螺线管由空心铜管绕成,管内通水冷却。磁介质是金属压延网或不锈钢毛。其工作过程分为给矿、清洗和冲洗三个阶段,全过程为一工作周期,一般需时 10~15 min。图 7.89 为下部给矿式的,还有上部给矿式的,两者的工作过程相同,只是给、排矿方向相应改变。

(3)连续式高梯度磁选机

连续式高梯度磁选机(图 7.90)是在周期式机的基础上研制成功的。磁体结构、分选过程与周期式的基本相同。不同点是给、排矿连续进行,从而解决了周期式机给、排矿间断进行,磁体负载率低和处理量低的问题。连续式高梯度磁选机主要由旋转圆环、铁铠、马鞍形线圈、装有磁介质的分选箱等部分组成。旋转圆环由非磁性材料制成,并分隔为多个分选室,其中装有磁介质,一般为金属压延网或不锈钢毛,磁介质只占分选箱容积的 5%~12%,且其比表面积大,因而分选区空间利用率高,处理量大。磁体由两个分开的马鞍形线圈组成,便于旋转圆环从中通过,铁铠回路框架包围螺线管作为磁极,马鞍形线圈一般用方形紫铜管绕成,通以低电压的大电流。Sala 系列连续式高梯度磁选机的 480 型是其中较大规格的一种,外径为 7.5 m,一台机上配置四个磁极头,每个极头生产能力为 200 t/h,处理以赤铁矿为主的铁矿石。

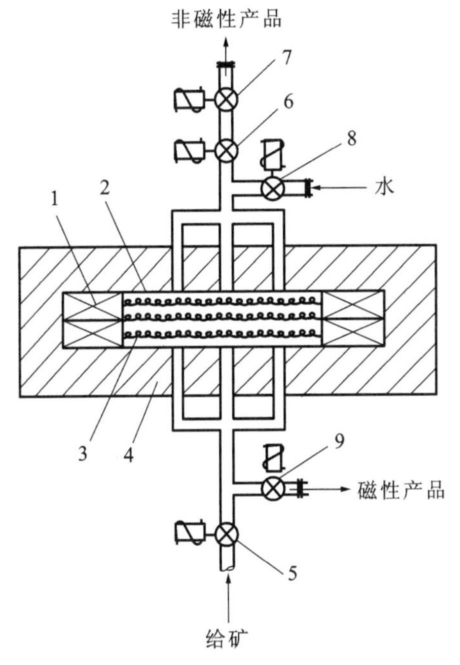

图 7.89　周期式高梯度磁选机

1—螺线管;2—分选箱;3—钢毛;4—铁铠;
5—给料阀;6—排料阀;7—流速控制阀;8、9—冲洗阀

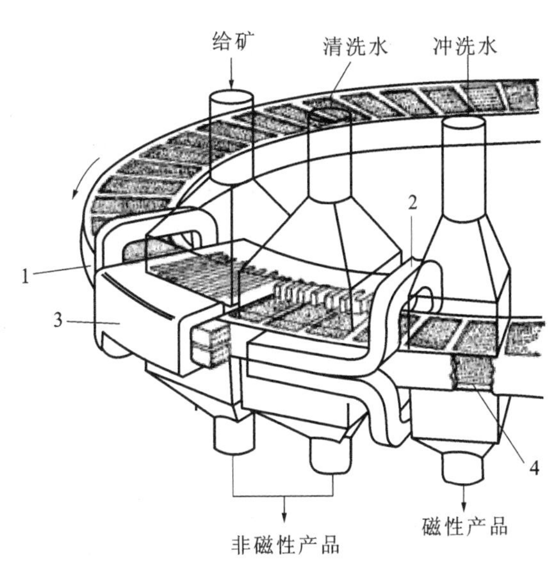

图 7.90　连续式高梯度磁选机

1—旋转分选环;2—马鞍形螺线管线圈;
3—铠装螺线管铁壳;4—分选室

(4)连续式立环脉动高梯度磁选机

连续式立环脉动高梯度磁选机的结构如图 7.91 所示。转环内装有导磁不锈钢板网磁介质,转环由驱动机构带动旋转,矿浆沿上铁轭缝隙流入转环,转环内磁介质在磁场中被磁化,磁介质表面形成高梯度磁场,矿浆中的磁性颗粒被吸附在磁介质表面,被转环带至顶部无磁场区,被冲洗水冲进精矿斗,非磁性颗粒从下铁轭缝隙流至尾矿斗。设备的脉动机构由电动机、冲程箱、双向橡胶鼓膜和传动杆组成。当鼓膜在冲程箱的驱动下做往复运动时,分选室内的矿浆便随之上下往复运动,脉动流体力使矿粒群在分选过程中始终保持松散状态,可有效地消除非磁性颗粒的机械夹杂,提高磁性精矿品位,并可防止磁介质堵塞。该机给矿粒度小于 1 mm,额定背景场强 1 T,激磁、传动及脉动功率

46 kW,机重 20 t,处理量 20～35 t/h。处理微细嵌布石英质赤铁矿石,矿石粒度－200 目含量 71%,当给矿铁品位为 22%～35%时,一次分选得品位 56%以上的合格铁精矿,作业回收率平均为 60.67%。

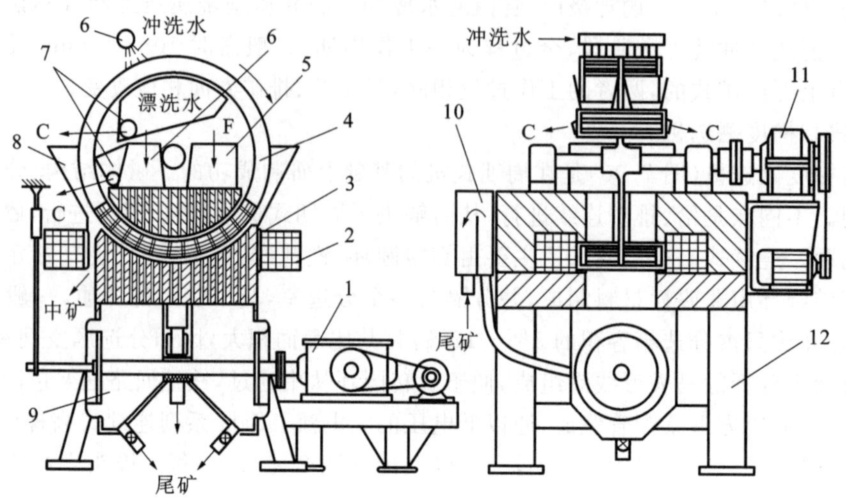

图 7.91 连续式立环脉动高梯度磁选机

1—脉动机构;2—激磁线圈;3—铁轭;4—转环;5—给矿斗;6—精矿冲洗水管;7—精矿斗;8—中矿斗;9—尾矿斗;10—液面斗;11—转环驱动机构;12—机架(F—给矿;C—精矿)

7.5.3 磁性分离技术的应用

(1)选矿

从矿物粉体中分离磁性与非磁性物质是磁性分离技术的最早也是最广泛的应用。矿浆由上导磁体的长孔中流到处在磁化区的分选室中,弱磁性颗粒被捕集到磁化了的聚磁介质上,非磁性颗粒随矿浆流通过介质的间隙流到分选室底部排出成为尾矿,捕集在聚磁介质上的弱磁性颗粒随分选环转动,被带到磁化区域的清洗段,进一步清洗掉非磁性颗粒,然后离开磁化区域,被捕集的弱磁性颗粒在冲洗水的作用下排出,成为精矿。在选矿领域中的应用包括:

① 黑色金属方面:假象赤铁矿、赤铁矿、褐铁矿、菱铁矿、铬铁矿、钛铁矿、锰矿的回收等。

② 有色金属方面:含钨石英脉中细粒嵌布黑钨矿的回收,锡石多金属硫化矿中磁黄铁矿的分离,锡石与黑钨矿的分离,褐铁矿等矿物的分离,白钨矿与黑钨矿、石榴石等矿物的分离等。

③ 稀有金属方面:钽铌铁矿、铁锂云母、独居石等的回收。

④ 非金属方面:玻璃陶瓷工业原料石英、长石、高岭土的提纯,高温耐火材料硅线石、红柱石、蓝晶石的脱铁,除去角闪石、云母、电气石、石榴石等的有害杂质等。

⑤ 其他方面:弱磁性尾矿回收,氧化铝厂赤铁矿泥选铁。

除了上述从矿物粉体物料中去除铁质外,磁性分离技术也被广泛应用于储能电池材料制备、生物工程、水处理等领域。

(2)新能源电池电极材料的磁选分离

① 电极材料的磁性杂质的磁选分离

锂电池、钠电池的正极材料(钴酸锂、锰酸锂、磷酸铁锂及三元材料等粉体),如果存在磁性杂质,特别是单质铁,会造成电池短路,情况严重时会导致电池失效。锂电池、钠电池材料的质量特别是磁性和金属异物的控制水平是锂离子电池安全问题的关键。电池正极材料的生产要经过原料的溶解、合成、洗涤、干燥、烧结、粉碎、分级等步骤,上述生产过程所使用的设备均为不锈钢材质,生产过程中金属设备被磨损后产生的杂质被带入等造成电池材料中含有铁等金属杂质等,如表 7.10 所示。

表 7.10 锂电池正极粉体材料生产过程中的磁选杂质来源

序号	工艺段位	磁选杂质来源
1	原材料及辅料	硫酸镍、硫酸钴、硫酸锰、氢氧化钠、碳酸锂
2	前驱体反应	金属反应釜及金属部件的磨损或腐蚀
3	混料	混料设备的磨损与腐蚀
4	粉碎和分级	破碎机、粉碎机、分级机的磨损
5	物料输送	管道磨损或腐蚀

目前行业对锂电池正极材料金属及磁性异物的分类识别主要有以下几个方面:① 金属及非金属大颗粒,根据颗粒大小可通过形貌及 EDS 分析辨别的异物;② 磁性异物(MI),过渡元素 Fe、Cr、Ni、Zn 等金属单质及其合金直接或间接被磁化能够被磁场吸附收集的异物;③ Cu/Zn 单质,通过显色反应及其他定性定量分析识别以 Cu、Zn 等单质为代表的具有金属性质的非磁性单质。上述各类异物进入电池正极材料之中,会产生电化学反应,沉积富集导致隔膜被刺破,造成电池短路,引发安全问题。

负极主要是石墨类、硬碳类、钛酸锂、硅碳负极粉体等,锂电池、钠电池负极生产过程中也涉及不锈钢材质的生产设备,同时电池负极材料需要对各种原料进行混合,且材料有一定的粒度要求,需要在搅拌釜中进行混合、粉碎、搅拌、筛分等工序,从而在生产过程中会使得原料掺杂一些铁的杂质,铁杂质会对材料造成影响,因此对负极材料也需要进行除铁工序。实际上,磁选除磁性杂质贯穿电极材料制备的整个过程。

②废旧锂电池回收中的磁选分离

目前,锂电池电极材料的回收大多聚焦在正极贵重金属元素回收,未能将废旧锂电池电极活性材料(简称“废旧电池电极材料”)分离提纯并保持其功能完整性,因而降低了回收产品的价值。同时,废旧电池电极材料的回收工艺方法也存在自动化程度低、难以规模化生产的问题。对于磷酸铁锂电池而言,其主要组成化学元素(Li、Fe、P 和 C)都很常见,但纯度较高且具有特定结构和功能的磷酸铁锂和球形石墨经济价值较高。因此,在废旧磷酸铁锂电池回收利用中,有必要开发适用的规模化分离提纯方法,将电极材料分离并保持其功能完整,实现短流程高价值再生利用。

目前,电极材料分离提纯工艺主要有水法处理、热处理、酸碱浸出、静电分离、泡沫浮选和磁选等。

电极活性材料磁性分离提纯是对电极粉进行焙烧处理,使其生成钴、碳酸锂、石墨三种物质,再利用钴为铁磁性材料,碳酸锂微溶于水及石墨不溶于水的特性将三者分离提纯。但该方法能耗较大,回收率较低,且无法保持回收产品功能的完整性。

有研究者通过对正负极材料的磁性分析测试,提出了一种高梯度磁选工艺,无须预处理即可有效地将废旧磷酸铁锂电池混合正负极活性材料分离,并在此基础上提出了磁选-浮选结合的分选工艺,可进一步提高电极材料的分选效率。磁选工艺无须对电极材料进行复杂的预处理,就能得到纯度较高的电极材料,既节约了成本,又在很大程度上避免了预处理对电极材料结构的破坏;其次,高梯度磁选与泡沫浮选均能有效地保持分选后电极材料功能的完整性,且二者的运行成本均较低,使得该工艺具有较好的经济效益。

(3)在水处理上的应用

① 高梯度磁分离技术在给水处理中的应用

基于磁种絮凝技术与磁场相结合的给水处理工艺,可以通过调节 pH 值来实现污染物在磁种表面的吸附和脱附,利用磁场回收磁种。水处理厂采用该工艺时发现,某些病毒(如最常见的大肠杆菌)会吸附于磁性离子上,用 Fe_3O_4 和 $GaCl_2$ 去除水中的噬菌体 T7,去除率可达 95%以上。

② 高梯度磁分离技术在工业废水处理中的应用

在工业水处理领域，由于钢铁工业废水中有大量磁性微粒，可以直接采用高梯度磁分离技术去除，简单方便。高梯度磁过滤还可以用于发电厂及其他热电厂的蒸汽冷却循环水处理，从中去除细粒铁磁性氧化物（Fe_3O_4、λ-Fe_2O_3 和 α-Fe_2O_3）、铁磁性或顺磁性放射性金属元素及化合物。去除重金属离子一直是高梯度磁分离处理工业废水的研究重点。最新的研究表明，可以用一种磁场中能够定向运动的、具有磁性的细菌——趋磁细菌（magnetotactic bacterium，MTB）代替磁种，利用趋磁细菌对重金属离子的吸附作用以及高梯度磁分离器对趋磁细菌的去除作用将废水中的贵重金属离子很好地除去并回收。食品发酵工业废水的高梯度磁分离处理系统采用磁种絮凝——高梯度磁分离处理后，其浊度、色度和 COD 都得以大大降低。城市污水的磁种絮凝——高梯度磁分离净化工艺及其理论机理的研究，实验表明，磁种絮凝——高梯度磁分离净化工艺能显著降低城市污水中的 COD、BOD5 及 SS 含量，并对磷、重金属等污染物去除有特效，同时又具有很强的杀菌作用。

（4）在生物工程上的应用

生物磁分离技术特别是生物高梯度磁分离技术，在医学、生物学、生物医药领域有着广泛的应用，主要用于细胞类 RNA 与 DNA 的调制、提纯、排序、生物组织和免疫技术的分离。如血液分离中利用脱去氧的红细胞相对于水的磁化率比 CuO 的磁化率低两个数量级，用高梯度磁分离技术进行磁分离来生产低红细胞或准备非常纯的红细胞群；在贵重微量元素的提取中，利用藻类生物的吸附作用，将这些元素离子吸附在藻体上，这样形成的离子的磁化率就会大大增强，就可利用高梯度磁分离技术提纯贵重微量元素；医学上用于磁性示踪标定跟踪待测细胞和显微区域，将待测试样制成磁性生物凝胶，用高梯度磁分离技术进行磁分离处理。

（5）磁性分离水环境中微塑料

水环境中微塑料（MPs）污染问题受到越来越广泛的关注。MPs 具有比表面积大、疏水能力强等特性，是重金属和疏水性有机污染物的理想附着体。它非常容易在水中形成毒性大且难降解的复合污染物；同时，MPs 易被水生生物吞食，在其组织或器官中发生迁移和累积，对生物个体、组织、细胞、基因等产生毒理效应，从而对生态系统造成危害。因此，开发水中 MPs 的高效去除技术，对降低 MPs 可能引发的环境危害具有重要意义。

小粒径 MPs 的去除技术主要有混凝法、吸附法、膜过滤法、电絮凝法、静电分离法等。然而，这些方法可能存在去除效果不佳、操作过程复杂以及引起二次污染等问题。磁性分离法是利用磁性颗粒对污染物的凝聚性和加种性，借助外部磁场作用实现固液分离的一种技术，具有分离效率高、操作简便、无副产物产生等优点。

思考题

7.1　什么是非均相物系？非均相物系的分离在粉体工业中有哪些？

7.2　区分部分分离效率与总分离效率的关系。

7.3　气-固系统分离整个过程可以分哪几个阶段？

7.4　收尘装置按分离原理可以分为哪些？

7.5　简述旋风收尘器的结构、工作原理以及各种类型的特点。

7.6　简述袋式收尘器的结构、工作原理和分类。

7.7　简述袋式收尘器中滤布材料的组成以及特点。

7.8　简述重力分离器的结构、工作原理。

7.9　简述电收尘器的结构、工作原理和分类。

7.10　简述水力旋流器的结构、工作原理。

7.11　简述过滤操作的基本原理以及厢式压滤机的构造和工作原理。

7.12　厢式压滤机的压紧装置分为哪些？各有什么特点？

7.13　如何认识湿空气？

7.14　简述喷雾干燥器的构造和工作原理。

7.15　喷雾干燥器中常用的雾化器有哪些？各有什么特点？

7.16　热空气与液滴在干燥塔内的流向可以分为几类？

7.17　新建成的喷雾干燥器在使用时应注意哪些事项？

7.18　结合本章内容与相关文件，分析磁分离技术在新能源电池材料提纯过程中的应用。

参考文献

[1] 陶珍东，郑少华．粉体工程与设备[M]．北京：化学工业出版社，2003.

[2] 张长森．粉体技术及设备[M]．上海：华东理工大学出版社，2007.

[3] 蒋阳，程继贵．粉体工程[M]．合肥：合肥工业大学出版社，2005.

[4] 潘孝良．硅酸盐工业机械过程及设备[M]．武汉：武汉工业大学出版社，1993.

[5] 丁志华．玻璃机械[M]．武汉：武汉工业大学出版社，1994.

[6] 张柏清，林云万．陶瓷工业机械设备[M]．北京：中国轻工业出版社，1999.

[7] 张少明，翟旭东，刘亚云．粉体工程[M]．北京：中国建材工业出版社，1994.

[8] 夏清，陈常贵．化工原理[M]．天津：天津大学出版社，2005.

[9] 郑青．袋式除尘技术发展回顾和展望[J]．水泥，2016(3)：45-48.

[10] 牛莉慧，杜佩英，贾国安，等．除尘技术研究进展[J]．山东化工，2019(19)：75-76，99.

[11] 冯博，荆华．电袋复合除尘技术的研究进展[J]．中国高新技术企业，2014(14)：19-20.

[12] 王鹏．电袋复合除尘器技术经济特点研究[J]．化工设计通讯，2016(4)：149-150.

[13] 陈奎续．超净电袋复合除尘技术的研究应用进展[J]．中国电力，2017，50(3)：22-27.

[14] 朱平，宋尚军，白耀宗，等．高温过滤材料的现状与发展趋势[J]．玻璃纤维，2010(6)：34-38.

[15] 甘涛，宋卫锋，刘勇，等．废旧电池电极材料的磁性分离机制及其提纯工艺[J]．中国有色金属学报，2021，31(12)：3664-3674.

[16] 姜伟楠，隋倩，吕树光．利用 Fe_3O_4 纳米颗粒磁分离去除水中小粒径微塑料[J]．中国环境科学，2021，41(8)：3601-3606.

[17] 张泾生，罗立群．细粒物料磁分离技术的现状[J]．矿冶工程，2005(3)：25-29.

[18] 陈欢林．新型分离技术[M]．北京：化学工业出版社，2005.

8　混合与造粒

本章提要

粉体的混合和造粒是粉体工程中重要的单元操作。混合操作是保证粉体成分和粒度均匀分布、提高产品均匀性的重要环节。本章讨论了粉体混合的机理和混合效果的评价方法，以及影响混合程度的因素，介绍了各种机械搅拌机和混合设备的构造和工作原理。造粒是将粉体制备成具有一定形状与大小的粒状物的操作，其对粉体成形、输运、反应过程有很大影响。本章还介绍了压缩造粒、挤出造粒、滚动造粒、喷浆造粒和流化造粒的基本原理和方法，造粒设备的构造、工作原理及影响因素。

8.1　混合

8.1.1　混合概述

8.1.1.1　混合的定义

混合是指两种或两种以上不同组分的物料在外力(重力或机械力)作用下发生运动速度和方向改变，使各组分颗粒得以均匀分布的操作过程。这种操作过程又称为均化过程。经过混合操作后得到的物料称为混合物。习惯上把同相之间的操作叫混合，把不同相之间的操作叫搅拌，又把高黏度的液体和固体相互混合的操作叫捏合或混炼，这种操作的程度介于混合及搅拌之间。从广义上讲，一般将这些操作统称为混合。

8.1.1.2　混合的目的

混合操作有各种各样的目的，主要有两方面：

(1)混合作为实现其他目的的间接辅助操作

在某些操作中，要求完成各种作业，混合只是辅助操作。当物料用混合方法来实现吸附、浸出、溶解、结晶、固相反应等操作时，混合的目的是使物料之间有良好的接触，促进物理过程的进行。例如在耐火材料和制砖的生产中，混合是为了制备有紧密充填状态的颗粒配合料，以获得所需的强度；绘画和涂料用颜料的调制，合成树脂与颜料粉末的混合是为了调色；玻璃原料和冶金原料的混合是为炉内熔融反应配制适当的化学成分；粉末冶金、各种精细陶瓷在成形前必须对配方组成的各种成分的粉末进行混合以确保材料体系的均一性；同样，对于物料用混合方法来进行化学反应操作时，混合是改善物料间接触、促进反应进行的有效方法。例如水泥、陶瓷原料的混合，是为固相反应创造良好的条件。此外，在加热或冷却过程中，混合还作为加速传热的辅助操作。

(2)混合作为最终的目的

在粉体工程中，混合作为最终目的用于加工时，一批物料的混合是主要目的。如粉末冶金铁粉生产过程中，铁粉出厂前必须进行批次混合，以保证铁粉在使用过程中各种工艺参数稳定。在食品工业中，食品是由不同的原料和辅料所组成，有些成分如蛋白质、糖、盐是大量的，而有些成分如防腐剂、抗氧剂、维生素则是少量的，这些成分均需均匀混合。再者，咖喱粉等香辣调味品生产中，涉及数十种味和香料的均匀混合；医药品制剂需要使极微量的药效成分与大量增量剂进行混合等。

8.1.2 混合机理和混合效果评价

8.1.2.1 混合机理

粉体颗粒混合的机理或模式(如图 8.1 所示)，一般认为有如下三种：(1)扩散混合，即颗粒小规模随机移动，如图 8.1(a)所示。分离的颗粒撒布在不断展现的新生料面上，并进行微弱的移动，使各组分颗粒在局部范围内扩散以实现均匀分布。扩散混合的条件：颗粒分布在新出现的表面上或单个颗粒能增大内在的活动性。(2)对流混合，即颗粒大规模随机移动，如图 8.1(b)所示。物料在外力的作用下产生类似流体的运动，颗粒从物料的一处移至另一处，所有颗粒在混合设备中整体混合。(3)剪切混合，如图 8.1(c)所示，在粉体物料团块内部，由于颗粒间的相互滑移，如同薄层状流体运动一样，形成了滑移面，导致局部混合。

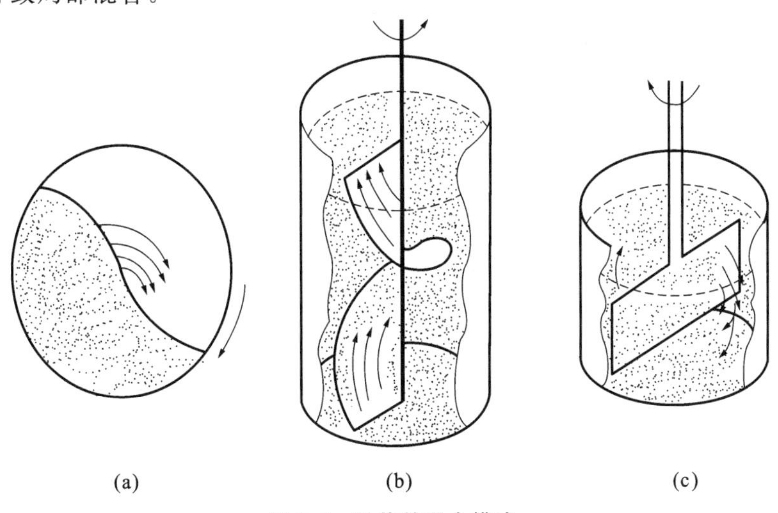

图 8.1 粉体的混合模式

(a)扩散混合；(b)对流混合；(c)剪切混合

需要指出的是，上述三种混合机理虽各有不同，但其共同的本质则是施加适当形式的外力使混合物中各种组分颗粒产生相对位移，这是发生混合的必要条件。

各种混合机进行混合时，并非单纯利用某种机理，而是以上三种机理均起作用，只不过某一种机理起主导作用。

不同类型的混合机的混合作用见表 8.1。

表 8.1 不同类型混合机的混合作用

混合机类型	对流混合	扩散混合	剪切混合
重力式(容器旋转式)	大	中	小
强制式(容器固定式)	大	中	中
气力式	大	小	小

物料经过以上机理进行混合后的混合状态难以详尽而准确地描述，一般采用如图 8.2 所示的混合状态模型。其中，黑白两种立方体颗粒被看作两组分的物料颗粒。图 8.2(a)所示为两种颗粒未混合时的状态，称完全离散状态。图 8.2(b)所示为经过充分混合后，理论上应该达到相异颗粒在四周都相间排列、两种颗粒的接触面积最大的状态，这种状态称为理想完全混合状态。但是，这种绝对均匀化的理想完全混合状态在工业生产中是不可能达到的。实际混合的最佳状态是图 8.2(c)所示的

随机完全混合状态，是无序的不规则排列。这时，无论将混合过程再进行多长时间，从混合料中任一点的随机取样中，同种成分的浓度值应当是接近一致的。

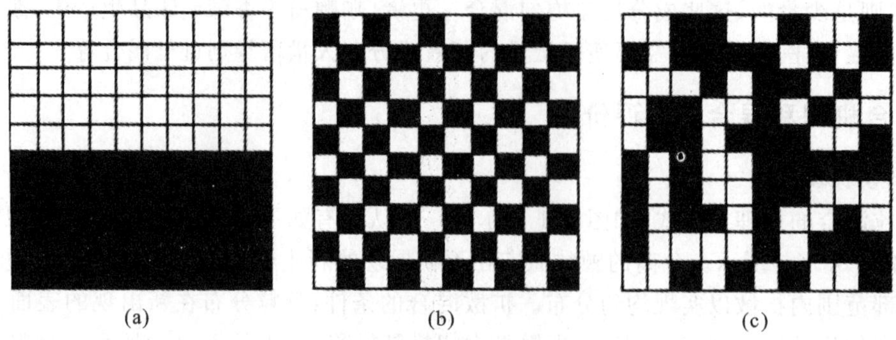

图 8.2　混合状态模型

(a)完全离散状态；(b)理想完全混合状态；(c)随机完全混合状态

8.1.2.2　混合效果评价

混合效果的好坏实质上是指混合程度的高低，但这是比较笼统的。通常，混合效果的量化评价指标是标准偏差、离散度、均匀度和混合指数。

(1)标准偏差

对于一组测定数据，若试样个数为 n，则其算术平均值为

$$x = \frac{1}{n}\sum_{i=1}^{n} x_i \tag{8.1}$$

若试样个数趋于无穷大，则平均值 x 的极限值 x_o 即可看成被测试样的真值：

$$x_o = \lim_{n\to\infty}\left(\frac{1}{n}\sum_{i=1}^{n} x_i\right) \tag{8.2}$$

定义任意测定值 x_i 与真值 x_o 之差 $V_i = (x_i - x_0)$ 为残差，V_i 既可能大于 0，也可能小于 0。一般，当 $n \to \infty$ 时，$\sum V_i = 0$，即正、负残差相抵消。这样很难看出测定值的偏差程度。为此，先求出均方差 $\sigma^2 = \frac{1}{n}\sum_{i=1}^{n}(x_i - x_0)^2$，然后将其开方得标准偏差：

$$\sigma = \sqrt{\frac{\sum_{i=1}^{n}(x_i - x_0)^2}{n}} \tag{8.3}$$

当测量次数有限时，算术平均值 x 最接近真值，各测定值 x_i 对 x 的标准偏差为

$$\sigma = \sqrt{\frac{1}{n-1}\sum_{i=1}^{n}(x_i - x)^2} \tag{8.4}$$

有时也以混合前后物料的标准偏差之比表示混合效果：

$$H = \sigma_1 / \sigma_2 \tag{8.5}$$

式中，σ_1、σ_2 分别为混合前后物料的标准偏差。显然，H 值越大，意味着混合效果越好。

由式(8.5)可见，标准偏差的大小与测定次数多少有关。另外，标准偏差值只与各测定值相对于平均值的残差有关，而与各测定值本身的大小无关。当混合物料中的组分含量相差悬殊时，用标准偏差很难说明混合的程度。譬如，某组分在一种混合物料中的含量为 50%，在另一种混合物料中的含量为 5%，测定值的标准偏差均为 0.5，尽管二者的标准偏差相同，但实际上两种情形的混合效果是不同的。因此，仅用标准偏差还不足以充分说明混合程度。

(2)离散度和均匀度

为了客观地反映混合程度，同时考虑标准偏差和平均值两个参数。

① 离散度(变异系数)C_v:标准偏差与测定平均值的比值,用百分数表示。

$$C_v = \frac{\sigma}{x} \times 100\% \tag{8.6}$$

由式(8.6)不难看出,上述两种混合物料中,第一种物料的离散度为1%,而第二种物料的离散度则是10%,混合程度的差别是显而易见的。

② 均匀度 H_s:一组测定值接近测定平均值的程度。数学表达式为:

$$H_s = 1 - C_v \tag{8.7}$$

均匀度与离散度是一个问题的两个方面,其实质是相同的。

(3)混合指数

设物料混合前某组分的标准偏差为σ_0、达到随机完全混合状态时的标准偏差为σ_r、混合过程中某一瞬时的标准偏差为σ,则混合指数 M 定义为

$$M = \frac{\sigma_0^2 - \sigma^2}{\sigma_0^2 - \sigma_r^2} \tag{8.8}$$

M 无量纲。混合之前,$M=0$;达到随机完全混合状态时,$M=1$;实际随机混合时,$1<M<0$。

上式的缺点是即使物料稍加混合,M 值也接近1,因而无法精确表示混合的程度。为此,将上式变为如下形式:

$$M = \frac{\ln(\sigma_0/\sigma)}{\ln(\sigma_0/\sigma_r)} \tag{8.9}$$

8.1.3 混合过程与混合速度

混合过程中,标准偏差 $\ln S$ 随混合时间的变化如图8.3所示。在混合的初始阶段,$\ln S$ 急剧减小,混合速度很快,此阶段以对流混合为主;随后,混合速度虽有所减慢,但 $\ln S$ 随混合时间线性减小,直至达到最佳混合状态,这一阶段为对流与剪切混合共同作用阶段;再继续混合时,一般再难以达到最初的最佳混合状态,而是在最佳混合状态附近波动。这是因为混合进行至一定程度时,总是伴随着另一个相反的过程——逆混合过程或偏析过程。混合过程与偏析过程反复地交替进行,即混合⇌偏析。当二者的速度相等时,混合达到平衡状态。因此,对于不同的混合物料,掌握其最佳混合时间是至关重要的。事实上,混合后期为扩散混合阶段。

由图8.3可以看出,标准偏差是混合时间的函数。因此,用方差对时间的导数与瞬时方差 σ^2 和随机完全混合状态的方差 σ_r^2 之差来表示混合速度:

$$\frac{d\sigma^2}{dt} = -\phi(\sigma^2 - \sigma_r^2) \tag{8.10}$$

上式积分并考虑初始条件可得:

$$\ln\frac{\sigma^2 - \sigma_r^2}{\sigma_0^2 - \sigma_r^2} = \ln(1-M) = -\phi t \tag{8.11}$$

$$M = 1 - e^{-\phi t} \tag{8.12}$$

式中,ϕ 为混合速度系数,与混合机结构形式和尺寸、物料性质及混合条件等因素有关。

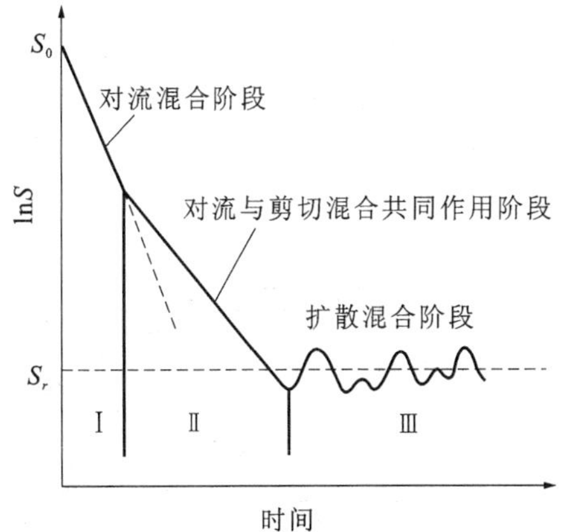

图8.3 粉体混合过程

当 σ_0 和 σ_r 已知时,$(\sigma_0^2 - \sigma_r^2) = K$ 为常数,故上式可写成:

$$\sigma^2 - \sigma_r^2 = K e^{-\phi t} \tag{8.13}$$

8.1.4 混合过程的影响因素

混合过程的影响因素主要有物料的物理性质、混合机的结构形式和操作条件三个方面。

8.1.4.1 物料的物理性质

颗粒的形状、粒度及粒度分布、密度、表面性质、休止角、流动性、含水量、黏结性等都会影响混合过程。

混合过程中，总是伴随着混合与逆混合两种作用。颗粒被混合的同时，偏析作用又使物料进行逆混合，混合状态是偏析与混合之间的平衡。适当改变这些条件，就可改善混合操作的效果。

物料颗粒的粒度、密度、形状、粗糙度、休止角等物理性质的差异将会引起偏析，其中以混合料的粒度和密度差影响较大。偏析作用有三个方面：

① 堆积偏析 具有粒度差（或密度差）的混合料，在物料堆积时就会产生偏析，细（或密度小）颗粒集中在料堆中心部分，而粒度大（或密度大）的颗粒则在其外围。

② 振动偏析 具有粒度差和密度差的薄料层在受到振动时，也会产生偏析。即使是埋陷在小密度细颗粒料层中的大密度粗颗粒，仍能上升到料层的表面。

③ 搅拌偏析 采用液体搅拌方式来强烈搅拌具有粒度差的混合料，也会出现偏析，往往难以获得良好的混合效果。一种混合方法对液体混合可能很有效，但未必适合于固体粉料的混合，甚至会导致严重的反混合。

在实际混合过程中，应针对不同情况，选取相应的防止偏析措施。从混合作用来看，对流混合偏析程度最小，而扩散混合则有利于偏析。因此，对于具有较大偏析倾向的物料，应选用以对流混合为主的混合设备。

物料含水量对混合速度也有影响，例如，在混合玻璃配合料时，一般是先将非水溶性的砂岩、长石、白云石和石灰石进行干混合，以减小偏析作用。等混合到一定程度时，加入水分，最后加入纯碱、芒硝等，再进行湿混合。这样，既可减少主要由于粒度差所引起的偏析与扬尘，又能使纯碱等被水湿润后包裹砂粒表面。

8.1.4.2 混合机结构形式

混合机机身的形状和尺寸、所用搅拌部件的几何形状和尺寸、混合机的制造材料及其表面加工质量、进料和卸料的设置形式等都会影响混合过程。设备的几何形状和尺寸影响物料颗粒的流动方向和速度。

图 8.4 所示粒度为 80～100 目和 35～42 目的砂各 2.5 kg，在水平圆筒混合机内水平装填物料后进行混合的偏析现象。可以发现，混合 2 min 后，$1-M$ 值降至最小，之后开始回升，发生明显的偏析。

颗粒随着圆筒内壁上升至一定高度，然后沿着混合区斜面滚落。在滚落过程中，上层颗粒就有机会落入下层出现的空穴中，这种颗粒层位的变化产生混合作用。水平圆筒混合机的混合区是局部的，而且径向混合（如图 8.5 所示）是主要的。但是，由于在物料流线包围的中心部位出现一个流动速度极小的区域，微细颗粒就可能穿过大颗粒的间隙集中到这个区域中来，形成沿圆筒轴向的细颗粒芯。

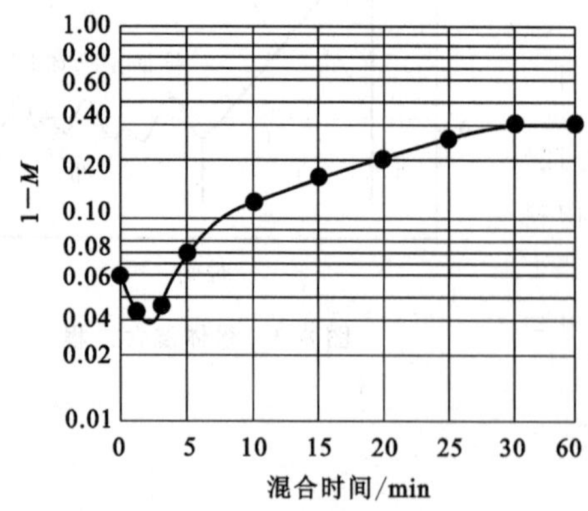

图 8.4 水平圆筒混合机中的偏析现象

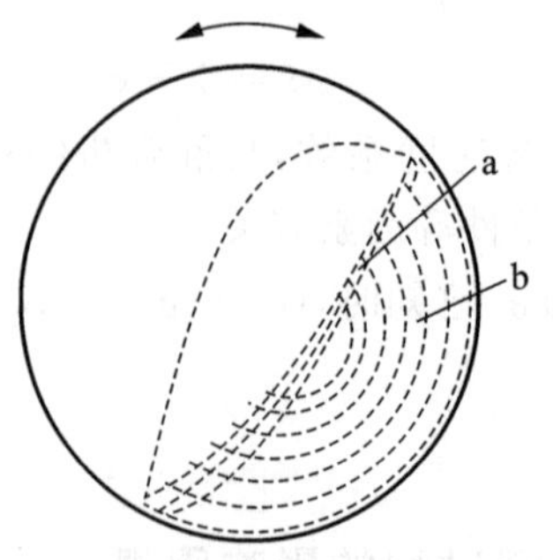

图 8.5 物料在回转圆筒中的径向运动

a—混合区；b—集聚区

物料的轴向运动情况如图 8.6 所示。图中标出物料沿轴向流动速度的梯度，曲率最大的 D 处表示其轴向速度最大，距离混合机端面愈远，由于端面的影响愈小，轴向速度趋于一恒定值。这说明在径向混合时，颗粒也沿轴向运动。由于在流动速度大的 D 处出现颗粒的空隙区域，细颗粒就可能穿过相邻的料带集中在这个区域中。料带 D 两侧的料带 C 与 E 上较小的颗粒有轴向移入料带 D 中的倾向。但是，在外两侧的料带 B 与 F，它们的颗粒向 C 与 E 的轴向移动都比较缓慢。这种轴向物料运动的不平衡性，使料带 D 中的细粒芯不断变大，形成与轴向垂直的料带。当较小颗粒具有较大的休止角时，则轴向速度的梯度会更大，甚至有可能达到在整个纵向上全部形成较小（或较重）和较大（或较轻）颗粒集积层相间隔的状态。这是在轴向的偏析现象，与依靠重力的径向混合相比，轴向混合是次要的。因此，采用长径比 $L/D<1$ 的鼓式混合机较有利于混合。

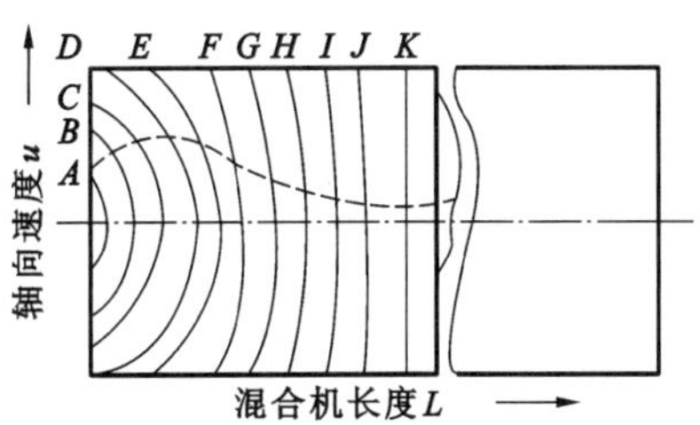

图 8.6 物料在回转筒中的轴向运动

（虚线表示速度分布）

8.1.4.3 操作条件

操作条件包括混合料内各组分的多少及其所占混合机体积的比率，各组分进入混合机的方式、顺序和速率，搅拌部件或混合机容器的旋转速度等。

对于回转容器型混合机，物料在容器内受重力、惯性离心力、摩擦力作用产生流动而混合。当重力与惯性离心力平衡时，物料随容器以同样的速度旋转，物料间不相对流动从而不混合，此时的回转速度为临界转速。惯性离心力与重力之比称为重力准数：

$$F_r = \frac{\omega^2 R}{g} \tag{8.14}$$

式中 ω——容器旋转角速度，rad/s；

R——容器最大回转半径，m；

g——重力加速度，m/s^2。

显然，F_r 应小于 1。一般地，对于圆筒形混合机，$F_r=0.7\sim0.9$；对于 V 形混合机，$F_r=0.3\sim0.4$。可由给定的 F_r 值确定转速 ω 值的大小。

实验表明，最佳转速 n 与容器最大回转半径及混合料的平均粒径有关，一般有如下关系：

$$n = \sqrt{Cg}\cdot\sqrt{\frac{d}{R}} \tag{8.15}$$

式中 C——实验常数，1/m，对于水平圆筒混合机，一般取 $C=15$；对于 V 型、二重圆锥型和正方体型混合机，$C=6\sim7$；

g——重力加速度，m/s^2；

d——混合料平均粒径，m；

R——容器最大回转半径，m。

对于固定容器型混合机，桨叶式混合机的桨叶直径 d 与回转速度 n 成反比关系：

$$nd = K \tag{8.16}$$

8.1.5 混合设备

8.1.5.1 混合机的类型

混合机的类型很多，依据不同的工业领域和混合要求，有许多设备可供选择，如图 8.7 所示。

(1)按操作方式分：间歇式和连续式

连续混合时，应选择合适的喂料机，既能给料又能连续称量。出口处物料的均匀度应该进行连续测定，应及时反馈信号调节喂入量，以便获得最佳的均匀度。连续式混合机的优点：可放置在紧靠下

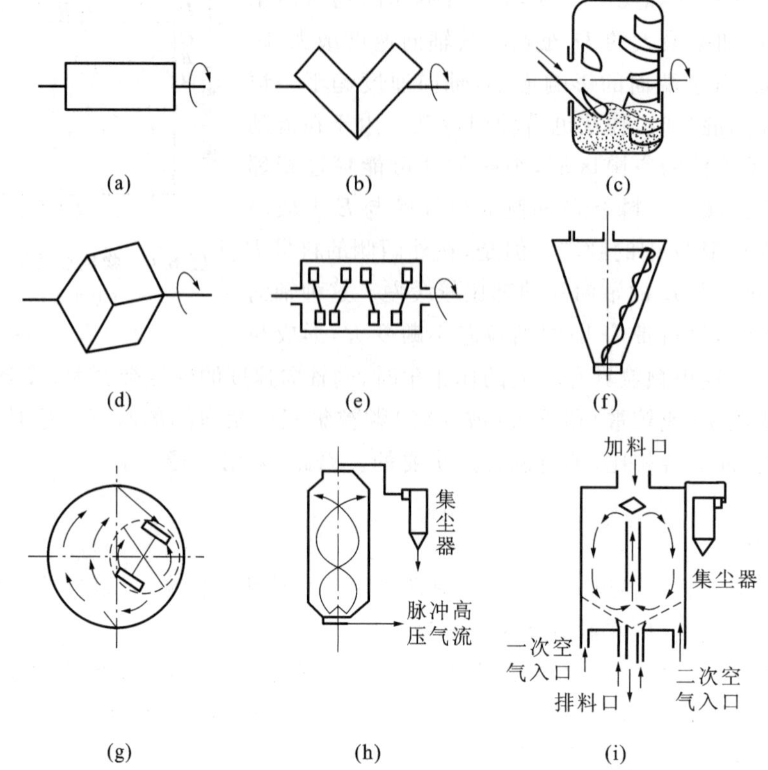

图 8.7 各种混合机示意

(a)圆筒式;(b)V 式;(c)鼓式;(d)正方体式;(e)桨叶式;

(f)桨叶旋转式;(g)轮碾式;(h)旋风流动式;(i)内管重力式

一工序的前面,因而大大减少了混合料在输送和中间储存中出现的偏析现象;设备紧凑,且易于获得较高的均匀度;可使整个生产过程实现连续化、自动化,减少环境污染以及提高处理水平。其缺点:参与混合的物料组分不宜过多;微量组分物料的加料不易精确计量;对工艺过程变化的适应性较差;设备价格较高;维修不便。

(2)按设备运转形式分:旋转容器式和固定容器式

旋转容器式混合机的特点:几乎全部为间歇操作;装料比(Q/V)较固定容器式的小;当流动性较好而其他物理性质差异不大时,可得到较好的均匀度,其中尤以 V 型混合机的混合均匀度较高;容器内部易清扫;可用于腐蚀性强的物料混合,多用于品种多而批量较小的生产。缺点:混合机的加料和卸料,都要求容器停止在固定的位置上,故需加装定位机构,加卸料时容易产生粉尘,需要采取防尘措施。

固定容器式混合机的特点:搅拌桨叶的强制作用使物料产生循环对流和剪切位移,从而达到均匀混合,混合速度较快,可得到较满意的混合均匀度;由于混合时可适当加水,因而能防止粉尘飞扬和偏析。缺点:容器内部较难清理;搅拌部件磨损较大,玻璃工厂常用的多是固定容器式混合机。

(3)按工作原理分:重力式和强制式

重力式混合机是物料在绕水平轴(个别也有倾斜轴)转动的容器内,主要受重力作用产生复杂运动而相互混合。重力式混合机根据容器外形有圆筒式、鼓式、立方体式、双锥式和 V 式等,这类混合机易使粒度差或密度差较大的物料趋向偏析。为了减少物料结团,有些重力式混合机(如 V 式)内还设有高速旋转桨叶。

强制式混合机是物料在旋转桨叶的强制推动下,或在气流作用下产生复杂运动而强行混合。强制式混合机按轴的传动形式有水平轴式(桨叶式、带式等)、垂直轴式(盘式)、斜轴式(螺旋叶片式)等。强制式混合机的混合强度比重力式的大,且可大大减小物料特性对混合的影响。

(4)按混合方式分:机械混合式和气力混合式

机械混合机在工作原理上大致分为重力式(转动容器型)和强制式(固定容器型)两类。气力混合设备用脉冲高速气流使物料被强烈翻动或由于高压气流在容器中进行对流流动而使物料混合,主要有重力式(包括外管式、内管式和旋管式等)、流化式和脉冲旋流式等。

机械混合机多数由机械部件直接与物料接触,尤其是强制式混合机,机械磨损较大。机械混合的设备体积一般不超过 20～60 m^3,而气力混合设备的体积可达数百立方米,这是因为它没有运动部件,限制性较小。此外,气力混合设备还有结构简单、混合速度快、混合均匀度较高、动力消耗少、易密闭防尘、维修方便等优点。但是它不适合黏结性物料的混合。

(5)按混合与偏析机理分:偏析型混合机和非偏析型混合机

偏析型混合机以扩散混合为主,属重力式混合机;非偏析型混合机以对流混合为主,属强制式混合机。

(6)按混合物料分:混合机和搅拌机

通常将干粉料混合或增湿混合的机械称为混合机,将软质原料(如黏土、高岭土或白垩等)碎解在水中制成料浆或使料浆保持均匀悬浮状态,以防止沉淀的机械设备称为搅拌机。

选用混合机时,应充分比较其混合性能,如混合均匀度、混合时间、物料性质对混合机性能的影响、混合机所需动力及生产能力、加卸料是否简便、扬尘防护等。

8.1.5.2 混合机械及设备

搅拌机有机械搅拌和气力搅拌两类,前者利用适当形状的桨叶在料浆中的运动来达到搅拌的目的,后者把压缩空气通入浆池使料浆受到搅拌。搅拌桨叶有水平桨叶和立式桨叶两种,桨叶形状有桨式、框式、螺旋桨式、锚式和涡轮式等,如图 8.8 所示。桨叶运动方式有定轴转动和行星运动。水平桨叶多用于混合或碎解物料;立式桨叶多用于搅拌。

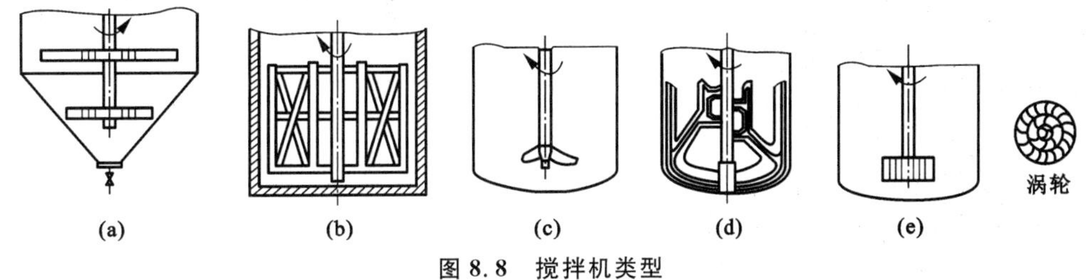

图 8.8 搅拌机类型

(a) 桨式;(b) 框式;(c) 螺旋桨式;(d) 锚式;(e) 涡轮式

(1)机械搅拌机

① 水平桨式搅拌机

水平桨式搅拌机如图 8.9 所示。储浆池 1 用木材、混凝土或钢板制造,内表面衬有瓷板。水平轴 2 从储浆池中间穿过,轴上装有十字形搭板 4,用橡木条制造的桨叶 3 固定在搭板上。水平轴的轴承 5 安装在储浆池外面的支架或基础上。在轴承穿过储浆池端壁处设有填料函 6,以防料浆泄漏。搅拌桨叶由电动机通过胶带轮 7 和齿轮 8 带动。搅拌机底部的物料开始时被桨叶端搅拌,随后被其中部搅拌,最后被整个桨叶所搅拌。该搅拌机是间歇工作的,为了使电动机的负载均匀和防止桨叶损坏,每批原料应逐渐加入储浆池中,每次不能过多。搅拌好的料浆通过装设在池端底部的旋塞 9 放出。

② 行星式搅拌机

行星式搅拌机属立式搅拌机,如图 8.10 所示,搅拌机构为两副装成框架的桨叶 1。桨叶的立轴 5 在水平导架(或称行星架)3 的轴承 2 中转动。立轴 5 上装有齿轮 4,当导架由传动机构带动旋转时,它就在装在支柱 7 上的固定齿轮 6 上滚动。于是桨叶一方面绕支柱 7 公转,同时又绕自身的立轴 5 自转,做行星运动。这种行星运动能引起料浆激烈的湍流运动,有利于搅拌的进行。在不大的圆形储浆池里装设有一套行星式搅拌机;在大的椭圆形储浆池里,装设有两套;而在更大的正方形储浆池里则装有四套。

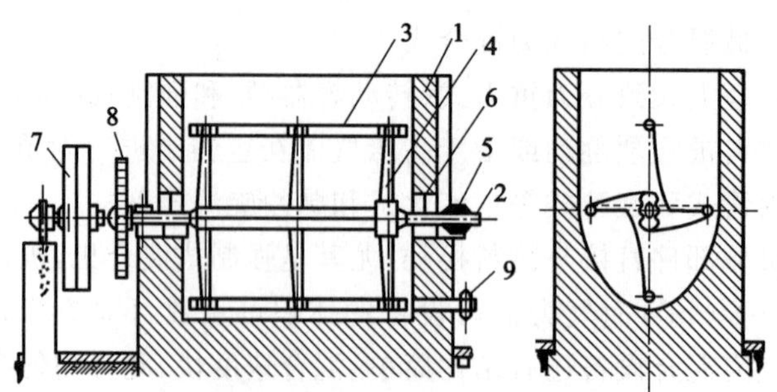

图 8.9 水平桨式搅拌机

1—储浆池；2—水平轴；3—桨叶；4—十字形搭板；
5—轴承；6—填料函；7—胶带轮；8—齿轮；9—旋塞

行星式搅拌机在陶瓷厂中用来搅拌泥浆及釉料，以防止固体颗粒的沉淀，但不宜用于碎解黏土，因为沉积在池底部的泥团会使桨叶受到很大的弯矩，容易损坏。

③ 旋桨式搅拌机

旋桨式搅拌机如图 8.11 所示，搅拌机构是用青铜或钢材制造的带有 2～4 片桨叶的螺旋桨 1。螺旋桨安装在立轴 2 上，整套搅拌机构，包括传动机构在内，都安装在储浆池 6 上面的横梁 3 上。立轴由电动机经三角胶带 5 来传动，靠桨叶转动产生强烈的湍流运动来搅拌、混合及潮解黏土。储浆池一般为混凝土砌筑，通常制成三角形或八角形，以消除料浆的旋回运动，从而提高搅拌效率。

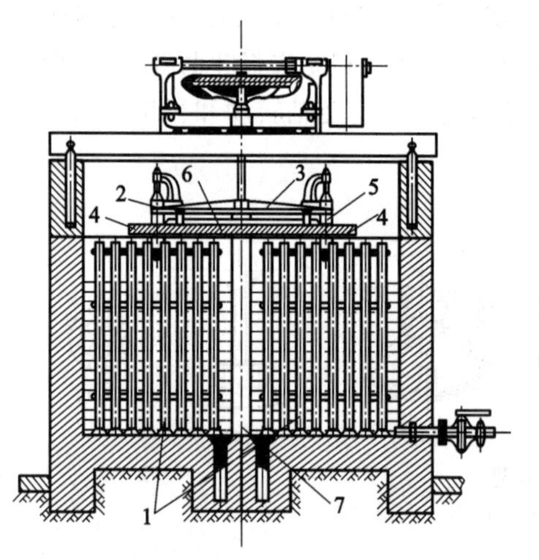

图 8.10 行星式搅拌机

1—桨叶；2—轴承；3—水平导架；
4—齿轮；5—立轴；6—固定齿轮；7—支柱

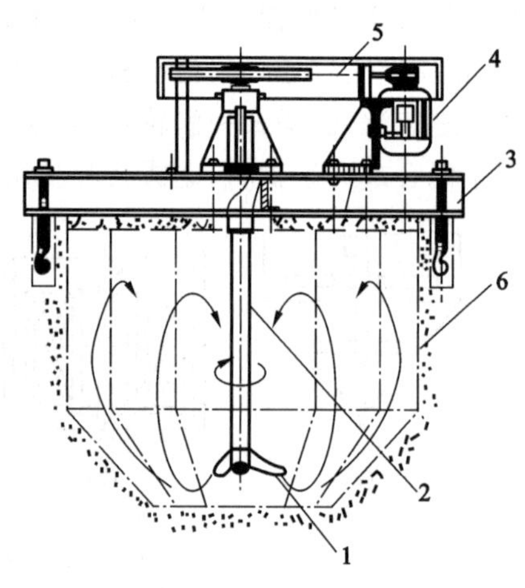

图 8.11 旋桨式搅拌机

1—螺旋桨；2—立轴；3—横梁；
4—电动机；5—三角胶带；6—储浆池

(2)粉料混合机

① 螺旋式混合机

螺旋式混合机用于干粉料的混合、增湿或潮解黏土等，有单轴和双轴两种类型。单轴螺旋式混合机如图 8.12 所示。它由 U 形料槽 1、主轴 2、紧固在主轴的不连续螺旋桨叶 3(或带式螺旋叶)以及带动主轴转动的驱动装置组成。单轴螺旋式混合机可制成不同的长度，一般安装在料斗或配料机的下面。为了便于调节桨叶的倾角和磨损后更换桨叶，如图 8.12 所示，常常借助桨叶末端具有螺纹的销轴 3 使桨叶 1 固定在转轴 2 的小孔里，销轴用螺母 4 拧紧。为了避免桨叶很快磨损，应采用合金钢或耐磨铸铁制造的可拆换的桨叶。

双轴螺旋式混合机如图 8.13 所示。料槽 3 内安装有两根带有螺旋桨叶的转轴 1 及 2。动轴 1 由电动机 4 通过减速器 5 带动，而从动轴 2 通过齿数相同的齿轮组 6 传动。螺旋轴转速一般为 20～40 r/min。

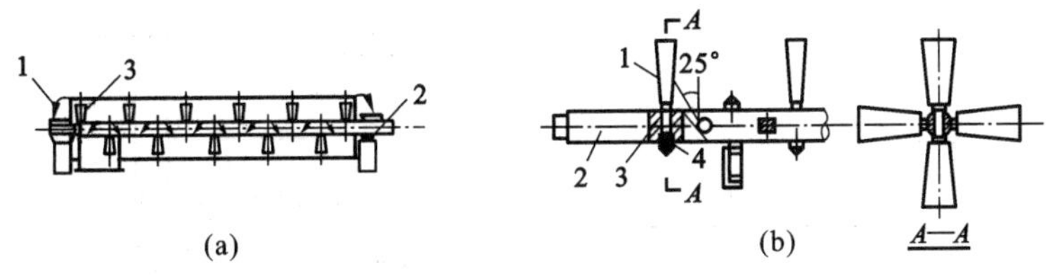

图 8.12 单轴螺旋式混合机

(a)单轴螺旋式搅拌结构示意

1—U 形料槽；2—主轴；3—桨叶

(b)桨叶的安装

1—桨叶；2—转轴；3—销轴；4—螺母

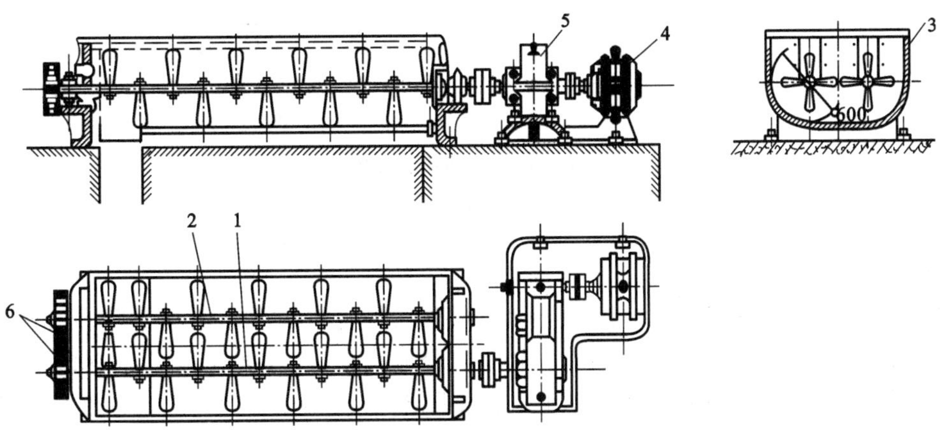

图 8.13 双轴螺旋式混合机

1、2—螺旋桨叶转轴；3—料槽；4—电动机；5—减速器；6—齿轮组

根据料槽内料流的方向，双轴螺旋式混合机可分为并流式和逆流式两类。并流混合时，两轴转向相反，螺旋桨叶的旋向也相反，物料沿同一方向并流推送；逆流混合时，两轴转向相反，螺旋桨叶旋向相同，使物料往返被较长时间混合。两轴转速不同，送往卸料口的速度比反向流动的速度快，使物料最终移向卸料口。

逆流式混合机的进料和卸料与并流式混合机的相同，但生产能力较小。生产能力与两轴速度差成正比。混合时间和质量可通过改变齿轮的传动比来调节。最适宜的混合时间及相应的生产能力应根据试验及每种物料的实际数据来确定。

可通过改变桨叶角度来调节物料通过混合机的速度，从而调节混合程度。当需要充分混合时，则应采用逆流式混合机。当用作干料混合时桨叶宜由里向外壁方向转动，增湿混合则宜由外壁向里转。

② 轮碾式混合机

轮碾式混合机的构造与轮碾机的相似，有盘转式和轮转式两种。盘转式混合机如图 8.14(a)所示。碾盘 2 旋转，通过物料的摩擦作用，使碾轮绕固定横梁自转。作为混合用的轮碾机，不仅能粉碎一些物料中较大的颗粒，而且可以保证物料的水分和粒度均匀分布。碾盘上装有可拆换的衬板，碾轮直接在衬板上对物料进行碾压。轮碾式混合机碾轮的质量比相应规格的干式轮碾机轻 25%～30%。混合机间歇操作，碾盘上无筛孔，依靠刮板和卸料门卸料。

轮转式的混合机如图 8.14(b)所示，电动机通过减速器 3 带动固装在主轴上的横梁，使碾轮 1 公转和自转。在横梁上的铲刀 8 把被碾轮压紧在碾盘 2 上的物料铲净。内外导向刮板 7 使物料被翻搅混合，并使物料集中在碾轮转过的圆环区域内。物料在碾压和搅拌作用下，各组分得到均匀混合，一般混合时间较长(5～15 min)，故耗电量较大。

轮转式混合机结构简单、维修方便，混合均匀度可达 95%～98%。

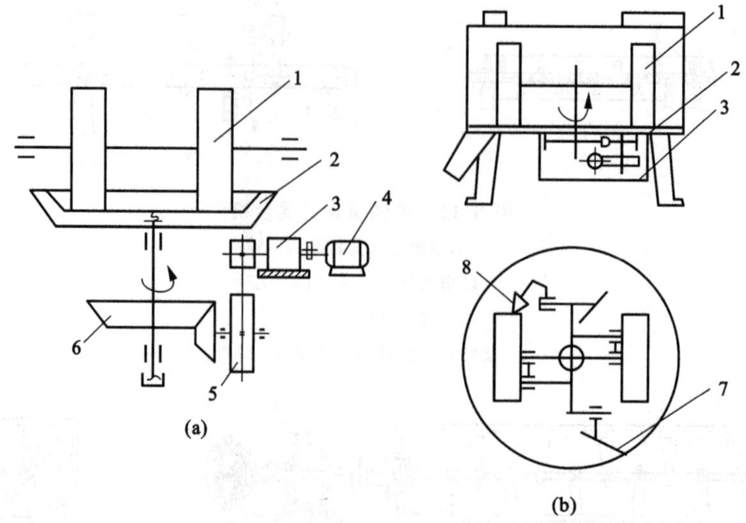

图 8.14　轮碾式混合机

(a) 盘转式；(b) 轮转式

1—碾轮；2—碾盘；3—减速器；4—电动机；5—胶带轮；6—圆锥齿轮；7—刮板；8—铲刀

③ 桨叶式混合机

桨叶式混合机如图 8.15 所示。机壳 1 为水平设置的圆筒，其中心装有六角形轴 2；由主电动机 6 通过主减速器 5 和联轴器带动六角轴转动。轴上均分地装有三对桨叶 3 及 4，相对的桨叶刮刀互成反向安装，以利于混合，靠近机壳两侧的桨叶 4 形状近似 L 形，用于刮铲端壁上的物料。加料口 7 为长方形孔，设于容器上方，卸料口 8 装于侧下方。卸料门 9 由曲柄连杆机构与链轮 12 及 13 操纵其启闭，曲柄连杆机构的往复动作是由限位开关 16 与固定于链轮上的料门电动机 15 的正反转实现的。机壳上有 1/4 的部分可以打开，以便检修、更换桨叶及清理内部。

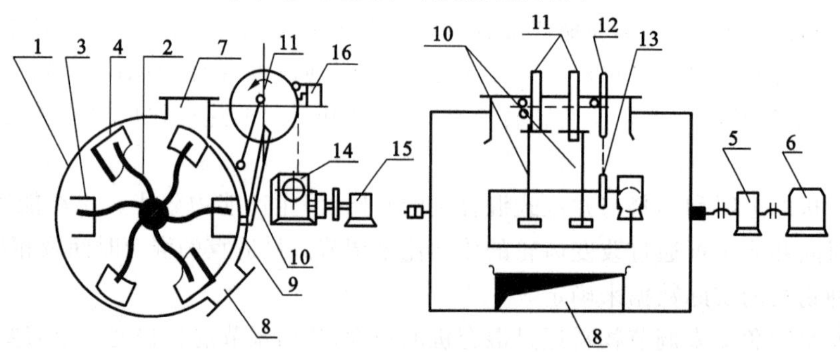

图 8.15　桨叶式混合机

1—机壳；2—六角形轴；3—桨叶；4—端部桨叶；5—主减速器；6—主电动机；7—加料口；8—卸料口；9—卸料门；10—连杆；11—圆盘；12、13—链轮；14—料门减速器；15—料门电动机；16—限位开关

桨叶式混合机的混合机理与圆筒式混合机相似，在轴向上的混合强度不够，造成混合均匀度不好。

④ 双层高效混合机

双层高效混合机的构造如图 8.16 所示。该混合机转子上有内外两层桨叶，外层为 4 个特殊角度的大桨叶，内层有 4 个特殊角度的小桨叶，如图 8.17 所示。外层大桨叶带动物料在快流区左右翻动，在机槽内全方位连续循环运动，使物料在强烈对流混合作用下迅速混合均匀。小桨叶大大增强了慢流区物料的对流混合。这两层桨叶还增强了物料间的相互扩散、剪切及冲击混合作用，从而快速实现了混合均匀并提高了混合效率。

双层高效混合机具有以下特点：

a. 混合速度快，混合均匀度高

一般物料在 45～60 s 时间内，混合均匀度变异系数（*CV*）小于或等于 5%。SJHS 系列双层高效混合机混合均匀度变异系数可达 2%～3%，因此可大大缩短混合时间，显著提高生产效率。

b. 装填量可变范围大

装填系数可变范围为 0.1～0.8，适用于多行业中不同密度、粒度的物料的混合。

c. 密封效果好

主轴上的轴端密封由密封透盖、气囊、气囊座、密封压盖等零件组成，轴端密封机构采用气囊密封技术，克服了传统混合机轴端渗料的现象。出料门密封机构采用整体气囊密封技术，当门关紧时，出料门侧面紧贴密封件上的橡胶密封气囊，其内充 0.08～0.1 MPa 的压缩空气，使机内物料不致漏出，从而弥补了传统混合机门体变形而形成“粉料瀑布”的缺陷。

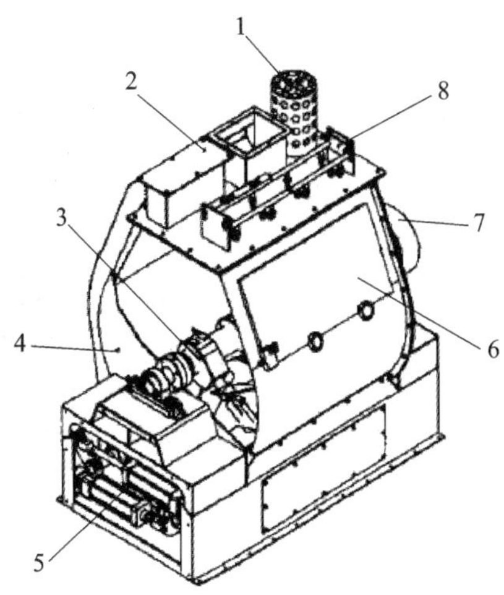

图 8.16　双层高效混合机构造示意图

1—上盖；2—回风装置；3—转子；
4—机体；5—出料门气动装置；6—清理门；
7—电机及传动装置；8—油脂添加装置

d. 出料快，残留量少

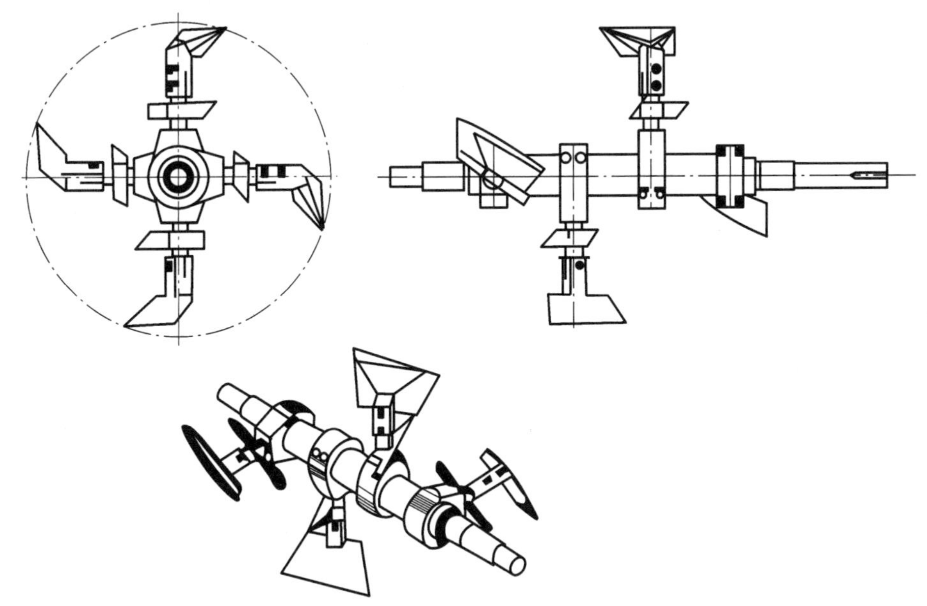

图 8.17　转子的结构示意图

底部采用了炸弹仓式全长双开门结构，由气缸、摇臂、联动轴、行程开关等组成。物料混合完成后一次性排空，残留量极少（残留率小于 0.1%）。

e. 可升降式液体添加装置

该添加系统可上下移动，使喷嘴露出混合机，便于清理或更换。同时，油脂添加装置采用空气雾化喷嘴，液体通过喷嘴在压缩空气的雾化下呈扇形喷出，可增强雾化效果。

⑤ 行星式混合机

行星式混合机有单转子的和双转子的两种。图 8.18 所示为带辊子的双转子行星式混合机，在耐火材料及陶瓷工厂中用于必须保证泥料成分和水分均一时的混合和增湿。筒形圆盘 1 装在机架的辊子上，并绕垂直中心线旋转。圆盘外面固装有齿圈 2 与圆盘两侧的两个齿轮 3 啮合。水平轴 5 是传动轴，由电动机通过胶带轮 7 传动。当水平轴 5 转动时，经圆锥齿轮 6、立轴 4、齿轮 3 使筒形圆盘 1 转动。水平轴还装有两个圆锥齿轮 8，与装在立轴 9 上端的另外两个圆锥齿轮啮合。每根轴的下端

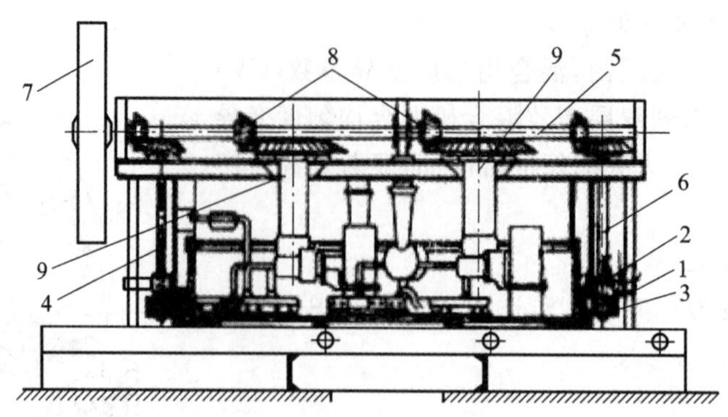

图 8.18 双转子行星式混合机

1—筒形圆盘;2—齿圈;3—齿轮;4、9—立轴;5—水平轴;6、8—圆锥齿轮;7—胶带轮

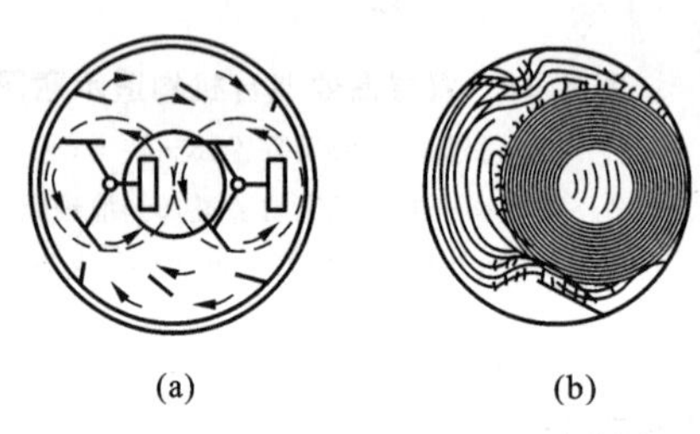

图 8.19 物料在行星式混合机中的混合示意图

(a) 双转子;(b) 单转子

都固定有两个桨叶及一个辊子。水平轴转动时,圆盘、辊子及刮板均转动。为了将物料推到混合用桨叶及辊子下面,在圆盘底附近的支撑架上还固定有六个不动的桨叶。

混合机是间歇操作的,需要进行混合和增湿的物料被分批送入。当圆盘与进行混合用的桨叶和辊子相逆旋转时,物料在固定桨叶的作用下沿着复杂的螺旋线由周边向中心移动而被充分混合(图 8.19)。混合好的物料由刮板拨入圆盘上的卸料口卸出,由混合机下面的输送机运走。

8.2 造粒

8.2.1 造粒的定义

广义上,造粒的定义为:将粉状、块状、溶液、熔融液等状态的物料进行加工,制备具有一定形状与大小的粒状物。广义的造粒包括块状物的细分化和熔融物的分散、冷却和固化等广泛范围。通常,造粒是狭义上定义的概念,即将粉末状物料聚结,制成具有一定形状与大小的颗粒的操作。从这意义上讲,造粒物是微小粒子的聚结体。如今,造粒过程遍及许多工业部门。

8.2.2 造粒的目的

① 将物料制成理想的结构和形状,如粉末冶金成形和水泥生料滚动制球。

② 为了准确定量、配剂和管理,如将药品制成各类片剂。

③ 减少粉料的飞尘污染,防止环境污染与原料损失,如将散状废物压团处理。

④ 制成不同种类颗粒体系的无偏析混合体,有效地防止固体混合物各成分的离析,如炼铁烧结前的团矿过程。

⑤ 改变产品的外观,如各类形状的颗粒食品和用作燃料的各类型煤。

⑥ 防止某些固相物生产过程中的结块现象,如颗粒状磷胺和尿素的生产。

⑦ 改善粉粒状原料的流动特性,有利于粉体的连续化、自动化操作的顺利进行,如陶瓷原料喷雾造粒后可显著提高成形给料时的稳定性。

⑧ 增加粉料的体积质量,便于储存和运输,如超细的炭黑粉需制成颗粒状散料。

⑨ 降低有毒和腐蚀性物料处理作业过程中的危险性,如烧碱、铬酐类压制成片状或粒状后使用。

⑩ 控制产品的溶解速度，如一些速溶食品。

⑪ 调整成品的空隙率和比表面积，如催化剂载体的生产和陶粒类多孔耐火保温材料的生产。

⑫ 改善热传递效果和帮助燃烧，如立窑水泥的烧制过程。

⑬ 适应不同的生物过程，如各类颗粒状饲料的生产。

各工业部门特点和造粒目的及原料不同，使这一过程体现为多种多样的形式。总体上可将其分为突出单个颗粒特性的单个造粒和强调颗粒状散体集合特性的集合造粒两类。前者侧重每一个颗粒的大小、形状、成分和密度等指标，因而产量较低，通常以单位时间内制成的颗粒个数来计量。后者则考虑制成的颗粒群体的粒度大小、分布、形状的均一性及容重等指标，处理量以 kg/h 或 t/h 来计量，属大规模生产过程。集合造粒是本章内容的主题。

8.2.3 聚结颗粒的形成机理

8.2.3.1 颗粒间的结合力

为了使粉粒凝聚而粒化，在粉体颗粒之间必须产生结合力。Rumpf 提出多个颗粒聚结形成颗粒时，颗粒间的结合力有 5 种方式：

① 固体颗粒间引力　固体颗粒间发生的引力来自范德瓦耳斯力(分子间引力)、静电力和磁性力。这些作用力在多数情况下虽然很小，但是粒径小于 50 μm 时，粉粒间的聚集现象非常显著。这些作用随着粒径的增大或颗粒间距离的增大而明显减小。

② 可自由流动液体产生的界面张力和毛细管力　以可流动液体作为架桥剂进行造粒时，颗粒间的结合力由液体的表面张力和毛细管力产生，因此液体的加入量对造粒产生较大影响。液体在颗粒间的存在状态由液体的加入量决定，参见图 8.20。

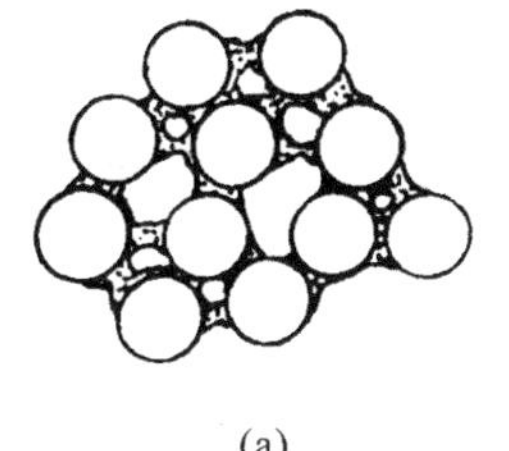

(a)

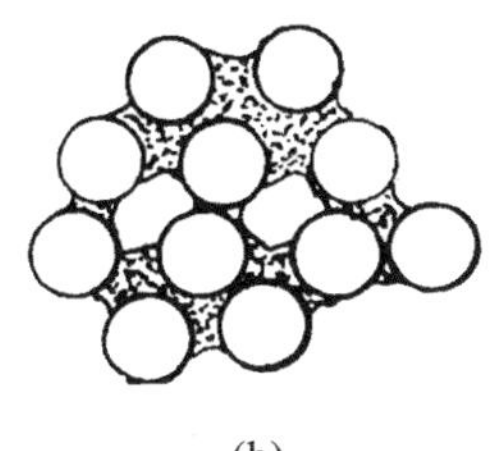

(b)

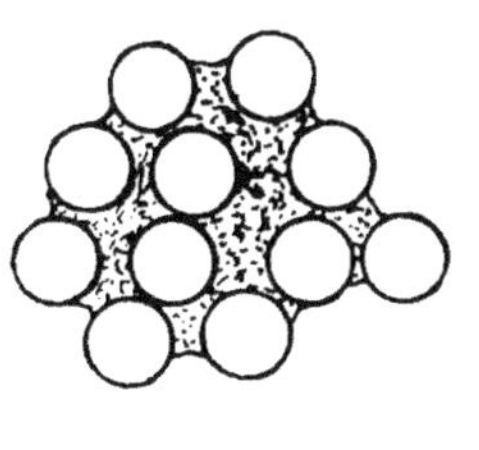

(c)

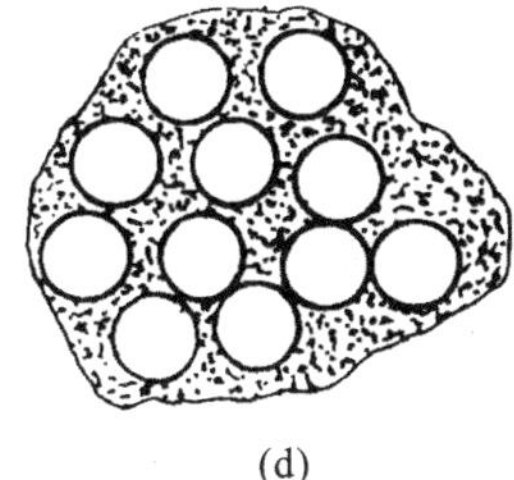

(d)

图 8.20　颗粒间液相的存在状态

(a)摆动状态；(b)链索状态；(c)毛细管状态；(d)浸渍状态

(a)摆动状态：液体在颗粒空隙间充填量很少，液体以分散的液桥连接颗粒，空气成连续相。

(b)链索状态：适当增加液体量，液体桥相连，液体成连续相，空隙变小，空气成分散相。

(c)毛细管状态：液体量增加到充满颗粒内部空隙，仅在粉体层的表面存在气液界面(颗粒表面还没有被液体润湿)。

(d)浸渍状态：颗粒群浸在液体中，液体充满颗粒内部与表面，存在自由液面。

一般，液体在颗粒内以摆动状态存在时，颗粒松散；以毛细管状态存在时，颗粒发黏；以链索状态存在时可得到较好的颗粒。可见液体的加入量对湿法造粒起着决定性作用。

③ 不可流动液体产生的黏结力　不可流动的液体包括：①高黏度液体；②吸附于颗粒表面的少量液体层。高黏度液体的表面张力很小，易涂布于固体表面，靠黏附性产生强大的结合力；吸附于颗粒表面的少量液体层能减小颗粒表面粗糙度，增加颗粒间接触面积或减小颗粒间距，从而增加颗粒间引力等。

④ 颗粒间固体桥　在一定的温度条件下，在粉粒的相互接触点上，由于分子的相互扩散而形成连接两个颗粒的固体桥。在造粒的过程中，由于摩擦和能量的转换所产生的热也能促使固体桥的形成。在化学反应、溶解的物质再结晶、熔化的物质的固化和硬化的过程中，颗粒与颗粒之间也能产生连接颗粒的固体桥。

⑤ 颗粒表面不平滑引起的机械咬合力　纤维状、薄片状或形状不规则的颗粒相互接触、碰撞、重叠在一起时，相互交错并结合在一起。机械咬合发生在块状颗粒的搅拌和压缩操作中，结合强度较大，但在普通造粒过程中所占比例不大。

由液体架桥产生的结合力主要影响颗粒的成长过程和粒度分布等，而固体桥的结合力直接影响颗粒的强度及颗粒的溶解速度或瓦解能力。

8.2.3.2　凝聚颗粒的抗拉强度

在评价造粒的颗粒时，颗粒之间的液桥力、范德瓦耳斯力和静电作用力是影响颗粒强度的重要因素。作为强度的指标有抗压强度和抗拉强度，抗拉强度可以从理论上进行分析，而抗压强度可由试验测定。

Rumpf 导出了由许多小颗粒凝聚而成的颗粒的抗拉强度计算式（假设小颗粒为等径球）

$$\sigma_{ZH} = \frac{9}{8} \cdot \frac{1-\varepsilon}{\varepsilon} \cdot \frac{F}{D_p^2} \tag{8.17}$$

式中　σ_{ZH}——抗拉强度；

ε——成球颗粒的空隙率；

F——两颗粒间接触点的黏结力；

D_p——小颗粒球径。

对于液体架桥，$\theta=0$，$\alpha=10°\sim40°$的状态（见图 8.21），得 $F=2.5\gamma D_p$，则

$$\sigma_{ZH} = 2.8 \cdot \frac{1-\varepsilon}{\varepsilon} \cdot \frac{\gamma}{D_p} \tag{8.18}$$

当液体完全充满颗粒间隙时，人工吸引压力为 $P_c = 8 \cdot \frac{1-\varepsilon}{\varepsilon} \cdot \frac{\gamma}{D_p}$，则 σ_{ZH} 与 P_c 之比为

$$\frac{\sigma_{ZH}}{P_c} = 0.35 \tag{8.19}$$

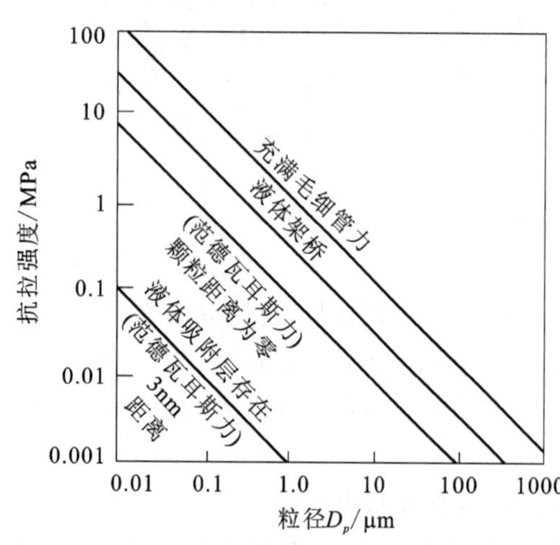

图 8.21　各种结合力所得到的抗拉强度

显然，人工抽吸压力比液体架桥给予造粒的颗粒强度还要大。

图 8.21 为各种结合力所得到的抗拉强度，对各种结合机理所形成的颗粒的相对强度作了比较。加湿造粒时，毛细管状态时的抗拉强度约为摆动状态时的 3 倍，链索状态时为两者的中间值，空隙饱和度接近 1 时强度增加。

8.2.4　造粒方法

常用的造粒方法有：压缩法、挤出法、滚动法、喷浆法和流化法等。

8.2.4.1　压缩造粒

(1)影响压缩造粒的因素

压缩造粒的影响因素很多，需根据原料粒度及分布、湿度、操作温度、黏结剂及润滑剂的添加量等条件，并通过大量试验所反映的变化趋势来确定最佳条件。原料粉体的粒度分布是决定颗粒填充状态和造粒后的空隙率的重要因素。一般来说，颗粒界面接触面积越大，颗粒凝聚的可能性也越大。因此，原料越细，造粒强度越高。原料粒度的分布上限取决于产品粒度的大小。然而，粉体越细，体积、质量就越小，原料的压缩度（自然堆积与压缩后的体积比）限制了原料粉体不能过细，因为细粉体在压缩过程中夹带的空气较多，势必减缓压缩速度，从而降低生产能力。

如上所述，压缩造粒是原料中微粒间界面上的结合，原始颗粒的表面特性具有重要的作用。通过粉碎法制得的粉体颗粒表面存在着大量的不饱和价键和晶体缺陷，这种新生表面的化学活性很高，极

易与相邻颗粒进行界面化学结合及原子扩散。但久置后，会逐渐"钝化"而失去表面活性。因此，用粉碎制得的新原料进行压缩造粒，其造粒性能相对较好。

(2)压缩造粒设备

① 压粒机

压粒机是借助于由偏心曲轴带动的上下冲头在压模内的相对运动来完成压粒过程的。有单冲头压粒机和转盘式压粒机两种。目前，单冲头压粒机的最大生产能力为200粒/min，转盘式的生产能力高达10000粒/min，且产品颗粒特性易于控制。

② 辊式压粒机

这类造粒机的主要组成部分是两个等速相向转动的辊子，在螺旋给料机的推送下将原料强制压入二辊间隙中，随着辊子转动，原料逐渐进入辊间最狭窄部位。根据辊表面不同的形式，可直接得到颗粒或片状压饼，再将其破碎筛分即可获得各种粒度的不规则颗粒。

辊式压粒机生产的颗粒形状可灵活调整，且处理量大，大多数粉体都可采用此方法进行造粒。其缺点：颗粒表面不如压粒机制得的颗粒表面精细。

8.2.4.2 挤出造粒

挤出造粒是将与黏合剂捏合好的粉状物料投入带多孔模具的挤出机中，在外部挤压力的作用下，原料以与模具开孔相同的截面形状从另一端排出，再经适当的切粒和整形即可获得各种形状的颗粒制品。该方法要求原料粉体能与黏结剂混成较好的塑性体，适合于黏性物料的加工。制得的颗粒截面规则均一，但长度和端面形状不易精确控制；颗粒致密度比压缩造粒的低，黏结剂和润滑剂用量大，水分含量较高，模具磨损较严重。

(1)挤出造料粒的工艺因素

从机理上来说，挤出造粒是压缩造粒的特殊形式，其过程都是在外力作用下原料颗粒间重排而达到致密化，所不同的是挤出造粒需要先将原始物料进行塑性化处理。挤出过程中，随着模具通道截面的变小，内部压应力逐渐增大，相邻微粒在界面上黏结剂的作用下牢固结合。该过程可分为四个阶段：输送、压缩、挤出、切粒。物料与模具表面在高压下摩擦产生大量热量，物料温度升高有利于塑化成形，如饲料挤出造粒过程中借助于这部分热量可使淀粉质粉料熟化，从而提高制品的强度。

挤出造粒的影响因素主要有原料粒度、水分、温度和外加剂。

为了使物料有较好的塑性，需对原料进行预混合处理。在此过程中，将水和黏结剂加入粉料内用捏合机充分捏合，黏结剂的选择与压缩造粒相同。捏合效果直接影响挤出过程的稳定性和产品质量。一般来说，捏合时间越长，泥料的流动性越好，产品强度越高。与压缩造粒相同，原料粉体适当细化会提高捏合后泥团的塑性，有利于挤出过程的进行，同时细颗粒使粒间界面增大也有利于提高产品的强度。

(2)挤出造粒设备

挤出机的种类很多，基本上都由进料、挤压、模具和切粒四部分装置组成。处理能力为25～30 t/h。

螺杆挤出机是应用较广泛的挤出设备之一。螺杆在旋转过程中产生挤压作用，将物料推向挤压筒端部或侧壁上的模孔，从而实现挤压造粒(如图8.22所示)。模孔的孔径和模板开孔率对产品质量有较大的影响。

辊式挤压机主要工作部分是两个相向转动的辊子。物料在辊子的压力作用下被挤入辊上的模孔，经挤压和切割形成所需要的颗粒。不同类型的辊式挤出机的造粒形式如图8.23所示。

由于挤出造粒产品的水分含量较高，为防止刚挤出的颗粒发生堆积粘连，需进行后续干燥。通常采用热空气风扫干燥方式使颗粒表面迅速脱水，然后再进行流化干燥。

挤出造粒的优点是产量高，但产品颗粒为短柱状，通过整形机处理后可获得球形颗粒。用此方法生产的球形颗粒密度较高。

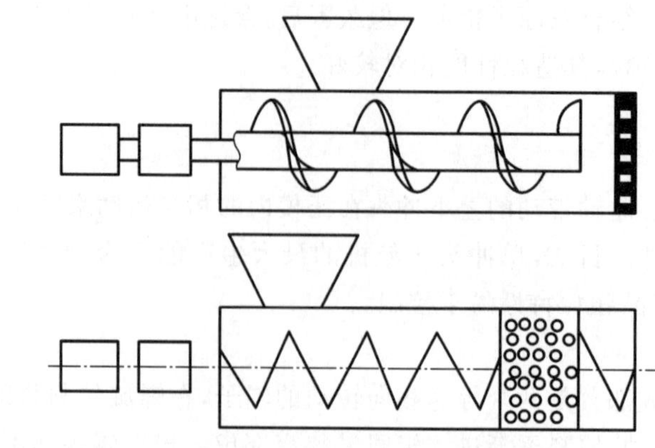

图 8.22　挤出造粒机结构简图

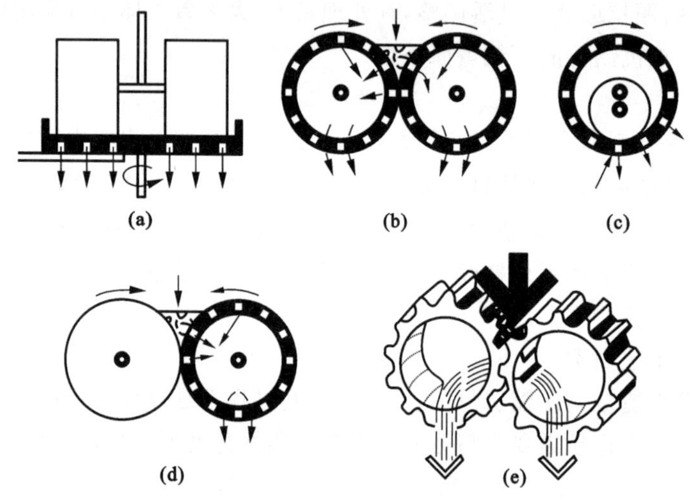

图 8.23　辊式挤出机造粒形式

(a) 水平压辊；(b) 双辊外挤压；(c) 单辊内挤压；(d) 单辊外挤压；(e) 双齿对辊

8.2.4.3　滚动造粒

如果工艺要求颗粒形状为球形，且对颗粒密度要求不高，多采用滚动造粒方法造粒。造粒过程中，粉料颗粒在液桥和毛细管力作用下团聚在一起，形成球核。团聚的球核在容器低速转动时所产生的摩擦和滚动冲击作用下不断地在粉料层中回转、长大，最后成为一定大小的球形颗粒而滚出容器。该方法的优点：处理量大、设备投资少、运转率高。缺点是颗粒密度较低，难以制备粒径较小的颗粒。该方法多用于食品生产，也广泛用于以颗粒多层包覆工艺制备功能性颗粒。

(1)滚动造粒机理

湿润粉体团聚成许多微球核是滚动造粒的基本条件。成核动力来自液体的表面张力和气-液-固三相界面上表面自由能的降低。颗粒越小，这种成核现象越明显。球核在一定条件下可长大至 1～2 mm。微核的聚并和包层则是颗粒进一步长大的主要机制。这些机制表现程度如何取决于操作形式、原料粒度分布、液体表面张力和黏度等因素。

在批次作业中，结合力较弱的小颗粒在滚动中常常发生破裂现象。大颗粒的形成多是通过这些破裂物进一步包层来完成的。当原料平均粒径大于 70 μm 且分布较集中时，上述现象表现突出。与此相反，当平均粒径小于 40 μm 且粒度分布较宽时，颗粒的聚并则成为颗粒长大的主要原因。这类颗粒不仅因强度高而不易破裂，而且经一定时间滚动固化后，过多的水分渗出颗粒表面，更易在颗粒间形成液桥而使表面塑化。这些因素都会促进聚并过程的进行。

随着颗粒长大，聚并在一起的小颗粒之间分离力增大，从而降低了聚并过程的效率。因此，难以以聚并机制来提高形成大颗粒的速度。

在连续作业中，从筛分系统返回的小颗粒和破裂的团聚体常成为造粒的核心。由于原料细粉中的微细颗粒在水分作用下易与核心颗粒产生较强的结合力，故原料粉体在核心颗粒上的包层机制在颗粒增大过程中起着主导作用。

聚并形成的颗粒外表呈不规则的球形，断面是多心圆；而由包层形成的颗粒为表面光滑的球形体，断面呈树干截面年轮形式。

(2)滚动造粒设备

成球盘是最常见的滚动造粒设备。该装置主要由一个倾角可调的转动圆盘组成，盘中的粉料在喷入的水或黏结剂的作用下形成微粒并在转盘的带动下升至高处，然后借助重力向下滚动。这样反复运动，颗粒不断增大至一定粒径后从下边缘滚出(如图 8.24 所示)。

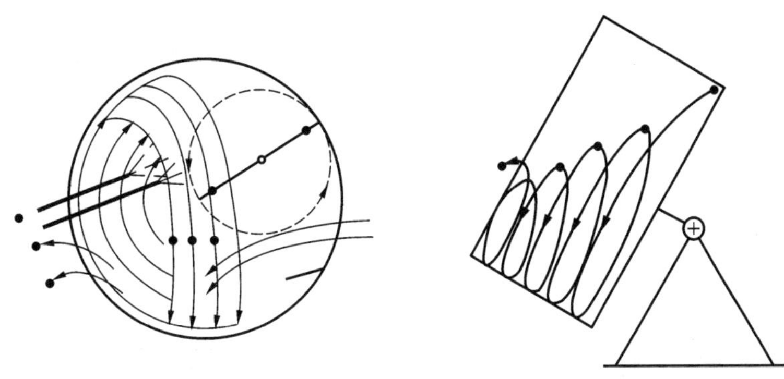

图 8.24 成球盘造粒机理

转盘直径越大，颗粒滚动时的动能越大，越有利于颗粒的密实化。转速越快，带动颗粒提升的能力越大，越容易促使颗粒密实。

成球盘的生产能力大，产品外表光滑且粒度大小均匀。盘面敞开，便于操作观察；但作业时粉尘飞扬严重，工作环境不良。由于各种随机因素的影响，操作的经验性较强。最大的成球盘直径可达 6 m，处理能力达 50 t/h 以上。

图 8.25 为搅拌混合造粒机的示意图。该设备造粒时，其微核生成和长大的机理与滚动造粒基本相同，只是颗粒长大过程不是在重力作用下自由滚动，而是通过搅拌棒驱使微颗粒在无规则翻滚中完成聚并和包层。部分结合力弱的大颗粒不断地被搅拌棒打碎，碎片又作为核心颗粒经过包层进一步增大。伴随着物料从给料端向排料端的移动，颗粒增大与破碎的动态平衡逐渐趋于稳定。搅拌混合造粒所制备的颗粒的粒度均匀性、球形度、颗粒密度等指标均不及成球盘造粒。该方法处理量大，造粒又是在密闭的容器中进行，工作环境好，故多用于矿粉和复合肥料的造粒。

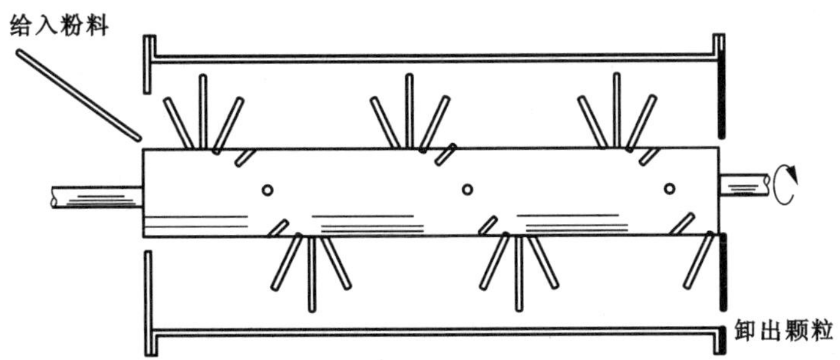

图 8.25 搅拌混合造粒机结构

8.2.4.4 喷浆造粒

喷浆造粒是借助于蒸发直接从溶液或浆体制取细小颗粒的方法，包括喷雾和干燥两个过程。料浆首先被喷洒成雾状微液滴，水分被热空气蒸发带走后，液滴内的固相物聚集成为干燥的微粒。对用微米或亚微米级超细颗粒制备平均粒径为数十微米至数百微米的细小颗粒而言，喷浆造粒几乎是唯一的有效方法。所制备的颗粒近似球形，有一定的粒度分布。整个造粒过程全部在密闭系统中进行，无粉尘和杂质污染，因此，该方法多被冶金、食品、医药、染料、非金属矿加工、催化剂和洗衣粉等行业采用。其缺点是水分蒸发量大，喷嘴磨损严重。

(1)喷浆造粒机理

雾滴经受热蒸发，水分逐渐消失，同时，包含在其中的固相微粒逐渐浓缩，最后在液桥力的作用下团聚成微小颗粒。在雾滴向微粒变化的过程中，也会发生相互碰撞，聚并成较大的微核，微核间的聚并和微粒在核上的吸附包层是形成较大颗粒的主要机制。上述过程必须在微粒中的水分完全蒸发之前完成，否则颗粒难以继续增大。由于无外力作用，喷浆造粒所制取的颗粒强度较低，且呈多孔状。

喷浆雾化后的初始液滴的大小和料浆浓度决定着一次微粒的大小。浓度越低，雾化效果越好，所形成的一次微粒越小。然而，受水分蒸发的限制，喷浆的浓度不能太低。改变干燥室内的热气流运动规律，可控制微粒聚并与包层过程，从而调整制品颗粒的大小。热风的吹入量和温度可直接影响干燥强度和物料在干燥器内的滞留时间。

(2)浆体雾化方式

雾化是喷浆造粒的关键。浆体的雾化方式主要有加压自喷式、高速离心抛散式和压缩空气喷吹式三种，如图 8.26 所示。

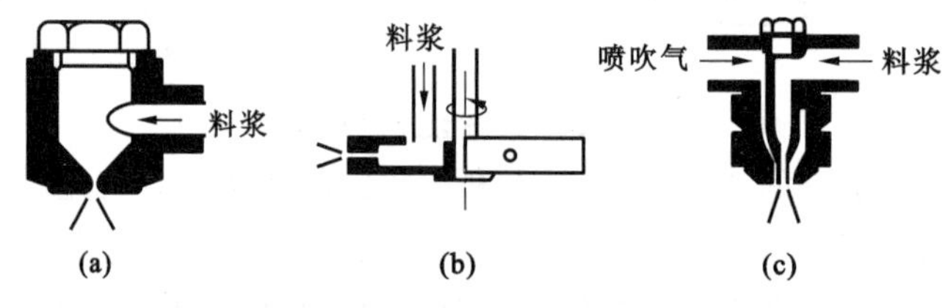

图 8.26 雾化方式

(a)加压自喷式;(b)高速离心抛散式;(c)压缩空气喷吹式

加压自喷式雾化是用高压泵将浆体以十几兆帕的压力挤入喷嘴，经喷嘴导流槽后变为高速旋转的液膜射出喷孔，形成锥状雾化层。欲获得微小液滴，除提高压力外，喷孔直径不能过大，浆体黏度的大小也影响着雾化效果，有些浆体需升温和降低黏度后再进行雾化。这种雾化喷嘴结构简单，可在干燥器内的不同位置上设置多个喷嘴，以使雾滴在其中均匀分布。缺点是喷嘴磨损较快，浆体的喷射量和压力也随喷嘴的磨损而变化，作业不稳定，制备的颗粒比其他雾化方式偏粗。

高速离心抛散式雾化是利用散料高速旋转的离心力将浆体抛散成非常薄的液膜后在撒料盘的边缘与空气做高速相对运动的摩擦中雾化散出。因撒料盘高速旋转，故对机械加工和其他质量要求较高。为了能获得均匀的雾滴，撒料盘表面要光洁平滑，运转平稳。

压缩空气喷吹式雾化是利用压缩空气的高速射流对料浆进行冲击粉碎，从而使料浆雾化。雾化效果主要受空气喷射速度和料浆浓度的影响。气流速度越高，料浆黏度越低，形成的雾滴就越小、越均匀。空气与料浆在吐喷嘴内的混合方式不同，喷嘴的形状不同。该方法可处理黏度较高的物料，并可制备较细的产品，但因动力消耗较大，仅适合于小型设备。

(3)干燥器

喷浆造粒包括喷雾和干燥两个过程，其工业化生产系统由热内源、干燥器、雾化装置和产品捕集设备所组成。系统的前后两设备可分别选用定型化的热风炉和除尘器。对喷浆造粒过程影响较大的非标设备是干燥器。干燥器的结构比较简单，一般是根据雾化方式的特点设计成一个普通的容器，但作为一个有传热、传质过程的流体设备，其内部的合理设计尤为关键。干燥器必须具有以下功能：

① 对已雾化的液体浆滴进行分散；

② 使雾滴迅速与热空气混合干燥；

③ 及时将颗粒产品和潮湿气体分离。

干燥器要蒸发掉料浆中的大量水分，因此热效率要高，干燥器多取塔状结构。干燥器的类型见图 8.27。

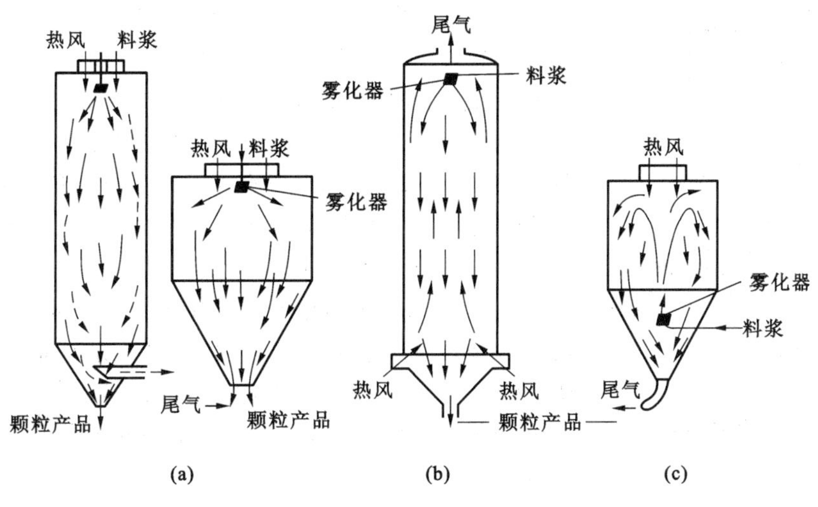

图 8.27　干燥器类型

(a)并流式；(b)逆流式；(c)混合式

8.2.4.5　流化造粒

流化造粒是使粉体在流化床床层底部空气的吹动下处于流态化，再将水或其他黏合剂雾化后喷入床层中，粉料经沸腾翻滚逐渐形成较大的颗粒。这种方法的优点是混合、捏合、造粒和干燥等工序在一个密闭的流化床中一次完成，操作安全、卫生、方便。该方法建立在流态化技术基础上，经验性较强，作为一种新的造粒技术，正在食品、医药、化工、种子处理等行业中得到普及和推广。

(1)流化造粒机理与影响因素

流化造粒过程与滚动造粒机理相似，在黏结剂的促进下，粉体原始颗粒以气-液-固三相的界面能作为原动力团聚成微核，在气流的搅拌、混合作用下，微核通过聚并、包层逐渐形成较大的颗粒。在带筛分设备的闭路循环系统中，返回床内的细碎颗粒也常作为种核来源，这对于提高处理能力和产品质量是一项重要措施。调节气流速度和黏结剂喷入状态，可控制产品颗粒的大小，并对产品进行分级处理。雾滴大时，产品颗粒也大；反之亦然。由于缺少较强的外部压力作用，成品颗粒虽为球形，但致密度不高，经连续的干燥过程，水分蒸发后留下了大量内部孔隙。

(2)流化造粒设备

流化造粒设备是由流化床筒体、气体分布板、冷热风源、黏结剂喷射装置和除尘器组成，如图 8.28 所示。根据处理量和用途的不同，有连续作业和批次作业两种形式。

处理批量小，产品期望粒径为数百微米的造粒过程可采用批次作业方式的流化造粒设备。该设备的运转特点是先将原料粉流态化，然后定量喷入黏结剂，使粉料在流态化的同时团聚成所希望的颗粒，原始颗粒的聚并是该过程的主要机制。

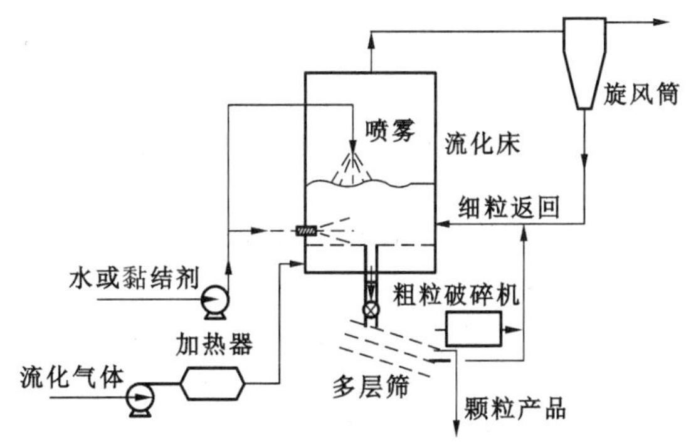

图 8.28　流化床造粒设备

处理量较大时，宜选用连续式流化造粒设备。它是在原料粉处于流态化时，连续喷入黏结剂，颗粒在流化床内翻滚长大后排出机外。这类装置多由数个相互连通的流化室组成。多室流化床可提供不同的工艺条件，使造粒的增湿、成核、滚球、包覆、干燥等不同阶段在各自的最佳条件下完成。在某些情况下，这种设备可用于对已有的颗粒进行表面包层处理，如药粒表面的包衣和细小种子的丸粒化处理。这种造粒设备强调原始颗粒的表面浸润和包覆物细粉在颗粒表面吸附聚集。颗粒在床内流化状态的稳定性和滞留时间决定着包覆层的均匀性和厚度。

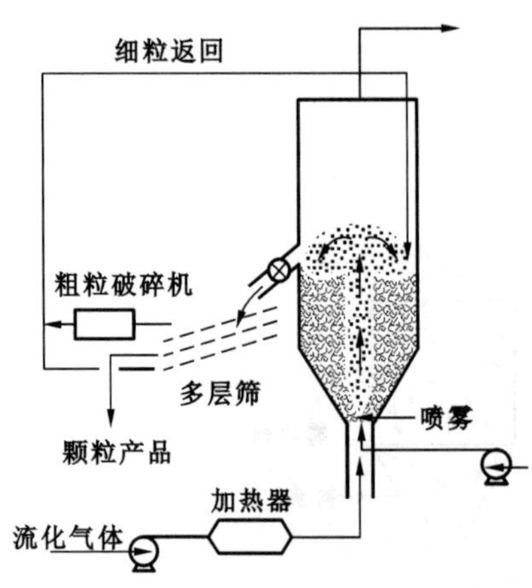

图 8.29 喷动床造粒设备

喷动床造粒设备是一种特殊的流化床造粒设备，如图 8.29 所示。在这类设备中，床体下端锥体收缩为一个喷口，而不设气体分布板，其造粒过程也是喷浆和干燥相结合。热空气从喷口射入床层，粉料和颗粒如同喷泉一样涌起，当它们失去动能后在床层的周围落下。热气体和雾化后的黏结剂由下口向上喷入，在小颗粒表面沉积成一薄层，这样反复循环直至达到所要求的粒径。喷动床克服了流化实验床容易产生气泡、气固接触条件差的缺点，特别适合于生产大颗粒。

有些场合，为了强化喷浆造粒的干燥过程，喷动床也可在填入一些惰性介质后用于微颗粒的生产。惰性介质在热空气的推动下处于涌动状态，浆体喷射到其表面后水分迅速蒸发，聚在介质颗粒外层的粉饼受到介质涌动中的冲击研磨作用而被碎成更细小颗粒，经除尘器捕获后便可得到细微粒产品。

思 考 题

8.1 混合的意义是什么？
8.2 混合程度的评价指标有哪些？
8.3 混合的机理是什么？
8.4 是否混合时间越长，混合效果越好？为什么？
8.5 对于水平圆筒混合机而言，径向混合与轴向混合哪个是主要的？
8.6 并流式和逆流式双轴螺旋式混合机工作过程有何不同？
8.7 影响混合效果的因素有哪些？
8.8 导致颗粒之间发生凝聚的作用力有哪些？
8.9 挤出造粒法常用的造粒设备有哪些？所得的造粒通常是什么形状？
8.10 滚动造粒的机理是什么？
8.11 喷雾造粒的机理是什么？常用的喷雾方法有哪些？各有什么特点？
8.12 喷雾造粒系统中，干燥器的作用是什么？
8.13 比较各种造粒方法的优缺点。

参 考 文 献

[1] GOTOH K, MASUDU H, HIGASHITANI K. Powder technology handbook[M]. New York: Marcel Dekker, 1998.

[2] HIGASHITANI K, MAKINO H, MATSUSAKA S. Powder technology handbook[M]. New York: CRC Press, Talor & Francis Group, 2020.

[3] RHODES M. Introduction to particle technology[M]. 2nd ed. Melbourne: John Wiley & Sons, Ltd, 2008.

[4] JONATHAN S, WU C Y. Particle technology and engineering[M]. London: Elsevier, 2016.

[5] YARUB A D. Metal oxide powder technologies-fundamentals, processing methods and application[M]. 1st ed. London: Elsevier, 2020.

[6] ASM International Handbook Committee. ASM handbook: Volume 7, powder metal technologies and application[M]. Almere: ASM International, 1998.

[7] 陶珍东，郑少华. 粉体工程与设备[M]. 北京：化学工业出版社，2003.

[8] 卢寿慈. 粉体加工技术[M]. 北京：中国轻工业出版社，1999.

[9] 李建平，李承政，王天勇，等. 我国粉体造粒技术的现状及展望[J]. 化工机械，2001，28(5)：295-299.

[10] 章登宏，龚树萍，周东祥，等. 喷雾造粒因素对粉体颗粒形状的影响[J]. 中国陶瓷，2000，36(6)：7-10.

[11]　李望昌，章耀．高效粉体混合机的进展[J]．浙江化工，2001，28(1)：8-12.

[12]　刘玉良，陈文梅，雷明光．转鼓闭式造粒技术的研究[J]．化工装备技术，2002，23(3)：9-11.

[13]　张毅民，尹晓鹏．混合造粒的机理及其控制条件[J]．化学工业与工程，2003，20(6)：471-475.

[14]　宋志军，程榕，郑燕萍，等．流化床喷雾造粒产品粒度分布的影响因素研究[J]．中国粉体技术，2005(2)：34-37.

[15]　欧阳鸿武，何世文，陈海林，等．粉体混合技术的研究进展[J]．粉末冶金技术，2004，22(2)：104-108.

[16]　李海兵，王东，冯秋兰，等．新一代混合机——SJHS系列双层高效混合机[J]．粮食与饲料工业，2006(6)：27-28.

9 粉体的储存与输运

本章提要

粉体的储存与输运在粉体工程中的连续化、自动化生产中起到了关键的连接作用，涉及粉体堆积、固气两相流运动理论与相关技术及装备。本章主要讨论粉体的储存、固气两相流的输运理论以及粉体机械输运设备。分析了物料储存的作用与分类、料仓内粉体重力流动特性、料仓及料斗的设计、料仓的故障产生及防止措施。阐释了粉体偏析的机理及防止措施，介绍了粉体静态拱的形成及防止措施。讨论了固气力输运的各种类型、特点和相关参数，以及气力输运装置设计和组成。介绍了空气输运斜槽、螺旋气力输运泵、气力提升泵、仓式气力输运泵等的结构、原理、性能与应用，以及机械输运设备所包括胶带输运机、螺旋输运机、斗式提升机、链板输运机等设备的结构、原理、性能、特点和应用情况。

9.1 粉体的储存

9.1.1 粉体储存的作用与分类

现代材料工业生产与加工过程中，为了使生产过程连续化进行，凡涉及粉体的粉碎、筛分、称量、混合、均化等单元操作时，均广泛设置储料设备。目前，储料已成为粉体工程中的一个不可缺少的组成部分和生产中的一个相当重要的环节。

(1)粉体储存的作用

① 保证生产的连续性。由于受矿山开采、运输以及气候季节性的影响，工厂需要储存一定的原材料，以备不时之需。另外，生产中各主要设备不可避免地会发生故障而需要检修，均需考虑储存足够的物料，以备下一工序的需要而不中断生产。

② 改善物料的某些工艺性质。进厂的原材料或半成品不能保证水分、组分或化学成分的均匀性，经过一定时间的储存后，可使其质量均化，改善某些工艺性质。如喷雾造粒后的陶瓷粉料，一般会在陈腐仓中储存 1～7 d，才输送到成形工段。

③ 平衡设备能力。由于各主机设备的生产加工能力、生产班制和设备利用率不平衡，必须增设各种料仓来协调。

(2)粉体储存设备的分类

通常，储料设备按被储存粉体物料的粒度可分为两大类：

第一类，用于存放粒状、块状料的堆场、堆棚(库)和吊车库。露天堆场的特点是投资小、使用灵活，但占地大、劳动条件差、污染严重。堆棚(库)和吊车库在不少方面优于堆场，可以用吊车等专用机械卸料和取料。而大型预均化堆场对生产质量的控制具有较大的优越性。

第二类，用于储存粉粒状的储料容器。储料容器种类繁多，分类方法亦较多。按储料器相对于厂房零点标高的位置，可以分地上的和地下的两种。按建筑材质不同，可将储料设备分为砌块的、金属的、钢筋混凝土的和砖石混凝土复合的四种。通常，按照用途性质和容量大小不同，储料容器可被分成以下三种：

① 料库，容量最大，如钢板库容积可达 $6\times10^4\ m^3$，混凝土料库有直径 37 m、高 52 m 的，也有直径达到 46 m 的。其使用周期达数周或数月以上，主要用于生产过程中原料、半成品或成品的储存。

② 料仓，容量居中，使用周期以天或小时计，主要用来配合几种不同物料或调节前后工序的物料平衡。

③ 料斗，即下料斗，容量较小，用来传送物料和改变料流方向或速度，使物料能顺利地进入下道工序设备内。

料仓和料斗在形状和结构上并没有严格的界限，如图 9.1 和图 9.2 所示。通常料仓是由筒仓和料斗两部分组合而成的。其主要储料部分是筒仓。

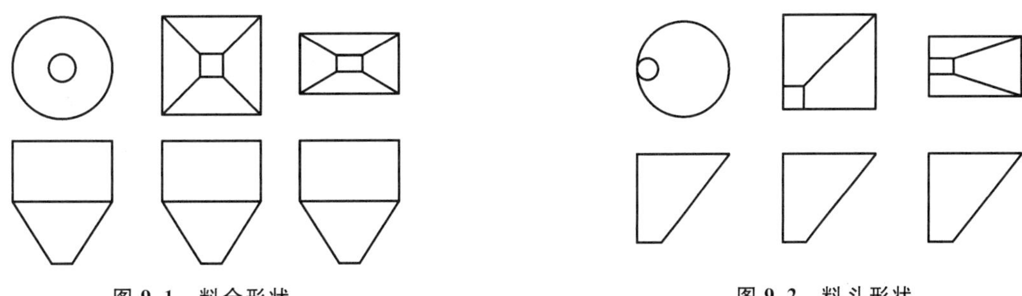

图 9.1　料仓形状　　**图 9.2　料斗形状**

9.1.2　仓内粉体的重力流动

在使用储料设备的过程中，经常会碰到储料设备内粉体流动不稳定的情况，忽快忽慢，甚至结拱堵塞，物料无法卸出；有时中央穿孔而周围物料停滞不动；有时整仓料一下子全部卸出。要从根本上解决上述这些问题，必须了解仓内粉体的流动情况。

9.1.2.1　*料仓内粉料流动的流动形式*

粉体的流动是指粉体层沿剪切面的滑动和位移。在既定条件下，决定粉体流动能力的特性，即为粉体的流动性。粉体的流动按操作条件可分为重力流动、振动流动、机械强制流动以及在流体介质中的流动等。重力流动是粉体流动的主要方式，此处仅讨论料仓内粉体的重力流动。

(1)重力流动性

重力流动性是指粉体由于自身重力克服粉体层内力所具有的流动性质，物料从料仓中卸出就是靠的这种流动性。而有时仓内物料不能自由卸出，主要是由于粉体层内力(指内部摩擦力、黏结力和静电力等)远大于重力的缘故。这种内力往往导致仓内粉体结拱。

(2)重力流动状态

人们通过在粉体容器出口的纵断面上装设玻璃，并在容器内层状地填充染色颗粒的方式来对重力作用下的粉体流动特性进行研究和分析。Brown 对平底容器中心部的圆孔或条形排料口的排料情况进行了研究，当对沙子等自由流动的粉体进行排料观察时，得出如图 9.3 所示情况，D 为颗粒自由降落区；C 为颗粒垂直运动区；B 为颗粒擦过 E 区向出口中心方向缓慢滑动区；A 为颗粒擦过 B 区向出口中心方向迅速滑动区；E 为颗粒不流动区。很显然，凡是处在大于休止角位置的颗粒均会产生流向出口中心的运动。C 区的形状像一个小椭圆体；B、E 区的交界面也像一个椭圆体。为此，Kvapil 提出流动椭圆体的概念，图 9.4 所示的流动椭圆体 E_N 和 E_G 分别代表上述两个椭圆体。流动椭圆体 E_N 内的颗粒产生两种运动：第一运动(垂直运功)和第二运动(滚动运动)。边界椭圆体 E_G 以外的颗粒层不产生运动。另外，E_N 的顶部为流动锥体 E_O。显然，料仓出口的料流如果能形成上述椭圆体流型将是人们所期望的。

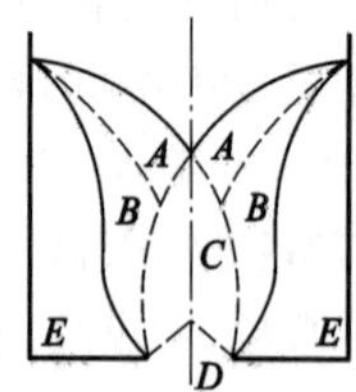

图 9.3 出料口料流状态

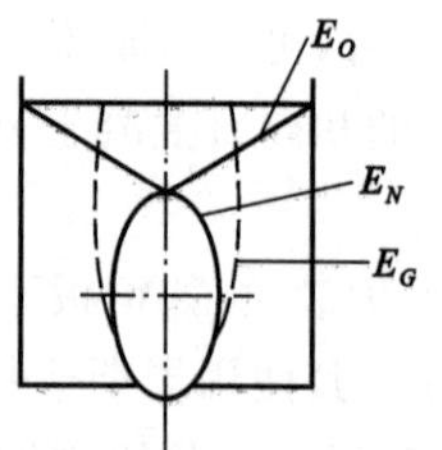

图 9.4 流动椭圆体

(3)料斗的流动形式

对于料斗的流动形式，通过摄像可以观察到如图 9.5 所示的流动形式。其中图 9.5(a)表示料斗锥顶角 θ 小的流型：a、b 为方向不同的滑动线，它们在比较短的时间内传播到顶部，整个料斗全部为流动区。图 9.5(b)表示锥顶角大的料斗流动形式：滑动线 a 周围的流动区是间断地形成、排出，逐渐传播到顶部。由于粉体的流动过程迅速而且连续，因此，难以观察到滑动线，但采用 X 射线测定粉体层的密度差的技术则可观测到。图 9.5(c)表示筒仓垂直部分高而料斗锥顶角大的场合，即使流动十分流畅，但斗、仓交接处仍存在滞留区。流动区与滞留区的边界即为滑动线。滑动线内侧还有一流动速度极慢的准流动区。主流动区与准流动区的边界，即流动速度差，用速度特性线来表示。

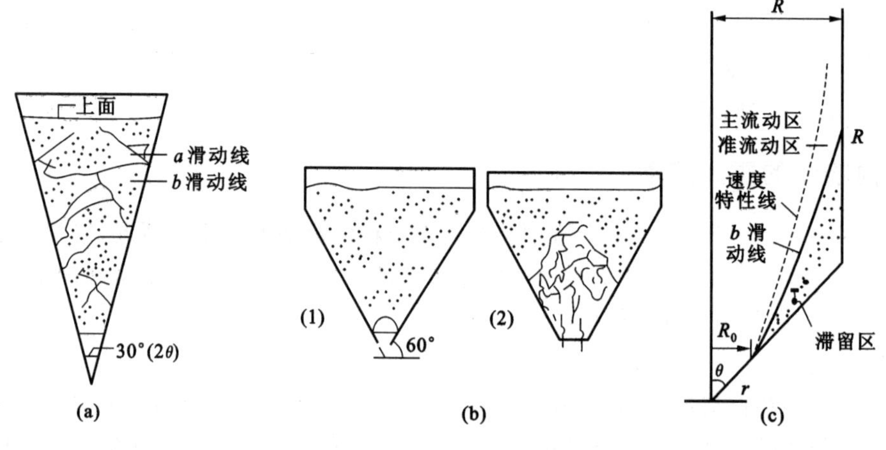

图 9.5 料斗的流动形式

(4)排料速度

粉体在重力作用下从容器底部排料口流出时，流出速度与液体明显不同，其流出速度与粉体层的高度无关，如图 9.6 所示。

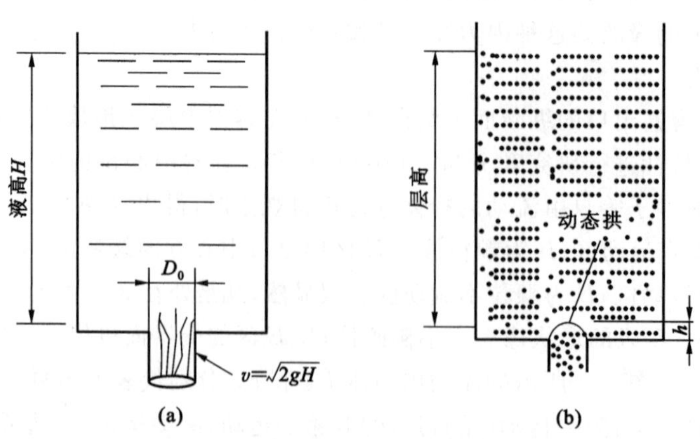

图 9.6 粉体与液体孔口流出比较

粉体流出速度之所以与层高无关，是因为在孔口上部的粉体颗粒相互挤压形成的拱构造承受着来自上部的粉体压力。这种流动中形成的料拱与后述粉料架桥现象中的阻碍物料卸出的静态拱不同，构成拱的颗粒不断落下，而替代的新颗粒又不断地补充进来形成动态平衡，因此，称其为动态拱。仓内粉体物料从孔口的排出速度通常由卸料口的尺寸来控制，生产中又结合卸料设备来控制其均匀性。除此之外，粉体孔口流出速度还与料仓直径、料仓半顶角、粉体的粒度与粒度分布、摩擦角、形状系数、填充方式等影响因素有关。

众多研究者对粉体从排料口流出现象进行了研究，提出了不同的排料速度经验公式，这些公式一般可归纳为如下形式：

$$v = k\rho_v D_0^n \tag{9.1}$$

式中 k——与粉体物性有关的常数；

ρ_v——粉体的容积密度，kg/m^3；

D_0——卸料口有效尺寸，m；

n——在 2.5～3.0 之间取值，大多数情况下 n=2.7。

实验表明，当仓筒直径 $D \geqslant 1.3D_0$ 时，排料速度不再受仓筒直径的影响；当卸料口截面积一定时，圆形卸料口卸料速度大于方形卸料口的卸料速度，方形的又大于半圆形的，而长方形的卸料速度则更小。这为各种储料设备卸料口的设计提供了一定的指导。

9.1.2.2 料仓内粉料卸出的流动形式

(1)漏斗流

当料仓内粉料在卸出时，只有储料仓中央部分形成料流，而其他区域的粉料流不稳定或停滞不动，其流动区域呈漏斗状，这种流动形式叫作漏斗流。如图 9.7 和图 9.8 所示，漏斗流会引起偏析，突然涌动流出，物料松装密度 ρ_h 变化，因储存而结块，先加入的物料后流出的“先进后出”等不良后果。另外，漏斗流是料仓内局部性的流动，实际上是减小了料仓的有效容积，又易发生塌落、结拱等不稳定流动，造成操作控制困难。

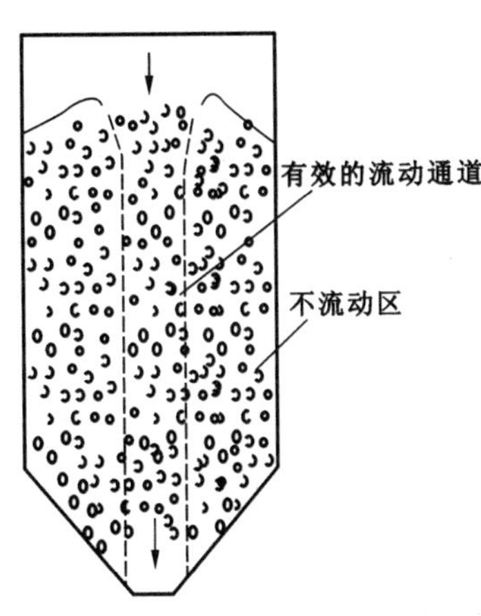

图 9.7 贯穿整个料仓的漏斗流

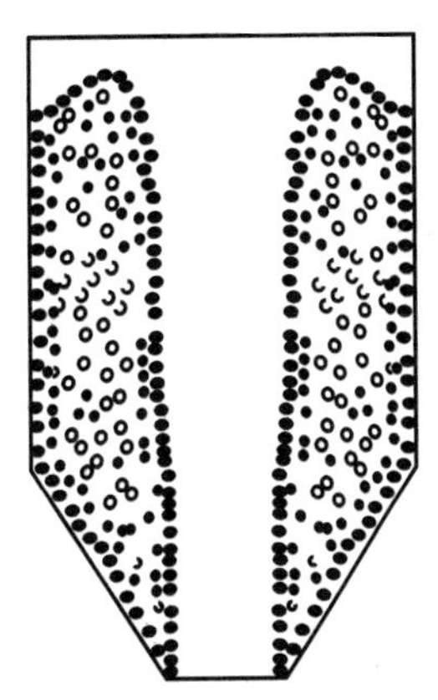
图 9.8 有效流动通道卸空物料后的穿孔

对于存储那些不会结块或不会变质的物料，且卸料口足够大，可防止搭桥或穿孔的许多场合，漏斗流料仓是完全可以满足储存要求的。

(2)整体流

对于仓内整个粉体层，则希望能够像液体一样均匀地全部向下流动，如图 9.9 所示，这种流动形式称为整体流，物料从出口的全面积上卸出。整体流中，流动通道与料仓壁或料斗壁是一致的，全部物料都处于运动状态，并贴着垂直部分的仓壁和收缩的料斗壁滑移。这种流动发生在带有相当陡峭而光滑的料斗筒仓内，如果料面高于料斗与圆筒转折处上面某个临界距离，那么料仓垂直部分的物料就以栓流形式均匀向下运动。如果料位降到该处以下，那么通道中心处的物料将流得比仓壁处的物

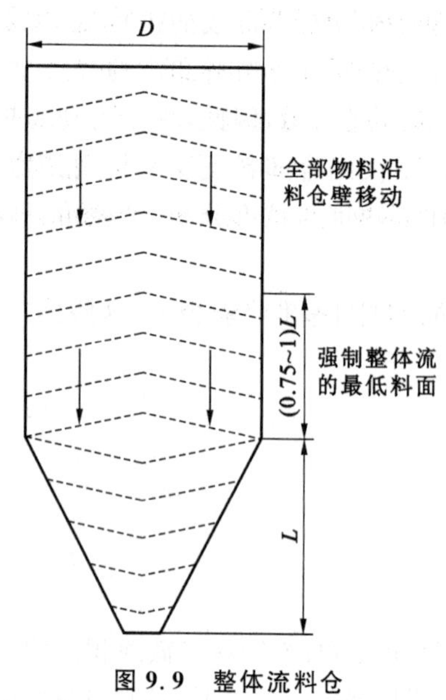

图 9.9　整体流料仓

料快。这个临界料位的高度还不能准确确定，但是，它显然是物料内摩擦角、料壁摩擦力和料斗斜度的函数，图 9.9 所示的高度对于许多物料都是近似的。在整体流中，流动所产生的应力作用在整个料斗和垂直部分的仓壁表面上。

整体流与漏斗流料仓相比，整体流料仓(图 9.9)具有许多重要的优点：避免了粉料的不稳定流动、沟流和溢流；消除了筒仓内的不流动区，形成先进先出，即先进仓的物料先流出去，物料批次之间和不同高度上的料层之间基本上无交叉，最大限度地避免了储存期间的结块问题、变质问题或偏析问题；颗粒料的密度在卸料时是常数，这就可能用容量式供料装置来很好地控制物料，而且还改善了计量式喂料装置的功能，物料的密实程度和透气性能将是均匀的，流动的边界可预测，因此可有把握地用静态流条件进行分析。

9.1.2.3　料仓形式的确定和料仓容积设计

(1)料仓形式的确定

一般垂直料仓是由横断面一定的筒形上部和料斗组成的，最常用的横断面形状有方形、矩形和圆形。在卸料方式上有中心卸料、侧面卸料、角部卸料和条形卸料。对于料仓形状的设计应以被处理物料的流动性为基础，例如，在料斗方面，除通常的形状外，还有复式卸料口、双曲线卸料口等，这些都是为了卸料的通畅。研究表明：料仓的横断面形状对生产率没有影响。

料斗的设计对于料仓功能的好坏是非常重要的，料斗改变了料仓中物料的流动方向。同时，料斗的构造和形式决定了物料流向卸料口方向的收缩能力，通常的形状是与圆形料仓结合使用的圆锥形料斗，加大卸料口的尺寸、采用小半顶角及偏心料斗均不易产生结拱，有利于物料的流动。

关于料斗的高度与生产率的研究表明：当物料高度超过料仓直径的 4 倍时，单位时间的排料量是常数，生产率发生的小变化是由于储存物料的密度波动造成的；当料面低时，生产率的变化就很明显；另外，料斗倾斜度越大生产率越高。

料斗的仓壁倾斜度对料仓内物料的流动类型有很大影响，一般来说，料斗仓壁的斜度至少要等于储存物料的休止角或大于休止角，在理论上料斗的最小倾斜度应当与物料和仓壁的摩擦角相等，但这仅仅能够保证卸空，并不一定能形成适合于整体流动的条件。为此，在料仓容积设计时还要进一步考虑。

(2)料仓容积设计

设计料仓容积时，所要考虑的内容一般有：占地条件，包括形状和大小，地耐力如何；物料性质，如真密度、松装密度、休止角、内摩擦角、壁摩擦角和含水率等；使用条件，包括总容量和卸料量；符合法规规范，如建筑规范和施工条件、建筑标准、消防规定等。

在掌握上述情况后，需要确定以下问题：单个料仓或多个料仓的组合、每个料仓的容量、料仓的形状、料仓的材料，最后确定高度的上限，从而决定料仓的高度和直径。

作为料仓的设计目标，一要确保安全，二要能够通畅排料，三要做到经济合理。从单位容量的投资来看，容量越大越省钱，但又不能盲目追求大料仓，以致料仓不能经常处于满仓的状态而造成浪费。所以，应根据储存物料的种类来比较单位处理量的投资成本，依据投资最佳的效益来确定储仓容量，最好能给出容量与直径、高度、仓壁厚度的关系图，选择最佳点。

物料输入料仓时的进料位置一定，由于物料在仓内堆积形成休止角(见图 9.10)，因此物料堆积的有效容量总是小于料仓的总容积而产生损失容量。

① 容积

圆筒形料仓如图 9.10 所示，设物料的体积密度为 ρ_v，储存的物料总体积可由式(9.2)求得。

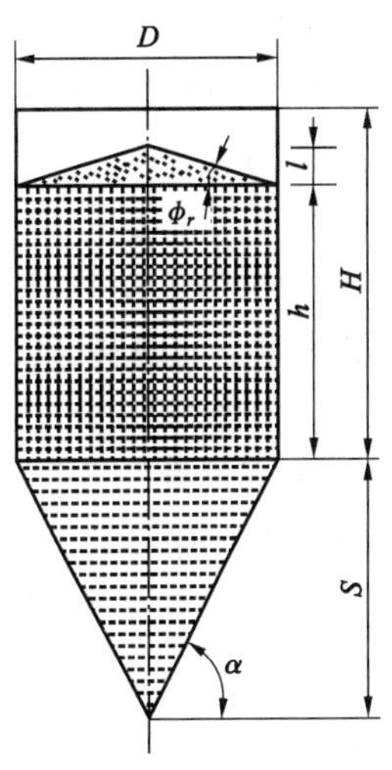

图 9.10 料仓的容积

$$V_S = \frac{\pi}{4}D^2h + \frac{\pi}{12}D^2S + \frac{\pi}{12}D^2l$$

$$= \frac{\pi}{4}D^2\left(h + \frac{D}{6}\tan\alpha + \frac{D}{6}\tan\Phi_r\right) \quad (9.2)$$

式中 α——圆锥形侧角；

Φ_r——物料的休止角。

物料质量 m_S 为

$$m_S = \rho_v V_S \quad (9.3)$$

料仓的容积为

$$V_L = \frac{\pi}{4}D^2H + \frac{\pi}{12}D^2S = \frac{\pi}{4}D^2\left(H + \frac{D}{6}\tan\alpha\right) \quad (9.4)$$

因为料仓的上部一般要装有料位计和安全阀等，故通常料仓上部要留有一定空间，所以储存物料体积与料仓容积的比通常为

$$\frac{V_S}{V_L} = 0.85 \sim 0.95 \quad (9.5)$$

② 直径与高度的关系

料仓的形状首先要满足使用条件，在此基础上要尽可能经济地确定直径与高度的关系和比例。

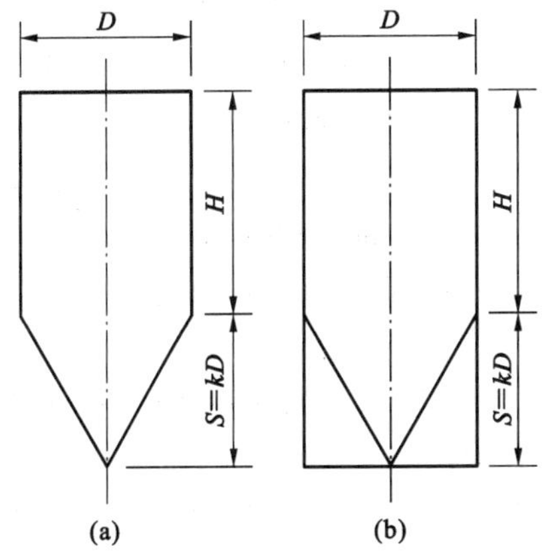

图 9.11 料仓各部位尺寸

一般料仓[图 9.11(a)]，设料仓壁面的基建费为 1，上顶的为 i，下底的为 j，则整个基建费 E 可用式(9.6)表示：

$$E = \pi DH + \frac{\pi}{4}D^2i + \frac{\pi}{4}Dj\sqrt{D^2 + 4S^2} \quad (9.6)$$

将式(9.4)代入式(9.6)，消去 H，并设 $S=kD$，则

$$E = 4\frac{V_L}{D} - \frac{\pi}{3}kD^2 + \frac{\pi}{4}D^2i + \frac{\pi}{4}D^2j\sqrt{1+4k^2} \quad (9.7)$$

把式(9.7)中的 E 对 D 微分，并令 $\mathrm{d}E=0$，变换得

$$H = D\left(\frac{i + j\sqrt{1+4k^2} - 2k}{2}\right) \quad (9.8)$$

式(9.8)就是最经济的料仓直径 D 和侧壁高 H 的关系，当 $i=j=1$、$k=1$ 时

$$H = 0.62D \quad (9.9)$$

$$H + S = 1.62D \quad (9.10)$$

有下裙的料仓[图 9.11(b)]，计算方法同上，在同样条件时有

$$H = 2.62D \quad (9.11)$$

$$H + S = 3.62D \quad (9.12)$$

圆形平底料仓同上述条件时，则

$$H = D \quad (9.13)$$

实际上，料仓的形状确定要综合考虑以下因素：物料入库的方式及所需的空间，粉体的壁摩擦角、卸料方式、占地限制，地基强度，地震风压及与其他设备的关系。

9.1.2.4 料仓的故障及防止措施

粉体颗粒在运动、成堆或从料仓中卸料时，由于粒径、颗粒密度、颗粒形状、表面形状等差异，常常产生物料的分级效应和分离效应，使粉体层的组成呈不均质的现象称为偏析。偏析现象在粒度分布范围宽的自由流动颗粒粉体物料中经常发生，但在粒度小于 70 μm 的粉料中却很少见到。黏性粉料在处理中一般不会偏析，但包含黏性和非黏性两种成分的粉料可能发生偏析。偏析会造成物料粒度和成分的变化，从而引起物料质量的变化，可能会给下道工序带来麻烦，严重的会造成产品质量波动和下降。

(1)粉体偏析的机理

根据偏析机理,可将粒度偏析分为三种。

① 附着偏析

粉体进入料仓时,由于一定的落差,在重力沉降过程中,粗粒与细粒就会分开。细料附着在仓壁上,当受到外力振动时,该附着料层剥落下来,致使料仓卸料时粒度分布发生前后波动变化。对粒度在几微米以下的粉料,其沉降速度与布朗运动速度相等,或者对静电感应较强的微粉来说,附着粉料的作用更严重。

② 填充偏析(渗流偏析)

粉体在仓内以休止角堆积,由堆积锥面上方加入粉体时,粉体沿静止粉体层上的斜面产生重力流动,倘若加料速度较慢,则这一流动是时断时续地进行的。慢慢堆积时,以静态休止角 Φ_{rs} 为条件保持平衡。一旦产生流动,平衡就被破坏,粉体流动到动态休止角 Φ_{rd} 时才会停止,达到新的平衡。由于静止粉体层之上的表面流动粉体层颗粒间有空隙,且处于运动状态,因此,粉体中的细粒将透过大颗粒间隙到达静止粉体层中。这一现象称为粉体颗粒间的渗流。这时,流动粉体层类似筛网一样具有筛分作用。由粉体的落料点开始,沿流动方向的长度设为 L,则沿 L 长度上的粒度变化与套筛中的情形相似。此时,细粒直径大约是粗粒直径的 1/10 以下。如果加料速度大于渗流过程中的颗粒流动速度,则填充偏析作用会显著减弱。

③ 滚落偏析

一般来说,粗颗粒的滚动摩擦系数小于细颗粒的。因此,粗颗粒沿静止粉体层表面的滚落速度大于细颗粒的,由此形成粒度偏析。

(2)防止粉体偏析的措施

① 均匀投料法

在料仓上方尽可能设多个投料点,避免单一投料口,这样可将一个料堆分成多个小料堆,使所有各种粒度的各种组分(密度不同)能够均匀地分布在料仓的中部和边缘区域。同时,要保持一定的料位,料仓不能排料排得太空。投料速度越快,越有利于避免偏析,所以要尽可能缩短投料流径。

② 料仓的构造

整体流料仓有利于消除偏析。料仓构造可采用以下方法:

a. 细高料仓法,即在相同料仓容积条件下,采用直径较小而高度较大的料仓,有利于减轻堆积分料的程度。

b. 在料仓中采用垂直挡板将直径较大的料仓分隔成若干个小料仓,构成若干个细高料仓的组合形式。

c. 在料仓中设置中央孔管,即使落料点固定不变,但由于管壁上不规则地开有若干个窗孔,粉体由不同的窗孔进入料仓不同的位置,实际上就是不断地改变落料点,得到多点装料的效果。

d. 采用侧孔卸料,粉体从料仓侧面的垂直孔内卸出,可获得比较均一的料流。也可采用在卸料口加设改善流体活化的装置以改变流型的方法,减小漏斗流对偏析的强化作用。

③ 物料改性

把物料破碎到尽可能均匀的粒度或粉磨得尽可能细,都能有效消除偏析。当物料以湿态储存且不影响其性质时,可以通过团聚现象消除粒度偏析。

(3)粉体静态拱及防止措施

料仓内的物料,由于粉体附着力和摩擦力的作用,在某一料层可以产生向上的支持力,当与上方物料向下的压力达到平衡时,这一料层下方便成为静态,造成料仓内的粉料不能正常卸出。导致不能够正常卸出的原因常常是粉体在仓内结成静态拱,静态拱的类型因其形成原因不同一般有如下四种(图 9.12)。

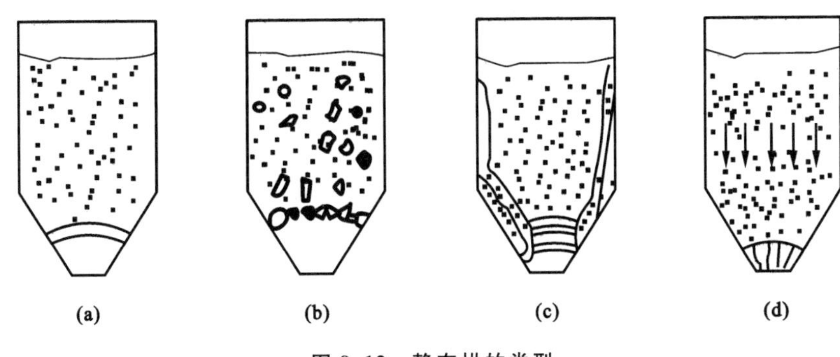

图 9.12 静态拱的类型

① 压缩拱

粉体因受料仓压力的作用，使固结强度增加而导致结拱，如图 9.12(a)所示。

② 楔形拱

块状物料因形状不规则而相互结合达到力平衡，在孔口形成架桥，如图 9.12(b)所示。

③ 黏结黏附拱

黏结性强的粉体因含水分、吸潮或静电吸附作用而增强了粉体与仓壁的黏附力所致，如图 9.12(c)所示。

④ 气压平衡拱

若料仓卸料装置气密性较差，导致大量空气从底部漏入仓内，则当料层上下气体压力达到平衡时就会形成料拱，如图 9.12(d)所示。生产中常见的旋风筒因下料管不能形成良好的料封作用而导致旋风筒被堵塞亦属气压平衡拱。

防止结拱(又称助活化措施)主要有以下途径：改变料仓(斗)的几何形状及其尺寸，如加大卸料口、采用偏心卸料口、减小料仓的顶角等(图 9.13)；减小料仓粉体压力；使仓壁光滑，减小料仓壁摩擦阻力；采用助流装置，如空气炮清堵器、仓壁振打器、振动漏斗和仓内搅拌器等。

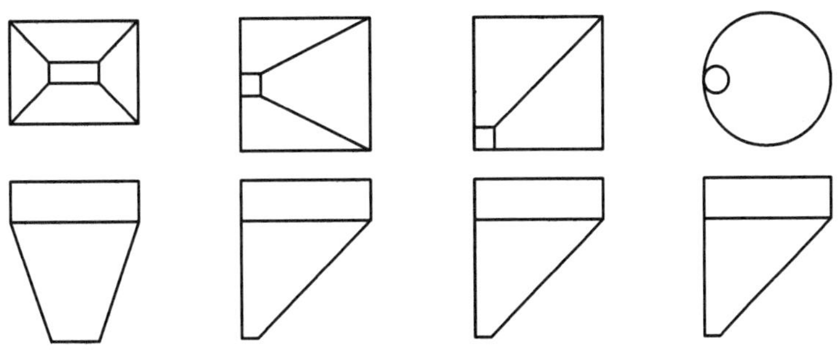

图 9.13 偏心卸料口和楔形卸料口

防止料仓结拱的措施及其效果见表 9.1，除此之外，还应减少物料的水分，以改善粉体的流动性。

表 9.1 防止料仓结拱的措施及其效果

防拱措施		拱的类型				
		压缩拱	楔形拱	黏结黏附拱	静电黏附拱	气压平衡拱
改变料斗几何形状	卸料口大斗顶角小	A	A	C	C	B
	非对称性料斗(偏心卸料口)	C	A	B	D	A
降低粉体压力	减小料仓垂直间隔	A	B	C	C	B
	采用改流体	A	B	C	D	B

续表 9.1

防拱措施		拱的类型				
		压缩拱	楔形拱	黏结黏附拱	静电黏附拱	气压平衡拱
减小仓壁摩擦阻力	振动	B	D	C	C	C
	充气	B	D	C	C	C
	改变仓壁材料	A	C	B	D	D
	排气	D	D	D	D	A
	防潮	D	D	A	D	D
	消除静电	D	D	D	A	D

注:效果程度的顺序为 A>B>C>D,D 表示无效。

9.2 粉体输运

9.2.1 固气两相流的输运理论

在生产过程中,常常遇到流体与固体颗粒相接触并发生相对运动的现象,例如气固系统的分离、分级、混合以及粉状料的输运,气流中颗粒的干燥、预烧、分解、煅烧以及冷却等;液固系统的洗选、浓缩(脱水、增稠)、搅拌以及料浆的输运等。上述颗粒-流体的混合体是包含固体颗粒和流体的两相流动系统,这些系统的各个过程均具有以下的共同特点:

(1)系统中颗粒的粒径范围为 10^{-5}～10 cm;

(2)系统除了固体颗粒以外,至少另有一种流体(气体或液体)同时存在;

(3)系统除了颗粒与流体运动外,往往还存在着其他传递过程(相内或相界面的能量与质量的传递),以及同时进行着的化学反应过程;

(4)系统中至少还存在着一种力场(重力场、惯性力场、磁场或电场等);

(5)系统中固体颗粒与流体介质的运动惯性不同,因而颗粒与液体介质存在着运动速度的差异——相对运动;

(6)系统中流体压力和速度梯度的存在、颗粒形状不规则、颗粒之间及颗粒与器壁间的相互碰撞等原因,会导致颗粒的旋转,从而产生升力效应。

因此,有必要研究这些固体颗粒相在流体中的受力、运动等问题。

工业上的原料或产品,有很多是粉体,如何合理地输运这些物料,将直接影响到生产的安全可靠性与经济性。目前,颗粒状物料的输运有各种不同的方式,按其原理可分为:利用物料颗粒之间的摩擦,利用流体(空气和水)的流动,装在容器里进行搬运等方式。气力输运装置与机械输运装置是目前粉体工程上最主要的输运形式,它们的主要特点比较如表 9.2 所示。

表 9.2　气力输运装置与机械输运装置的主要特点比较

	气力输运	螺旋输运	皮带输运	链式输运	斗提输运
输运物飞散	无	可能	可能	可能	可能
混入异物、污损	无	无	可能	无	无
输运物残留	无	有	无	有	有
输运路线	自由	直线	直线	直线	直线

续表 9.2

	气力输运	螺旋输运	皮带输运	链式输运	斗提输运
分叉	自由	困难	困难	困难	不能
倾斜、垂直输运	自由	可能	斜度受限	构造复杂	可能
输运断面	小	大	大	大	大
维修量	容易	全面的	比较小	全面的	斗提、链条
输运物最高温度/℃	600	150	50	150	150
输运物最大粒径/mm	30	50	无特殊限制	50	50
输运距离	较长距离	短距离	长距离	短距离	短距离

因此，在选择与设计颗粒状物料的输运装置时，要综合考虑物料的性质、对质量的影响、输运量、输运距离、输运线路的情况、前后段的设备及运转管理的难易和费用等，以保证能完成预期的输运任务，同时合理地决定所采用设备种类和容量，以及与此有关的问题。

9.2.2 颗粒的流体输运的分类和特点

当流体通过颗粒料或粉料层(称为床层)向上流动时，随着流体速度、颗粒性质及状态、料层高度和空隙率等因素不同，会出现各种不同的颗粒流体力学状态：固定床状态、流(态)化床状态、气力输运状态。现分述如下：

(1)固定床

当流体速度很小时，粉体层静止不动，流体从彼此相互接触的颗粒间的空隙通过。此时流体通过床层的压降 ΔP 与以容器截面积计算的空塔流速 u 在对数坐标图上是直线关系，如图 9.14(a)中的 AB 段曲线所示。当 ΔP 随 u 增大至足以支承粉体层的全部质量[如图 9.14(a)中的 C 点]时，粉体层的填充状态部分发生改变，一部分颗粒开始运动而重新排列。因此，在 C 点之前，床层基本不发生变化，此时的床层称为固定床。流体在固定床中的流动属透过流动。

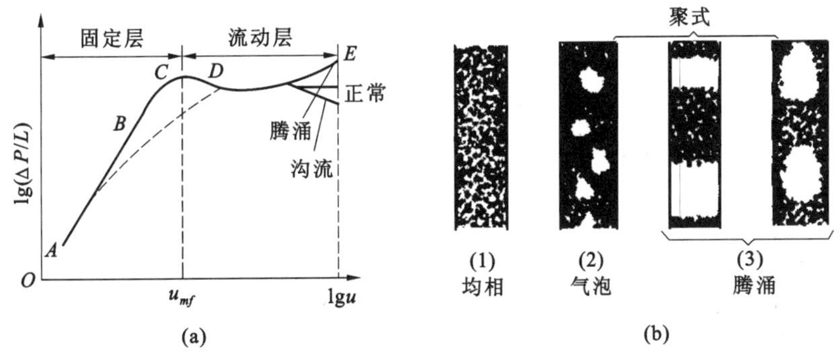

图 9.14 流体状态变化图

(2)流化床

在 C 点状态下，颗粒之间保持相互接触状态的最疏排列。流速一旦超过 C 点的流速时，将不再保持固定床条件，粉体层开始悬浮运动，此时的床层状态称为流化床状态。所以，C 点是固定床和流化床的临界点。一旦流化态开始，由于粉体层膨胀，空隙率增大。所以，ΔP 沿 CD 变化，在一段区间内，虽然速度 u 不断增大，但是 ΔP 变化甚小，由于流体在床层中的压降与单位面积床层上物料所受的重力大致相等，颗粒悬浮在流体中，像液体质点一样，在一定范围内做无规则运动。这时气固(液)系统具有类似于液体的性质，如无一定形状，与系统外流体之间存在明显的分界面，具有与液体相似的流动性等。在一定流速下流化床具有各种确定的性质，如体积密度、导热性、黏度等。但由于床内颗粒运动较剧烈，其传热能力比固定床大得多。

(3)气力输运

在更高的流速下(图 9.14 中超过 D 点),当流体的空塔速度增大至大致等于颗粒的自由沉降速度时,固体颗粒开始被流体带出。这时的流体速度称为最高流化速度。从此时开始,流速越大,带出的颗粒也越多,系统空隙率越大,压降减小,颗粒在流体中呈稀相悬浮态,并与流体一起从床层中向上吹出。该状态称为气力输运状态。这一阶段可认为床层高度膨胀至无限大,空隙率达到近 100%,为前述狭义流态化的继续。此时,由于系统中固体浓度降低得很快,使原来流化床中的气体与颗粒间的摩擦损失大为减少,因而致使总压降显著减小。稀相流态化系统更具有类似于气体的性质。当然,由于较细颗粒的聚结性和流体速度的波动性,很难形成如图 9.14(b)中(1)那样的均匀的两相流,而多为(2)、(3)中所示的情形。为区别气固系统和固液系统的流态化,将前者称为聚式流态化,后者称为散式流态化。

应该指出的是,当 u 逐渐减小时,系统的流速压降线变化并不是 BCD 的逆过程,而是沿着图 9.14(a)中虚线变化。

(4)临界流化速度

将图 9.14(a)中 C 点的流体速度称为临界流化速度或最小流化速度,用 u_{mf} 表示。根据力的平衡关系,临界流化态的条件是床层的压力降与单位面积上的相对重力相平衡。令该状态时的空隙率为 ε_{mf},则可用下式确定 ΔP:

$$\Delta P = L(1-\varepsilon_{mf})(\rho_p-\rho)g \tag{9.14}$$

式中　L——床层高度,m;

ρ_p,ρ——粉体和流体的密度,kg/m³。

最小流化速度可用下式求得:

$$u_{mf} = \frac{D_p v^2(\rho_p-\rho)g\Phi_c^2}{200\mu}\times\frac{\varepsilon_{mf}^2}{1-\varepsilon_{mf}} \tag{9.15}$$

实际上,因 Φ_c 和 ε_{mf} 值难以确定,采用上式计算时往往偏差较大,因此提出的适用计算方法,即先确定最小流化系数 C_{mf},然后用下式计算 u_{mf}:

$$u_{mf} = C_{mf}D_p^{1.82}(\rho_v-\rho)^{0.94}g/\mu^{0.88} \tag{9.16}$$

C_{mf} 与 Re 的关系为

$Re<10$ 时

$$C_{mf} = 6.05\times10^4 Re^{0.0625} \tag{9.17}$$

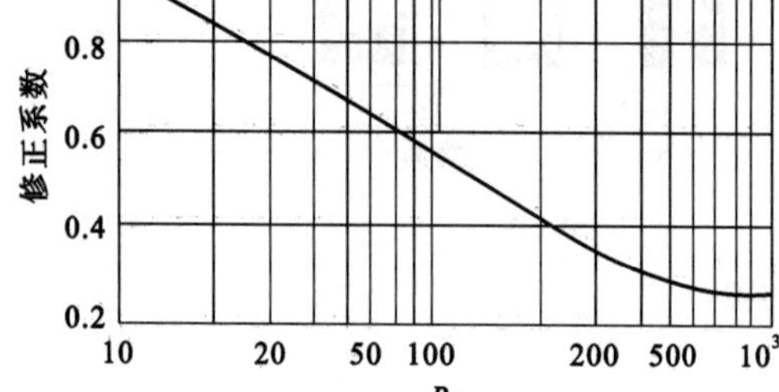

图 9.15　修正系数

$20<Re<6000$ 时

$$C_{mf} = 2.20\times10^{-3}Re-0.555 \tag{9.18}$$

将上式代入式(9.16),当 $Re<10$ 时,得

$$u_{mf} = 8.022\times10^{-3}\times\frac{[\rho(\rho_p-\rho)]^{0.94}D_p^{1.82}}{\rho\mu^{0.88}} \tag{9.19}$$

计算时,先按上式计算 u_{mf},然后根据 u_{mf} 计算 Re。若 $Re>10$,则求 u_{mf} 时需乘以图 9.15 所示的修正系数。

【例 9.1】 在内径为 102 mm 的圆筒内填充 0.11 mm 的球形颗粒,填充层高度为 610 mm,颗粒密度为 4810 kg/m³,试求颗粒被 40 ℃、1 大气压的空气流态化时的最小流化速度。

【解】 查表可知 40 ℃时,空气的黏度 $\mu=1.95\times10^{-5}$ Pa·s,密度 $\rho=1.13$ kg/m³

$$u_{mf} = 8.022\times10^{-3}\times\frac{[1.13\times(4.81\times10^3-1.13)]^{0.94}\times(1.1\times10^{-4})^{1.82}}{1.13\times(1.95\times10^{-5})^{0.88}}$$

$$= 2.02\times10^{-2}\,(\text{m/s})$$

$$Re = 0.128 < 10$$

所以不需修正。

9.2.2.1 气力输运特点

使颗粒状物料悬浮在空气中，然后借助空气或气体在管道内流动来输运干燥的散状固体颗粒或颗粒物料的输运方法，通常称为气力输运。气力输运的应用已有100多年的历史，现在作为防尘的一项技术措施，已广泛在车间内外用来输运型砂、煤粉、金属粉末、化肥、水泥、粮食、棉花、烟叶等粉状和纤维状物料。气力输运把工艺改革与防尘工作紧密结合起来，既促进了生产，又从根本上改善了劳动条件和工作环境。

气力输运的最主要特点：一是具有一定能量的气流作为动力来源，简化了传统复杂的机械装置；二是密闭的管道输运，布置简单、灵活；三是没有回路。具体讲有以下特点：直接输运散装物料，不需要包装，作业效率高。可实现自动化遥控，管理费用少。气力输运系统所采用的各种固体物料输运泵、流量分配器以及接收器非常类似于流体设备的操作，因此大多数气力输运机很容易实现自动化，由一个中心控制台操作，可以节省操作人员的费用。设备简单，占地面积小，维修费用低。输运管路布置灵活，使工厂设备配置合理化。气力输送系统对充分利用空间的设计有极好的灵活性，带式及螺旋输运机在实质上仅为一个方向输运，如果输运物料需要改变方向或提升，就必须有一个转运点并需要有第二台单独的输运机来接运。气力输运机可向上、向下或绕开建筑物、大的设备及其他障碍物输运物料，可以使输运管高出或避开其他操作装置所占用的空间。输运过程中物料不易受潮、污损或混入杂物，同时也可减少扬尘，改善环境卫生。一个设计比较好的气力输运系统常常是干净的，并且消除了对环境的污染。在真空输运系统的情况下，任何空气的泄漏都是向内，真空和增压两种设备都是完全封闭和密封的单体，因此物料的污染就可限制到最小。主要粉尘控制点应在供料机进口和固体收集器出口，可设计成无尘操作。输运过程中能同时对物料进行混合、分级、干燥、加热、冷却和分离过程。可方便地实现集中、分散、大高度(可达80 m)、长距离(可达2000 m)，适应各种地形的输运。

气力输运的缺点：动力消耗大，短距离输运时尤其显著；需配备压缩空气系统；不适宜输运黏性强的和粒径大于30 mm的物料；输运距离受限制，气力输运系统适用于短距离输运，输运距离一般小于3000 m。

9.2.2.2 气力输运类型

气力输运粉状物料的系统形式大致分为吸送式(图9.16)、压送式(图9.17)或两种方式相结合(图9.18)三种。

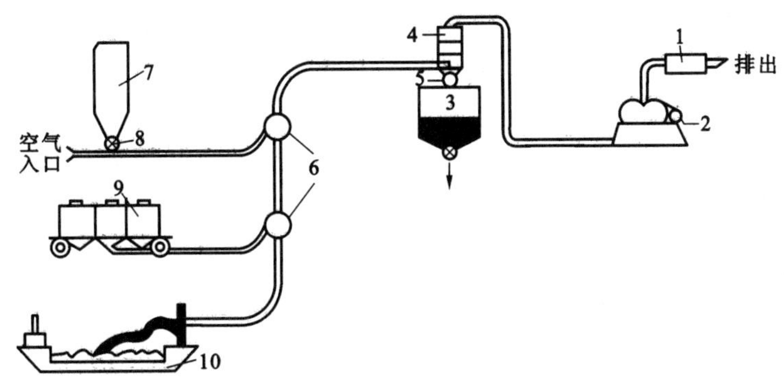

图9.16 吸送式气力输运系统图

1—消音器；2—引风机；3—料仓；4—除尘器；5—卸料闸阀；6—转向阀；7—加料仓；8—加料阀；9—铁路漏斗车；10—船舱

吸送式的特点：系统较简单，无粉尘飞扬；可同时多点取料，输运产量大；工作压力较低(＜0.1 MPa)，有助于工作环境的空气洁净；输运距离较短，气固分离器密封要求严格。

压送式的特点：一处供料，多处卸料；工作压力大(0.1～0.7 MPa)，输运距离长，对分离器的密封要求稍低，易混入油水等杂物，系统较复杂。

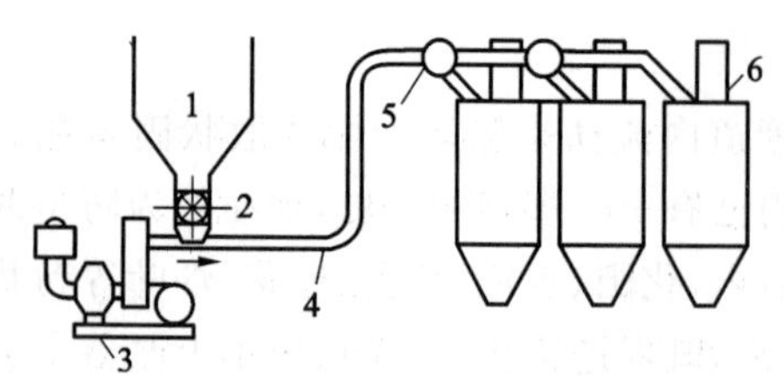

图 9.17　压送式气力输运系统图

1—料仓；2—供料器；3—鼓风机；
4—输运管；5—转向阀；6—除尘器

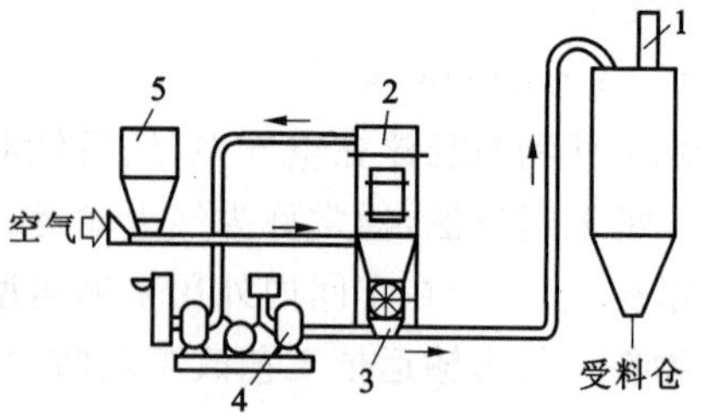

图 9.18　吸送、压送相结合的气力输运系统图

1—除尘器；2—气固分离器；
3—加料机；4—鼓风机；5—加料斗

压送式又分为低压输运和高压输运两种，前者工作压力一般小于 0.1 MPa，供料设备有空气输运斜槽、气力提升泵及低压喷射泵等；后者工作压力为 0.1～0.7 MPa，供料设备有仓式泵、螺旋泵及喷射泵等。

9.2.3　浓度与混合比

气力输运的过程是气体和固体相互作用的过程，输料管内气体与固体量的大小直接影响着颗粒群的运动状态、输运量的大小、输运效率的高低。因此，必须以气固混合体的浓度为基础，来研究颗粒的实际运动。

(1)质量浓度(m)

在单位时间内通过输料管断面的固体粉料的质量与气体质量之比称为固气质量浓度，简称固气比，用 m 表示。

$$m = \frac{M_p}{M_a} = \frac{M_p}{\rho Q_a} \tag{9.20}$$

式中　M_p——物料的质量流量，kg/h；

M_a——空气的质量流量，kg/h；

Q_a——空气的流量，m^3/h；

ρ——空气的密度，kg/m^3。

质量浓度是气力输运装置的重要参数之一，质量浓度确定的正确与否对生产投资和运营费用有很大影响。质量浓度愈大则通过输料管的空气量就愈小，有利于增大输运能力，因此需要的输料管径就愈小，所以提高质量浓度，有可能降低设备费用和能量的消耗。另一方面，质量浓度增大会使气力输运系统中能量损失增大。如采用过大的质量浓度，可能造成管道堵塞，降低设备的工作可靠性。在设计时要恰当选择质量浓度，最可靠的方法是在实验的基础上选择。在缺乏实验条件下，可参考各种类似的生产实例来选定。一般，质量浓度选取的范围如表 9.3 所示。

表 9.3　质量浓度与输运方式的关系

输运方式	吸送式				压送式		
	低真空度/kPa			高真空度	低压	高压	流态化压送
	≤12	12～25	25～50				
质量浓度 m	0.35～1.2	1.2～1.8	1.8～8.0	8.0～20	1～10	10～50	40～80

(2)体积浓度(m_v)

体积浓度是指物料的体积流量与气体的体积流量之比，即

$$m_v = \frac{Q_p}{Q_a} = \frac{M_p \rho}{\rho_p M_a} = m\,\frac{\rho}{\rho_p} \tag{9.21}$$

比较式(9.20)与式(9.21)可知,质量浓度是大于体积浓度的。不论是质量浓度还是体积浓度,都是根据气体和物料的流量得到的,因此,它不同于输料管中运动的气固混合体的实际浓度。

混合比包括质量浓度和体积浓度,但在实际计算过程中,混合比通常用质量浓度来代替。

9.2.4 沉降速度与悬浮速度

在粉粒料的流体输运过程中,如果流体以小于颗粒的自由沉降速度向上运动,则颗粒将下降;如果流体以大于颗粒的自由沉降速度向上运动,则颗粒将上升;如果流体以等于颗粒的自由沉降速度向上运动,则颗粒将在水平方向上呈摆动状态,既不上升也不下降,此时流体的速度就叫作该颗粒的自由悬浮速度。显然,悬浮速度与沉降速度在数值上是相等的,方向是相反的。因此,可以用沉降速度公式来求得气流输运过程中颗粒的悬浮速度。

在含固体颗粒相的气-固两相流中,输运管道的布置可分为垂直管道、水平管道和倾斜管道。在垂直上升的管道内,因空气动力与物料浮力、重力处于同一直线上,所以管道内的气流速度要大于物料颗粒的悬浮速度,才能进行正常输运。而在水平管道内,由于空气动力为气流运动方向,它与物料的浮力、重力方向相垂直,这就使物料在水平管道内的悬浮运动显得复杂。目前对此尚缺乏定量的研究。因此,在确定气流速度时,仍然以垂直管道内的悬浮速度为依据。所以设计计算气力输运时,颗粒的悬浮速度是设计计算的重要原始数据。

此外,需要说明的是在气力输运和分级分选中,是大量颗粒在一定范围内运动。由于颗粒落下时有流体置换作用,产生了附加上升流。这时颗粒沉降不仅受到流体阻力,同时由于是大量颗粒,还要受到其他颗粒的干扰阻力,即颗粒群沉降时,受到直接作用和间接作用两种阻力:直接作用的阻力是指颗粒之间的和颗粒与管壁之间的摩擦与碰撞而引起的阻力;间接作用的阻力是指由颗粒落下的流体置换作用而产生的附加上升流所引起的阻力。

物料颗粒在流体中受到力的作用时,将沿受力方向运动,例如在重力场中颗粒将自上而下运动,常称重力沉降。如果颗粒在离心力场中,同样也将沿离心力方向运动,称为离心沉降。颗粒的沉降速度是指颗粒与流体的相对运动速度。在气力输运过程中,当物料颗粒在沿垂直管道向上流动的气流中,会受两种力的作用:一种是物料本身的重力,迫使物料下降;另一种是气流向上运动的力,携带物料上升。当物料颗粒在气流中既不下沉也不上升,并脱离管壁呈悬浮状态时气流的最小速度被称为此物料的悬浮速度。此时的悬浮速度就是前面所讨论的沉降速度。

(1)物料的悬浮速度 V_t

悬浮速度 V_t 可根据雷诺系数 Re 所在区域用相应的公式计算,但是 Re 中又包含有 V_t,因此给计算带来了困难。常用尝试法和颗粒粒径区间判别法等来计算,但这些方法计算工作量大。所以采用阿基米德法来判别其所在的区间后进行计算是目前比较理想的计算方法:

$$Ar = \frac{4gD_p^3(\rho_p - \rho)\rho}{3\mu^2} \tag{9.22}$$

① 层流区($Re<1;Ar<24$),适用于粉状料输运。

$$V_t = \frac{gD_p^2(\rho_p - \rho)}{18\mu} \tag{9.23}$$

② 过渡区($1<Re<1000;24<Ar<293000$),适用于细粒状料输运。

$$V_t = 0.27\left[\frac{gD_p(\rho_p - \rho)Re^{0.6}}{\rho}\right]^{0.5} \tag{9.24}$$

③ 湍流区($Re>1000;Ar>293000$),适用于粗粒状物料输运。

$$V_t = 1.74\left[\frac{gD_p(\rho_p - \rho)}{\rho}\right]^{0.5} \tag{9.25}$$

(2)工作速度 V

气力输运系统中管道内气体的运动速度,也就是气流速度,实际上也是输运管内的风速。气流速度过大，会过多地消耗能量，加快管道和部件的磨损；反之，则不能保证物料颗粒呈悬浮状态，甚至造成管道的堵塞。根据实际经验，并参照表 9.4，可以确定工作速度如下：

$$V = K_1 V_t \tag{9.26}$$

式中 K_1——经验系数，见表 9.4。

表 9.4 经验系数

输送物料情况	经验系数 K_1	输送物料情况	经验系数 K_1
松散物料在垂直管中	1.3～1.7	管路布置复杂	2.6～5.0
松散物料在水平管中	1.8～2.0	大密度成团黏性物料	5.0～10.0
有两个弯头的垂直或倾斜管	2.4～4.0	细粉状物料	50～100

9.2.5 固气两相流的压力损失

固气两相流的压力损失即输送系统阻力，包括管路沿程压力损失（水平直管、垂直直管、弯管、斜管、管件、阀件等）、供料装置压力损失、物料加速压力损失、提升物料压力损失、分离器和除尘器卸料压力损失等。这里介绍压损比法经验计算公式。压损比法是将输送气体和物料的压损综合在一起，以输送气体的压损为基础，用压损因子来考虑输送物料的所有压力损失。

（1）管路沿程压力损失

先将垂直直管、斜管、弯管、管件、阀件都折算成当量水平直管，然后用总水平当量长度 L 计算管路沿程压力损失

$$L = \sum L_h + K_\theta \sum L_\theta + K_v \sum L_v + \sum L_e \tag{9.27}$$

式中 $\sum L_h$—— 水平直管总长度，m；

$\sum L_\theta$—— 斜管总长度，m；

$\sum L_v$—— 垂直直管总长度，m；

K_θ, K_v—— 折算系数，取 $K_\theta = 1.6, K_v = 1.3 \sim 2.0$；

$\sum L_e$ ——管件、阀件总当量长度，m，见表 9.5。

表 9.5 管件、阀件的当量长度

管件及阀件种类			当量长度/m
90°弯管	弯管曲率半径与管径之比，R_0/D	6	7～10
		8	9～13
		10	12～16
		12	14～17
双路换向阀	带盘形阀		8～10
	带旋塞阀		3～4
	带双路 V 形螺旋		2～3
换向接阀	双路		3～4
	三路		3～5

$$\Delta P_{沿} = \Delta P_{气沿} + \Delta P_{物沿} = a \Delta P_{气沿} = (1 + Km) \Delta P_{气沿}$$

根据流体力学计算 $\Delta P_{气沿}$ 的公式，应根据低压和高压两种情况分别按等容过程和等温过程计算。这里只给出低压吸送和压送的公式。

$$\Delta P_{气沿} = \left[X + \lambda \frac{L}{D} \frac{(1 + Km)\rho u^2}{2g} m \right] \frac{\rho u^2}{2g} \tag{9.28}$$

式中 λ——空气在管道中的摩擦阻力系数，$\lambda=C(0.0125+0.0011/D)$；

C——输送管道粗糙度系数，为光滑内壁情形时 $C=1.0$，为新焊接管情形时 $C=1.3$，为旧焊接管情形时 $C=1.6$；

D——管道直径：

K——阻力系数。

(2)供料装置压力损失

$$\Delta P_{供} = (X + m)\frac{\rho u^2}{2g} \tag{9.29}$$

式中 X——供料装置结构形式阻力系数，螺旋泵取 $X=1$；仓式泵取 $X=2\sim3$。

(3)物料加速压力损失

$$\Delta P_{加} = \zeta_{加} m\frac{\rho u^2}{2g} \tag{9.30}$$

式中 $\zeta_{加}$——加速压力损失系数，$\zeta_{加}=2(u_{物稳}-u_{物初})/u$；

$u_{物稳}$——物料处于稳定运动状态时的速度；

$u_{物初}$——物料在加速区前的初速度，由垂直向水平过渡的弯管经弯管后出口处的颗粒速度，即加速前的初速度一般为原来稳定速度的 1/5～1/3，而由水平向垂直过渡的弯管则为原来稳定速度的 2/5～1/2。

(4)提升物料压力损失

$$\Delta P_{升} = m\rho H \tag{9.31}$$

式中 H——物料提升高度，m。

(5)分离器和除尘器卸料压力损失

$$\Delta P_{卸} = \varphi\rho u_{卸}^2/2g \tag{9.32}$$

式中 $u_{卸}$——卸料器入口处风速，m/s，一般为 15～21 m/s；

φ——卸料器阻力系数，容积式为 1.5～2.0，旋风式为 2.5～3.0。

(6)系统总压力损失

$$\Delta P = \Delta P_{沿} + \Delta P_{供} + \Delta P_{加} + \Delta P_{升} + \Delta P_{卸} \tag{9.33}$$

9.3 固气两相流输送设备

9.3.1 装置设计

9.3.1.1 气力输送系统的设计

气力输送系统的设计方法一般适用于低压吸引式气力输送，而对于容积式的高压压送式主要是依靠实践经验进行，并结合在实际运行中的情况加以综合考虑来进行设计。

低压吸引式气力输送方式多为低压和短距离输送，因而可以不考虑空气的压缩性，把气流速度及密度看作不变的进行计算。对于长距离的高压压送式气力输送，其输送压力高达几十万帕，空气的可压缩性则不可忽视。通常吸引式气力输送系统的设计计算方法如下：

① 根据物料的特性以及阿基米德准数 Ar 来计算物料的悬浮速度。

② 根据悬浮速度以及输送物料的不同情况下的经验系数，确定工作速度。

③ 根据输送形式所推荐的混合比以及输送物料的量来决定输送空气量和输送管直径。

输送空气量

$$Q_a = \frac{M_p}{\rho m} \tag{9.34}$$

输送管直径

$$D=\sqrt{\frac{4M_p}{3600\pi V\rho m}} \tag{9.35}$$

由于管径是标准件，因此计算后的管径要进行圆整，同时要参考选用材料的相关标准来最后确定管径的大小。

④ 根据整个系统线路布置图，计算系统的压力损失。

⑤ 根据求得的输送空气量和总压力损失选择合适的风机。

9.3.1.2 气力输送系统的主要组成部分

气力输送系统的主要部件有输送管道、供料装置、气-固分离设备和供气设备。

(1)输送管道

多采用薄壁管材以减轻其质量及费用，管道系统的布置应尽量简单，少用弯头，采用最短的行程，尽量布置成直线，这样可以减少气力输送的阻力、节省动力消耗，也可减少因管道堵塞所带来的困难。

通常，管道多用钢管，有时也采用塑料管、铝管、不锈钢管、玻璃管或橡胶管，这需根据被输送物料的性质而定。

(2)供料装置

气力输送系统所用的供料装置，需根据物料在管道进口处的输送气体压力的高低来决定其选型。一般，中压或高压气力输送系统多采用容积式发送器供料装置。真空或低压气力输送系统则常采用旋转叶片供料器，其他还有螺旋式供料器、喷射式或文丘里式供料器及双翻板阀供料器等。需要考虑的重点是输送管道中的气压对供料器的影响以及要求供料器必须有恒定的加料能力。

① 容积式供料器(发送罐)

发送罐的操作原理简单，将空气与罐内的物料混合后，利用与卸料点的压力差使其排出。发送罐就其排出物料方向而言有上引式及下引式两种(图 9.19 及图 9.20)。

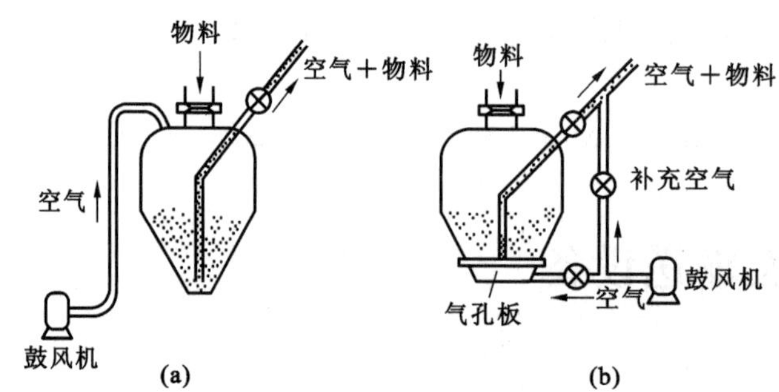

图 9.19 上引式排料的发送罐

(a)无补充空气上引式排料发送罐；(b)带补充空气的上引式排料发送罐

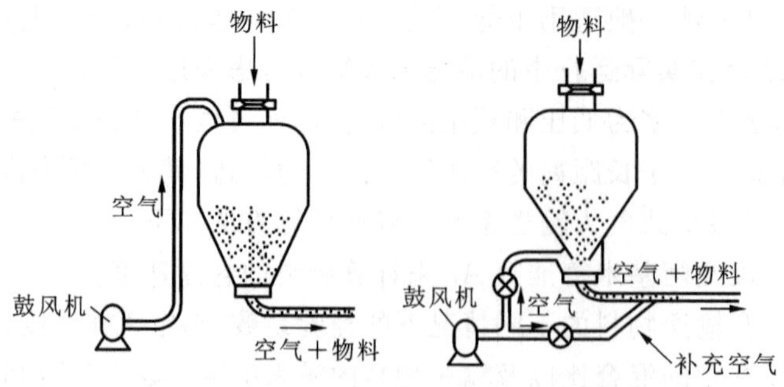

图 9.20 下引式排料的发送罐

(a)无补充空气下引式排料发送罐；(b)带补充空气的下引式排料发送罐

② 旋转叶片供料器

旋转叶片供料器是利用其装有叶片的转子在固定的机壳中旋转，从而使物料从上面进入然后由下面排出，如图 9.21 所示。

文丘里式接料器（图 9.22）采用文丘里管的原理，在进料处管道的截面积缩小，使喷出的压缩空气的速度增大，以使气束周围压力降低，吸引从给料机送出的物料连同喷射空气一起喷入输送管道。因给料机出口处的压力降低，可减少给料机空气的泄漏。

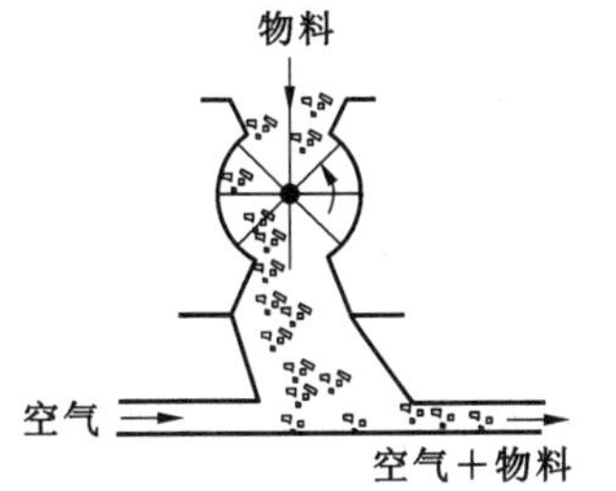

图 9.21　带有直落式接料器的旋转叶片给料机

物料
空气
空气＋物料
喷嘴

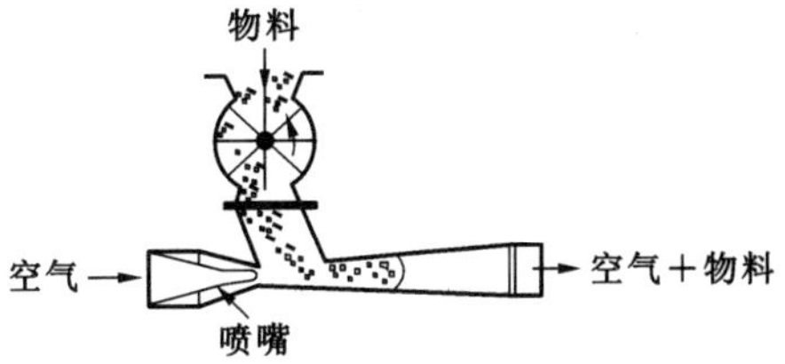

图 9.22　带有文丘里式接料器的旋转叶片给料机

③ 螺旋式供料器

螺旋供料器是通过设计变矩螺旋在筒内形成料柱，随着螺旋的连续旋转就可将物料推进输送管中，并在此被输送空气吹散并带走，如图 9.23 所示。

螺旋式供料器一般适合处理黏性物料。为气力输送系统设计的这种类型供料器的优点是可以连续将物料送到输送管道。由于螺旋的旋转速度和给料量之间有着线性关系，因此可在接近于规定的速度下卸料。

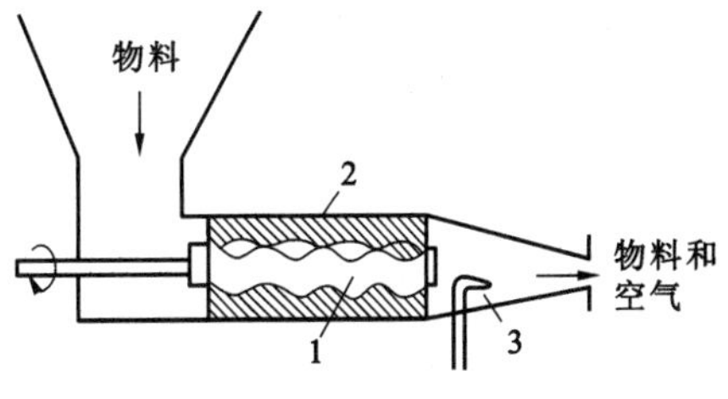

图 9.23　螺旋式供料器

1—金属转子；2—弹性材料定子；3—空气喷嘴

④ 双翻板阀供料器

双翻板阀供料器主要由两个阀板或闸板构成，其交替打开或关闭以便使物料从加料斗送入输送管道（图 9.24）。

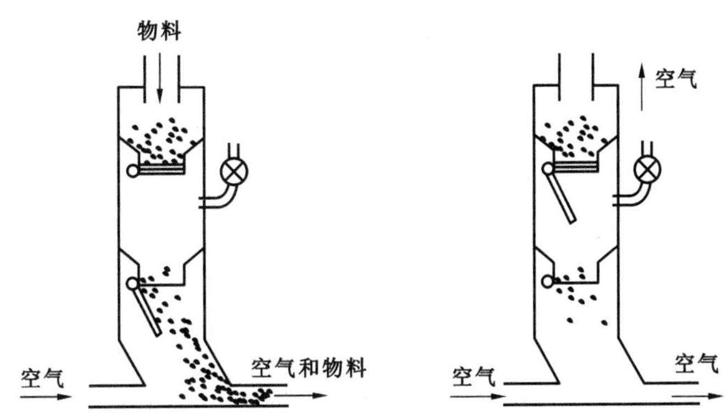

图 9.24　双翻板阀供料器

在一定程度上可将双翻板阀供料器看作是间歇供料器，因为它在每分钟内只排料 5～10 次。而旋转叶片供料器每分钟可排料 250 次（一般转子有 6～8 个料槽，转速为 35 r/min）。在可比的给料能力下，排料次数的减少就意味着每次排出的物料体积增多。如果输送管道加料部位设计不合适，就会导致物料在这一区域内堵塞。

（3）气-固分离设备

在任何应用中，气体和固体分离设备的选择都要受到以下因素的影响：气体中含有散状固体物料的数量，散状固体物料颗粒大小及范围；要求系统的收集效率；设备投资及运行费。总之，收集比较细的颗粒的分离系统费用较高。适宜粉尘收集的设备有旋风分离器、袋式除尘器、重力沉降室等。对于空气中夹带的较细颗粒的物料(小于 25 μm)只有用袋式除尘器才可以得到满意的收集效率。气-固分离设备中的压力损失与全系统的压降相比并不太大(不包括风机)。

(4)供气设备

对于气力输送系统来说,要根据气体流量包括允许的漏气量以及整个输送系统的压力降来确定供气设备。在设计气力输送装置时选择供气设备是最重要的决定之一。

① 通风机与鼓风机

通风机广泛用于稀相气力输送系统,输送管道堵塞的可能性较小。恒量式鼓风机对大多数气力输送系统都适用,因为当输送管道堵塞时,它能产生较高的压力及有效的推力来移动物料。

② 罗茨鼓风机

罗茨鼓风机的能力可达 500 m^3/h 自由空气量。当转子旋转时,空气被吸入转子和壳体间的空间,当转子经过壳体出口时空气被压出。需要说明的是罗茨鼓风机是强制排气的机械,其本身没有空气的压缩作用。

③ 旋转叶片式压缩机

旋转叶片式压缩机适合中压及高压气力输送系统。与罗茨鼓风机相比,它可在较高的压力下产生平稳的空气流量。

④ 螺旋式压缩机

螺旋式压缩机可用于中压、高压的气力输送系统。

9.3.2 气力输送设备

9.3.2.1 空气输送斜槽

(1)构造及工作原理

空气输送斜槽(图 9.25)属浓相流化态输送设备。它由薄钢板制成的上下两个槽形壳体组成,两壳体间夹有透气层,整个斜槽按一定角度布置。物料由加料设备加入上壳体,空气由鼓风机鼓入下壳体透过透气层使物料流态化。充气后的物料沿斜度向前流动达到输送的目的。

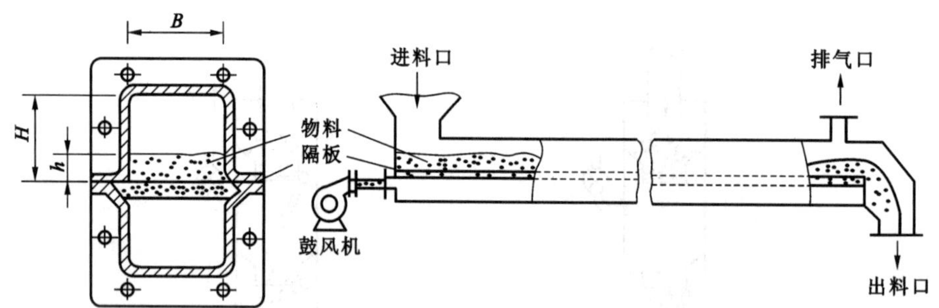

图 9.25 空气输送斜槽示意图

斜槽结构的关键部分是透气层。要求透气层材料孔隙均匀,透气率高,阻力小,强度高,并具抗湿性,微孔堵塞后易于清洗、过滤。常用的透气层材料有陶瓷多孔板、水泥多孔板和纤维织物。陶瓷、水泥多孔板是较早使用的透气层,其优点是表面平整,耐热性好;缺点是较脆,耐冲击性差,机械强度低,易破损,另外,难以保证整体透气性一致。目前用得较多的是帆布(一般为 21 支纱白色帆布三层缝制)等软性透气层,其优点是维护安装方便,耐用不碎,价格低廉,使用效果好;主要缺点是耐热性较差。为保证帆布安装平整,可在其下面用钢丝网承托。

壳体由 2 m 一节的标准槽(一般按 250 mm 的倍数选取,如支槽、弯槽等)组合而成,安装斜度为 4%～10%。壳体通常为矩形断面,其各部分尺寸比例参见图 9.25。H/B 的取值范围是 0.6～0.8,大槽取小值,小槽取大值;$H/h \approx 4$;底槽高度为 75～100 mm。

为适应操作需要,在适当处设截气阀以便于分段使用节省风量。在距入料口 2～3 m 处及支槽、弯槽、出料口等处可设置观察窗。

槽体上方隔一定距离应设置气体过滤层以便排出余气，或用专用除尘器净化余气。空气输送斜槽的规格用槽宽 B(mm)表示。

(2) 应用与特性

空气输送斜槽可输送 3～6 mm 的粉粒状物料，输送量可达 2000 m^3/h。由于高差关系，输送距离一般不超过 100 m。

斜槽的优点：设备本身无运动部件，故磨损少，耐用，设备简单，易维护检修；投资较少，运转中无噪声，动力消耗低，操作安全可靠；易于改变输送方向，适用于多点给料和多点卸料。缺点：对输送的物料有一定要求，适用于小颗粒或粉状非黏结性物料输运，若物料中粗颗粒较多时，输送过程中物料会逐渐累积在槽中，累积量达一定程度时，需进行人工排渣后才能继续运行；须保证具有准确的向下倾斜度布置，因而距离较长时落差较大，导致土建困难。

(3)主要参数的选择与计算

① 斜度　斜度用斜槽纵向中心线与水平面的夹角或其正切表示，一般用百分数表示。斜度是槽内物料流动的必要条件之一，它取决于物料的性能、建筑设计及设备选型经济性等。斜度小有利于工艺和建筑设计，斜度大有利于节省动力与设备投资。斜度的确定应考虑下述方面：物料的流态化特征、透气层的透气性、物料的流量等。实验表明，对于能自由流动的物料，斜度为 4%即足够，输送一般的粉粒状物料时，斜度可稍大些。

② 槽体宽度　槽体宽度是决定斜槽输送能力的主要参数之一。对于给定流量的斜槽，其宽度可按下式来计算：

$$B=\sqrt{\frac{R_c q}{R_a \rho_p V}} \tag{9.36}$$

式中　q——物料的流量，kg/s；

ρ_p——物料的体积密度，kg/m^3；

R_c——未流态化的物料体积密度与流态化时物料的体积密度之比；

R_a——流动物料床的高度与斜槽宽度之比；

V——物料的平均输送速度，m/s。

③ 输送能力　输送能力可按下式计算：

$$Q=3600KA\omega\rho_p \tag{9.37}$$

式中　K——物料流动阻力系数，$K\approx0.9$；

A——槽内物料的横截面积，m^2；

ω——槽内物料流动速度，当斜度为 4%、5%、6%时，相应的输送速度大致为 1.0 m/s、1.25 m/s、1.50 m/s。

④ 空气阻力　斜槽的空气阻力可按下式计算：

$$\Delta P=\Delta P_1+\Delta P_2+\Delta P_3 \tag{9.38}$$

式中　ΔP_1——透气层阻力，可按下式计算

$$\Delta P_1=400\times\frac{(1-\varepsilon)^2}{\Phi_c^2\varepsilon^3}\times\frac{L\mu u}{D_p^2} \tag{9.39}$$

一般取帆布层为 1000 Pa，多孔板为 2000 Pa；

ΔP_2——物料层阻力，可按式(9.14)计算；

ΔP_3——送气管网及底槽的阻力。

斜槽的空气阻力一般为 3500～6000 Pa。

⑤ 空气消耗量　空气消耗量可按下式计算：

$$Q=60qBL \tag{9.40}$$

式中　q——单位面积耗气量,多孔板时 $q=1.5\ m^3/(m^2\cdot min)$,三层帆布时 $q=2\ m^3/(m^2\cdot min)$;

B——斜槽宽度,m;

L——斜槽长度,m。

9.3.2.2　螺旋式气力输送泵

(1)结构及工作原理

螺旋式气力输送泵的构造如图 9.26 所示。主轴 3 水平安装,轴上焊有螺旋叶片 8,叶片上的螺距向出料端逐渐缩小,螺旋出料端圆形孔口由重锤闸板 12 封闭,闸板通过绞悬在重锤闸板轴 11 上的重锤杠杆 14 紧压在卸料孔口 10 上。

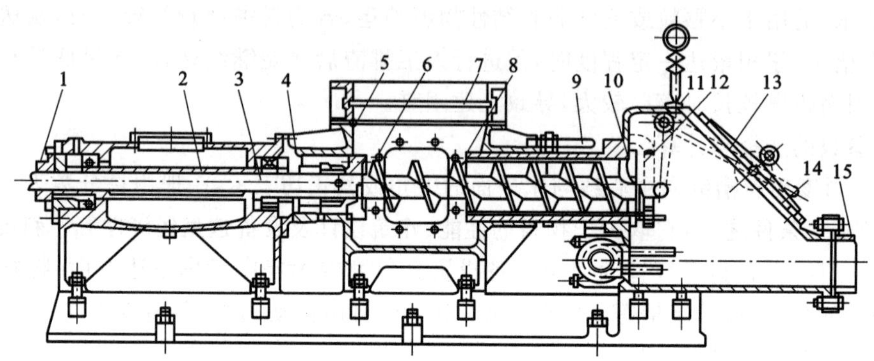

图 9.26　螺旋式气力输送泵的构造

1—轴承;2—衬套;3—主轴;4—防灰盘;5—加料管口;6—密封填料函;7—喂料平闸板;8—螺旋叶片;9—料塞厚度调节杆;10—卸料孔口;11—重锤闸板轴;12—重锤闸板;13—检修孔盖;14—重锤杠杆;15—泵出口

前部扩大的壳体称为混合室,其下部沿全宽配置上下两行圆柱形喷嘴,由管道引入的压缩空气经喷嘴进入混合室与粉料充分混合。

加料管口 5 用于支承料斗,为了调节装料量,装有喂料平闸板 7,螺旋用电动机直接启动,转速约为 1000 r/min。

粉料由加料管口 5 加入后,随着螺旋的转动向前推进,至卸料孔口 10 时闸板在物料的顶压下开启。物料进入混合室被压缩空气流带动并与之混合,最后送至泵出口 15 由管道输送至卸料处。

螺旋制成变螺距的目的是使物料在推进过程中趋于密实,形成灰封以阻止混合室的压缩空气倒吹入螺旋泵内腔和料斗内。

重锤闸板 12 的自动封闭作用也是为了避免进料中断时压缩空气从混合室进入螺旋泵的内腔而设。

螺旋泵按所用螺旋的个数分单管和双管两种。

与仓式泵相比,螺旋泵的优点:设备质量较轻,占据空间较小,也可装成移动式使用。缺点:输送磨琢性(指磨削与雕琢时的可控程度)较强的物料时螺旋叶片磨损较快,动力消耗较大(包括压缩空气和螺旋泵本身的动力消耗),且由于泵内气体密封困难,不宜作高压长距离输送(一般不超过 700 m)。

(2)主要参数

① 螺旋泵的输送能力可按下式计算:

$$Q=15\pi K(D^2-d^2)(s-\delta)n\rho_p \tag{9.41}$$

式中　K——系数,$K=0.35\sim0.40$;

D——螺旋叶片直径,m;

d——螺旋轴杆直径,m;

s——螺旋出口端螺距,m;

δ——螺旋叶片厚度,m;

n——螺旋转速,r/min;

ρ_p——物料的体积密度，t/m³。

② 压缩空气消耗量　空气用量应能保证空气在管道内的流速大于物料中最大颗粒的悬浮速度，使所有物料都能被气流带走。压缩空气消耗量与输送距离有关，其近似关系见图 9.27。

③ 压缩空气压力　螺旋泵所需的空气压力用于克服输送管道中的流动摩擦阻力、局部阻力和推动物料的阻力。空气压力主要取决于输送距离，其关系可参见表 9.6。

④ 功率　螺旋泵所需功率主要取决于物料的输送距离和输送量，可按下式计算：

$$N = K\omega Q \tag{9.42}$$

式中　ω——输送单位物料所需的动力，kW · h/t，可由图 9.28 查得；

Q——输送能力，t/h；

K——电机储备系数，K=1.15～1.30。

表 9.6　输送距离与空气压力的关系

输送距离/m	空气压力/MPa
100	0.25
100～200	0.30
200～300	0.35
300～700	0.40
700～800	0.45

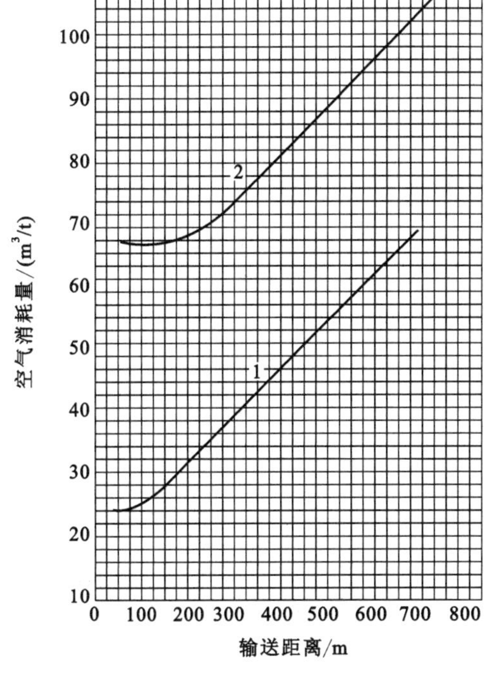

图 9.27　螺旋输送泵空气消耗量曲线

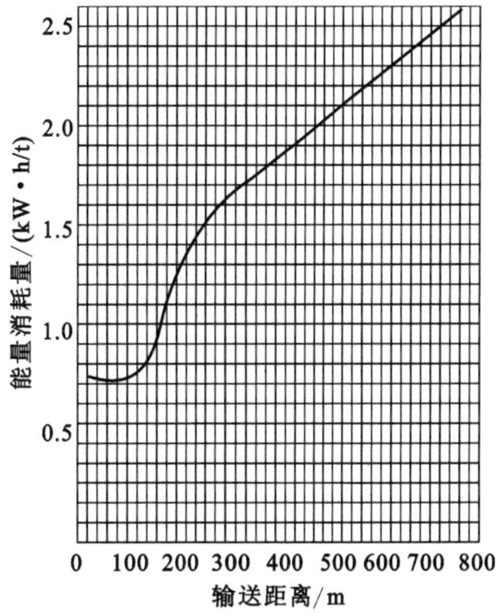

图 9.28　螺旋泵能量消耗曲线

9.3.2.3　仓式气力输送泵

(1)构造及工作原理

仓式泵分单仓泵和双仓泵两种。仓式泵单体的吹送及进料属于间歇操作，即往仓内加料与将仓内物料吹送的过程交替进行。

单仓泵在泵体上设有存料小仓，在泵体进行进料的同时，输送机向小仓内进料。在泵体内物料卸完后，小仓内物料自动放入泵体内，然后开始第二个吹送过程。因此，单仓泵的吹送物料过程是间歇的，双仓泵有两个泵体交替送料或进料，因而吹送过程的间歇时间较短，几乎是连续的。

图 9.29 所示为双仓泵，在仓的半球形顶上焊有圆筒进料管 4，物料由上方料斗经此管流入仓内，此时接料管用进料阀门 5 开启，阀门 5 的动作是通过阀门气缸 3 及杠杆系统来实现的，在仓内装有料面指示器，当料面升高时，料面指示器下降；当料面降低时，料面指示器升起，如此接通或断开电磁阀 16 的电路。

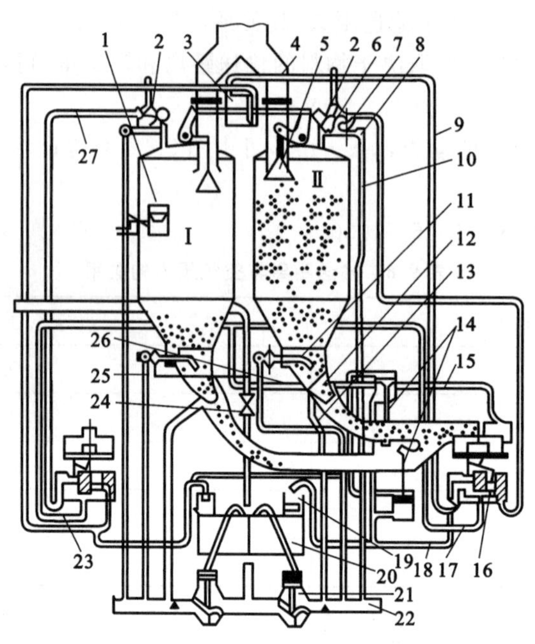

图 9.29　双仓式气力输送泵

1—指示器；2—气阀；3—气缸；4—进料管；5—进料阀门；6，9，15—压缩空气管；7—过滤器；8—节流阀；10，11，13—充气管；12—喷嘴；3，17，18，23，27—空气管道；14—阀门；16—电磁阀；19—止逆阀；20—阻滞器；21—气动阀门；22—压缩空气总管；24，25，26—阀门；Ⅰ、Ⅱ—料仓

在半球形顶部还有压缩空气管 6，经此管引入吹送物料的主要压缩空气。在空气管道上装有可调节入仓空气量和压力的节流阀 8。管道入仓处装有过滤器 7 以防止因工作管路突然堵塞或不正常时物料随空气倒流入管。阀门 14 交替开闭，其动作是靠与阀门 14 相连的活塞完成的。仓满卸料时不仅经压缩空气管 6 引入压缩空气，还要经充气管 11 和 13 引入补充空气。经充气管 13 环绕喷嘴 12 引入的压缩空气造成卸料管内负压，增加卸料管道内物料的流速并可缩短卸仓时间。经充气管 11 引入的压缩空气以提高局部压力达到同一目的，气阀 2 是仓体进料时的余气排出阀。卸料仓所需压缩空气不是直接由压缩空气总管 22 引入，而是通过空气阻滞器 20 后入仓。阻滞器还配有气动阀门 21 和止逆阀 19。当工作管道需要送气时压缩空气可经接压缩空气管 15 通入。仓式泵各控制装置中压缩空气的分配用电磁阀 16 进行。

仓式泵还应装设压力计以控制检查仓内及管道内压力，此外，还装有许多阀门，它们的开闭可以控制向仓内、空气管道和工作管道内送气或断气。仓式泵是自动操作的，当自动控制装置失灵时可用手动操作控制设备。

图 9.29 中所示控制设备的位置相当于仓Ⅱ进料结束而仓Ⅰ开始进料。此时阀门 26 关闭，而阀门 24 和 25 开启，在压缩空气由空压机贮气罐进入空气管道 17 和 23，仓内物料面达到最高位置时，料面指示器将电路接通，将两个电磁阀杆移动至图 9.29 所示的位置。当两个电磁阀杆在此位置时压缩空气即通入。此时经压缩空气管 9 进入气缸 3 并将活塞向右推移，开启仓Ⅰ进料阀关闭仓Ⅱ进料阀门 5，经空气管道 18 进入阀门 14 的气缸，同时移动卸料阀门，开启仓Ⅱ卸料管的物料通路并关闭仓Ⅰ的卸料管，沿空气管道 27 使通过仓Ⅰ的气阀让仓内腔与大气接通。空气管道 18 经止逆阀 19 进入空气阻滞器的右部，充满后再进到气动阀门 21 的上部。气动阀门 21 的活塞受到空气压力的作用向下移时，使压缩空气总管 22 的中部与其右部相通，这时仓Ⅱ可经充气管道 10、11 与 13 充气而卸料。

空气阻滞器对仓式泵的操作具有重要作用，它使空气延时几秒钟进入仓内腔，使进料阀门5完全关闭后方开始卸料，因而避免了仓内物料从进料口吹出。

仓内卸料时，料面逐渐降低。料面指示器的锥体重新上升，由于其指针的转动而形成闭合回路，因而电磁阀开始作用并停止卸料，直至卸仓终了阶段仓内压力急剧下降，料面指示器的指引倾斜至原来的位置并断开电路。因此，电磁阀的操作即行反向转换，此时充满物料的仓Ⅰ进入卸料阶段而仓Ⅱ进入装料阶段。

由于间歇操作，空压机在操作过程中的供气压力及仓体内压力都随时间而变化，如图9.30所示。曲线 a 表示仓体内压力变化情况，曲线 b 表示空压机储气罐内压力变化情况，随供料输送条件、储气罐及仓体大小和物料性质有所变化，分为如下四个过程。

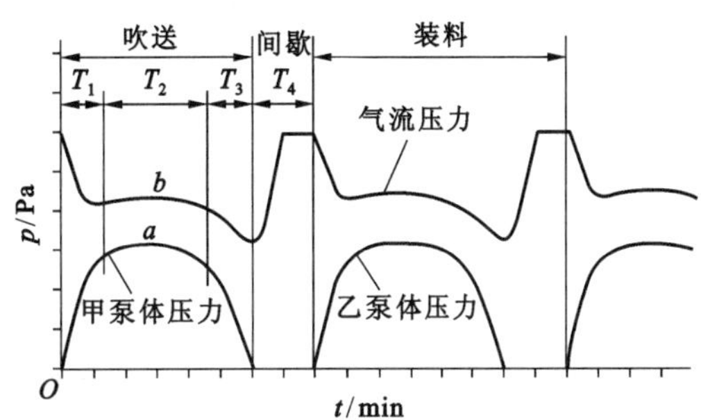

图9.30　双仓泵输送过程中的压力变化

① T_1 区间　压缩空气进入仓体内，将仓内物料充分流化使之达到输送的终端速度，此过程中仓体内压力几乎是直线上升。这一区间的时间长短及所达到的压力高低主要取决于仓体内物料变化状态和输料管的长度。

② T_2 区间　压力基本保持稳定，这一阶段是稳定状态进行输送阶段，时间越长说明装置性能越好。

③ T_3 区间　表示仓内物料越来越少，混合比减小，压力逐渐降低。这段时间的长短与出口阻力大小和仓内吹入压缩空气的方法有关。该区间后期仓体内物料卸空时压力降至最低，相当于将管内物料吹空阶段。

④ T_4 区间　间歇期，此时供气压力回升至最大。

空压机储气罐内供气压力曲线按曲线 b 变化。启动的最初空气以最高供气压力进入仓体内，然后在 T_1 区间急剧下降。随流化过程完成进入主吹阶段 T_2，供气压力缓慢回升。当仓体内物料卸出接近一半时供气压力达到并维持在一定数值。经过 T_3 仓体内物料卸空后供气压力达到最低点。此时控制机构自动关闭卸料阀，进入 T_4 区间，供气压力回升至最大（双仓泵需稍等另一台泵装满）。打开进料阀使泵体由吹送过程转换到装料过程，持续至装料结束直至下一吹送过程开始。

当供气压力及气量不足时，在泵内进入充气阶段 T_1 的启动瞬间供气压力可能降至 T_3 区间末期最低点以下。这种情况下控制机构会误触发，启动后立即由"吹送"转换到"装料"，从而使刚开始的吹送过程在短时间内停下来，造成输送管道内物料堵塞。

所以，在选用空压机时应考虑到上述情况，要使最高排气压力能克服泵体和输送系统阻力、空气管道内阻力及启动时的额外阻力且尚有剩余，并能在此压力下提供稳定的空气量以使万一发生堵塞时具有足够的吹通能力。一般要求空压机排气压力比操作最高压力大0.1～0.2 MPa。

(2)性能

仓式泵的优点是无运动部件，运转率高，维护检修工作量较小，与螺旋泵相比电耗较低，输送距离长(可达2000 m)，输送中还兼有计量作用。缺点是形体高大，占空间较大，不利于工艺布置及建筑设计。

仓式泵的输送能力可按下式计算：

$$Q=\frac{60V\rho_p\varphi}{t_1+t_2} \tag{9.43}$$

式中　V——仓的容积，m^3；

φ——仓内物料充满系数，按经验选取 $\varphi=0.7\sim0.8$；

ρ_p——仓内物料的体积密度，t/m^3；

t_1——卸空一仓所需时间，min；

t_2——装满一仓所需时间，min。

对于双仓泵则有：

$$Q=\frac{60V\rho_p\varphi}{t_1+t_2} \tag{9.44}$$

式中 t_1——压缩空气由关泵压力回升至输送压力以及等待另一台泵装满物料所需的时间，可按1～3 min考虑；

t_2——装满一仓所需时间，min。

t_1 和 t_2 的推荐值见表9.7。

表9.7 仓式泵的推荐值

仓容积/m^3	装料或输送时间/min	输送距离/m		
		<400	400～800	800～1200
2.5～3.5	t_2	按喂料能力 单仓泵 $t_2<t_1$；双仓泵 $t_2>t_1$		
	t_1	4～5	5～6	6～7

9.3.2.4 气力提升泵

气力提升泵是一种低压吹进的垂直气力提升输送设备，按结构可分为立式和卧式两种，二者的主要区别在于喷嘴的布置方向不同。喷嘴垂直布置的为立式，水平布置的为卧式。构造及工作原理如下：图9.31为立式气力提升泵的构造示意图，它由喷嘴、筒体、输送管、主风室、止逆阀、充气管、充气室、充气板及清洗风管等组成。粉状物料由进料管喂入泵体。输送物料的低压空气由泵体底部进入风管，通过球形止逆阀进入气室，并以每秒百余米的速度由喷嘴喷入输送管中，这时由于进入充气室中的低压空气通过充气板使喷嘴周围物料气化，出喷嘴后进入输料管的高压气流在喷嘴与输料管间形成局部负压，将被气化的物料吸入输料管，被高速气流提升至所需高度进入膨胀仓(图9.32)中。由于气料从输料管进入膨胀仓时体积突然胀大，气流速度急剧下降，又由于受到反击板的阻挡，使物料从气流中分离出来，分离后的气体经排气管进入收尘器经净化后排入大气。

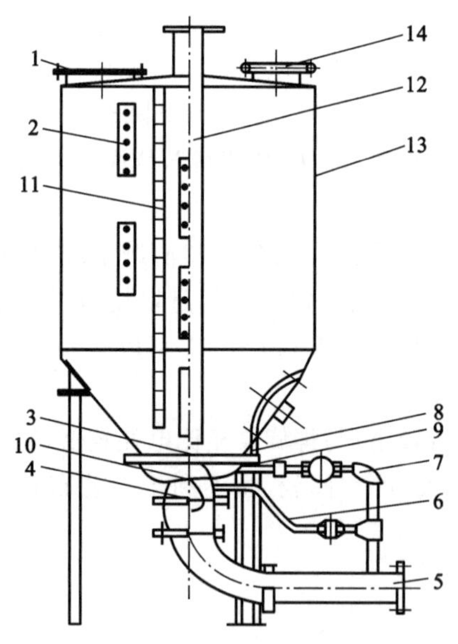

图9.31 立式气力提升泵的构造

1—进料口；2—观察窗；3—喷嘴；4—止逆阀；5—进风管；6—清洗风管；7—充气管；8—充气板；9—充气室；10—气室；11—料面标尺；12—输料管；13—泵体；14—排气孔

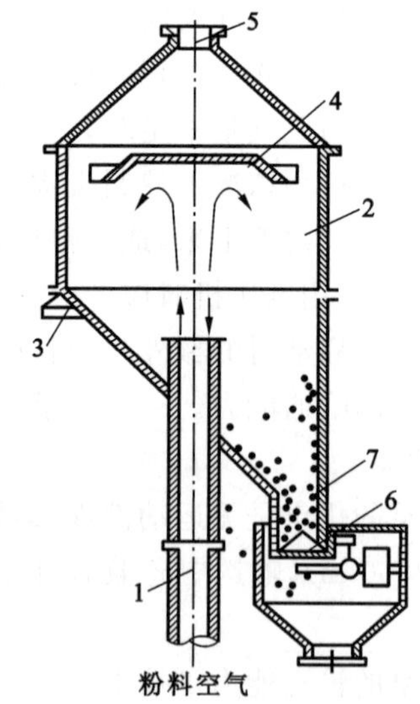

图9.32 膨胀仓的构造

1—输料管；2—膨胀仓仓体；3—支座；4—反击板；5—排气管；6—闪动阀；7—粉料

气室中止逆阀的作用是防止提升泵停止工作时或停止供气时物料进入风管内。在正常操作情况下，气体冲开止逆阀后进入气室从喷嘴喷出，进气一旦停止，止逆阀靠自重作用而紧压阀门，使气室和风管通道被封闭。为防止气室被物料堵塞而影响开车，设置了清洗风管。卧式气力提升泵如图 9.33 所示。其结构较立式的简单，外形高度也较低，输料管出泵后，先经一段水平距离然后经过弯管导向垂直提升管。

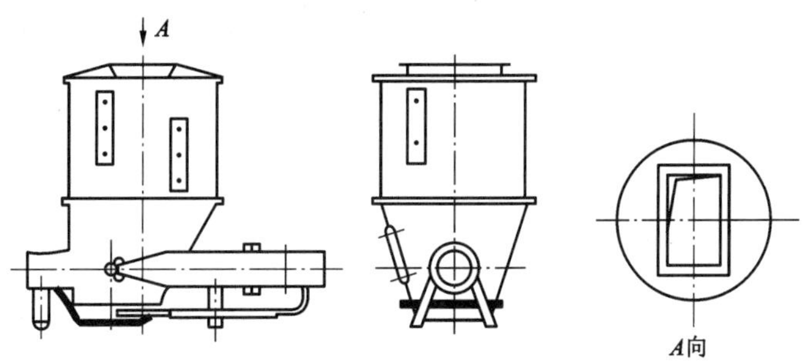

图 9.33　卧式气力提升泵

气力提升泵的优点是结构简单，质量小，无运动部件，磨损小，操作可靠，维修方便，提升高度大于 30 m 时比斗式提升机经济。其缺点是电耗较大，体形较高大，有时会给工艺布置和建筑设计带来一定困难。

9.4　粉体机械输送设备

在大规模、连续化的生产作业中，原料、半成品以及成品，少则每小时以吨计，多则每小时上千吨。在生产过程中，这些物料必须在各工序间有序地、不间断地输送，依靠人力是无法满足生产要求的。因此，只有充分利用各种形式的输送机械，才能保证生产正常、连续地进行，以实现生产自动化。

输送机械是指在工业生产过程中，完成各工段间物料输送的各种机械设备。输送机械不仅能实现生产过程中各工段的连接，组成流水生产线，而且可以在输送物料的同时进行其他工艺作业，如对物料进行搅拌、筛分、干燥、装卸、堆码等，还可以与其他控制方法结合来控制物料的流量，达到控制整个生产节奏和速度的目的。

9.4.1　胶带输送机

胶带输送机是一种连续输送机械，它用一根环绕于前、后两个滚筒上的输送带作为牵引及承载构件，驱动滚筒依靠摩擦力驱动输送带运动，并带动物料一起运行，从而实现输送物料的目的。胶带输送机是应用最为普遍的一种连续输送机械，可用于水平方向的输送，也可按一定的倾斜角度向上或向下输送粉体或成件物料。例如：在水泥厂中通常用于矿山、破碎、包装、堆存之间运送各种原料、半成品和成件物品；在玻璃生产过程中从料库中卸下的称量好的原料被送到混料机以及混合好的料送到窑头料仓时都采用胶带输送机，胶带输送机还可以用于流水作业生产线中，有时还可作为某些复杂机械的组成部分。如大型预均化堆场中的胶带输送机，再如卸车机、装卸桥的组成部分中，也需要胶带输送机。这种输送设备之所以获得如此广泛的应用，主要是由于它具有生产效率高、运输距离长、工作平稳可靠、结构简单、操作方便等优点。

9.4.1.1　构造

胶带输送机的构造如图 9.34 所示，主要由输送带、滚筒、支承装置、驱动装置、张紧装置、卸料装置、清扫装置和机架等部件组成。

9.4.1.2　分类

胶带输送机按机架结构形式不同可分为固定式、可搬式、运行式三种。三者的工作部分是相同的，不同的只是机架部分的结构和组成。

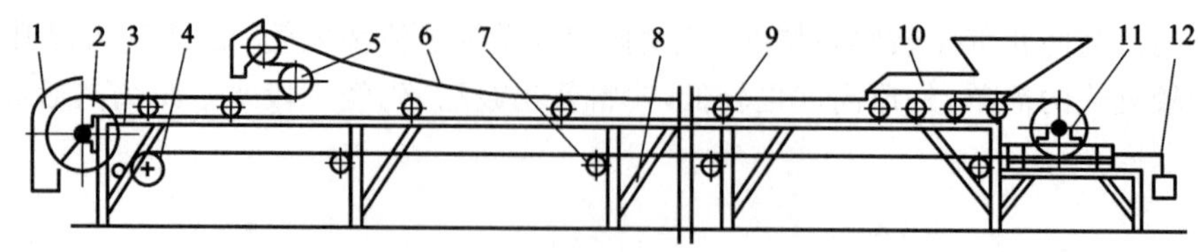

图 9.34 胶带输送机的构造

1—端部卸料；2—驱动滚筒；3—清扫装置；4—导向滚筒；5—卸料小车；6—输送带；
7—下托辊；8—机架；9—上托辊；10—进料斗；11—张紧滚筒；12—张紧装置

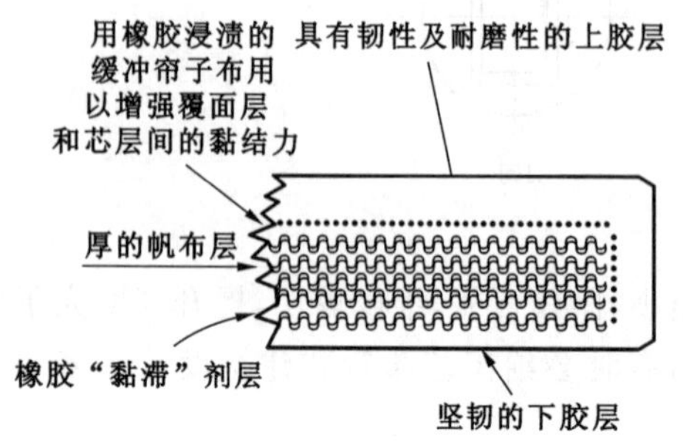

图 9.35 帆布芯胶带断面图

9.4.1.3 主要构件

(1)输送带

输送带既是牵引构件又是承载构件。输送带主要由芯层和覆盖层两部分构成。芯层的主要作用是承受输送带运行所需的拉力和进料时物料的冲击荷载，并保持输送带呈一定的形状。覆盖层的作用是防止输送带芯层被腐蚀及磨损。帆布芯胶带如图 9.35 所示。

根据芯层的材质不同，输送带分帆布芯胶带和钢绳芯胶带两大类。近年来也有用化纤织物代替帆布层的，如人造棉、人造丝、尼龙、聚氨酯纤维和聚酯纤维等。帆布芯胶带是由若干层帆布组成，帆布层之间用硫化方法浇上一层薄的橡胶，带的上面及左右两侧都覆以橡胶保护层。显然，帆布层越多，能承受的拉力亦越大。常用帆布芯胶带的宽度和帆布层数的关系见表 9.8。

表 9.8 胶带的宽度和帆布层数的关系

宽度 B/mm	500	650	800	1000
层数 Z	3～4	4～5	4～6	5～8

钢绳芯胶带是以平行排列在同一平面上的许多条钢绳芯代替多层织物芯层的输送带。钢绳以很细的钢丝捻成，直径为 2.0～10.3 mm。夹钢丝芯橡胶输送带的主要优点是抗拉强度高，适用于长距离、大输送量输送；伸长率小(为普通胶带的 1/10～1/5)；挠曲性能好，易于成槽(槽角为 35°)，动态性能好，耐冲击、耐弯曲疲劳，破损后易修补，因而可提高作业速度；接头强度高，安全性较高；使用寿命长，是普通胶带使用寿命的 2～3 倍。其缺点是当覆盖胶损坏后，钢丝易腐蚀，使用时要防止物料卡入滚筒与胶带之间。

目前，用作输送带覆盖层的有橡胶带和聚氯乙烯塑料输送带两种，其中橡胶带应用广泛。而塑料带由于除了具有橡胶带的耐磨、弹性等特点外，尚具有优良的化学稳定性、耐酸性、耐碱性及一定的耐油性等，也具有较好的应用前景。橡胶层的厚度对于工作面(即与物料相接触的面)和非工作面(即不与物料相接触的面)是不同的。一般工作面橡胶层的厚度有 1.5 mm、2.0 mm、3.0 mm、4.5 mm、6.0 mm 五种。非工作面橡胶层的厚度有 1.0 mm、1.5 mm、3.0 mm三种。橡胶层的厚度根据物品的尺寸及物理性质而定。通常情况下多选用 1.5～3.0 mm 的橡胶层。

输送带的接头质量直接影响输送带的整体强度。要确保输送带正常运行，需要选择合适的接头方法，并确保接头质量，保证输送带接头处的抗拉强度、成槽性和挠性不受或尽量少受影响。橡胶带的连接方法通常有硫化胶结、冷黏结和机械连接。

硫化胶结法是将胶带接头部位的帆布和胶层，按一定形式和角度切割成对称差级阶梯，涂以胶浆使其黏着，然后在一定的压力、温度条件下加热一定时间，经过硫化反应，使生橡胶变成硫化橡胶，以便接头部位获得黏着强度。其优点是接头的强度和原输送带的强度相近；输送带运转平稳、耐用；细颗粒物料不会从接头处漏落，不会使输送带的清扫装置损坏，因此采用较广泛。其缺点是硫化固接装置的机件庞大且购置费高；操作时间较长，一般需要 24 h；加工费用较大。

机械连接有多种形式，应用最广泛的是金属皮带扣连接。金属皮带扣连接法（钩卡连接法）所用的连接件为皮带扣，操作时要保证胶带端面与胶带纵向严格成直角，以免胶带运行时跑偏，甚至被撕裂；对槽形带，接头皮带扣也应相应分段。机械连接的优点是结构简单、操作迅速、费用低廉、安装及更换省时省工。其缺点是由于接头而降低了输送带的强度；如果输送细颗粒物料时，物料会从输送带的接头缝隙中漏落；钢夹或钢板与滚筒及托辊碰撞，使其表面磨损，轴承易被损坏等。

冷黏结的黏结方法同硫化胶结法，所涂的胶一般为氯丁胶黏剂，不需要加温，粘好后常温下（25±5）℃固化 2 h 即可使用。其接头强度比硫化胶结法略低，而高于机械连接法。

（2）托辊

托辊用于支承运输带和带上物料的质量，减小输送带的下垂度，以保证稳定运行。托辊可分为如下几种：

① 平形托辊

如图 9.36(a)所示，一般用于输送成件物品和无载区，以及固定犁式卸料器处。适用于输送休止角不小于 35°的颗粒状物料。输送能力较低，只用于短距离输送机。

② 槽形托辊

如图 9.36(b)所示，一般用于输送散状物料，其输送能力要比平形托辊用于输送散状物料提高 20%以上。旧系列的槽角一般采用 20°、30°，目前都采用 35°、45°，国外已有采用 60°的。可用来运送各种类型的散状固体物料，也适用于重的中等大小的块状物料，如碎石等。槽形托辊有较深的槽、较大的装载截面和较大的输送能力。

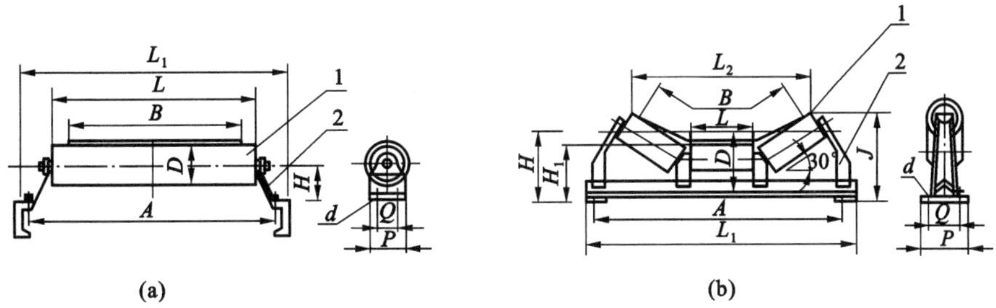

图 9.36　平形托辊和槽形托辊

(a)平形托辊；(b)槽形托辊

1—滚柱；2—支架

③ 调心托辊

调心托辊不但对输送带起支承装置的作用，而且还起调心作用。这种托辊是在槽形承载托辊的两端垂直安装两个托辊借以导向，防止输送带跑偏，使输送带处在中心位置。一般承载段每隔 10 组托辊设置一组槽形调心托辊或平形调心托辊；无载段每隔 6～10 组设置一组平形调心托辊。图 9.37 为槽形调心托辊调心示意图，当输送带跑偏而碰到导向滚柱体时，由于阻力增加而产生的力矩使整个托辊支架旋转。这样托辊的几何中心线便与带的运动中心线不相垂直，带和托辊之间产生滑动摩擦力，此力可使输送带和托辊恢复正常运行位置。

④ 缓冲托辊

缓冲托辊用在被处理物料的粒度及质量能严重损坏输送带的加料段，它不但起支承装置的作用，而且同时起缓冲减振作用。以减缓被输送物料特别是所含的大块料的质量引起的对输送带的冲击，它的滚柱采用由覆盖一层厚的富有韧性的橡胶制成。

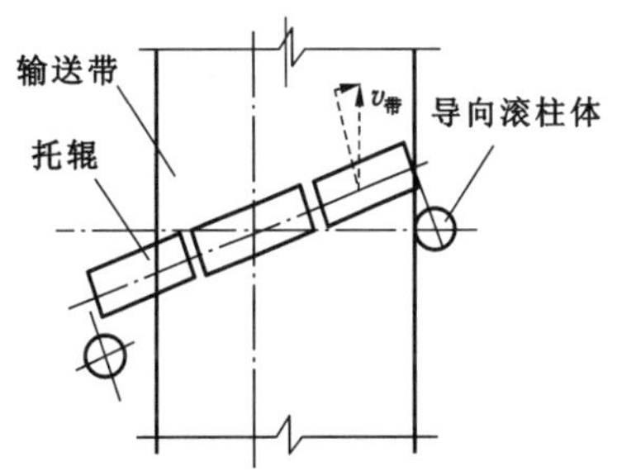

图 9.37　槽形调心托辊调心示意图

托辊（图 9.38）由滚柱和支架两部分组成。滚柱是一个组合体，它由滚柱体、轴、轴承、密封装置等组成。滚柱体用钢管截成，两端具有钢板冲压或铸铁制成的壳作为轴承座，通过滚动轴承支承在轴上。少数情况也有采用滑动轴承的。为了防止灰尘进入轴承，也为了防止润滑油漏出，装有密封装置。其中迷宫式效果最佳，但防水性能差。

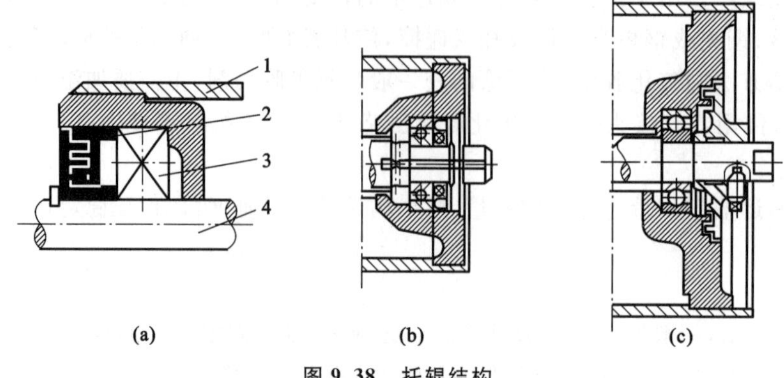

图 9.38　托辊结构

(a)迷宫式密封的托辊；(b)填料密封的托辊；(c)迷宫—毛毡密封托辊

1—滚柱体；2—密封装置；3—轴承；4—轴

托辊支架由铸造、焊接或冲压而成，并刚性地固定在输送机架上。

胶带输送机上托辊的间距应根据带宽和物料的物理性质选定。受料处托辊间距视物料体积密度及粒度而定，一般取上托辊间距的 1/3～1/2。

(3)驱动装置

传动滚筒(图 9.39)与减速器及电动机连接，传动滚筒与输送带之间的摩擦作用牵引输送带运行。通常传动滚筒位于输送机的头部。若用于向下倾斜的输送机，传动滚筒则位于输送机的尾部。

输送机滚筒结构大部分采用钢板焊接制成。

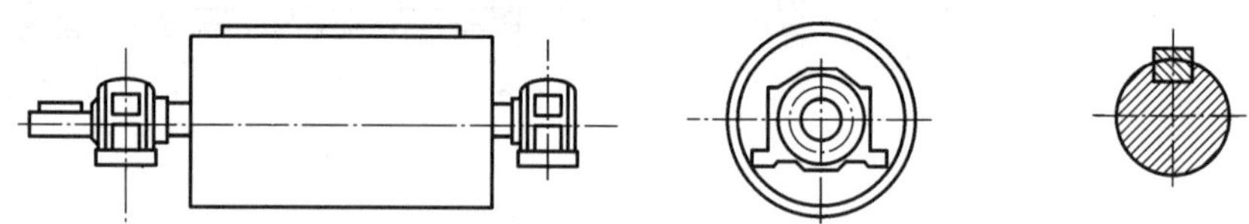

图 9.39　传动滚筒

滚筒直径的大小关系到输送带的磨损速度和因反复弯曲引起的层裂程度，直接影响着输送带的使用年限。滚筒直径愈大，输送带压向滚筒的面积愈大，输送带在滚筒上的弯曲程度愈缓和，芯层间的剪切应力愈小，由此而引起的层裂现象愈轻。但是，滚筒直径太大会使输送机显得庞大和笨重。标准输送带的滚筒直径为 300 mm、400 mm、500 mm、600 mm、750 mm、900 mm、1050 mm、1200 mm、1400 mm、1600 mm、1800 mm、2000 mm、2200 mm 等。

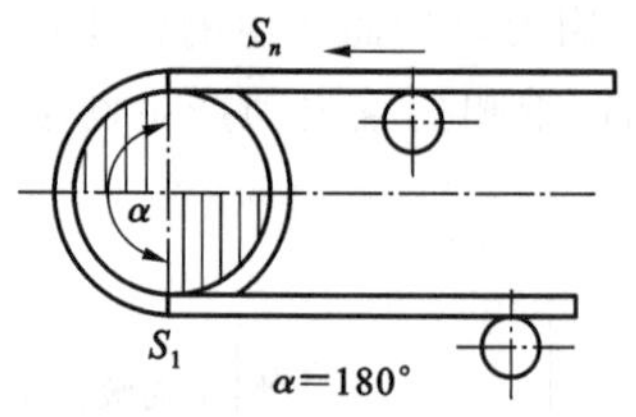

图 9.40　胶带输送机驱动滚筒

传动滚筒分光面滚筒和胶面滚筒两种。光面滚筒的摩擦系数一般为 0.20～0.25，使用于功率不大、环境湿度小的场合；反之，则采用滚筒外敷一层橡胶的胶面滚筒，以增大摩擦系数。驱动输送带(图 9.40)的条件：为了避免输送带在传动滚筒上打滑，传动滚筒趋入点的输送带张力 S_n 和奔离点的输送带张力 S_1 之间的关系应满足尤拉公式：

$$S_n \leqslant S_1 e^{\mu\alpha} \tag{9.45}$$

式中　S_n——传动滚筒趋入点的输送带张力，N；

S_1——传动滚筒奔离点的输送带张力，N；

μ——传动滚筒与输送带间的摩擦系数；

α——输送带与传送滚筒的包角，°。

$e^{\mu\alpha}$的值见表 9.9。

表 9.9 $e^{\mu\alpha}$ 值

传动滚筒情况及 μ 值		包角 α/°			
		200	210	240	400
		$e^{\mu\alpha}$ 值			
光面滚筒	潮湿环境 μ=0.2	2.01	2.09	2.31	4.04
	潮湿环境 μ=0.25	2.39	2.50	2.85	5.74
胶面滚筒	潮湿环境 μ=0.35	2.39	3.60	4.34	11.47
	潮湿环境 μ=0.4	4.04	4.35	5.35	16.40

另外，有一种电动滚筒，它是把电动机和减速装置都装在传动滚筒之内。电动滚筒具有结构简单、紧凑，占有空间位置小，操作安全，整机操作方便，减少停机时间等优点；与同规格的外部驱动装置相比，电动滚筒质量减轻 60%～70%，可节约金属材料 58%，功率范围为 2.2～55 kW。一般使用于环境温度不超过 40 ℃的场合。

(4)改向装置

胶带输送机在垂直平面内的改向一般采用改向滚筒，改向滚筒的结构与传动滚筒的结构基本相同，但其直径比传动滚筒略小一些。改向滚筒直径与胶带帆布层厚度之比，一般可取 D/Z 为 80～100。

用 180°改向者一般用作尾部滚筒或垂直拉紧滚筒；用 90°改向者一般用作垂直拉紧装置上方的改向轮；用小于 45°改向者一般用作增面轮。

此外，还可采用一系列的托辊达到改向目的。如输送带由倾斜方向转为水平(或减小倾斜角)，即可用一系列的托辊来实现改向，其托辊间距可取正常情况的一半。此时输送机构曲线是向上凸起的，其凸弧段的曲率半径可按下式计算：

$$R_1 \geqslant 18B \times 10^{-3} \tag{9.46}$$

式中 B——带宽，mm。

有时可不用任何改向装置，而让输送带自由悬垂成一曲线来改向。如输送带由水平方向转为向上倾斜方向时(或增加倾斜角)，即可采用这种方法，但输送带下仍需要设置一系列托辊。此时凹弧段的曲率半径可按下式计算

$$R_2 \geqslant S/W_o \tag{9.47}$$

式中 S——凹弧段输送带的最大张力，N；

W_o——每米输送带质量，kg/m。

R_2 的推荐值见表 9.10。

表 9.10 R_2 推荐值

带宽 B/mm	R_2/m	
	ρ_p<1.6 t/m³	ρ_p≥1.6 t/m³
500、600	80	100
800、1000	100	120

(5)拉紧装置

拉紧装置的作用是通过移动滚筒来伸长或缩短输送带的调整设备。在维修时拉紧装置可松弛输送带以便于维修；在运行时可拉紧输送带以保持必需的张力，还可防止托辊间输送带过分下垂。在输送机启动或超载时，输送带会暂时伸长而改变输送带长度，拉紧装置可起到补偿的作用。在输送带因

图 9.41 螺旋式拉紧装置

损坏或需重新连接时或输送带的长度产生永久变形时，拉紧装置又可起到调节的作用。

拉紧装置分螺旋式、车式、垂直坠重式三种。

① 螺旋式拉紧装置

螺旋式拉紧装置如图 9.41 所示，由调节螺旋和导架等组成。回转螺旋即可移动轴承座沿导向架滑动，以调节带的张力。但螺旋应能自锁，以防松动。这种拉紧装置紧凑、轻巧，但不能自动调节。它适用于输送距离短(一般小于 100 m)、功率较小的输送机上。

该拉紧装置的螺旋拉紧行程有 500 mm、800 mm、1000 mm 三种。

② 车式拉紧装置

车式拉紧装置又分为重锤车式拉紧装置和固定绞车式拉紧装置。如图 9.42 所示是一种重锤车式拉紧装置，这种拉紧装置使用于输送距离较长、功率较大的输送机。其拉紧行程有2 m、3 m、4 m。固定绞车式拉紧装置用于大行程、大拉紧力(30～150 kN)、长距离、大运输量的带式输送机，最大拉紧行程可达 17 m。

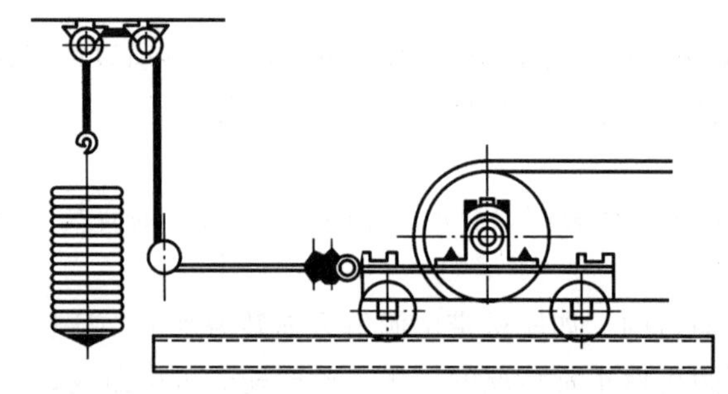

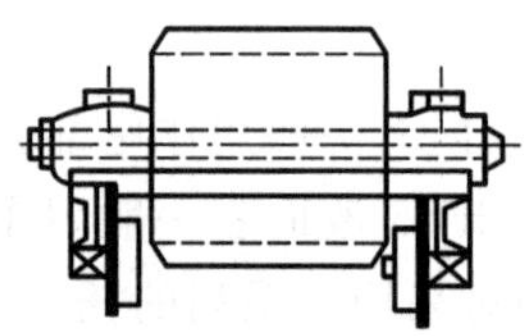

图 9.42 重锤车式拉紧装置

③ 垂直坠重式拉紧装置

垂直坠重式拉紧装置如图 9.43 所示，其拉紧原理与车式相同。它适用于采用车式拉紧装置布置较困难的场合。可利用输送机走廊的空间位置进行布置，可随着张力的变化靠重力自动补偿输送带的伸长，重锤箱内装入每块 15 kg 重的铸铁块调节拉紧张力。该拉紧装置的缺点是改向滚筒多，且物料易掉入输送带与拉紧滚筒之间而损坏输送带，特别是输送潮湿物料或黏湿性物料时，由于清扫不干净，这种现象更为严重。

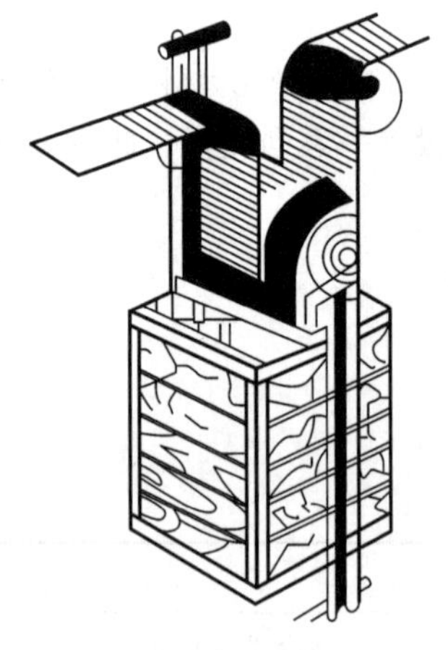

图 9.43 垂直坠重式拉紧装置

(6)装料及卸料装置

装料装置的结构取决于被输送物料的性质。对输送成件物品的输送机，都配有倾斜溜槽或滑板，成件物品经溜槽或滑板落在输送带上。对输送散料的输送机，一般都装有严格要求的输送机，则须设置供料器(又称给料器、给料机)。

供料装置除了要保证均匀地供给输送机的定量的被输送物料外，还要保证这些物料在输送带上分布均匀，减小或消除装载时物料对带的冲击。

卸料装置的形式取决于卸料的位置。最简单的卸料方式是在输送机的末端卸料。这时除了导向卸料槽之外，不需要任何其他装置。如需要从输送机上任意一处卸料，则需要采用犁式卸料器(图 9.44)和电动小车。

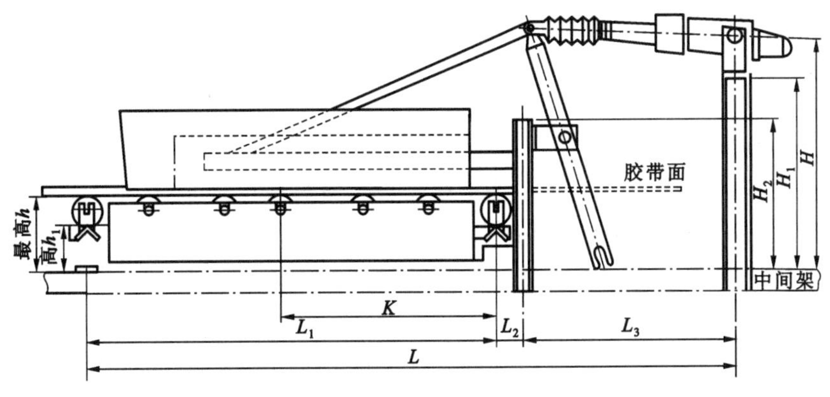

图 9.44 犁式卸料器

(7)清扫装置

清扫器的作用是清扫输送带上黏附的物料,以保证有效地输送物料,同时也为了保护输送带。尤其在输送黏湿性物料时,清扫器的作用就显得更为重要。

清扫器分头部清扫器和空段清扫器两种。头部清扫器又分重锤刮板式清扫器和弹簧清扫器,装于卸料滚筒处,清扫输送带工作面的黏料。空段清扫器装在尾部滚筒前,用以清扫黏附于输送带非工作面的物料。空段清扫器的结构如图 9.45 所示。

(8)制动装置

倾斜布置的胶带输送机在运行过程中如遇到突然停电或其他事故而引起突然停机,则会由于输送带上物料的自重作用而引起输送机的反向运转。这在胶带输送机的运行中是不允许的,为了避免这一现象的发生,可设置制动装置。常见的制动装置有三种:带式逆止器、滚柱式逆止器和电磁闸瓦式制动器。

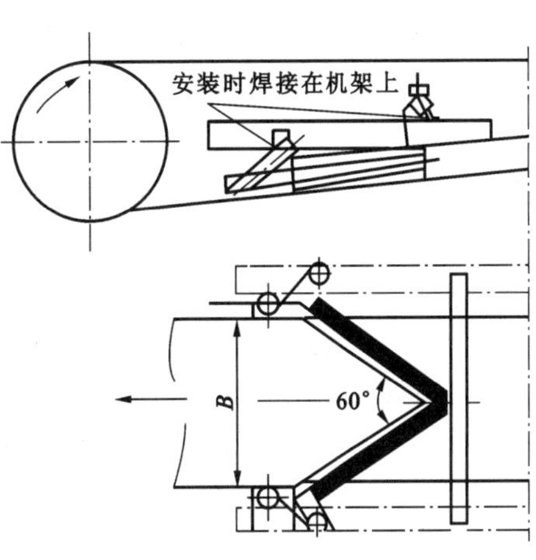

图 9.45 空段清扫器的结构

带式逆止器的结构如图 9.46 所示。输送带正常运行时,制动带被卷缩,因此,不影响输送带的运行。若输送带突然反向运行时,则制动带的自由端被卷夹在传动滚筒与输送带之间,就阻止了胶带的反向运动。带式逆止器的优点是结构简单,造价低廉,在倾斜角小于 18°时制动可靠。缺点是制动时必须有一段倒转,造成尾部装料处堵塞溢料,头部滚筒直径越大,倒转距离越长。因此,功率较大的胶带输送机不宜采用这种逆止器。

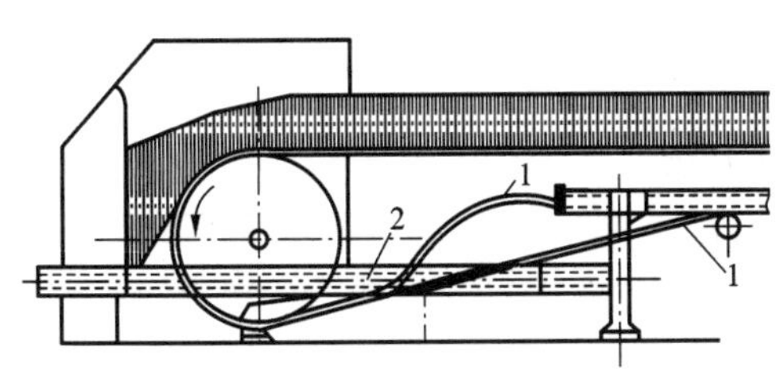

图 9.46 带式逆止器的结构

1—制动带;2—小链条

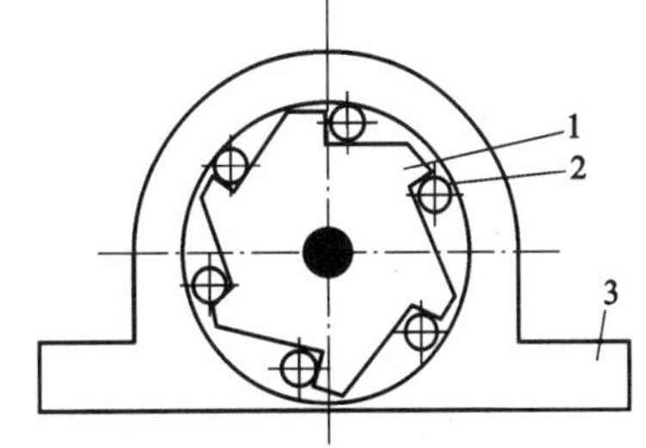

图 9.47 滚柱式逆止器的结构

1—棘轮;2—滚柱;3—底座

滚柱式逆止器的结构如图 9.47 所示,它是由棘轮 1、滚柱 2 和底座 3 组成。滚柱式逆止器安装在减速器低速轴的另一端,其底座固定在机架上。当棘轮顺时针方向旋转时,滚柱处于较大的间隙内,不影响正常运转。但当输送带反向启动时,滚柱被揳入棘轮与底座之间的狭小间隙内,从而阻止棘轮反转。该逆止器制动平稳可靠,在向上输送的输送机中都可采用。

电磁闸瓦式制动器因消耗大量电力，且经常因发热而失灵，所以一般情况下尽量不用，只是在向下输送时才采用。

9.4.1.4 主要参数计算

(1)输送带的运行速度

输送带的运行速度是带式输送机的一个重要参数。当输送量不变时，增大带速可减小带宽和张力，减轻机重，降低造价，同时也带来一些缺点；提高带速，延长了物料加速时间，加剧输送带磨损，使输送带易跑偏，输送倾角降低，易扬起粉尘，普遍地降低输送机零部件的使用寿命等。选择带速，可考虑以下方面：

① 输送磨磋性小、颗粒不大、不易破碎的散料，宜取较高的速度，通常为 2～4 m/s。

② 输送易扬尘的物料或粉料，宜选较低速度。如输送面粉时带速 $v \leqslant 1$ m/s。

③ 输送脆性物料时，选取较低的带速，以免物料在加料点和卸料点碎裂。

④ 输送成件物品时应选较低的带速，一般为 0.75～1.25 m/s。

⑤ 输送潮湿物料时，要选择较高带速，使物料在切点容易卸料。

⑥ 较长距离及水平的输送机可选较高带速，倾角越大或输送距离越短，带速应越低。

⑦ 输送带的宽度、厚度较大时，跑偏的可能性越大，可取较大带速。

(2)生产率的确定

带式输送机的生产率是指输送机在单位时间内所能输送的物料量。输送散料时，带式输送机质量生产率为

$$Q = 3.6qv = 3600F\rho_p v \tag{9.48}$$

式中 q——单位长度承载构件上物料质量，称为物料线载荷，kg/m；

v——输送带运行速度，m/s；

ρ_p——物料体积密度，t/m³；

F——输送带上料流横截面面积，m²。

(3)输送带宽度的确定

按照工艺设计确定了生产率、带速及输送机布置形式后，即可按式(9.49)求得输送散料时的带宽 B。

$$B = \sqrt{\frac{Q}{KC\Phi\rho_p v}} \times 10^3 \tag{9.49}$$

式中 Q——输送量，t/h；

v——输送带运行速度，m/s；

K——料流断面系数，与物料堆积角、带宽及槽角有关；

C——与倾斜角有关的系数；

Φ——与速度有关的系数。

K、C、Φ 系数参见表 9.11、表 9.12 和表 9.13。

表 9.11 断面系数 K 值

带宽 B/mm	堆积角									
	15°		20°		25°		30°		35°	
	槽形	平形	槽形	平形	槽形	平形	槽形	平形	槽形	平形
	K 值									
500 650	300	105	320	130	355	170	390	210	420	250
800 1000	335	115	360	145	400	190	435	230	470	270

表 9.12 倾斜角系数 C 值

倾斜角 β	≤6°	8°	10°	12°	14°	16°	18°	20°	22°	24°	25°
C 值	1.0	0.96	0.94	0.92	0.90	0.88	0.85	0.81	0.76	0.74	0.72

表 9.13 速度系数 Φ 值

带速/(m/s)	≤1.6	≤2.5	≤3.15	≤4.0
Φ 值	1.0	0.95～0.98	0.90～0.94	0.80～0.84

9.4.1.5 特点及应用

带式输送机是一种生产技术成熟、应用极为广泛的输送设备，具有最典型的连续输送机的特点，近年来发展很快。其主要优点：

① 结构简单，自重轻，制造容易。

② 输送路线布置灵活，适应性广，可输送多种物料。

③ 输送速度快，输送距离长，可长达 10 km 以上，输送能力大，能耗低。

④ 可连续输送，工作平稳，不损伤被输送物料；操作简单，安全可靠，保养检修容易，维修管理费用低。

带式输送机的主要缺点：输送带易磨损，且其成本大(约占输送机造价的 40%)；需用大量滚动轴承；在中间卸料时必须加装卸料装置；普通胶带式不适用于输送倾角过大的场合。目前，带式输送机已经标准化、系列化，性能也在不断完善，而且不断有新机型问世。

9.4.2 螺旋输送机

螺旋输送机是一种无挠性牵引构件的连续输送设备，它借助旋转螺旋叶片的推力将物料沿着机槽进行输送。这种移动物料的方法广泛用来输送、提升和装卸散状固体物料。

9.4.2.1 结构

螺旋输送机的外部结构如图 9.48 所示，内部结构如图 9.49 所示。它主要是由螺旋轴、料槽和驱动装置所组成。料槽的下半部分是半圆形，螺旋轴沿纵向放在槽内。螺旋轴旋转而产生的轴向推力直接作用在物料上而成为物料运动的推动力，使物料沿轴向滑动。物料沿轴向滑动，就像螺杆上的螺母，当螺母沿轴向被卡住而不能旋转时，螺杆的旋转就使螺母沿螺杆做平移。物料就是在螺旋轴的旋转过程中朝着一个方向推进到卸料口处卸出的。其几种装料方式和卸料方式如图 9.50 所示。

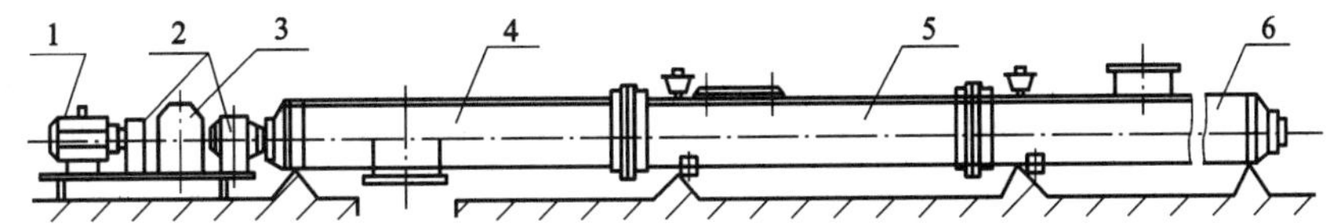

图 9.48 螺旋输送机的外部结构

1—电动机；2—联轴器；3—减速器；4—头节；5—中间节；6—尾节

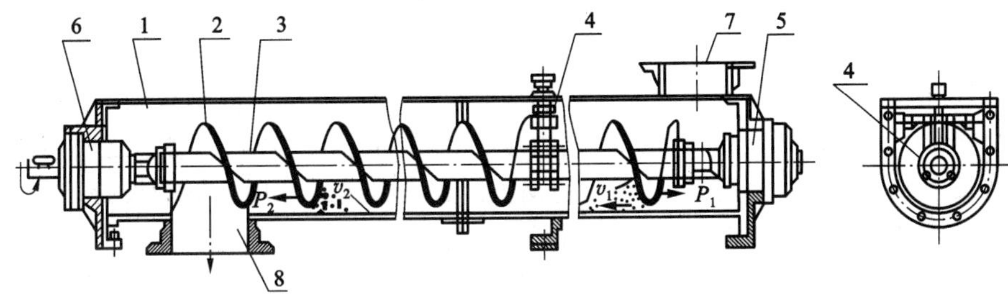

图 9.49 螺旋输送机内部结构

1—料槽；2—叶片；3—转轴；4—悬挂轴承；5、6—端面轴承；7—进料口；8—出料口

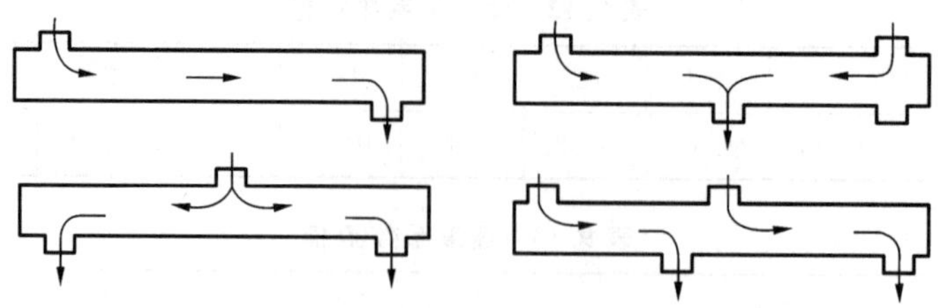

图 9.50 螺旋输送机装料和卸料的几种形式

9.4.2.2 主要部件

(1)螺旋

螺旋是由转轴和装在上边的叶片组成的。转轴有实心管和空心管两种。在强度相同的情况下，管轴较实心轴质量轻，连接方便，所以比较常用。管轴用特厚无缝钢管制成，轴径一般为 50～100 mm，每根轴的长度一般在 3 m 以下，以便逐段安装。

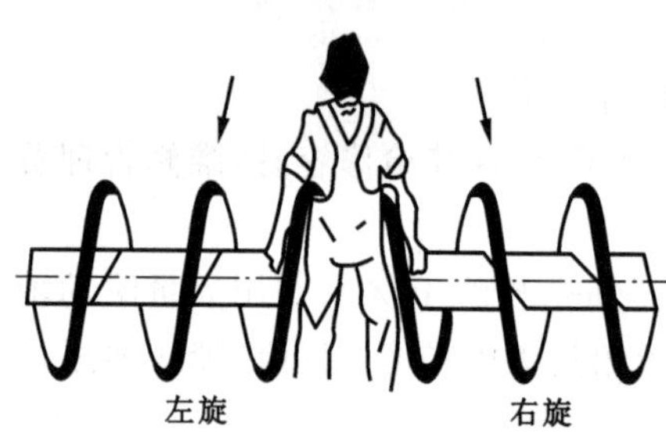

图 9.51 确定螺旋叶片旋向的方法

螺旋叶片有左旋和右旋之分，这由如何形成螺旋叶片来确定。确定旋向的方法如图 9.51 所示。面对螺旋叶片如果在螺旋叶片的边缘顺右臂倾斜则为右螺旋；顺左臂倾斜则为左螺旋。

根据被输送物料的性质不同，螺旋有各种类型，如图 9.52 所示。在输送干燥的小颗粒物料时，可采用全叶式[图 9.52(a)]；当输送块状和黏湿性物料时，可采用桨式[图 9.52(c)]或型叶式[图 9.52(d)]螺旋。采用桨式或型叶式螺旋除了输送物料外，还兼有搅拌、混合及松散物料等作用。

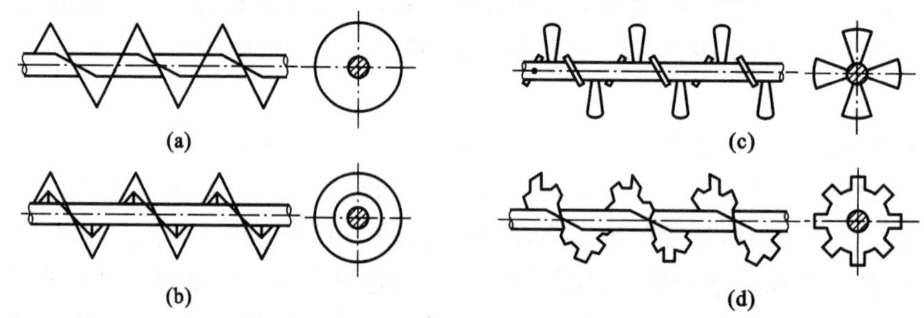

图 9.52 螺旋类型

(a) 全叶式；(b) 带式；(c) 桨式；(d) 型叶式

叶片一般采用 3～8 mm 厚的钢板冲压而成，焊接在转轴上。对于输送磨蚀性很大的物料和黏性大的物料，叶片用扁钢轧成或用铸钢铸成。

(2)料槽

螺旋输送机螺旋槽体的主要类型有截面为“U”形的钢制槽体，长度为 3000 mm 或3660 mm，根据使用的要求可以提供各种尺寸、厚度的螺旋槽体，可以用法兰或角铁连接。法兰连接不但可以防尘而且更为经济，因此尽可能制成带有法兰的槽体。

一般地，螺旋槽体均有顶盖，必要时顶盖可制成防尘型。顶盖是由薄钢板制成的，可以用螺栓连接也可以用弹簧卡子紧夹在螺旋槽体上。料槽由接头、中间节和尾节组成，各节之间用螺栓连接。每节料槽的标准长度为 1～3 m，常用 3～6 mm 的钢板制成。料槽上部用可拆盖板封闭，进料口设在盖板上，出料口则设在料槽底部，有时沿长度方向开数个卸料口，以便在中间卸料。在进、出口处均配有闸口。料槽的上盖还设有观察孔，以观察物料的输送情况。料槽安装在用铸铁制成或用钢板焊接成的支架上，然后紧固在地面上。螺旋与料槽之间的间隙为 5～15 mm。间隙太大会降低输送效率，太小则增加运行阻力，甚至会使螺旋叶片及轴等机件扭坏或扭断。

(3)轴承

螺旋是通过头、尾端的轴承和中间轴承安装在料槽上的。螺旋轴的头、尾端分别由止推轴承和径向轴承支承,止推轴承一般采用圆锥滚子轴承,如图 9.53 所示。止推轴承可承受螺旋轴输送物料时的轴向力,设于头节端可使螺旋轴仅受拉力,这种受力状态比较有利。止推轴承安装在头节料槽的端板上,它又是螺旋轴的支撑架,尾节装置与头节装置的主要区别在于尾节料槽的端板上安装的是双列向心球面轴承(图 9.54)或滑动轴承。

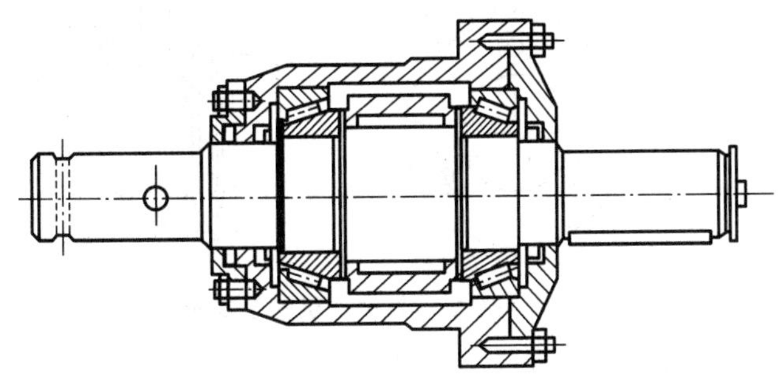

图 9.53 止推轴承结构图

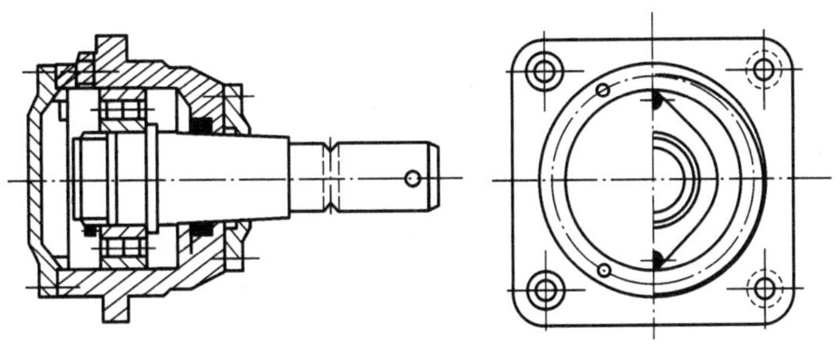

图 9.54 双列向心球面轴承

当螺旋输送机的长度超过 3~4 m 时,除在槽端设置轴承外,还要安装中间轴承,以承受螺旋轴的一部分质量和运转时所产生的力。中间轴承上部悬挂在横向板条上,板条则固定在料槽的凸缘或它的加固角钢上,因此,称为悬挂轴承,又称吊轴承。悬挂轴承的种类很多,图 9.55所示是 GX 型螺旋输送机的悬挂轴承。

由于悬挂轴承处螺旋叶片中断,物料容易在此处堆积,因此悬挂轴承的尺寸应尽量紧凑,而且不能装太密,一般每隔 2~3 m 安装一个悬挂轴承。一段螺旋的标准长度为 2~3 m,要将数段标准螺旋连接成工艺过程要求的长度,各段之间的连接就靠连接轴装在悬挂轴承上。连接轴和轴瓦都是易磨损部件。轴瓦多用耐磨铸铁或软金属、青铜及巴氏合金制造。

轴承上还设有密封和润滑装置。在螺旋输送机的设计中常常要求在其头部及尾部设置轴的防尘密封。密封压盖及槽体端部密封用来防止槽体里的灰尘或粉尘进入轴承和防止水分沿轴进入槽内。螺旋槽体端部的密封座由灰口铁制成,设置在巴氏合金、滚珠轴承或青钢轴瓦与槽体端板之间。密封盖由灰口铁制成的对开法兰沿着转动的钢轴压入填充物。

(4)驱动装置

驱动装置有两种形式:一种是电动机、减速器,两者之间用弹性联轴器连接,而减速器与螺旋轴之间常用浮动联轴器连接。另一种是直接用减速电动机,而不用减速器。在布置螺旋输送机时,最好将驱动装置和出料口同时装在头节,这样使螺旋轴受力较合理。

9.4.2.3 选型计算

(1)输送能力

螺旋输送机输送能力与螺旋的直径、螺距、转速和物料的填充系数有关。具有全叶式螺旋面的螺旋输送机输送能力为

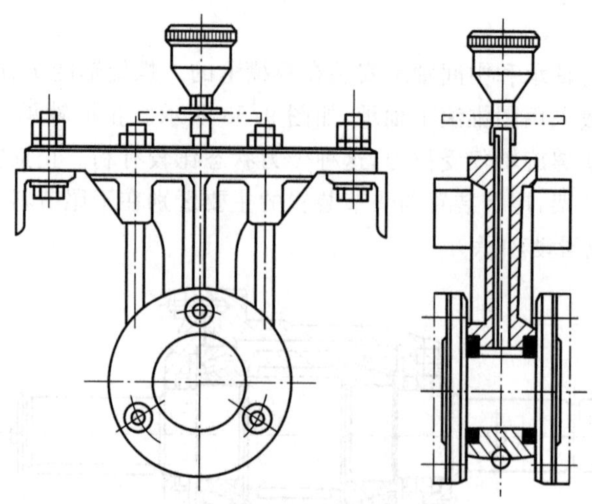

图 9.55　GX 型螺旋输送机的悬挂轴承

$$G = 60\frac{\pi D^2}{4}Sn\rho_p\Phi C \tag{9.50}$$

式中　G——螺旋输送机输送能力，t/h。

D——螺旋直径，m。

S——螺距，m，全叶式螺旋 $S=0.8D$，带式螺旋 $S=D$。

n——螺旋转速，r/min。

Φ——物料填充系数。

C——倾斜度系数。倾角为 0°时，$C=1$；倾角大于 1°且小于或等于 5°时，$C=0.9$；倾角大于 5°且小于或等于 10°时，$C=0.8$；倾角大于 10°且小于或等于 15°时，$C=0.7$；倾角大于 15°且小于或等于 20°时，$C=0.65$。

(2)螺旋直径

如果已知输送量及物料特性，则螺旋直径可由下式求得：

$$D = K_1\sqrt[2.5]{\frac{G}{\Phi C\rho_p}} \tag{9.51}$$

式中　K_1——物料的综合特性系数，可查表 9.14；

其他符号意义同前。

表 9.14　螺旋输送机内的物料参数

物料	煤粉	水　泥	生料	碎石膏	石灰
体积密度 ρ_p/(t/m³)	0.6	1.25	1.1	1.3	0.9
填充系数 Φ	0.4	0.25～0.3	0.25～0.3	0.25～0.3	0.35～0.4
物料特性系数 K_1	0.0415	0.0565	0.0565	0.0565	0.0415
物料特性系数 K_2	75	35	35	35	75
物料阻力系数 ξ	1.2	2.5	1.5	3.5	—

(3)螺旋轴的极限转速

螺旋轴的极限转速随输送能力、螺旋直径及被输送物料的特性而不同。为保证在一定的输送能力下，物料不因受太大的切向力而被抛起，螺旋轴转速有一定的极限，一般可按系列经验公式(9.52)计算：

$$n = \frac{K_2}{\sqrt{D}} \tag{9.52}$$

式中　n——螺旋轴的极限转速，r/min；

K_2——物料特性系数，可查表 9.14。

(4)功率

螺旋输送机工作时所产生的阻力包括下列各项：

① 物料和料槽的摩擦阻力；

② 物料和螺旋的摩擦阻力；

③ 轴承的摩擦阻力；

④ 倾斜输送时，提升物料的阻力；

⑤ 中间轴承所产生的阻碍物料运动的阻力；

⑥ 物料的搅拌及部分被破碎所产生的阻力；

⑦ 安装、操作不当而产生的螺旋与槽壁之间的摩擦阻力。

在上述各项阻力中，除了输送和提升物料的阻力可以精确计算外，其他各项要逐项计算是困难的。因此在一般计算时就认为，螺旋输送机的动力消耗与输送量及输送机长度成正比，而把所有的损失都归入一个总系数内，即阻力系数。显然，此阻力系数与物料特性的关系最大，其值可由实验方法加以确定。因此螺旋输送机的轴功率可按下式计算：

$$N_0 = \frac{G}{367} K_3 (\xi L_h \pm H) \tag{9.53}$$

式中　N_0——螺旋轴上所需功率，kW；

G——输送机的输送量，t/h；

K_3——功率储备系数，$K_3 = 1.2 \sim 1.4$；

ξ——物料的阻力系数；

L_h——螺旋输送机的水平投影长度，m；

H——螺旋输送机的垂直投影高度，m。

当向上输送时取“＋”号，向下输送时取“－”号。

所需的电动机功率为

$$N = \frac{N_0}{\eta} \tag{9.54}$$

式中　N——螺旋输送机所需的电动机功率，kW；

η——驱动装置传动效率，$\eta = 0.94$。

9.4.2.4　特点及应用

螺旋输送机的优点是构造简单，在机槽外部除了传动装置外，不再有转动部件；占地面积小；可以水平、垂直或倾斜输送；容易密封；可以保证防尘及密封结构的槽体设计，被输送的固体物料如果必要时，可充干燥或惰性气体保护；设备制造比较简单，工业生产中零部件的标准化程度较高；管理、维护、操作简单；便于多点装料和多点卸料。

螺旋输送机的缺点：运行阻力大，比其他输送机的动力消耗大，而且机件磨损较快，因此不适宜输送块状、磨损性大的物料以及容易变质的、黏性大的、易结块的物料。由于摩擦力大，所以在输送过程中对物料有较大的粉碎作用，因此需要保持颗粒度稳定的物料，不宜用这种输送机；由于各部件有较大的磨损，所以只用于较低或中等生产率（100 m^3/h）的生产中；由于受到传动轴及连接轴允许转矩大小的限制，输送长度一般要小于 70 m，当输送距离大于 35 m 时应采用双端驱动。螺旋输送机的工作环境温度应在－20～＋50 ℃范围之内；被输送物料的温度应小于 200 ℃。

我国目前采用的螺旋输送机有 GX 系列和 LS 系列。GX 系列螺旋直径从 150～600 mm 共有 7 种规格，长度一般为 3～70 m，每隔 0.5 m 为一挡。螺旋轴的各段长度分别有1500 mm、2000 mm、2500 mm 和 3000 mm 四种，可根据物料的输送距离进行组合。驱动方式分单端驱动和双端驱动两种。

LS 系列是近年设计并已投入使用的一种新型螺旋输送机，它采用国际标准设计、等效采用 ISO

1050.75 标准。它与 GX 系列的主要区别有：

① 尾部轴承移至壳体外；

② 中间吊轴承采用滚动、滑动可以互换的两种结构，设置的防尘密封材料用尼龙和聚四氯乙烯树脂类，具有阻力小、密封好、耐磨性强的特点；

③ 出料端设有清扫装置；

④ 进、出料口布置灵活；

⑤ 整机噪声低、适应性强。

9.4.3　斗式提升机

斗式提升机是一种应用极为广泛的粉体垂直输送设备，由于其结构简单，横截面的外形尺寸小，占地面积小，系统布置紧凑，具有良好的密封性及提升高度大等特点，在现代工业的粉体垂直输送中得到普遍的应用。

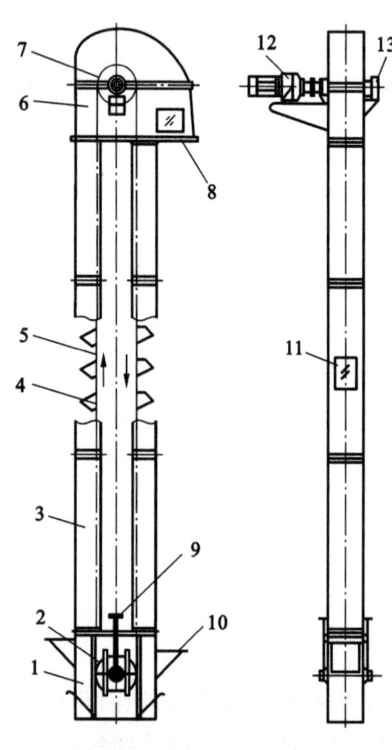

图 9.56　斗式提升机

1—机座；2—底轮；3—机筒；4—料斗；5—牵引构件；6—机头；7—头轮；8—出料口；9—张紧装置；10—进料口；11—观察窗；12—驱动装置；13—逆止装置

9.4.3.1　构造

图 9.56 是一种常见的斗式提升机结构图，斗式提升机是一种沿垂直或倾斜路程输送散状固体物料的输送机。由环形输送带或链条以及附在其上的料斗、头部或底部传动机械、支架和外壳所组成。斗式提升机的所有运动部件一般都罩在机壳里。机壳上部与传动装置（电动机、减速器及三角皮带传动）和链轮组成提升机的机头。机壳下部与张紧装置、链轮组成提升机机座。机壳的中部由若干节连接而成。

为防止运行时由于偶然原因（如突然停电）产生链轮和料斗向运行方向的反向坠落造成事故，在传动装置上还设有逆止联轴器。

被输送的物料由进料口喂入后，被连续向上的料斗舀取、提升，由机头出料口卸出。

按照牵引构件的形式，斗式提升机可分为带式提升机和链式提升机。带式提升机以胶带为牵引构件。优点是成本低，自重小，工作平稳无噪声，并可采用较高的运行速度，因此有较高的生产率。其主要缺点是料斗在胶带上固定力较弱，因此在输送难以舀取的物料时不宜采用。

链式提升机是以链条为牵引构件。优点是不受物料种类的限制，而且提升高度大。缺点是运转时链节之间由于进入灰尘而导致磨损加剧，影响使用寿命，增加检修次数。

9.4.3.2　主要构件

(1)牵引构件

带式提升机用的胶带与前述胶带输送机用的胶带是相同的。选择的带宽应比料斗宽度大 30～40 mm。胶带中帆布的层数按照胶带输送机的计算方法确定，但考虑到带上连接料斗时所穿的孔会降低胶带的强度，因此应将胶带输送机验算的安全系数增大 10%左右。

链式提升机用的链条是锻造环链或板链。图 9.57 是锻造环链结构图；图 9.58 是板链结构图。

(2)料斗

料斗用锻铸铁或钢板制成，是用于装载被输送物料的容器。其材质、形状及结构根据被输送物料的性质、粒度大小、提升速度以及卸料方式不同而不同。根据物料特性以及安装、卸载的不同，常制成深斗、浅斗和鳞斗三种。

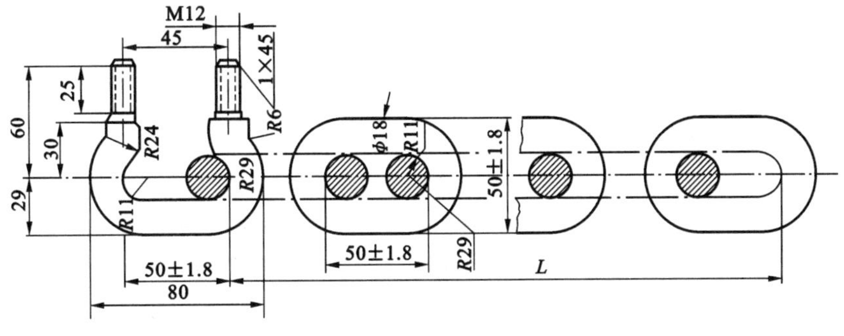

图 9.57 锻造环链结构

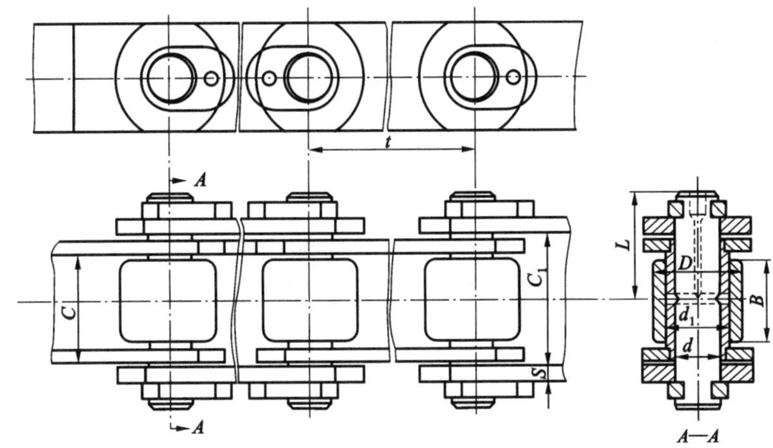

图 9.58 板链结构

① 深斗

深斗的几何形状如图 9.59 所示。由于其边唇的倾斜角度小，深度大，因此适用于输送干燥的、松散的、易于投出的物料，如水泥、干砂、碎石等。

② 浅斗

浅斗的几何形状如图 9.59 所示。由于其边唇的倾斜角度大，深度小，因此适用于输送潮湿的、容易结块的、难以卸出的物料，如湿砂、黏土等。

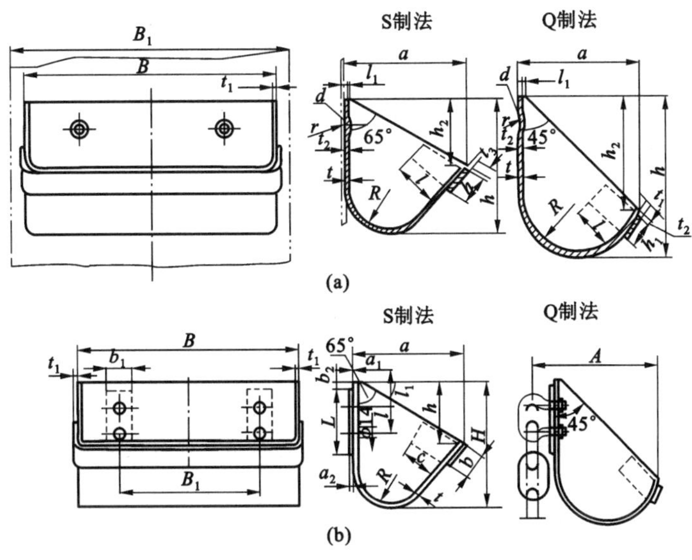

图 9.59 深斗(S 制法)和浅斗(Q 制法)的几何图形

③ 鳞式料斗

鳞式料斗也称尖斗。鳞式料斗的几何形状如图 9.60 所示(图中单位为 mm)。它具有导向的侧边在牵引构件上是连续布置的,因此卸料时物料沿着斗背溜下,这种料斗用于输送密度较大的、半磨琢性的大块物料;同时,适用于低速运行的提升机。

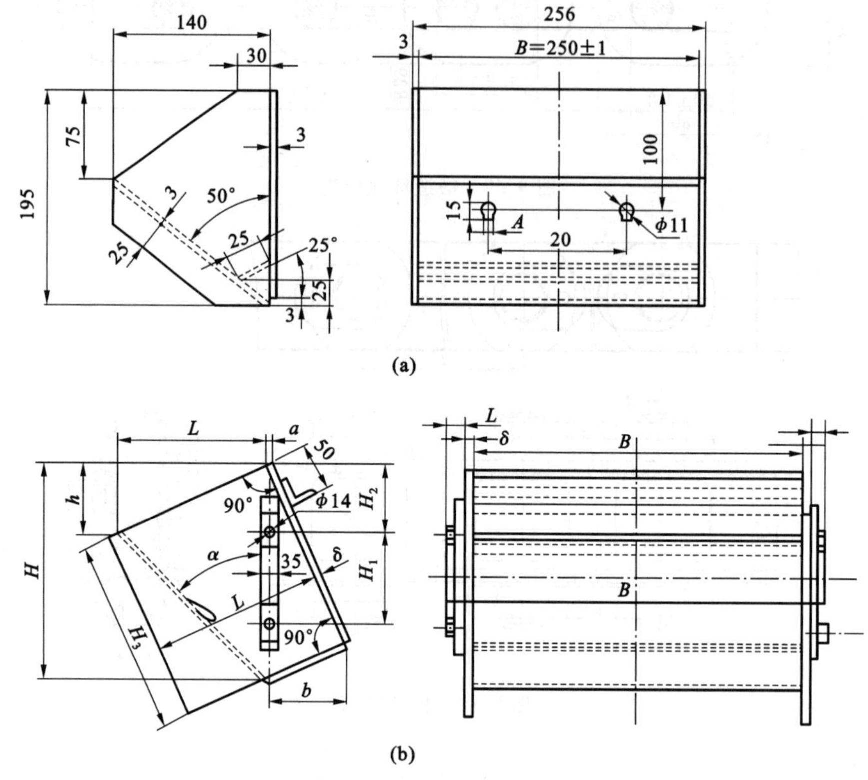

图 9.60　鳞式料斗的几何形状

(a) PL250;(b) PL350、PL450

(3)传动装置

环链斗式提升机的传动装置如图 9.56 所示,电动机通过三角皮带传动减速器,带动驱动链轮回转。驱动链轮和环形链条之间通过摩擦传动,因此链轮只有槽而无齿。

板链斗式提升机的传动装置基本与环链式相同,其区别是用一对升式齿轮传动代替皮带传动;驱动链轮与板链之间为齿轮啮合传动,因此链轮有齿。链轮的齿数通常为 6~20,取偶数。

带式提升机的传动装置与环链式基本相同,只是用鼓轮代替了环链式的槽轮。传动装置中的逆止制动器通常采用逆止联轴器。

(4)张紧装置

与输送机的张紧装置基本相同,有弹簧式、螺旋式及重锤式三种。

提升机的机壳一般由 2~4 mm 厚的钢板焊成,并以角钢为骨架制成一定高度的标准段节,选型时必须符合标准节的公称长度。同时,机壳必须密封以防止操作时粉尘泄漏。

9.4.3.3　特点及应用

(1)特点

斗式提升机的优点是结构简单、紧凑、维修方便、占地面积小;有良好的密封性,可避免灰尘飞扬;生产率大,提升高度大;工作平稳可靠,噪声低;耗用动力少(若与气力输送相比,仅为气力输送的 1/10~1/5);如果将提升机底部插入料堆,能自动取料而不需要专门的供料设备,可用于输送均匀、干燥的细颗粒散状固体物料等。缺点是对过载敏感,料斗容易损坏,维护费用高,维修不易,经常需停车检修;机壳内部空气含尘浓度高;不能在水平方向输送物料等。

目前，我国生产的斗式提升机，最大提升高度为 80 m；环链式一般使用的高度在40 m以下，生产率在 1000 t/h 以下，动力消耗在 0.0039～0.006 kW · h/(t · m)范围内。在国外，一些用在矿井中的大型提升机采用抗拉强度极高的钢绳芯橡胶带作牵引构件，并以专门的设备进行定量供料，使最大产量达到 2000 t/h，最大提升高度达 350 m。

(2)应用

斗式提升机主要用来输送疏松的或散状的物料，物料的块度大小要符合料斗的装料要求。斗式提升机一般用于将各种类型的水平输送机或加料机送来的散状物料提升到料仓、储斗或加料斗。我国采用的斗式提升机主要有三种，即带式、环链式和板链式。其规格和性能如表 9.15所示。

表 9.15 斗式提升机的规格和性能

型号	料斗制法	输出能力/(m^3/h)	料斗				传动齿轮速度/(r/min)	运行部分质量/(kg/m)	输送物料最大粒度/mm
			容积/L	斗距/mm	斗宽/mm	斗速/(m/s)			
HL300	S Q	28 16	5.2 4.4	500	300	1.25	37.5	24.8 24.0	40
HL400	S Q	47.2 30	10.5 10	600	400	1.25	37.5	29.2 28.3	50
D160	S Q	8.0 3.1	1.1 0.65	300	160	1.0	47.5	4.72 3.8	25
D250	S Q	21.6 11.8	3.2 2.6	400	250	1.25	47.5	10.2 9.4	35
D350	S Q	42 25	7.8 7.0	500	350	1.25	47.5	13.9 12.1	45
D450	S Q	69.5 48	15 14.5	640	450	1.25	37.5	21.3 31.3	55
PL250	Φ=0.75 Φ=1.0	22.3 30	3.3	200	250	0.5	18.7	36	55
PL350	Φ=0.85 Φ=1.0	50 59	1.2	250	350	0.4	15.5	64	80
PL450	Φ=0.85 Φ=1.0	85 100	22.4	320	450	0.4	11.8	92.5	110

D 型胶带斗式提升机用于输送磨琢性较小的粉状、小块状物料。选用普通胶带时温度不超过 80 ℃；使用耐热胶带的最高使用温度为 200 ℃。

HL 型环链形斗式提升机用于输送磨琢性较大的块状物料，被输送物料的温度不超过 250 ℃。

PL 型板式套滚子链斗式提升机，简称板链斗式提升机，适用于输送中等、大块、易碎、磨琢性较大的块状物料，被输送的物料的温度不超过 250 ℃。

HL 型和 PL 型斗式提升机的强度高，牵引力大，相对耐高温，因而常用于大流量垂直输运物料。因其本身质量较大，故能耗较高。D 型斗式提升机因其质量比前二者轻得多，因而输运量相同时，其电耗低得多。目前，该种提升机在常温物料垂直输运中得到了越来越广泛的应用。

根据斗式提升机新系列标准，上述三种斗式提升机相应的型号确定为 TD、TH 和 TB 型三类，这些代号均为汉语拼音的第一个字母，T 提升机，D 为带式，H 为环链，B 为板链。三类提升机的主要技术参数如表 9.16 至表 9.18 所示。

由表 9.16 至表 9.18 与表 9.15 比较可知：新型的带式、斗式提升机与过去相比料斗的形式更多，由过去的只有深斗和浅斗两种改为四种；料斗的宽度即规格也由最大为 450 mm 增大到 1000 mm，其输送量为 69～5600 m^3/h。环链式和板链式的规格和输送量也同样有了相当大的改进。

表 9.16　TD 型(代替 D 型)斗式提升机的规格及主要性能表

型号	料斗形式	输送量/(m^3/h)		物料最大粒度/mm	料斗			输送带		料斗运行速度/(m/s)		传动滚筒			从动滚筒直径/mm
		离心卸料	重力卸料		宽度/mm	容积/L	斗距/mm	宽度/mm	层数小于	离心卸料	重力卸料	直径/mm	转速/(r/min) 离心卸料	转速/(r/min) 重力卸料	
TD100	浅斗	4.0		20	100	0.16	200	150	3	1.4		400	67		315
	圆弧斗	7.5				0.3	200								
	中深斗	7.0				0.4	280								
	深斗	9.0				0.5	280								
TD160	浅斗	9.0		30	160	0.5	280	200	3	1.4		400	67		315
	圆弧斗	16				0.9	280								
	中深斗	14				1.0	355								
	深斗	22				1.5	355								
TD250	浅斗	22		40	250	1.3	355	300	4	1.6		500	61		400
	圆弧斗	35				2.2	355								
	中深斗	30				2.4	450								
	深斗	48				3.8	450								
TD315	浅斗	28	22	45	315	2.0	400	400	4	1.6	1.2	500	61	45.8	400
	圆弧斗	52	38			3.6	400								
	中深斗	45	32			3.8	500								
	深斗	70	52			6.0	500								
TD400	浅斗	45	35	55	400	3.2	450	500	5	1.8	1.4	630	55	42.5	500
	圆弧斗	80	65			5.6	450								
	中深斗	70	55			6.0	560								
	深斗	110	85			9.5	560								
TD500	浅斗	65	48	60	500	5.0	500	600	5	1.8	1.3	630	55	40	500
	圆弧斗	115	85			9.0	500								
	中深斗	100	70			9.5	630								
	深斗	160	110			15	630								
TD630	浅斗	100	75	65	630	7.8	560	700	6	2.0	1.5	800	48	36	630
	圆弧斗	180	132			14	560								
	中深斗	150	115			15	710								
	深斗	240	180			24	710								

续表 9.16

型号	料斗形式	输送量/(m³/h)		物料最大粒度/mm	料斗			输送带		料斗运行速度/(m/s)		传动滚筒			从动滚筒直径/mm
												直径/mm	转速/(r/min)		
		离心卸料	重力卸料		宽度/mm	容积/L	斗距/mm	宽度/mm	层数小于	离心卸料	重力卸料		离心卸料	重力卸料	
TD800	浅斗	160	132	75	800	13	630	1000	3	1.4		400	67		315
	圆弧斗	280	230			23	630								
	中深斗	240	190			24	800								
	深斗	375	300			38	800								
TD1000	浅斗	250	200	85	1000	20	710	1200	10	2.5	2.0	1250	38	30.5	315
	圆弧斗	450	360			36	710								
	中深斗	380	300			38	900								
	深斗	600	480			60	900								

表 9.17 TH 型(代替 HL 型)斗式提升机的规格、性能及主要技术参数

提升机型号	TH315		TH400		TH500		TH630		TH800		TH1000	
料斗形式	中深斗	深斗	中深斗	深斗	中深斗	深斗	中深斗	深斗	中深斗	深斗	中深斗	深斗
输送量/(m³/h)	45	70	70	110	80	125	125	200	150	240	240	360
输送物料最大粒度/mm	45	45	55	55	60	60	65	65	75	75	85	85
料斗宽度/mm	315	315	400	400	500	500	630	630	800	800	1000	1000
料斗容积/L	3.6	3.8	6	9.5	9.5	15	15	24	24	38	38	60
料斗间距/mm	432	432	432	432	600	600	660	660	936	936	936	936
链条圆钢直径×节距/(mm×mm)	18×378		18×378		22×594		22×594		26×858		26×858	
链条破坏力(×9.8 N)	25000		25000		38000		38000		56000		56000	
料斗运行速度/(m/s)	1.4		1.4		1.5		1.5		1.6		1.6	
传动链轮节圆直径/mm	630		630		800		800		1000		1000	
从动链轮节圆转速/(r/min)	42.5		42.5		35.8		35.8		30.5		30.5	
从动链轮节圆直径/mm	500		500		630		630		800		800	

斗式提升机规格用料斗的宽度表示，其规格形式代号可表示为：

代号—料斗宽×提升高度—驱动装置安装形式

其小料斗宽用毫米表示，提升高度也用毫米表示，实际应用中也常用米表示。传动方式分左装和右装，其规定如下。

表 9.18 TB 型(代替 PL 型)斗式提升机的规格、性能及主要技术参数

提升机型号	TB250	TB315	TB400	TB500	TB630	TB800	TB1000
料斗形式	角斗	梯形斗	梯形斗	梯形斗	梯形斗	梯形斗	梯形斗
输送量/(m^3/h)	15～25	30～45	50～75	85～120	135～190	215～305	345～490
输送物料正常粒度/mm	50	50	70	90	110	130	150
输送物料最大粒度/mm	90	90	110	130	150	200	250
料斗宽度/mm	250	315	400	500	630	800	1000
料斗容积/L	3	6	12	25	50	100	200
料斗间距/mm	200	200	250	320	400	500	630
链条节距/mm	100	100	125	160	200	250	315
链条破坏力(×9.8 N)	36000	36000	57600	57600	115200	115200	115200
料斗运行速度/(m/s)	0.5	0.5	0.5	0.5	0.5	0.5	0.5
传动链轮节圆直径/mm	500	386.4	483	618.24	772.8	966.6	1217.16
传动链轮齿数	无齿	12	12	12	12	12	12
从动链轮节圆直径/mm	500	386.4	483	618.24	772.8	966.6	1217.16
从动链轮齿数	无齿	12	12	12	12	12	12
传动链轮转速/(r/min)	19.11	24.91	19.78	15.45	13.36	9.89	7.85

左装——正面对着进料口,驱动装置装于左边;右装——正面对着进料口,驱动装置装于右边。

如料斗宽为 630 mm 且提升高度为 19436 mm 左安装的传动装置,重力式卸料的环链斗式提升机可表示为“TZH—630×19436—左”。

9.4.3.4 装料和卸料方式

(1)装料方式

斗式提升机的装料方式分掏取式和流入式两种。

① 掏取式

掏取式如图 9.61(a)所示。由料斗在物料中掏取装料。这种装料方式主要用于输送粉状、粒状和小块状无磨琢性的物料。当掏取这些物料时,不会产生很大的阻力。掏取式装料时料斗的运行速度可为 0.8～2.0 m/s。

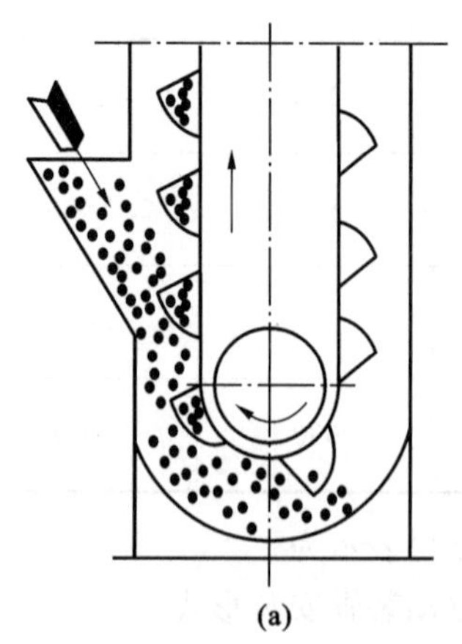

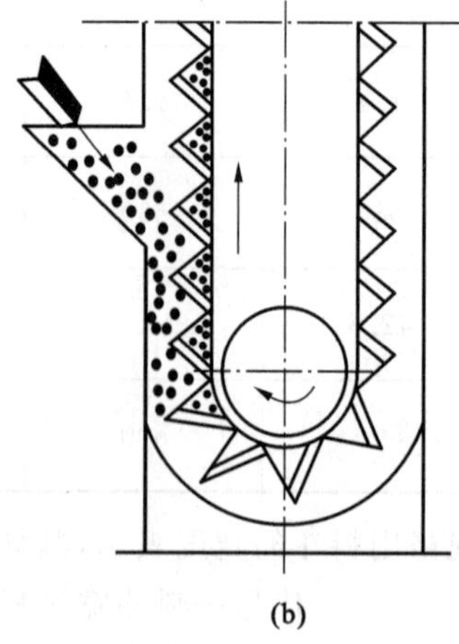

图 9.61 装料方式

(a)掏取式;(b)流入式

② 流入式

流入式如图 9.61(b)所示，物料直接流入料斗内。这种装料方式主要用于输送大块和磨琢性大的物料。为了防止在装料时撒落，料斗是密接布置的，而且料斗的运行速度不超过1 m/s。

实际应用中往往是两种方法兼备，仅以一种方法为主而已。

(2)卸料方式

卸料方式分为三种：离心式[图 9.62(a)]、混合式[图 9.62(b)]和重力式[图 9.62(c)]。

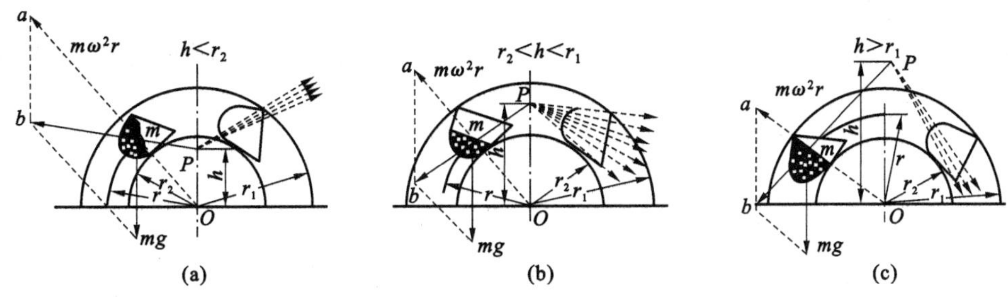

图 9.62　卸料方式

(a)离心式；(b)混合式；(c)重力式

当物料在直线段等速上升时，只受到重力的作用。当料斗绕驱动轮一起旋转时，料斗内物料除了受到重力 G 作用外，还受到惯性离心力 F_c 的作用。

重力和惯性离心的合力 N 的大小和方向随料斗的位置而改变，但其作用线与驱动轮中心垂直线始终交于一点 P，P 点称为极点。极点到回转中心的距离 $OP=h$ 称为极距。

根据极点位置的不同，可得到不同的卸料方式：设驱动轮半径为 r_2，料斗外缘半径为 r_1。当 $h<r_2$ 时，极点 P 位于驱动轮的圆周内，惯性离心力大于重力，料斗内的物料沿着斗的外壁曲线抛出，这种卸料方式称为离心式卸料。常采用胶带作为牵引构件，料斗运行速度一般为 1～5 m/s，适用于干燥和流动性好的粉体。为了使各个料斗抛出的物料不致互相干扰，各个料斗应保持一定的距离。

当 $h>r_1$ 时，极点 P 位于驱动轮的圆周外，重力大于惯性离心力，料斗内的物料沿着斗的内壁曲线抛出，这种卸料方式称为重力式卸料。常采用板链作为牵引构件，料斗运行速度一般为 0.4～0.8 m/s，输送比较沉重、磨蚀性大及脆性的物料。

当极点位于两圆周之间时，料斗内的物料同时按重力式和离心式的混合方式进行卸料，也即从料斗的整个料斗面倾斜出来。这种卸料方式称为混合式卸料。常采用链条作为牵引构件，适用于中速下输送潮湿的、流动性较差的物料。

9.4.3.5　选型计算

(1)斗式提升机的体积输送能力可根据下式计算

$$V = 3600\frac{V_b}{a}v\phi \tag{9.55}$$

式中　V——斗式提升机体积输送能力，m^3/h；

ϕ——料斗的填充系数；

V_b——单个料斗的容积，m^3；

v——胶带或链轮的速度，m/s；

a——料斗的间距，m。

以质量表示的斗式提升机输送能力为

$$Q = \rho_b V \tag{9.56}$$

式中　ρ_b——物料的松装密度，t/m^3。

(2)斗式提升机所需的功率

离心式卸料的斗式提升机所需的电动机功率

$$N_0 = QH/185 \tag{9.57}$$

重力式卸料的斗式提升机所需的电动机功率

$$N_0 = QH/207 \tag{9.58}$$

式中 N_0——电动机轴功率，kW；

Q——斗式提升机的输送能力，t/h；

H——物料提升高度，m。

(3)其他部件的选择

斗式提升机的选型除了考虑生产能力和输送功率之外，一般是选择提升机的形式、型号规格、料斗形式。其选型步骤一般为：

① 根据物料的湿度、黏度选择斗型。

② 根据物料的粒度、输送量确定提升机型号。

③ 根据工艺过程要求的物料提升高度，确定提升机输送高度。

④ 按提升机的输送高度查有关手册或产品样本的成套表，查出适当的高度。

⑤ 根据提升机的输送量、提升机轴距以及计算功率，最后确定实际功率和相配电机。

9.4.4 其他机械化式输送机

链板输送机也是一种应用较广泛的粉体连续输送设备。这类输送设备的主要特点是以链条作为牵引构件，另以板片作为承载构件，板片安装在链条上，借助链条的牵引，达到输送物料的目的。

根据输送物料的种类和承载构件的不同，链板输送机主要有板式输送机、刮板输送机和埋刮板输送机三种。

9.4.4.1 板式输送机

板式输送机的构造如图 9.63 所示，它用两条平行的闭合链条牵引构件，链条连接有横向的板片 2 或槽形板 3，板片组成鳞片状的连续输送带，以便装载物料。牵引链紧套驱动链轮 4 和改向链轮 5 上，用电动机经减速器、驱动链轮带动。在另一端链条绕过改向链轮，改向链轮装有拉紧装置，因为链轮传动速度不均匀，坠重式的拉紧装置容易引起摆动，所以，拉紧装置都采用螺旋式。重型板式输送机，牵引链大多数采用板片关节链(图 9.63)。在关节销轴上装有滚轮 6，输送的物料以及输送的运动构件等的质量都由滚轮支承，沿着机架 7 上的导向轨道滚动运行。板式输送机有以下几种类型：板片上装有随同板片一起运行的活动栏板 8 的输送机[图 9.63(d)]，在机架上装有固定栏板的输送机[图 9.63(a)]，无栏板的输送机[图9.63(b)]，前两种多用来输送散状物料。板片的形状有平板片[图 9.63(b)]、槽形板片[图 9.63(a)]和波浪形板片[图 9.63(e)]。为了提高输送机的生产能力，特别是在较大倾角时，波浪形板片具有明显的优越性。

输送散粒状物料时，板式输送机的输送能力为

$$Q = 3600Fv\Phi\rho_s \tag{9.59}$$

式中 F——承载板上物料的横截面面积，m^2；

v——板的速度，m/s；

Φ——填充系数；

ρ_s——物料的堆积密度，t/m^3。

对于有栏板的输送机，承载板上物料的横截面面积等于承载板料槽的横截面面积。考虑到物料有填充不够之处，在计算中引入填充系数修正，在计算承载板的宽度时，不仅考虑输送能力，同时还要考虑到料块的大小，料块的尺寸不应大于板宽的 1/3。栏板的高度一般取 120～180 mm。

板式输送机的特点：输送能力大，能水平输送物料，也能倾斜输送物料，一般允许最大输送倾角为 25°～30°，如果采用波浪形板片，倾角可达 35°或更大；由于它的牵引件和承载件强度高，输送距离可以较长，最大输送距离为 70 m；特别适合输送沉重、大块、易磨和炽热的物料，一般物料温度应小于 200

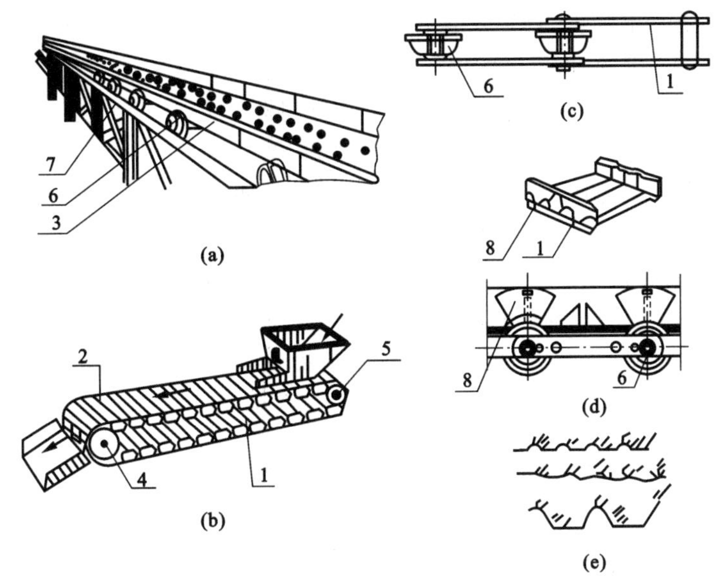

图 9.63　板式输送机

1—牵引件；2—平板；3—槽形板；4—驱动链轮；5—改向链轮；6—滚轮；7—机架；8—栏板

℃；但其结构笨重，制造复杂，成本高，维护工作繁重，所以一般只在输送炽热、沉重的物料时才选用。

9.4.4.2　刮板输送机

刮板输送机是借助链条牵引刮板在料槽内运动，来达到输送物料的目的。如图 9.64 所示，刮板输送机由一系列相等间距的翼板或刮板组成。翼板或刮板紧固在一根或两根链条上，链条通过头部链轮拖动，物料在料槽之间被推进或拖曳输送。刮板的安置要垂直于槽体。由于物料是靠刮板在槽体中推进而移动，因此这种类型输送机不宜输送有磨损性的物料。被输送的物料可以在沿槽体中任一地点经闸卸料或在槽体的头部卸料。

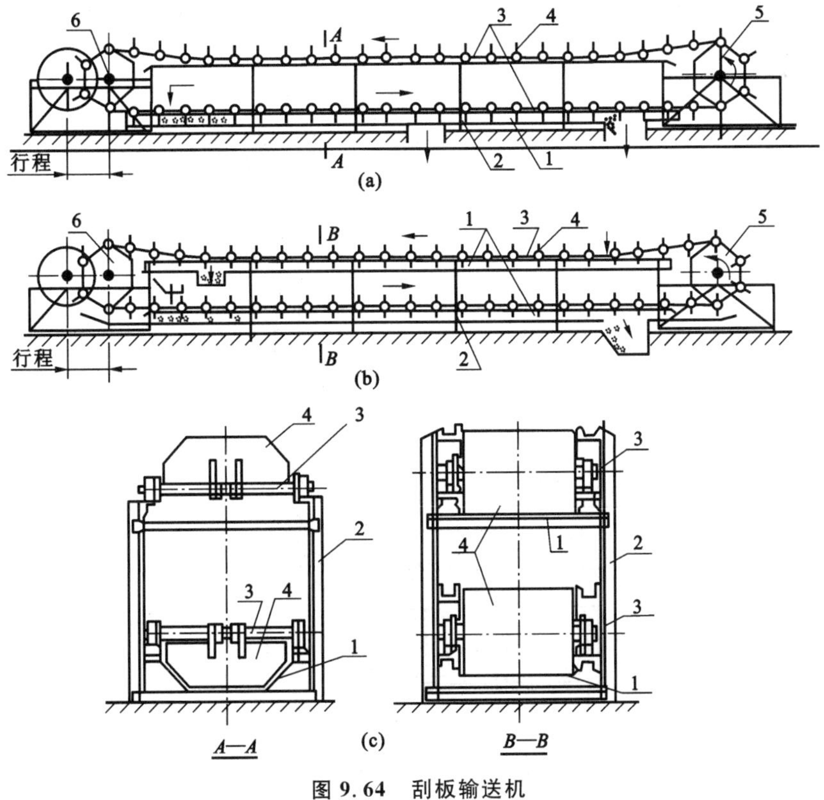

图 9.64　刮板输送机

1—料槽；2—机座；3—牵引链条；4—刮板；5、6—改向链轮链条带上的刮板要高出物料，物料不连续地堆积在刮板的前面，物料的截面呈梯形（图 9.65）。由于物料在料槽内是不连续的，所以又称为间歇式刮板输送机。这种输送机利用相隔一定间距固装在牵引链条上的刮板，沿着料槽刮运物料。闭合的链条刮板分上、下两分支，可在上分支或下分支输送物料[图 9.64(a)]，也可在上、下两分支同时输送物料[图 9.64(b)]，牵引链条最常用的是圆环链，可以采用一根链条与刮板中部连接，也可用两根链条与刮板两端相连。刮板的形状有梯形和矩形等，料槽断面与刮板相适应。物料由上面或侧面装载，由末端自由卸载；也可以通过槽底部的孔口进行中途卸载，卸载工作能同时在几处进行。这种输送机适合在水平或小倾角方向输送散粒状物料，如碎石、煤和水泥熟料等，不适宜输送易碎的、有黏性的或会挤压成块的物料。该输送机的优点是结构简单，可在任意位置装载和卸载；缺点是料槽和刮板磨损快，功率消耗大。因此输送长度不宜超过 60 m，输送能力不大于200 t/h，输送速度一般为 0.25～75 m/s。

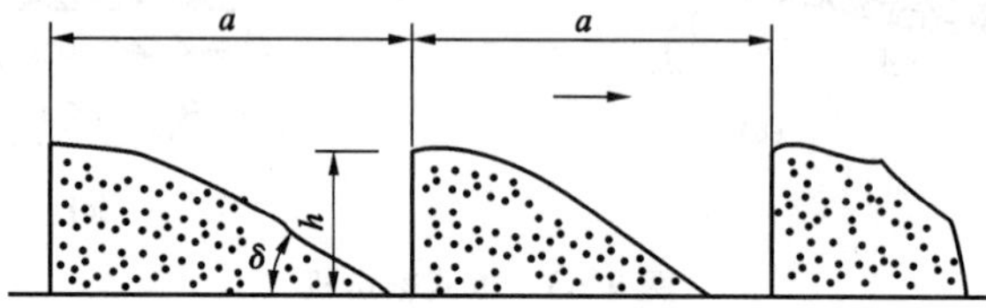

图 9.65　刮板前的物料堆积形状

9.4.4.3　埋刮板输送机

埋刮板输送机是一种连续物体输送设备。由于它在水平和垂直方向都能很好地输送粉体和散粒状物料，因此近年来在工业各部门得到广泛应用。

(1)埋刮板输送机的工作原理

埋刮板输送机有两个部分的封闭料槽，一部分用于工作分支，另一部分用于回程分支，固定有刮板的无端链条分别绕在头部的驱动链轮和尾部的张紧链轮上，如图 9.66 所示。物料在输送时并不由各个刮板一份一份地带动，而是以充满料槽整个工作断面或大部分断面的连续流的形式运动。这种连续牵引物料的过程如下：

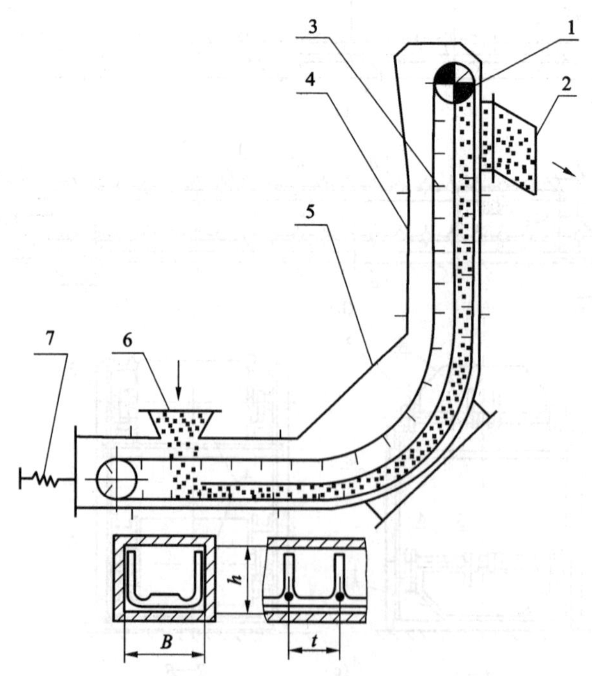

图 9.66　埋刮板输送机

1—头部；2—卸料口；3—刮板链条；4—中间机壳；5—弯道；6—加料口；7—尾部拉紧装置

水平输送时，埋刮板输送机槽道中的物料受到刮板在运动方向的压力及物料本身重力的作用，在散体内部产生了摩擦力，这种内摩擦力保证了散体层之间的稳定状态，并大于物料在槽道中滑动而产生的外摩擦阻力，使物料形成了连续整体的料流而被输送。

在垂直输送时，埋刮板输送机槽道中的物料受到刮板在运动方向的压力时，在散体中产生横向的侧压力，形成了物料的内摩擦力。同时由于刮板在水平段不断给料，下部物料相继对上部物料产生推力。这种内摩擦力和推移力的作用大于物料在槽道中的滑动而产生的外摩擦力和物料本身的重力，使物料形成了连续整体的料流而被提升。

由于在输送物料过程中刮板始终被埋于物料之中，故称为埋刮板输送机。

(2)埋刮板输送机的应用

埋刮板输送机主要用于输送粉状的、小块状的、片状和粒状的物料。对于块状物料一般要求最大粒度不大于 3.1 mm；对于硬质物料要求最大粒度不大于 1.5 mm。埋刮板输送机由于全封闭故其适应性比较广泛，还能输送有毒或有爆炸性的物料、除尘器收集的滤灰等。不适用于输送磨琢性大、硬度大的块状物料；也不适用于输送黏性大的物料。对于流动性特强的物料，由于物料的内摩擦系数小，难以形成足够的内摩擦力来克服外部阻力和自重，因而输送困难。

埋刮板输送机的主要特点：全封闭式的机壳，被输送的物料在机壳内移动，扬尘少，亦可不受环境污染；机壳可制成气密式，用以防止粉尘逸出或者采用惰性气体来保护被输送的物料；同一设备可在中部位置设置多个进料口与出料口，装置可设计成自身进料，不必另设加料装置，布置灵活；设备结构简单，运行平稳，电耗低；水平运输长度可达 80～100 m，垂直提升高度为 20～30 m。

埋刮板输送机主要有三种(图 9.67)：MS 型为水平输送，最大倾角可达 30°；MC 型为垂直输送，但进料端仍为水平段；MZ 型为“水平-垂直-水平”的混合型，形似 Z 字所以有 Z 型埋刮板输送机之称。

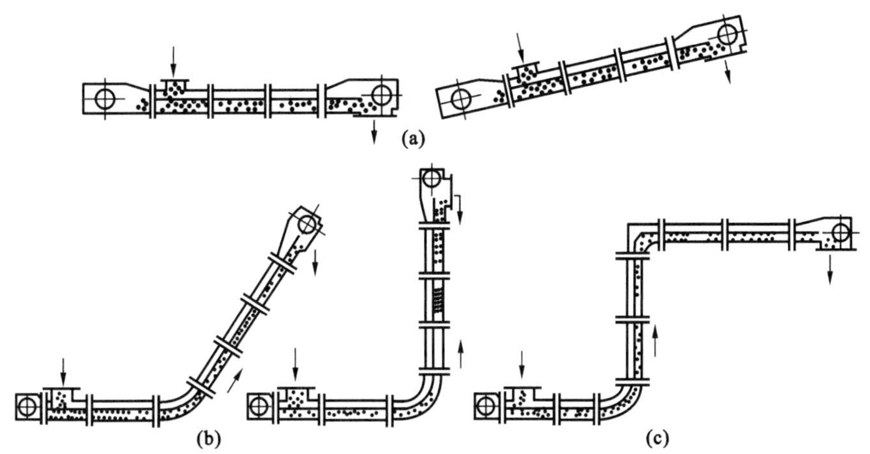

图 9.67 埋刮板输送机的类型

(a) MS 型；(b) MC 型；(c) MZ 型

选用时，首先对物料有一定的要求：物料密度 $\gamma=0.2\sim1.8\ t/m^3$，其中 Z 型要求不超过$1.0\ t/m^3$；物料温度低于 100 ℃；物料粒度一般要小于 3.0 mm；其他物性如含水率要低，在输送过程中物料不会黏结，不会压实变形；硬度和磨琢性不宜过大。

刮板链条的结构类型见表 9.19，在选用时，应根据物料的性能如粒度、流动性等合理选用。一般的粉状物料少的可用 T 形和 U 形；流动性比较好的可用 O 形或 V 形；流动性好的粉状物料可用 O 形或耐磨、耐热的树脂板型。

表 9.19 刮板链条的结构类型

	横锻链 DL	滚子链 GL	双板链 BL
链条形式	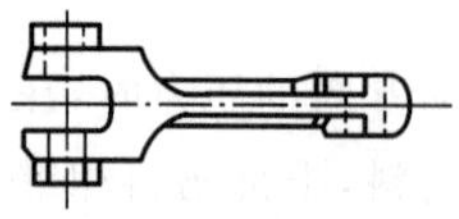	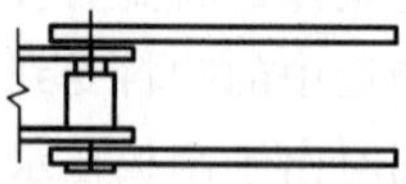	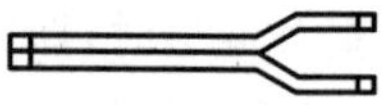
刮板结构形式	T 形	U_1 形	板形
		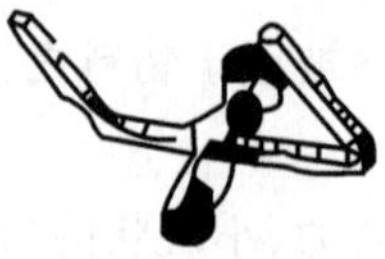	
	V_1 形	C 形	O_4 形
			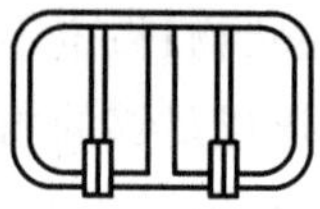
刮板内外向	外向	内向	
	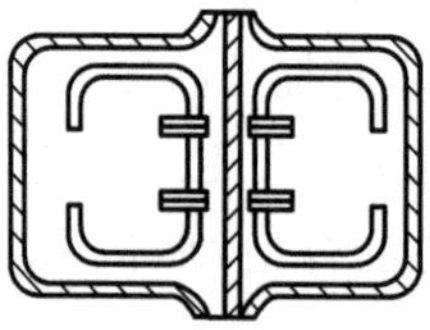	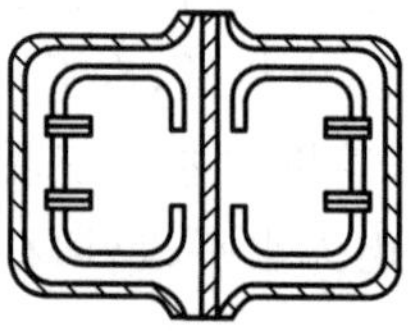	

9.4.4.4 FU 型链式输送机

FU 型链式输送机是一种用于水平(或倾斜角小于或等于 15°)输送粉状、粒状物料的机械,是吸收国外先进技术设计制造的。FU 型链式输送机的内部结构如图 9.68 所示。在密封的机壳内装有一条配有附件装置的链条,该链条在传动装置的带动下在机壳内运动,加入到壳内的物料在链条的带动下,靠物料的内摩擦力与链条一起运动,从而实现输送物料的目的。本产品设计合理,结构新颖,使用寿命长,运转可靠性高,节能高效,密封性好、安全且维修方便。其使用性能明显优于螺旋输送机、埋刮板输送机和其他输送设备,是一种较为理想的新型输送设备,广泛应用于建材、建筑、化工、火电、粮食加工、矿山、机械、制炼、交通、港口和运输等行业。

FU 型链式输送机的主要特点如下:

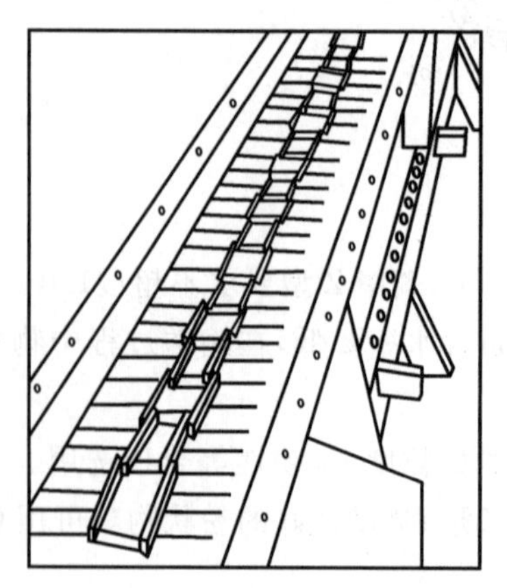

图 9.68 FU 型链式输送机的内部结构图

(1) 结构合理、设计新颖、技术先进。

(2) 全封闭机壳,密封性能好,操作安全,运行可靠。

(3) 本机输送链采用合金钢材经先进的热处理手段加工而成,使用寿命长,维修率极低。

(4) 输送能力大,输送能力可达 6500 m^3/h。

(5) 输送能耗低,借助物料的内摩擦力,变推动物料的推力为拉力,节电耐用。

(6) 进出口灵活,高架、地面、地坑、水平、爬坡(倾角小于或等于 15°)均可安装,输送长度可根据用户设计。

表 9.20 是目前已有产品的 FU 型链式输送机的规格、性能表。由于该输送机是靠物料内摩擦力输送物料,而物料的内摩擦力与物料的种类和物理性质有密切的关系,因此在

选型时要特别注意被输送物料的性质,如物料的流动性、温度、湿度、粒度组成等。

表 9.20 FU 型链式输送机的规格、性能表

规格	槽宽/mm	理想粒度/mm	10%最大粒度/mm	最大输送斜度	理想输送量/(m^3/h) 链条速度/(m/min)				
					11	14	17	22	27
FU150	150	<4	<8	≤15°	10		16	20	
FU200	200	<5	<10	≤15°	18		28	38	
FU270	270	<7	<15	≤15°	33	41	50	68	28
FU350	350	<9	<18	≤15°		64	80	100	125
FU410	410	<11	<21	≤15°		90	110	138	175
FU500	500	<13	<25	≤15°			170	210	270
FU600	600	<15	<30	≤15°		184	224	276	340
FU700	700	<18	<32	≤15°		250	305	376	460

表 9.20 中所列的理想输送量是以输送水泥等为输送物料而标定的,在输送其他物料时,其实际输送量可以参照比此表中推荐值小 0～20%。如果要求精确知道其输送量,可向生产厂家提供被输送物料的种类及相关物理性质,由生产厂家做出标定。由于不同的被输送物料具有不同的物理性质,其链条的输送线速度也不同,表 9.21 是根据物料的磨琢性而推荐的链条线速度(下文简称链速)。

表 9.21 输送不同磨琢性物料时的链速推荐

物料磨琢性		特大	大	中	小
链速/(m/min)	推荐	10	15	20	30
	最大	15	20	30	40

表 9.22 是水泥行业应用该输送机时,根据被输送物料的温度而推荐的链速。该输送设备对物料的水分含量也有一定要求。在选用时,可采用下列办法测定物料湿度是否适合该输送机,一般可用手将物料抓捏成团,撒手后物料仍能松散,即表明可以采用该输送机。当被输送物料的湿度超过一定值时,是否可以采用该输送机应与生产厂家技术部门取得咨询。当用于其他行业输送磨琢性小且温度低于 60 ℃的物料时,链速还可以加快,最快可达40 m/min。

表 9.22 输送水泥生、熟原料和成品粉料时的链速推荐值

物料	生料细粉、水泥成品	熟料细粉或水泥成品	生料或熟料粗粉回料	
料温/℃	<60	60～120	<60	60～120
最适链速/(m/min)	15～20	10～13.5	10～12	10
最大链速/(m/min)	25	15	13.5	12

思 考 题

9.1 简述粉体储存的目的与分类。

9.2 简述粉体储存设备按照用途性质和容量大小不同,可分成哪些。

9.3 简述什么是料仓重力流动性。料仓内粉料卸出的流动形式有哪些?

9.4 简述粉体偏析的机理。如何防止粉体偏析?

9.5 粉体静态拱包括哪些?如何防止?

9.6 气力输送装置与机械输送装置各有哪些特点?

9.7 简述颗粒的流体输送的分类和特点。

9.8 简述气力输送粉状物料系统的形式和特点。

9.9 简述吸引式气力输送系统的设计计算步骤。

9.10 气力输送系统的主要组成部分包括哪些？

9.11 简述空气输送槽的构造及工作原理。

9.12 简述螺旋式气力输送泵的结构及工作原理。

9.13 简述仓式气力输送泵的构造及工作原理。

9.14 简述气力提升泵的特点。

9.15 粉体输送设备有哪几种？各用在什么场合？

9.16 胶带输送机构造的部件有哪些？各部件的作用是什么？

9.17 胶带输送机的拉紧装置有几种形式？

9.18 斗式提升机由哪几部分组成？料斗结构有哪几种？

9.19 斗式提升机有哪几种装料、卸料方式？各有何特点？

9.20 螺旋输送机螺旋叶片的形式有哪几种？各有何特点？

9.21 简述链板输送机的类型、工作过程及特点。

参考文献

[1] 陶珍东，郑少华．粉体工程与设备[M]．北京：化学工业出版社，2003.

[2] 张长森．粉体技术及设备[M]．上海：华东理工大学出版社，2007.

[3] 蒋阳，程继贵．粉体工程[M]．合肥：合肥工业大学出版社，2005.

[4] 潘孝良．硅酸盐工业机械过程及设备(上册)[M]．武汉：武汉工业大学出版社，1993.

[5] 丁志华．玻璃机械[M]．武汉：武汉工业大学出版社，1994.

[6] 张柏清，林云万．陶瓷工业机械与设备[M]．北京：中国轻工业出版社，1999.

[7] 张少明，翟旭东，刘亚云．粉体工程[M]．北京：中国建材工业出版社，1994.

[8] 盖国胜．超细粉碎分级技术：理论研究·工艺设计·生产应用[M]．北京：中国轻工业出版社，2000.

[9] 卢寿慈．粉体加工技术[M]．北京：中国轻工业出版社，1999.

[10] 陆厚根．粉体工程导论[M]．上海：同济大学出版社，1993.

10 粉体安全工程

本章提要

在工业生产和日常生活中，人们不可避免地接触到颗粒在气体中的悬浮体系，即粉尘，这些粉尘涉及对人体和环境的危害的安全问题。粉体工程中有些加工生产单元过程也会面临类似的问题，这也是粉体工程中需要重视和研究的问题。本章主要从人体和环境安全的角度阐述粉尘的危害、粉尘爆炸及防护。首先介绍了粉尘的来源、分类及性质，在此基础上，重点讨论粉尘对人体呼吸系统的危害及由此引发的有关疾病，并根据物理化学、生物解剖学及粉尘空气动力学原理讨论了多种工业粉尘的危害机理，接着介绍了粉尘的防护措施和方法。本章还讨论了粉尘爆炸的特点、粉尘爆炸的机理及粉尘爆炸的条件及影响因素，以及粉尘爆炸的防护措施。

10.1 粉尘安全概述

10.1.1 粉尘的概念

粉尘指的是由自然力或机械力产生的能较长时间悬浮于空气中的固体小颗粒物的总称。除尘技术中，一般将粒径为 1～200 μm 或者更大的固体悬浮物均视为粉尘；在国际上，粉尘通常是指粒径小于 75 μm 的固体悬浮物。粉尘主要产生于由爆破、破碎、研磨、筛分、运输在内的机械过程，以及由火山喷发、地震、沙尘暴、大风扬尘在内的自然过程 。粉尘是大气污染物的一种，大气污染物除了粉尘还有烟尘、燃气、尾气、气溶胶等其他物质。含尘气体，也称为气溶胶，是指含有固体微粒或粉尘的气体。使粉尘或雾滴从静止状态变为悬浮于空气中的现象，称为尘化作用。评价空气质量的一个重要指标是总悬浮颗粒物(total suspended particles ，简称 TSP)。总悬浮颗粒物是指悬浮于空气中的空气动力学当量直径不大于 100 μm 的颗粒物的总和。由于粉尘颗粒的组成不同、密度各异、大小不一，为了能对粉尘在空气中的停留状况进行比较，统一采用空气动力学当量直径表示颗粒大小。空气动力学当量直径定义为在空气中与相对密度为 1 的球形颗粒的沉降速度相同的等效颗粒直径，可以采用如下公式进行换算：

$$\text{空气动力学当量直径} = \text{颗粒投影直径} \times \sqrt{\text{颗粒密度}}$$

空气环境中常提及的 PM10 和 PM2.5，分别是指空气动力学当量直径不大于 10 μm 和 2.5 μm 的颗粒物。

10.1.2 粉尘的来源

产生并向空气中排放粉尘的地点或设备，称为尘源。按照尘源产生和排放特点，尘源可分为点源、面源、线源,移动源、固定源,连续源、间断源、瞬时源等。按照人为与非人为特性,粉尘的来源可分为两大类:一类是自然过程,如沙尘暴、自然风化、火山爆发、森林火灾、地震、龙卷风等,这类活动具有不可控性、偶然性、局部性,其影响可由自然环境自净逐步消除;另一类是人类生产与生活,这类活动具有连续性、重复性、严重性、可控性。

人类活动引起的粉尘主要来自三个方面:(1)工业生产污染源,如火力发电、冶金、化工、采矿作业、材料及设备加工、工业窑炉等工业生产部门的生产及燃料燃烧过程,这些过程均向大气中排放大量粉尘及有害成分,工业生产污染源是造成粉尘污染最主要的来源,必须采取有效措施加以控制;(2)交通运输污染源,如汽车、火车、轮船、飞机等交通运输工具排放的尾气及它们行驶时导致的二次扬尘产生的粉尘污染物,是粉尘污染的重要来源之一;(3)生活污染源,如生活炉灶、采暖锅炉等向大气中排放的烟尘。污染源分布广、污染物总量大,对局部环境有很大影响,不容小视,空气污染物总量中10%～15%是以粉尘颗粒物形式存在的。其中机动车辆产生的占3%,工业生产中产生的占53%。由发电站产生的占13%、工业锅炉产生的占20%、垃圾处理产生的占9%。

据统计,农业粉尘约占粉尘总量的10%,大量的粉尘来源于工业生产和交通运输,尤其是建材、冶金、化学工业、工业与民用锅炉等产生的粉尘最为严重。

下列活动和过程产生大量粉尘:

(1)物料的破碎、粉磨;

(2)粉状物料的混合、筛分、运输和包装;

(3)燃料的燃烧;

(4)汽车废气的排放;

(5)金属颗粒的凝结、氧化。

此外,风和人类的地面活动会产生土壤尘,其粒径一般大于1 μm,容易沉降但又不断随风飘起。

全世界每年因发生火灾燃烧的森林约有6.67×10^5 m^2,燃烧100 kg干柴排入大气中的粉尘约为2 kg,仅对这一项估算,就有5亿吨粉尘进入大气中,再加上矿物与煤炭开采、棉麻加工、交通运输等活动,全世界每年排入大气的粉尘有数亿吨之多。令人担忧的是,随着社会的发展,排入大气中的粉尘日益增多,这严重污染大气,并对人类健康产生危害。不过,粉尘是可控的,可以通过采取一定的技术措施对粉尘加以控制,减小影响。

10.1.3 粉尘的分类

依照粉尘的不同特征,可按下列方法进行粉尘的分类。

(1)按粉尘的形状分类

① 粉尘——能较长时间悬浮于空气中的固体小颗粒物的总称,粒径为1～200 μm。但是,空气动力学当量直径大于100 μm的颗粒在空气中会快速沉降。按粉尘在大气中滞留时间的长短,可分为飘尘和降尘。粒径小于10 μm的粉尘称为飘尘,又称可吸入颗粒物,它们因其粒小体轻,故而能在大气中长期漂浮,漂浮范围可达几十千米;粒径大于10 μm的粉尘称为降尘,在空气中沉降较快,不易吸入呼吸道。

② 烟尘——燃烧过程中固态物质挥发或金属熔炼过程中气态物质凝结而生成的细小颗粒,粒径范围为0.01～1 μm。因为颗粒大小接近空气分子,受到空气分子碰撞冲击,在大气中做布朗运动,具有很强的扩散能力。

③ 烟雾——在高温下经物理或化学反应由蒸气凝结而在大气中形成的微粒,它是烟的一种类型,粒径为0.1～10 μm。

(2)按粉尘的理化性质分类

① 无机粉尘——矿物性粉尘(如石英、石棉、滑石粉等)、金属粉尘(如铁、锡、铝、锰、铍及其氧化物等)和人工无机粉尘(如金刚砂、水泥、耐火材料等)。

② 有机粉尘——植物性粉尘(如棉、麻、谷物、烟草等)、动物性粉尘(如毛发、角质、骨质等)和人工有机粉尘(如有机染料、人造有机纤维、炸药等)。

③ 混合性粉尘——上述粉尘的两种或多种混合存在。此种粉尘在生产中最常见，如清砂车间的粉尘含有金属和砂尘。

(3)按粉尘颗粒大小分类

① 粗尘——粒径大于 40 μm,极易沉降,除尘简单;

② 细尘——粒径为 10～40 μm,肉眼可见,在静止空气中加速沉降,除尘容易;

③ 可见粉尘——用眼睛可以分辨的粉尘,粒径大于 10 μm,包括粗尘和细尘;

④ 显微粉尘(也称为微尘)——在普通显微镜下可以分辨的粉尘,粒径为 0.25～10 μm,在静止空气中等速沉降,除尘较难;

⑤ 超显微粉尘——在超倍显微镜或电子显微镜下才可分辨的粉尘,粒径≤0.25 μm,可长时间悬浮于空气中随空气分子做布朗运动,除尘很难。

(4)根据粉尘在呼吸道的沉积部位进行分类

① 不可吸入性粉尘:通常是指空气动力学当量直径在 10 μm 以上的颗粒物,由于粒径大,颗粒物进入呼吸道的机会很小。

② 可吸入性粉尘:通常是指空气动力学当量直径在 10 μm 以下的颗粒物,又称 PM10,可进入呼吸道,进入胸腔。医学上,可吸入性粉尘具体是指可吸入而不再呼出的粉尘,包括沉积在鼻、咽、喉头、气管和支气管及呼吸道深部的所有粉尘。国家环保总局(现更名为生态环境部)1996 年颁布修订的《环境空气质量标准》(GB 3095—1996)中将飘尘改称为可吸入颗粒物,正式将 PM10 作为评价大气环境质量的指标。

③ 呼吸性粉尘:粒径小于 5 μm。空气动力学当量直径小于 5 μm 的颗粒,可以达到呼吸道深部和肺泡,进入气体交换的区域,故称之为呼吸性粉尘。医学上,呼吸性粉尘是指能够达到并沉积在呼吸性支气管和肺泡的粉尘,而不包括呼出的那一部分。空气质量评价呼吸性粉尘的重要指标是 PM2.5。

此外，按照毒性,可以把粉尘分为有毒粉尘(铅粉尘、锰粉尘等)、无毒粉尘(植物秸秆、无机非金属)和放射性粉尘(铀矿石粉尘等);按照易燃易爆性,又可将粉尘分为易燃易爆粉尘(煤粉尘、硫黄粉尘等)和非易燃易爆粉尘(石英砂、黏土粉尘等);根据粉尘的危害与化合物性质,可以把粉尘分为硅尘,硅酸盐粉尘,金属与非金属化合物粉尘,以煤、石墨、活性炭和炭黑为代表的炭尘,以动植物、皮革、羽毛和微生物为代表的有机粉尘,以及混合性无机粉尘(陶瓷粉尘、焊接烟尘、铸造粉尘)。

10.1.4 粉尘的性质及其危害

(1)粉尘的性质

粉尘的性质可以从如下几方面进行理解:

① 粉尘的化学性质——润湿性、溶解度

粉尘的化学成分直接决定粉尘对人体的有害程度。有毒的金属粉尘和非金属粉尘进入人体后,会引起中毒甚至死亡。吸入铬尘能引起鼻中隔溃疡和穿孔,使肺癌发病率增加;吸入锰尘会引起中毒性肺炎;吸入镉尘能引起肺气肿和骨质软化等。

无毒性粉尘对人体危害也很大。长期吸入一定量的粉尘,粉尘在肺内逐渐沉积,使肺部的进行性、弥漫性纤维组织增多,出现呼吸机能疾病,称为尘肺。吸入一定量的二氧化硅的粉尘,会导致肺组织硬化,出现硅肺。

粉尘溶解度大小对人体危害程度的关系，因粉尘的性质不同而各异。主要呈化学性作用的粉尘，随溶解度的增大其危害作用增强;而呈机械刺激作用的粉尘与此相反，随溶解度的增大其危害作用反而减小。难溶性粉尘一般都能引起气管炎和肺组织纤维化(尘肺)。油溶性和水溶性的粉尘,则通过湿润的上呼吸道能迅速溶解而被吸收，还可通过人体表皮的汗腺、皮脂腺、毛囊进入人体而发生中毒反应。

② 粉尘的分散度、密度

粉尘的分散度是指粉尘中不同大小颗粒的组成，以粉尘粒径大小(μm)的数量或质量分数来表示，前者称为颗粒分散度，粒径较小的颗粒数愈多，分散度愈高，反之，则分散度低；后者称为粉尘质量分散度，即粉尘粒径较小的颗粒质量分数愈大，质量分散度愈高。不同大小的粉尘颗粒在呼吸系统各部位的沉积情况各不相同，对人体的危害程度也不相同。一般地，粒径大于 100 μm 的尘粒很快在空气中沉降，对人体的健康基本无害；粒径大于 10 μm 的尘粒一般会被阻留于呼吸道之外；粒径为 5～10 μm 的尘粒大部分在通过鼻腔、气管上呼吸道时被这些器官的纤毛和分泌黏液所阻留，经咳嗽、喷嚏等保护性反射而排出；粒径小于 5 μm 的尘粒则会深入和滞留在肺泡中(部分小于 0.4 μm 的粉尘可在呼气时排出)。

粉尘密度的大小与其在空气中的稳定程度有关，尘粒大小相同，密度大者沉降速度快。反之，沉降速度慢，在空气中漂浮的时间就长。

分散度高的尘粒，由于质量较轻，可以较长时间在空气中悬浮，不易降落，这一特性称为悬浮性。如以密度为 2.62 g/cm^3 的石英粉尘为例，根据它不同的粒径，它在静止空气中的沉降速度见表 10.1。

表 10.1 不同粒径的石英粉尘在静止空气中的沉降速度

尘粒直径/μm	沉降速度/(cm/s)	尘粒直径/μm	沉降速度/(cm/s)
100	2829.6	1	0.28296
10	28.296	0.1	0.0028296

从表 10.1 可以看出粉尘的沉降速度随其粒径的减小而急剧降低，在生产环境中，直径大于 10 μm 的粉尘很快就会降落，而直径为 1 μm 左右的粉尘可以较长时间悬浮在空气中而不会沉降。

粉尘的分散度愈高，粉尘的总表面积就愈大，如 1 个 1 cm^3 的立方体其表面积为 6 cm^2，当将之粉碎成直径为 1 μm 的颗粒时，其总表面积就增加到 6 m^2，即其表面积增大 1000 倍。微细粉尘的比表面积越大，在人体内的化学活性越强，对肺的纤维化作用越明显。另外，粉尘可以吸附有毒气体，如氮氧化物、一氧化碳等，分散度愈高吸附的量也愈大，对人体的危害亦愈大。英国伦敦在 1952 年 12 月在五天连续大雾无风，工厂排出的烟尘和二氧化硫在上空积聚不散，二氧化硫以 5 μm 以下微细粉尘为载体而被吸入肺泡，结果造成两星期内死亡 4000 人的"伦敦烟雾事件"。可见，粒径小于 5 μm 的粉尘对人体健康危害最大，这部分粉尘也为"吸入性粉尘"。粒径大于 5 μm 的粉尘则影响机器的寿命。

③ 粉尘的光学性质和能见度

粉尘的光学性质包括粉尘对光的散射、反射、吸收和透光程度。大气中的粉尘对光的散射会使大气的能见度大大降低。这是一种大气污染现象，在人口和工业密集度较高的城市中，这种污染尤为严重。

④ 粉尘的荷电性

漂浮在空气中的颗粒 90%～95%带有正电荷或者负电荷。粉尘在粉碎和流动过程中经相互摩擦或者吸附空气中的离子而带电荷。粉尘的荷电性主要取决于材料自身的介电性，取决于该材料的介电常数。大多数物质不是良导体，对于具有介电常数的非良导体，经相互摩擦后，在粉体不断产生电荷，对外产生感应电荷，呈现荷电性。粉体颗粒比表面积大，颗粒表面未成键的悬挂键多，该特点进一步加剧了电荷的积累。粉尘颗粒的荷电量除了与介电常数、粒径大小、密度、飞行能力和所经受的摩擦有关以外，还与环境的温度和湿度有关，以及与气氛的荷电性有关。荷电性对粉尘在空气中的稳定程度有影响，同性相斥，增强了粉尘在空气中的分散与稳定程度，异性相吸，使粉尘聚集、沉降。在其他条件完全相同情况下，荷电粉尘在肺内的阻留量达 70%～74%，而非荷电粉尘只有 10%～16%。

研究认为，荷电粉尘颗粒可能影响巨噬细胞对其吞噬的速度，增加了粉尘的危害。不过，荷电性也有可利用的一面，在除尘技术中可利用粉尘的荷电性捕集粉尘。

⑤ 粉尘的自燃性和爆炸性

物料被粉磨成粉状物料时，总表面积和系统的自由表面能均显著增大，从而提高了粉尘颗粒的化学活性，特别是提高氧化生热的能力，在一定情况下会转化成燃烧状态，此即粉尘的自燃性。粉尘因自燃造成火灾的危险非常大，必须引起高度的重视。

可燃性悬浮粉尘在密闭空间内的燃烧会导致化学爆炸，这就是粉尘的爆炸性。发生粉尘爆炸的最低粉尘浓度和最高粉尘浓度分别称为粉尘爆炸的下限浓度和上限浓度。处于上、下限浓度之间的粉尘属于有爆炸危险的粉尘。

爆炸危险最大的粉尘（如砂糖、胶木粉、硫及松香等），爆炸的下限浓度小于 16 g/m^3；有爆炸危险的粉尘（如铝粉、亚麻、页岩、面粉、淀粉等），爆炸下限浓度为 10～65 g/m^3。

对于有爆炸危险和火灾危险的粉尘，在进行通风除尘设计时必须给予充分注意，采用必要措施。

(2)粉尘的危害

粉尘的危害主要体现在以下六个方面：

① 对人体健康的危害

粉尘与人体接触后易引起疾病，主要是呼吸系统疾病、眼部疾病与皮肤病。尘肺是粉尘引起的肺部组织弥漫性纤维病变，可分为硅肺、石棉肺、水泥肺、金属肺、棉肺等。其中，硅肺是最常见的职业病，主要是吸入游离二氧化硅（石英）沉积引起的。游离二氧化硅、石棉粉尘是强致病性粉尘，必须高度重视。坚硬粉体与眼睛接触后，机械摩擦可能损伤眼角膜；在阳光下接触煤焦油、沥青粉尘时，可能引起眼睑水肿和结膜炎。粉尘落在皮肤上，可堵塞毛囊、皮脂腺或汗腺，引起皮肤干燥，继发感染时可形成毛囊炎、脓皮病等。粉尘侵入皮肤后，作为异物被巨噬细胞吞噬后会诱发炎症。有些物质，如苯胺、三硝基甲苯、金属有机化合物等，通过皮肤吸收进入血液引起中毒。有些纤维状结构的矿物性粉尘，如玻璃纤维和矿渣棉粉尘，长期作用于皮肤可引起皮炎。有一些腐蚀性和刺激性的粉尘，如砷、铬、石灰等粉尘，作用于皮肤可引起某些皮肤病变和溃疡性皮炎，甚至引起皮肤癌变。粉尘对人体的危害与治病机理，见下一节。

② 爆炸危害

粉尘爆炸会产生巨大社会危害，例如，2014 年 8 月 2 日上午，江苏昆山开发区中荣金属制品有限公司汽车轮毂抛光车间在生产过程中发生爆炸，造成 75 人死亡，185 人受伤。

2010 年 2 月 24 日，河北省秦皇岛抚宁县的骊骅淀粉股份有限公司燃爆事故，造成 19 人死亡、49 人受伤，经济损失约 450 万元。1987 年 3 月 15 日，哈尔滨亚麻纺织厂除尘器内的粉尘爆炸沿通风系统蔓延，将装有除尘器的中央换气室和房屋设备全部炸毁并引起大火，死 58 人、伤 177 人，使 189 台设备损坏，直接经济损失 880 多万元。

③对能见度的影响

正常视力的人在当时天气条件下能够识别目标物的最大水平距离称之为能见度。能见度取决于光的传播和眼睛从视场中区别物体的能力，也是目力测定用以判定大气透明度的一个气象要素。光线通过含尘介质，光强减弱，影响能见度，典型的是沙尘暴天气。空气粉尘浓度含量高，造成能见度降低，易引发作业时的误操作，以及造成重大交通事故。长时间的能见度降低，还会使视力疲劳，造成眼疾。

④对建筑物、植物、动物的影响

粉尘落在涂过涂料的建筑物表面、玻璃幕上，引起污染，妨碍美观。落在表面的粉尘，会加快文物被腐蚀的速度，主要表现为金属文物锈蚀矿化、石质文物酥解剥落、纺织品及壁画褪色长霉。此外，粉尘影响植物生长，动物吃了黏附有毒尘粒的植物，健康会受到损害。

⑤对设备、产品的影响

一方面，粉尘加剧了机器设备的磨损。对于粉体加工，冲击磨损最严重，包括除尘系统设备和管道的磨损,含尘气流进入机器内部,加快了机器零件的磨蚀,细粉尘的磨损比粗粉尘的磨损小。另一方面,粉尘对产品质量有影响,引起产品质量下降,特别是半导体、电子、医药等现代产品,在生产中要特别重视防止粉尘污染。

⑥对大气环境质量的影响

粉尘是主要大气污染物。TSP是评价大气质量的空气污染指数(air polluting index,API)之一,也是控制空气质量的关键指标。城市空气质量等级预报主要依据SO_2、NO_x和TSP浓度值进行判断,污染等级多半根据颗粒物TSP浓度来判定。

10.2 粉尘对呼吸系统的影响

10.2.1 颗粒在呼吸系统的穿透、沉积

粉尘由各种不同粒径的尘粒组成,不同粒径的尘粒在呼吸道内的滞留率不同,沉积在肺区的粉尘称为呼吸性粉尘。粉尘浓度则是判断作业环境的空气中有害物的含量对人体危害程度的量值。

生产性粉尘:在生产过程中产生的能较长时间浮游在空气中的固体微粒。

习惯上,将总悬浮颗粒物按照粒径的动力学尺度大小分类如下:

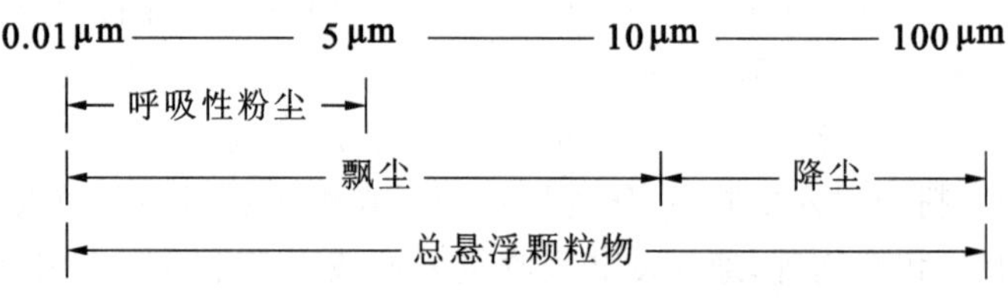

图 10.1 粉尘的动力学尺度

研究表明,动力学尺度为$d>10\ \mu m$的尘粒被人的鼻毛阻止于鼻腔内;$d=2\sim10\ \mu m$的粉尘中约90%可进入并沉积于呼吸道的各个部位,被纤毛阻挡并被黏膜吸收表面组分后,部分可以随痰液排出体外,约10%可到达肺的深处并沉积于其中;$d<2\ \mu m$的粉尘可全部被吸入直达肺中,其中$0.2\sim2\ \mu m$的粒子几乎全部沉积于肺部而不能呼出,$d<0.2\ \mu m$的粉尘部分可随气流呼出体外。人体内粉尘积存量及粉尘理化性质不同,引起的危害程度不同。

(1)粉尘对人体的危害

粉尘对人体的危害主要表现在:

① 对呼吸道黏膜的局部刺激作用

沉积于呼吸道内的颗粒物,产生诸如黏膜分泌机能亢进等保护性反应,继而引起一系列呼吸道炎症,严重时引起鼻黏膜糜烂、溃疡。粉尘可能会对人体的某个部位产生刺激作用,造成影响。例如,粉尘刺激到人体呼吸道黏膜,从而引发鼻炎、气管炎等病症;粉尘进入人眼,导致结膜炎、角膜炎等病症;粉尘侵入外耳道,影响听力,对耳膜造成影响;等等。

② 中毒

颗粒物在环境中迁移时可能吸附和富集空气中的其他化学物质或与其他颗粒物发生表面组分交换。表面的化学毒性物质主要是重金属和有机废物,在人体内直接被吸收产生中毒作用。(中毒症状是生产性粉尘侵入人体较为严重的情况。一些可溶性的有毒粉尘,进入人体呼吸道后会进入血液之中,从而造成人体全身中毒,严重的可能导致死亡。这种粉尘通常含有铅、锰、镍等。)

③ 变态反应

有机粉尘如棉、麻等及吸附着有机物的无机粉尘,能引起支气管哮喘和鼻炎等。

④ 感染

在空气中长时间停留的粉尘,会携带多种病原体,经吸入引起人体感染。

⑤ 致纤维化

长期吸入硅尘、石棉尘可引起以进行性、弥漫性的纤维细胞和胶原纤维增生为主的肺间质纤维化,从而引发尘肺病,这是人们比较了解和普遍关心的粉尘导致的疾病。如果适当加以防护(如戴防护口罩)可以使粉尘的危害大大降低。

煤工尘肺发病机理如图 10.2 所示。

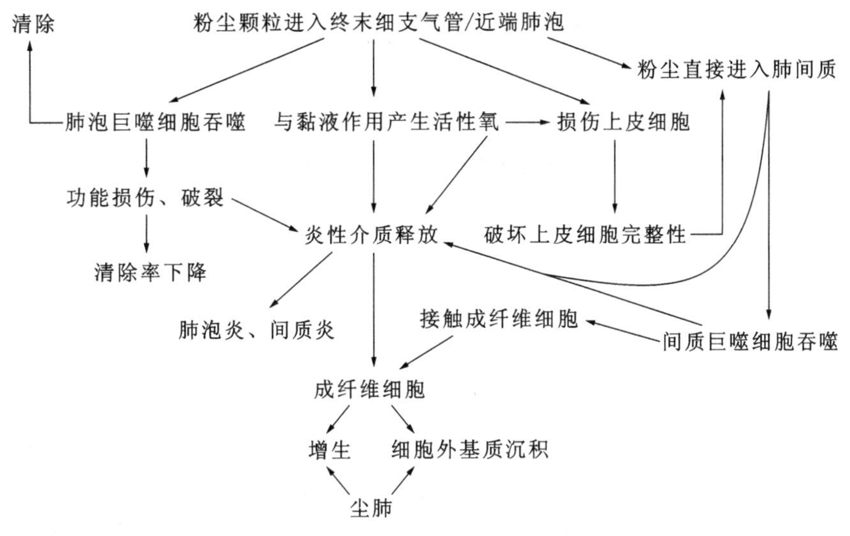

图 10.2　煤工尘肺发病机理

肺是有害气体和粉尘的主要入口。粉尘的过量吸入不仅损害肺部气体交换的生命维持过程,而且损害有机体抵抗微生物的防御能力,导致全身或局部机能削弱,如感染、中毒、支气管炎、肺气肿等,这些都将影响肺的排泄功能。肺部长期的急性炎症反应将导致纤维疤痕。目前,肺被认为是与许多新陈代谢活动相关的主要场所,这可称为肺的非呼吸性功能。肺部一旦被损害,则很难恢复或只能在有限程度上得以恢复。游离硅尘如石英及硅酸盐粉尘等会产生各种的毒性作用已被研究所证实,且许多有关硅的纤维病变作用理论已有新的发展,然而,真正的纤维病因学机制仍需进一步研究。但可以肯定的是,如果能长期保持环境污染浓度在一定水平以下,粉尘的毒性作用和生物学上的损害可被有效降低。

毒性粉尘进入人体的主要途径是皮肤、眼、肺和胃肠道,尘肺病、肿瘤及传染病的发生取决于呼吸道中粉尘微粒的沉积和排除。沉积过程决定着哪部分吸入微粒将被呼吸道捕获而不能呼出。原始沉积场所就是尘粒接触的场所,而尘粒排除的过程就是原始沉积尘粒的排出过程。任何时刻呼吸道中物质的实际数量即为停滞,而平衡浓度(沉积与排除速度相匹配时)也是停滞。尘粒沉积与排除间的平衡被破坏可能是在肺部停滞且最终导致呼吸紊乱的主要根源。在一些情况下,沉积和排除间的这种平衡是无法控制的,此时粉尘的停滞达到最大程度。过量毒性粉尘的主要进入途径是通过呼吸,而个体病理生理状态在其生物学反应上起主要作用。(图 10.3)

粉尘对人体健康的危害程度与其理化性质有关,诸如化学成分、分散度、形状、密度、溶解度、荷电性、吸附性等。粉尘中游离二氧化硅含量愈高,对肺脏致纤维化作用愈强。分散度愈高,即微小粒子愈多,愈容易进入肺部的深处。质量、形状和密度决定了粉尘在空气中的沉降速度,沉降速度小的粉尘可长期浮游于空气中,增加了吸入的可能性。粉尘的形状还可能影响其致肺纤维化作用。溶解性愈小,机械刺激作用愈大。荷电粉尘更易被吸附于体内,荷电量的大小可能影响巨噬细胞吞噬粉尘的速度。空气中的有毒有害物质吸附于粉尘表面,会增强其危害作用。

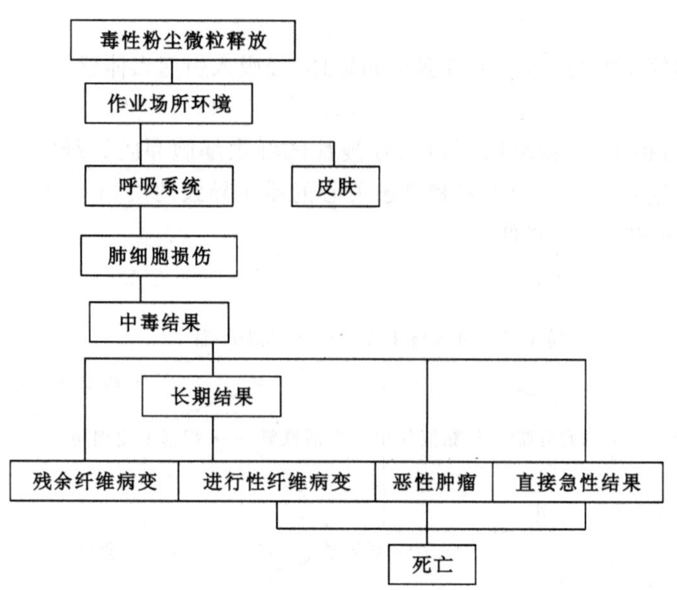

图 10.3 毒性粉尘对呼吸系统的损伤

(2)粉尘的环境健康效应

为了进一步认识粉尘对生物的危害,人们运用表面化学、电化学和细胞培养等方法以及 IR、XRF、UV 等谱学和电子微束手段对多种由矿物形成的粉尘的特征、表面官能团活性位分析以及电化学、溶解、毒性等进行了综合研究,试图对粉尘的表面化学活性、生物活性、生物持久性、生物毒性、环境安全性等多方面进行综合评价。研究范围不再仅仅涉及生产现场的矿物粉尘,也开始研究这些粉尘在环境中的远距离迁移行为及迁移过程中表面组成的物理、化学及生物变化。

① 矿物粉尘的表面官能团

粉尘的表面特征是粉尘控制生物活性的关键因素。对矿物粉尘的处理、研究结果表明,矿物晶片剥离将使表面官能团进一步暴露,粉尘受环境中各种化学作用增加了表面缺陷和空隙,从而增强了表面官能团的可溶解性、电离性和对其他物质的吸附能力。被活化的粉尘表面可与体液、血清、血浆、细胞及组织残片发生选择性吸附及离子交换作用。在人体内无机盐对含有 OH—或可以离解出 OH—的粉尘有明显的侵蚀作用并生成可溶性复盐。

② 粉尘的生物持久性

粉尘在人体内停留期间有持续长时间的作用过程。体外试验表明,粉尘在多种有机酸(如体内存在的乙酸、草酸、柠檬酸、酒石酸等)中的溶解过程包括使阳离子析出的酸碱中和反应和非晶 SiO_2 再溶解形成含硅有机配合物的两个反应历程。粉尘在体内的溶解速率主要受表面物质溶解度的影响,并与酸浓度几乎是线性关系。

处于粉尘表面的金属离子还能与体液中的氨基酸发生配位反应并被有效地活化和迁移,同时配合物的生成能使氨基酸的结构发生变化和变性,并可能使氨基酸的结构产生一定程度的破坏。

③ 粉尘的毒性

粉尘对细胞膜的毒性主要表现在对膜的通透性、流动性和形态的影响。吸入肺中的粉尘嵌入肺泡巨噬细胞膜是其生物活性的表现形式之一,根据粉尘类别不同使巨噬细胞的电泳率发生不同程度的改变。纤维粉尘与细胞接触的表面增粗并被膜绒毛所包裹,粉尘对巨噬细胞的毒性与其表面官能团—OH、—O—Si—O—有关;对细胞的损伤机制是细胞膜的过氧化。

研究还表明,吸烟者吸入尼古丁对粉尘的毒性有一定的协同作用。

④ 粉尘的吸附行为

粉尘在体内对血清物质产生选择性吸附,脂类物质被吸附能力最强。几乎所有纤维状粉尘都会对血红细胞产生吸附。

⑤ 粉尘在体内的变化

某些粉尘(如青石棉)在体内有一定的迁移性、溶解性和变异性。介质环境直接影响环境的变化,如在肺泡内粉尘能发生明显的碳酸盐化,在组织内致密部位(如膈肌)和油碱性部位(如肠壁)变化,体液多的部位粉尘的原透光率下降,干涉色消失。病变纤维在体内出现圆滑、钝化和尖角消失等。

粉尘的物理组成和化学组成是非常复杂的,对劳动现场人员的危害主要取决于产生粉尘的矿物特性和粉尘的吸入量。迁移进入大气环境并形成气溶胶的粉尘,在环境中还能发生一系列的物理化学变化,具有表面组成和特性的不稳定性,其危害性与其迁移途径、环境污染程度、空气中其他污染因素及种类等有密切关系。粉尘在人体内的毒性还取决于包括生物特征在内的多种综合因素的相互作用,因此对粉尘的生物活性评价也需要进行多方面因素的综合考虑。

一般情况下,粒径大于 10 μm 的粉尘易被阻留在鼻咽部,对于粒径小于 10 μm 的粉尘,其穿透能力随粒径的减小而增加。直径小于或接近 1 μm 的尘粒,大多会渗入肺泡,而粒径为 2 μm 的尘粒则全部沉积在肺部。尘粒沉积率随粒径减小而降低,粒径为 0.5 μm 的粉尘沉积率最低;粒径为 3 μm 的粉尘 65%～70%沉积在鼻腔,25%～30%沉积在肺部,5%～10%沉积在有纤毛区,不同粒径粉尘在人体呼吸系统中可能沉积的部位如图 10.4 所示。不同粒径的粉尘在呼吸系统中的沉积率如图 10.5 所示。

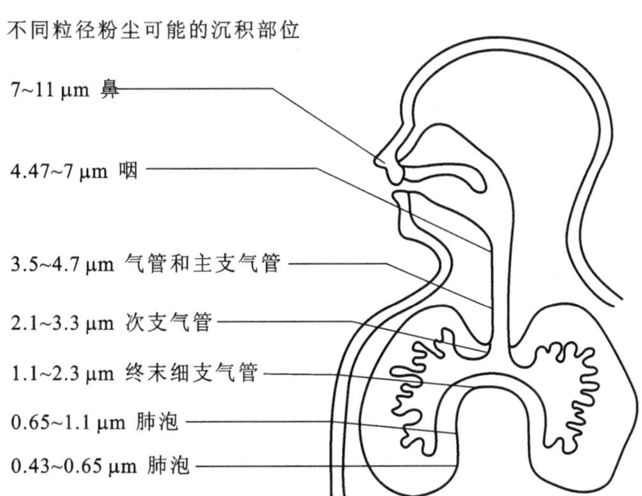

图 10.4　不同粒径粉尘在人体呼吸系统中可能沉积的部位

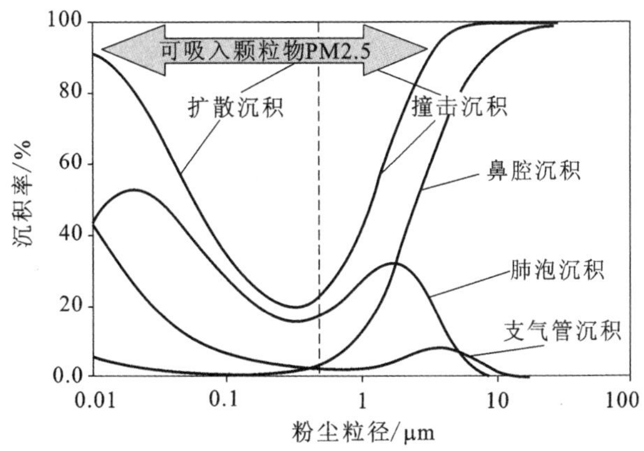

图 10.5　不同粒径的粉尘在呼吸系统中的沉积率

人体对吸入的粉尘具备有效的防御和清除机制。一般认为有三种:

a. 鼻腔、喉、气管支气管树的阻留作用;

b. 呼吸道上皮黏液纤毛系统的排除作用；

c. 肺泡巨噬细胞的吞噬作用。

陶瓷粉尘对人体健康的危害早有研究报道，但主要侧重于尘肺病方面的研究，而对其他方面（如咽、喉、鼻以及肺功能影响等）的研究则比较少。陶瓷原料中除高岭土、瓷石和瓷釉等外，还有滑石、石膏以及某些有机溶剂配料等，长期接触这些混合性粉尘的工人，因鼻腔、咽喉持续受到刺激而出现毛细血管扩张，黏膜红肿、肥厚或干燥等病变，加上外界一些因素（如烟气、病原体等）的联合作用，会导致上呼吸道疾病（如鼻炎、咽炎等）的发生。

石棉是具有纤维状结构的硅酸盐矿物的总称，含镁和少量铁、镍、铝、钙、钠等元素。石棉主要分为蛇纹石及角闪石两大类。在蛇纹石类石棉中用途最广的是温石棉，由于它具有抗拉强度高、不易断裂、耐火性强、隔热及电绝缘性好、耐酸碱腐蚀等特点，被广泛应用于建筑、汽车、航空、造船、机械制造、铁路运输、电机、锅炉等工业部门，作为防火、隔热、绝缘、制动、衬垫等类材料。

石棉矿的开采、选矿以及石棉制品的加工过程中，作业人员都不可避免地接触石棉粉尘。对于小手工操作情形，由于防护设施不完善，作业区（尤其是干法生产）的粉尘浓度很高。手纺石棉线、打石棉绳或织石棉布作业时，操作者的鼻孔距纺车不足一米，石棉粉尘污染更为严重，操作者长期吸入大量的石棉粉尘易于引起石棉肺。

石棉肺的发病机理目前尚不十分清楚。直接作用理论认为，石棉的致纤维化作用可能与其所具有的物理特性，即纤维性、坚韧性和多丝结构有关。不论石棉纤维长短，均具有致肺弥漫性纤维化的潜能，而且能引起严重的胸膜病变——胸膜斑、胸膜积液或间皮瘤。有研究认为当胸膜间皮细胞接触具有一定长度和直径的石棉纤维时，细胞立即发生吞噬作用。当吞噬了纤维的细胞进行有丝分裂时，细胞内这种外来固体纤维结构就对染色体的运动产生机械性干扰作用，这些纤维缠住染色体，迫使细胞骨架结构重排，导致染色体数目和结构发生畸变。

石棉肺的发病时间，有的在接触石棉粉尘后几年发生，有的是十几年甚至二十年才开始，最初表现为咳嗽、胸闷、气短、咯白色泡沫样或黏液痰、容易感冒、走路多或上坡时感到呼吸困难，病重者还会出现头晕、全身无力、食欲不振等。体检时常见有口唇青紫、杵状指、呼吸减弱，肺活量降低、血沉增快，痰中可找到"石棉小体"。X线胸透时可见肺部有不规则的小阴影，肺气肿、胸膜改变颇为明显。石棉肺常见并发症有呼吸道感染、支气管扩张、肺结核等，个别患者可合并肺癌和胸膜间皮瘤以及石棉疵、接触性皮炎等。

X线胸片变化。石棉肺的X线胸片表现主要是不规则小阴影和胸膜变化。不规则小阴影是石棉肺X线表现的特征，也是我国诊断石棉肺和石棉分期的主要依据。早期两肺下区近肋膈角处出现密集度较低的不规则小阴影，随着病情发展而增多、增粗，呈网状并向中肺区扩展，但很少达到肺上区。

大量研究表明，进入人体内的稀土粉尘，其毒性大小与稀土化合物的种类及其化学特性特别是可溶性有关。一般重稀土组毒性大于轻稀土组，稀土盐类的毒性大小的顺序是氯盐＜硫酸盐＜硝酸盐，稀土氧化物的毒性低于其氯盐的。稀土氧化物或氢氧化物的可溶性很小或不溶，但经呼吸道进入体内的稀土氧化物粉尘可在肺部滞留较长时间，从而引起肺的纤维性病变，称为稀土尘肺。稀土粉尘标准系指游离 SiO_2 含量小于10％的稀土粉尘。CeO_2 及铈组混合稀土粉尘、Y_2O_3 及钇组混合稀土粉尘的MAC（车间空气中最高容许浓度）均为 3 mg/m^3。

10.2.2 摄入颗粒的危害、临界值

在有粉尘存在的各种作业区，粉尘浓度越大，吸入肺中的粉尘量越多，对人体的危害就越大。粉尘浓度的定义：单位体积空气中所含的粉尘质量，通常以 mg/m^3 或 g/m^3 来表示。

我国现行的工业企业设计卫生标准对生产性粉尘是按游离 SiO_2 的含量来确定作业区浓度的。表10.2中列出了部分粉尘的卫生标准。

表 10.2 生产性粉尘的卫生标准

粉尘名称	车间空气中允许最高含尘浓度/(mg/m^3)
含 10%以上游离 SiO_2 的粉尘	2
含 80%以上游离 SiO_2 的粉尘	≤1
含 10%以下游离 SiO_2 的粉尘	4
含 10%以上游离 SiO_2 的水泥粉尘	6
无毒性生产性粉尘	10

对有毒粉尘,则根据粉尘的毒性而异。表 10.3 中列出了部分有毒性粉尘的卫生标准。

表 10.3 有毒性粉尘的卫生标准

有毒性粉尘名称	车间空气中最高允许含尘浓度/(mg/m^3)
铅烟	0.03
铅尘	0.05
金属汞	0.01
V_2O_5 烟	0.1
V_2O_5 粉尘	0.5
铍及其化合物	0.001

可见,有毒性粉尘的卫生标准较一般性粉尘的卫生标准要高得多。

卫生标准对居民区大气中粉尘的最高允许浓度的规定如下:

粉尘自然沉降量(在当地清洁区基础上允许增加的数值)≤3 t/(km^2 · 月);

烟尘:一次性浓度≤0.15 mg/m^3,日平均浓度≤0.05 mg/m^3;

飘尘:一次性浓度≤0.5 mg/m^3,日平均浓度≤0.15 mg/m^3;

汞:日平均浓度≤0.0003 mg/m^3;

铍:日平均浓度≤0.00001 mg/m^3。

除了最高允许含尘浓度外,还根据粉尘浓度超标倍数来表示粉尘的危害程度。所谓粉尘浓度超标倍数,即在工作地点测定空气中粉尘浓度超过该种生产性粉尘的最高容许浓度的倍数。

《生产性粉尘作业危害程度分级检测规程》(LD 84—1995)中对生产性粉尘作业危害程度的分级见表 10.4。其中,石棉尘属于人体致癌性粉尘,列入本标准中游离二氧化硅大于 70%一类。

表 10.4 生产性粉尘作业危害程度分级表

生产性粉尘中游离二氧化硅含量/%	工人接尘时间肺总通气量/[L/(d·人)]	生产性粉尘超标倍数							
		0	−1	−2	−4	−8	−16	−32	−64
≤10	—4000								
	—6000								
	>6000	0	Ⅰ		Ⅱ		Ⅲ		Ⅳ
>10~40	—4000								
	—6000								
	>6000								
>40~70	—4000								
	—6000								
	>6000								
>70	—4000								
	—6000								
	>6000								

表 10.4 中，工人接尘时间肺总通气量指工人在一个工作日的接尘时间内吸入含有生产性粉尘的空气总体积。生产性粉尘浓度超标倍数是指在工作地点测定空气中粉尘浓度超过该种生产性粉尘的最高容许浓度的倍数。接触生产性粉尘作业危害程度共分为五级：0 级危害，Ⅰ级危害，Ⅱ级危害，Ⅲ级危害，Ⅳ级危害。

也可用超标比的概念。超标比的定义为：

$$B = \frac{G}{G_0} \tag{10.1}$$

式中 B——呼吸性粉尘浓度超标比；

G——呼吸性粉尘浓度实测值，mg/m^3；

G_0—呼吸性粉尘浓度卫生标准，mg/m^3。

10.2.3 粉尘致病的机理

矿物纤维粉尘的生物活性及由此致病和致突变机制的复杂性，不同学者根据流行病学调查、动物试验、体外试验的研究成果提出了不同的致病假说。

建立在生物解剖学和粉尘空气动力学基础上的“纤维形态(Stanton)假说”强调矿物粉尘的纤维形态特征和机械刺入作用是其致病的重要因素，但该假说难以解释不同物质在同一长度和直径下致癌性或生物活性相差甚远的事实。

强调矿物纤维粉尘在生物体内的“持久性(Pott)假说”则认为，矿物纤维粉尘持久性(耐蚀性)是解释可被吸入矿物纤维粉尘潜在致病作用的最重要指标，但未探讨矿物粉尘的生物持久性与矿物表面基团特性(电性、表面活性等)间的关系。由于生物体内细胞本身就是带电体，其与带不同电性的矿物粉尘表面活性基团会产生相互作用而受损伤，其生物效应及其机理是矿物粉尘致病机理研究中的薄弱环节。

许多研究报道了矿物纤维粉尘表面 ξ 电位引起的生物学危害机理。表 10.5 列出了几种非有色金属矿物粉尘的 ξ 电位。

表 10.5 几种非有色金属矿物粉尘的 ξ 电位

序号	试样名称	产地	处理情况及基本特征	ξ 电位/mV
1	斜发沸石	河南信阳	超声波分散至 10～30 μm，原粉	−9.98
2	斜发沸石	河南信阳	0.1M HCl，固∶液＝1∶50，100 ℃，处理 1 h 后的残余物	−71.6
3	硅灰石	吉林盘石	超细加工至 10～30 μm，原粉	−19.7
4	硅灰石	吉林盘石	0.6M HCl，固∶液＝1∶50，100 ℃，处理 1 h 后的残余物	−31.5
5	纤维状坡缕石	四川奉节	超声波加工至 10～30 μm，原粉单体呈长纤维状	−14.1
6	纤维状坡缕石	四川奉节	4M HCl，固∶液＝1∶50，100 ℃，处理 1 h 后的残余物	−23.9
7	土状海泡石	湖南浏阳	超声波分散至 10～30 μm，原粉单体呈短纤维状	−18.8
8	土状海泡石	湖南浏阳	超声波分散至 10～30 μm，溶血试验残余物	−17.9
9	纤维状海泡石	湖北广济	超声波分散至 10～30 μm，原粉单体呈较长纤维状	−25.9
10	纤维状海泡石	湖北广济	0.5M HCl，固∶液＝1∶50，100 ℃，处理 1 h 后的残余物	−15.4
11	蛇纹石	陕西大安	超细加工至 10～30 μm，原粉	0.64
12	温石棉	四川石棉矿	超声波分散至 10～30 μm，原粉	4.61
13	温石棉	四川石棉矿	0.5M HCl，固∶液＝1∶50，100 ℃，处理 1 h 后的残余物	−31.0
14	阳起石石棉	湖北大冶	超细加工至 10～30 μm，原粉	−17.4

由表 10.5 可看出，除蛇纹石及温石棉原粉尘外，其他矿物原粉尘表面的 ξ 电位均为负值，这是因为这些矿物粉尘在中性水中释放的是表面的及可交换性的 Ca^{2+}、Mg^{+2}、K^+、Na^+ 等阳离子，尤其是具有一定阳离子交换能力的沸石、坡缕石、海泡石等的 ξ 电位负值较高，而经一定浓度 HCl 处理后的残余物其 ξ 电位负值更高，说明在酸性介质中，进入溶液的阳离子越多，其表面带有的负电荷越多。

而蛇纹石及温石棉原粉尘在水中易失去其表面的OH^-负离子基团，使Mg^{2+}被暴露在表面而带正电荷，所以在中性水中，蛇纹石及温石棉原粉尘的ξ电位为正值。温石棉表面零电点pH值为11.7左右，当其处于pH值为11.7～4的溶液中时，随着H^+浓度的增大，其表面的OH^-进入溶液越多，裸露出的Mg^{2+}也越多，ξ电位正值越大；当pH<4时，随着表面OH^-的大量溶出，在结构中的Mg^{2+}不稳定，也就进入溶液，ξ电位急剧降低，当$[Mg(OH)]^+$全部被剥离，留下SiO_2的水化物，使其表面ξ电位变为负值，所以当用0.5M HCl（比人体消化系统和呼吸系统的酸性强）处理后的温石棉表面ξ电位为−31.0 mV，阳起石石棉原粉尘在中性水中的ξ电位为−17.4 mV，因为阳起石石棉在水中释放出的是表面的Ca^{2+}、Mg^{2+}、Na^+等阳离子，当处于酸性介质中时，进入介质中的表面阳离子会增多，使其表面带有更多的负电荷。

硅灰石原粉尘的ξ电位为−19.7 mV，当用0.6 $mol \cdot L^{-1}$ HCl处理后，其ξ电位变为−31.5 mV，这是因为处于HCl水溶液中的硅灰石（$CaSiO_3$），其Ca^{2+}大量进入溶液，使其残余物（SiO_2水化物）表面带更多的负电荷。

纤维状坡缕石的ξ电位原粉尘为−14.1 mV，被4 $mol \cdot L^{-1}$ HCl溶蚀后，其表面ξ电位降至−23.9 mV，原理同上。

由此可以看出，矿物原粉尘在中性水中的ξ电位大多为负值，少数为正值，而用不同浓度的HCl处理后，ξ电位大多有所降低，甚至原来ξ电位为正值的温石棉也变为负值。

粉尘表面ξ电位引起的生物学危害机理可从以下方面解释。

(1) 人的消化、呼吸系统均为酸性环境，胃液的pH值为0.1～1.9，肺泡拥有巨大的比表面积，是CO_2交换的主要场所，其$p_{CO_2}=(4.80\sim5.87)\times10^3$ Pa，能够形成足够的HCO_3^-、CO_3^{2-}和H^+，也是较强的酸性环境，进入呼吸系统和消化系统的矿物纤维粉尘其ξ电位是负值，而生物大分子如蛋白质大分子在酸性环境中带有较多的正电荷，细胞膜外表面电性也为正（内为负），因此，带负电荷的矿物纤维粉尘会与带正电荷的蛋白质、细胞膜等大分子物质发生静电吸引作用，进而发生细胞膜上脂质的过氧化反应。如海泡石经溶血试验残余物的ξ电位值比原粉尘的ξ电位值高，说明海泡石表面的阴离子基团可结合红细胞膜表面的季胺阳离子基团，改变膜脂构型导致血溶，从而破坏红细胞膜而致病。

(2) 蛋白质在一定的pH值溶液中带有同性电荷，同性电荷是相互排斥的，因此，蛋白质在溶液中借水膜和电性两种因素维护其稳定性。当带负电荷的矿物纤维粉尘与蛋白质作用时，维护蛋白质稳定性的电性则被中和，即易相互凝聚形成沉淀，使蛋白质发生变性，失去其生物活性，导致生物膜等的损伤而致病。

(3) 耐久（酸）性较强的矿物纤维在人体酸性环境中其形态（纤维性）、物性（弹性、脆性）较稳定，不易丧失，被细胞膜静电吸附后易刺伤细胞膜，进一步与细胞中的亲电子物质缓慢作用产生OH^-、$OH\cdot$、O_2^-等自由基及过氧化氢分子（H_2O_2），引发脂质过氧化，脂质过氧化的细胞，其膜的完整性被破坏，溶酶体膜也被破坏，通透性增大，细胞崩解。如耐久性特强而表面ξ电位为负值的蓝石棉，其生物毒性（致癌性）比耐久性差、在中性或弱酸介质中表面ξ电位为正值的温石棉大得多。

总之，粉尘对人体的危害主要是以呼吸系统吸入为主。按其粒径大小，可到达呼吸器官不同深度，人的机体对进入呼吸道的粉尘具有防御机能，可通过滤尘机能、传递机能和吞噬机能将大部分尘粒清除。粉尘对人体所造成的危害是粉尘在肺内的滞留量显著地大于肺清除能力的结果。一般地，粒径大于50 μm的粉尘通常是不能进入呼吸系统的。粒径大于10 μm的粉尘，由于惯性的碰撞受到鼻毛网和鼻黏膜分泌出的胶粘液体的阻留作用，几乎不能通过鼻腔。较小的粉尘通过鼻腔进入气管、支气管后，仍可能沉降。这是由于从喉到细支气管的整个呼吸道黏膜上均覆盖有纤毛上皮组织，纤毛不断向喉部方向摆动，从而使呼吸道壁上的黏液也向同一方向移动。含有粉尘的空气在呼吸道内运动的方向发生变化时，因粉尘的惯性作用与呼吸道壁接触，很小的粉尘由于布朗扩散作用，也可能与呼吸道壁接触，这样它们就会附着于壁面的黏液上，然后随着黏液向喉部移动，在几小时内被带到咽部被咳出或吞咽，这对清除不可溶的尘粒是有效的，而可溶性和放射性物质则往往不能及时清除。粒径为 0.5～10 μm 的尘粒都能在气管支气管内沉降，其中粒径小于 5 μm 的尘粒可以直接进入肺泡，其中 90%沉积于气管及肺泡。未沉积的部分将随淋巴液循环进入支气管淋巴结和血液系统，然后达到人体的各个组织和器官，它们在人体内可以滞留数年之久。而粒径小于 0.1 μm 的粉尘微粒又因弥散作用而使阻留率再次升高。刺激呼吸器官的粉尘一旦被吸入体内，就会引起呼吸道收缩，呼吸阻力增大。长期生活、工作在粉尘浓度较高的环境，则可患尘肺病。

肺纤维化的形成：从含尘细胞死亡到肺纤维形成的过程涉及众多的细胞因子、蛋白和介质，经过它们的互相激活和介导，最后刺激成纤维细胞增生，分泌胶原纤维。其路径可能如下：巨噬细胞受损后，释放出多种细胞因子，包括：白细胞介素 I(IL-1)、肿瘤坏死因子(TNF)、纤维粘连蛋白(FN)、转变生长因子 B(TGFB)等。这些因子有的能够诱导更多的巨噬细胞生成并包围和再吞噬尘粒，如作用于肺泡Ⅱ型上皮细胞，增加其表面活性物质的分泌，肺泡Ⅱ型上皮细胞也能转化为巨噬细胞，或释放出脂类物质刺激骨髓干细胞，使巨噬细胞大量增殖并聚集；有的参与刺激成纤维细胞增生，如致纤维化因子(H 因子)，它刺激成纤维细胞，进而刺激成胶原纤维增生；有的引起网织纤维及胶原纤维的合成。新生巨噬细胞也会发生死亡和释放尘粒与细胞因子的过程，如此循环往复，最后造成硅结节的形成和肺弥漫性纤维化。

游离二氧化硅致纤维化和突变的可能发病机制如图 10.6 所示。

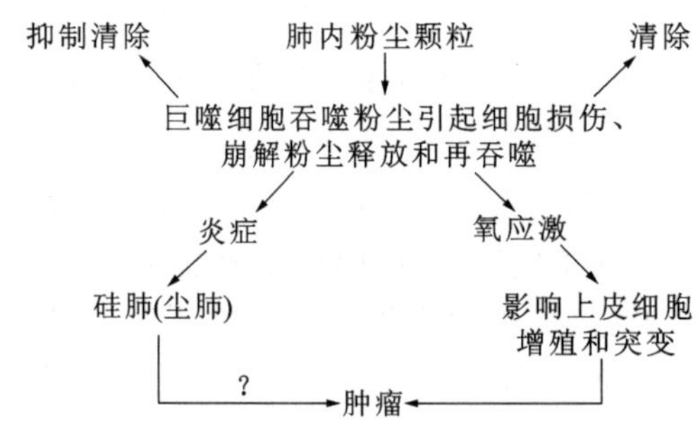

图 10.6 游离二氧化硅致纤维化和突变的可能发病机制

10.2.4 粉尘防护

粉尘对人体健康、工农业生产和气候造成的不良影响是毋庸置疑的。为了根除粉尘疾病，创造清洁的空气环境，必须加强粉尘控制和防治工作。粉尘防护和治理的措施如下：

① 改革生产工艺和工艺操作方法，从根本上防止和减少粉尘。生产工艺的改革是防治粉尘的根本措施。用湿法生产代替干法生产可大大减少粉尘的产生。用气力输送粉料能有效避免运输过程中粉尘的飞扬。用无毒原料代替有毒原料，可从根本上避免有毒粉尘的产生。

② 改进通风技术，强化通风条件，改善车间环境。根据具体生产过程，采用局部通风或全面通风技术，改善车间空气环境，使车间空气含尘浓度低于卫生标准的规定。全面机械通风是对整个厂房进行通风换气，把清洁的新鲜空气不断地送入车间，将车间空气中粉尘浓度稀释并将污染的空气经收集除尘后排出室外。

局部机械通风一般应使清洁新鲜的空气先经过工作地带，再流向有害物质产生的部位，最后通过排风口排出。含有害物质的气流不应经过作业人员的呼吸带。

③ 强化除尘措施，提高除尘技术水平。通过各种高效除尘设备，将悬浮于空气中的粉尘捕集分离，使排出气体中的含尘量达到国家规定的排放标准，防止粉尘扩散。

除尘设备按照工作原理分类，有以下几种。

a. 利用重力、离心力、惯性等作用，实现粉尘分离的机械除尘器。

b. 利用粉尘吸水性和溶解性与离心力、碰撞作用，实现含尘气体净化的湿式除尘器。

c. 利用多孔材料对粉尘的过滤作用捕集、阻留粉尘的过滤式除尘器。

d. 利用粉尘的荷电性与电场力的作用捕获粉尘的电除尘器。

④ 加强个人防护。从事粉尘性工作的相关人员工作时必须佩戴防尘工具或穿戴工作服，防止粉尘进入人体呼吸器官，防止粉尘对人体的侵害。

如果作业场所已经采用了综合防尘措施，但仍不能将空气中的含尘量降低到国家卫生标准以下时，作业人员必须佩戴个体防尘用具。依据粉尘对人体的危害方式和伤害途径，应进行有针对性的个人防护。粉尘(或毒物)对人体伤害途径有三种：一是吸入，通过呼吸道进入体内；二是通过人体表面皮汗腺、皮脂腺、毛囊进入体内；三是食入，通过消化道进入体内。

针对伤害途径，个人防护对策应做到：一是切断粉尘进入呼吸系统的途径，依据不同性质的粉尘，配备不同类型的防尘口罩、呼吸器，对某些有毒粉尘还应佩戴防毒面具；二是阻隔粉尘对皮肤的接触，正确穿戴工作服（有的还需要穿连裤、连帽的工作服）、头盔（人体头部是汗腺、皮脂腺和毛囊较集中的部位）、眼镜等；三是禁止在粉尘作业现场进食、抽烟、饮水等。

同时，根据三级防护原则，生产企业必须对作业环境的粉尘浓度实施定期检测，确保工作环境中的粉尘浓度达到国家标准规定的要求；定期对从事粉尘作业的职工进行健康检查，发现不宜从事接尘工作的职工，要及时调离；对已确诊为尘肺病的职工，应及时调离原工作岗位，安排合理的治疗和疗养。

⑤ 做好防尘规划与管理。园林绿化带有滞尘和吸尘作用。对产生粉尘的厂矿企业，尽量用园林绿化带将其包围起来，以便减少粉尘向外扩散。对产生粉尘的过程(如破碎、研磨、粉末化、筛选等)，尽量采用密封技术和自动化技术，防止和减少操作人员与粉尘接触。

除了采用通用技术措施，特殊作业场所需要采用特殊的粉尘防护技术措施。特殊个案，需要区别对待，下面来看几个特殊作业场所的对策：

(1)爆破粉尘的控制

爆破时产生的粉尘浓度可达 600 mg/m^3，且浮游粉尘中呼吸性粉尘的含量很高，它们会随爆破气浪的膨胀运动迅速向周围扩散弥漫，污染半径可达几十米甚至上百米，直接危害人体健康。

① 水封爆破　也称水炮泥爆破，指使用盛满水的专用塑料袋全部代替或部分代替用黏土做成的炮泥，即用水炮泥封堵爆破眼口，借助于炸药爆破时产生的高温高压水进入岩体裂隙或使之汽化形成细微雾滴，从而抑制粉尘产生或减少粉尘飞扬。若在有水炮泥内的水中加入 1%～3%的化学抑尘剂，降低呼吸性粉尘浓度的效果更佳。

② 喷雾降尘　利用喷雾器将微细水滴喷向爆破空间，雾化水滴与随风飘散的粉尘碰撞，使粉尘颗粒黏着在水滴表面或被水滴包围，润湿、凝聚成较大颗粒，在重力作用下沉降下来。

③ 富水胶冻炮泥降爆破尘毒

富水胶冻炮泥的主要成分是水、水玻璃及作为胶凝剂的硝酸铵等低分子化合物，它是一种胶体，具有一定黏性，爆炸时产生的粉尘和有毒气体在高温高压下与富水胶冻炮泥相接触，通过吸附、增重、沉降起到迅速降低烟尘量的作用。其次，部分凝胶在高温高压下还能转化成硅胶，形成具有网状结构的多孔性毛细管，比表面积大，具有很强的吸附能力。另外，富水胶冻炮泥在粉碎成微粒时，凝胶结构被破坏，会析出大量水，在高温高压下呈气态，可使空气中的粉尘湿润、增重、沉降。实验结果表明，富水胶冻炮泥用于爆破时的降尘效率大于 93%。

(2)井下降尘

① 井下气幕阻尘法　采用一种透明的无形屏障——气幕，将未降落的粉尘尤其是呼吸性粉尘隔离在工作区以外，从而降低粉尘对采掘工人的危害。

② 干式凿岩捕尘　目前国内外广泛采用的干式捕尘方法是中心抽尘单机捕尘技术，即采用中心抽尘的捕集系统，将凿岩时产生的粉尘集中送至大型除尘装置中进行处理。

③ 湿式凿岩捕尘　目前湿式凿岩防尘仍侧重于控制炮眼内粉尘的逸出。

(3)超声雾化捕尘技术

① 超声雾化抑尘器　在局部密闭的扬尘点上安装利用压缩空气驱动的超声雾化器，激发高度密集的亚微米级雾滴迅速捕集凝聚微细粉尘，使粉尘特别是呼吸性粉尘迅速沉降至产尘点上，实现就地抑尘。该方法无须将含尘气流抽出，避免了使用干式除尘器清灰工作带来的二次污染。

② 超声雾化器　采用超声雾化器产生微细水雾来捕截粉尘，用直流旋风器脱去捕尘后的雾。该方法除尘效率高，同时阻力也大幅度下降。

10.3 粉尘爆炸及防护

10.3.1 粉尘爆炸的基本概念

10.3.1.1 物质的可燃性

工业生产过程中产生的粉尘，按其是否易于燃烧，大致可分为可燃性粉尘和不可燃性粉尘(或惰性粉尘)两类。可燃性粉尘是指与氧发生放热反应的粉尘。不可燃粉尘是指与氧不发生反应或不发生放热反应的粉尘。值得注意的是，日常生活中不能燃烧的物质，当处于微米级的粉尘时就会发生爆炸，例如某些金属粉尘也可与空气(氧气)发生氧化反应生成金属氧化物，并放出大量的热。可燃性粉尘的燃烧可能性一般用相对可燃性表示。在可燃性粉体中加入惰性的非可燃性粉体均匀分散成粉尘云后，用标准点火源点火，使火焰停止传播所需要的惰性粉体的最小加入量(%)即为粉体的相对可燃性。表 10.6 中列出了一些粉体的相对可燃性。

表 10.6　一些粉体的相对可燃性

粉　体	相对可燃性	粉　体	相对可燃性
镁	90	合成橡胶成形物	90^+
锆	90	木质素树脂	90^-
铜	90	碳酸树脂	90^+
铁(氢还原)	90	紫胶树脂	90^+
铁(羰基化铁)	85	醋酸盐成形物	90^+
铝	80	尿素树脂	80
锑	65	玉米粉	70
锰	40	烟煤粉	65
锌	35	马铃薯粉	57
镉	18	小麦粉	55
醋酸盐树脂	90	烟草粉	20
聚苯乙烯树脂	90^+	无烟煤粉	0

由表 10.6 中数据可以看出，金属粉末的相对可燃性按镁、铁、铝、锑、锰及锌的顺序减弱；天然有机物的相对可燃性比有机合成物的小，其原因之一是天然有机物与大气的湿度相平衡，因为吸湿而含有水分从而使其可燃性减弱。

值得指出的是，相对可燃性相同时，有机粉体与金属粉末的燃烧机理有所区别。有机粉体受热蒸发分解产生蒸气，一般发生气相反应。金属粉体中，锡、锌、镁、铝等受热时也产生蒸气，而熔点高的铁、钛、锆等金属粉末的着火燃烧必须直接在表面层发生。

粉尘的可燃性还可用燃烧热来评价。固体燃烧时会释放出热量，粉尘能否燃烧并发生爆炸，既取决于所释放的能量的大小，又取决于能量释放速率。表 10.7 列出了某些物质的燃烧热。

表 10.7　某些物质的燃烧热

物质种类	燃烧后的产物	燃烧热/(kJ/mol)
钙	CaO	1270
镁	MgO	1240
铝	Al_2O_3	1100
硅	SiO_2	830
铬	Cr_2O_3	750
锌	ZnO	700
铁	Fe_2O_3	530
铜	CuO	300
蔗糖	CO_2 + H_2O	470
淀粉	CO_2 + H_2O	470
聚乙烯	CO_2 + H_2O	390
碳	CO_2	400
煤	CO_2 + H_2O	400
硫黄	SO_2	300

10.3.1.2　粉尘云及其特性

具有一定密度和粒度的粉尘颗粒在空气中受到的重力与空气的阻力和浮力相平衡时，就会悬浮或浮游在空气中而不会沉降下来。这种粉尘与空气的混合物称为粉尘云。

粉尘云首先是粉尘颗粒通过扩散作用均匀分布于空气中形成的悬浊体；其次，粉尘云中的粉尘颗粒一般都是微细颗粒，这些微细颗粒的表面能较大，表面不饱和电荷较多，易于发生强烈的静电作用；另外，由于粉尘云中的固体粉尘颗粒与空气充分接触，如果燃烧条件满足，一旦发生燃烧，其燃烧速率非常快。

对于可燃性粉尘形成的粉尘云，当其中的粉尘浓度达到一定值后，就有可能发生燃烧并爆炸。可以被氧化的粉尘，如煤粉、化纤粉、金属粉、面粉、木粉、棉、麻、毛等，在一定条件下均能着火或发生爆炸。因此，粉尘爆炸的危险广泛存在于冶金、石油化工、煤炭、轻工、能源、粮食、医药、纺织等行业。

10.3.1.3　粉尘爆炸

粉尘爆炸是可燃性物质细粉在空气中扩散浮游形成尘云起火后迅速燃烧的现象。粉尘云是粉末和空气混合的分散系，粉末可以是无机物粉末、天然有机物粉末、合成有机物等。如前所述，可燃性粉尘在燃烧时会释放出能量，而能量的释放速率即燃烧的快慢除与其本身的相对可燃性有关外，还取决于其在空气中的暴露面积，即粉尘颗粒的粒度。对于一定成分的尘粒来说，粒度越小，表面积越大，燃烧速率也就越快。如果微细尘粒的粒度小至一定值且以一定浓度悬浮于空气中，其燃烧过程可在极短时间内完成，致使瞬间释放出大量能量，这些能量在有限的燃烧空间内难以及时逸散至周围环境中，导致该空间的气体因受热而发生急剧的近似绝热膨胀。同时，粉体燃烧时还会产生部分气体，它们与空气共同作用使燃烧空间形成局部高压。气体瞬间产生的高压远超过容器或墙壁的强度，因而对其造成严重的破坏或摧毁。

10.3.2　粉尘爆炸的特点

(1)发生频率高，破坏性强

粉尘爆炸机理相对气体爆炸机理更加复杂，所以，粉尘爆炸过程相对于气体爆炸过程也复杂得多，表现为粉尘的点火温度、点火能普遍比气体的点火温度和点火能都要大，这决定了粉尘不如气体容易点燃。在现有工业生产状况下，粉尘引起爆炸的频率低于气体引起爆炸的频率。另一方面，随着大生产机械化程度的提高，粉体产品增多，加工深度增大，特别是粉体生产、干燥、运输、储存等工艺的连续化和生产过程中收尘系统的出现，使得粉尘爆炸事故在世界各国时有发生。

粉尘的燃烧速度虽比气体燃烧速度慢，但因固体的分子量一般比气体的分子量大得多，单位体积中所含的可燃物的量就较多，一旦发生爆炸，产生的能量高，爆炸威力也就大。爆炸时温度普遍高达2000～3000 ℃，最大爆炸压力可达近 1.24 MPa。

(2)粉尘爆炸的感应期长

粉尘着火的机理分析表明，粉尘爆炸首先要使粉尘颗粒受热，然后分解、蒸发出可燃气体，粉尘从点火到被点着之间的时间间隔称为感应期，它的长短是由粉尘的可燃性及点火源的能量大小所决定的。一般粉尘的感应期约为 10 s。

(3)二次爆炸破坏力更强

堆积的可燃性粉尘通常是不会爆炸的，但由于局部的爆炸，爆炸波的传播使堆积的粉尘受到扰动而飞扬形成粉尘雾，从而会连续产生二次、三次爆炸。一系列粉尘爆炸事故结果表明，单纯悬浮粉尘爆炸产生的破坏范围较小，而层状粉尘发生爆炸的范围往往是整个车间或整个巷道，危害巨大。

(4)爆炸产物容易是不完全燃烧产物

与一般气体的爆炸相比，由于粉尘中可燃物的量相对多，粉尘爆炸时燃烧的是分解出来的气体产物，灰分是来不及燃烧的。

(5)爆炸会产生两种有毒气体

粉尘爆炸时一般会产生两种有毒气体：一种是一氧化碳，另一种是爆炸产物(如塑料)自身分解的有毒气体。

粉尘爆炸的威力常常超过炸药和可燃气体的爆炸威力，原因在于炸药和可燃气体的爆炸是一次性完成的，而粉尘爆炸是连续的、跳跃式的爆炸。当一点粉尘遇火源爆炸后，所产生的高温或热源会引起另一点上已达到爆炸浓度极限的粉尘爆炸，这如同原子反应传递一样。另外，粉尘爆炸的冲击波和震动会使处于沉积状态的粉尘飘浮起来形成新的爆炸混合物，在高温作用下发生新的爆炸，这种连续多次的爆炸时间间隔极短，人们感觉好像只发生过一次爆炸。

10.3.3 粉尘爆炸的机理及发生爆炸的条件

10.3.3.1 燃烧和爆炸

为了更好地了解粉尘爆炸的机理，首先应该了解粉尘燃烧的历程。燃烧是释放出光和热的剧烈化学反应，燃烧可以是可燃物与氧气发生的氧化反应，也可以是与非氧气发生的反应，例如金属钠与水发生的剧烈反应、点燃后自蔓延反应中金属与金属的反应。爆炸是更加剧烈的燃烧反应，由于短时间内释放出巨大的能量，使气体、液体或固体产生强大的超声波或次声波，产生强大的压力与冲击力，引发强烈的振动与破坏作用。粉尘的爆炸往往是粉尘云的剧烈燃烧在短时间内释放出巨大的能量所致。同样的物质，当处于块状物时往往无法燃烧或者点不着，一旦处于微米级的粉尘时就能迅速被点燃甚至会发生爆炸。物质表面有大量非饱和悬挂键，与引燃块体相比，引燃表面更加容易。粉体材料由无穷多的小颗粒组成，每个颗粒的表面被引燃后会释放出热量，所有粉体颗粒表面燃烧释放出的能量集中起来，形成较大的能量，引起物质温度升高，使表面气化，维持燃烧反应持续进行，随着能量积累越来越多，温度越来越高，燃烧越来越剧烈，分子间距离越来越大，随着火焰流动，能量急剧释放，进而引起爆炸，形成强大冲击与破坏。

即便是细微的颗粒，在发生粉体爆炸之前，必然发生粉体颗粒的燃烧。燃烧要经历如下几个阶段：表面受热着火、表层含有的挥发性成分蒸发、蒸气或者挥发性物质燃烧。燃烧初期，粉层表面有图 10.7 所示的假想反应带：

A 未反应部分：此处温度不上升，内部无明显变化。

B 发泡带：最初外形无变化，但随温度上升，开始产生分解，释放出挥发性成分，粉体起泡。

C 流动带：挥发成分从粉体表面迅速流向空气中，同时温度上升，挥发性成分浓度增大，发生激烈流动，但还未发生燃烧。

D 反应带：挥发成分流速下降，与空气混合发生燃烧，但还不发光。

E 火焰带：燃烧反应加剧，产生旺盛火焰，亮光闪耀。

燃烧从粉体表面开始，然后向粉体内部扩展，直至燃烧殆尽，以一种连锁反应进行。燃烧反应涉及着火温度、火焰温度几个重要参数。着火温度又称燃点，指的是挥发成分开始燃烧的温度，由此开始出现火焰。物质要燃烧，必须有点火源（加热源）将其加热至着火温度。可燃物一旦开始燃烧，即使停止加热或者去掉加热源，只要有充足的氧气以及反应释放出的热量不至于因热传导使表面温度降低，燃烧就会持续进行，该点温度为燃点。木材的燃点为 225 ℃，木炭的燃点为 360 ℃，煤的燃点为 330 ℃，焦炭的燃点为 700 ℃。木炭、煤、焦炭的燃烧温度都在 1000 ℃以上。火焰温度，即燃烧温度，指的是可燃性成分完全氧化并放出大量热，温度稳定，该温度即火焰温度。燃烧速度一般每秒仅数毫米。火焰在高温高压下可看作黏性流性，很容易扩散至自由空间而消散。但是，当火焰沿着固体间隙或壁面流动时，却有高速流动特性。火焰在物体表面切线方向迅速流动并闪光的现象，称为闪光火焰（flash fire），又称传火（inflammation）。火焰流经固体间隙的闪光，火焰速度每秒可达几百米。某些粉尘在 20 m 范围内扩散，当以 100 m/s 的速度传火时，则全部粉尘将在 0.1 s 内产生火焰。粉体的燃烧速度为 10 mm/s，粉体的平均直径为 4 μm 时，各个粉体将在 0.0002 s内燃烧殆尽。因此，粉尘一旦着火，就会在短时间内由燃烧而引起爆炸。

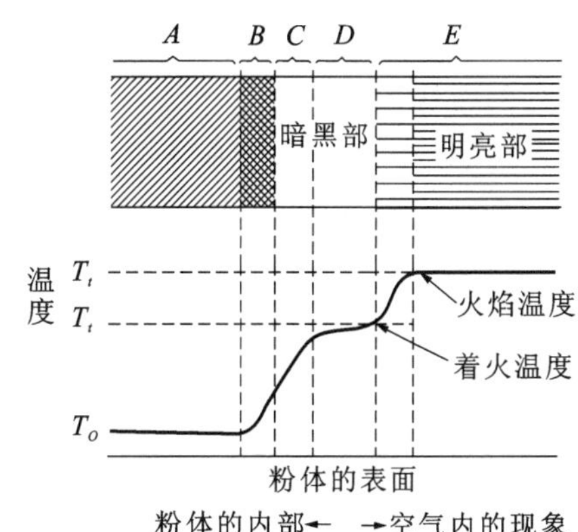

图 10.7　粉体燃烧的假想反应带

（把粉体表面当作平面，观察垂直于该表面方向上的反应）

10.3.3.2　粉尘爆炸的机理

粉尘爆炸是助燃性气体（空气）和可燃物均匀混合后进行燃烧反应的结果。可燃性粉尘爆炸一般经历如下过程：

① 悬浮粉尘在热能源作用下被迅速干馏，放出大量可燃气体。

② 可燃气体在空气中迅速燃烧，并引起粉尘表面燃烧。

③ 可燃气体和粉尘的燃烧放出的热量，以热传导和火焰辐射的形式向邻近粉尘传播。

以上过程循环进行使反应速度逐渐加快，当达到剧烈燃烧时则发生爆炸。

对于相同成分的物质，粉体材料引燃要比块体材料容易，块体物质点燃后往往不会剧烈燃烧，而粉体材料点燃后不仅会剧烈燃烧，还有可能引起爆炸，粉体材料爆炸风险远比块体高。这是由于粉体比表面积大，粉体点燃后单位时间、单位体积内释放出巨大能量，能量密度很高，巨大能量加剧空气流动与能量传播，释放出的能量在粉体与粉体之间传播，引燃更多的粉体颗粒，一旦能量密度达到一定程度，随着温度和气压急剧升高，就会发生爆炸。粉体爆炸的机理可通过图 10.8 来描述：

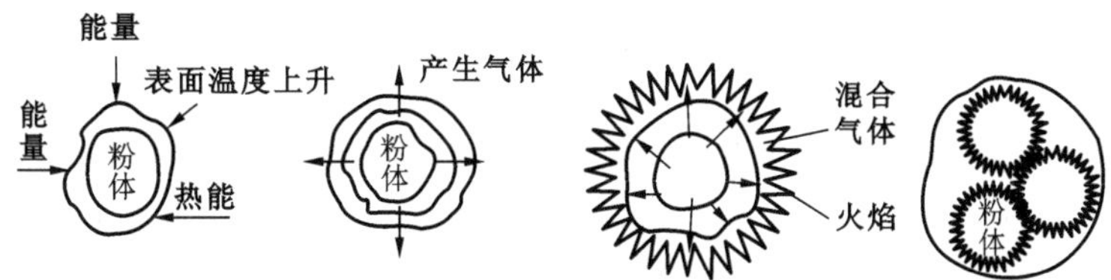

图 10.8　粉体爆炸机理

① 热能作用于粉尘颗粒表面，使其温度上升；

② 尘粒表面的分子由于热分解或干馏作用，变为气体分布在颗粒周围；

③ 气体与空气混合生成爆炸性混合气体，进而发火产生火焰；

④ 火焰产生热能，加速粉尘分解，循环往复放出气相的可燃性物质与空气混合，进一步发火传播，大量的颗粒同时燃烧，释放出巨大热量，单位时间与单位体积内的能量密度急剧升高，气体分子受

热膨胀,气体压力和温度急剧升高,产生强大的压力,引发爆炸,引爆后产生强大冲击波与次声波,引发强烈的毁坏作用。

粉尘爆炸时的氧化反应主要是在气相内进行的。因此,粉尘爆炸实质上是剧烈的有氧气体燃烧反应。准确地说,粉尘爆炸是粉尘云气体与空气中的氧气发生的剧烈燃烧反应。

10.3.3.3 粉尘的引燃机制

粉尘爆炸之前必然经历粉体颗粒的点燃。粉尘引燃的机制,一种方式是受热(管道加热、机械摩擦)或者被明火点燃,另一种方式是静电感应(偶电层)产生的电火花放电引燃。对于有粉尘的车间要禁止使用打火机,防止明火产生。此外,要防止机械摩擦产生火花,以及管道加热超过物质燃点引发燃烧。一般,固体中两种不同的物质会相互摩擦带电,物体受到其他带电体的感应也能带电。粉体是特殊形态下的固体,其带电机理也不外乎于此。如粉体通过传送与传送粉体的器具内壁、管道发生摩擦,同时粉体颗粒之间也不断地进行碰撞,使粉体带上静电荷。

根据偶电层理论,当两个粉体颗粒碰撞,间距不大于 25×10^{-8} cm,同时两种粉体颗粒的逸出功不同时,逸出功小的粉体颗粒就会失去电子向逸出功大的粉体颗粒移动,逸出功大的粉体颗粒就得到电子,于是在两个粉体颗粒接触面上出现了正负电荷量相等的偶电层。当两个粉体颗粒迅速分离时,因一部分电子不能全部回到原粉体颗粒上去,故粉体颗粒带上了电荷,当颗粒的电荷量足够大时,就会发生放电,引发粉尘爆炸。粉体的饱和电荷体密度 ρ_∞ 为:

$$\rho_\infty = 19.5\beta^{0.74}v^{1.13} \tag{10.2}$$

式中 v——粉体流动速度;

β——粉体载荷量。

粉尘爆炸的机理还可从静电作用方面解释。物体之间相互接触、摩擦和撞击,或者固体断裂、液体破碎都会产生静电。粉尘爆炸主要就是粉尘产生静电放电引起的。在粉体的粉碎、磨制、输运、剥离、采收和储存等过程中,原料的破碎、粉尘之间以及粉尘与容器之间因发生频繁接触、摩擦、冲击、分离等,使原来电中性的粉体和容器带上了静电。金属粉粒可因接触而发生电荷的扩散迁移而带电,介质粉粒则会在摩擦和冲撞中因热电效应而带电。这样,含有巨大数量粉粒的粉尘体就会积聚起相当大的静电荷,若粉尘的电阻率较大(>10 Ω·m),积聚的静电就不易泄漏,从而形成很强的静电场,这种带电粉尘就像雷雨天的带电云团一样,又会在周围的物体上感应出相应的异性电荷及静电场。当场强超过粉尘周围的空气或其他媒质的绝缘强度时,就会发生放电现象,并伴有发光、发声和放热现象。伴随着强烈的发光和破坏性声响,放出很大的热能的静电放电是粉尘爆炸的点火源。强烈的电火花可直接点燃可燃性粉粒,而热能可使环境温度骤然上升,导致粉粒表面气化。气化的颗粒流迅速扩散,与空气混合发生强烈氧化反应,其热能又进一步促使其他粉粒的气化、燃烧,这个过程进行并传播得极快,可在极短时间内引起处在封闭或近似封闭环境中的粉尘爆炸。

10.3.3.4 粉尘爆炸的条件

粉尘爆炸的实质是粉尘云的有氧剧烈燃烧反应。因此,粉尘云和空气是发生粉尘爆炸的必要物质条件。凡是能被氧化的粉尘在一定条件下都会发生爆炸。粉尘受热时,表面粉尘颗粒分子就会分解或干馏出可燃气体,然后这些可燃气体与空气混合形成可燃性混合气体,进而产生燃烧现象。由于粉尘颗粒的比表面积很大,初步的燃烧热大部分被颗粒本身吸收,这就加速了上述干馏、分解、混合、点燃的进程,继而发生粉尘的爆炸现象。粉尘的燃烧分类列于表 10.8。

表 10.8 粉尘燃烧分类

分类	燃烧形式	物质举例
分解燃烧	固体物质燃烧前先受热分解出可燃气体,可燃气体经点火燃烧	煤、纸张、木材等
蒸发燃烧	固体物质受热蒸发产生的可燃蒸气经点火燃烧	硫黄、磷、萘、樟脑、松香等
表面燃烧	可燃固体受热直接参与燃烧,不形成火焰	箔状和粉状的高熔点金属

粉体的爆炸是由粉体的着火引起的，因此，着火源或者点火条件是发生粉尘爆炸的又一必要条件。粉尘云燃烧的氧化反应放热速率受到质量传递的制约，形成控制环节，即颗粒表面氧化物气体要向外界扩散，外界氧也要向颗粒表面扩散，这个速度比颗粒表面氧化速度小得多。实际氧化反应放热消耗颗粒的速率，最大等于传质速率。粉尘燃烧以后释放的热量是否能够维持燃烧反应持续进行，取决于粉体粒度、相对可燃性、粉尘浓度。粉尘云浓度过于稀薄，粉体颗粒与颗粒间距过大时，由于颗粒表面上的火焰不能延伸到相邻颗粒表面而消散，燃烧不能持续；反之，粉尘颗粒之间彼此过于紧密，由于它们之间不能保持必要而充足的氧气，也不能引起燃烧。能够维持燃烧的浓度范围称为爆炸极限。粉尘浓度只有达到下限范围时，才能保障粉尘燃烧释放的热量在粉体颗粒与颗粒之间传递，并维持燃烧反应持续进行。粉体的着火敏感度取决于着火温度、最小着火能和下限爆炸浓度。粉尘在空气中浮游形成尘云时，必须具备以下四个条件才能引起粉尘爆炸：① 粉尘云的扩散浓度在极限范围内，高于最稀可燃极限浓度而又低于最高爆炸浓度，微颗粒间火焰能够自由流动；② 粉尘云体系中相对于可燃性成分含有足够的氧；③ 存在点火源或引燃条件，为保持粉尘的燃点，必须有足够的热量供应；④ 具有相对密闭的空间，燃烧波释放的能量密度和总能量能引起爆炸。粉尘云、氧气和着火源是发生粉尘爆炸的三项必要条件，只有三者同时发生，才有可能发生粉尘爆炸，如图 10.9 所示。

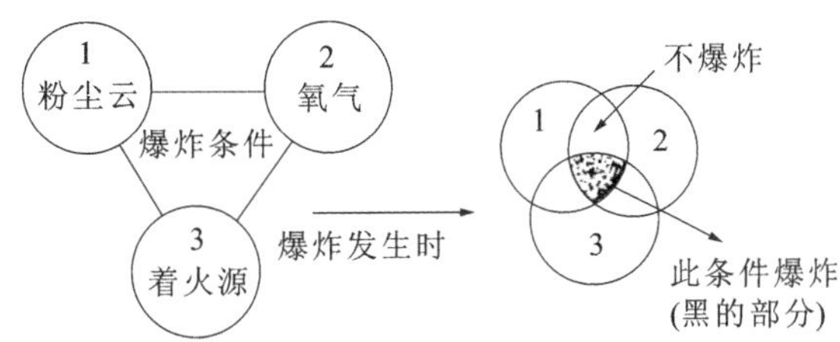

图 10.9 粉尘爆炸的条件

综上所述，粉尘爆炸的发生需要具备四个必要条件：一定能量的着火源、一定浓度的悬浮粉尘云、足够的空气（氧气量）、相对密闭的空间。

10.3.3.5 爆炸特性的表征

可燃性是粉尘易着火、易燃烧的特征指标。爆炸压力是粉尘爆炸结果的特征指标。粉尘爆炸压力与粉尘浓度、粉体粒度有关。在某一浓度范围内，爆炸压力随浓度的增大而增高，因此，用最易爆炸时的粉尘浓度所对应的爆炸压力表示最大爆炸压力。粉尘爆炸的最大压力一般不超过 7 个大气压。粉尘爆炸产生的冲击力或者压力上升的速率，取决于燃烧释放的能量密度与相对密封状态。一般，氧化反应是颗粒表面积的函数，粒度越小，单位质量的颗粒数越多，粉体的相对可燃性越大，燃点、下限爆炸浓度越低，最大爆炸压力上升速率亦越大。表 10.9 为乙基纤维素造型用粉末的实验数据。

表 10.9 乙基纤维素造型用粉末粒度与燃烧的关系

粒度/目	35	48	65	150	270
相对可燃性/%	3	10	24	70	90
着火点/℃	450	420	380	350	120
下限爆炸浓度/(g/cm^3)	—	220	100	25	20

粉尘的爆炸特性可用如下参数表征：

着火敏感度＝着火温度×最小着火能×下限爆炸浓度

爆炸敏感度＝最大爆炸压力×最大爆炸压力上升率

爆炸指数＝着火敏感度×爆炸敏感度

10.3.4 粉尘爆炸的影响因素

在必须使用粉体的环境中及粉体生成的工艺中，影响粉尘爆炸的主要因素为：悬浮粉尘的性质及浓度、助燃剂的浓度、点火源、环境温度、可燃气体、惰性物质等。

10.3.4.1 空气中可燃悬浮粉尘的性质

粉尘能否爆炸的本质内因是粉尘本身的可燃性，在 10.3.1 中已对该内容进行了介绍，此处不再赘述。爆炸前可燃悬浮粉尘的浓度、粒度、含湿量、分散度等会影响粉尘的可爆炸性及爆炸的强度。粉尘浓度越大，分散度越高，粒度越小，含湿量越低，粉尘就越容易爆炸；反之亦然。

(1)粉尘的最小点火能量和爆炸极限

判断粉尘爆炸危险性的重要标准就是它的点火敏感性，而点火敏感性通常由最小点火能来描述。最小点火能是在最敏感粉尘浓度下，刚好能点燃粉尘引起爆炸的最小能量。粉尘爆炸的最小点火能量一般会大于气体的最小点火能量。表 10.10 给出了常见的粉尘在空气中的最小点火能量。

表 10.10 常见粉尘在空气中的最小点火能量

粉尘	最小点火能量/mJ	粉尘	最小点火能量/mJ
干玉米淀粉	4.5	石松子粉	6
大麦蛋白质粉	13	大麦淀粉	18
大米粉	30	亚麻粉	6
大麦纤维	47	玉米淀粉(相对湿度 10%)	27
甲基纤维素	12	萘二甲酐	3
萘	1	苯酚	5
木尘	7	纸屑	3
黄麻	3	树脂	3
橡胶粉	13	奶粉	75
褐煤粉	160	硫	1
烟煤粉	380	铝粉	2
硅钙粉	2	铁硅镁粉	210
镁粉	40	钛粉	10
聚乙烯	10	聚苯乙烯	15
聚丙烯	25	聚丙烯腈	20
聚丙烯酰胺	30	聚碳酸酯	30
聚氨酯	15	酚醛树脂	10
尼龙	20	棉纤维	25

最小点火能的大小受许多因素的影响，特别是湍流度、粉尘浓度和粉尘分散状态(粉尘分散质量)对最小点火能影响很大，而影响最大的则是爆炸浓度，而遇明火能够发生爆炸的浓度范围，称为爆炸极限。爆炸范围的最低浓度称为爆炸下限，一般用 y_L 表示，爆炸范围的最高浓度称为爆炸上限，一般用 y_U 表示。粉尘的爆炸极限一般用单位体积内可燃气体的质量表示，可称为质量爆炸极限。一般工业粉尘的爆炸下限介于 20～60 g/m^3 之间，爆炸上限介于 2～6 kg/m^3 之间。我国煤尘爆炸下限为：褐煤 45～55 g/m^3、烟煤 110～335 g/m^3；爆炸上限一般为 1500～2000 g/m^3。粉尘爆炸极限的影响因素除了粉尘化学性质、温度、初始压力等之外，还有几个不同于气体爆炸的特定因素。

① 粉尘浓度难以确定

粉尘按所处状态，可分成粉尘层和粉尘云两类。在无扰动条件下，处于沉积状态的粉尘是不会发生爆炸的。只有粉尘悬浮于空气之中，并达到一定浓度时，才会发生爆炸。粉尘层的存在为粉尘浓度的计算带来了问题，那就是处于堆积状态的粉尘是否计算在内。例如，当处于悬浮状态的粉尘浓度低于爆炸下限时，理论上不会发生爆炸，可一旦受到扰动(振动、气流、局部爆炸等)，底部堆积的粉尘就会扬起，浓度就发生很大变化。另外，由于粉尘重力的作用，悬浮的粉尘总要下沉，即悬浮时间是有限的，悬浮粉尘浓度不断变化。因此，无论是处于悬浮状态或者部分的(或全部的)沉积状态，都不能低估其爆炸的可能性。从这种意义上讲，粉尘爆炸不存在爆炸极限。可见，对于特定的粉尘存储空间来说，难以确定粉尘是否处于可爆炸浓度范围内。图 10.10 是甲烷气体的爆炸极限与聚乙烯粉末爆炸极限的比较。

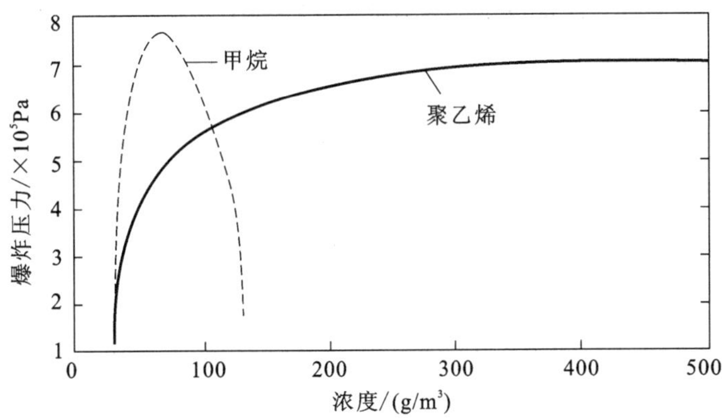

图 10.10 甲烷气体与聚乙烯粉末爆炸极限比较

② 粉尘粒度对爆炸极限的影响

粒度越细的粉尘其单位体积的表面积越大,分散度越高,爆炸极限值越低。对于某些分散性差的粉尘,其粒度在一定范围内,随粒度的减小其爆炸极限值降低。但当低于某一值时随粒度的降低,其爆炸下限值反而增加。玉米粒径对爆炸下限的影响情况见图 10.11。TNT 也是在粉尘粒度为 300 目时爆炸极限达到最小值,黑索今粉尘在目数为 200～250 目时,爆炸极限达到最小值。随着过筛目数的继续升高爆炸下限值反而增加。其他粉尘如面粉等粉尘也呈现类似的变化规律。这可能是两个原因引起的。原因之一是当粉尘粒度很小时,颗粒之间的分子间力和静电引力非常大,相互之间的凝聚现象非常显著。从实验过程中可以明显看到这种凝聚现象的存在。另外一个原因是细粉易发生黏壁现象,即粉尘在管内弥散是黏附在管壁上,使弥散在管内的粉尘实际浓度降低,从而在现象上表现为爆炸下限升高。

③ 含杂混合物的影响

含杂混合物是指粉尘/空气混合物中含有可燃气或可燃蒸气。工业上含杂混合物引发的爆炸事故很多,煤矿瓦斯爆炸大多都属于这种情况。在这类爆炸事故中,可燃气或可燃蒸气的含量一般远远低于爆炸下限。

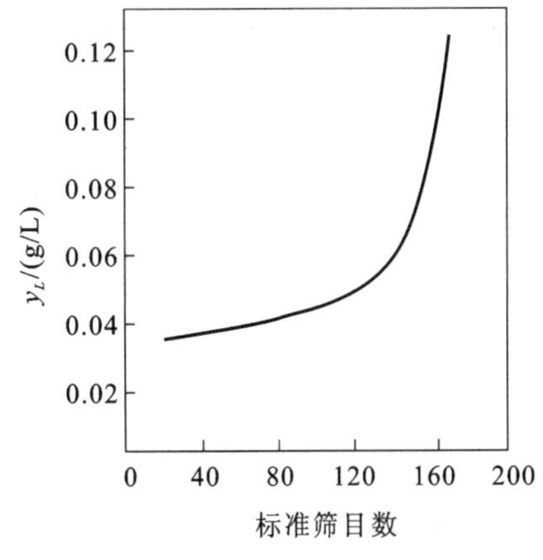

图 10.11 玉米粒径对爆炸下限的影响

研究表明,如果不考虑含杂混合物的影响,已知粉尘的化学式及其燃烧热,并作某些简化性假定(如粉尘完全燃烧),则可大致估算粉尘爆炸下限 y_L。

恒压爆炸时

$$y_L = \frac{1000M}{107n + 2.966\left(Q_n - \sum \Delta I\right)} \tag{10.3}$$

式中 M——粉尘的摩尔质量;

n——1 mol 可燃性粉尘完全燃烧时所需要的氧气的物质的量;

Q——粉尘的摩尔燃烧热;

$\sum \Delta I$——总燃烧产物的内能的增量。

恒容爆炸时

$$y_L = \frac{1000M}{107n + 4.024\left(Q_n - \sum \Delta v\right)} \tag{10.4}$$

式中 $\sum \Delta v$——总燃烧产物的热焓的增量;

其他同上。

由上述计算式算出的 y_L 值与实测值的比较见表 10.11。

表 10.11　y_L 计算值与实测值的比较

粉尘名称	理论估算的 y_L 值/(g/m³)		实测的 y_L 值/(g/m³)
	恒容	恒压	
铝	37	50	恒压:50
石墨	36	45	正常条件下未观察到石墨/空气体系中火焰传播
镁	44	59	
硫	120	160	
锌	212	284	恒压,恒容:500～600
锆	92	123	
聚乙烯	26	35	恒容:83
聚丙烯	25	35	
聚乙烯醇	42	55	
聚氯乙烯	63	86	
酚树脂	36	49	恒压:36～45
玉米淀粉	90	120	恒压:70
糊精	71	99	
软木	44	59	恒压:50
褐煤	49	68	
烟煤	35	48	恒容:70～130

表 10.11 中数据表明,对于有机粉尘,计算值与实测值较为吻合;对于无机粉尘,二者差别较大。

当考虑含杂混合物的影响,粉尘/空气混合物中含有可燃气或可燃蒸气时,其爆炸下限随可燃气(或蒸气)浓度的增大而急剧下降。此时,爆炸极限大致可按下式估算

$$y_{L2} = y_{L1}\left(\frac{y_G}{y_{GL}} - 1\right)^2 \tag{10.5}$$

式中　y_{L2}——含杂混合物中粉尘爆炸下限;

y_{L1}——非含杂混合物粉尘的爆炸下限;

y_G——可燃气浓度;

y_{GL}——可燃气爆炸下限。

含杂混合物的爆炸危险性具有叠加效应,即两种以上爆炸性物质混合后,能形成危险性更大的混合物。这种混合物的爆炸下限值比它们各自的爆炸下限值均低。表 10.12 中列出了某种煤粉/甲烷混合物的爆炸下限值。可见,甲烷的存在使得煤粉的爆炸下限明显降低,同时,煤粉的存在也使甲烷的爆炸下限值降低。叠加效应会直接导致爆炸性混合物的爆炸极限区间的扩大,从而增加了物质的危险性。因此,对于存在叠加效应的场所必须考虑可能的最低爆炸下限值。

表 10.12　某种煤粉/甲烷混合物的爆炸下限值

含杂混合物的爆炸下限						
甲烷的体积分数/%	4.85	3.70	3.00	1.70	0.60	0.00
煤粉/(g/m³)	0.00	10.30	17.40	27.90	37.50	47.80

(2)粉尘的粒度分布

并非所有粉尘在空气中燃烧时都会发生粉尘爆炸。能否发生粉尘爆炸还与尘粒的粒度有直接关系。一般地,能够发生粉尘爆炸的尘粒粒度为 0.5～15 μm,实验证明,粒度大于 75 μm 的粉尘形成的粉尘云不会发生剧烈燃烧,而粒度大于 400 μm 的颗粒形成的粉尘云的可爆性非常小。然而,只要粉尘云中有少部分尘粒的粒度在可爆范围内,即有发生爆炸的可能性。图 10.12 表示了粉尘云燃烧时的升压速率和最大爆炸压力与可爆粉尘比例的关系。由图 10.12 中曲线可见,可爆粉尘为 10%左右时,已存在爆炸的可能性。图 10.13、图 10.14 表示了粉尘的中位粒径和比表面积对爆炸压力和升压速率的影响。

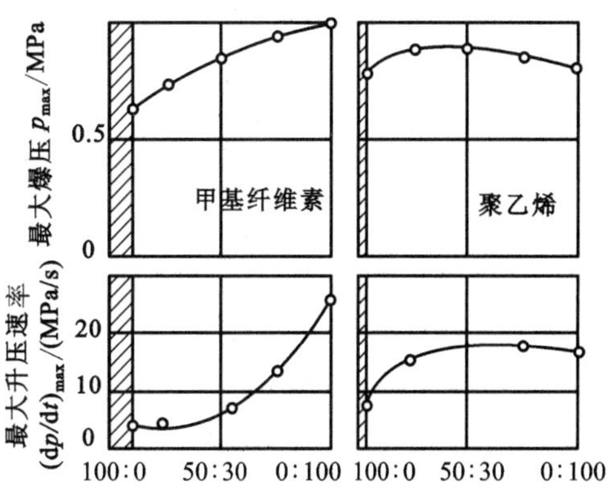

图 10.12 爆炸压力、升压速率与混合比例关系

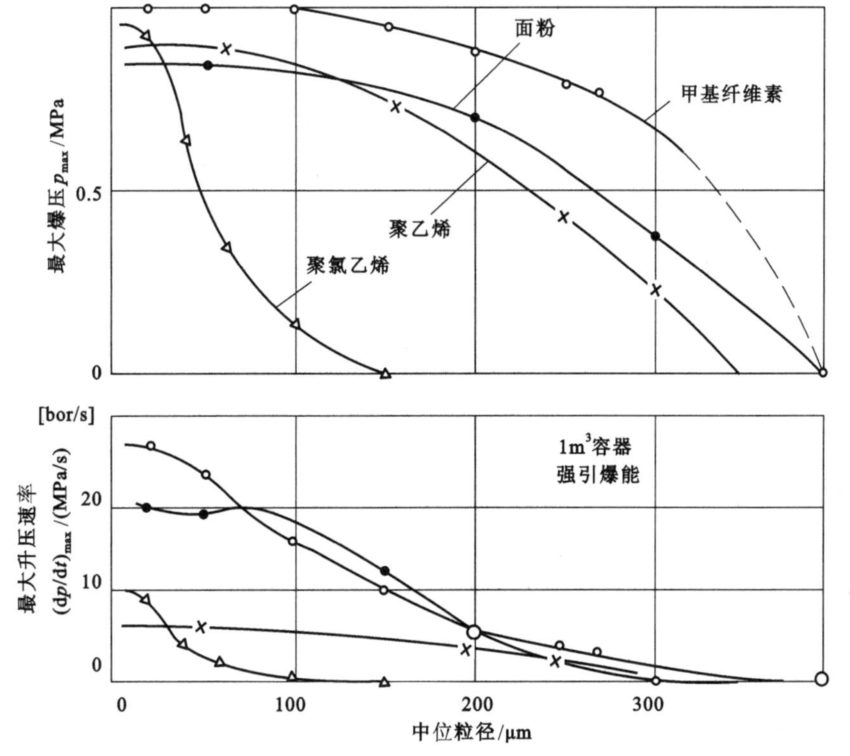

图 10.13 粉尘中位粒径对爆炸参数的影响

10.3.4.2 容器或者设备内的助燃剂的浓度

可燃粉尘周围的助燃剂浓度是粉尘燃烧的外因条件,实验证明,常温下,密闭空间内氧的质量浓度为 3%～5%时,即使有点火源存在,粉尘也不会发生着火。

10.3.4.3 可燃性粉尘中的点火源

常见的点火源分为可预见和不可预见两类。焊接火焰、烟头、明火及气割等为"可预见的"点火源;机械火花、机械热表面、焖烧块、静电等为"不可预见的"点火源。它们都能在可燃容积内激发起自由传播的燃烧波。如果它们自身能量大于粉尘在特定状态下的最小点火能量就可以点燃粉尘,反之则不能。

10.3.4.4 环境温度

粉尘所处的环境温度高,则最低着火温度就低;环境温度低,则最低着火温度就高。由于环境温

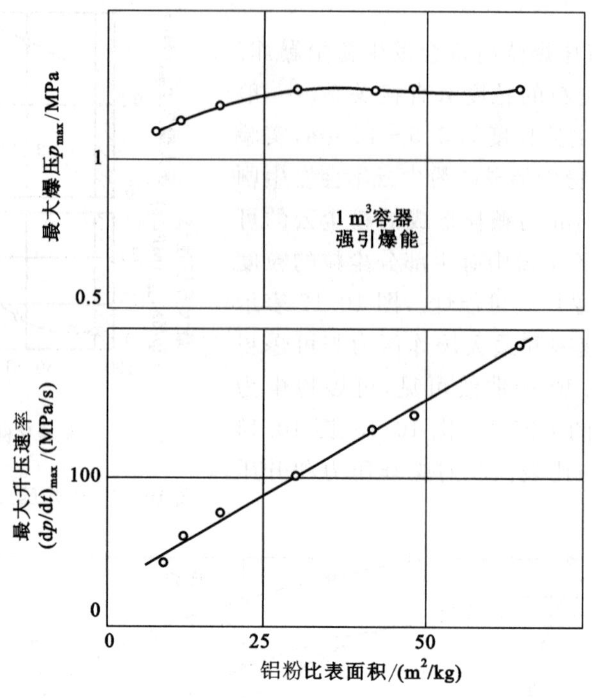

图 10.14 铝粉比表面积对爆炸参数的影响的比较

度的升高，原来不燃不爆的物质可能会具有可燃、可爆性。环境的温度对粉尘的安全特征参数如燃烧等级、爆炸下限、最小点火能、氧气的最大允许含量、最大爆炸压力及最大爆炸指数等都有重要的影响。

10.3.4.5 可燃气体的协同效应

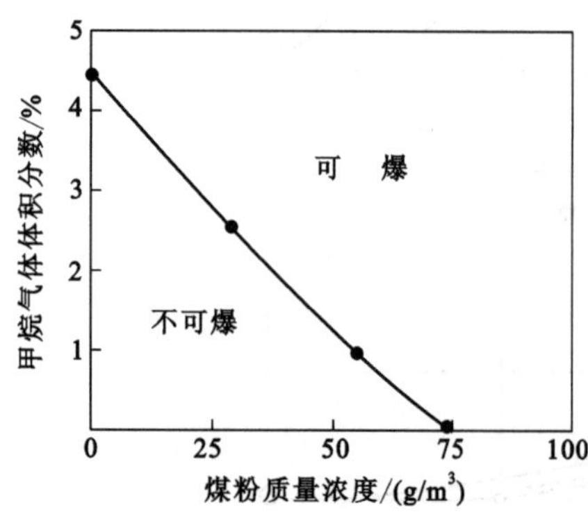

图 10.15 甲烷对高挥发性沥青煤粉燃爆性的影响

这是一个应该重视的粉尘可爆性影响因素，协同效应是指可燃气体对粉尘可爆性的影响。可燃气体的加入可使低挥发性可燃粉尘容易着火，高挥发性可燃粉尘更容易着火。甲烷气体体积分数对高挥发性沥青煤粉燃爆性的影响见图 10.15。可以看出，甲烷的加入可以使质量浓度小于 75 g/m^3 的高挥发性沥青煤粉具有可爆性。其他类的可燃气体和可燃粉尘之间也存在同样的效应，例如氢气对玉米粉可爆性的非线性影响。

10.3.4.6 隋性物质

隋性气体对粉尘的燃爆性与对可燃气体的燃爆性影响是一致的。加入惰性粉尘或惰性气体可以减小粉尘的可爆性，这是因为它们的加入可以吸收热量，同时也降低了可燃粉尘或助燃剂的浓度。

10.3.5 粉尘爆炸的预防与防护

10.3.5.1 粉尘爆炸的预防

① 在设备中造成不燃性介质气氛是防止设备中粉尘爆炸的最有效、最可靠的办法。在这种情况下，粉尘-空气（气体）混合物中的氧含量会减少到火焰不可能扩散的数值（氧的安全浓度一般由试验确定）。

② 用气流输送与空气能形成易爆粉尘的颗粒状物料时，必须采用不燃性气体或用不燃性气体将空气稀释至安全范围内。

③ 为保证物料能安全地进行干燥处理，喷雾干燥必须尽可能利用含氧量低的烟道气。必要时，可用不燃性气体或其他气体将烟道气稀释至氧含量达到安全程度时再用。

④ 消除设备中粉尘-空气混合物的燃烧源是保证可燃分散物料安全加工、操作的一项非常重要的措施。装置、管道和设备的受热表面经常会成为燃烧源。因此，设备等的受热表面温度不允许过高，在任何情况下，它们的受热表面温度均应比粉尘的燃烧温度低 50 ℃。

⑤ 储仓、工艺设备、气流输送管道、集尘器、筛分机和其他的受料、加工及掺和颗粒物料（属可燃介电质时）有关的设备应采取防静电保护措施，并确保可靠接地。

⑥ 粉尘沉降过程本身就是在密闭设备（或房间）内形成易爆粉尘-空气混合物的过程，因此，使用干式粉尘沉降槽、沉降室（容积大，有出现粉尘大能量爆炸的潜在危险）和干式离心分离机（粉尘在高速运动时会产生较大的静电放电）时，必须认真解决防火（含防火花）及导出静电的问题。

⑦ 在磨碎机和扇形给料机间的流出槽上应安装固定磁铁板，供捕集金属颗粒、机械零件等用。如果它们落入磨粉机后与转动轮棒锤的撞击会发热，使温度升至高温而成为爆炸源，从而引起粉尘爆炸事故。

⑧ 选择粉料的供料规范必须使在正常操作条件下的设备和气动输送装置中的空气量不超过30%（同时极限含氧量为 6%～8%）。在其他规范条件下，在接近燃烧下限的粉尘浓度时或在使用可能经常形成爆炸混合物的设备（如旋风分离器、储斗等）时，采取防止着火的措施。

⑨ 必须安装与灭火系统或供气系统连锁的信号装置。

⑩ 装设能自动切断产生粉尘工艺系统的装置或装设在任何部分发生的火焰均可用通风系统送入冲淡物质来扑灭的装置，从而防止粉尘-空气混合物的燃烧或爆炸。

⑪ 不能完全杜绝在设备中生成易燃的混合物及可能的燃烧源时，为保护设备，应计算最大爆炸压力，并安装减压部件（爆破膜、安全阀等）。这些部件在破裂或开启时能降低爆炸对设备产生的压力。爆破膜或安全阀在超过最高工作压力 10%～20%时应该产生动作。根据爆破时的压力，可采用铝合金片、金属箔片、牛皮纸、漆布、浸橡胶的石棉板、聚氯乙烯薄膜等作为爆破膜（片）的材料。

在设计爆破膜（片）时，按下列公式计算：

$$\frac{F}{V} \geqslant 0.16 \tag{10.6}$$

式中　F——爆破膜（片）的面积，m^2；

V——设备体积，m^3。

爆破膜（片）的材料及厚度根据具体工况选取，但在任何情况下，装爆破膜（片）的部件的工作性能均应通过试验证明。

⑫ 在转动的磨碎机和搅拌设备上以及类似的结构上安装爆破膜（片）或其他减压部件是相当困难的，而且有时是不可能的或不适宜的。在这种情况下，尤其是在处理易燃、易爆和有毒的细分散物质（如有毒金属粉末、成孔剂等）时，设备应能承受内部爆炸时的压力。

⑬ 利用抑制剂以预防粉尘-空气混合物爆炸，可以在发现设备中的混合物达到爆炸危险浓度时将抑制剂加入设备，或在爆炸已发生时，往设备中加入抑制剂以有效抑制爆炸。

常用的抑制剂有水、各种卤族化合物（如溴氯甲烷）。据报道，溴化乙烯对扑灭聚苯乙烯树脂粉尘火焰具有较好的抑爆作用。为了扑灭聚苯乙烯树脂粉尘和煤粉的火焰，建议采用最有效的抑制剂氟利昂。抑制剂可由装在设备上的抑爆装置进行自动控制。

⑭ 制订新的粉状物料的制取和加工工艺时，粉状物料应进行爆炸性试验和抑爆试验，在此基础上采取防爆、抑爆措施。

⑮ 使车间内空气的相对湿度能自动保持在 70%以上，所有的电气开关均应选用防爆型的。

⑯ 截止阀、调节阀和通风系统的闸阀等均应用不产生火花的材料制造。

⑰ 尽可能将易起粉尘的设备安装在单独的厂房内，同时设局部排风罩。

⑱ 塑料、合成树脂、化学纤维、醋酸纤维和聚乙烯粉尘等在设备和工作场所内易引起燃烧、爆炸事故。在这些物料生产的厂房内不得用敞开的方法进行干式除尘。否则，会使沉落的粉尘飘起，局部

范围的空气中会充满粉尘，遇到火源时就很可能会发生爆炸。

⑲ 如果粉尘不能湿润，就应采用机械除尘，并须消除一切可能的燃烧源。

⑳ 厂房的墙壁和天花板最好刷上油漆，锐角处要填成圆弧形，窗台和其他凸出的部分不要做成水平面结构（最好成45°角往外倾斜）。这样就能使粉尘不易沉积，便于清扫（洗）厂房。

㉑ 设备、电缆和管道等必须定期用抽气法清除粉尘。

㉒ 在有爆炸危险的生产厂房内应安装防爆门、防爆窗，同时采用轻型屋顶结构，当粉尘-空气混合物爆炸时能自动泄压。

㉓ 设备应经常检查，如发现密封处泄漏，设备、管道因腐蚀穿孔等，均须立即修理（补）好，否则，空气（氧气）漏入，含氧量超过规定，会引起爆炸事故。

㉔ 每个工作岗位均应认真制定安全操作规程，并严格执行，且应有专人定期检查。操作人员要经培训考试合格，凭证上岗。

10.3.5.2　*粉尘爆炸的防护*

(1)预防爆炸防护措施

① 避免形成粉尘云

在操作区域要避免粉尘沉积，勿使粉尘到处堆积，或者使沉积粉尘不能上扬，在空间内的弥散度就达不到爆炸下限。

② 降低助燃剂的浓度

车间应制定氧气表，对产生粉体的系统进行氧气含量监控，同时可以降低系统的操作压力（甚至负压），在磨碎机和空气再循环用的风管、筛子、混合器等设备内采用不燃性气体部分地或全部代替空气，以保证系统内粉尘处于安全状态。另外，活泼金属（诸如钾粉、钙粉及钠粉等）及其氧化物对水蒸气具有强烈的“敏感性”；由于金属镁能和氮、一氧化碳发生强烈的化学反应，所以镁粉对大气也具有强烈的“敏感性”。

③ 避免形成点火源

首先，有粉尘的场所应坚决避免明火与粉尘接触，如严禁吸烟，焊接前清扫周围的粉尘。其次，工业上有可燃物的场所要避免一切可能的来自钢、铁、铝锈及铁锈的摩擦、研磨、冲击等产生的火花；要控制大面积的高温热表面、高温焖烧块以防止无焰燃烧聚热；控制氧含量也可以使机械火花和热表面不再具有点燃粉尘的能力（热表面温度应低于粉尘层，引燃温度大于50 ℃）；静电放电主要与放电材料的几何形状和材料组成有关，另外，一定要避免电刷放电和传播性电刷放电，如使用消除静电、有效接地设备等。

此外，还要在粉尘场所有意识地控制工作环境内的温度，尽量消除气体对粉尘的协同效应等。

(2)结构爆炸防护措施

在很多环境下爆炸是不能完全避免的，为保证工作人员不受伤，设备在爆炸后能迅速恢复运行，使爆炸的影响能控制在一定的安全范围内，就必须采取结构防护措施。所有部件都要按照防爆结构设计，一旦发生爆炸能抵抗住可能达到的高压。

① 抑爆

抑爆技术是减灾技术之一，它是在具有可燃介质爆炸危险的环境（如料仓、煤矿巷道）中安装传感器，通过及时向爆炸区喷射灭火剂，在爆炸初期就约束和限制爆炸燃烧的范围，避免大规模爆炸的发生。爆炸抑制系统主要由爆炸探测器、爆炸控制器和爆炸抑制器三部分组成。爆炸探测器是在爆炸刚刚发生时能及时探测到爆炸危险信号的装置。探测灵敏度是其关键参数。爆炸控制器是接收探测器信号并能控制抑爆器动作的装置。抑爆器是装有抑爆剂并能迅速把抑爆剂送入被保护对象的装置。

爆炸探测器是对爆炸所引起的一个或多个参数（如光、压力、温度、辐射能等）变化很敏感的装置。常用的爆炸探测器有光敏探测器、温敏探测器、压敏探测器等。接下来对光敏探测器作详细介绍。光敏探测器是能探测火焰燃烧的光照强度和火焰的闪烁频率的一种火灾探测器。由于光辐射是在发生爆炸的瞬间产生的，且以光速向外传播，所以会在爆炸发生的最初时刻即被发现，是一种敏感度高、动作迅速、适用范围大的探测器，工程应用比较广泛。应用光敏探测器必须考虑光线的穿透能力，一旦探头被遮挡(例如粉尘浓度很高时)，就会降低敏感性。应用光敏探测器还要考虑其他辐射(例如周围是否有其他发热元件辐射相应的光线)的影响，以提高抗干扰性，否则会导致误动作。

爆炸信号控制器接收来自爆炸探测器的信号，当火焰信号或者压力信号达到设定的阈值时，输出控制信号至爆炸抑制器，使之动作并喷射抑爆剂。爆炸信号控制器的关键技术是确定信号阈值和动态响应时间。爆炸信号控制器的设定阈值低或响应时间短会使可靠性降低，容易产生误动作，影响正常工作；设定的阈值高或响应时间长又可能达不到抑爆要求。为了解决阈值和响应时间与可靠性这对矛盾，爆炸信号控制器设计必须选用合理的器件和方案。

控制器一般由通信模块、AD 转换模块、数字放大模块、数字滤波模块、存储模块和控制模块组成。通信模块的作用是接收和发出信号或指令。AD 模块实现模拟信号与数字信号的相互转换。存储模块用于接收或发出信号的保存与显示。控制模块完成信号的分析、运算和判断。

由于各种元器件、计算机、软件等发展极为迅速，所以控制器技术也不断升级，这里不再介绍具体元件性能和选用方法。

爆炸抑制器是自动抑爆系统的最终执行机构。它装有爆炸抑制剂且在动作时通过内压驱动将爆炸抑制剂迅速、均匀地分布到整个爆炸空间。内压可以是储藏的压力，也可以通过化学反应获得(如爆炸或烟火装置的激活)。常见的爆炸抑制器主要有爆囊式爆炸抑制器、气压式爆炸抑制器、水枪式爆炸抑制器 3 种形式。

a. 爆囊式爆炸抑制器

爆囊式爆炸抑制器是一种用发爆管触发的速动灭火器，其结构示意如图 10.16 所示。爆囊通常装填液体抑制剂或粉状抑爆剂。丝堵供堵塞装料孔用。起爆管外加一根套管密封，电源通过接线盒引入。当起爆管爆发时，爆囊应当完全破碎，抑爆剂喷向整个空间，从而抑制爆炸。技术要点是确保起爆管完全破碎，而不是只在某一处破裂，使抑爆剂均匀分布整个空间。

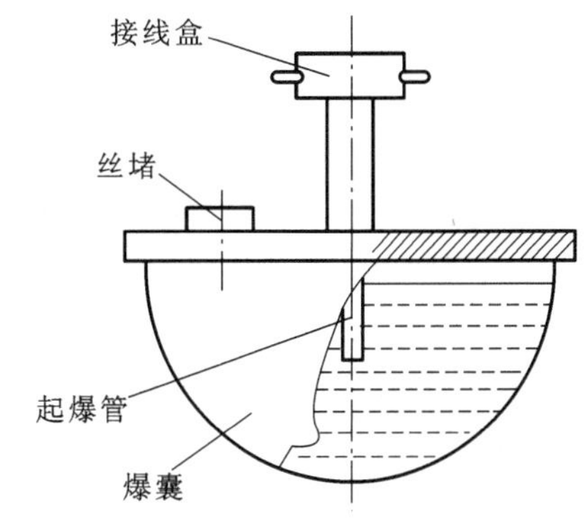

图 10.16 爆囊式爆炸抑制器结构示意图

b. 气压式爆炸抑制器

气压式爆炸抑制器示意图如图 10.17 所示。当控制器接收到探测器感应到的爆炸信号后，向抑爆器发出动作指令，阀门打开，钢瓶里的抑爆剂在高压喷射剂的作用下经喷嘴迅速射入爆炸空间。喷嘴的作用是确保抑爆剂分散均匀。钢瓶内充装的抑爆剂量约为其总容积的 3/4，其余的空间充以高压的惰性气体(喷射剂)。抑爆剂喷出后呈伞状，其展射角约为 90°。钢瓶形状和容积以及喷射剂压力应依据具体情况确定。

c. 水枪式爆炸抑制器

水枪式爆炸抑制器示意图如图 10.18 所示。当控制器发出抑爆信号时，火药包被引燃，燃烧室内的压力急速升高，从而推动滑动压帽下移，使密封膜破裂，抑爆剂沿喷头喷出。

由于火药包与抑爆剂被滑动压帽隔开，所以它燃烧后产生的气体不会进到设备之内。燃烧产生的气体唯有通过滑动压帽和抑制器壳体之间的间隙泄漏。只要对此间隙的大小和环隙宽度选用得当，就可以保证火药包爆发时安全。

② 泄爆

泄爆是爆炸后能在极短的时间内将原来封闭的容器和设备短暂或永久性地向无危险方向开启的措施，但是使用前要弄清楚逸出的物质是否有腐蚀性或毒性。

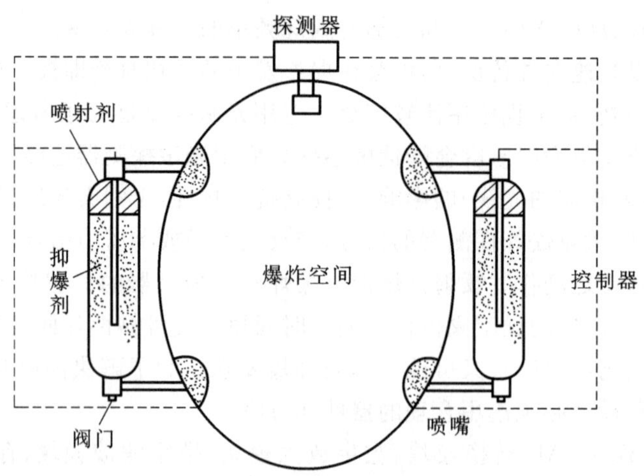

图 10.17 气压式爆炸抑制器示意图

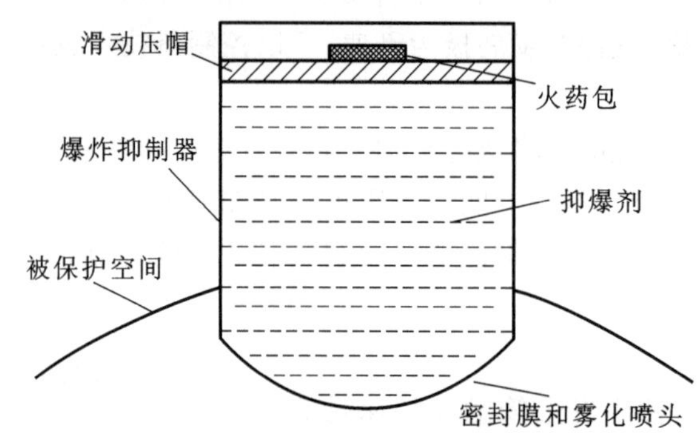

图 10.18 水枪式爆炸抑制器示意图

设计时要科学地选择泄爆位置，确定泄爆面积，选择泄爆材料及泄放压力。泄爆时一般都有反冲力，可以用相同大小的泄压孔对称安装以消除冲力。爆破片、安全阀、防爆门等都是安全泄放装置。这些装置对于物理超压都是很有效的。这里主要介绍工业上典型的安全阀，主要有普通弹簧直接载荷式安全阀、先导式安全阀和双作用先导式安全阀。

普通弹簧直接载荷式安全阀是目前使用较多的安全阀，其工作原理如图 10.19 所示。正常工作条件下，弹簧力应大于介质压力作用在阀瓣上的合力，以保证密封。当该合力大于弹簧力时，阀瓣与阀座分离，介质就会从出口侧出去，只要泄放面积够大，容器内压力不会继续升高。当容器内压力降低到一定值时，在弹簧力的作用下，阀瓣与阀座会重新接触并实现密封，生产可继续进行。可见，这种安全阀的最大优点就是结构简单，在不发生锈蚀的条件下，能在规定压力下开启。但它也有以下缺点：一是在临界开启时，弹簧力与介质压力近似相等，密封比压近似为 0，泄漏是难免的；二是为了达到规定的起跳高度，通常装有反冲盘，从而导致回座压力很低。

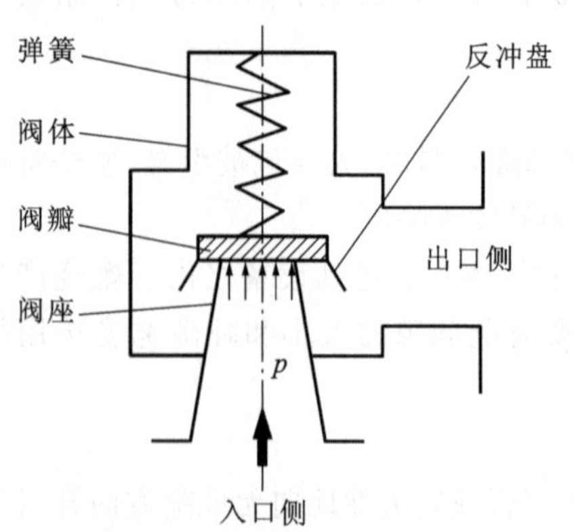

图 10.19 普通弹簧直接载荷式安全阀

先导式安全阀的原理示意如图 10.20 所示。正常工作时，先导阀的阀 1 和阀 2 处于导通状态，阀 3 处于关闭状态，活塞腔内充入介质压力。这样，作用在阀瓣上向下的力远大于向上的力，密封性能非常好。当介质压力达到规定的开启压力时，阀 2 关闭，同时阀 1 和阀 3 导通，活塞腔内的介质全部排出，使作用在阀瓣上向上的力大于向下的力，主阀开启，保证容器内的介质压力不再升高。这种安全阀的致命缺点是，一旦先导阀失灵，活塞腔内的介质就无法泄放出去，主阀也就无法打开。因此，与普通弹簧直接载荷式安全阀相比，其动作可靠性降低了一半，即先导阀和主阀之一出现故障，就达不到安全保护容器的作用。

双作用先导式安全阀原理示意如图 10.21 所示。当安全阀处于关闭状态时，球形控制阀芯在先导弹簧力作用下，与控制腔中的下密封面形成密封，而与上密封面脱离，使主阀加压气缸与先导阀高压腔隔绝而与泄压腔导通，主阀加压气缸中的压力介质由此而泄放至安全阀的排放侧，在安全阀的开启压力下，球形控制阀芯在介质压力作用下克服先导弹簧力向上移动，使得球形控制阀芯与上密封面形成密封而与下密封面脱离，使主阀加压气缸与泄压腔隔绝并与高压腔导通而被加压，主阀阀芯在主阀加压气缸中受到一个附加的开启力而迅速开启至规定高度，使安全阀处于排放状态，在回座压力下，先导式弹簧将球形控制阀推回至下密封面密封的位置，并与该密封面形成密封，使主阀加压气缸与高压腔隔绝而与泄压腔导通被泄压，此时主阀阀芯由于撤掉了在主阀气缸中的这部分附加开启力，在主阀弹簧作用下，迅速回座，恢复到关闭状态。

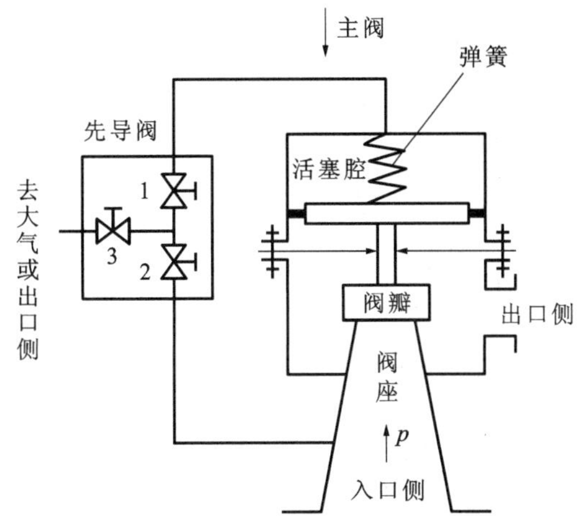

图 10.20 先导式安全阀的原理示意图

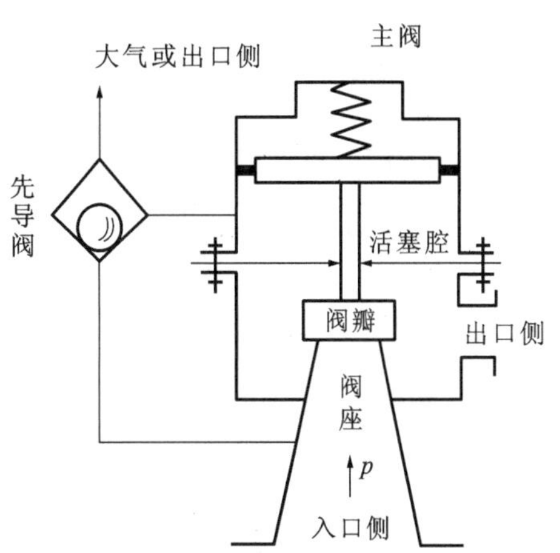

图 10.21 双作用先导式安全阀原理示意图

③ 隔爆

隔爆技术主要用于巷道或容器、车间的连接管道，防止爆炸火焰和炽热的爆炸产物向其他容器、车间或单元传播。常用的隔爆装置有阻火器、主动式(即监控式)隔爆装置和被动式隔爆装置等。

阻火器常用于燃烧初期火焰的阻隔；主动式隔爆装置依靠传感器探测爆炸信号并发出指令使隔爆装置动作；被动式隔爆装置是在爆炸波本身的作用下引发隔爆装置动作。

阻火器是用来阻止易燃气体和易燃液体蒸气的火焰向外蔓延的安全装置。它由一种能够通过气体的、具有许多细小通道或缝隙的固体材料(阻火元件)所组成。关于阻火器的工作原理，目前主要有两种观点：一种是传热原理；另一种是器壁效应原理。传热原理认为，可燃介质只有达到其着火点才能维持燃烧。当介质温度低于其着火点时燃烧就会停止。因此，只要利用阻火元件的传热作用，将燃烧物质的温度降到其着火点以下就能起到阻止火焰蔓延的作用。设计阻火器内部的阻火元件时，应尽可能扩大火焰和通道壁的接触面积，强化传热，使火焰温度降到着火点以下。器壁效应原理认为，燃烧与爆炸并不是分子间直接反应，而是受外来能量的激发，分子键遭到破坏，产生活化分子。活化分子又分裂为寿命短但却很活泼的自由基。自由基与其他分子相撞，生成新的产物，同时也产生新的自由基再继续与其他分子发生反应。当燃烧的可燃气通过阻火元件的狭窄通道时，自由基与通道壁的碰撞概率增大，参加反应的自由基减少。当阻火器的通道窄到一定程度时，自由基与通道壁的碰撞占主导地位，由于自由基数量急剧减少，反应不能继续进行，也即燃烧反应不能通过阻火器继续传播。

以下是两种经典的阻火器的结构示意图。

金属丝网阻火器的阻火层由多层金属丝网构成，其示意图见图 10.22。一般情况下，丝网层数越多，阻火效果越好。研究表明，当丝网达到一定层数之后再增加金属网的层数，效果并不显著。金属丝网的孔眼大小也直接影响阻火效率，但孔眼过小，流体阻力会很大，甚至产生堵塞。一般采用 16～

40 目(0.38～1 mm)的金属丝网作阻火层。

波纹阻火器的阻火层由金属波纹板分层组装而成，其示意图见图 10.23。它主要有两种组装形式：一种是相邻层波纹板的波纹方向不同，从而在各层之间形成许多小的孔隙，即气体通道；另一种是在两层波纹形薄板之间加一层厚度为 0.3～0.47 mm 扁平的薄板，使之形成许多小的三角形的通道。一般波纹高度为 0.43～1.5 mm，波纹底宽为 0.86～4 mm。波纹层厚 12 mm 左右，总的层厚可达 80 mm。

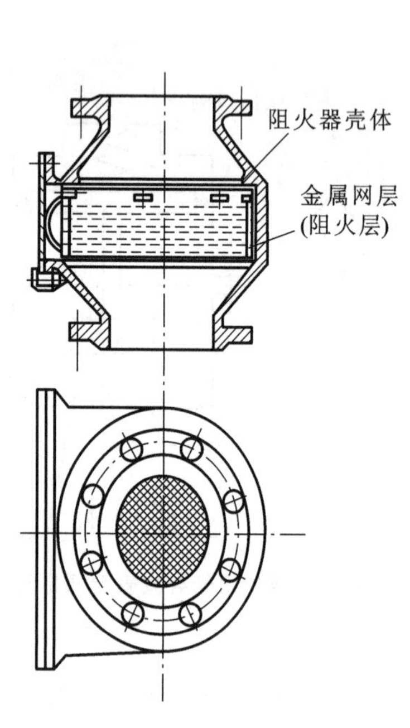

图 10.22　金属丝网阻火器

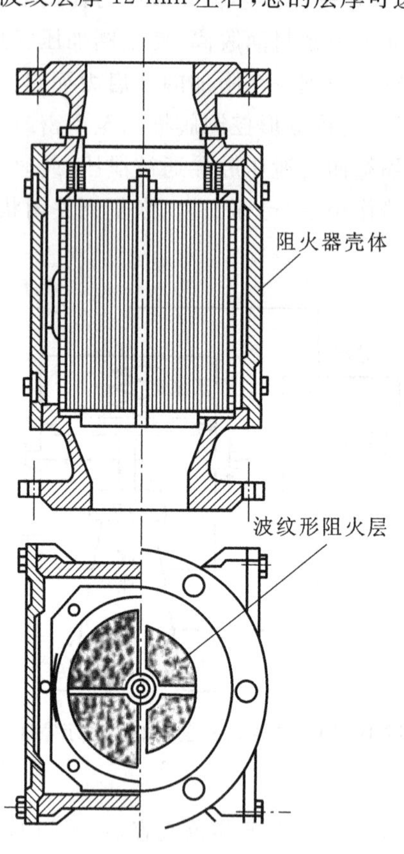

图 10.23　波纹阻火器

主动式隔爆装置种类众多，这里主要介绍爆发制动塞式切断阀。爆发制动塞式切断阀的结构如图 10.24 所示。本体的内腔呈圆锥形，腔内的切断结构为截去端部的锥形塞，其上部的凸缘起密封作用。当发出切断信号时，引爆发火药包，在爆炸所产生的气体压力的作用下，锥形塞顶部凸缘受剪力的作用被剪断，锥形塞即掉入锥形阀座而将气体进出口切断。由于密封呈圆锥形，一般用塑性材料来制作锥形塞，可同时将进出管口和爆发腔隔断。

典型的被动式隔爆装置为自动断路阀。该类隔爆装置依靠本身对爆炸波的感应而动作，其结构如图 10.25 所示。自动断路阀主要由阀体和切断机构两部分组成。阀体上有进口管和出口管，而切断机构又是由驱动构件和换向构件组成。换向构件包括一个传动件和一个换向滑阀。换向滑阀借助连通管可将驱动机构本体的内腔与阀体的内腔连通，或者与大气连通。其工作过程如下：正常操作条件下，阀芯与上阀座脱离，活塞压缩弹簧。在驱动机构的本体内，活塞上方的空间通过连通管和换向滑阀与阀体内的空间连通。此时断路阀即为开路。当发生事故时，传动件带动换向滑阀动作，使活塞上方的空间与大气连通，于是活塞上方空间内的压力急速下降，弹簧即可将活塞顶起，从而把本体内的空间挤出，这时切断机构即处于闭路状态。排除事故后，利用套在螺杆上的螺母把断路阀打开，再把换向滑阀定回原处。当工艺管线里的压力恢复后，再把螺母拧到最低位置，于是断路阀又重新处于动作前的状态。

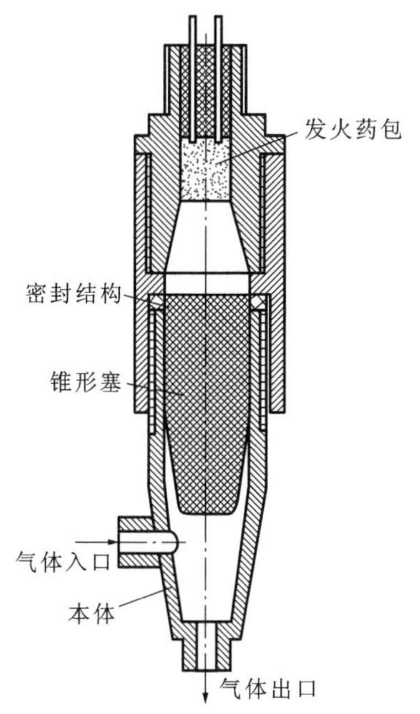

图 10.24 爆发制动塞式切断阀结构示意图

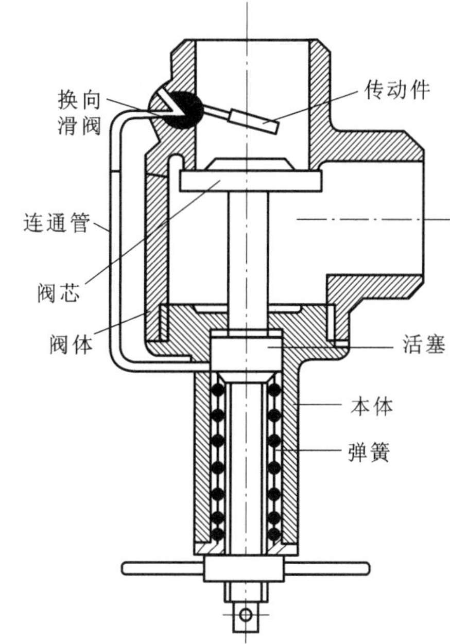

图 10.25 自动断路阀结构示意图

思 考 题

10.1 粉尘从不同的角度是如何分类的？其基本性质有哪些？

10.2 粉尘对人体有哪些危害？危害机理是什么？

10.3 多大尺度的粉尘颗粒对人体的危害较大？原因是什么？

10.4 粉尘防护的措施有哪些？

10.5 何谓粉尘云？粉尘云有哪些特性？

10.6 如何评价物质的可燃性？

10.7 何谓粉尘爆炸？粉尘爆炸有什么特点？

10.8 粉尘爆炸的过程及机理是什么？

10.9 发生粉尘爆炸必须具备哪些条件？影响粉尘爆炸的因素有哪些？

10.10 如何防止粉尘爆炸？

参 考 文 献

[1] GOTOH K, MASUDU H, HIGASHITANI K. Powder technology handbook[M]. New York: Marcel Dekker, 1998.

[2] HIGASHITANI K, MAKINO H, MATSUSAKA S. Powder technology handbook[M]. 4th ed. New York: Talor & Francis Group, 2019.

[3] RHODES M. Introduction to particle technology[M]. 2nd ed. Melbourne: John Wiley & Sons, Ltd, 2008.

[4] JONATHAN P K. Particle technology and engineering[M]. London: Elsevier, 2016.

[5] YARUB A D. Metal oxide powder technologies-fundamentals, processing methods and application[M]. London: Elsevier, 2020.

[6] ASM International Handbook Committee. ASM Handbook: Volume 7. Powder metal technologies and application[M]. Almere : ASM International, 1998.

[7] 卢寿慈. 粉体加工技术[M]. 北京：中国轻工业出版社，1999.

[8] 张书林. 粉尘的危害及环境健康效应[J]. 佛山陶瓷，2003(4)：37-38.

[9] 冯启明，董发勤，万朴，等. 非金属矿物粉尘表面电性及其生物学危害作用探讨[J]. 中国环境科学，2000，

20(2)：190-192.

[10] 王希鼎．粉尘及其危害[J]．玻璃，1997，24(2)：40-42.

[11] 李勇军．环境性尘肺病的监督检查防治[J]．华北科技学院学报，2004，1(3)：14-16.

[12] 董树屏．石棉粉尘的危害防治与环境保护[J]．中国建材，2004(6)：55-56.

[13] 余剑明，李丽．火电厂粉尘危害及其防治对策[J]．广东电力，1999，12(5)：32-34.

[14] 李延鸿．粉尘爆炸的基本特征[J]．科技情报开发与经济，2005，15(14)：130-131.

[15] 张自强，邵傅．产生粉尘爆炸的条件及其预防措施[J]．四川有色金属，1995(4)：38-41.

[16] 张超光，蒋军成．对粉尘爆炸影响因素及防护措施的初步探讨[J]．煤化工，2005(2)：8-11.

[17] 伍作鹏，吴丽琼．粉尘爆炸的特性与预防措施[J]．消防科技，1994(4)：5-10.

[18] 李运芝，袁俊明，王保民．粉尘爆炸研究进展[J]．太原师范学院学报，2004，3(2)：79-82.

[19] 毕明树，周一卉，孙洪玉．化工安全工程[M]．北京：化学工业出版社，2014.

[20] 陈卫红，邢景才，史廷明．粉尘的危害与控制[M]．北京：化学工业出版社，2005.

[21] 周婷．生产性粉尘致巨噬细胞炎性反应及其与接尘工人健康损害的关系[D]．武汉：华中科技大学，2012.